THE LINUX PROGRAMMING INTERFACE 國際中文版(下冊)

Linux 與 UNIX® 系統程式開發經典

完整涵蓋 Linux API：函式、介面、程式設計範例

U0086997

目錄

34

行程群組（process group）、作業階段（session）和工作控制（job control）

行程群組（process group）和作業階段（session）在行程之間是兩層的階層關係：
行程群組是一組相關行程的集合，而作業階段是一組相關行程群組的集合。讀者
透過本章的學習就能釐清「相關」的含義。

行程群組和作業階段是為支援 shell 工作控制而定義的抽象概念，使用者透過
shell 能夠互動式地在前景（foreground）或背景（background）執行指令。「工作
（*job*）」一詞經常與「行程群組」做為同義詞使用。

本章將介紹行程群組、作業階段和工作控制。

34.1　概觀

行程群組由一個或多個使用相同行程群組 ID（*process group identifier*，PGID）的
行程組成，行程群組 ID 是一個數字，其型別與行程 ID 相同（*pid_t*），一個行程群
組會有一個行程群組的組長（*process group leader*），組長行程是群組的第一個行
程，其行程 ID 會成為行程群組的 ID，新的行程則會繼承其父行程所屬的行程群組
ID。

行程群組會有生命週期（*lifetime*），其時間週期始於行程組長加入群組時，結束時間為最後一個成員行程離開群組時。一個行程可能會因為終止而離開行程群組，或因為加入了另一個行程群組而結束行程群組，行程群組的組長不必是最後一個離開行程群組的成員。

作業階段（*session*）是一個行程群組的集合，行程的作業階段成員關係是由其作業階段 ID（*session identifier*，SID）決定的，作業階段 ID 與行程群組 ID 的型別都是 *pid_t* 數值，作業階段組長是建立新作業階段的行程，其行程 ID 會成為作業階段 ID，新行程會繼承其父行程的作業階段 ID。

一個作業階段中的每個行程都會共用一個控制終端機（*controlling terminal*），控制終端機會在作業階段組長（*session leader*）初次開啟一個終端設備時建立，一個終端機最多只能成為一個作業階段的控制終端機。

在任何時間點，作業階段中的其中一個行程群組會成為終端機的前景行程群組（*foreground process group*），其他行程群組會成為背景行程群組（*background process group*）。只有前景行程群組中的行程從讀取控制終端機讀取輸入。當使用者在控制終端機輸入其中一個訊號生成的（*signal-generating*）終端機字元之後，該訊號會被發送到前景行程群組中的每個成員。這些字元包括，產生 SIGINT 的中斷字元（通常是 *Control-C*）、產生 SIGQUIT 的結束字元（通常是 *Control-*）、產生 SIGSTP 的暫停字元（通常是 *Control-Z*）。

當與控制終端機建立連接（即開啟）之後，作業階段組長會成為終端機的控制行程（*controlling process*），成為控制行程的目的是，若終端機斷開連接時，核心（kernel）會向該行程發送一個 SIGHUP 訊號。

> 透過檢測 Linux 特有的 /proc/*PID*/stat 檔案，就能確定任意行程的行程群組 ID 和作業階段 ID。此外，還能確定行程的控制終端機裝置 ID（一個十進位整數，包含 major ID 與 minor ID）和控制該終端機的控制行程（行程 ID），更多細節資訊請參考 *proc(5)* 手冊。

作業階段和行程群組的主要用途是用於 shell 工作控制，透過探討一個特定範例有助於釐清這些概念，如對於互動式登入，控制終端機是使用者登入的途徑，登入的 shell 會變成作業階段組長以及終端機的控制行程，也是其自身行程群組唯一成員。從 shell 啟動的每個指令或用管線串接的指令，都會導致建立一個或多個行程，而且 shell 會把這些行程全部放到一個新的行程群組。（這些行程在一開始是其行程群組中的唯一成員，它們建立的每個子行程會成為該群組中的成員）當指令或以管線連接的一串指令是以 & 符號結束時，則會在背景行程群組執行這些指令，否則就會在前景行程群組執行這些指令，在登入作業階段中建立的每個行程，都會成為同一個作業階段的一份子。

在視窗環境中，控制終端機是一個虛擬終端機（pseudo terminal），每個終端機視窗都有一個獨立的作業階段，隨著視窗的啟動，shell 會成為終端機的作業階段組長與控制行程。

有時可以在工作控制以外的其他區域使用行程群組，因為行程群組具備兩個有用的屬性：即在特定的行程群組中，父行程能夠等待任何一個子行程（參考 26.1.2 節），以及能將訊號發送給行程群組中的每個成員（參考 20.5 節）。

圖 34.1 說明執行下列指令之後，各個行程之間的行程群組和作業階段關係：

```
$ echo $$                          Display the PID of the shell
400
$ find / 2> /dev/null | wc -l &    Creates 2 processes in background group
[1] 659
$ sort < longlist | uniq -c        Creates 2 processes in foreground group
```

此時，shell（*bash*）、*find*、*wc*、*sort* 與 *uniq* 都正在執行。

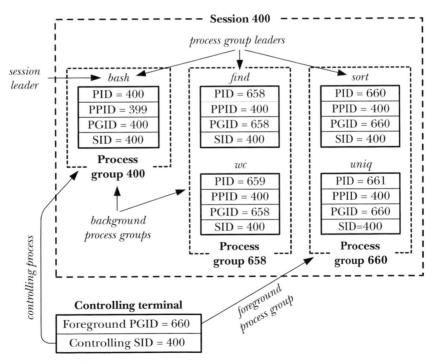

圖 34.1：行程群組、作業階段和控制終端機之間的關係

34.2 行程群組（process group）

每個行程都有一個以數值表示的行程群組 ID，表示該行程所屬的行程群組，新行程會繼承父行程的行程群組 ID，使用 *getpgrp()* 能夠取得一個行程的行程群組 ID。

```
#include <unistd.h>

pid_t getpgrp(void);
```
               Always successfully returns process group ID of calling process

若 *getpgrp()* 的回傳值與呼叫者的行程 ID 匹配，則代表此行程是行程群組組長。

我們執行 *setpgid()* 系統呼叫，可以將 *pid* 行程（行程 ID 為 *pid*）的行程群組 ID 修改為 *pgid*。

```
#include <unistd.h>

int setpgid(pid_t pid, pid_t pgid);
```
                                        Returns 0 on success, or −1 on error

若將 *pid* 指定為 0，則呼叫行程（calling process）的行程群組 ID 會被改變，若將 *pgid* 的值設定為 0，則行程群組 ID 為 *pid* 的行程，其行程群組 ID 會改成與行程 ID 相同。因此，下列的 *setpgid()* 呼叫是相等的：

```
setpgid(0, 0);
setpgid(getpid(), 0);
setpgid(getpid(), getpid());
```

若 *setpgid()* 將目標行程（target process）的行程群組 ID（由 *pid* 指定的行程）更改為目標行程的行程 ID，則目標行程就會成為新行程群組的組長（此行程群組 ID 與組長的行程 ID 相同）。若 *setpgid()* 將目標行程的行程群組 ID 更改為其他值（與目標行程的行程 ID 不同的值），則目標行程會被移到 *pgid* 指定的現有行程群組。若 *setpgid()* 讓目標行程的行程群組 ID 保持不變，則該呼叫不會對目標行程造成影響。

通常 *setpgid()* 函式（以及 34.3 節介紹的 *setsid()*）的呼叫者是 shell 和 *login(1)*，我們在 37.2 節將會看到一個程式在成為 daemon 的過程中，也會呼叫 *setsid()*。

在呼叫 *setpgid()* 時，有以下限制：

- *pid* 參數只能指定為呼叫的行程或它的其中一個子行程,違反這條規則會導致 ESRCH 錯誤。

- 在群組之間移動行程時,呼叫的行程、*pid* 指定的行程(可能是另外一個行程,也可能就是呼叫行程),以及目標行程群組必須全部屬於同一個作業階段,違反這條規則會導致 EPERM 錯誤。

- *pid* 參數指定的行程不能是作業階段組長,違反這條規則會導致 EPERM 錯誤。

- 一個行程在其子行程已經執行 *exec()* 之後,不能改變子行程的行程群組 ID。違反這條規則會導致 EACCES 錯誤。之所以會有這條約束條件的原因是,若在一個行程開始執行之後,改變其行程群組 ID 會造成程式的混淆。

在工作控制的 shell 使用 *setpgid()*

一個行程在其子行程已經執行 *exec()* 之後,就無法修改該子行程的行程群組 ID,此限制條件會影響有下列需求的工作控制 shell 程式之設計:

- 一個工作(job)中的每個行程(即一個指令或一串以管線連接的指令)必須放置在一個單獨的行程群組。(可以觀察圖 34-1 中 *bash* 建立的兩個行程群組看到所需的結果)。此步驟允許 shell 使用 *killpg()*(或使用負的 *pid* 值來呼叫 *kill()*)同時向行程群組的所有成員發送工作控制訊號。一般而言,此步驟需要在發送任意工作控制訊號前完成。

- 每個子行程在執行(exec)程式之前,必須要先轉移到行程群組,因為程式本身不清楚如何操作行程群組 ID 的。

對於該工作的每個行程而言,父行程和子行程都可以使用 *setpgid()* 來修改子行程的行程群組 ID。然而,由於在父行程執行 *fork()*(參考 24.4 節)之後,父行程與子行程之間的排班順序是無法確定的,因此無法肯定父行程能在子行程執行 *exec()* 之前,改變子行程的行程群組 ID,同樣也無法確定子行程可以在父行程向其發送任何工作控制訊號之前,修改其行程群組 ID。(依賴這任一個行為都會導致競速情況)。因此,在設計工作控制 shell 程式時,需要讓父行程和子行程在 *fork()* 呼叫之後,立即呼叫 *setpgid()*,來將子行程的行程群組 ID 設定為同樣的值,而父行程會忽略在 *setpgid()* 呼叫中出現的任何 EACCES 錯誤。換句話說,在一個工作控制 shell 程式中,可能會出現如列表 34-1 的程式碼。

列表 34-1:工作控制 shell 程式如何設定子行程的行程群組 ID

```
pid_t childPid;
pid_t pipelinePgid;          /* PGID to which processes in a pipeline
                                are to be assigned */
```

```
/* Other code */

childPid = fork();
switch (childPid) {
case -1: /* fork() failed */
    /* Handle error */

case 0: /* Child */
    if (setpgid(0, pipelinePgid) == -1)
        /* Handle error */
    /* Child carries on to exec the required program */

default: /* Parent (shell) */
    if (setpgid(childPid, pipelinePgid) == -1 && errno != EACCES)
        /* Handle error */
    /* Parent carries on to do other things */
}
```

在處理由管線建立的行程時，事情會比列表 34-1 略為複雜，父輩的 shell 需要記錄管線中的第一個行程之行程 ID，並用來做為此行程群組中的每個行程之行程群組 ID（*pipelinePgid*）。

取得和修改行程群組 ID 的其他（過時的）介面

這裡說明為何 *getpgrp()* 和 *setpgid()* 兩個系統呼叫的名稱字尾不同。

起初，4.2BSD 提供一個 *getpgrp(pid)* 系統呼叫，用來傳回行程（行程 ID 為 *pid*）的行程群組 ID。在實務上，*pid* 幾乎總是用來表示執行呼叫的行程。結果，POSIX 委員會認為這個系統呼叫過於複雜，因此改成採用 System V 的 *getpgrp()* 系統呼叫，這個系統呼叫不接收任何參數，並傳回呼叫行程的行程群組 ID。

為了改變行程群組 ID，4.2BSD 提供 *setpgrp(pid, pgid)* 系統呼叫，它的運作與 *setpgid()* 類似。這兩個系統呼叫的主要差別在於，BSD *setpgrp()* 能夠用來將行程群組 ID 設定為任意值，（前面曾經提及，不能使用 *setpgid()* 將一個行程轉移至其他作業階段中的行程群組）。這會引起一些安全問題，但也讓實作工作控制程式較有彈性。結果，POSIX 委員會決定給這個函式增加額外的限制條件，並將其命名為 *setpgid()*。

更複雜的事情是，SUSv3 制定了一個 *getpgid(pid)* 系統呼叫，它的語意與舊有的 BSD *getpgrp()* 相同，而且也定義了一個從 System V 衍生而來的 *setpgrp()*，不接受任何參數，與 *setpgid(0, 0)* 呼叫幾乎是相等的。

雖然在實作 shell 工作控制上，利用前述的 *setpgid()* 和 *getpgrp()* 系統呼叫已經足夠了，Linux 但與其他大多數 UNIX 實作一樣，也提供了 *getpgid(pid)* 和 *setpgrp(void)*。為了向後相容，很多從 BSD 演化而來的實作仍然繼續提供 *setprgp(pid, pgid)*，它與 *setpgid(pid, pgid)* 是一樣的。

若我們在編譯程式時，明確定義 _BSD_SOURCE 功能測試巨集（feature test macro），則 *glibc* 會使用從 BSD 演化而來的 *setpgrp()* 和 *getpgrp()* 來取代預設版本。

34.3　作業階段（session）

一個作業階段是行程群組的一個集合，一個行程的作業階段成員關係是由其作業階段 ID 數值定義的。新的行程會繼承其父行程的作業階段 ID，*getsid()* 系統呼叫會傳回 *pid* 指定行程之作業階段 ID。

```
#define _XOPEN_SOURCE 500
#include <unistd.h>

pid_t getsid(pid_t pid);
```
                    Returns session ID of specified process, or *(pid_t)* –1 on error

若 *pid* 參數的值為 0，則 *getsid()* 會傳回呼叫行程的作業階段 ID。

> 在有些 UNIX 實作中（如 HP-UX 11），只有當呼叫行程與 pid 指定的行程屬於同一個作業階段時，才能使用 *getsid()* 來取得行程的作業階段 ID。（SUSv3 無此限制）。換句話說，只能透過此呼叫提供的結果為成功或失敗（EPERM）來判定指定的行程是否與呼叫行程屬於同一個作業階段，此限制在 Linux 與大多數其他系統並不存在。

若呼叫行程不是行程群組的組長，則 *setsid()* 會建立一個新的作業階段。

```
#include <unistd.h>

pid_t setsid(void);
```
                    Returns session ID of new session, or –1 on error

系統呼叫 *setsid()* 會依照下列步驟建立一個新的作業階段：

- 呼叫行程成為新作業階段的組長，以及作業階段中新行程群組的組長。呼叫行程的行程群組 ID 和作業階段 ID 會設定為該行程的行程 ID。
- 呼叫行程沒有控制終端機，之前與控制終端機的全部連接都會斷開。

若呼叫行程是一個行程群組的組長，則 *setsid()* 呼叫會回報 EPERM 錯誤，確保避免此錯誤發生的最簡易方式是，執行一個 *fork()*、讓父行程結束，以及讓子行程呼叫 *setsid()*。由於子行程會繼承父行程的行程群組 ID，並接收屬於自己的唯一行程 ID，因此它無法成為行程群組的組長。

限制行程群組的組長呼叫 *setsid()* 是有必要的，因為若沒有這個約束，行程群組的組長就能將自己轉移到另一個（新的）作業階段，而該行程群組的其他成員則仍然處於原來的作業階段。（不會建立一個新行程群組，因為根據定義，行程群組組長的行程群組 ID 已經與其行程 ID 相同）。這會破壞作業階段和行程群組之間的嚴格兩階層級，因此一個行程群組的每個成員必須屬於同一個作業階段。

> 當使用 *fork()* 建立一個新行程時，核心會確保它擁有唯一的行程 ID，而該行程 ID 不會與任何現有行程的行程群組 ID 和作業階段 ID 重複。這樣，即使行程群組或作業階段組長結束之後，新行程也無法再次使用組長的行程 ID，因而無法成為既有作業階段和行程群組的組長。

列表 34-2 示範如何使用 *setsid()* 建立一個新的作業階段，為了檢查行程已經不再擁有控制終端機，這個程式試著開啟 /dev/tty 特殊檔（下一節將介紹），當執行這個程式時會看到下列的結果：

```
$ ps -p $$ -o 'pid pgid sid command'          $$ is PID of shell
  PID PGID SID COMMAND
12243 12243 12243 bash                         PID, PGID, and SID of shell
$ ./t_setsid
$ PID=12352, PGID=12352, SID=12352
ERROR [ENXIO Device not configured] open /dev/tty
```

如輸出所示，行程成功地將其自身轉移到新的作業階段的新行程群組，由於這個作業階段沒有控制終端機，因此 *open()* 呼叫會失敗。（從上面程式輸出的倒數第二行中可以看出，shell 提示字元與程式輸出混在一起了，因為 shell 注意到，父行程在 *fork()* 呼叫之後就結束了，因此在子行程結束之前就印出下一個提示字元）。

列表 34-2：建立一個新的作業階段

── **pgsjc/t_setsid.c**

```
#define _XOPEN_SOURCE 500
#include <unistd.h>
#include <fcntl.h>
#include "tlpi_hdr.h"

int
main(int argc, char *argv[])
{
    if (fork() != 0)                /* Exit if parent, or on error */
```

```
        _exit(EXIT_SUCCESS);

    if (setsid() == -1)
        errExit("setsid");

    printf("PID=%ld, PGID=%ld, SID=%ld\n", (long) getpid(),
            (long) getpgrp(), (long) getsid(0));

    if (open("/dev/tty", O_RDWR) == -1)
        errExit("open /dev/tty");
    exit(EXIT_SUCCESS);
}
```

—————————————————————————————————— **pgsjc/t_setsid.c**

34.4　控制終端機與控制行程

一個作業階段中的每個行程可能會有一個（單獨的）控制終端機，作業階段在剛建立時是沒有控制終端機的，除非在呼叫 open() 時指定 **O_NOCTTY** 旗標，否則在作業階段組長初次開啟一個終端機（尚未成為某個作業階段的控制終端機）時，就會建立控制終端機，一個終端機最多只能成為一個作業階段的控制終端機。

> SUSv3 定義了函式 *tcgetsid(int fd)*（定義在 <termios.h> 標頭檔），它傳回一個作業階段 ID（與 *fd* 指定的控制終端機相關聯），*glibc* 也有提供此函式（使用 *ioctl()* 搭配 TIOCGSID 操作實作）。

由 *fork()* 建立的子行程會繼承控制終端機，控制終端機也可以跨 *exec()* 呼叫而保留。

當作業階段組長開啟一個控制終端機之後，它同時成為終端機的控制行程。若終端機斷開了，則核心會向控制行程發送一個 SIGHUP 訊號，以通知此事件的發生，我們在 34.6.2 節中將會介紹更多有關這一方面的細節資訊。

若一個行程有一個控制終端機，則開啟 /dev/tty 特殊檔案就能取得終端機的檔案描述符。若標準輸入與標準輸出已經重新導向，而程式想要確定自己正在與控制終端機通信，則可以利用這個方式。例如，在 8.5 節介紹的 *getpass()* 函式會為此開啟 /dev/tty。若行程沒有控制終端機，則在開啟 /dev/tty 時會回報 ENXIO 的錯誤。

移除行程與控制終端機之間的關聯

使用 *ioctl(fd,* TIOCNOTTY*)* 操作能夠移除行程與控制終端機（檔案描述符 *fd* 指定的控制終端機）之間的關聯關係。在呼叫這個函式之後，再試圖開啟 /dev/tty 檔案就會失敗。（雖然 SUSv3 沒有指定這個操作，但大多數 UNIX 實作都支援 TIOCNOTTY 操作）。

若呼叫行程是終端機的控制行程，則在控制行程終止時（參考 34.6.2），會發生下列步驟：

1. 作業階段中的所有行程將會失去與控制終端機之間的關聯關係。

2. 控制終端機失去了與該作業階段之間的關聯關係，因此另一個作業階段組長（session leader）就能夠取得該終端機，以成為控制終端機。

3. 核心會向前景行程群組的所有成員發送一個 SIGHUP 訊號（和一個 SIGCONT 訊號），來通知它們控制終端機的分離。

在 BSD 上建立一個控制終端機

SUSv3 對於作業階段取得控制終端機的方式保留不予規範，在開啟終端機時僅指定 O_NOCTTY 旗標，只能確保終端機不會成為作業階段的控制終端機。上述的 Linux 語意源自 System V 系統。

在 BSD 系統上，不管是否指定 O_NOCTTY 旗標，以作業階段組長開啟一個終端機，絕不會導致該終端機成為控制終端機。作業階段組長反而會需要使用 *ioctl()* TIOCSCTTY 操作，明確地將 *fd* 檔案描述符指定的終端機建立為控制終端機。

```
if (ioctl(fd, TIOCSCTTY, 0) == -1)
    errExit("ioctl");
```

若作業階段還沒有控制終端機，則可以執行這個操作。

Linux 系統上也有 TIOCSCTTY 操作，但在其他（非 BSD）系統上並未獲得廣泛使用。

取得表示控制終端機的路徑名稱：*ctermid()*

函式 *ctermid()* 傳回表示控制終端機的路徑名稱。

```
#include <stdio.h>              /* Defines L_ctermid constant */

char *ctermid(char *ttyname);
        Returns pointer to string containing pathname of controlling terminal,
                        or NULL if pathname could not be determined
```

函式 *ctermid()* 以兩種不同的方式傳回控制終端機的路徑名稱：透過函式的傳回值
與透過 ttyname 指向的緩衝區。

若 *ttyname* 不為 NULL，則它應該是一個大小至少為 L_ctermid 位元組的緩衝
區，而路徑名稱則會被複製到這個陣列。在此，函式的回傳值也是一個指向此緩
衝區的指標，若 *ttyname* 為 NULL，則 *ctermid()* 會傳回一個指標（指向靜態配置的
緩衝區），緩衝區中包含了路徑名稱。當 *ttyname* 為 NULL 時，*ctermid()* 是不可重入
的。

在 Linux 和其他 UNIX 實作中，*ctermid()* 通常會產生 /dev/tty 字串，此函式
的目的是便於移植程式到非 UNIX 系統。

34.5　前景和背景行程群組

控制終端機保留前景行程群組的概念，在一個作業階段中，同時只有一個行程群
組能在前景行程，作業階段中的其他行程都是在背景行程群組。前景行程群組是
唯一能夠自由地讀取和寫入控制終端機的行程群組。當在控制終端機中輸入其中
一個會產生訊號的終端機字元之後，終端機驅動程式會將相對應的訊號發送給前
景行程群組的成員，34.7 節將會對此進行深入介紹。

> 理論上，可能會出現一個作業階段沒有前景行程群組的情況，例如，若前景
> 行程群組中的每個行程都結束了，而且沒有其他行程注意到這件事而將自己
> 轉移到前景行程群組時，就會出現這種情況。但在實務中這種情況是比較少
> 見的，通常 shell 行程會監控前景行程群組的狀態，當它注意到前景行程群組
> 結束之後（透過 *wait()*），則會將自己移動到前景。

函式 *tcgetpgrp()* 和 *tcsetpgrp()* 分別取得與修改一個終端機的行程群組，這些函式主
要供工作控制 shell 使用。

```
#include <unistd.h>

pid_t tcgetpgrp(int fd);
```
                    Returns process group ID of terminal's foreground process group,
                                                            or −1 on error
```
int tcsetpgrp(int fd, pid_t pgid);
```
                                        Returns 0 on success, or −1 on error

函式 *tcgetpgrp()* 會傳回前景行程群組的行程群組 ID（檔案描述符 *fd* 指定的終端機之前景行程群組，此終端機必須是呼叫行程的控制終端機）。

> 若此終端機沒有前景行程群組，則 *tcgetpgrp()* 會傳回大於 1 的值（此值不會與全部的既有行程群組 ID 重複）（在 SUSv3 有規範此行為）。

函式 *tcsetpgrp()* 可以改變終端機的前景行程群組，若呼叫行程擁有一個控制終端機，則檔案描述符 *fd* 參考的就是那個終端機，接著 *tcsetpgrp()* 會將終端機的前景行程群組設定為 *pgid* 參數指定的行程群組，此參數必須能與呼叫行程所屬的作業階段之某個行程的行程群組 ID 匹配。

> 函式 *tcgetpgrp()* 和 *tcsetpgrp()* 都已經納入 SUSv3 的標準，Linux 與很多其他 UNIX 實作一樣，利用兩個非標準的 *ioctl()* 操作（即 TIOCGPGRP 和 TIOCSPGRP）來實作此函式。

34.6　SIGHUP 訊號

當一個控制行程失去與終端機的連接之後，核心會發送一個 SIGHUP 訊號來通知它。（也會發送一個 SIGCONT 訊號，以確保在行程之前已因訊號而停止時，可以重新啟動行程）。通常，可能會發生在兩種情況：

- 當終端機驅動程式偵測到連接斷開後，表示數據機或終端機行（terminal line）收不到訊號。
- 當工作站的終端機視窗關閉時，因為最近開啟的檔案描述符（與終端機視窗關聯的虛擬終端機 master 端）已經關閉。

SIGHUP 訊號的預設處理方式是終止行程，若控制行程處理了或忽略了這個訊號，則再繼續讀取終端機就會收到檔案結尾（end-of-file）。

> SUSv3 提及，如果終端機斷開同時發生呼叫 *read()* 的 EIO 錯誤，則無法預期 *read()* 到底會傳回檔案結尾或發生 EIO 錯誤。可攜的程式必須處理這兩種情況。在 34.7.2 節和 34.7.4 節中將介紹在哪些情況下呼叫 *read()* 會發生 EIO 錯誤。

對控制行程發送 SIGHUP 訊號會引起一種連鎖反應，因而導致將 SIGHUP 訊號發送給很多其他行程，這個過程可能會以下列兩種方式發生：

- 控制行程通常是 shell，shell 建立一個 SIGHUP 訊號的處理常式（handler），以便在行程終止之前，shell 能夠將 SIGHUP 訊號發送給它所建立的各個任務。在預設情況下，這個訊號會終止那些任務，但若它們捕獲了這個訊號，就能知道 shell 行程已經終止了。

- 在終止終端機的控制行程時，核心會解除作業階段中所有行程與該控制終端機之間的關聯關係，以及控制終端機與該作業階段的關聯關係（因此另一個作業階段組長可以請求該終端機成為控制終端機），並且透過向該終端機的前景行程群組的成員發送 SIGHUP 訊號，以通知它們控制終端機的結束。

下一節將深入探討這兩種方式。

> SIGHUP 訊號也有其他用途，在 34.7.4 節，我們可以看到當一個行程組成為孤兒行程群組時，會產生 SIGHUP 訊號。此外，手動發送 SIGHUP 訊號通常用來觸發 daemon 行程重新初始化自身或重新讀取其設定檔。（根據定義，daemon 行程沒有控制終端機，因此無法從核心接收 SIGHUP 訊號）。37.4 節將會介紹如何配合使用 SIGHUP 訊號和 daemon 行程。

34.6.1 利用 shell 處理 SIGHUP 訊號

在登入作業階段（login session），shell 通常是終端機的控制行程。大多數 shell 程式在以互動式執行時，會為 SIGHUP 訊號建立一個處理常式，這個處理常式會終止 shell，但在終止之前會向 shell 建立的各個行程群組（包括前景和背景行程群組）發送一個 SIGHUP 訊號。（在 SIGHUP 訊號之後可能會發送一個 SIGCONT 訊號，這取決於 shell 本身以及任務目前是否處於停止狀態）。至於這些群組中的行程如何回應 SIGHUP 訊號，則需要根據應用程式的具體需求，若不採取特殊的動作，則預設情況下將會終止行程。

> 有些工作控制的 shell 在正常結束（如登出或在 shell 視窗中按下 *Control-D*）時，也會發送 SIGHUP 訊號來停止背景工作，*bash* 和 Korn shell 都採取了這種處理方式（初次試著登出時、輸出一筆訊息之後）。

> 指令 *nohup(1)* 可以用來使一個指令對 SIGHUP 訊號免疫，即執行指令時將 SIGHUP 的訊號處置設定為 SIG_IGN，*bash* 內建的 *disown* 指令提供類似功能，它從 shell 的任務清單中移除一個任務，這樣在 shell 終止時，就不會向該任務發送 SIGHUP 訊號了。

我們可以使用列表 34-3 的程式進行示範，在 shell 接收 SIGHUP 訊號時，它會依序送出 SIGHUP 訊號給所建立的任務。這個程式的主要任務是建立一個子行程，然後讓父行程和子行程暫停執行，以捕獲 SIGHUP 訊號，並在收到該訊號時輸出一筆訊息。若在執行程式時使用一個選配的命令列參數（它可以是任意字串），則子行程會將其自身放置在一個不同的行程群組中（在同一個作業階段中）。可用來示範說明，shell 不會將 SIGHUP 訊號送給一個不是自己建立的行程群組，即使此行程群組處在與 shell 相同的作業階段。（由於程式中最後一個 for 迴圈是一個無窮迴圈，

因此這個程式使用 *alarm()* 設定一個計時器來發送 SIGALRM 訊號。若行程沒有終止，則當它接收到 SIGALRM 訊號而不做處理時會導致行程終止）。

列表 34-3：捕獲 SIGHUP 訊號

────────────────────────────────────── **pgsjc/catch_SIGHUP.c**

```
#define _XOPEN_SOURCE 500
#include <unistd.h>
#include <signal.h>
#include "tlpi_hdr.h"

static void
handler(int sig)
{
}

int
main(int argc, char *argv[])
{
    pid_t childPid;
    struct sigaction sa;

    setbuf(stdout, NULL);        /* Make stdout unbuffered */

    sigemptyset(&sa.sa_mask);
    sa.sa_flags = 0;
    sa.sa_handler = handler;
    if (sigaction(SIGHUP, &sa, NULL) == -1)
        errExit("sigaction");

    childPid = fork();
    if (childPid == -1)
        errExit("fork");

    if (childPid == 0 && argc > 1)
        if (setpgid(0, 0) == -1)         /* Move to new process group */
            errExit("setpgid");

    printf("PID=%ld; PPID=%ld; PGID=%ld; SID=%ld\n", (long) getpid(),
            (long) getppid(), (long) getpgrp(), (long) getsid(0));

    alarm(60);                   /* An unhandled SIGALRM ensures this process
                                    will die if nothing else terminates it */
    for(;;) {                    /* Wait for signals */
        pause();
        printf("%ld: caught SIGHUP\n", (long) getpid());
    }
}
```

────────────────────────────────────── **pgsjc/catch_SIGHUP.c**

假設我們在一個終端機視窗輸入下列的指令，以執行列表 34-3 程式的兩個實體
（instance），接著關閉終端機視窗：

```
$ echo $$                              PID of shell is ID of session
5533
$ ./catch_SIGHUP > samegroup.log 2>&1 &
$ ./catch_SIGHUP x > diffgroup.log 2>&1
```

第一個指令會建立兩個行程，這兩個行程屬於由 shell 建立的行程群組，第二個指
令建立一個子行程，子行程將自身放置在一個不同的行程群組。

在我們查看 samegroup.log 時，會發現其中包含了下列的輸出，表示兩個行程
群組的成員都收到了 shell 發送的訊號：

```
$ cat samegroup.log
PID=5612; PPID=5611; PGID=5611; SID=5533    Child
PID=5611; PPID=5533; PGID=5611; SID=5533    Parent
5611: caught SIGHUP
5612: caught SIGHUP
```

當我們檢查 diffgroup.log 內容時，會發現下列的輸出，表示 shell 在收到 SIGHUP
時，不會向非由它建立的行程群組發送訊號：

```
$ cat diffgroup.log
PID=5614; PPID=5613; PGID=5614; SID=5533    Child
PID=5613; PPID=5533; PGID=5613; SID=5533    Parent
5613: caught SIGHUP                         Parent was signaled, but not child
```

34.6.2　SIGHUP 訊號與控制行程的終止

若因為終端機斷線，而發送 SIGHUP 訊號給控制行程並導致控制行程終止，則會將
SIGHUP 訊號發送給終端機前景行程群組的所有成員（見 25.2 節）。這個行為是控
制行程終止的結果，而非與 SIGHUP 訊號關聯的行為。若控制行程出於任何原因終
止，則前景行程群組就會收到 SIGHUP 訊號。

> 在 Linux 系統上，SIGHUP 訊號後面會跟著一個 SIGCONT 訊號，以確保行程群組
> 之前若受到一個訊號停止時，可以讓行程群組恢復執行。但 SUSv3 並沒有規
> 範此行為，並且多數其他 UNIX 實作在這種狀況並不會發送 SIGCONT 訊號。

我們可以使用列表 34-4 程式，此程式示範控制行程的終止會導致對終端機前景
行程群組的每個成員發送 SIGHUP 訊號。此程式為每個命令列參數建立一個子行程
②。若相對應的命令列參數是 d，則子行程會將自身放置在自己的（不同的）行程
群組③；否則子行程會加入父行程所在的行程群組中。（這裡使用了字母 s 來指定
後面這種處理方式，雖然只要使用 d 以外的任何字母即可）。接著各個子行程設定

了 SIGHUP 訊號處理常式④。為確保它們在無行程終止事件的情況也能終止，父行程和子行程都呼叫了 *alarm()* 設定一個計時器，以在 60 秒之後發送一個 SIGALRM 訊號⑤。最後所有行程（包括父行程）輸出它們的行程 ID 和行程群組 ID ⑥，接著以迴圈等待訊號的到達⑦。當送出訊號之後，處理常式會輸出行程的行程 ID 和訊號數值①。

列表 34-4：在終端機斷開發生時捕獲 SIGHUP 訊號

——————————————————————————————————————— **pgsjc/disc_SIGHUP.c**

```
        #define _GNU_SOURCE       /* Get strsignal() declaration from <string.h> */
        #include <string.h>
        #include <signal.h>
        #include "tlpi_hdr.h"

        static void               /* Handler for SIGHUP */
        handler(int sig)
        {
①          printf("PID %ld: caught signal %2d (%s)\n", (long) getpid(),
                   sig, strsignal(sig));
                              /* UNSAFE (see Section 21.1.2) */
        }

        int
        main(int argc, char *argv[])
        {
            pid_t parentPid, childPid;
            int j;
            struct sigaction sa;

            if (argc < 2 || strcmp(argv[1], "--help") == 0)
                usageErr("%s {d|s}... [ > sig.log 2>&1 ]\n", argv[0]);

            setbuf(stdout, NULL);              /* Make stdout unbuffered */

            parentPid = getpid();
            printf("PID of parent process is:      %ld\n", (long) parentPid);
            printf("Foreground process group ID is: %ld\n",
                   (long) tcgetpgrp(STDIN_FILENO));

②          for (j = 1; j < argc; j++) {       /* Create child processes */
                childPid = fork();
                if (childPid == -1)
                    errExit("fork");

                if (childPid == 0) {           /* If child... */
③                  if (argv[j][0] == 'd')     /* 'd' --> to different pgrp */
                        if (setpgid(0, 0) == -1)
```

```
                    errExit("setpgid");

            sigemptyset(&sa.sa_mask);
            sa.sa_flags = 0;
            sa.sa_handler = handler;
④          if (sigaction(SIGHUP, &sa, NULL) == -1)
                errExit("sigaction");
            break;                          /* Child exits loop */
        }
    }

    /* All processes fall through to here */

⑤  alarm(60);        /* Ensure each process eventually terminates */

⑥  printf("PID=%ld PGID=%ld\n", (long) getpid(), (long) getpgrp());
    for (;;)
⑦      pause();          /* Wait for signals */
}
```
── **pgsjc/disc_SIGHUP.c**

假設使用下列指令在一個終端機視窗執行列表 34-4 的程式：

```
$ exec ./disc_SIGHUP d s s > sig.log 2>&1
```

指定 *exec* 是一個 shell 內建的指令，它會讓 shell 執行一個 *exec()*，並使用指定的程式取代自己。由於 shell 是終端機的控制行程，因此現在這個程式已經成為控制行程，並且在終端機視窗關閉時會收到 SIGHUP 訊號，在關閉終端機視窗之後，可以在 sig.log 檔案看到下列輸出：

```
PID of parent process is:       12733
Foreground process group ID is: 12733
PID=12755 PGID=12755            First child is in a different process group
PID=12756 PGID=12733            Remaining children are in same PG as parent
PID=12757 PGID=12733
PID=12733 PGID=12733            This is the parent process
PID 12756: caught signal  1 (Hangup)
PID 12757: caught signal  1 (Hangup)
```

關閉終端機視窗會導致 SIGHUP 訊號被發送給控制行程（父行程），進而導致終止該行程。從上面可以看出，兩個子行程與父行程位於同一個行程群組中（終端機的前景行程群組），它們都收到了 SIGHUP 訊號，但位於另一個行程群組（背景）中的子行程並沒有收到這個訊號。

34.7　工作控制（job control）

工作控制是在 1980 年左右，由 BSD 系統的 C shell 初次推出時的功能，工作控制
允許一個 shell 使用者同時執行多個指令（工作），其中一個指令在前景執行，其
餘的指令在背景執行。工作可以被停止、恢復，以及在前背景之間移動，下列會
對此予以詳細介紹。

> 在初始的 POSIX.1 標準中，對工作控制的支援是選配的，之後的 UNIX 標準
> 使這個功能成為了必備功能。

在基於字元的啞終端機（dump terminal）盛行的年代（實體終端設備只能顯示
ASCII 字元），很多 shell 使用者都知道如何使用 shell 的工作控制指令。在執行 X
Window System 的點陣圖螢幕出現之後，熟悉 shell 工作控制的人就越來越少了，
但工作控制仍然是一項非常有用的功能。使用工作控制管理多個同時執行的指
令，會比在幾個視窗之間來回切換更快速與簡單。對於那些不熟悉工作控制的讀
者而言，可以參考下列這個簡短的入門指南。在介紹完入門指南之後，將會介紹
工作控制的實作細節，並探討工作控制對應用程式設計的限制。

34.7.1　在 shell 中使用工作控制

當我們輸入的指令以 & 符號結束時，該指令會以背景工作執行，如下列範例所示：

```
$ grep -r SIGHUP /usr/src/linux >x &
[1] 18932                          Job 1: process running grep has PID 18932
$ sleep 60 &
[2] 18934                          Job 2: process running sleep has PID 18934
```

shell 會幫背景中的每個行程賦予一個唯一的工作編號（*job number*），當工作在背
景執行之後，以及在使用各種工作控制指令操作、或監控工作時，工作編號會顯
示在中括號中。工作編號後面的數字是執行這個指令的行程（行程 ID）、或管線
中最後一個行程（行程 ID）。在後面幾個段落中介紹的指令，會使用 *%num* 來參考
工作，其中 *num* 是 shell 賦予工作的工作編號。

> 在很多情況下可以省略 %num，當省略 %num 時，預設是指目前的工作，目前
> 的工作是最近在前景被停止的工作（使用下列介紹的暫停字元），或若沒有這
> 樣的工作，則最新工作是在背景啟動的任務。（不同的 shell 決定哪個背景工
> 作為目前工作的細節方面稍微有些不同）。另外，%% 和 %+ 符號指的是目前
> 工作，%– 符號指的是上一個目前工作，在 jobs 指令的輸出中，目前的工作和
> 上一個目前的工作可分別用加號（＋）和減號（–）標示，稍後會進行介紹。

指令 *jobs* 是 shell 內建的指令，它會列出所有背景工作：

```
$ jobs
[1]- Running          grep -r SIGHUP /usr/src/linux >x &
[2]+ Running          sleep 60 &
```

此時，shell 是終端機的前景行程，由於只有一個前景行程能夠從控制終端機讀取輸入與接收終端機產生的訊號，因此有時需要將背景工作移動到前景，這是透過 *fg* 這個 shell 內建指令來完成的：

```
$ fg %1
grep -r SIGHUP /usr/src/linux >x
```

由此範例的示範，當工作在前景與背景之間移動時，shell 會重新輸出工作的命令列，讀者透過下列內容就會發現，當工作在背景的狀態發生變化時，shell 也會重新輸出工作的命令列。

當工作在前景執行時，可以使用終端機暫停字元（通常是 *Control-Z*）來暫停工作，它會向終端機的前景行程群組發送一個 SIGTSTP 訊號。

```
Type Control-Z
[1]+ Stopped          grep -r SIGHUP /usr/src/linux >x
```

在按下 *Control-Z* 之後，shell 會輸出在背景被停止的指令，若有需要，可以使用 *fg* 指令在前景恢復這個工作，或使用 *bg* 指令在背景恢復這個指令。不管使用哪個指令恢復工作，shell 都會對工作發送一個 SIGCONT 訊號，來恢復被停止的工作。

```
$ bg %1
[1]+ grep -r SIGHUP /usr/src/linux >x &
```

我們可以透過發送一個 SIGSTOP 訊號給背景工作，以停止背景工作。

```
$ kill -STOP %1
[1]+ Stopped          grep -r SIGHUP /usr/src/linux >x
$ jobs
[1]+ Stopped          grep -r SIGHUP /usr/src/linux >x
[2]- Running          sleep 60 &
$ bg %1                                    Restart job in background
[1]+ grep -r SIGHUP /usr/src/linux >x &
```

　　Korn 和 C shell 提供了一個 *stop* 指令，做為 *kill -stop* 的快捷鍵。

當背景工作最後執行結束之後，shell 會在輸出下一個 shell 提示字元之前，先輸出一筆訊息：

```
Press Enter to see a further shell prompt
[1]- Done             grep -r SIGHUP /usr/src/linux >x
[2]+ Done             sleep 60
$
```

只有在前景工作中的行程才能夠從控制終端機讀取輸入，這個限制條件避免多個工作競爭讀取終端機輸入，若背景工作試著從終端機讀取輸入，就會接收到一個 SIGTTIN 訊號，SIGTTIN 訊號的預設動作是停止工作。

```
$ cat > x.txt &
[1] 18947
$
Press Enter once more in order to see job state changes displayed prior to next shell prompt
[1]+ Stopped          cat >x.txt
$
```

> 在上一個例子，以及後面的幾個例子中，可能不需要按下 *Enter*（return），就能看到工作狀態變更的資訊。根據核心的排班決策，shell 可能會在輸出下一個 shell 提示符號之前，接收到有關背景工作狀態變更的通知。

現在必須要將工作移到前景（*fg*），並向其提供所需的輸入。若需要，可以先暫停該工作，之後在背景恢復該工作（*bg*）的方式繼續該工作的執行。（當然，在這個特定的例子中，*cat* 將會再次立即被停止，因為它會再次嘗試從終端機讀取輸入）。

在預設情況，背景工作是被允許對控制終端機輸入內容的。但若終端機設定了 TOSTOP 旗標（終端機輸出停止，參考 62.5 節），則當背景工作嘗試在終端機上輸出時會導致 SIGTTOU 訊號的產生。（使用 stty 指令能夠設定 TOSTOP 旗標，62.3 節將會介紹）。與 SIGTTIN 訊號一樣，SIGTTOU 訊號會停止工作。

```
$ stty tostop                          Enable TOSTOP flag for this terminal
$ date &
[1] 19023
$
Press Enter once more to see job state changes displayed prior to next shell prompt
[1]+ Stopped          date
```

我們接著可以將工作移到前景，以查看工作的輸出：

```
$ fg
date
Tue Dec 28 16:20:51 CEST 2010
```

在工作控制下，工作的多種狀態，以及 shell 指令和終端機字元（以及相對應的訊號）可以使工作在不同狀態之間轉移，並節錄於圖 34-2。此圖也包含工作的終止狀態（terminated state），可透過發送各種訊號給工作來到達此狀態，例如：SIGINT 與 SIGQUIT，這些訊號可以透過鍵盤產生。

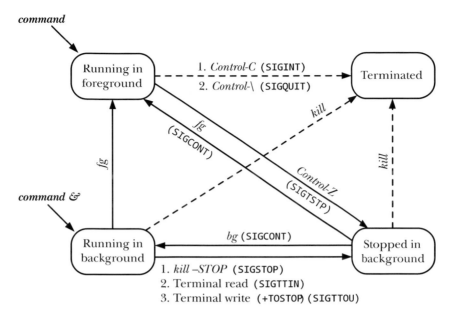

圖 34-2：工作控制狀態

34.7.2 實作工作控制

本節將先介紹與實作工作控制有關的內容，最後介紹一個能使工作控制操作更加透明的範例程式。

雖然工作控制原本在 POSIX.1 標準是選配的，但在後面的標準中，包括 SUSv3，則要求實作必須要支援工作控制，這種支援所需的條件如下：

- 實作必須要提供特定的工作控制訊號：SIGTSTP、SIGSTOP、SIGCONT、SIGTTOU 以及 SIGTTIN。此外，SIGCHLD 訊號（參考 26.3 節）也是必需的，因為它允許 shell（所有任務的父行程）找出其子行程何時執行終止或被停止了。

- 終端機驅動程式必須要提供產生工作控制訊號，以便在輸入特定的字元、或進行終端機 I/O，以及在背景工作中執行特定的其他終端機操作（下列將會介紹）時，需要將適當的訊號（如圖 34-2 所示）發送到相關的行程群組。為了能夠完成這些動作，終端機驅動程式必須要記錄與終端機相關聯的作業階段 ID（控制行程）和前景行程群組 ID（圖 34-1）。

- shell 必須要支援工作控制（大多數現代 shell 都具備這個功能），此支援是透過前述的指令格式提供，可將工作在前景和背景之間轉移，以及監控工作的狀態。其中某些指令會向工作發送訊號（如圖 34-2 所示）。此外，在執行將工作從前景執行的狀態轉移至其他狀態的操作中，shell 使用 *tcsetpgrp()* 呼叫來調整終端機驅動程式中與前景行程群組有關的紀錄資訊。

我們在 20.5 節曾經講過，訊號一般只有在發送行程（sending process）的真實（real）或有效（effective）使用者 ID 與接收行程（receiving process）的真實使用者 ID 或保存的 set-user-ID 匹配時，才會被發送給行程，但 SIGCONT 是此規則的例外。核心允許一個行程（如 shell）向同一作業階段中的任意行程發送 SIGCONT 訊號，不管行程憑證資訊（process credential）為何。在 SIGCONT 訊號上放寬這個規則是有必要的，這樣當使用者開始一個會修改自身的驗證資訊（特別是真實的使用者 ID）的 set-user-ID 程式時，仍然能夠在程式被停止時透過 SIGCONT 訊號來恢復這個程式的執行。

SIGTTIN 和 SIGTTOU 訊號

SUSv3 對於一些特殊情況（以及 Linux 系統的實作），對背景行程產生 SIGTTIN 和 SIGTTOU 訊號制定了規範：

- 若行程目前處於阻塞狀態、或忽視 SIGTTIN 訊號的狀態時，則不發送 SIGTTIN 訊號，這時試圖從控制終端機執行 *read()* 呼叫會失敗，並將 *errno* 會設定成 EIO，此行為是供行程得知不允許進行 *read()* 操作的唯一方法。

- 即使終端機設定了 TOSTOP 旗標，若行程目前處於阻塞狀態、或忽視 SIGTTIN 訊號的狀態時，則不發送 SIGTTOU 訊號。這時允許對控制終端機執行 *write()* 呼叫（即忽略 TOSTOP 旗標）。

- 不管是否設定了 TOSTOP 旗標，若背景行程試圖將某些特定函式（會改變終端機驅動程式資料結構的函式）用在自己的控制終端機，則會導致背景行程收到 SIGTTOU 訊號。這些函式包括 *tcsetpgrp()*、*tcsetattr()*、*tcflush()*、*tcflow()*、*tcsendbreak()* 以及 *tcdrain()*。（第 62 章將會介紹這些函式）。若 SIGTTOU 訊號被阻塞或被忽視了，則這些呼叫就會成功。

範例程式：示範工作控制的操作

透過列表 34-5 的程式能夠看出，shell 如何將管線中的指令組織到一個工作（行程群組）中，此程式可以讓我們監控發送的特定訊號，以及在工作控制下對終端機的前景行程群組設定所做的變更。此程式是設計為可以在一個管線中執行多個實體（instance），如下例所示：

```
$ ./job_mon | ./job_mon | ./job_mon
```

列表 34-5 中的程式執行了下列的操作：

- 在啟動時，程式為 SIGINT、SIGTSTP 和 SIGTSTP 訊號④安裝了一個處理常式，該處理常式執行下列的動作：
  - 顯示終端的前景行程群組①，為避免在輸出中出現多行相同的內容，只有行程群組的組長才能執行這個動作。
  - 顯示行程的 ID、行程在管線中的位置及接收到的訊號②。
  - 當處理常式捕獲到 SIGTSTP 訊號時，必須要做一些額外的處理工作，因為捕獲這個訊號不會停止行程。為了停止行程，處理常式需要送出一個 SIGSTOP 訊號③，因為這個訊號總是會停止行程。（在 34.7.3 節中將會優化 SIGTSTP 訊號的處理方式）。

- 若程式是管線中的第一個行程，則它會列印出所有行程輸出的標題⑥，為了檢測行程本身是否是管線中的第一個行程（或最後一個行程），程式使用了 *isatty()* 函式（62.10 節中將會介紹）來檢查其標準輸入（或輸出）是否是一個終端機⑤。若指定的檔案描述符是一個管線，則 *isatty()* 傳回 *false(0)*。

- 程式構建了一個訊息，並將訊息傳輸給了管線中的下一個指令。這個訊息是一個表示行程在管線中的位置的整數。因此，對於第一個行程而言，訊息中包含數字 1。若程式是管線中的第一個行程，則訊息被初始化為 0。若程式不是管線中的第一個行程，則程式首先會從其前面的行程中讀取這個訊息⑦。程式在將控制權傳輸給下一個行程之前會遞增訊息值⑧。

- 不管程式在管線中所處的位置如何，它都會輸出一行，包含其在管線中的位置、行程 ID、父行程 ID、行程群組 ID 以及作業階段 ID⑨。

- 除非程式是管線中的最後一個指令，否則就會寫入一個整數訊息，以將其傳輸給管線中的下一個指令。

- 最後，程式會進入無窮迴圈，並使用 *pause()* 等待訊號。

列表 34-5：觀察工作控制中的行程處理

─────────────────────────────────────── pgsjc/job_mon.c

```
#define _GNU_SOURCE     /* Get declaration of strsignal() from <string.h> */
#include <string.h>
#include <signal.h>
#include <fcntl.h>
#include "tlpi_hdr.h"

static int cmdNum;       /* Our position in pipeline */

static void              /* Handler for various signals */
```

```
        handler(int sig)
        {
            /* UNSAFE: This handler uses non-async-signal-safe functions
               (fprintf(), strsignal(); see Section 21.1.2) */

①          if (getpid() == getpgrp())          /* If process group leader */
                fprintf(stderr, "Terminal FG process group: %ld\n",
                        (long) tcgetpgrp(STDERR_FILENO));
②          fprintf(stderr, "Process %ld (%d) received signal %d (%s)\n",
                        (long) getpid(), cmdNum, sig, strsignal(sig));

            /* If we catch SIGTSTP, it won't actually stop us. Therefore we
               raise SIGSTOP so we actually get stopped. */

③          if (sig == SIGTSTP)
                raise(SIGSTOP);
        }

        int
        main(int argc, char *argv[])
        {
            struct sigaction sa;

            sigemptyset(&sa.sa_mask);
            sa.sa_flags = SA_RESTART;
            sa.sa_handler = handler;
④          if (sigaction(SIGINT, &sa, NULL) == -1)
                errExit("sigaction");
            if (sigaction(SIGTSTP, &sa, NULL) == -1)
                errExit("sigaction");
            if (sigaction(SIGCONT, &sa, NULL) == -1)
                errExit("sigaction");

            /* If stdin is a terminal, this is the first process in pipeline:
               print a heading and initialize message to be sent down pipe */

⑤          if (isatty(STDIN_FILENO)) {
                fprintf(stderr, "Terminal FG process group: %ld\n",
                        (long) tcgetpgrp(STDIN_FILENO));
⑥              fprintf(stderr, "Command    PID PPID PGRP    SID\n");
                cmdNum = 0;

            } else {            /* Not first in pipeline, so read message from pipe */
⑦              if (read(STDIN_FILENO, &cmdNum, sizeof(cmdNum)) <= 0)
                    fatal("read got EOF or error");
            }

⑧          cmdNum++;
⑨          fprintf(stderr, "%4d    %5ld %5ld %5ld %5ld\n", cmdNum,
```

```
                 (long) getpid(), (long) getppid(),
                 (long) getpgrp(), (long) getsid(0));

        /* If not the last process, pass a message to the next process */

        if (!isatty(STDOUT_FILENO))    /* If not tty, then should be pipe */
⑩           if (write(STDOUT_FILENO, &cmdNum, sizeof(cmdNum)) == -1)
                errMsg("write");

⑪       for(;;)                 /* Wait for signals */
            pause();
    }
```
── **pgsjc/job_mon.c**

下列的 shell 作業階段示範了列表 34-5 程式的用法，它先輸出 shell 的行程 ID（它是作業階段組長和行程群組組長，雖然它是行程群組中的唯一成員），接著建立了一個包含兩個行程的背景工作：

```
$ echo $$                       Show PID of the shell
1204
$ ./job_mon | ./job_mon &       Start a job containing 2 processes
[1] 1227
Terminal FG process group: 1204
Command   PID  PPID  PGRP   SID
    1    1226  1204  1226  1204
    2    1227  1204  1226  1204
```

從上列的輸出可以看出，shell 仍然是終端機的前景行程，並且新工作與 shell 位於同一個作業階段中，所有行程都位於同一個行程群組中。從行程 ID 可以看出，工作中行程的建立順序與指令在命令列中出現的順序是一致的。（大多數的 shell 是這樣處理的，但有些 shell 實作建立行程的順序與指令在命令列中出現的順序不一致）。

下列繼續建立第二個包含三個行程的背景工作：

```
$ ./job_mon | ./job_mon | ./job_mon &
[2] 1230
Terminal FG process group: 1204
Command   PID  PPID  PGRP   SID
    1    1228  1204  1228  1204
    2    1229  1204  1228  1204
    3    1230  1204  1228  1204
```

從上面可以看出，shell 仍然是終端機的前景行程群組，新工作中的行程與 shell 位於同一個作業階段，但所處的行程群組則與第一個任務中的行程所處的行程群組不同。下列將第二個工作轉移至前景，並向其發送一個 SIGINT 訊號：

```
$ fg
./job_mon | ./job_mon | ./job_mon
Type Control-C to generate SIGINT (signal 2)
Process 1230 (3) received signal 2 (Interrupt)
Process 1229 (2) received signal 2 (Interrupt)
Terminal FG process group: 1228
Process 1228 (1) received signal 2 (Interrupt)
```

從上面的輸出可以看出，SIGINT 訊號被發送給前景行程群組中的全部行程，而
且這個工作現在已經成為了終端機的前景行程群組。接著向這個工作發送一個
SIGTSTP 訊號：

```
Type Control-Z to generate SIGTSTP (signal 20 on Linux/x86-32).
Process 1230 (3) received signal 20 (Stopped)
Process 1229 (2) received signal 20 (Stopped)
Terminal FG process group: 1228
Process 1228 (1) received signal 20 (Stopped)

[2]+  Stopped      ./job_mon | ./job_mon | ./job_mon
```

現在行程群組中的所有成員都被停止了。從輸出中可以看出行程群組 1228 是前景
工作，但當這個工作被停止之後，shell 變成了前景行程群組，雖然這一點無法從
輸出中看出。

接著使用 bg 指令重新開始這個工作，該指令會向工作中的行程發送一個
SIGCONT 訊號。

```
$ bg                                     Resume job in background
[2]+ ./job_mon | ./job_mon | ./job_mon &
Process 1230 (3) received signal 18 (Continued)
Process 1229 (2) received signal 18 (Continued)
Terminal FG process group: 1204        The shell is in the foreground
Process 1228 (1) received signal 18 (Continued)
$ kill %1 %2                            We've finished: clean up
[1]-  Terminated   ./job_mon | ./job_mon
[2]+  Terminated   ./job_mon | ./job_mon | ./job_mon
```

34.7.3 處理工作控制訊號

由於對於大多數應用程式而言，工作控制的操作是透明的，因此它們無須對工作
控制訊號採取特殊的動作，但像 vi 和 less 之類的進行螢幕處理的程式則例外，因
為它們需要控制文字在終端機上的佈局，以及修改各種終端機設定，包括允許在
某一時刻從終端機輸入中讀取一個字元（不是一行）的設定。（第 62 章將會介紹
各種終端機設定）。

螢幕處理程式需要處理終端機停止訊號（SIGTSTP），訊號處理常式應該將終端機的輸入重置為規範（每次一行）模式（canonical mode），並將游標放在終端機的左下角。當行程恢復之後，程式會將終端機設定回所需的模式，檢查終端機視窗大小（視窗大小同時可能會被使用者改掉）以及使用所需的內容重新繪製螢幕。

> 當暫停或結束諸如 *vi*、*xterm* 或其他終端機處理常式時，通常會看到程式使用啟動之前的可見文字來繪製終端機。這些終端機處理常式是透過捕獲兩個字元序列來取得這種效果的，所有使用 terminfo 或 termcap 套件（pacckage）的程式，在取得和釋放終端機佈局的控制時，都需要輸出這兩個字元序列。第一個字元序列稱為 *smcup*（通常是 *Escape* 後面跟著 [?1049h)，它會導致終端機處理常式切換至其「備用」螢幕。第二個序列稱為 *rmcup*（通常是 *Escape* 後面跟著 [?1049l)，它會導致終端機處理常式恢復到預設螢幕，因而導致在顯示器上重現螢幕處理常式在取得終端機的控制權之前的初始文字。

在處理 SIGTSTP 訊號時需要釐清一些細部問題，第一個問題是在 34.7.2 節中提及過的：若 SIGTSTP 訊號被捕獲了，則不會執行預設的停止行程動作。在列表 34-5 中是透過讓 SIGTSTP 訊號的處理常式產生一個 SIGSTOP 訊號來解決這個問題的。由於 SIGSTOP 訊號是無法被捕獲、阻塞和忽略的，因此能確保立即停止行程，但這種方式不是非常準確。在 26.1.3 節中曾經介紹過，父行程可以使用 *wait()* 或 *waitpid()* 傳回的等候狀態值來確定哪個訊號導致了其子行程的停止。若在 SIGTSTP 訊號處理常式中產生了 SIGSTOP 訊號，則對於父行程而言，其子行程是被 SIGSTOP 訊號停止的，這就會產生誤解。

在這種情況下，適當的處理方式是，讓 SIGTSTP 訊號處理常式再產生一個 SIGTSTP 訊號來停止行程，如下所示：

1. 處理常式將 SIGTSTP 訊號的處置重置為預設值（SIG_DFL）。

2. 處理常式產生 SIGTSTP 訊號。

3. 受到阻塞的 SIGTSTP 訊號進入處理常式時（除非指定了 SA_NODEFER 旗標），處理常式會解除訊號的阻塞。這時，在上一個步驟中產生並處於擱置中的 SIGTSTP 訊號會執行預設動作：立即暫停行程。

4. 在後面的某個時刻，當行程接收到 SIGCONT 訊號時會恢復。這時，處理常式會繼續執行。

5. 在返回之前，處理常式會重新阻塞 SIGTSTP 訊號，並自我重建以處理下一個 SIGTSTP 訊號。

再次阻塞 SIGTSTP 訊號是因為，要防止在處理常式在自我重建之後及返回之前接收到另一個 SIGTSTP 訊號，而導致處理常式被遞迴呼叫的情況。在 22.7 節中曾經提及，在快速發送訊號時遞迴呼叫一個訊號處理常式會導致堆疊溢位（stack overflow）。阻塞訊號還避免訊號處理常式在自我重建及返回之前需要執行其他動作（如保存和還原全域變數）時存在的問題。

範例程式

列表 34-6 中的處理常式實作了上述的步驟，因而能夠正確地處理 SIGTSTP。（在列表 62-4 中給了另一個處理 SIGTSTP 訊號的例子）。在建立 SIGTSTP 訊號處理常式之後，這個程式的 *main()* 函式開始在迴圈等待訊號。下列是執行這個程式之後的輸出：

```
$ ./handling_SIGTSTP
Type Control-Z, sending SIGTSTP
Caught SIGTSTP                          This message is printed by SIGTSTP  handler

[1]+ Stopped          ./handling_SIGTSTP
$ fg                                    Sends SIGCONT
./handling_SIGTSTP
Exiting SIGTSTP handler                 Execution of handler continues; handler returns
Main                                    pause() call in main() was interrupted by handler
Type Control-C to terminate the program
```

在諸如 *vi* 之類的螢幕處理常式中，列表 34-6 的訊號處理常式之 *printf()* 呼叫，將會由前述的程式取代（能修改終端機模式，以及重新繪製終端機顯示的程式）。由於需要避免呼叫 21.1.2 節所述的非同步訊號安全函式（non-async-signal-safe function），處理常式應該藉由設定一個旗標來通知主程式重新繪製螢幕。

注意，SIGTSTP 處理常式可能會中斷特定的阻塞式系統呼叫（如 21.5 節所述），從上面執行程式的輸出中也可以看出這一點，在 *pause()* 呼叫被中斷之後，主程式列印出了訊息 *Main*。

列表 34-6：處理 SIGTSTP

── **pgsjc/handling_SIGTSTP.c**

```
#include <signal.h>
#include "tlpi_hdr.h"

static void                             /* Handler for SIGTSTP */
tstpHandler(int sig)
{
    sigset_t tstpMask, prevMask;
    int savedErrno;
```

```
    struct sigaction sa;

    savedErrno = errno;                    /* In case we change 'errno' here */

    printf("Caught SIGTSTP\n");            /* UNSAFE (see Section 21.1.2) */

    if (signal(SIGTSTP, SIG_DFL) == SIG_ERR)
        errExit("signal");                 /* Set handling to default */

    raise(SIGTSTP);                        /* Generate a further SIGTSTP */

    /* Unblock SIGTSTP; the pending SIGTSTP immediately suspends the program */

    sigemptyset(&tstpMask);
    sigaddset(&tstpMask, SIGTSTP);
    if (sigprocmask(SIG_UNBLOCK, &tstpMask, &prevMask) == -1)
        errExit("sigprocmask");

    /* Execution resumes here after SIGCONT */

    if (sigprocmask(SIG_SETMASK, &prevMask, NULL) == -1)
        errExit("sigprocmask");            /* Reblock SIGTSTP */

    sigemptyset(&sa.sa_mask);              /* Reestablish handler */
    sa.sa_flags = SA_RESTART;
    sa.sa_handler = tstpHandler;
    if (sigaction(SIGTSTP, &sa, NULL) == -1)
        errExit("sigaction");

    printf("Exiting SIGTSTP handler\n");
    errno = savedErrno;
}

int
main(int argc, char *argv[])
{
    struct sigaction sa;

    /* Only establish handler for SIGTSTP if it is not being ignored */

    if (sigaction(SIGTSTP, NULL, &sa) == -1)
        errExit("sigaction");

    if (sa.sa_handler != SIG_IGN) {
        sigemptyset(&sa.sa_mask);
        sa.sa_flags = SA_RESTART;
        sa.sa_handler = tstpHandler;
        if (sigaction(SIGTSTP, &sa, NULL) == -1)
            errExit("sigaction");
```

```
    }

    for (;;) {                          /* Wait for signals */
        pause();
        printf("Main\n");
    }
}
```
———————————————————————————————— **pgsjc/handling_SIGTSTP.c**

處理被忽略的工作控制和終端機產生的訊號

列表 34-6 的程式只在 SIGTSTP 訊號不被忽略的情況下，才會為該訊號建立一個
訊號處理常式。這裡其實是遵循了一個通用規則，即應用程式應該只在工作控制
與終端機產生的訊號不會事先被忽略時，才處理這些訊號。對於工作控制訊號
（SIGTSTP、SIGTTIN 以及 SIGTTOU）而言，這個規則避免應用程式試圖處理從非工
作控制（non-job-control）shell（如傳統的 Bourne shell）送出的訊號，在非工作
控制 shell 中，將這些訊號的處置設定為 SIG_IGN，只有工作控制 shell 會將這些訊
號的處置設定成了 SIG_DFL。

　　類似的規則同樣適用於其他由終端機產生的訊號：SIGINT、SIGQUIT 以及
SIGHUP。對於 SIGINT 和 SIGQUIT 而言，其原因是當一個指令在非工作控制 shell 的
背景執行時，結果行程不會被放置在一個單獨的行程群組中，而是與 shell 位於同
一個行程群組中，而 shell 會在執行指令之前將 SIGINT 和 SIGQUIT 的處置設定為忽
略。這樣就能確保當使用者輸入終端機中斷或結束字元（它們應該只會影響到在
前景執行的工作）時行程不會被殺死。若行程在後面取消了 shell 對這些訊號的處
置，則會更容易受到這些訊號的影響。

　　當指令透過 *nohup(1)* 執行時，會忽略 SIGHUP 訊號，這樣就能防止當終端機被
掛斷時，指令被殺死的情況的發生，因此，應用程式不應該在該訊號被忽略時，
試圖改變這個訊號的處置。

34.7.4　孤兒行程群組（SIGHUP 回顧）

在 26.2 節曾提過，孤兒行程是在父行程終止之後被 *init* 行程（行程 ID 為 1）收養
的行程，在程式中可以使用下列的程式碼建立一個孤兒行程。

```
    if (fork() != 0)                    /* Exit if parent (or on error) */
        exit(EXIT_SUCCESS);
```

假設在 shell 中執行一個有包含上列程式碼的程式，圖 34-3 呈現父行程終止前後，
行程的狀態。

從圖 34-3 可以看出，在父行程終止之後，子行程不僅是一個孤兒行程，同時也是孤兒行程群組的一個成員。SUSv3 認為，當一個行程群組滿足「每個成員的父行程本身是群組的成員，或不是群組作業階段的成員」時，就會變成了一個孤兒行程群組。換句話說，若一個行程群組中，至少有一個成員擁有一個位於同一作業階段，但不同行程群組中的父行程，就不是孤兒行程群組。圖 34-3 包含子行程的行程群組是孤兒行程群組，因為行程群組中的子行程是唯一行程，其父行程（*init*）位於不同的作業階段中。

> 根據定義，作業階段組長位於孤兒行程群組中，這是因為 *setsid()* 在新作業階段中建立了一個新行程群組，而作業階段組長的父行程則位於不同的作業階段中。

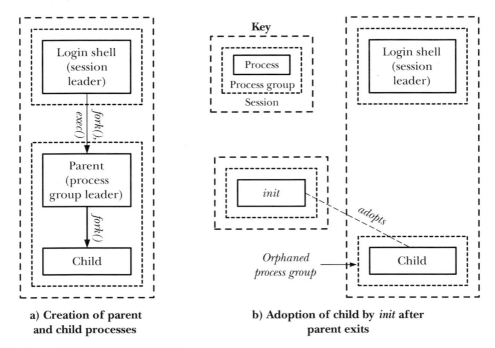

a) **Creation of parent and child processes**

b) **Adoption of child by** *init* **after parent exits**

圖 34-3：建立孤兒行程群組的步驟

從 shell 工作控制的角度而言，孤兒行程群組是非常重要的，根據圖 34-3 探討下列情況：

1. 在父行程結束之前，子行程被停止了（可能是由於父行程向子行程發送了一個停止訊號）。

2. 當父行程結束時，shell 從工作列表中刪除了父行程的行程群組，子行程由 *init* 收養，並變成了終端機的一個背景行程，包含該子行程的行程群組變成了孤兒行程群組。

3. 這時沒有行程會透過 *wait()* 監控被停止的子行程的狀態。

由於 shell 並沒有建立子行程，因此它不清楚子行程是否存在，以及子行程與已經結束的父行程位於同一個行程群組中。此外，*init* 行程只會檢查被終止的子行程並清理該僵屍行程，因而導致被停止的子行程可能會永遠殘留在系統中，因為沒有行程知道要向其發送一個 SIGCONT 訊號來恢復它的執行。

即使孤兒行程群組中，一個被停止的行程擁有一個仍然存活但位於不同作業階段中的父行程，也無法保證父行程能夠向這個被停止的子行程發送 SIGCONT 訊號。一個行程可以向同一作業階段中的任意其他行程發送 SIGCONT 訊號，但若子行程位於不同的作業階段中，發送訊號的標準規則就開始起作用了（參考 20.5 節），因此若子行程是一個修改了自身的驗證資訊的特權行程，則父行程可能就無法向子行程發送訊號。

為防止上面所述的情況的發生，SUSv3 規定，若一個行程群組變成了孤兒行程群組，並且擁有很多已停止執行的成員，則系統會向行程群組中的所有成員發送一個 SIGHUP 訊號，通知它們已經與作業階段斷開連接了，之後再發送一個 SIGCONT 訊號，確保它們恢復執行。若孤兒行程群組不包含被停止的成員，則就不會發送任何訊號。

一個行程群組變成孤兒行程群組的原因可能是，因為位於不同行程群組但屬於同一作業階段的最後一個父行程終止了，或是因為，行程群組中的最後一個行程終止了（且其父行程位在其他的行程群組）。（圖 34-3 示範了後一種情況）。不管是哪一種情況，對包含已停止子行程的新孤兒行程群組的處理都是一樣的。

> 對有已停止成員的新孤兒行程群組發送 SIGHUP 和 SIGCONT 訊號，是為了消除工作控制框架的特定漏洞，因為沒有任何措施能夠防止一個行程（擁有合適的權限）向孤兒行程群組的成員發送停止訊號來停止它們。這樣，行程就會保持在停止的狀態，直到一些行程（同樣需要擁有合適的權限）向它們發送一個 SIGCONT 訊號。
>
> 孤兒行程群組中的成員在呼叫 *tcsetpgrp()* 函式（參考 34.5 節）時，會得到 ENOTTY 的錯誤，在呼叫 *tcsetattr()*、*tcflush()*、*tcflow()*、*tcsendbreak()* 和 *tcdrain()* 函式時（參考第 62 章）會得到 EIO 的錯誤。

範例程式

列表 34-7 示範了前述對孤兒行程的處理，在為 SIGHUP 和 SIGCONT 訊號建立了處理常式之後②，程式為每個命令列參數建立了一個子行程③。接著每個子行程將自己停止（透過送出 SIGSTOP 訊號）④，或等待訊號（使用 *pause()*）⑤。至於子行程如何選擇動作，則取決於相應的命令列參數是否以字母 *s*（表示 stop）開頭。（這裡使用了以字母 *p* 開頭的命令列參數來表示相反的動作，即呼叫 *pause()*，雖然可以使用除字母 *s* 之外的任何字母）。

在建立完所有子行程之後，父行程會睡眠一段時間，以允許設定子行程時間⑥。（在 24.2 節中曾經提及過以這種方式使用 *sleep()* 不是一個完美的方案，但有時確實是達成此目標的可行方法）。接著父行程會結束⑦，這時包含子行程的行程群組就會變成孤兒行程群組。若有子行程因為行程群組變成孤兒行程群組而收到訊號，就會呼叫訊號處理常式，訊號處理常式會顯示子行程的行程 ID 和訊號編號①。

列表 34-7：SIGHUP 和孤兒行程群組

――――――――――――――――――――――――― pgsjc/orphaned_pgrp_SIGHUP.c

```
      #define _GNU_SOURCE      /* Get declaration of strsignal() from <string.h> */
      #include <string.h>
      #include <signal.h>
      #include "tlpi_hdr.h"

      static void             /* Signal handler */
      handler(int sig)
      {
①        printf("PID=%ld: caught signal %d (%s)\n", (long) getpid(),
                sig, strsignal(sig));        /* UNSAFE (see Section 21.1.2) */
      }

      int
      main(int argc, char *argv[])
      {
          int j;
          struct sigaction sa;

          if (argc < 2 || strcmp(argv[1], "--help") == 0)
              usageErr("%s {s|p} ...\n", argv[0]);

          setbuf(stdout, NULL);                   /* Make stdout unbuffered */

          sigemptyset(&sa.sa_mask);
          sa.sa_flags = 0;
          sa.sa_handler = handler;
```

```
②      if (sigaction(SIGHUP, &sa, NULL) == -1)
            errExit("sigaction");
        if (sigaction(SIGCONT, &sa, NULL) == -1)
            errExit("sigaction");

        printf("parent: PID=%ld, PPID=%ld, PGID=%ld, SID=%ld\n",
                (long) getpid(), (long) getppid(),
                (long) getpgrp(), (long) getsid(0));

        /* Create one child for each command-line argument */

③      for (j = 1; j < argc; j++) {
            switch (fork()) {
            case -1:
                errExit("fork");

            case 0:          /* Child */
                printf("child:  PID=%ld, PPID=%ld, PGID=%ld, SID=%ld\n",
                        (long) getpid(), (long) getppid(),
                        (long) getpgrp(), (long) getsid(0));

                if (argv[j][0] == 's') {    /* Stop via signal */
                    printf("PID%ld stopping\n", (long) getpid());
④                  raise(SIGSTOP);
                } else {                    /* Wait for signal */
                    alarm(60);              /* So we die if not SIGHUPed */
                    printf("PID%ld pausing\n", (long) getpid());
⑤                  pause();
                }

                _exit(EXIT_SUCCESS);

            default:         /* Parent carries on round loop */
                break;
            }
        }

        /* Parent falls through to here after creating all children */

⑥      sleep(3);                           /* Give children a chance to start */
        printf("parent exiting\n");
⑦      exit(EXIT_SUCCESS);                 /* And orphan them and their group */
    }
```
──────────────────────────────────── **pgsjc/orphaned_pgrp_SIGHUP.c**

下列的 shell 作業階段日誌顯示兩次執行列表 34-7 程式的結果：

```
$ echo $$                        Display PID of shell, which is also the session ID
4785
$ ./orphaned_pgrp_SIGHUP s p
parent: PID=4827, PPID=4785, PGID=4827, SID=4785
child:  PID=4828, PPID=4827, PGID=4827, SID=4785
PID=4828 stopping
child:  PID=4829, PPID=4827, PGID=4827, SID=4785
PID=4829 pausing
parent exiting
$ PID=4828: caught signal 18 (Continued)
PID=4828: caught signal 1 (Hangup)
PID=4829: caught signal 18 (Continued)
PID=4829: caught signal 1 (Hangup)
Press Enter to get another shell prompt
$ ./orphaned_pgrp_SIGHUP p p
parent: PID=4830, PPID=4785, PGID=4830, SID=4785
child:  PID=4831, PPID=4830, PGID=4830, SID=4785
PID=4831 pausing
child:  PID=4832, PPID=4830, PGID=4830, SID=4785
PID=4832 pausing
parent exiting
```

第一次執行時，在即將變為孤兒行程群組的行程群組中建立兩個子行程：一個行程將自己停止了，另一個則暫停了。（在這次執行中，shell 提示字元出現在子行程的輸出中間，這是因為 shell 注意到父行程已經結束了）。從輸出中可以看出，兩個子行程在父行程結束之後都收到了 SIGCONT 和 SIGHUP 訊號。在第二次執行中建立了兩個子行程，但它們都沒有將自己停止，因此當父行程結束之後不會發送任何訊號。

孤兒行程群組和 SIGTSTP、SIGTTIN，以及 SIGTTOU 訊號

孤兒行程群組還會影響 SIGTSTP、SIGTTIN 以及 SIGTTOU 訊號傳輸的語意。

在 34.7.1 節中講過，當背景行程試圖從控制終端機呼叫 *read()* 時，將會收到 SIGTTIN 訊號，當背景行程試圖向設定了 TOSTOP 旗標的控制終端機呼叫 *write()* 時，會收到 SIGTTOU 訊號。但對一個孤兒行程群組發送這些訊號毫無意義，因為一旦被停止之後，它將再也無法恢復了。因此，在進行 *read()* 和 *write()* 呼叫時，核心會傳回 EIO 的錯誤，而不是發送 SIGTTIN 或 SIGTTOU 訊號。

同理，若傳遞 SIGTSTP、SIGTTIN 以及 SIGTTOU 訊號會導致停止孤兒行程群組的成員，則這個訊號會被毫無徵兆地丟棄。（若訊號正在被處理，則訊號已經被分送給了行程）。這種行為不會因為訊號發送方式（如訊號可能是由終端機驅動程式產生的或直接呼叫 *kill()* 而發送）的改變而改變。

34.8　小結

作業階段（session）和行程群組（也稱為 job）行程兩階的行程層級：作業階段是行程群組的一個集合，行程群組是行程的一個集合。作業階段組長是使用 *setsid()* 建立作業階段的行程，行程群組組長是一個行程群組的第一個成員。行程群組中的所有成員共用同樣的行程群組 ID（與行程群組組長的行程 ID 相同），行程群組中所有構成一個作業階段的行程有同樣的作業階段 ID（與作業階段組長的行程 ID 相同）。每個作業階段可以擁有一個控制終端機（/dev/tty），這個關係是在作業階段組長開啟一個終端機設備時建立的，開啟控制終端機還會導致作業階段組長成為終端機的控制行程。

作業階段和行程群組是用來支援 shell 工作控制的（雖然有時候在應用程式中會另做他用）。在工作控制中，shell 是作業階段組長和執行該 shell 的終端機的控制行程，shell 會為執行的每個工作（一個簡單的指令或以管線連接起來的一組指令）建立一個獨立的行程群組，並且提供了將工作在三個狀態之間轉移的指令，這三個狀態分別是：在前景執行、在背景執行、和在背景停止。

為了提供工作控制，終端機驅動程式維護了包含控制終端機的前景行程群組（工作）相關資訊的紀錄，當輸入特定的字元時，終端機驅動程式會向前景工作發送工作控制訊號，這些訊號會終止或停止前景工作。

終端機的前景工作的概念還能用於仲裁終端機的 I/O 請求，只有前景工作中的行程才能從控制終端機中讀取資料。系統透過傳遞 SIGTTIN 訊號避免止背景工作讀取資料，這個訊號的預設動作是停止工作。若設定了終端機的 TOSTOP 旗標，則系統會透過發送 SIGTTOU 訊號，來防止背景工作向控制終端機寫入資料，這個訊號的預設動作是停止工作。

當發生終端機斷開時，核心會向控制行程發送一個 SIGHUP 訊號通知它這件事情。這樣的事件可能會導致一個連鎖反應，即向很多其他行程發送一個 SIGHUP 訊號。首先，若控制行程是一個 shell（通常是這種情況），則在終止之前，行程會向所有由其建立的行程群組發送一個 SIGHUP 訊號。第二，若傳遞 SIGHUP 訊號導致控制行程終止，則核心還會向該控制終端機的前景行程群組中的所有成員發送一個 SIGHUP 訊號。

一般而言，應用程式無須弄清楚工作控制訊號，但執行螢幕處理操作的程式則例外，這種程式需要正確處理 SIGTSTP 訊號，在行程被暫停之前，需要將終端機特性重置為正確的值，而當應用程式在接收到 SIGCONT 訊號而再次恢復時，需要還原正確（特定於應用程式）的終端機特性。

當一個行程群組中，沒有一個成員行程擁有位於同一作業階段但不同行程群組中的父行程時，就成了孤兒行程群組。孤兒行程群組是非常重要的，因為在這個群組外沒有任何行程能夠監控群組中所有被停止的行程狀態，並總是能夠對這些已停止的行程發送 SIGCONT 訊號來重啟它們，這樣就可能導致這種已停止的行程永遠殘留在系統中。為了避免這種情況的發生，當一個擁有已停止成員行程的行程群組變成孤兒行程群組時，行程群組中的所有成員都會收到一個 SIGHUP 訊號，後面跟著一個 SIGCONT 訊號，這樣就能通知它們變成了孤兒，並確保會重新啟動它們。

進階資訊

（Stevens & Rago，2005）的第 9 章介紹與本章類似的內容，並說明登入期間與登入 shell 建立作業階段時所發生的步驟。在 *glibc* 的手冊中，對於工作控制相關的函式和工作控制在 shell 的實作有詳細說明。SUSv3 對作業階段、行程群組和工作控制也有廣泛的討論。

34.9 習題

34-1. 假設一個父行程執行下列的步驟：

```
/* Call fork() to create a number of child processes, each of which
   remains in same process group as the parent */

/* Sometime later... */
signal(SIGUSR1, SIG_IGN);      /* Parent makes itself immune to SIGUSR1 */
killpg(getpgrp(), SIGUSR1);    /* Send signal to children created earlier */
```

這個應用程式設計可能會碰到什麼問題（探討 shell 管線）？如何避免此類問題發生？

34-2. 設計一個程式，驗證父行程能夠在子行程執行 *exec()* 之前修改子行程的行程群組 ID，但無法在子行程執行 *exec()* 之後修改子行程的行程群組 ID。

34-3. 設計一個程式，驗證以行程群組組長呼叫 *setsid()* 會失敗。

34-4. 修改列表 34-4 的程式（disc_SIGHUP.c），驗證：若控制行程在收到 SIGHUP 訊號而不終止時（即它會忽略或捕捉該訊號，並繼續執行），則核心不會向前景行程群組中的成員發送 SIGHUP 訊號。

34-5. 假設，在列表 34-6 中的訊號處理常式中，將解除阻塞 SIGTSTP 訊號的程式碼移到處理常式的開頭，這樣做會導致何種潛在的競速條件（race condition）？

34-6. 設計一個程式，驗證當位於孤兒行程群組（orphaned process group）中的一個行程試圖以 *read()* 讀取控制終端機時，會得到 EIO 的錯誤。

34-7. 設計一個程式，驗證將 SIGTTIN、SIGTTOU 或 SIGTSTP 三個訊號之一發送給孤兒行程群組的一個成員時，若此訊號會停止該行程（即處理方式為 SIG_DFL），則此訊號就會捨棄（即不產生任何效果），但若有為訊號建立處理常式，則會發送該訊號。

35

行程的優先權與排班

本章將介紹如何決定何時、哪個行程（process）能夠取得 CPU 使用權之相關系統呼叫（system call）與行程屬性（process attribute）。首先會介紹行程特性（process characteristic）的 *nice* 值，此值會影響核心排班器（kernel scheduler）配置給行程的 CPU 時間。接著會介紹 POSIX 即時排班 API，此 API 允許定義排班行程之策略（*policy*）與優先權（priority），而能更好地掌控如何將行程配置給 CPU。最後會討論用於設定行程的 CPU affinity mask（親和力遮罩）的系統呼叫，CPU affinity mask 能夠決定一個在多核心處理器系統上的行程要在哪組 CPU 執行。

35.1 行程優先權（nice 值）

Linux 與大多數其他的 UNIX 實作一樣，用來安排行程如何使用 CPU 的預設模型是 *round-robin time-sharing*（輪流分時共用）。在這種模型中，每個行程輪流使用 CPU 一段時間，這段時間被稱為時間片段（*time slice*）或量子（*quantum*）。Round-robin time-sharing 演算法可以滿足互動式多工系統的兩個重要需求：

- 公平性（*fairness*）：每個行程都有機會使用 CPU。
- 回應度（*responsiveness*）：一個行程在能使用 CPU 之前無須等待太長的時間。

在 round-robin time-sharing 演算法中,行程無法直接控制何時使用 CPU 以及使用 CPU 的時間。在預設情況下,每個行程輪流使用 CPU,直到時間片段耗盡或行程主動放棄使用 CPU(如進行睡眠或執行一個磁碟的讀取操作)。若每個行程都試圖耗盡所分配的 CPU 時間片段(即沒有行程進入睡眠或受到 I/O 操作的阻塞),則每個行程所使用 CPU 的時間差不多是相等的。

然而行程屬性的 *nice* 值可間接允許行程影響核心的排班演算法。每個行程都擁有一個 nice 值,取值範圍為 –20(高優先權)至 19(低優先權),預設值為 0(參考圖 35-1)。在傳統的 UNIX 實作中,只有特權行程(privileged process)才能夠賦予本身(或其他行程)負的(高)優先權。(在 35.3.2 節中將會說明在不同 Linux 系統上的差別)。非特權行程只能降低自己的優先權,即賦予一個大於預設值 0 的 nice 值。行程可藉此對來其他行程好,這個屬性的名稱也由此特性而來。

使用 *fork()* 建立子行程時會繼承 nice 值,並且該值可跨 *exec()* 呼叫繼續保留。

> *getpriority()* 系統呼叫服務常式(system call service routine)不會傳回實際的 nice 值,反之,它會傳回一個範圍在 1(低優先權)至 40(高優先權)之間的數字,這個數字是透過公式 *unice* =(*20–knice*)計算取得。這麼做是為了避免讓系統呼叫服務常式傳回一個負值,因為負值一般都代表著錯誤。(參考 3.1 節中系統呼叫服務常式的說明)。應用程式並不清楚系統呼叫服務常式對回傳值所做的處理,因為 C 函式庫的 *getpriority()* 函式做了相反的運算操作,它將(*20–unice*)的值傳回給呼叫程式(calling program)。

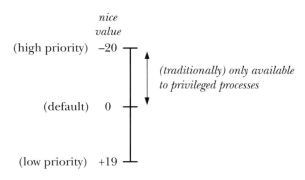

圖 35-1:行程 nice 值的範圍與說明

nice 值的影響

行程的排班並非嚴格遵循 nice 值的階層進行,而是將 nice 值做為權重因子,它導致核心排班器傾向於對擁有高優先權的行程進行排班。賦予一個行程低的優先權(即高的 nice 值)並不會導致它完全無法使用 CPU,而是會導致它使用 CPU 的時間變少。nice 值對行程排班的影響程度則依據 Linux 核心版本的不同而異，UNIX 系統之間也是如此。

> 從版本 2.6.23 的核心開始，nice 值對新核心排班演算法的影響比舊版核心的排班演算法的影響更大。因此，低優先權的行程使用 CPU 的時間將比以前更少，而高優先權的行程佔用 CPU 的時間將大為提高。

取得和修改優先權

getpriority() 和 *setpriority()* 系統呼叫允許行程取得和修改自身或其他行程的 nice 值。

```
#include <sys/resource.h>

int getpriority(int which, id_t who);
```
Returns (possibly negative) nice value of specified process on success,
or –1 on error
```
int setpriority(int which, id_t who, int prio);
```
Returns 0 on success, or –1 on error

兩個系統呼叫都有參數 *which* 與 *who*，這兩個參數用以識別需讀取或修改優先權的行程。*which* 參數決定如何解釋 *who* 參數。這個參數值可為下列其中之一：

PRIO_PROCESS

操控行程 ID 為 *who* 的行程。若 *who* 為 0，則使用呼叫者的行程 ID。

PRIO_PGRP

操控行程群組 ID 為 *who* 的行程群組之每個成員。若 *who* 為 0，則使用呼叫者的行程群組。

PRIO_USER

操控所有真實使用者 ID 為 *who* 的行程。若 *who* 為 0，則使用呼叫者的真實使用者 ID。

who 參數的型別 *id_t* 是一個大小能容納行程 ID 或使用者 ID 的整數型別。

> *getpriority()* 系統呼叫傳回由 *which* 和 *who* 所指定行程的 nice 值。若有多個行程符合指定的標準（當 *which* 為 PRIO_PGRP 或 PRIO_USER 時會出現這種情況），則將會傳回最高優先權行程的 nice 值（即最小的數值）。由於 *getpriority()* 可能會在成功時傳回 –1，因此在呼叫這個函式之前必須要將 *errno* 設定為 0，接著要在呼叫之後檢查回傳值為 –1 以及 *errno* 不為 0，才能確認呼叫成功。

setpriority() 系統呼叫會將 *which* 和 *who* 指定的行程 nice 值設定為 prio。當試圖將 nice 值設定為一個超出允許範圍值（–20 ～ +19）時，nice 值會直接被設定為邊界值。

> 以前 nice 值是透過呼叫 *nice(incr)* 來完成的，這個函式會將呼叫行程的 nice 值加上 incr。現在這個函式仍然是可用的，但已經被更通用的 *setpriority()* 系統呼叫取代了。

> 在命令列中與 *setpriority()* 系統呼叫實作類似功能的指令是 *nice(1)*，非特權使用者能以此指令降低指令執行時的優先權，而特權使用者則能用此指令提昇指令執行時的優先權，超級使用者則可以使用 *renice(8)* 來修改既有行程的 nice 值。

特權行程（`CAP_SYS_NICE`）能夠修改任意行程的優先權，而非特權行程可以修改自己的優先權（將 *which* 設為 `PRIO_PROCESS`，*who* 設為 0）和其他（目標）行程的優先權，前提是本身行程的有效使用者 ID 與目標行程的真實或有效使用者 ID 符合。Linux 中 *setpriority()* 的權限規則與 SUSv3 中的規則不同，它規定當非特權行程的真實或有效使用者 ID 與目標行程的有效使用者 ID 匹配時，該行程就能修改目標行程的優先權。UNIX 實作在這一點上與 Linux 有些不同。一些實作遵循著 SUSv3 的規則，而另一些實作（尤其是 BSD 系列）則與 Linux 的行為方式一樣。

> 在版本 2.6.12 之前的 Linux 核心與之後的核心對非特權行程呼叫 *setpriority()* 時使用的權限規則不同（也與 SUSv3 不同）。當非特權行程的真實或有效使用者 ID 與目標行程的真實使用者 ID 匹配時，該行程就能修改目標行程的優先權。從 Linux 2.6.12 開始，權限檢查變得與 Linux 中類似的 API 一致了，如 *sched_setscheduler()* 和 *sched_setaffinity()*。

在版本 2.6.12 之前的 Linux 核心中，非特權行程只能使用 *setpriority()* 來降低（不可逆的）自己或其他行程的優先權。特權行程（`CAP_SYS_NICE`）則可以使用 *setpriority()* 來提高優先權。

從版本 2.6.12 的核心開始，Linux 提供了 `RLIMIT_NICE` 資源限制，即允許非特權行程提升優先權。非特權行程能夠將自己的 nice 值設定為公式（*20 – rlim_cur*）指定的值，其中 *rlim_cur* 是目前的 `RLIMIT_NICE` 柔性資源限制（soft resource limit）。例如，若一個行程的 `RLIMIT_NICE` 柔性限制是 25，則其 nice 值可以設定為 –5。根據這個公式以及 nice 值的取值範圍為 +19（低）至 20（高）的事實，可以得出 `RLIMIT_NICE` 的有效範圍為 1（低）～ 40（高）的結果。（`RLIMIT_NICE` 並未使用 +19 ～ 20 之間的值，因為一些負的資源限制值具有特殊含義，如 `RLIM_INFINITY` 可以為 –1）。

非特權行程能夠透過 *setpriority()* 呼叫來修改其他（目標）行程的 nice 值，前提是呼叫 *setpriority()* 的行程的有效使用者 ID 與目標行程的真實或有效使用者 ID 匹配，並且對 nice 值的修改符合目標行程的 RLIMIT_NICE 限制。

列表 35-1 的程式使用 *setpriority()* 來修改命令列參數（對應於 *setpriority()* 函式的參數）指定的行程 nice 值，接著呼叫 *getpriority()* 來驗證變更是否生效。

列表 35-1：修改和取得行程的 nice 值

—————————————————————————— procpri/t_setpriority.c

```c
#include <sys/time.h>
#include <sys/resource.h>
#include "tlpi_hdr.h"

int
main(int argc, char *argv[])
{
    int which, prio;
    id_t who;

    if (argc != 4 || strchr("pgu", argv[1][0]) == NULL)
        usageErr("%s {p|g|u} who priority\n"
                "    set priority of: p=process; g=process group; "
                "u=processes for user\n", argv[0]);

    /* Set nice value according to command-line arguments */

    which = (argv[1][0] == 'p') ? PRIO_PROCESS :
                (argv[1][0] == 'g') ? PRIO_PGRP : PRIO_USER;
    who = getLong(argv[2], 0, "who");
    prio = getInt(argv[3], 0, "prio");

    if (setpriority(which, who, prio) == -1)
        errExit("setpriority");

    /* Retrieve nice value to check the change */

    errno = 0;                      /* Because successful call may return -1 */
    prio = getpriority(which, who);
    if (prio == -1 && errno != 0)
        errExit("getpriority");

    printf("Nice value = %d\n", prio);

    exit(EXIT_SUCCESS);
}
```

—————————————————————————— procpri/t_setpriority.c

35.2 即時行程排班概述

在一個系統上一般會同時執行互動式行程和背景行程，標準的核心排班演算法能夠為這些行程提供足夠的效能與回應度。但即時應用對排班器有更加嚴格的要求，如下所述：

- 即時應用必須要為外部輸入提供保證最大回應時間。在多數情況下，這些保證最大回應時間必須非常短（如小於秒級）。如交通導航系統若慢速回應則可能會導致災難發生。為了滿足這種要求，核心必須要提供工具讓高優先權行程能快速地取得 CPU 的控制權，搶佔目前所有執行中的行程。

  > 一些對時間要求嚴格的應用程式可能需要採取其他措施來避免不可接受的延遲。如為了避免分頁錯誤（page fault）引起的延遲，應用程式可能會使用 *mlock()* 或 *mlockall()*（50.2 節中介紹）將其所有的虛擬記憶體鎖在 RAM 中。

- 高優先權行程應該能夠保持互斥地存取 CPU，直至它完成工作或自動釋放 CPU。

- 即時應用應該能夠精確地控制其元件行程（component process）的排班順序。

SUSv3 規定的即時行程排班 API（原先在 POSIX.1b 中定義）部分滿足了這些要求。這個 API 提供了兩個即時排班策略：SCHED_RR 和 SCHED_FIFO。使用這任意一種策略進行排班的行程優先權會高於 35.1 節介紹的標準 round robin time sharing 策略來排班的行程優先權，即時排班 API 使用常數 SCHED_OTHER 來代表此策略。

每個即時策略允許一個優先權範圍，SUSv3 要求實作至少要為即時策略提供 32 個不同的優先權。在每個排班策略中，高優先權的行程可較在低優先權的行程優先存取 CPU。

> 對於多處理器 Linux 系統（包含 hyperthread 系統）而言，高優先權的可執行行程總是優先於優先權較低的行程的規則並不適用。在多處理器系統中，各個 CPU 擁有獨立的執行佇列（這種方式比使用一個系統層面的執行佇列的效能要好），並且每個 CPU 的執行佇列中的行程優先權都侷限於該佇列。假設一個雙處理器系統執行著三個行程，行程 A 的即時優先權為 20，並且它位於 CPU 0 的等待佇列中，而該 CPU 目前正在執行優先權為 30 的行程 B，即使 CPU 1 正在執行優先權為 10 的行程 C，行程 A 還是需要等待 CPU 0。

> 包含多個行程的即時應用可以使用 35.4 節中描述的 CPU affinity API 來避免這種排班行為可能引起的問題。如在一個四處理器的系統中，可以將全部的非臨界（non-critical）行程配置到其中一個 CPU 中，讓其他三個 CPU 能夠供即時應用使用。

Linux 提供了 99 個即時優先權，其數值從 1（最低）～ 99（最高），並且這個取值範圍同時適用於兩個即時排班策略。每個策略中的優先權是等價的。這意謂著若兩個行程擁有同樣的優先權，一個行程採用了 SCHED_RR 的排班策略，另一個行程採用了 SCHED_FIFO 的排班策略，則兩個都符合執行的條件，至於執行哪個行程則取決於它們被排班的順序。實際上，每個優先權級別都維護一個可執行的行程佇列，而下一個要執行的行程則是從最高優先權的佇列（且不為空）的頂端取出。

POSIX 即時（realtime）與硬性即時（hard realtime）比較

滿足本節開頭處列出每個要求的應用程式有時候稱為硬性即時（hard realtime）應用程式，POSIX 即時行程排班 API 無法滿足這些要求。特別是它沒有為應用程式提供機制來確保處理輸入的回應時間，而這種機制需要作業系統的提供相應的特性，但 Linux 核心並沒有提供這種特性（大多數其他標準的作業系統也沒有提供這種特性）。POSIX API 僅提供所謂的柔性即時（soft realtime），允許操控排程決定哪個行程可以使用 CPU。

在不增加系統成本的前提下，很難提供硬性即時應用程式的支援，這種新增的成本通常與分時多工（time-sharing）應用程式的效能需求衝突，而典型的桌面和伺服器系統上執行的應用程式大部分都是分時多工的應用程式。這就是為何大多數 UNIX 核心（包括原來的 Linux）並沒有為即時應用程式提供原生支援的原因。但從版本 2.6.18 開始，Linux 核心加入了各種特性，允許 Linux 為硬性即時應用程式提供完全的原生支援，同時不會讓分時多工應用程式增加前述的成本。

35.2.1　SCHED_RR 策略

在 SCHED_RR（round robin）策略中，優先權相同的行程以 round robin time sharing 的方式執行，行程每次使用 CPU 的時間為一個固定長度的時間片段。一旦將行程排班執行之後，使用 SCHED_RR 策略的行程會保持對 CPU 的控制，直到符合下列其中一個條件：

- 該時間片段耗盡。
- 行程自願放棄使用 CPU，這可能是由於執行一個阻塞式系統呼叫，或呼叫 *sched_yield()* 系統呼叫（35.3.3 節將進行介紹）。
- 行程終止。
- 行程受到更高優先權的行程搶佔。

對於上面列出的前兩個事件，當在執行 SCHED_RR 策略的行程放棄使用 CPU 之後，將會被放置在對應其優先權級的佇列尾端。在最後一種情況中，當優先權更高的行程執行結束之後，被搶佔的行程將會繼續執行，直到其時間片段的剩餘時間耗盡（即被搶佔的行程仍然位於其優先權級別對應的佇列頭端）。

在 SCHED_RR 和 SCHED_FIFO 兩種策略中，目前正在執行的行程可能會因為下面某個原因而被搶先：

- 之前被阻塞的高優先權行程解除阻塞了（例如：它所等待的 I/O 操作完成了）。
- 另一個行程的優先權提升至高於目前可執行行程的優先權。
- 目前可執行行程的優先權降至低於其他可執行行程的優先權。

SCHED_RR 策略類似標準的 round robin time sharing 排班演算法（SCHED_OTHER），即此策略也允許優先權相同的一組行程共用 CPU 時間。它們之間最重要的差別在於，SCHED_RR 策略存在嚴格的優先權級別，高優先權行程總是優先於低優先權行程。而在 SCHED_OTHER 策略中，低 nice 值（即高優先權）的行程不會獨佔 CPU，它僅在排班決策時為行程提供了一個較大的權重。前面 35.1 節曾經講過，一個優先權較低的行程（即高 nice 值）一定至少會用到一些 CPU 時間的。它們之間另一個重要的差別是，SCHED_RR 策略允許我們精確控制行程的排班順序。

35.2.2　SCHED_FIFO 策略

SCHED_FIFO（先進先出，First-in First-out）策略與 SCHED_RR 策略相似，它們的主要差別在於：SCHED_FIFO 策略沒有時間片段。一個 SCHED_FIFO 行程只要取得 CPU 的控制權，它就會持續執行，直到下面任一條件滿足為止：

- 執行中的行程主動放棄使用 CPU（採用的方式與前面描述的 SCHED_RR 策略相同）。
- 行程終止。
- 行程被高優先權行程搶佔（情境與前述的 SCHED_RR 策略相同）。

在第一種情況中，行程會被放置在與其優先權級別相對應的佇列之尾端。在最後一種情況中，當高優先權行程執行結束之後（被阻塞或終止了），被搶佔的行程會繼續執行（即被搶佔的行程位於其對應優先權級的佇列前端）。

35.2.3　SCHED_BATCH 和 SCHED_IDLE 策略

Linux 2.6 系列的核心增加了兩個非標準排班策略：SCHED_BATCH 與 SCHED_IDLE。儘管這些策略是透過 POSIX 即時排班 API 設定的，但實際上它們並不是即時策略。

　　SCHED_BATCH 策略是在版本 2.6.16 的核心新增的，它與預設的 SCHED_OTHER 策略類似，此策略企圖讓行程以批次的方式執行。排班器會考慮到 nice 值，不過會假設這是一個 CPU-intensive 的工作，不必使用低延遲排班來回應喚醒事件，因而有點不利於排班決策。

　　SCHED_IDLE 策略是在版本為 2.6.23 的核心中加入的，它也與 SCHED_OTHER 類似，但是以很低的優先權對行程進行排班（比 +19 的 nice 值還低）。在此策略中，行程的 nice 值毫無意義。它用於執行低優先權的任務，這些任務在系統中是在沒有其他任務需要使用 CPU 時才會大量使用 CPU。

35.3　即時行程呼叫 API

下面開始介紹構成即時行程排班 API 的各個系統呼叫，這些系統呼叫允許控制行程排班策略和優先權。

> 雖然核心從 2.0 版本開始就已經納入即時排班，但在實作中有幾個存在很久的問題。在 2.2 版本的核心實作中，一些特性仍然無法使用，甚至在 2.4 核心的早期版本中也是如此。其中多數的問題到了 2.4.20 版的核心才進行修正。

35.3.1　即時優先權範圍

sched_get_priority_min() 和 *sched_get_priority_max()* 系統呼叫傳回一個排班策略的優先權取值範圍。

```
#include <sched.h>

int sched_get_priority_min(int policy);
int sched_get_priority_max(int policy);
```
                    Both return nonnegative integer priority on success, or −1 on error

在兩個系統呼叫中，*policy* 指定需取得的排班策略資訊，此參數的值通常是 SCHED_RR 或 SCHED_FIFO。*sched_get_priority_min()* 系統呼叫傳回指定策略的最小優先權，*sched_get_priority_max()* 則傳回最大優先權。在 Linux 系統中，這些系統呼叫為 SCHED_RR 和 SCHED_FIFO 策略分別傳回範圍從 1 到 99 的數字。換句話說，兩個即時策略的優先權取值範圍是完全一樣的，並且優先權相同的 SCHED_RR 和 SCHED_FIFO

行程都具備被排班的資格。(至於哪個行程先被排班則取決於它們在優先權佇列中的順序)。

在不同的 UNIX 實作中,其即時策略的取值範圍是不同的,因此不能在應用程式中寫死優先權的值,反之,需要根據兩個函式的回傳值來指定優先權。因此,SCHED_RR 策略中最低的優先權應該是 *sched_get_priority_min(SCHED_RR)*,比它高一級的優先權是(*sched_get_priority_min(SCHED_RR) + 1*),依此類推。

> SUSv3 並未規範 SCHED_RR 和 SCHED_FIFO 策略要使用相同的優先權範圍,但在大多數的 UNIX 實作中都是如此。例如在 Solaris 8 中,兩種策略的優先權範圍是 0 ~ 59,而在 FreeBSD 6.1 中的優先權範圍是 0 ~ 31。

35.3.2 修改、取得策略及優先權

本節將介紹修改和取得排班策略和優先權的系統呼叫。

修改排班策略和優先權

sched_setscheduler() 系統呼叫修改行程 ID 為 *pid* 的行程之排班策略和優先權。若 *pid* 為 0,則將會修改呼叫行程的特性。

```
#include <sched.h>

int sched_setscheduler(pid_t pid, int policy, const struct sched_param *param);
```
                                          Returns 0 on success, or −1 on error

param 參數是一個指向下列此結構的指標。

```
struct sched_param {
    int sched_priority;          /* Scheduling priority */
};
```

SUSv3 將 *param* 參數定義為一個結構(structure),讓實作可引入額外的實作特定欄位,當實作提供額外的排班策略時,這些欄位會很有幫助。然而,Linux 與大多數 UNIX 實作一樣,只提供 *sched_priority* 欄位來指定排班策略。對於 SCHED_RR 和 SCHED_FIFO 策略而言,此欄位的取值必須在 *sched_get_priority_min()* 和 *sched_get_priority_max()* 指定的範圍之內,而在其他策略,則優先權必須是 0。

policy 參數決定行程的排班策略,可指定為表 35-1 的其中一個策略。

表 35-1：Linux 即時與非即時排班策略

策略	說明	SUSv3
SCHED_FIFO	Realtime first-in first-out	●
SCHED_RR	Realtime round-robin	●
SCHED_OTHER	標準的 round robin time sharing	●
SCHED_BATCH	與 SCHED_OTHER 類似，但用於批次執行（自 Linux 2.6.16 起）	
SCHED_IDLE	與 SCHED_OTHER 類似，但優先權低於 +19 的 nice 值（自 Linux 2.6.23 起）	

成功呼叫 *sched_setscheduler()* 時，會將 *pid* 指定的行程移到與其優先權級別相對應的佇列尾端。

SUSv3 規定，呼叫 *sched_setscheduler()* 時其執行成功的回傳值應為之前的排班策略，然而，Linux 違背了標準的規範，在成功呼叫函式時會傳回 0。可攜的應用程式應該檢查回傳值是否不為 −1，以判斷呼叫是否成功。

透過 *fork()* 建立的子行程會繼承父行程的排班策略與優先權，並且可跨 *exec()* 呼叫保留這些資訊。

sched_setparam() 系統呼叫提供了 *sched_setscheduler()* 函式的功能子集合，它會修改一個行程的排班策略，但不會修改其優先權。

```
#include <sched.h>

int sched_setparam(pid_t pid, const struct sched_param *param);
```
                                        Returns 0 on success, or −1 on error

pid 和 *param* 參數與 *sched_setscheduler()* 中相對應的參數相同。

成功呼叫 *sched_setparam()* 時會將 *pid* 指定的行程移到其對應優先權級別的佇列尾端。

列表 35-2 使用 *sched_setscheduler()* 設定在命令列參數指定的行程策略與優先權。第一個參數是一個指定排班策略的字母，第二個參數是一個以整數表示的優先權，剩餘的參數則是指定需修改排班特性的行程（行程 ID）。

列表 35-2：修改行程的排班策略和優先權

――――――――――――――――――――――――――――― **procpri/sched_set.c**

```
#include <sched.h>
#include "tlpi_hdr.h"
```

```
int
main(int argc, char *argv[])
{
    int j, pol;
    struct sched_param sp;

    if (argc < 3 || strchr("rfobi", argv[1][0]) == NULL)
        usageErr("%s policy priority [pid...]\n"
                 "    policy is 'r' (RR), 'f' (FIFO), "
#ifdef SCHED_BATCH                    /* Linux-specific */
                 "'b' (BATCH), "
#endif
#ifdef SCHED_IDLE                     /* Linux-specific */
                 "'i' (IDLE), "
#endif
                 "or 'o' (OTHER)\n",
                 argv[0]);

    pol = (argv[1][0] == 'r') ? SCHED_RR :
                (argv[1][0] == 'f') ? SCHED_FIFO :
#ifdef SCHED_BATCH
                (argv[1][0] == 'b') ? SCHED_BATCH :
#endif
#ifdef SCHED_IDLE
                (argv[1][0] == 'i') ? SCHED_IDLE :
#endif
                SCHED_OTHER;

    sp.sched_priority = getInt(argv[2], 0, "priority");

    for (j = 3; j < argc; j++)
        if (sched_setscheduler(getLong(argv[j], 0, "pid"), pol, &sp) == -1)
            errExit("sched_setscheduler");

    exit(EXIT_SUCCESS);
}
```

—————————————————————————————————————— procpri/sched_set.c

權限與資源限制會影響對排班參數的改變

在 2.6.12 之前的核心,行程必須要先變成特權行程(CAP_SYS_NICE),才能夠修改排班策略和優先權。一個例外情況是,若呼叫者(caller)的有效使用者 ID(effective user ID)與目標行程的真實(real)或有效使用者 ID 匹配時,非特權行程就能將目標行程的排班策略改成 SCHED_OTHER。

從 2.6.12 的核心開始,設定即時排班策略和優先權的規則改變了,引入一個全新的非標準資源限制(RLIMIT_RTPRIO)。在舊版核心,特權(CAP_SYS_NICE)行程能夠修改任意行程的排班策略和優先權；但非特權行程也能依據下列規則來修改排班策略與優先權：

- 若行程的 RLIMIT_RTPRIO 柔性限制值（soft limit）不為零，且其可設定的即時優先權（realtime priority）上限是其目前即時優先權（current realtime priority）的最大值（若行程目前以即時策略執行）以及其 RLIMIT_RTPRIO 柔性限制值時，則行程就能隨意修改自己的排班策略與優先權。

- 若行程的 RLIMIT_RTPRIO 柔性限制值為 0，則行程能做的唯一改變是，降低自己的即時排班優先權或從即時策略切換為非即時策略。

- SCHED_IDLE 策略是個特殊策略，無論 RLIMIT_RTPRIO 資源限制值為何，執行此策略的行程都無法修改自己的排班策略。

- 只要行程的有效使用者 ID 與目標行程的真實或有效使用者 ID 匹配，就可以從其他的非特權行程更改策略與優先權。

- 行程的 RLIMIT_RTPRIO 柔性限制值只能決定可以對自己的排班策略與優先權進行那些改變，這些改變可以由行程本身或其他非特權行程進行。限制值不為零時，非特權行程無法更動其他行程的排班策略與優先權。

  從 2.6.25 的核心開始，Linux 新增即時排班群組的概念，透過核心的 CONFIG_RT_GROUP_SCHED 選項設定即時排班策略時所能夠做出的變更，細節可參考核心原始檔（Documentation/scheduler/sched-rt-group.txt）。

取得排班策略與優先權

sched_getscheduler() 和 *sched_getparam()* 系統呼叫可取得行程的排班策略和優先權。

```
#include <sched.h>

int sched_getscheduler(pid_t pid);
                                    Returns scheduling policy, or −1 on error
int sched_getparam(pid_t pid, struct sched_param *param);
                                    Returns 0 on success, or −1 on error
```

在這兩個系統呼叫中，*pid* 是要查詢的行程 ID，若 *pid* 為 0，則查詢呼叫行程（calling process）的資訊。非特權行程可使用這兩個系統呼叫取得任意行程的資訊，而不需考慮行程的憑證（credential）。

sched_getparam() 系統呼叫以 *param* 所指的 *sched_param* 結構之 *sched_priority* 欄位，將指定的行程之即時優先權傳回。

若執行成功，*sched_getscheduler()* 會傳回表 35-1 所列的其中一個策略。

列表 35-3 範例使用 *sched_getscheduler()* 和 *sched_getparam()* 系統呼叫，將指定行程（在命令列參數指定行程 ID）的策略與優先權取回。下面的 shell 作業階段（shell session）示範此程式以及列表 35-2 的用法：

```
$ su                        Assume privilege so we can set realtime policies
Password:
# sleep 100 &               Create a process
[1] 2006
# ./sched_view 2006         View initial policy and priority of sleep process
2006: OTHER 0
# ./sched_set f 25 2006     Switch process to SCHED_FIFO policy, priority 25
# ./sched_view 2006         Verify change
2006: FIFO 25
```

列表 35-3：取得行程的排班策略和優先權

——— **procpri/sched_view.c**

```c
#include <sched.h>
#include "tlpi_hdr.h"

int
main(int argc, char *argv[])
{
    int j, pol;
    struct sched_param sp;

    for (j = 1; j < argc; j++) {
        pol = sched_getscheduler(getLong(argv[j], 0, "pid"));
        if (pol == -1)
            errExit("sched_getscheduler");

        if (sched_getparam(getLong(argv[j], 0, "pid"), &sp) == -1)
            errExit("sched_getparam");

        printf("%s: %-5s ", argv[j],
                (pol == SCHED_OTHER) ? "OTHER" :
                (pol == SCHED_RR) ? "RR" :
                (pol == SCHED_FIFO) ? "FIFO" :
#ifdef SCHED_BATCH              /* Linux-specific */
                (pol == SCHED_BATCH) ? "BATCH" :
#endif
#ifdef SCHED_IDLE               /* Linux-specific */
                (pol == SCHED_IDLE) ? "IDLE" :
```

```
#endif
                "???");
        printf("%2d\n", sp.sched_priority);
    }

    exit(EXIT_SUCCESS);
}
```

────────────────────────── procpri/sched_view.c

避免即時行程鎖住系統

由於執行排班策略為 SCHED_RR 和 SCHED_FIFO 的行程會搶佔所有低優先權的行程
（如執行這個程式的 shell），因此在開發使用這些策略的應用程式時，需要小心可
能發生失控的即時行程持續佔有 CPU，而導致鎖住系統的情況。在程式中可以透
過一些方法來避免這種情況發生：

- 使用 *setrlimit()* 設定一個適當的、低的、柔性 CPU 時間資源限制（在 36.3 節
  有介紹 RLIMIT_CPU）。若該行程消耗了太多的 CPU 時間，則它將會收到一個
  SIGXCPU 訊號，該訊號預設會殺死行程。

- 使用 *alarm()* 設定一個警報計時器。若行程的執行時間超出在 *alarm()* 呼叫指
  定的秒數，則該行程會被 SIGALRM 訊號殺死。

- 建立一個擁有高即時優先權的看門狗行程（watchdog process），此行程可
  以執行無窮迴圈，在經過每次迴圈睡眠指定的時間間隔後醒來，並監控其
  他行程狀態。這種監控可量測每個行程消耗的 CPU 時間（參考 23.5.3 節中
  的 *clock_getcpuclockid()* 函式討論），並使用 *sched_getscheduler()* 和 *sched_
  getparam()* 來檢查行程的排班策略和優先權。若一個行程看起來行為異常，則
  看門狗執行緒會降低該行程的優先權，或是藉由送出合適的訊號來停止或終
  止該行程。

- 從 2.6.25 的核心開始，Linux 提供了一個非標準的資源限制 RLIMIT_RTTIME，
  以控制即時排班策略的行程在單次執行（single burst）時所能消耗的 CPU 時
  間。RLIMIT_RTTIME 的單位是微秒（microsecond），它會限制行程在執行非阻
  塞式系統呼叫時的 CPU 使用時間。當行程執行這樣的系統呼叫時，會將消
  耗的 CPU 時間重置為 0。若行程受到更高優先權的行程搶佔時，則不會重
  置消耗的 CPU 時間計時。當行程的時間片段耗盡或呼叫 *sched_yield()*（參考
  35.3.3 節）時，行程會放棄 CPU 的使用權限。當行程達到了 CPU 的時間限制
  RLIMIT_CPU 之後，系統會向行程發送一個 SIGXCPU 訊號，此訊號預設會殺死這
  個行程。

版本 2.6.25 的核心中做出的這個變更還有助於避免失控的即時行程鎖住系統，詳細資訊可參考核心原始檔案 Documentation/scheduler/sched-rt-group.txt。

避免子行程繼承特權排班策略

Linux 2.6.32 新增一個 SCHED_RESET_ON_FORK，在呼叫 *sched_setscheduler()* 時可以將 *policy* 參數的值設定為此常數。此旗標值可與表 35-1 列出的任何一個策略進行 OR 運算取值。若設定此旗標，則行程使用 *fork()* 建立的子行程就不會繼承特權排班策略與優先權，其規則如下：

- 若呼叫的行程擁有一個即時排班策略（SCHED_RR 或 SCHED_FIFO），則子行程的策略會被重置為標準的 round robin time sharing 策略（SCHED_OTHER）。

- 若行程的 nice 值為負值（即高優先權），則子行程的 nice 值會被重置為 0。

SCHED_RESET_ON_FORK 旗標設計用於媒體重播（media-playback）應用程式，它允許建立一個擁有即時排班策略，但不會將該策略傳遞給子行程的行程。使用 SCHED_RESET_ON_FORK 旗標可避免產生 fork 炸彈（試圖藉由建立多個以即時排班策略執行的子行程而規避 RLIMIT_RTTIME 資源限制）。

只要啟用行程的 SCHED_RESET_ON_FORK 旗標，則只有特權行程（CAP_SYS_NICE）可以取消此旗標。該行程在建立子行程之後，亦會關閉子行程的 reset-on-fork 旗標。

35.3.3　釋出 CPU

即時行程可以透過兩種方式主動釋出 CPU：透過呼叫一個會阻塞行程的系統呼叫（如從終端機執行 *read()*），或是呼叫 *sched_yield()*。

```
#include <sched.h>

int sched_yield(void);
```
                                        Returns 0 on success, or –1 on error

sched_yield() 的操作比較簡單，若與呼叫行程相同優先權的佇列中有任何其他排隊中的可執行行程（runnable process），則會將呼叫的行程放在佇列尾端，排班佇列前端的行程可以使用 CPU。若在該優先權佇列中不存在可執行的行程，則 *sched_yield()* 不會做任何事情，呼叫的行程則會繼續使用 CPU。

雖然 SUSv3 允許 *sched_yield()* 傳回錯誤，但在 Linux 系統以及許多其他 UNIX 實作上，這個系統呼叫一定會順利執行。可攜的應用程式應該要檢查這個系統呼叫是否傳回錯誤。

非即時行程使用 *sched_yield()* 的結果是未定義的。

35.3.4　SCHED_RR 時間片段

透過 *sched_rr_get_interval()* 系統呼叫可以得知授權使用 CPU 的 SCHED_RR 行程，其每次分配的時間片段長度。

```
#include <sched.h>

int sched_rr_get_interval(pid_t pid, struct timespec *tp);
                                         Returns 0 on success, or −1 on error
```

如同其他的行程排班系統呼叫，*pid* 用以識別要取得資訊的行程，當 *pid* 為 0 時則表示呼叫的行程。傳回的時間片段是由 *tp* 指向的 *timespec* 結構傳回。

```
struct timespec {
    time_t tv_sec;          /* Seconds */
    long   tv_nsec;         /* Nanoseconds */
};
```

在最新的 2.6 核心中，即時迴圈時間片段是 0.1 秒。

35.4　CPU Affinity

當在多重處理器系統對行程進行重新排班時，通常會在另一個 CPU 執行，而不需要在相同的 CPU 執行，因為原本的 CPU 已經處於忙碌狀態。

當行程改變使用的 CPU 時會影響效能：為了將行程的一系列資料載入新 CPU 的快取記憶體，若這些資料存在於舊 CPU 的快取記憶體，則必須先讓這些資料失效（即：若資料尚未修改，則丟棄資料。若是資料已經更動，則將資料寫入主記憶體）。（為了避免快取記憶體的不一致，多處理器架構在同一時間只允許將資料存放在一個 CPU 的快取記憶體）。使資料失效的過程會耗費時間，因為這樣的效能影響，所以不論是否可以，Linux（2.6）核心都會試著為行程提供確保 *soft* CPU affinity（柔性 CPU 親和力），盡力讓行程在重新排班時可以在相同的 CPU 上執行。

快取記憶體的 *cache line* 與虛擬記憶體管理系統中的分頁類似，是 CPU 快取記憶體與主記憶體之間傳輸的單位大小。通常 line 的大小範圍在 32 至 128 位元組之間。進階資訊請參考（Schimmel，1994）和（Drepper，2007）。

在 Linux 特有的 /proc/*PID*/stat 檔案中的其中一個欄位，會顯示行程目前執行或上次執行的 CPU 編號，細節請參考 *proc(5)* 使用手冊。

有時需為行程設定 *hard* CPU affinity（硬性 CPU 親和力），這樣就能明確地將行程限制在可用的 CPU 其中一個或是一組 CPU 上執行。之所以如此的原因如下：

- 可以避免因為快取資料失效引起的效能影響。
- 若多個執行緒（或行程）正在存取相同的資料，則可以藉由將它們限制在相同的 CPU，讓它們不需競爭存取資料，以及因相競爭存取資料而導致的快取失誤（cache miss），進而提升效能。
- 對於時間關鍵（time-critical）的應用程式而言，會需要為此應用程式預留一個或更多的 CPU，而將系統上的其他行程限制於其他的 CPU 執行。

使用 *isolcpus* 核心開機參數能夠將一個或更多 CPU 從一般的核心排班演算法獨立出來。將行程移入或移出已經分隔開的 CPU 之唯一方法是透過本節介紹的 CPU affinity 系統呼叫。*Isolcpus* 開機參數是上述最後一個情境推薦的實作方法，細節可參考核心原始檔案 Documentation/ kernel-parameters.txt。

Linux 也提供一個 *cpuset* 核心參數，該參數在有大量 CPU 的系統能微控如何將 CPU 與記憶體分配給行程。細節請參考核心原始檔案 Documentation/cpusets.txt。

Linux 2.6 提供了一對非標準的系統呼叫，用以修改與取得行程的 hard CPU affinity：即 *sched_setaffinity()* 與 *sched_getaffinity()*。

許多其他的 UNIX 實作有提供控制 CPU affinity 的介面，如 HP-UX 與 Solaris 就提供了 *pset_bind()* 系統呼叫。

sched_setaffinity() 系統呼叫可為 *pid* 所指定的行程設定 CPU affinity；若 *pid* 為 0，則呼叫行程本身的 CPU affinity 就會改變。

```
#define _GNU_SOURCE
#include <sched.h>

int sched_setaffinity(pid_t pid, size_t len, cpu_set_t *set);
                                        Returns 0 on success, or −1 on error
```

賦予行程的 CPU affinity 由 *set* 指向的 *cpu_set_t* 結構指定。

> CPU affinity 實際上是個別執行緒（per-thread）屬性，可分別調整執行緒群組中的每個執行緒行程之 CPU affinity。若我們想要修改多執行緒行程的某個特定執行緒之 CPU affinity，則可以將 pid 設定為執行緒呼叫 *gettid()* 的傳回值，將 pid 設為 0 則表示呼叫的執行緒本身。

雖然 *cpu_set_t* 資料型別是實作為一個位元遮罩（bit mask），但我們應該將它視為一個不透明的結構。此結構的每個操作都應該使用 CPU_ZERO()、CPU_SET()、CPU_CLR() 和 CPU_ISSET() 巨集（macro）完成。

```
#define _GNU_SOURCE
#include <sched.h>

void CPU_ZERO(cpu_set_t *set);
void CPU_SET(int cpu, cpu_set_t *set);
void CPU_CLR(int cpu, cpu_set_t *set);

int CPU_ISSET(int cpu, cpu_set_t *set);
                         Returns true (1) if cpu is in set, or false (0) otherwise
```

下列的巨集對 set 所指的 CPU 集合進行操作：

* CPU_ZERO() 將 set 初始化為空。
* CPU_SET() 將 cpu 代表的 CPU 新增到 set。
* CPU_CLR() 從 set 中刪除 cpu 代表的 CPU。
* CPU_ISSET() 在 cpu 代表的 CPU 是 set 的其中一員時傳回 true。

> GNU C 函式庫還提供許多其他的巨集，以供操作 CPU 集合，細節可參考 *CPU_SET(3)* 使用手冊。

在 CPU 集合的 CPU 編號從 0 開始，<sched.h> 標頭檔定義了常數 CPU_SETSIZE，此常數大於 *cpu_set_t* 變數能表示的最大 CPU 編號，CPU_SETSIZE 的值為 1024。

> 提供給 *sched_setaffinity()* 的 *len* 參數應為指定 *set* 參數所指的記憶體之位元組數（即 *sizeof(cpu_set_t)*）。

> 下列的程式碼會將 *pid* 所代表的行程進行限制，讓該行程只能在四處理器系統上第一個 CPU 以外的 CPU 上執行。

```
cpu_set_t set;

CPU_ZERO(&set);
```

```
CPU_SET(1, &set);
CPU_SET(2, &set);
CPU_SET(3, &set);

sched_setaffinity(pid, sizeof(cpu_set_t), &set);
```

若 *set* 指定的 CPU 與系統中的所有 CPU 都不匹配，則 *sched_setaffinity()* 呼叫就會傳回 EINVAL 錯誤。

若呼叫行程所執行的 CPU 不在 *set* 清單中，則會將行程移到 *set* 中的其中一個 CPU 執行。

只有在非特權行程的有效使用者 ID（effective user ID）匹配目標行程的真實或有效使用者 ID 時，非特權行程可以設定其他行程的 CPU affinity。而特權（CAP_SYS_NICE）行程可以設定任意行程的 CPU affinity。

sched_getaffinity() 系統呼叫可取得 *pid* 指定的行程之 CPU affinity 遮罩。若 *pid* 為 0，則就傳回呼叫行程的 CPU affinity 遮罩。

```
#define _GNU_SOURCE
#include <sched.h>

int sched_getaffinity(pid_t pid, size_t len, cpu_set_t *set);
```
                                        Returns 0 on success, or −1 on error

傳回的 CPU affinity 遮罩位於 set 指向的 *cpu_set_t* 結構，同時應將 *len* 參數設定為結構的大小（位元組），即 *sizeof(cpu_set_t)*。使用 *CPU_ISSET()* 巨集可確定有哪些 CPU 位於 set 中。

若目標行程的 CPU affinity 遮罩並沒有被修改過，則 *sched_getaffinity()* 會傳回系統上全部的 CPU。

sched_getaffinity() 執行時不會進行權限檢查，非特權行程能夠取得系統上每個行程的 CPU affinity 遮罩。

透過 *fork()* 建立的子行程會繼承其父行程的 CPU affinity 遮罩，且遮罩可以跨 *exec()* 呼叫保留。

sched_setaffinity() 和 *sched_getaffinity()* 是 Linux 特有的系統呼叫。

> 本書原始程式碼中，在 procpri 子目錄下的 t_sched_setaffinity.c 和 t_sched_getaffinity.c 程式示範 *sched_setaffinity()* 和 *sched_getaffinity()* 的用法。

35.5　小結

核心預設採用 round robin time sharing 策略的排班演算法。在預設情況下，在此策略下的所有行程都能平等地使用 CPU，但仍可以透過將行程的 nice 值設定為一個範圍從 ⊠ 20（高優先權）～ +19（低優先權）的數字來影響排班器對行程的排班。此外即使給行程設定了一個最低的優先權，它仍然有機會用到 CPU。

Linux 還實作了 POSIX 即時排班擴充，這些擴充允許應用程式精確地控制如何給行程配置 CPU。在兩個即時排班策略 SCHED_RR（round-robin）和 SCHED_FIFO（先入先出）下執行的行程之優先權總是高於在非即時策略下執行的行程。即時行程優先權的取值範圍為 1（低）～ 99（高）。在行程處於可執行的狀態下，優先權更高的行程就會完全將優先權低的行程排除在 CPU 之外。在 SCHED_FIFO 策略下執行的行程會互斥地存取 CPU，直到它執行終止、或自動釋放 CPU、或被進入可執行狀態的高優先權行程搶佔。類似的規則同樣適用於 SCHED_RR 策略，但在該策略下，若存在多個行程於相同的優先權下執行，則會以 round-robin 的方式讓這些行程共用 CPU。

行程的 CPU affinity 遮罩可以用來限制行程執行的 CPU，讓行程在多處理器系統中可用的 CPU 子集合中執行，這樣可以提高特定類型的應用程式效能。

進階資訊

（Love，2010）提供了 Linux 上行程優先權和排班的背景資料。（Gallmeister，1995）提供了 POSIX 即時排班 API 的更多資訊。雖然（Butenhof，1996）有關即時排班 API 的討論都是針對 POSIX 執行緒的，但它也為本章中有關即時排班的討論提供了有用的背景資料。

更多與 CPU affinity 有關，以及控制如何在多處理器系統上分配執行緒給 CPU 與記憶體節點的資訊，請參考核心原始檔案 Documentation/cpusets.txt、*mbind(2)*、*set_mempolicy(2)* 以及 *cpuset(7)* 使用手冊。

35.6　習題

35-1. 實作 *nice(1)* 指令。

35-2. 設計一個 set-user-ID-root 程式，類似 *nice(1)* 指令的即時排班程式，此程式的指令列介面如下所示：

```
# ./rtsched policy priority command arg...
```

在上述指令中，*policy* 以 *r* 代表 SCHED_RR、以 *f* 表示 SCHED_FIFO。基於 9.7.1 與 38.3 節所述原因，此程式在執行指令前應放棄自己的特權 ID（privileged ID）。

35-3. 設計一個以 SCHED_FIFO 排班策略執行的程式，並建立一個子行程。在兩個行程中都執行一個能導致行程最多消耗 3 秒 CPU 時間的函式。（可透過使用一個迴圈，並在迴圈中不斷使用 *times()* 系統呼叫，以確定累積消耗的 CPU 時間）。每當消耗 1/4 秒的 CPU 時間之後，函式應該輸出一筆顯示行程 ID 以及至今消耗的 CPU 時間訊息。每當消耗了 1 秒的 CPU 時間之後，函式應該呼叫 *sched_yield()* 來將 CPU 釋放給其他行程。（另一種方法是讓行程使用 *sched_setparam()* 提升對方的排班策略）。從程式的輸出中應該能夠看出兩個行程交替消耗了 1 秒的 CPU 時間。（注意在 35.3.2 節中提供的建議，關於如何避免失控即時行程佔據 CPU）。若您的系統有多顆 CPU，則為了示範本習題所述的行為，你會需要讓全部的行程在同一個 CPU 上執行，可透過在建立子行程之前呼叫 *sched_setaffinity()*，或在命令列執行 taskset 指令達成。

35-4. 若兩個行程在多處理器系統使用一個管線（PIPE）來交換大量資料，則兩個行程在同一個 CPU 上的通信速度應該會比兩個行程在不同的 CPU 上執行還要快速，原因是管線資料可以保留在 CPU 的快取（cache）中，所以當兩個行程在同一個 CPU 上執行時能夠快速地存取管線資料。相對地，當兩個行程在不同的 CPU 執行時，則失去共用 CPU 快取的優勢。若讀者能使用多處理器系統，請設計一個使用 *sched_setaffinity()* 的程式，強制將兩個行程於同一個 CPU 上執行，或是讓兩個行程在兩個不同的 CPU 上執行來示範影響。（第 44 章會說明管線的使用方法）。

在超執行緒（hyperthreaded）系統與一些現代的多處理器架構上，由於 CPU 可以共用快取，所以讓行程在相同的 CPU 上執行則不再有效益。在這些系統中，讓行程在不同的 CPU 上執行將獲得更好的效益。關於多處理器系統的 CPU 技術資訊，可以從 Linux 特有的 /proc/cpuinfo 檔案內容取得。

36

行程資源（Process Resource）

每個行程都會消耗如記憶體與 CPU 時間之類的系統資源，本章將探討與資源相關的系統呼叫，首先會介紹 *getrusage()* 系統呼叫，該函式允許一個行程監控自己及其子行程已經使用的資源。接著會介紹 *setrlimit()* 與 *getrlimit()* 系統呼叫，可以用來修改與取得呼叫行程對各類資源的消耗上限。

36.1　行程資源的使用

系統呼叫 *getrusage()* 可傳回呼叫它的行程或其子行程已經使用的系統資源之統計資訊。

```
#include <sys/resource.h>

int getrusage(int who, struct rusage *res_usage);
```
Returns 0 on success, or −1 on error

參數 *who* 可用來查詢行程的系統資源使用資訊，可設定為下列的值：

RUSAGE_SELF

　　傳回執行此呼叫的行程本身相關資訊。

RUSAGE_CHILDREN

傳回的資訊是，執行此呼叫的行程之全數已終止與處於等候狀態的子行程相關資訊。

RUSAGE_THREAD（自 *Linux 2.6.26* 起）

傳回執行此呼叫的執行緒相關資訊，此值是 Linux 特有的（Linux-specific）。

res_usage 參數是一個指向 *rusage* 結構的指標，其定義如列表 36-1 所示。

列表 36-1：*rusage* 結構的定義

```
struct rusage {
    struct timeval ru_utime;      /* User CPU time used */
    struct timeval ru_stime;      /* System CPU time used */
    long           ru_maxrss;     /* Maximum size of resident set (kilobytes)
                                     [used since Linux 2.6.32] */
    long           ru_ixrss;      /* Integral (shared) text memory size
                                     (kilobyte-seconds) [unused] */
    long           ru_idrss;      /* Integral (unshared) data memory used
                                     (kilobyte-seconds) [unused] */
    long           ru_isrss;      /* Integral (unshared) stack memory used
                                     (kilobyte-seconds) [unused] */
    long           ru_minflt;     /* Soft page faults (I/O not required) */
    long           ru_majflt;     /* Hard page faults (I/O required) */
    long           ru_nswap;      /* Swaps out of physical memory [unused] */
    long           ru_inblock;    /* Block input operations via file
                                     system [used since Linux 2.6.22] */
    long           ru_oublock;    /* Block output operations via file
                                     system [used since Linux 2.6.22] */
    long           ru_msgsnd;     /* IPC messages sent [unused] */
    long           ru_msgrcv;     /* IPC messages received [unused] */
    long           ru_nsignals;   /* Signals received [unused] */
    long           ru_nvcsw;      /* Voluntary context switches (process
                                     relinquished CPU before its time slice
                                     expired) [used since Linux 2.6] */
    long           ru_nivcsw;     /* Involuntary context switches (higher
                                     priority process became runnable or time
                                     slice ran out) [used since Linux 2.6] */
};
```

如列表 36-1 的註解所示，在 Linux 上呼叫 *getrusage()*（或 *wait3()* 以及 *wait4()*）時，*rusage* 結構的許多欄位都不會填寫，只有較新版的核心（kernel）才會填寫這些欄位，不過有些欄位在 Linux 不會用到，而是其他的 UNIX 系統才會使用，

Linux 系統之所以提供這些欄位的原因是為了保留給未來擴充功能使用，避免到時須修改 *rusage* 結構而破壞現有的應用程式執行檔。

> 雖然多數的 UNIX 系統都有提供 *getrusage()*，但 SUSv3 並沒有全面規範此系統呼叫（僅規範 *ru_utime* 與 *ru_stime* 欄位），原因是 rusage 結構有許多欄位的意義是取決於實作而定的。

ru_utime 與 *ru_stime* 欄位是 *timeval* 結構型別（10.1 節），內容分別代表一個行程在使用者模式（user *mode*）與核心模式（kernel *mode*）所消耗的 CPU 秒數與微秒數。（10.7 節介紹的 *times()* 系統呼叫也會傳回類似的資訊）。

> Linux 特有的 /proc/*PID*/stat 檔案會提供的資訊是，系統全部行程的某些資源使用資訊（CPU 時間與分頁錯誤），細節可參考 *proc(5)* 使用手冊。

在執行 *getrusage()* 的 RUSAGE_CHILDREN 操作所傳回的 *rusage* 結構中，會包含行程的全部子孫行程之資源使用統計資訊。若我們有三個行程，其關係為父行程、子行程與孫子行程，則當子行程以 *wait()* 等待孫子行程時，孫子行程的資源使用值就會被增加到子行程的 RUSAGE_CHILDREN 值，當父行程執行 *wait()* 等待子行程的操作時，子行程和孫子行程的資源使用資訊就會被增加到父行程的 RUSAGE_CHILDREN 值。反之，若子行程沒有執行 *wait()* 等待孫子行程，則孫子行程的資源使用不會被記錄到父行程的 RUSAGE_CHILDREN 值。

就 RUSAGE_CHILDREN 操作而言，*ru_maxrss* 欄位會傳回執行呼叫的行程之全部子孫之最大駐留組（resident set）的大小（而不是全部子孫行程總和）。

> 在 SUSv3 的規範，若我們忽略 SIGCHLD 訊號（以便子行程不會變成可等待的殭屍行程），則子行程的統計資訊不該被加到 RUSAGE_CHILDREN 的回傳值。然而，如 26.3.3 節所述，Linux 在 2.6.9 以前的核心，Linux 並未遵循此規範，若忽略 SIGCHLD 訊號，則已經死去的子行程之資源使用值也會被增加到 RUSAGE_CHILDREN 的傳回值。

36.2　行程資源限制

每個行程都有一組資源限值，用以限制行程可使用的各種系統資源。我們想要在執行任意程式以前，不想讓行程消耗太多資源，則可以設定該行程的資源限制。我們可使用 shell 內建的 ulimit 指令設定 shell 的資源限制（在 C shell 是 limit），從 shell 建立用來執行使用者指令的行程會繼承這些限制。

> 從核心 2.6.24 起，Linux 特有的 /proc/PID/limits 檔案可用以檢視任何行程的資源限制。此檔案由相對應行程的真實使用者（real user）ID 所有，而且只提供具有該使用者 ID 的行程（或特權級行程）讀取檔案。

系統呼叫 *getrlimit()* 與 *setrlimit()* 可以讓行程取得與修改其資源限制。

```
#include <sys/resource.h>

int getrlimit(int resource, struct rlimit *rlim);
int setrlimit(int resource, const struct rlimit *rlim);
                                    Both return 0 on success, or –1 on error
```

參數 *resource* 可識別要取得或改變的資源限制，*rlim* 參數用以傳回限制值（使用
getrlimit()），或指定新的資源限制值（使用 *setrlimit()*），這是個指向包含兩個欄位
的結構指標：

```
struct rlimit {
    rlim_t rlim_cur;        /* Soft limit (actual process limit) */
    rlim_t rlim_max;        /* Hard limit (ceiling for rlim_cur) */
};
```

這兩個欄位對應到兩個相關的資源限制：柔性限制的（*rlim_cur*）與硬性限
制的（*rlim_max*）。（*rlim_t* 的資料型別是整數型別）。柔性限制（soft limit）規定
行程能消耗的資源數量，行程可調整的柔性限制值範圍是從 0 到硬性限制（hard
limit）之間。對於多數的資源而言，硬性限制的唯一目的是將柔性限制設定上
限。特權（CAP_SYS_RESOURCE）行程能夠將硬性限制的值增大或縮小（只要其值
仍然大於柔性限制），但非特權行程則只能減少硬性限制的值（不能增加）。在
透過 *getrlimit()* 與 *setrlimit()* 呼叫取值時，若 *rlim_cur* 與 *rlim_max* 的值為 RLIM_
INFINITY，則表示無限制（不限制資源的使用）。

在大多數情況下，特權行程與非特權行程在使用資源時都會受到限制。透過
fork() 建立的子行程會繼承這些限制，並且在 *exec()* 呼叫之後也會維持限制值。

表 36-1 節錄了一些值，可設定在 *getrlimit()* 與 *setrlimit()* 的 *resource* 參數，細
節請參考 36.3 節。

雖然資源限制是個別行程（per-process）的屬性，但在某些情況，資源限制
不僅針對行程使用的資源，也需就同一個真實使用者（real user）ID 之全部行程
使用的資源進行限制。RLIMIT_NPROC 可以限制建立的行程數量，在此方法是好的範
例。將此限制套用在限制行程自行建立的子行程數量不太有效率，因為此行程建
立的每個子行程都可以再另外建立自己的子行程，而這些子行程還會建立更多子
行程，依此類推。因此，此限制值必須要限制同一個真實使用者 ID 的全部行程數
量。注意，只有在已經設定資源限制的行程（即行程本身與其繼承限制值的子孫
行程）才會檢查資源的使用情況。若同一個真實使用者 ID 所擁有的另一個行程沒

有設定限制（即限制值內容為無限），或是另一個限制值不一樣的行程，則會根據所設定的限制值檢查行程可建立子行程的數量。

在我們之後介紹各種資源限制時，會指明這些資源的限制值是代表同一個真實使用者 ID 的全部行程累積能夠消耗的資源限制值。若無特別指明，則該資源限制值只是代表行程本身的資源使用限制。

> 請謹記，在很多情況時，取得與設定資源限制的 shell 指令（在 *bash* 與 Korn shell 是 *ulimit*，而 C shell 是 *limit*）使用的單位會跟 *getrlimit()* 與 *setrlimit()* 使用的單位不同。如 shell 指令通常會以 KB（kilobyte）為單位，來表示各式記憶體區段的大小限制。

表 36-1：*getrlimit()* 與 *setrlimit()* 的資源值

資源	限制	SUSv3
RLIMIT_AS	行程的虛擬記憶體大小（byte）	●
RLIMIT_CORE	Core 檔案大小（byte）	●
RLIMIT_CPU	CPU 時間（秒）	●
RLIMIT_DATA	行程資料區段（byte）	●
RLIMIT_FSIZE	檔案大小（byte）	●
RLIMIT_MEMLOCK	鎖定的記憶體（byte）	
RLIMIT_MSGQUEUE	配置給真實使用者 ID 的 POSIX 訊息佇列（從 Linux 2.6.8 起）	
RLIMIT_NICE	nice 值（從 Linux 2.6.12 起）	
RLIMIT_NOFILE	最大的檔案描述符數量加 1	●
RLIMIT_NPROC	真實使用者 ID 的行程數量	
RLIMIT_RSS	Resident set size（byte，尚未實作）	
RLIMIT_RTPRIO	即時排班優先權（從 Linux 2.6.12 起）	
RLIMIT_RTTIME	即時 CPU 時間（微秒，從 Linux 2.6.25 起）	
RLIMIT_SIGPENDING	真實使用者 ID 的訊號佇列中的訊號數量（從 Linux 2.6.8 起）	
RLIMIT_STACK	堆疊大小（byte）	●

範例程式

我們在開始介紹各種資源限制之前，先探討一個使用資源限制的簡單範例。在列表 36-2 定義的 *printRlimit()* 函式會顯示一則訊息，以及指定資源的柔性限制與硬性限制。

> *rlim_t* 資料型別通常會與 *off_t* 相同，可用在處理檔案大小的資源限制（RLIMIT_FSIZE）。因此，我們在列印 *rlim_t* 值時（如列表 36-2），會使用如 5.10 節所述的方式，將它轉型為 *long long* 型別，並使用 *printf()* 的 %lld 說明符（specifier）。

列表 36-3 的程式呼叫 *setrlimit()*，用以設定一個使用者能夠建立的行程數量之柔性限制與硬性限制（`RLIMIT_NPROC`），同時使用列表 36-2 的 *printRlimit()* 函式輸出改變前後的資源限制，並接著盡可能的建立許多行程。在我們執行此程式時，若將柔性限制設定為 30，將硬性限制設定為 100，則可見到如下的輸出：

```
$ ./rlimit_nproc 30 100
Initial maximum process limits: soft=1024; hard=1024
New maximum process limits:     soft=30; hard=100
Child 1 (PID=15674) started
Child 2 (PID=15675) started
Child 3 (PID=15676) started
Child 4 (PID=15677) started
ERROR [EAGAIN Resource temporarily unavailable] fork
```

此例受管制的程式只建立了 4 個新行程，因為此使用者已經執行 26 個行程了。

列表 36-2：顯示行程的資源限制

―――――――――――――――――――――――――――――――――――――― **procres/print_rlimit.c**

```c
#include <sys/resource.h>
#include "print_rlimit.h"        /* Declares function defined here */
#include "tlpi_hdr.h"

int                      /* Print 'msg' followed by limits for 'resource' */
printRlimit(const char *msg, int resource)
{
    struct rlimit rlim;

    if (getrlimit(resource, &rlim) == -1)
        return -1;

    printf("%s soft=", msg);
    if (rlim.rlim_cur == RLIM_INFINITY)
        printf("infinite");
#ifdef RLIM_SAVED_CUR           /* Not defined on some implementations */
    else if (rlim.rlim_cur == RLIM_SAVED_CUR)
        printf("unrepresentable");
#endif
    else
        printf("%lld", (long long) rlim.rlim_cur);

    printf("; hard=");
    if (rlim.rlim_max == RLIM_INFINITY)
        printf("infinite\n");
#ifdef RLIM_SAVED_MAX           /* Not defined on some implementations */
    else if (rlim.rlim_max == RLIM_SAVED_MAX)
        printf("unrepresentable");
#endif
```

```
    else
        printf("%lld\n", (long long) rlim.rlim_max);

    return 0;
}
```
———————————————————————————————————— procres/print_rlimit.c

列表 36-3：設定 RLIMIT_NPROC 資源限制

———————————————————————————————————— procres/rlimit_nproc.c

```c
#include <sys/resource.h>
#include "print_rlimit.h"                  /* Declaration of printRlimit() */
#include "tlpi_hdr.h"

int
main(int argc, char *argv[])
{
    struct rlimit rl;
    int j;
    pid_t childPid;

    if (argc < 2 || argc > 3 || strcmp(argv[1], "--help") == 0)
        usageErr("%s soft-limit [hard-limit]\n", argv[0]);

    printRlimit("Initial maximum process limits: ", RLIMIT_NPROC);

    /* Set new process limits (hard == soft if not specified) */

    rl.rlim_cur = (argv[1][0] == 'i') ? RLIM_INFINITY :
                            getInt(argv[1], 0, "soft-limit");
    rl.rlim_max = (argc == 2) ? rl.rlim_cur :
                (argv[2][0] == 'i') ? RLIM_INFINITY :
                            getInt(argv[2], 0, "hard-limit");
    if (setrlimit(RLIMIT_NPROC, &rl) == -1)
        errExit("setrlimit");

    printRlimit("New maximum process limits:    ", RLIMIT_NPROC);

    /* Create as many children as possible */

    for (j = 1; ; j++) {
        switch (childPid = fork()) {
        case -1: errExit("fork");

        case 0: _exit(EXIT_SUCCESS);            /* Child */

        default:        /* Parent: display message about each new child
                            and let the resulting zombies accumulate */
            printf("Child %d (PID=%ld) started\n", j, (long) childPid);
```

```
                break;
            }
        }
    }
```
────────────────────────────── **procres/rlimit_nproc.c**

無法表示的限制值

在有些程式開發環境裡，*rlim_t* 資料型別可能無法表示特定資源限制的整個值域（range of value），這是因為一個系統可能提供多個程式開發環境，而在這些程式開發環境中，*rlim_t* 資料型別的大小是不同的。例如將一個 *off_t* 為 64 位元的大型檔案編譯環境套入 *off_t* 為 32 位元的系統時，就會出現此情況（在每種環境中，*rlim_t* 與 *off_t* 的大小相同）。比如有一個執行檔的 *rlim_t* 大小是 32 位元，而由一個 *off_t* 為 64 位元的程式執行了，因而繼承了資源限制（如檔案大小限制），則此限制值就超過了 *rlim_t* 能表示的值。

為了幫助可攜應用程式解決這種無法表示資源限制值的問題，SUSv3 規範兩個常數，用以指明無法表示的限制值：RLIM_SAVED_CUR 與 RLIM_SAVED_MAX。若在 *rlim_t* 無法表示柔性資源限制，則 *getrlimit()* 將會在 *rlim_cur* 欄位傳回 RLIM_SAVED_CUR。而 RLIM_SAVED_MAX 的功能類似，即當無法表示硬性限制時，在 *rlim_max* 欄位傳回該值。

若全部的資源限制值都能用 *rlim_t* 表示，則 SUSv3 允許這類實作可將 RLIM_SAVED_CUR 與 RLIM_SAVED_MAX 定義為 RLIM_INFINITY。這些常數在 Linux 系統就是如此定義的，不過前提是可以用 *rlim_t* 表示全部的資源限制值。然而，在 x86-32 這類 32 位元的架構無法這麼做，因為這些架構是位在大型檔案的編譯環境（即將 _FILE_OFFSET_BITS 功能測試巨集設定為 5.10 節所述的 64），*glibc* 將 *rlim_t* 定義為 64 位元，但在核心表示資源限制的資料型別是 *unsigned long*，這只有 32 位元。目前版本的 *glibc* 處理此情況的方式如下：若以 _FILE_OFFSET_BITS=64 選項編譯而成的程式，它試圖將資源限制值設定為超出 32 位元的 *unsigned long* 所能表示的範圍值時，則 *glibc* 的 *setrlimit()* 封裝函式（wrapper）會悄悄地將此值轉換為 RLIM_INFINITY。換句話說，並未順利完成所需的資源限制設定。

> 由於在許多 x86-32 的發行版本中，處理檔案的工具通常在編譯時會設定 _FILE_OFFSET_BITS=64 編譯選項，因此當資源限制值超出 32 位元的表示範圍時，系統不會如實設定資源限制值的做法，不僅會影響到應用程式開發人員，還會影響到最後的使用者。

> 有人可能會認為 *glibc* 的 *setrlimit()* 封裝函式做法，相較於請求的資源限制超出 32 位元 *unsigned long* 的表示範圍時傳回一個錯誤，使用 *glibc* 的函式比較好，

不過此問題的本質是由於核心限制，因此本書在文中介紹的行為就是 *glibc* 開發人員處理此問題使用的方法。

36.3 特定資源限制的細節

我們在本節詳細介紹 Linux 上可用的各個資源限制，尤其是 Linux 特有的資源限制。

RLIMIT_AS

RLIMIT_AS 限制指定行程虛擬記憶體（位址空間）的最大位元組數。若試圖以（*brk()*、*sbrk()*、*mmap()*、*mremap()* 以及 *shmat()*）超出此限制，則會得到 ENOMEM 錯誤。在實務面，程式最常超出此限制之處是在呼叫 malloc 套件（package）函式時，因為它們會使用 *sbrk()* 與 *mmap()*。當碰到此限制時，也無法繼續增加堆疊空間，因而會出現後續列出的 RLIMIT_STACK 情況。

RLIMIT_CORE

RLIMIT_CORE 限制指定的核心傾印檔（core dump）的最大尺寸（以位元組為單位），當行程受到特定訊號（signal）（22.1 節）終止時產生的核心傾印檔，當達到此限制時，將無法繼續增加核心傾印檔的內容。若將此限制設定為 0，則會阻止核心產生傾印檔，此方法有時是比較實用，因為核心傾印檔有可能會變得非常大，而導致使用者無法處理這些核心傾印檔。另一個禁用核心傾印檔的原因是安全考量，避免程式的記憶體內容傾印到磁碟。若 RLIMIT_FSIZE 限制值低於此限制值，則核心傾印檔的最大尺寸則受限為 RLIMIT_FSIZE 個位元組。

RLIMIT_CPU

RLIMIT_CPU 限制規定行程最多能使用多少的 CPU 時間（包括系統模式與使用者模式）。SUSv3 規範要求限制在達到柔性限制值時，需要向行程發送一個 SIGXCPU 訊號，但並沒有規定其他細節。（SIGXCPU 訊號的預設動作是終止行程，並輸出一個核心傾印檔）。此外，也可以建立一個 SIGXCPU 訊號處理常式（handler），以完成所需的工作，並將控制權交回主程式。在達到柔性限制值之後，（Linux 系統的）核心會在行程每消耗一秒 CPU 時間後，送給行程一個 SIGXCPU 訊號，當行程持續執行，直至達到 CPU 的硬性限制時，核心會向行程發送一個 SIGKILL 訊號，直接強制終止行程。

行程在處理完 SIGXCPU 訊號之後，若繼續使用 CPU 的時間，則系統對行程的處理方式會隨著 UNIX 系統實作而異，多數的系統會持續每隔固定時間就發送一個 SIGXCPU 訊號給行程。若想要以可攜的方式使用此訊號，則我們應該這樣設計應用程式，在第一次收到此訊號時，就完成必要的清理工作並終止行程。（或是程式在收此訊號時，修改資源限制）。

RLIMIT_DATA

RLIMIT_DATA 限制的是行程的資料區段之最大尺寸（以 byte 為單位，在 6.3 節介紹的初始化資料、非初始化資料，以及堆積區段的總和）。若試圖（以 *sbrk()* 與 *brk()* 存取超過此限制的資料區段（即 program break），則會發生 ENOMEM 錯誤。如同 RLIMIT_AS，程式最常在呼叫 *malloc* 套件函式時超出此限制。

RLIMIT_FSIZE

RLIMIT_FSIZE 限制規定行程能夠建立的檔案的最大尺寸（以 byte 為單位），若行程試圖讓檔案的大小超出柔性限制值，則核心會發送一個 SIGXFSZ 訊號給此行程，而系統呼叫（如 *write()* 或 *truncate()*）則會傳回 EFBIG 錯誤。SIGXFSZ 訊號的預設動作是終止行程，並產生一個核心傾印檔，也可以改成捕捉此訊號，並將控制權傳回主程式。然而，後續試圖增加檔案大小的操作都會得到同樣的訊號與錯誤。

RLIMIT_MEMLOCK

RLIMIT_MEMLOCK 限制（源自 BSD，在 SUSv3 並無此限制，只有 Linux 和 BSD 系統提供此限制）規定一個行程可以鎖定在實體記憶體的最大虛擬記憶體數量（以 byte 為單位），以防止將記憶體置換出去（swap out）。此限制會影響 *mlock()* 與 *mlockall()* 系統呼叫，以及 *mmap()* 與 *shmctl()* 系統呼叫的上鎖參數，我們在 50.2 節會詳細介紹。

　　若呼叫 *mlockall()* 時指定了 MCL_FUTURE 旗標，則 RLIMIT_MEMLOCK 限制也會導致後續的 *brk()*、*sbrk()*、*mmap()* 與 *mremap()* 呼叫失敗。

RLIMIT_MSGQUEUE

RLIMIT_MSGQUEUE 限制（Linux 從 2.6.8 起，在 Linux 才有的限制）規定，針對呼叫函式的行程其真實使用者 ID，所配置的最大 POSX 訊息佇列（message queue，以 byte 為單位）尺寸。當使用 *mq_open()* 建立一個 POSIX 訊息佇列之後，會依據下列公式比較位元組數與此限制值：

```
bytes = attr.mq_maxmsg * sizeof(struct msg_msg *) +
        attr.mq_maxmsg * attr.mq_msgsize;
```

在這個公式中，*attr* 的結構是 *mq_attr*，為 *mq_open()* 的第四個參數。加法式中的 *sizeof(struct msg_msg *)* 可確保使用者不能無止境地將長度為零的訊息加入佇列。（*msg_msg* 結構是核心內部使用的資料型別）。必要性在於，雖然長度為零的訊息不包含資料，但它們會耗費一些系統記憶體而增加記錄負擔。

RLIMIT_MSGQUEUE 限制只會影響呼叫的行程，此於此使用者底下的其他行程則不會受到影響，除非它們也會設定此限制或是繼承此限制。

RLIMIT_NICE

RLIMIT_NICE 限制（Linux 從 2.6.8 起，在 Linux 才有的限制）規定使用 *sched_setscheduler()* 與 *nice()* 能夠對行程設定的最大 nice 值，此最大值是透過公式 $20 - rlim\_cur$ 計算取得，其中 *rlim_cur* 是目前的 RLIMIT_NICE 資源柔性限制，細節請參考 35.1 節。

RLIMIT_NOFILE

RLIMIT_NOFILE 限制等於一個行程能夠配置的最大檔案描述符之數量加 1。試圖（如以 *open()*、*pipe()*、*socket()*、*accept()*、*shm_open()*、*dup()*、*dup2()*、*fcntl(F_DUPFD)* 與 *epoll_create()*）配置的檔案描述符數量在超出此限制時會失敗，多數的失敗錯誤是 EMFILE，不過在 *dup2(fd, newfd)* 呼叫的錯誤則是 EBADF，而在 *fcntl(fd, F_DUPFD, newfd)* 呼叫的 *newfd* 大於或等於此限制時，失敗的錯誤是 EINVAL。

更改 RLIMIT_NOFILE 限制會反應在 *sysconf(_SC_OPEN_MAX)* 的回傳值，這點在 SUSv3 許可但不強制規範。當系統修改 RLIMIT_NOFILE 限制值時，不一定會反應在呼叫 *sysconf(_SC_OPEN_MAX)* 的傳回值，其他系統這點的行為不一定會與 Linux 相同。

> 在 SUSv3 的聲明，若應用程式將行程的柔性或硬性 RLIMIT_NOFILE 限制設定為小於或等於行程目前開啟的最大檔案描述符數量值時，會出現不可預期的行為。

> 在 Linux 可以透過使用 *readdir()* 掃描 /proc/PID/fd 目錄的內容，檢查行程目前開啟的檔案描述符，此目錄包含行程目前開啟的每個檔案描述符的符號連結。

核心對 RLIMIT_NOFILE 限制規定一個上限值，在 2.6.25 之前的核心，此上限值是直接寫在程式碼（hard-coded value），做為定義的 NR_OPEN 核心常數，其值為 1,048,576。（提昇此上限值需要重新編譯核心）。從 Linux 2.6.25 版本起，此限制可透過 Linux 特有的 /proc/sys/fs/nr_open 檔案定義，此檔案的預設值是 1,048,576，超級使用者（superuser）可以修改這個值。若試圖將 RLIMIT_NOFILE 的柔性限制或硬性限制值設定為高於上限值時，則會產生 EPERM 錯誤。

還有一個系統級別的限制，限制系統中全部行程能夠開啟的檔案總數，此限制可透過 Linux 特有的 /proc/sys/fs/file-max 檔案取得與修改。（我們可以參考 5.4 節，更精確地將 file-max 定義為系統限制開啟檔案描述符的數量）。只有特權

（`CAP_SYS_ADMIN`）行程可以超出 `file-max` 的限制，在非特權行程中，當系統呼叫遇到 `file-max` 限制時，則會傳回 `ENFILE` 錯誤。

RLIMIT_NPROC

`RLIMIT_NPROC` 限制（源自 BSD，在 SUSv3 中並沒有此限制，只有 Linux 與 BSD 系統提供此限制）規定呼叫行程的真實使用者 ID 所能建立的最大行程數量。試圖（*fork()*、*vfork()* 以及 *clone()*）超出此限制會得到 `EAGAIN` 錯誤。

　　`RLIMIT_NPROC` 限制只影響呼叫的行程，而該使用者的其他行程都不會受到影響，除非那些行程也有設定限制或是繼承此限制，此限制不適用於特權（`CAP_SYS_ADMIN` 與 `CAP_SYS_RESOURCE`）行程。

> Linux 還提供系統級的限制，以規定全部使用者能夠建立的行程數量。在 Linux 2.4 及之後的版本，可使用 Linux 特有的 /proc/sys/kernel/threads-max 檔案來取得與修改此限制。

> 正確來說，`RLIMIT_NPROC` 資源限制與 threads-max 檔案實際上限制的是能建立的執行緒數量，而不是行程的數量。

不同版本的核心在 `RLIMIT_NPROC` 資源限制的預設值會不同。在 Linux 2.2，此值是根據一個固定公式計算取得，在 Linux 2.4 與之後的版本，此值是使用基於可用的實體記憶體數量公式計算而得的。

> SUSv3 沒有規範 RLIMIT_NPROC 資源限制，但有規範透過 *sysconf(_SC_CHILD _MAX)* 呼叫取得（並非修改）一個使用者 ID 能夠建立的行程數量上限。Linux 也支援此 *sysconf()* 呼叫，但只有 2.6.23 之前的核心才有支援，此呼叫不會傳回精確的資訊，而傳回的值總是 999。自 Linux 2.6.23 起（以及 *glibc* 2.4 與之後的版本），此呼叫會正確地傳回限制（透過檢查 RLIMIT_NPROC 資源限制值）。

> 並沒有可攜的方法可以找出特定的使用者 ID 已經建立多少個行程，在 Linux 上，我們可以試著掃描系統中全部的 /proc/*PID*/status 檔案，並取得 Uid 紀錄中的資訊（依序列出四個行程使用者的 ID：真實（real）、有效（effective）、saved set 與檔案系統），以估測一個使用者目前所擁有的行程數量。然而，要注意的是，在我們完成掃描時，此資訊可能已經改變。

RLIMIT_RSS

`RLIMIT_RSS` 限制（源自 BSD，在 SUSv3 並沒有此限制，但此限制在許多系統上都廣泛使用）規定行程的駐留組合（resident set）的最大分頁（page）數量，即目前位於實體記憶體的虛擬記憶體分頁總數。Linux 也提供此限制，但目前沒有效用。

在 Linux 2.4 以前的核心（最多到 2.4.29），RLIMIT_RSS 真的是會影響 *madvise()* 的 MADV_WILLNEED 操作行為（50.4 節），若此操作因達到 RLIMIT_RSS 限制而無法執行，則 errno 會儲存 EIO 錯誤。

RLIMIT_RTPRIO

RLIMIT_RTPRIO 限制（Linux 特有的，從 Linux 2.6.12 起）規定使用 *sched_setscheduler()* 與 *sched_setparam()* 能夠為行程設定的即時優先權（realtime priority）上限，細節請參考 35.3.2 節。

RLIMIT_RTTIME

RLIMIT_RTTIME 限制（Linux 特有的，自 Linux 2.6.25 起）規定一個行程在即時排班策略中不睡眠（如執行一個阻塞式系統呼叫）的情況下，能使用的 CPU 秒數上限（以微秒為單位），當達到這個限制時，系統的行為與達到 RLIMIT_CPU 限制時的行為是一樣的：若行程達到柔性限制，則核心會向行程發送一個 SIGXCPU 訊號，之後行程每消耗一秒的 CPU 時間都會收到一個 SIGXCPU 訊號。在達到硬性限制時，核心會向行程發送一個 SIGKILL 訊號，細節請參考 35.3.2 節。

RLIMIT_SIGPENDING

RLIMIT_SIGPENDING 限制（Linux 特有的，自 Linux 2.6.8 起）規定呼叫行程的真實使用者 ID，其訊號佇列最多能容納的訊號數量，試圖（使用 *sigqueue()*）超出此限制會得到 EAGAIN 錯誤。

RLIMIT_SIGPENDING 限制只會影響呼叫的行程，而同使用者的其他行程則不會受到影響，除非那些行程也有設定限制，或是繼承此限制。

在最初的實作中，RLIMIT_SIGPENDING 限制的預設值是 1,024，從核心 2.6.12 起，此限制的預設值改成與 RLIMIT_NPROC 預設值相同的值。

為了檢查 RLIMIT_SIGPENDING 限制，計算的佇列訊號包含了即時訊號與標準訊號。（給行程的標準訊號只能進入佇列一次）。然而，此限制只適用在 *sigqueue()*，即使進入此真實使用者 ID 所屬行程佇列的訊號數量已經達到此上限，依然可以使用 *kill()* 將不在行程佇列中的各個訊號（包括即時訊號）之實體加入佇列。

在 2.6.12 之前的核心，Linux 特有的 /proc/*PID*/status 檔案的 SigQ 欄位顯示行程的真實使用者 ID 之目前與最大的佇列訊號數量。

RLIMIT_STACK

RLIMIT_STACK 限制規定行程堆疊（process stack）的最大數量（以 byte 為單位）。試圖將堆疊大小設定超出此限制，會導致核心發送給行程一個 SIGSEGV 訊號，由於堆疊空間已經耗盡，因此捕捉此訊號的唯一方式是建立另外一個備用的訊號堆疊，如 21.3 節所述。

> 從 Linux 2.6.23 起，RLIMIT_STACK 限制還可以得知儲存行程的命令列參數與環境變數的最大空間，細節可參考 *execve(2)* 使用手冊。

36.4　小結

行程會消耗各種系統資源，*getrusage()* 系統呼叫允許行程監控自己及其子行程所使用的各種資源。

系統呼叫 *setrlimit()* 與 *getrlimit()* 允許行程設定與取得自己在各種資源上的使用限制，每個資源限制有兩個組成：一個是柔性限制（soft limit），核心在檢查行程的資源消耗時會應用這個限制；另外一個是硬性限制（hard limit），它是柔性限制值可設定的最大值。非特權行程能夠將一個資源的柔性限制設定為 0 到硬性限制之間的任意值，但硬性限制值只能降低不能增加。特權行程能夠隨意修改這兩個限制值，只要柔性限制值小於或等於硬性限制值即可。當行程達到柔性限制時，通常會透過接收一個訊號或在呼叫試圖超出此限制的系統呼叫時得到一個錯誤來得知這個事實。

36.5　習題

36-1. 設計一個程式，使用 *getrusage()* 與 RUSAGE_CHILDREN 旗標取得 *wait()* 呼叫等待的子行程相關資訊。（讓程式建立一個子行程，並使子行程消耗一些 CPU 時間，接著讓父行程在呼叫 *wait()* 前後都呼叫 *getrusage()*）。

36-2. 設計一個程式，執行一個指令顯示程式目前的資源使用，此程式與 *time(1)* 指令的功能類似，因此可以如下使用此程式：

```
$ ./rusage command arg...
```

36-3. 設計一個程式，觀察行程使用的各種資源超出透過 *setrlimit()* 呼叫設定的柔性限制時會發生什麼事情。

37

守護程式（Daemon）

本章介紹 daemon 行程的特徵，以及探討將行程轉換為 daemon 所需的步驟。此外，我們也將研究如何在 daemon 中使用 *syslog* 工具來記錄訊息。

37.1　概述

Daemon 是具備下列特徵的行程：

- 它的生命週期很長。一個 daemon 通常會在系統啟動時建立，並持續執行，直到系統關機。
- 它在背景執行，且不具備控制終端機（controlling terminal）的能力。缺乏控制終端機可確保核心永遠無法自動為 daemon 產生任何任務控制訊號（job-control signal）或終端機相關的訊號（比如 SIGINT、SIGTSTP 和 SIGHUP）。

Daemon 是用來執行特殊任務的，如下面的範例所示：

- *cron*：此 daemon 會在排定的時間執行指定的指令。
- *sshd*：安全的 shell daemon，允許使用安全通訊協定從遠端主機登入系統。
- *httpd*：HTTP 伺服器的 daemon（Apache），提供網頁服務。
- inetd：Internet 超級伺服器 daemon（參考 60.5 節），它監聽來自指定的 TCP/IP 埠所進入的網路連線，並啟動適當的伺服器程式，以處理這些連線。

許多標準的 daemon 會以特權行程的方式執行（即有效使用者 ID 為 0），因此在設計 daemon 程式時應該依循第 38 章提供的建議。

通常會將 daemon 程式的名稱以字母 *d* 結尾（但並非大家都會依此命名）。

> 在 Linux 系統，有些 daemon 會以核心執行緒執行。這類的 daemon 程式碼是核心的一部分，而且通常會在系統啟動時建立。當使用 *ps(1)* 列出執行緒時，這些 daemon 的名稱會用方括號（[]）括起來。Pdflush 是其中一個核心執行緒範例，它會定期將有資料的分頁（dirty page，即緩衝區快取中的分頁）寫入磁碟。

37.2 建立一個 daemon

要變成 daemon，程式需要完成下列步驟：

1. 執行 *fork()*，然後結束父行程，而子行程繼續執行。（結果使得 daemon 成為 *init* 行程的子行程）。之所以如此，理由如下兩個原因：

   - 假設 daemon 是從命令列啟動的，shell 會發現父行程結束了，接著顯示另一個 shell 提示字元，並讓子行程繼續在背景執行。

   - 子行程確定不會成為行程群組的組長（process group leader），因為它會從其父行程繼承行程群組 ID，並取得自己唯一的行程 ID，此行程 ID 與繼承的行程群組 ID 不同，這樣才能順利執行下一個步驟。

2. 子行程呼叫 *setsid()*（參考 34.3 節），以初始一個新的作業階段，並自行釋放與控制終端機之間的任何關係。

3. 若 daemon 從未開啟終端機裝置，則無須擔心 daemon 會重新請求一個控制終端機。若 daemon 之後可能會開啟一個終端機裝置，則我們必須要採取一些步驟，以確保此裝置不會變成控制終端機。我們可以用下列兩種方式達成：

   - 在每個可能會用在終端機裝置的 *open()* 呼叫搭配使用 O_NOCTTY 旗標。

   - 或是在 *setsid()* 呼叫之後執行第二次 *fork()*，然後再次結束父行程，並讓（孫）子行程繼續執行。這樣可確保子行程不會成為作業階段的組長（session leader），因此根據 System V 取得控制終端機的規則（Linux 也遵循），行程絕不會重新請求一個控制終端機（34.4 節）。

   > 在依循 BSD 規則的實作系統中，一個行程只能用呼叫 *ioctl()* 與 TIOCSCTTY 操作選項取得一個控制終端機，因此第二次的 *fork()* 呼叫對控制終端機的取得並沒有任何影響，只是多一個 *fork()* 呼叫不會有什麼傷害。

4. 清除行程的 umask（參考 15.4.6 節），以確保在 daemon 建立檔案與目錄時，可以具有所需的權限。

5. 修改行程的當前工作目錄，通常是修改成根目錄（/）。原因在於 daemon 通常會一直執行到系統關機為止。若 daemon 的目前工作目錄位在非根目錄（/）的檔案系統，則無法卸載該檔案系統（參考 14.8.2 節）。或者，daemon 可以將工作目錄改為完成任務時所在的目錄、或在設定檔中定義的目錄，只要此目錄所在的檔案系統永遠不會被卸載即可。例如，*cron* 會將自身放在 /var/spool/cron 目錄。

6. 關閉 daemon 從父行程繼承的每個開啟著的檔案描述符。（daemon 可能需要將繼承而來的檔案描述符保持在開啟狀態，因此此步驟是選配的、或是開放改變的）。之所以如此有很多原因，由於 daemon 失去了它的控制終端機，而且在背景執行，因此讓 daemon 的檔案描述符 0、1 和 2 保持開啟狀態並沒有意義，若這些描述符指向的是控制終端機。此外，我們無法對開啟檔案且長期執行的 daemon 所在的檔案系統進行卸載。因此，我們應該關閉沒有使用的開啟著的檔案描述符，因為檔案描述符是有限的資源。

   有些 UNIX 實作（如 Solaris 9 和一些最新的 BSD 發行版本）提供了一個名為 *closefrom(n)*（或類似名稱）的函式，它會關閉每個大於或等於 *n* 的檔案描述符，不過 Linux 系統沒有提供此函式。

7. 在關閉了檔案描述符 0、1 和 2 之後，daemon 通常會開啟 /dev/null 並使用 *dup2()*（或類似的函式）使這些描述符都指向此裝置，原因如下兩點所示：

   – 可確保在 daemon 以 I/O 函式庫函式存取這些描述符時，不會出現無法預期的失敗。

   – 可避免 daemon 後續使用描述符 1 或 2 開啟檔案，因為函式庫的函式會將這些描述符視為標準輸出與標準錯誤來寫入資料（因而破壞原有的資料）。

   /dev/null 是一個虛擬裝置，只會丟棄寫入的資料。當我們想要刪除 shell 指令的標準輸出或錯誤時，可以將它們重導到這個檔案，讀取此裝置只會傳回檔案結尾（end-of-file）。

我們在下面呈現 *becomeDaemon()* 函式的實作，可執行上述步驟，將呼叫者變成 daemon。

```
#include <syslog.h>

int becomeDaemon(int flags);
```
                                        Returns 0 on success, or −1 on error

becomeDaemon() 函式接收一個位元遮罩參數 *flags*，可允許呼叫者選擇性地執行某些步驟，如列表 37-1 所列的標頭檔註解所述。

列表 37-1：become_daemon.c 的標頭檔

——————————————————————————— **daemons/become_daemon.h**

```
#ifndef BECOME_DAEMON_H              /* Prevent double inclusion */
#define BECOME_DAEMON_H

/* Bit-mask values for 'flags' argument of becomeDaemon() */

#define BD_NO_CHDIR            01    /* Don't chdir("/") */
#define BD_NO_CLOSE_FILES      02    /* Don't close all open files */
#define BD_NO_REOPEN_STD_FDS   04    /* Don't reopen stdin, stdout, and
                                         stderr to /dev/null */
#define BD_NO_UMASK0          010    /* Don't do a umask(0) */

#define BD_MAX_CLOSE   8192          /* Maximum file descriptors to close if
                                         sysconf(_SC_OPEN_MAX) is indeterminate */

int becomeDaemon(int flags);

#endif
```

——————————————————————————— **daemons/become_daemon.h**

becomeDaemon() 函式的實作如列表 37-2 所示。

> GNU C 函式庫提供一個非標準的 *daemon()* 函式，它會將呼叫者變成 daemon。*Glibc* 的 *daemon()* 函式並沒有提供 *becomeDaemon()* 函式的 *flags* 參數。

列表 37-2：建立一個 daemon 行程

——————————————————————————— **daemons/become_daemon.c**

```
#include <sys/stat.h>
#include <fcntl.h>
#include "become_daemon.h"
#include "tlpi_hdr.h"

int                                  /* Returns 0 on success, -1 on error */
becomeDaemon(int flags)
{
    int maxfd, fd;

    switch (fork()) {                /* Become background process */
    case -1: return -1;
    case 0:  break;                  /* Child falls through... */
    default: _exit(EXIT_SUCCESS);    /* while parent terminates */
    }
```

```
        if (setsid() == -1)              /* Become leader of new session */
            return -1;

        switch (fork()) {                /* Ensure we are not session leader */
        case -1: return -1;
        case 0:  break;
        default: _exit(EXIT_SUCCESS);
        }

        if (!(flags & BD_NO_UMASK0))
            umask(0);                     /* Clear file mode creation mask */

        if (!(flags & BD_NO_CHDIR))
            chdir("/");                   /* Change to root directory */

        if (!(flags & BD_NO_CLOSE_FILES)) { /* Close all open files */
            maxfd = sysconf(_SC_OPEN_MAX);
            if (maxfd == -1)              /* Limit is indeterminate... */
                maxfd = BD_MAX_CLOSE;     /* so take a guess */

            for (fd = 0; fd < maxfd; fd++)
                close(fd);
        }

        if (!(flags & BD_NO_REOPEN_STD_FDS)) {
            close(STDIN_FILENO);          /* Reopen standard fd's to /dev/null */

            fd = open("/dev/null", O_RDWR);

            if (fd != STDIN_FILENO)       /* 'fd' should be 0 */
                return -1;
            if (dup2(STDIN_FILENO, STDOUT_FILENO) != STDOUT_FILENO)
                return -1;
            if (dup2(STDIN_FILENO, STDERR_FILENO) != STDERR_FILENO)
                return -1;
        }

        return 0;
    }
```
——————————————————————————————— daemons/become_daemon.c

若我們設計一個程式，在呼叫 *becomeDaemon(0)* 之後睡眠一段時間，則我們可以使用 *ps(1)* 來查看行程執行結果的一些屬性：

```
$ ./test_become_daemon
$ ps -C test_become_daemon -o "pid ppid pgid sid tty command"
  PID  PPID  PGID   SID TT      COMMAND
24731     1 24730 24730 ?       ./test_become_daemon
```

由於程式碼比較簡單，因此這裡並沒有呈現 daemons/test_become_daemon.c 的原始程式碼，本書發佈的原始程式碼中有提供此程式的程式碼。

在 *ps* 指令的輸出中，*TT* 標題下的（?）符號代表行程沒有控制的終端機。從行程 ID 與作業階段 ID（SID）不同的情況，也可以看出行程並非作業階段的組長（session leader），因此，若有開啟終端機裝置時，不會重新獲得控制終端機，這就是 daemon 應該具備的特性。

37.3　設計 daemon 的指南

如前所述，daemon 通常只會在系統關閉時結束，許多標準的 daemon 是透過在系統關閉時執行應用程式特定的腳本來停止。

而不以此方式終止的 daemon 會收到一個 SIGTERM 訊號，因為在系統關閉時，*init* 行程會向所有的子行程發送此訊號，SIGTERM 訊號預設會終止行程。若 daemon 在終止之前需要做些清理工作，則需為此訊號建立一個處理常式（handler）。這個處理常式必須能快速完成清理工作，因為 *init* 會在送出 SIGTERM 訊號的 5 秒之後，就會發送一個 SIGKILL 訊號。（這並非表示此 daemon 有 5 秒的 CPU 時間可以執行，因為 *init* 是同時向系統的每個行程發送訊號，而大家都需要在這五秒內完成要清理的工作）。

　　由於 daemon 是長期執行的行程，因此要特別小心潛在的記憶體洩露（memory leak）問題（參考 7.1.3 節）和檔案描述符洩露（file descriptor leak，即應用程式沒有關閉每個開啟著的檔案描述符）。若此類 bug 影響到了 daemon 的執行，則唯一的解決方案是殺死它，之後（修復了 bug）再將它重新啟動。

　　很多 daemon 需要確保同時只有一個實體（instance）處於活躍狀態。若讓兩個 *cron* daemon 都試圖實行排定的工作並沒有意義。在 55.6 節中將會介紹達成此任務的技術。

37.4　使用 SIGHUP 重新對 daemon 初始化

由於很多 daemon 需要持續執行，因此在設計 daemon 程式時需要克服一些障礙：

- 通常 daemon 會在啟動時從相關的組態檔讀取執行的參數，但有時需要在執行期間變更參數，而不需停止與重新啟動 daemon。

- 有些 daemon 會產生日誌檔，若 daemon 永遠不關閉日誌檔，則日誌檔會無限制地增長，最終會耗盡檔案系統的空間。（在 18.3 節中曾提過，即使刪除檔案，但只要有行程還在使用這個開啟的檔案，則此檔案就會一直存在）。我們需要一種方法，可以通知 daemon 關閉其日誌檔，並開啟另一個新檔，以便我們可以在需要時轉置日誌檔。

這兩個問題的解決方案是，讓 daemon 為 SIGHUP 訊號建立一個訊號處理常式，並在收到這個訊號時進行所需的措施。在 34.4 節中曾提過，當控制行程與控制終端機斷開連線之後會產生 SIGHUP 訊號。由於 daemon 沒有控制終端機，因此核心永遠不會發送此訊號給 daemon，因此 daemon 可以使用 SIGHUP 訊號做為通知的方式。

> logrotate 程式可用來自動轉置 daemon 日誌檔，細節請參考 logrotate(8) 手冊。

列表 37-3 提供 daemon 如何使用 SIGHUP 的範例，此程式建立一個 SIGHUP 訊號的處理常式②，然後變成 daemon ③，接著開啟日誌檔④，最後讀取設定檔⑤。SIGHUP 處理常式①只設定一個全域旗標變數 hupReceived，主程式會檢查此變數。主程式位在一個迴圈中，每隔 15 秒輸出一筆訊息到日誌檔⑧。透過在迴圈中呼叫 sleep() ⑥，以模擬真實應用程式執行的一些處理工作。在迴圈的每次 sleep() 傳回之後，程式會檢查是否設定 hupReceived 變數⑦，若變數經過設定，則程式會重新開啟日誌檔、重新讀取設定檔、並清除 hupReceived 旗標。

> 受限於篇幅，列表 37-3 沒有示範 logOpen()、logClose()、logMessage() 和 readConfigFile() 等函式，但在本書的原始程式碼有提供這些函式範例。其中，前三個函式執行的工作可從其函式名稱得知，readConfigFile() 函式只是單純從設定檔讀取一行資料，並將這行資料輸出到日誌檔。

> 一些 daemon 在收到 SIGHUP 訊號時，會使用其他方法來重新自我初始化：它們會關閉每個檔案，然後使用 exec() 自動重新啟動。

下面是執行列表 37-3 時可能看到的輸出，這裡先建立一個虛擬設定檔，然後啟動此 daemon。

```
$ echo START > /tmp/ds.conf
$ ./daemon_SIGHUP
$ cat /tmp/ds.log                          View log file
2011-01-17 11:18:34: Opened log file
2011-01-17 11:18:34: Read config file: START
```

現在修改這個設定檔並在向 daemon 發送 SIGHUP 訊號之前重命名日誌檔。

```
$ echo CHANGED > /tmp/ds.conf
$ date +'%F %X'; mv /tmp/ds.log /tmp/old_ds.log
2011-01-17 11:19:03 AM
$ date +'%F %X'; killall -HUP daemon_SIGHUP
```

```
2011-01-17 11:19:23 AM
$ ls /tmp/*ds.log                                    Log file was reopened
/tmp/ds.log /tmp/old_ds.log
$ cat /tmp/old_ds.log                                View old log file
2011-01-17 11:18:34: Opened log file
2011-01-17 11:18:34: Read config file: START
2011-01-17 11:18:49: Main: 1
2011-01-17 11:19:04: Main: 2
2011-01-17 11:19:19: Main: 3
2011-01-17 11:19:23: Closing log file
```

ls 的輸出表示新舊日誌檔同時存在。當使用 *cat* 檢視舊日誌檔內容時,我們可以看到,即使用 *mv* 指令重新命名檔案,daemon 仍然會將日誌訊息記錄到那個檔案。此時若不再需要此舊日誌檔,就可以刪除檔案。當我們查看新日誌檔時,我們會發現已經重新讀取組態檔。

```
$ cat /tmp/ds.log
2011-01-17 11:19:23: Opened log file
2011-01-17 11:19:23: Read config file: CHANGED
2011-01-17 11:19:34: Main: 4
$ killall daemon_SIGHUP                               Kill our daemon
```

注意,daemon 的日誌和設定檔通常如列表 37-3 所示,放置在標準目錄中,而不是 /tmp 目錄。依慣例,設定檔會放在 /etc 或它的子目錄中,日誌檔會被放在 /var/log 中。Daemon 程式通常會提供命令列參數來指定其他存放位置,以替換預設的存放位置。

列表 37-3:使用 SIGHUP 重新初始化一個 daemon

── **daemons/daemon_SIGHUP.c**

```c
#include <sys/stat.h>
#include <signal.h>
#include "become_daemon.h"
#include "tlpi_hdr.h"

static const char *LOG_FILE = "/tmp/ds.log";
static const char *CONFIG_FILE = "/tmp/ds.conf";

/* Definitions of logMessage(), logOpen(), logClose(), and
   readConfigFile() are omitted from this listing */

static volatile sig_atomic_t hupReceived = 0;
                        /* Set nonzero on receipt of SIGHUP */
static void
sighupHandler(int sig)
{
```

```
①        hupReceived = 1;
     }

     int
     main(int argc, char *argv[])
     {
         const int SLEEP_TIME = 15;     /* Time to sleep between messages */
         int count = 0;                 /* Number of completed SLEEP_TIME intervals */
         int unslept;                   /* Time remaining in sleep interval */
         struct sigaction sa;

         sigemptyset(&sa.sa_mask);
         sa.sa_flags = SA_RESTART;
         sa.sa_handler = sighupHandler;
②        if (sigaction(SIGHUP, &sa, NULL) == -1)
             errExit("sigaction");

③        if (becomeDaemon(0) == -1)
             errExit("becomeDaemon");

④        logOpen(LOG_FILE);
⑤        readConfigFile(CONFIG_FILE);

         unslept = SLEEP_TIME;

         for (;;) {
⑥            unslept = sleep(unslept);      /* Returns > 0 if interrupted */

⑦            if (hupReceived) {             /* If we got SIGHUP... */
                 hupReceived = 0;           /* Get ready for next SIGHUP */
                 logClose();
                 logOpen(LOG_FILE);
                 readConfigFile(CONFIG_FILE);
             }

             if (unslept == 0) {           /* On completed interval */
                 count++;
⑧                logMessage("Main: %d", count);
                 unslept = SLEEP_TIME;      /* Reset interval */
             }
         }
     }
```

———————————————————————————————————— **daemons/daemon_SIGHUP.c**

37.5　使用 *syslog* 記錄訊息和錯誤

設計 daemon 時會遇到的一個問題是如何顯示錯誤訊息。由於 daemon 是在背景執行的,因此通常無法像其他程式那樣,直接將訊息輸出到關聯的終端機。這個問題的一種解法是將訊息寫入一個應用程式專屬的日誌檔,如列表 37-3 所示。這種方式有一個問題,就是系統管理員較難以管理多個應用程式日誌檔,以及難以監控其中是否存在錯誤訊息,而 *syslog* 工具可解決此問題。

37.5.1　概述

syslog 工具提供一個集中式的日誌工具,系統中的每個應用程式都可以使用此工具來記錄日誌訊息,圖 37-1 提供此工具的一個概觀。

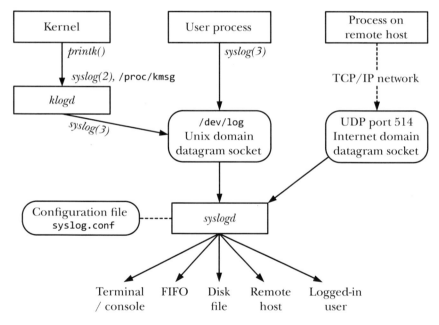

圖 37-1:系統日誌概觀

syslog 工具有兩個主要元件:*syslogd* daemon 與 *syslog(3)* 函式庫函式。

　　System Log daemon(*syslogd*)從兩個不同的源頭接收日誌訊息:一個是 UNIX domain socket(/dev/log),它保存本地產生的訊息;另一個是 Internet domain socket(若有啟用是 UDP 514 埠),它保存透過 TCP/IP 網路發送的訊息。(在一些其他的 UNIX 實作,*syslog* socket 位在 /var/run/log)。

每筆由 *syslogd* 處理的訊息都具備許多屬性，其中包括一個 *facility*，指定產生訊息的程式類型；以及 *level*，指定訊息的重要程度（優先順序）。Syslogd daemon 會檢查每筆訊息的 *facility* 和 *level*，然後根據一個相關設定檔 /etc/syslog.conf，將訊息傳送到幾個可能目的地的其中一個。可能的目的地有終端機或虛擬控制台（virtual console）、磁碟檔案、FIFO、一個或多個（或所有）已登入的使用者，以及在另一個系統透過 TCP/IP 網路連線的行程（通常是另一個 *syslogd* daemon）。（將訊息發送給另一個系統的行程的好處是，將多個系統的日誌資訊集中到一個位置可降低管理負擔）。可以將一筆訊息發送到多個目的地（或不發送），或可以將不同的 *facility* 和 *level* 組合的訊息發送到不同的目的地、不同的目的地實體（即不同的控制台、不同的磁碟檔案等）。

> 透過 TCP/IP 網路將 *syslog* 訊息發送到另一個系統還有助於發現系統非法入侵。非法入侵通常會在系統日誌中留下蹤跡，但攻擊者通常會刪除日誌紀錄以掩蓋他們的行為。有了遠端日誌紀錄之後，攻擊者就需要侵入另一個系統才能刪除日誌紀錄。

通常，任何行程都可以使用 *syslog(3)* 函式庫函式來記錄訊息，這個函式會使用代入的參數並以標準格式構建一筆訊息，然後將這筆訊息寫入 /dev/log socket，以供 *syslogd* 讀取，本章稍後會介紹此函式。

/dev/log 中訊息的另一個來源是 *Kernel Log daemon*（*klogd*），它會收集核心日誌訊息（核心使用 *printk()* 函式產生的訊息）。可以透過兩個等價的 Linux 特有介面之一來收集這些訊息（即 /proc/kmsg 檔案和 *syslog(2)* 系統呼叫），然後使用 *syslog(3)* 函式庫函式將它們寫入 /dev/log。

> 即使 *syslog(2)* 與 *syslog(3)* 的名稱相同，但它們執行的任務是不同的。有些現代的 syslogd 實作，例如：rsyslog 與 syslog-ng，配合另一個 klogd daemon 的需要，會藉由直接讀取 /proc/kmsg 來代替它們。*Glibc* 有提供一個呼叫 *syslog(2)* 的介面，其名稱為 *klogctl()*。若非特別指明，在本節所指的 *syslog()* 預設是 *syslog(3)*。

Syslog 工具原先出現在 4.2 BSD，但現在幾乎全部的 UNIX 實作都有提供此工具，SUSv3 對 *syslog(3)* 與相關函式進行標準化，但並沒有規定 *syslogd* 的實作、操作，以及 syslog.conf 檔案的格式。Linux 中的 *syslogd* 實作與原先在 BSD 實作的不同之處在於，Linux 允許對在 syslog.conf 中指定的訊息處理規則進行一些擴充。

37.5.2 *syslog* API

Syslog API 由以下三個主要函式構成：

- *openlog()* 函式會建立預設的設定供後續 *syslog()* 呼叫使用，*openlog()* 呼叫是選配的，若省略此呼叫，則會使用首次呼叫 *syslog()* 時採用的預設設定，以建立與日誌紀錄工具的連線。

- *syslog()* 函式可記錄一筆日誌訊息。

- 當完成日誌紀錄訊息之後，需要呼叫 *closelog()* 函式，以斷開與日誌之間的連接。

這些函式都不會傳回狀態值，因為系統日誌服務應該要持續處於可用的狀態（系統管理員應該在服務不可用時立即發現問題）。此外，若在系統記錄日誌的過程中發生一個錯誤，應用程式通常也無法做更多的事情來報告這個錯誤。

> GNU C 函式庫還提供函式 *void vsyslog(int priority, const char*format, va_list args)*。這個函式執行的工作與 *syslog()* 相同，但是會使用由 *stdarg(3)* API 處理好的參數清單。（所以 *vsyslog()* 之於 *syslog()*，就如 *vprintf()* 之於 *printf()*）。SUSv3 並未規範 *vsyslog()*，而且每個 UNIX 實作都沒有提供此函式。

建立與系統日誌的連線

openlog() 函式的呼叫是選配的，它建立一個與系統日誌工具的連線，並為後續的 *syslog()* 呼叫提供預設設定。

```
#include <syslog.h>

void openlog(const char *ident, int log_options, int facility);
```

ident 參數是一個指向字串的指標，此字串為 *syslog()* 輸出的訊息，通常此參數值是程式名稱。注意，*openlog()* 僅複製這個指標的值，只要應用程式後續繼續呼叫 *syslog()*，應該就能確保不會修改所指向的字串。

> 若 *ident* 的值為 NULL，則如同其他的一些實作，*glibc syslog* 實作會自動以程式名稱做為 *ident* 的值。但 SUSv3 並沒有要求實作此功能，一些實作也沒有提供，可攜的應用程式不應該倚賴此功能。

傳遞給 *openlog()* 的 *log_options* 參數是一個位元遮罩，它是由下列幾個常數進行 OR 位元邏輯運算之後的值：

LOG_CONS

若發送訊息到系統日誌產生錯誤時，則將訊息寫入到系統主控台（/dev/console）。

LOG_NDELAY

立即開啟與日誌系統的連線（即底層的 UNIX domain socket，/dev/log）。預設（LOG_ODELAY），只有在首次使用 *syslog()* 記錄訊息時才會開啟連線。對於需要精確控制何時為 /dev/log 配置檔案描述符的程式，LOG_NDELAY 旗標比較實用，如呼叫 *chroot()* 的程式，在呼叫 *chroot()* 之後，/dev/log 路徑名稱將不再可見，因此在 *chroot()* 之前，需要呼叫一個有指定 LOG_NDELAY 的 *openlog()*。*tftpd* daemon（Trivial File Transfer）則是為此使用 LOG_NDELAY 的範例。

LOG_NOWAIT

不要 *wait()* 那些建立來做記錄日誌訊息的子行程，在那些建立子行程以記錄日誌訊息的系統上，當呼叫者建立並等待子行程時會需要使用 LOG_NOWAIT，如此 *syslog()* 就不會試圖等待已被呼叫者銷毀的子行程。在 Linux 系統上，LOG_NOWAIT 不會有效果，因為在記錄日誌訊息時不會建立子行程。

LOG_ODELAY

此旗標的作用與 LOG_NDELAY 效果相反，會將連接到日誌系統的操作延遲到記錄第一筆訊息時進行。這是預設行為，因此無須指定此旗標。

LOG_PERROR

將訊息寫入標準錯誤和系統日誌，daemon 行程通常會關閉標準錯誤，或將其重新導向到 /dev/null，因此 LOG_PERROR 就沒有用了。

LOG_PID

在每筆訊息中記錄呼叫者的行程 ID，於一個建立多個子行程的伺服器中使用 LOG_PID，有助於區分哪個行程記錄了某筆特定訊息。

除了 LOG_PERROR 常數，其他常數都有在 SUSv3 的規範中，但很多其他（不是全部）的 UNIX 實作都有定義 LOG_PERROR 常數。

傳入 *openlog()* 的 *facility* 參數指定了後續的 *syslog()* 呼叫中使用的預設 *facility* 值，表 37-1 列出了這個參數的可用值。

表 37-1 所列出的 *facility* 值，多數在 SUSv3 都有定義，如表中的 SUSv3 該行所示。但 LOG_AUTHPRIV 和 LOG_FTP 只出現在一些 UNIX 實作中，LOG_SYSLOG 則在大多數實作中都存在。當記錄包含密碼或其他敏感資訊的日誌訊息的位置有必要與 LOG_AUTH 指定的位置不同時，LOG_AUTHPRIV 值會比較好用。

LOG_KERN *facility* 值適用於核心訊息，使用者空間的程式無法用這個工具記錄日誌訊息。LOG_KERN 常數的值為 0，若在 *syslog()* 呼叫使用此常數，則會將 0 解譯為「使用預設級別」。

表 37-1：*openlog()* 的 facility 值和 *syslog()* 的 *priority* 參數

值	說明	SUSv3
LOG_AUTH	安全與驗證訊息（如 *su*）	●
LOG_AUTHPRIV	私有的安全與驗證訊息	
LOG_CRON	來自 *cron* daemon 與 *at* daemon 的訊息	●
LOG_DAEMON	來自其他系統 daemon 的訊息	●
LOG_FTP	來自 *ftp* daemon 的訊息（*ftpd*）	
LOG_KERN	核心訊息（使用者行程無法產生此類訊息）	●
LOG_LOCAL0	保留給本地使用（包括 LOG_LOCAL1 到 LOG_LOCAL7）	●
LOG_LPR	來自行印表機系統的訊息（*lpr*、*lpd*、*lpc*）	●
LOG_MAIL	來自郵件系統的訊息	●
LOG_NEWS	與 Usenet 網路新聞相關的訊息	●
LOG_SYSLOG	來自 *syslogd* daemon 的訊息	
LOG_USER	使用者行程（預設值）產生的訊息	●
LOG_UUCP	來自 UUCP 系統的訊息	●

記錄一筆訊息

我們可以呼叫 *syslog()*，以寫入一筆日誌訊息。

```
#include <syslog.h>

void syslog(int priority, const char *format, ...);
```

priority 參數是 *facility* 值與 *level* 值進行 OR 位元邏輯運算後的取值，*facility* 表示記錄日誌訊息的應用程式類別，其取值為表 37-1 所列的其中一個值。若省略此參數，則 *facility* 的預設值為前一個 *openlog()* 呼叫中指定的 *facility* 值，或若那個呼叫也省略了 *facility* 值，則為 LOG_USER。*level* 表示訊息的重要程度，其取值為表 37-2 中列出的值中的一個，這張表列出的每個值都有定義於 SUSv3。

表 37-2：*syslog()* 中 *priority* 參數的 level 值（重要性從最高到最低）

值	說明
LOG_EMERG	緊急或令人恐慌的情況（系統無法使用）
LOG_ALERT	需要立即處理的情況（如系統資料庫損壞）
LOG_CRIT	關鍵情況（如磁碟裝置發生錯誤）
LOG_ERR	一般的錯誤情況
LOG_WARNING	警告
LOG_NOTICE	可能需要特殊處理的普通情況
LOG_INFO	資訊訊息
LOG_DEBUG	除錯訊息

傳入 *syslog()* 的其他參數是一個格式字串以及相對應的參數，它們與傳遞給 *printf()* 的參數相同，但與 *printf()* 的差異在於，這裡的格式字串不需包含一個換行字元。此外，格式字串還可以包含雙字元序列（%m），在呼叫時，此序列取代為與目前的 *errno* 值對應的錯誤字串（即等同於 *strerror(errno)*）。

下列程式碼示範 *openlog()* 和 *syslog()* 的使用用法。

```
openlog(argv[0], LOG_PID | LOG_CONS | LOG_NOWAIT, LOG_LOCAL0);
syslog(LOG_ERR, "Bad argument: %s", argv[1]);
syslog(LOG_USER | LOG_INFO, "Exiting");
```

由於在第一個 *syslog()* 呼叫並沒有指定 *facility*，因此將會使用 *openlog()* 呼叫中的預設值（LOG_LOCAL0）。在第二個 *syslog()* 呼叫中有明確指定 LOG_USER 旗標，以覆蓋 *openlog()* 呼叫的預設值設定。

> 在 shell 中可以使用 *logger(1)* 指令來新增紀錄到系統日誌，此指令允許指定與日誌訊息相關的 *level*（*priority*）與 *ident*（*tag*），更多細節可參考 *logger(1)* 使用手冊。SUSv3 有規範 logger 指令（並沒有完整定義），大多數的 UNIX 系統都有實作這個指令。

以下列方式使用 *syslog()* 寫入一些使用者提供的字串是錯誤的：

```
syslog(priority, user_supplied_string);
```

上述程式碼的問題是，應用程式會面臨所謂的格式字串攻擊。若使用者提供的字串中包含格式指示符（如 %s），則結果將是不可預期的，以安全層面來看，這種結果可能會具有破壞性。（此結論也同樣適用於傳統的 *printf()* 函式）。因此需要將上面的呼叫重寫如下：

```
syslog(priority, "%s", user_supplied_string);
```

關閉日誌

在完成日誌紀錄之後，可以呼叫 *closelog()* 來釋放配置給 **/dev/log** socket 的檔案描述符。

```
#include <syslog.h>

void closelog(void);
```

由於 daemon 通常會將與系統日誌之間的連接保持在開啟狀態，因此通常會省略呼叫 *closelog()*。

過濾日誌訊息

setlogmask() 函式可設定過濾 *syslog()* 寫入訊息的遮罩。

```
#include <syslog.h>

int setlogmask(int mask_priority);
```
                                          Returns previous log priority mask

會將任何 *level* 不屬於目前遮罩設定的訊息丟棄，預設的遮罩值可允許記錄各種重要層級的訊息。

巨集 **LOG_MASK()**（在 **<syslog.h>** 中定義）會將表 37-2 中的 *level* 值轉換成適合傳遞給 *setlogmask()* 的位元值。若要丟棄（除了優先權為 **LOG_ERR** 與以上）的訊息時，可使用下列呼叫：

```
setlogmask(LOG_MASK(LOG_EMERG) | LOG_MASK(LOG_ALERT) |
        LOG_MASK(LOG_CRIT) | LOG_MASK(LOG_ERR));
```

SUSv3 規定了 **LOG_MASK()** 巨集，多數的 UNIX 實作（包括 Linux）也提供不在標準規範中的 **LOG_UPTO()** 巨集。它建立一個可過濾每個特定層級與以上層級訊息的位元遮罩，使用此巨集能將前面的 *setlogmask()* 呼叫簡化如下：

```
setlogmask(LOG_UPTO(LOG_ERR));
```

37.5.3 /etc/syslog.conf 檔案

/etc/syslog.conf 設定檔用以控制 *syslogd* daemon 的操作，此檔案由規則與註解（以 # 字元開頭）構成，規則的形式如下所示：

---

facility.level　　*action*

將 *facility* 與 *level* 組合在一起稱為選擇器（selector），因為它們選擇規則要套用的訊息。這些欄位與表 37-1 與表 37-2 所列的值對應。action 指定與選擇器匹配的訊息之送達點。選擇器與 action 之間以空白字元隔開，下面是一些規則範例：

```
*.err                              /dev/tty10
auth.notice                        root
*.debug;mail.none;news.none        -/var/log/messages
```

第一筆規則表示：來自所有工具（*）而且 *level* 是 err（LOG_ERR）或更高的訊息，應該要發送到 /dev/tty10 控制台裝置。第二筆規則表示：來自驗證工具（LOG_AUTH）而且 *level* 為 notice（LOG_NOTICE）或更高的訊息，應該發送到 *root* 登入的每個控制台與終端機。例如：這個特別的規則可允許一個已登入的 *root* 使用者立即看到切換 *su* 失敗的訊息。

最後一筆規則展示幾個規則語法的進階特性：一個規則可包含多個選擇器，選擇器之間用分號隔開。第一個選擇器指定全部的訊息，使用 * 萬用字元表示 *facility*，並將 *level* 的值指定為 debug，這表示會記錄層級為 debug（最低的級別）以及以上層級的每筆訊息。（在 Linux 以及一些其他的 UNIX 實作中，可以將 *level* 指定為 *，其意義等同 debug。但不是全部的 *syslog* 實作都有支援此功能）。一個包含多個選擇器的規則通常可與任何其中一個選擇器對應的訊息匹配，但 *level* 為 none 則表示排除屬於相對應於 *facility* 的每個訊息。因此，這條規則將來自 mail 和 news 工具以外的全部訊息發送到 /var/log/messages 檔案。檔名前面的連接號（-）表示無須在每次寫入檔案時將檔案同步到磁碟（參考 13.3 節）。這表示寫入操作將變得更快，但若系統在進行寫入之後當機，則可能會遺失一些資料。

我們每次修改 syslog.conf 檔案之後，都需要使用下面的方式讓 daemon 根據此檔案自己重新進行初始化。

```
$ killall -HUP syslogd                    Send SIGHUP to syslogd
```

syslog.conf 規則語法的進階功能允許我們設計比先前所述更為強大的規則，細節請參考 *syslog.conf(5)* 使用手冊。

37.6 小結

一個 daemon 是長時間執行，並且沒有控制終端機的行程（即在背景執行）。Daemon 會執行特定的任務，如提供一個網路登入工具或提供網頁服務。程式要成為 daemon 需要執行一系列的標準步驟，包括呼叫 *fork()* 與 *setsid()*。

　　Daemon 應該在適當的地方正確處理 SIGTERM 與 SIGHUP 訊號。SIGTERM 訊號的處理方式應該依步驟順序關閉此 daemon，而 SIGHUP 訊號則提供一種方法，可讓 daemon 透過重新讀取設定檔，以及重新開啟使用中的每個日誌檔，以重新自動初始化。

　　syslog 工具提供 daemon（以及其他應用程式）一種方便的方式，可將錯誤與其他訊息記錄到一個集中位置。這些訊息由 *syslogd* daemon 處理，*syslog* 會依據 syslog.conf 設定檔的指令來重新分發訊息。可以將訊息重新分發到幾個目標，包括終端機、磁碟檔案、登入的使用者，以及透過 TCP/IP 網路分發到遠端主機上的行程中（通常是其他 *syslogd* daemon）。

進階資訊

關於設計 daemon 的最佳進階訊來源或許就是每個現有 daemon 的原始程式碼。

37.7 習題

37-1. 設計一個程式，使用 *syslog(3)*（與 *logger(1)* 類似）將任何訊息寫入系統日誌檔。以及接受一個包含記錄訊息的參數，此程式應該要能提供指定訊息 *level* 層級的選項。

38

設計安全的特權程式

特權程式能存取一般使用者無法存取的功能與資源（如檔案裝置等），程式可透過下列兩種方式以特權方式執行：

- 以特權使用者 ID 執行程式，許多 daemon 與網路伺服器通常是以 *root* 身份執行，它們就屬於這種類別。

- 對程式設定 set-user-ID 或 set-group-ID 權限位元，當 set-user-ID（set-group-ID）的程式執行之後，它會將行程的有效使用者（群組）ID 修改為程式檔的所有者（群組）相同的 ID。（我們在 9.3 節初次介紹過 set-user-ID 與 set-group-ID 程式）。我們在本章中有時候會使用術語 set-user-ID-*root*，以區分授予行程超級使用者特權的 set-user-ID 程式以及授予行程另一個有效身份的程式。

若特權程式包含 bug 或是會受到惡意使用者的破壞，則系統或應用程式的安全性就會受到影響。從安全的角度來講，在設計程式時應該將系統受到安全威脅的可能性，以及受到安全威脅時產生的損失降到最小。本章將對這些主題進行討論，並提供一組設計安全程式的實作建議，並介紹設計特權程式時應該避免的各種陷阱。

38.1 是否需要 Set-User-ID 或 Set-Group-ID 程式？

關於設計 set-user-ID 與 set-group-ID 程式的建議，最佳的建議是儘量避免設計這類程式。若有能在進行工作時不需使用特權的方法，則我們通常會採用這個方法，因為這樣可以消除發生安全問題的可能性。

有時，我們可以將需要特權的功能獨立到另外一個執行單一任務的程式，然後有需要時才在子行程執行此程式。此技術對於函式庫特別有用。我們在 64.2.2 節介紹的 *pt_chown* 程式就是其中一個使用範例。

即使我們有時需要 set-user-ID 或 set-group-ID 的權限，不過 set-user-ID 程式也不需要一定要授予 *root* 身份給行程。若授予行程一些其他的身份就已經足夠，則應該採用這種方法，因為以 root 權限執行可能會引起安全性問題。

假設有個 set-user-ID 程式需要允許使用者更新一個檔案，但是程式卻沒有此檔案的寫入權限，則比較安全的做法是，為此程式建立一個專屬的群組帳號（群組 ID），將檔案的群組所屬更改為此程式的專屬群組（並讓此群組能夠寫入此檔案），並設計一個 set-group-ID 程式，將行程的有效群組 ID 設定為專屬的群組 ID。由於這個專屬的群組 ID 沒有其他的特權，所以這樣可以大幅限制有 bug 的程式或程式受到破壞時所造成的損失。

38.2 以最小的特權權限運作

一個 set-user-ID（或 set-group-ID）程式通常只在執行特定操作時需要特權，因此在程式（特別是那些擁有超級使用者權限的程式）執行其他工作時，應該關閉這些特權權限。對於不再需要的特權權限，應該永久關閉。換句話說，程式應該總是要盡量以最少的特權權限來完成目前進行的任務，而 saved set-user-ID 工具就是為此而設計的（參考 9.4 節）。

需要時才持有特權權限

我們可以在 set-user-ID 程式中使用下列的 *seteuid()* 呼叫，以暫時移除並接著重新取得特權權限：

```
uid_t orig_euid;

orig_euid = geteuid();
if (seteuid(getuid()) == -1)          /* Drop privileges */
    errExit("seteuid");

/* Do unprivileged work */
```

```
if (seteuid(orig_euid) == -1)              /* Reacquire privileges */
    errExit("seteuid");

/* Do privileged work */
```

第一個呼叫使呼叫的行程（calling process）之有效使用者 ID 變成與真實 ID 相同，第二個呼叫將有效使用者 ID 回存為 saved set-user-ID 程式中保存的值。

對於 set-group-ID 程式而言，saved set-group-ID 會儲存程式的初始有效群組 ID，並使用 *setegid()* 刪除與重新取得特權權限。我們在第 9 章的建議中，會介紹 *seteuid()*、*setegid()*，以及其他類似的系統呼叫，並在表 9-1 節錄說明。

最安全的做法是在程式啟動時立即移除特權權限，並在程式後續有需要時暫時重新取得特權。若在某個特定的時刻之後，永遠不會再請求特權時，則程式應該永久移除這些特權，藉由改變 saved set-user-ID 的方式以保證程式無法再請求這些權限。如此程式就不可能利用 38.9 節介紹的堆疊崩潰（stack-crashing）技術重新取得權限。

在無須使用特權時永久地刪除權限

若 set-user-ID 或 set-group-ID 程式完成需要特權的全部任務，則應該永久刪除這些權限，以消除由於程式中包含 bug 或其他意外行為而可能引起的各種安全風險。永久刪除權限可透過將全部的行程使用者（群組）ID 重置為真實使用者（群組）ID 來完成。

對於一個目前有效使用者 ID 為 0 的 set-user-ID-*root* 程式而言，我們可以使用下面的程式碼來重置所有的使用者 ID。

```
if (setuid(getuid()) == -1)
    errExit("setuid");
```

然而，若呼叫行程的目前有效使用者 ID 不為零時，上列程式碼不會重置 saved set-user-ID：當在一個有效使用者 ID 不為零的程式中執行呼叫時，*setuid()* 只會更改有效使用者 ID（參考 9.7.1 節）。換句話說，在一個 set-user-ID-*root* 程式中，下列的呼叫順序不會永久地刪除使用者 ID 0：

```
/* Initial UIDs:    real=1000 effective=0 saved=0 */

/* 1. Usual call to temporarily drop privilege */

orig_euid = geteuid();
if (seteuid(getuid()) == -1)
    errExit("seteuid");
```

```
/* UIDs changed to: real=1000 effective=1000 saved=0 */

/* 2. Looks like the right way to permanently drop privilege (WRONG!) */

if (setuid(getuid()) == -1)
    errExit("setuid");

/* UIDs unchanged: real=1000 effective=1000 saved=0 */
```

反之，若我們必須在永久刪除權限之前必須要重新取得權限，只需將下列的呼叫
程式插入前述的步驟 1 與步驟 2 之間。

```
if (seteuid(orig_euid) == -1)
    errExit("seteuid");
```

另一方面，若我們有一個 set-user-ID 程式，此程式由非 *root* 的使用者所有，
則由於 *setuid()* 不足以修改 saved set-user-ID，因此我們必須使用 *setreuid()* 或
setresuid()，以永久地刪除特權識別碼。例如，我們可以使用 *setreuid()* 達到所需的
結果，如下所示：

```
if (setreuid(getuid(), getuid()) == -1)
    errExit("setreuid");
```

此程式依賴 Linux 實作的 *setreuid()* 功能：若第一個參數（*ruid*）不是 -1，則也會
將 saved set-user-ID 設定為（新的）有效使用者 ID 相同的值。SUSv3 並沒有規範
此功能，但很多其他實作的行為方式與 Linux 相同。而 SUSv4 並未制定此功能。

必須使用 *setregid()* 或 *setresgid()* 系統呼叫，才能永久刪除 set-group-ID 程式
中的一個特權群組 ID，因為當程式的有效使用者 ID 不為零時，*setgid()* 只會修改
呼叫行程的有效群組 ID。

修改行程憑證（process credential）的注意事項

我們在前面幾頁介紹暫時與永久刪除特權權限的技術，現在新增一些有關使用這
些技術的注意事項：

- 一些改變行程憑證的系統呼叫，其語意隨著系統而異。此外，這些系統呼叫
  的語意也會隨著呼叫者是否具有特權權限（有效使用者 ID 為 0）而異。細節
  可參考第 9 章，特別是 9.7.4 節。由於存在這些差異，（Tsafrir 等人，2008）
  建議應用程式應該使用系統特有的非標準系統呼叫，以修改行程的憑證，因
  為在很多情況下，這些非標準系統呼叫與其相對應的標準系統呼叫比較之
  下，前者提供較為簡單與一致的語意。在 Linux 系統需要使用 *setresuid()* 與
  setresgid() 來改變使用者與群組的憑證。雖然不是每個系統都有提供這些系統

呼叫，但使用它們會降低發生錯誤的可能性。（「Tsafrir 等人，2008」提出一個函式庫，這些函式可以使用每個平台上最適合的介面來修改憑證）。

- 在 Linux 系統上，即使呼叫者的有效使用者 ID 為 0，若程式明確對其能力（capability）進行操控，則改變憑證的系統呼叫之行為可能會與預期不同。例如，若關閉 CAP_SETUID 能力，則改變行程使用者 ID 將會失敗，或甚至更糟的情況是，只會默默地更改一部分的使用者 ID。

- 由於前述的兩點可能問題，因此強烈建議，在進行實作時（例如，請見「Tsafrir 等人，2008」）不僅要檢查修改憑證的系統呼叫是否成功執行，還需要驗證是否如預期般進行修改。例如，若我們使用 *seteuid()* 暫時刪除或重新請求一個特權使用者 ID，則接著應該使用 *geteuid()* 呼叫，以驗證有效使用者 ID 是否為預期值。同樣地，若我們永久刪除一個特權使用者 ID，則接著應該驗證真實使用者 ID、有效使用者 ID，以及 saved set-user-ID 是否都已經成功地修改為非特權使用者 ID。可惜的是，雖然有標準的系統呼叫可以取得真實與有效 ID，但是沒有任何標準系統呼叫可以取得 saved set ID。Linux 與一些其他系統為此提供 *getresuid()* 與 *getresgid()*，不過其他系統則可能需要利用一些技術，比如解析 /proc 檔案中的資訊。

- 有些憑證只讓有效使用者 ID 為 0 的行程改變，因此，在修改多個 ID 時（補充群組 ID、群組 ID 以及使用者 ID），我們在刪除特權 ID 時，應該最後才刪除特權有效使用者 ID。相對地，在提升特權 ID 時，我們應該先提升特權有效使用者 ID。

38.3 執行程式需注意的事項

當特權程式透過 *exec()* 直接或間接透過 *system()*、*popen()* 以及相似的函式庫函式以執行另一個程式時，需要謹慎處理。

在執行另一個程式之前永久地刪除權限

若 set-user-ID（或 set-group-ID）程式執行另外一個程式，則應該要確保全部的行程使用者（群組）ID 已被重置為真實使用者（群組）ID，這樣新程式在啟動時就不會擁有特權，並且也無法重新請求這些權限。完成這一任務的一種方式是，在執行 *exec()* 之前先使用第 38.2 節介紹的技術來重置全部的 ID。

在 *exec()* 之前先呼叫 *setuid(getuid())*，也能取得相同的結果。雖然 *setuid()* 呼叫只會對其有效使用者 ID 不為零的行程進行修改，以及更改其有效使用者 ID，但還是會刪除其特權，因為（如 9.4 節所述）*exec()* 執行成功時會將有效使用者

ID 複製到 saved set-user-ID。（若 *exec()* 執行失敗，則 saved set-user-ID 會維持不變。若程式接著需要執行其他特權任務時，但是 *exec()* 執行失敗時，這會比較有幫助）。

在 set-group-ID 程式也可以使用類似的方法（即 *setgid(getgid())*），因為成功執行 *exec()* 之後，也會將有效群組 ID 複製到 saved-setgroup-ID。

舉例如下，假設我們有一個 set-user-ID 程式，其擁有者是使用者 ID 200。當 ID 為 1000 的使用者執行此程式時，結果行程的使用者 ID 將如下所示：

```
real=1000 effective=200 saved=200
```

若此程式後續執行 *setuid(getuid())* 呼叫，則行程的使用者 ID 將會變成如下：

```
real=1000 effective=1000 saved=200
```

當行程執行一個非特權程式時，會將行程的有效使用者 ID 複製到 saved set-user-ID，因而產生如下的行程使用者 ID：

```
real=1000 effective=1000 saved=1000
```

避免執行一個具有特權的 shell（或其他直譯器）

在使用者控制下執行的特權程式永遠都不該直接或間接（透過 *system()*、*popen()*、*execlp()*、*execvp()* 或其他類似的函式庫函式）執行 shell。Shell（以及其他不受限的直譯器，如 *awk*）的複雜度與強大功能意謂著幾乎不可能消除全部的安全漏洞，即使執行的 shell 不允許互動式存取。其可能引起的風險是使用者可能會在行程的有效使用者 ID 下執行任意 shell 指令。若必須要執行 shell，則需要確保在執行之前已永久刪除特權。

> 在 27.6 節中對於 *system()* 的討論有提過，在執行 shell 時會引起的一種安全漏洞（loophole）。

有些 UNIX 實作在將權限位元（permission bit）套用於直譯器腳本時，會採用 set-user-ID 與 set-group-ID 的權限位元（27.3 節），以便在執行腳本時，執行腳本的行程會改成一些其他的（特權）使用者身份。由於前述的安全風險，所以 Linux 與其他一些 UNIX 實作一樣，在執行腳本時會默默地忽略 set-user-ID 與 set-group-ID 權限位元。即使系統允許使用 set-user-ID 與 set-group-ID 腳本，我們也應該避免使用。

在執行 *exec()* 之前，關閉全部不需要的檔案描述符

我們在 27.4 節提過，在預設情況下，在呼叫 *exec()* 之後，檔案描述符仍會保持開啟狀態。特權行程可能會開啟普通行程無法存取的檔案，這類開啟的檔案描述符本身代表一項特權資源。應該要在呼叫 *exec()* 之前就關閉這類檔案描述符，這樣被執行的程式就無法存取相關的檔案。要達成此目的，我們可以直接關閉檔案描述符，或是可設定 close-on-*exec* 旗標達成（27.4 節）。

38.4 避免暴露敏感資訊

當程式讀取密碼或其他敏感資訊時，應該在完成所需的處理之後，立即從記憶體抹除這些資訊。（我們在 8.5 節有示範一個範例）。將資訊留在記憶體是一種安全風險，其原因如下：

- 包含這些資料的虛擬記憶體分頁（page）可能會被置換出去（swap out）（除非使用 *mlock()* 或類似的函式將它們鎖在記憶體），這樣置換區域中的資料則可能會另一個特權程式讀取。

- 若行程收到一個訊號而導致產生核心傾印檔（core dump file）時，則有可能透過讀取此檔案而取得資訊。

以上述的最後一點而言，基本原則是在設計程式時應該避免產生核心傾印檔，以便無法透過檢測此檔而取得敏感資訊。程式可以使用 *setrlimit()* 將 RLIMIT_CORE 資源限制設定為 0，以確保不會建立核心傾印檔（參考 36.3 節）。

> 在 Linux 系統，即使程式已經刪除了全部的特權，預設並不允許 set-user-ID 程式在收到訊號時生成核心傾印檔（參考 22.1 節）。然而，其他 UNIX 實作可能不提供此安全特性。

38.5 確定行程邊界（Confine the Process）

我們在本節將探討限制程式的方法，以限制程式在發生安全問題時造成的傷害。

關於使用能力（Capability）

Linux 的能力機制可將傳統的 all-or-nothing UNIX 特權機制劃分為稱為能力（capability）的個別單元。一個行程能夠獨立地啟用或關閉單一能力。即使以 *root* 特權執行程式，透過只啟用行程所需的能力，可讓程式以較少的特權權限執行。如此可降低程式在發生安全問題時所造成的傷害。

此外，我們可以使用能力與 *securebits* 旗標建立一個能力有限，但不屬於 root 的行程（即行程的全部使用者 ID 皆不為零）。這樣的行程不再能使用 *exec()* 來重新取得完整的能力，我們在第 39 章將會介紹能力與 securebits 旗標。

關於使用 *chroot* 監牢

有時會透過建立一個 chroot 監牢以限制程式能存取的目錄與檔案，這是項有幫助的安全技術。（還需確保呼叫 *chdir()* 會將行程的目前工作目錄切換到監牢中的位置）。然而須注意，*chroot* 監牢無法完全限制 set-user-ID-*root* 程式（參考 18.12 節）。

> 除了使用 *chroot* 監牢，還可以使用虛擬伺服器（*virtual server*），此伺服器實作於虛擬核心（virtual kernel）頂部。由於每個虛擬核心與同一個硬體設備上的其他虛擬核心彼此隔絕，所以使用虛擬伺服器是比 chroot 監牢更加安全與彈性。（幾個其他的現代作業系統也提供自己的虛擬伺服器實作）。在 Linux 系統上最早的虛擬化實作是 User-Mode Linux（UML），這是 Linux 2.6 核心的一個標準功能。在 http://user-mode-linux.sourceforge.net/ 可以找到相關的 UML 資訊。最新的虛擬核心專案包含了 Xen（*http://www.cl.cam.ac.uk/Research/SRG/netos/xen/*）與 KVM（*http://kvm.qumranet.com/*）。

38.6 要注意訊號和競速條件（race conditon）

使用者可以發送任意訊號給他們啟動的 set-user-ID 程式，這些訊號可以隨時隨意送出。若訊號會在程式執行過程中的任何時間點送出，我們則需要考慮可能發生的競速條件。我們應該要在程式中適當的地方對訊號進行捕捉、阻塞或忽略等處理，以避開可能的安全性問題。此外，在設計訊號處理常式時應該盡量單純，以降低無意中產生競速條件的風險。

此問題與停止行程的訊號（如 SIGTSTP 和 SIGSTOP）特別有關，問題情境如下：

1. 一個 set-user-ID 程式確定與其執行時環境有關的一些資訊。

2. 使用者控管停止執行程式的行程，以及修改執行時環境的細節。這些改變包含修改檔案權限、改變符號連結目標，以及刪除程式所需的檔案。

3. 使用者使用 SIGCONT 訊號恢復行程，此時程式會假設原先的執行時環境沒有變化並繼續執行，但其實執行環境已經改變，因此這些假設可能會導致破壞系統安全性。

這裡所述的情況的確只是一個檢查時間（time-of-check）與使用時間（time-of-use）的一個競速條件特例。特權行程應該避免執行有依賴性的操作，例如倚賴之前成立條件而進行的操作，但此時條件已經不成立了。（可參考在第 15.4.4 節對 *access()* 系統呼叫討論的特例）。即使當使用者無法發送訊號給行程時，也應該遵守這個方針。停止行程的能力只是單純允許使用者增加時間間隔（在檢查時間與使用時間之間）。

> 雖然很難透過一次嘗試就在檢查時間與使用時間之間停止行程，不過惡意使用者可以重複執行 set-user-ID 程式，並使用另一個程式或 shell 腳本重複地發送停止訊號給 set-user-ID 程式，並改變執行期環境。如此會大為增加破壞 set-user-ID 程式的機會。

38.7　執行檔案操作與檔案 I/O 的缺陷

若特權行程需要建立檔案，則我們無論風險有多小，都必須要小心處理檔案的所有權與權限，以確保檔案在遭受惡意操作攻擊時不會遇到風險。因此需要遵循下列方針：

- 應該將行程遮罩（process umask，15.4.6 節）的值設定為，可確保行程永遠無法建立公開可寫的檔案，因為惡意的使用者可能會修改這些檔案。

- 由於檔案的所有權是依據建立行程的有效使用者 ID 決定，因此可能需要使用 *seteuid()* 或 *setreuid()* 來暫時改變可能需要的行程憑證，以確保新建立的檔案不會歸屬錯誤的使用者。由於檔案的群組所有權可能會根據行程的有效群組 ID 決定（15.3.1 節），所以類似的規則也適用於 set-group-ID 程式，而且可用相對應的群組 ID 呼叫以避免這類問題。（嚴格來說，在 Linux 系統上，新檔案的所有權人是由行程的檔案系統使用者 ID 決定，此 ID 的值通常與行程的有效使用者 ID 相同，請參考 9.5 節）。

- 若 set-user-ID-*root* 程式必須建立一個檔案（此檔案一開始所有權人是自己，但最終所有權是另一個使用者。），則一開始建立檔案時不應該開放寫入權限給其他使用者，可透過在呼叫 *open()* 時使用適當的 *mode* 參數，或是在呼叫 *open()* 之前先設定行程的 umask。在此之後，程式就可以使用 *fchown()* 變更檔案的所有權人，若有需要，可使用 *fchmod()* 變更檔案權限。關鍵點在於，set-user-ID 程式應該確保自己永遠不會建立一個屬於程式所有權人且允許其他使用者寫入的檔案。

- 對開啟的檔案描述符檢查檔案屬性（即在 *open()* 之後呼叫 *fstat()*），而非檢查與路徑名稱相關的屬性並接著開啟檔案（如在 *stat()* 之後呼叫 *open()*）。後者的方法會有使用時間與檢查時間的問題。

- 若程式必須確保自己是檔案的建立者，則在呼叫 *open()* 時應該使用 O_EXCL 旗標。
- 特權行程應該避免建立或依賴像 /tmp 這樣的公共可寫目錄，因為這會讓程式容易受到一種惡意攻擊，即透過建立檔名為特權程式預期的未經認證檔案。對於必須在公共可寫的目錄建立檔案的程式，至少應該要使用如 *mkstemp()* 之類的函式（5.12 節），以確保此檔案的檔名是不可預測的。

38.8 不要信任輸入或環境

特權程式應該避免完全信任輸入的內容與執行的環境。

不要信任環境列表

Set-user-ID 與 set-group-ID 程式不應該假設環境變數的值是可靠的，尤其是 PATH 與 IFS 變數。

　　PATH 決定 shell（也有 *system()* 與 *popen()*）以及 *execlp()* 與 *execvp()* 在何處搜尋程式。惡意使用者可以更改 PATH 值，以欺騙 set-user-ID 程式，使程式在執行某個函式時以特權執行任意的程式。若要使用這些函式，應該將 PATH 值設定為一個可信的目錄清單（不過更好的做法是，以絕對路徑名稱執行程式）。然而，如前所述，最好能在執行 shell 或使用前述函式之前將特權移除。

　　IFS 指定 shell 直譯器分隔命令列單字的分隔符號，應該將此變數設定為空字串，表示 shell 只會將空白字元解譯為單字的分隔符號。有些 shell 在啟動時一定會以此方式設定 IFS 值。（在 27.6 節有介紹舊版 Bourne shell 的一個 IFS 漏洞）。

在有些情況中，最安全的方法是抹除整個環境清單（6.7 節），並接著使用已知的值來回存所選的環境變數，尤其在執行其他程式或呼叫會受環境變數設定影響的函式庫時。

以防禦的方式處理不可信任使用者的輸入內容

特權程式對於來自不可信任來源的輸入內容，應該在使用之前先小心驗證，比如驗證數值是否位於接受的範圍限制、是否可接受字串的長度，以及可接受的字元。需要採取此類驗證的輸入內容有：使用者建立的檔案、命令列參數、互動式輸入、CGI 輸入、電子郵件訊息、環境變數、不可信任使用者可存取的行程間通信通道（FIFO、共享記憶體等），以及網路封包。

避免對行程的執行時環境進行可靠性假設

Set-user-ID 程式應該避免假設其初始的執行環境是可靠的，例如：可能會關閉標準輸入、標準輸出、或標準錯誤。（這些描述符可能是由執行此 set-user-ID 程式的父行程關閉的）。此時，當開啟一個檔案時可能會無意重複用描述符 1（舉例），因而導致程式認為正在將資料寫入標準輸出，但實際上是寫入描述符參考的已開啟檔案。

還有很多情況需要考慮，例如一個行程可能會耗盡各種資源限制，比如可建立的行程數目限制、CPU 時間資源限制、或檔案大小資源限制，因而導致各種系統呼叫會失敗，或產生各種訊號。惡意使用者可能會故意攻擊系統，使得資源耗盡以便破壞程式。

38.9 小心緩衝區溢位

當輸入值或複製的字串超出配置的緩衝區空間時，就須小心緩衝區溢位，絕對不要使用 *gets()* 函式，以及謹慎使用如 *scanf()*、*sprintf()*、*strcpy()* 以及 *strcat()* 等函式（例如：以 if 語句進行保護，避免緩衝區溢位）。

惡意使用者可透過如緩衝區溢位（也稱為 *stack smashing*）之類的技術，將精心設計的資料存入一個堆疊訊框（stack frame），以迫使特權程式執行任意指定的程式碼。（有些線上資源可以找到介紹堆疊崩潰的細節，也可以參考「Erickson，2008」與「Anley，2007」）。從 CERT（*http://www.cert.org/*）與 Bugtraq（*http://www.securityfocus.com/*）發表的諮詢報告頻率可明顯看出，在一個電腦系統上，緩衝區溢位應該就是最常引發安全問題的原因（沒有之一）。緩衝區溢位對於網路伺服器而言特別具有威脅，因為會使得系統對網路上任意地方的遠端攻擊敞開大門。

> 為了增加堆疊崩潰的難度，尤其增加遠端主機藉此攻擊網路伺服器的時程，Linux 從核心 2.6.12 開始，實作了位址空間隨機化（address-space randomization）。此技術使堆疊的位置能夠在虛擬記憶體頂端的 8M 範圍內隨機變動。此外，若柔性 RLIMIT_STACK 限制是有限的，而且 Linux 特有的 /proc/sys/vm/legacy_va_layout 檔案內容不為 0，則記憶體映射（memory mapping）的位置也可以是隨機的。

> 最新的 x86-32 架構提供了硬體支援，可將分頁表（page table）變成 *NX*（"no execute"），此功能可避免執行堆疊上的程式碼，提升堆疊崩潰的難度。

上述許多函式都有可替代的安全版本，例如：*snprintf()*、*strncpy()* 以及 *strncat()*，可允許呼叫者設定複製字串的最大長度。這些函式考慮到了字串的最大長度，以防止目標緩衝區溢位。一般而言，建議使用這些函式，不過使用時仍然需要小心，尤其需注意下列事項：

- 多數的這些函式，若在來源字串長度有達到指定的最大值時，則只會以指定的最大長度將來源字串複製到目標緩衝區。由於程式有時需要的是完整字串，因此呼叫者必須要檢查字串是否有發生截斷（比如檢查 *snprintf()* 的回傳值），並在發生截斷時採取適當的動作。

- 使用 *strncpy()* 可能會影響到效能，如在執行 *strncpy(s1, s2, n)* 呼叫時，若 *s2* 指向的字串的長度小於 *n* 位元組，則會填充空白（null）到 *s1*，以確保總共對 *s1* 寫入 *n* 個位元組。

- 若在 *strncpy()* 指定的最大長度（n）不足以容納 s2 字串結尾的 null 字元，則目標字串就不會以 null 結尾。

> 有些 UNIX 實作會提供 *strlcpy()* 函式，此函式有一個長度參數 *n*，最多會將 *n − 1* 個位元組複製到目標緩衝區中，並且總是會在緩衝區的結尾加上 null 字元。但 SUSv3 並沒有規範此函式，而且 *glibc* 也沒有實作此函式。此外，若呼叫者沒有小心地檢查字串長度，則此函式在解決一個問題（緩衝區溢位）的同時，卻又引發另一個問題（默默地捨棄資料）。

38.10　小心拒絕服務攻擊

隨著 Internet 服務之增長，相對的，系統受到遠端拒絕服務（DoS，denial-of-service）攻擊的機會有隨之提升。這些攻擊企圖發送格式錯誤的資料導致系統當機，或是利用偽造的假請求導致伺服器過載，使得系統無法提供正常的服務給合法的使用者。

> 也有可能是本地的拒絕服務攻擊，最有名的例子就是使用者執行一個簡單的 fork 炸彈程式（一個重複執行 fork 的程式，因此會耗盡系統全部的行程額度）。不過，本地拒絕服務攻擊的來源就好找多了，所以一般能以適切的物理措施與密碼安全措施來防制。

處理錯誤的請求比較直觀，設計伺服器時應該如上述般的嚴格檢查輸入，以避免緩衝區溢位。

　　過載（overload）攻擊比較難以處理，因為伺服器無法控制遠端客戶端的行為，以及它們送出請求的速率，因此幾乎無法防禦這類攻擊。（伺服器甚至無法確定攻擊的真正來源，因為可以偽造網路封包的來源 IP 位址。此外，分散式攻擊可能會利用不知情的中間主機向目標系統發動攻擊）。不過，仍然有各種措施可以將過載攻擊的風險與損失降到最小：

- 伺服器應該執行負載控制（load throttling），當負載超過預先指定的限制時捨棄請求。這樣可能會導致捨棄合法的請求，不過可以避免伺服器與機器過載。使用資源限制與磁碟限額也有助於限制負載。（更多有關磁碟限額的資訊可參考 *http://sourceforge.net/ projects/linuxquota/*）。

- 伺服器應該對客戶端的通訊設定超時時間（timeout），以便若客戶端不回應時（可能是故意的），則伺服器不須一直等待客戶端。

- 當過載發生時，伺服器應該記錄適當的訊息，以便系統管理員能夠得知此問題（但也要對日誌紀錄施以限制，以便日誌紀錄本身不會造成系統過載）。

- 伺服器應該要有良好的設計，使得伺服器遇到非預期的負載時不會當機，例如，應該嚴格進行邊界檢查，以確保過多的請求不會造成資料結構溢位。

- 應該將資料結構設計為可避免演算法複雜度攻擊（*algorithmic-complexity attack*）。例如，二元樹（binary tree）應該為平衡的，並在正常負載之下應該要能提供可接受的效能。然而，攻擊者可能會建構一組輸入，以導致樹變得不平衡（在最壞的情況下等同於一個鏈結串列），因而降低性能。（Crosby & Wallach，2003）他們詳述此類攻擊的性質，並討論可用以避免此類攻擊的資料結構技術。

38.11 檢查傳回狀態和安全地處理失敗情況

特權程式應該總是要進行這些檢查：確認系統呼叫與函式庫函式是否成功執行，以及是否傳回值是否符合預期範圍。（當然每個程式都該如此，但這點對於特權程式特別重要）。各種系統呼叫都可能會失敗，即使程式以 *root* 的身份執行也是如此。例如，在達到系統的行程數量限制時，繼續呼叫 *fork()* 就會執行失敗、對唯讀檔案系統呼叫 *open()* 以取得寫入權限時會失敗、或者當目標目錄不存在時呼叫 *chdir()* 會失敗。

即使系統呼叫成功，也有必要檢查其結果。例如，在需要的時候，特權程式應該檢查成功的 *open()* 呼叫不是傳回三個標準檔案描述符 0、1 或 2 的其中一個。

最後，若特權程式遇到預期之外的狀況，則適切的處理方式通常是終止執行，或若是伺服器則丟棄客戶端請求。試圖修復未知的問題通常會需要滿足一些前提，但並不是所有的情況都能滿足這些前提，而當不滿足時就可能會產生安全漏洞。在這種情況下，比較安全的方式是讓程式終止，或讓伺服器記錄訊息並捨棄客戶端請求。

38.12　小結

特權程式能夠存取一般使用者無法存取的系統資源，若這類程式遭受破壞，則系統的安全性會受到影響。本章提供一組設計特權程式的指南，這些方針的目標包括兩個方面：將特權程式受到破壞的可能性降到最低，以及將特權程式受到破壞時造成的損失降到最小。

進階資訊

（Viega & McGraw，2002）介紹設計與實作安全軟體的各項相關主題。（Garfinkel 等人，2003）介紹與 UNIX 系統的安全，以及安全程式設計技術有關的資訊。（Bishop，2005）深入介紹電腦安全，同時該書的作者在（Bishop，2003）詳加深入剖析電腦安全。（Peikari & Chuvakin，2004）也介紹電腦安全，但著重於各種攻擊系統的方式。（Erickson，2008）與（Anley，2007）詳盡討論各種安全陷阱，並為聰明的程式設計師提供詳盡的資訊，以避免這些陷阱。（Chen 等人，2002）這篇論文介紹與分析 UNIX set-user-ID 模型。（Tsafrir 等人，2008）針對（Chen 等人，2002）討論的各項主題進行優化與延伸。（Drepper，2009）為 Linux 的安全與防禦程式設計提供有價值的建議。

網路上有幾個設計安全程式的資訊來源，如下所示：

- Matt Bishop 撰寫很多與安全相關的文章，讀者可以在 *http://nob.cs.ucdavis.edu/ ~bishop/secprog* 找到這些文章。其中最有趣的一篇是「How to Write a Setuid Program」（原先發表於；*login: 12(1) Jan/Feb 1986*）。即使這篇文章的年代有些久遠，但其內容具有許多很有價值的建議。

- David Wheeler 撰寫的 Secure Programming for Linux and Unix HOWTO 可以在 *http://www.dwheeler.com/secure-programs/* 找到。

- *http://www.homeport.org/~adam/setuid.7.html* 為設計 set-user-ID 程式提供一份實用的檢查清單。

38.13　習題

38-1. 用一個普通的非特權使用者登入系統，建立一個可執行檔（或複製一個現有的檔案，如 /bin/sleep），然後啟用該檔案的 set-user-ID 權限位元（*chmod u+s*）。試著修改這個檔案（如 *cat >> file*）。當使用（*ls–l*）時，檔案的權限會發生什麼情況？為何會發生這種情況？

38-2. 設計一個與 *sudo(8)* 程式類似的 set-user-ID-root 程式，此程式應該如下般地
接收命令列選項與參數：

```
$ ./douser [-u user ] program-file arg1 arg2 ...
```

douser 程式使用給定的參數執行 *program-file*，如同是 *user* 執行一樣。（若省
略了 *-u* 選項，則 user 預設為 *root*）。在執行 *program-file* 之前，*douser* 應該
要求 *user* 的密碼，並將密碼與標準密碼檔案進行比較（參考列表 8-2），接著
將行程的使用者和群組 ID 設定為與該使用者相對應的值。

39

能力（capability）

本章介紹 Linux 的能力機制（capability scheme），可將傳統全開或全關（all-or-nothing）的 UNIX 特權機制細分為可個別開啟或關閉的能力。使用能力可允許程式在執行一些特權操作時，防止程式執行其他未經允許的操作。

39.1 能力的基本原理

傳統的 UNIX 特權機制將行程分為兩類：一類的行程其有效使用者 ID 為 0（超級使用者），可跳過全部的特權檢測；而另一類其他行程則需要依據其使用者與群組 ID 進行特權檢測。

　　此機制的問題在於特權的分割不夠細膩，若我們需要允許一個行程可執行一些只有超級使用者才能執行的操作（如修改系統時間），則必須要讓行程的有效使用者 ID 為 0。（若非特權使用者需要執行這類操作，則通常需要使用 set-user-ID-root 程式完成）。然而，此做法同時也賦予行程執行其他操作的權限（如在存取檔案時會跳過全部的權限檢測），若程式的行為異常時（可能由於未知的環境或由於惡意使用者的有意操作），則會敞開安全漏洞大門。依第 38 章所列處理此類問題的傳統方法有：移除有效權限（如將有效使用者 ID 修改成不為零，同時將零儲存在 saved set-user-ID），並只在需要時才臨時請求這些權限。

Linux 的能力機制修正了此問題的處理方式，即在核心中執行安全檢測時，不再使用單一權限（即有效使用者 ID 為 0），而是將超級使用者的權限劃分成不同的單元，此單元稱為能力（*capability*）。每個特權操作都會與一個特定的能力有關聯，而行程只有在具有相對應的能力時（不管其有效使用者 ID 是什麼），才能執行相對應的操作。換句話說，本書所述的 Linux 特權行程其實是指行程具備可執行特定操作的能力。

我們在大多數的情況其實無法真正見到 Linux 的能力機制，因為應用程式的有效使用者 ID 只要是 0 時，核心就會賦予此行程完整的能力。

Linux 能力是基於 POSIX 1003.1e 草案標準（*http://wt.tuxomania.net/publications/posix.1e/*）所實作的，雖然此標準化工作在 1990 年代末完成之前被放棄了，但各種能力實作仍然基於此標準草案所實作的。（表 39-1 列出 POSIX.1e 草案中定義的部份能力，但多數是 Linux 的擴充）。

> 一些 UNIX 系統也有提供能力機制，如 Sun's Solaris 10 以及早期的 Trusted Solaris 發行版本、SGI's Trusted Irix，以及為 FreeBSD 一部分的 TrustedBSD 專案（Watson，2000）。其他一些作業系統也有類似的機制，如 Digital's VMS 系統的特權機制。

39.2　Linux 能力

表 39-1 列出了 Linux 能力，並為各個能力應用的操作提供一個簡短的（且不完整的）指南。

39.3　行程與檔案能力

每個行程都有三個相關的能力集（稱為許可的、有效的，以及可繼承的），每個能力集都包含表 39-1 列出的零個或多個能力。同樣地，每個檔案也可以擁有三個相關的能力集，其名稱與行程的能力集名稱相同。（其原因非常明顯，檔案的有效能力集其實就只是一個可啟用或關閉的位元）。我們將在下列幾節深入介紹這些能力的細節資訊。

39.3.1　行程能力

核心會為每個行程都維護三個能力集（實作為位元遮罩），每個能力集中都包含表 39-1 列出的已啟用的零個或更多能力，這三個能力集如下所示：

- 許可的（*permitted*）：這裡是一個行程可用的能力，許可集是一個有限的超級組合，內含能夠新增到有效集與可繼承集的能力。若一個行程從其許可集中放棄了一個能力，則將永遠無法再重新取得該能力（除非它執行一個可再次授予此能力的程式）。

- 有效的（*effective*）：核心會使用這些能力來檢測行程的執行權限，只要是行程在其許可集所擁有的能力，則行程就能透過將此能力從有效集移除，以臨時關閉此能力，而之後要開啟此能力時，再將此能力回存到此集合。

- 可繼承的（*inheritable*）：當此行程執行一個程式時，可以將這些權限放入許可集。

透過 Linux 特有的 /proc/*PID*/status 檔案，就能夠從 CapInh、CapPrm 以及 CapEff 三個欄位查看任意行程的三個能力集（以十六進位表示）。

> 可以使用 *getpcaps* 程式（在第 39.7 節介紹的 libcap 套件之一部分），能以更易於閱讀的格式顯示一個行程的能力。

以 *fork()* 產生的子行程會繼承父行程的能力集，我們在 39.5 節介紹過 *exec()* 呼叫期間對能力集的處理方式。

> 實際上，能力是個別執行緒（per-thread）的屬性，可以個別調整行程的每個執行緒能力。在 /proc/*PID*/task/*TID*/status 檔案可以查看一個行程中特定執行緒的能力，而 /proc/*PID*/status 檔案則顯示主執行緒的能力。

> 在 2.6.25 之前的核心，Linux 使用 32 位元來表示能力集，而在 2.6.25 核心因為加入了更多的能力，因此需要 64 位元來表示能力集。

39.3.2　檔案能力

若一個檔案擁有相關的能力集，則會將這些集合用來決定執行此檔案的行程之能力，有三種檔案能力集：

- 許可的：可以在 *exec()* 呼叫期間將此能力集新增到行程的許可集，不管行程的原本能力為何。

- 有效的：這個集合只有一個位元，若啟用此位元，則在 *exec()* 呼叫期間，在行程新許可集啟用的新能力同樣也會在行程的新有效集啟用。若關閉檔案有效位元，則在 *exec()* 之後，行程的新有效集則會初始化為空。

- 可繼承的：會用行程的可繼承集對此集合進行遮罩，以決定在執行 *exec()* 之後，行程的許可集要啟用的能力集。

第 39.5 節會詳細介紹在 *exec()* 呼叫期間如何使用檔案的能力。

許可與可繼承的檔案能力原本稱為強制的和允許的能力，現在那些術語已經過時了，但它們仍然具有一些有用資訊。許可的檔案能力是那些在 *exec()* 呼叫中被強制新增到行程的許可集中的能力，不管行程的既有能力是什麼，可繼承的檔案能力是那些在 *exec()* 呼叫中允許進入行程的許可集中的能力，前提是在行程的可繼承能力集也啟用了那些能力。

與檔案相關的能力是儲存在名為 *security.capability* 的安全擴充屬性（參考 16.1 節），更新這個擴充特性需要具備 CAP_SETFCAP 能力。

表 39-1：各個 Linux 能力允許的操作

能力	允許行程進行
CAP_AUDIT_CONTROL	（自 Linux 2.6.11 起）啟用和禁用核心審計日誌、修改審計的過濾規則、讀取審計狀態和過濾規則
CAP_AUDIT_WRITE	（自 Linux 2.6.11 起）向核心審計日誌寫入紀錄
CAP_CHOWN	修改檔案的使用者 ID（所有者），或將檔案的群組 ID 修改為不包含行程的一個群組（*chown()*）
CAP_DAC_OVERRIDE	繞過檔案讀取、寫入和執行權限檢查（DAC 是 discretionary access control 的縮寫）；讀取 /proc/*PID* 中 cwd、exe 和 root 符號連結的內容
CAP_DAC_READ_SEARCH	繞過檔案讀取權限檢查，以及目錄讀取和執行的權限檢查
CAP_FOWNER	忽略那些平時要求行程的檔案系統使用者 ID 與檔案的使用者 ID 匹配的操作（*chmod()*, *utime()*）的權限檢查；設定任意檔案的 i-node 旗標；設定和修改任意檔案的 ACL；在刪除檔案（*unlink()*, *rmdir()*, *rename()*）時，忽略目錄 sticky 位元的效果；在 *open()* 和 *fcntl(F_SETFL)* 中為任意檔案指定 O_NOATIME 旗標
CAP_FSETID	修改檔案時使核心不關閉 set-user-ID 和 set-group-ID 位元（*write()*, *truncate()*）；為那些群組 ID 與行程的檔案系統群組 ID 或補充群組 ID 不匹配的檔案啟用 set-group-ID 位元
CAP_IPC_LOCK	覆蓋記憶體上鎖限制（*mlock()*, *mlockall()*, *shmctl(SHM_LOCK)*, *shmctl(SHM_UNLOCK)*）；使用 *shmget()* SHM_HUGETLB 旗標和 *mmap()* MAP_HUGETLB 旗標
CAP_IPC_OWNER	繞過操作 System V IPC 物件的權限檢查
CAP_KILL	繞過發送訊號（*kill()*, *sigqueue()*）的權限檢查
CAP_LEASE	（自 Linux 2.4 起）在任意檔案上建立租賃關係（*fcntl(F_SETLEASE)*）
CAP_LINUX_IMMUTABLE	設定附加和不可變的 i-node 旗標
CAP_MAC_ADMIN	（自 Linux 2.6.25 起）配置或修改強制存取控制（MAC）的狀態（一些 Linux 安全模組實作了這個能力）
CAP_MAC_OVERRIDE	（自 Linux 2.6.25 起）覆蓋 MAC（一些 Linux 安全模組實作了這個能力）
CAP_MKNOD	（自 Linux 2.4 起）使用 *mknod()* 建立裝置

能力	允許行程進行
CAP_NET_ADMIN	執行各種網路相關的操作（如設定特權 socket 選項、啟用組播、配置網路介面、修改路由表）
CAP_NET_BIND_SERVICE	綁定到特權 socket 通訊埠
CAP_NET_BROADCAST	（未使用）執行 socket 廣播和監聽群播
CAP_NET_RAW	使用 raw 與 packet socket
CAP_SETGID	隨意修改行程群組 ID（*setgid()*, *setegid()*, *setregid()*, *setresgid()*, *setfsgid()*, *setgroups()*, *initgroups()*）；在透過 UNIX domain *socket*（*SCM_ CREDENTIALS*）傳輸驗證訊息時偽造群組 ID
CAP_SETFCAP	（自 Linux 2.6.24 起）設定檔案能力
CAP_SETPCAP	在不支援檔案能力時，將行程的許可集能力授予其他行程（包括自己），或刪除其他行程（包括自己）許可集的能力；在支援檔案能力時，將行程的能力邊界集的所有能力都新增到自己的可繼承集，刪除邊界集的能力以及修改 securebits 旗標
CAP_SETUID	隨意修改行程使用者 ID（*setuid()*, *seteuid()*, *setreuid()*, *setresuid()*, *setfsuid()*）；在透過 UNIX domain *socket*（*SCM_CREDENTIALS*）傳輸驗證信息時偽造使用者 ID
CAP_SYS_ADMIN	在開啟檔案的系統呼叫中（如 *open()*, shm_open(), *pipe()*, *socket()*, *accept()*, *exec()*, *acct()*, *epoll_create()*）超出 /proc/sys/fs/file-max 限制；執行各種系統管理操作，包括 *quotactl()*（控制磁碟限額）、*mount()* 和 *umount()*, *swapon()* 和 *swapoff()*, *pivot_root()*, *sethostname()* 和 *setdomainname()*；執行各種 *syslog(2)* 操作；覆蓋 RLIMIT_NPROC 資源限制（*fork()*）；呼叫 *lookup_dcookie()*；設定 trusted 和 security 擴充屬性；在任意 System V IPC 物件上執行 IPC_SET 和 IPC_RMID 操作；在透過 UNIX domain *socket*（*SCM_CREDENTIALS*）傳輸驗證訊息時偽造行程 ID；使用 *ioprio_set()* 來配置 IOPRIO_CLASS_RT 排班類別；使用 TIOCCONS *ioctl()*；在 *clone()* 和 *unshare()* 中使用 namespace-creation 旗標；執行 KEYCTL_CHOWN 和 KEYCTL_SETPERM *keyctl()* 操作；管理 *random(4)* 裝置；各種特定於裝置的操作
CAP_SYS_BOOT	使用 *reboot()* 重啟系統；呼叫 *kexec_load()*
CAP_SYS_CHROOT	使用 *chroot()* 設定行程根目錄
CAP_SYS_MODULE	載入和卸載核心模組（*init_module()*, *delete_module()*, *create_module()*）
CAP_SYS_NICE	提高 nice 值（*nice()*, *setpriority()*）；修改任意行程的 nice 值（*setpriority()*）；設定呼叫行程的 SCHED_RR 和 SCHED_FIFO 即時排班策略；重置 SCHED_RESET_ON_FORK 旗標；設定任意行程的排班策略和優先順序（*sched_setscheduler()*, *sched_setparam()*）；設定任意行程的 I/O 排班類別與優先順序（*ioprio_set()*）；設定任意行程的 CPU 親和力（*sched_setaffinity()*）；使用 migrate_*pages()* 將任意行程遷移到任意節點，以及允許行程被遷移到任意節點；對任意行程應用 *move_pages()*；在 *mbind()* 和 *move_pages()* 中使用 MPOL_MF_MOVE_ALL 旗標
CAP_SYS_PACCT	使用 *acct()* 啟用或關閉行程記帳
CAP_SYS_PTRACE	使用 *ptrace()* 跟蹤任意行程；存取任意行程的 /proc/*PID*/environ；對任意行程應用 *get_robust_list()*

能力	允許行程進行
CAP_SYS_RAWIO	使用 *iopl()* 和 *ioperm()* 在 I/O 埠上執行操作；存取 /proc/kcore；開啟 /dev/mem 和 /dev/kmem
CAP_SYS_RESOURCE	使用檔案系統上的預留空間；使用 *ioctl()* 呼叫控制 ext3 journaling；覆蓋磁碟限額限制；提高硬式資源限制（*setrlimit()*）；覆蓋 RLIMIT_NPROC 資源限制（*fork()*）；將 System V 訊息佇列的 /proc/sys/kernel/msgmnb 限制提高 *msg_qbytes*；繞過由 /proc/sys/fs/mqueue 下各個檔案定義的各種 POSIX 訊息佇列限制
CAP_SYS_TIME	修改系統時鐘（*settimeofday()*, *stime()*, *adjtime()*, *adjtimex()*）；設定硬體時鐘
CAP_SYS_TTY_CONFIG	使用 *vhangup()* 執行終端機或偽終端機的虛擬掛起（virtual hangup）

39.3.3　行程許可和有效能力集的目的

行程的許可集定義了行程能夠使用的能力，行程的有效能力集定義了行程目前使用的能力（即核心會使用這組能力來檢查行程是否擁有足夠的權限執行某個特定的操作）。

　　許可能力集為有效能力集定義了一個上限，行程只能將其許可能力集的能力上升（*raise*）到有效集。（上升有時也稱為新增或設定，與之相反的操作是捨棄或刪除或清除）。

> 有效能力集和許可能力集之間的關係，與一個 set-user-ID-*root* 程式的有效使用者 ID 和 set-user-ID 之間的關係類似。從有效集刪除一個能力與臨時刪除一個有效使用者 ID 0，並在 saved set-user-ID 維持 0 是類似的。從有效能力集和許可能力集刪除一個能力與透過將有效使用者 ID 和 saved set-user-ID 設定為非零值來永久刪除超級使用者權限類似。

39.3.4　檔案許可和有效能力集的目的

檔案許可能力集提供一種機制，讓可執行檔能賦予行程能力，它會指定一組能力，在 *exec()* 呼叫期間賦予行程的許可能力集。

　　檔案有效能力集是一個可以啟用或關閉的旗標（位元），要理解為何這個集合只由一個位元組成，需考慮程式執行時會發生的兩種情況：

- 程式可能是一個能力噘（*capability-dump*），表示程式對能力一無所知（即傳統的 set-user-ID-*root* 程式）。這種程式不知道需要在其有效集提升能力，以便能夠執行特權操作。對於這樣的程式而言，*exec()* 應該將行程的新許可集的所有能力自動加到其有效集，這是透過啟用檔案有效位元來完成的。

- 程式可能知道能力，表示在設計程式時使用了能力框架（capability framework），並會使用合適的系統呼叫（稍後討論）在其有效集提升和刪除能力。對於這樣的程式而言，最小權限表示在 *exec()* 呼叫之後，行程的有效能力集的所有能力一開始都是關閉的，這是透過關閉檔案有效能力位元來完成的。

39.3.5　行程和檔案可繼承集的目的

乍看之下，對於能力系統而言，有了行程、檔案的許可集與有效集似乎足夠了，但還是存在一些這兩個集合無法滿足要求的情形。例如，當一個執行 *exec()* 的行程想要在 *exec()* 呼叫期間儲存其目前能力時，這該如何做呢？看起來，能力實作可以單純透過在 *exec()* 呼叫期間儲存行程的許可能力來實作此功能，然而，此方式無法處理下列情形：

- 執行 *exec()* 可能需要特定的權限（如 CAP_DAC_OVERRIDE），但在 *exec()* 呼叫之間可能不想要儲存這種權限。

- 假設直接刪除一些無須在 *exec()* 呼叫之間儲存的許可能力，但 *exec()* 呼叫失敗了。在這種情況下，程式可能需要知道這些已經被刪除（不可逆的）的許可能力。

基於上述原因，在 *exec()* 之間是不會保持行程的許可能力的。反之，在這種情況下會導出另一種能力集：可繼承集。可繼承集提供一種機制，供行程在 *exec()* 呼叫之間保持其部分能力。

行程的可繼承集指定了一組能力，可在 *exec()* 呼叫之間賦予行程的許可能力集。相對應檔案的可繼承集會根據行程的可繼承集進行遮罩（AND），以決定哪些能力在 *exec()* 之間要新增到行程的許可能力集。

> 跨越一個 *exec()* 並非單純保持行程的許可能力集而已，還存在深層的哲學理由，能力系統的想法是，賦予行程的所有權限都是由行程執行的檔案來授予或控制的。雖然行程的可繼承集指定了在 *exec()* 之間傳遞的能力，但這些能力會根據檔案的可繼承集來進行遮罩。

39.3.6　在 shell 中提供檔案賦予能力與查看檔案能力

在 39.7 節介紹的 *libcap*，其中包含 *setcap(8)* 和 *getcap(8)* 指令，可以用來操作檔案能力集。下列透過一個使用標準 *date(1)* 程式的小範例來示範這些指令的用法。（根據 39.3.4 節的定義，這個程式就是一種 capability-dumb 應用程式）。當在具備權限的情況執行這個程式時，*date(1)* 可以用來修改系統時間。date 程式不是一個 set-user-ID-*root*，因此通常使用權限執行這個程式的唯一方式是變成超級使用者。

下列首先顯示目前的系統時間，然後嘗試以一個非特權使用者的身份來修改時間：

```
$ date
Tue Dec 28 15:54:08 CET 2010
$ date -s '2018-02-01 21:39'
date: cannot set date: Operation not permitted
Thu Feb 1 21:39:00 CET 2018
```

從上列可以看出 *date* 指令無法修改系統時間，但它仍然以標準格式顯示其參數。

接下來我們成為超級使用者，這樣就能夠成功修改系統時間：

```
$ sudo date -s '2018-02-01 21:39'
root's password:
Thu Feb  1 21:39:00 CET 2018
$ date
Thu Feb  1 21:39:02 CET 2018
```

我們現在複製一份 *date* 程式的副本，並賦予該副本所需的能力：

```
$ whereis -b date              Find location of date binary
date: /bin/date
$ cp /bin/date .
$ sudo setcap "cap_sys_time=pe" date
root's password:
$ getcap date
date = cap_sys_time+ep
```

上列的 *setcap* 指令將 CAP_SYS_TIME 能力賦予可執行檔的許可能力集（*p*）和有效能力集（*e*）。接著使用 *getcap* 指令來驗證能力確實賦予檔案。（*libcap* 的 *cap_from_text(3)* 使用手冊會說明 *setcap* 和 *getcap* 用來表示能力集的語法）。

程式 *date* 的副本之檔案能力允許非特權使用者透過此程式設定系統時間：

```
$ ./date -s '2010-12-28 15:55'
Tue Dec 28 15:55:00 CET 2010
$ date
Tue Dec 28 15:55:02 CET 2010
```

39.4　現代的能力實作

能力的完整實作要求如下：

- 對於每個特權操作，核心應該檢查行程是否擁有相對應的能力，而不是檢查有效（或檔案系統）使用者 ID 是否為 0。
- 核心必須要提供允許取得和修改行程能力的系統呼叫。
- 核心必須要支援將能力附加給可執行檔的概念，這樣當檔案被執行時，行程會取得相對應的能力。這與 set-user-ID 位元類似，但允許單獨設定可執行檔的各個能力。此外，系統必須要提供一組程式設計介面和指令來設定和查看附加給可執行完檔案的能力。

在 2.6.23 以及之前的核心中，Linux 只滿足了前兩條要求。自 2.6.24 核心開始就可以將能力附加到檔案上了。在 2.6.25 和 2.6.26 核心中新增了很多其他特性以完善能力的實作。

這裡針對有關能力的大多數討論在意的都是現代的實作，在 39.10 節將介紹在引入檔案能力之前，實作之間存在的不一致性。此外，檔案能力是現代核心的一個選配核心元件，但本次討論的主要部分假設在核心中啟用了這個元件。接著將會介紹檔案能力啟用與關閉之間存在的差別。（從幾個方面來看，其行為與尚未實作檔案能力的 2.6.24 之前的 Linux 核心中行為類似）。

下列幾個小節將深入介紹 Linux 能力實作的細節。

39.5　在 *exec()* 期間轉換行程的能力

在 *exec()* 執行期間，核心會根據行程的目前能力，以及被執行的檔案能力集來設定行程新能力，核心會使用下列規則來計算行程的新能力：

```
P'(permitted) = (P(inheritable) & F(inheritable)) | (F(permitted) & cap_bset)

P'(effective) = F(effective) ? P'(permitted) : 0

P'(inheritable) = P(inheritable)
```

在上列的規則中，*P* 表示在呼叫 *exec()* 之前行程的能力集之值，*P'* 表示在呼叫 *exec()* 之後行程的能力集之值，*F* 表示檔案能力集，代號 *cap_bset* 表示能力邊界集的值，注意 *exec()* 呼叫不會改變行程的可繼承能力集。

39.5.1　能力邊界集

能力邊界集（capability bounding set）是一種用於限制行程在 *exec()* 呼叫期間能夠取得的能力的安全機制，其用法如下：

- 在 *exec()* 呼叫中，能力邊界集會與檔案許可能力取 AND，以決定將被授予新程式的許可能力。換句話說，當一個可執行檔的某個許可能力不在邊界能力集中時，就無法向行程授予該項能力。

- 能力邊界集是一個能力的有限超級組合，可以新增到行程的可繼承集。這表示除非能力位於邊界集，否則行程就無法將其許可能力集的某個能力新增到其可繼承集，並透過上面介紹的第一條能力轉換規則，在行程執行一個可繼承集有包含該項能力的檔案時，將該項能力保留在行程的許可集。

能力邊界集是個別行程的屬性，透過 *fork()* 建立的子行程會繼承此屬性，並且在 *exec()* 呼叫期間會保持這個屬性。在支援檔案能力的核心中，*init*（所有行程的祖先）在啟動時會使用一個包含全部能力的能力邊界集。

　　若一個行程具備了 `CAP_SETPCAP` 能力，則它就可以使用 *prctl()* `PR_CAPBSET_DROP` 操作，從其邊界集刪除能力（不可逆的）。（從邊界集刪除一個能力不會對行程的許可、有效和可繼承能力集產生影響）。一個行程使用 *prctl()* `PR_CAPBSET_READ` 操作能夠確定一個能力是否位於其邊界集。

> 更準確地講，能力邊界集是個別執行緒的屬性，從 Linux 2.6.26 開始，這個屬性在 Linux 特有的 /proc/*PID*/task/TID/status 檔案中 CapBnd 欄位中。而 /proc/*PID*/status 檔案顯示行程主執行緒的邊界集。

39.5.2　保持 *root* 語意

在執行一個檔案時，為了保持 *root* 使用者的傳統語意（即 *root* 擁有所有的權限），與該檔案相關聯的所有能力集都會被忽略。但為了滿足在 39.5 節的演算法要求，在 *exec()* 期間檔案能力集的定義如下：

- 若執行了一個 set-user-ID-*root* 程式、或呼叫 *exec()* 的行程的真實或有效使用者 ID 為 0，則檔案的可繼承和許可集被定義為包含所有能力。

- 若執行了一個 set-user-ID-*root* 程式、或呼叫 *exec()* 的行程的有效使用者 ID 為 0，則檔案有效位元會定義為設定的狀態。

假設現在正在執行一個 set-user-ID-*root* 程式，則這些檔案能力集的概念定義表示將 39.5 節介紹的行程之新許可與有效能力集的計算可簡化如下：

```
P'(permitted) = P(inheritable) | cap_bset
P'(effective) = P'(permitted)
```

39.6　改變使用者 ID 對行程能力的影響

為了讓使用者 ID 在 0 與非 0 之間切換的傳統意義保持相容，在改變行程的使用者
ID（使用 *setuid()* 等）時，核心會完成下列操作：

1. 若真實使用者 ID、有效使用者 ID 或 saved set-user-ID 之前的值為 0，則修改
   了使用者 ID 之後，所有這三個 ID 的值都會變成非 0，並且行程的許可和有
   效能力集會被清除（即所有的能力都被永久地刪除了）。

2. 若有效使用者 ID 從 0 變成了非 0，則有效能力集會被清除（即有效能力被刪
   除了，但那些位於許可集中的能力會被再次提升）。

3. 若有效使用者 ID 從非 0 變成了 0，則許可能力集會被複製到有效能力集中
   （即所有的許可能力變成了有效）。

4. 若檔案系統使用者 ID 從 0 變成了非 0，則會從有效能力集中清除這些檔案相
   關的能力：CAP_CHOWN、CAP_DAC_OVERRIDE、CAP_DAC_READ_SEARCH、CAP_FOWNER、
   CAP_FSETID、CAP_LINUX_IMMUTABLE（自 Linux 2.6.30 起）、CAP_MAC_OVERRIDE 和
   CAP_MKNOD（自 Linux 2.6.30 起）。相對地，若檔案系統使用者 ID 從非 0 變成
   了 0，則上列這些能力，每個在許可集啟用的能力都會在有效集啟用。完成這
   些操作之後，則能夠保持 Linux 特有的檔案系統使用者 ID 操作的傳統語意。

39.7　用程式設計的方式改變行程能力

一個行程可以使用 *capset()* 系統呼叫或稍後介紹的（推薦）*libcap* API，在其能力
集提升能力或刪除能力，修改行程能力需要遵循下列規則：

1. 若行程的有效集沒有 CAP_SETPCAP 能力，則新的可繼承集必須是既有可繼承集
   合許可集組合（union）的一個子集。

2. 新的可繼承集必須是既有可繼承集合能力邊界集組合的一個子集。

3. 新許可集必須是既有許可集組合（union）的一個子集。換句話說，一個行程
   無法授予自身不屬於其許可集中的能力。換一種表述方法就是，在從許可集
   中刪除了一個能力之後就無法再取得這個能力了。

4. 新的有效集只能包含位於新許可集中的能力。

libcap API

本章至此尚未介紹 *capset()* 系統呼叫，以及相對應取得行程能力的 *capget()* 系統呼叫原型，因為應該避免使用這兩個系統呼叫。反之，應該使用 *libcap* 函式庫中的相關函式，這些函式提供了一個與 POSIX 1003.1e 標準草案一致的介面以及一些 Linux 擴充。

受限於篇幅，本章不會詳細介紹 *libcap* API，大致上而言，使用這些函式的程式通常會執行下列步驟：

1. 使用 *cap_get_proc()* 函式從核心取得行程的目前能力集副本，並將其放置到這個函式在使用者空間配置的結構。（或者可以使用 *cap_init()* 函式來建立一個全新的空能力集結構）。在 *libcap* API 中，*cap_t* 資料型別是用來指向此類結構的一個指標。

2. 使用 *cap_set_flag()* 函式更新使用者空間的結構，將上個步驟取得的使用者空間資料結構中儲存的許可集、有效集和可繼承集，施以提升（CAP_SET）和刪除（CAP_CLEAR）能力。

3. 使用 *cap_set_proc()* 函式將使用者空間的結構傳回核心，以修改行程的能力。

4. 使用 *cap_free()* 函式釋放在第一步驟由 *libcap* API 配置的結構。

> 在轉寫本書之際，libcap-ng 是一個全新改善過的能力函式庫 API，關於 libcap-ng 的開發工作仍在進行中，詳細資訊可參考 *http://people.redhat.com/sgrubb/libcap-ng/*。

範例程式

列表 8-2 根據標準的密碼資料庫來驗證使用者帳號與密碼，注意程式在讀取影子密碼檔（shadow password）時需要具備相對應的權限，而只有 *root* 和 *shadow* 群組的成員才能夠讀取這個檔案。賦予此程式所需權限的傳統方式是，以 *root* 使用者執行這個程式，或將程式變成一個 set-user-ID-*root* 程式。下列將此程式修改為可使用能力與 *libcap* API。

為了能夠以普通使用者的身份讀取影子密碼檔，需要繞過標準的檔案權限檢查。從表 39-1 列出的能力可以看出相對應的能力應該是 CAP_DAC_READ_SEARCH。列表 39-1 提供修改過的密碼檢測程式，此程式在正好在需要存取影子密碼檔之前，使用了 *libcap* API 在其有效能力集提升 CAP_DAC_READ_SEARCH，然後在存取檔案之後立即刪除這個能力。為了讓非特權使用者能夠使用這個程式，必須要在檔案的許可能力集設定這個能力，如下列的 shell 作業階段所示：

```
$ sudo setcap "cap_dac_read_search=p" check_password_caps
root's password:
$ getcap check_password_caps
check_password_caps = cap_dac_read_search+p
$ ./check_password_caps
Username: mtk
Password:
Successfully authenticated: UID=1000
```

列表 39-1：使用能力來驗證使用者程式

─────────────────────────────────────── cap/check_password_caps.c
```c
#define _BSD_SOURCE            /* Get getpass() declaration from <unistd.h> */
#define _XOPEN_SOURCE          /* Get crypt() declaration from <unistd.h> */
#include <sys/capability.h>
#include <unistd.h>
#include <limits.h>
#include <pwd.h>
#include <shadow.h>
#include "tlpi_hdr.h"

/* Change setting of capability in caller's effective capabilities */

static int
modifyCap(int capability, int setting)
{
    cap_t caps;
    cap_value_t capList[1];

    /* Retrieve caller's current capabilities */

    caps = cap_get_proc();
    if (caps == NULL)
        return -1;

    /* Change setting of 'capability' in the effective set of 'caps'. The
       third argument, 1, is the number of items in the array 'capList'. */

    capList[0] = capability;
    if (cap_set_flag(caps, CAP_EFFECTIVE, 1, capList, setting) == -1) {
        cap_free(caps);
        return -1;
    }

    /* Push modified capability sets back to kernel, to change
       caller's capabilities */

    if (cap_set_proc(caps) == -1) {
        cap_free(caps);
```

```
            return -1;
    }

    /* Free the structure that was allocated by libcap */

    if (cap_free(caps) == -1)
        return -1;

    return 0;
}

static int                  /* Raise capability in caller's effective set */
raiseCap(int capability)
{
    return modifyCap(capability, CAP_SET);
}

/* An analogous dropCap() (unneeded in this program), could be
   defined as: modifyCap(capability, CAP_CLEAR); */

static int                  /* Drop all capabilities from all sets */
dropAllCaps(void)
{
    cap_t empty;
    int s;

    empty = cap_init();
    if (empty == NULL)
        return -1;

    s = cap_set_proc(empty);

    if (cap_free(empty) == -1)
        return -1;

    return s;
}

int
main(int argc, char *argv[])
{
    char *username, *password, *encrypted, *p;
    struct passwd *pwd;
    struct spwd *spwd;
    Boolean authOk;
    size_t len;
    long lnmax;

    lnmax = sysconf(_SC_LOGIN_NAME_MAX);
```

```c
    if (lnmax == -1)                          /* If limit is indeterminate */
        lnmax = 256;                          /* make a guess */

    username = malloc(lnmax);
    if (username == NULL)
        errExit("malloc");

    printf("Username: ");
    fflush(stdout);
    if (fgets(username, lnmax, stdin) == NULL)
        exit(EXIT_FAILURE);                   /* Exit on EOF */

    len = strlen(username);
    if (username[len - 1] == '\n')
        username[len - 1] = '\0';             /* Remove trailing '\n' */

    pwd = getpwnam(username);
    if (pwd == NULL)
        fatal("couldn't get password record");

    /* Only raise CAP_DAC_READ_SEARCH for as long as we need it */

    if (raiseCap(CAP_DAC_READ_SEARCH) == -1)
        fatal("raiseCap() failed");

    spwd = getspnam(username);
    if (spwd == NULL && errno == EACCES)
        fatal("no permission to read shadow password file");

    /* At this point, we won't need any more capabilities,
       so drop all capabilities from all sets */

    if (dropAllCaps() == -1)
        fatal("dropAllCaps() failed");

    if (spwd != NULL)              /* If there is a shadow password record */
        pwd->pw_passwd = spwd->sp_pwdp;       /* Use the shadow password */

    password = getpass("Password: ");

    /* Encrypt password and erase cleartext version immediately */

    encrypted = crypt(password, pwd->pw_passwd);
    for (p = password; *p != '\0'; )
        *p++ = '\0';

    if (encrypted == NULL)
        errExit("crypt");
```

```
authOk = strcmp(encrypted, pwd->pw_passwd) == 0;
if (!authOk) {
    printf("Incorrect password\n");
    exit(EXIT_FAILURE);
}

printf("Successfully authenticated: UID=%ld\n", (long) pwd->pw_uid);

/* Now do authenticated work... */

exit(EXIT_SUCCESS);
}
```

─── **cap/check_password_caps.c**

39.8　建立基於能力的環境

我們在前幾頁介紹過，對使用者 ID 為 0（*root*）的行程進行能力特殊處理的各種方式：

- 當一個或多個使用者 ID 等於 0 的行程將其所有的使用者 ID 設定為非 0 值時，行程的許可和有效能力集會被清除。（參考 39.6 節）。

- 當有效使用者 ID 為 0 的行程將使用者 ID 修改為非 0 值時會失去其有效能力。當做方向相反的變動時，許可能力集會被複製到有效集中。當行程的檔案系統 ID 在 0 和非 0 值之間切換時會對能力子集執行一個類似的步驟。

- 當真實或有效使用者 ID 為 *root* 的行程執行了一個程式或任意行程執行了一個 set-user-ID-*root* 程式，則檔案的可繼承和許可集會被定義成包含所有能力。若行程的有效使用者 ID 為 0 或者它正在執行一個 set-user-ID-*root* 程式，則檔案的有效位元會定義成 1。（參考 39.5.2 節）在通常情況下（即真實和有效使用者 ID 都是 *root* 或正在執行一個 set-user-ID-*root* 程式），這表示行程的許可和有效集包含了所有能力。

在一個完全基於能力的系統中，核心無須對 *root* 使用者執行這些特殊的處理，因為不存在 set-user-ID-*root* 程式，並且只會使用檔案能力賦予程式執行所需的最小能力。

　　由於既有應用程式不會使用檔案能力基礎架構，因此核心必須要維持對使用者 ID 為 0 的行程的傳統處理，但可以要求應用程式在一個完全基於能力的環境中執行，在這樣的環境中，不會對 *root* 做上述的特殊處理。從 2.6.26 的核心開始，當在核心中啟用了檔案能力時，Linux 會提供 *securebits* 機制，它可以控制一組行程級別的旗標，透過這組旗標可以分別啟用或關閉前面針對 *root* 的三種特殊處理中的各種特殊處理。（更準確地講，*securebits* 旗標實際上是一個執行緒級別的屬性）。

　　securebits 機制控制表 39-2 列出的旗標，每個旗標由一對相關的 *base* 旗標和相對應的 *locked* 旗標表示。每個 *base* 旗標控制上述針對 *root* 的一種特殊處理。設定相對應的 *locked* 旗標是一次性操作，用於防止對相關聯的 *base* 旗標的後續變更，一旦設定之後就無法重置 *locked* 旗標了。

表 39-2：securebits 旗標

標記	設定之後的含義
SECBIT_KEEP_CAPS	當一個或多個使用者 ID 為 0 的行程將其所有的使用者 ID 設定為非 0 值時，不要刪除許可權限。只有在沒有設定 SECBIT_NO_SETUID_FIXUP 旗標的情況下，這個旗標才會起作用。在 *exec()* 中這個旗標會被清除
SECBIT_NO_SETUID_FIXUP	當有效或檔案系統使用者 ID 在 0 和非 0 之間切換時，不要改變能力
SECBIT_NOROOT	在一個真實或有效使用者 ID 為 0 的行程呼叫了 *exec()* 或執行了一個 set-user-ID-*root* 程式時，不要賦予其能力（除非可執行檔擁有檔案能力）
SECBIT_KEEP_CAPS_LOCKED	鎖住 SECBIT_KEEP_CAPS
SECBIT_NO_SETUID_FIXUP_LOCKED	鎖住 SECBIT_NO_SETUID_FIXUP
SECBIT_NOROOT_LOCKED	鎖住 SECBIT_NOROOT

fork() 建立子行程會繼承 *securebits* 旗標的設定，在呼叫 *exec()* 期間，除 SECBIT_KEEP_CAPS 之外的所有旗標設定都會保留，之所以清除 SECBIT_KEEP_CAPS 旗標，是為了與下列描述的 PR_SET_KEEPCAPS 設定保持相容。

　　行程可以使用 *prctl()* PR_GET_SECUREBITS 操作來取得 *securebits* 旗標，一個行程若擁有 CAP_SETPCAP 能力，則它就可以使用 *prctl()* PR_SET_SECUREBITS 操作修改 *securebits* 旗標，一個完全基於能力的應用程式能夠使用下列的呼叫不可逆地關閉呼叫行程及其所有子孫行程對 *root* 使用者的特殊處理：

```
if (prctl(PR_SET_SECUREBITS,
        /* SECBIT_KEEP_CAPS off */
        SECBIT_NO_SETUID_FIXUP | SECBIT_NO_SETUID_FIXUP_LOCKED |
        SECBIT_NOROOT | SECBIT_NOROOT_LOCKED)
    == -1)
    errExit("prctl");
```

在執行完這個呼叫之後，這個行程及其所有子孫行程取得能力的唯一方式是，執行擁有檔案能力的程式。

SECBIT_KEEP_CAPS 和 *prctl()* PR_SET_KEEPCAPS 操作

SECBIT_KEEP_CAPS 旗標能夠防止一個或多個使用者 ID 為 0 的行程將其所有的使用者 ID 值設定為非 0 值時將能力刪除。大略而言，SECBIT_KEEP_CAPS 提供了 SECBIT_NO_SETUID_FIXUP 旗標的一半功能（從表 39-2 中可以看出，只有在 SECBIT_NO_SETUID_FIXUP 沒有設定的情況下，SECBIT_KEEP_CAPS 才會起作用）。這個旗標的存在是為了提供實作更古老的 *prctl()* PR_SET_KEEPCAPS 操作的 *securebits* 旗標，它控制同樣的屬性（這兩種機制之間的一個差異是，行程在使用 *prctl()* PR_SET_KEEPCAPS 操作時，無須具備 CAP_SETPCAP 能力）。

> 之前曾經提過，在 *exec()* 呼叫期間會保留每個 *securebits* 旗標（除了 SECBIT_KEEP_CAPS 例外）。SECBIT_KEEP_CAPS 位元的設定與其他 *securebits* 設定相反，這是為了與透過 *prctl()* PR_SET_KEEPCAPS 操作設定的屬性保持一致性。

prctl() PR_SET_KEEPCAPS 操作是設計供舊版不支援檔案能力的核心之 set-user-ID-*root* 程式使用，此類程式可以透過在程式刪除能力，並在需要的時候提升能力（參考 39.10 節）來提高安全性。

即使此類 set-user-ID-*root* 程式刪除除了所需的權限之外的所有其他權限，它仍然會保留兩個重要的權限：存取由 *root* 使用者擁有的檔案權限，以及透過執行程式重新取得能力的權限（參考 39.5.2 節）。永久刪除這些權限的唯一方式是，將行程的所有使用者 ID 值設定為非 0 值，但這樣做通常會導致清除許可和有效能力集（參考 39.6 節中有關使用者 ID 的變動對能力造成的四點影響）。這就產生了矛盾，即在保持一些能力的同時永久地刪除使用者 ID 0。為了允許這樣的情況發生，可以使用 *prctl()* PR_SET_KEEPCAPS 操作來設定行程屬性，以防止在所有的使用者 ID 變成非 0 值時將許可能力集清除（在這種情況下總是會清除行程的有效能力集，不管是否設定了「keep capabilities」屬性）。

39.9　探索程式需要的能力

假設我們現在有一個對能力一無所知的程式，並且只有這個程式的二進位檔案，或假設程式的程式碼太多了，以至於不易於確認執行這個程式需要具備那些能力。若這個程式需要特權，但又不是一個 set-user-ID-*root* 程式，則如何確定將哪些許可能力使用 *setcap(8)* 賦予這個可執行檔呢？解答這個問題的答案有兩個：

- 使用 *strace(1)*（附錄 A）檢查哪個系統呼叫的錯誤號是 EPERM，因為這個錯誤號是用來標示缺乏所需的能力的。透過查閱系統呼叫的手冊或核心的原始程式碼，可以推斷出程式需要哪些能力。但這個方法不是很完美，因為偶爾會因為其他原因而引起 EPERM 錯誤，其中一些原因與程式缺乏相對應能力的問題毫無關係。此外，程式可能會正常呼叫一個需要權限的系統呼叫，然後在確定沒有權限執行某個特定操作之後，會改變自身的行為。而有些時候在試圖確定一個可執行檔實際所需的能力時，會難以區分這種「積極回應錯誤」的情況。

- 使用一個核心探測（kernel probe），在核心收到要求執行能力檢查時產生監控輸出。（Hallyn，2007）（其中一個檔案能力模組開發者撰寫的一篇文章）提供如何完成這個任務的一個範例。對於每個能力的檢查請求，文章中所指的探測都會記錄呼叫的核心函式、請求的能力，以及請求程式名稱。雖然這個方法比使用 *strace(1)* 需要做更多工作，但它有助於更加精確地確定一個程式所需的能力。

39.10　不具備檔案能力的舊版核心與系統

本節將介紹之前各種版本的核心中有關能力實作方面的差異，以及碰到不支援檔案能力的核心時所發生的行為差異。Linux 在下列兩個場景是不支援檔案能力的：

- 在 Linux 2.6.24 之前的版本中沒有實作檔案能力。
- 在 Linux 2.6.24 版本到 Linux 2.6.32 之間的版本，當在構建核心時不指定 CONFIG_SECURITY_FILE_CAPABILITIES 選項時，會關閉檔案能力。（在 39.8 節會介紹 securebits 機制）。

> 雖然從 2.2 核心開始，Linux 就已經提供能力，並允許將能力附加到行程中，但檔案能力的實作則延遲了好幾年推出。之所以未實作檔案能力的原因不是因為技術的難度，而是因為政策的原因（第 16 章介紹的擴充屬性被用來實作檔案能力，但它直到 2.6 核心才可用）。大部分核心開發人員要求系統管理員為各個特權程式分別設定與監控能力集的意見，會使得管理任務變得複雜和難以管理，雖然有些建議是合理的，但很難做到。反之，系統管理員對於現有的 UNIX 權限模型比較熟悉，他們知道如何小心處理 set-user-ID 程式，並且能夠使用簡單的 *find* 指令找出系統中的 set-user-ID 和 set-group-ID 程式。不過，檔案能力模組的開發人員使得檔案能力的應用在管理上變得可行，最終為將檔案能力集成進核心，提供了足夠的令人信服的論據。

CAP_SETPCAP 能力

在不支援檔案能力的核心中（即所有 2.6.24 之前的核心，以及自 2.6.24 起檔案能力被關閉的核心），CAP_SETPCAP 能力的語意是不同的。根據與 39.7 節中描述的規則類似的規則，從理論上而言，一個在有效集包含 CAP_SETPCAP 能力的行程，能夠修改除自身之外的其他行程的能力。換句話說，可以修改另一個行程的能力、指定行程群組所有成員的能力，以及系統中除 *init* 和呼叫者本身之外的所有行程的能力。之所以將 *init* 排除在外，是因為它對於系統的運作有基礎作用；之所以還將呼叫者本身排除在外，是因為呼叫者可能會試圖刪除系統中其他行程的能力，但這裡並不希望呼叫行程能刪除自己的能力。

修改其他行程的能力只是理論可行，在較早的核心以及關閉檔案能力的現代核心中，能力邊界集（稍後討論）總是會隱藏 CAP_SETPCAP 能力。

能力邊界集

自 Linux 2.6.25 起，能力邊界集就是一個行程級的屬性了，但在較早的核心中，能力邊界集是一個系統級別的屬性，它會影響系統中的每個行程。在初始化系統級別的能力邊界集時，總是會隱藏 CAP_SETPCAP（參考前面的介紹）。

> 在 2.6.25 之後的核心中，只有當核心啟用檔案能力時，才支援從各個行程的邊界集刪除能力。在那種情況，所有行程的祖先行程 init 在啟動時，會包含所有的能力，系統所有其他行程會繼承該邊界集的副本。若關閉檔案能力，則由於上述的 CAP_SETPCAP 能力語意差異，因此 init 在啟動時會包含除 CAP_SETPCAP 之外的所有能力。

Linux 2.6.25 對能力邊界集的語意還做了另一個變更，在之前（39.5.1 節）曾經提過，在 Linux 2.6.25 以及之後的版本中，各個行程的能力邊界集是一個能力有限的超級組合，能夠將能力新增到行程的可繼承集。在 Linux 2.6.24 以及之前的版本，系統級別的能力邊界集並沒有這種遮罩效果（不需要這種效果，因為這些核心不支援檔案能力）。

透過 Linux 特有的 /proc/sys/kernel/cap-bound 檔案，能夠存取系統級別的能力邊界集。行程必須要具備 CAP_SYS_MODULE 能力才能修改 cap-bound 檔案的內容。但只有 *init* 行程才能夠開啟這個遮罩中的位元，其他特權行程只能關閉遮罩中的位元。這些限制的結果就是，在不支援檔案能力的系統上永遠都無法將 CAP_SETPCAP 能力賦予行程。這種做法是合理的，因為這個能力可以用來破壞整個核心權限檢查系統。（當需要修改這個限制時必須要載入一個修改集合值的核心模組，並修改 *init* 程式的原始程式碼，或者在核心原始程式碼修改能力邊界集的初始化過程，並重建核心）。

> 令人迷惑的是，雖然這是一個位元遮罩，但整個系統的 cap-bound 檔案顯示為一個有號的十進位數字。例如，此檔案的初始值是 -257，它是將（*1 << 8*）之外的每個位元都開啟的位元遮罩，並以二補數表示（即二進位格式為 11111111 11111111 11111110 11111111）；CAP_SETPCAP 的值為 8。

讓無檔案能力系統上的程式可以使用能力

即使在不支援檔案能力的系統上，仍然可以使用能力來提升程式的安全性，可透過下列步驟完成：

1. 在一個有效使用者 ID 為 0 的行程中執行這個程式（通常是一個 set-user-ID-*root* 程式），此類行程的許可和有效能力集包含了所有的能力（前面提過，除了 CAP_SETPCAP 能力）。

2. 在程式啟動時使用 *libcap* API 刪除有效集的所有能力，以及許可集中的所有能力（除了後續還會用到的能力例外）。

3. 採用 *prctl(PR_SET_KEEPCAPS, 1)* 呼叫，以便在下個步驟不用捨棄能力（請見 39.8 節）。

4. 將所有使用者 ID 設為非 0 值，以防止行程存取由 *root* 擁有的檔案、或在 *exec()* 中取得能力。

    > 若需要防止行程在 *exec()* 中重新取得權限，但同時要允許它存取由 *root* 擁有的檔案，則可以使用 SECBIT_NOROOT 旗標步驟來取代前面的兩個步驟。（當然，允許行程存取由 *root* 擁有的檔案會為一些安全性風險開啟了大門）。

5. 在程式的後續生命週期中，根據需要使用 *libcap* API 在有效集提升或刪除剩餘的許可能力，以便執行特權任務。

一些基於 2.6.24 之前的 Linux 核心的應用程式採用了這種方法。

> 在所有反對為可執行檔實作能力的核心開發者所提出的反對理由中，反對使用本文中所述方法的最充分理由之一是，應用程式的開發人員通常知道可執行程式需要用到哪些能力，而系統管理員可能無法輕易地確定此類資訊。

39.11 小結

Linux 系統的能力機制可將特權操作劃分成不同的類型，並允許將部份能力授予一個行程，並禁止使用其他的能力。傳統全開或全禁的特權機制，使得一個行程只能選擇取得全部的特權（使用者 ID 為 0），或不具任何特權（使用者 ID 非 0），而能力改善了這個問題。從 2.6.24 的核心版本起，Linux 可將能力套用在檔案，以便行程可以透過執行程式取得所選的能力。

39.12　習題

39-1. 修改列表 35-2 中的程式（sched_set.c），使它使用檔案能力，這樣非特權使用者也能使用這個程式。

40

登入記帳

登入記帳（login accounting）著重於記錄目前登入系統的使用者，並記錄過往登入與登出內容。本章將探討登入記帳檔案以及函式庫的函式（用以取得與更新這些檔案所包含的資訊）。我們還介紹提供登入服務的應用程式應該執行的步驟，以便得以在使用者登入與登出時更新這些檔案。

40.1　utmp 與 wtmp 簡介

UNIX 系統維護著兩個資料檔案，包含使用者登入與登出系統的相關資訊：

- 檔案 utmp 維護目前登入系統的使用者紀錄（以及其他一些資訊，稍後將會介紹）。每一個使用者登入系統時都會向 utmp 檔案寫入一筆紀錄，這筆紀錄包含一個 *ut_user* 欄位，記錄使用者的登入名稱，當使用者登出時會消除該筆紀錄，如 *who(1)* 之類的程式會使用 utmp 檔案的資訊，以顯示目前登入系統的使用者清單。

- 檔案 wtmp 包含著所有使用者登入與登出的審計跟蹤（audit trail）（以及一些其他的資訊，稍後將會介紹）。每使用者每次登入系統時，寫入 utmp 檔案的記錄也同時會增加到 wtmp 檔案，在使用者登出系統時，也會向這個檔案增加一筆紀錄。這筆紀錄包含的資訊與登入記錄相同，但 *ut_user* 欄位會歸零，*last(1)* 指令可以用來顯示與過濾 wtmp 檔案的內容。

在 Linux 系統，utmp 檔案位於 /var/run/utmp，wtmp 檔案位於 /var/log/wtmp。一般而言，應用程式不需要知道這些路徑名稱，因為這些路徑會編譯在 *glibc*。需要引用這些檔案位置的程式應該使用 <paths.h>（與 <utmpx.h>）定義的 _PATH_UTMP 與 _PATH_WTM 路徑名稱常數，而不是在程式碼寫固定的路徑名稱。

> SUSv3 並沒有為 utmp 與 wtmp 檔案的路徑名稱提供標準化符號名稱，Linux 與 BSD 使用 _PATH_UTMP 與 _PATH_WTMP，而其他許多 UNIX 系統定義 UTMP_FILE 與 WTMP_FILE 常數來表示這兩個路徑名稱。Linux 還在 <utmp.h> 定義這些名詞，但並沒有在 <utmpx.h> 與 <paths.h> 進行定義。

40.2　*utmpx* API

檔案 utmp 與 wtmp 很早就出現在 UNIX 系統，但隨著系統的演進，開始出現不同 UNIX 系統之間的差異，尤其是 BSD 與 System V 之間的差別。System V Release 4 對 API 進行大量的擴充，包括建立一個全新的（平行的）*utmpx* 結構，以及相關的 *utmpx* 與 *wtmpx* 檔案。同樣地，處理這些新檔案的函式名稱以及相關的標頭檔名也包含字母 *x*，許多其他 UNIX 系統也在 API 中增加自己的擴充。

本章將介紹 Linux *utmpx* API，它是 BSD 與 System V 實作的混合體，Linux 並沒有如 System V 那樣建立平行的 *utmpx* 與 *wtmpx* 檔案，反之，*utmp* 與 *wtmp* 檔案包含全部所需的資訊。但為與其他 UNIX 系統保持相容，Linux 提供傳統的 *utmp* 與從 System V 演化而來的 *utmpx* API，來存取這些檔案內容。在 Linux 系統上，這兩組 API 傳回的資訊完全相同。（這兩組 API 之間的其中一個差異是，*utmp* API 的一些函式是可重入的，而 *utmpx* 的函式是不可重入的）。由於 SUSv3 有對 *utmpx* API 制定規範，因此考量其他 UNIX 系統的可攜性，本章將介紹 *utmpx* 介面。

SUSv3 規範並沒有涵蓋各方面的 *utmpx* API（如沒有規範 utmp 與 wtmp 檔案的位置），不同實作的登入記帳檔案內容會有微幅差異，而且各種實作都有提供額外的登入記帳函式，不過 SUSv3 並沒有對這些函式制定規範。

> （Frisch，2002）的第 17 章對不同 UNIX 系統中，wtmp 與 utmp 檔案在存放位置與使用方面的差異進行摘要介紹，此外，還介紹 *ac(1)* 指令的用法，這個指令可以節錄 wtmp 檔案的登入資訊。

40.3　*utmpx* 結構

檔案 utmp 與 wtmp 包含 *utmpx* 紀錄，*utmpx* 結構定義於 <utmpx.h>，如列表 40-1 所示。

SUSv3 規範的 *utmpx* 結構不包含 *ut_host*、*ut_exit*、*ut_session* 以及 *ut_addr_v6* 欄位，在其他大多數實作中都存在 *ut_host* 與 *ut_exit* 欄位，有些實作還定義了 *ut_session* 欄位，*ut_addr_v6* 是 Linux 特有的欄位，SUSv3 對 *ut_line* 與 *ut_user* 欄位制定規範，但並沒有規定它們的長度。

在 *utmpx* 結構中，*ut_addr_v6* 欄位的資料型別是 *int32_t*，它是一個 32 位元的整數。

列表 40-1：*utmpx* 結構的定義

```
#define _GNU_SOURCE            /* Without _GNU_SOURCE the two field
struct exit_status {              names below are prepended by "__" */
    short e_termination;       /* Process termination status (signal) */
    short e_exit;              /* Process exit status */
};

#define __UT_LINESIZE    32
#define __UT_NAMESIZE    32
#define __UT_HOSTSIZE   256

struct utmpx {
    short ut_type;                       /* Type of record */
    pid_t ut_pid;                        /* PID of login process */
    char ut_line[__UT_LINESIZE];         /* Terminal device name */
    char ut_id[4];                       /* Suffix from terminal name, or
                                            ID field from inittab(5) */
    char ut_user[__UT_NAMESIZE];         /* Username */
    char ut_host[__UT_HOSTSIZE];         /* Hostname for remote login, or kernel
                                            version for run-level messages */
    struct exit_status ut_exit;          /* Exit status of process marked
                                            as DEAD_PROCESS (not filled
                                            in by init(8) on Linux) */
    long ut_session;                     /* Session ID */
    struct timeval ut_tv;                /* Time when entry was made */
    int32_t ut_addr_v6[4];               /* IP address of remote host (IPv4
                                            address uses just ut_addr_v6[0],
                                            with other elements set to 0) */
    char __unused[20];                   /* Reserved for future use */
};
```

在 *utmpx* 結構的每個字串欄位都以 null 結尾，除非值可以完全填滿相對應的陣列。

對於登入行程而言，儲存在 *ut_line* 與 *ut_id* 欄位的資訊是從終端機設備的名稱取得的，*ut_line* 欄位包含終端機設備的完整檔名，*ut_id* 欄位包含檔名的尾碼，跟在 *tty*、*pts* 或 *pty* 後面的字串（後兩者分別表示 System V 風格與 BSD 風格的虛擬終端機）。因此，對於 /dev/tty2 終端機而言，*ut_line* 的值為 *tty2*，*ut_id* 的值為 2。

在視窗環境中，一些終端機模擬器使用 *ut_session* 欄位來記錄終端機視窗的作業階段 ID（有關作業階段 ID 的介紹請參考 34.3 節）。

ut_type 欄位是一個整數，它定義寫入檔案的紀錄類型，其值為下列其中一組常數（括弧中相對應的數值）：

EMPTY (0)

這個紀錄不包含有效的記帳資訊。

RUN_LVL (1)

這個紀錄表示在系統啟動或關閉時，系統執行層級（run-level）發生變化。（有關執行層級的資訊可以參考 *init(8)* 使用手冊）。要在 <utmpx.h> 取得這個常數的定義，就必須要定義 _GNU_SOURCE 功能測試巨集（feature test macro）。

BOOT_TIME (2)

這個紀錄包含 *ut_tv* 欄位的系統啟動時間，寫入 RUN_LVL 與 BOOT_TIME 欄位的行程通常是 *init*，這些紀錄會同時被寫入 utmp 與 wtmp 檔案。

NEW_TIME (3)

這個紀錄包含系統時鐘變更之後的新時間，記錄在 *ut_tv* 欄位。

OLD_TIME (4)

這個紀錄包含系統時鐘變更之前的舊時間，記錄在 *ut_tv* 欄位。當系統時鐘發生變更時，NTP daemon（或類似的行程）會將類型為 OLD_TIME 與 NEW_TIME 的紀錄寫入到 utmp 與 wtmp 檔案。

INIT_PROCESS (5)

記錄由 *init* 行程產生的行程，如 *getty* 行程，細節資訊請參考 *inittab(5)* 使用手冊。

LOGIN_PROCESS (6)

記錄使用者登入作業階段組長（session leader）行程，如 *login(1)* 行程。

USER_PROCESS (7)

記錄使用者行程，通常是登入作業階段，使用者帳號會出現在 *ut_user* 欄位中，登入作業階段可能是由 *login(1)* 啟動，或者也可能是由如 *FTP* 與 *SSH* 之類提供遠端登入工具的應用程式啟動。

DEAD_PROCESS (8)

這個紀錄識別已經結束的行程。

這裡之所以給出這些常數的數值，是因為許多應用程式都要求這些常數的數值順序與上列列出的順序一致，如在 *agetty* 程式的原始程式碼中可以發現下列這樣的檢查：

```
utp->ut_type >= INIT_PROCESS && utp->ut_type <= DEAD_PROCESS
```

INIT_PROCESS 類型的紀錄通常對應於 *getty(8)* 呼叫（或類似的程式，如 *agetty(8)* 與 *mingetty(8)*），在系統啟動時，*init* 行程會為每個命令列與虛擬控制台建立一個子行程，每個子行程會執行 *getty* 程式，*getty* 程式會開啟終端機，提示使用者輸入使用者帳號，然後執行 *login(1)*。當成功驗證使用者以及執行其他一些動作之後，login 會建立一個子行程來執行使用者登入 shell，這種登入作業階段的完整生命週期由寫入 wtmp 檔案的四個紀錄表示，其順序如下所示：

- 一個 INIT_PROCESS 紀錄，由 *init* 寫入。
- 一個 LOGIN_PROCES 紀錄，由 *getty* 寫入。
- 一個 USER_PROCESS 紀錄，由 *login* 寫入。
- 一個 DEAD_PROCESS 紀錄，當 *init* 行程檢測到 *login* 子行程死亡之後（發生在使用者登出時）寫入。

更多關於使用者登入期間的 *getty* 與 *login* 操作細節，可以參考（Stevens & Rago，2005）的第 9 章。

> 有些版本的 *init* 會在更新 wtmp 檔案之前產生 *getty* 行程，這樣 *init* 與 *getty* 會在更新 wtmp 檔案時造成競爭，因而導致 INIT_PROCESS 與 LOGIN_PROCESS 紀錄的寫入順序與本文介紹的順序相反。

40.4 取得 utmp 與 wtmp 檔案的資訊

本節介紹的函式能從包含 *utmpx* 格式紀錄的檔案中取得讀取資訊，在預設情況下，這些函式使用標準的 utmp 檔案，但使用 *utmpxname()* 函式（稍後介紹）能夠選擇讀取的檔案。

這些函式都使用目前位置（*current location*）的概念，它們會從檔案的目前位置來讀取記錄，每個函式都會更新這個位置。

函式 *setutxent()* 會將 utmp 檔案的目前位置設定到檔案的起始位置。

```
#include <utmpx.h>

void setutxent(void);
```

通常，我們在使用任意 *getutx*()* 函式（稍後介紹）之前，應該先呼叫 *setutxent()*，以避免一些可能的混淆結果，比如有些我們已經呼叫過的第三方函式已經先用過這些函式。根據執行的任務的不同，在程式後面適當的地方可能會需要呼叫 *setutxent()*。

當沒有開啟 utmp 檔案時，*setutxent()* 函式與 *getutx*()* 函式會開啟這個檔案，用完這個檔案之後，可以使用 *endutxent()* 函式關閉這個檔案。

```
#include <utmpx.h>

void endutxent(void);
```

函式 *getutxent()*、*getutxid()* 與 *getutxline()* 能從 utmp 檔案讀取一筆紀錄，並傳回一個指向 *utmpx* 結構（靜態配置）的指標。

```
#include <utmpx.h>

struct utmpx *getutxent(void);
struct utmpx *getutxid(const struct utmpx *ut);
struct utmpx *getutxline(const struct utmpx *ut);
                    All return a pointer to a statically allocated utmpx structure,
                         or NULL if no matching record or EOF was encountered
```

函式 *getutxent()* 依序讀取 utmp 檔案的下一筆紀錄，*getutxid()* 與 *getutxline()* 函式會從目前檔案位置開始搜尋，找尋能與 *ut* 參數指向的 *utmpx* 結構所指定的標準符合的紀錄。

函式 *getutxid()* 依據 *ut* 參數的 *ut_type* 與 *ut_id* 欄位值，在 utmp 檔案搜尋一筆紀錄。

- 若 *ut_type* 欄位是 RUN_LVL、BOOT_TIME、NEW_TIME 或 OLD_TIME，則 *getutxid()* 會找出下一個 *ut_type* 欄位與指定值匹配的紀錄。（這種類型的紀錄與使用者登入無關）。這樣就能搜尋與修改系統時間與執行層級相關的紀錄。

- 若 *ut_type* 欄位的值是剩餘的有效值之一（INIT_PROCESS、LOGIN_PROCESS、USER_PROCESS 或 DEAD_PROCESS），則 *getutxid()* 會找出下一個 *ut_type* 欄位與這些值的任一個匹配，且 *ut_id* 欄位與 *ut* 參數指定值匹配的紀錄。如此就能夠掃描檔案，以找出對應於某個特定終端機的紀錄。

函式 *getutxline()* 會往前搜尋 *ut_type* 欄位為 LOGIN_PROCESS 或 USER_PROCESS，且 *ut_line* 欄位與 *ut* 參數指定值匹配的紀錄，這對於找出與使用者登入相關的紀錄是非常有用的。

當搜尋失敗時（即達到檔案結尾時，還沒有找到匹配的紀錄），*getutxid()* 與 *getutxline()* 都傳回 NULL。

在一些 UNIX 系統，*getutxline()* 與 *getutxid()* 將用於傳回 *utmpx* 結構的靜態區域（static area）視為某種快取（cache）。若它們確定上一個 *getutx*()* 呼叫放置在快取中的紀錄與 *ut* 指定的標準匹配，則就不會執行檔案讀取操作，而是單純再次傳回相同的紀錄（SUSv3 允許這個行為）。因此，為避免當在迴圈呼叫 *getutxline()* 與 *getutxid()* 時，重複傳回同一筆紀錄，必須要使用下列的程式碼清除這個靜態資料結構：

```
struct utmpx *res = NULL;

/* Other code omitted */

if (res != NULL)              /* If 'res' was set via a previous call */
    memset(res, 0, sizeof(struct utmpx));
res = getutxline(&ut);
```

在 *glibc* 實作不會進行這樣的快取，但考量可攜性，設計程式時永遠不要使用這種技術。

> 由於 *getutx*()* 函式傳回的是一個指向靜態配置結構的指標，因此它們是不可重入的。GNU C 函式庫提供傳統的可重入版本 *utmp* 函式（*getutent_r()*、*getutid_r()* 以及 *getutline_r()*），但並沒有為 *utmpx* 函式提供可重入版本。（SUSv3 並未規範可重入版本）。

在預設情況下，每個 *getutx*()* 函式都使用標準的 utmp 檔案，若需要使用另一個檔案，如 wtmp 檔案，則必須要先呼叫 *utmpxname()*，並指定目標路徑名稱。

```
#define _GNU_SOURCE
#include <utmpx.h>

int utmpxname(const char *file);
```
                                        Returns 0 on success, or −1 on error

函式 *utmpxname()* 只是將傳入的路徑名稱複製一份，它不會開啟檔案，但會關閉之前由其他呼叫開啟的每個檔案。這代表就算指定一個無效的路徑名稱，*utmpxname()* 也不會傳回錯誤。反之，當後續某次呼叫的 *getutx*()* 函式發現無法開啟檔案時，會傳回一個錯誤（即 NULL，*errno* 設為 ENOENT）。

> 雖然 SUSv3 並沒有對此進行規範，但大多數 UNIX 系統提供 *utmpxname()* 或類似的 *utmpname()* 函式。

範例程式

列表 40-2 程式使用本節介紹的一些函式來輸出一個 *utmpx* 格式檔案內容，下列的 shell 作業階段日誌示範使用這個程式輸出 /var/run/utmp（當沒有呼叫 *utmpxname()* 時，這些函式預設會使用該檔案）的內容結果。

```
$ ./dump_utmpx
user      type       PID line  id  host      date/time
LOGIN     LOGIN_PR   1761 tty1  1             Sat Oct 23 09:29:37 2010
LOGIN     LOGIN_PR   1762 tty2  2             Sat Oct 23 09:29:37 2010
lynley    USER_PR   10482 tty3  3             Sat Oct 23 10:19:43 2010
david     USER_PR    9664 tty4  4             Sat Oct 23 10:07:50 2010
liz       USER_PR    1985 tty5  5             Sat Oct 23 10:50:12 2010
mtk       USER_PR   10111 pts/0 /0            Sat Oct 23 09:30:57 2010
```

限於篇幅，這裡省略許多程式的輸出，上列 tty1 到 tty5 是表示虛擬控制台的登入（/dev/tty[1-6]），輸出的最後一行表示虛擬終端機上的 xterm 作業階段。

從下列傾印 /var/log/wtmp 檔案產生的結果可以看出，當一個使用者登入與登出時，會在 wtmp 檔案寫入兩個紀錄。（程式其他不相關的所有輸出都會省略）。在循序搜尋 wtmp 檔案（使用 *getutxline()*）時，可以使用 *ut_line* 來匹配這些紀錄。

```
$ ./dump_utmpx /var/log/wtmp
user      type       PID line  id  host      date/time
lynley    USER_PR   10482 tty3  3             Sat Oct 23 10:19:43 2010
          DEAD_PR   10482 tty3  3   2.4.20-4G Sat Oct 23 10:32:54 2010
```

列表 40-2：顯示一個 *utmpx* 格式檔案的內容

———————————————————————————————————— **loginacct/dump_utmpx.c**

```c
#define _GNU_SOURCE
#include <time.h>
#include <utmpx.h>
#include <paths.h>
#include "tlpi_hdr.h"

int
main(int argc, char *argv[])
```

```
{
    struct utmpx *ut;

    if (argc > 1 && strcmp(argv[1], "--help") == 0)
        usageErr("%s [utmp-pathname]\n", argv[0]);

    if (argc > 1)                    /* Use alternate file if supplied */
        if (utmpxname(argv[1]) == -1)
            errExit("utmpxname");

    setutxent();

    printf("user      type        PID line   id  host       date/time\n");

    while ((ut = getutxent()) != NULL) {        /* Sequential scan to EOF */
        printf("%-8s ", ut->ut_user);
        printf("%-9.9s ",
                (ut->ut_type == EMPTY) ?        "EMPTY" :
                (ut->ut_type == RUN_LVL) ?      "RUN_LVL" :
                (ut->ut_type == BOOT_TIME) ?    "BOOT_TIME" :
                (ut->ut_type == NEW_TIME) ?     "NEW_TIME" :
                (ut->ut_type == OLD_TIME) ?     "OLD_TIME" :
                (ut->ut_type == INIT_PROCESS) ? "INIT_PR" :
                (ut->ut_type == LOGIN_PROCESS) ? "LOGIN_PR" :
                (ut->ut_type == USER_PROCESS) ? "USER_PR" :
                (ut->ut_type == DEAD_PROCESS) ? "DEAD_PR" : "???");
        printf("%5ld %-6.6s %-3.5s %-9.9s ", (long) ut->ut_pid,
                ut->ut_line, ut->ut_id, ut->ut_host);
        printf("%s", ctime((time_t *) &(ut->ut_tv.tv_sec)));
    }

    endutxent();
    exit(EXIT_SUCCESS);
}
```
——————————————————————————————————— *loginacct/dump_utmpx.c*

40.5 取得登入名稱：*getlogin()*

函式 *getlogin()* 會傳回使用者帳號，是登入呼叫行程所在的控制終端機之使用者帳號，此函式會使用 utmp 檔案中維護的資訊。

```
#include <unistd.h>

char *getlogin(void);
                    Returns pointer to username string, or NULL on error
```

函式 *getlogin()* 會呼叫 *ttyname()*（參考 62.10 節）來找出與呼叫行程的標準輸入關聯的終端機名稱，接著將搜尋 utmp 檔案，以找出 *ut_line* 值與終端機名稱匹配的紀錄。若找到匹配的紀錄，則 *getlogin()* 會傳回紀錄中的 *ut_user* 字串。

若沒有找到匹配的紀錄或者發生錯誤，則 *getlogin()* 會傳回 NULL，並設定 *errno* 以標示錯誤，*getlogin()* 可能會失敗的一個原因是，行程沒有任何與其標準輸入關聯的終端機（ENOTTY），這可能是因為行程本身是一個 daemon。另一個可能的原因是，終端機作業階段並沒有記錄在 utmp 檔案，如一些軟體終端機模擬器不會在 utmp 檔案中建立紀錄。

即使當一個使用者 ID 在 /etc/passwd 檔案擁有多個登入名稱（不常見），*getlogin()* 還是能夠傳回登入這個終端機的實際使用者帳號，因為它依賴的是 utmp 檔案。反之，*getpwuid(getuid())* 總是會傳回 /etc/passwd 中第一個匹配的紀錄，不管登入名稱為何。

> SUSv3 為 *getlogin()* 制定一個可重入版本 *getlogin_r()*，glibc 有提供這個函式。

> LOGNAME 環境變數也可以用來找出使用者的登入名稱，但使用者可以改變這個變數的值，這表示無法使用這個變數來安全地識別一個使用者。

40.6　為登入作業階段更新 utmp 與 wtmp 檔案

在設計一個建立登入作業階段的應用程式（如如 *login* 或 *sshd*）時，應該要依照下列步驟更新 utmp 與 wtmp 檔案：

- 在登入時應該向 utmp 檔案寫入一筆紀錄，表示這個使用者登入系統。應用程式必須要檢查在 utmp 檔案中是否存在這個終端機的紀錄，若已存在一筆紀錄，則它將覆寫這筆紀錄，否則在檔案結尾新增新紀錄，通常呼叫 *pututxline()*（稍後介紹）就足以確保正確執行這些步驟（具體示範可參考列表 40-3）。輸出的 utmpx 紀錄至少需要填滿 *ut_type*、*ut_user*、*ut_tv*、*ut_pid*、*ut_id* 以及 *ut_line* 欄位，應該將 *ut_type* 欄位設定成 USER_PROCESS，*ut_id* 欄位應該包含使用者登入的裝置名稱（即終端機或虛擬終端機）的後綴字，*ut_line* 欄位應該包含將登入裝置名稱去除 /dev/ 開頭的字串。（執行列表 40-2 程式時，產生的輸出會顯示這兩個欄位內容）。會將一個紀錄內容完全相同的資訊新增 wtmp 檔案。

  > 檔案 *utmp* 中的紀錄是以終端機名稱（*ut_line* 與 *ut_id* 欄位）作為唯一鍵。

- 在登出時，應該抹除之前寫入 utmp 檔案的紀錄，可透過建立一筆紀錄，並將 *ut_type* 設定為 DEAD_PROCESS、同時將 *ut_id* 與 *ut_line* 值設定為登入期間寫入的紀錄值，並將 *ut_user* 欄位歸零。這個紀錄會覆蓋之前的紀錄，同時會將這個紀錄的副本新增到 wtmp 檔案。

　　若登出時沒有成功清理 *utmp* 的相關紀錄（可能是因為程式崩潰），則在下一次重新啟動時，init 會自動清理這些紀錄，並將紀錄的 *ut_type* 設定為 DEAD_ PROCESS，以及將紀錄中的其他欄位歸零。

通常 utmp 與 wtmp 檔案是受到保護的，只有特權使用者可以更新這些檔案。函式 *getlogin()* 的精確程度依賴於 utmp 檔案的完整性，正因為此原因以及一些其他的原因，在 utmp 與 wtmp 檔案的權限設定中，應該永遠都不允許非特權使用者寫入這兩個檔案。

　　哪些程式會產生一個登入作業階段呢？正如讀者所想，透過 *login*、*telnet* 以及 *ssh* 登入則會記錄在登入記帳檔案。大多數的 *FTP* 實作也會建立登入記帳紀錄，但系統上的每個開啟的終端機視窗或呼叫 *su* 時會建立登入記帳紀錄嗎？這個問題的答案會隨著不同的 UNIX 系統而異。

　　在一些終端機模擬程式（如 *xterm*），可以使用命令列選項以及其他一些機制，來確定程式是否更新登入記帳檔案。

函式 *pututxline()* 會將 *ut* 指向的 *utmpx* 結構寫入 /var/run/utmp 檔案（或若之前呼叫 *utmpxname()*，則是另一個檔案）。

```
#include <utmpx.h>

struct utmpx *pututxline(const struct utmpx *ut);
            Returns pointer to copy of successfully updated record on success,
                                                 or NULL on error
```

在寫入紀錄之前，*pututxline()* 會先使用 *getutxid()* 向前搜尋一個可被覆寫的紀錄，若找到這樣的紀錄，則會覆寫此紀錄，否則就會在檔案結尾新增一個新紀錄。在許多情況下，應用程式在呼叫 *pututxline()* 之前，會呼叫其中一個 *getutx*()* 函式，因為這個函式會將目前檔案位置設定到正確的紀錄，即與 *getutxid()* 系列函式中，*ut* 指向的 *utmpx* 結構的標準匹配的紀錄。若 *pututxline()* 能夠確定已經重置目前的檔案位置，則就不會呼叫 *getutxid()*。

　　若 *pututxline()* 在內部呼叫 *getutxid()*，則這個呼叫不會改變 *getutx*()* 函式傳回 *utmpx* 結構的靜態區域，SUSv3 要求實作遵循此行為。

在更新 wtmp 檔案時，僅是單純開啟檔案，並在檔案結尾新增一筆紀錄，由於這是一個標準操作，因此 *glibc* 將其封裝在 *updwtmpx()* 函式。

```
#define _GNU_SOURCE
#include <utmpx.h>

void updwtmpx(const char *wtmpx_file, const struct utmpx *ut);
```

函式 *updwtmpx()* 將 *ut* 指向的 *utmpx* 紀錄新增到 *wtmpx_file* 指定的檔案結尾。

SUSv3 沒有制定 *updwtmpx()* 的規範，此函式只會出現在一些 UNIX 系統中，而其他實作則提供相關的函式：*login(3)*、*logout(3)* 以及 *logwtmp(3)*，這些函式位於 *glibc*，而手冊也有說明這些函式。若不存在這樣的函式，則就需要自己設計及實作相同功能的函式。（這些函式的實作並不複雜）。

範例程式

列表 40-3 使用這一節介紹的函式來更新 utmp 與 wtmp 檔案，為了記錄命令列指定的使用者登入操作，此程式對 utmp 與 wtmp 檔案進行所需的更新，然後睡眠幾秒鐘之後再登出使用者。通常，此類操作會與使用者的登入作業階段的建立與終止相關聯，這個程式使用 *ttyname()* 來取得與檔案描述符相關聯的終端機設備名稱，*ttyname()* 將在第 62.10 節中介紹。

下列的 shell 作業階段日誌示範列表 40-3 程式的操作，假設程式已經擁有更新登入記帳檔案的權限，然後使用這個程式來為使用者 *mtk* 建立一筆紀錄。

```
$ su
Password:
# ./utmpx_login mtk
Creating login entries in utmp and wtmp
        using pid 1471, line pts/7, id /7
Type Control-Z to suspend program
[1]+  Stopped                    ./utmpx_login mtk
```

在 *utmpx_login* 程式睡眠的過程中輸入 *Control-Z* 以暫停程式，並將其放到背景，接著使用列表 40-2 的程式來查看 utmp 檔案內容。

```
# ./dump_utmpx /var/run/utmp
user     type         PID line   id  host      date/time
cecilia  USER_PR      249 tty1   1             Fri Feb 1 21:39:07 2008
mtk      USER_PR     1471 pts/7  /7            Fri Feb 1 22:08:06 2008
# who
cecilia  tty1     Feb 1 21:39
mtk      pts/7    Feb 1 22:08
```

上面使用 *who(1)* 指令來示範 *who* 的輸出是來自 utmp 檔案。

接著使用程式來查看 wtmp 檔案的內容。

```
# ./dump_utmpx /var/log/wtmp
user     type        PID line   id  host      date/time
cecilia  USER_PR     249 tty1   1             Fri Feb  1 21:39:07 2008
mtk      USER_PR    1471 pts/7  /7            Fri Feb  1 22:08:06 2008
# last mtk
mtk      pts/7                      Fri Feb  1 22:08    still logged in
```

上面使用 *last(1)* 指令來示範 *last* 的輸出是源自 wtmp 檔案。（限於篇幅，這裡 shell 作業階段日誌提供的 *dump_utmpx* 與 *last* 指令輸出，已經將與本節討論主題無關的內容刪除）。

接著使用 *fg* 指令，將 *utmpx_login* 程式恢復到前景，程式隨後就會將登出紀錄寫入 utmp 與 wtmp 檔案。

```
# fg
./utmpx_login mtk
Creating logout entries in utmp and wtmp
```

接著再次查看 utmp 檔案中的內容，從中可以看出 utmp 中的紀錄已經被覆寫。

```
# ./dump_utmpx /var/run/utmp
user     type        PID line   id  host      date/time
cecilia  USER_PR     249 tty1   1             Fri Feb 1 21:39:07 2008
         DEAD_PR    1471 pts/7  /7            Fri Feb 1 22:09:09 2008
# who
cecilia  tty1    Feb  1 21:39
```

輸出的最後一行顯示 *who* 忽略 DEAD_PROCESS 紀錄。

在查看 wtmp 檔案之後，可以看出 wtmp 紀錄已經增加。

```
# ./dump_utmpx /var/log/wtmp
user     type        PID line   id  host      date/time
cecilia  USER_PR     249 tty1   1             Fri Feb  1 21:39:07 2008
mtk      USER_PR    1471 pts/7  /7            Fri Feb  1 22:08:06 2008
         DEAD_PR    1471 pts/7  /7            Fri Feb  1 22:09:09 2008
# last mtk
mtk      pts/7                      Fri Feb  1 22:08 - 22:09 (00:01)
```

上列輸出的最後一行顯示，*last* 與 wtmp 檔案的登入與登出紀錄匹配，因而能看出整個登入作業階段的開始時間與結束時間。

列表 40-3：更新 utmp 與 wtmp 檔案

```
#define _GNU_SOURCE
#include <time.h>
#include <utmpx.h>
#include <paths.h>                    /* Definitions of _PATH_UTMP and _PATH_WTMP */
#include "tlpi_hdr.h"

int
main(int argc, char *argv[])
{
    struct utmpx ut;
    char *devName;

    if (argc < 2 || strcmp(argv[1], "--help") == 0)
        usageErr("%s username [sleep-time]\n", argv[0]);

    /* Initialize login record for utmp and wtmp files */

    memset(&ut, 0, sizeof(struct utmpx));
    ut.ut_type = USER_PROCESS;           /* This is a user login */
    strncpy(ut.ut_user, argv[1], sizeof(ut.ut_user));
    if (time((time_t *) &ut.ut_tv.tv_sec) == -1)
        errExit("time");                 /* Stamp with current time */
    ut.ut_pid = getpid();

    /* Set ut_line and ut_id based on the terminal associated with
       'stdin'. This code assumes terminals named "/dev/[pt]t[sy]*".
       The "/dev/" dirname is 5 characters; the "[pt]t[sy]" filename
       prefix is 3 characters (making 8 characters in all). */

    devName = ttyname(STDIN_FILENO);
    if (devName == NULL)
        errExit("ttyname");
    if (strlen(devName) <= 8)             /* Should never happen */
        fatal("Terminal name is too short: %s", devName);

    strncpy(ut.ut_line, devName + 5, sizeof(ut.ut_line));
    strncpy(ut.ut_id, devName + 8, sizeof(ut.ut_id));

    printf("Creating login entries in utmp and wtmp\n");
    printf("        using pid %ld, line %.*s, id %.*s\n",
            (long) ut.ut_pid, (int) sizeof(ut.ut_line), ut.ut_line,
            (int) sizeof(ut.ut_id), ut.ut_id);

    setutxent();                          /* Rewind to start of utmp file */
    if (pututxline(&ut) == NULL)          /* Write login record to utmp */
        errExit("pututxline");
```

```
        updwtmpx(_PATH_WTMP, &ut);                  /* Append login record to wtmp */

        /* Sleep a while, so we can examine utmp and wtmp files */

        sleep((argc > 2) ? getInt(argv[2], GN_NONNEG, "sleep-time") : 15);

        /* Now do a "logout"; use values from previously initialized 'ut',
           except for changes below */

        ut.ut_type = DEAD_PROCESS;              /* Required for logout record */
        time((time_t *) &ut.ut_tv.tv_sec);     /* Stamp with logout time */
        memset(&ut.ut_user, 0, sizeof(ut.ut_user));
                                               /* Logout record has null username */

        printf("Creating logout entries in utmp and wtmp\n");
        setutxent();                           /* Rewind to start of utmp file */
        if (pututxline(&ut) == NULL)           /* Overwrite previous utmp record */
            errExit("pututxline");
        updwtmpx(_PATH_WTMP, &ut);             /* Append logout record to wtmp */

        endutxent();
        exit(EXIT_SUCCESS);
    }
```
—— **loginacct/utmpx_login.c**

40.7 lastlog 檔案

檔案 lastlog 記錄每個使用者最近一次登入系統的時間。（它與 wtmp 檔案不同，
wtmp 檔案記錄所有使用者的登入與登出行為）。*login* 程式透過 lastlog 檔案能夠通
知使用者（在新登入作業階段開始時）他們上次登入的時間，提供登入服務的應
用程式除了要更新 utmp 與 wtmp 檔案之外，還應該更新 lastlog 檔案。

如同 utmp 與 wtmp 檔案，不同系統實作的 lastlog 檔案位置與格式可能會有
些差異。（有些 UNIX 系統並沒有提供這個檔案）。在 Linux 系統，這個檔案位於
/var/log/lastlog，<paths.h> 檔案定義的常數 _PATH_LASTLOG 指向這個位置。如同
utmp 與 wtmp 檔案，lastlog 檔案通常也是受到保護的，這樣所有使用者都能讀取這
個檔案，但只有特權行程才能夠更新這個檔案。

檔案 lastlog 中的紀錄格式如下所示（在 <lastlog.h> 中定義）：

```
#define UT_NAMESIZE         32
#define UT_HOSTSIZE         256

struct lastlog {
    time_t ll_time;                    /* Time of last login */
    char   ll_line[UT_NAMESIZE];       /* Terminal for remote login */
```

```
    char    ll_host[UT_HOSTSIZE];          /* Hostname for remote login */
};
```

注意，這些紀錄中並沒有包含使用者帳號或使用者 ID，lastlog 檔案中的紀錄是以使用者 ID 作為索引，因此要找出使用者 ID 為 1000 的 lastlog 紀錄，就需要到檔案的相應位置處（*1000 * sizeof(struct lastlog)*）查詢。列表 40-4 對此進行示範，透過這個程式，讀者能夠查看在命令列中列出的使用者 lastlog 紀錄，其功能與 *lastlog(1)* 指令功能類似，下列是執行這個程式時產生的輸出：

```
$ ./view_lastlog annie paulh
annie    tty2                      Mon Jan 17 11:00:12 2011
paulh    pts/11                    Sat Aug 14 09:22:14 2010
```

更新 lastlog 檔案時會開啟檔案，尋找到正確的位置，然後執行一個寫入操作。

> 由於 lastlog 檔案是以使用者 ID 做為索引的，因此無法區分擁有同樣使用者 ID 但不同使用者帳號的登入行為。（在 8.1 節曾指出，有可能多個登入名稱擁有相同的使用者 ID，雖然這種情況並不常見）。

列表 40-4：顯示 lastlog 檔案中的資訊

─────────────────────────────────────── **loginacct/view_lastlog.c**

```c
#include <time.h>
#include <lastlog.h>
#include <paths.h>                      /* Definition of _PATH_LASTLOG */
#include <fcntl.h>
#include "ugid_functions.h"             /* Declaration of userIdFromName() */
#include "tlpi_hdr.h"

int
main(int argc, char *argv[])
{
    struct lastlog llog;
    int fd, j;
    uid_t uid;

    if (argc > 1 && strcmp(argv[1], "--help") == 0)
        usageErr("%s [username...]\n", argv[0]);

    fd = open(_PATH_LASTLOG, O_RDONLY);
    if (fd == -1)
        errExit("open");

    for (j = 1; j < argc; j++) {
        uid = userIdFromName(argv[j]);
        if (uid == -1) {
            printf("No such user: %s\n", argv[j]);
```

```
            continue;
        }

        if (lseek(fd, uid * sizeof(struct lastlog), SEEK_SET) == -1)
            errExit("lseek");

        if (read(fd, &llog, sizeof(struct lastlog)) <= 0) {
            printf("read failed for %s\n", argv[j]);     /* EOF or error */
            continue;
        }

        printf("%-8.8s %-6.6s %-20.20s %s", argv[j], llog.ll_line,
                llog.ll_host, ctime((time_t *) &llog.ll_time));
    }

    close(fd);
    exit(EXIT_SUCCESS);
}
```

─── loginacct/view_lastlog.c

40.8　小結

登入記帳記錄著目前登入的使用者,以及過去登入過系統的使用者。這類資訊由
三個檔案維護:utmp 檔案維護所有目前登入系統的使用者紀錄、wtmp 檔案維護所
有登入與登出行為的審計資訊、lastlog 檔案記錄每個使用者最近一次登入系統的
時間。如 who 與 last 等的許多指令,都使用這些檔案的資訊。

　　C 函式庫提供函式讀取與更新登入記帳檔案的資訊,提供登入服務的應用程
式應該使用這些函式來更新登入記帳檔案,這樣依賴於這些資訊的指令才能夠表
現出正確的行為。

進階資訊

除 utmp(5) 手冊之外,找到更多有關登入記帳函式的資訊的最有用的地方是,各種
使用這些函式的應用程式的原始程式碼,例如:可以閱讀 mingetty(或 agetty)、
login、init、telnet、ssh 以及 ftp 的原始程式碼。

40.9　習題

40-1. 實作 getlogin(),在 40.5 節中曾提過,當行程在一些軟體終端機模擬器下
　　　執行時,getlogin() 可能無法正確工作,在那種情況下就在虛擬控制台進行
　　　測試。

40-2. 修改列表 40-3 的程式（`utmpx_login.c`），使它除更新 utmp 與 wtmp 檔案之外，還能更新 lastlog 檔案。

40-3. 閱讀 *login(3)*、*logout(3)* 以及 *logwtmp(3)* 的使用手冊，實作這些函式。

40-4. 實作一個簡單的 *who(1)*。

41

共享函式庫基礎

共享函式庫（shared library）技術可將函式庫的函式放在一個單獨的單元，提供多個行程（process）在執行期共用。這項技術能節省磁碟空間與記憶體。本章涵蓋共享函式庫的基本觀念，而在下一章涵蓋許多共享函式庫的深入觀念。

41.1 物件函式庫（Object Library）

建立一個程式的方式是直接編譯它的每個原始檔，以產生對應的物件檔（object file），並將這些物件檔全部連結（link）在一起，產生執行檔，如下：

```
$ cc -g -c prog.c mod1.c mod2.c mod3.c
$ cc -g -o prog_nolib prog.o mod1.o mod2.o mod3.o
```

> 連結（linking）實際上是由另一個 *ld* 程式執行的，在我們使用 *cc*（或 *gcc*）指令連結程式時，編譯器會在背景使用 *ld*。在 Linux 系統，呼叫連結器（linker）的工作是透過 *gcc* 間接進行的，因為 *gcc* 能確保以正確的選項呼叫 *ld*，以及連結正確的函式庫檔案。

然而在很多情況下，我們會讓原始檔給多個程式使用，如同可以幫我們節省一些工作的第一個步驟，我們只須編譯一次這些原始檔，並在有需要時將它們連結到不同的執行檔。

雖然這項技術會節省我們的編譯時間，不過仍然會有些缺點存在，即我們必須在連結階段對全部的物件檔命名。此外，我們的目錄會受到大量的物件檔擾亂而產生不便。

為了解決這些問題，我們可以將整批物件檔分類為個別的單元，即所謂的物件函式庫（*object library*）。物件函式庫有兩類：靜態（*static*）與共享（*shared*）。共享函式庫是比較新的物件函式庫類型，同時提供幾個比靜態函式庫更好的優點，如我們在 41.3 節所述。

在編譯程式時加入除錯資訊

我們在上述的 *cc* 指令使用 *-g* 選項，將除錯資訊加入編譯的程式裡。一般來說，建立可除錯的程式與函式庫一定是正確的方向。（在早期為了讓執行檔使用較少的磁碟與記憶體，有時會忽略除錯資訊，但目前的磁碟與記憶體已經很便宜了）。

此外，在一些如 x86-32 的架構，不該使用 *-formit-frame-pointer* 選項，因為這樣會無法除錯。（有些如 x86-64 的架構，預設會啟用這個選項，因為不會影響除錯）。基於同樣的理由，執行檔與函式庫不該使用 *strip(1)* 刪除除錯資訊。

41.2　靜態函式庫（static library）

在開始討論共享函式庫之前，我們先簡介靜態函式庫，釐清一些共享函式庫的優缺點。

靜態函式庫即是所謂的檔案庫（*archive*），是 UNIX 系統提供的第一種函式庫類型，具有下列優點：

- 我們可以將一組常用的物件檔放在一個單獨的函式庫檔案，可用來建立多個執行檔，並且在建立每個應用程式時，不需重新編譯原始檔。
- 連結的指令會更簡單，不用在連結指令列出一長串的物件檔，我們只要指定靜態函式庫的名字，連結器就能知道如何搜尋靜態函式庫，並解開執行檔所需物件。

建立與維護靜態函式庫

實際上，靜態函式庫只是一個檔案，內容承載全部的物件檔副本。檔案庫也會記錄物件檔的每個元件屬性，包含檔案權限、數值使用者 ID 與群組 ID，以及最後的修改時間。依此規範，靜態函式庫的命名格式是 lib*name*.a。

我們使用 *ar(1)* 指令建立與維護靜態函式庫，格式如下：

```
$ ar options archive object-file...
```

參數 *options* 由一串字母組成，其一為操作碼（*operation code*），而其他則是修改器（*modifier*），修改器可用來影響操作的方式，下列是一些常用的操作碼：

- *r*（replace）取代：將物件檔加入檔案庫，取代之前的同名物件檔，這是建立與更新檔案庫的標準方法。然而，我們能以下列指令建立檔案庫：

```
$ cc -g -c mod1.c mod2.c mod3.c
$ ar r libdemo.a mod1.o mod2.o mod3.o
$ rm mod1.o mod2.o mod3.o
```

如上所示，若我們在建立函式庫之後，不再需要原本的物件檔，則必要時可以刪除。

- *t*（table of content）目錄：顯示檔案庫的目錄。預設只會列出檔案庫的物件檔名稱。藉由新增 *v*（verbose）修改器，我們能取得紀錄檔案庫中每個物件檔的全部屬性，如下所示：

```
$ ar tv libdemo.a
rw-r--r-- 1000/100 1001016 Nov 15 12:26 2009 mod1.o
rw-r--r-- 1000/100 406668 Nov 15 12:21 2009 mod2.o
rw-r--r-- 1000/100  46672 Nov 15 12:21 2009 mod3.o
```

我們由左到右分別能額外看到的每個物件檔屬性有：加入檔案庫時的權限、使用者 ID、群組 ID、大小，以及最後的修改日期與時間。

- *d*（delete）刪除：從檔案庫刪除指名的模組，如此範例所示：

```
$ ar d libdemo.a mod3.o
```

使用靜態函式庫

我們能用兩個方法將程式連結到靜態函式庫，一種是在連結指令時指定靜態函式庫的名稱，如下所示：

```
$ cc -g -c prog.c
$ cc -g -o prog prog.o libdemo.a
```

此外，我們可以將函式庫放在連結器能找到的某個標準目錄（如：/usr/lib），並以 *-l* 選項指定函式庫的名稱（即將函式庫的檔名去除 lib 字首與 .a 字尾）：

```
$ cc -g -o prog prog.o -ldemo
```

若函式庫所在的目錄不是標準目錄，則可以使用 *-L* 選項指定連結器要額外搜尋的目錄：

```
$ cc -g -o prog prog.o -Lmylibdir -ldemo
```

雖然靜態函式庫可以包含許多物件模組，但是連結器只會引用程式所需的模組。

在完成程式連結之後，我們可用一般的方式執行：

```
$ ./prog
Called mod1-x1
Called mod2-x2
```

41.3　共享函式庫概觀

當建立的程式有連結靜態函式庫時（或是完全不使用函式庫），產生的執行檔已經將全部的物件檔副本連結到程式中。因此，當有不同執行檔使用相同的物件模組時，則每個執行檔有會自己的物件模組副本，這類的程式碼冗餘（redundancy）會有幾項缺點：

- 浪費磁碟空間來儲存多個相同的物件模組副本，這類浪費是很可觀的。
- 若這些使用相同模組的每個程式同時執行時，則會各自在虛擬記憶體內持有一個個別的物件模組副本，因而增加整個系統的虛擬記憶體需求。
- 若需要改變靜態函式庫的物件模組時（或許是安全考量或修復程式的 bug），則為了因應改變，使用此模組的每個執行檔都要重新連結。缺點在於系統管理員必須知道應用程式連結了哪些函式庫。

而設計共享函式庫的目的就是要解決這些缺點，共享函式庫的核心思維就是，使用該物件模組的每個程式可共享物件模組的單個副本，不會將物件模組複製到連結的執行檔；而是在啟動需要此函式庫的程式時，就在執行期將單個函式庫副本載入記憶體。當之後執行需要此函式庫的其他程式時，這些程式會使用已經載入記憶體的函式庫副本。使用共享函式庫可以使用較少的磁碟空間儲存執行檔，以及降低（在執行時）虛擬記憶體需求。

> 雖然共享函式庫的程式碼可在多個行程之間共用，但其變數不會共用。每個行程在使用函式庫時，對於定義在函式庫裡的全域變數與靜態變數，會有自己的副本。

共享函式庫還有下列優點：

- 由於程式整體的尺寸縮小，有時會提昇程式的載入與啟動速度，這點通常在已經有其他程式在使用大型的共享函式庫時成立。第一個載入共享函式庫的程式實際上會需要較長的啟動時間，因為要找到共享函式庫與載入記憶體。

- 因為沒有將物件模組複製到執行檔，而是由共享函式庫集中維護，可以（受限條件在 41.8 節敘述）改變物件模組，而不需要因此重新連結程式，甚至可以更新正在執行的程式所使用的共享函式庫。

新增此功能的主要成本如下所示：

- 在概念層面、創造共享函式庫與建立使用共享函式庫的程式之實務層面，共享函式庫都比靜態函式庫更為複雜。
- 共享函式庫必須使用與位置無關的程式碼（position-independent）編譯（在 41.4.2 節介紹），這在多數的架構上會造成效能負擔，因為需要用到額外的暫存器（Hubicka，2003）。
- 必須在執行期進行符號的重新定位（*symbol relocation*），在符號重新定位期間，需要將共享函式庫中的每個參考符號（變數或函式）修改為對應到符號在實際執行期於虛擬記憶體中的位置。由於這個重新定位過程（relocation process），所以使用共享函式庫的程式會比靜態連結多花費一點時間執行。

　　共享函式庫的另一個用途是在 *Java Native Interface*（JNI）建立區塊，讓 Java 程式碼能藉由呼叫共享函式庫的 C 函式，以直接存取底層作業系統的功能。詳細資訊請參考（Liang，1999）及（Rochkind，2004）。

41.4　建立與使用共享函式庫：第一階段

我們透過探討建立與使用共享函式庫的最少步驟，來了解共享函式庫的運作。此時，我們會忽略一般用來命名共享函式庫檔案的規範（這會在 41.6 節介紹），可以讓程式自動載入所需函式庫的最新版本，也能讓多個不相容的函式庫版本（稱為主要版本，*major version*）和平共存。

　　我們自己在本章僅著重於可執行與連結格式（Executable and Linking Format，ELF）共享函式庫，因為 ELF 在目前的 Linux 版本以及許多其他 UNIX 系統上，是它們的執行檔與共享函式庫最常採用的格式。

　　ELF 取代了舊版的 *a.out* 與 *COFF* 格式。

41.4.1　建立共享函式庫

為了將我們之前建立的靜態函式庫產生共享版本，我們進行下列的步驟：

```
$ gcc -g -c -fPIC -Wall mod1.c mod2.c mod3.c
$ gcc -g -shared -o libfoo.so mod1.o mod2.o mod3.o
```

其中的第一個指令建立三個要放到函式庫的物件模組。（我們會在下節介紹 *cc -fPIC* 選項）。指令 *cc -shared* 會建立包含這三個物件模組的共享函式庫。

依照往例，共享函式庫的字首是 lib，而字尾是 .so（共享物件）。

在我們的範例中，我們使用 *gcc* 指令而不是等效的 *cc* 指令，因為要強調我們用來建立共享函式庫的命令列選項是與編譯器相依的（compiler-dependent）。在另一個 UNIX 系統使用不同的 C 編譯器可能會需要不同的選項。

要注意的是，可以用一個指令完成編譯原始檔與建立共享函式庫的動作：

```
$ gcc -g -fPIC -Wall mod1.c mod2.c mod3.c -shared -o libfoo.so
```

然而，為了釐清編譯與建立函式庫的步驟，我們會在本章的範例寫入兩個不同的指令。

與靜態函式庫不同，共享函式庫不能從之前建立的共享函式庫新增或移除個別物件模組。如同一般的執行檔，共享函式庫中的物件檔不再維護不同的身份。

41.4.2　與位置無關的程式碼（Position-Independent Code）

選項 *cc -fPIC* 指定編譯器應該要產生與位置無關的程式碼（*position-independent code*）。這會改變編譯器產生操作程式碼的方式，如存取全域、靜態、及外部變數、存取字串常數，以及取得函式位址的方式。這在共享函式庫是必要的，因為無法得知連結期時，共享函式庫程式碼會放在記憶體的哪些位置。（共享函式庫在執行期的記憶體位置由許多因素決定，如正在載入共享函式庫的程式，以及程式已經載入的其他共享函式庫之記憶體數量）。

在 Linux/x86-32 系統，我們可以不要使用 *-fPIC* 選項編譯的模組來建立共享函式庫。然而，如此一來會失去一些共享函式庫的好處，因為程式文字的分頁（內含與位置相依的記憶體參考）無法跨行程共享，在一些架構上一定需要使用 *-fPIC* 選項建立共享函式庫。

為了確認現有的物件檔案是以 *-fPIC* 選項編譯，我們可使用下列指令檢查在物件檔的符號表是否有 _GLOBAL_OFFSET_TABLE_ 這個名字。

```
$ nm mod1.o | grep _GLOBAL_OFFSET_TABLE_
$ readelf -s mod1.o | grep _GLOBAL_OFFSET_TABLE_
```

反之，若下列的等效指令有產生任何輸出時，則指定的共享函式庫至少有一個物件模組不是使用 *-fPIC* 編譯：

```
$ objdump --all-headers libfoo.so | grep TEXTREL
$ readelf -d libfoo.so | grep TEXTREL
```

字串 TEXTREL 表示，目前物件模組的文字區段（text segment）有一個參考（reference）需要在執行期重新定位。

我們會在 41.5 章對 *nm*、*readelf* 及 *objdump* 指令進行更多的介紹。

41.4.3　使用共享函式庫

為了使用共享函式庫，會需要下列兩個步驟（使用靜態函式庫時不需要）：

- 因為執行檔不再需要承載所需的物件檔副本，因此在執行期必須有機制可以識別需要的共享函式庫。我們可以在連結階段將共享函式庫的名稱嵌入執行檔。（在 ELF 語法，函式庫的相依性記錄在執行檔的 DT_NEEDED 標籤）。程式的每個共享函式庫清單相依性是在動態相依性清單（*dynamic dependency list*）。

- 一定要有些機制可以在執行期解析嵌入的函式庫名稱，也就是找出對應執行檔裡指定名稱的共享函式庫檔案，且若函式庫尚未載入，則將函式庫載入記憶體。

當我們將程式與共享函式庫連結時，會自動將函式庫的名稱嵌入執行檔。

```
$ gcc -g -Wall -o prog prog.c libfoo.so
```

若我們現在想要執行程式，則我們會收到下列的錯誤訊息：

```
$ ./prog
./prog: error in loading shared libraries: libfoo.so: cannot
open shared object file: No such file or directory
```

這會帶我們進入第二個步驟：動態連結（*dynamic linking*），這個任務是在執行期解析嵌入的函式庫名稱，由動態連結器（*dynamic linker*），亦稱為動態連結載入器（*dynamic linking loader*）或執行期連結器（*run-time linker*）。動態連結器本身是個共享函式庫，名為 /lib/ld-linux.so.2，每個使用共享函式庫的 ELF 執行檔都會用到。

> /lib/ld-linux.so.2 這個路徑名稱（pathname）通常是個符號連結（symbolic link），指向動態連結器的執行檔。此檔案名為 ld-*verison*.so，這裡的 *version* 是系統上的 *glibc* 版本，例如，ld-2.11.so。動態連結器的路徑名稱隨著架構而異，例如，在 IA-64 架構的動態連結器之符號連結名稱為 /lib/ld-linux-ia64.so.2。

動態連結器取得程式所需的共享函式庫清單，並使用一組事先定義的規則，找出檔案系統的函式庫檔案。部分的規則會指出共享函式庫通常所在的那些標準目錄，例如：許多共享函式庫都位在 /lib 與 /usr/lib。上面會出現錯誤訊息是因為，我們的函式庫位在目前的工作目錄，而不是動態連結器會搜尋的標準目錄清單。

> 有些架構（如：zSeries、PowerPC64、及 x86-64）同時支援 32 位元及 64 位元的程式。在這類系統上，32 位元的函式庫位在 */lib 子目錄，而 64 位元的函式庫則位在 */lib64 子目錄。

LD_LIBRARY_PATH 環境變數

使得動態連結器取得位於非標準目錄的共享函式庫方法是，將目錄增加到 LD_LIBRARY_PATH 環境變數，這是以冒號分隔的目錄清單。（也可以用分號來分隔目錄，目錄清單必須放在括號裡面，避免 shell 對分號進行解譯）。若已經定義 LD_LIBRARY_PATH，則動態連結器會在查詢標準函式庫目錄之前，先在此環境變數所列的目錄搜尋共享函式庫。（稍後我們會討論產品化的應用程式不該倚賴 LD_LIBRARY_PATH 變數，不過現在我們用這個變數可以簡化共享函式庫的使用）。所以我們可以用下列指令執行程式：

```
$ LD_LIBRARY_PATH=. ./prog
Called mod1-x1
Called mod2-x2
```

上列指令使用的（*bash*、Korn 及 Bourne）shell 語法，會在執行 *prog* 程式的行程裡定義一個環境變數，此定義告訴動態連結器要在 . 目錄搜尋共享函式庫，即目前的工作目錄。

> 在 LD_LIBRARY_PATH 清單設定空目錄（如：*dirx::diry* 中間的設定），意義等同於 . ，即目前的工作目錄，（不過要注意，將 LD_LIBRARY_PATH 整個設定為空字串的意義不同），但我們應該避免使用這個用法（SUSv3 建議也不要在 PATH 環境變數使用此用法）。

比較靜態連結與動態連結

一般而言，連結（*linking*）一詞是用來描述連結器的用途，*ld* 將一個或多個編譯完成的物件檔合併為一個執行檔。有時靜態（*static*）連結一詞是用來區分動態（*dynamic*）連結，動態連結可讓執行檔在執行期載入共享函式庫。靜態連結有時稱又為連結編輯（*link editing*），如 *ld* 靜態連結器有時可以稱為連結編輯器（*link editor*）。每個程式（包含使用共享函式庫的程式）都會經過靜態連結的階段，而使用共享函式庫的程式則在執行期還要額外進行動態連結。

41.4.4　共享函式庫的 soname

到目前為止的範例，名稱會嵌在執行檔裡面，而動態連結器在執行期會取得共享函式庫檔案的實際名稱，這稱為函式庫的真實名稱（*real name*）。然而，實際上通常可以用一種別名來建立共享函式庫，稱為 *soname*（在 ELF 語法的 DT_SONAME 標籤）。

若共享函式庫有 soname，則在靜態連結期間，嵌在執行檔的是 soname，而不是真實名稱，並供動態連結器在執行期搜尋函式庫時使用。Soname 的目的就是提供一個間接層，讓執行檔可以在執行期使用、或是當共享函式庫的版本與執行檔連結的版本不同（但相容）時使用。

我們在 41.6 節會探討用在共享函式庫的真實名稱與 soname 的規範，現在我們用簡單的例子來示範。

使用 soname 的第一個步驟是指定建立共享函式庫的時機：

```
$ gcc -g -c -fPIC -Wall mod1.c mod2.c mod3.c
$ gcc -g -shared -Wl,-soname,libbar.so -o libfoo.so mod1.o mod2.o mod3.o
```

-Wl,-soname,libbar.so 選項是讓連結器將 libfoo.so 共享函式庫的 soname 設定為 libbar.so 的指令。

我們可以使用下列任一個指令取得共享函式庫目前的 soname：

```
$ objdump -p libfoo.so | grep SONAME
  SONAME        libbar.so
$ readelf -d libfoo.so | grep SONAME
 0x0000000e (SONAME)     Library soname: [libbar.so]
```

在使用 soname 建立好共享函式庫之後，我們如往常般建立執行檔：

```
$ gcc -g -Wall -o prog prog.c libfoo.so
```

然而此時連結器偵測到 libfoo.so 函式庫有個 libbar.so soname，並且將 soname 的名稱嵌在執行檔。

我們現在執行程式，其結果如下：

```
$ LD_LIBRARY_PATH=. ./prog
prog: error in loading shared libraries: libbar.so: cannot open
shared object file: No such file or directory
```

這個問題是動態連結器無法找到名為 libbar.so 的函式庫，我們在使用 soname 時，還需要一個步驟：必須建立一個 soname 的符號連結，指向函式庫的真實名稱，此符號連結必須建立在動態連結器能夠搜尋到的某個目錄，所以我們可以如下執行程式：

```
$ ln -s libfoo.so libbar.so          Create soname symbolic link in current directory
$ LD_LIBRARY_PATH=. ./prog
Called mod1-x1
Called mod2-x2
```

圖 41-1 展示編譯與連結的步驟，包含產生一個有 soname 的共享函式庫、將程式
連結到共享函式庫，並建立執行程式所需的 soname 符號連結。

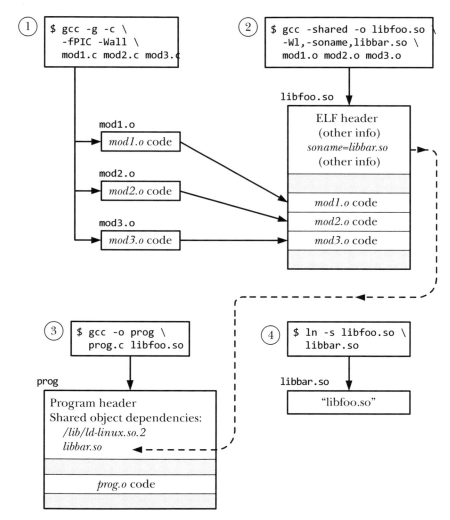

圖 41-1：建立共享函式庫，並與程式連結

圖 41-2 顯示，當將圖 41-1 的程式載入記憶體準備執行時所進行的步驟。

為了找出行程目前正在使用的共享函式庫，我們可以列出對應的 Linux 特有檔案內容（/proc/*PID*/maps）（48.5 節）。

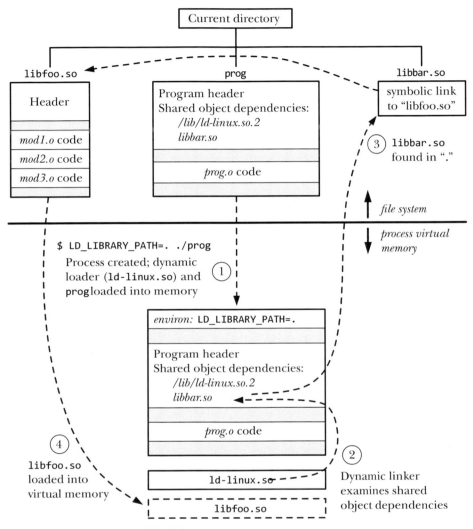

圖 41-2：執行載入共享函式庫的程式

41.5　用於共享函式庫的實用工具

我們在本節簡單介紹一些工具，可以分析共享函式庫、執行檔，以及編譯過的物件檔（.o）。

ldd 指令（list dynamic dependency）

ldd(1) 指令顯示程式執行時所需的共享函式庫，這裡有個範例：

```
$ ldd prog
        libdemo.so.1 => /usr/lib/libdemo.so.1 (0x40019000)
        libc.so.6 => /lib/tls/libc.so.6 (0x4017b000)
        /lib/ld-linux.so.2 => /lib/ld-linux.so.2 (0x40000000)
```

ldd 指令解析每個參考到的函式庫（與動態連結器使用相同的搜尋規範），並以下列格式顯示結果：

library-name => resolves-to-path

以多數的 ELF 執行檔而言，*ldd* 至少會列出的項目有：動態連結器的 ld-linux.so.2 與標準 C 函式庫的 libc.so.6。

> C 的函式庫名稱隨著架構而異，例如：IA-64 與 Alpha 架構，此函式庫命名為 libc.so.6.1。

objdump 與 *readelf* 指令

objdump 指令可用來取得各種資訊，包含反組譯執行檔、編譯過的物件檔、或共享函式庫等二進位機器碼，也能用來顯示這些檔案的各 ELF 區段的表頭資訊，用法與 *readelf* 顯示的資訊類似，但格式不同。*objdump* 與 *readelf* 的深入資訊會列在本章結尾。

nm 指令

nm 指令會列出一組符號，此符號定義在物件函式庫或執行檔裡面，這個指令的其中一個用處是找出定義符號的函式庫。例如：我們可以用下列指令找出定義 *crypt()* 函式的函式庫：

```
$ nm -A /usr/lib/lib*.so 2> /dev/null | grep ' crypt$'
/usr/lib/libcrypt.so:00007080 W crypt
```

nm 的 *-A* 選項可指定將函式庫名稱列在顯示符號行的開頭，原因在於，*nm* 預設只列出一次函式庫的名稱，而在之後的那幾行只有符號，這樣就無法用在上列範例的過濾類型。此外，我們為了隱藏 *nm* 無法辨別檔案格式的錯誤訊息，會捨棄標準錯誤輸出，我們從上列輸出可以看到 *crypt()* 定義在 *libcrypt* 函式庫。

41.6　共享函式庫版本與命名規範

我們開始探討共享函式庫的版本，通常共享函式庫的後續版本會與其他版本相容，意謂每個模組中的函式有相同的呼叫介面，以及同樣的語意（即它們的功能相同）。像這種有些微差異但又能相容的版本稱為共享函式庫的次要版本（*minor version*）。不過有時會需要建立無法與舊版相容的函式庫新主要版本（*major version*）（我們在 41.8 節會更詳細的指出這些不相容的原因），同時還必須讓使用舊版函式庫的程式可以順利執行。

為了處理這些版本需求，共享函式庫的真實名稱與 soname 會使用標準命名規範。

真實名稱、soname 與連結器名稱

共享函式庫的各個不相容版本可透過唯一的主要版本識別碼（*major version identifier*）識別，這也是真實名稱的一部分。依照規範，主要版本識別碼格式是數字，會隨著函式庫的不相容版本釋出而依序遞增。除了主要版本識別碼，真實名稱也有次要版本識別碼（*minor version identifier*），用以區分函式庫主要版本中可相容的次要版本。真實名稱會使用的規範格式是 lib*name*.so.*major-id*.*minor-id*。

次要版本識別碼與主要版本識別碼相似，可以是任何字串，但是依照規範則是個數字或由一個點隔開的兩個數字，第一個數字是次要版本，而第二個數字是次要版本的補釘（patch）層級或修訂版號。下列是一些共享函式庫的真實名稱範例：

```
libdemo.so.1.0.1
libdemo.so.1.0.2        Minor version, compatible with version 1.0.1
libdemo.so.2.0.0        New major version, incompatible with version 1.*
libreadline.so.5.0
```

共享函式庫的 soname 與相對應的真實函式庫名稱有相同的主要版本識別碼，但不包含次要版本識別碼。所以 soname 的格式是 lib*name*.so.*major-id*。

通常會在包含真實名稱的目錄中建立一個相對的符號連結做為 soname，下列是一些 soname 範例，有可能被符號連結指向的真實名稱：

```
libdemo.so.1        -> libdemo.so.1.0.2
libdemo.so.2        -> libdemo.so.2.0.0
libreadline.so.5    -> libreadline.so.5.0
```

對於共享函式庫的特定主要版本，有些函式庫檔案是透過不同的次要版本識別碼區分的。通常對應到每個主要函式庫版本的 soname，會指向主要版本中最新的次要版本（如上例的 libdemo.so 所示）。此設定可以在共享函式庫的執行期操作期

間，提供正確版本的語意。因為靜態連結階段會將（與次要版本無關的）soname 的副本嵌在執行檔，而且符號連結的 soname 之後可以修改為指向新的共享函式庫（次要）版本，可確保執行檔可以在執行期載入最新的函式庫次要版本。此外，由於函式庫在不同的主要版本會有不同的 soname，所以這些 sonames 可以共存，並讓程式在需要時存取。

除了真實名稱與 soname，通常會為每個共享函式庫定義第三個名稱：連結器名稱（*linker name*），在將執行檔連結共享函式庫時使用。連結器名稱是個符號連結，只包含函式庫的名稱，而不包含主要或次要版本識別碼，因而格式會像這樣：lib*name*.so。連結器名稱可以讓我們建構與版本無關的連結指令（*link command*），連結指令會自動使用正確的函式庫版本（如最新版）。

一般連結器名稱會與參考的檔案建在同一個目錄中，可以將連結器名稱連結到真實名稱或與函式庫最新主要版本的 soname。一般較常連結到 soname，讓 soname 的變動可以自動反映在連結器名稱。（我們在 41.7 節會看到，*ldconfig* 程式的任務是自動將 soname 維持在最新版本，因此若我們使用剛才所述的規範，則會隱含了連結器名稱的維護）。

> 若我們想要將程式連結到共享函式庫的舊有主要版本，則不能使用連結器名稱，而是要在連結器指令中設定，我們需要透過指定特定的真實名稱或 soname，以指定需要的（主要）版本。

下列是一些連結器名稱的範例：

```
libdemo.so          -> libdemo.so.2
libreadline.so      -> libreadline.so.5
```

表 41-1 節錄了一些資訊，包含共享函式庫的真實名稱、soname，以及連結器名稱。而圖 41-3 介紹這些名稱之間的關係。

表 41-1：共享函式庫名稱節錄

命名	格式	說明
真實名稱	lib*name*.so.*maj*.min	保存函式庫程式碼的檔案，該函式的主要版本及次要版本之一個實體（instance）。
soname	lib*name*.so.*maj*	函式庫的每個主要版本之一個實體，於連結期（link time）嵌在執行檔中，在執行期可透過指向對應（最新版的）真實名稱的符號連結搜尋函式庫。
連結器名稱	lib*name*.so.	最新真實名稱的符號連結，或（最常用的）最新 soname，可用與版本無關的連結指令建構。

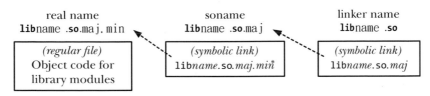

圖 41-3：共享函式庫的命名規範

使用標準規範建立共享函式庫

我們整合上述資訊，現在示範如何遵循標準規範建立展示的函式庫，一開始先建立目的檔（object file）：

```
$ gcc -g -c -fPIC -Wall mod1.c mod2.c mod3.c
```

接著使用 libdemo.so.1.0.1 真實名稱與 libdemo.so.1 soname 建立共享函式庫。

```
$ gcc -g -shared -Wl,-soname,libdemo.so.1 -o libdemo.so.1.0.1 \
        mod1.o mod2.o mod3.o
```

再來我們為 soname 與連結器名稱建立合適的符號連結：

```
$ ln -s libdemo.so.1.0.1 libdemo.so.1
$ ln -s libdemo.so.1 libdemo.so
```

現在可以用 *ls* 驗證設定（使用 *awk* 選擇有興趣的欄位）：

```
$ ls -l libdemo.so* | awk '{print $1, $9, $10, $11}'
lrwxrwxrwx libdemo.so -> libdemo.so.1
lrwxrwxrwx libdemo.so.1 -> libdemo.so.1.0.1
-rwxr-xr-x libdemo.so.1.0.1
```

接著使用連結器名稱建立執行檔（注意，連結指令不需要版本編號），並執行程式：

```
$ gcc -g -Wall -o prog prog.c -L. -ldemo
$ LD_LIBRARY_PATH=. ./prog
Called mod1-x1
Called mod2-x2
```

41.7　安裝共享函式庫

我們到現在為止的範例都是以使用者個人的目錄建立共享函式庫，並使用 LD_LIBRARY_PATH 環境變數來確保動態連結器可以找到目錄。特權與非特權使用者都能使用這項技術，不過商用程式不該使用這項技術。通常共享函式庫與其相關的符號連結會安裝在某個標準函式庫目錄，實務上如下的某個目錄：

- /usr/lib，安裝多數標準函式庫的目錄。

- /lib，此目錄安裝系統啟動期間需要的函式庫（因為在系統啟動期間尚未掛載 /usr/lib）。

- /usr/local/lib，此目錄安裝非標準的或是實驗性質的函式庫（若 /usr/lib 透過網路掛載，並由多個系統共享，而我們只是想要安裝一個可以在此系統使用的函式庫時使用）。

- 在 /etc/ld.so.conf 所列的某個目錄（稍後介紹）。

在大部分情況，將檔案複製到這些目錄需要超級使用者（superuser）的權限。

　　在完成安裝之後，我們必須建立 soname 及連結器名稱的符號連結，通常是與函式庫檔案同目錄的相對符號連結。所以我們為了將示範的函式庫安裝在 /usr/lib（只有 *root* 能更新這個目錄），必須進行下列的動作：

```
$ su
Password:
# mv libdemo.so.1.0.1 /usr/lib
# cd /usr/lib
# ln -s libdemo.so.1.0.1 libdemo.so.1
# ln -s libdemo.so.1 libdemo.so
```

此 shell 作業階段的後兩行建立 soname 與連結器名稱的符號連結。

ldconfig

ldocnfig(8) 程式可解決兩個共享函式庫的潛在問題：

- 共享函式庫會位於各種目錄，若動態連結器為了找出函式庫而需要搜尋全部的目錄，則載入函式庫會變得很慢。

- 當安裝新版函式庫或是移除舊版函式庫時，soname 符號連結會變成過期的。

ldconfig 程式透過下列兩項工作解決這些問題：

1. 尋找一組標準目錄，並建立或更新快取檔（/etc/ld.so.cache），以取得全部目錄的主要函式庫版本清單（每個函式庫的最新次要版本）。當在執行期解析函式庫名稱時，動態連結器會輪流使用此快取。建立快取的方式是，透過 *ldconfig* 搜尋 ld.so.conf 檔指定的目錄，並接著搜尋 /lib 與 /usr/lib。/etc/ld.so.conf 檔案包含一個目錄路徑名稱（是絕對路徑）的清單，透過換行符號、空格、標籤（tab）、註解或冒號隔開。在一些平台上，/usr/local/lib 目錄也會在此清單（若無，則我們需要手動新增）。

　　ldconfig -p 指令顯示目前的 /etc/ld.so.cache 內容。

2. 會檢查每個函式庫的主要版本中，最新的次要版本（即最高的次要編號那個版本），以找出嵌入的 soname，並接著在相同目錄建立（或更新）每個 soname 的相對符號連結。

ldconfig 為了正確執行這些動作，函式庫應該要依據稍早所述的規範進行命名（如：函式庫的真實命名要有主要與次要識別碼，這是在版本更新時會適當遞增的數字）。

ldconfig 預設都會執行上述兩個動作，可以用命令列選項選擇取消某個動作：*–N* 選項可避免重建快取，而 *–X* 選項可不要建立 soname 的符號連結。此外，*–v*（verbose）選項可讓 *ldconfig* 顯示輸出來說明這些動作。

無論何時安裝新的函式庫，我們都該執行 *ldconfig*，這樣才能更新或移除現有的函式庫，或是改變 /etc/ld.so.conf 檔案中的目錄清單。

這裡有個 *ldconfig* 的操作範例，假設我們要安裝兩個不同主要版本的函式庫時，則我們可以這麼做：

```
$ su
Password:
# mv libdemo.so.1.0.1 libdemo.so.2.0.0 /usr/lib
# ldconfig -v | grep libdemo
        libdemo.so.1 -> libdemo.so.1.0.1 (changed)
        libdemo.so.2 -> libdemo.so.2.0.0 (changed)
```

我們上面過濾了 *ldconfig* 的輸出，讓我們可以只看到與名為 libdemo 的相關函式庫。

接著我們列出 /usr/lib 目錄中名為 libdemo 的相關檔案，驗證 soname 符號連結的設定：

```
# cd /usr/lib
# ls -l libdemo* | awk '{print $1, $9, $10, $11}'
lrwxrwxrwx libdemo.so.1 -> libdemo.so.1.0.1
-rwxr-xr-x libdemo.so.1.0.1
lrwxrwxrwx libdemo.so.2 -> libdemo.so.2.0.0
-rwxr-xr-x libdemo.so.2.0.0
```

我們仍須為連結器名稱建立符號連結，如下列指令所示：

```
# ln -s libdemo.so.2 libdemo.so
```

然而，若我們安裝新的 2.x 次要版本函式庫，則由於連結器名稱所指的是最新版 soname，所以 *ldconfig* 也會更新連結器名稱，如下列範例所示：

```
# mv libdemo.so.2.0.1 /usr/lib
# ldconfig -v | grep libdemo
```

```
            libdemo.so.1 -> libdemo.so.1.0.1
            libdemo.so.2 -> libdemo.so.2.0.1 (changed)
```

若我們建立並使用一個私有的函式庫（即不是安裝在標準目錄的函式庫），則我們可以用 *ldconfig* 與 *–n* 選項，建立 soname 的符號連結。如此可設定 *ldconfig* 只處理命令列指定的目錄之函式庫，以及不要更新快取檔。我們在下列例子使用 *ldconfig* 處理目前工作目錄的函式庫：

```
$ gcc -g -c -fPIC -Wall mod1.c mod2.c mod3.c
$ gcc -g -shared -Wl,-soname,libdemo.so.1 -o libdemo.so.1.0.1 \
        mod1.o mod2.o mod3.o
$ /sbin/ldconfig -nv .
.:
        libdemo.so.1 -> libdemo.so.1.0.1
$ ls -l libdemo.so* | awk '{print $1, $9, $10, $11}'
lrwxrwxrwx libdemo.so.1 -> libdemo.so.1.0.1
-rwxr-xr-x libdemo.so.1.0.1
```

我們在上述例子執行 *ldconfig* 時是使用完整的路徑名稱，因為我們不是使用管理員帳號，因此帳號的 PATH 環境變數沒有包含 /sbin 目錄。

41.8 相容與不相容的函式庫

隨著時間過去，我們會需要更改共享函式庫的程式碼，這類改變會產生新版函式庫，若不是與先前版本相容（*compatible*），就是不相容（*incompatible*）。相容的意思是我們只需要改變函式庫真實名稱的次要版本識別碼，而不相容表示我們必須定義函式庫的新主要版本。

若下列條件全部成立時，則函式庫的改變會與現有版本相容：

- 函式庫的每個公開（public）函式與變數之語意維持不變，換句話說，每個函式保有同樣的參數清單，且全域變數與傳回的參數之影響與以前一致，並會傳回相同的結果。因此，對於提昇效能或修正錯誤這類改變可視為可相容的變更。

- 沒有移除任何函式庫的公開 API 變數或函式，而是為了相容性，在公開的 API 新增其他新函式與新變數。

- 每個函式中配置的與傳回的資料結構都不變，同樣地，函式庫的公開資料結構維持不變。這項規則有個例外，即在特定情況下，可能會新增項目到現有資料結構的尾端，不過這樣可能會有點問題，例如：呼叫的程式可能會配置此結構型別的陣列。函式庫設計者有時會將公開的資料結構定義為「大於初版函式庫所需的大小」，使用一些額外的填充欄位做為「保留給以後使用」，透過此技巧來克服限制。

若上述條件完全符合，則新的函式庫名稱就可以藉由調整現有名稱的次要版本進行更新，否則函式庫就要建立新的主要版本。

41.9 更新共享函式庫

共享函式庫的一個優點是，即使執行中的程式正使用現有的版本，也可以安裝函式庫的新主要或次要版本。我們只需要建立新版的函式庫，並安裝在合適的目錄，以及更新所需的 soname 與連結器名稱之符號連結（或是使用 *ldconfig* 替我們完成這件工作）。為了產生 /usr/lib/libdemo.1.0.1 共享函式庫的新次要版本（如：可相容的升級），我們可以這麼做：

```
$ su
Password:
# gcc -g -c -fPIC -Wall mod1.c mod2.c mod3.c
# gcc -g -shared -Wl,-soname,libdemo.so.1 -o libdemo.so.1.0.2 \
        mod1.o mod2.o mod3.o
# mv libdemo.so.1.0.2 /usr/lib
# ldconfig -v | grep libdemo
        libdemo.so.1 -> libdemo.so.1.0.2 (changed)
```

假設我們已經將連結器名稱設定正確（如：指向函式庫的 soname），我們就不需要修改它。

執行中的程式會繼續使用前一個次要版本的共享函式庫，只有在程式中斷之後及重新啟動時，會開始使用新次要版本的共享函式庫。

若我們之後想要建立共享函式庫的新主要版本（2.0.0），則會進行下列的動作：

```
# gcc -g -c -fPIC -Wall mod1.c mod2.c mod3.c
# gcc -g -shared -Wl,-soname,libdemo.so.2 -o libdemo.so.2.0.0 \
        mod1.o mod2.o mod3.o
# mv libdemo.so.2.0.0 /usr/lib
# ldconfig -v | grep libdemo
        libdemo.so.1 -> libdemo.so.1.0.2
        libdemo.so.2 -> libdemo.so.2.0.0 (changed)
# cd /usr/lib
# ln -sf libdemo.so.2 libdemo.so
```

如上列輸出所示，*ldconfig* 自動替新的主要版本建立 soname 符號連結，然而，如同最後一個指令所示，我們必須手動更新連結名稱的符號連結。

41.10 在物件檔指定搜尋函式庫的目錄

我們已經看過兩種將共享函式庫所在位置通知動態連結器的方法：使用 LD_LIBRARY_PATH 環境變數與將共享函式庫安裝在某個標準函式庫目錄中（/lib 或 /etc/ld.so.conf 所列的某個目錄）。

第三種方法是：我們可以在靜態編輯階段，將執行期要搜尋的共享函式庫那些目錄安插在執行檔中。若我們有函式庫位在非動態連結器搜尋的標準目錄中，但是位在固定的目錄時，這個方法很有用。我們為此會在建立執行檔時，使用 -rpath 連結器選項：

```
$ gcc -g -Wall -Wl,-rpath,/home/mtk/pdir -o prog prog.c libdemo.so
```

上列指令將 /home/mtk/pdir 字串複製到 prog 程式的執行期函式庫路徑清單中（rpath，run-time library path list），所以在執行程式時，動態連結器在解析共享函式庫參考時，也會搜尋這個目錄。

若有必要，可指定多個 -rpath 選項，會將全部的目錄連接為一個單獨的有序 rpath 清單。此外，也可以用單個 -rpath 選項，以冒號將目錄隔開的方式設定多個目錄。動態連結器在執行期時會依序搜尋 -rpath 選項設定的目錄。

> LD_RUN_PATH 環境變數是 -rpath 選項的替代方案，可以在此變數指派一個字串，字串內容為一串冒號隔開的目錄，而這些目錄是建立執行檔時，在 rpath 清單的目錄。當建立執行檔時，只有在未設定 -rpath 選項時，才會使用 LD_RUN_PATH。

在建立共享函式庫時，使用 -rpath 連結器選項

-rpath 連結器選項對於建立共享函式庫很有幫助。假設我們有個 libx1.so 共享函式庫，但需要 libx2.so，如圖 41-4 所示，再假設這些函式庫分別位在 d1 與 d2 等非標準目錄，現在我們透過所需的步驟建立這些函式庫與使用函式庫的程式。

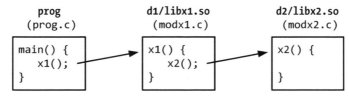

圖 41-4：與其他共享函式庫相依的共享函式庫

首先，我們在 pdir/d2 目錄建立 libx2.so（為了讓範例簡單，我們忽略函式庫的版本編號與 soname）。

```
$ cd /home/mtk/pdir/d2
$ gcc -g -c -fPIC -Wall modx2.c
$ gcc -g -shared -o libx2.so modx2.o
```

接著我們在 pdir/d1 目錄建立 libx1.so，因為 libx1.so 需要的 libx2.so 不在標準目錄，所以我們以 *-rpath* 連結器選項指定後者的執行期位置。這與函式庫的連結期位置不同（由 *-L* 選項指定），雖然此例的兩個位置都相同。

```
$ cd /home/mtk/pdir/d1
$ gcc -g -c -Wall -fPIC modx1.c
$ gcc -g -shared -o libx1.so modx1.o -Wl,-rpath,/home/mtk/pdir/d2 \
         -L/home/mtk/pdir/d2 -lx2
```

最後，我們在 pdir 目錄建立主程式，因為主程式使用 libx1.so，而這個函式庫位在非標準的目錄，我們再次使用 *-rpath* 連結器選項：

```
$ cd /home/mtk/pdir
$ gcc -g -Wall -o prog prog.c -Wl,-rpath,/home/mtk/pdir/d1 \
         -L/home/mtk/pdir/d1 -lx1
```

要注意的是，我們在連結主程式時不需要 libx2.so，因為連結器可以分析 libx1.so 裡的 *rpath*，可以找到 libx2.so，因而能滿足在靜態連結期解析全部符號的需求。

我們可以使用下列指令檢查 prog 與 libx1.so，以查看 *rpath* 的清單內容：

```
$ objdump -p prog | grep PATH
  RPATH        /home/mtk/pdir/d1        libx1.so will be sought here at run time
$ objdump -p d1/libx1.so | grep PATH
  RPATH        /home/mtk/pdir/d2        libx2.so will be sought here at run time
```

> 我們也能利用 *grep* 過濾 *readelf --dynamic*（或等效的 *readelf -d*）的指令輸出，來檢視 *rpath* 清單。

我們可以使用 *ldd* 指令來顯示 prog 動態相依性的完整組合：

```
$ ldd prog
        libx1.so => /home/mtk/pdir/d1/libx1.so (0x40017000)
        libc.so.6 => /lib/tls/libc.so.6 (0x40024000)
        libx2.so => /home/mtk/pdir/d2/libx2.so (0x4014c000)
        /lib/ld-linux.so.2 => /lib/ld-linux.so.2 (0x40000000)
```

ELF 的 DT_RPATH 與 DT_RUNPATH 標籤

在原本的 ELF 規格只有一種 *rpath* 清單可以嵌入執行檔或共享函式庫，可對應到 ELF 檔案的 DT_RPATH 標籤（tag）。之後的 ELF 規格則不支持 DT_RPATH，而引用一個新的 DT_RUNPATH 標籤，可表示 *rpath* 清單。這兩種 *rpath* 清單的差異在於，當動態連結器在執行期搜尋共享函式庫時，在 LD_LIBRARY_PATH 環境變數裡的相對優先權。DT_RPATH 會有較高優先權，而 DT_RUNPATH 的優先權則較低（參考 41.44 節）。

連結器預設是以 DT_RPATH 標籤建立 *rpath* 清單，不過為了讓連結器換成以 DT_RUNPATH 標籤來建立 *rpath* 清單，我們必須額外使用 *--enable-new-dtags*（啟用新的動態標籤）連結器選項。若我們以此選項重建程式，並以 *objdump* 檢測產生的執行檔，會如下所示：

```
$ gcc -g -Wall -o prog prog.c -Wl,--enable-new-dtags \
        -Wl,-rpath,/home/mtk/pdir/d1 -L/home/mtk/pdir/d1 -lx1
$ objdump -p prog | grep PATH
  RPATH        /home/mtk/pdir/d1
  RUNPATH      /home/mtk/pdir/d1
```

如同所見，執行檔有 DT_RPATH 與 DT_RUNPATH 標籤，連結器以此方式複製 *rpath* 清單，好處是舊版的動態連結器可能無法解析 DT_RUNPATH 標籤。（在 2.2 版的 *glibc* 已經提供 DT_RUNPATH）。能解析 DT_RUNPATH 標籤的動態連結器會忽略 DT_RPATH 標籤（參考 41.11 節）。

在 *rpath* 中使用 $ORIGIN

假設我們想要發佈使用自身共享函式庫的應用程式，但是我們不願要求使用者將函式庫安裝在標準目錄，反而想要讓使用者可以自行選擇解開應用程式的目錄，並接著立刻就能執行應用程式。問題在於，應用程式無法得知共享函式庫的位置，除非要求使用者設定 LD_LIBRARY_PATH，或者我們要求使用者執行一些安裝用途的 script，用來識別所需的目錄，不過這些方法都不合適。

為解決此問題，建立的動態連結器要能夠解析一個特殊字串，即 *rpath* 規範的 $ORIGIN（或等效的 ${ORIGIN}）。

動態連結器會將此字串解譯為「包含應用程式的目錄」，意謂我們可以使用如下的指令建立一個應用程式：

```
$ gcc -Wl,-rpath,'$ORIGIN'/lib ...
```

如此可假設，在執行期時應用程式的共享函式庫會位在應用程式執行檔所在目錄的 lib 子目錄中。我們接著能提供使用者簡易的安裝套件，內含應用程式與相關函式庫，而使用者可以將套件安裝在任何地方，並接著執行應用程式（即所謂的 turn-key 應用程式）。

41.11 在執行期時找尋共享函式庫

在解析函式庫的相依性時，動態連結器會先檢測每個相依性字串，查看是否有包含一個斜線（/），我們只要在連結執行檔時，明確指定一個函式庫的路徑名稱即可。若有找到斜線，則會將相依性字串解譯為路徑名稱（絕對路徑或相對路徑），不然動態連結器會使用下列規則搜尋共享函式庫：

1. 若執行檔有任何列在其 DT_RPATH 執行期函式庫路徑清單（*rpath*）的目錄，而執行檔沒有包含 DT_RUNPATH 清單時，則這些目錄就會被找到（在連結程式時依照目錄的順序）。

2. 若有定義 LD_LIBRARY_PATH 環境變數，則從變數值中以冒號隔開的目錄依序搜尋。若執行檔是一個 set-user-ID 或 set-group-ID 程式，則忽略 LD_LIBRARY_PATH。這是安全性考量，避免使用者利用技巧讓動態連結器載入與執行檔所需的同名私有版本函式庫。

3. 若執行檔有任何目錄列在其 DT_RUNPATH 執行期函式庫路徑清單，則可以找到這些目錄（在連結程式時依目錄的順序）。

4. 會檢查 /etc/ld.so.cache 檔，以查看是否有函式庫的項目。

5. 會搜尋 /lib 與 /usr/lib 目錄（以此順序）。

41.12 執行期的符號解析

假設在多個地方（如執行檔、一個共享函式庫或多個共享函式庫）定義了全域符號（即函式或變數），要如何解析此符號的參考呢？

例如：假設我們有一個主程式與一個共享函式庫，兩者都定義了 *xyz()* 全域函式，而共享函式庫的另一個函式呼叫了 *xyz()*，如圖 41-5 所示。

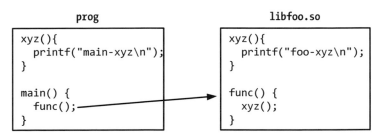

圖 41-5：解析全域符號參考

我們建立共享函式庫與執行檔，並接著執行程式，結果如下：

```
$ gcc -g -c -fPIC -Wall foo.c
$ gcc -g -shared -o libfoo.so foo.o
$ gcc -g -o prog prog.c libfoo.so
$ LD_LIBRARY_PATH=. ./prog
main-xyz
```

我們從輸出的最後一行可以看到，主程式的 *xyz()* 定義覆蓋（介入）了共享函式庫的 *xyz()*。

雖然剛開始會感到訝異，不過有很好的歷史理由可以解釋。共享函式庫的初始設計是為了讓符號解析的預設語意能與應用程式連結的等效靜態函式庫鏡射，意謂可套用下列語意：

- 主程式的全域符號定義會覆蓋函式庫的定義。
- 若將全域符號定義在多個函式庫，則此符號的參考會綁定在第一個找到的定義，透過由左到右的順序掃描列在靜態連結命令列的函式庫。

雖然這些語意讓靜態函式庫到共享函式庫的轉換相當直覺，但會產生一些問題。最顯著的問題是，這些語意與實作獨立子系統的共享函式庫模型衝突，共享函式庫預設無法保證自身全域符號的參考會綁定到該符號在函式庫的定義，因此在共享函式庫聚合成較大型的單元時會改變屬性，這會導致應用程式發生無法預期的中止，也使應用程式難以各個擊破（divide-and-conquer）方式進行除錯（如：試著以較少的或不同的共享函式庫來重現問題）。

我們若想要在上列情境確保使用共享函式庫的 *xyz()* 時，確實是呼叫函式庫定義的函式版本，則我們可以使用 *-Bsymbolic* 連結器選項來建立共享函式庫：

```
$ gcc -g -c -fPIC -Wall -c foo.c
$ gcc -g -shared -Wl,-Bsymbolic -o libfoo.so foo.o
$ gcc -g -o prog prog.c libfoo.so
$ LD_LIBRARY_PATH=. ./prog
foo-xyz
```

-Bsymbolic 連結器選項，指定共享函式庫的全域符號之參考應該要優先與函式庫內的定義進行綁定（若定義存在）。（注意，若不管此選項，則主程式呼叫 *xyz()* 時就只會呼叫主程式定義的 *xyz()* 版本）。

41.13 使用靜態函式庫，而非共享函式庫

雖然幾乎都是推薦使用共享函式庫，不過有些情況使用靜態函式庫會比較適合。在實務上，含有執行期所需全部程式碼的靜態連結應用程式也是有優勢的，例如：若使用者不能或不想在使用程式的系統安裝共享函式庫，或是執行程式的環境（例如：或許是 *chroot* 監獄）沒有共享函式庫時，則靜態連結很有用。此外，即使升級可相容的共享函式庫不會刻意引發錯誤而導致應用程式中止，不過可透過靜態連結的應用程式，確保系統的共享函式庫更新不會產生影響，並保證會完全執行所需的程式碼（但會增加程式的大小，以及增加磁碟與記憶體的需求）。

連結器預設可以選擇同名的共享與靜態函式庫位置（例如：我們使用 *-Lsomedir -ldemo* 進行連結，而 `libdemo.so` 與 `libdemo.a` 都存在），預設會使用共享函式庫的版本，若要強制使用靜態函式庫的版本，我們需要完成下列的任一條件：

- 在 *gcc* 命令列指定靜態函式庫的路徑名稱（包含 `.a` 副檔名）。
- 在 *gcc* 指定 *-static* 選項。
- 使用 *gcc* 的 *-Wl*、*-Bstatic* 及 *-Wl*、*-Bdynamic* 選項，以明確觸發連結器的靜態與共享函式庫選擇。這些選項在 *gcc* 命令列可以混搭 *-l* 選項，連結器會依選項指定的順序處理。

41.14 小結

一個物件函式庫（object library）是一個經過編譯的物件模組，可供程式連結函式庫。Linux 與其他 UNIX 系統類似，提供兩種物件函式庫：靜態函式庫（早期的 UNIX 系統唯一可用的函式庫類型）與現代的共享函式庫。

因為共享函式庫有幾個優於靜態函式庫的功能，所以共享函式庫是目前 UNIX 系統上最常使用的函式庫類型。共享函式庫的優點主要是當程式連結到函式庫時，程式所需要的物件模組副本不會包含在產生的執行檔裡。而（靜態）連結器只會引用執行檔中的執行期所需的共享函式庫資訊。

在執行檔案時，動態連結器利用此資訊載入所需的共享函式庫，在執行期時，全部使用相同共享函式庫的程式會共享記憶體中的單一副本。因為共享函式庫不會被複製到執行檔中，而位在記憶體的共享函式庫單一副本可以供全部的程式在執行期使用，共享函式庫可降低系統所需的磁碟空間與記憶體數量。

共享函式庫的 soname 提供一個間接層級，可在執行期間接解析共享函式庫參考。若共享函式庫有 soname，則會將此名稱，而不是函式庫的真實名稱，記錄在靜態連結器產生的執行檔。版本機制可以提供共享函式庫的真實名稱，如 lib*name*.so.*major-id.minor-id* 格式，雖然 soname 的格式是 lib*name*.so.*major-id*，可以讓建立的程式自動使用共享函式庫的最新次要版本（不需要重新連結程式），雖然也可以建立新的、不相容的主要版本函式庫。

為了在執行期找出共享函式庫，動態連結器依循一套標準的搜尋規則，包含搜尋大多數安裝共享函式庫的那組目錄（如：/lib 與 /usr/lib）。

進階資訊

各種與靜態及共享函式庫相關的資訊可以在 *ar(1)*、*gcc(1)*、*ld(1)*、*ldocnfig(8)*、*ld.so(8)*、*dlopen(3)*、*readelf(1)* 與 *objdump(1)* 的使用手冊及在 *ld* 的 *info* 文件中找到。（Drepper，2004（b））包含許多在 Linux 設計共享函式庫的專業細節。更多實用的資訊可以在 David Wheeler 的 *Programming Library HOWTO* 找到，位於 LDP 網站，*http://www.tldp.org/*。GNU 共享函式庫機制與 Solaris 的實作有許多相似之處，因此值得從 Sun 的 Linker and Libraries Guide 閱讀更多的資訊與範例（可以在 *http://docs.sun.com/* 取得）。（Levine，2000）提供靜態與動態連結器運作的簡介。

關於 GNU *Libtool* 的資訊，這是一種工具，可以讓程式設計師避開建立共享函式庫的實作需要知道的細節，可以在線上 *http://www.gnu.org/software/libtool* 及（Vaughan 等人，2000）找到。

Executable and Linking Format 文件，來自 Tools Interface Standards committee，提供 ELF 的細節。這份文件可以在線上找到：*http://refspecs.freestandards.org/elf/elf.pdf*。（Lu，1995）也提供許多實用的 ELF 細節。

41.15　習題

41-1. 試著設定與不要設定 *-static* 選項來編譯程式，觀察態連結動 C 函式庫的執行檔、與靜態連結 C 函式庫的執行檔之大小差異。

42

共享函式庫的進階功能

上一章介紹基本的共享函式庫（shared library），我們在此章敘述許多共享函式庫的進階功能，包含如下：

- 動態載入共享函式庫。
- 控制共享函式庫所定義符號之能見度。
- 使用連結器腳本（linker script）建立有版號的符號。
- 在載入與卸載函式庫時，利用初始函式與終止函式（finalization function）自動執行程式碼。
- 共享函式庫的預載（preloading）。
- 使用 LD_DEBUG 監控動態連結器的操作。

42.1 動態載入的函式庫

當執行檔啟動時，動態連結器（dynamic linker）會將程式中動態相依清單中的全部共享函式庫載入。然而，有時會在用到時才載入函式庫。例如：plug-in（附加元件）只會在需要時載入。此功能由 API 提供給動態連結器，通常是源自 Solaris 的 *dlopen* API，而目前大多由 SUSv3 制定規範。

API *dlopen* 可以讓程式在執行期（run time）開啟共享函式庫，在函式庫搜尋指名的函式並呼叫函式。通常會在執行期載入的共享函式庫是動態載入函式庫（*dynamically loaded library*），而建立的方式則如同其他共享函式庫。

主要的 *dlopen* API 包含下列函式（全部都規範在 SUSv3 中）：

* *dlopen()* 開啟共享函式庫，傳回 handle 供後續的 API 使用。
* *dlsym()* 在函式庫中搜尋一個符號（一個包含函式或變數名稱的字串），並傳回它的位址。
* *dlclose()* 關閉之前 *dlopen()* 開啟的函式庫。
* *dlerror()* 傳回錯誤訊息字串，在函式傳回錯誤時使用。

在 *glibc* 的實作有許多相關函式，我們下列先介紹一部分：

在 Linux 的程式要使用 *dlopen* API 時，我們要指定 *-ldl* 選項，用以連結 *libdl* 函式庫。

42.1.1　開啟共享函式庫：*dlopen()*

函式 *dlopen()* 會將名為 *libfilename* 的共享函式庫載入到呼叫 *dlopen()* 的行程（calling process）之虛擬位址空間（virtual address space），並累加此函式庫的開啟參考計數值。

```
#include <dlfcn.h>

void *dlopen(const char *libfilename, int flags);
                        Returns library handle on success, or NULL on error
```

若 *libfilename* 內含一個斜線（ / ），則 *dlopen()* 會將斜線解譯為一個絕對或相對路徑，此外，動態連結器會使用 41.11 節所述的規則搜尋共享函式庫。

在成功執行 *dlopen()* 時，會傳回參照到函式庫的 handle，供後續的 *dlopen* API 使用，若發生錯誤時（如：無法找到函式庫），則 *dlopen()* 傳回 NULL。

若 *libfilename* 指定的共享函式庫與其他共享函式庫相依時，*dlopen()* 會自動載入那些函式庫。若有必要，這個過程會遞迴進行，這樣載入的函式庫集合是此函式庫的相依樹（*dependency tree*）。

可以重複呼叫 *dlopen()* 來開啟相同的函式庫檔案，不過只會執行一次將函式庫載入記憶體的動作（在初次呼叫時），且全部的呼叫都會傳回相同的 *handle* 值。

然而，*dlopen* API 會分別對每個函式庫的 handle 採用一個參考計數器（reference counter），在每次呼叫 *dlopen()* 時會增加計數器的數值，而每次呼叫 *dlclose()* 時會減少計數器的數值，直到計數器變成 0 時，*dlclose()* 才會將函式庫從記憶體中卸載。

參數 *flag* 是一個位元遮罩（bit mask），而且只能指定單一 RTLD_LAZY 或 RTLD_NOW 常數，這兩個常數的意義如下：

RTLD_LAZY

函式庫中未定義的函式符號應該只能在程式碼執行時解析，若需要特定符號的那段程式碼並未執行，則永遠不會解析該符號。只會對函式參考（function reference）進行延遲解析（Lazy resolution），變數參考則會立即解析。當載入執行檔中的動態相依清單所指定的共享函式庫時，設定 RTLD_LAZY 旗標會提供相對於動態連結器一般操作的行為。

RTLD_NOW

不論是否用到函式庫中全部的未定義符號，我們都應該在 *dlopen()* 完成以前立刻解析。雖然這樣會導致函式庫開啟速度變慢，但是可以立刻偵測到任何潛在的未定義函式符號錯誤，而不是在執行一段時間之後才發現。這樣的好處在於，在除錯應用程式、或只是單純確保應用程式有無法解析的符號時會立刻失敗，而不是只在執行一段長時間之後才進行處理。

> 透過將 LD_BIND_NOW 變數設定為不為空的字串，我們就能在載入執行檔之動態相依清單的共享函式庫時，迫使動態連結器立刻解析全部的符號（例如：像 RTLD_NOW）。在 *glibc* 2.11 以及之後的版本開始提供這個環境變數，設定 LD_BIND_NOW 可以覆載 *dlopen()* 的 RTLD_LAZY 旗標效果。

我們也可以在 *flags* 旗標設定更多旗標值，下列旗標都在 SUSv3 的規範之內：

RTLD_GLOBAL

讓此函式庫的符號及其相依樹可供此行程已載入的其他函式庫解析參考，以及供透過 *dlsym()* 查詢。

RTLD_LOCAL

這與 RTLD_GLOBAL 相反，預設不指定此常數，此設定讓此函式庫的符號與其相依樹不可讓後續載入的函式庫解析參考。

SUSv3 並未規範預設是 RTLD_GLOBAL 或 RTLD_LOCAL，多數的 UNIX 平台會使用與 Linux 相同的預設值（RTLD_LOCAL），但有些平台會使用 RTLD_GLOBAL。

Linux 也提供了許多 SUSv3 並未規範的旗標：

RTLD_NODELETE（從 *glibc 2.2* 起）

> 即使參考計數器歸零，也不要在 *dlclose()* 期間卸載函式庫。意思是，若 *dlopen()* 之後重新載入函式庫時，函式庫的靜態變數不會重新初始化。（在建立函式庫時，我們可以透過在 *gcc* 指定 *-Wl*、*-znodelete* 選項，讓動態連結器可以自動載入函式庫，來達成類似效果）。

RTLD_NOLOAD（從 *glibc 2.2* 起）

> 此旗標代表不要載入函式庫，目的有二：第一個目的，我們可使用此旗標檢查指定的函式庫目前是否已載入到行程的部分位址空間。若已經載入，則 *dlopen()* 傳回函式庫的 handle；若尚未載入，則 *dlopen()* 傳回 NULL。第二個目的，我們可以使用此旗標提升已載入的函式庫 *flag*。例如：當我們使用 *dlopen()* 開啟之前已經用 RTLD_LOCAL 開啟的函式庫時，我們可以在 *flag* 中指定 RTLD_NOLOAD | RTLD_GLOBAL。

RTLD_DEEPBIND（從 *glibc 2.3.4*）

> 當解析此函式庫建立的符號參考（symbol reference）時，在搜尋已載入的函式庫定義之前，要先找出在函式庫中的定義。這讓函式庫可以 self-contained，優先使用自己的符號定義，再來才是選擇使用由其他共享函式庫已經載入的同名（全域的）符號定義。（此效果類似 41.12 節所述的 *-Bsymbolic* 連結器選項）。

RTLD_NODELETE 與 RTLD_NOLOAD 旗標也實作在 Solaris 的 *dlopen()* API，但是只有少數其他 UNIX 平台有支援，而 RTLD_DEEPBIND 是 Linux 特有的旗標。

有一種特殊情況，我們可以將 *libfilename* 設定為 NULL，這會讓 *dlopen()* 將 handle 傳回主程式（SUSv3 所指的 handle 是「全域的符號物件」）。之後呼叫 *dlsym()* 時指定此 handle，可以讓所需的符號在主程式中找到，然後程式啟動時就能載入全部的共享函式庫，並利用 RTLD_GLOBAL 旗標，得以動態載入全部的函式庫。

42.1.2 　診斷錯誤：*dlerror()*

若我們收到來自 *dlopen()* 或其他某個 *dlopen* API 函式傳回的錯誤時，可以使用 *dlerror()* 取得一個字串指標，此字串會指出錯誤的引發原因。

```
#include <dlfcn.h>

const char *dlerror(void);
```
                        Returns pointer to error-diagnostic string, or NULL if
                        no error has occurred since previous call to *dlerror()*

若呼叫 *dlerror()* 時沒有錯誤發生,則 *dlerror()* 函式會傳回 NULL,我們將在下一節
說明這麼做有什麼好處。

41.1.3　取得符號位址:*dlsym()*

函式 *dlsym()* 會在 *handle* 參照到的函式庫以及函式庫相依樹中的函式庫中,找尋名
稱為 *symbol*(一個函式或變數)的符號。

```
#include <dlfcn.h>

void *dlsym(void *handle, char *symbol);
```
                        Returns address of *symbol*, or NULL if *symbol* is not found

若有找到 *symbol*,則 *dlsym()* 將位址傳回,否則 *dlsym()* 會傳回 NULL,參數 *handle*
通常是一個之前呼叫 *dlopen()* 取得的函式庫之 handle。另一個方式是後續所述的其
中一種 pseudohandle 方式。

> 有一個相關的 *dlvsym(handle, symbol, version)* 函式,類似 *dlsym()*,不過還可
> 以用來搜尋有符號版本(symbol-versioned)的函式庫之符號定義,可透過
> version 字串指定要搜尋的函式庫版本。(我們會在 42.3.2 節介紹符號版本)。
> 為了取得 <dlfcn.h> 的函式宣告,我們必須定義 _GNU_SOURCE 功能測試巨集。

由 *dlsym()* 傳回的符號值可能是 NULL,無法與傳回的「找不到符號(symbol not
found)」區別,為了區分這兩種情況,我們必須事先呼叫 *dlerror()*(確定清除之前
的錯誤字串),接著若在呼叫 *dlsym()* 之後,*dlerror()* 傳回不為 NULL 的值,則可以
得知錯誤發生。

若 *symbol* 是變數名稱,則我們可以將 *dlsym()* 的傳回值指派給適當的指標型
別,並利用指標提領(dereference)取得變數值:

```
int *ip;

ip = (int *) dlsym(handle, symbol);
if (ip != NULL)
    printf("Value is %d\n", *ip);
```

若 *symbol* 是函式名稱，則可用 *dlsym()* 傳回的指標來呼叫函式，我們可以將 *dlsym()* 的傳回值儲存在適當的指標型別，如下所示：

```
int (*funcp)(int);                 /* Pointer to a function taking an integer
                                      argument and returning an integer */
```

然而，我們無法直接將 *dlsym()* 的傳回值指派給如下的指標：

```
funcp = dlsym(handle, symbol);
```

原因在於，ISO C 標準會保留函式指標（function pointer）與 *void ** 之間的轉型結果，解決方案是使用下列方式（有點笨拙）：

```
*(void **) (&funcp) = dlsym(handle, symbol);
```

在使用 *dlsym()* 取得函式指標之後，我們就可以使用提領函式指標的通用 C 語法來呼叫函式：

```
res = (*funcp)(somearg);
```

在指派 *dlsym()* 的傳回值時，我們可以用下列看起來等效的程式碼來取代上述的 **(void **)* 語法：

```
(void *) funcp = dlsym(handle, symbol);
```

然而，*gcc -pedantic* 會對這段程式碼發出警告：「ANSI C forbids the use of cast expressions as lvalues」，**(void **)* 語法不會產生這個警告，因為我們將回傳值指派到左值（lvalue）指向的位址中。

在許多 UNIX 平台上，我們可以使用下列的型別轉換，以避免 C 編譯器產生警告：

```
funcp = (int (*) (int)) dlsym(handle, symbol);
```

然而，在 SUSv3 制定的 *dlsym()* 規範（*Technical Corrigendum Number 1*）有提到，標準雖然要求編譯器要對這類的型別轉換提出警告，並提供上面所示的 **(void **)* 語法。

> SUSv3 TC1 提到，由於需要 **(void **)* 語法，所以未來的標準版本可能會定義多個類似 *dlsym()* 的 API，用以處理資料與函式指標，然而，SUSv4 在這點不會更動。

在 *dlsym()* 使用 pseudohandle 函式庫

可以將下列的 *pseudohandle* 做為 *dlsym()* 的 *handle* 參數，用來取代呼叫 *dlopen()* 所傳回的函式庫 handle：

RTLD_DEFAULT

從主程式開始搜尋 *symbol*，接著依序處理全部已載入的共享函式庫清單，包含因使用 RTLD_GLOBAL 旗標呼叫 *dlopen()* 而動態載入的函式庫，這是動態連結器預設使用的搜尋模型。

RTLD_NEXT

在呼叫 *dlsym()* 之後，在已載入的共享函式庫中搜尋 *symbol*，適用於建立一個與某處定義的函式同名之封裝函式（wrapper function）。例如：在我們的主程式中，我們可以定義自己的 *malloc()* 版本（或許會需要簿記記憶體配置），而我們可以先透過呼叫 *func = dlsym(RTLD_NEXT, "malloc")* 來取得 *malloc()* 的位址，就能在自己定義的函式呼叫真正的 *malloc()*。

SUSv3 並未規範上列的 pseudohandle 值（或是要保留未來使用），而且不是全部的 UNIX 平台都有支援。為了取得 dlfcn.h 中的這些常數定義，我們必須定義 _GNU_SOURCE 功能測試巨集。

範例程式

列表 42-1 示範 *dlopen* API 的使用方式，這個程式使用兩個命令列參數：要載入的共享函式庫名稱，以及在函式庫中要執行的函式名稱，下列範例示範此程式的用法：

```
$ ./dynload ./libdemo.so.1 x1
Called mod1-x1
$ LD_LIBRARY_PATH=. ./dynload libdemo.so.1 x1
Called mod1-x1
```

在上面的第一個指令，*dlopen()* 會發現函式庫的路徑有一個斜線，因而將它解譯為一個相對路徑（此例是位在目前工作目錄的函式庫），在第二個指令，我們在 LD_LIBRARY_PATH 指定函式庫的搜尋路徑，這裡依據動態連結器的一般規則來解譯搜尋路徑（在此例，還會在目前的工作目錄尋找函式庫）。

列表 42-1：使用 *dlopen* API

———————————————————————————————————— shlibs/dynload.c

```c
#include <dlfcn.h>
#include "tlpi_hdr.h"

int
main(int argc, char *argv[])
{
    void *libHandle;            /* Handle for shared library */
```

```
    void (*funcp)(void);          /* Pointer to function with no arguments */
    const char *err;

    if (argc != 3 || strcmp(argv[1], "--help") == 0)
        usageErr("%s lib-path func-name\n", argv[0]);

    /* Load the shared library and get a handle for later use */

    libHandle = dlopen(argv[1], RTLD_LAZY);
    if (libHandle == NULL)
        fatal("dlopen: %s", dlerror());

    /* Search library for symbol named in argv[2] */

    (void) dlerror();                          /* Clear dlerror() */
    *(void **) (&funcp) = dlsym(libHandle, argv[2]);
    err = dlerror();
    if (err != NULL)
        fatal("dlsym: %s", err);

    /* If the address returned by dlsym() is non-NULL, try calling it
       as a function that takes no arguments */

    if (funcp == NULL)
        printf("%s is NULL\n", argv[2]);
    else
        (*funcp)();

    dlclose(libHandle);                        /* Close the library */

    exit(EXIT_SUCCESS);
}
```

—————————————————————————— **shlibs/dynload.c**

42.1.4　關閉共享函式庫：*dlclose()*

函式 *dlclose()* 可關閉一個函式庫。

```
#include <dlfcn.h>

int dlclose(void *handle);
```
                                   Returns 0 on success, or −1 on error

函式 *dlclose()*（由 handle 所參照到的函式庫）會遞減一個系統計數器（代表函式
庫的開啟參考次數）。若此參考計數器歸零，則代表沒有其他函式庫需要參考到此函式庫的符號，接著就會卸載這個函式庫。這個過程也會（遞迴地）在函式庫的相依樹中進行。當行程結束時系統會自動執行 *dlclose()* 來關閉全部的函式庫。

> 從 *glibc* 2.2.3 之後，共享函式庫中的函式就能使用 *atexit()*（或 *on_exit()*），用來建立一個在卸載函式庫時要呼叫的函式。

42.1.5　取得與已載入符號的資訊：*dladdr()*

函式 *dladdr()* 會利用 *addr* 提供的位址（通常是之前呼叫 *dlsym()* 所取得的），傳回存放此位址資訊的資料結構。

```
#define _GNU_SOURCE
#include <dlfcn.h>

int dladdr(const void *addr, Dl_info *info);
```
> Returns nonzero value if *addr* was found in a shared library, otherwise 0

參數 *info* 是指向由呼叫者配置的（caller-allocated）結構指標，格式如下：

```
typedef struct {
    const char *dli_fname;          /* Pathname of shared library
                                       containing 'addr' */
    void       *dli_fbase;          /* Base address at which shared
                                       library is loaded */
    const char *dli_sname;          /* Name of symbol whose
                                       definition overlaps 'addr' */
    void       *dli_saddr;          /* Actual value of the symbol
                                       returned in 'dli_sname' */
} Dl_info;
```

結構 *Dl_info* 的前面兩個欄位指定共享函式庫的路徑名稱與執行期的基底位址（base address，內含 *addr* 指定的位址），後面兩個欄位傳回位址資訊，假設 *addr* 指向共享函式庫中一個符號的精確位址，則 *dli_saddr* 的傳回值會與 *addr* 傳遞的值相同。

SUSv3 沒有制定 *dladdr()* 的規範，而且全部的 UNIX 平台都未提供此函式。

42.1.6　存取主程式的符號

假設我們使用 *dlopen()* 函式來動態載入共享函式庫，並使用 *dlsym()* 取得該函式庫中的 *x()* 函式位址，接著呼叫 *x()*。若 *x()* 函式接著呼叫 *y()* 函式，則通常 *y()* 函式是位在程式已載入的其中一個共享函式庫。

有時會需要讓 *x()* 呼叫實作在主程式的 *y()* 函式（類似 callback 機制），我們為此必須提供主程式的（全域）符號給動態連結器，並使用連結器選項 *--export-dynamic* 來連結程式：

```
$ gcc -Wl,--export-dynamic main.c        (plus further options and arguments)
```

同樣地，我們可以使用如下指令：

```
$ gcc -export-dynamic main.c
```

這些選項每一個都可以動態載入函式庫，以存取主程式的全域符號。

> *gcc -rdynamic* 選項與 *gcc -Wl, -E* 選項兩者效果與 *-Wl, --export-dynamic* 相同。

42.2　控制符號的能見度

設計良好的共享函式庫應該要限制某些符號（函式與變數）的能見度，比如在應用程式二進位介面（ABI，application binary interface）的符號，原因如下：

- 若共享函式庫的設計者突然提供尚未制定規範的介面，則應用程式的開發者（函式庫的使用者）可能會選擇使用這些介面，而這樣會造成共享函式庫未來的更新相容性問題。函式庫開發者會想要更動或移除尚未制定成標準的 ABI，而函式庫使用者可能會想要繼續沿用原本的介面（使用相同的語法）。

- 在執行期符號解析期間，共享函式庫匯出的任何符號都可能影響其他共享函式庫提供的定義（41.12 節）。

- 匯出不需要的符號會增加執行期載入的動態符號表大小。

若共享函式庫的設計者確保只匯出函式庫的特定 ABI 符號，則這些問題全部都會變小或避免。下列技術可以用來控制符號的匯出：

- 我們在 C 程式可以使用 static 關鍵字，讓符號是原始碼模組的私有（private）符號，因而不會受到其他物件檔（object file）綁定。

  > 除了讓符號屬於一個原始碼模組的私有（private）符號，static 關鍵字還有一個反效果，若將符號標示為 static，則同一個原始檔中，每一個該符號的參考都會受限於該符號的定義。因此，這些參考在執行期將不會在執行期受到其他共享函式庫的定義干涉（在 41.12 節所述的方法）。static 關鍵字的效果類似 41.12 節所述的 *-Bsymbolic* 連結器選項，差異之處在於，static 關鍵字只會影響單一原始檔中的單個符號。

- GNU C 編譯器，*gcc* 提供編譯器特有的屬性宣告，可進行與 static 關鍵字類似的任務：

```
void
__attribute__ ((visibility("hidden")))
func(void) {
    /* Code */
}
```

static 關鍵字只能將符號的能見度侷限在一個程式碼檔案,而 hidden 屬性可以讓符號跨共享函式庫的全部原始碼,只是會將符號的能見度限制在這個函式庫之內。

> 如同 static 關鍵字,hidden 屬性也有避免符號在執行期受到干涉的反效果。

- 版本腳本(version script,參考 42.3 節)可以用來精確控制符號的能見度,並可以選擇該參考所綁定的符號版本。
- 當動態載入共享函式庫時(42.1.1 節),可以使用 *dlopen()* 搭配 RTLD_GLOBAL 指定函式庫所定義的符號,這些符號應該可提供給後續載入的函式庫綁定。而 *--export-dynamic* 連結器選項(42.1.6 節)可以用來讓主程式的全域符號提供給動態載入的函式庫使用。

符號能見度主題的深入細節請參考(Drepper,2004 (b))。

42.3 連結器的版本腳本

版本腳本(*version script*)是一個文字檔,包含 *ld* 連結器的指令。為了使用版本腳本,我們必須指定 *--version-script* 連結器選項:

```
$ gcc -Wl,--version-script,myscriptfile.map ...
```

版本腳本通常(但並非全部)是透過 .map 副檔名識別。

下列幾節會介紹版本腳本的一些用途。

42.3.1 以版本腳本控制符號的能見度

其中一種版本腳本的用途是,用來控制可能會被意外改成全域的符號能見度(即符號對全部連結到函式庫的應用程式都可見)。以一個簡單的例子來說明,假設我們正在使用三個原始檔 vis_comm.c、vis_f1.c 及 vis_f2.c 建立一個共享函式庫,這些原始檔分別定義 *vis_comm()*、*vis_f1()* 及 *vis_f2()* 函式,而 *vis_f1()* 與 *vis_f2()* 都會呼叫 *vis_comm()* 函式,但是並不打算將 *vis_comm()* 提供給應用程式直接連結函式庫使用。

這裡假設我們以一般的方式建立共享函式庫：

```
$ gcc -g -c -fPIC -Wall vis_comm.c vis_f1.c vis_f2.c
$ gcc -g -shared -o vis.so vis_comm.o vis_f1.o vis_f2.o
```

若我們使用下列的 *readelf* 指令列出函式庫匯出的動態符號，我們將看到如下：

```
$ readelf --syms --use-dynamic vis.so | grep vis_
    30 12: 00000790    59    FUNC GLOBAL DEFAULT  10 vis_f1
    25 13: 000007d0    73    FUNC GLOBAL DEFAULT  10 vis_f2
    27 16: 00000770    20    FUNC GLOBAL DEFAULT  10 vis_comm
```

此共享函式庫匯出三個符號：*vis_comm()*、*vis_f1()* 及 *vis_f2()*，然而，我們想要確保函式庫只匯出符號 *vis_f1()* 及 *vis_f2()*，所以我們可以用下列的版本腳本來達成目的：

```
$ cat vis.map
VER_1 {
    global:
        vis_f1;
        vis_f2;
    local:
        *;
};
```

VER_1 識別碼是一個版本標籤（*version tag*）的例子，如我們將在 42.3.2 節探討的符號版本，版本腳本可以有多個版本節點（*version nodes*），分別以大括號分群（{ }），並以唯一的版本標籤開頭。若我們只是要用版本腳本來控制符號的能見度，則版本標籤是多餘的，雖然舊版的 *ld* 會用到它，不過現代版的 *ld* 可以忽略版本標籤。在此例子，版本節點可以說是匿名的版本標籤（anonymous version tag），且在腳本中不會存在其他版本節點。

在版本節點中，以 global 關鍵字開頭且以分號做為分隔符號的符號清單，在函式庫之外是可見的。而 local 關鍵字起始的符號清單則會對外界隱藏。這裡的星號（*）表示我們在這些符號規格中使用萬用模式（wildcard patterns），此處的萬用字元（wildcard character）與那些用來做為 shell 檔名比對的萬用字元相同，例如，* 與 ?。（深入細節請參考 *glob(7)* 使用手冊）。此例中，在 local 規格中使用星號表示沒有明確宣告為 global 的任何事物都要隱藏，若我們不這樣宣稱，則 *vis_comm()* 仍然對外界是可見的，因為預設行為就是讓 C 的全域符號在共享函式庫之外都可見。

我們接著可以使用如下的版本腳本建立共享函式庫：

```
$ gcc -g -c -fPIC -Wall vis_comm.c vis_f1.c vis_f2.c
$ gcc -g -shared -o vis.so vis_comm.o vis_f1.o vis_f2.o \
        -Wl,--version-script,vis.map
```

再次使用 *readelf*，此時 *vis_comm()* 在外部已經是不可見的：

```
$ readelf --syms --use-dynamic vis.so | grep vis_
    25    0: 00000730     73   FUNC GLOBAL DEFAULT 11 vis_f2
    29   16: 000006f0     59   FUNC GLOBAL DEFAULT 11 vis_f1
```

42.3.2　符號版本

符號版本（symbol verison）允許單一個共享函式庫對相同函式提供不同的版本，
當程式（靜態地）連結共享函式庫時，每個程式只會使用函式的目前版本。我們
可以對共享函式庫進行不相容的改變，而不需增加函式庫的主要版本編號，甚至
可以用符號版本取代傳統共享函式庫的主要（major）與次要（minor）版本機制。
在 *glibc* 2.1 以及之後的版本，會依此方式使用符號版本，以便 *glibc* 從 2.0 起的每
個版本只支援單一個主要函式庫版本（libc.so.6）。

　　我們用一個簡例示範符號版本的用法，我們先用一個版本腳本建立第一版的
共享函式庫：

```
$ cat sv_lib_v1.c
#include <stdio.h>

void xyz(void) { printf("v1 xyz\n"); }
$ cat sv_v1.map
VER_1 {
        global: xyz;
        local:  *;      # Hide all other symbols
};
$ gcc -g -c -fPIC -Wall sv_lib_v1.c
$ gcc -g -shared -o libsv.so sv_lib_v1.o -Wl,--version-script,sv_v1.map
```

　　　　在版本腳本中，註解是以雜湊字元（#，hash character）開頭。

（為了保持範例的精簡，我們避免使用函式庫 soname 以及函式庫的主要版本編
號）。

　　在此階段，我們的版本腳本（sv_v1.map）只能控制共享函式庫符號的能見
度，會匯出 *xyz()*，但是其他全部的符號（在此小例子並沒有）都被隱藏了，再來
我們建立一個使用這個函式庫的程式（*p1*）：

```
$ cat sv_prog.c
#include <stdlib.h>
```

```
int
main(int argc, char *argv[])
{
    void xyz(void);

    xyz();

    exit(EXIT_SUCCESS);
}
$ gcc -g -o p1 sv_prog.c libsv.so
```

在我們執行此程式時,我們看到預期的結果:

```
$ LD_LIBRARY_PATH=. ./p1
v1 xyz
```

現在假設我們想要修改函式庫中的 *xyz()* 定義,並仍要確保程式 *p1* 會繼續使用此函式的舊版本,我們為此必須在函式庫中定義兩個版本的 *xyz()*:

```
$ cat sv_lib_v2.c
#include <stdio.h>

__asm__(".symver xyz_old,xyz@VER_1");
__asm__(".symver xyz_new,xyz@@VER_2");

void xyz_old(void) { printf("v1 xyz\n"); }

void xyz_new(void) { printf("v2 xyz\n"); }

void pqr(void) { printf("v2 pqr\n"); }
```

我們的兩個 *xyz()* 版本分別以函式 *xyz_old()* 與 *xyz_new()* 提供,*xyz_old()* 函式對應到我們 *xyz()* 的原始定義,這應該會繼續讓程式 *p1* 使用,*xyz_new()* 函式提供 *xyz()* 的定義要提供給連結新版函式庫的程式使用。

關鍵是這兩個 .symver 組譯指引(assembler directive),將這兩個函式分別綁到(修改過的)版本腳本中的不同版本標籤(稍後介紹),即是我們用來建立新版共享函式庫的版本標籤。第一個 directive 說明了 *xyz_old()* 是 *xyz()* 的實作,要提供給連結到 VER_1 版本標籤的應用程式(如我們範例的 p1 程式)使用;而 *xyz_new()* 也是 *xyz()* 的實作,要讓連結到 VER_2 版本標籤的應用程式使用。

在第二個 .symver directive 使用 @@ 而不是 @,表示這是 *xyz()* 預設的定義,即應用程式以靜態方式連結到這個共享函式庫時預設要綁定的 *xyz()* 定義,所以一個符號只能將一個 .symver directive 標示為 @@。

供我們修改過的函式庫使用的相對應版本腳本如下：

```
$ cat sv_v2.map
VER_1 {
        global: xyz;
        local:  *;          # Hide all other symbols
};

VER_2 {
        global: pqr;
} VER_1;
```

此版本腳本提供新的版本標籤（*VER_2*），與 *VER_1* 標籤相依，此相依性由下列這行所示：

```
} VER_1;
```

版本標籤相依性指出連續函式庫版本之間的關係，就語意上，Linux 版本標籤相依性的唯一影響是，版本節點會從與它相依的版本節點繼承 global 與 local 規格。

相依性是可以是串聯的，以便我們能有另一個 *VER_3* 標籤的版本節點，並與 *VER_2* 相依，以此類推。

版本標籤名稱對它們本身沒有意義，它們彼此的關係只由與指定版本的相依性決定，我們選擇 *VER_1* 與 *VER_2* 的名稱只是要方便說明它們的關係。為了便於維護，建議在實務上可使用包含套件名稱（package name）與版本編號的版本標籤，例如：*glibc* 使用的版本標籤以 *GLIBC_2.0*、*GLIBC_2.1* 此類的名稱命名，諸如此類等。

VER_2 版本標籤也要指定新的 *pqr()* 函式要能由函式庫匯出，並與 *VER_2* 的版本標籤綁定，若我們沒有以此方式宣告 *pqr()*，則繼承 *VER_1* 版本標籤的 *VER_2* 版本標籤，其 local 規格將會讓 *pqr()* 在函式庫外不可見。還要注意的是，若我們同時忽略 local 規格，則 *xyz_old()* 與 *xyz_new()* 符號也會被函式庫匯出（通常我們並不要這樣）。

我們現在要以常用的方式建立新版函式庫：

```
$ gcc -g -c -fPIC -Wall sv_lib_v2.c
$ gcc -g -shared -o libsv.so sv_lib_v2.o -Wl,--version-script,sv_v2.map
```

現在我們建立一個新的程式（*p2*），它會使用新的 *xyz()* 定義，而程式 *p1* 則使用舊的 *xyz()* 版本。

```
$ gcc -g -o p2 sv_prog.c libsv.so
$ LD_LIBRARY_PATH=. ./p2
v2 xyz                                        Uses xyz@VER_2
```

```
$ LD_LIBRARY_PATH=. ./p1
v1 xyz                                          Uses xyz@VER_1
```

執行檔的版本標籤相依性會在靜態連結時期記錄，我們可以使用 *objdump -t* 顯示每個執行檔的符號表，因而顯示每個程式的不同版本標籤相依性：

```
$ objdump -t p1 | grep xyz
08048380      F *UND*  0000002e          xyz@@VER_1
$ objdump -t p2 | grep xyz
080483a0      F *UND*  0000002e          xyz@@VER_2
```

我們也能使用 *readelf -s* 取得類似資訊。

> 關於符號版本的進階資訊可以使用 *info ld scripts version*，及在 *http://people. redhat.com/drepper/symbol-versioning* 找到。

42.4 函式的初始與終止

當載入與卸載共享函式庫時，可以定義一個以上的自動執行函式，這可以讓我們在使用共享函式庫時執行初始（initialization）與終止（finalization）動作。無論函式庫是自動載入或直接使用 *dlopen* 介面載入的（42.1 節），都會執行初始與終止函式。

初始與終結函式是使用 *gcc* 的建構子（constructor）與解構子（destructor）屬性定義的，每個要在載入函式庫時執行的函式都應該定義如下：

```
void __attribute__ ((constructor)) some_name_load(void)
{
    /* Initialization code */
}
```

卸載函式也是用類似的定義：

```
void __attribute__ ((destructor)) some_name_unload(void)
{
    /* Finalization code */
}
```

名為 *some_name_load()* 與 *some_name_unload()* 的函式可替代為任何所需的名稱。

> 也可能使用 gcc 建構子與解構子屬性，在主程式中建立初始與終止函式。

_init() 與 _fini() 函式

以前提供共享函式庫初始與終止的方式是在函式庫建立 _init() 與 _fini() 函式，void _init(void) 函式的程式碼必須在行程一開始載入函式庫時執行，而 void _fini(void) 函式的程式碼要在卸載函式庫時執行。

若我們建立 _init() 與 _fini() 函式，則我們在建立共享函式庫時，為了避免連結器引入這些函式的預設版本，我們必須指定 *gcc -nostartfiles* 選項。（若需要，則使用 *-Wl,-init* 與 *-Wl,-fini* 連結器選項可以讓我們替這兩個函式選擇替代名稱）。

目前是認為 _init() 與 _fini() 函式已經過時了，建議使用 *gcc* 的建構子與解構子屬性，好處是可以讓我們定義多個初始與終止函式。

42.5 預載的共享函式庫

為了測試目的，有時為了方便，可使用 41.11 節所述的規則，對動態連結器找到的函式（及其他符號）選擇性地進行覆載（override）。為此，我們可以將環境變數 LD_PRELOAD 定義為一個字串，包含以空格或冒號分隔的共享函式庫名稱，這些共享函式庫要比其他任何共享函式庫先載入，也因為這些函式庫可以先載入，所以它們定義的任何函式在執行檔需要時都會自動優先使用，因此，會覆蓋任何由動態連結器找到的同名函式。例如，假設我們有一個程式呼叫 *x1()* 與 *x2()* 函式，這兩個函式定義於我們的 libdemo 函式庫，當我們執行此程式時，我們會看到如下輸出：

```
$ ./prog
Called mod1-x1 DEMO
Called mod2-x2 DEMO
```

（在此例中，我們假定共享函式庫位在其中一個標準目錄，因此我們不需使用 LD_LIBRARY_PATH 環境變數）。

我們可以藉由建立另一個包含不同 *x1()* 定義的共享函式庫（libalt.so），並選擇性地覆載了 *x1()* 函式，當執行程式時，預載的這個函式庫將產生如下結果：

```
$ LD_PRELOAD=libalt.so ./prog
Called mod1-x1 ALT
Called mod2-x2 DEMO
```

我們這裡看到呼叫定義於 libalt.so 的 *x1()* 版本，可是呼叫的 *x2()* 不是在 libalt.so 沒有提供定義的 *x2()*，而是呼叫定義於 libdemo.so 的 *x2()* 函式。

LD_PRELOAD 環境變數依據個別行程層級來控制預載，或是在 /etc/ld.so.preload 檔案列出的函式庫（以空格分開），也能用來在整個系統層級進行同樣的任務。（由 LD_PRELOAD 指定的函式庫會比在 /etc/ld.so.preload 內指定的函式庫優先載入）。

基於安全理由，set-user-ID 與 set-group-ID 的程式會忽略 LD_PRELOAD。

42.6　監視動態連結器：LD_DEBUG

有時監視動態連結器的運作是有用的，例如，可以知道它正在哪些地方搜尋函式庫。我們可以使用 LD_DEBUG 環境變數達到這個目的。透過將這個變數設定為一組標準關鍵字的其中一個（或多個），我們就能從動態連結器取得各種追蹤資訊。

若我們將 LD_DEBUG 的值指定為 *help*，則動態連結器會顯示關於 LD_DEBUG 的 *help* 資訊，而不會執行指定的指令：

```
$ LD_DEBUG=help date
Valid options for the LD_DEBUG environment variable are:

libs        display library search paths
reloc       display relocation processing
files       display progress for input file
symbols     display symbol table processing
bindings    display information about symbol binding
versions    display version dependencies
all         all previous options combined
statistics display relocation statistics
unused      determine unused DSOs
help        display this help message and exit

To direct the debugging output into a file instead of standard output
a filename can be specified using the LD_DEBUG_OUTPUT environment variable.
```

當我們想要函式庫搜尋的相關追蹤資訊時，下列範例示範一個簡單的輸出版本：

```
$ LD_DEBUG=libs date
    10687:      find library=librt.so.1 [0]; searching
    10687:       search cache=/etc/ld.so.cache
    10687:        trying file=/lib/librt.so.1
    10687:      find library=libc.so.6 [0]; searching
    10687:       search cache=/etc/ld.so.cache
    10687:        trying file=/lib/libc.so.6
    10687:      find library=libpthread.so.0 [0]; searching
    10687:       search cache=/etc/ld.so.cache
    10687:        trying file=/lib/libpthread.so.0
    10687:      calling init: /lib/libpthread.so.0
```

```
    10687:        calling init: /lib/libc.so.6
    10687:        calling init: /lib/librt.so.1
    10687:        initialize program: date
    10687:        transferring control: date
Tue Dec 28 17:26:56 CEST 2010
    10687:        calling fini: date [0]
    10687:        calling fini: /lib/librt.so.1 [0]
    10687:        calling fini: /lib/libpthread.so.0 [0]
    10687:        calling fini: /lib/libc.so.6 [0]
```

在每一行開頭顯示的 10687 是正在追蹤的行程（行程 ID），這對我們在監視多個行程時很有幫助（例如：父行程與子行程）。

預設是將 LD_DEBUG 輸出寫入標準錯誤，但是我們可以透過在 LD_DEBUG_OUTPUT 環境變數指定一個路徑名稱，將它導向其他地方。

若有必要，我們可以在 LD_DEBUG 指定多個選項，並用逗號（不該有空格）隔開這些選項，*symbols* 選項的輸出（藉由動態連結器追蹤符號解析的）會特別冗長。

LD_DEBUG 對由動態連結器隱含地載入的函式庫，以及透過 *dlopen()* 動態載入的函式庫都有效果。

基於安全理由，set-user-ID 與 set-group-ID 的程式會忽略 LD_DEBUG（從 *glibc* 2.2.5 起）。

42.7　小結

動態連結器提供 *dlopen()* API，允許程式直接在執行期載入額外的共享函式庫，此技術可讓程式實作附加元件（plug-in，又稱插件）的功能。

共享函式庫設計的一個重要觀點是，控制符號的能見度，讓函式庫只能匯出那些實際上可以讓程式連結函式庫而使用的符號（函式與變數）。我們探討了一些可用來控制符號能見度的技術，在這些技術之中，能對符號能見度進行微調控制的是版本腳本。

我們也示範，如何使用版本腳本實作出一個共享函式庫能匯出多個符號定義的機制，以供連結到函式庫的不同應用程式使用。

（當應用程式以靜態方式連結函式庫時，每個應用程式會使用目前的定義），這項技術提供傳統函式庫版本控制的替代方法，傳統方式是在共享函式庫的真實名稱使用主要與次要版本編號。

定義共享函式庫中的初始與終止函式可以讓我們在載入及卸載函式庫時，自動執行一些程式碼。

LD_PRELOAD 環境變數讓我們能預載共享函式庫，使用這項機制，我們可以選擇性地覆載（override）動態連結器通常會在其他共享函式庫找到的函式與其他符號。

為了監視動態連結器的運作，我們可以將各種值指定給 LD_DEBUG 環境變數。

進階資訊

參考 41.14 節中所列的進階資訊來源。

42.8 習題

42-1. 寫程式驗證函式庫是否已經用 *dlclose()* 關閉，以及若函式庫的任何符號有其他函式庫使用時，無法被卸載。

42-1. 為了解析關於 *dlsym()* 所傳回的位址資訊，將 *dladdr()* 呼叫新增到列表 42-1（dynload.c）的程式，輸出傳回的 *dl_info* 結構欄位值，並驗證這些值是否符合預期。

43

行程間通訊簡介

本章簡介可以用在行程（process）與執行緒（thread）之間相互通信與同步（synchronize）操作的工具，下列章節將會深入介紹這些工具的細節。

43.1　IPC 工具分類

圖 43-1 節錄 UNIX 系統上各種通信和同步工具，並依據功能將它們分成了三類：

- 通信（*communication*）：這些工具用於行程之間的資料交換。

- 同步（*synchronization*）：這些行程用於行程和執行緒操作之間的同步。

- 訊號（*signal*）：儘管訊號主要用於其他目的，但在特定情況下，仍然可以將它做為一種同步技術。較少見的是，訊號可以做為一種通信技術：訊號編號本身就是一種資訊形式，而且即時訊號可以伴隨著相關資料（一個整數或指標），第 20 章到第 22 章已經對訊號進行介紹。

雖然部份工具適用於同步，但通用術語「行程間通信（*inter process communication*，IPC）」通常是用來代表這些工具。

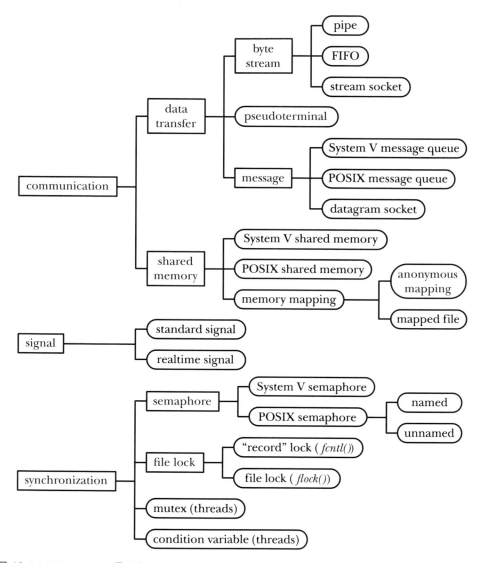

圖 43-1：UNIX IPC 工具分類

如圖 43-1 所示，通常有幾個工具會提供類似的 IPC 功能，原因如下所述：

- 不同的工具在不同的 UNIX 實作上各自進行演化，隨後被移植到了其他 UNIX 系統上。如 FIFO 是在 System V 上實作的，而（stream）socket 則是先是在 BSD 上實作的。

- 開發新工具是為了補足之前類似工具的不足，如 POSIX IPC 工具（訊息佇列、號誌以及共享記憶體）是對較早的 System V IPC 工具的改進。

圖 43-1 中同群組的工具在一些情況中會提供完全不同的功能，如 stream socket（串流通訊端）可以透過網路通信，而 FIFO 則只能用在同一機器的行程間通信。

43.2　通信工具

圖 43-1 列出的各種通信工具可讓行程之間相互交換資料。（這些工具還可以用在同一個行程的不同執行緒之間交換資料，但很少需要這樣做，因為執行緒之間可以透過共用全域變數來交換資訊）。

　　可以將通信工具分成兩類：

- 資料傳輸工具：區分這些工具的關鍵因素是寫入和讀取的概念，為了進行通信，一個行程將資料寫入 IPC 工具中，另一個行程從中讀取資料，這些工具需要在使用者記憶體和核心記憶體之間進行兩次資料傳輸：一次傳輸是在寫入時，從使用者記憶體到核心記憶體，另一次傳輸是在讀取時，從核心記憶體到使用者記憶體。（圖 43-2 示範管線在這此情境的用途）。

- 共享記憶體：共享記憶體允許行程透過將資料放到行程間共用的一塊記憶體中，以完成資訊的交換。（核心透過將每個行程的分頁表紀錄（page table entry）指向同一個 RAM 分頁來實作此功能，如圖 49-2 所示）。一個行程可以透過將資料放到共用區塊中，供其他行程讀取這些資料。由於通信無須系統呼叫、使用者記憶體和核心記憶體之間的資料傳輸，因此共享記憶體的速度非常快。

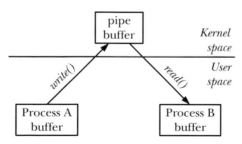

圖 43-2：使用管線（pipe）在兩個行程間交換資料

資料傳輸

我們可以進一步將資料傳輸工具分成下列的子類型：

- 位元組串流（*byte stream*）：透過管線（PIPE）、FIFO 以及 stream socket 交換的資料是一個無分隔符號的位元組串流，每個讀取操作可能會從 IPC 工具中讀取任意位元組的資料，不管寫入者寫入的區塊大小為何。這個模型參考了傳統的 UNIX「檔案是一個位元組序列」模型。

- 訊息（*message*）：透過 System V 訊息佇列（message queue）、POSIX 訊息佇列以及 datagram socket 交換的資料是以分隔符號分隔的訊息。每個讀取操作讀取由寫入者寫入的一整筆訊息，無法只讀取部分訊息而把剩餘部分留在 IPC 工具，也無法在一個讀取操作中讀取多筆訊息。

- 虛擬終端機（*pseudo terminal*）：虛擬終端機是一種在特殊情況下使用的通信工具，在 64 章將會介紹有關虛擬終端機的詳細資訊。

資料傳輸工具和共享記憶體之間的差別有下列幾點：

- 儘管一個資料傳輸工具可能會有多個讀取者，但讀取操作是具有破壞性的，讀取操作會消耗資料，其他行程將無法取得已消耗的資料。

    在 socket 中可以使用 MSG_PEEK 旗標來執行非破壞性讀取（參考 61.3 節），UDP（Internet domain datagram）socket 允許將一筆訊息廣播（broadcast）或群播（multicast）到多個接收者處（參考 61.12 節）。

- 讀取者和寫入者行程之間的同步是自動的，若一個讀取者試圖從一個目前不包含資料的資料傳輸工具中讀取資料，則在預設情況下，讀取操作會受到阻塞，直到一些行程向該工具寫入了資料。

共享記憶體

大多數現代的 UNIX 系統提供了三種形式的共享記憶體：System V 共享記憶體、POSIX 共享記憶體，以及記憶體映射（memory mapping），在後面介紹這些工具的章節中將會說明它們之間的差別（尤其是在 54.5 節）。

下面是使用共享記憶體時的注意點：

- 儘管共享記憶體可以快速通信，但是需要對共享記憶體進行同步操作的處理，所以速度優勢則有些打折。如當一個行程正在更新共享記憶體中的一個資料結構時，另一個行程就不應該試圖讀取這個資料結構。在共享記憶體中，號誌（semaphore）通常用來做為同步方法。

- 放入共享記憶體中的資料對所有共用這塊記憶體的行程可見（這與上面資料傳輸工具中介紹的破壞性讀取語意不同）。

43.3　同步工具（synchronization facility）

透過圖 43-1 的同步工具可以協調行程的操作，同步可以讓行程避免同時更新一塊共享記憶體、或同時更新檔案的同一個資料區塊之類的操作。若沒有同步，則這種同時更新的操作可能會導致應用程式產生錯誤的結果。

UNIX 系統提供了下列同步工具：

- 號誌（*semaphore*）：一個號誌是一個由核心維護的整數，其值永遠不會小於 0。一個行程可以增加或減小一個號誌的值。若一個行程試圖將號誌的值減小為小於 0，則核心會阻塞該操作，直至號誌的值增長到允許執行該操作的程度。（或者行程可以要求執行一個非阻塞操作，則就不會發生阻塞，核心會讓該操作立即返回並傳回一個標示無法立即執行該操作的錯誤）。號誌的含義是由應用程式來確定的，一個行程減小一個號誌（如從 1 到 0）是為了預約對某些共用資源的獨佔存取，在完成了資源的使用之後，可以增加號誌來釋放共用資源以供其他行程使用。最常用的號誌是二元號誌，一個值只能是 0 或 1 的號誌，但處理一類共用資源擁有多個實體（instance）的應用程式需要使用最大值等於共用資源數量的號誌。Linux 既提供了 System V 號誌，又提供了 POSIX 號誌，它們的功能是類似的。

- 檔案鎖（*file lock*）：檔案鎖是一種同步方法，設計用來協調操作同一檔案的多個行程的動作。它也可以用來協調對其他共用資源的存取。檔案鎖分為兩類：讀取（共用）鎖和寫入（互斥）鎖。任意行程都可以持有同一檔案（或一個檔案的某段區間）的讀取鎖，但當一個行程持有了一個檔案（或檔案區間）的寫入鎖之後，其他行程將無法取得該檔案（或檔案區間）上的讀取鎖和寫入鎖。Linux 透過 *flock()* 和 *fcntl()* 系統呼叫來提供檔案上鎖工具。*flock()* 系統呼叫提供了一種簡單的上鎖機制，允許行程將一個共用或互斥鎖加到整個檔案上。由於功能有限，現在已經很少使用 *flock()* 這個上鎖工具了。*fcntl()* 系統呼叫提供了紀錄上鎖（record lock），允許行程在同一檔案的不同區間上加上多個讀取鎖和寫入鎖。

- 互斥（*mutex*）和條件變數（*condition variable*）：這些同步工具通常用於 POSIX 執行緒，第 30 章對此進行了介紹。

  一些 UNIX 實作，包括安裝了能提供 NPTL 執行緒實作的 *glibc* 的 Linux 系統，允許在行程間共用 *mutex* 和條件變數。SUSv3 允許但並不要求實作支援行

程間共用的 *mutex* 和條件變數。所有 UNIX 系統都沒有提供這個功能,因此很少使用它們來進行行程同步。

在執行行程間同步時,通常需要依據功能需求來選擇工具。當協調對檔案的存取時,檔案紀錄上鎖通常是最佳的選擇,而對於協調對其他共用資源的存取來講,號誌通常是更佳的選擇。

通信工具也可以用來進行同步。如在 44.3 節中使用了一個管線來同步父行程與子行程的動作。一般來講,所有資料傳輸工具都可以用來同步,只是同步操作是透過在工具中交換訊息來完成的。

自核心 2.6.22 起,Linux 透過 *eventfd()* 系統呼叫額外提供了一種非標準的同步機制。這個系統呼叫建立了一個 eventfd 物件,該物件擁有一個相關的由核心維護的 8 位元組無號整數,它傳回一個指向該物件的檔案描述符。向這個檔案描述符中寫入一個整數將會把該整數加到物件值上。當物件值為 0 時,對該檔案描述符的 *read()* 操作將會被阻塞。若物件的值非零,則 *read()* 會傳回該值,並將物件值重置為 0。此外,可以使用 *poll()*、*select()* 以及 epoll 來測試物件值是否為非零,若是非零的話就表示檔案描述符可讀。使用 eventfd 物件進行同步的應用程式必須要首先使用 *eventfd()* 建立該物件,然後呼叫 *fork()* 建立繼承指向該物件的檔案描述符的相關行程,更多細節資訊可參考 eventfd(2) 手冊。

43.4 IPC 工具比較

在需要使用 IPC 時會發現有很多選擇,讀者在一開始可能會對這些選擇感到迷惑。在後面介紹各個 IPC 工具的章節中將會把每個工具與其他類似的工具進行比較。下面介紹在確定選擇何種 IPC 工具時通常需要考慮的事項。

IPC 物件旗標和開啟物件的 handle

要存取一個 IPC 物件,行程必須要透過某種方式來識別物件,一旦將物件 "開啟" 之後,行程必須要使用某種 handle 來參照該開啟著的物件,表 43-1 節錄了各種類型的 IPC 工具的屬性。

表 43-1:各種 IPC 工具的識別碼和 handle

工具類型	用於識別對象的名稱	用於在程式中參照對象的 handle
管線	沒有名稱	檔案描述符
FIFO	路徑名稱	檔案描述符

工具類型	用於識別對象的名稱	用於在程式中參照到對象的 handle
UNIX domain socket	路徑名稱	檔案描述符
Internet domain socket	IP 位址 + 埠號	檔案描述符
System V 訊息佇列	System V IPC 鍵	System V IPC 識別碼
System V 號誌	System V IPC 鍵	System V IPC 識別碼
System V 共享記憶體	System V IPC 鍵	System V IPC 識別碼
POSIX 訊息佇列	POSIX IPC 路徑名稱	*mqd_t*（訊息佇列描述符）
POSIX 命名號誌	POSIX IPC 路徑名稱	*sem_t* *（號誌指標）
POSIX 未命名號誌	沒有名稱	*sem_t* *（號誌指標）
POSIX 共享記憶體	POSIX IPC 路徑名稱	檔案描述符
匿名映射	沒有名稱	無
記憶體映射檔案	路徑名稱	檔案描述符
flock() 檔案鎖	路徑名稱	檔案描述符
fcntl() 檔案鎖	路徑名稱	檔案描述符

功能

各種 IPC 工具在功能上是存在差異的，因此在確定使用何種工具時需要考慮這些差異，下面首先對資料傳輸工具和共享記憶體之間的差異進行節錄。

- 資料傳輸工具提供了讀取和寫入操作，傳輸的資料只供一個讀者行程消耗。核心會自動處理讀取者和寫入者之間的流量控制以及同步（這樣當讀者試圖從目前為空的工具中讀取資料時將會阻塞）。在很多應用程式設計中，這個模型都表現得很好。

- 其他應用程式設計則更適合採用共享記憶體的方式。一個行程透過共享記憶體能夠使資料對共用同一記憶體區間的所有行程可見。通信"操作"是比較簡單的，行程可以像存取自己的虛擬位址空間中的記憶體那樣存取共享記憶體中的資料。另一方面，同步處理（可能還會有流量控制）會增加共享記憶體設計的複雜性。在需要維護共用狀態（如共用資料結構）的應用程式中，這個模型表現得很好。

關於各種資料傳輸工具，下面幾點是值得注意的：

- 一些資料傳輸工具以位元組串流的形式傳輸資料（管線、FIFO 以及串流式 socket），另一些則是訊息導向的（訊息佇列和 datagram socket）。到底選擇何種方法則需要取決於應用程式。（應用程式也可以在一個位元組串流工具上應用訊息導向的模型，這可以透過使用分隔字元、固定長度的訊息，或對整筆訊息長度進行編碼的訊息表頭來實作，具體可參考 44.8 節）。

- 與其他資料傳輸工具相比，System V 和 POSIX 訊息佇列特有的一個特性是，它們能夠給訊息賦予一個數值型別或優先權，這樣遞送訊息的順序就可以與發送訊息的順序不同了。

- 管線、FIFO 以及 socket 是使用檔案描述符來實作的，這些 IPC 工具都支援第 63 章中介紹的一組 I/O 模型：I/O 多工（*select()* 和 *poll()* 系統呼叫）、訊號驅動的 I/O，以及 Linux 特有的 *epoll* API。這些技術的主要優勢在於它們允許應用程式同時監控多個檔案描述符，以判斷是否可以在某些檔案描述符上執行 I/O 操作。相較之下，System V 訊息佇列沒有使用檔案描述符，因此並不支援這些技術。

    > 在 Linux 上，POSIX 訊息佇列也是使用檔案描述符來實作的，因此也支援上面介紹的各種 I/O 技術。但 SUSv3 並沒有規定這種行為，因此在大多數實作上並不支援這些技術。

- POSIX 訊息佇列提供了一個通知工具，當一筆訊息進入了一個之前為空的佇列中時，可以使用它來向行程發送訊號或初始化一個新的執行緒。

- UNIX domain socket 提供了一個特性，允許在行程間傳輸檔案描述符，這樣一個行程就能夠開啟一個檔案，並使之對另一個本來無法存取該檔案的行程可用，在 61.13.3 節中將會對此特性進行簡要介紹。

- UDP（Internet domain datagram）socket 允許一個發送者向多個接收者廣播或群播一筆訊息，在 61.12 節中將會對此特性進行簡要介紹。

關於行程同步工具，下面幾點是值得注意的：

- 使用 *fcntl()* 加上的紀錄鎖由上鎖的行程擁有，核心使用這種所有權屬性來檢測死結（deadlock，兩個或多個行程持有的鎖會阻塞對方後續的上鎖請求的情況）。若發生了死結，則核心會拒絕其中一個行程的上鎖請求，因此會在 *fcntl()* 呼叫中傳回一個錯誤標示出死結的發生。System V 和 POSIX 號誌並沒有所有權屬性，因此核心不會為號誌進行死結檢測。

- 當使用 *fcntl()* 獲得紀錄鎖的行程終止之後，會自動釋放該紀錄鎖。System V 號誌提供了一個類似的特性，即 "還原" 特性，但這個特性僅在部分情況中是可靠的（參考 47.8 節）。POSIX 號誌並沒有提供類似的特性。

網路通信

在圖 43-1 的每個 IPC 方法中，只有 socket 允許行程透過網路來通信，socket 一般用於兩個網域（domain）：一個是 UNIX domain，它允許位於同一系統上的行程進行通信；另一個是 *Internet* domain，它允許位於透過 TCP/IP 網路進行連接的不同主機上的行程進行通信。通常，將一個使用 UNIX domain socket 進行通信的程式轉換成一個使用 Internet domain socket 進行通信的程式只需要做出微幅的更動，這樣只需要對使用 UNIX domain socket 的應用程式做較小的更動就可以將它應用於網路環境。

可攜性

現代 UNIX 實作支援圖 43-1 的大部分 IPC 工具，但 POSIX IPC 工具（訊息佇列、號誌以及共享記憶體）的普及程度遠不如 System V IPC，尤其是在較早的 UNIX 系統上。（只有版本為 2.6.x 的 Linux 核心系列才提供了一個 POSIX 訊息佇列的實作，以及對 POSIX 號誌的完全支援）。因此，從可攜的角度來看，System V IPC 要優於 POSIX IPC。

System V IPC 設計問題

System V IPC 工具被設計成獨立於傳統的 UNIX I/O 模型，其結果是其中一些特性使得它的程式設計介面的用法更加複雜。相對應的 POSIX IPC 工具被設計用來解決這些問題，尤其是下面幾點需要注意：

- System V IPC 工具是不需連線的，它們沒有提供參照到一個開啟的 IPC 物件的 handle（控制符，類似檔案描述符）的概念。在後面的章節中有時會說 "開啟" 一個 System V IPC 物件，但這僅是說明行程簡易取得一個參照到該物件的識別號（identifier）方式。核心不會記錄行程已經 "開啟" 了該物件（與其他 IPC 物件不同）。這意謂著，核心無法維護目前使用該物件的行程的參考計數，其結果是應用程式需要使用額外的程式碼來得知何時可以安全地刪除一個物件。

- System V IPC 工具的程式設計介面與傳統的 UNIX I/O 模型是不一致的（它們使用整數的鍵值和 IPC 識別碼，而不是路徑名稱和檔案描述符），並且這個程式設計介面也過於複雜了。這一點在 System V 號誌上表現得特別明顯（參考 47.11 節和 53.5 節）。

反之，核心會為 POSIX IPC 物件記錄開啟的參考計數，這樣就簡化了何時刪除物件的決策。此外，POSIX IPC 提供的介面更加簡單並且與傳統的 UNIX 模型也更加一致。

可存取性

表 43-2 中的第二行節錄了各種 IPC 工具的一個重要特性：權限模型控制著哪些行程能夠存取物件，下面介紹各種模型的細節資訊。

- 對於一些 IPC 工具（如 FIFO 和 socket），物件名稱位於檔案系統中，可存取性是依據相關的檔案權限遮罩（指定了擁有者、群組和其他使用者的權限）來決定的（參考 15.4 節）。雖然 System V IPC 物件並不位於檔案系統，但每個物件都擁有一個相關的權限遮罩，其語意與檔案的權限遮罩類似。

- 一些 IPC 工具（管線、匿名記憶體映射）被標示成只允許相關行程存取。這裡 "相關" 指透過 *fork()* 關聯的。為了使兩個行程能夠存取同一個物件，其中一個必須要建立該物件，然後呼叫 *fork()*。而 *fork()* 呼叫的結果就是子行程會繼承參照到該物件的一個 handle，這樣兩個行程就能夠共用物件了。

- POSIX 未命名號誌的可存取性是透過包含該號誌的共享記憶體區間的可存取性來決定的。

- 為了對一個檔案上鎖，行程必須要擁有一個參照到該檔案的檔案描述符（即在實務中，它必須要擁有開啟檔案的權限）。

- 對 Internet domain socket 的存取（即連接或發送 datagram）沒有限制。若有需要的話，必須要在應用程式中實作存取控制。

表 43-2：各種 IPC 工具的可存取性和持續性

工具類型	可存取性	持續性
管線	僅允許相關行程	行程
FIFO	權限遮罩	行程
UNIX domain socket	權限遮罩	行程
Internet domain socket	任意行程	行程
System V 訊息佇列	權限遮罩	核心
System V 號誌	權限遮罩	核心
System V 共享記憶體	權限遮罩	核心
POSIX 訊息佇列	權限遮罩	核心
POSIX 命名號誌	權限遮罩	核心
POSIX 未命名號誌	相對應記憶體的權限	依情況而定
POSIX 共享記憶體	權限遮罩	核心
匿名映射	僅允許相關行程	行程
記憶體映射檔案	權限遮罩	檔案系統
flock() 檔案鎖	檔案的 *open()* 操作	行程
fcntl() 檔案鎖	檔案的 *open()* 操作	行程

持續性（persistence）

術語「持續性」是指一個 IPC 工具的生命週期，（參考表 43-2 中的第三行）。持續性有三種。

- **行程持續性**：只要有一個行程持有行程持續性（process-persistent）的 IPC 物件，則該物件的生命週期就不會終止。若所有行程都關閉了物件，則與該物件的所有核心資源都會被釋放，所有未讀取的資料會被銷毀。管線、FIFO 以及 socket 是行程持續性的 IPC 工具。

  > FIFO 的資料持續性與其名稱的持續性是不同的，FIFO 在檔案系統中有一個名稱，當所有參照到此 FIFO 的檔案描述符都被關閉之後該名稱也是持續的。

- **核心持續性**：只有當直接刪除核心持續的（kernel-persistent）IPC 物件或系統關閉時，該物件才會銷毀。這種物件的生命週期與是否有行程開啟該物件無關。這意謂著一個行程可以建立一個物件，向其中寫入資料，然後關閉該物件（或終止）。在後面某個時刻，另一個行程可以開啟該物件，然後從中讀取資料。具備核心持續性的工具包括 System V IPC 和 POSIX IPC。在後面章節中用來描述這些工具的範例程式中將會使用這個屬性：對於每種工具都實作一個單獨的程式，在程式中建立一個物件，然後刪除該物件，並執行通信或同步操作。

- **檔案系統持續性**：具備檔案系統持續性的 IPC 物件會在系統重啟時保持其中的資訊，這種物件一直存在，直到直接刪除，唯一一種具備檔案系統持續性的 IPC 物件是基於記憶體映射檔案的共享記憶體。

效能

在一些情況中，不同 IPC 工具的效能可能存在顯著的差異，但在後面的章節中一般不會對它們的效能進行比較，其原因如下。

- 在應用程式的整體效能中，IPC 工具的效能的影響因素可能不是很大，並且確定選擇何種 IPC 工具可能並不僅僅需要考慮其效能因素。

- 各種 IPC 工具在不同 UNIX 實作或 Linux 的不同核心中的效能可能是不同的。

- 最重要的是，IPC 工具的效能可能會受到使用方式和環境的影響。相關的因素包括每個 IPC 操作交換的資料單元的大小、IPC 工具中的未讀資料量可能很大、每個資料單元的交換是否需要進行行程上下文切換（context switch），以及系統上的其他負載。

若 IPC 效能是至關緊要的，並且不存在應用程式在與目標系統匹配的環境中執行的效能基準，則建議設計一個抽象軟體層來對應用程式隱藏 IPC 工具的細節，然後在抽象層下使用不同的 IPC 工具來測試效能。

43.5　小結

本章概述了行程（以及執行緒）可用來相互通信和同步動作的各種工具。

　　Linux 提供的通信工具包括管線（PIPE）、FIFO、socket、訊息佇列（message queue），以及共享記憶體（shared memory）。Linux 提供的同步工具包括號誌（semaphore）和檔案鎖（file lock）。

　　在很多情況下，在執行一個指定的任務時，有多種技術可用於通信和同步，本章以多種方式對不同的技術進行了比較，其目標是彰顯可能對技術選擇產生影響的一些差異。

　　在後面的章節中將會深入介紹各種通信和同步工具。

43.6　習題

43-1. 設計一個程式來測量管線的頻寬，在命令列參數中，程式應該接收需發送的資料區塊數目，以及每個資料區塊的大小。在建立一個管線之後，程式將分成兩個行程：一個子行程以盡可能快的速度對管線寫入資料區塊，父行程讀取資料區塊。在所有資料都被讀取之後，父行程應該輸出消耗的時間和頻寬（每秒傳輸的位元組數），為不同的資料區塊大小測量頻寬。

43-2. 使用 System V 訊息佇列、POSIX 訊息佇列、UNIX domain stream socket 以及 UNIX domain datagram socket 來重做上面的練習。使用這些程式來比較各種 IPC 工具在 Linux 上的相對效能。讀者若能夠使用其他 UNIX 實作，則在那些系統上進行同樣的比較。

44

PIPE 與 FIFO

本章介紹 pipe（管線）與 FIFO（命名管線），pipe 是 UNIX 系統上最古老的 IPC 方法，最早出現於 1970 年代初期的第三代 UNIX 系統，pipe 提供一個解決下列的頻繁需求的優雅方案：在建立兩個行程（process）來執行不同程式（指令）時，shell 如何將某個行程產生的輸出提供給另一個行程做為輸入呢？ Pipe 可以讓相關的行程彼此互相傳遞資料（相關的意思稍後會明確解釋）。FIFO 是基於 pipe 概念改造而成的，主要差異是 FIFO 可以用在任何行程之間的通訊。

44.1　概觀

Shell 的每個使用者都很熟悉如何操作 pipe 指令，下列所示是計算目錄中的檔案數量：

```
$ ls | wc -1
```

為了執行上述指令，shell 建立兩個行程，分別執行 *ls* 與 *wc*。（使用 *fork()* 與 *exec()* 達成，會在第 24 章與第 27 章說明）。圖 44-1 示範兩個行程如何採用 pipe 來交換資料。

在圖 44-1 的其他部份要展示 pipe 如何取得檔名，我們可以將 pipe 想像成一條水管，可以讓資料從一個行程流到另一個行程。

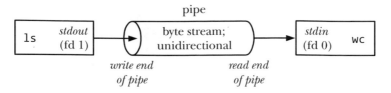

圖 44-1：使用 pipe 連接兩個行程

圖 44-1 有一個要注意的地方，就是兩個行程是透過 pipe 相連，所以寫入的行程（*ls*）會將它的標準輸出（檔案描述符為 1）加入 pipe 的寫入端（write end），而讀取的行程（*wc*）則將其標準輸入（檔案描述符為 0）加入 pipe 的讀取端（read end）。在使用效果上，這兩個行程並不會知道有 pipe 的存在，它們只是分別從標準的檔案描述符（file descriptor）進行寫入與讀取，而 shell 為了達成這個效果必須完成一些工作，我們會在 44.4 節介紹如何達成的。

我們在下列的幾個段落會介紹幾個重要的 pipe 功能。

Pipe 是一個 byte stream（位元組串流）

我們說 pipe 是 byte stream，意思是我們在使用 pipe 時，並沒有訊息（message）或訊息邊界（message boundary）的概念，讀取的行程（reading process）可以從 pipe 讀取任意大小的資料區塊，而不用在乎另一個行程（writing process）寫入的區塊大小，而且寫入的資料會透過 pipe 依序傳輸，從 pipe 讀取的資料順序會等同這些資料的寫入順序，所以無法使用 *lseek()* 隨機存取 pipe 資料。

若我們想要在 pipe 實作離散訊息（discrete message）的概念，則必須在自己的應用程式完成，雖然可行（參考 44.8 節），不過建議使用其他的 IPC 機制，例如後續章節討論的訊息佇列（message queue）與資料包通訊端（datagram socket）。

讀取 pipe

我們至少要將一個位元組寫入 pipe，才能從 pipe 讀取到資料，若 pipe 的寫入端已經關閉，則一旦行程已經讀取了 pipe 中的全部資料之後，若再對 pipe 繼續讀取，則會收到 end-of-file（檔案結尾）（即 *read()* 會傳回 0）。

Pipe 是單向的（unidirectional）

在 pipe 裡面，資料只能從一個方向行進，pipe 有一個寫入端提供資料寫入，而另一端的讀取端是做為資料讀取。

有些其他的 UNIX 系統（尤其是衍生自 System V Release 4 的系統），它們的 pipe 是雙向的（稱為 *stream pipe*），沒有 UNIX 標準制定雙向的 pipe 標準，因此，即使是在有雙向 pipe 的系統上，我們也應該避免使用這些語法，並改用 UNIX domain stream socket pair（在 57.5 節介紹的 *socketpair()* 系統呼叫），它提供了合乎標準規範同時與 stream pipe 等效的雙向通訊機制。

保證最多可以基於原子式（atomic）寫入 PIPE_BUF 位元組

若有多個行程同時寫入 pipe 時，且若這些行程一次不會寫入超過 PIPE_BUF 位元組，則可以保證不會將這些行程的資料混在一起。

SUSv3 規範 PIPE_BUF 至少須為 _POSIX_PIPE_BUF（512），在實作時應該定義 PIPE_BUF（定義於 <limits.h>），並且（或者）讓 *fpathconf(fd, _PC_PIPE_BUF)* 呼叫傳回基於原子式（atomically）寫入的實際資料數量上限。PIPE_BUF 值隨著 UNIX 系統而異，例如在 FreeBSD 6.0 是 512 個位元組、在 Tru64 5.1 是 4,096 個位元組、在 Solaris 8 是 5,120 個位元組，而在 Linux 的 PIPE_BUF 值是 4,096。

當寫入 pipe 的資料區塊大於 PIPE_BUF 位元組時，核心（kernel）可能會將資料分成多個較小的資料來傳輸，當讀取的行程讀出 pipe 資料時（將資料從 pipe 移除），核心才會再將資料放進 pipe（這段期間的 *write()* 呼叫會發生阻塞，直到全部的資料都寫入 pipe 為止）。當只有一個行程寫入 pipe 時（一般情況），這不會有任何影響，不過若有多個寫入的行程，而且寫入的大型區塊資料可能會被分成幾個任意大小的區段（可能小於 PIPE_BUF 位元組），則寫入的行程彼此之間可能會交叉寫入。

PIPE_BUF 的限制可準確控制傳輸到 pipe 的資料量，當寫入的資料已達 PIPE_BUF 位元組時，若繼續寫入資料，則 *write()* 將會發生阻塞，直到 pipe 有足夠的可用空間為止，如此才能基於原子式（atomically）完成操作。當行程寫入的資料超過 PIPE_BUF 位元組時，*write()* 會盡力傳送資料將 pipe 填滿並使 *write()* 發生阻塞，直到讀取的行程將資料從 pipe 讀出為止。若有訊號處理常式（signal handler）中斷了這類阻塞中的 *write()* 呼叫，則會將這個呼叫解除阻塞，並傳回已經成功寫入的資料量，此時 *write()* 呼叫傳回的成功寫入資料量會少於原本預計寫入的資料量（稱為部份寫入）。

> 在 Linux 2.2，對 pipe 寫入任何大小資料都是屬於原子式的（atomic）操作，除非受到訊號處理常式的中斷。在 Linux 2.4 與之後的版本，寫入任何大於 PIPE_BUF 位元組的資料則有可能要與其他行程彼此交叉寫入資料（在 2.2 與 2.4 版之間實作的 pipe 核心程式碼有重大改變）。

Pipe 的容量（capacity）有限

PIPE 只是一塊在核心記憶體維護的緩衝區（buffer），這個緩衝區的空間有最大值，一旦 pipe 滿了，則繼續寫入 pipe 會對系統呼叫造成阻塞，直到有行程從 pipe 讀出一些資料為止。

SUSv3 並沒有特別規範 pipe 的容量，在 Linux 核心 2.6.11 版以前，pipe 的容量與系統分頁大小相同（如 x86-32 是 4,096 位元組）。從 Linux 2.6.11 以後，pipe 容量改成 65,536 位元組，在其他 UNIX 系統則是不同的 pipe 容量。

應用程式通常不需要精確地知道 pipe 容量，若我們想要避免行程在寫入時發生阻塞，則應該將讀取 pipe 的行程設計為盡力地讀取資料。

> 理論上，pipe 理應能使用更小的空間來運作（即使緩衝區只有一個位元組），之所以採用大型緩衝區是為了效能考量：行程每次寫入 pipe 時，核心都必須進行 context switch（本文切換），將讀取的行程加入排程來讀出 pipe 的一些資料，使用一個較大型的緩衝區表示可以做較少的 context switche。

> 從 Linux 2.6.35 開始可以修改 pipe 的容量，*fcntl(fd, F_SETPIPE_SZ, size)* 是 Linux 特有的呼叫，可以將 *fd* 所參考的 pipe 容量修改成至少有 size 個位元組。非特權的行程可修改的 pipe 容量範圍是：從系統分頁大小到 /proc/sys/fs/pipe-max-size 檔案內容值之間的任意值，pipe-max-size 的預設值是 1,048,576 個位元組，一個特權行程（CAP_SYS_RESOURCE）可以覆蓋這個限制，在配置 pipe 空間時，核心可能會將 size 延展為某個適合實作的值，*fcntl(fd, F_GETPIPE_SZ)* 呼叫則會傳回實際配置的 pipe 大小。

44.2　建立與使用 pipe

系統呼叫 *pipe()* 可以建立一個新的 pipe。

```
#include <unistd.h>

int pipe(int filedes[2]);
```
                                    Returns 0 on success, or –1 on error

當 *pipe()* 執行成功時，會使用 fields 陣列傳回兩個開啟檔案描述符（open file descriptor）：一個用在 pipe 的讀取端（*filedes[0]*），而另一個用在寫入端（*filedes[1]*）。

如同其他各種檔案描述符，我們可以用 *read()* 與 *write()* 系統呼叫對 pipe 進行 I/O，一旦將資料寫入 pipe 的寫入端，則資料立即就可以從讀取端讀取。從 pipe 進行一次 *read()* 可能會讀到比原本呼叫指定還少的資料量，即是目前 pipe 上可讀取的資料量（若 pipe 為空則 *read()* 會發生阻塞）。

我們也可以將 *stdio* 函式（如 *fprintf()*、*fscanf()* 之類）用在 pipe，只要先透過 *fdopen()* 取得 filedes（13.7 節）描述符對應的檔案串流（file stream），不過我們這麼做的同時，必須考量 44.6 節所述的 stdio 緩衝區問題。

> 呼叫 ioctl(fd, FIONREAD, &cnt) 會傳回 fd 檔案描述符參考的 pipe 或 FIFO 中未讀取的資料量，此功能在有些其他的系統也能使用，不過 SUSv3 則沒有特別規範。

圖 44-2 是使用 *pipe()* 建立一個 pipe 之後的情況，呼叫此函式的行程可取得讀取端與寫入端的檔案描述符。

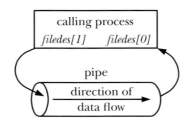

圖 44-2：行程建立 pipe 之後的檔案描述符

我們很少會在同一個行程中使用 pipe（在 63.5.2 節會探討這個例子），我們通常會使用 pipe 讓兩個行程互相溝通。為了使用一個 pipe 來連接兩個行程，我們會在 *pipe()* 呼叫之後跟著呼叫 *fork()*，在 *fork()* 期間，子行程（child process）會繼承父行程（parent process）的檔案描述符副本（24.2.1 節），此時的情況如圖 44-3 左方所示。

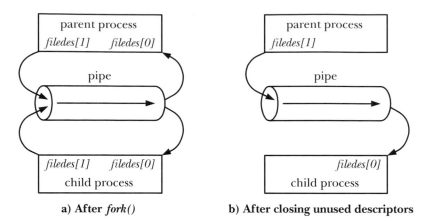

a) After *fork()*　　　　**b) After closing unused descriptors**

圖 44-3：設定一個 pipe，提供父行程傳輸資料給子行程

雖然可以讓父行程與子行程都能對 pipe 進行讀寫，但比較少用。因此，通常在 *fork()* 之後，其中一個行程會關閉 pipe 寫入端的描述符，而另一個行程則關閉讀取端的描述符，例如：若父行程要送資料給子行程，則父行程會關閉 pipe 的讀取描述符（*filedes[0]*），而子行程會關閉 pipe 的寫入描述符（*filedes[1]*），此情況如圖 44-3 的右方所示，建立此設定的程式碼如列表 44-1 所示。

列表 44-1：建立 pipe 將資料從父行程傳輸到子行程的步驟

```
int filedes[2];

if (pipe(filedes) == -1)                    /* Create the pipe */
    errExit("pipe");

switch (fork()) {                           /* Create a child process */
case -1:
    errExit("fork");

case 0: /* Child */
    if (close(filedes[1]) == -1)            /* Close unused write end */
        errExit("close");

    /* Child now reads from pipe */
    break;

default: /* Parent */
    if (close(filedes[0]) == -1)            /* Close unused read end */
        errExit("close");
```

```
        /* Parent now writes to pipe */
        break;
    }
```

通常父行程與子行程不會同時讀取 pipe 的其中一項理由是，若兩個行程同時試著讀取 pipe，則我們無法確定哪個行程會先成功讀取，因而導致兩個行程產生競速讀取。我們需要使用同步機制避免此類競速，然而，若我們要進行雙向通訊，其實可以使用另一個比較簡單的方法：只要建立兩個 pipe，提供兩個行程雙向傳輸資料（若採用此技術，則我們需要注意可能會發生死結，若兩個行程都嘗試讀取空的 pipe、或寫入已經填滿的 pipe 時，就會同時進入阻塞狀態）。

雖然可能會有多個行程同時寫入 pipe，不過通常一次只有一個行程可以成功寫入（在 44.3 節的範例會示範讓多個行程寫入同一個 pipe 的用途）。相對地，有些情況讓多個行程寫入一個 FIFO 是有用的，我們會在 44.8 節以一個範例來說明。

> Linux 從核心 2.6.27 版開始支援一個全新的非標準系統呼叫 *pipe2()*，此系統呼叫執行的任務與 *pipe()* 一樣，但支援額外的 *flags* 參數，可用以修改系統呼叫的行為，此系統呼叫支援兩個旗標，一個是 O_CLOEXEC，它會讓核心為兩個新的檔案描述符啟用 close-on-exec 旗標（FD_CLOEXEC），此旗標的用途在 4.3.1 節介紹的 *open()* O_CLOEXEC 旗標的目的相同。另一個旗標是 O_NONBLOCK，它會導致核心將底層的開啟檔案描述符標示為非阻塞（nonblocking），使得後續的 I/O 操作都是非阻塞，如此可不須呼叫 *fcntl()* 就能達到相同效果。

PIPE 可以讓相關的行程互相通信

我們到目前為止已經討論如何使用 pipe 讓父行程與子行程之間進行通信。不過 pipe 可以提供任意兩個（或更多）的相關行程互相通信，只要在建立子行程的 *fork()* 呼叫之前透過一個共同的祖先行程建立 pipe 即可。（此為本章開頭所述的「相關行程」含義）。例如，pipe 可供行程與其孫行程之間進行通信，第一個行程建立 pipe，然後 *fork()* 建立子行程，接著子行程再用 *fork()* 建立子行程（它的父行程的孫行程）。常見的情境是，通常會將 pipe 用在兄弟行程之間的溝通，兄弟行程的父行程先建立 pipe，然後建立兩個子行程（兄弟行程），此為 shell 在建構 pipeline 時所做的工作。

> 「PIPE 只能用在相關行程之間的通信」這個說法有一個例外情況，即透過 UNIX domain socket（在 61.13.3 節將會簡介的一項技術）傳遞一個檔案描述符，使得可以將 pipe 的檔案描述符傳遞給不相關的行程。

關閉未使用的 pipe 檔案描述符

關閉未使用的 pipe 檔案描述符不僅為了確保行程不會耗盡它的檔案描述符上限，這對於正確使用 pipe 是非常重要的。下列將介紹為何必須關閉未使用的 pipe 讀取端與寫入端檔案描述符。

欲讀取 pipe 的行程會關閉它持有的 pipe 寫入端描述符，以便另一個寫入 pipe 的行程在完成寫入並關閉它的寫入描述符之後，讀取 pipe 的行程就能夠看到 end-of-file（檔案結尾，在讀完 pipe 的全部資料之後）。若讀取 pipe 的行程沒有關閉它的 pipe 寫入端，則另一個寫入的行程關閉它的 pipe 寫入端描述符之後，即使讀取的行程讀出了 pipe 中的全部資料，之後也不會讀到 end-of-file，反而會在呼叫 read() 時發生阻塞，這是因為核心認為至少還有一個 pipe 寫入端描述符仍然開啟，亦即讀取的行程自己開著寫入描述符是不恰當的，理論上來說，即使寫入 pipe 的行程已經處於讀取操作發生阻塞的狀態，仍然可以對 pipe 寫入資料，例如 read() 有可能受到寫入 pipe 的訊號處理常式中斷（這是一個真實情境，我們會在 63.5.2 節介紹）。

寫入的行程會關閉它持有的 pipe 讀取端描述符，是為了不同的理由，當行程試圖寫入沒有任何行程開啟讀取端描述符的 pipe 時，核心會發送 SIGPIPE 訊號給寫入的行程，此訊號預設會終止（殺死）行程。不過行程可以選擇捕獲或忽略此訊號，此時會導致 write() pipe 的操作因為發生 EPIPE 錯誤（broken pipe）而執行失敗。收到 SIGPIPE 訊號或得到 EPIPE 錯誤對於判斷 pipe 的狀態是有用的，這就是為何應該關閉未使用的 pipe 讀取描述符。

> 注意：受到 SIGPIPE 處理常式中斷的 write() 呼叫會受到特別待遇，通常 write()（或其他「慢速的」系統呼叫）受到訊號處理常式中斷時，會依據是否有使用 sigaction() SA_RESTART 旗標安裝處理常式，而自動重新啟動、或因 EINTR 錯誤而失敗（21.5 節）。在 SIGPIPE 範例有不同的處理方式是因為，自動重新啟動 write()、或簡單指出 write() 受到處理常式中斷是不合理的（表示 write() 需要手動重新啟動）。無論是那一種處理方式，之後的 write() 呼叫都不會成功，因為 pipe 仍然處於斷開（broken）狀態。

若寫入的行程沒有關閉 pipe 的讀取端，則即使在其他行程關閉 pipe 的讀取端之後，寫入的行程仍然能夠對 pipe 寫入資料，最後寫入的行程會將資料填滿整個 pipe，終究導致之後的寫入進入永久阻塞。

最後一個必須關閉未使用的 pipe 檔案描述符理由是，只有在全部行程參照的 pipe 檔案描述符都關閉之後，才會銷毀 pipe 並釋放 pipe 佔用的資源，以提供其他行程回收使用。此時，pipe 中的未讀取的全部資料都會遺失。

範例程式

列表 44-2 的程式示範如何將 pipe 用在父行程與子行程之間的通信,此例子示範前述 pipe 的 byte stream(位元組串流)特性,父行程以一個操作寫入資料,而子行程以小區塊方式讀取 pipe 資料。

主程式呼叫 *pipe()* 來建立 pipe ①,然後呼叫 *fork()* 建立一個子行程②,在 *fork()* 呼叫之後,父行程關閉它持有的 pipe 讀取端檔案描述符⑧,並將程式命令列傳遞的字串參數寫入 pipe 的寫入端⑨。父行程接著關閉它的 pipe 寫入端⑩,並呼叫 *wait()* 等待子行程終止⑪。在子行程關閉持有的 pipe 寫入端檔案描述符③之後,子行程會進入一個迴圈,在此迴圈中從 pipe 讀取④資料區塊,並將資料寫入⑥標準輸出。當子行程從 pipe 讀取到 end-of-file 時⑤會跳出迴圈⑦,並寫入一個換行字元,並關閉它持有的 pipe 讀取端描述符,接著結束子行程。

這裡是我們執行列表 44-2 程式的範例:

```
$ ./simple_pipe 'It was a bright cold day in April, '\
'and the clocks were striking thirteen.'
It was a bright cold day in April, and the clocks were striking thirteen.
```

列表 44-2:使用 pipe 在父行程與子行程之間通信

———————————————————————— **pipes/simple_pipe.c**

```
       #include <sys/wait.h>
       #include "tlpi_hdr.h"

       #define BUF_SIZE 10

       int
       main(int argc, char *argv[])
       {
           int pfd[2];                        /* Pipe file descriptors */
           char buf[BUF_SIZE];
           ssize_t numRead;

           if (argc != 2 || strcmp(argv[1], "--help") == 0)
               usageErr("%s string\n", argv[0]);

①         if (pipe(pfd) == -1)               /* Create the pipe */
               errExit("pipe");

②         switch (fork()) {
           case -1:
               errExit("fork");

           case 0:            /* Child  - reads from pipe */
```

```
③          if (close(pfd[1]) == -1)              /* Write end is unused */
               errExit("close - child");

           for (;;) {                 /* Read data from pipe, echo on stdout */
④              numRead = read(pfd[0], buf, BUF_SIZE);
               if (numRead == -1)
                   errExit("read");
⑤              if (numRead == 0)
                   break;                          /* End-of-file */
⑥              if (write(STDOUT_FILENO, buf, numRead) != numRead)
                   fatal("child - partial/failed write");
           }

⑦          write(STDOUT_FILENO, "\n", 1);
           if (close(pfd[0]) == -1)
               errExit("close");
           _exit(EXIT_SUCCESS);

       default:                /* Parent - writes to pipe */
⑧          if (close(pfd[0]) == -1)              /* Read end is unused */
               errExit("close - parent");

⑨          if (write(pfd[1], argv[1], strlen(argv[1])) != strlen(argv[1]))
               fatal("parent - partial/failed write");

⑩          if (close(pfd[1]) == -1)              /* Child will see EOF */
               errExit("close");
⑪          wait(NULL);                           /* Wait for child to finish */
           exit(EXIT_SUCCESS);
       }
   }
```

——————————————————————————— **pipes/simple_pipe.c**

44.3　使用 PIPE 做為行程同步的方法

我們在 24.5 節討論過如何使用訊號來同步父行程與子行程,以避免競速情況
(race condition),PIPE 可以達成類似效果,如列表 44-3 的基本程式,此程式建
立多個子行程(每個命令列參數產生一個子行程),每個子行程預計要執行一些動
作,我們在範例程式透過睡眠(sleep)一段時間來模擬執行工作花費的時間,而
父行程則持續等待,直到全部的子行程都已經完成工作為止。

為了達成同步,父行程會先建立一個 pipe ①,接著才建立子行程②,每個
子行程會繼承 pipe 的寫入端檔案描述符,並在完成動作時關閉這個描述符③。
在全部的子行程關閉它的 pipe 寫入端檔案描述符之後,父行程會完成對 pipe 的
read() ⑤,並傳回 end-of-file(0)。此時,父行程可繼續進行其他工作(注意,

為了讓這項技術可以正常運作，必須關閉父行程未使用的 pipe 寫入端檔案描述符④，若父行程試著在讀到 end-of-file 之後繼續讀取 pipe，則會永遠處於阻塞狀態）。

下列是執行列表 44-3 程式的例子，分別建立三個睡眠 4 秒、2 秒與 6 秒的子行程：

```
$ ./pipe_sync 4 2 6
08:22:16  Parent started
08:22:18  Child 2 (PID=2445) closing pipe
08:22:20  Child 1 (PID=2444) closing pipe
08:22:22  Child 3 (PID=2446) closing pipe
08:22:22  Parent ready to go
```

列表 44-3：使用 pipe 讓多個行程同步

―――――――――――――――――――――――――――――――――――― pipes/pipe_sync.c

```
     #include "curr_time.h"                      /* Declaration of currTime() */
     #include "tlpi_hdr.h"

     int
     main(int argc, char *argv[])
     {
         int pfd[2];                             /* Process synchronization pipe */
         int j, dummy;

         if (argc < 2 || strcmp(argv[1], "--help") == 0)
             usageErr("%s sleep-time...\n", argv[0]);

         setbuf(stdout, NULL);                   /* Make stdout unbuffered, since we
                                                    terminate child with _exit() */
         printf("%s  Parent started\n", currTime("%T"));

①        if (pipe(pfd) == -1)
             errExit("pipe");

         for (j = 1; j < argc; j++) {
②            switch (fork()) {
             case -1:
                 errExit("fork %d", j);

             case 0: /* Child */
                 if (close(pfd[0]) == -1)        /* Read end is unused */
                     errExit("close");

                 /* Child does some work, and lets parent know it's done */

                 sleep(getInt(argv[j], GN_NONNEG, "sleep-time"));
```

```
                                                        /* Simulate processing */
            printf("%s  Child %d (PID=%ld) closing pipe\n",
                    currTime("%T"), j, (long) getpid());
③          if (close(pfd[1]) == -1)
                errExit("close");

            /* Child now carries on to do other things... */

            _exit(EXIT_SUCCESS);

        default: /* Parent loops to create next child */
            break;
        }
    }

    /* Parent comes here; close write end of pipe so we can see EOF */

④  if (close(pfd[1]) == -1)                        /* Write end is unused */
        errExit("close");

    /* Parent may do other work, then synchronizes with children */

⑤  if (read(pfd[0], &dummy, 1) != 0)
        fatal("parent didn't get EOF");
    printf("%s  Parent ready to go\n", currTime("%T"));

    /* Parent can now carry on to do other things... */

    exit(EXIT_SUCCESS);
}
```

pipes/pipe_sync.c

透過 pipe 同步會比之前的訊號同步更好的原因是：可以使用 pipe 協調某個行程與
其他多個（相關）行程的動作。因為我們無法讓多個（標準的）訊號進行排隊，
使得在這個範例不適合使用訊號（而訊號的優點就是，可以透過一個行程將訊號
廣播給一個行程群組的每個成員）。

　　還有其他同步技術（例如使用多個 pipe），也可以擴充此技術，不要關閉
pipe，讓每個子行程可以將自己的行程 ID，以及一些狀態資訊寫入 pipe，接著，
每個子行程可以寫入一個位元組到 pipe，之後父行程就計數與分析訊息。這個方
法可以防禦子行程可能突然終止，也不用關閉 pipe。

44.4 使用 PIPE 與過濾器（Filter）連接

在建立 pipe 之後，pipe 兩端的檔案描述符是現有可用的最小描述符編號，因為行程通常會用掉描述符 0、1 與 2，所以配置給 pipe 的描述符編號會比較大。因此，我們如何產生圖 44-1 所示的情況？那裡使用 pipe 連接兩個過濾器（如：讀取 stdin 的程式，以及寫入 stdout 的程式），可以將一個程式的標準輸出導向 pipe，而另一個程式的標準輸入則從 pipe 取得，比較特別的是，我們如何不用修改過濾器程式碼而達到此目的呢？

答案是使用 5.5 節所述的檔案描述符複製技術（duplicating file descriptor），傳統上，下列這串呼叫可以完成所需的結果：

```
int pfd[2];

pipe(pfd);              /* Allocates (say) file descriptors 3 and 4 for pipe */

/* Other steps here, e.g., fork() */

close(STDOUT_FILENO);      /* Free file descriptor 1 */
dup(pfd[1]);               /* Duplication uses lowest free file
                              descriptor, i.e., fd 1 */
```

上列步驟的最終結果是將行程的標準輸出綁到 pipe 寫入端，也能用相對應的一組呼叫，將行程的標準輸入綁定到 pipe 的讀取端。

不過要注意，這些步驟是基於行程的檔案描述符 0、1 與 2 都已經開啟的前提上（通常 shell 在執行每個程式時會完成這些工作），若檔案描述符 0 在呼叫 *pipe()* 與呼叫 *close()* 及 *dup()* 之間被關閉了，則我們會誤將行程的標準輸入（stdin）綁定到 pipe 的寫入端，為了避免這樣的情況發生，我們可以使用下列的 *dup2()* 呼叫來取代呼叫 *close()* 與 *dup()*，這個呼叫可以明確指定 pipe 端要綁定的描述符：

```
dup2(pfd[1], STDOUT_FILENO);    /* Close descriptor 1, and reopen bound
                                   to write end of pipe */
```

在我們在複製 *pfd[1]* 之後，現在會有兩個檔案描述符（描述符 1 與 *pfd[1]*）參考到 pipe 寫入端，因為未使用的 pipe 檔案描述符應該要關閉，所以我們在 *dup2()* 呼叫之後將多餘的描述符關閉：

```
close(pfd[1]);
```

到目前為止的程式碼，都是基於標準輸出已經事先開啟的前提上，假設在 *pipe()* 呼叫之前就已經關閉標準輸入與標準輸出，則會將這兩個描述符（0 與 1）配置給 *pipe()*，如此一來，*pfd[0]* 的值可能是 0、而 *pfd[1]* 的值可能是 1，結果再執行 *dup2()* 與 *close()* 呼叫就等同如下所示：

```
    dup2(1, 1);              /* Does nothing */
    close(1);                /* Closes sole descriptor for write end of pipe */
```

因此，在程式設計實務時，將這些呼叫以下列格式的 if 語句括號起來是很好的方式：

```
    if (pfd[1] != STDOUT_FILENO) {
        dup2(pfd[1], STDOUT_FILENO);
        close(pfd[1]);
    }
```

範例程式

列表 44-4 程式使用本節所述的技術產生圖 44-1 所示的設定，程式在建立一個 pipe 之後，會建立兩個子行程，第一個子行程將它的標準輸出綁定到 pipe 寫入端，接著執行 *ls*，而第二個子行程將它的標準輸入綁到 pipe 讀取端，接著執行 wc。

列表 44-4：使用 pipe 連接 *ls* 與 *wc*

──────────────────────────────────── **pipes/pipe_ls_wc.c**

```
#include <sys/wait.h>
#include "tlpi_hdr.h"

int
main(int argc, char *argv[])
{
    int pfd[2];                              /* Pipe file descriptors */

    if (pipe(pfd) == -1)                     /* Create pipe */
        errExit("pipe");

    switch (fork()) {
    case -1:
        errExit("fork");

    case 0:            /* First child: exec 'ls' to write to pipe */
        if (close(pfd[0]) == -1)                 /* Read end is unused */
            errExit("close 1");

        /* Duplicate stdout on write end of pipe; close duplicated descriptor */

        if (pfd[1] != STDOUT_FILENO) {           /* Defensive check */
            if (dup2(pfd[1], STDOUT_FILENO) == -1)
                errExit("dup2 1");
            if (close(pfd[1]) == -1)
                errExit("close 2");
        }
```

```
        execlp("ls", "ls", (char *) NULL);          /* Writes to pipe */
        errExit("execlp ls");

    default:              /* Parent falls through to create next child */
        break;
    }

    switch (fork()) {
    case -1:
        errExit("fork");

    case 0:              /* Second child: exec 'wc' to read from pipe */
        if (close(pfd[1]) == -1)                  /* Write end is unused */
            errExit("close 3");

        /* Duplicate stdin on read end of pipe; close duplicated descriptor */

        if (pfd[0] != STDIN_FILENO) {             /* Defensive check */
            if (dup2(pfd[0], STDIN_FILENO) == -1)
                errExit("dup2 2");
            if (close(pfd[0]) == -1)
                errExit("close 4");
        }

        execlp("wc", "wc", "-l", (char *) NULL);
        errExit("execlp wc");

    default: /* Parent falls through */
        break;
    }

    /* Parent closes unused file descriptors for pipe, and waits for children */

    if (close(pfd[0]) == -1)
        errExit("close 5");
    if (close(pfd[1]) == -1)
        errExit("close 6");
    if (wait(NULL) == -1)
        errExit("wait 1");
    if (wait(NULL) == -1)
        errExit("wait 2");

    exit(EXIT_SUCCESS);
}
```

─── **pipes/pipe_ls_wc.c**

當我們執行列表 44-4 的程式時，執行結果如下：

```
$ ./pipe_ls_wc
    24
$ ls | wc -l                    Verify the results using shell commands
    24
```

44.5　透過 PIPE 與 Shell 指令溝通：*popen()*

一般會透過 pipe 執行 shell 指令，並讀取指令輸出、或將資料寫入指令，而 *popen()* 與 *pclose()* 函式的功能則是簡化上述工作。

```
#include <stdio.h>

FILE *popen(const char *command, const char *mode);
                            Returns file stream, or NULL on error
int pclose(FILE *stream);
                    Returns termination status of child process, or –1 on error
```

函式 *popen()* 會建立一個 pipe，並接著 fork 產生一個執行 shell 的子行程，再來建立一個執行 *command* 指令的子行程，*mode* 參數是一個字串，定義呼叫此函式的行程要讀取 pipe（*mode* 為 r）或是寫入 pipe（*mode* 為 w）（因為 pipe 是單向的，所以無法進行雙向的 command 溝通）。依據 *mode* 值決定將指令的標準輸出與 pipe 寫入端連接，或將指令的標準輸入與 pipe 讀取端連接，如圖 44-4 所示。

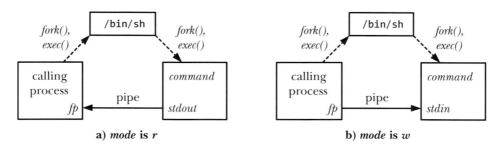

圖 44-4：行程關係概觀，以及在 *popen()* 使用 pipe

當 *popen()* 執行成功時，會傳回一個檔案串流指標（file stream pointer），可提供 *stdio* 函式庫的函式使用，若發生錯誤時（如 *mode* 不是 r 或 w、無法建立 pipe，或無法用 *fork()* 建立子行程），則 *popen()* 會傳回 NULL，並設定 *errno* 以表示錯誤的原因。

在 *popen()* 呼叫之後，呼叫函式的行程透過 pipe 讀取 *command* 的輸出，或是寫入資料做為輸入，如同以 *pipe()* 建立的 pipe，若讀取 pipe 時，*command* 關閉了 pipe 的寫入端，則呼叫此函式的行程會讀到檔案結尾（end-of-file），而在寫入 pipe 時，若 *command* 關閉了 pipe 的寫入端，則呼叫此函式的行程則會收到 SIGPIPE 訊號，並得到 EPIPE 錯誤。

一旦完成 I/O，可以使用 *pclose()* 函式關閉 pipe 並等待子行程的 shell 結束（不該使用 *fclose()* 函式，因為它不會等待子行程）。若 *pclose()* 執行成功，則 *pclose()* 會產生 shell 子行程的結束狀態（26.1.3 節）（這是 shell 上個執行指令的終止狀態，除非使用訊號殺掉之外）。如同 *system()*（27.6 節），若無法執行 shell，則 *pclose()* 會傳回子行程 shell 呼叫 *_exit(127)* 而終止的值。若是有其他錯誤發生，則 *pclose()* 傳回 -1。一個可能發生的錯誤是無法取得終止狀態，我們簡單表達為何會發生這種錯誤。

當執行等待以取得子行程 shell 的狀態時，SUSv3 規定 *pclose()* 必須如同 *system()* 那樣，在呼叫受到訊號處理常式中斷時，應該要自動重新啟動 *waitpid()* 等待的內部呼叫。

通常 *popen()* 的使用語法與 27.6 節所述的 *system()* 相同，不過使用 *popen()* 會比較方便，因為它可以建立 pipe、執行複製描述符、關閉未用的描述符、並幫我們處理全部的 *fork()* 與 *exec* 細節。此外，還有 shell 對指令的處理。這樣很方便，可以節省設計時間。至少要額外建立兩個行程：一個執行 shell，而一個用來執行 shell 的指令。如同 *system()*，絕對不該在特權程式中使用 *popen()*。

雖然 *system()* 與 *popen()* 加上 *pclose()* 有幾個相似之處，不過也有顯著的差異，透過 *system()* 會將 shell 指令封裝在一個函式呼叫中執行，而使用 *popen()*，呼叫的行程則可以與 shell 指令平行（並行）執行，並在之後呼叫 *pclose()*，差異如下：

- 因為呼叫的行程與執行的指令是平行執行的，所以 SUSv3 規範 *popen()* 不應該忽略 SIGINT 與 SIGQUIT。若訊號是由鍵盤產生，則會將這些訊號送給呼叫的行程與執行的指令。起因是因為兩個行程都屬於同一個行程群組（process group），而終端機產生的訊號會被送往（前景）行程群組的每個成員，如34.5 節所述。

- 因為呼叫的行程可能在執行 *popen()* 與 *pclose()* 之間建立其他子行程，所以 SUSv3 要求 *popen()* 不應該阻塞 SIGCHLD 訊號，這表示若呼叫的行程在 *pclose()* 呼叫之前執行 wait 操作，則行程可以取得 *popen()* 建立的子行程狀態。在此例中，之後呼叫的 *pclose()* 會傳回 -1，並將 *errno* 設定為 ECHILD，表示 *pclose()* 無法取得子行程的狀態。

範例程式

列表 44-5 示範使用 *popen()* 與 *pclose()*，此程式重複讀取 wildcard pattern filename
（萬用字元特徵字串檔名）②，接著以 *popen()* 取得將此 pattern 送給 *ls* 指令執
行的結果⑤（在目前的 *glob()* 函式庫函式以前，舊版的 UNIX 系統使用類似的
globbing 技術產生檔名）。

列表 44-5：Globbing filename pattern with *popen()*

── **pipes/popen_glob.c**

```
    #include <ctype.h>
    #include <limits.h>
    #include "print_wait_status.h"        /* For printWaitStatus() */
    #include "tlpi_hdr.h"

①  #define POPEN_FMT "/bin/ls -d %s 2> /dev/null"
    #define PAT_SIZE 50
    #define PCMD_BUF_SIZE (sizeof(POPEN_FMT) + PAT_SIZE)

    int
    main(int argc, char *argv[])
    {
        char pat[PAT_SIZE];                /* Pattern for globbing */
        char popenCmd[PCMD_BUF_SIZE];
        FILE *fp;                          /* File stream returned by popen() */
        Boolean badPattern;                /* Invalid characters in 'pat'? */
        int len, status, fileCnt, j;
        char pathname[PATH_MAX];

        for (;;) {                  /* Read pattern, display results of globbing */
            printf("pattern: ");
            fflush(stdout);
②          if (fgets(pat, PAT_SIZE, stdin) == NULL)
                break;                     /* EOF */
            len = strlen(pat);
            if (len <= 1)                  /* Empty line */
                continue;

            if (pat[len - 1] == '\n')      /* Strip trailing newline */
                pat[len - 1] = '\0';

            /* Ensure that the pattern contains only valid characters,
               i.e., letters, digits, underscore, dot, and the shell
               globbing characters. (Our definition of valid is more
               restrictive than the shell, which permits other characters
               to be included in a filename if they are quoted.) */

③          for (j = 0, badPattern = FALSE; j < len && !badPattern; j++)
```

```
                    if (!isalnum((unsigned char) pat[j]) &&
                            strchr("_*?[^-].", pat[j]) == NULL)
                        badPattern = TRUE;

            if (badPattern) {
                printf("Bad pattern character: %c\n", pat[j - 1]);
                continue;
            }

            /* Build and execute command to glob 'pat' */

④          snprintf(popenCmd, PCMD_BUF_SIZE, POPEN_FMT, pat);
⑤          fp = popen(popenCmd, "r");
            if (fp == NULL) {
                printf("popen() failed\n");
                continue;
            }

            /* Read resulting list of pathnames until EOF */

            fileCnt = 0;
            while (fgets(pathname, PATH_MAX, fp) != NULL) {
                printf("%s", pathname);
                fileCnt++;
            }

            /* Close pipe, fetch and display termination status */

            status = pclose(fp);
            printf("    %d matching file%s\n", fileCnt, (fileCnt != 1) ? "s" : "");
            printf("    pclose() status = %#x\n", (unsigned int) status);
            if (status != -1)
                printWaitStatus("\t", status);
        }

        exit(EXIT_SUCCESS);
    }
```
── **pipes/popen_glob.c**

下列的 shell 作業階段示範列表 44-5 程式的使用方式，我們在這個範例中先提供
一個能匹配（match）兩個檔名的 pattern，接著提供一個無法與任何檔名匹配的
pattern：

```
$ ./popen_glob
pattern: popen_glob*                          Matches two filenames
popen_glob
popen_glob.c
    2 matching files
    pclose() status = 0
```

```
        child exited, status=0
pattern: x*                                      Matches no filename
    0 matching files
    pclose() status = 0x100                      ls(1) exits with status 1
        child exited, status=1
pattern: ^D$                                     Type Control-D to terminate
```

我們必須解釋在列表 44-5 中建構進行 globbing 的指令①④，實際上是由 shell 進行 pattern 的 globbing，*ls* 指令只能用來列出匹配的檔名（一行一個）。我們已經試著使用 *echo* 指令取代，不過若 pattern 無法與任何檔名匹配時，則會產生不需要的結果，而 shell 將 pattern 保持不變，而 *echo* 只會顯示出 pattern。相較之下，若 *ls* 無法找到指定的檔名時，則不會在標準輸出（*stdout*）印出任何資料，且結束狀態為 1，只會在標準錯誤（*stderr*）輸出一個錯誤訊息（我們將 *stderr* 重新導向到 /dev/null）。

還要注意列表 44-5 進行的輸入檢查③，這是為了避免無效的輸入資料引發 *popen()* 執行無法預期的 shell 指令。若忽略這些檢查，而使用者輸入如下的輸入資料：

```
pattern: ; rm *
```

則程式會將下列指令傳遞給 *popen()*，導致慘烈的後果：

```
/bin/ls -d ; rm * 2> /dev/null
```

程式若使用 *popen()*（或 *system()*）執行使用者輸入的 shell 指令，則一定要進行這類輸入檢查（替代方式是讓應用程式將每個字元括號起來，而不是檢查字元，以便讓那些字元無法受到 shell 的特別處理）。

44.6　PIPE 與 *stdio* 緩衝區

因為透過呼叫 *popen()* 所傳回的檔案串流（file stream）指標不會指向一個終端機（terminal），所以 *stdio* 函式庫會將區塊緩衝（block buffering）套用在檔案串流（13.2 節），這表示我們以寫入模式（*w*）呼叫 *popen()* 時，預設只有在 stdio 緩衝區滿了、或我們使用 *pclose()* 關閉 pipe 時，輸出才會被送到 pipe 另一端的子行程。很多情況都可以這樣使用，不過若我們需要確保子行程可以立即收到 pipe 資料，則我們可以定期呼叫 *fflush()*、或透過呼叫 *setbuf(fp, NULL)* 來取消 stdio 緩衝區。若我們用 *pipe()* 系統呼叫建立一個 pipe，並接著使用 *fdopen()* 取得一個對應到 pipe 寫入端的 *stdio* stream，也可以使用此技術。

若呼叫 *popen()* 的行程正在讀取 pipe（即 *mode* 為 *r*），事情可能不會這麼單純。以這個例子而言，若子行程正在使用 *stdio* 函式庫，則除非子行程直接呼叫 *fflush()* 或 *setbuf()*，不然只有等子行程填滿 *stdio* 緩衝區、或呼叫 *fclose()* 時，呼叫 *popen()* 的行程才能讀取輸出（同樣也是用於這個情況：若我們讀取使用 *pipe()* 建立的 pipe，而另一端的寫入行程正同時在使用 *stdio* 函式庫的情況）。若有這樣的問題，則我們也無能為力，除非我們可以修改子行程執行的程式之原始碼，讓程式呼叫 *setbuf()* 或 *fflush()*。

若不想修改程式碼，則可以將 pipe 改為使用虛擬終端機（pseudo terminal），虛擬終端機是一個 IPC 通道，另一端的行程會將它視為一個終端機，所以 *stdio* 函式庫會將一行一行地輸出緩衝資料，我們會在第 64 章介紹虛擬終端機。

44.7 FIFO

FIFO 的語法與 pipe 類似，主要差異是 FIFO 在檔案系統中會有一個檔名，而且開啟的方式與普通檔案（regular file）一樣，我們可以使用 FIFO 讓不相關的行程進行溝通（如客戶端與伺服器）。

一旦開啟了一個 FIFO，我們就可以對它使用與 pipe 及其他檔案使用的 I/O 系統呼叫（如：*read()*、*write()* 與 *close()*）。FIFO 與 pipe 相同之處是，FIFO 也有一個寫入端與一個讀取端，而且從 pipe 讀取到的資料順序會等於資料寫入 pipe 的順序，如其 FIFO 之名：先進先出（*first in, first out*），FIFO 有時又稱為命名管線（*named pipe*）。

也像 pipe 那樣，當每個參考 FIFO 的描述符都已經關閉時，任何尚未處理的資料都會被捨棄。

我們可以在 shell 使用 *mkfifo* 指令建立 FIFO：

```
$ mkfifo [ -m mode ] pathname
```

pathname 是所要建立的 FIFO 名稱，而 *-m* 選項是用來設定 *mode* 權限，用法與 *chmod* 指令相同。

將 *fstat()* 與 *stat()* 應用在 FIFO（或 pipe）時，會在 stat 結構的 *st_mode* 欄位傳回一個 S_IFIFO 的檔案類型（15.1 節）。當使用 ls -l 列出檔案時，第一行的 p type 表示有一個 FIFO，而 *ls -F* 則會將 pipe 符號（｜）附加到 FIFO 的路徑名稱（pathname）。

函式 *mkfifo()* 使用提供的 *pathname* 建立一個新的 FIFO。

```
#include <sys/stat.h>

int mkfifo(const char *pathname, mode_t mode);
```

Returns 0 on success, or –1 on error

參數 *mode* 指定新 FIFO 的權限，這些權限可以透過 OR 位元邏輯運算加入表 15-4 的常數，如同往常，這些值會受到行程 umask 值的遮罩（15.4.6 節）。

> 過去的 FIFO 是使用 *mknod(pathname, S_IFIFO, 0)* 系統呼叫建立的，在 POSIX.1-1990 將 *mkfifo()* 規範為一個較為簡化的 API，以避免 *mknod()* 的用途過於廣泛。此 API 可以用來建立各種類型的檔案，包含裝置檔案（SUSv3 有規範 *mknod()*，但是不多，只有定義建立 FIFO 的用法）。多數的 UNIX 系統會基於 *mknod()* 提供 *mkfifo()* 函式庫函式。

只要已經建立了 FIFO，任何行程都可以開啟 FIFO，而且必須受到檔案權限檢查的限制（15.4.3 節）。

開啟 FIFO 的語意比較少見，通常適合使用 FIFO 的時機是：兩端各有一個讀取的行程與一個寫入的行程。因此，開啟一個 FIFO 進行讀取時（*open()* 與 O_RDONLY 旗標），預設會發生阻塞，直到另一個行程開啟 FIFO 進行寫入（*open()* 與 O_WRDONLY 旗標）。反之，開啟 FIFO 進行寫入會發生阻塞，直到另一個行程開啟 FIFO 進行讀取。換句話說，開啟一個 FIFO 能同步讀取的行程與寫入的行程。若 FIFO 的彼端已經開啟（或許是因為有一對行程已經各自開啟 FIFO 的兩端），接著 *open()* 就會立即成功。多數的 UNIX 系統（包含 Linux）可以規避發生阻塞，只要在開啟 FIFO 時，設定 O_RDWR 旗標來開啟 FIFO，此時 *open()* 會立即傳回一個可以用來讀取與寫入 FIFO 的檔案描述符。

這麼做會破壞 FIFO 的 I/O 模型，而 SUSv3 也明確提及，以 O_RDWR 旗標開啟 FIFO 會導致不可預期的結果。因此，為了可攜性（portability），我們應該避免使用這個方式。若我們要在開啟 FIFO 時避免阻塞，則可以使用標準方法，利用 *open()* 與 O_NONBLOCK 旗標（參考 44.9 節）。

> 有另一個理由會需要在開啟 FIFO 時避免使用 O_RDWR 旗標，若搭配這個旗標呼叫 *open()* 之後，呼叫的行程絕對無法讀到 end-of-file，因為必定至少有一個描述符（與行程正在讀取的描述符相同）是開啟做為寫入用途。

使用 FIFO 與 *tee(1)* 建立 dual pipeline（雙重管線）

Shell pipeline 的其中一項特徵就是它們是線性的，pipeline 中的每個行程會讀取前面行程產生的資料，並將資料送給其後面的行程。使用 FIFO 可以在 pipeline 中使用 *fork()*，將行程的輸出副本送給另一個行程（不只是繼承者）。我們為此需要使用 *tee* 指令，這個指令可以將讀取自標準輸入的資料複製兩份：一份寫入標準輸出，而另一份寫入命令列參數指定的檔案。

執行 *tee* FIFO 並提供 FIFO 的檔名，可以讓兩個行程同時讀取 *tee* 產生的輸出副本。我們在下列的 shell 作業階段提供示範，先建立一個名為 myfifo 的 FIFO，啟動一個開啟 FIFO 做為讀取的 *wc* 指令在背景執行（執行讀取時會發生阻塞，直到 FIFO 已經被開啟做為寫入），接著執行一個 pipeline，將 ls 的輸出送給 *tee*，*tee* 可將輸出透過 pipeline 傳遞給 *sort*，也會將輸出送給 myfifo FIFO（sort 的 *-k5n* 選項可以排序 *ls* 的輸出，在第五個空白分隔的欄位增加數值的順序）。

```
$ mkfifo myfifo
$ wc -l < myfifo &
$ ls -l | tee myfifo | sort -k5n
(Resulting output not shown)
```

上述指令可以建立如圖 44-5 所示的情況。

> *tee* 程式名稱的由來是因為它的形狀，我們將 tee 視為功能與 pipe 類似，只是可以額外送出輸出副本。如圖所示，有大寫字母 T 的形狀（請見圖 44-5）。除了這裡敘述的目的，tee 也能用在對 pipeline 除錯，以及儲存在一個複雜 pipeline 中某個中間點產生的結果。

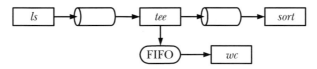

圖 44-5：使用 FIFO 與 tee(1) 建立雙重 pipeline

44.8 使用 FIFO 的 Client-Server 應用程式

我們在本節介紹一個使用 FIFO 做為 IPC 的簡單客戶端／伺服器（client-server）應用程式。伺服器提供（簡單的）服務，將唯一的序號分配給每個請求的客戶端，我們在探討此應用程式的課程中，會介紹一些伺服器的設計技術與概念。

應用程式概觀

在應用程式範例中，每個客戶端使用一個獨立的伺服器 FIFO 送出它的請求（request）給伺服器，在標頭檔（列表 44-6）定義已知的（well-known）的名稱（/tmp/seqnum_sv），這是伺服器使用的 FIFO。這個名稱是固定的，以便全部的客戶端都能知道如何聯繫伺服器（我們在此應用程式範例中，會在 /tmp 目錄建立 FIFO，因為這樣可以讓我們方便執行程式，而且在多數的系統上都不用改變。不過，如 38.7 節所述，在 /tmp 這種可寫入的開放目錄中建立檔案，會衍生許多安全漏洞，在真實世界的應用程式應該避免如此使用）。

> 我們在客戶端／伺服器的應用程式中會不斷提到已知位址（well-known address）或名稱的概念，讓客戶端可以知道伺服器所提供的服務。使用已知位址是客戶端得知如何與伺服器聯繫的其中一個方法，另一個可行的解法是提供幾種名稱伺服器（name server），讓伺服器可以註冊它們的服務名稱，而每個客戶端與名稱伺服器聯繫並取得所需的服務位置。這個解決方案可以讓伺服器的位置更有彈性，只是會增加一些額外的程式設計成本。當然，客戶端與伺服器也會需要知道名稱伺服器的位置，通常名稱伺服器會使用固定位置。

然而，無法使用單獨一個 FIFO 來送出回應（response）給全部的客戶端，因為多個客戶端會對 FIFO 競爭讀取，而且可能會讀到別人的回應訊息，而不是自己的。因此，每個客戶端要建立一個唯一的 FIFO，讓伺服器傳遞客戶端的回應訊息，而且伺服器需要知道如何找到每個客戶端的 FIFO。一個可行的方向是讓客戶端產生它的 FIFO 路徑名稱，並將路徑名稱附加在請求的訊息。此外，客戶端與伺服器要遵守一個建構一個客戶端 FIFO 路徑名稱的公約，並且做為客戶端請求內容的一部分，客戶端就可以將建構客戶端專屬路徑名稱所需的資訊傳遞給伺服器。在我們的範例會使用後者的方法，每個客戶端的 FIFO 名稱是從一個樣板（template）建立的，此樣版（CLIENT_FIFO_TEMPLATE）的內容有一個內含客戶端行程 ID 的路徑名稱，用行程 ID 產生客戶端的唯一名稱是一個簡單的方法。

圖 44-6 展示應用程式如何使用 FIFO 讓應用程式的客戶端與伺服器行程溝通。

標頭檔（列表 44-6）定義由客戶端送給伺服器的請求訊息格式，以及從伺服器送給客戶端的回應訊息。

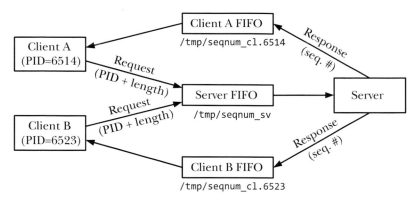

圖 44-6：在有一個伺服器與多個客戶端的應用程式使用 FIFO

回想之前介紹的，在 pipe 與 FIFO 中的資料是一個位元組串流（byte stream），多個訊息之間不會預留邊界，這表示將多個訊息傳遞到一個行程時（如我們範例的伺服器），傳送者與接收者必須制定一些如何區分訊息的公約。下列各種方法都可以：

- 每個訊息以一個分隔字元結尾，例如一個換行字元（此技術的範例可參考列表 59-1 的 *readLine()* 函式）。在此例，一定不能讓分隔字元出現在訊息中，若分隔字元會出現在訊息中，則我們必須採用一個公約來跳脫這個分隔字元，例如：若我們使用換行符號做為分隔符號，則字元 \ 加上換行符號可用來表示訊息中的換行字元，而 \\ 則可以表示訊息中的 \。此方法的缺點是，讀取訊息的行程必須從 FIFO 一次掃描一個位元組的資料，直到找到分隔符號為止。

- 在每個訊息中使用一個有長度欄位的固定大小表頭（header），指出訊息中變動資料的長度。以此例而言，讀取的行程會先從 FIFO 讀取表頭，接著使用表頭的長度欄位來取得訊息中其他資料的數量。此方法的優點是可以有效率存取任意大小的訊息，但若寫入 pipe 的訊息格式錯誤時，可能會產生問題（如長度欄位毀損時）。

- 使用長度大小固定的訊息，而且伺服器只能使用這個固定長度來讀取訊息，優點是程式簡單。不過此方法會限制我們的訊息大小，而且會浪費通道的一些空間（因為必須將短訊息的剩餘空間填充到滿足固定長度為止）。此外，若有一個客戶端突然或故意送出一個長度不符的訊息，則後續的訊息解析都會出錯，此時會不易還原伺服器。

圖 44-7 舉例說明這三項技術，若要了解每項技術，為了避免訊息受到核心（kernel）損壞，以及受到其他寫入行程交叉寫入訊息，每個訊息的總長度必須小於 PIPE_BUF 個位元組。

在本文介紹的三項技術中,「使用單一通道(FIFO)來傳輸來自每個客戶端的訊息」的替代方案是:讓每個訊息分別使用一個單獨的連線。傳送者開啟通信通道、送出訊息、接者關閉通道,當讀取的行程讀到 end-of-file 時就會知道已經讀完一筆訊息。若由多個寫入者共同持有一個開啟的 FIFO 時,則此方法不可行,因為當某個寫入者關閉 FIFO 時,讀取者不會讀到 end-of-file。不過可以使用 stream socket(串流通訊端),此時伺服器行程會為每一個進入的客戶端連線建立個別的通信通道。

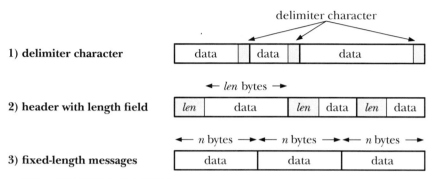

圖 44-7:分隔一個位元組串流中的訊息

在我們的範例程式中,我們使用上述的第三項技術,每個客戶端使用固定大小的訊息傳送給伺服器。此訊息可使用列表 44-6 的 *request* 結構定義。每個送給伺服器的請求會有客戶端的行程 ID,提供伺服器建構 FIFO 名稱,讓客戶端可以接收回應。這個請求也會有一個欄位(*seqLen*),可指定配置給此客戶端的序號(sequence number)。伺服器送給客戶端的回應訊息會有一個 *seqNum* 欄位,是配置給此客戶端的序號範圍之起始值。

列表 44-6:fifo_seqnum_server.c 與 fifo_seqnum_client.c 的標頭檔

——— **pipes/fifo_seqnum.h**

```
#include <sys/types.h>
#include <sys/stat.h>
#include <fcntl.h>
#include "tlpi_hdr.h"

#define SERVER_FIFO "/tmp/seqnum_sv"
                            /* Well-known name for server's FIFO */
#define CLIENT_FIFO_TEMPLATE "/tmp/seqnum_cl.%ld"
                            /* Template for building client FIFO name */
#define CLIENT_FIFO_NAME_LEN (sizeof(CLIENT_FIFO_TEMPLATE) + 20)
                            /* Space required for client FIFO pathname
                               (+20 as a generous allowance for the PID) */
```

```
struct request {                        /* Request (client --> server) */
    pid_t pid;                          /* PID of client */
    int seqLen;                         /* Length of desired sequence */
};

struct response {                       /* Response (server --> client) */
    int seqNum;                         /* Start of sequence */
};
```

──────────────────────────────────── **pipes/fifo_seqnum.h**

伺服器程式

列表 44-7 是伺服器的程式碼，此伺服器執行下列步驟：

- 建立伺服器的已知 FIFO ①，並開啟 FIFO 以供讀取②。伺服器必須比每個客戶端還早啟動，讓伺服器的 FIFO 在客戶端啟動之前就會存在。伺服器呼叫 *open()* 時會發生阻塞，直到第一個客戶端開啟伺服器的 FIFO 寫入端。

- 再次開啟伺服器的 FIFO ③，這次做為寫入用途，這次絕對不會發生阻塞，因為已經開啟 FIFO 提供讀取了。第二次的開啟是便於確保，在全部的客戶端關閉 FIFO 寫入端時，伺服器不會讀到 end-of-file。

- 忽略 SIGPIPE 訊號④，以便若伺服器想要寫入一個沒有讀取者的客戶端 FIFO 時，不會收到 SIGPIPE 訊號（預設會殺掉行程），而會從 *write()* 系統呼叫收到一個 EPIPE 錯誤。

- 進入一個迴圈，讀取與回應每個進入的客戶端請求⑤。伺服器為了送出回應，會建構客戶端 FIFO 的名稱⑥，並接著開啟 FIFO ⑦。

- 若伺服器在開啟客戶端 FIFO 時發生錯誤，則會放棄客戶端的請求⑧。

這是一個迭代式（*iterative*）伺服器範例，此伺服器在繼續處理下個客戶端之前，會讀取與處理此客戶端的每個請求。迭代式伺服器的設計適用於能夠快速處理每個客戶端的請求與回應時，不會讓其他客戶端的請求受到延誤。另一個設計是並行式（*concurrent*）伺服器，在主要的伺服器行程使用不同的子行程（或執行緒）處理每個客戶端的請求，我們將在第 60 章深入探討伺服器的設計。

列表 44-7：使用 FIFO 的迭代式（iterative）伺服器

──────────────────────────────────── **pipes/fifo_seqnum_server.c**

```
#include <signal.h>
#include "fifo_seqnum.h"

int
main(int argc, char *argv[])
{
```

```
            int serverFd, dummyFd, clientFd;
            char clientFifo[CLIENT_FIFO_NAME_LEN];
            struct request req;
            struct response resp;
            int seqNum = 0;                          /* This is our "service" */

            /* Create well-known FIFO, and open it for reading */

            umask(0);                                /* So we get the permissions we want */
①          if (mkfifo(SERVER_FIFO, S_IRUSR | S_IWUSR | S_IWGRP) == -1
                    && errno != EEXIST)
                errExit("mkfifo %s", SERVER_FIFO);
②          serverFd = open(SERVER_FIFO, O_RDONLY);
            if (serverFd == -1)
                errExit("open %s", SERVER_FIFO);

            /* Open an extra write descriptor, so that we never see EOF */

③          dummyFd = open(SERVER_FIFO, O_WRONLY);
            if (dummyFd == -1)
                errExit("open %s", SERVER_FIFO);

④          if (signal(SIGPIPE, SIG_IGN) == SIG_ERR)
                errExit("signal");

⑤          for (;;) {                               /* Read requests and send responses */
                if (read(serverFd, &req, sizeof(struct request))
                        != sizeof(struct request)) {
                    fprintf(stderr, "Error reading request; discarding\n");
                    continue;                        /* Either partial read or error */
                }

                /* Open client FIFO (previously created by client) */

⑥              snprintf(clientFifo, CLIENT_FIFO_NAME_LEN, CLIENT_FIFO_TEMPLATE,
                        (long) req.pid);
⑦              clientFd = open(clientFifo, O_WRONLY);
                if (clientFd == -1) {                /* Open failed, give up on client */
                    errMsg("open %s", clientFifo);
⑧                  continue;
                }

                /* Send response and close FIFO */

                resp.seqNum = seqNum;
                if (write(clientFd, &resp, sizeof(struct response))
                        != sizeof(struct response))
                    fprintf(stderr, "Error writing to FIFO %s\n", clientFifo);
                if (close(clientFd) == -1)
```

```
            errMsg("close");

        seqNum += req.seqLen;              /* Update our sequence number */
        }
    }
```
────────────────────────────────────── **pipes/fifo_seqnum_server.c**

客戶端程式

列表 44-8 是客戶端的程式碼，客戶端執行下列步驟：

- 建立一個 FIFO，做為接收伺服器的回應②，為了確保 FIFO 會在伺服器打算開啟 FIFO 並傳送回應訊息時存在，客戶端必須在傳送請求之前完成建立 FIFO。

- 建構一個給伺服器的訊息，包含客戶端的行程 ID 與一個號碼（由一個選配的命令列參數取得），用來設定客戶端想要伺服器指派給它④的序號長度（若沒有提供命令列參數，則預設的序號長度是 1）。

- 開啟伺服器的 FIFO ⑤，並送出訊息給伺服器⑥。

- 開啟客戶端的 FIFO ⑦，並讀取與印出伺服器的回應⑧。

其他唯一要注意的細節是結束的處理常式（exit handler），可用 *atexit()* 建立③結束處理常式①，可確保行程結束時會刪除客戶端的 FIFO。或者我們可以直接在 *open()* 客戶端 FIFO 之後，接著呼叫 *unlink()*。可行的原因是，在它們都已經執行阻塞式 *open()* 呼叫之後，伺服器與客戶端都會各自持有 FIFO 的開啟檔案描述符（open file descriptor），時此將 FIFO 檔名從檔案系統中移除，並不會影響這些描述符（或描述符參考的開啟檔案描述符）。

我們在執行這個範例時，可以看到執行客戶端與伺服器程式的結果：

```
$ ./fifo_seqnum_server &
[1] 5066
$ ./fifo_seqnum_client 3        Request a sequence of three numbers
0                               Assigned sequence begins at 0
$ ./fifo_seqnum_client 2        Request a sequence of two numbers
3                               Assigned sequence begins at 3
$ ./fifo_seqnum_client          Request a single number
5
```

列表 44-8：客戶端向伺服器取得序號

────────────────────────────────────── **pipes/fifo_seqnum_client.c**
```
#include "fifo_seqnum.h"

static char clientFifo[CLIENT_FIFO_NAME_LEN];
```

```
       static void              /* Invoked on exit to delete client FIFO */
①   removeFifo(void)
       {
           unlink(clientFifo);
       }

       int
       main(int argc, char *argv[])
       {
           int serverFd, clientFd;
           struct request req;
           struct response resp;

           if (argc > 1 && strcmp(argv[1], "--help") == 0)
               usageErr("%s [seq-len...]\n", argv[0]);

           /* Create our FIFO (before sending request, to avoid a race) */

           umask(0);                      /* So we get the permissions we want */
②       snprintf(clientFifo, CLIENT_FIFO_NAME_LEN, CLIENT_FIFO_TEMPLATE,
                   (long) getpid());
           if (mkfifo(clientFifo, S_IRUSR | S_IWUSR | S_IWGRP) == -1
                       && errno != EEXIST)
               errExit("mkfifo %s", clientFifo);

③       if (atexit(removeFifo) != 0)
               errExit("atexit");

           /* Construct request message, open server FIFO, and send message */

④       req.pid = getpid();
           req.seqLen = (argc > 1) ? getInt(argv[1], GN_GT_0, "seq-len") : 1;

⑤       serverFd = open(SERVER_FIFO, O_WRONLY);
           if (serverFd == -1)
               errExit("open %s", SERVER_FIFO);

⑥       if (write(serverFd, &req, sizeof(struct request)) !=
                   sizeof(struct request))
               fatal("Can't write to server");

           /* Open our FIFO, read and display response */

⑦       clientFd = open(clientFifo, O_RDONLY);
           if (clientFd == -1)
               errExit("open %s", clientFifo);

⑧       if (read(clientFd, &resp, sizeof(struct response))
```

```
            != sizeof(struct response))
        fatal("Can't read response from server");

    printf("%d\n", resp.seqNum);
    exit(EXIT_SUCCESS);
}
```
——————————————————————————— **pipes/fifo_seqnum_client.c**

44.9　非阻塞式 I/O（Nonblocking I/O）

如稍早所提，當行程開啟一個 FIFO 的其中一端時，若 FIFO 的另一端尚未開啟
則會發生阻塞。有時會需要避免阻塞，因此可以在呼叫 *open()* 時指定 O_NONBLOCK
旗標：

```
fd = open("fifopath", O_RDONLY | O_NONBLOCK);
if (fd == -1)
    errExit("open");
```

若 FIFO 的另一端已經開啟，則 *open()* 呼叫的 O_NONBLOCK 旗標不會產生影響，會如
同往常般順利開啟 FIFO。O_NONBLOCK 旗標會改變的地方只有在 FIFO 另一端尚未
開啟時，而且依據我們將 FIFO 開啟以供讀取或以供寫入來決定是否影響：

- 若正在開啟 FIFO 以供讀取，而且現在沒有行程開啟 FIFO 的寫入端，則
  open() 呼叫會立即成功（就像 FIFO 的另一端已經開啟一樣）。

- 若正在開啟 FIFO 以供寫入，而且 FIFO 的另一端尚未開啟以供讀取，則會
  open() 失敗，並將 *errno* 設定為 ENXIO。

對於依據 FIFO 正在開啟以供讀取或以供寫入來決定 O_NONBLOCK 旗標的這種非對稱
性，我們可以這樣解釋：在 FIFO 的另一端沒有行程要寫入時，則開啟 FIFO 以供
讀取是沒有關係的，因為讀取 FIFO 都只會收不到資料而已。不過若要寫入沒有讀
取者的 FIFO，則會導致 *write()* 產生 SIGPIPE 訊號與 EPIPE 錯誤。

表 44-1 節錄開啟 FIFO 的方式，包含上述的 O_NONBLOCK 旗標效果。

表 44-1：*open()* FIFO 的語意

open() 類型		*open()* 結果	
開啟目的	額外的旗標	FIFO 的另一端已開啟	FIFO 的另一端已關閉
讀取	無（阻塞）	立即成功	阻塞
	O_NONBLOCK	立即成功	立即成功
寫入	無（阻塞）	立即成功	阻塞
	O_NONBLOCK	立即成功	失敗（ENXIO）

當開啟 FIFO 做為兩個目的時，可使用 O_NONBLOCK 旗標：

- 讓一個單獨的行程開啟 FIFO 的兩端，此行程先指定 O_NONBLOCK 來開啟 FIFO 以供讀取，接著開啟 FIFO 以供寫入。

- 避免多個行程在開啟兩個 FIFO 之間產生死結。

所謂死結（*deadlock*）是一種情況，就是兩個或更多行程發生阻塞，起因於行程彼此等待其他行程完成工作。如圖 44-8 所示的兩個行程已經發生死結，每個阻塞中的行程都在等著開啟一個 FIFO 以供讀取。若每個行程都可以執行它的第二個步驟（開啟另一個 FIFO 以供寫入），則不會發生這樣的阻塞。解決這類死結的方法可以透過反轉行程 Y 的步驟 1 與步驟 2 順序，並保持行程 X 的步驟順序，或是讓行程 X 的順序反轉，而行程 Y 保持不變。不過有些應用程式無法輕易的調整這類步驟，所以我們會在開啟 FIFO 以供讀取時，讓某個行程或兩個行程使用 O_NONBLOCK 旗標來解決問題。

Process X	Process Y
1. Open FIFO A for reading *blocks*	1. Open FIFO B for reading *blocks*
2. Open FIFO B for writing	2. Open FIFO A for writing

圖 44-8：兩個行程開啟兩個 FIFO 而產生的死結

非阻塞式 *read()* 與 *write()*

使用 O_NONBLOCK 旗標不但會影響 *open()* 的語意，而且還會影響後續 *read()* 與 *write()* 呼叫的語意（因為這個旗標接著會留在開啟檔案描述符的設定中），我們會在下一節說明這些影響。

我們有時會需要改變一個已開啟 FIFO（或其他檔案的類型）的 O_NONBLOCK 旗標狀態，可能的情境如下：

- 我們使用 O_NONBLOCK 開啟了一個 FIFO，可是我們想要讓之後的 *read()* 與 *write()* 呼叫以阻塞模式執行。

- 我們想要對 *pipe()* 傳回的檔案描述符啟用非阻塞模式，或更一般用途，我們想要改變任何檔案描述符（不只是 *open()* 取得的）的非阻塞狀態。例如，經由 shell 幫每個程式自動開啟的那三個標準描述符，或是 *socket()* 呼叫傳回的檔案描述符。

- 針對某些特殊用途的應用程式，我們會需要將檔案描述符的 O_NONBLOCK 設定切換為開啟或關閉。

為了這些目的，我們使用 *fcntl()* 啟用或關閉 O_NONBLOCK 這個開啟檔案狀態旗標
（open file status flag），若要啟用此旗標，我們可以使用如下程式碼（忽略錯誤
檢查）：

```
int flags;

flags = fcntl(fd, F_GETFL);          /* Fetch open file status flags */
flags |= O_NONBLOCK;                 /* Enable O_NONBLOCK bit */
fcntl(fd, F_SETFL, flags);           /* Update open file status flags */
```

也可以用下列程式碼關閉：

```
flags = fcntl(fd, F_GETFL);
flags &= ~O_NONBLOCK;                /* Disable O_NONBLOCK bit */
fcntl(fd, F_SETFL, flags);
```

44.10　在 pipe 與 FIFO 使用 *read()* 與 *write()* 的方式

表 44-2 收錄了用在 pipe 與 FIFO 的 *read()* 操作，以及 O_NONBLOCK 旗標的影響。

阻塞式讀取與非阻塞式讀取的唯一差異在於，目前沒有資料而且寫入端是開啟著
的，此時使用一般阻塞式的 *read()* 會發生阻塞，而使用非阻塞式的 *read()* 則會失
敗，並發生 EAGAIN 錯誤。

表 44-2：從有 p 個位元組的 pipe 或 FIFO 讀取 n 個位元組的語意

啟用 O_NONBLOCK ？	在 pipe 或 FIFO 中可用的資料 bytes（p）			
	$p = 0$，write end 開啟	$p = 0$，write end 關閉	$p < n$	$p >= n$
No	Block	傳回 0（EOF）	讀取 p bytes	讀取 n bytes
Yes	Fail（EAGAIN）	傳回 0（EOF）	讀取 p bytes	讀取 n bytes

在寫入 pipe 或 FIFO 時，O_NONBLOCK 旗標的影響會因 PIPE_BUF 限制而變得複雜，
write() 的行為收錄於表 44-3。

表 44-3：寫入 *n* 個位元組到 pipe 或 FIFO 的方法

啟用 O_NONBLOCK？	Read end 已開啟		Read end 已關閉
	n <= PIPE_BUF	*n > PIPE_BUF*	
No	原子式地（Atomically）寫入 n 個 bytes；可能會發生阻塞直到已經讀取足以讓 *write()* 可以執行的資料	寫入 n 個 bytes；可能會發生阻塞直到已經讀取足以讓 *write()* 可以完成的資料；資料可以被其他行程交叉寫入。	SIGPIPE + EPIPE
Yes	若有足夠的空間可以立即寫入 n 個 bytes，接著原子式地 *write()* 成功；此外，則失敗（EAGAIN）	若有足夠的空間可以立即寫入一些 bytes，接著在 1 與 n 個 bytes 間寫入（這可以與其他行程寫入的資料交叉）；此外，*write()* 失敗（EAGAIN）	

在不能立即傳輸資料時，O_NONBLOCK 旗標會導致對 pipe 或 FIFO 的 *write()* 失敗（伴隨著 EAGAIN 錯誤）。這表示若我們正寫入多達 PIPE_BUF 個位元組時，且若 pipe 或 FIFO 沒有足夠的空間時，則 *write()* 會失敗，因為核心無法立即完成操作，而且不能進行部分寫入，因為部份寫入會違反在寫入 PIPE_BUF 個位元組必須是原子式的規定。

當一次寫入超過 PIPE_BUF 個位元組時，則這次的寫入不必是原子式的，因此 *write()* 可以盡量傳送資料（部分寫入）來填滿 pipe 或 FIFO，此時，*write()* 的傳回值是實際已傳輸的資料數目，而我們必須將尚未傳輸的資料重新傳送。不過，若 pipe 或 FIFO 已經滿了，甚至連一個位元組都無法傳遞時，則 *write()* 會發生 EAGAIN 錯誤。

44.11　小結

PIPE 是在 UNIX 系統中的第一個 IPC 方法，而且經常由 shell 以及其他應用程式所用。一個 pipe 是個單向的、容量有限的位元組串流（byte stream），可供相關的行程之間通信。雖然可以將任意大小的資料區塊寫入 pipe，不過只有在寫入的資料大小不超過 PIPE_BUF 位元組時能保證寫入是原子式的（atomic）。PIPE 可以用在 IPC，也能用來讓行程同步。

我們在使用 pipe 時，為了確保讀取的行程可以偵測 end-of-file，以及寫入的行程可以收到 SIGPIPE 訊號或 EPIPE 錯誤，我們必須要謹慎關閉未用的描述符（通常最簡單的方式是讓寫入 pipe 的應用程式忽略 SIGPIPE，以及透過 EPIPE 錯誤偵測斷開的 pipe）。

popen() 與 *pclose()* 函式可以讓程式將資料傳輸到（或來自）標準的 shell 指令，而不需要處理建立 pipe、執行 shell，以及關閉未用檔案描述符的細節。

FIFO 與 pipe 執行的方式相同，只是 FIFO 要使用 *mkfifo()* 建立，FIFO 在檔案系統會有個檔名，而且可以讓任何有適當權限的行程開啟。在預設情況，開啟 FIFO 以供讀取會發生阻塞，直到其他行程開啟此 FIFO 以供寫入，反之亦然。

我們在本章的課程探討許多相關主題，首先知道如何複製檔案描述符，將過濾器（filter）的標準輸入（standard input）或標準輸出（standard output）綁定到 pipe 的方法。我們透過一個使用 FIFO 的客戶端／伺服器範例，觸及許多設計客戶端／伺服器的議題，包含在伺服器使用已知位址（well-known address），以及迭代式（iterative）與並行（concurrent）伺服器的設計。我們在開發 FIFO 應用程式的範例提到，雖然透過 pipe 傳輸的資料是屬於位元組串流（byte stream），但有時候讓通信的行程將資料封裝為訊息是有用的，所以我們也探討各種封裝方法。

我們最後提到，在對 FIFO 進行開啟與 I/O 時，O_NONBLOCK（非阻塞式 I/O）旗標造成的影響。若我們在開啟 FIFO 時不想要發生阻塞，則可以使用 O_NONBLOCK 旗標；若我們希望讀取不到資料時不會發生阻塞、或若在 pipe 或 FIFO 沒有足夠空間時寫入發生阻塞，也可以使用此旗標。

進階資訊

在（Bach，1986）與（Bovet & Cesati，2005）都有討論 pipe 的實作，關於 pipe 與 FIFO 的實用細節可以參考（Vahalia，1996）。

44.12 習題

44-1. 設計一個程式，使用兩個 pipe 讓父行程與子行程可以雙向通信，父行程應使用迴圈持續讀取標準輸入的文字，而且使用某個 pipe 將文字傳送給子行程。子行程必須將文字轉換為大寫，並透過另一個 pipe 送回給父行程，父行程會讀取子行程送回的資料，並於執行下次迴圈之前將資料寫入標準輸出。

44-2. 實作 *popen()* 與 *pclose()*，雖然這些函式可不需實作 *system()*（27.7 節）時使用的訊號處理常式（signal handling），不過你要小心並正確地將 pipe 兩端綁定到每個行程的檔案串流（file stream），並且確保全部參照到 pipe 兩端的未用描述符都有關閉，因為多次呼叫 *popen()* 所建立的子行程可能同時執行，你必須維護一資料結構，記錄 *popen()* 配置的檔案串流指標與對應的子行程 ID 關聯。（若使用陣列，則 *fileno()* 函式的傳回值會包含與檔案串流對應的檔案描述符，可用來當做陣列的索引）。

從此資料結構取得正確的行程 ID 可以讓 *pclose()* 選擇要等待的子行程，此結構也能協助遵守 SUSv3 的規範，新的子行程必須關閉先前呼叫 *popen()* 所建立的，以及目前仍然開啟的檔案串流。

44-3. 列表 44.7 的伺服器（`fifo_seqnum_server.c`）每次啟動時，一定是從 0 開始分配序號。將程式改為使用一個備份檔，在每次分配序號時更新（4.3.1 節所述的 *open()* 與 `O_SYNC` 旗標可能會有幫助）。程式啟動時應該檢查備份檔是否存在，若存在時，則使用內含的值來做為初始序號。若啟動時無法找到備份檔，則建立一個新的備份檔並從 0 開始分配序號（替代方式是使用記憶體映射檔，如第 49 章所述）。

44-4. 將列表 44-7 的伺服器（`fifo_seqnum_server.c`）程式新增功能，讓程式收到 SIGINT 或 SIGTERM 訊號時會移除伺服器的 FIFO 並終止。

44-5. 在列表 44-7 的伺服器（`fifo_seqnum_server.c`）執行第二次開啟 FIFO（`O_WRONLY`）時，讓伺服器讀取 FIFO 的讀取描述符（*serverFd*）時不會讀到 end-of-file。另一個方法是：當伺服器從讀取描述符讀到 end-of-file 時，關閉描述符，並且再次開啟 FIFO 以供讀取。（這次的開啟會發生阻塞，直到下個客戶端開啟 FIFO 以供讀取）。此方法哪裡有錯呢？

44-6. 列表 44-7 的伺服器（`fifo_seqnum_server.c`）是假設客戶端的行為良好，若有惡意的客戶端建立一個客戶端 FIFO，且送出請求給伺服器，但是沒有開啟客戶端的 FIFO，導致伺服器在開啟客戶端 FIFO 時發生阻塞，而導致另一個客戶端的請求會無限期延遲，若進行惡意行為，則會構成服務阻斷攻擊（denical-of-service attack），請產生一個處理此問題的機制，並擴充伺服器功能（若可以，也擴充列表 44-8 的客戶端）。

44-7. 設計程式驗證非阻塞式開啟的操作，以及 FIFO 的非阻塞式 I/O（參考 44.9 節）。

45

System V IPC 簡介

System V IPC 有三種不同的行程間通信機制（inter process communication，IPC）：

- 訊息佇列（*message queue*）用來在行程之間傳輸訊息，訊息佇列有點像管線（pipe），但有兩個重大的差異。第一是：訊息佇列是有邊界的（boundary），以便讀取者與寫入者之間能以訊息為單位進行通信，而不是透過無分隔符號的位元組串流（byte stream）進行通信。第二是，每筆訊息內含一個整數的類型（*type*）欄位，並可以透過類型選擇訊息，而無須以訊息寫入的順序來讀取訊息。

- 號誌（*semaphore*）允許多個行程同步它們的動作，號誌是一個由核心維護的整數值，對具備所需權限的全部行程可見。一個行程可對號誌值進行適當的修改，以通知將正在執行某個動作通知其他行程。

- 共享記憶體（*shared memory*）使得多個行程能夠共享記憶體（即與被映射到多個行程的虛擬記憶體中的訊框相同）的相同區間（稱為一個區段）。因為存取使用者空間（user-space）記憶體是快速的操作，因此共享記憶體是其中一種最快速的 IPC 方法：行程一旦更新了共享記憶體，則這個改變會立即對共用同一個記憶體區段的其他行程可見。

雖然這三種 IPC 機制的功能存在很大的差異，但將把它們放在一起討論是有原因的。其中一個原因是，它們是一起被開發的，在 1970 年末初次出現在 Columbus UNIX 系統，這是 Bell 內部實作的 UNIX 系統，用於執行電話公司紀錄保存與管理過程中，用到的資料庫和事務處理系統。大約在 1983 年，這些 IPC 機制出現在主流的 System V UNIX 系統，因此，這也是 System V IPC 名稱的由來。

將 System V IPC 機制一起討論的一個更為重要的原因是，它們的程式設計介面共用一些通用的特徵，以便許多相同的概念都能適用於這些機制。

> 由於 SUSv3 為了與 XSI 一致，而規範了 System V IPC，因此有時這種機制也稱為 *XSI IPC*。

本章提供 System V IPC 機制的概觀，並詳細介紹這三種機制全部的共通特性，後續幾個章節將分別對這三種機制進行介紹。

> System V IPC 的核心選項可透過 CONFIG_SYSVIPC 選項進行設定。

45.1 API 概述

表 45-1 節錄了使用 System V IPC 物件（object）需用到的標頭檔和系統呼叫。

有些實作要求在引用表 45-1 的標頭檔之前，要先引用 <sys/types.h>，有些較早的 UNIX 實作可能還會要求引用 <sys/ipc.h>。（Single UNIX Specification 並未要求引用這些標頭檔）。

> 在 Linux 實作的多數硬體架構上，有一個系統呼叫（*ipc(2)*）是全部 System V IPC 操作到核心的入口，而表 45-1 列出的每個呼叫，實際上都是基於這個系統呼叫實作的函式庫函式。（此約定有兩個例外，就是 Alpha 和 IA-64，在這兩個架構上，表中列出的函式實際上是各自實作為系統呼叫）。這個不太常見的方法是起初將 System V IPC 實作為可載入核心模組的傑作。雖然它們在大多數 Linux 架構上實際上是函式庫的函式，不過在本章中，我們會將表 45-1 列出的函式稱為系統呼叫，只有 C 函式庫的實作人員才需要使用 *ipc(2)*，使用在任何其他應用程式上都會導致應用程式失去可攜性。

表 45-1：System V IPC 物件程式設計介面節錄

Interface	Message queues	Semaphores	Shared memory
Header file	<sys/msg.h>	<sys/sem.h>	<sys/shm.h>
Associated data structure	*msqid_ds*	*semid_ds*	*shmid_ds*
Create/open object	*msgget()*	*semget()*	*shmget()* + *shmat()*
Close object	(none)	(none)	*shmdt()*
Control operations	*msgctl()*	*semctl()*	*shmctl()*
Performing IPC	*msgsnd()*—write message *msgrcv()*—read message	*semop()*—test/adjust semaphore	access memory in shared region

建立與開啟一個 System V IPC 物件

每種 System V IPC 機制都有一個相關的 get 系統呼叫（*msgget()*、*semget()* 或 *shmget()*），類似檔案的 *open()* 系統呼叫。給它一個整數的 *key*（類似檔名），*get* 呼叫就會完成下列某個操作：

- 使用給予的 key 建立一個新的 IPC 物件，並傳回一個唯一的 ID 來識別物件。
- 使用給予的 key，傳回一個現有的 IPC 物件 ID。

我們（寬鬆地）將第二種做法稱為開啟（*opening*）一個現有的 IPC 物件，在此情況下，*get* 呼叫所做的事情只是將一個數字（*key*）轉換稱為另一個數字（ID）。

> 在 System V IPC 的上下文中，物件（*object*）與物件導向程式設計的物件毫無關係，此術語只用來區分 System V IPC 機制與檔案。雖然檔案與 System V IPC 物件之間有一些相似之處，但與標準的 UNIX 檔案 I/O 模型相比，IPC 物件的用法在幾個重要方面都不同，這也是 System V IPC 機制之所以複雜的一個原因。

IPC ID（*identifier*）與檔案描述符類似，提供後續所有參考該 IPC 物件的系統呼叫使用，但這兩者之間存在一個重要的語意差異。檔案描述符是一個行程屬性（process attribute），而 IPC ID 則是物件本身的屬性，而且在整個系統都是可見的。每個存取相同物件的行程都會使用相同的 ID，意思是，若我們知道一個 IPC 物件已經存在，則可以跳過 *get* 呼叫，我們只要有一些其他方式可以知道物件 ID 即可。例如，建立物件的行程可能會將 ID 寫入一個可供其他行程讀取的檔案。

> 下列的範例示範如何建立一個 System V 訊息佇列：

```
id = msgget(key, IPC_CREAT | S_IRUSR | S_IWUSR);
if (id == -1)
    errExit("msgget");
```

在全部的 *get* 呼叫中，key 是第一個參數，ID 是函式的傳回值。我們將要設定於新物件的權限，透過 *get* 呼叫的最後一個參數（*flags*）指定，利用與檔案一樣的位元遮罩常數（bit-mask constant）（表 15-4）。在上述例子中，只將權限授予物件的擁有者，提供對佇列進行讀取與寫入訊息的操作權限。

> 行程的 umask（15.4.6 節）對新建立的 IPC 物件是不適用的。

有幾個 UNIX 實作為 IPC 權限定義了下列的位元遮罩常數：MSG_R、MSG_W、SEM_R、SEM_A、SHM_R 以及 SHM_W，這些常數對應於每個 IPC 機制的擁有者（使用者）的讀取與寫入權限。為了取得相對應的群組與其他使用者的權限位元遮罩，則可以將這些常數右移（right-shift）3 個位元與 6 個位元。SUSv3 並沒有規範這些常數，而是採用與檔案一樣的位元遮罩，而且並未定義於 glibc 的標頭中。

每個想要需存相同 IPC 物件的行程，在執行 get 呼叫時會指定相同的 key，以取得該物件的同一個 ID，在 45.2 節中將會探討如何為應用程式選擇一個 key。

若與 key 相對應的 IPC 物件不存在，且在 flags 參數指定了 IPC_CREAT（與 open() 的 O_CREAT 旗標類似），則 get 呼叫會建立一個新的 IPC 物件。若相對應的 IPC 物件目前不存在，且沒有指定 IPC_CREAT（而且沒有如 45.2 節所述，將 key 指定為 IPC_PRIVATE），則 get 呼叫會失敗並傳回 ENOENT 錯誤。

一個行程可以透過指定 IPC_EXCL 旗標（類似 open() 的 O_EXCL 旗標），以保證自己是建立 IPC 物件的行程。若指定了 IPC_EXCL，而且與 key 相對應的 IPC 物件已經存在，則 get 呼叫會失敗並發生 EEXIST 錯誤。

IPC 物件的移除與物件持續性（persistence）

各種 System V IPC 機制的 ctl 系統呼叫（msgctl()、semctl()、shmctl()），會對物件執行一些控制操作（control operation）。其中許多操作是限定於某種 IPC 機制，但有一些是適用於全部的 IPC 機制，其中一個就是 IPC_RMID 控制操作，它可以用來移除一個物件，例如我們可以使用下列的呼叫移除一個共享記憶體物件：

```
if (shmctl(id, IPC_RMID, NULL) == -1)
    errExit("shmctl");
```

對於訊息佇列與號誌而言，移除 IPC 物件是立即見效的，物件中的全部資訊都會被銷毀，不管是否仍有其他行程使用該物件。（這也是 System V IPC 物件的操作與檔案的操作其中一個不同的地方，在 18.3 節曾經提過，若我們移除了檔案的最後一個連結（link），則實際上只有當全部參考到該檔案的開啟檔案描述符（open file descriptor）都關閉之後，才會移除該檔案）。

移除共享記憶體物件的操作是不同的，在 shmctl(id,IPC_RMID, NULL) 呼叫之後，只有在全部使用該記憶體區段的行程卸載該記憶體區段之後（使用 shmdt()），才會移除該共享記憶體區段（這一點與檔案移除更加相近）。

System V IPC 物件具備核心持續性（kernel persistence），物件一旦建立之後就一直存在，直到指定移除它或系統關閉。System V IPC 物件的這個屬性是非常有用的，因為一個行程可以建立一個物件、修改物件狀態、然後結束，並使得之後某個時刻啟動的行程可以存取這個物件，但這種屬性也是有缺點的，其原因如下：

- 系統對每種類型的 IPC 物件的數量是有限制的，若沒有移除不需要使用的物件，則應用程式最終可能會因達到這個限制而發生錯誤。

- 在移除一個訊息佇列或號誌物件時，多行程應用程式可能難以確定哪個行程是最後一個需要存取物件的行程，因而導致難以確定何時可以安全地移除物件。這裡的問題是這些物件是不需連線的，所以核心不會記錄哪個行程開啟了物件（共享記憶體區段沒有這個缺點，因為它們的移除操作語意不同）。

45.2　IPC Key

System V IPC key 是一個整數值，其資料型別為 *key_t*，IPC *get* 呼叫將一個 key 轉換成相對應的整數 IPC ID，這些呼叫可以保證我們建立一個新的 IPC 物件時，可以取得唯一的 ID，而若我們指定了一個既有物件的 key，則將只會取得（相同的）物件 ID（通常核心內部會維護這些將 key 對應到每個 IPC 機制 ID 的資料結構，如 45.4 節所述）。

所以我們該如何提供一個唯一的 key（要能保證我們不會意外取得其他應用程式使用的既有 IPC 物件 ID 呢？），這個問題有三種解決方案：

- 隨機選取某個整數做為 key 值，通常會將這些整數放在一個（每個使用 IPC 物件的程式都會引用的）標頭檔，這個方法的難處在於，我們可能會意外選到其他應用程式使用的值。

- 在建立 IPC 物件時，將 IPC_PRIVATE 常數指定為 *get* 呼叫的 key 值，這樣一定能保證讓每一個新創的 IPC 物件可以有一個唯一的 ID。

- 使用 *ftok()* 函式產生一個（幾乎是唯一的）key。

比較常用的方法是使用 IPC_PRIVATE 或 *ftok()*。

使用 IPC_PRIVATE 產生一個唯一的 ID

我們在建立一個新的 IPC 物件時，可以使用下列方式將 key 指定為 IPC_PRIVATE：

```
id = msgget(IPC_PRIVATE, S_IRUSR | S_IWUSR);
```

在此例中，無須指定 IPC_CREAT 和 IPC_EXCL 旗標。

這項技術在下列應用特別好用，如在多行程應用程式中，父行程建立 IPC 物件的優先權高於執行 *fork()*，結果會導致子行程繼承 IPC 物件的 ID。我們也可以將此技術應用在客戶端與伺服器（client/server）的應用程式（即行程彼此無關的應用程式），可是客戶端必須要能取得伺服器建立的 IPC 物件 ID（反之亦然）。例如，在伺服器建立一個 IPC 物件之後，伺服器接著可以將這個 ID 寫入一個客戶端能讀取的檔案。

使用 *ftok()* 產生一個唯一的 key

函式 *ftok()*（*file to key*）會傳回一個 key 值，適合提供給後續的某個 System V IPC *get* 系統呼叫使用。

```
#include <sys/ipc.h>

key_t ftok(char *pathname, int proj);
```
$$\text{Returns integer key on success, or } -1 \text{ on error}$$

這個 key 是由實作定義的（implementation-defined）演算法與提供的 *pathname* 與 *proj* 值產生的，SUSv3 要求如下：

- 演算法只使用 *proj* 的最低 8 個有效位元。
- 應用程式必須確保參考到一個既有檔案的 *pathname* 可以使用 *stat()*（否則 *ftok()* 會傳回 -1）。
- 若將參考同一個檔案（即 i-node）的不同路徑名稱（link）提供給 *ftok()*（指定相同的 *proj* 值），則函式必須傳回相同的 key 值。

換句話說，*ftok()* 使用 i-node 編號來產生 key 值，而不是使用檔名。（由於 *ftok()* 演算法需要 i-node 編號，所以在應用程式的生命週期期間，不應該移除檔案並重新建立檔案，因為重新建立檔案時，檔案的 i-node 編號可能會改變）。*proj* 的目的只是讓我們可以從同一個檔案生成多個 key，這在應用程式需要建立多個同類型的 IPC 物件時很有用。在以前，*proj* 參數的型別為 *char*，所以經常在呼叫 *ftok()* 時傳入 *char* 型別的值。

> SUSv3 並未規範 *proj* 值為 0 時的 *ftok()* 行為。在 AIX 5.1 中，若將 *proj* 指定為 0 時，則 *ftok()* 傳回 -1。在 Linux 系統上，這個值沒有特殊意義。不過，可攜式應用程式應該避免將 *proj* 值指定為 0，因為還有其他 255 個值可以選擇。

通常，提供給 *ftok()* 的 *pathname* 會參考到一個（由應用程式建立的）檔案或目錄，而且協同合作的行程則會將相同的 *pathname* 傳遞給 *ftok()*。

在 Linux 系統上，*ftok()* 會傳回一個 32-bit 的 key 值，由下列參數的部份內容取得：*proj* 參數的最低 8 個有效位元、裝置編號的最低 8 個有效位元（檔案所屬檔案系統所在裝置的裝置編號，即次要裝置編號），以及 *pathname* 參考的檔案 i-node 編號之最低 16 個有效位元（後兩項資訊可以使用 *stat()* 查詢 *pathname* 取得）。

在 *glibc* 的 *ftok()* 演算法與其他 UNIX 實作採用的演算法類似，它們都有一個類似的限制：兩個不同的檔案可能會產生相同的 key 值（機率很小），發生的情況是，在不同檔案系統上的兩個檔案，它們 i-node 編號的最低有效位元可能會重複；或在兩個不同磁碟裝置的檔案（一個系統有多張磁碟控制卡）可能會有相同的次要裝置編號。不過在實務時，不同應用程式產生相同 key 值的可能性非常渺小，使用 *ftok()* 來產生 key 值已經夠用了。

典型的 *ftok()* 使用方法如下：

```
key_t key;

int id;
key = ftok("/mydir/myfile", 'x');

if (key == -1)
    errExit("ftok");

id = msgget(key, IPC_CREAT | S_IRUSR | S_IWUSR);
if (id == -1)
    errExit("msgget");
```

45.3　有關聯的資料結構與物件權限

作業系統核心會維護與一個 System V IPC 物件的每個實體（instance）有關聯的（associated）資料結構，資料結構的形式會隨著 IPC 機制（訊息佇列、號誌、或共享記憶體）而異，並定義於與 IPC 機制（參考表 45-1）相對應的標頭檔。我們在後續章節會詳細介紹這些資料結構。

在使用 IPC 物件相對應的 get 系統呼叫建立物件時，會初始化有關聯的資料結構。一旦建立物件之後，程式就可使用適當的 ctl 系統呼叫（指定 `IPC_STAT` 類型的操作）取得這個資料結構的副本。反之，可以使用 `IPC_SET` 操作修改資料結構的部分內容。

不只是各種 IPC 物件特有的資料，這三種 IPC 機制的關聯資料結構都有一個（*ipc_perm*）子結構，儲存了決定物件權限的資訊：

```
struct ipc_perm {
    key_t          __key;         /* Key, as supplied to 'get' call */
    uid_t          uid;           /* Owner's user ID */
    gid_t          gid;           /* Owner's group ID */
    uid_t          cuid;          /* Creator's user ID */
    gid_t          cgid;          /* Creator's group ID */
    unsigned short mode;          /* Permissions */
    unsigned short __seq;         /* Sequence number */
};
```

SUSv3 規定，*ipc_perm* 結構必須具備上列每個欄位（除了 *__key* 和 *__seq* 欄位之外），然而，大多數 UNIX 實作都有提供幾個版本的欄位。

欄位 *uid* 與 *gid* 指定 IPC 物件的擁有者（ownership），*cuid* 和 *cgid* 欄位是（建立此物件的）行程的使用者 ID 與群組 ID。起初，相對應的使用者 ID 與建立者 ID 欄位值有相同的值，都源自呼叫的行程之有效 ID（effective ID）。建立者 ID 欄位是不可變的，而擁有者 ID 則可以透過 IPC_SET 操作修改，下列的程式碼會示範如何修改共享記憶體區段的 uid 欄位（關聯的資料結構型別是 *shmid_ds*）。

```
struct shmid_ds shmds;

if (shmctl(id, IPC_STAT, &shmds) == -1)      /* Fetch from kernel */
    errExit("shmctl");
shmds.shm_perm.uid = newuid;                 /* Change owner UID */
if (shmctl(id, IPC_SET, &shmds) == -1)       /* Update kernel copy */
    errExit("shmctl");
```

子結構 *ipc_perm* 的 *mode* 欄位儲存 IPC 物件的權限遮罩，這些權限的初始值是使用（建立物件的）*get* 系統呼叫指定的 *flags* 參數之低 9 個位元，但是後續可以使用 IPC_SET 操作修改這個欄位值。

如同檔案，這裡的權限也分成三類：owner（擁有者，也稱為 user）、group（群組）以及 other（其他人），並且可以將每個類型的權限分別設定成不同的權限。然而，IPC 物件與檔案的權限機制有一些顯著差別：

- 只有讀取權限與寫入權限對 IPC 物件有意義（例如：號誌，寫入權限通常稱為取代（alter）權限）。而執行的權限是沒有意義的，在進行大多數存取檢查時，通常會忽略執行的權限。

- 權限檢測會根據行程的有效使用者 ID（effective user ID）、有效群組 ID（effective group ID）以及補充群組 ID（supplementary group ID）進行（這與 Linux 的檔案系統權限檢查不同，它使用行程的檔案系統 ID，如 9.5 節所述）。

IPC 物件的行程權限配置準則如下：

1. 若行程具有特權（CAP_IPC_OWNER），則會授予 IPC 物件全部的權限。

2. 若行程的有效使用者 ID 可匹配 IPC 物件的擁有者或建立者 ID，則會將物件的 owner（user）的權限賦予行程。

3. 若行程的有效使用者 ID 或任意一個補充群組 ID 與 IPC 物件的擁有者群組 ID 或建立者群組 ID 匹配，則會將物件的 group 的權限賦予行程。

4. 否則，會將物件的 other 權限賦予行程。

> 在核心的程式碼中，只有在行程尚未經過上述檢測就被賦予所需權限時，核心才會去檢查此行程是否為特權行程。原因是為了避免沒必要的 ASU 行程記帳旗標（ASU process accounting flag）設定，這個旗標可以指出行程是否使用超級使用者權限（28.1 節）。

> 注意，不使用 IPC_PRIVATE key 值與 IPC_EXCL 旗標並不會影響行程存取 IPC 物件，這類存取權限只會經由物件的擁有者與權限決定。

如何解譯物件的讀取權限與寫入權限，以及物件是否需要這些權限，這取決於物件的類型以及執行的操作。

當執行 *get* 呼叫取得既有 IPC 物件 ID 時，會進行初始權限檢查，以確定在 *flags* 參數指定的權限與現有物件權限是否匹配。若不匹配，則 *get* 呼叫會失敗，並傳回 EACCES 錯誤（除非特別指出，不然在下列每個權限受到拒絕的範例中，都會傳回此錯誤碼）。為了舉例說明，我們探討在同一個群組有兩個不同使用者的範例，其中一個使用者使用下列呼叫建立一個訊息佇列：

```
msgget(key, IPC_CREAT | S_IRUSR | S_IWUSR | S_IRGRP);
                        /* rw-r----- */
```

當第二個使用者試圖使用下列呼叫取得訊息佇列 ID 時會失敗，因為使用者沒有權限可以寫入訊息佇列。

```
msgget(key, S_IRUSR | S_IWUSR);
```

第二個使用者可以將 *msgget()* 呼叫的第二個參數指定為 0 來跳過檢查，在這個例子中，只有在程式試圖執行一個需要 IPC 物件寫入權限的操作時（如使用 *msgsnd()* 寫入一筆訊息），才會發生錯誤。

> 呼叫 get 代表不會忽略執行權限的情況。即使執行權限對 IPC 物件沒有意義，不過若對一個既有物件執行 get 呼叫時需要執行權限，則會檢查行程是否具備這個權限。

其他常用操作所需的權限如下所述：

- 需要讀取權限來取得物件資訊（如：從訊息佇列讀取一筆訊息、取得一個號誌值、或是加載一個共享記憶體區段以供讀取）。

- 需要寫入權限來更新物件資訊（如：對訊息佇列寫入一筆訊息，修改一個號誌值，或是加載一個共享記憶體區段以供寫入）。

- 需要讀取權限來取得一個 IPC 物件的關聯資料結構副本（`IPC_STAT` ctl 操作）。

- 移除一個 IPC 物件（`IPC_RMID` ctl 操作）或修改 IPC 物件的關聯資料結構（`IPC_SET` ctl 操作）：不需要讀取權限或寫入權限。反而，呼叫的行程必須是特權行程（`CAP_SYS_ADMIN`）、或有一個有效使用者 ID 能與物件的擁有者 ID 或建立者 ID 匹配（否則傳回錯誤 `EPERM`）。

> 可以對一個 IPC 物件設定權限，使得擁有者或建立者不能再使用 `IPC_STAT` 取得關聯的資料結構（包含物件權限資訊，這表示無法使用 45.6 節所述的 *ipcs(1)* 指令顯示物件），雖然還是可以使用 `IPC_SET` 修改物件。

許多其他機制特有的（mechanism-specific）操作會需要讀取權限、寫入權限、或 `CAP_IPC_OWNER` 能力，我們在後面章節會介紹操作所需的權限。

45.4　IPC ID 與客戶端 / 伺服器應用程式

在客戶端 / 伺服器（client-server）應用程式中，通常是由伺服器建立 System V IPC 物件，而客戶端則只是存取物件。換句話說，伺服器在執行 *get* 呼叫時要指定 `IPC_CREAT` 旗標，而客戶端則在 *get* 呼叫時省略這個旗標。

假設有一個客戶端加入了一個伺服器的擴充對話（extended dialogue），其中有每個行程交換的多個 IPC 操作（如多筆訊息交換、一串號誌操作、或多次更新共享記憶體）。若伺服器行程崩潰或刻意停止，然後重新啟動，會發生什麼事情呢？此時，盲目重新使用上一個伺服器行程建立的既有 IPC 物件是不合理的，因為新的伺服器行程並不知道與 IPC 物件目前狀態的相關過去資訊（例如，訊息佇列中可能會有客戶端送出的第二個請求，這是客戶端為了回應舊伺服器之前的訊息而發送的請求）。

在這種情況下，伺服器唯一能做的事情就是：移除上個伺服器行程建立的 IPC 物件，以清除現有的每個客戶端，並建立新的 IPC 物件實體。新啟動的伺服器會先透過在 *get* 呼叫同時指定 `IPC_CREAT` 和 `IPC_EXCL` 旗標，建立一個 IPC 物件來處理非正常終止伺服器的先前物件實體。若 *get* 呼叫因為 key 所指定的物件已存在而執行失敗，則伺服器會認為這是舊伺服器行程建立的物件，因此它會使用 `IPC_RMID` ctl 操作移除此物件，然後再次執行一次 *get* 呼叫來建立物件（這步驟可能會與其他步驟合併使用，以確保目前沒有其他伺服器行程正在執行，如 55.6 節所述）。對於一個訊息佇列而言，這些步驟可能會如列表 45-1 所示。

列表 45-1：清理伺服器中的 IPC 物件

svipc/svmsg_demo_server.c

```c
#include <sys/types.h>
#include <sys/ipc.h>
#include <sys/msg.h>
#include <sys/stat.h>
#include "tlpi_hdr.h"

#define KEY_FILE "/some-path/some-file"
                                /* Should be an existing file or one
                                   that this program creates */

int
main(int argc, char *argv[])
{
    int msqid;
    key_t key;
    const int MQ_PERMS = S_IRUSR | S_IWUSR | S_IWGRP;   /* rw--w---- */

    /* Optional code here to check if another server process is
       already running */

    /* Generate the key for the message queue */

    key = ftok(KEY_FILE, 1);
    if (key == -1)
        errExit("ftok");

    /* While msgget() fails, try creating the queue exclusively */

    while ((msqid = msgget(key, IPC_CREAT | IPC_EXCL | MQ_PERMS)) == -1) {
        if (errno == EEXIST) {          /* MQ with the same key already
                                           exists - remove it and try again */
            msqid = msgget(key, 0);
            if (msqid == -1)
                errExit("msgget() failed to retrieve old queue ID");
            if (msgctl(msqid, IPC_RMID, NULL) == -1)
                errExit("msgget() failed to delete old queue");
            printf("Removed old message queue (id=%d)\n", msqid);

        } else {                        /* Some other error --> give up */
            errExit("msgget() failed");
        }
```

```
    }

    /* Upon loop exit, we've successfully created the message queue,
       and we can then carry on to do other work... */

    exit(EXIT_SUCCESS);
}
```

────────────────────────────────────── **svipc/svmsg_demo_server.c**

即使重新啟動的伺服器會再次建立 IPC 物件，但若在建立新 IPC 物件時提供相同
的 key 給 get 呼叫，則會有一個潛在的問題：一定會產生相同的 ID。我們可以從
客戶端的觀點來探討解決方式，若伺服器重新建立的 IPC 物件使用相同的 ID，則
客戶端無法知道伺服器已經重新啟動，而且 IPC 物件的資訊已經與以前不同了。

　　為解決此問題，核心採用了一個演算法（下一節介紹），通常能夠確保在建立
新 IPC 物件時，物件會有不同的 ID（即使提供相同的 key）。結論就是，舊伺服器
行程的每個客戶端若打算使用舊 ID，則會從相關的 IPC 系統呼叫收到一個錯誤。

> 列表 45-1 的解決方案無法完全解決這個問題：在使用 System V 共享記憶體
> 時，判斷伺服器重新啟動的問題。因為只有在全部的行程都已經將共享記憶
> 體物件從它們的虛擬位址空間卸載之後，才會移除共享記憶體物件。然而，
> 共享記憶體物件通常會與 System V 號誌合併使用，而 System V 號誌會在回應
> IPC_RMID 操作時立即移除，這表示客戶端在試圖存取已移除的號誌物件時，
> 就能知道伺服器已經重新啟動。

45.5　System V IPC *get* 呼叫使用的演算法

圖 45-1 列出一些核心內部使用的資料結構，用來表示 System V IPC 物件（這個
例子是號誌，但細節與其他 IPC 機制類似），包括計算 IPC key 的欄位。核心對每
種 IPC 機制（共享記憶體、訊息佇列、或號誌）都會維護一個相關聯的 *ipc_ids* 結
構，記錄了與該 IPC 機制每個實體相關的全域資訊，包括一個可動態調整大小的
指標陣列（entries），陣列中的每個元素指向一個物件實體的關聯資料結構（在號
誌的例子是 *semid_ds* 結構），*entries* 陣列目前的大小會記錄在 size 欄位，*max_id*
欄位則記錄目前使用中元素的最大索引值。

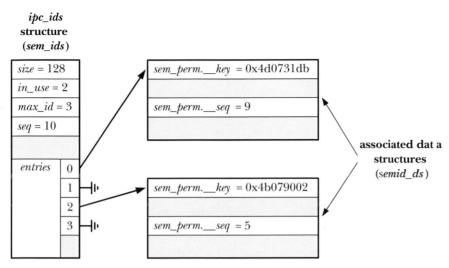

圖 45-1：用於表示 System V IPC（號誌）物件的核心資料結構

Linux 在執行一個 IPC *get* 呼叫時，採用類似如下的演算法（其他系統也是使用類似的演算法）：

1. 在關聯資料結構的清單（*entries* 陣列的元素所指向的結構）搜尋結構，其 *key* 欄位需要能匹配 *get* 呼叫指定的參數。

   a）若沒有找到匹配的結構，且沒有指定 IPC_CREAT，則傳回 ENOENT 錯誤。

   b）若找到一個可匹配的結構，但同時指定了 IPC_CREAT 和 IPC_EXCL，則傳回 EEXIST 錯誤。

   c）否則，若有找到一個可匹配的結構，則跳過下列步驟。

2. 若沒有找到匹配的結構，而且有指定 IPC_CREAT，則會配置一個新的、機制特有的關聯資料結構（在圖 45-1 的 *semid_ds*），並對其進行初始化。在這個操作中，還會更新 *ipc_ids* 結構的各個欄位，並可能重新改變 *entries* 陣列大小。指向新結構的指標會放在 *entries* 陣列的第一個（尚未使用的）可用位置，此初始化過程會有兩個子步驟：

   a）在 *get* 呼叫提供的 *key* 值會被複製到新配置結構的 *xxx_perm.__key* 欄位。

   b）在結構 *ipc_ids* 的 *seq* 欄位現值會被複製到關聯資料結構的 *xxx_perm.__seq* 欄位，並將 *seq* 欄位值加 1。

3. 使用下列公式計算 IPC 物件 ID：

   ```
   identifier = index + xxx_perm.__seq * SEQ_MULTIPLIER
   ```

在用來計算 IPC ID 的公式中，*index* 表示此物件實體在 *entries* 陣列的索引值，SEQ_MULTIPLIER 是一個定義為 32,768 的常數（定義於核心原始檔 include/linux/ipc.h 的 IPCMNI）。如圖 45-1，使用 *key* 值為 0x4b079002 產生的號誌 ID 是（2 + 5 * 32,768) = 163,842。

對於 *get* 呼叫採用的演算法需要注意下列幾點：

- 即使使用相同的 key 值建立新 IPC 物件，幾乎可以確定物件 ID 會不同，因為 ID 的計算方式是依據儲存在關聯資料結構的 seq 欄位值計算，而同類物件在建立過程中都會將此值遞增。

  核心採用的演算法在 *seq* 值達到（INT_MAX / IPCMNI），即 2,147,483,647 / 32,768 = 65,535 時，會將 *seq* 值重置為 0。因此，若已經在系統執行期間建立了 65,535 個物件，則新 IPC 物件可能會與之前的物件擁有相同 ID，因而導致新物件會回收使用先前物件在 *entries* 陣列中的位置（即在系統執行期間必須要釋放之前的物件），但發生這種情況的機會很小。

- 演算法會幫 *entries* 陣列的每個索引內容產生一組不同的 ID 值。

- 由於常數 IPCMNI 定義了各種 System V 物件的數量上限，所以演算法會保證每個現有的 IPC 物件都會有唯一的 ID。

- 提供一個 ID 值，使用下列等式可以快速計算出它在 *entries* 陣列中相對應的索引：

      index = identifier % SEQ_MULTIPLIER

  對於那些需要 IPC 物件 ID 的 IPC 系統呼叫（即表 45-1 中，除了 *get* 之外的其他呼叫），必須能快速執行此計算來提昇效率。

順道一提，若行程在執行一個 IPC 系統呼叫（如 *msgctl()*、*semop()*、或 *shmat()*）時，指定一個與現有物件不能匹配的 ID，則會導致發生兩個錯誤。若 *entries* 相對應的索引內容是空的，則會導致 EINVAL 錯誤。若該索引內容指向一個關聯資料結構，但儲存在結構中的序號不能產生相同的 ID 值，則假設這個陣列索引指向的舊物件已經移除了，此索引會回收使用，此情況可透過 EIDRM 錯誤診斷。

45.6 *ipcs* 與 *ipcrm* 指令

指令 *ipcs* 和 *ipcrm* 是類似 *ls* 和 *rm* 檔案指令的 System V IPC 指令，使用 ipcs 能夠取得系統的 IPC 物件資訊，在預設情況下，ipcs 會顯示全部的物件，如下列範例所示：

```
$ ipcs

------ Shared Memory Segments --------
key        shmid    owner    perms    bytes    nattch    status
0x6d0731db 262147   mtk      600      8192     2

------ Semaphore Arrays --------
key        semid    owner    perms    nsems
0x6107c0b8 0        cecilia  660      6
0x6107c0b6 32769    britta   660      1

------ Message Queues --------
key        msqid    owner    perms    used-bytes    messages
0x71075958 229376   cecilia  620      12            2
```

在 Linux 系統上，*ipcs(1)* 只會顯示我們可以讀取的 IPC 物件資訊，而不管我們是否擁有這些物件。在一些 UNIX 系統上，*ipcs* 的行為與在 Linux 的行為相同。然而，有些其他的系統上，*ipcs* 會顯示全部的物件，無論目前使用者是否擁有這些物件的讀取權限。

在預設情況，*ipcs* 會顯示每個物件的 key、ID、擁有者以及權限（用一個八進位數字表示），後面接著物件特有的資訊：

- 對於共享記憶體，*ipcs* 會顯示出共享記憶體的區間大小、目前已經將共享記憶體區間加載到自己虛擬位址空間的行程數量，以及狀態旗標。狀態旗標可指出，已經鎖進 RAM 而避免置換的區間（參考 48.7 節），以及在全部行程都已經卸載與該區間之後，是否已經將該區間標示為待銷毀。

- 對於號誌，*ipcs* 會顯示號誌集（semaphore set）的大小。

- 對於訊息佇列，*ipcs* 會顯示佇列中的資料總位元組數，以及佇列中的訊息數量。

ipcs(1) 手冊記載了顯示 IPC 物件其他相關資訊的各種選項說明。

ipcrm 指令可移除一個 IPC 物件，此指令的通用形式為下列其中之一：

```
$ ipcrm -X key
$ ipcrm -x id
```

我們在上述指令中，可將一個 IPC 物件的 *key* 指定為參數 *key*，或將一個 IPC 物件的 ID 指定為參數 *id*，並且可將小寫 x 取代為大寫的 X、小寫的 q（用於訊息佇列）、s（用於號誌）、或 m（用於共享記憶體）。因此，我們可以使用下列指令來移除 ID 為 65,538 的號誌集。

```
$ ipcrm -s 65538
```

45.7 取得全部的 IPC 物件清單

Linux 提供兩種非標準的取得系統全部 IPC 物件清單方法：

- /proc/sysvipc 目錄的檔案會列出全部 IPC 物件。
- 使用 Linux 特有的 *ctl* 呼叫。

本節將會介紹 /proc/sysvipc 目錄的檔案，在 46.6 節將會介紹 *ctl* 呼叫，並提供一個範例程式，以列出系統上全部的 System V 訊息佇列。

> 有些其他的 UNIX 系統對於取得全部 IPC ID 清單，有其非標準方式，如 Solaris 提供 *msgids()*、*semids()* 以及 *shmids()* 系統呼叫。

/proc/sysvipc 目錄中三個唯讀檔提供的資訊與透過 *ipcs* 取得的資訊是相同的：

- /proc/sysvipc/msg 列出全部的訊息佇列與其屬性。
- /proc/sysvipc/sem 列出全部的號誌集與其屬性。
- /proc/sysvipc/shm 列出全部的共享記憶體區段與其屬性。

與 *ipcs* 指令不同，這些檔案一定會顯示相對應類型的每個物件，無論是否具備這些物件的讀取權限。

> 下列例子示範 /proc/sysvipc/sem 檔案的內容（為配合版面，這裡移除一些空格）：

```
$ cat /proc/sysvipc/sem
   key      semid perms   nsems   uid   gid  cuid  cgid     otime        ctime
     0   16646144   600       4  1000   100  1000   100        0   1010166460
```

這三個 /proc/sysvipc 檔案提供一個（不可攜的）方法，讓程式與腳本（script）可遍尋指定類型的全部現有 IPC 物件。

> 取得指定類型全部 IPC 物件的最佳可攜方式是解析 *ipcs(1)* 的輸出。

45.8 IPC 限制

由於 System V IPC 物件會消耗系統資源，因此核心對各種 IPC 物件進行了各式各樣的限制，以防止耗盡資源。SUSv3 並未規範設定 System V IPC 物件的限制方法，但大多數 UNIX 實作（包括 Linux）都遵循一個類似的限制類型框架。當我們在後續章節介紹每個 IPC 機制時，我們會探討相關的限制並提及與其他 UNIX 系統的差異。

雖然在不同 UNIX 實作之間，對各種 IPC 物件所能施加的限制類型通常是類似的，但查看和修改這些限制的方法則不同。下列章節介紹的方法是 Linux 特有的（它們通常需要使用 /proc/sys/kernel 目錄的檔案），而在其他實作則會使用不同的方法。

在 Linux 系統，可用 *ipcs -l* 指令列出各種 IPC 機制的限制，程式可以使用 Linux 特有的 IPC_INFO *ctl* 操作來取得相同的資訊。

45.9　小結

System V IPC 是第一個在 System V 中廣泛使用的三種 IPC 機制的名稱，而且之後被移植到大多數的 UNIX 系統中，以及納入各種標準規範。這三種 IPC 機制有允許行程之間交換訊息的訊息佇列、允許行程同步對共用資源的存取的號誌，以及允許兩個或更多行程共享記憶體的相同分頁。

這三種 IPC 機制在 API 和語意上存在很多相似之處，對於每種 IPC 機制而言，*get* 系統呼叫會建立或開啟一個物件，提供一個整數 key，*get* 呼叫會傳回一個整數 ID，提供後續的系統呼叫參考物件。每種 IPC 機制還擁有相對應的 *ctl* 呼叫，可移除一個物件，以及取得和修改物件的關聯資料結構的各種屬性（如擁有者和權限）。

用來幫新 IPC 物件產生 ID 的演算法會設計為，若物件以刪除，即便我們使用相同的 key 來建立新物件，（立即）重複使用相同 ID 的可能性會是最小的。使得客戶端 / 伺服器（client/server）應用程式能夠正常運作，重新啟動的伺服器行程能夠檢測並移除上個伺服器行程建立的 IPC 物件，而且此動作會讓上個伺服器行程的客戶端所儲存的 ID 失效。

ipcs 指令列出目前位於系統上的全部 System V IPC 物件，ipcrm 指令可移除 System V IPC 物件。

在 Linux 上，/proc/sysvipc 目錄的檔案可以用來取得系統上全部 System V IPC 物件的資訊。

每種 IPC 機制都有一組相關的限制，它們透過阻止建立任意數量的 IPC 物件來避免系統資源的耗盡，/proc/sys/kernel 目錄的檔案可以用來查看和修改這些限制。

進階資訊

在（Maxwell，1999）和（Bovet & Cesati，2005）中能夠找到 System V IPC 在
Linux 上的實作的資訊。（Goodheart & Cox，1994）介紹了 System V Release 4 中
System V IPC 的實作。

45.10　習題

45-1. 設計一個程式來驗證 *ftok()* 所採用的演算法是否如 45.2 節所述那樣使用檔案
的 i-node 編號、次要裝置編號以及 *proj* 值。（檢測這些例子的結果，以十六
進位輸出這些值，以及 *ftok()* 的回傳值）。

45-2. 實作 *ftok()*。

45-3. （透過實驗）驗證在 45.5 節中，用來產生 System V IPC ID 的演算法敘述。

46

System V 訊息佇列
(message queue)

本章介紹 System V 訊息佇列，訊息佇列允許行程（process）彼此以訊息形式交換資料，雖然訊息佇列在某些方面與管線（pipe）和 FIFO 類似，但它們仍有些顯著差異：

- 用來參照訊息佇列的 handle 是一個由 *msgget()* 呼叫傳回的 ID（identifier），這些 ID 與 UNIX 系統上大多數其他 I/O 使用的檔案描述符（file descriptor）是不同的。

- 透過訊息佇列的通信是屬於訊息導向的（message-oriented），即讀取者可以接收到由寫入者所寫入的整筆訊息，不可能只讀到一筆訊息的一部份內容而將剩下的內容保留在佇列中，也不可能一次讀取多筆訊息。相較於管線，管線是一條無差別的位元組串流（byte stream，即讀取者一次可以讀取任意數量的資料位元組數，不管寫入者寫入的資料區塊大小是多少）。

- 每筆訊息的內容除了資料，還有一個整數的 *type*，可以使用先入先出（first-in, first-out）的順序從訊息佇列讀取訊息，也可以依據 type 來取得訊息。

本章最後（46.9 節）會列出 System V 訊息佇列的許多使用限制，這些限制會讓我們有一個結論：若是可以，應該避免使用 System V 訊息佇列，而是使用其他如 FIFO、POSIX 訊息佇列，以及 socket（通訊端）等 IPC 機制。然而，在一開始提出訊息佇列時，還沒有這些替代機制可用（尚未提供或尚未在 UNIX 系統中廣泛採用），所以才會導致現有的許多應用程式都有使用訊息佇列，而這也是我們在這裡介紹訊息佇列的其中一個主因。

46.1　建立或開啟一個訊息佇列

系統呼叫 *msgget()* 會建立一個新的訊息佇列，或是取得一個既有佇列的 ID。

```
#include <sys/types.h>          /* For portability */
#include <sys/msg.h>

int msgget(key_t key, int msgflg);
```
                    Returns message queue identifier on success, or –1 on error

參數 *key* 是使用 45.2 節所述的其中一個方法產生的一把 key（即通常使用 IPC_PRIVATE 值或是 *ftok()* 傳回的一個 key），*msgflg* 參數是一個位元遮罩，可以指定一個新訊息佇列的權限、或是檢查一個既有訊息佇列的權限（表 15-4）。此外，可以使用 OR（|）位元邏輯運算在 *msgflg* 指定零個或任意個下列旗標，以控制 *msgget()* 的操作：

IPC_CREAT

　　若 *key* 指定的訊息佇列不存在，則建立一個新的佇列。

IPC_EXCL

　　若同時指定此旗標與 IPC_CREAT 旗標，而且 *key* 指定的佇列已經存在，則會失敗並傳回 EEXIST 錯誤。

在 45.1 節會對這些旗標進行詳細說明。

　　系統呼叫 *msgget()* 一開始會先以指定的 key 來搜尋全部既有的訊息佇列，若有找到匹配的佇列，則會傳回佇列 ID（除非有在 msgflg 同時指定 IPC_CREAT 和 IPC_EXCL，這種情況會傳回一個錯誤）。若沒有找到匹配的佇列而且也沒有在 msgflg 指定 IPC_CREAT，則會建立一個新的佇列並傳回佇列 ID。

　　列表 46-1 程式幫 *msgget()* 系統呼叫提供一個命令列介面，可以使用命令列選項與參數來指定各種可以傳遞給 *msgget()* 呼叫的 key 和 *msgflg* 參數組合。函式 *usageError()* 會顯示這個程式可用的指令格式細節。這個程式在成功建立佇列之後，會印出佇列 ID。我們在 46.2.2 節會示範如何使用這個程式。

列表 46-1：使用 *msgget()*

```c
#include <sys/types.h>
#include <sys/ipc.h>
#include <sys/msg.h>
#include <sys/stat.h>
#include "tlpi_hdr.h"

static void              /* Print usage info, then exit */
usageError(const char *progName, const char *msg)
{
    if (msg != NULL)
        fprintf(stderr, "%s", msg);
    fprintf(stderr, "Usage: %s [-cx] {-f pathname | -k key | -p} "
                            "[octal-perms]\n", progName);
    fprintf(stderr, "    -c           Use IPC_CREAT flag\n");
    fprintf(stderr, "    -x           Use IPC_EXCL flag\n");
    fprintf(stderr, "    -f pathname  Generate key using ftok()\n");
    fprintf(stderr, "    -k key       Use 'key' as key\n");
    fprintf(stderr, "    -p           Use IPC_PRIVATE key\n");
    exit(EXIT_FAILURE);
}

int
main(int argc, char *argv[])
{
    int numKeyFlags;            /* Counts -f, -k, and -p options */
    int flags, msqid, opt;
    unsigned int perms;
    long lkey;
    key_t key;

    /* Parse command-line options and arguments */

    numKeyFlags = 0;
    flags = 0;

    while ((opt = getopt(argc, argv, "cf:k:px")) != -1) {
        switch (opt) {
        case 'c':
            flags |= IPC_CREAT;
            break;

        case 'f':                   /* -f pathname */
            key = ftok(optarg, 1);
            if (key == -1)
                errExit("ftok");
            numKeyFlags++;
```

```
            break;

        case 'k':                  /* -k key (octal, decimal or hexadecimal) */
            if (sscanf(optarg, "%li", &lkey) != 1)
                cmdLineErr("-k option requires a numeric argument\n");
            key = lkey;
            numKeyFlags++;
            break;

        case 'p':
            key = IPC_PRIVATE;
            numKeyFlags++;
            break;

        case 'x':
            flags |= IPC_EXCL;
            break;

        default:
            usageError(argv[0], "Bad option\n");
        }
    }

    if (numKeyFlags != 1)
        usageError(argv[0], "Exactly one of the options -f, -k, "
                            "or -p must be supplied\n");

    perms = (optind == argc) ? (S_IRUSR | S_IWUSR) :
                getInt(argv[optind], GN_BASE_8, "octal-perms");

    msqid = msgget(key, flags | perms);
    if (msqid == -1)
        errExit("msgget");

    printf("%d\n", msqid);
    exit(EXIT_SUCCESS);
}
```

————————————————————————————— **svmsg/svmsg_create.c**

46.2　訊息交換

系統呼叫 *msgsnd()* 與 *msgrcv()* 可以處理訊息佇列的 I/O，這兩個系統呼叫接收的第一個參數是訊息佇列 ID（*msqid*），第二個參數 *msgp* 是由程式人員定義的一個結構（*structure*）指標，此結構用來儲存要發送或接收的訊息，結構的通用形式如下所示：

```
struct mymsg {
    long mtype;                     /* Message type */
    char mtext[];                   /* Message body */
}
```

這個定義真的只是單純說明訊息的第一個部分會有訊息類型（以一個 long 型別整數表示），而訊息的剩餘部分則是由程式人員定義的一個任意長度與內容的資料結構，不必是一個字元陣列。因此，*msgp* 參數的型別是 *void* *，這樣可以指向任意型別的結構。

欄位 *mtext* 的長度可以為零，若要傳遞的資訊會依據訊息類型進行編碼，或是若訊息本身已經能提供足夠的資訊給接收的行程，則有這樣會很實用。

46.2.1　發送訊息

系統呼叫 *msgsnd()* 可以對訊息佇列寫入一筆訊息。

```
#include <sys/types.h>             /* For portability */
#include <sys/msg.h>

int msgsnd(int msqid, const void *msgp, size_t msgsz, int msgflg);
                                   Returns 0 on success, or –1 on error
```

我們要使用 *msgsnd()* 發送一筆訊息之前，必須將訊息結構中的 *mtype* 欄位值設定為大於 0 的值（我們在下一節討論 *msgrcv()* 時會介紹這個值的用法），並將所需的資訊複製到程式人員定義的 *mtext* 欄位，*msgsz* 參數會指定 *mtext* 欄位中的資料位元組數。

> 在使用 *msgsnd()* 發送訊息時，並沒有 *write()* 的部分寫入（partial write）概念，這就是為何成功的 *msgsnd()* 呼叫只需要傳回 0，而不是傳送的資料位元組數量。

最後一個參數，*msgflg* 是一個旗標位元遮罩，用於控制 *msgsnd()* 的操作，目前這類旗標只有定義一個：

IPC_NOWAIT

執行一個非阻塞式（nonblocking）發送，通常，若訊息佇列已滿，則 *msgsnd()* 會發生阻塞，直到佇列有足夠的空間來儲存這筆訊息時為止。然而，若指定了這個旗標，則 *msgsnd()* 就會立即傳回 EAGAIN 錯誤。

當 *msgsnd()* 呼叫因為佇列已滿而發生阻塞時，可能會受到一個訊號處理常式
（signal handler）中斷。當發生這種情況時，*msgsnd()* 必定會失敗並傳回 EINTR 錯
誤（如 21.5 節所提，*msgsnd()* 系統呼叫絕對不會自動重新啟動，不管在建立訊號
處理常式時是否指定了 SA_RESTART 旗標）。

對一個訊息佇列寫入訊息會需要佇列的寫入權限。

列表 46-2 為 *msgsnd()* 系統呼叫提供了一個命令列介面，*usageError()* 函式會
顯示這個程式能接受的命令列格式。注意，這個程式並沒有使用 *msgget()* 系統呼
叫（我們在 45.1 節提過，一個行程無須使用一個 *get* 呼叫來存取一個 IPC 物件）。
而是在命令列參數提供訊息佇列 ID 來指定訊息佇列，我們會在 46.2.2 節示範如何
使用這個程式。

列表 46-2：使用 *msgsnd()* 發送一筆訊息

———————————————————————————————— **svmsg/svmsg_send.c**

```c
#include <sys/types.h>
#include <sys/msg.h>
#include "tlpi_hdr.h"

#define MAX_MTEXT 1024

struct mbuf {
    long mtype;                         /* Message type */
    char mtext[MAX_MTEXT];              /* Message body */
};

static void              /* Print (optional) message, then usage description */
usageError(const char *progName, const char *msg)
{
    if (msg != NULL)
        fprintf(stderr, "%s", msg);
    fprintf(stderr, "Usage: %s [-n] msqid msg-type [msg-text]\n", progName);
    fprintf(stderr, "    -n       Use IPC_NOWAIT flag\n");
    exit(EXIT_FAILURE);
}

int
main(int argc, char *argv[])
{
    int msqid, flags, msgLen;
    struct mbuf msg;                    /* Message buffer for msgsnd() */
    int opt;                           /* Option character from getopt() */

    /* Parse command-line options and arguments */
```

```
        flags = 0;
        while ((opt = getopt(argc, argv, "n")) != -1) {
            if (opt == 'n')
                flags |= IPC_NOWAIT;
            else
                usageError(argv[0], NULL);
        }

        if (argc < optind + 2 || argc > optind + 3)
            usageError(argv[0], "Wrong number of arguments\n");

        msqid = getInt(argv[optind], 0, "msqid");
        msg.mtype = getInt(argv[optind + 1], 0, "msg-type");

        if (argc > optind + 2) {                /* 'msg-text' was supplied */
            msgLen = strlen(argv[optind + 2]) + 1;
            if (msgLen > MAX_MTEXT)
                cmdLineErr("msg-text too long (max: %d characters)\n", MAX_MTEXT);

            memcpy(msg.mtext, argv[optind + 2], msgLen);

        } else {                                /* No 'msg-text' ==> zero-length msg */
            msgLen = 0;
        }

        /* Send message */

        if (msgsnd(msqid, &msg, msgLen, flags) == -1)
            errExit("msgsnd");

        exit(EXIT_SUCCESS);
    }
```
─── **svmsg/svmsg_send.c**

46.2.2　接收訊息

系統呼叫 *msgrcv()* 會從訊息佇列讀取（並移除）一筆訊息，而且會將訊息內容複
製到 *msgp* 所指的緩衝區。

```
#include <sys/types.h>          /* For portability */
#include <sys/msg.h>

ssize_t msgrcv(int msqid, void *msgp, size_t maxmsgsz, long msgtyp, int
msgflg);
```
                    Returns number of bytes copied into *mtext* field, or −1 on error

---

在 *msgp* 緩衝區的 *mtext* 欄位，它的最大可用空間會在 *maxmsgsz* 參數指定。若要從佇列中移除的訊息本體大小超過 *maxmsgsz* 個位元組，則不會從佇列中移除任何訊息，並且 *msgrcv()* 會失敗並傳回 E2BIG 錯誤（這是預設的行為，可以使用稍後介紹的 MSG_NOERROR 旗標改變行為）。

我們不需要以訊息的寫入順序來讀取訊息，而是可以根據 *mtype* 欄位值來選擇訊息，選擇的方式是由 *msgtyp* 參數控制的，如下所述：

- 若 *msgtyp* 等於 0，則會移除佇列中的第一筆訊息，並將訊息回傳給呼叫的行程（calling process）。

- 若 *msgtyp* 大於 0，則會移除佇列中的第一筆 *mtype* 等於 *msgtyp* 的訊息，並將訊息回傳給呼叫的行程。藉由指定不同的 *msgtyp* 值，多個行程就能夠從同一個訊息佇列中讀取一筆訊息，而不會相互競爭讀取同一筆訊息。一個比較實用的技術是讓每個行程各自選擇與自己行程 ID 匹配的訊息。

- 若 *msgtyp* 小於 0，則就等待中的訊息視為一個優先佇列，會移除佇列中的第一筆訊息（條件需符合有最小的 *mtype*，而且 *mtype* 必須小於或等於 *msgtyp* 的絕對值），並回傳給呼叫的行程。

這個範例可以幫助釐清在 *msgtyp* 小於 0 時的情況，假設我們有一個訊息佇列，包含圖 46-1 所示的一組訊息，接著我們執行一系列的 *msgrcv()* 呼叫，其形式如下：

```
msgrcv(id, &msg, maxmsgsz, -300, 0);
```

這些 *msgrcv()* 呼叫會依照 2（類型為 100）、5（類型為 100）、3（類型為 200）、1（類型為 300）的順序讀取訊息。之後的呼叫會發生阻塞，因為剩餘訊息的類型（400）超過 300。

參數 *msgflg* 是一個位元遮罩，可以使用 OR 位元邏輯運算將下列任意值（可零個或多個）合併使用：

IPC_NOWAIT

執行一個非阻塞式接收，通常若佇列中沒有能與 *msgtyp* 匹配的訊息，則 *msgrcv()* 會發生阻塞，直到佇列中有能夠匹配的訊息為止。指定 IPC_NOWAIT 旗標會導致 *msgrcv()* 立即傳回 ENOMSG 錯誤（傳回 EAGAIN 錯誤比較具有一致性，因為在非阻塞式的 *msgsnd()* 或非阻塞式的讀取 FIFO 也是傳回這個錯誤。然而，傳回 ENOMSG 錯誤是因為過去都這麼做，而 SUSv3 也規定要傳回 ENOMSG）。

MSG_EXCEPT

只有在 *msgtyp* 大於 0 時，這個旗標才會有效果，在這個情況中，會強制補
足一般的操作，即將佇列中第一筆 *mtype* 不等於 *msgtyp* 的訊息移除，並將訊
息傳回給呼叫者。這個是 Linux 特有的旗標，只有在定義 _GNU_SOURCE 時才
能使用定義於 <sys/msg.h> 的這個旗標。對圖 46-1 的訊息佇列執行一系列的
msgrcv(id, &msg, maxmsgsz, 100, MSG_EXCEPT) 呼叫時，將會依照 1、3、4 的
順序讀取訊息，接著發生阻塞。

MSG_NOERROR

在預設情況，若訊息的 *mtext* 欄位大小超出可用空間時（由 *maxmsgsz* 參數定
義），*msgrcv()* 呼叫就會失敗。若指定了 MSG_NOERROR 旗標，則 *msgrcv()* 會從佇
列中移除訊息，並將它的 *mtext* 欄位截短為 *maxmsgsz* 個位元組，然後將訊息
傳回給呼叫者，而被截去的資料將會遺失。

直到 *msgrcv()* 成功執行完成之後，就會傳回接收到的訊息之 *mtext* 欄位大小，在發
生錯誤時則會傳回 -1。

queue position	Message type (*mtype*)	Message body (*mtext*)
1	300	...
2	100	...
3	200	...
4	400	...
5	100	...

圖 46-1：一個有不同類型訊息的訊息佇列範例

如同 *msgsnd()*，若一個阻塞中的 *msgrcv()* 呼叫受到一個訊號處理常式中斷了，則
呼叫會失敗並傳回 EINTR 錯誤，不管在建立訊號處理常式時是否設定了 SA_RESTART
旗標。

從一個訊息佇列中讀取一筆訊息會需要具有佇列的讀取權限。

範例程式

列表 46-3 為 *msgrcv()* 系統呼叫提供了一個命令列介面，*usageError()* 函式會顯示
這個程式能接受的命令列格式。如同列表 46-2 程式所示範的 *msgsnd()* 用法，這個
程式沒有使用 *msgget()* 系統呼叫，不過會需要一個訊息佇列 ID 做為它的命令列
參數。

下列的 shell 作業階段示範了列表 46-1、列表 46-2 與列表 46-3 的程式用法，
我們先使用 IPC_PRIVATE key 建立一個訊息佇列，然後將三種不同類型的訊息寫入
這個佇列：

```
$ ./svmsg_create -p
32769                                          ID of message queue
$ ./svmsg_send 32769 20 "I hear and I forget."
$ ./svmsg_send 32769 10 "I see and I remember."
$ ./svmsg_send 32769 30 "I do and I understand."
```

我們接著使用列表 46-3 的程式從佇列中讀取類型小於或等於 20 的訊息：

```
$ ./svmsg_receive -t -20 32769
Received: type=10; length=22; body=I see and I remember.
$ ./svmsg_receive -t -20 32769
Received: type=20; length=21; body=I hear and I forget.
$ ./svmsg_receive -t -20 32769
```

上面最後一個指令會發生阻塞，因為佇列中已經沒有類型小於或等於 20 的訊息
了。因此需要輸入 *Control-C* 來終止這個指令，然後執行一個從佇列中讀取任意類
型訊息的指令：

```
Type Control-C to terminate program
$ ./svmsg_receive 32769
Received: type=30; length=23; body=I do and I understand.
```

列表 46-3：使用 *msgrcv()* 讀取一筆訊息

── **svmsg/svmsg_receive.c**

```c
#define _GNU_SOURCE                 /* Get definition of MSG_EXCEPT */
#include <sys/types.h>
#include <sys/msg.h>
#include "tlpi_hdr.h"

#define MAX_MTEXT 1024

struct mbuf {
    long mtype;                 /* Message type */
    char mtext[MAX_MTEXT];      /* Message body */
};

static void
usageError(const char *progName, const char *msg)
{
    if (msg != NULL)
        fprintf(stderr, "%s", msg);
    fprintf(stderr, "Usage: %s [options] msqid [max-bytes]\n", progName);
    fprintf(stderr, "Permitted options are:\n");
```

```c
    fprintf(stderr, "    -e      Use MSG_NOERROR flag\n");
    fprintf(stderr, "    -t type Select message of given type\n");
    fprintf(stderr, "    -n      Use IPC_NOWAIT flag\n");
#ifdef MSG_EXCEPT
    fprintf(stderr, "    -x      Use MSG_EXCEPT flag\n");
#endif
    exit(EXIT_FAILURE);
}

int
main(int argc, char *argv[])
{
    int msqid, flags, type;
    ssize_t msgLen;
    size_t maxBytes;
    struct mbuf msg;            /* Message buffer for msgrcv() */
    int opt;                    /* Option character from getopt() */

    /* Parse command-line options and arguments */

    flags = 0;
    type = 0;
    while ((opt = getopt(argc, argv, "ent:x")) != -1) {
        switch (opt) {
        case 'e':       flags |= MSG_NOERROR;   break;
        case 'n':       flags |= IPC_NOWAIT;    break;
        case 't':       type = atoi(optarg);    break;
#ifdef MSG_EXCEPT
        case 'x':       flags |= MSG_EXCEPT;    break;
#endif
        default:        usageError(argv[0], NULL);
        }
    }

    if (argc < optind + 1 || argc > optind + 2)
        usageError(argv[0], "Wrong number of arguments\n");

    msqid = getInt(argv[optind], 0, "msqid");
    maxBytes = (argc > optind + 1) ?
                getInt(argv[optind + 1], 0, "max-bytes") : MAX_MTEXT;

    /* Get message and display on stdout */

    msgLen = msgrcv(msqid, &msg, maxBytes, type, flags);
    if (msgLen == -1)
        errExit("msgrcv");

    printf("Received: type=%ld; length=%ld", msg.mtype, (long) msgLen);
    if (msgLen > 0)
```

```
        printf("; body=%s", msg.mtext);
    printf("\n");

    exit(EXIT_SUCCESS);
}
```
——————————————————————————————— *svmsg/svmsg_receive.c*

46.3   操控訊息佇列

系統呼叫 *msgctl()* 會操控 ID 為 *msqid* 的訊息佇列。

```
#include <sys/types.h>          /* For portability */
#include <sys/msg.h>

int msgctl(int msqid, int cmd, struct msqid_ds *buf);
```
                                          Returns 0 on success, or –1 on error

參數 *cmd* 指定佇列上要進行的操作,可以使用下列任一個值:

IPC_RMID

　　立即移除訊息佇列物件(message queue object)與其相關聯的 *msqid_ds* 資料
　　結構,在佇列中全部剩下的訊息都會遺失,而且任何處於阻塞狀態的讀取者
　　行程或寫入者行程都會立即醒來,*msgsnd()* 和 *msgrcv()* 會失敗並傳回 EIDRM 錯
　　誤。這個操作會忽略傳遞給 *msgctl()* 的第三個參數。

IPC_STAT

　　將與這個訊息佇列有關聯的一個 *msqid_ds* 資料結構副本儲存在 buf 指向的緩
　　衝區,我們在 46.4 節將會介紹 *msqid_ds* 結構。

IPC_SET

　　使用 *buf* 指向的緩衝區中的值,更新與這個訊息佇列關聯的 *msqid_ds* 資料結
　　構的指定欄位。

在 45.3 節會介紹更多與這些操作有關的細節,包括呼叫的行程(calling process)
所需的特權(privilege)與權限(permission)。我們在 46.6 節也會介紹一些其他
可以用於 *cmd* 的值。

　　列表 46-4 示範如何使用 *msgctl()* 來刪除一個訊息佇列。

列表 46-4：刪除 System V 訊息佇列

———————————————————————————————————— **svmsg/svmsg_rm.c**

```
#include <sys/types.h>
#include <sys/msg.h>
#include "tlpi_hdr.h"

int
main(int argc, char *argv[])
{
    int j;

    if (argc > 1 && strcmp(argv[1], "--help") == 0)
        usageErr("%s [msqid...]\n", argv[0]);

    for (j = 1; j < argc; j++)
        if (msgctl(getInt(argv[j], 0, "msqid"), IPC_RMID, NULL) == -1)
            errExit("msgctl %s", argv[j]);

    exit(EXIT_SUCCESS);
}
```

———————————————————————————————————— **svmsg/svmsg_rm.c**

46.4　與訊息佇列關聯的資料結構

每個訊息佇列都有一個關聯的 *msqid_ds* 資料結構，其形式如下：

```
struct msqid_ds {
    struct ipc_perm msg_perm;       /* Ownership and permissions */
    time_t          msg_stime;      /* Time of last msgsnd() */
    time_t          msg_rtime;      /* Time of last msgrcv() */
    time_t          msg_ctime;      /* Time of last change */
    unsigned long   __msg_cbytes;   /* Number of bytes in queue */
    msgqnum_t       msg_qnum;       /* Number of messages in queue */
    msglen_t        msg_qbytes;     /* Maximum bytes in queue */
    pid_t           msg_lspid;      /* PID of last msgsnd() */
    pid_t           msg_lrpid;      /* PID of last msgrcv() */
};
```

　　名稱 *msqid_ds* 的縮寫 *msg* 會讓程式設計師感到混淆，這是唯一使用這個拼法的訊息佇列介面。

資料型別 *msgqnum_t* 與 *msglen_t* 可用於定義 *msg_qnum* 與 *msg_qbytes* 欄位的型別，在 SUSv3 規範中是定義為無號整數（unsigned integer）。

　　各種訊息佇列的系統呼叫會隱含地更新 *msqid_ds* 結構的欄位，並且會使用 *msgctl()* IPC_SET 操作來直接更新某些欄位，細節資訊如下：

msg_perm

在建立訊息佇列之後，會依照 45.3 節所述的方式將這個子結構中的欄位進行初始化，而 *uid*、*gid* 以及 *mode* 子欄位可以透過 `IPC_SET` 更新。

msg_stime

在建立佇列之後，會將這個欄位設定為 0，之後每次的成功 *msgsnd()* 呼叫都會將這個欄位設定為目前的時間。這個欄位與 *msqid_ds* 結構中的其他時間戳記欄位型別都是 *time_t*，儲存著從 Epoch 到現在為止的秒數。

msg_rtime

在建立訊息佇列之後，會將這個欄位設定為 0，然後每次成功執行 *msgrcv()* 呼叫時，都會將這個欄位設定為目前的時間。

msg_ctime

在建立訊息佇列之後，而且每當成功進行一個 `IPC_SET` 操作之後，會將這個欄位設定為目前的時間。

__msg_cbytes

在建立訊息佇列之後，會將這個欄位設定為 0，並且在之後每次成功執行 *msgsnd()* 和 *msgrcv()* 呼叫時，都會對這個欄位進行調整，以反映出佇列中全部訊息的 *mtext* 欄位所包含的資料位元組數總量。

msg_qnum

在建立訊息佇列之後，會將這個欄位設定為 0。後續每次成功執行 *msgsnd()* 呼叫時，會將這個欄位值加一，並在每次成功執行 *msgrcv()* 呼叫時，將這個欄位值減一，以便反映出佇列中的訊息總數。

msg_qbytes

這個欄位值定義一個上限，做為限制訊息佇列中的全部訊息之 *mtext* 欄位資料位元組數的上限。在建立佇列之後，會將這個欄位的值初始化為 `MSGMNB`。特權（`CAP_SYS_RESOURCE`）行程可以使用 `IPC_SET` 操作將 *msg_qbytes* 的值調整為 0 到 `INT_MAX`（2,147,483,647）個位元組之間的任意一個值。一個非特權行程可以將 *msg_qbytes* 的值調整為 0 到 `MSGMNB` 值域之間的任意值。而一個特權使用者可以修改 Linux 特有的 `/proc/sys/kernel/msgmnb` 檔案，以修改之後建立的訊息佇列之初始 *msg_qbytes* 設定，以及非特權行程之後能修改的 *msg_qbytes* 上限。我們會在 46.5 節說明更多相關的訊息佇列限制。

msg_lspid

> 在建立佇列之後，會將這個欄位設定為 0，後續每次成功執行 *msgsnd()* 呼叫時，會將這個欄位設定為呼叫的行程之行程 ID。

msg_lrpid

> 在建立訊息佇列時，會將這個欄位設定為 0，後續每次成功的執行 *msgrcv()* 呼叫時，會將這個欄位設定為呼叫的行程之行程 ID。

上述的每個欄位都在 SUSv3 的規範中（除了 __*msg_cbytes* 欄位之外），幾乎大多數的 UNIX 實作都有提供一個與 __*msg_cbytes* 欄位等價的欄位。

列表 46-5 的程式示範如何使用 IPC_STAT 與 IPC_SET 操作，以修改一個訊息佇列的 *msg_qbytes* 設定。

列表 46-5：修改一個 System V 訊息佇列的 *msg_qbytes* 設定

—————————————————————————————— **svmsg/svmsg_chqbytes.c**

```
#include <sys/types.h>
#include <sys/msg.h>
#include "tlpi_hdr.h"

int
main(int argc, char *argv[])
{
    struct msqid_ds ds;
    int msqid;

    if (argc != 3 || strcmp(argv[1], "--help") == 0)
        usageErr("%s msqid max-bytes\n", argv[0]);

    /* Retrieve copy of associated data structure from kernel */

    msqid = getInt(argv[1], 0, "msqid");
    if (msgctl(msqid, IPC_STAT, &ds) == -1)
        errExit("msgctl");

    ds.msg_qbytes = getInt(argv[2], 0, "max-bytes");

    /* Update associated data structure in kernel */

    if (msgctl(msqid, IPC_SET, &ds) == -1)
        errExit("msgctl");

    exit(EXIT_SUCCESS);
}
```

—————————————————————————————— **svmsg/svmsg_chqbytes.c**

46.5 訊息佇列的限制

大多數的 UNIX 實作會提出 System V 訊息佇列操作的各種限制。我們在這裡介紹 Linux 系統的限制，並指出與其他 UNIX 實作之間的差別。

下列限制在 Linux 系統會強制施行，括弧中列出限制會影響的系統呼叫以及達到限制時會產生的錯誤。

MSGMNI

這是一個系統層級的限制，會限制系統上能建立的訊息佇列 ID 數量（換句話說，就是限制訊息佇列的數量）（*msgget()*，ENOSPC）。

MSGMAX

這是一個系統層級的限制，指定一個訊息佇列可以寫入的最大資料位元組數（*mtext*）（*msgsnd()*，EINVAL）。

MSGMNB

在一個訊息佇列中，一次最多可以儲存的位元組數量（*mtext*）。這個限制是一個系統層級的參數，用來初始化與這個訊息佇列相關聯的 *msqid_ds* 資料結構之 *msg_qbytes* 欄位。依據 46.4 節的說明，我們可以修改各個佇列的 *msg_qbytes* 值。若已經達到一個佇列的 *msg_qbytes* 限制時，則 *msgsnd()* 會發生阻塞、或在有設定 IPC_NOWAIT 時傳回 EAGAIN 錯誤。

有些 UNIX 實作還定義了下列限制：

MSGTQL

這是一個系統層級的限制，限制系統上全部訊息佇列可以存放的訊息總數。

MSGPOOL

這是一個系統層級的限制，限制系統上全部訊息佇列可以用來存放資料的緩衝區池（buffer pool）大小。

雖然 Linux 並沒有使用上述的任何限制，但也會依據指定的佇列 *msg_qbytes* 設定，限制單一佇列中的訊息總數。只有在我們將長度為零的訊息寫入佇列時，才會涉及這個限制。這項限制對於（可寫入佇列的）零長度的訊息數量與長度為一個位元組的訊息數量有相同的限制效果，這樣可以避免將無限個零長度的訊息寫入佇列。雖然零長度的訊息沒有資料內容，不過每筆零長度的訊息仍然會耗費少量的記憶體空間，增加系統的簿記負擔。

在系統啟動時，會將訊息佇列限制設定為預設值，不同版本的核心上有不同的預設值（一些發行版的核心預設值與 vanilla 核心的預設值是不同的），在 Linux 系統上可以透過 /proc 檔案系統的檔案來檢索與修改這些限制。表 46-1 顯示了與各個限制相對應的 /proc 檔案，下列是在一個 x86-32 系統上的 Linux 2.6.31 核心預設限制。

```
$ cd /proc/sys/kernel
$ cat msgmni
748
$ cat msgmax
8192
$ cat msgmnb
16384
```

表 46-1：System V 訊息佇列限制

限制	上限值（x86-32）	在 /proc/sys/kernel 的對應檔案
MSGMNI	32768（IPCMNI）	msgmni
MSGMAX	取決於可用的記憶體	msgmax
MSGMNB	2147483647（INT_MAX）	msgmnb

表 46-1 的上限值那一欄顯示了在 x86-32 架構上每個限制所能達到的最大值。注意，雖然可以將 MSGMNB 限制的值設定為高達 INT_MAX，不過在訊息佇列可以載入這麼多資料之前，可能會先達到一些其他的限制（如記憶體不足）。

Linux 特有的 *msgctl()* IPC_INFO 操作可以取得一個 *msginfo* 型別的結構，其中包含了各種訊息佇列的限制值：

```
struct msginfo buf;

msgctl(0, IPC_INFO, (struct msqid_ds *) &buf);
```

關於 IPC_INFO 與 *msginfo* 結構的細節資訊可以參考 *msgctl(2)* 使用手冊。

46.6　顯示系統上全部的訊息佇列

我們在 45.7 節曾經探討過一種方法，可以取得一個系統上全部 IPC 物件的清單：即透過一組 /proc 檔案系統的檔案。我們現在要介紹取得相同資訊的第二種方法：即透過一組 Linux 特有的 IPC *ctl*（*msgctl()*、*semctl()* 以及 *shmctl()*）操作（ipcs 程式也採用這些操作），這些操作如下所示：

- MSG_INFO、SEM_INFO 以及 SHM_INFO：MSG_INFO 操作有兩個目的：第一件事情是它可以傳回一個結構來詳細描述系統上全部訊息佇列的資源消耗情況。第二件事情是做為 ctl 呼叫的函式傳回結果，它會傳回 *entries* 陣列中的最大項目之索引值（此項目指向表示訊息佇列物件的資料結構，參考圖 45-1）。SEM_INFO 與 SHM_INFO 操作分別可以對號誌與共享記憶體區段執行類似的任務。我們必須定義 _GNU_SOURCE 功能測試巨集（feature test macro），才能從相對應的 System V IPC 標頭檔中取得這三個常數的定義。

  本書的原始程式碼（svmsg/svmsg_info.c）有提供一個使用 MSG_INFO 取得一個 *msginfo* 結構的範例，這個結構包含的資訊是全部訊息佇列物件所使用的資源。

- MSG_STAT、SEM_STAT 以及 SHM_STAT：如同 IPC_STAT 操作，這些操作會取得與一個 IPC 物件有關聯的資料結構。然而，它們有兩個方面的差異：第一，不像 ctl 呼叫的第一個參數是一個 IPC ID，這些操作的第一個參數是 *entries* 陣列的一個索引值。第二，若操作執行成功，則做為函式的結果，ctl 呼叫會傳回與該索引值相對應的 IPC 物件 ID。我們為了從相對應的 System V IPC 標頭檔中取得這三個常數定義，則必須定義 _GNU_SOURCE 功能測試巨集。

我們可以依照下列步驟列出系統上的全部訊息佇列：

1. 使用一個 MSG_INFO 操作，找出訊息佇列的 *entries* 陣列之最大索引值（*maxind*）。

2. 執行一個迴圈，對 0 到 *maxind*（包含）之間的每一個值都執行一個 MSG_STAT 操作。在這個迴圈執行期間，我們會忽略因 *entries* 陣列的元素為空時，而發生的錯誤（EINVAL），或是若我們沒有權限可以存取陣列元素所參考的物件時，而發生的錯誤（EACCES）。

列表 46-6 依照上述步驟實作了對訊息佇列的處理，下列的 shell 作業階段日誌示範如何使用這個程式：

```
$ ./svmsg_ls
maxind: 4

index    ID      key      messages
   2   98306  0x00000000     0
   4  163844  0x000004d2     2
$ ipcs -q                              Check above against output of ipcs

------ Message Queues --------
key        msqid     owner   perms    used-bytes   messages
0x00000000 98306     mtk     600      0            0
0x000004d2 163844    mtk     600      12           2
```

列表 46-6：顯示系統上的全部 System V 訊息佇列

```c
#define _GNU_SOURCE
#include <sys/types.h>
#include <sys/msg.h>
#include "tlpi_hdr.h"

int
main(int argc, char *argv[])
{
    int maxind, ind, msqid;
    struct msqid_ds ds;
    struct msginfo msginfo;

    /* Obtain size of kernel 'entries' array */

    maxind = msgctl(0, MSG_INFO, (struct msqid_ds *) &msginfo);
    if (maxind == -1)
        errExit("msgctl-MSG_INFO");

    printf("maxind: %d\n\n", maxind);
    printf("index       id        key        messages\n");

    /* Retrieve and display information from each element of 'entries' array */

    for (ind = 0; ind <= maxind; ind++) {
        msqid = msgctl(ind, MSG_STAT, &ds);
        if (msqid == -1) {
            if (errno != EINVAL && errno != EACCES)
                errMsg("msgctl-MSG_STAT");             /* Unexpected error */
            continue;                                  /* Ignore this item */
        }

        printf("%4d %8d  0x%08lx %7ld\n", ind, msqid,
                (unsigned long) ds.msg_perm.__key, (long) ds.msg_qnum);
    }

    exit(EXIT_SUCCESS);
}
```

46.7　使用訊息佇列的客戶端 - 伺服器程式設計

在客戶端 - 伺服器（client/server）應用程式設計中使用 System V 訊息佇列的方式有很多種，我們本節將介紹其中兩種：

- 在伺服器與客戶端之間使用單個訊息佇列進行雙向的訊息交換。
- 在伺服器與各個客戶端之間分別使用單獨的訊息佇列，伺服器的佇列用來接收進入的客戶端請求，而伺服器回應給客戶端則是透過個別的客戶端佇列發送。

至於選擇何種方法取決於應用程式的需求，我們稍後會探討一些可能影響選擇的因素。

在伺服器與全部客戶端之間只使用一個訊息佇列

當伺服器與（多個）客戶端之間交換的訊息大小很小時，使用一個訊息佇列是合適的，不過需要注意下列幾點：

- 由於多個行程可能會同時讀取訊息，因此必須要使用訊息類型（*mtype*）欄位來讓各個行程只選擇那些發給自己的訊息。完成這個任務的一種方法是將客戶端的行程 ID 做為伺服器發送給客戶端的訊息之訊息類型。客戶端可以將其行程 ID 做為訊息的一部分發送給伺服器。此外，發送給伺服器的訊息也必須要能夠使用唯一的訊息類型來加以區分，而這可以使用編號 1 來完成，因為 1 是永遠執行著的 *init* 行程之行程 ID，客戶端行程的行程 ID 永遠都不可能為這個值（另一種方法是將伺服器的行程 ID 做為訊息類型，但客戶端要取得這個資訊就比較困難了），這個編號機制如圖 46-2 所示。
- 訊息佇列的容量有限，而且這可能會引起幾個問題，其中一個問題是同時多個客戶端可能會填滿訊息佇列，因而導致產生死結，即會無法上傳每個新客戶端的請求，而且伺服器也會在寫入任何回應時發生阻塞。另一個問題是行為不良或惡意的客戶端可能不會讀取伺服器的回應，因而導致佇列中充滿了尚未讀取的訊息，進而阻止了客戶端和伺服器之間的通信（使用兩個佇列：一個用於儲存客戶端發送給伺服器的訊息，另一個用於儲存伺服器發送給客戶端的訊息，這樣可以解決第一個問題，但無法解決第二個問題）。

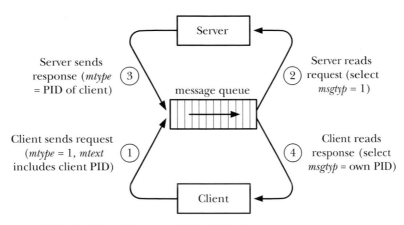

圖 46-2：在客戶端 - 伺服器之間的 IPC 使用單個訊息佇列

一個客戶端使用一個訊息佇列

在需要交換的訊息尺寸較大、或是使用單一訊息佇列可能會導致發生前述問題時，則建議為每個客戶端都使用一個訊息佇列（伺服器也需要一個佇列），使用這種方法需要注意以下幾點：

- 每個客戶端必須要建立自己的訊息佇列（通常使用 IPC_PRIVATE key），並將此佇列 ID 通知伺服器，做法通常是將 ID 包含在客戶端發送給伺服器的訊息之內。

- 系統會限制訊息佇列的數量（MSGMNI），有些系統預設的限制值是非常低的，若同時執行的客戶端數量龐大，則可能需要提高這個限制值。

- 伺服器應該要能處理客戶端的訊息佇列不存在的情況（或許是因為客戶端不小心刪除了佇列）。

我們在下一節會介紹讓每個客戶端使用一個訊息佇列。

46.8　使用訊息佇列實作一個檔案伺服器應用程式

我們在本節介紹一個客戶端 / 伺服器（client-server）應用程式，並讓每個客戶端各自使用一個訊息佇列。這個應用程式單純只是一個檔案伺服器，客戶端將要求的檔案名稱透過一個請求訊息發送到伺服器的訊息佇列，伺服器則將檔案內容透過一連串的訊息回送給客戶端的私有訊息佇列，圖 46-3 是這個應用程式的概觀。

因為伺服器不會對客戶端進行任何認證的動作，所以每個使用者都可以執行這個客戶端程式來取得伺服器的檔案存取權限，較為完備的伺服器會在提供客戶端要求的檔案之前，先對客戶端進行一些認證的要求。

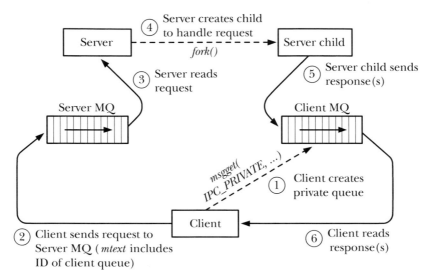

圖 46-3：客戶端與伺服器的 IPC（每一個客戶端各自使用一個訊息佇列）

通用的標頭檔

列表 46-7 是伺服器與客戶端使用的標頭檔，這個標頭檔定義了用於伺服器訊息佇列的常用 key（SERVER_KEY），並定義客戶端與伺服器之間傳輸的訊息格式。

結構 *requestMsg* 定義客戶端發送給伺服器的請求格式，在這個結構中，*mtext* 元件有兩個欄位：分別是客戶的端訊息佇列 ID 與客戶端請求的檔案路徑名稱，REQ_MSG_SIZE 常數是這兩個欄位大小的總和，在 *msgsnd()* 呼叫使用這個結構時，會用在 *msgsz* 參數。

結構 *responseMsg* 定義從伺服器送回客戶端的回應訊息格式，回應訊息中的 *mtype* 欄位提供了與訊息內容有關的資訊，其值如定義的 RESP_MT_* 常數。

列表 46-7：svmsg_file_server.c 與 svmsg_file_client.c 的通用標頭檔

———————————————————————————————————— svmsg/svmsg_file.h

```
#include <sys/types.h>
#include <sys/msg.h>
#include <sys/stat.h>
#include <stddef.h>                          /* For definition of offsetof() */
#include <limits.h>
```

```
#include <fcntl.h>
#include <signal.h>
#include <sys/wait.h>
#include "tlpi_hdr.h"

#define SERVER_KEY 0x1aaaaaa1              /* Key for server's message queue */

struct requestMsg {                        /* Requests (client to server) */
    long mtype;                            /* Unused */
    int  clientId;                         /* ID of client's message queue */
    char pathname[PATH_MAX];               /* File to be returned */
};

/* REQ_MSG_SIZE computes size of 'mtext' part of 'requestMsg' structure.
   We use offsetof() to handle the possibility that there are padding
   bytes between the 'clientId' and 'pathname' fields. */

#define REQ_MSG_SIZE (offsetof(struct requestMsg, pathname) - \
                        offsetof(struct requestMsg, clientId) + PATH_MAX)

#define RESP_MSG_SIZE 8192

struct responseMsg {                       /* Responses (server to client) */
    long mtype;                            /* One of RESP_MT_* values below */
    char data[RESP_MSG_SIZE];              /* File content / response message */
};

/* Types for response messages sent from server to client */

#define RESP_MT_FAILURE 1                  /* File couldn't be opened */
#define RESP_MT_DATA    2                  /* Message contains file data */
#define RESP_MT_END     3                  /* File data complete */
```
—————————————————————————————————————— **svmsg/svmsg_file.h**

伺服器程式

列表 46-8 是伺服器應用程式，下列是幾點伺服器的注意事項：

- 建議將伺服器設計為平行地（concurrently）處理請求，而非使用列表 44-7 的迭代式（iterative）設計，因為我們想要避免因為一個客戶端請求一個大檔案而導致全部其他的客戶端請求必須等待。

- 伺服器會建立一個子行程來處理每一個客戶端請求所需的檔案⑧，同時，主伺服器行程會接著繼續處理後續的客戶端請求，下列是幾點伺服器子行程相關的注意事項：

- 因為透過 *fork()* 建立的子行程會繼承父行程的堆疊副本,所以子行程可以取得伺服器主行程讀取到的請求訊息副本。

- 伺服器子行程在處理完與它有關的客戶端請求之後,就會終止⑨。

- 為了避免產生殭屍行程(zombie process,參考 26.2 節),伺服器會建立一個 SIGCHLD 訊號的處理常式(signal handler)⑥,並在處理常式中呼叫 *waitpid()* ①。

- 伺服器父行程的 *msgrcv()* 呼叫可能會發生阻塞,而且之後可能會受到 SIGCHLD 處理常式中斷,為了處理這種情況,需要使用一個迴圈來處理在發生 EINTR 錯誤之後的重新啟動呼叫。

- 伺服器子行程會執行 *serveRequest()* 函式②,這個函式會送出三種訊息給客戶端:回應的 *mtype* 為 RESP_MT_FAILURE 時,表示伺服器無法開啟請求的檔案③、RESP_MT_DATA 表示這一連串的訊息是所需檔案資料內容④、RESP_MT_END(*data* 欄位的長度為零)表示已經完成檔案資料傳輸⑤。

我們在習題 46-4 會探討幾種改進與擴充伺服器程式的方法。

列表 46-8:一個使用 System V 訊息佇列的檔案伺服器

―――――――――――――――――――――――― **svmsg/svmsg_file_server.c**

```
    #include "svmsg_file.h"

    static void              /* SIGCHLD handler */
    grimReaper(int sig)
    {
        int savedErrno;

        savedErrno = errno;              /* waitpid() might change 'errno' */
①      while (waitpid(-1, NULL, WNOHANG) > 0)
            continue;
        errno = savedErrno;
    }

    static void              /* Executed in child process: serve a single client */
②   serveRequest(const struct requestMsg *req)
    {
        int fd;
        ssize_t numRead;
        struct responseMsg resp;

        fd = open(req->pathname, O_RDONLY);
        if (fd == -1) {                    /* Open failed: send error text */
③          resp.mtype = RESP_MT_FAILURE;
            snprintf(resp.data, sizeof(resp.data), "%s", "Couldn't open");
```

```
            msgsnd(req->clientId, &resp, strlen(resp.data) + 1, 0);
            exit(EXIT_FAILURE);                /* and terminate */
        }

        /* Transmit file contents in messages with type RESP_MT_DATA. We don't
           diagnose read() and msgsnd() errors since we can't notify client. */

④      resp.mtype = RESP_MT_DATA;
        while ((numRead = read(fd, resp.data, RESP_MSG_SIZE)) > 0)
            if (msgsnd(req->clientId, &resp, numRead, 0) == -1)
                break;

        /* Send a message of type RESP_MT_END to signify end-of-file */

⑤      resp.mtype = RESP_MT_END;
        msgsnd(req->clientId, &resp, 0, 0);            /* Zero-length mtext */
    }

    int
    main(int argc, char *argv[])
    {
        struct requestMsg req;
        pid_t pid;
        ssize_t msgLen;
        int serverId;
        struct sigaction sa;

        /* Create server message queue */

        serverId = msgget(SERVER_KEY, IPC_CREAT | IPC_EXCL |
                                S_IRUSR | S_IWUSR | S_IWGRP);
        if (serverId == -1)
            errExit("msgget");

        /* Establish SIGCHLD handler to reap terminated children */

        sigemptyset(&sa.sa_mask);
        sa.sa_flags = SA_RESTART;
        sa.sa_handler = grimReaper;
⑥      if (sigaction(SIGCHLD, &sa, NULL) == -1)
            errExit("sigaction");

        /* Read requests, handle each in a separate child process */

        for (;;) {
            msgLen = msgrcv(serverId, &req, REQ_MSG_SIZE, 0, 0);
            if (msgLen == -1) {
⑦              if (errno == EINTR)              /* Interrupted by SIGCHLD handler? */
                    continue;                    /* ... then restart msgrcv() */
```

```
            errMsg("msgrcv");           /* Some other error */
            break;                      /* ... so terminate loop */
        }

⑧          pid = fork();                /* Create child process */
        if (pid == -1) {
            errMsg("fork");
            break;
        }

        if (pid == 0) {                 /* Child handles request */
            serveRequest(&req);
⑨          _exit(EXIT_SUCCESS);
        }

        /* Parent loops to receive next client request */
    }

    /* If msgrcv() or fork() fails, remove server MQ and exit */

    if (msgctl(serverId, IPC_RMID, NULL) == -1)
        errExit("msgctl");
    exit(EXIT_SUCCESS);
}
```
── **svmsg/svmsg_file_server.c**

客戶端程式

列表 46-9 是客戶端應用程式,有關客戶端程式需注意以下幾點:

- 客戶端使用 IPC_PRIVATE key 建立一個訊息佇列②,並使用 *atexit()* ③建立了一個 exit 處理常式①,以確保在客戶端結束時會刪除佇列。

- 客戶端將它的佇列 ID 以及檔案路徑名稱儲存於一個傳遞給伺服器的請求中④。

- 客戶端會處理一種可能的情況,就是伺服器回傳的第一個回應訊息可能是一個失敗通知(*mtype* 等於 RESP_MT_FAILURE),此時客戶端會印出伺服器傳回的錯誤訊息(文字格式),並終止程式⑤。

- 若成功開啟了檔案,則客戶端會進入迴圈⑥,接收包含檔案內容的一連串訊息(*mtype* 等於 RESP_MT_DATA),整個迴圈過程在收到檔案結束訊息(*mtype* 等於 RESP_MT_END)之後結束。

這個簡單的客戶端並沒有處理伺服器故障而引起的各種問題,我們在習題 46-5 中會探討一些改進方式。

svmsg/svmsg_file_client.c

```c
#include "svmsg_file.h"

static int clientId;

static void
removeQueue(void)
{
    if (msgctl(clientId, IPC_RMID, NULL) == -1)
①       errExit("msgctl");
}

int
main(int argc, char *argv[])
{
    struct requestMsg req;
    struct responseMsg resp;
    int serverId, numMsgs;
    ssize_t msgLen, totBytes;

    if (argc != 2 || strcmp(argv[1], "--help") == 0)
        usageErr("%s pathname\n", argv[0]);

    if (strlen(argv[1]) > sizeof(req.pathname) - 1)
        cmdLineErr("pathname too long (max: %ld bytes)\n",
                (long) sizeof(req.pathname) - 1);

    /* Get server's queue identifier; create queue for response */

    serverId = msgget(SERVER_KEY, S_IWUSR);
    if (serverId == -1)
        errExit("msgget - server message queue");

②   clientId = msgget(IPC_PRIVATE, S_IRUSR | S_IWUSR | S_IWGRP);
    if (clientId == -1)
        errExit("msgget - client message queue");

③   if (atexit(removeQueue) != 0)
        errExit("atexit");

    /* Send message asking for file named in argv[1] */

    req.mtype = 1;                      /* Any type will do */
    req.clientId = clientId;
    strncpy(req.pathname, argv[1], sizeof(req.pathname) - 1);
    req.pathname[sizeof(req.pathname) - 1] = '\0';
                                        /* Ensure string is terminated */
```

```
④        if (msgsnd(serverId, &req, REQ_MSG_SIZE, 0) == -1)
             errExit("msgsnd");

         /* Get first response, which may be failure notification */

         msgLen = msgrcv(clientId, &resp, RESP_MSG_SIZE, 0, 0);
         if (msgLen == -1)
             errExit("msgrcv");

⑤        if (resp.mtype == RESP_MT_FAILURE) {
             printf("%s\n", resp.data);        /* Display msg from server */
             exit(EXIT_FAILURE);
         }

         /* File was opened successfully by server; process messages
            (including the one already received) containing file data */

         totBytes = msgLen;                     /* Count first message */
⑥        for (numMsgs = 1; resp.mtype == RESP_MT_DATA; numMsgs++) {
             msgLen = msgrcv(clientId, &resp, RESP_MSG_SIZE, 0, 0);
             if (msgLen == -1)
                 errExit("msgrcv");

             totBytes += msgLen;
         }

         printf("Received %ld bytes (%d messages)\n", (long) totBytes, numMsgs);

         exit(EXIT_SUCCESS);
    }
```
─── svmsg/svmsg_file_client.c

下列的 shell 作業階段示範如何使用列表 46-8 與列表 46-9 的程式：

```
$ ./svmsg_file_server &              Run server in background
[1] 9149
$ wc -c /etc/services                Show size of file that client will request
764360 /etc/services
$ ./svmsg_file_client /etc/services
Received 764360 bytes (95 messages)  Bytes received matches size above
$ kill %1                            Terminate server
[1]+  Terminated         ./svmsg_file_server
```

46.9　System V 訊息佇列的缺點

UNIX 系統提供許多機制，可以在同一個系統的不同行程之間傳輸資料，如無分隔符號形式的位元組串流（PIPE、FIFO，以及 UNIX domain stream socket），以及有分隔符號形式的訊息（System V 訊息佇列、POSIX 訊息佇列，以及 UNIX domain datagram socket）。

System V 訊息佇列有一個與眾不同的特性是，可以在每個訊息增加一個數值類型，這樣可以讓應用程式便於處理兩件事情：讀取的行程可以根據類型來選擇訊息、或是它們可以採用一種優先佇列策略，以便能先讀取高優先訊息（即訊息類型值較低的訊息）。

然而，System V 訊息佇列也有一些缺點：

- 透過 ID 識別訊息佇列，而不是像其他大多數 UNIX I/O 機制使用檔案描述符，這表示在第 63 章介紹的各種基於檔案描述符的 I/O 技術（如 *select()*、*poll()* 以及 *epoll*）將無法應用於訊息佇列。此外，設計同步處理訊息佇列與基於檔案描述符 I/O 機制的輸入時，程式碼會比只處理檔案描述符的程式碼更為複雜（我們在習題 63-3 會探討合併兩種 I/O 模型的方法）。

- 使用 key 而非檔名來識別訊息佇列，這樣會增加程式設計的複雜度，並且需要使用 *ipcs* 與 *ipcrm* 來取代 *ls* 與 *rm*，函式 *ftok()* 通常會產生一個唯一的 key，但卻無法保證必定唯一，使用 IPC_PRIVATE key 能確保產生一個唯一的佇列 ID，不過我們需要處理讓其他需要這個 key 的行程可以看見這個 ID 的工作。

- 訊息佇列不需要連線，核心不會像處理管線、FIFO 以及 socket 那樣，維護參考佇列的行程數量，因而難以回答下列問題：

  - 應用程式何時可以安全地刪除一個訊息佇列呢？（不管是否之後有行程會從佇列讀取資料，過早刪除佇列會導致資料遺失）。

  - 應用程式如何確保會刪除不再使用的佇列呢？

- 在訊息佇列的總數、訊息大小，以及單一佇列的容量都是有限制的，這些限制是可以設定的，但若一個應用程式超出了這些預設限制的範圍，則在安裝應用程式時，會需要一些額外的處理。

大致上而言，最好能夠避免使用 System V 訊息佇列，在我們需要依序訊息類型選擇訊息時，應該考慮使用其他替代方案。POSIX 訊息佇列（第 52 章）就是一種替代方案。更進階的替代方式是使用基於通信通道的多檔案描述符，它們提供的功能與依據類型選擇訊息類似，而且可以使用第 63 章介紹的另一種 I/O 模型。例如，若我們需要傳輸「普通的」與「優先的」訊息，則可以為這兩種類型的訊息使用一對 FIFO 或是一對 UNIX domain socket，然後使用 *select()* 或 *poll()* 監控這兩個通道的檔案描述符。

46.10 小結

System V 訊息佇列允許行程透過交換訊息進行通信（這類訊息由一個數值類型與一個包含任意資料的訊息內容組成），訊息佇列的區別功能是：訊息有保留邊界、而且接收者可以依據類型選擇訊息，而不是依據先進先出（first-in, first-out）的順序讀取訊息。

會讓我們建議使用其他 IPC 機制而不是 System V 訊息佇列的理由有幾個因素，其中一個主要的問題是：無法使用檔案描述符來參考一個訊息佇列，這表示無法在訊息佇列使用另一種 I/O 模型，尤其是要同時監控訊息佇列與檔案描述符以查看是否可進行 I/O 時將會變得更複雜。此外，訊息佇列是無須連接的（即不需要計算參考的次數），這件事使得應用程式難以知道何時能夠安全地刪除一個佇列。

46.11 習題

46-1. 實驗列表 46-1（svmsg_create.c）、列表 46-2（svmsg_send.c），以及列表 46-3（svmsg_receive.c）的程式，驗證對於 *msgget()*、*msgsnd()* 以及 *msgrcv()* 系統呼叫的理解。

46-2. 修改 44.8 節的序號客戶端 - 伺服器應用程式，改成使用 System V 訊息佇列，使用單一訊息佇列來傳輸客戶端到伺服器以及伺服器到客戶端之間的訊息。使用 46.8 節所述的訊息類型規範。

46-3. 在 46.8 節的客戶端 - 伺服器應用程式中，為何客戶端使用它的訊息本體（*body*）傳遞它的訊息佇列 ID（在 *clientId* 欄位），而不是使用訊息類型（*mtype*）傳輸呢？

46-4. 對 46.8 節的客戶端 - 伺服器應用程式做出下列變更：

　　a）修改程式碼，將伺服器中寫在程式碼中的訊息佇列 key 改成使用 IPC_PRIVATE 來產生一個唯一的 ID，並接著將此 ID 寫入一個大家都知道的檔案。客戶端必須從這個檔案讀取 ID，而伺服器應該在終止時刪除這個檔案。

　　b）在伺服器程式的 *serveRequest()* 函式中，不會診斷與處理系統呼叫錯誤，增加程式碼使用 *syslog()* 記錄這些錯誤（參考 37.5 節）。

c）新增伺服器程式碼，使伺服器在啟動時可以成為一個 daemon（參考 37.2 節）。

d）在伺服器新增一個 SIGTERM 與 SIGINT 的一個處理常式，使程式可以乾淨的結束，處理常式應該要移除訊息佇列以及（若這個習題之前的部份已經有實作）用來儲存伺服器訊息佇列 ID 的檔案。將程式碼寫在處理常式中，透過解除（*disestablish*）處理常式來終止伺服器，並接著再次觸發相同的訊號來呼叫處理常式（請見 26.1.4 節，與此工作相關的原理與步驟）。

e）伺服器的子行程不會處理客戶端可能過早終止的情況，這種情況會使得伺服器子行程填滿客戶端的訊息佇列，然後無限地阻塞。修改伺服器程式碼，使得伺服器可以處理這種情況（如 23.3 節所述），透過在呼叫 *msgsnd()* 時設定一個超時機制（*timeout*）。若伺服器子行程確信客戶端已經消失了，則它就應該試圖刪除客戶端的訊息佇列，然後結束（可能要在使用 *syslog()* 記錄一筆訊息之後）。

46-5. 列表 46-9 所示的客戶端（`svmsg_file_client.c`）不會處理伺服器發生故障的各種情況，尤其是，若伺服器的訊息佇列被填滿了（可能由於伺服器終止而佇列被其他客戶端填滿了），則 *msgsnd()* 呼叫會無窮的持續阻塞。同樣地，若伺服器沒有成功地將回應發送給客戶端，則 *msgrcv()* 呼叫將會無限地阻塞。在客戶端中新增程式碼，對這些呼叫設定超時功能（參考 23.3 節）。若其中一個呼叫超時了，則程式應該將錯誤回報給使用者並終止。

46-6. 使用 System V 訊息佇列設計一個簡單的聊天應用程式（與 *talk(1)* 類似，但沒有 *curses* 介面），並讓每個客戶端都使用一個訊息佇列。

47

System V 號誌

本章將介紹 System V 號誌（semaphore），與之前章節介紹的 IPC 機制不同，System V 號誌不是用來在行程之間傳輸資料的，而是可以讓多個行程同步動作。一個號誌的常見用途是同步存取一塊共享記憶體，以避免有行程同時存取其他行程正在更新的共享記憶體。

一個號誌是由核心維護的整數，其值限制為大於或等於 0，可以對一個號誌進行各種操作（即系統呼叫），包括如下：

- 將號誌設定為一個絕對值。
- 將號誌的現值加上一個數目。
- 將號誌的現值減去一個數目。
- 等待號誌的值等於 0。

上列操作的最後兩個操作可能會讓執行呼叫的行程發生阻塞，當減小一個號誌的值時，核心會將任何試圖要將號誌值降低為 0 以下的操作阻塞。同樣地，若號誌的現值不為 0，則等待一個號誌的值等於 0 的呼叫行程將會發生阻塞。不論是何種情況，呼叫行程會一直保持阻塞，直到一些其他的行程將號誌值修改為一個允許這些操作繼續進行的值，在那時，核心會喚醒被阻塞的行程。圖 47-1 顯示了如何使用一個號誌來同步兩個行程的動作，輪流地將號誌值改成 0 與 1。

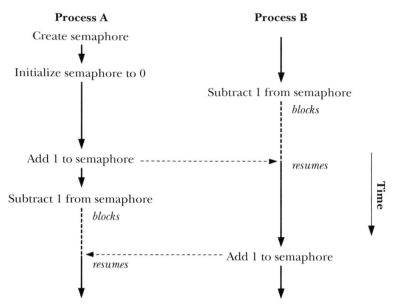

圖 47-1：使用一個號誌同步兩個行程

在控制行程的動作方面，一個號誌本身並沒有任何意義，它的意義只由使用號誌的行程賦予它的關聯關係來決定。一般而言，行程之間會達成一個協議，將一個號誌與一種共用資源關聯起來，如一塊共享記憶體區間（region）。號誌還有其他用途，如可以同步 *fork()* 之後的父行程與子行程（我們在 24.5 節探討如何使用號誌來達成同樣的任務）。

47.1　概述

使用 System V 號誌的通用步驟如下：

- 使用 *semget()* 建立或開啟一個號誌集（semaphore set）。

- 使用 *semctl()* SETVAL 或 SETALL 操作來初始集合中的號誌（只有一個行程需要做這件工作）。

- 使用 *semop()* 操作號誌值，使用號誌的行程通常會使用這些操作來指出一個共享資源的取得與釋放。

- 當全部行程都已經完成使用號誌集時，會使用 *semctl()* IPC_RMID 操作移除這個集合（只有一個行程需要完成這個工作）。

大部分的作業系統會都為應用程式提供一些號誌原語（semaphore primitive）的種類，然而，System V 號誌會變得比較複雜，因為它們都是整群（稱為號誌集）為單位的配置。在使用 *semget()* 系統呼叫建立集合時，需要指定集合中的號誌數量。雖然在同一時刻通常只會操作一個號誌，但透過 *semop()* 系統呼叫可以讓我們原子式地（*atomically*）對相同集合中的多個號誌進行一個群組的操作。

由於 System V 號誌的建立與初始化是不同的步驟，所以若兩個行程試著同時進行這些步驟時，就會導致競速條件（race condition）。要說明以及如何避免競速條件，會需要在我們介紹 *semop()* 之前先介紹 *semctl()*，這表示在我們完全了解號誌的全部細節之前，會需要相當大量的篇幅來說明。

在這期間，我們以列表 47-1 做為使用各種號誌系統呼叫的一個簡單範例，這個程式可以使用兩種模式運作：

- 給予一個整數的命令列參數，程式會建立一個新的號誌集（內含一個號誌），並將號誌初始化為命令列參數提供的值。程式會顯示新的號誌集 ID。

- 給予兩個命令列參數，程式會將這些參數（依序）解譯為一個既有號誌集的 ID 以及要新增到號誌集中的第一個（編號為 0）號誌的值。程式會對那個號誌進行指定的操作，為了讓我們能夠監控號誌的操作，程式會在操作的前後印出訊息。這些訊息每一個都會以行程 ID（process ID）做為開頭，讓我們可以區分程式不同實體（instance）的輸出。

下列的 shell 作業階段日誌示範了列表 47-1 的程式用法，我們先建立一個號誌並將它初始化為 0：

```
$ ./svsem_demo 0
Semaphore ID = 98307                        ID of new semaphore set
```

我們接著執行一個背景指令，將號誌值減 2：

```
$ ./svsem_demo 98307 -2 &
23338: about to semop at 10:19:42
[1] 23338
```

這個指令會發生阻塞，因為無法將號誌的值減到小於 0，現在我們執行一個將號誌值加上 3 的指令：

```
$ ./svsem_demo 98307 +3
23339: about to semop at 10:19:55
23339: semop completed at 10:19:55
23338: semop completed at 10:19:55
[1]+  Done                    ./svsem_demo 98307 -2
```

對號誌進行增加的操作會立即成功，並使得將號誌值減少的操作會在背景指令進行，因為現在可以執行這個操作而不會讓號誌的值小於 0。

列表 47-1：建立與操作 System V 號誌

svsem/svsem_demo.c

```c
#include <sys/types.h>
#include <sys/sem.h>
#include <sys/stat.h>
#include "curr_time.h"              /* Declaration of currTime() */
#include "semun.h"                  /* Definition of semun union */
#include "tlpi_hdr.h"

int
main(int argc, char *argv[])
{
    int semid;

    if (argc < 2 || argc > 3 || strcmp(argv[1], "--help") == 0)
        usageErr("%s init-value\n"
                 "    or: %s semid operation\n", argv[0], argv[0]);

    if (argc == 2) {                /* Create and initialize semaphore */
        union semun arg;

        semid = semget(IPC_PRIVATE, 1, S_IRUSR | S_IWUSR);
        if (semid == -1)
            errExit("semid");

        arg.val = getInt(argv[1], 0, "init-value");
        if (semctl(semid, /* semnum= */ 0, SETVAL, arg) == -1)
            errExit("semctl");

        printf("Semaphore ID = %d\n", semid);

    } else {                        /* Perform an operation on first semaphore */

        struct sembuf sop;          /* Structure defining operation */

        semid = getInt(argv[1], 0, "semid");

        sop.sem_num = 0;            /* Specifies first semaphore in set */
        sop.sem_op = getInt(argv[2], 0, "operation");
                                    /* Add, subtract, or wait for 0 */
        sop.sem_flg = 0;           /* No special options for operation */

        printf("%ld: about to semop at  %s\n", (long) getpid(), currTime("%T"));
        if (semop(semid, &sop, 1) == -1)
```

```
            errExit("semop");

        printf("%ld: semop completed at %s\n", (long) getpid(), currTime("%T"));
    }

    exit(EXIT_SUCCESS);
}
```
————————————————————————————————————— **svsem/svsem_demo.c**

47.2　建立或開啟一個號誌集

系統呼叫 *semget()* 會建立一個新的號誌集（semaphore set）或取得一個既有集合的 ID。

```
    #include <sys/types.h>          /* For portability */
    #include <sys/sem.h>

    int semget(key_t key, int nsems, int semflg);
```
                    Returns semaphore set identifier on success, or −1 on error

參數 *key* 是使用 45.2 節所述的其中一種方法產生的鍵值（通常是使用 IPC_PRIVATE 值或由 *ftok()* 傳回的鍵）。

　　若我們使用 *semget()* 建立一個新的號誌集，則 *nsems* 會指定集合中的號誌數量，而且必須大於 0。若我們使用 *semget()* 來取得一個既有集合的 ID，則 nsems 必須要小於或等於集合的大小（否則會發生 EINVAL 錯誤），它無法修改一個既有集中的號誌數量。

　　參數 *semflg* 是一個位元遮罩，它指定要設定在新號誌集的權限、或是要檢查的一個既有集合的權限，設定權限的方式與檔案相同（表 15-4）。此外，可以使用 OR（|）位元邏輯運算在 *semflg* 指定使用零個或多個下列旗標，來控制 *semget()* 的操作：

IPC_CREAT

　　若 *key* 指定的號誌集不存在，則建立一個新集合。

IPC_EXCL

　　若同時指定 IPC_CREAT 旗標，而且 *key* 指定的號誌集已經存在，則傳回 EEXIST 錯誤。

這些旗標在 45.1 節會有更詳細的介紹。

在 *semget()* 執行成功時，會傳回新號誌集或既有號誌集的 ID，後續參考到個別號誌的系統呼叫必須同時指定號誌集 ID 與號誌在集合中的編號，號誌在一個集合中的編號是從 0 開始。

47.3　操控號誌

系統呼叫 *semctl()* 可以對一個號誌集或集合中的單個號誌進行各種控制操作。

```
#include <sys/types.h>          /* For portability */
#include <sys/sem.h>

int semctl(int semid, int semnum, int cmd, ... /* union semun arg */);
        Returns nonnegative integer on success (see text); returns −1 on error
```

參數 *semid* 是號誌集的 ID，用以指定要操控的對象，而要操控單個號誌時，可以使用 *semnum* 參數識別集合中的一個指定號誌，而其他操作則會忽略這個參數，並可以將這個參數指定為 0。至於 *cmd* 參數則是指定要進行的操作。

　　某些操作需要提供第四個參數給 *semctl()*，我們在本節後面會提到一個名為 *arg* 的參數，如列表 47-2 所示，這個參數是定義為 *union*，我們必須在程式中明確定義這個 *union*。在列表 47-2 的程式是透過引用標頭檔的方式來完成此工作。

> 雖然將 semun union 的定義放在標準的標頭檔是比較合理的，不過 SUSv3 要求程式設計人員必須明確定義這個 union。然而，有些 UNIX 實作會在 <sys/sem.h> 提供這個定義，舊版的 *glibc*（2.0 以前，包括 2.0）也提供了這個定義。為了與 SUSv3 保持一致，最近的 *glibc* 版本並沒有提供這個定義，並會透過將 <sys/sem.h> 中的 _SEM_SEMUN_UNDEFINED 巨集值定義為 1 來表示（即使用 *glibc* 編譯的應用程式可以透過測試這個巨集來判斷程式本身是否需要定義 semun union）。

列表 47-2：*semun* union 的定義

─── **svsem/semun.h**
```
#ifndef SEMUN_H
#define SEMUN_H                  /* Prevent accidental double inclusion */

#include <sys/types.h>           /* For portability */
#include <sys/sem.h>

union semun {                    /* Used in calls to semctl() */
    int             val;
    struct semid_ds *   buf;
```

```
        unsigned short *    array;
#if defined(__linux__)
        struct seminfo *    __buf;
#endif
};

#endif
```
─── *svsem/semun.h*

SUSv2 與 SUSv3 規定 *semctl()* 的最後一個參數可以是選配的，然而，有些（主要
是舊版的）UNIX 實作（以及舊版的 *glibc*）會將 *semctl()* 的原型定義如下：

```
int semctl(int semid, int semnum, int cmd, union semun arg);
```

這表示需要第四個參數，即使在不會實際用到這個參數的情況時也是如此（如下
列描述的 IPC_RMID 與 GETVAL 操作）。為了程式的可攜性，我們在無須最後一個參
數時，會在 *semctl()* 呼叫帶入一個啞（dummy）參數。

我們本節的其他篇幅將介紹透過 *cmd* 參數指定的各種控制操作。

通用的操控

下列的操作與應用於其他類型的 System V IPC 物件相同，每個情況都會忽略
semnum 參數。關於這些操作的細節以及呼叫的行程所需的特權與權限可參考 45.3
節。

IPC_RMID

　　立即移除號誌集以及與其關聯的 *semid_ds* 資料結構。原本呼叫 *semop()* 的每一
　　個行程，因為要等待這個集合中的號誌而發生阻塞，這個時候都會立即被喚
　　醒，而 *semop()* 會回報 EIDRM 錯誤。在這個操作不需要 *arg* 參數。

IPC_STAT

　　在 *arg.buf* 所指向的緩衝區中放置一份與這個號誌集相關聯的一個 *semid_ds* 資
　　料結構副本，我們在 47.4 節會對 *semid_ds* 結構進行介紹。

IPC_SET

　　使用 *arg.buf* 指向的緩衝區內容值來更新與這個號誌集相關聯的 *semid_ds* 資料
　　結構之指定欄位。

取得並初始化號誌值

下列的操作可以取得或初始化一個集合中的單個或全部號誌值，要取得一個號誌
的值會需要號誌的讀取權限，而初始化這個值則會需要修改（寫入）的權限。

GETVAL

semctl() 會傳回在 semid 指定的號誌集中的第 semnum 個號誌的值，這個操作無須 arg 參數。

SETVAL

將 semid 指定的號誌集中的第 semnum 個號誌的值初始化為 arg.val 所指定的值。

GETALL

取得由 semid 指定的號誌集裡面全部號誌的值，並將這些值存放在 arg.array 指向的陣列中。程式設計人員必須確保這個陣列有足夠的空間（可以透過一個 IPC_STAT 操作傳回的 semid_ds 資料結構之 sem_nsems 欄位，取得一個號誌集的號誌數量），這個操作會忽略 semnum 參數，列表 47-3 提供了一個 GETALL 操作的使用範例。

SETALL

使用 arg.array 指向的陣列內容來初始化 semid 指向的集合中之全部號誌，這個操作會忽略 semnum 參數，列表 47-4 示範了 SETALL 操作的使用方式。

若有一個行程正等著要操作由 SETVAL 或 SETALL 操作修改的號誌，而且這些號誌的變更將允許繼續進行操作，則核心就會將這個行程喚醒。

使用 SETVAL 或 SETALL 修改一個號誌的值會清除每個行程中的該號誌之還原條目（undo entries），我們在 47.8 節會介紹號誌的還原條目（semaphore undo entry）。

請注意，由 GETVAL 與 GETALL 傳回的資訊可能在執行呼叫的行程（calling process）使用時就已經過期了，若程式預設認為這些操作傳回的資訊會保持不變，則可能會遇到檢查時（time-of-check）與使用時（time-of-use）發生的競速條件（參考 38.6 節）。

取得個別號誌的資訊

下列的操作會傳回（透過函式的傳回值）由 semid 參照的號誌集合中、第 semnum 個號誌的資訊。在這全部的操作中，會需要號誌集的讀取權限，並且無須 arg 參數。

GETPID

傳回上一個對此號誌執行 *semop()* 的行程之行程 ID，*sempid* 會使用這個傳回值，若沒有任何行程對這個號誌進行一個 *semop()* 呼叫，則會傳回 0。

GETNCNT

傳回目前等待這個號誌值增加的行程數量，*semncnt* 會使用這個傳回值。

GETZCNT

傳回目前等待這個號誌值變成 0 的行程數量，*semzcnt* 會使用這個傳回值。

如上述的 GETVAL 與 GETALL 操作，GETPID、GETNCNT 以及 GETZCNT 操作傳回的資訊可能在呼叫的行程使用時就已經過期了。

列表 47-3 示範這三個操作的用法。

47.4　與號誌關聯的資料結構

每個號誌集都有一個與它關聯的 *semid_ds* 資料結構，其形式如下：

```
struct semid_ds {
    struct ipc_perm sem_perm;     /* Ownership and permissions */
    time_t          sem_otime;    /* Time of last semop() */
    time_t          sem_ctime;    /* Time of last change */
    unsigned long   sem_nsems;    /* Number of semaphores in set */
};
```

SUSv3 將上列所示的 *semid_ds* 結構之每個欄位都納入了規範，有些其他的 UNIX 實作還會包含額外的非標準欄位。在 Linux 2.4 以及之後的版本，*sem_nsems* 欄位的型別是無號長整數（unsigned long）。SUSv3 將這個欄位規定為 *unsigned short*，而且現在也定義在 Linux 2.2 及多數其他的 UNIX 實作。

許多號誌的系統呼叫都會更新 *semid_ds* 結構中的欄位，並使用 *semctl()* IPC_SET 操作直接更新 *sem_perm* 欄位中的某些子欄位，其細節如下所述：

sem_perm

在建立號誌集時，依據 45.3 節所述的方式初始化這個子結構的欄位，可透過 IPC_SET 更新 *uid*、*gid* 以及 *mode* 子欄位。

sem_otime

在建立號誌集時，會將這個欄位設定為 0，然後每次成功執行 *semop()* 呼叫、或在號誌值受到 SEM_UNDO 操作修改時，將這個欄位設定為目前的時間（參考 47.8 節）。這個欄位與 *sem_ctime* 的型別是 *time_t*，時間的儲存方式是自 Epoch 到目前為止經過的秒數。

sem_ctime

在建立號誌以及每次成功進行 IPC_SET、SETALL 或 SETVAL 操作時，會將這個欄位設定為目前的時間（在有些 UNIX 實作上，SETALL 與 SETVAL 操作不會修改 *sem_ctime*）。

sem_nsems

在建立集合時，會將這個欄位初始化為集合中的號誌數量。

我們在本節後面將介紹兩個使用 *semid_ds* 資料結構以及一些在 47.3 節介紹的 *semctl()* 操作範例，我們在 47.6 節會示範這兩個程式的用法。

監控一個號誌集

列表 47-3 使用了各種的 *semctl()* 操作，以呈現命令列參數指定的既有號誌集（ID）資訊，這個程式先呈現 *semid_ds* 資料結構的時間欄位，然後顯示集合中的每個號誌現值及 *sempid*、*semncnt* 和 *semzcnt* 值。

列表 47-3：用來監控程式的一個號誌

———————————————————————————— svsem/svsem_mon.c

```
#include <sys/types.h>
#include <sys/sem.h>
#include <time.h>
#include "semun.h"                       /* Definition of semun union */
#include "tlpi_hdr.h"

int
main(int argc, char *argv[])
{
    struct semid_ds ds;
    union semun arg, dummy;              /* Fourth argument for semctl() */
    int semid, j;

    if (argc != 2 || strcmp(argv[1], "--help") == 0)
        usageErr("%s semid\n", argv[0]);

    semid = getInt(argv[1], 0, "semid");

    arg.buf = &ds;
    if (semctl(semid, 0, IPC_STAT, arg) == -1)
        errExit("semctl");
```

```
        printf("Semaphore changed: %s", ctime(&ds.sem_ctime));
        printf("Last semop():      %s", ctime(&ds.sem_otime));

        /* Display per-semaphore information */

        arg.array = calloc(ds.sem_nsems, sizeof(arg.array[0]));
        if (arg.array == NULL)
            errExit("calloc");
        if (semctl(semid, 0, GETALL, arg) == -1)
            errExit("semctl-GETALL");

        printf("Sem #  Value  SEMPID  SEMNCNT  SEMZCNT\n");

        for (j = 0; j < ds.sem_nsems; j++)
            printf("%3d   %5d   %5d  %5d    %5d\n", j, arg.array[j],
                    semctl(semid, j, GETPID, dummy),
                    semctl(semid, j, GETNCNT, dummy),
                    semctl(semid, j, GETZCNT, dummy));

        exit(EXIT_SUCCESS);
    }
```
─────────────────────────────────── **svsem/svsem_mon.c**

初始化一個集合中的每個號誌

列表 47-4 的程式提供一個命令列介面，做為將一個既有集合中的每個號誌進行初始化的用途。第一個命令列參數是所要初始化的號誌集 ID，剩下的命令列參數則指定了每個號誌要初始化的值（參數的數量必須要與集合中的號誌數量一致）。

列表 47-4：使用 SETALL 操作來初始化一個 System V 號誌集

─────────────────────────────────── **svsem/svsem_setall.c**
```
#include <sys/types.h>
#include <sys/sem.h>
#include "semun.h"                      /* Definition of semun union */
#include "tlpi_hdr.h"

int
main(int argc, char *argv[])
{
    struct semid_ds ds;
    union semun arg;                    /* Fourth argument for semctl() */
    int j, semid;

    if (argc < 3 || strcmp(argv[1], "--help") == 0)
        usageErr("%s semid val...\n", argv[0]);

    semid = getInt(argv[1], 0, "semid");
```

```
    /* Obtain size of semaphore set */

    arg.buf = &ds;
    if (semctl(semid, 0, IPC_STAT, arg) == -1)
        errExit("semctl");

    if (ds.sem_nsems != argc - 2)
        cmdLineErr("Set contains %ld semaphores, but %d values were supplied\n",
                (long) ds.sem_nsems, argc - 2);

    /* Set up array of values; perform semaphore initialization */

    arg.array = calloc(ds.sem_nsems, sizeof(arg.array[0]));
    if (arg.array == NULL)
        errExit("calloc");

    for (j = 2; j < argc; j++)
        arg.array[j - 2] = getInt(argv[j], 0, "val");

    if (semctl(semid, 0, SETALL, arg) == -1)
        errExit("semctl-SETALL");
    printf("Semaphore values changed (PID=%ld)\n", (long) getpid());

    exit(EXIT_SUCCESS);
}
```

―――――――――――――――――――――――――――――――――――― **svsem/svsem_setall.c**

47.5　號誌的初始化

依據 SUSv3 的規範，實作不需要將 *semget()* 所建立的集合中之號誌值進行初始化。而是程式師必須明確使用 *semctl()* 系統呼叫來初始化號誌（在 Linux 上，*semget()* 傳回的號誌實際上會初始化為 0，不過若考慮可攜性，則不能依賴這個行為特性）。如先前所述，建立與初始化號誌時，必須透過不同的系統呼叫進行，而不是單一個原子式（atomic）步驟完成，這可能在初始化一個號誌時會發生競速條件。我們在本節會詳細介紹競速的本質，並探討基於（Stevens，1999）所提出的避免發生競速條件的方法。

假設我們有一個應用程式是由多個同儕行程（peer process）構成，而且這些行程使用一個號誌來協調它們相互之間的動作。因為無法保證哪一個行程可以先使用號誌（這就是同儕的意思），所以每個行程都必須要準備好在號誌不存在時建立與初始化號誌。為此，我們可以考慮使用列表 47-5 所示的程式碼。

列表 47-5：不正確地初始化一個 System V 號誌

from **svsem/svsem_bad_init.c**

```
/* Create a set containing 1 semaphore */

semid = semget(key, 1, IPC_CREAT | IPC_EXCL | perms);

if (semid != -1) {                      /* Successfully created the semaphore */
    union semun arg;

    /* XXXX */

    arg.val = 0;                        /* Initialize semaphore */
    if (semctl(semid, 0, SETVAL, arg) == -1)
        errExit("semctl");

} else {                                /* We didn't create semaphore set */
    if (errno != EEXIST) {              /* Unexpected error from semget() */
        errExit("semget");

    semid = semget(key, 1, perms);  /* Retrieve ID of existing set */
    if (semid == -1)
        errExit("semget");
}

/* Now perform some operation on the semaphore */

sops[0].sem_op = 1;          /* Add 1... */
sops[0].sem_num = 0;         /* to semaphore 0 */
sops[0].sem_flg = 0;
if (semop(semid, sops, 1) == -1)
    errExit("semop");
```

from **svsem/svsem_bad_init.c**

列表 47-5 程式碼的問題在於，若有兩個行程同時執行這段程式碼，當第一個行程執行到標示為 XXXX 的程式碼位置時，耗盡了可用來執行的 CPU 時間片段，則可能會發生圖 47-2 所示的順序。這個順序起源於兩個原因：第一個原因，行程 B 會對一個尚未初始化的號誌（即號誌值是一個任意值）執行一個 *semop()*。第二個原因，行程 A 的 *semctl()* 呼叫覆蓋了行程 B 的改變。

這個問題的解決方式倚賴一個過去的（現在已經標準化的）特性，在與這個號誌集關聯的 *semid_ds* 資料結構中，對資料結構中的 *sem_otime* 欄位進行初始化。在一個號誌集初次被建立時，會將 *sem_otime* 欄位初始化為 0，並且只有後續的 *semop()* 呼叫才可以修改這個欄位值。我們可以直接使用這個特性來消除上述的競速條件，只要加入一些額外的程式碼來強制第二個行程（即沒有建立號誌的那個行程）等待，直到第一個行程已經完成初始化號誌，以及執行了一個 *semop()* 呼叫來更新 *sem_otime* 欄位但不會修改號誌值。修改的程式碼如列表 47-6 所示。

可惜本文所述的初始化問題解法無法適用於全部的 UNIX 實作，在有些現代的 BSD 衍生版本中，*semop()* 不會更新 *sem_otime* 欄位。

列表 47-6：初始化一個 System V 號誌

—— *from* **svsem/svsem_good_init.c**

```
semid = semget(key, 1, IPC_CREAT | IPC_EXCL | perms);

if (semid != -1) {                    /* Successfully created the semaphore */
    union semun arg;
    struct sembuf sop;

    arg.val = 0;                      /* So initialize it to 0 */
    if (semctl(semid, 0, SETVAL, arg) == -1)
        errExit("semctl 1");

    /* Perform a "no-op" semaphore operation - changes sem_otime
       so other processes can see we've initialized the set. */

    sop.sem_num = 0;                  /* Operate on semaphore 0 */
    sop.sem_op = 0;                   /* Wait for value to equal 0 */
    sop.sem_flg = 0;
    if (semop(semid, &sop, 1) == -1)
        errExit("semop");

} else {                              /* We didn't create the semaphore set */
    const int MAX_TRIES = 10;
    int j;
    union semun arg;
    struct semid_ds ds;

    if (errno != EEXIST) {            /* Unexpected error from semget() */
        errExit("semget");

    semid = semget(key, 1, perms);  /* Retrieve ID of existing set */
    if (semid == -1)
        errExit("semget");

    /* Wait until another process has called semop() */

    arg.buf = &ds;
    for (j = 0; j < MAX_TRIES; j++) {
        if (semctl(semid, 0, IPC_STAT, arg) == -1)
            errExit("semctl 2");
        if (ds.sem_otime != 0)        /* Semop() performed? */
            break;                    /* Yes, quit loop */
        sleep(1);                     /* If not, wait and retry */
    }
```

```
    if (ds.sem_otime == 0)               /* Loop ran to completion! */
        fatal("Existing semaphore not initialized");
}

/* Now perform some operation on the semaphore */
```
— *from* **svsem/svsem_good_init.c**

我們可以使用列表 47-6 所示的技術演進版本,來確保可以正確地初始化一個集合中的多個號誌、或將一個號誌初始化為非零值。

並非全部的應用程式都需要使用這個相當複雜的方式來解決競速問題。若能夠確保一個行程在其他行程使用號誌之前就能完成建立與初始化號誌,則不需要使用這個解決方案。若有一個父行程在建立(會與父行程共用號誌的)子行程之前,就先建立與初始化號誌。在這種情況中,讓第一個行程在呼叫 *semget()* 之後接著執行一個 *semctl()* 的 SETVAL 操作或 SETALL 操作就夠了。

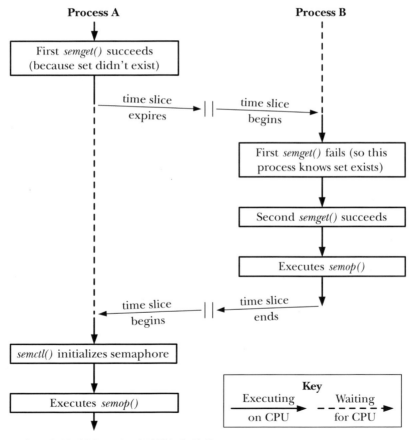

圖 47-2:兩個行程競爭對同一個號誌進行初始化

47.6 號誌的操作

系統呼叫 *semop()* 會對 *semid* 代表的號誌集之號誌進行一個或多個操作。

```
#include <sys/types.h>          /* For portability */
#include <sys/sem.h>

int semop(int semid, struct sembuf *sops, size_t nsops);
```
                                 Returns 0 on success, or –1 on error

參數 *sops* 是一個指向陣列的指標,這個陣列包含了需要執行的操作,而 *nsops* 參數提供陣列的大小(陣列至少要有一個元素),會依照操作在陣列中的位置順序來(以原子式)依序執行操作,*sops* 陣列中的元素形式如下列結構所示:

```
struct sembuf {
    unsigned short sem_num;     /* Semaphore number */
    short          sem_op;      /* Operation to be performed */
    short          sem_flg;     /* Operation flags (IPC_NOWAIT and SEM_UNDO) */
};
```

欄位 *sem_num* 代表集合中的一個號誌,即所要進行操作的號誌對象,而 *sem_op* 欄位則是指定要執行的操作:

* 若 *sem_op* 大於 0,則就將 *sem_op* 的值加到號誌值,結果是其他等待將號誌值減少的行程可能會被喚醒,並執行它們的操作。呼叫的行程必須要有號誌的修改(寫入)權限。

* 若 *sem_op* 等於 0,則檢查號誌值,以確定號誌值目前是否等於 0。若號誌值等於 0,則結束操作,否則 *semop()* 會發生阻塞,直到號誌值變成 0 為止。呼叫的行程必須要有號誌的讀取權限。

* 若 *sem_op* 小於 0,則將號誌值減掉 *sem_op* 的絕對值。若號誌目前的值大於或等於 *sem_op* 的絕對值,則會立刻結束操作,否則 *semop()* 會發生阻塞,直到號誌值增加到可進行操作且不會出現負值為止。呼叫的行程必須要有號誌的修改權限。

在語意上,增加一個號誌值相當於有一個資源可供其他行程使用,而減小號誌值則會將一個資源(互斥地)保留給行程使用。在減少一個號誌值時,若號誌值過低,即若有些其他行程已經保留了這個資源,則這個操作會發生阻塞。

當一個 *semop()* 呼叫發生阻塞時，行程會保持阻塞，直到下列某種情況發生為止：

- 有另一個行程修改了號誌值，使得可以繼續處理請求的操作。
- 有一個訊號中斷了 *semop()* 呼叫，在這種情況，會產生 EINTR 錯誤（如 21.5 節所提，*semop()* 不會在受到一個訊號處理常式中斷之後自動重新啟動）。
- 另一個行程刪除了 *semid* 代表的號誌，在這個情況，*semop()* 會失敗並發生 EIDRM 錯誤。

我們在對一個特定號誌進行一個操作時，可以在相對應的 *sem_flg* 欄位指定 IPC_NOWAIT 旗標，以避免 *semop()* 發生阻塞。此時，若 *semop()* 已經處於阻塞狀態，則會轉為執行失敗並傳回 EAGAIN 錯誤。

即使通常一次只能操控一個號誌，不過也可以透過一個 *semop()* 呼叫，對一個集合中的多個號誌進行操作。這裡需要指出的關鍵點是：這組操作是以原子式進行的，即 *semop()* 會立即執行全部的操作，或是發生阻塞，直到能夠同時執行全部的操作為止。

> 雖然在作者所知的每個系統上，*semop()* 是依據陣列中的順序來執行操作的，不過有些系統還是會在文件說明，而且有些應用程式也會依賴這個特性。在 SUSv4 就明確地將這項行為納入了規範。

列表 47-7 示範如何使用 *semop()* 對一個集合中的三個號誌進行操作。對號誌 0 與 2 的操作可能無法立刻處理，而是取決於號誌的現值。若無法立即進行對號誌 0 的操作，則不會執行要求的任何操作，同時 *semop()* 會發生阻塞。另一方面，若可以立刻對號誌 0 進行操作，則（因為指定了 IPC_NOWAIT 旗標）不會進行任何要求的操作，而且 *semop()* 會立即傳回並發生 EAGAIN 錯誤。

系統呼叫 *semtimedop()* 與 *semop()* 執行的任務一樣，只是多了一個 *timeout* 參數可以指定呼叫處於阻塞狀態的時間上限。

```
#define _GNU_SOURCE
#include <sys/types.h>          /* For portability */
#include <sys/sem.h>

int semtimedop(int semid, struct sembuf *sops, size_t nsops,
            struct timespec *timeout);
                                Returns 0 on success, or −1 on error
```

參數 *timeout* 是一個指標，指向 timespec 結構（參考 23.4.2 節），這個結構可以將一個時間間隔以秒數與奈秒數來表示。若在完成號誌操作之前，指定的時間間隔就已經到期了，則 *semtimedop()* 會失敗並傳回 EAGAIN 錯誤。若將 *timeout* 指定為 NULL，則 *semtimedop()* 功能就與 *semop()* 完全相同。

相較於使用 *setitimer()* 與 *semop()*，*semtimedop()* 系統呼叫可以更有效率地對號誌操作設定一個超時時間（*timeout*）。對於某些需要經常執行此類操作的應用程式（尤其是有些資料庫系統）而言，這點微幅的效能改善是很顯著的。然而，*semtimedop()* 並未納入 SUSv3 的規範，而且只有一些其他的 UNIX 實作有提供這個函式。

> 系統呼叫 *semtimedop()* 是 Linux 2.6 新增的功能，而之後又往前移植到 Linux 2.4，從核心 2.4.22 版本開始。

列表 47-7：使用 *semop()* 對多個 System V 號誌進行操作

```
struct sembuf sops[3];

sops[0].sem_num = 0;                    /* Subtract 1 from semaphore 0 */
sops[0].sem_op = -1;
sops[0].sem_flg = 0;

sops[1].sem_num = 1;                    /* Add 2 to semaphore 1 */
sops[1].sem_op = 2;
sops[1].sem_flg = 0;

sops[2].sem_num = 2;                    /* Wait for semaphore 2 to equal 0 */
sops[2].sem_op = 0;
sops[2].sem_flg = IPC_NOWAIT;           /* But don't block if operation
                                           can't be performed immediately */
if (semop(semid, sops, 3) == -1) {
    if (errno == EAGAIN)                /* Semaphore 2 would have blocked */
        printf("Operation would have blocked\n");
    else
        errExit("semop");              /* Some other error */
}
```

範例程式

列表 47-8 程式提供一個命令列介面給 *semop()* 系統呼叫，程式接收的第一個參數是要進行操作的號誌集 ID。

其餘的命令列參數則指定在單一個 *semop()* 呼叫時所需要執行的一組號誌操作，並使用逗號來隔開單一命令列參數中的操作，每個操作的格式為下列其中之一：

- *semnum+value*：將第 *semnum* 個號誌與 *value* 相加。
- *semnum-value*：將第 *semnum* 個號誌與 *value* 相減。
- *semnum=0*：測試第 *semnum* 號誌，檢查它是否等於 0。

我們可以在每個操作的結尾選擇性地包含一個 *n*、一個 *u* 或同時包含兩者。字母 *n* 表示這個操作的 *sem_flg* 值有包含 IPC_NOWAIT，字母 *u* 表示在 *sem_flg* 值有包含 SEM_UNDO（我們在 47.8 節會介紹 SEM_UNDO 旗標）。

下列的命令列會對 ID 為 0 的號誌集進行兩個 *semop()* 呼叫：

```
$ ./svsem_op 0 0=0 0-1,1-2n
```

第一個命令列參數指定讓一個 *semop()* 呼叫進入等待，直到（ID 為 0 的）號誌值等於 0 為止。第二個參數指定讓 *semop()* 呼叫從號誌 0 減掉 1，並從號誌 1 中減去 2。在對號誌 0 操作的 *sem_flg* 為 0，對號誌 1 操作的 *sem_flg* 是 IPC_NOWAIT。

列表 47-8：使用 *semop()* 執行 System V 號誌的操作

───────────────────────────────────── svsem/svsem_op.c

```c
#include <sys/types.h>
#include <sys/sem.h>
#include <ctype.h>
#include "curr_time.h"          /* Declaration of currTime() */
#include "tlpi_hdr.h"

#define MAX_SEMOPS 1000          /* Maximum operations that we permit for
                                    a single semop() */

static void
usageError(const char *progName)
{
    fprintf(stderr, "Usage: %s semid op[,op...] ...\n\n", progName);
    fprintf(stderr, "'op' is either: <sem#>{+|-}<value>[n][u]\n");
    fprintf(stderr, "            or: <sem#>=0[n]\n");
    fprintf(stderr, "      \"n\" means include IPC_NOWAIT in 'op'\n");
    fprintf(stderr, "      \"u\" means include SEM_UNDO in 'op'\n\n");
    fprintf(stderr, "The operations in each argument are "
                    "performed in a single semop() call\n\n");
    fprintf(stderr, "e.g.: %s 12345 0+1,1-2un\n", progName);
    fprintf(stderr, "      %s 12345 0=0n 1+1,2-1u 1=0\n", progName);
    exit(EXIT_FAILURE);
}
```

```c
/* Parse comma-delimited operations in 'arg', returning them in the
   array 'sops'. Return number of operations as function result. */

static int
parseOps(char *arg, struct sembuf sops[])
{
    char *comma, *sign, *remaining, *flags;
    int numOps;                     /* Number of operations in 'arg' */

    for (numOps = 0, remaining = arg; ; numOps++) {
        if (numOps >= MAX_SEMOPS)
            cmdLineErr("Too many operations (maximum=%d): \"%s\"\n",
                        MAX_SEMOPS, arg);

        if (*remaining == '\0')
            fatal("Trailing comma or empty argument: \"%s\"", arg);
        if (!isdigit((unsigned char) *remaining))
            cmdLineErr("Expected initial digit: \"%s\"\n", arg);

        sops[numOps].sem_num = strtol(remaining, &sign, 10);

        if (*sign == '\0' || strchr("+-=", *sign) == NULL)
            cmdLineErr("Expected '+', '-', or '=' in \"%s\"\n", arg);
        if (!isdigit((unsigned char) *(sign + 1)))
            cmdLineErr("Expected digit after '%c' in \"%s\"\n", *sign, arg);

        sops[numOps].sem_op = strtol(sign + 1, &flags, 10);

        if (*sign == '-')                       /* Reverse sign of operation */
            sops[numOps].sem_op = - sops[numOps].sem_op;
        else if (*sign == '=')                  /* Should be '=0' */
            if (sops[numOps].sem_op != 0)
                cmdLineErr("Expected \"=0\" in \"%s\"\n", arg);

        sops[numOps].sem_flg = 0;
        for (;; flags++) {
            if (*flags == 'n')
                sops[numOps].sem_flg |= IPC_NOWAIT;
            else if (*flags == 'u')
                sops[numOps].sem_flg |= SEM_UNDO;
            else
                break;
        }

        if (*flags != ',' && *flags != '\0')
            cmdLineErr("Bad trailing character (%c) in \"%s\"\n", *flags, arg);

        comma = strchr(remaining, ',');
        if (comma == NULL)
```

```
                break;                          /* No comma --> no more ops */
            else
                remaining = comma + 1;
    }

    return numOps + 1;
}

int
main(int argc, char *argv[])
{
    struct sembuf sops[MAX_SEMOPS];
    int ind, nsops;

    if (argc < 2 || strcmp(argv[1], "--help") == 0)
        usageError(argv[0]);

    for (ind = 2; argv[ind] != NULL; ind++) {
        nsops = parseOps(argv[ind], sops);

        printf("%5ld, %s: about to semop()  [%s]\n", (long) getpid(),
                currTime("%T"), argv[ind]);

        if (semop(getInt(argv[1], 0, "semid"), sops, nsops) == -1)
            errExit("semop (PID=%ld)", (long) getpid());

        printf("%5ld, %s: semop() completed [%s]\n", (long) getpid(),
                currTime("%T"), argv[ind]);
    }

    exit(EXIT_SUCCESS);
}
```
── **svsem/svsem_op.c**

我們可以使用列表 47-8 程式以及本章所示的其他程式,來研究如何操作 System V
號誌,如下列 shell 作業階段所示。我們先使用一個程式建立一個內含兩個號誌的
號誌集,並分別將這兩個號誌值初始化為 1 和 0:

```
$ ./svsem_create -p 2
32769                                    ID of semaphore set
$ ./svsem_setall 32769 1 0
Semaphore values changed (PID=3658)
```

　　我們在本章並沒有列出 svsem/svsem_create.c 的程式碼,不過讀者可以在本
　　書的程式碼找到。這個程式對號誌進行的功能與列表 46-1 程式對訊息佇列執
　　行的功能一樣,即程式會建立一個號誌集。唯一值得注意的差別是:svsem_
　　create.c 會額外接收一個參數,指定要建立的號誌集大小。

我們接著在背景啟動三個（列表 47-8）程式實體（instance），對號誌集進行 *semop()* 操作。程式會在每個號誌操作的前後印出訊息。這些訊息包括：時間（以便我們可以看到每個操作的開始與完成時間）、行程 ID（以便我們追蹤程式的多個實體操作）。第一個指令會要求將兩個號誌值都減去 1：

```
$ ./svsem_op 32769 0-1,1-1 &                      Operation 1
  3659, 16:02:05: about to semop() [0-1,1-1]
[1] 3659
```

我們在上面的輸出可以看到，這個程式印出了一筆訊息，指出要執行 *semop()* 操作，但是沒有印出更多訊息，這是因為 *semop()* 呼叫發生阻塞了，這個呼叫之所以阻塞是因為號誌 1 的值為 0。

我們接著執行一個指令，要求將號誌 1 的值減去 1：

```
$ ./svsem_op 32769 1-1 &                           Operation 2
  3660, 16:02:22: about to semop() [1-1]
[2] 3660
```

這個指令也會發生阻塞，我們接著執行一個指令，等待號誌 0 的值等於 0：

```
$ ./svsem_op 32769 0=0 &                           Operation 3
  3661, 16:02:27: about to semop() [0=0]
[3] 3661
```

這個指令一樣發生阻塞了，這是因為號誌 0 的值目前為 1。

我們現在使用列表 47-3 程式來檢查號誌集：

```
$ ./svsem_mon 32769
Semaphore changed: Sun Jul 25 16:01:53 2010
Last semop():      Thu Jan  1 01:00:00 1970
Sem #  Value  SEMPID  SEMNCNT  SEMZCNT
  0      1      0        1        1
  1      0      0        2        0
```

當建立一個號誌之後，關聯的 *semid_ds* 資料結構之 *sem_otime* 欄位會初始化為 0。日曆時間值為 0 會對應到 Epoch（參考 10.1 節），而 *ctime()* 會將這個值顯示為 1 AM, 1 January 1970，這是因為本地時區是 Central Europe，會比 UTC 早一個小時。

我們再檢查輸出可以發現號誌 0 的 *semncnt* 值為 1，這是因為操作 1 正等著要減去號誌的值，而 *semzcnt* 值為 1 是因為操作 3 正等著這個號誌值變成 0。號誌 1 的 *semncnt* 值為 2，這反映出操作 1 與操作 2 正等著減去號誌值的事實。

我們接著試著對號誌集執行一個非阻塞的操作，這個操作等著號誌 0 的值變成 0，由於無法立即執行這個操作，因此 *semop()* 會失敗並傳回 EAGAIN 錯誤。

```
$ ./svsem_op 32769 0=0n                                    Operation 4
 3673, 16:03:13: about to semop() [0=0n]
ERROR [EAGAIN/EWOULDBLOCK Resource temporarily unavailable] semop (PID=3673)
```

我們現在對號誌 1 加上 1，這會導致之前兩個處於阻塞狀態的操作（1 和 3）能夠解除阻塞：

```
$ ./svsem_op 32769 1+1  Operation 5
 3674, 16:03:29: about to semop()  [1+1]
 3659, 16:03:29: semop() completed [0-1,1-1]        Operation 1 completes
 3661, 16:03:29: semop() completed [0=0]            Operation 3 completes
 3674, 16:03:29: semop() completed [1+1]            Operation 5 completes
[1]   Done                  ./svsem_op 32769 0-1,1-1
[3]+  Done                  ./svsem_op 32769 0=0
```

當我們使用監控程式來觀察號誌集的狀態時，可以發現已經更新了關聯的 *semid_ds* 資料結構之 *sem_otime* 欄位，而且也更新了兩個號誌的 *sempid* 值。我們還能看出號誌 1 的 *semncnt* 值為 1，這是因為操作 2 仍然處於阻塞狀態，並等著要減少這個號誌值。

```
$ ./svsem_mon 32769
Semaphore changed: Sun Jul 25 16:01:53 2010
Last semop():      Sun Jul 25 16:03:29 2010
Sem #  Value  SEMPID  SEMNCNT  SEMZCNT
  0      0     3661      0        0
  1      0     3659      1        0
```

我們從上面的輸出中可以看出已經更新了 *sem_otime* 欄位值。我們也能看到，上一個操作號誌 0 的行程 ID 是 3661（操作 3），而上一個操作號誌 1 的行程 ID 是 3659（操作 1）。

我們最後移除號誌集，這將導致阻塞中操作 2 轉為執行失敗並傳回 EIDRM 錯誤。

```
$ ./svsem_rm 32769
ERROR [EIDRM Identifier removed] semop (PID=3660)
```

> 我們在本章並沒有提供 svsem/svsem_rm.c 程式碼，讀者可以在本書提供的原始程式碼中找到這個程式碼，這個程式會移除在命令列參數指定的號誌集。

47.7　處理多個阻塞中的號誌操作

若有多個阻塞中的行程試著對一個號誌值減去一個相同的數量，則在可以對號誌進行操作時，無法確定哪一個行程可以先進行操作（即哪一個行程可以進行操作是由核心行程排班演算法決定的）。

另一方面，若阻塞中的行程試著要對一個號誌值減去的值是不同的，則會依據行程可以進行操作的順序來處理請求。假設有一個號誌值目前是 0，而行程 A 要求要將號誌值減去 2，而接著行程 B 要求要將號誌值減去 1。若有第三個行程對號誌值加了 1，則即使行程 A 是第一個要求對號誌進行操作的行程，行程 B 也可以第一個可以解除阻塞狀態，並進行它的操作。在設計不良的應用程式中，這類情境會導致飢餓（starvation），即行程會永久處於阻塞狀態，因為號誌的狀態絕對無法滿足請求的操作條件。我們回到本節的例子，我們可以想像情境是多個行程要調整的號誌值絕對不會大於 1，這就會導致行程 A 永遠處於阻塞狀態。

若一個行程試圖對多個號誌進行操作而發生阻塞時，也可能會出現飢餓，我們探討下列情境，對一對號誌進行一些操作，這兩個號誌都會初始化為 0：

1. 行程 A 請求將號誌 0 與號誌 1 的值減去 1（會阻塞）。

2. 行程 B 請求將號誌 0 的值減去 1（會阻塞）。

3. 行程 C 將號誌 0 的值加上 1。

此刻，行程 B 會解除阻塞並完成操作請求，即使行程 B 發出請求的時間比行程 A 晚。同樣地，也可以設計一個情境，讓其他行程分別對號誌 0 與號誌 1 進行調整並發生阻塞，則行程 A 會陷入飢餓狀態。

47.8　號誌的還原值（Semaphore Undo Value）

假設有一個行程在調整完一個號誌值（即減去號誌值，使得號誌值為 0）之後終止了，不管是故意或意外終止。在預設情況，號誌值會維持不變。這樣就可能會給其他使用這個號誌的行程帶來問題，因為這些行程可能會因為等待這個號誌而受到阻塞，即等待將已終止的行程對號誌所做的的改變還原。

我們為了避免這類問題，在使用 *semop()* 修改一個號誌值時可採用 SEM_UNDO 旗標。當有指定這個旗標時，核心就會記錄號誌的操作效果，然後在行程終止時還原這個操作。無論行程正常終止或異常終止，都會還原操作。

核心不需要為每個使用 SEM_UNDO 的操作保存一份紀錄，只需要記錄一個行程在一個號誌上使用 SEM_UNDO 操作的調整總和，這個整數稱為 *semadj*（號誌調整）值。當行程終止之後，所需的工作是將號誌的現值減去這個總和。

> 自 Linux 2.6 起，若指定了 CLONE_SYSVSEM 旗標，則使用 *clone()* 建立的行程（執行緒）會共用 semadj 值。這樣的共用是為了與 POSIX 執行緒的實作保持一致，NPTL 執行緒實作在 pthread_*create()* 的實作中使用了 CLONE_SYSVSEM。

當使用 *semctl()* 與 SETVAL 或 SETALL 操作設定一個號誌值時，會將每個使用這個號誌的行程中之相對應 *semadj* 值清空（即設定為 0）。這是合理的，因為直接設定一個號誌值會破壞與 *semadj* 中維護的歷史紀錄相關聯的值。

使用 *fork()* 建立的子行程不會繼承父行程的 *semadj* 值，因為讓子行程還原父行程的號誌操作是不合理的。另一方面，*semadj* 值在經過 *exec()* 之後仍會保留，這樣可以讓我們在使用 SEM_UNDO 調整一個號誌值之後，並接著以 *exec()* 執行一個不會操作這個號誌的程式，可是在行程終止時會自動調整這個號誌（這項技術可以讓另一個行程得知這個行程何時終止）。

SEM_UNDO 效果的範例

下列的 shell 作業階段日誌會顯示對兩個號誌進行操作的效果：一個操作使用 SEM_UNDO 旗標，另一個沒有使用。我們先建立一個有兩個號誌的集合，並將兩個號誌初始化為 0：

```
$ ./svsem_create -p 2
131073
$ ./svsem_setall 131073 0 0
Semaphore values changed (PID=2220)
```

接著我們執行一個指令，將兩個號誌都加上 1，然後終止。對號誌 0 的操作有指定 SEM_UNDO 旗標：

```
$ ./svsem_op 131073 0+1u 1+1
 2248, 06:41:56: about to semop()
 2248, 06:41:56: semop() completed
```

我們現在使用列表 47-3 的程式來檢查號誌狀態：

```
$ ./svsem_mon 131073
Semaphore changed: Sun Jul 25 06:41:34 2010
Last semop():      Sun Jul 25 06:41:56 2010
Sem #  Value  SEMPID  SEMNCNT  SEMZCNT
  0      0     2248      0        0
  1      1     2248      0        0
```

從上列輸出的最後兩行中的號誌值，我們可以看出號誌 0 的操作已經還原了，不過號誌 1 上的操作沒有還原。

SEM_UNDO 的限制

我們最後要說的是，其實 SEM_UNDO 沒有如我們先前介紹的那樣實用，主要有兩個理由：一個原因是，因為修改一個號誌通常是相對應於請求或釋放一些共用的資源，所以使用 SEM_UNDO 可能不足以讓一個多行程的應用程式可以在行程意外終止時恢復。除非行程終止時會自動將共用資源的狀態回到一個一致的狀態（在許多情境是不行的），否則還原一個號誌操作可能不足以允許恢復應用程式。

第二個侷限 SEM_UNDO 實用性的因素是，在一些情況下，當行程終止時無法對號誌進行調整。我們探討下列的情境，應用在一個號誌的初值為 0 的情境：

1. 行程 A 將號誌值加 2，並在這個操作指定 SEM_UNDO 旗標。

2. 行程 B 將號誌值減 1，因此號誌值會變成 1。

3. 行程 A 終止。

此時無法完全還原行程 A 在步驟 1 的操作效果，因為號誌值太小了，有三種方法可以解決這個情況：

- 強制行程發生阻塞，直到可以調整號誌為止。
- 盡可能地減小號誌值（即減到 0）並結束。
- 結束，而不執行任何的號誌調整。

第一個解決方案是不可行的，因為可以會強制一個正在終止的行程永遠處於阻塞狀態。Linux 系統採用第二種解決方案，有些其他的 UNIX 實作是採納第三種解決方案，不過在 SUSv3 並沒有規定實作應該採用哪種解決方案。

> 試圖將一個號誌值提升為超過允許的最大值 32,767（第 47.10 節描述的 SEMVMX 限制）的還原操作也會導致異常行為。在這種情況下，核心總是會進行調整，因而（非法地）導致號誌值超過 SEMVMX。

47.9 實作一個二元號誌協定

System V 號誌的 API 很複雜，因為能使用任意的數量來調整號誌值，而且又是以集合為單位來配置與操作號誌。不過這些特性提供了比應用程式所需更多的功能，因此以 System V 號誌為基礎來實作一些簡化的協定（API）會很有幫助。

一個常見的協定是二元號誌，一個二元號誌有兩個值：可用（閒置）與保留（使用中）。二元號誌有兩個操作：

- **保留**（*reserve*）：試圖預留這個號誌做為互斥使用，若號誌已經由另一個行程保留了，則將發生阻塞，直到號誌被釋出為止。
- **釋出**（*release*）：釋出一個目前保留中的號誌，以便可以讓其他行程保留這個號誌。

> 在學術電腦科學的學科中，通常將這兩個操作稱為 P 與 V，這是這兩個操作在荷蘭語的第一個字母。這種命名方式後來由荷蘭電腦科學家 Edsger Dijkstra 確定，他產出許多關於號誌的理論作品，術語 down（減小號誌）和 up（增加號誌）也有使用到，POSIX 將這兩個操作稱為 wait 與 post。

有時候還會定義第三個操作：

- **有條件地保留**：透過非阻塞的方式，嘗試保留這個號誌做為互斥使用。若號誌已經被保留了，則立即傳回一個狀態，指出無法使用這個號誌。

在實作二元號誌時，我們必須選擇如何表示可用（*available*）與保留（*reserved*）的狀態，以及如何實作上述操作。讀者稍微思考一下就會發現，表示這些狀態的最佳方式是使用值 1 表示閒置（*free*）而值 0 表示保留，保留與釋出操作分別是將號誌值減 1 與加 1。

列表 47-9 與列表 47-10 提供一個使用 System V 號誌的二元號誌實作，列表 47-9 的標頭檔提供實作的函式原型，以及宣告兩個實作會用的全域布林變數，*bsUseSemUndo* 變數控制實作是否要在 *semop()* 呼叫使用 SEM_UNDO 旗標，而 *bsRetryOnEintr* 變數控制實作是否在 *semop()* 呼叫受到訊號中斷之後自動重新啟動呼叫。

列表 47-9：binary_sems.c 的標頭檔

―――――――――――――――――――――――― **svsem/binary_sems.h**

```
#ifndef BINARY_SEMS_H           /* Prevent accidental double inclusion */
#define BINARY_SEMS_H

#include "tlpi_hdr.h"

/* Variables controlling operation of functions below */

extern Boolean bsUseSemUndo;           /* Use SEM_UNDO during semop()? */
extern Boolean bsRetryOnEintr;         /* Retry if semop() interrupted by
                                          signal handler? */

int initSemAvailable(int semId, int semNum);
```

```
int initSemInUse(int semId, int semNum);

int reserveSem(int semId, int semNum);

int releaseSem(int semId, int semNum);

#endif
```

──── **svsem/binary_sems.h**

列表 47-10 提供二元號誌函式的實作，這些實作的每個函式都有兩個參數，分別識別一個號誌集與這個號誌集裡面的一個號誌編號（這些函式不會建立與刪除號誌集，也不會處理 47.5 節所述的競速條件）。我們在 48.4 節提供的範例會使用這些函式。

列表 47-10：使用 System V 號誌實作二元號誌

──── **svsem/binary_sems.c**

```c
#include <sys/types.h>
#include <sys/sem.h>
#include "semun.h"                          /* Definition of semun union */
#include "binary_sems.h"

Boolean bsUseSemUndo = FALSE;
Boolean bsRetryOnEintr = TRUE;

int                      /* Initialize semaphore to 1 (i.e., "available") */
initSemAvailable(int semId, int semNum)
{
    union semun arg;

    arg.val = 1;
    return semctl(semId, semNum, SETVAL, arg);
}

int                      /* Initialize semaphore to 0 (i.e., "in use") */
initSemInUse(int semId, int semNum)
{
    union semun arg;

    arg.val = 0;
    return semctl(semId, semNum, SETVAL, arg);
}

/* Reserve semaphore (blocking), return 0 on success, or -1 with 'errno'
   set to EINTR if operation was interrupted by a signal handler */

int                          /* Reserve semaphore - decrement it by 1 */
```

```
reserveSem(int semId, int semNum)
{
    struct sembuf sops;

    sops.sem_num = semNum;
    sops.sem_op = -1;
    sops.sem_flg = bsUseSemUndo ? SEM_UNDO : 0;

    while (semop(semId, &sops, 1) == -1)
        if (errno != EINTR || !bsRetryOnEintr)
            return -1;

    return 0;
}

int                     /* Release semaphore - increment it by 1 */
releaseSem(int semId, int semNum)
{
    struct sembuf sops;

    sops.sem_num = semNum;
    sops.sem_op = 1;
    sops.sem_flg = bsUseSemUndo ? SEM_UNDO : 0;

    return semop(semId, &sops, 1);
}
```
── **svsem/binary_sems.c**

47.10 號誌的限制

大多數的 UNIX 實作都對 System V 號誌的操作進行了各種各樣的限制，下列列出
Linux 號誌的限制，括弧中是達到限制時會受影響的系統呼叫以及回傳的錯誤。

SEMAEM

> 一個 *semadj* 總共可以記錄的最大值，會將 SEMAEM 值定義為與 SEMVMX（稍後介
> 紹）值相同（*semop()*，ERANGE）。

SEMMNI

> 這是一個系統級別的限制，限制能建立的號誌 ID 數量（換句話說就是號誌集
> 數量）（*semget()*，ENOSPC）。

SEMMSL

> 這是一個號誌集中能配置的號誌最大數量（*semget()*，EINVAL）。

SEMMNS

這是系統級別的一個限制，它限制全部號誌集中的號誌數量，系統上的號誌數量還會受到 SEMMNI 和 SEMMSL 的限制。實際上，SEMMNS 的預設值是這兩個限制的預設值乘積（*semget()*，ENOSPC）。

SEMOPM

每個 *semop()* 呼叫能夠執行的最大操作數量（*semop()*，E2BIG）。

SEMVMX

一個號誌的最大值（*semop()*，ERANGE）。

大多數的 UNIX 實作都有定義上列的限制，有些 UNIX 實作（不包括 Linux）還對號誌還原操作（參考 47.8 節）定義下列限制：

SEMMNU

這是系統級別的一個限制，它限制了號誌還原結構的總數量，還原結構是配置用來儲存 *semadj* 值的。

SEMUME

每個號誌還原結構中的還原條目最大數量。

在系統啟動時，預設會將號誌限制設定成預設值。不同的核心版本預設值可能會不同（一些核心廠商設定的預設值與 vanilla 官方核心設定的預設值可能會不同）。其中有些限制可以透過修改儲存在 Linux 特有的 /proc/sys/kernel/sem 檔案內容來改變。這個檔案包含了四個用空格分隔的數字，它們依序定義了 SEMMSL、SEMMNS、SEMOPM 以及 SEMMNI 限制（SEMVMX 和 SEMAEM 限制是無法修改的，它們的值都被定義成 32,767）。下列是 x86-32 系統上 Linux 2.6.31 定義的預設限制：

```
$ cd /proc/sys/kernel
$ cat sem
250     32000   32      128
```

> 在 Linux /proc 檔案系統中採用的三種 System V IPC 機制格式是不一致的。對於訊息佇列與共享記憶體，每個組態限制是由一個分隔的檔案控制，而號誌則是由一個檔案來保存全部的組態限制。這是開發這些 API 期間的一個歷史意外事件，並為了相容性理由而難以改變。

表 47-1 提供 x86-32 架構上每個限制所能設定的最大值，有關這張表格需要注意下列輔助資訊：

- 可以將 SEMMSL 值設定為大於 65,536，並且所建立的號誌集中最多可包含這個數量的號誌，但無法使用 *semop()* 調整集合中第 65,536 個元素之後的元素。

  > 由於在目前實作中存在一些限制，因此在實務上建議將一個號誌集的容量上限值設定為 8,000 左右。

- SEMMNS 限制實務上的最大值是由系統上可用的 RAM 來控制的。

- SEMOPM 限制的最大值是由核心使用的記憶體配置原語（primitive）決定的，建議的最大值是 1000。在實務使用上，在單個 *semop()* 呼叫中執行過多的操作沒有太大的用處。

表 47-1：System V 號誌的限制

限制	最大值（x86-32）
SEMMNI	32768 (IPCMNI)
SEMMSL	65536
SEMMNS	2147483647 (INT_MAX)
SEMOPM	參考本文

Linux 特有的 *semctl()* IPC_INFO 操作會傳回一個型別為 *seminfo* 的結構，它包含了各種號誌的限制值：

```
union semun arg;
struct seminfo buf;

arg.__buf = &buf;
semctl(0, 0, IPC_INFO, arg);
```

一個相關的 Linux 特有操作（SEM_INFO）會取得一個包含與號誌物件實際消耗資源相關資訊的 *seminfo* 結構，在本書的原始程式碼（svsem/svsem_info.c 檔案）有提供一個 SEM_INFO 的使用範例。

關於 IPC_INFO、SEM_INFO 以及 *seminfo* 結構的細節資訊可以參考 *semctl(2)* 手冊。

47.11　System V 號誌的缺點

System V 號誌有許多與訊息佇列相同的缺點（參考 46.9 節），包括以下幾點：

- 號誌是透過 ID 而不是大多數 UNIX I/O 和 IPC 採用的檔案描述符來參考,使得難以同時對一個號誌與一個檔案描述符的輸入進行同步等待的操作(可以透過建立一個子行程或執行緒來操作這個號誌,並使用第 63 章中介紹的其中一種方法,將訊息寫入一個受到監控的管線,以及其他檔案描述符就可以解決這個難題)。

- 使用 key 而不是檔名來識別號誌,這樣會增加額外的程式設計複雜度。

- 建立與初始化號誌需要使用各自的系統呼叫,這表示有些情況必須要做一些額外的程式設計工作,以防止在初始化一個號誌時出現競速條件。

- 核心不會維護參考到一個號誌集的行程數量,使得難以決定何時可以適當的刪除一個號誌集,以及難以確定未使用的集合已經刪除。

- System V 號誌提供的程式設計介面過於複雜。在通常情況下,一個程式只會操作一個號誌,不需要同時操作一個集合中的多個號誌。

- 號誌的操作有許多限制,這些限制是可以設定的,但若一個應用程式超出了預設的限制範圍,則在安裝應用程式時會需要完成額外的工作。

然而,與訊息佇列面臨的情況不同,取代 System V 號誌的方案不多,因而會在許多情況下用到它們。號誌的一個替代方案是紀錄鎖(record locking),我們會在第 55 章介紹。此外,從核心 2.6 以及之後的版本開始,Linux 提供使用 POSIX 號誌達成行程的同步,我們在第 53 章將會介紹 POSIX 號誌。

47.12 小結

System V 號誌允許行程同步它們的動作,這在當一個行程必須要取得對某些共用資源(如一塊共享記憶體區間)的互斥性存取時是比較有用的。

號誌的建立和操作是以集合為單位的,一個集合包含一個或多個號誌,集合中的每個號誌都是一個整數,其值永遠大於或等於 0,*semop()* 系統呼叫允許呼叫者在一個號誌上加上一個整數、從一個號誌中減去一個整數、或等待一個號誌等於 0,後兩個操作可能會導致呼叫者發生阻塞。

號誌實作無須對一個新號誌集中的成員進行初始化,因此應用程式就必須要在建立完之後對它們進行初始化。當一些地位平等的同儕行程(peer process)中,任意一個行程試圖建立和初始化號誌時,就需要特別小心以防止,因這兩個步驟是透過單獨的系統呼叫來完成的,所以可能會出現競速條件。

若多個行程對該號誌減去的值是一樣的,則當條件允許時,無法確定哪個行程會先執行操作。但若多個行程對號誌減去的值是不同的,則會按照先滿足條件先服務的順序來進行，並且需要小心避免出現一個行程因號誌永遠無法達到允許行程操作的值而導致飢餓情況。

SEM_UNDO 旗標可以在行程終止時自動還原一個行程的號誌操作。這個功能很有用，因為可以避免一個行程在突然終止時，使得一個號誌處於一種狀態，使得其他行程發生阻塞並一直等待已經終止的行程來修改號誌值。

System V 號誌的配置與操作是以集合為單位的，並且對其增加和減小的數量可以是任意的。它們提供的功能多於大多數應用程式所需的功能。對號誌常見的要求是一個二元號誌，它的取值只能是 0 和 1，本章介紹了如何以 System V 號誌為基礎實作一個二元號誌。

進階資訊

（Bovet & Cesati，2005）與（Maxwell，1999）提供一些與 Linux 號誌實作的相關背景資訊。（Dijkstra，1968）是早期關於號誌理論的一篇經典論文。

47.13 習題

47-1. 測試列表 47-8 的程式（svsem_op.c），以確認對 *semop()* 系統呼叫的理解。

47-2. 修改列表 24-6 的程式（fork_sig_sync.c），使用號誌取代訊號來完成父行程和子行程之間的同步。

47-3. 實驗列表 47-8 的程式（svsem_op.c）以及本章提供的其他有關號誌的程式，來檢查當一個既有行程對一個號誌執行了一個 SEM_UNDO 調整時，*sempid* 值會發生什麼情況。

47-4. 在列表 47-10 的程式碼（binary_sems.c）增加一個 *reserveSemNB()* 函式，使用 IPC_NOWAIT 旗標實作有條件的保留操作。

47-5. 在 VMS 作業系統上，Digital 提供了一種類似於二元號誌的同步方法，稱為事件旗標（*event flag*）。一個事件旗標可以取兩個值（*clear* 和 *set*），並且在其之上可以執行下列四種操作：*setEventFlag* 可以設定旗標；*clearEventFlag* 可以清除旗標；*waitForEventFlag* 會發生阻塞直到旗標被設定為止；*getFlagState* 會取得旗標的目前狀態。使用 System V 號誌為事件旗標設計一種實作。這個實作要求上面每個函式都接收兩個參數：一個是號誌 ID，一個是號誌編號（在考慮 *waitForEventFlag* 操作時，將會發現為 *clear* 和 *set* 狀態取值不是一件容易的事情）。

47-6. 使用命名管線實作一個二元號誌協定，提供函式來保留、釋出以及有條件地保留號誌。

47-7. 設計一個與列表 46-6（`svmsg_ls.c`）類似的程式，使用 *semctl()* SEM_INFO 和 SEM_STAT 操作來取得與顯示系統上全部號誌集清單。

48

System V 共享記憶體

本章說明 System V 共享記憶體（shared memory），共享記憶體允許兩個或更多行程共享相同的實體記憶體區間（通常是指一個記憶體區段）。因為一個共享記憶體區段（*segment*）會成為一個行程使用者空間記憶體的一部分，所以 IPC 就不需要核心介入，只需要由一個行程將資料複製到這個共享記憶體，讓共用同一個區段的其他行程可以立即存取資料。相較於管線（pipe）或訊息佇列（message queue）技術，共享記憶體這個方法可以提供快速的 IPC，因為管線或訊息佇列的傳送端行程會將資料從使用者空間緩衝區複製到核心記憶體，而接收端行程以反方向複製（每一個行程也會產生執行複製操作的系統呼叫負擔）。

另一方面，「使用共享記憶體的 IPC 實際上不用核心調解」的意思是：通常會需要某個同步的方法，以便行程不會同時存取共享記憶體（如：兩個行程同時執行更新共享記憶體，或在另一個行程更新共享記憶體期間，有一個行程取得共享記憶體的資料）。System V 號誌（semaphore）天生就屬於這類的同步方法，如 POSIX 號誌（第 53 章）與檔案鎖（第 55 章）這些方法也是可行的。

> 使用 *mmap()* 技術，可以將一塊記憶體區間被映射到一個位址，而使用 System V 技術，則是將一塊共享記憶體區段加載（*attached*）到一個位址。這兩個術語是等效的，差異只是這兩個 API 的來源不同。

48.1　概觀

我們為了使用一個共享記憶體區段，通常會執行下列步驟：

- 呼叫 *shmget()* 來建立一個新的共享記憶體區段，或取得一個既有區段的 ID（如：由其他行程建立的區段），這個呼叫會傳回一個共享記憶體 ID，做為提供後續呼叫使用。

- 使用 *shmat()* 來加載（*attach*）一個共享記憶體區段，即是要讓這個區段成為呼叫的行程（calling process）之虛擬記憶體的一部分。

- 此時，可以將共享記憶體區段視為與程式上的其他記憶體一樣來使用，為了能存取這塊共享記憶體，程式會利用 *shmat()* 呼叫傳回的 *addr* 指標值，這個指標會指向共享記憶體區段在行程虛擬位址空間的起始位置。

- 呼叫 *shmdt()* 來卸載（detach）一個共享記憶體區段，在這個呼叫之後，行程就不再參照到這塊共享記憶體，這個步驟是屬於選配的（optional），而且會在行程終止時自動進行。

- 呼叫 *shmctl()* 移除一塊共享記憶體區段，真正將區段銷毀的時間點是：已加載這塊共享記憶體區段的每個行程都已經將它卸載之後才會摧毀。這個步驟只要有一個行程執行即可。

48.2　建立或開啟一個共享記憶體區段

系統呼叫 *shmget()* 會建立一個新的共享記憶體區段或取得一個既有區段的 ID，會將新建立的共享記憶體區段內容初始化為 0。

```
#include <sys/types.h>          /* For portability */
#include <sys/shm.h>

int shmget(key_t key, size_t size, int shmflg);
         Returns shared memory segment identifier on success, or –1 on error
```

參數 *key* 是使用 45.2 節所述的其中一個方法產生的 key（即：值通常是 IPC_PRIVATE 或是由 *ftok()* 傳回的一個 key）。

當我們使用 *shmget()* 建立一個新的共享記憶體區段時，會在 size 指定一個正整數，表示所需的區段大小（以位元組為單位）。核心會以系統分頁大小的倍數來配置共享記憶體，所以 size 會往上延展到下一個系統分頁大小的倍數。若我們使用

shmget() 取得既有區段的 ID，則 size 對此區段沒有效果，可是 size 必須小於或等於這個區段的大小。

參數 *shmflg* 會執行與其他 IPC *get* 呼叫相同的工作，對一塊新的共享記憶體區段設定權限（表 15-4）、或是對既有的區段進行檢查。此外，使用 OR 位元邏輯運算指定下列零個或多個旗標，可控制 *shmget()* 的操作：

IPC_CREAT

若 *key* 指定的區段不存在，則建立一個新區段。

IPC_EXCL

若設定了 IPC_CREAT，而且 *key* 指定的區段已經存在，則會失敗並發生 EEXIST 錯誤。

上述的旗標在 45.1 節有深入介紹，此外，Linux 允許使用下列的非標準旗標：

SHM_HUGETLB（從 *Linux 2.6* 起）

一個特權行程（CAP_IPC_LOCK）可以使用這個旗標建立一塊使用巨型分頁（*huge page*）的共享記憶體區段，巨型分頁是許多現代硬體架構所提供的功能，可管理超大型記憶體分頁（例如：x86-32 允許使用 4-MB 的分頁來取代 4-kB 的分頁）。在有大量記憶體的系統上，以及應用程式需要大型記憶體區塊的地方，使用巨型分頁可以降低硬體記憶體管理單元的 TLB（translation look-aside buffer）紀錄數量。優點是因為 TLB 的紀錄通常屬於稀少資源，細節可參考核心原始碼檔案 Documentation/vm/hugetlbpage.txt。

SHM_NORESERVE（從 *Linux 2.6.15* 起）

這個旗標在 *shmget()* 的目的相當於 MAP_NORESERVE 旗標對於 *mmap()* 的目的，可參考 49.9 節。

執行成功時，*shmget()* 會傳回新的或既有共享記憶體區段 ID。

48.3 使用共享記憶體

系統呼叫 *shmat()* 將 *shmid* 所代表的共享記憶體區段加載到呼叫的行程之虛擬位址空間上。

```
#include <sys/types.h>          /* For portability */
#include <sys/shm.h>

void *shmat(int shmid, const void *shmaddr, int shmflg);
                Returns address at which shared memory is attached on success,
                                            or (void *) –1 on error
```

參數 *shmaddr* 與參數 *shmflg* 位元遮罩（bit-mask）的 SHM_RND 位元設定可以控制如何加載區段：

- 若 *shmaddr* 為 NULL，那麼會將區段加載在由核心選擇的適當位址，這是比較推薦的加載區段方法。

- 若 *shmaddr* 不為 NULL，而且沒有指定 SHM_RND，則會將區段會加載在 *shmaddr* 指定的位址上，這必須是系統分頁大小的倍數（否則會導致 EINVAL 錯誤結果）。

- 若 *shmaddr* 不為 NULL，而且有指定 SHM_RND，那麼會將區段會映射到 *shmaddr* 提供的位址，並往下延展到最接近的 SHMLBA（*shared memory low boundary address*）常數之倍數，這個常數會等於系統分頁大小的某個倍數。

有些架構為了改善 CPU 的快取效能，以及避免將同一個區段加載到不同地方而導致在 CPU 快取的不一致，所以加載區段的位址必須是 SHMLBA 的倍數。

> 在 x86 架構上，SHMLBA 與系統的分頁大小相同，反映出那些架構其實不會產生這類快取不一致的情況。

基於下列理由，不建議將 *shmaddr* 指定為 NULL 以外的值（如：上列的第二個或第三個選項）：

- 會降低應用程式的可攜性（portability），在一個 UNIX 平台上的有效位址可能在其他平台會是無效的。

- 若特定位址已經使用中，則企圖加載一塊共享記憶體區段到這個位址會發生失敗。例如：若應用程式（或是在一個函式庫的函式之中）已經加載了其他的區段，或是在那個位址建立了一個記憶體映射，則會發生。

如同 *shmat()* 的函式結果，它會傳回加載共享記憶體區段的位址，可以將這個值視為一個普通的 C 指標，區段看起來就像是行程虛擬記憶體的其他部分。我們通常會將 *shmat()* 傳回的指標值套用一個程式人員制定的資料結構，強制將該結構（structure）放置於這個區段中（參考列表 48-2 的範例）。

為了加載一個共享記憶體區段做為唯讀存取用途，我們會在 *shmflg* 指定 SHM_RDONLY 旗標，若要更新一塊唯讀區段的內容則會導致記憶體區段錯誤（segmentation fault）以及產生 SIGSEGV 訊號（signal）。若沒有指定 SHM_RDONLY，則記憶體可以同時讀取與修改。

　　一個行程為了加載一塊共享記憶體區段，會需要這個區段的讀取與寫入權限，除非有指定 SHM_RDONLY（只需要唯讀的權限）。

> 在一個行程內可以多次加載相同的共享記憶體區段，而且即使其他行程正在進行讀寫時，也能以唯讀的方式加載這塊記憶體區段。因為行程虛擬記憶體分頁表中的不同紀錄其實都是參照到相同的實體記憶體分頁，所以每次加載的記憶體內容都是相同的。

最後一個可以指定給 *shmflg* 的值是 SHM_REMAP。在這個情況中，*shmaddr* 必須不為 NULL，這個旗標會要求 *shmat()* 呼叫取代任何既有的共享記憶體或是記憶體映射（記憶體範圍從 *shmaddr* 開始，一直到共享記憶體區段長度為止）。通常，若我們試圖在一段使用中的位址上加載一個共享記憶體區段，則會導致發生 EINVAL 錯誤。SHM_REMAP 是一個非標準的 Linux 擴充。

　　表 48-1 節錄的常數可以使用 OR 位元邏輯運算來指定 *shmat()* 的 *shmflg* 參數。

　　當一個行程不再需要存取一個共享記憶體區段時，它可以呼叫 *shmdt()* 來卸載它虛擬位址空間上的記憶體區段，*shmaddr* 參數可以代表要卸載的區段，其值應該是之前呼叫 *shmat()* 的傳回值。

```
#include <sys/types.h>          /* For portability */
#include <sys/shm.h>

int shmdt(const void *shmaddr);
                                    Returns 0 on success, or –1 on error
```

卸載（detach）一個共享記憶體區段與刪除（delete）一個共享記憶體區段是不同的，刪除是使用 48.7 節所述的 *shmctl()* IPC_RMID 操作進行。

　　經由 *fork()* 建立的子行程會繼承父行程所加載的共享記憶體區段，因此，共享記憶體可以提供父行程與子行程進行簡單的 IPC。

　　在執行 *exec()* 期間，會將加載的全部共享記憶體區段卸載，也會在行程終止之後自動卸載共享記憶體區段。

表 48-1：*shmat()* 的 *shmflg* 位元遮罩值

值	說明
SHM_RDONLY	以唯讀方式加載區段
SHM_REMAP	取代任何在 *shmaddr* 的既有映射
SHM_RND	沿著 *shmaddr* 向下縮減為 SHMLBA 個位元組的倍數

48.4　範例：透過共享記憶體傳輸資料

我們現在研究一個使用 System V 共享記憶體與號誌（semaphore）的範例，這個應用程式包含兩個程式：writer 與 reader，writer 從標準輸入讀取一些資料區塊，並將它們複製到（寫入）一塊共享記憶體區塊。而 reader 將資料區段從共享記憶體區段複製（讀取）到標準輸出。實際上，程式幾乎將這個共享記憶體做為管線使用。

這兩個程式採用二元號誌協定（binary semaphore protocol，定義於 47.9 節的 *initSemAvailable()*、*initSemInUse()*、*reserveSem()* 與 *releaseSem()* 函式）中的一對 System V 號誌，用來確保：

- 一次只有一個行程可以存取這個共享記憶體區段。
- 行程會輪流存取這個區段（即 writer 寫入一些資料，然後 reader 讀取一些資料，接著 writer 再次寫入一些資料之類）。

圖 48-1 提供這兩個號誌的使用概觀，注意，writer 會初始化這兩個號誌，使得 writer 可以成為第一個存取共享記憶體區段的程式，也就是將 writer 的號誌初始化為可使用，而將 reader 的號誌初始化為使用中。

應用程式的原始碼包含三個檔案，第一個檔案（列表 48-1）是一個給 reader 與 writer 程式共用的標頭檔（header file），在這個標頭檔定義了 *shmseg* 結構，我們可以使用這個結構來宣告指向共享記憶體區段的指標，如此可以讓我們將一個結構對應到共享記憶體區段。

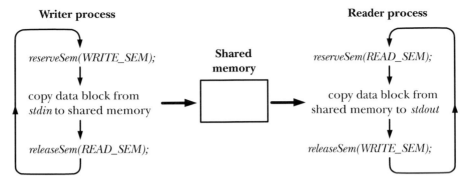

圖 48-1：使用號誌以確保能互斥與輪流存取共享記憶體

列表 48-1：svshm_xfr_writer.c 與 svshm_xfr_reader.c 的標頭檔

――――――――――――――――――――――――――――――― svshm/svshm_xfr.h

```c
#include <sys/types.h>
#include <sys/stat.h>
#include <sys/sem.h>
#include <sys/shm.h>
#include "binary_sems.h"        /* Declares our binary semaphore functions */
#include "tlpi_hdr.h"

#define SHM_KEY 0x1234          /* Key for shared memory segment */
#define SEM_KEY 0x5678          /* Key for semaphore set */

#define OBJ_PERMS (S_IRUSR | S_IWUSR | S_IRGRP | S_IWGRP)
                                /* Permissions for our IPC objects */

#define WRITE_SEM 0             /* Writer has access to shared memory */
#define READ_SEM 1              /* Reader has access to shared memory */

#ifndef BUF_SIZE                /* Allow "cc -D" to override definition */
#define BUF_SIZE 1024           /* Size of transfer buffer */
#endif

struct shmseg {                 /* Defines structure of shared memory segment */
    int cnt;                    /* Number of bytes used in 'buf' */
    char buf[BUF_SIZE];         /* Data being transferred */
};
```

――――――――――――――――――――――――――――――― svshm/svshm_xfr.h

列表 48-2 是 writer 程式，這個程式執行下列步驟：

- 建立一組提供 writer 與 reader 程式使用的一對號誌，用來確保程式可以輪流存取共享記憶體區段①，並將號誌初始化為讓 writer 先存取共享記憶體區段，因為這組號誌是由 writer 建立的，所以 writer 必須在 reader 之前啟動。

- 建立一個共享記憶體區段，並將記憶體區段加載到 writer 的虛擬位址空間上（由系統選擇）的位址②。

- 進入一個迴圈，將資料從標準輸入傳輸到共享記憶體區段③，每次的迴圈會執行下列步驟：

  - 保留（減少）writer 的號誌④。

  - 從將資料從標準輸入複製到共享記憶體區段⑤。

  - 釋放（增加）reader 的號誌⑥。

- 當標準輸入沒有更多資料可以讀取時會終止迴圈⑦，在最後一次執行迴圈時，writer 會傳遞長度為 0 的資料區塊（*shmp->cnt* 為 0），以通知 reader 已經沒有資料了。

- 直到離開迴圈之前，writer 會再將自己的號誌減少一次，以便得知 reader 已經完成最後的共享記憶體存取⑧，接著 writer 會移除共享記憶體區段與這組號誌⑨。

列表 48-3 是一個 reader 程式，它將資料區塊從共享記憶體區段複製到標準輸出，reader 會執行下列的步驟：

- 取得（由 writer 程式建立的）這組號誌與共享記憶體區段的 ID ①。

- 以唯讀存取的方式加載共享記憶體區段②。

- 進入一個迴圈，傳輸來自共享記憶體區段的資料③，每次的迴圈會執行下列步驟：

  - 保留（減少）reader 的號誌④。

  - 檢查 *shmp->cnt* 是否為 0，若為 0 則離開迴圈⑤。

  - 將共享記憶體區段中的資料區塊複製到標準輸出⑥。

  - 釋放（增加）writer 的號誌⑦。

- 在結束迴圈之後，卸載共享記憶體區段⑧並釋放 writer 的號誌⑨，讓 writer 程式可以移除 IPC 物件。

列表 48-2：將資料區塊從 *stdin* 複製到 System V 共享記憶體區段

──────────────────────────────── svshm/svshm_xfr_writer.c

```
#include "semun.h"              /* Definition of semun union */
#include "svshm_xfr.h"

int
main(int argc, char *argv[])
```

```
    {
        int semid, shmid, bytes, xfrs;
        struct shmseg *shmp;
        union semun dummy;

①      semid = semget(SEM_KEY, 2, IPC_CREAT | OBJ_PERMS);
        if (semid == -1)
            errExit("semget");

        if (initSemAvailable(semid, WRITE_SEM) == -1)
            errExit("initSemAvailable");
        if (initSemInUse(semid, READ_SEM) == -1)
            errExit("initSemInUse");

②      shmid = shmget(SHM_KEY, sizeof(struct shmseg), IPC_CREAT | OBJ_PERMS);
        if (shmid == -1)
            errExit("shmget");

        shmp = shmat(shmid, NULL, 0);
        if (shmp == (void *) -1)
            errExit("shmat");

        /* Transfer blocks of data from stdin to shared memory */

③      for (xfrs = 0, bytes = 0; ; xfrs++, bytes += shmp->cnt) {
④          if (reserveSem(semid, WRITE_SEM) == -1)         /* Wait for our turn */
                errExit("reserveSem");

⑤          shmp->cnt = read(STDIN_FILENO, shmp->buf, BUF_SIZE);
            if (shmp->cnt == -1)
                errExit("read");

⑥          if (releaseSem(semid, READ_SEM) == -1)          /* Give reader a turn */
                errExit("releaseSem");

            /* Have we reached EOF? We test this after giving the reader
               a turn so that it can see the 0 value in shmp->cnt. */

⑦          if (shmp->cnt == 0)
                break;
        }

        /* Wait until reader has let us have one more turn. We then know
           reader has finished, and so we can delete the IPC objects. */

⑧      if (reserveSem(semid, WRITE_SEM) == -1)
            errExit("reserveSem");

⑨      if (semctl(semid, 0, IPC_RMID, dummy) == -1)
```

```
            errExit("semctl");
        if (shmdt(shmp) == -1)
            errExit("shmdt");
        if (shmctl(shmid, IPC_RMID, 0) == -1)
            errExit("shmctl");

        fprintf(stderr, "Sent %d bytes (%d xfrs)\n", bytes, xfrs);
        exit(EXIT_SUCCESS);
    }
```

――――――――――――――――――――――――――――――― **svshm/svshm_xfr_writer.c**

列表 48-3：將資料區塊從一個 System V 共享記憶體區段複製到 *stdout*

――――――――――――――――――――――――――――――― **svshm/svshm_xfr_reader.c**

```
    #include "svshm_xfr.h"

    int
    main(int argc, char *argv[])
    {
        int semid, shmid, xfrs, bytes;
        struct shmseg *shmp;

        /* Get IDs for semaphore set and shared memory created by writer */

①      semid = semget(SEM_KEY, 0, 0);
        if (semid == -1)
            errExit("semget");

        shmid  = shmget(SHM_KEY, 0, 0);
        if (shmid == -1)
            errExit("shmget");

②      shmp = shmat(shmid, NULL, SHM_RDONLY);
        if (shmp == (void *) -1)
            errExit("shmat");

        /* Transfer blocks of data from shared memory to stdout */

③      for (xfrs = 0, bytes = 0; ; xfrs++) {
④          if (reserveSem(semid, READ_SEM) == -1)          /* Wait for our turn */
                errExit("reserveSem");

⑤          if (shmp->cnt == 0)                    /* Writer encountered EOF */
                break;
            bytes += shmp->cnt;

⑥          if (write(STDOUT_FILENO, shmp->buf, shmp->cnt) != shmp->cnt)
                fatal("partial/failed write");
```

```
⑦              if (releaseSem(semid, WRITE_SEM) == -1)          /* Give writer a turn */
                   errExit("releaseSem");
           }

⑧          if (shmdt(shmp) == -1)
               errExit("shmdt");

           /* Give writer one more turn, so it can clean up */

⑨          if (releaseSem(semid, WRITE_SEM) == -1)
               errExit("releaseSem");

           fprintf(stderr, "Received %d bytes (%d xfrs)\n", bytes, xfrs);
           exit(EXIT_SUCCESS);
       }
```
── **svshm/svshm_xfr_reader.c**

下列的 shell 作業階段示範如何使用列表 48-2 與列表 48-3 的程式，我們執行
writer 程式並使用 /etc/services 檔案做為輸入，並接著執行 reader 並直接將輸出
寫入另一個檔案：

```
$ wc -c /etc/services                          Display size of test file
764360 /etc/services
$ ./svshm_xfr_writer < /etc/services &
[1] 9403
$ ./svshm_xfr_reader > out.txt
Received 764360 bytes (747 xfrs)               Message from reader
Sent 764360 bytes (747 xfrs)                   Message from writer
[1]+  Done              ./svshm_xfr_writer < /etc/services
$ diff /etc/services out.txt
$
```

指令 *diff* 不會產生輸出，這表示 reader 產生的輸出檔案之內容會與 writer 使用的輸
入檔案內容相同。

48.5　共享記憶體在虛擬記憶體中的位置

我們在 6.3 節探討過一個行程在虛擬記憶體中的各部分佈局。我們在加載 System
V 共享記憶體區段的篇幅中重溫這個主題是很幫助的。若我們遵循所建議的方
法，讓核心自行選擇從何處加載一塊共享記憶體區段，則（在 x86-32 架構）記憶
體的佈局將如圖 48-2 所示，區段會被加載到向上成長的 heap（堆積）與向下成
長的 stack（堆疊）之間的未配置空間。為了保留 heap 與 stack 的成長空間，所以
共享記憶體區段會被加載到從虛擬位址 0x40000000 開始的位置，memory mapping
（第 49 章）與共享函式庫（第 41 章與第 42 章）都會放置在這個區域（共享記

憶體映射與記憶體區段的預設放置位置會有一些差異，取決於核心版本與行程的 RLIMIT_STACK 資源限制設定）。

會將位址 0x40000000 定義在核心的 TASK_UNMAPPED_BASE 常數，若要改變這個位址只能重新定義這個常數值，並重新編譯核心。

若我們想要採用不建議的方式（在呼叫 *shmat()* 或 *mmap()* 時明確指定一個位址），則可以將共享記憶體區段（或記憶體映射）放置在 TASK_UNMAPPED_BASE 底下。

我們可以使用 Linux 特有的 /proc/*PID*/maps 檔案，來查看共享記憶體區段與程式映射的共享函式庫位置，如下列 shell 作業階段所示。

從 kernel 2.6.14 起，Linux 也開始提供 /proc/*PID*/smaps 檔案，揭露一個行程的映射在記憶體消耗上的資訊，細節請參考 *proc(5)* 使用手冊。

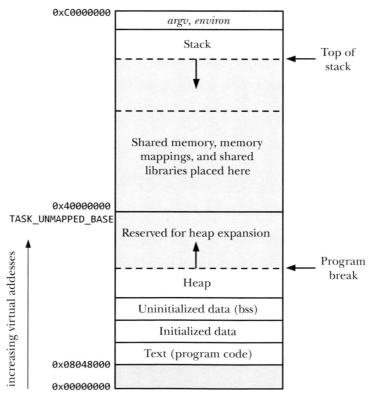

圖 48-2：共享記憶體、記憶體映射與共享函式庫的位置（x86-32）

我們在下列的 shell 作業階段中，採用三個本章沒有列出的程式，不過可以從本書程式碼的 svshm 子目錄取得，這些程式會執行下列任務：

- svshm_create.c 程式建立一塊共享記憶體區段，這個程式的命令列選項可以對應到訊息佇列（message queue）與號誌的選項，只是會多出一個用來指定區段大小的參數。

- svshm_attach.c 程式會加載一塊共享記憶體區段（在它的命令列參數會指定 ID），每個參數使用一個冒號將兩個數字隔開，這兩個數字分別是共享記憶體 ID 與加載的位址。將加載的位址指定為 0 表示由系統自行選擇位址。程式會顯示實際加載的記憶體位址，也會顯示 SHMLBA 常數值，以及程式執行時的行程 ID。

- svshm_rm.c 程式會刪除在命令列參數（ID）指定的共享記憶體區段。

我們先在 shell 作業階段建立兩個共享記憶體區段（大小是 100 kB 與 3200 kB）：

```
$ ./svshm_create -p 102400
9633796
$ ./svshm_create -p 3276800
9666565
```

我們接著啟動程式，將兩個區段加載到核心選擇的位址：

```
$ ./svshm_attach 9633796:0 9666565:0
SHMLBA = 4096 (0x1000), PID = 9903
1: 9633796:0 ==> 0xb7f0d000
2: 9666565:0 ==> 0xb7bed000
Sleeping 5 seconds
```

上列的輸出會顯示要加載區段的位址，我們在程式完成睡眠（sleep）之前將程式暫停（suspend），接著檢查相對應的 /proc/*PID*/maps 檔案內容：

Type Control-Z to suspend program
```
[1]+  Stopped              ./svshm_attach 9633796:0 9666565:0
$ cat /proc/9903/maps
```

由 *cat* 指令產生的輸出如列表 48-4 所示。

列表 48-4：/proc/*PID*/maps 的內容範例

```
    $ cat /proc/9903/maps
①  08048000-0804a000 r-xp 00000000 08:05 5526989   /home/mtk/svshm_attach
    0804a000-0804b000 r--p 00001000 08:05 5526989   /home/mtk/svshm_attach
    0804b000-0804c000 rw-p 00002000 08:05 5526989   /home/mtk/svshm_attach
②  b7bed000-b7f0d000 rw-s 00000000 00:09 9666565   /SYSV00000000 (deleted)
```

```
        b7f0d000-b7f26000 rw-s 00000000 00:09 9633796   /SYSV00000000 (deleted)
        b7f26000-b7f27000 rw-p b7f26000 00:00 0
③      b7f27000-b8064000 r-xp 00000000 08:06 122031     /lib/libc-2.8.so
        b8064000-b8066000 r--p 0013d000 08:06 122031     /lib/libc-2.8.so
        b8066000-b8067000 rw-p 0013f000 08:06 122031     /lib/libc-2.8.so
        b8067000-b806b000 rw-p b8067000 00:00 0
        b8082000-b8083000 rw-p b8082000 00:00 0
④      b8083000-b809e000 r-xp 00000000 08:06 122125     /lib/ld-2.8.so
        b809e000-b809f000 r--p 0001a000 08:06 122125     /lib/ld-2.8.so
        b809f000-b80a0000 rw-p 0001b000 08:06 122125     /lib/ld-2.8.so
⑤      bfd8a000-bfda0000 rw-p bffea000 00:00 0           [stack]
⑥      ffffe000-fffff000 r-xp 00000000 00:00 0           [vdso]
```

我們可以從列表 48-4 所示的 /proc/*PID*/maps 檔案輸出看到下列資訊：

- 主程式（*shm_attach*）有三行，會對應到程式的文字與資料區段①，第二行是一個唯讀的分頁，用於儲存程式使用的字串常數。

- 附加 System V 共享記憶體區段的程式碼有兩行②。

- 對應到兩個共享函式庫的區段那幾行，其中一個是標準的 C 函式庫（libc-*version*.so）③，另一個是我們在 41.4.3 節介紹的動態連結器（ld-*version*.so），④。

- 有「stack」標籤的那一行是對應到行程的 stack ⑤。

- 有「vdso」標籤的那一行⑥，這是一個 *linux-gate* 虛擬動態共享物件（virtual dynamic shared object，DSO）的一個紀錄，這個紀錄只會在核心 2.6.12 以後出現，關於此紀錄的細節請參考 *http://www.trilithium.com/johan/2005/08/linux-gate/*。

下列說明 /proc/*PID*/maps 檔案裡的每一個欄位，依序由左到右：

1. 有一對以連接符號隔開的數字，用來表示記憶體區段被映射的虛擬位址範圍（以十六進位），第二個數字是這個區段結尾之後的下一個位元組資料位址。

2. 對於這個記憶體區段的保護與旗標，前三個字母指出區段的保護：read（r）、write（w）與 execute（x）。一個連接符號（-）可以擺在這些字母的任何地方，表示已經取消相對應的保護。最後一個字母代表這個記憶體區段的映射旗標；它可以是 private（p）或 shared（s）。對於這些旗標的解釋，請見 49.2 節中的 MAP_PRIVATE 與 MAP_SHARED 旗標說明（一個 System V 共享記憶體區段一定會被標示為共用的）。

3. 這個區段在相對應映射檔內的十六進位偏移值（以位元組為單位），我們在第 49 章介紹 *mmap()* 系統呼叫時，這一行與之後兩行的意思將會比較清楚，對於一個 System V 共享記憶體區段而言，offset 永遠是 0。

4. 相對應的映射檔所在裝置的裝置編號（major ID 與 minor ID）。

5. 映射檔的 i-node 編號，或是 System V 共享記憶體區段的 ID。

6. 檔案名稱或其他與這個記憶體區段有關聯的識別標籤。對於一個 System V 共享記憶體區段而言，這會包含 SYSV 字串以及與這個區段的 *shmget() key*（以十六進位表示）。在這個範例中，SYSV 會接著 0，因為我們使用 key IPC_PRIVATE（值為 0）建立區段。出現在 System V 共享記憶體區段 SYSV 欄位之後的（delete）字串是一個實作共享記憶體區段的神器。這類區段會以映射檔的方式建立，位於看不到的 *tmpfs* 檔案系統中（14.40 節），並在之後移除。共享的匿名記憶體映射（shared anonymous memory mapping）也是以同樣方式實作的（我們會在第 49 章介紹映射檔與共享匿名記憶體映射）。

48.6　將指標存放在共享記憶體

每個行程可能會採用不同的共享函式庫與記憶體映射，而且可能會加載不同組的共享記憶體區段。因此，若我們遵循建議的實務方式（讓核心選擇在何處加載一段共享記憶體區段），則這個區段可能會加載在每個行程中的不同位址上。基於這個理由，當我們儲存一個共享記憶體區段裡的參考（會指向區段中的其他位址）時，應該使用（相對的）偏移量，而不是（絕對的）指標。

例如：假設我們有一個共享記憶體區段，區段的起始位址是 *baseaddr* 指向的位址（即 *baseaddr* 是 *shmat()* 的傳回值）。此外，我們想要在 p 指向的位置儲存一個指標（指向 *target* 所指的位置），如同圖 48-3 所示。若我們在區段中建立了一個鏈結串列（linked list）或一個二元樹（binary tree），則通常會使用這類操作，通常用 C 語法設定 **p* 的方式如下：

```
*p = target;                    /* Place pointer in *p (WRONG!) */
```

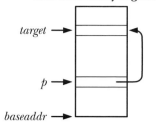

圖 48-3：在一個共享記憶體區段中使用指標

這段程式碼的問題在於，將共享記憶體區段加載到其他行程時，*target* 指向的位置可能是在不同的虛擬位址，這表示儲存在 **p* 的值對那個行程會是沒有意義的，正確的方法是在 **p* 儲存一個偏移量，如下：

```
*p = target - baseaddr;          /* Place offset in *p */
```

當我們要提取（dereference）這類指標時，我們會反轉上述的步驟：

```
target = baseaddr + *p;          /* Interpret offset */
```

這裡，我們假設每個行程的 *baseaddr* 指向共享記憶體區段的起始位置（即每個行程的 *shmat()* 傳回值），在這項條件之下，就可以正確解譯一個偏移量，無論共享記憶體區段會加載到一個行程何處的虛擬位址空間。

此外，若我們將一組固定大小的結構連結在一起，則我們可以將共享記憶體區段（或一部分）轉型成一個陣列，然後使用索引編號做為「指標」，來從一個結構去參考到其他的結構。

48.7　操控共享記憶體

系統呼叫 *shmctl()* 會對 *shmid* 所代表的共享記憶體區段進行操控。

```
#include <sys/types.h>          /* For portability */
#include <sys/shm.h>

int shmctl(int shmid, int cmd, struct shmid_ds *buf);
                                   Returns 0 on success, or –1 on error
```

參數 *cmd* 指定要進行的操控，在 `IPC_STAT` 與 `IPC_SET` 操作會需要 *buf* 參數（稍後介紹），而且應該將後續的操作將 *buf* 設定為 `NULL`。

我們本節後續會介紹各種能使用 *cmd* 指定的操作。

通用的操控

下列操作與其他類型的 System V IPC 物件的操作相同，關於這些操作的進階細節（包含呼叫的行程所要求的特權與權限）都會在 45.3 節介紹。

IPC_RMID

> 標示共享記憶體區段以及與它有關聯的 *shmid_ds* 資料結構（做為刪除用途）。若目前沒有任何行程加載此區段，則會立刻將這個區段刪除。而且只會在全部的行程都已經將區段卸載之後才會將區段刪除（即當 *shmid_ds* 資料結構的 *shm_nattach* 欄位值變成 0 時）。在有些應用程式中，我們可以確保一個共享記憶體區段在應用程式終止之後會完全清理（在全部的行程都已經以 *shmat()* 將區段加載到它們的虛擬位址空間之後，就立刻將這個區段標示為刪除）。這有點類似我們剛開啟了檔案就將檔案移除（unlink）。

> > 在 Linux 系統上，若已經使用 IPC_RMID 將一個共享的區段標示為刪除，可是由於一些行程仍然還在使用它而尚未刪除時，則可能有其他行程會加載這個區段。然而，這個行為是不可攜的，多數的 UNIX 平台會避免對一個標示為刪除的區段繼續執行新的加載（SUSv3 沒有說在這種情境下會有什麼樣的行為）。有些 Linux 應用程式已經會倚賴這個行為，這就是 Linux 之所以還不能改成與其他 UNIX 平台相容的原因。

IPC_STAT

> 將一份與這個共享記憶體區段有關聯的 *shmid_ds* 資料結構副本存放在 buf 指向的緩衝區（我們在 48.8 節有介紹這個資料結構）。

IPC_SET

> 使用 *buf* 所指的緩衝區之內容值，來更新與這個共享記憶體區段有關聯的 *shmid_ds* 資料結構及其所選擇的欄位。

將共享記憶體上鎖與解鎖

可以將一個共享記憶體區段鎖入 RAM 中，使得共享記憶體不會被置換出去。這樣可提供效能優勢，因為只要這個區段的每個分頁都處在記憶體中，當應用程式存取這些分頁時，就可以保障絕對不會因為分頁錯誤而產生延遲。有兩項 *shmctl()* 上鎖操作：

- SHM_LOCK 操作會將一塊共享記憶體區段鎖在記憶體中。
- SHM_UNLOCK 操作會將一塊共享記憶體區段解鎖，使得可以將它置換出去。

SUSv3 沒有規範這些操作，而且不是全部的 UNIX 平台都有提供這些功能。

在 Linux 2.6.10 以前的版本，只有特權（CAP_IPC_LOCK）行程可以將共享記憶體區段鎖入記憶體。從 Linux 2.6.10 起，若行程不是特權行程，但是它的有效使用者 ID（effective user ID）能夠與區段的擁有者（owner）或建立者的使用者 ID 匹配時，則這個行程就可以對這個共享記憶體區段上鎖與解鎖；而且（在 SHM_LOCK 的例子中）行程會有足夠高的 RLIMIT_MEMLOCK 資源限制，細節請參考 50.2 節。

將一塊共享記憶體區段上鎖無法保證「區段的全部分頁在完成 shmctl() 呼叫時都會位在記憶體裡面（memory-resident）」。而只有在已經加載共享記憶體區段的行程之後參照到那些不在記憶體中的分頁時（發生分頁錯誤），才會將分頁個別上鎖。只要發生了分頁錯誤，即使全部的行程都將這個區段卸載了，這些分頁仍然會留在記憶體之中，直到之後對分頁解鎖為止（換句話說，SHM_LOCK 操作是設定共享記憶體區段的屬性，而不是呼叫的行程的屬性）。

> 我們以「faulted into memory」表示行程參照到不在記憶體中的分頁時，會發生分頁錯誤。此時，若分頁位在置換區域中，那麼會重新將分頁載入記憶體。若分頁是第一次被參考，而且沒有相對應的分頁存放在置換檔中。因此，核心會配置一個新的實體記憶體分頁，並調整行程的分頁表以及共享記憶體區段的簿記（bookkeeping）資料結構。

將記憶體上鎖的另一個方式，語意有點不同，即使用 mlock()，我們在 50.2 節有說明。

48.8 與共享記憶體有關聯的資料結構

每個共享記憶體區段都有一個如下形式的相關 shmid_ds 資料結構：

```
struct shmid_ds {
    struct ipc_perm shm_perm;    /* Ownership and permissions */
    size_t   shm_segsz;          /* Size of segment in bytes */
    time_t   shm_atime;          /* Time of last shmat() */
    time_t   shm_dtime;          /* Time of last shmdt() */
    time_t   shm_ctime;          /* Time of last change */
    pid_t    shm_cpid;           /* PID of creator */
    pid_t    shm_lpid;           /* PID of last shmat() / shmdt() */
    shmatt_t shm_nattch;         /* Number of currently attached processes */
};
```

這裡所示的每個欄位都在 SUSv3 的規範中，有些其他的 UNIX 平台會在 shmid_ds 結構包含額外的非標準欄位。

shmid_ds 結構的欄位是間接透過各種的共享記憶體系統呼叫進行更新,而且包含可直接使用 *shmctl()* IPC_SET 操作更新 *shm_perm* 欄位的子欄位,細節如下:

shm_perm

> 當建立共享記憶體區段時,這個子結構的欄位會以 45.3 節所述的方式初始化,*uid*、*gid* 及(較低的九個位元)*mode* 子欄位可以透過 IPC_SET 更新。而一般的權限位元,*shm_perm.mode* 欄位持有兩個唯讀的位元遮罩旗標,第一個旗標,SHM_DEST「摧毀,(destroy)」表示:當全部的行程已經從它們的位址空間卸載了這個區段時,是否將區段標示為刪除(透過 *shmctl()* IPC_RMID 操作)。另一個旗標(SHM_LOCKED),表示是否將區段鎖入實體記憶體(透過 *shmctl()* SHM_LOCK 操作)。這些旗標都未納入 SUSv3 的標準規範,而且同樣只出現在一些其他的 UNIX 平台,有些是以不同的名稱出現在某些案例中。

shm_segsz

> 在建立共享記憶體區段時,將這個欄位設定為所需的區段大小(如:在呼叫 *shmget()* 所指定的 *size* 參數值,以位元組為單位)。如同 48.2 節所提,共享記憶體是以分頁為單位配置,所以實際上的區段大小可能會大於這個值。

shm_atime

> 當建立共享記憶體區段時,會將這個欄位設定為 0,並在行程加載區段(*shmat()*)時,指定為目前的時間。在 *shmid_ds* 結構中的這個欄位及其他的時間戳記欄位之型別是 *time_t*,並從 Epoch 起算,以秒為單位來存放時間。

shm_dtime

> 當建立共享記憶體區段時,這個欄位設定為 0,並且在行程卸載區段(*shmdt()*)時,設定為目前的時間。

shm_ctime

> 當建立區段及每次 IPC_SET 操作成功時,將這個欄位設定為目前的時間。

shm_cpid

> 使用 *shmget()* 建立區段時,將這個欄位設定為行程的行程 ID。

shm_lpid

> 當建立共享記憶體區段時,將這個欄位設定為 0,並在每次 *shmat()* 或 *shmdt()* 執行成功時,將這個欄位設定為呼叫的行程的行程 ID。

shm_nattch

這個欄位會計算目前已經加載這個區段的行程數量,在建立區段時,會將這個欄位初始化為 0,並接著每次成功執行 *shmat()* 時加一,而且在每次成功執行 *shmdt()* 時減一。定義這個欄位的 *shmatt_t* 資料型別是一個無號整數型別,SUSv3 要求至少須是 unsigned short 的大小(在 Linux 上,這個型別定義為 *unsigned long*)。

48.9 共享記憶體的限制

大多數的 UNIX 平台會公開 System V 共享記憶體的各種限制,下列是一個 Linux 共享記憶體限制清單,系統呼叫會受到這些限制影響,而若已經達到限制時,則會產生錯誤(如括號中所示)。

SHMMNI

這是整個系統的限制,限制共享記憶體 ID 的數量(換句話說,限制共享記憶體區段的數量)(*shmget()*,ENOSPC)。

SHMMIN

這是共享記憶體區段的最小尺寸(以位元組為單位),這項限制定義為 1(無法更改)。然而,有效的限制是系統分頁大小(*shmget()*,EINVAL)。

SHMMAX

這是共享記憶體區段的最大尺寸(以位元組為單位),SHMMAX 的上限在實務上取決於可用的 RAM 與置換空間大小(*shmget()*,EINVAL)。

SHMALL

這是對整個系統的限制,限制共享記憶體的分頁總數,多數其他的 UNIX 平台沒有提供這項限制,SHMALL 的上限在實務上取決於可用的 RAM 與置換空間(*shmget()*,ENOSPC)。

有些其他的 UNIX 平台也會公開下列的限制(這在 Linux 沒有實作):

SHMSEG

這是限制個別行程(per-process)在加載共享記憶體區段時的數量。

在系統啟動時,會將共享記憶體的限制設定為預設值(這些預設值可能隨著核心版本而異,而一些發行套件的核心設定會與 vanilla 核心提供的預設值不同)。在 Linux 系統上,有些限制可以透過 /proc 檔案系統來取得或改變,表 48-2 列出與每

個限制相對應的 /proc 檔案，我們以此範例觀察在 x86-32 系統的 Linux 2.6.31 之預設限制：

```
$ cd /proc/sys/kernel
$ cat shmmni
4096
$ cat shmmax
33554432
$ cat shmall
2097152
```

Linux 特有的 *shmctl()* IPC_INFO 操作會解析 shminfo 型別的結構，包含各種共享記憶體限制的值：

```
struct shminfo buf;

shmctl(0, IPC_INFO, (struct shmid_ds *) &buf);
```

一個相關的 Linux 特有操作（SHM_INFO），會解析 *shm_info* 型別的結構，包含實際上用在共享記憶體物件的資源相關資訊。在本書發行的原始碼 svshm/svshm_info.c 檔案有提供 SHM_INFO 的使用範例。

　　IPC_INFO、SHM_INFO 及 *shminfo* 與 *shm_info* 結構的相關細節可以參考 *shmctl(2)* 使用手冊。

表 48-2：System V 共享記憶體限制

限制	上限值（x86-32）	在 /proc/sys/kernel 中的對應檔
SHMMNI	32768（IPCMNI）	shmmni
SHMMAX	取決於可用的記憶體	shmmax
SHMALL	取決於可用的記憶體	shmall

48.10　小結

共享記憶體可以讓兩個以上的行程共享相同的記憶體分頁，透過共享記憶體交換資料不需要核心介入，一旦行程已經將資料複製到一塊共享記憶體區段，資料立即可以讓其他行程看見。共享記憶體提供快速的 IPC，雖然這項速度優勢在我們必須使用一些同步技術時（例如 System V 號誌用來同步共享記憶體的存取）會有點落差。

　　當加載共享記憶體區段時，推薦的方法是讓核心自行決定，選擇要加載區段到行程虛擬位址空間的位址。這表示區段可以位在不同行程中的不同虛擬位址上。基於這個理由，任何參考到這個區段中的位址都應該要以相對偏移來維護，而不是使用絕對指標。

進階資訊

Linux 的記憶體管理機制與一些共享記憶體的實作細節可以參考（Bovet & Cesati，2005）。

48.11 習題

48-1. 取代列表 48-2（svshm_xfr_writer.c）與列表 48-3（svshm_xfr_reader.c）的二元號誌（binary semaphore），改成使用 event 旗標（習題 47-5）。

48-2. 說明若將列表 48-3 的程式 for 迴圈修改如下，為何程式會無法正確回報傳輸的資料位元組數目。

```
for (xfrs = 0, bytes = 0; shmp->cnt != 0; xfrs++, bytes += shmp->cnt) {
    reserveSem(semid, READ_SEM);            /* Wait for our turn */

    if (write(STDOUT_FILENO, shmp->buf, shmp->cnt) != shmp->cnt)
        fatal("write");

    releaseSem(semid, WRITE_SEM);           /* Give writer a turn */
}
```

48-3. 試著在列表 48-2（svshm_xfr_writer.c）與列表 48-3（svshm_xfr_reader.c）的程式使用幾個不同大小的緩衝區（使用 BUF_SIZE 常數定義緩衝區大小，），在兩個程式之間傳輸資料。請計算 svshm_xfr_reader.c 在每個緩衝區大小的執行時間。

48-4. 設計一個程式顯示與共享記憶體區段有關的 *shmid_ds* 資料結構（48.8 節）內容，應該使用一個命令列參數設定區段 ID（參考列表 47-3 中的程式，執行與 System V 號誌類似的任務）。

48-5. 設計一個目錄服務，使用共享記憶體區段發佈 name-value 配對。你會需要提供一個 API 讓呼叫者可以建立一個新名稱、修改現有名稱、刪除現有名稱，以及解析與名稱相關的值。使用號誌以確保行程對共享記憶體區段執行的更新可以互斥地存取區段。

48-6. 設計一個程式（類似列表 46-6 的程式），使用 *shmctl()* SHM_INFO 與 SHM_STAT 操作取得並顯示系統上全部的共享記憶體區段清單。

49

記憶體映射（ Memory Mapping ）

本章討論如何使用 *mmap()* 系統呼叫建立記憶體映射。記憶體映射可用於 IPC（Inter Process Communication），以及許多其他目的。我們在開始深入探討 *mmap()* 以前，先介紹一些基本觀念。

49.1　概觀

系統呼叫 *mmap()* 會在呼叫的行程（calling process）之虛擬位址空間（*virtual address space*）建立一個新的記憶體映射，映射可以有兩種類型：

- 檔案映射（*file mapping*）：一個檔案映射會將一個檔案的一段區間（*region*）直接映射到呼叫的行程之虛擬記憶體（*virtual memory*）。一旦完成檔案映射，就可以透過操控相對應的記憶體區間內容來存取檔案內容。映射的分頁（*page*）在需要時會（自動）從檔案載入，這類的映射也是所謂基於檔案的映射（*file-based mapping*）、或記憶體映射檔（*memory-mapped file*）。

- 匿名映射（*anonymous mapping*）：一個匿名映射沒有相對應的檔案，而是將映射的分頁（*pages of mapping*）初始化為 0。

  一個匿名映射的另一種思維（而一個是比較常用的思維）就是，這是一個虛擬檔案（virtual file）的映射，它的內容必定會初始化為零。

一個行程所映射的記憶體可能會與其他行程的映射共用（如：每個行程的分頁表紀錄會指向 RAM 中的相同分頁）。有兩種產生的方式：

- 當兩個行程映射到一個檔案的相同區間時，它們會共享相同的實體記憶體（physical memory）分頁。

- 透過 *fork()* 建立的子行程會繼承父行程的映射副本，而子行程的映射與父行程中相對應的映射都會參考到相同的實體記憶體分頁。

當兩個或更多行程共享相同的分頁時，每個行程都可以看到其他行程修改的分頁內容，但要取決於映射是屬於私有的（private）或是共享的（shared）：

- **私有的映射**（*Private mapping*，`MAP_PRIVATE`）：其他行程不會看見修改的映射內容，而且，對於一個檔案映射而言，不會影響到底層的檔案。雖然一個私有映射的分頁在上述情況初始化時是共享的，然而修改映射的內容依然是屬於每個行程私有的，其他行程無法見到改變。核心利用 copy-on-write（寫入時複製）的技術完成這件事（24.2.2 節）。這表示無論行程在何時想要修改分頁的內容，核心會先為這個行程建立一個全新而且隔離的分頁（並調整行程的分頁表）。基於這個理由，一個 `MAP_PRIVATE` 映射有時也稱為一個私有的、寫入時複製的映射。

- **共享的映射**（*Shared mapping*，`MAP_SHARED`）：修改的映射內容可以讓其他共享相同映射的行程看見，而一個檔案映射會改變底層的檔案。

上述的這兩個映射屬性（mapping attribute，檔案映射與匿名映射，以及私有映射與共享映射），可以用四種不同的方式組合，節錄如表 49-1。

表 49-1：各種記憶體映射的目的

修改的能見度	映射類型	
	檔案	匿名
私有	從檔案內容初始化記憶體	記憶體配置
共享	記憶體映射 I/O；行程之間的共享記憶體（IPC）	行程之間的共享記憶體（IPC）

四種不同的記憶體映射之建立與使用如下：

- **私有的檔案映射**（*private file mapping*）：映射內容會初始化為一個檔案區間（file region）的內容。映射到同一個檔案的多個行程會初始化為共享相同的實體記憶體分頁（page），不過會使用 copy-on-write 技術，以便某個行程修改的映射不會讓其他行程看見。這類映射的主要用途是使用一個檔案的內容來初始化一塊記憶體區間。一些常見的例子是使用相對應的一個二進位執行檔或一個共享函式庫檔案部份內容，來初始化一個行程的文字區段（text segment）與資料區段（data segment）。

- **私有的匿名映射**（*private anonymous mapping*）：每次呼叫 *mmap()* 建立一個私有的匿名映射時，會產生一個新的映射，這個映射與同一個行程（或不同的行程）所建立的其他匿名映射不同（因為 *mmap()* 所建立的匿名映射沒有與其他的匿名映射共享實體分頁）。雖然子行程會繼承父行程的映射（copy-on-write 語意確保在 *fork()* 之後，父行程與子行程不會看到彼此對映射造成的改變）。私有匿名映射旨在為一個行程配置新的（填滿零的）記憶體（如：當要配置大的記憶體區塊時，*malloc()* 會使用採用 *mmap()* 達成目的）。

- **共享的檔案映射**（*shared file mapping*）：映射到一個檔案的相同區間之全部行程會共享相同的實體記憶體分頁（分頁會初始化為一個檔案區間內容），修改映射內容也會修改到檔案，這類映射有兩個目的：第一，允許記憶體映射 I/O（memory-mapped I/O），藉此我們表示，一個檔案會被載入一個行程的虛擬記憶體區間，而修改記憶體內容則會自動修改檔案。因此，記憶體映射 I/O 提供一個檔案 I/O 的替代方案（原本是使用 *read()* 與 *write()* 執行檔案 I/O）。這種映射的第二個目的是，允許不相關的行程共享一塊記憶體區間，以便執行快速的 IPC（類似 System V 共享記憶體區段的方法，第 48 章）。

- **共享的匿名映射**（*shared anonymous mapping*）：對於一個私有的匿名映射，每次呼叫 *mmap()* 建立一個共享的匿名映射時，會建立一個新的、不同的映射（這個映射不會與任何其他映射共享分頁）。差異在於這個映射的分頁沒有使用 copy-on-write 技術。這表示在 *fork()* 之後的子行程繼承這個映射時，父行程與子行程會共享相同的 RAM 分頁，所以由一個行程改變的映射內容在另一個行程是可見的。共享匿名映射可以做為 IPC 用途（類似 System V 共享記憶體區段的方法，但僅限於相關的行程之間）。

我們在本章之後會更深入探討這些映射的種類。

當一個行程執行一個 *exec()* 時，映射會遺失，但是映射可以讓 *fork()* 的子行程繼承，映射類型（`MAP_PRIVATE` 或 `MAP_SHARED`）也是可以繼承的。

關於全部行程的映射資訊都可以在 Linux 特有的 **/proc**/*PID*/maps 檔案看到，我們在 48.5 節有介紹這個檔案。

> 一個進階的 *mmap()* 用法是用在 POSIX 共享記憶體物件（shared memory object），可以讓一塊記憶體區間在不相關的行程之間共享，而不必建立一個關聯的硬碟檔案（如一個共享檔案映射需要的檔案）。我們在第 54 章有介紹 POSIX 共享記憶體物件。

49.2 建立一個映射（creating a Mapping）： *mmap()*

系統呼叫 *mmap()* 會在呼叫的行程（calling process）之虛擬位址空間中建立一個新的映射。

```
#include <sys/mman.h>

void *mmap(void *addr, size_t length, int prot, int flags, int fd, off_t offset);
        Returns starting address of mapping on success, or MAP_FAILED on error
```

參數 *addr* 指出要放置映射的虛擬位址，若我們將 *addr* 指定為 NULL，則核心會幫這個映射選擇一個適當的位址，這是比較推薦的建立映射方式。另一個方式是，我們可以在 *addr* 指定一個不為空（non-NULL）的值，提示核心映射可以擺放映射的位址。在實務上，核心至少會沿著這個位址找到附近的一個分頁邊界。不論發生何種情況，核心都會選擇一個不會與任何現有映射衝突的位址（若在 *flags* 有包含 MAP_FIXED，則 *addr* 必須與分頁對齊，我們在 49.10 節有介紹這個旗標）。

成功時，*mmap()* 會傳回新映射的起始位址，在發生錯誤時，*mmap()* 會傳回 MAP_FAILED。

> 在 Linux 系統上（以及大多數其他的 UNIX 平台），MAP_FAILED 常數等於（(*void *) -1)。然而，SUSv3 會規範這個常數是因為 C 語言標準不保證（(*viod *) -1)）與 *mmap()* 成功的傳回值不同。

參數 *length* 以位元組為單位指定映射大小，雖然 *length* 不需要是系統分頁大小的倍數（如 *sysconf(_SC_PAGESIZE)* 的傳回值），但是核心會基於分頁大小這個單位建立映射，以便 *length* 會被延展到對齊下一個分頁大小的倍數。

參數 *prot* 是一個位元遮罩（bit mask），用來指定映射的保護，這個參數可設定為 PROT_NONE 或是表 49-2 所列的三個旗標之組合（使用 OR 位元邏輯運算）。

表 49-2：記憶體的保護值

值	說明
PROT_NONE	可能不能存取這個區間
PROT_READ	可以讀取這個區間的內容
PROT_WRITE	可以修改這個區間的內容
PROT_EXEC	可以執行這個區間的內容

參數 *flags* 是一個位元遮罩選項，可控制各方面的映射操作（mapping operation），這個遮罩必須精確使用下列任一個值：

MAP_PRIVATE

> 建立一個私有映射，修改區間的內容不會讓採用同一塊映射的其他行程看到，而在一個檔案映射的例子中，修改映射不會修改底層的檔案。

MAP_SHARED

> 建立一個共享的映射，修改區間內容不會讓使用 MAP_SHARED 屬性（attribute）映射相同區間的其他行程看見。在一個檔案映射的例子中，修改映射也會修改底層的檔案。但不保證即時更新檔案，請參考 49.5 節對於 *msync()* 系統呼叫的討論。

除了 MAP_PRIVATE 與 MAP_SHARED 旗標值，其他旗標值可以選擇性的使用 OR 搭配在 *flags* 中，我們會在 49.6 與 49.10 節討論這些旗標。

剩餘的 *fd* 與 *offset* 參數可用於檔案映射（在匿名映射會忽略它們），參數 *fd* 是一個檔案描述符（file descriptor），可識別所映射的檔案。參數 *offset* 指定檔案中的映射起始點，而且必須是系統分頁大小的倍數，我們會在 49.4 節談到更多關於檔案映射。

更多記憶體保護的細節

如上述所提，*mmap()* 的 *prot* 參數指定新的記憶體映射保護，可以是 PROT_NONE，或者一個或多個遮罩旗標（PROT_READ、PROT_WRITE 與 PROT_EXEC）組成。若有一個行程想要以違反區間保護的方式存取記憶體區間，則核心會傳遞 SIGSEGV 訊號（signal）給這個行程。

> 雖然 SUSv3 規定應該要使用 SIGSEGV 訊號通知違反記憶體保護，但是有些平台會改用 SIGBUS。

標示為 PROT_NONE 的記憶體分頁之一項用途是做為保護的分頁（在一個行程已經配置的記憶體區段之起點或終點）。若行程突然踏入其中一個標示為 PROT_NONE 的分頁，則核心會產生一個 SIGSEGV 訊號來通知行程。

記憶體保護位於行程私有的（process-private）虛擬記憶體表，因而，不同的行程可能會以不同的保護來映射相同的記憶體區段。

記憶體保護可以使用 *mprotect()* 系統呼叫改變（50.1 節）。

在有些 UNIX 平台上，對一塊映射的分頁所設定的實際保護可能不會剛好如 *prot* 指定的。在實務上，底層硬體（如較舊的 x86-32 架構）的保護粒度（protection granularity）限制意謂著，在許多 UNIX 平台上，指定 PROT_READ 也會包含 PROT_EXEC（反之亦然），而在有些平台指定 PROT_WRITE 也會包含 PROT_READ。然而，應用程式不應該倚賴這樣的行為，應該總是將 *prot* 指定為剛好符合所需的記憶體保護。

> 現代的 x86-32 架構提供硬體支援，將分頁表標示為 NX（no execute），而且從核心 2.6.8 起，Linux 使用這項功能在 Linux/x86-32 系統上正確地分隔 PROT_READ 與 PROT_EXEC 權限。

標準對 *offset* 與 *addr* 所規範的對齊限制

SUSv3 規範 *mmap()* 的 *offset* 參數必須與分頁對齊（page-aligned），而若指定 MAP_FIXED 時，*addr* 參數也必須與分頁對齊，Linux 符合這些規範。然而之後會提到，SUSv3 的要求與早期的標準不同，早期標準對這些參數的要求較為寬鬆。由於 SUSv3 的這些用詞導致（不需要地）一些遵守標準的實作變成與標準不符，所以 SUSv4 又回到寬鬆的規範：

* 實作可能會要求 *offset* 須是系統分頁大小的倍數。
* 若指定 MAP_FIXED，那麼實作可能要求 *addr* 須能與分頁對齊。
* 若指定 MAP_FIXED，而 *addr* 不為零，則 *addr* 與 *offset* 在除以系統分頁大小之後要有相同的餘數。

> 一個類似的情況可能會發生在 *mprotect()*、*msync()* 與 *munmap()* 的 *addr* 參數，SUSv3 規定這個參數必須與分頁對齊，SUSv4 說實作可能會需要這個參數與分頁對齊。

範例程式

列表 49-1 示範使用 *mmap()* 建立一個私有的檔案映射，這個程式是一個 *cat(1)* 的簡化版，它映射在命令列參數指名的（整個）檔案，而接著將映射內容寫入標準輸出。

列表 49-1：使用 *mmap()* 建立一個私有的檔案映射

—— mmap/mmcat.c

```
#include <sys/mman.h>
#include <sys/stat.h>
#include <fcntl.h>
#include "tlpi_hdr.h"
```

```
int
main(int argc, char *argv[])
{
    char *addr;
    int fd;
    struct stat sb;

    if (argc != 2 || strcmp(argv[1], "--help") == 0)
        usageErr("%s file\n", argv[0]);

    fd = open(argv[1], O_RDONLY);
    if (fd == -1)
        errExit("open");

    /* Obtain the size of the file and use it to specify the size of
       the mapping and the size of the buffer to be written */

    if (fstat(fd, &sb) == -1)
        errExit("fstat");

    addr = mmap(NULL, sb.st_size, PROT_READ, MAP_PRIVATE, fd, 0);
    if (addr == MAP_FAILED)
        errExit("mmap");

    if (write(STDOUT_FILENO, addr, sb.st_size) != sb.st_size)
        fatal("partial/failed write");
    exit(EXIT_SUCCESS);
}
```
─── mmap/mmcat.c

49.3　解除一塊映射區間：*munmap()*

系統呼叫 *munmap()* 執行 *mmap()* 的相反行為，會從呼叫的行程之虛擬位址空間移除映射。

```
#include <sys/mman.h>

int munmap(void *addr, size_t length);
```
Returns 0 on success, or –1 on error

參數 *addr* 是要解除映射的位址範圍之起始位址，必須對齊分頁邊界。（SUSv3 規定 *addr* 必須與分頁對齊，SUSv4 談到實作時這個參數可能會需要與分頁對齊）。

參數 *length* 是一個不為負的整數，指定要解除映射的區間大小（以位元組為單位），會對下一個系統分頁大小倍數的位址範圍解除映射。

我們一般是解除一整塊映射，因而我們會將 *addr* 指定為之前 *mmap()* 傳回的位址，並指定 *mmap()* 呼叫一樣的 *length* 值，這裡有一個範例：

```
addr = mmap(NULL, length, PROT_READ | PROT_WRITE, MAP_PRIVATE, fd, 0);
if (addr == MAP_FAILED)
    errExit("mmap");

/* Code for working with mapped region */

if (munmap(addr, length) == -1)
    errExit("munmap");
```

或是我們也可以解除部分的映射，在這個例子中，映射不是縮減大小就是被切成兩個部分，取決於從何處進行解除映射（unmapping）。也可以指定一段跨越數個映射的位址空間，在這個例子中，會解除位址範圍內的全部映射。

若在 *addr* 與 *length* 指定的位址範圍內沒有任何映射，那麼 *munmap()* 不會有作用，並傳回 0（成功時）。

在解除映射期間，核心會移除指定位址範圍中由行程持有的任何記憶體鎖（memory lock，記憶體鎖是使用 *mlock()* 或 *mlockall()* 建立的，如 50.2 節所述）。

當一個行程結束或執行 *exec()* 時，這個行程的每個映射都會自動解除。

為了確保會將一塊共享的檔案映射內容寫入底層的檔案，在使用 *munmap()* 解除一塊映射之前，應該要先呼叫 *msync()*（49.5 節）。

49.4　檔案映射（File Mapping）

為了建立一個檔案映射，我們進行下列步驟：

1. 取得檔案的一個描述符，通常是透過呼叫 *open()*。

2. 將這個檔案描述符做為呼叫 *mmap()* 的 *fd* 參數。

在進行這些步驟之後，*mmap()* 會將開啟的檔案內容映射到呼叫的行程（calling process）之位址空間。一旦呼叫了 *mmap()*，我們就可以關閉檔案描述符而不會影響到映射。然而，在一些案例中，有必要保持檔案描述符開啟，例如：列表 49-1 以及第 54 章的情況。

如同一般的磁碟檔案（disk file），可以使用 *mmap()* 映射各種真實的（real）與虛擬裝置的裝置內容，如硬碟、光碟與 /dev/mem。

由 *fd* 描述符參照到的檔案必須已經使用適當的權限開啟（在 *prot* 與 *flags* 指定的設定值）。在實務上，檔案必須一直開啟以供讀取，而若在 *flags* 指定 PROT_WRITE 與 MAP_SHARED，那麼檔案則必須開啟以供讀取與寫入。

參數 *offset* 指定要映射的檔案區間之起始位置（位元組），而且必須是系統分頁大小的倍數。將 *offset* 指定為 0 會從檔案的第一個位元組開始映射，*length* 參數指定要映射的位元組數目。綜合來說，*offset* 與 *length* 參數決定了要將檔案的哪個區間映射到記憶體之中，如同圖 49-1 所示。

在 Linux，一個檔案映射的分頁會在第一次存取時被映射，這表示：若在 *mmap()* 呼叫之後，但是在存取相對應的部份映射內容（如分頁）之前，改變了一個檔案區間，接著，若尚未將分頁載入記憶體，則這些改變會被行程看見。這個行為是依實作而定的，可攜式應用程式應該要避免依賴此情境的特殊核心（kernel）行為。

49.4.1　私有的檔案映射（Private File Mapping）

兩個最常用的私有檔案映射如下：

- 允許多個行程執行相同的程式，或使用相同的共享函式庫來共用相同的（唯讀）文字區段（text segment，映射底層的可執行檔或函式庫檔案相對應內容）。

  雖然可執行的文字區段通常會受到保護，僅允許讀取與執行（PROT_READ | PROT_EXEC），可以使用 MAP_PRIVATE 進行映射而不是 MAP_SHARED，因為除錯器（debugger）或自我修改（self-modifying）的程式可以修改程式文字（program text）（在第一次改變記憶體的保護之後），而這類改變不應該更動到底層檔案或影響其他行程。

- 映射已初始化的可執行檔或共享函式庫之資料區段，這類映射是私有的，所以修改映射的資料區段內容不會更動到底層檔案。

程式通常看不到這兩個 *mmap()* 的用法，因為這些映射是由程式載入器（program loader）與動態連結器（dynamic linker）建立的。這兩種映射的範例可以參考 48.5 節所示的 /proc/*PID*/maps 輸出。

還有一個比較少用的一個私有檔案映射可以簡化程式的檔案輸入邏輯，類似記憶體映射 I/O 的共享檔案映射使用方式（在下一節說明），但是只適用於檔案輸入。

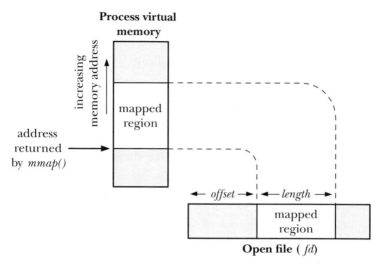

圖 49-1：記憶體映射檔的概觀

49.4.2　共享的檔案映射

當多個行程建立同一個檔案區間的共享映射時，它們全部都共用相同的實體記憶體分頁。此外，修改映射內容也會更改檔案。實際上，會將檔案做為儲存這個記憶體區間的分頁，如同圖 49-2 所示（映射的分頁通常在實體記憶體是不連續的，我們略過這個部份來簡化流程圖內容）。

　　共享的檔案映射提供兩種目的：記憶體映射 I/O 與 IPC，我們在下面探討這些用法。

記憶體映射 I/O

因為共享的檔案映射內容會初始化為檔案內容，而且修改映射內容會自動更改檔案，我們可以單純存取記憶體內容來執行檔案 I/O，倚賴核心來確保對記憶體的修改可以修改到映射的檔案（一般而言，一個程式會定義一個對應到磁碟檔案內容的結構化資料型別，並接著使用這個資料型別來對映射的內容進行型別轉換）。這項技術是所謂的記憶體映射 I/O，也是取代使用 *read()* 與 *write()* 存取檔案內容的方法。

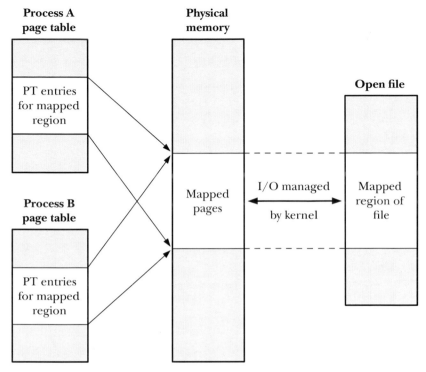

圖 49-2：共用一塊（映射到相同檔案區間的）共享映射的兩個行程

記憶體映射 I/O 有兩個潛在的優點：

- 以存取記憶體取代 *read()* 與 *write()* 系統呼叫，可以簡化一些應用程式的邏輯。
- 有時可以提供比檔案 I/O 提供的傳統 I/O 系統呼叫更好的效能。

記憶體映射 I/O 可以帶來效能改進的理由如下：

- 一般的 *read()* 或 *write()* 涉及兩次傳輸：一次在檔案與核心緩衝區快取（kernel buffer cache）之間，而另一個在緩衝區快取與使用者空間緩衝區（user space buffer）之間。使用 *mmap()* 可以排除第二次的傳輸。在輸入方面，只要核心已經將對應的檔案區塊（file block）映射到記憶體，輸入的資料便能盡快地提供給使用者行程。在輸出方面，使用者行程只需要修改記憶體的內容，然後就能倚賴核心的記憶體管理，自動更新底層檔案。
- 除了節省一次核心空間與使用者空間的資料傳輸，*mmap()* 也能夠透過減少記憶體需求以改善效能。當使用 *read()* 或 *write()* 時，要使用兩個緩衝區維護資料：一個是在使用者空間而另一個是在核心空間。當使用 *mmap()* 時，只要在核心空間與使用者空間之間共享一個單獨的緩衝區。此外，若多個行程對同一個檔案進行 I/O 時，並接著使用 *mmap()*，則它們全部都能共用相同的核心緩衝區，因而可以節省額外的記憶體。

當在一個大型檔案進行重複的隨機存取時，可以理解記憶體映射 I/O 帶來的效能改善。若我們對一個檔案執行循序存取，並令我們可以使用一個夠大的緩衝區（足以避免產生大量 I/O 系統呼叫）來進行 I/O，那麼使用 *mmap()* 的效能可能只會比 *read()* 與 *write()* 好一點或差不多。這裡無法大幅改善效能的理由是，無論我們使用哪種技術，全部的檔案內容都只會在檔案與記憶體之間傳輸一次，而這樣的效果可以排除使用者空間與核心空間之間的資料傳輸，而且所減少使用的記憶體相較於磁碟 I/O 所需的時間是微不足道的。

> 記憶體映射 I/O 也有缺點，對於小資料量的 I/O 而言，記憶體映射 I/O 的成本（如：映射、分頁錯誤、解除映射、與更新硬體記憶體管理單元的 translation look-aside 緩衝區）實際上會比單純執行 *read()* 或 *write()* 要多。此外，有時很難讓核心有效率地寫回映射（使用 *msync()* 或 *sync_file_range()* 可以幫助改善這個例子的效率）。

使用一個共享的檔案映射進行 IPC

因為每個共用相同檔案區間的一塊共享映射之行程都會共用相同的實體記憶體分頁，所以一個共享的檔案映射的第二個用途是提供一個（快速的）IPC 方法。可用來區分這類共享記憶體區間與 System V 共享記憶體物件（shared memory object）（第 48 章）的特徵是：修改記憶體區間的內容也會更改底層的映射檔案。這個特徵對於需要共享記憶體內容能橫跨應用程式使用、或系統重新啟動之後仍然會持續存在的應用程式很有幫助。

範例程式

列表 49-2 提供一個簡單的範例，使用 *mmap()* 建立一個共享的檔案映射。這個程式啟動時會映射第一個命令列參數指定的檔名，然後印出位於映射區間起始位置的字串值。最後，若有提供第二個命令列參數，則會將那個字串複製到共享的記憶體區間。

下列的 shell 作業階段紀錄（session log）示範這個程式的用法，我們一開始建立一個 1,024 個位元組並將內容填滿零的檔案：

```
$ dd if=/dev/zero of=s.txt bs=1 count=1024
1024+0 records in
1024+0 records out
```

我們接著使用程式映射檔案，並將一個字串複製到映射區間：

```
$ ./t_mmap s.txt hello
Current string=
Copied "hello" to shared memory
```

這個程式在目前所在的字串沒有顯示任何資訊，因為被映射的檔案初始值是以空字串開頭（即長度為零的字串）。

我們使用程式再次映射檔案，並將一個新的字串複製到映射區間：

```
$ ./t_mmap s.txt goodbye
Current string=hello
Copied "goodbye" to shared memory
```

最後，我們傾印（dump）檔案的內容，每行 8 個字元，並檢查它的內容：

```
$ od -c -w8 s.txt
0000000   g   o   o   d   b   y   e nul
0000010 nul nul nul nul nul nul nul nul
*
0002000
```

我們的簡單程式沒有使用任何機制讓多個行程可以同步存取被映射的檔案。然而，真實世界的應用程式通常需要同步存取共享的映射。這可以使用許多技術達成，如號誌（semaphore）（第 47 與 53 章）與檔案上鎖（file locking）（第 55 章）。

我們使用在 49.5 節的列表 49-2 程式所使用的 *msync()* 系統呼叫來說明。

列表 49-2：使用 *mmap()* 建立一個共享的檔案映射

── mmap/t_mmap.c

```c
#include <sys/mman.h>
#include <fcntl.h>
#include "tlpi_hdr.h"

#define MEM_SIZE 10

int
main(int argc, char *argv[])
{
    char *addr;
    int fd;

    if (argc < 2 || strcmp(argv[1], "--help") == 0)
        usageErr("%s file [new-value]\n", argv[0]);
```

```
    fd = open(argv[1], O_RDWR);
    if (fd == -1)
        errExit("open");

    addr = mmap(NULL, MEM_SIZE, PROT_READ | PROT_WRITE, MAP_SHARED, fd, 0);
    if (addr == MAP_FAILED)
        errExit("mmap");

    if (close(fd) == -1)                    /* No longer need 'fd' */
        errExit("close");

    printf("Current string=%.*s\n", MEM_SIZE, addr);
                        /* Secure practice: output at most MEM_SIZE bytes */

    if (argc > 2) {                         /* Update contents of region */
        if (strlen(argv[2]) >= MEM_SIZE)
            cmdLineErr("'new-value' too large\n");

        memset(addr, 0, MEM_SIZE);          /* Zero out region */
        strncpy(addr, argv[2], MEM_SIZE - 1);
        if (msync(addr, MEM_SIZE, MS_SYNC) == -1)
            errExit("msync");

        printf("Copied \"%s\" to shared memory\n", argv[2]);
    }

    exit(EXIT_SUCCESS);
}
```

── mmap/t_mmap.c

49.4.3　邊界案例（Boundary Cases）

在許多情況中,一塊映射的大小會是系統分頁大小的倍數,而這個映射會完全落在映射檔的邊界之內。然而,其實不需要如此,而我們現在要探討這些條件不成立時會發生什麼事情。

圖 49-3 是整塊映射落在被映射檔案邊界之內的案例,但是該區間的大小並非系統分頁大小的倍數(為了配合討論的目的,我們假設為 4,096 個位元組)。

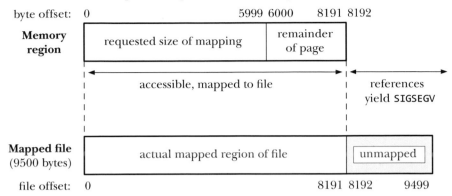

圖 49-3：記憶體映射的 length 不是系統分頁大小的倍數

因為映射的大小不是系統分頁大小的倍數，所以會向上延展對齊下一個系統分頁大小的倍數，因為檔案大於這個向上延展對齊的大小，所以相對應的檔案位元組會如圖 49-3 所示的方式進行映射。

企圖存取映射結尾以外的位元組會導致產生一個 SIGSEGV 訊號（假設在那個位置沒有其他映射），這個訊號的預設動作是終止行程，並產生一個核心傾印檔（core dump）。

當映射延展到底層檔案的結尾之外時（請見圖 49-4），情況會變得更複雜。之前因為映射的大小不是系統分頁大小的倍數，所以會延展對齊。然而，在這個例子中，當可以存取延展區間中的空間時（如：程式的第 2200 到 4095 個位元組），這些位元組資料沒有可映射的底層檔案（因為檔案中不存在相對應的位元組），於是會將它們初始化為 0（SUSv3 要求的）。若映射這個檔案的其他行程指定一個夠大的 *length* 參數，則這些位元組還是可以與那些行程共用，不過修改這些位元組並不會修改到檔案。

若映射有包含延展區間以外的分頁（如：圖 49-4 之第 4,096 個位元組與之後的部分），然後企圖存取這些分頁位址時會導致產生一個 SIGBUS 訊號，這個訊號會警告行程沒有與這些位址對應的檔案區間。以前想要存取映射結尾以外的位址會導致產生 SIGSEGV 訊號。

經由上述說明，有時會存在沒有意義的映射，因為映射的大小超過底層的檔案大小。然而，透過延展檔案的大小（如使用 *ftruncate()* 或 *write()*），我們就可以使用之前無法存取的這段映射。

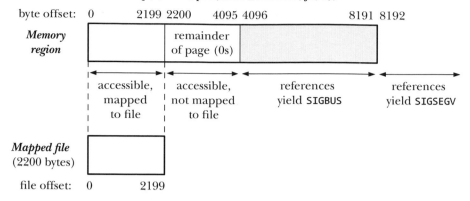

圖 49-4：將記憶體映射延展到被映射檔案的結尾之後

49.4.4 記憶體保護與檔案存取模式互動

我們到現在為止還沒詳細說明的一點是：在 *mmap()* 的 *prot* 參數會指定記憶體保護與被映射檔案開啟模式之間的互動。做為一個通用準則，我們可以說 PROT_READ 與 PROT_EXEC 保護需要以 O_RDONLY 或 O_RDWR 模式開啟被映射的檔案，而 PROT_WRITE 保護需要使用 O_WRONLY 或 O_RDWR 模式開啟被映射的檔案。

然而，由於一些硬體架構（49.2 節）提供的記憶體保護粒子度（精度）有限，所以情況會比較複雜，我們對於這類架構提出下列建議：

- 全部的記憶體保護組合會與使用 O_RDWR 旗標開啟的檔案相容。

- 未經組合的記憶體保護（不只是 PROT_WRITE）可以與使用 O_WRONLY 旗標開啟的檔案相容（EACCES 錯誤結果）。這與一些硬體架構不允許我們以唯寫（write-only）方式存取分頁的事實相符。如同 49.2 節所提，在這些架構上，PROT_WRITE 也包含 PROT_READ，這表示若可以寫入分頁，則可以讀取分頁。一個讀取操作與 O_WRONLY 不相容，這必定無法顯示原本的檔案內容。

- 當一個檔案以 O_RDONLY 旗標開啟時，結果取決於我們是否在呼叫 *mmap()* 時指定 MAP_PRIVATE 或 MAP_SHARED。對於一塊 MAP_PRIVATE 映射而言，我們可以在 *mmap()* 指定任何的記憶體保護組合，因為修改一個 MAP_PRIVATE 分頁的內容絕不會寫入檔案，無法寫入檔案並不會造成問題。對於一個 MAP_SHARED 映射而言，唯一與 O_RDONLY 相容的記憶體保護是 PROT_READ 與（PROT_READ │ PROT_EXEC）。這是合乎邏輯的，因為一個 PROT_WRITE、MAP_SHARED 映射可以更新映射的檔案。

49.5　同步一塊映射區間：*msync()*

核心會自動將一塊 MAP_SHARED 映射的修改內容更新到底層檔案，但是預設無法保證這樣的同步一定會發生。（SUSv3 並沒有要求實作一定要提供這類保證）

系統呼叫 *msync()* 讓應用程式可以明確控制一塊共享映射何時要與被映射的檔案同步。將一塊映射與底層檔案同步在各種情境都很有用，例如：確保資料完整，一個資料庫應用程式可能會呼叫 *msync()* 強制將資料寫入磁碟。呼叫 *msync()* 也可以讓一個應用程式確保：更新一塊可寫的映射同時可以讓其他讀取（*read()*）相對應檔案的行程看見。

```
#include <sys/mman.h>

int msync(void *addr, size_t length, int flags);
                                    Returns 0 on success, or –1 on error
```

提供給 *msync()* 的 *addr* 與 *length* 參數分別指定要同步的記憶體區間之起始位址與大小，*addr* 指定的位址必須與分頁對齊，而 *length* 則是往上延伸到下一個系統分頁大小的倍數（SUSv3 規定 *addr* 必須對齊分頁，SUSv4 談到實作可能會需要讓這個參數與分頁對齊）。

參數 *flags* 可用下列任一個值：

MS_SYNC

進行一個同步的檔案寫入，呼叫會產生阻塞（block），直到全部修改過的記憶體區間分頁都已經寫入磁碟為止。

MS_ASYNC

執行一個非同步的檔案寫入，修改過的記憶體區間分頁會在之後某個時間點寫入磁碟，並且可以讓其他讀取相對應檔案區間的行程看見這些改變。

判斷這兩個值的另一個方式是，在 MS_SYNC 操作之後，記憶體區間會與磁碟同步，但是在 MS_ASYNC 操作之後，記憶體區間只會與核心緩衝區快取同步。

> 若我們在 MS_ASYNC 操作之後沒有採取更進一步的動作，那麼記憶體區間中修改過的分頁終將被刷新，成為自動緩衝區（automatic buffer）的一部分（由核心執行緒 *pdflush* 進行的刷新，在 Linux 2.4 及更早時是使用 kupdated）。在 Linux 上，有兩種（非標準化）的方法可以快速初始化輸出，我們可以在 *msync()* 呼叫之後，接著對與映射相對應的檔案描述符執行 *fsync()* 呼叫（或 *fdatasync()*）。這個呼叫將會發生阻塞，直到緩衝區快取與磁碟同步為止。

另一個方式是，我們可以使用 *posix_fadvise()* 搭配 POSIX_FADV_DONTNEED 操作來初始分頁的非同步寫出（這兩個案例中的 Linux 特有細節並未納入 SUSv3 規範）。

另一個可以額外指定給 *flags* 的值：

MS_INVALIDATE

無效的映射資料副本快取，在將記憶體區間中任何修改過的分頁與檔案同步之後，與底層不一致的每個記憶體區間分頁都會標示為無效。當下次參考時，會從對應的檔案位置內容複製到分頁中，結果，任何其他行程對檔案的改變也能在記憶體區間上看到這些改變。

如同許多其他的現代 UNIX 系統，Linux 提供一個所謂的單一虛擬記憶體（*unified virtual memory*）系統，意思是，在這個地方，記憶體映射與緩衝區快取區塊可以共用相同的實體記憶體分頁。因此，透過一個映射取得的檔案內容會與透過 I/O 系統呼叫（*read()*、*write()*、及諸如此類）取得的檔案內容必然一致，而 *msync()* 的唯一用途只是強制將一個映射區間的內容寫入磁碟。

然而，單一虛擬記憶體系統並非 SUSv3 所規範的，而且並非全部的 UNIX 平台都有採用。在這樣的系統上，會需要呼叫 *msync()* 來讓一個映射的修改內容可以讓其他 *read()* 檔案的行程看到改變，而且需要 MS_INVALIDATE 旗標來執行相反的動作（使得其他行程寫入檔案時，也可以從相對應的映射區間看到寫入內容）。若將同時採用 *mmap()* 與 I/O 系統呼叫來操作相同檔案的多行程應用程式移植到沒有單一虛擬記憶體系統的作業系統時，則應該將應用程式設計為可適當運用 *msync()*。

49.6 額外的 *mmap()* 旗標

除了 MAP_PRIVATE 與 MAP_SHARED 旗標，Linux 還可以在 *mmap() flag* 參數使用許多其他值（利用 OR 位元邏輯運算達成）。表 49-3 節錄三個值，除了 MAP_PRIVATE 與 MAP_SHARED，只有 MAP_FIXED 旗標有納入 SUSv3 規範。

表 49-3：*mmap() flag* 參數的位元遮罩值

值	說明	SUSv3
MAP_ANONYMOUS	建立一個匿名映射（anonymous mapping）	
MAP_FIXED	精確地解釋 *addr* 參數（49.10 節）	●
MAP_LOCKED	將映射的分頁鎖入記憶體（從 Linux 2.6 起）	
MAP_HUGETLB	建立一個使用巨大分頁的映射（從 Linux 2.6.32 起）	
MAP_NORESERVE	控制保留的置換空間（swap space，49.9 節）	

值	說明	SUSv3
MAP_PRIVATE	修改私有的映射資料	●
MAP_POPULATE	填充一個映射的分頁（從 Linux 2.6 起）	
MAP_SHARED	其他行程可以看到對映射資料的改變，並且會更動底層的檔案（MAP_PRIVATE 的反向功能）	●
MAP_UNINITIALIZED	不要清除匿名映射（從 Linux 2.6.33 起）	

下列清單深入介紹表 49-3 的 *flags* 值（除了已經討論過的 MAP_PRIVATE 與 MAP_SHARED 以外）：

MAP_ANONYMOUS

建立一個匿名映射，即一個沒有相對應檔案的映射，我們在 49.7 節會深入的說明這個旗標。

MAP_FIXED

我們會在 49.10 節說明這個旗標。

MAP_HUGETLB（從 *Linux 2.6.32* 起）

這個旗標之於 *mmap()*，如同 SHM_HUGETLB 旗標之於 System V 共享記憶體區段的意義，參考 48.2 節。

MAP_LOCKED（從 *Linux 2.6* 起）

以 *mlock()* 方法將映射的分頁預先載入記憶體並上鎖，我們在 50.2 節會說明使用這個旗標所需的特權，以及它的操作限制。

MAP_NORESERVE

這個旗標可用來控制事先保留給映射執行的置換空間（swap space），細節請參考 49.9 節。

MAP_POPULATE（從 *Linux 2.6* 起）

填充一個映射的分頁。對於一個檔案映射而言，這會提前讀取檔案，這表示之後的映射內容存取將不會受到分頁錯誤而產生阻塞（假設記憶體壓力不會在分頁被置換出去的這段期間發生）。

MAP_UNINITIALIZED（從 *Linux 2.6.33* 起）

指定這個旗標可以防止一個匿名映射的分頁被歸零，這可以提昇效能，不過會引發一項安全風險，因為配置的分頁可能會包含之前行程遺留的敏感資訊。所以這個旗標只打算用在嵌入式系統上（一個重視效能的系統，而且整個系統都只屬於嵌入式應用程式的掌控範圍）。若核心的組態有啟動 CONFIG_NMAP_ALLOW_UNINITIALIZED 選項，才能使用這個旗標。

49.7　匿名映射（anonymous mapping）

一個匿名映射沒有相對應的檔案，我們在本節示範如何建立匿名映射，並探討私有（private）與共享匿名映射的目的。

MAP_ANONYMOUS 與 /dev/zero

Linux 系統有兩個方法可以建立一個與 *mmap()* 相同效果的匿名映射：

- 在 flags 中指定 MAP_ANONYMOUS，並將 *fd* 指定為 -1（在 Linux 系統上，當指定 MAP_ANONYMOUS 時會忽略 fd 值。然而，有些 UNIX 平台在採用 MAP_ANONYMOUS 時，會需要將 *fd* 指定為 -1，而可攜式應用程式應該要確保做到這點）。

    我們必須定義 _BSD_SOURCE 或 _SVID_SOURCE 功能測試巨集（feature test macro），才能從 <sys/mman.h> 取得 MAP_ANONYMOUS 的定義。Linux 提供 MAP_ANON 常數做為 MAP_ANONYMOUS 的同義詞，可相容於一些其他使用這個替代名稱的 UNIX 系統。

- 開啟 /dev/zero 裝置檔，並將產生的檔案描述符傳遞給 *mmap()*。

    /dev/zero 是一個虛擬裝置，當我們讀取它時只會傳回零，寫入這個裝置的資料都會被丟棄，/dev/zero 的一個常見用法是用來將一個檔案填滿零（如使用 *dd(1)* 指令）。

同時使用 MAP_ANONYMOUS 與 /dev/zero 技術所產生的映射內容都會初始化為 0，這兩個技術會忽略 *offset* 參數（因為沒有需要指定 *offset* 的底層檔案），我們簡單示範每項技術。

    MAP_ANONYMOUS 與 /dev/zero 技術並未納入 SUSv3 規範，雖然多數的 UNIX 平台只會支援一項或兩項都有支援。同樣的語意會有兩項不同技術存在的理由是：因為（MAP_ANONYMOUS）衍生自 BSD，而另一個（/dev/zero）則衍生自 System V。

MAP_PRIVATE 匿名映射

MAP_PRIVATE 匿名映射可以用來配置內容會被初始化為 0 的行程私有記憶體區塊，我們可以使用 /dev/zero 技術建立一個如下的 MAP_PRIVATE 匿名映射：

```
fd = open("/dev/zero", O_RDWR);
if (fd == -1)
    errExit("open");
addr = mmap(NULL, length, PROT_READ | PROT_WRITE, MAP_PRIVATE, fd, 0);
if (addr == MAP_FAILED)
    errExit("mmap");
```

在 glibc 的 malloc() 實作會使用 MAP_PRIVATE 匿名映射來配置大於 MMAP_THRESHOLD 位元組的記憶體區塊。若之後要使用 free() 釋放，則這樣可以有效率地解除配置這類區塊（透過 munmap()）（在重複配置與重複解除配置大型記憶體區塊時，也可以減少記憶體碎片「memory fragmentation」發生的可能）。MMAP_THRESHOLD 的預設值是 128 kB，不過這個參數可已透過函式庫的 mallopt() 函式調整。

MAP_SHARED 匿名映射

一塊 MAP_SHARED 匿名映射可以讓相關的行程（如：父行程與子行程）共用一塊記憶體區間，而不需要有一個相對應的映射檔案。

MAP_SHARED 匿名映射只有在 Linux 2.4 與之後的版本提供。

我們可以使用 MAP_ANONYMOUS 技術建立一塊 MAP_SHARED 匿名映射，如下所示：

```
addr = mmap(NULL, length, PROT_READ | PROT_WRITE,
            MAP_SHARED | MAP_ANONYMOUS, -1, 0);
if (addr == MAP_FAILED)
    errExit("mmap");
```

若上面的程式碼跟著一個 fork() 呼叫，則由於透過 fork() 產生的子行程繼承了這個映射，所以兩個行程會共用這塊記憶體區間。

範例程式

列表 49-3 程式示範使用 MAP_ANONYMOUS 或 /dev/zero，使得父行程與子行程之間能共用一塊映射區間。技術的選擇取決於在編譯程式時是否有定義 USE_MAP_ANON。父行程在呼叫 fork() 之前，會先將共享區間中的一個整數初始化為 1，子行程接著將這個共用整數加一並且終止執行，父行程會等待子行程終止，並在子行程終止之後印出那個整數的值。當我們執行這個程式時，我們可以看到如下結果：

```
$ ./anon_mmap
Child started, value = 1
In parent, value = 2
```

列表 49-3：在父行程與子行程之間共用一塊匿名映射

―― **mmap/anon_mmap.c**

```
#ifdef USE_MAP_ANON
#define _BSD_SOURCE                /* Get MAP_ANONYMOUS definition */
#endif
#include <sys/wait.h>
#include <sys/mman.h>
#include <fcntl.h>
#include "tlpi_hdr.h"

int
main(int argc, char *argv[])
{
    int *addr;                    /* Pointer to shared memory region */

#ifdef USE_MAP_ANON               /* Use MAP_ANONYMOUS */
    addr = mmap(NULL, sizeof(int), PROT_READ | PROT_WRITE,
                MAP_SHARED | MAP_ANONYMOUS, -1, 0);
    if (addr == MAP_FAILED)
        errExit("mmap");

#else                             /* Map /dev/zero */
    int fd;

    fd = open("/dev/zero", O_RDWR);
    if (fd == -1)
        errExit("open");

    addr = mmap(NULL, sizeof(int), PROT_READ | PROT_WRITE, MAP_SHARED, fd, 0);
    if (addr == MAP_FAILED)
        errExit("mmap");

    if (close(fd) == -1)          /* No longer needed */
        errExit("close");
#endif

    *addr = 1;                    /* Initialize integer in mapped region */

    switch (fork()) {             /* Parent and child share mapping */
    case -1:
        errExit("fork");

    case 0:                       /* Child: increment shared integer and exit */
        printf("Child started, value = %d\n", *addr);
        (*addr)++;
        if (munmap(addr, sizeof(int)) == -1)
            errExit("munmap");
        exit(EXIT_SUCCESS);
```

```
        default:                          /* Parent: wait for child to terminate */
            if (wait(NULL) == -1)
                errExit("wait");
            printf("In parent, value = %d\n", *addr);
            if (munmap(addr, sizeof(int)) == -1)
                errExit("munmap");
            exit(EXIT_SUCCESS);
        }
    }
```
── mmap/anon_mmap.c

49.8　重新映射一塊映射區間：*mremap()*

在大多數的 UNIX 系統上，只要已經建立了一塊映射，就不能改變它的位置與
大小。然而，Linux 提供一個（不可攜的）*mremap()* 系統呼叫，可以允許這類的
更動。

```
#define _GNU_SOURCE
#include <sys/mman.h>

void *mremap(void *old_address, size_t old_size, size_t new_size, int flags,
...);
```
$$\text{Returns starting address of remapped region on success,}$$
$$\text{or MAP\_FAILED on error}$$

參數 *old_address* 與 *old_size* 指定我們想要延展或收縮的現有映射之位置與大小，
在 *old_address* 指定的位址必須對齊分頁，且通常是之前呼叫 *mmap()* 的傳回值。所
需的新映射大小可在 *new_size* 中指定，在 *old_size* 與 *new_size* 指定的值都會延展到
下個系統分頁大小的倍數。

當執行重新映射時，無論在 *flags* 參數的控制是否允許，核心都可能會對行程
虛擬位址空間中的映射進行重新定位，*flags* 是一個位元遮罩，可以是 0 或包含下
列的值：

REMAP_MAYMOVE

若設定這個旗標，則在支配空間需求時，核心可以對行程虛擬位址空間中的
映射重新定位。若沒有設定這個旗標，則沒有足夠的空間可以擴充目前位置
的映射，接著會發生 ENOMEM 錯誤。

MREMAP_FIXED（從 *Linux 2.4* 起）

這個旗標只能與 MREMAP_MAYMOVE 一起使用，它用在 *mremap()* 的意義如同 MAP_FIXED 之於 *mmap()*（49.10 節）。若設定這個旗標，那麼 *mremap()* 會採用一個額外的 *void *new_address* 參數，用來將一個與分頁對齊的位址指定給要移動的映射，在 *new_address* 與 *new_size* 指定位址範圍中的任何（之前的）映射都會被解除映射。

執行成功時，*mremap()* 傳回映射的起始位址，因為（若有指定 MREMAP_MAYMOVE 旗標）這個位址可能與之前的起始位址不同，所以指向這個區間的指標可能會失效。因此，當參考到映射區間中的位址時，使用 *mremap()* 的應用程式應該只用 *offsets*（而不是絕對指標）（參考 48.6 節）。

在 Linux 上，*realloc()* 函式會使用 *mremap()* 來有效率地重新配置（之前 *malloc()* 使用 *mmap()* 與 MAP_ANONYMOUS 配置的記憶體）大型記憶體區塊（我們在 49.7 節提過 *glibc malloc()* 實作的功能）。將 *mremap()* 用在這個任務可以避免在重新配置記憶體期間有資料複製。

49.9 MAP_NORESERVE 與置換空間的使用過度

有些應用程式會建立大型的（通常是私有的匿名）映射，可是只使用一小部分的映射區間。例如：某些類型的科學應用程式會配置超大型陣列，可是只會操作該陣列的一些廣泛分佈的元素（稱為稀疏陣列）。

若核心總是為全部的這類映射配置（或保留）足夠的置換空間，那麼可能會浪費許多置換空間。反之，若核心可以只在映射分頁實際需要使用時，為映射分頁保留置換空間（如：當應用程式存取分頁時），這個方法稱之為延遲置換保留法（lazy swap reservation），優點是應用程式使用的全部虛擬記憶體可以超過 RAM 加上置換空間的總大小。

以其他方式擺放資料，所以延遲置換保留法可以讓置換空間使用過度。這可以運作良好，只要全部的行程不要存取它們全部的映射範圍。然而，若全部的應用程式真的想要存取它們映射的全部範圍時，RAM 與置換空間將會被耗盡。在這個情況中，核心會刪除系統上的一個或多個行程來減少記憶體壓力（memory pressure）。理想上，核心想要選擇引發記憶體問題的行程（參考底下的 *OOM killer* 討論），可是無法保證。基於這項理由，我們可以選擇在建立映射時避免使用延遲置換保留法，而是改為強制系統要配置所需的全部置換空間。

在呼叫 *mmap()* 時，核心如何透過使用 MAP_NORESERVE 旗標來控制置換空間保留的處理，並透過 /proc 介面來操控整個系統的置換空間使用過度。這些因素節錄於表 49-4。

表 49-4：在 *mmap()* 期間的置換空間保留處理

overcommit_memory value	MAP_NORESERVE specified in *mmap()* call?	
	No	Yes
0	Deny obvious overcommits	Allow overcommits
1	Allow overcommits	Allow overcommits
2 (since Linux 2.6)	Strict overcommitting	

Linux 特有的 /proc/sys/vm/overcommit_memory 檔案有一個整數值，可控制核心的置換空間使用過度處理。在 Linux 2.6 以前的版本，這個檔案只會出現兩個值：0 表示拒絕明顯的過度使用（受到 MAP_NORESERVE 旗標的控制），以及大於 0 表示應該允許在全部的情況中都能採取過度使用處理。

拒絕明顯的過度使用意謂著：可以允許新的映射大小不會超過現有的可用記憶體數量。現有的配置可以過度使用（因為它們不會被它們所映射的分頁使用）。

從 Linux 2.6 起，值為 1 的意思等同於早期核心的正值，可是值為 2（或更大）則會造成採用嚴格的過度使用（strict overcommitting）。在這個例子中，核心會對全部的 *mmap()* 配置執行嚴格的記帳（strict accounting），且限制這類配置在整個系統的總量應該要少於或等於：

```
[swap size] + [RAM size] * overcommit_ratio / 100
```

overcommit_ratio 的值是一個整數（表示一個百分比），存放在 Linux 特有的 /proc/sys/vm/overcommit_ratio 檔案，這個檔案的預設值是 50，表示核心最多可以過度配置 50% 的系統記憶體大小，而且會成功，只要不是全部的行程都試圖使用它們的全部配額就好。

注意，過度使用的監視只會針對下列映射類型：

- 私有的可寫映射（檔案與匿名映射），映射的置換成本等同於每個行程採用的映射大小。
- 共享的匿名映射，映射的置換成本就是映射的大小（因為所有的行程共享這個映射）。

不需要為唯讀的私有映射保留置換空間：因為映射的內容無法修改，不需要使用置換空間。共享檔案映射也不需要置換空間，因為被映射的檔案本身可以做為映射的置換空間。

當透過 *fork()* 產生的一個子行程繼承映射時，會繼承映射的 MAP_NORESERVE 設定，MAP_NORESERVE 旗標並未納入 SUSv3 規範，不過在一些其他的 UNIX 平台都有支援。

> 我們在本節已經討論過，由於系統的記憶體與置換空間限制，而在呼叫 *mmap()* 時可能無法增加一個行程的位址空間。若 *mmap()* 遭遇了個別行程的（per-process）RLIMIT_AS 資源限制（如 36.3 節所述，限制呼叫的行程之位址空間大小上限），則可能會執行失敗。

The OOM Killer

我們在上面提過，當我們使用延遲置換保留法時，若應用程式想要使用它們的整段映射時，可能會耗盡記憶體。此時，核心會透過殺掉行程來降低記憶體的使用量。

當記憶體耗盡時，通常是所知的 out-of-memory（OOM）killer（核心的程式碼，用來選擇一個要殺掉的行程），OOM killer 試圖選擇要殺掉的最佳的行程，以減少記憶體耗損，這裡「最佳」的意思是經由一些因素來決定的。例如，消耗越多記憶體的行程，就越像 OOM killer 要選擇的候選人。提昇選擇行程可能性的其他因素是：使用（fork）建立許多子行程的行程，而且低優先權（有較低的優先權，如：一個大於 0 的 nice 值），核心不贊成刪掉下列的行程：

- 特權的行程，因為它們可能執行重要的任務。
- 存取低階裝置的行程，因為刪掉它們可能會讓裝置處在無法使用的狀態。
- 執行一段時間或已經消耗許多 CPU 時間的行程，因為刪掉它們會導致損失許多成果。

為了殺掉所選的行程，OOM killer 會傳遞一個 SIGKILL 訊號

若需要呼叫 OOM killer 時，從核心 2.6.11 起開始支援 Linux 特有的 /proc/*PID*/oom_score 檔案，內容包含核心給予行程的比重。若有必要時，OOM killer 會參考檔案中的值來選擇行程，檔案中的值越大時，則行程越有機會被選擇。Linux 特有的 /proc/*PID*/oom_adj 檔案也從核心 2.6.11 起開始支援，可以用來影響行程的 *oom_score*。這個檔案可以設定為 -16 到 +15 範圍之間的任意值，在這裡負值會減少 *oom_score*，而正值會增加。特殊值 -17 則會做為 OOM killer 的候選行程，深入細節請參考 /*proc(5)* 使用手冊。

49.10　MAP_FIXED 旗標

在 *mmap()* 的 *flags* 參數指定 MAP_FIXED 會強制核心準確解譯 *addr* 的位址，而不是將它視為提示。若我們指定 MAP_FIXED，則 *addr* 必須對齊分頁。

通常可攜式應用程式應該忽略使用 MAP_FIXED，並將 *addr* 指定為 NULL，這允許系統自行選擇所要放置映射的位址。這麼做的理由與我們在 48.3 節的概述相同（解釋為什麼在使用 *shmat()* 加載一個 System V 共享記憶體區段時，通常會偏好將 *shmaddr* 指定為 NULL）。

然而，有一個情況可以讓可攜式應用程式使用 MAP_FIXED。若在呼叫 *mmap()* 時指定 MAP_FIXED，而記憶體區間（從 *addr* 開始並執行 *length* 個位元組）與任何之前的映射分頁重疊，接著重疊的分頁由新的映射取代。我們可以使用這項特徵，以可攜的方式將一個檔案（或數個檔案）的多重部分映射到鄰近的記憶體區間，如下所示：

1. 使用 *mmap()* 建立一個匿名映射（49.7 節），在 *mmap()* 呼叫中，我們將 *addr* 指定為 NULL，並且不指定 MAP_FIXED 旗標。這可以讓核心為映射選擇一個位址。

2. 使用一連串指定 MAP_FIXED 的 *mmap()* 呼叫，將檔案區間映射（即重疊）到之前步驟建立的映射之其他部分。

雖然我們可以跳過第一個步驟，並使用一連串的 *mmap()* MAP_FIXED 操作在應用程式選擇的位址範圍上建立一組鄰近的映射，這個方法相較於前述的兩個步驟而言，比較不具可攜性。

如同上面所提，可攜式應用程式應該避免試圖在固定的位址建立新的映射。第一個步驟可避免可攜的問題，因為我們讓核心自行選取鄰近的位址範圍，並接著在該位址範圍內建立新的映射。

從 Linux 2.6 以後，可以使用我們在下一節介紹的 *remap_file_pages()* 系統呼叫來達成同樣效果。然而，MAP_FIXED 的用法比 Linux 特有的 *remap_file_pages()* 更具可攜性。

49.11　非線性映射：*remap_file_pages()*

以 *mmap()* 建立的檔案映射是線性的：有序、在映射檔案分頁與記憶體區間分頁之間的一對一對應關係。對於多數的應用程式而言，線性映射已經足夠了。然而，有些應用程式需要建立大量的非線性映射（在鄰近記憶體中以不同順序出現的檔案分頁），我們在圖 49-5 呈現一個非線性映射的範例。

我們在上一節介紹過一種建立非線性映射的方式：多次呼叫使用 MAP_FIXED 旗標的 *mmap()* 多次。然而，這個方法的計量不是很好，問題在於：每次的 *mmap()* 呼叫會建立一個分隔的核心虛擬記憶體區間（Virtual Memory Area，VMA）資料結構。每個 VMA 需要花費時間設定並耗費一些不可置換的核心記憶體。此外，存在大量的 VMA 會降低虛擬記憶體管理器的效能；尤其是，當有上萬個 VMA 時，花在處理每個分頁錯誤的時間會明顯地增加（這對於某些大型的資料庫管理系統是一個問題，因為要維護一個資料庫檔案的多重檢視）。

> 在 /proc/*PID*/maps 檔案中的每一行（48.5 節）都代表一個 VMA。

從核心 2.6 起，Linux 提供 *remap_file_pages()* 系統呼叫，可以不需要建立多個 VMA 就能建立非線性映射。我們用下列的方式達成：

1. 以 *mmap()* 建立一個映射。

2. 使用一個或多個 *remap_file_pages()* 呼叫來重新排列在記憶體分頁與檔案分頁之間的對應（*remap_file_pages()* 唯一要做的事情就是調整行程分頁表）。

   > 可以使用 *remap_file_pages()* 將一個檔案的相同分頁映射到映射區間中的多個位置。

```
#define _GNU_SOURCE
#include <sys/mman.h>

int remap_file_pages(void *addr, size_t size, int prot, size_t pgoff, int flags);
```
                                            Returns 0 on success, or –1 on error

參數 *pgoff* 與 *size* 用來識別一個檔案區間在記憶體中要改變的位置，*pgoff* 參數以系統分頁大小為單位指定檔案區間的起始點（如同 *sysconf(_SC_PAGESIZE)* 的傳回值），*size* 參數指定檔案區間的長度（以位元組為單位），*addr* 參數提供兩個目的：

• 識別我們想要重新排列的現有映射分頁，換句話說，*addr* 必須是在之前使用 *mmap()* 映射的一個區間中的某個位址。

- 指定以 *pgoff* 與 *size* 識別的檔案分頁之記憶體位址。

addr 與 *size* 兩者應該都要指定為系統分頁大小的倍數，若不這麼設定，則它們會被延展到最接近的分頁大小倍數。

假設我們使用下列的 *mmap()* 呼叫來映射 *fd* 描述符參考的三個開啟檔案的分頁，則這個呼叫會將傳回的 0x4001a000 位址賦予 *addr*：

```
ps = sysconf(_SC_PAGESIZE);              /* Obtain system page size */
addr = mmap(0, 3 * ps, PROT_READ | PROT_WRITE, MAP_SHARED, fd, 0);
```

下列的呼叫會接著建立如圖 49-5 所示的非線性映射：

```
remap_file_pages(addr, ps, 0, 2, 0);
                            /* Maps page 2 of file into page 0 of region */
remap_file_pages(addr + 2 * ps, ps, 0, 0, 0);
                            /* Maps page 0 of file into page 2 of region */
```

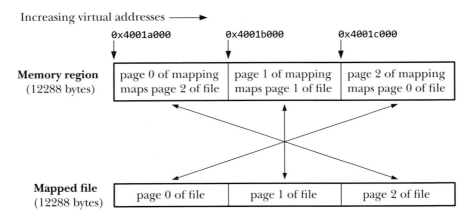

圖 49-5：一個非線性的檔案映射

還有兩個 *remap_file_pages()* 的參數我們尚未介紹：

- 會忽略 *prot* 參數，而且必須指定為 0。以後可以使用這個參數來改變受 *remap_file_pages()* 影響的記憶體區間保護。在目前的實作中，保護仍然一樣是設置在整個 VMA。

  虛擬機器與垃圾蒐集器（garbage collector）是其他採用多重 VMA 的應用。這些應用程式有些需要能對個別分頁進行寫入保護，*remap_file_pages()* 允許對一個 VMA 中要改變的個別分頁進行授權，但是這個設施（facility）到目前為止還沒有實作。

- *flags* 參數目前尚未使用。

如同目前已經實作的功能，*remap_file_pages()* 只能應用在共享（MAP_SHARED）映射。

remap_file_pages() 系統呼叫是 Linux 特有的，並未納入 SUSv3 規範，而且其他 UNIX 平台沒有支援。

49.12　小結

mmap() 系統呼叫在呼叫的行程的虛擬位址空間建立新的記憶體映射，*munmap()* 系統呼叫進行逆向操作，將映射由行程的位址空間移除。

映射可以有兩種類型：基於檔案（file-based）或匿名（anonymous）。檔案映射將檔案區間的內容對應到行程的虛擬位址空間。匿名映射（利用 MAP_ANONYMOUS 旗標或以映射 /dev/zero 所建立）沒有相對應的檔案區間；映射的資料初始化為 0。

映射不是私有（MAP_PRIVATE）就是共享（MAP_SHARED），這項差異決定了對共享記憶體的改變是否可見，而在檔案映射的例子中，決定核心是否要將所改變的映射內容影響到底層的檔案。當行程以 MAP_PRIVATE 旗標映射檔案時，對映射內容所做的任何改變對其他行程都是不可見的，且不會影響所映射的檔案。MAP_SHARED 檔案映射是相反的，映射的改變對其他的行程是可見的，而且會影響到所映射的檔案。

雖然核心會自動地將對 MAP_SHARED 映射內容所做的改變更動到底層的檔案，但不保證何時進行這個動作。應用程式可以使用 *msync()* 系統呼叫明確地控制何時要將映射內容與所映射的檔案進行同步。

記憶體映射提供各種用法，包含：

- 配置行程私有的記憶體（私有匿名映射）。
- 初始化一個行程的文字區段內容以及資料區段內容（私有檔案映射）。
- 在透過 *fork()* 的相關行程之間共享記憶體（共享匿名映射）。
- 執行記憶體映射 I/O，（選配地）在不相關的行程之間共享記憶體（共享檔案映射）。

當存取映射內容時，有兩個訊號會來一起來玩。若我們以會損害映射保護的方式存取時，則會產生 SIGSEGV 訊號（或若我們存取任何目前尚未映射的位址時）。若我們存取的那段映射內容（檔案沒有相對應的區間，如：映射大於底層的檔案時），則會對基於檔案的映射產生 SIGBUS 訊號。

置換空間的過度使用會讓系統配置比可用的 RAM 與置換空間還要多的記憶體給行程。過度使用是有可能發生的，因為一般每個行程不會使用它全部的配置，所以過度使用可以使用 *mmap()*（搭配 `MAP_NORESERVE` 旗標）進行個別控制，也可以使用 /proc 的檔案進行全系統的控制。

　　mremap() 系統呼叫允許更動現存的映射大小，*remap_file_pages()* 系統呼叫允許建立非線性檔案映射。

進階資訊

在 Linux 上關於 *mmap()* 的實作資訊可以在（Bovet & Cesati, 2005）中找到。在其他 UNIX 系統上關於 *mmap()* 的實作資訊可以在（McKusick 等人，1996）（BSD）、（Goodheart & Cox，1994）（System V Release 4）及（Vahalia，1996）（System V Release 4）找到。

49.13　習題

49-1. 設計一個類似 *cp(1)* 的程式，使用 *mmap()* 與 *memcpy()* 呼叫（取代 *read()* 或 *write()*）將來源檔案複製到目的檔案（使用 *fstat()* 取得輸入檔案的大小，可以用來設定所需記憶體映射的大小，及使用 *ftruncate()* 設定輸出檔案的大小）。

49-2. 重新設計列表 48-2（`svshm_xfr_writer.c`）與列表 48-3（`svshm_xfr_reader.c`）的程式，使用共享記憶體映射取代 System V 共享記憶體。

49-3. 設計一個程式驗證 `SIGBUS` 與 `SIGSEGV` 訊號在 49.4.3 節所述情況的傳遞情形。

49-4. 使用 49.10 節所述的 `MAP_FIXED` 技術設計一個程式，建立類似圖 49-5 所示的非線性映射。

50

虛擬記憶體操作
(Virtual Memory Operation)

本章探討對行程虛擬位址空間（*virtual address space*）執行的各種系統呼叫：

- *mprotect()* 系統呼叫會改變一塊虛擬記憶體區間（region）的保護。
- *mlock()* 與 *mlockall()* 系統呼叫會將一塊虛擬記憶體區間鎖進實體記憶體，以避免虛擬記憶體被置換出去（swap out）。
- *mincore()* 系統呼叫可以讓一個行程判斷虛擬記憶體區間中的分頁（page）是否位在實體記憶體中。
- *madvise()* 系統呼叫可以讓一個行程向核心提出建議，關於行程自己未來的一塊虛擬記憶體區間的使用模式。

這些系統呼叫有些能找到與共享記憶體區間（shared memory region）一起使用的特殊用法（第 48、49 與 54 章），不過它們可以用在一個行程虛擬記憶體的任何區間。

> 本章所述的技術實際上與 IPC 一點關係都沒有，不過我們在本書的這個部分提及 IPC，是因為它們有時會與共享記憶體一起使用。

50.1　改變記憶體的保護：*mprotect()*

系統呼叫 *mprotect()* 會改變虛擬記憶體分頁的保護，虛擬記憶體分頁的範圍以 *addr* 為起點，總共有 *length* 個位元組。

```
#include <sys/mman.h>

int mprotect(void *addr, size_t length, int prot);
                                        Returns 0 on success, or −1 on error
```

在 *addr* 中的值必須是系統分頁大小的倍數（如同 *sysconf(_SC_PAGESIZE)* 的傳回值，SUSv3 規定 *addr* 必須與分頁對齊，SUSv4 提到實作時可能要讓這個參數與分頁對齊）。因為保護是設定在全部的分頁，所以實際上 *length* 會延展到系統分頁大小的下一個倍數。

參數 *prot* 是一個位元遮罩（bit mask），指定這個記憶體區間的新保護，必須設定為 PROT_NONE 或使用 OR 邏輯運算組合一到多個這些旗標（PROT_READ、PROT_WRITE 與 PROT_EXEC），這些值全部都與 *mmap()* 的旗標意義相同（表 49-2）。

若有一個行程想要以違反記憶體保護的方式存取一塊記憶體區間，則核心會產生一個 SIGSEGV 訊號（signal）給行程。

如列表 50-1 所示，*mprotect()* 的其中一個用法是，改變原本使用 *mmap()* 呼叫設定的一塊映射記憶體區間之保護。這個程式建立一個匿名映射（anonymous mapping），初始化時拒絕全部的存取（PROT_NONE）。接著程式將區間的保護更改為可讀與可寫。在程式進行這些改變以前與之後，程式會使用 *system()* 函式執行一個 shell 指令，顯示與映射區間對應的 /proc/*PID*/maps 檔案內容，以便我們可以看到記憶體保護的改變（我們可以直接解析 /proc/self/maps 檔案，以取得映射的資訊，不過我們使用 *system()* 的原因是因為可以精簡程式碼）。當我們執行這個程式時，可以看到如下結果：

```
$ ./t_mprotect
Before mprotect()
b7cde000-b7dde000 ---s 00000000 00:04 18258 /dev/zero (deleted)
After mprotect()
b7cde000-b7dde000 rw-s 00000000 00:04 18258 /dev/zero (deleted)
```

我們從輸出的最後一行可以看到，*mprotect()* 已經將記憶體區間的存取權限更改為 PROT_READ ｜ PROT_WRITE（在 shell 的輸出中，出現在 /dev/zero 之後的 delete 字串解釋請參考 48.5 節）。

列表 50-1：使用 *mprotect()* 更改記憶體的保護

```
#define _BSD_SOURCE           /* Get MAP_ANONYMOUS definition from <sys/mman.h> */
#include <sys/mman.h>
#include "tlpi_hdr.h"

#define LEN (1024 * 1024)

#define SHELL_FMT "cat /proc/%ld/maps | grep zero"
#define CMD_SIZE (sizeof(SHELL_FMT) + 20)
                            /* Allow extra space for integer string */

int
main(int argc, char *argv[])
{
    char cmd[CMD_SIZE];
    char *addr;

    /* Create an anonymous mapping with all access denied */

    addr = mmap(NULL, LEN, PROT_NONE, MAP_SHARED | MAP_ANONYMOUS, -1, 0);
    if (addr == MAP_FAILED)
        errExit("mmap");

    /* Display line from /proc/self/maps corresponding to mapping */

    printf("Before mprotect()\n");
    snprintf(cmd, CMD_SIZE, SHELL_FMT, (long) getpid());
    system(cmd);

    /* Change protection on memory to allow read and write access */

    if (mprotect(addr, LEN, PROT_READ | PROT_WRITE) == -1)
        errExit("mprotect");

    printf("After mprotect()\n");
    system(cmd);                    /* Review protection via /proc/self/maps */

    exit(EXIT_SUCCESS);
}
```

50.2 記憶體鎖：*mlock()* 與 *mlockall()*

在一些應用程式中，將行程部分或全部的虛擬記憶體上鎖是很有用的，因為可以保證虛擬記憶體永遠會位在實體記憶體。做這件事情的理由之一是為了改善效能，可以保證存取上鎖的分頁絕對不會受到分頁錯誤（page fault）問題而延遲，這對於必須確保有快速回應時間的應用程式是很有用的。

另一個將記憶體上鎖的理由是安全性，若一塊包含敏感資料的虛擬記憶體分頁從未被置換出去，那麼這個分頁的副本就不曾被寫入磁碟。若分頁寫回了磁碟，理論上之後就可以直接從磁碟裝置讀取（攻擊者可以故意執行一個消耗大量記憶體的程式來達成這種情況，因此強迫其他行程的記憶體被置換到磁碟中）。在行程結束之後，甚至還可以從置換空間讀取資訊，因為核心不保證會清除置換空間的資料（一般而言，只有具有特權的行程可以從置換裝置讀取）。

> 筆電的休眠模式與一些桌上型系統一樣，會將系統的 RAM 儲存到磁碟，而不管記憶體是否上鎖。

我們在本節中探討用於對行程部分或全部虛擬記憶體上鎖與解鎖的系統呼叫。然而，在此之前我們先看一下處理記憶體上鎖的資源限制。

RLIMIT_LEMLOCK 資源限制

我們在 36.3 節簡單介紹了 RLIMIT_MEMLOCK 限制，它定義一個行程可以鎖在記憶體的位元組資料量限制。我們現在開始深入探討這項限制。

Linux 核心在 2.6.9 以前，只有特權行程（CAP_IPC_LOCK）可以將記憶體上鎖，而 RLIMIT_MEMLOCK 軟式（soft）資源限制會設定一個特權行程能上鎖的位元組資料數量上限。

從 Linux 2.6.9 起，將記憶體上鎖模型改成可以讓非特權行程鎖住小量的記憶體，當應用程式需要在上鎖的記憶體存放小量敏感資訊時很有用，可以確保敏感資料不會被寫入磁碟的置換空間，如：gpg 以這個方式儲存密碼。這些改變是：

* 沒有限制一個特權行程可以上鎖的記憶體數量（如：忽略 RLIMIT_MEMLOCK）。
* 一個非特權行程現在可以上鎖的記憶體可高達 RLIMIT_MEMLOCK 定義的柔性限制（soft limit）。

柔性與硬性（hard）RLIMIT_MEMLOCK 限制的預設值是 8 個分頁（如：在 x86-32 是 32,768 個位元組）。

RLIMIT_MEMLOCK 限制會影響：

- *mlock()* 與 *mlockall()*。
- *mmap()* 與 MAP_LOCKED 旗標，如 49.6 節所述，可以在建立一塊記憶體映射時對它上鎖。
- *shmctl()* 與 SHM_LOCK 操作，如 48.7 節所述，用於將 System V 共享記憶體區段（shared memory segments）上鎖。

因為虛擬記憶體是以分頁為單位管理，所以記憶體上鎖會套用在完整的分頁上。當執行限制檢查時，RLIMIT_MEMLOCK 限制是向下對齊到最接近的系統分頁大小倍數。

雖然這個資源限制有一個單獨的（柔性）值，不過實際上它分別定義兩個限制：

- 對於 *mlock()*、*mlockall()* 與 *mmap()* MAP_LOCKED 操作，RLIMIT_MEMLOCK 定義了個別行程（per-process）的限制，限制一個行程可以上鎖的虛擬位址空間位元組數。
- 對於 *shmctl()* SHM_LOCK 操作，RLIMIT_MEMLOCK 定義了個別使用者（per-user）的限制，限制此真實使用者 ID（real user ID）的行程可以上鎖的共享記憶體區段位元組數。當一個行程執行一個 *shmctl()* SHM_LOCK 操作時，核心會檢查 System V 共享記憶體的總位元組數（已經記載為由此真實使用者 ID 呼叫的行程上鎖的）。若要上鎖的區段大小不會超過 RLIMIT_MEMLOCK 的限制，則可以成功完成操作。

RLIMIT_MEMLOCK 在 System V 共享記憶體的語意不同，因為一塊共享記憶體區段可以持續存在，即使沒有任何行程加載（attach）這塊共享記憶體區段（只有在明確使用 *shmctl()* IPC_RMID 操作移除區段之後，以及只在全部的行程都已經將記憶體區段從它們的位址空間卸載之後）。

對記憶體區間上鎖與解鎖

一個行程可以使用 *mlock()* 與 *munlock()* 對記憶體區間進行上鎖與解鎖。

```
#include <sys/mman.h>

int mlock(void *addr, size_t length);
int munlock(void *addr, size_t length);
                                    Both return 0 on success, or –1 on error
```

系統呼叫 *mlock()* 可以將（屬於呼叫的行程的）虛擬位址上全部的分頁上鎖（以 *addr* 起始，長度為 *length* 個位元組的範圍）。與傳遞給一些其他記憶體相關系統呼叫的對應參數不同，*addr* 不需要與分頁對齊：核心會將分頁上鎖（在 *addr* 底下，從下一個分頁邊界起始的分頁）。然而，SUSv3 允許（選擇性地）實作這點規範（要求 *addr* 是系統分頁大小的倍數，而且可攜式應用程式應該在呼叫 *mlock()* 與 *munlock()* 時，確認這件事情）。

由於上鎖動作是以整個分頁為單位，所以已上鎖區間的結尾就是下一個分頁邊界（大於 *length* 加 *addr*）。例如：在一個分頁大小為 4,096 位元組的系統上，呼叫 *mlock(2000, 4000)* 會將第 0 個到第 8191 個位元組的資料上鎖。

> 若我們想要找出一個行程目前已經上鎖的記憶體數量，則可以檢視 Linux 特有的 /proc/*PID*/status 檔案中的 VmLck 紀錄。

在成功執行 *mlock()* 呼叫之後，可以保證指定範圍中的全部分頁已經上鎖，並置於實體記憶體內。若沒有足夠的實體記憶體可以將所需的分頁全部上鎖，或是若這個請求違反了 RLIMIT_MEMLOCK 軟式資源限制時，則 *mlock()* 系統呼叫就會失敗。

我們於列表 50-2 示範一個 *mlock()* 的使用範例。

系統呼叫 *munlock()* 執行 *mlock()* 的相反功能，會移除之前行程建立的一個記憶體鎖，*addr* 與 *length* 參數的意義與 *mlock()* 的解譯相同，將一組分頁解鎖不會保證它們會從所在的記憶體中抹除：分頁只有在為了回應其他行程的記憶體請求時才會被從 RAM 中抹除。

除了直接使用 *munlock()* 之外，在下列情況也會自動移除記憶體鎖：

- 於行程結束時。
- 若透過 *munmap()* 解除上鎖分頁的映射。
- 若使用 *mmap()* MAP_FIXED 旗標使得上鎖的分頁被覆蓋。

記憶體鎖的語意細節

我們在下列段落會提到一些記憶體鎖的語意細節。

經由 *fork()* 建立的子行程無法繼承記憶體鎖，行程在執行 *exec()* 之後也無法保留記憶體鎖。

當多個行程共享一組分頁時（如：一個 MAP_SHARED 映射），只要至少其中一個行程還持有這些分頁的記憶體鎖，這些分頁就仍然會被鎖在記憶體中。

記憶體鎖對於單一個行程而言並非巢狀的，若一個行程不斷地對某一段虛擬位址呼叫 *mlock()*，則只會建立一把鎖，而這把鎖只要呼叫一次 *munlock()* 就可以移除。另一方面，若我們在單一個行程裡的許多地方使用 *mmap()* 映射相同的一組分頁（如：相同的檔案），然後將這些映射都進行上鎖，那麼在 RAM 中的分頁會保持上鎖，直到全部的映射都已經解鎖為止。

實際上，記憶體鎖是以分頁為單位進行的，而且不可以是巢狀，這表示將 *mlock()* 與 *munlock()* 呼叫套用於相同虛擬分頁上的不同個資料結構是不合邏輯的。例如：假設我們在相同的虛擬記憶體分頁上有兩個（分別由 p1 指標與 p2 指標指向的）不同的資料結構，然後我們執行下列的呼叫：

```
mlock(*p1, len1);
mlock(*p2, len2);                  /* Actually has no effect */
munlock(*p1, len1);
```

上面的每個呼叫都會成功執行，只是最後全部的分頁都會被解鎖；也就是說，由 *p2* 所指的資料結構不會被鎖入記憶體。

注意，*shmctl()* SHM_LOCK 操作的語意（48.7 節）與下述的 *mlock()* 與 *mlockall()* 語意不同：

- 在一個 SHM_LOCK 操作之後，只有在後續參考分頁時，才會將分頁鎖入記憶體。相對之下，在呼叫回傳之前，*mlock()* 與 *mlockall()* 就會將全部的分頁鎖入記憶體。

- SHM_LOCK 操作會設定一個共享記憶體區段的屬性，而不是行程屬性（由於這個理由，在 /proc/*PID*/status 的 VmLck 欄位值不會包含已經使用 SHM_LOCK 上鎖的（任何已加載的）System V 共享記憶體區段大小）。這表示一旦鎖入記憶體，即使全部的行程都已經卸載這個共享記憶體區段，分頁仍然會存在記憶體中。相對地，使用 *mlock()*（或 *mlockall()*）鎖到記憶體的一塊區間，只要至少有一個行程持有這個區間的一把鎖，則仍會保持上鎖狀態。

一個行程中全部記憶體的上鎖與解鎖

一個行程可以使用 *mlockall()* 與 *munlockall()* 對它的全部記憶體進行上鎖與解鎖。

```
#include <sys/mman.h>

int mlockall(int flags);
int munlockall(void);
                            Both return 0 on success, or –1 on error
```

系統呼叫 *mlockall()* 會依據 *flags* 位元遮罩將下列的記憶體上鎖：在一個行程的虛擬位址空間中的全部現有映射分頁、在未來映射的全部分頁、或是上述兩者情況的分頁。可透過 OR 位元邏輯運算指定下列任一常數或兩個常數都指定：

MCL_CURRENT

將目前映射到呼叫的行程（calling process）的虛擬位址空間全部分頁上鎖，包含目前已配置給程式文字區段（text segment）、資料區段（data segment）、記憶體映射與堆疊（stack）的每個分頁。在成功執行指定 MCL_CURRENT 旗標的呼叫之後，呼叫的行程之全部分頁會保證都存在記憶體中。這個旗標不會影響後來在行程虛擬位址空間配置的分頁，這部分必須使用 MCL_FUTURE。

MCL_FUTURE

將之後映射的全部分頁鎖入呼叫的行程之虛擬位址空間，這類分頁可能是，例如：是透過 *mmap()* 或 *shmat()* 映射的一部分共享記憶體區間，或者是向上成長的堆積（heap）或向下成長的堆疊（stack）之一部分。指定 MCL_FUTURE 旗標的影響是：若系統耗盡了要配置給行程的 RAM、或者達到 RLIMIT_MEMLOCK 軟式資源限制時，則之後的記憶體配置操作（如：*mmap()*、*sbrk()* 或 *malloc()*）可能會失敗、或者堆疊成長可能會觸發 SIGSEGV 訊號（signal）。

對於限制、生命週期，以及使用 *mlock()* 建立的記憶體鎖之繼承規則，也都適用於使用 *mlockall()* 建立的記憶體鎖。

系統呼叫 *munlockall()* 會將呼叫的行程之全部分頁解鎖，並還原任何之前的 *mlockall(MCL_FUTURE)* 呼叫所造成的影響。至於 *munlock()*，則無法保證可以將解鎖的分頁從 RAM 中移除。

> 在 Linux 2.6.9 以前，需要特權（CAP_IPC_LOCK）才能呼叫 *munlockall()*（不過 *munlock()* 不需要特權）。從 Linux 2.6.9 起，不再需要特權。

50.3 判斷分頁是否位在記憶體（Memory Residence）：*mincore()*

系統呼叫 *mincore()* 使得記憶體上鎖的系統呼叫更加完備，可報告虛擬位址範圍內的哪些分頁目前正位在 RAM 中，因而存取這些分頁不會導致分頁錯誤。

SUSv3 並未規範 *mincore()*，不過在許多 UNIX 平台都可以使用，只是不是全部的 UNIX 系統都有提供。在 Linux 系統上，從核心 2.4 起已經開始提供 *mincore()*。

```
#define _BSD_SOURCE                    /* Or: #define _SVID_SOURCE */
#include <sys/mman.h>

int mincore(void *addr, size_t length, unsigned char *vec);
```
                                       Returns 0 on success, or −1 on error

系統呼叫 *mincore()* 會傳回分頁（在虛擬位址範圍內，以 *addr* 起始，長度為 *length* 位元組的分頁）是否位在記憶體（memory-residence）的資訊，*addr* 中提供的位址必須是是對齊分頁的，而且因為傳回的資訊是與全部的分頁相關，所以 *length* 會有效率地往上延展到下一個系統分頁大小的倍數。

關於是否位在記憶體的資訊會從 vec 傳回，這必須是一個大小為（ *length* + *PAGE_SIZE -1* ）/ *PAGE_SIZE* 個位元組的陣列。（在 Linux 系統上，*vec* 的型別是 *unsigned char **，在一些其他 UNIX 平台上，*vec* 的型別是 *char **）。若相對應的分頁位在記憶體中，則會設定每個位元組的最低有效位元（the least significant bit）。有些 UNIX 平台不會定義其他的位元設定，所以可攜式應用程式應該只對這個位元進行測試。

在產生呼叫與檢查 *vec* 元件期間，*mincore()* 傳回的資訊會改變。只有使用 *mlock()* 或 *mlockall()* 上鎖的分頁是唯一能保證還留在記憶體中的分頁。

> 在 Linux 2.6.21 以前，各種實作的問題意謂 *mincore()* 無法正確地回報 MAP_PRIVATE 映射或非線性映射是否位在記憶體中的資訊（使用 *remap_file_pages()* 建立）。

列表 50-2 示範如何使用 *mlock()* 及 *mincore()*，在使用 *mmap()* 配置與映射一個記憶體區間之後，這個程式會定期使用 *mlock()* 將整個區間或整群的分頁上鎖（這個程式的每個命令列參數都是分頁的項目；程式將這些分頁轉換為資料（byte），如同 *mmap()*、*mlock()* 及 *mincore()* 所需的）。在 *mlock()* 呼叫之前與之後，程式會使用 *mincore()* 取得區間中的分頁是否位在記憶體的資訊，並以圖像方式呈現資訊。

列表 50-2：使用 *mlock()* 與 *mincore()*

────────────────────────────────────── **vmem/memlock.c**

```
#define _BSD_SOURCE           /* Get mincore() declaration and MAP_ANONYMOUS
                                 definition from <sys/mman.h> */
#include <sys/mman.h>
#include "tlpi_hdr.h"

/* Display residency of pages in range [addr .. (addr + length - 1)] */

static void
```

```c
displayMincore(char *addr, size_t length)
{
    unsigned char *vec;
    long pageSize, numPages, j;

    pageSize = sysconf(_SC_PAGESIZE);

    numPages = (length + pageSize - 1) / pageSize;
    vec = malloc(numPages);
    if (vec == NULL)
        errExit("malloc");

    if (mincore(addr, length, vec) == -1)
        errExit("mincore");

    for (j = 0; j < numPages; j++) {
        if (j % 64 == 0)
            printf("%s%10p: ", (j == 0) ? "" : "\n", addr + (j * pageSize));
        printf("%c", (vec[j] & 1) ? '*' : '.');
    }
    printf("\n");

    free(vec);
}

int
main(int argc, char *argv[])
{
    char *addr;
    size_t len, lockLen;
    long pageSize, stepSize, j;

    if (argc != 4 || strcmp(argv[1], "--help") == 0)
        usageErr("%s num-pages lock-page-step lock-page-len\n", argv[0]);

    pageSize = sysconf(_SC_PAGESIZE);
    if (pageSize == -1)
        errExit("sysconf(_SC_PAGESIZE)");

    len =      getInt(argv[1], GN_GT_0, "num-pages") * pageSize;
    stepSize = getInt(argv[2], GN_GT_0, "lock-page-step") * pageSize;
    lockLen =  getInt(argv[3], GN_GT_0, "lock-page-len") * pageSize;

    addr = mmap(NULL, len, PROT_READ, MAP_SHARED | MAP_ANONYMOUS, -1, 0);
    if (addr == MAP_FAILED)
        errExit("mmap");

    printf("Allocated %ld (%#lx) bytes starting at %p\n",
            (long) len, (unsigned long) len, addr);
```

```
    printf("Before mlock:\n");
    displayMincore(addr, len);

    /* Lock pages specified by command-line arguments into memory */

    for (j = 0; j + lockLen <= len; j += stepSize)
        if (mlock(addr + j, lockLen) == -1)
            errExit("mlock");

    printf("After mlock:\n");
    displayMincore(addr, len);

    exit(EXIT_SUCCESS);
}
```
———————————————————————————————— vmem/memlock.c

我們在下列的 shell 作業階段示範執行列表 50-2 的程式，我們在這個範例配置 32 個分頁、每個群組有 8 個分頁。我們將 3 個連續的分頁上鎖：

```
$ su                                     Assume privilege
Password:
# ./memlock 32 8 3
Allocated 131072 (0x20000) bytes starting at 0x4014a000
Before mlock:
0x4014a000: ...............................
After mlock:
0x4014a000: ***.....***.....***.....***.....
```

在程式的輸出中，點表示分頁不在記憶體中，而星號表示分頁有在記憶體中，如同我們在最後一行輸出所見，每個群組中的 8 個分頁，有 3 個分頁是在記憶體中。

我們在這個範例使用了超級使用者（superuser）的特權（系統管理員權限），讓程式可以使用 *mlock()*。在 Linux 2.6.9 系統中，若是要上鎖的記憶體數量落在 RLIMIT_MEMLOCK 軟式資源限制之內，則不需要特權。

50.4　建議未來要使用的記憶體模式：*madvise()*

系統呼叫 *madvise()* 可以用來改善應用程式的效能，透過通知核心關於呼叫的行程之（likely）分頁的使用（分頁的範圍以 *addr* 開始，包含 *length* 個位元組）。核心可能會使用這個資訊來改善分頁底下的檔案映射（file mapping）之 I/O 效能（檔案映射的討論請參考 49.4 節）。在 Linux 系統上，從核心 2.4 起開始提供 *madvise()*。

```
#define _BSD_SOURCE
#include <sys/mman.h>

int madvise(void *addr, size_t length, int advice);
```
                                    Returns 0 on success, or −1 on error

指定給 *addr* 的值必須與分頁對齊，而且 *length* 會有效率地延展到下一個系統分頁大小的倍數，*advice* 參數則是下列其中一個值：

MADV_NORMAL

　　這是預設的行為，會將分頁分群傳輸（系統分頁大小的一個小倍數），這會導致提前讀取或延後讀取。

MADV_RANDOM

　　將會隨機存取這個區間的分頁，所以提前讀取不會獲得好處。因而，核心每次讀取時應該取得最小量的資料。

MADV_SEQUENTIAL

　　只會存取一次這個範圍中的分頁。因而，核心會積極地提前讀取，而且可以在存取過分頁之後，快速地將存取過的分頁釋放。

MADV_WILLNEED

　　提前讀取這個區間中的分頁，預備提供之後的存取使用。MADV_WILLNEED 操作的效果與 Linux 特有的 *readahead()* 系統呼叫與 *posix_fadvise()* POSIX_FADV_WILLNEED 操作的效果類似。

MADV_DONTNEED

　　呼叫的行程不再需要讓這個區間的分頁位在記憶體中。這個旗標真正的效果會隨著 UNIX 系統而異。我們先探討 Linux 系統上的行為，對於一個 MAP_PRIVATE 區間而言，映射的分頁會直接捨棄，這表示會遺失分頁的修改結果。虛擬記憶體位址範圍仍然是可以存取的，但是下次對每個分頁的存取則會導致分頁錯誤，而重新將分頁初始化為映射的檔案內容，或是在匿名映射的情況則是初始化為零。這可以用為表示 MAP_PRIVATE 區間的內容有明確地重新初始化。對於一個 MAP_SHARED 區間而言，核心在某些情況可能會捨棄修改過的分頁（決定於架構而定，這個行為在 x86 不會發生）。有些其他的 UNIX 平台行為會與 Linux 相同。然而，在一些 UNIX 系統上，MADV_DONTNEED 只會通知核心，告知指定的分頁若有必要可以置換出去。可攜式應用程式不應該倚賴 Linux 的 MADV_DONTNEED 破壞性語意。

Linux 2.6.16 新增三個新的非標準 *advice* 值：MADV_DONTFORK、MADV_DOFORK 及 MADV_REMOTE。Linux 2.6.32 與 2.6.33 新增其他四個非標準的 *advice* 值：MADV_HWPOISON、MADV_SOFT_OFFLINE、MADV_MERGEABLE 及 MADV_UNMERGEABLE。這些值會用於特殊情況，而且在 *madvise(2)* 使用手冊說明。

多數的 UNIX 系統會提供一個版本的 *madvise()*，通常至少允許上述的 *advice* 常數。然而，SUSv3 以不同的名稱將這個 API 標準化，*posix_madvise()*、與以 POSIX_ 字串做為字首的相對應 *advice* 參數。然而，常數有 POSIX_MADV_NORMAL、POSIX_MADV_RADOM、POSIX_MADV_SEQUENTIAL、POSIX_MADV_WILLNEED 及 POSIX_MADV_DONTNEED。在 *glibc* 中的另一個介面（2.2 版本及之後）也是使用 *madvise()* 呼叫實作，但並非每個 UNIX 平台都有支援。

> SUSv3 提及，*posix_madvise()* 不應該影響程式的語意。然而，在 *glibc* 2.6 以前的版本中，POSIX_MADV_DONTNEED 操作會使用 *madvise()* 與 MADV_DONTNEED 實作，如前述，這樣會影響程式的語意。自從 *glibc* 2.6 起，*posix_madvise()* 的封裝函式（wrapper）實作了一個不做任何處理的 POSIX_MADV_DONTNEED，以便這個函式不會影響到程式語意。

50.5　小結

我們在本章探討各種可以在一個行程（process）的虛擬記憶體（*virtual* memory）執行的操作：

- *mprotect()* 系統呼叫改改虛擬記憶體區間的保護。
- *mlock()* 與 *mlockall()* 系統呼叫分別將一個行程的部分或全部虛擬位址空間鎖入記憶體。
- *mincore()* 系統呼叫回報虛擬記憶體區間中的那些分頁（page）目前位在實體記憶體中。
- *madvise()* 系統呼叫與 *posix_madvise()* 函式允許一個行程對核心提出建議（advise），關於行程預期的記憶體使用模式。

50.6　習題

50-1. 設計一個程式，設定一個限制值，並接著試圖上鎖超過限制的記憶體數量，來驗證 RLIMIT_MEMLOCK 資源限制的效果。

50-2. 設計一個程式，驗證 *madvise()* MADV_DONTNEED 操作對於一個可寫入的 MAP_PRIAVTE 映射的執行結果。

51

POSIX IPC 簡介

POSIX.1b 在 realtime 擴充定義了一組 IPC 機制，它們與第 45 章至第 48 章介紹的 System V IPC 機制類似。（POSIX.1b 的開發者的其中一個目標是設計一組能夠補足 System V IPC 工具不足之處的 IPC 機制）。這些 IPC 機制統稱為 POSIX IPC，這三種 POSIX IPC 機制如下列所示：

- 訊息佇列（*message queue*）可用於在行程之間傳輸訊息，如同 System V 的訊息佇列，會保留訊息邊界，以便能以訊息為單位進行讀取與寫入通信（與管線提供的無分隔符號資料串流不同）。POSIX 訊息佇列能將每個訊息賦予一個優先權，如此可讓高優先權的訊息在佇列中能排在低優先權訊息之前。此功能與透過 System V 訊息的 type 欄位有些相似。

- 號誌（*semaphore*）可以讓多個行程將它們的動作進行同步，POSIX 號誌如同 System V 號誌，也是一個由核心維護的整數，其值絕對不會小於 0。POSIX 號誌比 System V 號誌較為易於使用：POSIX 號誌是個別配置的（與 System V 號誌集不同），並且分別使用兩個操作，對一個號誌進行加一或減一（與 *semop()* 系統呼叫的功能不同，此系統呼叫可原子式地對 System V 號誌集裡的多個號誌新增或減少任意值）。

- 共享記憶體（*shared memory*）可讓多個行程共用相同的記憶體區間。POSIX 共享記憶體如同 System V 共享記憶體，也提供一種快速的 IPC，只要行程更新共享記憶體，其改變就會立刻讓共用相同區間的其他行程見到。

本章將對各種 POSIX IPC 工具進行簡介，著重於介紹它們的共通特性。

51.1 API 簡介

這三種 POSIX IPC 機制有許多共通的特性，在表 51-1 節錄了它們的 API，後續篇幅將詳細介紹這些共通的功能。

> 除了表 51-1 所提及的，本章後續不再特別探討 POSIX 號誌實際上存在兩種形式：即命名號誌與未命名號誌。命名號誌與本章介紹的其他 POSIX IPC 機制類似：它們透過一個名字來識別，而且任何具備適當權限的行程都能存取此物件。未命名號誌則沒有關聯的 ID，而是被放置於一塊記憶體區間中，此記憶體由一組行程或單個行程的多個執行緒共用。我們在第 53 章將會對這兩種號誌詳加介紹。

表 51-1：POSIX IPC 物件程式設計介面的節錄

介面	訊息佇列	信號	共享記憶體
標頭檔	<mqueue.h>	<semaphore.h>	<sys/mman.h>
Object handle	*mqd_t*	*sem_t **	*int*（檔案描述符）
建立 / 開啟	*mq_open()*	*sem_open()*	*shm_open()* + *mmap()*
關閉	*mq_close()*	*sem_close()*	*munmap()*
移除（unlink）	*mq_unlink()*	*sem_unlink()*	*shm_unlink()*
執行 IPC	*mq_send()*,	*sem_post()*, *sem_wait()*,	於共享區間上操作
	mq_receive()	*sem_getvalue()*	
其他操作	*mq_setattr()*—設定屬性	*sem_init()*—初始化未命名號誌	無
	mq_getattr()—取得屬性	*sem_destroy()*—銷毀未命名號誌	
	mq_notify()—請求通知		

IPC 物件名稱（object name）

我們若要存取一個 POSIX IPC 物件，就必須要能夠識別該物件。SUSv3 規範識別 POSIX IPC 物件的唯一可攜（portable）方式是，此名稱須以一個斜線做為開頭，並接著一個或多個非斜線的字元（如 /myobject）。Linux 與一些其他系統（如 Solaris）都允許使用這類可攜的命名方式來為 IPC 物件命名。

在 Linux 系統上，POSIX 共享記憶體與訊息佇列物件的名稱最長為 NAME_MAX（255）個字元，而號誌的名稱長度則限制要少於 4 個字元，這是因為實作時會在號誌的名稱前頭加上 sem. 字串。

SUSv3 並未禁止使用 /myobject 以外格式的名稱，不過有提到這類名稱的語意是由實作定義的。有些系統建立 IPC 物件名稱的規則會不一樣。例如，在 Tru64 5.1 系統，IPC 物件名字會以標準檔案系統中的名稱建立，而且會將名稱解譯為一個絕對路徑或相對路徑名稱。若呼叫者沒有在該目錄建立檔案的權限，則 IPC *open* 呼叫就會失敗。這意謂非特權程式不能在 Tru64 系統上建立 /myobject 格式的名稱，因為非特權使用者通常不能在根目錄（/）建立檔案。有些其他系統在建構 IPC *open* 呼叫所需的名稱時，也同樣有依實作而定的規則。因此，我們應該在可攜的應用程式中，將產生 IPC 物件名稱的功能放在一個隔開的函式，或是放在適合該系統的標頭檔。

建立或開啟 IPC 物件

每個 IPC 機制都有一個關聯的 *open* 呼叫（*mq_open()*、*sem_open()* 以及 *shm_open()*），它與傳統用來開啟檔案的 UNIX *open()* 函式類似，我們只要給定一個 IPC 物件名稱，IPC *open* 呼叫則會完成下列其中一個工作：

- 以給定的名稱建立一個新物件，開啟該物件並傳回該物件的 handle。
- 開啟現有的物件，並傳回該物件的 handle。

IPC *open* 呼叫所傳回的 handle 與傳統的 *open()* 系統呼叫傳回的檔案描述符類似，可供後續的呼叫參考此物件。

IPC *open* 呼叫傳回的 handle 類型取決於物件的型別，對於訊息佇列而言，傳回的是一個訊息佇列描述符，其型別為 *mqd_t*。對於號誌而言，傳回的是一個 *sem_t ** 型別的指標。對於共享記憶體而言，傳回的是一個檔案描述符。

全部的 IPC *open* 呼叫至少都會接收三個參數：*name*、*oflag* 以及 *mode*，如下列 *shm_open()* 呼叫所示：

```
fd = shm_open("/mymem", O_CREAT | O_RDWR, S_IRUSR | S_IWUSR);
```

這些參數與傳統的 UNIX *open()* 系統呼叫所接收的參數類似，*name* 參數代表要建立或開啟的物件，*oflag* 參數是一個位元遮罩，在此參數中至少可包含下列幾種旗標：

O_CREAT

若物件不存在，則建立一個物件。若未指定此旗標且物件不存在，則發生錯誤（ENOENT）。

O_EXCL

若同時指定此旗標與 O_CREAT 旗標，且物件已經存在，則傳回錯誤
（EEXIST）。檢查是否存在與建立這兩個步驟是屬於原子式操作（5.1 節）。此
旗標在未指定 O_CREAT 時是沒有效果的。

依據物件類型，*oflag* 也可能會包含 O_RDONLY、O_WRONLY 以及 O_RDWR 其中一個，
其意義與它們在 *open()* 的含義類似，在一些 IPC 機制中還可以使用其他額外的
旗標。

最後的 *mode* 參數是一個位元遮罩，可指定呼叫所建立的新物件之權限（即指
定 O_CREAT 且物件尚未存在）。可能用於 *mode* 參數的值與檔案的用法相同（表 15-
4）。如同 *open()* 系統呼叫，*mode* 中的權限遮罩會根據行程的 umask（15.4.6 節）
設定遮罩。一個新 IPC 物件的所有權與群組所有權將依據執行此 IPC *open* 呼叫的
行程之有效使用者 ID（effective user）與群組 ID 來決定。（嚴格說來，在 Linux
系統上，新的 POSIX IPC 之所有權是由行程的檔案系統 ID 決定，而行程的檔案系
統 ID 通常與相對應的有效 ID 值相同，可參考 9.5 節）。

> 在將 IPC 物件置於標準檔案系統的系統上，SUSv3 允許實作將新 IPC 物件的
> 群組 ID 設定為父目錄的群組 ID。

關閉 IPC 物件

對於 POSIX 訊息佇列與號誌而言，當呼叫的行程已經用畢該物件時可使用 IPC
close 呼叫，讓系統釋放之前與該物件關聯的全部資源。POSIX 共享記憶體物件則
是透過 *munmap()* 解除映射來關閉的。

若行程終止或執行 *exec()*，則 IPC 物件會自動關閉。

IPC 物件的權限

IPC 物件的權限遮罩與檔案的權限遮罩相同，存取一個 IPC 物件的權限與存取檔案
的權限（15.4.3 節）相似，但是執行的權限對於 POSIX IPC 物件是沒有意義的。

從核心 2.6.19 起，Linux 提供使用存取控制清單（ACL），用以設定 POSIX
共享記憶體物件與命名號誌的權限。目前 POSIX 訊息佇列尚未支援 ACL。

刪除 IPC 物件與物件的持續性

如同開啟檔案，POSIX IPC 物件也有參考計數（reference counted），即核心會維
護物件的開啟參考次數。相較於 System V IPC 物件，這個方法使得應用程式易於
決定何時能夠安全地刪除物件。

每個 IPC 物件都有一個對應的 *unlink* 呼叫，其操作與應用於檔案的傳統的 *unlink()* 系統呼叫類似。*unlink* 呼叫會立即移除物件名稱，然後在每個行程用完物件（即當參考計數等於 0 時）之後銷毀物件。對於訊息佇列與號誌而言，這意謂在每個行程都關閉物件之後，物件就會被銷毀；而對於共享記憶體而言，在每個行程都使用 *munmap()* 解除與物件之間的映射關係之後，就會銷毀該物件。

在物件被移除之後，若 IPC *open* 呼叫以相同的物件名稱開啟，則將會參照到一個新物件（或是未指定 O_CREAT 則會失敗）。

如同 System V IPC，POSIX IPC 物件也具備核心持續性（kernel persistence），一旦建立物件，則就會一直存在，直到被移除或是系統關機。此特性可讓一個行程建立一個物件、修改其狀態，然後結束，並將物件留給之後啟動的一些行程存取使用。

透過命令列呈現與移除 POSIX IPC 物件

System V IPC 提供兩個指令可列出與移除 IPC 物件：*ipcs* 與 *ipcrm*。對於 POSIX IPC 物件而言，並沒有標準指令可以進行這些工作。然而，有很多系統（包括 Linux）都將 IPC 物件實作在一個掛載在根目錄（/）中某處的真實或虛擬檔案系統上，因此可以使用標準的 *ls* 與 *rm* 指令來列出與刪除 IPC 物件。（SUSv3 並沒有規定要使用 *ls* 與 *rm* 來完成這些任務）。使用這些指令的主要問題在於，POSIX IPC 物件名稱以及它們在檔案系統中所處的位置並未經過標準規範。

在 Linux 系統上，POSIX IPC 物件所在的虛擬檔案系統是掛載在已設定 sticky 位元的目錄。此位元是一個受限的刪除旗標（15.4.5 節），設定此位元代表非特權行程只能移除自己的 POSIX IPC 物件。

在 Linux 編譯使用 POSIX IPC 的程式

在 Linux 系統上，使用 POSIX 訊息佇列與共享記憶體的程式必須要連結 *realtime* 函式庫（*librt*），可使用 *cc –lrt* 選項。採用 POSIX 號誌的程式必須使用 *cc –pthread* 選項編譯。

51.2　比較 System V IPC 與 POSIX IPC

我們將在後續幾個章節分別對各種 POSIX IPC 機制進行介紹，同時還會將它們與其在 System V 中的對應機制進行比較。我們這裡先對這兩種 IPC 進行一般的比較。

相較於 System V IPC，POSIX IPC 具備下列的常見優點：

- POSIX IPC 的介面比 System V IPC 介面簡單。

- POSIX IPC 模型使用名稱取代鍵（key），而且使用 *open*、*close* 以及 *unlink* 函式，與傳統的 UNIX 檔案模型較為一致。

- POSIX IPC 物件是有參考計數的，可簡化物件的刪除，因為可以移除一個 POSIX IPC 物件，並且知道在每個行程都關閉此物件之後，物件就會被銷毀。

然而，System V IPC 具備一個顯著的優勢：就是可攜性。POSIX IPC 在下列的可攜性都不如 System V IPC：

- System V IPC 規範於 SUSv3，並且幾乎每個 UNIX 系統都有支援。相對之下，每個 POSIX IPC 機制在 SUSv3 中則是一個選配的元件，不是每個 UNIX 系統都有支援（全部的）POSIX IPC 機制。此情況可透過 Linux 上的微觀生態反映出來：從核心 2.4 開始提供 POSIX 共享記憶體，而到了核心 2.6 才提供完整的 POSIX 號誌實作，而到了核心 2.6.6 才提供 POSIX 訊息佇列。

- 即使 SUSv3 有規範 POSIX IPC 物件名稱，不過各種實作仍然採用不同的規則來命名 IPC 物件，這些差異使得程式人員在設計可攜的應用程式時需要額外做一些（很少的）工作。

- 許多 POSIX IPC 細節並沒有規範在 SUSv3 中，尤其是沒有規範要使用哪些指令來顯示與移除系統上的 IPC 物件。（許多系統使用標準的檔案系統指令，但識別 IPC 物件的路徑名稱之細節資訊則隨著實作而異）。

51.3 小結

POSIX IPC 是一個通用名稱，代表 POSIX.1b 設計來取代三種類似的 System V IPC 機制：訊息佇列、號誌以及共享記憶體。

POSIX IPC 介面與傳統的 UNIX 檔案模型較為一致，IPC 物件是透過名稱來識別的，並使用與檔案系統類似的 *open*、*close* 以及 *unlink* 等系統呼叫進行管理。

POSIX IPC 提供的介面在許多方面都比 System V IPC 介面優異，但 POSIX IPC 的可攜性則略為不如 System V IPC。

52

POSIX 訊息佇列

本章會介紹 POSIX 訊息佇列（message queue），它允許行程之間以訊息的形式交換資料。POSIX 訊息佇列與 System V 訊息佇列的相似之處在於，資料的交換是以整個訊息為單位，然而，它們之間仍然存在一些顯著的差異：

- POSIX 訊息佇列有參考計數（reference count）功能，只有在每個使用佇列的行程都將佇列關閉之後，才會將佇列標示為移除。

- 每個 System V 訊息都有一個整數型別，而且能使用 *msgrcv()* 以各種方式選擇訊息。相對之下，POSIX 訊息有一個關聯的優先權，而且訊息總是嚴格依照優先權排序（以及接收）的。

- POSIX 訊息佇列會提供一個功能，當一個佇列有一筆訊息可讀取時，會以非同步方式通知行程。

POSIX 訊息佇列的功能是最近才加入 Linux 中，所需的實作支援是從核心 2.6.6 才加入的（此外，還需要 *glibc* 2.3.4 或之後的版本）。

> 可透過核心的 CONFIG_POSIX_MQUEUE 選項啟用 POSIX 訊息佇列的功能。

52.1 概述

POSIX 訊息佇列 API 中的主要函式如下：

- *mq_open()* 函式建立一個新訊息佇列、或開啟一個既有的佇列，傳回後續呼叫中會用到的訊息佇列描述符（descriptor）。
- *mq_send()* 函式對佇列寫入一筆訊息。
- *mq_receive()* 函式從佇列讀取一筆訊息。
- *mq_close()* 函式會將行程（process）之前開啟的一個訊息佇列關閉。
- *mq_unlink()* 函式會移除一個訊息佇列名稱，並在全部行程關閉此佇列時，將這個佇列標示為刪除。

上述的函式所提供的功能是相當明顯的，此外，POSIX 訊息佇列 API 還具備一些特別的特性：

- 每個訊息佇列都有一組關聯的屬性（attribute），其中一些屬性可以在使用 *mq_open()* 建立或開啟佇列時進行設定。有兩個函式可以取得與修改佇列屬性：*mq_getattr()* 和 *mq_setattr()*。
- 函式 *mq_notify()* 允許一個行程註冊取得一個佇列的訊息通知，使得每當有訊息時，就會透過訊號（signal）、或是以一個單獨執行緒透過呼叫函式來通報行程。

52.2 開啟、關閉與移除一個訊息佇列

我們在本節介紹用來開啟、關閉與移除訊息佇列的函式。

開啟一個訊息佇列

函式 *mq_open()* 會建立一個新的訊息佇列、或開啟一個既有的佇列。

```
#include <fcntl.h>              /* Defines O_* constants */
#include <sys/stat.h>          /* Defines mode constants */
#include <mqueue.h>

mqd_t mq_open(const char *name, int oflag, ...
              /* mode_t mode, struct mq_attr *attr */);
        Returns a message queue descriptor on success, or (mqd_t) –1 on error
```

參數 *name* 代表訊息佇列，可依據 51.1 節的規則指定其值。

參數 *oflag* 是一個位元遮罩（bit mask），它控制著 *mq_open()* 的各個方面操作，表 52-1 列出了這個遮罩能使用的值。

表 52-1：mq_open() *oflag* 參數的位元值

旗標	說明
O_CREAT	若佇列不存在時則建立佇列
O_EXCL	與 O_CREAT 同時使用，互斥地建立佇列
O_RDONLY	以唯讀方式開啟
O_WRONLY	以唯寫方式開啟
O_RDWR	以可讀寫方式開啟
O_NONBLOCK	以非阻塞模式開啟

參數 *oflag* 的其中一個用途是，決定開啟一個既有的佇列、或建立與開啟一個新的佇列。若在 *oflag* 沒有使用 O_CREAT，則會開啟一個既有的佇列。若在 *oflag* 中使用了 O_CREAT，而且 *name* 指定的佇列不存在，則會建立一個新的空佇列。若在 *oflag* 同時指定 O_CREAT 與 O_EXCL，而且 *name* 指定的佇列已經存在，則 *mq_open()* 就會失敗。

可以在 *oflag* 參數使用 O_RDONLY、O_WRONLY 以及 O_RDWR 的其中之一來代表呼叫的行程（calling process）對訊息佇列的存取方式。

最後一個旗標值（O_NONBLOCK）會以非阻塞的（nonblocking）模式開啟佇列，若後續的 *mq_receive()* 或 *mq_send()* 呼叫無法在不阻塞的情況執行，則呼叫會立即傳回 EAGAIN 錯誤。

若使用 *mq_open()* 來開啟一個既有的訊息佇列，則這個呼叫只需要兩個參數，但若在 *flags* 指定了 O_CREAT，則還需要另外兩個參數：*mode* 與 *attr*（若 *name* 指定的佇列已經存在，則會忽略這兩個參數），這些參數的用法如下：

- 參數 *mode* 是一個位元遮罩，指定新訊息佇列的權限，這個參數可指定的位元值（bit value）與檔案的遮罩值（表 15-4）相同，並如同 *open()*，*mode* 值會受到行程的 umask（15.4.6 節）遮罩。要從一個佇列中讀取訊息（*mq_receive()*）必須要將讀取權限賦予相對應類型的使用者，若要寫入訊息到佇列（*mq_send()*）則需要具備寫入的權限。

- 參數 *attr* 是一個 *mq_attr* 結構，指定了新訊息佇列的屬性，若 *attr* 為 NULL，則會以實作定義的預設屬性來建立佇列。我們在 52.4 節會介紹 *mq_attr* 結構。

在 *mq_open()* 成功結束時，會傳回一個訊息佇列的描述符，這是一個 *mqd_t* 型別的值，在後續的呼叫中將會使用它來參考這個開啟的訊息佇列。SUSv3 對這個資料型別的唯一約束是它不可以是陣列，即需要確保這個型別可以直接使用等號指派值，或是可以做為函式的傳值參數（在 Linux 上，*mqd_t* 是一個 int，不過在 Solaris 定義為 *void* *）。

列表 52-2 提供一個使用 *mq_open()* 的例子。

fork()、*exec()* 以及行程終止對訊息佇列描述符的影響

在 *fork()* 期間，子行程會接收父行程的訊息佇列描述符副本，而這些描述符會參考到同樣的開啟訊息佇列描述符（open message queue description），我們在 52.3 節會介紹訊息佇列描述符。子行程不會繼承任何父行程的訊息通知登記（message notification registration）。

當一個行程執行了一個 *exec()* 或終止時，行程開啟的全部訊息佇列描述符都會被關閉。關閉訊息佇列描述符會註銷與行程佇列對應的全部訊息通知登記。

關閉一個訊息佇列

mq_close() 函式會關閉訊息佇列描述符（mqdes）。

```
#include <mqueue.h>

int mq_close(mqd_t mqdes);
```
                                                    Returns 0 on success, or –1 on error

若呼叫的行程已經透過 *mqdes* 登記了佇列的訊息通知（52.6 節），則會自動移除通知登記，而另一個行程之後就能跟這個佇列註冊訊息通知。

當一個行程終止或呼叫了 *exec()* 時，會自動關閉一個訊息佇列描述符。如同檔案描述符，在不需要使用訊息佇列描述符時，應該要明確地關閉訊息佇列描述符，以避免行程耗盡訊息佇列描述符。

如同檔案的 *close()*，關閉一個訊息佇列並不會刪除佇列，若要刪除佇列，則需要使用 *mq_unlink()*，這是 *unlink()* 的訊息佇列版本。

移除一個訊息佇列

函式 *mq_unlink()* 會移除 *name* 所代表的訊息佇列，並在全部的行程使用完這個佇列之後，將佇列標示為銷毀（這可能意謂著會立即刪除，前提是全部開啟這個佇列的行程都已經將這個佇列關閉了）。

```
#include <mqueue.h>

int mq_unlink(const char *name);
```
                                        Returns 0 on success, or –1 on error

列表 52-1 示範了 *mq_unlink()* 的用法。

列表 **52-1**：使用 *mq_unlink()* 移除一個 POSIX 訊息佇列

————————————————————————————————————— pmsg/pmsg_unlink.c
```
#include <mqueue.h>
#include "tlpi_hdr.h"

int
main(int argc, char *argv[])
{
    if (argc != 2 || strcmp(argv[1], "--help") == 0)
        usageErr("%s mq-name\n", argv[0]);

    if (mq_unlink(argv[1]) == -1)
        errExit("mq_unlink");
    exit(EXIT_SUCCESS);
}
```
————————————————————————————————————— pmsg/pmsg_unlink.c

52.3　描述符與訊息佇列之間的關係

一個訊息佇列描述符與一個開啟訊息佇列描述符之間的關係如同一個檔案描述符與開啟檔案描述符之間的關係（見圖 5-2）。訊息佇列描述符是一個行程層級的 handle，參考到系統層級的開啟訊息佇列描述符表格（table of open message queue description）中的一筆紀錄，而這筆紀錄參考到一個訊息佇列物件，這些關係如圖 52-1 所示。

> 在 Linux 系統上，POSIX 訊息佇列是以虛擬檔案系統中的 i-node 實作，而訊息佇列描述符與開啟訊息佇列描述符分別實作為檔案描述符與開啟檔案描述符。然而，SUSv3 並沒有規範實作細節，而且有些 UNIX 實作也沒有採用這種實作方式。我們在 52.7 節會對這點提出討論，因為 Linux 使用這些實作，所以提供了一些非標準的特性。

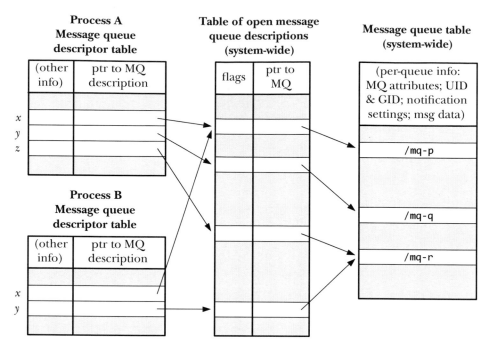

圖 52-1：POSIX 訊息佇列與核心資料結構的關係

圖 52-1 有助於釐清訊息佇列描述符的許多使用細節（全部都與檔案描述符的用法類似）：

- 一個開啟訊息佇列描述符（open message queue description）有一組關聯的旗標，這類旗標在 SUSv3 只有規範一個（即 O_NONBLOCK），用來決定 I/O 是否為非阻塞式。

- 兩個行程可以持有參考到相同開啟訊息佇列描述符的訊息佇列描述符（圖中的 *x* 描述符）。當一個行程開啟一個訊息佇列之後再呼叫 *fork()* 時，就會發生這種情況。這些描述符會共用 O_NONBLOCK 旗標的狀態。

- 兩個行程可以持有一些開啟訊息佇列描述符，這些開啟訊息佇列描述符會參考到不同的訊息佇列描述符，而這些訊息佇列描述符則參考到相同的訊息佇列（即行程 A 的描述符 *z* 與行程 B 的描述符 *y* 都參考到 /mq-r）。當兩個行程各自使用 *mq_open()* 開啟同一個佇列時，就會發生這種情況。

52.4 訊息佇列的屬性

在 *mq_open()*、*mq_getattr()* 以及 *mq_setattr()* 函式都會接收一個參數,一個指向 *mq_attr* 結構的指標,這個結構定義於 <mqueue.h>,其格式如下:

```
struct mq_attr {
    long mq_flags;          /* Message queue description flags: 0 or
                               O_NONBLOCK [mq_getattr(), mq_setattr()] */
    long mq_maxmsg;         /* Maximum number of messages on queue
                               [mq_open(), mq_getattr()] */
    long mq_msgsize;        /* Maximum message size (in bytes)
                               [mq_open(), mq_getattr()] */
    long mq_curmsgs;        /* Number of messages currently in queue
                               [mq_getattr()] */
};
```

在我們開始深入探討 *mq_attr* 細節之前,需要特別指出下列幾點:

- 這三個函式每個都只用到其中幾個欄位,每個函式會用到的欄位都有在上列的結構定義註解中說明。

- 這個結構內含資訊是與一個訊息佇列描述符相關聯的開啟訊息佇列描述符(*mq_flags*),以及這個描述符參考的佇列(*mq_maxmsg*、*mq_msgsize*、*mq_curmsgs*)。

- 有些欄位包含的佇列資訊是固定的(使用 *mq_open()* 建立的佇列,*mq_maxmsg* 和 *mq_msgsize*);其他欄位則傳回訊息佇列描述符(*mq_flags*)或訊息佇列(*mq_curmsgs*)的目前狀態。

在建立佇列期間設定訊息佇列屬性

當我們使用 *mq_open()* 建立一個訊息佇列時,可以透過下列的 *mq_attr* 欄位來決定佇列屬性:

- 欄位 *mq_maxmsg* 定義了使用 *mq_send()* 寫入訊息佇列的訊息數量上限,這個值必須大於 0。

- *mq_msgsize* 欄位定義了可以放入訊息佇列的每筆訊息大小上限,其值必須大於 0。

核心根據這兩個值來決定訊息佇列所需的最大記憶體數量。

在建立訊息佇列時就決定了 *mq_maxmsg* 與 *mq_msgsize* 屬性,之後就無法改變了。我們在 52.8 節會介紹兩個 /proc 檔案,分別可以指定 *mq_maxmsg* 與 *mq_msgsize* 屬性值,這適用於整個系統層級。

列表 52-2 的程式為 *mq_open()* 函式提供一個命令列介面，並示範如何在 *mq_open()* 使用 *mq_attr* 結構。

可以使用兩個命令列選項來指定訊息佇列的屬性：*-m* 可指定 *mq_maxmsg*，*-s* 用於指定 *mq_msgsize*，只要提供其中一個選項，則會將不為 NULL 的 *attrp* 參數傳遞給 *mq_open()*。若只在命令列指定 *-m* 或 *-s* 選項，則 *attrp* 指向的 *mq_attr* 結構之某些欄位就會使用預設值。若兩個選項都沒有指定，則在呼叫 *mq_open()* 時會將 *attrp* 指定為 NULL，這會以實作定義的預設佇列屬性來建立佇列。

列表 52-2：建立一個 POSIX 訊息佇列

————————————————————————————————————— **pmsg/pmsg_create.c**

```c
#include <mqueue.h>
#include <sys/stat.h>
#include <fcntl.h>
#include "tlpi_hdr.h"

static void
usageError(const char *progName)
{
    fprintf(stderr, "Usage: %s [-cx] [-m maxmsg] [-s msgsize] mq-name "
            "[octal-perms]\n", progName);
    fprintf(stderr, "    -c         Create queue (O_CREAT)\n");
    fprintf(stderr, "    -m maxmsg  Set maximum # of messages\n");
    fprintf(stderr, "    -s msgsize Set maximum message size\n");
    fprintf(stderr, "    -x         Create exclusively (O_EXCL)\n");
    exit(EXIT_FAILURE);
}

int
main(int argc, char *argv[])
{
    int flags, opt;
    mode_t perms;
    mqd_t mqd;
    struct mq_attr attr, *attrp;

    attrp = NULL;
    attr.mq_maxmsg = 10;
    attr.mq_msgsize = 2048;
    flags = O_RDWR;

    /* Parse command-line options */

    while ((opt = getopt(argc, argv, "cm:s:x")) != -1) {
        switch (opt) {
        case 'c':
```

```
                    flags |= O_CREAT;
                    break;

            case 'm':
                    attr.mq_maxmsg = atoi(optarg);
                    attrp = &attr;
                    break;

            case 's':
                    attr.mq_msgsize = atoi(optarg);
                    attrp = &attr;
                    break;

            case 'x':
                    flags |= O_EXCL;
                    break;

            default:
                    usageError(argv[0]);
            }
    }

    if (optind >= argc)
        usageError(argv[0]);

    perms = (argc <= optind + 1) ? (S_IRUSR | S_IWUSR) :
                getInt(argv[optind + 1], GN_BASE_8, "octal-perms");

    mqd = mq_open(argv[optind], flags, perms, attrp);
    if (mqd == (mqd_t) -1)
        errExit("mq_open");

    exit(EXIT_SUCCESS);
}
```

—————————————————————————— **pmsg/pmsg_create.c**

取得訊息佇列的屬性

函式 *mq_getattr()* 會傳回一個 *mq_attr* 結構，這個結構包含了訊息佇列描述符與訊息佇列關聯的描述符 mqdes 資訊。

```
#include <mqueue.h>

int mq_getattr(mqd_t mqdes, struct mq_attr *attr);
                                    Returns 0 on success, or −1 on error
```

除了上述的 *mq_maxmsg* 與 *mq_msgsize* 欄位，在 *attr* 指向的傳回結構中還會有下列
欄位：

mq_flags

這些是與 *mqdes* 描述符關聯的開啟訊息佇列描述符的旗標，只有一個旗標值
（O_NONBLOCK），這個旗標會依據 *mq_open()* 的 *oflag* 參數進行初始化，並可以
使用 *mq_setattr()* 修改這個旗標。

mq_curmsgs

這是目前在佇列中的訊息數量，若有其他行程讀取或寫入佇列的訊息，則這
個資訊可能在 *mq_getattr()* 返回時已經改變。

列表 52-3 的程式會使用 *mq_getattr()* 來取得命令列參數指定的訊息佇列之屬性，然
後在標準輸出顯示這些屬性。

列表 52-3：取得 POSIX 訊息佇列屬性

─────────────────────────────────────── **pmsg/pmsg_getattr.c**
```
#include <mqueue.h>
#include "tlpi_hdr.h"

int
main(int argc, char *argv[])
{
    mqd_t mqd;
    struct mq_attr attr;

    if (argc != 2 || strcmp(argv[1], "--help") == 0)
        usageErr("%s mq-name\n", argv[0]);

    mqd = mq_open(argv[1], O_RDONLY);
    if (mqd == (mqd_t) -1)
        errExit("mq_open");

    if (mq_getattr(mqd, &attr) == -1)
        errExit("mq_getattr");

    printf("Maximum # of messages on queue:   %ld\n", attr.mq_maxmsg);
    printf("Maximum message size:             %ld\n", attr.mq_msgsize);
    printf("# of messages currently on queue: %ld\n", attr.mq_curmsgs);
    exit(EXIT_SUCCESS);
}
```
─────────────────────────────────────── **pmsg/pmsg_getattr.c**

下列的 shell 作業階段會使用列表 52-2 的程式來建立一個訊息佇列，並使用實作定義的預設值來初始化屬性（即傳入 *mq_open()* 的最後一個參數為 NULL），然後使用列表 52-3 的程式來顯示佇列屬性，以便我們能夠看到 Linux 的預設值。

```
$ ./pmsg_create -cx /mq
$ ./pmsg_getattr /mq
Maximum # of messages on queue:   10
Maximum message size:             8192
# of messages currently on queue: 0
$ ./pmsg_unlink /mq                          Remove message queue
```

我們從上列輸出可以看出，Linux 的 *mq_maxmsg* 與 *mq_msgsize* 預設值分別是 10 與 8,192。

在不同的實作上，*mq_maxmsg* 與 *mq_msgsize* 的預設值有很大的差異，可攜式應用程式通常會需要直接指定這些屬性值，而不是依賴於預設值的設定。

修改訊息佇列屬性

函式 *mq_setattr()* 會設定與訊息佇列描述符 *mqdes* 關聯的訊息佇列描述符屬性，並選擇性地傳回訊息佇列的相關資訊。

```
#include <mqueue.h>

int mq_setattr(mqd_t mqdes, const struct mq_attr *newattr,
struct mq_attr *oldattr);
                                  Returns 0 on success, or −1 on error
```

mq_setattr() 函式會執行下列任務：

- 使用 *newattr* 指向的 *mq_attr* 結構的 *mq_flags* 欄位，來修改與描述符 *mqdes* 相關聯的訊息佇列描述符之旗標。

- 若 *oldattr* 不為 NULL，則傳回一個包含之前的訊息佇列描述符旗標與訊息佇列屬性的 *mq_attr* 結構（即與 *mq_getattr()* 執行的任務相同）。

在 SUSv3 規範中，可以使用 *mq_setattr()* 修改的唯一屬性是 O_NONBLOCK 旗標的狀態。

若要提供特定實作定義其他可修改的旗標，或是 SUSv3 之後可能會新增的旗標，則可攜式應用程式應該使用 *mq_getattr()* 來取得 *mq_flags* 的值、並修改 O_NONBLOCK 位元，來改變 O_NONBLOCK 旗標的狀態。並且呼叫 *mq_setattr()* 來改變 *mq_flags* 的設定。例如，為了啟用 O_NONBLOCK，我們需要如下的動作：

```
if (mq_getattr(mqd, &attr) == -1)
    errExit("mq_getattr");
attr.mq_flags |= O_NONBLOCK;
if (mq_setattr(mqd, &attr, NULL) == -1)
    errExit("mq_setattr");
```

52.5　交換訊息

我們在本節會介紹對佇列發送訊息與從佇列接收訊息的函式。

52.5.1　發送訊息

函式 *mq_send()* 將（*msg_ptr* 指向的緩衝區中的）訊息新增到（*mqdes* 描述符參考的）訊息佇列。

```
#include <mqueue.h>

int mq_send(mqd_t mqdes, const char *msg_ptr, size_t msg_len,
            unsigned int msg_prio);
```
                                        Returns 0 on success, or –1 on error

參數 *msg_len* 指定（*msg_ptr* 指向的）訊息長度，這個值必須小於或等於佇列的 *mq_msgsize* 屬性，否則 *mq_send()* 會失敗並傳回 EMSGSIZE 錯誤，訊息長度可以為零。

　　每筆訊息都有一個優先權（用無號整數表示），由 *msg_prio* 參數指定，在佇列中的訊息會依照優先權的值遞減排序（即 0 代表最低優先權）。當將一筆新訊息新增到佇列時，會將訊息放至於相同優先權的全部訊息之後，若一個應用程式無須使用訊息優先權，則只需要將 *msg_prio* 指定為 0 即可。

> 如本章開頭所提及，System V 訊息的類型屬性有不同的功能，System V 訊息總是依據 FIFO 順序排列，但 *msgrcv()* 能夠讓我們以各種方式來選擇訊息：如依照 FIFO 順序、訊息類型、或小於或等於某個值的最高類型。

SUSv3 允許一個實作將訊息優先權制定一個上限，可透過定義 MQ_PRIO_MAX 常數或是 *sysconf(_SC_MQ_PRIO_MAX)* 的回傳值達成。SUSv3 規定這個上限值至少是 32（*_POSIX_MQ_PRIO_MAX*），即優先權範圍最少是在 0 到 31 之間。然而，在實際實作的範圍會有很大的差別，如 Linux 的這個常數值是 32,768，而在 Solaris，這個常數值為 32，在 Tru64 則為 256。

若訊息佇列已經填滿了（即已經達到佇列的 *mq_maxmsg* 限制），則後續的
mq_send() 呼叫會發生阻塞，直到佇列有空間可以寫入為止。若 O_NONBLOCK 旗標有
生效，則在佇列滿時，*mq_send()* 呼叫會失敗並傳回 EAGAIN 錯誤。

列表 52-4 程式為 *mq_send()* 函式提供一個命令列介面，我們在下一節會示範
如何使用這個程式。

列表 52-4：寫入一筆訊息到 POSIX 訊息佇列

———————————————————————————————— **pmsg/pmsg_send.c**

```c
#include <mqueue.h>
#include <fcntl.h>                  /* For definition of O_NONBLOCK */
#include "tlpi_hdr.h"

static void
usageError(const char *progName)
{
    fprintf(stderr, "Usage: %s [-n] mq-name msg [prio]\n", progName);
    fprintf(stderr, "    -n          Use O_NONBLOCK flag\n");
    exit(EXIT_FAILURE);
}

int
main(int argc, char *argv[])
{
    int flags, opt;
    mqd_t mqd;
    unsigned int prio;

    flags = O_WRONLY;
    while ((opt = getopt(argc, argv, "n")) != -1) {
        switch (opt) {
        case 'n':  flags |= O_NONBLOCK;         break;
        default:   usageError(argv[0]);
        }
    }

    if (optind + 1 >= argc)
        usageError(argv[0]);

    mqd = mq_open(argv[optind], flags);
    if (mqd == (mqd_t) -1)
        errExit("mq_open");

    prio = (argc > optind + 2) ? atoi(argv[optind + 2]) : 0;

    if (mq_send(mqd, argv[optind + 1], strlen(argv[optind + 1]), prio) == -1)
        errExit("mq_send");
```

```
        exit(EXIT_SUCCESS);
    }
```

52.5.2　接收訊息

函式 *mq_receive()* 會從 *mqdes* 參考到的訊息佇列中移除一筆優先權最高、最早的訊息，並使用 *msg_ptr* 指向的緩衝區來儲存與回傳訊息。

```
#include <mqueue.h>

ssize_t mq_receive(mqd_t mqdes, char *msg_ptr, size_t msg_len,
                   unsigned int *msg_prio);
        Returns number of bytes in received message on success, or −1 on error
```

呼叫者會使用 *msg_len* 參數來指定（*msg_ptr* 指向的）緩衝區中可用的空間數量。

不管訊息的實際大小為何，*msg_len*（即 *msg_ptr* 指向的緩衝區之大小）必須要大於或等於佇列的 *mq_msgsize* 屬性值，否則，*mq_receive()* 就會失敗並傳回 EMSGSIZE 錯誤。若我們不知道一個佇列的 *mq_msgsize* 屬性值，則可以使用 *mq_getattr()* 來取得這個值（在一個多行程的應用程式中，通常不需要使用 *mq_getattr()*，因為應用程式通常可以事先得知佇列的 *mq_msgsize* 設定）。

若 *msg_prio* 不為 NULL，則會將收到的訊息之優先權複製到 *msg_prio* 指向的位置。

若訊息佇列目前為空，則 *mq_receive()* 會阻塞，直到有訊息可以讀取為止；或若 O_NONBLOCK 旗標有生效時，則會立即失敗並傳回 EAGAIN 錯誤（管線的行為不同，若沒有寫入者，則讀取者就不會讀到 end-of-file）。

在列表 52-5 的程式會為 *mq_receive()* 函式提供一個命令列介面，在 *usageError()* 函式會顯示程式的指令格式。

下列的 shell 作業階段示範了列表 52-4 與列表 52-5 程式的用法，我們先建立一個訊息佇列，並傳送一些不同優先權的訊息。

```
$ ./pmsg_create -cx /mq
$ ./pmsg_send /mq msg-a 5
$ ./pmsg_send /mq msg-b 0
$ ./pmsg_send /mq msg-c 10
```

我們接著執行一串指令，來接收佇列中的訊息。

```
$ ./pmsg_receive /mq
Read 5 bytes; priority = 10
msg-c
$ ./pmsg_receive /mq
Read 5 bytes; priority = 5
msg-a
$ ./pmsg_receive /mq
Read 5 bytes; priority = 0
msg-b
```

如我們上列的輸出所見，訊息是依照優先權順序取得的。

此刻的佇列是空的，當我們執行另一個阻塞式接收時，操作就會發生阻塞：

```
$ ./pmsg_receive /mq
```
Blocks; we type Control-C to terminate the program

另一方面，若我們執行了一個非阻塞式接收，則呼叫會立即以一個失敗的狀態返回。

```
$ ./pmsg_receive -n /mq
ERROR [EAGAIN/EWOULDBLOCK Resource temporarily unavailable] mq_receive
```

列表 52-5：從 POSIX 訊息佇列讀取一筆訊息

─── **pmsg/pmsg_receive.c**

```c
#include <mqueue.h>
#include <fcntl.h>              /* For definition of O_NONBLOCK */
#include "tlpi_hdr.h"

static void
usageError(const char *progName)
{
    fprintf(stderr, "Usage: %s [-n] mq-name\n", progName);
    fprintf(stderr, "    -n          Use O_NONBLOCK flag\n");
    exit(EXIT_FAILURE);
}

int
main(int argc, char *argv[])
{
    int flags, opt;
    mqd_t mqd;
    unsigned int prio;
    void *buffer;
    struct mq_attr attr;
    ssize_t numRead;
```

```
        flags = O_RDONLY;
        while ((opt = getopt(argc, argv, "n")) != -1) {
            switch (opt) {
            case 'n':   flags |= O_NONBLOCK;         break;
            default:    usageError(argv[0]);
            }
        }

        if (optind >= argc)
            usageError(argv[0]);

        mqd = mq_open(argv[optind], flags);
        if (mqd == (mqd_t) -1)
            errExit("mq_open");

        if (mq_getattr(mqd, &attr) == -1)
            errExit("mq_getattr");

        buffer = malloc(attr.mq_msgsize);
        if (buffer == NULL)
            errExit("malloc");

        numRead = mq_receive(mqd, buffer, attr.mq_msgsize, &prio);
        if (numRead == -1)
            errExit("mq_receive");

        printf("Read %ld bytes; priority = %u\n", (long) numRead, prio);
        if (write(STDOUT_FILENO, buffer, numRead) == -1)
            errExit("write");
        write(STDOUT_FILENO, "\n", 1);

        exit(EXIT_SUCCESS);
    }
```

—————————————————————————————————— **pmsg/pmsg_receive.c**

52.5.3　設定發送與接收訊息的超時時間

函式 *mq_timedsend()*、*mq_timedreceive()* 幾乎與 *mq_send()*、*mq_receive()* 完全相同，它們的差異在於：若無法立刻進行操作而且訊息佇列描述符的 **O_NONBLOCK** 旗標沒有生效時，則 *abs_timeout* 參數可以指定呼叫處於阻塞狀態的時間上限。

```
#include <mqueue.h>
#include <time.h>

int mq_timedsend(mqd_t mqdes, const char *msg_ptr, size_t msg_len,
                 unsigned int msg_prio, const struct timespec *abs_timeout);
                                        Returns 0 on success, or –1 on error

ssize_t mq_timedreceive(mqd_t mqdes, char *msg_ptr, size_t msg_len,
                 unsigned int *msg_prio, const struct timespec *abs_timeout);
            Returns number of bytes in received message on success, or –1 on error
```

參數 *abs_timeout* 是一個 *timespec* 結構（23.4.2 節），可以用絕對值（從 Epoch 起算至今的值，以秒與奈秒格式為單位）指定超時時間（*timeout*）。若要指定一個相對的超時，則我們可以使用 *clock_gettime()* 來取得 CLOCK_REALTIME 時鐘的現值，並將所需的數量新增到現值上，以產生一個適當的 *timespec* 結構初始值。

若 *mq_timedsend()* 或 *mq_timedreceive()* 呼叫因為超時而無法完成操作，則呼叫會失敗並傳回 ETIMEDOUT 錯誤。

在 Linux 系統上，可以將 *abs_timeout* 指定為 NULL 來表示永遠不會超時。然而，這樣的行為並未納入 SUSv3 的規範，因此可攜式應用程式不應該依賴這個行為。

函式 *mq_timedsend()* 與 *mq_timedreceive()* 最初源自 POSIX.1d（1999），而且全部的 UNIX 實作都沒有提供這兩個函式。

52.6　訊息通知

可以區分 POSIX 訊息佇列與 System V 訊息佇列的特性是，POSIX 訊息佇列能夠接收佇列的可用訊息非同步通知（原本是空佇列，後來有可用訊息的非同步通知，即從空佇列變成不是空佇列）。這個特性表示不用進行一個阻塞式 *mq_receive()* 呼叫，也不用將訊息佇列描述符設定為非阻塞模式、並定期對佇列執行 *mq_receive()* 呼叫（輪詢）。一個行程可以要求佇列在訊息抵達之後收到通知，並在收到通知以前先執行其他工作。一個行程可以選擇收到通知的方式，可以透過訊號、或是在另一個執行緒的函式呼叫進行。

> POSIX 訊息佇列的通知特性與 23.6 節介紹的 POSIX 計時器（timer）通知工具類似（這兩組 API 都源自 POSIX.1b）。

函式 *mq_notify()* 會登記這個呼叫的行程要接收通知，並 *mqdes* 描述符參考的空佇列收到一筆訊息時送出通知。

```
#include <mqueue.h>

int mq_notify(mqd_t mqdes, const struct sigevent *notification);
                                    Returns 0 on success, or −1 on error
```

參數 *notification* 可以指定行程要接收通知的機制，在深入介紹 *notification* 參數的細節之前，有關訊息通知需要注意以下幾點：

- 在任何一個時刻都只有一個行程（已註冊的行程）能夠向一個特定的訊息佇列註冊接收通知。若一個訊息佇列已經有註冊的行程了，則後續對佇列的註冊請求將會失敗（*mq_notify()* 會傳回 EBUSY 錯誤）。

- 只有當一筆新訊息進入空佇列時，註冊行程才會收到通知。若行程註冊時佇列不是空的（已有訊息），則只有在佇列被清空之後，接著有一筆新訊息抵達時，才會對行程發出通知。

- 在發送一個通知給註冊的行程之後，就會移除註冊的資訊，而任何行程之後就能向這個佇列註冊取得接收通知。換句話說，只要一個行程想要持續地接收通知，則行程必須在每次接收到通知之後，再次呼叫 *mq_notify()* 重新註冊。

- 只在目前沒有任何其他行程因對佇列執行 *mq_receive()* 而處於阻塞狀態時，註冊的行程才會收到通知。若有某個其他的行程在 *mq_receive()* 呼叫時發生阻塞，則那個行程將會讀取訊息，而註冊的行程則將會保持註冊狀態。

- 一個行程可以直接將 *notification* 參數指定為 NULL 來執行 *mq_notify()* 呼叫，以撤銷自己的訊息通知。

我們已經在 23.6.1 節介紹過，用來表示 *notification* 參數類型的 sigevent 結構。下列提供的是簡化過的結構，我們只列出與 *mq_notify()* 相關的欄位：

```
union sigval {
    int     sival_int;              /* Integer value for accompanying data */
    void   *sival_ptr;             /* Pointer value for accompanying data */
};
struct sigevent {
    int     sigev_notify;          /* Notification method */
    int     sigev_signo;           /* Notification signal for SIGEV_SIGNAL */
    union sigval sigev_value;      /* Value passed to signal handler or
thread function */
    void (*sigev_notify_function) (union sigval);
                                    /* Thread notification function */
```

```
                    void *sigev_notify_attributes;      /* Really 'pthread_attr_t*' */
};
```

會將這個結構的 *sigev_notify* 欄位設定為下列其中一個值：

SIGEV_NONE

註冊這個行程接收通知，但當一筆訊息進入空佇列時，不會實際通知這個行程。如同往常一樣，當新訊息進入空佇列之後，就會移除註冊資訊。

SIGEV_SIGNAL

透過產生一個在 *sigev_signo* 欄位指定的訊號來通知行程，在 *sigev_value* 欄位指定要隨著訊號傳遞的資料（22.8.1 節）。這些資料可以透過傳遞給訊號處理常式的 *siginfo_t* 結構之 *si_value* 欄位取得，或是透過 *sigwaitinfo()*、*sigtimedwait()* 呼叫取得。在 *siginfo_t* 結構中的下列欄位也會被填滿：*si_code*（值為 SI_MESGQ）、*si_signo*（訊號編號）、*si_pid*（送出訊息的行程之行程 ID），以及 *si_uid*（送出訊息的行程之真實使用者 ID），在多數的實作上，不會設定 *si_pid* 與 *si_uid* 欄位。

SIGEV_THREAD

透過呼叫在 *sigev_notify_function* 中指定的函式來通知行程，彷彿它是一個新執行緒的起始函式。可以將 *sigev_notify_attributes* 欄位指定為 NULL 或是一個指標（指向一個 *pthread_attr_t* 結構，這個結構定義了執行緒的屬性，參考 29.8 節）。會將在 *sigev_value* 中指定的 union sigval 值做為參數傳遞給這個函式。

52.6.1　透過訊號接收通知

列表 52-6 提供一個使用訊號來進行訊息通知的範例，這個程式執行了下列任務：

1. 以非阻塞模式開啟在命令列指名的訊息佇列①，決定這個佇列的 *mq_msgsize* 屬性值②，並以這個大小配置一個緩衝區來接收訊息③。

2. 阻塞通知訊號（SIGUSR1），並為這個訊號建立一個處理常式④。

3. 進行一個 *mq_notify()* 初始呼叫，來註冊行程接收訊息通知⑤。

4. 執行一個無窮迴圈，在迴圈中執行下列任務：

   a）呼叫 *sigsuspend()*，這個函式會解除訊號通知的阻塞狀態，並一直等到訊號抵達為止⑥。從這個系統呼叫中返回表示已經發生了一個訊息通知。此刻，行程會註銷訊息通知的註冊資訊。

b）呼叫 *mq_notify()* 以重新註冊這個行程來接收訊息通知⑦。

c）執行一個 while 迴圈，從佇列中盡可能多地讀取訊息以便清空佇列⑧。

列表 52-6：透過訊號接收訊息通知

———————————————————————————————— **pmsg/mq_notify_sig.c**

```
#include <signal.h>
#include <mqueue.h>
#include <fcntl.h>                    /* For definition of O_NONBLOCK */
#include "tlpi_hdr.h"

#define NOTIFY_SIG SIGUSR1

static void
handler(int sig)
{
    /* Just interrupt sigsuspend() */
}

int
main(int argc, char *argv[])
{
    struct sigevent sev;
    mqd_t mqd;
    struct mq_attr attr;
    void *buffer;
    ssize_t numRead;
    sigset_t blockMask, emptyMask;
    struct sigaction sa;

    if (argc != 2 || strcmp(argv[1], "--help") == 0)
        usageErr("%s mq-name\n", argv[0]);

①  mqd = mq_open(argv[1], O_RDONLY | O_NONBLOCK);
    if (mqd == (mqd_t) -1)
        errExit("mq_open");

②  if (mq_getattr(mqd, &attr) == -1)
        errExit("mq_getattr");

③  buffer = malloc(attr.mq_msgsize);
    if (buffer == NULL)
        errExit("malloc");

④  sigemptyset(&blockMask);
    sigaddset(&blockMask, NOTIFY_SIG);
    if (sigprocmask(SIG_BLOCK, &blockMask, NULL) == -1)
        errExit("sigprocmask");
```

```
        sigemptyset(&sa.sa_mask);
        sa.sa_flags = 0;
        sa.sa_handler = handler;
        if (sigaction(NOTIFY_SIG, &sa, NULL) == -1)
            errExit("sigaction");

⑤      sev.sigev_notify = SIGEV_SIGNAL;
        sev.sigev_signo = NOTIFY_SIG;
        if (mq_notify(mqd, &sev) == -1)
            errExit("mq_notify");

        sigemptyset(&emptyMask);

        for (;;) {
⑥          sigsuspend(&emptyMask);          /* Wait for notification signal */

⑦          if (mq_notify(mqd, &sev) == -1)
                errExit("mq_notify");

⑧          while ((numRead = mq_receive(mqd, buffer, attr.mq_msgsize, NULL)) >= 0)
                printf("Read %ld bytes\n", (long) numRead);

            if (errno != EAGAIN)              /* Unexpected error */
                errExit("mq_receive");
        }
    }
```

─── **pmsg/mq_notify_sig.c**

在列表 52-6 的程式中有很多方面值得詳細討論：

- 我們阻塞了訊號通知，並使用使用 *sigsuspend()* 來等待訊號，而沒有使用 *pause()*，以避免程式在執行 for 迴圈其他地方的程式碼時（即並沒有因等待訊號而處於阻塞狀態），錯過了訊號的可能性。若發生這種情況，而且我們使用 *pause()* 來等待訊號，則下次呼叫 *pause()* 時會發生阻塞，即使系統已經發出了一個訊號。

- 我們以非阻塞模式開啟佇列，並且當一個通知發生之後，使用一個 while 迴圈來讀取佇列中的全部訊息。透過這種方式來清空佇列，就能夠確保當一筆新訊息到達之後會產生一個新通知。使用非阻塞模式意謂著 while 迴圈在佇列被清空之後就會終止（*mq_receive()* 會失敗並傳回 EAGAIN 錯誤）。（這個方法類似於，63.1.1 節介紹的使用邊緣觸發 I/O 通知的非阻塞式 I/O，並因為類似的理由而採用）。

- 在 for 迴圈中，重要的是我們在讀取佇列的全部訊息之前，要重新註冊接收訊息通知。若我們將這些步驟的順序相反，如下列的順序：讀取佇列中的全部訊息，因此 while 迴圈終止、有另一個訊息寫入佇列、呼叫 *mq_notify()* 以重新註冊接收訊息通知。此時，系統將不會再產生新的通知訊號，因為在進行註冊時佇列已經不是空的，其結果會變成程式在下次呼叫 *sigsuspend()* 時會永遠阻塞。

52.6.2 透過執行緒接收通知

列表 52-7 提供一個使用執行緒來進行訊息通知的範例，這個程式與列表 52-6 的程式有一些共同的設計特點：

- 當訊息通知發生時，程式會在清空佇列之前重新啟用通知②。
- 採用了非阻塞模式，使得在接收到一個通知之後，我們可以完全清空佇列而不會發生阻塞⑤。

列表 52-7：透過執行緒來接收訊息通知

―― **pmsg/mq_notify_thread.c**

```
    #include <pthread.h>
    #include <mqueue.h>
    #include <fcntl.h>                 /* For definition of O_NONBLOCK */
    #include "tlpi_hdr.h"

    static void notifySetup(mqd_t *mqdp);

    static void                        /* Thread notification function */
①  threadFunc(union sigval sv)
    {
        ssize_t numRead;
        mqd_t *mqdp;
        void *buffer;
        struct mq_attr attr;

        mqdp = sv.sival_ptr;

        /* Determine mq_msgsize for message queue, and allocate an input buffer
           of that size */

        if (mq_getattr(*mqdp, &attr) == -1)
            errExit("mq_getattr");

        buffer = malloc(attr.mq_msgsize);
        if (buffer == NULL)
            errExit("malloc");

②      notifySetup(mqdp);
```

```
        while ((numRead = mq_receive(*mqdp, buffer, attr.mq_msgsize, NULL)) >= 0)
            printf("Read %ld bytes\n", (long) numRead);

        if (errno != EAGAIN)                        /* Unexpected error */
            errExit("mq_receive");

        free(buffer);
    }

    static void
    notifySetup(mqd_t *mqdp)
    {
        struct sigevent sev;

③      sev.sigev_notify = SIGEV_THREAD;            /* Notify via thread */
        sev.sigev_notify_function = threadFunc;
        sev.sigev_notify_attributes = NULL;
                /* Could be pointer to pthread_attr_t structure */
④      sev.sigev_value.sival_ptr = mqdp;           /* Argument to threadFunc() */

        if (mq_notify(*mqdp, &sev) == -1)
            errExit("mq_notify");
    }

    int
    main(int argc, char *argv[])
    {
        mqd_t mqd;

        if (argc != 2 || strcmp(argv[1], "--help") == 0)
            usageErr("%s mq-name\n", argv[0]);

⑤      mqd = mq_open(argv[1], O_RDONLY | O_NONBLOCK);
        if (mqd == (mqd_t) -1)
            errExit("mq_open");

⑥      notifySetup(&mqd);
        pause();                        /* Wait for notifications via thread function */
    }
```

———————————————————————————————————— **pmsg/mq_notify_thread.c**

有關列表 52-7 程式的設計，還需要注意以下幾點：

- 程式透過一個執行緒來請求通知，方法是透過在（傳遞給 *mq_notify()* 的）
  sigevent 結構的 *sigev_nofity* 欄位指定 SIGEV_THREAD。執行緒的啟動函式
  （*threadFunc()*）會在 *sigev_notify_function* 欄位指定③。

- 在啟用訊息通知之後，主程式會一直暫停⑥；並透過在一個單獨的執行緒中呼叫 *threadFunc()* 來送出訊息通知①。

- 我們可以將訊息佇列描述符（mqd）定義為全域變數，使得在 *threadFunc()* 可以存取這個變數。然而，我們採用不同的方式來示範：我們將訊息佇列描述符的位址儲存在（傳遞給 *mq_notify()* 的）*sigev_value.sival_ptr* 欄位，在之後呼叫 *threadFunc()* 時，就會將這個位址做為它的參數傳遞。

    我們必須將指向訊息佇列描述符的指標儲存在 *sigev_value.sival_ptr*，而不是儲存描述符本身。因為 SUSv3 只規定它不可以是一個陣列，但並未保證用來表示 *mqd_t* 資料型別的大小，

52.7　Linux 特有的特性

POSIX 訊息佇列在 Linux 上的實作提供了一些非標準、但卻相當有用的特性。

透過命令列顯示與刪除訊息佇列物件

我們在 51 章中提過，POSIX IPC 物件被實作成了虛擬檔案系統中的檔案，並且可以使用 *ls* 和 *rm* 來列出和刪除這些檔案。為了列出和刪除 POSIX 訊息佇列，必須要使用如下列的指令來將訊息佇列掛載到檔案系統中：

```
# mount -t mqueue source target
```

source 可以是任意一個名稱（通常將其指定為字串 *none*），其唯一的意義是它將出現在 /proc/mounts 中，並且 *mount* 和 *df* 指令會顯示出這個名稱，*target* 是訊息佇列檔案系統的掛載點。

下列的 shell 作業階段顯示了如何掛載訊息佇列檔案系統和顯示其內容，首先為檔案系統建立一個掛載點並掛載它：

```
$ su                                    Privilege is required for mount
Password:
# mkdir /dev/mqueue
# mount -t mqueue none /dev/mqueue
# exit                                  Terminate root shell session
```

接著，我們顯示在 /proc/mounts 中的新掛載紀錄，然後顯示掛載目錄的權限：

```
$ cat /proc/mounts | grep mqueue
none /dev/mqueue mqueue rw 0 0
$ ls -ld /dev/mqueue
drwxrwxrwt  2 root root 40 Jul 26 12:09 /dev/mqueue
```

在 *ls* 指令的輸出中，需要注意的一點是：訊息佇列檔案系統在掛載時，會自動為掛載目錄設定 sticky 位元（從 *ls* 輸出的 *other-execute* 權限欄位有一個 *t* 就可以看出這一點），這表示非特權行程只能移除它自己的訊息佇列。

接著，我們建立一個訊息佇列，使用 *ls* 來表示它在檔案系統中是可以看見的，然後刪除這個訊息佇列：

```
$ ./pmsg_create -c /newq
$ ls /dev/mqueue
newq
$ rm /dev/mqueue/newq
```

取得訊息佇列的相關資訊

我們可以顯示訊息佇列檔案系統的檔案內容，每個虛擬檔案都有關聯的訊息佇列之相關資訊：

```
$ ./pmsg_create -c /mq              Create a queue
$ ./pmsg_send /mq abcdefg           Write 7 bytes to the queue
$ cat /dev/mqueue/mq
QSIZE:7      NOTIFY:0  SIGNO:0   NOTIFY_PID:0
```

QSIZE 欄位值是佇列中全部資料的總位元組數量，剩下的欄位則與訊息通知相關。若 NOTIFY_PID 不為零，則行程 ID 為這個值的行程已經向這個佇列註冊接收訊息通知了，剩下的欄位則提供了與這種通知相關的資訊。

- NOTIFY 是一個與其中一個 *sigev_notify* 常數相對應的值：0 表示 SIGEV_SIGNAL、1 表示 SIGEV_NONE、2 表示 SIGEV_THREAD。

- 若通知方式是 SIGEV_SIGNAL，則 SIGNO 欄位指出了哪個訊號會用來發送訊息通知。

下列的 shell 作業階段對這些欄位中包含的資訊進行了說明：

```
$ ./mq_notify_sig /mq &              Notify using SIGUSR1 (signal 10 on x86)
[1] 18158
$ cat /dev/mqueue/mq
QSIZE:7      NOTIFY:0  SIGNO:10   NOTIFY_PID:18158
$ kill %1
[1]   Terminated    ./mq_notify_sig /mq
$ ./mq_notify_thread /mq &           Notify using a thread
[2] 18160
$ cat /dev/mqueue/mq
QSIZE:7      NOTIFY:2  SIGNO:0    NOTIFY_PID:18160
```

使用另一種 I/O 模型操作訊息佇列

在 Linux 實作上，訊息佇列描述符實際上是一個檔案描述符，因此可以使用 I/O 多工系統呼叫（*select()* 和 *poll()*）或 *epoll* API 來監控這個檔案描述符（有關這些 API 的更多細節請參考 63 章）。這樣就能夠避免在使用 System V 訊息佇列時，難以處理同時等待一個訊息佇列和一個檔案描述符的輸入（參考 46.9 節）。但這項特性不是標準的特性，SUSv3 並沒有要求將訊息佇列描述符實作成檔案描述符。

52.8　訊息佇列限制

SUSv3 為 POSIX 訊息佇列定義了兩個限制：

MQ_PRIO_MAX

在 52.5.1 中已經對這個限制進行了介紹，它定義了一筆訊息的最高優先權。

MQ_OPEN_MAX

一個實作可以定義這個限制來指出一個行程最多能開啟的訊息佇列數量。SUSv3 要求這個限制最小為 _POSIX_MQ_OPEN_MAX（8）。Linux 並沒有定義這個限制，反而由於 Linux 將訊息佇列描述符實作成了檔案描述符（52.7 節），因此檔案描述符的限制也適用於限制訊息佇列描述符（換句話說，在 Linux 上，每個行程以及系統所能開啟的檔案描述符數量限制，實際上會限制檔案描述符數量與訊息佇列描述符數量之總和）。更多有關限制的細節資訊請參考 36.3 節的 RLIMIT_NOFILE 資源限制討論。

除了上列的 SUSv3 限制之外，Linux 還提供了一些 /proc 檔案可以查看與修改（需具備特權）控制 POSIX 訊息佇列的使用限制。下列這三個檔案位於 /proc/sys/fs/mqueue 目錄中：

msg_max

這個限制指定新訊息佇列的 *mq_maxmsg* 屬性之上限（即使用 *mq_open()* 建立佇列時，*attr.mq_maxmsg* 欄位的上限值）。這個限制的預設值是 10，最小值是 1（在早於 2.6.28 的核心中是 10），最大值由核心常數 HARD_MSGMAX 定義，該常數的值是透過公式 *(131,072 / sizeof(void *))* 計算得來的，在 Linux/x86-32 的值為 32,768。當一個特權行程（CAP_SYS_RESOURCE）呼叫 *mq_open()* 時 *msg_max* 限制會被忽略，但 HARD_MSGMAX 仍然是做為 *attr.mq_maxmsg* 的上限值。

msgsize_max

> 這個限制指定由非特權行程建立的新訊息佇列之 *mq_msgsize* 屬性值的上限（即使用 *mq_open()* 建立佇列時，*attr.mq_msgsize* 欄位的上限值）。這個限制的預設值是 8,192，最小值是 128（在早於 2.6.28 的核心中是 8,192），最大值是 1,048,576（在早於 2.6.28 的核心中是 INT_MAX）。當一個特權級行程（CAP_SYS_RESOURCE）呼叫 *mq_open()* 時會忽略這個限制。

queues_max

> 這是一個系統層級的限制，它規定了系統上最多能夠建立的訊息佇列數量。一旦達到這個限制，就只有特權行程（CAP_SYS_RESOURCE）才能夠建立新佇列。這個限制的預設值是 256，其值範圍是 0 到 INT_MAX 之間的任意一個值。

Linux 還提供了 RLIMIT_MSGQUEUE 資源限制，可用於限制：「屬於這個呼叫的行程之真實使用者 ID」的全部佇列所消耗的「空間數量上限」，細節請參考 36.3 節。

52.9　比較 POSIX 與 System V 訊息佇列

51.2 節列出了 POSIX IPC 介面相較於 System V IPC 介面的優勢：POSIX IPC 介面更加簡單，而且與傳統的 UNIX 檔案模型更加一致，同時 POSIX IPC 物件是有參考計數的，這樣可以簡化確定何時刪除一個物件的任務。POSIX 訊息佇列也同樣具備這些通用的優勢。

POSIX 訊息佇列還有下列優於 System V 訊息佇列的地方：

- 訊息通知特性允許一個（單個）行程能夠在一筆訊息進入空佇列時，非同步地透過訊號或執行緒的產生實體來接收通知。

- 在 Linux（不包括其他 UNIX 實作）上可以使用 *poll()*、*select()* 以及 *epoll* 來監控 POSIX 訊息佇列，而 System V 訊息佇列並沒有這個特性。

但與 System V 訊息佇列相比，POSIX 訊息佇列也有下列缺點：

- POSIX 訊息佇列的可攜性較差，即使在不同的 Linux 系統之間也是有可攜性問題，因為一直到了核心 2.6.6 才支援訊息佇列。

- 相較於 POSIX 訊息佇列的嚴格依照優先權排序，System V 訊息佇列能夠更有彈性地依據類型來選擇訊息。

> POSIX 訊息佇列在不同 UNIX 系統上的實作方式有很大的差異，有些系統在使用者空間提供實作，並至少有一種此類實作（Solaris 10），同時 *mq_open()* 手冊也明確指出這種實作是不安全的。在 Linux 上，選擇在核心中實作訊息佇列的原因之一是，不相信可以在使用者空間提供一個安全的實作。

52.10　小結

POSIX 訊息佇列允許行程以訊息的形式交換資料，每筆訊息都有一個關聯的整數優先順序，訊息按照優先順序排列（因此會依照這個順序接收訊息）。

　　POSIX 訊息佇列有些地方優於 System V 訊息佇列，特別是它們是有參考計數的，而且一個行程在一筆訊息進入空佇列時，能夠非同步地收到通知，但 POSIX 訊息佇列的可攜性會比 System V 訊息佇列較差。

進階資訊

（Stevens，1999）提供了 POSIX 訊息佇列的另一種表示形式，並提供一個使用記憶體映射檔案的使用者空間實作。（Gallmeister，1995）也有介紹一些 POSIX 訊息佇列的細節。

52.11　習題

52-1. 修改列表 52-5 的程式（`pmsg_receive.c`），使得可以在命令列接收一個超時時間（相對秒數），並使用 *mq_timedreceive()* 來取代 *mq_receive()*。

52-2. 使用 POSIX 訊息佇列記錄 44.8 節的用戶端 - 伺服器應用程式的序號。

52-3. 重新設計 46.8 節中檔案伺服器應用程式，使用 POSIX 訊息佇列來取代 System V 訊息佇列。

52-4. 使用 POSIX 訊息佇列設計一個簡單的聊天程式（類似於 *talk(1)*，但沒有 curses 介面）。

52-5. 修改列表 52-6 的程式（`mq_notify_sig.c`），證明透過 *mq_notify()* 建立的訊息通知只會發生一次。這可以透過刪除 for 迴圈中的 *mq_notify()* 呼叫來完成。

52-6. 使用 *sigwaitinfo()* 取代列表 52-6 程式（`mq_notify_sig.c`）的訊號處理常式。在 *sigwaitinfo()* 傳回時顯示傳回的 *siginfo_t* 結構中的值。程式如何取得 *sigwaitinfo()* 傳回的 *siginfo_t* 結構中的訊息佇列描述符呢？

52-7. 在列表 52-7 中，*buffer* 是否可以做為全域變數，並只為它配置一次記憶體（在主程式中）？請提出說明。

53

POSIX 號誌

我們在本章會介紹 POSIX 號誌（semaphore），可讓行程（process）與執行緒（thread）同步存取共用資源。我們在第 47 章介紹了 System V 號誌，所以本章會假設讀者已經熟悉一些號誌的概念，以及該章節開頭部分介紹的號誌使用原理。我們在本章的介紹過程中，會比較 POSIX 號誌與 System V 號誌，以釐清這兩種號誌的差異。

53.1　概觀

SUSv3 規範了兩種 POSIX 號誌：

- 命名號誌（*named semaphore*）：這種號誌有一個名稱，透過呼叫同名的 *sem_open()* 可以讓不相關的行程存取同一個號誌。

- 未命名號誌（*unnamed semaphore*）：這種號誌沒有名稱，而是位在記憶體中一個預先協議的位置。未命名號誌可以在多個行程或一組執行緒之間共用。在行程之間共用時，號誌必須位在一個共享記憶體區間中（System V、POSIX 或 *mmap()*）。在執行緒之間共用時，號誌可以位在這些執行緒共用的一塊記憶體區間中（如在 heap 或是一個全域變數）。

POSIX 號誌的操作方式與 System V 號誌類似，即一個 POSIX 號誌就是一個整數，其值不能小於 0。若一個行程試圖將一個號誌值減為小於 0，則取決於它所使用的函式，呼叫會阻塞或失敗並傳回一個錯誤（指出目前無法進行操作）。

有些系統並沒有完整地實作 POSIX 號誌，通常侷限於只支援未命名的執行緒共用號誌。在 Linux 2.4 上的情況也是如此，在 Linux 2.6 以及提供 NPTL 功能的 *glibc* 才有完整的 POSIX 號誌實作。

在有提供 NPTL 功能的 Linux 2.6，號誌操作（遞增和遞減）是使用 futex(2) 系統呼叫來實作的。

53.2　命名號誌

我們若要使用一個命名號誌（named semaphore），則必須要使用下列函式：

- *sem_open()* 函式可以開啟或建立一個號誌，若使用這個呼叫號誌，則會對號誌進行初始化，並傳回一個 handle 提供後續的呼叫使用。

- *sem_post()* 與 *sem_wait()* 函式分別將一個號誌值遞增與遞減。

- *sem_getvalue()* 函式會取得一個號誌的現值。

- *sem_close()* 函式會移除呼叫的行程與它之前開啟的一個號誌之間的關聯。

- *sem_unlink()* 函式會移除一個號誌名稱，並在全部的行程都已經關閉這個號誌時，將這個號誌標示為刪除。

SUSv3 並沒有規範如何實作命名號誌，有些 UNIX 實作會將它們實作為標準檔案系統中的一個特定位置的檔案。在 Linux 系統上，命名號誌會以小型的 POSIX 共享記憶體物件建立，其名稱格式為 sem.name，位於掛載在 /dev/shm 目錄（有些系統是 /run/shm 目錄）的專屬 *tmpfs* 檔案系統（14.10 節）。這個檔案系統具有核心的持續性（kernel persistence），即使目前沒有行程會開啟這些號誌物件，它們依然會持續存在，不過若系統關機，則這些物件就會遺失。

在 Linux 上從核心 2.6 起開始支援命名號誌。

53.2.1　開啟一個命名號誌

函式 *sem_open()* 會建立與開啟一個新的命名號誌、或是開啟一個既有的號誌。

```
#include <fcntl.h>           /* Defines O_* constants */
#include <sys/stat.h>        /* Defines mode constants */
#include <semaphore.h>

sem_t *sem_open(const char *name, int oflag, ...
                /* mode_t mode, unsigned int value */ );
              Returns pointer to semaphore on success, or SEM_FAILED on error
```

參數 name 可以識別號誌，可依據 51.1 節提供的規則指定。

參數 oflag 是一個位元遮罩（bit mask），可決定我們是要開啟一個既有的號誌、還是建立並開啟一個新的號誌。若 oflag 為 0，則會存取一個既有的號誌。若在 oflag 指定 O_CREAT，且若提供的 name 號誌不存在，則會建立一個新號誌。若在 oflag 同時指定 O_CREAT 與 O_EXCL，而且指定的 name 號誌已經存在時，則 sem_open() 會執行失敗。

若使用 sem_open() 來開啟一個既有的號誌，則呼叫只需要兩個參數。然而，若在 oflag 中指定了 O_CREAT，則還需要另外兩個參數：分別是 mode 和 value（若 name 指定的號誌已經存在，則會忽略這兩個參數），這些參數如下所述：

- 參數 mode 是一個位元遮罩，指定了新號誌的權限。這個參數使用的位元值與檔案的用法相同（表 15-4），如同 open() 那樣，mode 參數值會根據行程的 umask 進行遮罩（15.4.6 節）。SUSv3 並沒有為 oflag 指定任何的存取模式旗標（O_RDONLY、O_WRONLY 以及 O_RDWR）。許多實作（包括 Linux）在開啟一個號誌時，預設的存取模式為 O_RDWR，因為大多數使用號誌的應用程式都會同時使用 sem_post() 與 sem_wait()，這會讀取與修改一個號誌值。這表示我們應該要確保將讀取與寫入權限賦予存取這個號誌的各類使用者權限（owner、group 以及 other）。

- 參數 value 是一個無號整數（unsigned integer），指定新號誌的初始值。號誌的建立與初始化操作是原子式地（atomically）進行，可避免初始化 System V 號誌時所需的複雜工作（47.5 節）。

不管我們正在建立一個新的號誌、或是開啟一個既有的號誌，sem_open() 都會傳回一個指向一個 sem_t 值的指標，而我們在後續的呼叫中則可以使用這個指標來操作這個號誌，sem_open() 在發生錯誤時會傳回 SEM_FAILED 值（在大多數實作上，會將 SEM_FAILED 定義為（(sem_t *) 0）或（(sem_t *) -1），Linux 是採用前面的定義。

在 SUSv3 的 敘 述 中，若 我 們 試 圖（使 用 *sem_post()*、*sem_wait()* 等）操 作 *sem_open()* 的傳回值所指向的 *sem_t* 變數副本，則結果是未定義的。換句話說，不允許下列的 *sem2* 使用方式：

```
sem_t *sp, sem2
sp = sem_open(...);
sem2 = *sp;
sem_wait(&sem2);
```

當使用 *fork()* 建立子行程時，子行程會繼承父行程開啟的每個命名號誌參考（reference），在 *fork()* 之後，父行程與子行程可以使用這些號誌來同步它們的動作。

範例程式

列表 53-1 程式提供 *sem_open()* 函式一個命令列介面，*usageError()* 函式會提供這個程式的指令格式。

下列的 shell 作業階段日誌示範如何使用這個程式，我們先使用 *umask* 指令來拒絕 other 使用者的全部權限，然後獨佔地建立一個號誌，並檢查包含這個命名號誌的 Linux 特有的虛擬目錄內容。

```
$ umask 007
$ ./psem_create -cx /demo 666          666 means read+write for all users
$ ls -l /dev/shm/sem.*
-rw-rw----  1 mtk users 16 Jul  6 12:09 /dev/shm/sem.demo
```

指令 ls 的輸出顯示，行程 umask 遮罩了 other 使用者的 read+write 權限。

若我們再次使用相同的名稱獨佔地建立了一個號誌，則這個操作會失敗，因為這個名稱已經存在了。

```
$ ./psem_create -cx /demo 666
ERROR [EEXIST File exists] sem_open      Failed because of O_EXCL
```

列表 53-1：使用 *sem_open()* 開啟或建立一個 POSIX 命名號誌

── **psem/psem_create.c**

```
#include <semaphore.h>
#include <sys/stat.h>
#include <fcntl.h>
#include "tlpi_hdr.h"

static void
usageError(const char *progName)
{
```

```
        fprintf(stderr, "Usage: %s [-cx] name [octal-perms [value]]\n", progName);
        fprintf(stderr, "    -c   Create semaphore (O_CREAT)\n");
        fprintf(stderr, "    -x   Create exclusively (O_EXCL)\n");
        exit(EXIT_FAILURE);
    }

    int
    main(int argc, char *argv[])
    {
        int flags, opt;
        mode_t perms;
        unsigned int value;
        sem_t *sem;

        flags = 0;
        while ((opt = getopt(argc, argv, "cx")) != -1) {
            switch (opt) {
            case 'c':   flags |= O_CREAT;           break;
            case 'x':   flags |= O_EXCL;            break;
            default:    usageError(argv[0]);
            }
        }

        if (optind >= argc)
            usageError(argv[0]);

        /* Default permissions are rw-------; default semaphore initialization
           value is 0 */

        perms = (argc <= optind + 1) ? (S_IRUSR | S_IWUSR) :
                    getInt(argv[optind + 1], GN_BASE_8, "octal-perms");
        value = (argc <= optind + 2) ? 0 : getInt(argv[optind + 2], 0, "value");

        sem = sem_open(argv[optind], flags, perms, value);
        if (sem == SEM_FAILED)
            errExit("sem_open");

        exit(EXIT_SUCCESS);
    }
```

—— **psem/psem_create.c**

53.2.2　關閉一個號誌

當一個行程開啟一個命名號誌時，系統會記錄行程與號誌之間的關聯，而 *sem_close()* 函式會終止這個關聯（即關閉號誌），釋出系統與這個行程關聯的任何資源，並遞減參考這個號誌的行程數量。

```
#include <semaphore.h>

int sem_close(sem_t *sem);
```

Returns 0 on success, or –1 on error

在行程終止或行程執行一個 *exec()* 時，會自動關閉開啟的命名號誌（open named semaphore）。

關閉一個號誌並不會將這個號誌刪除，若要刪除號誌，我們需要使用 *sem_unlink()*。

53.2.3 移除一個命名號誌

函式 *sem_unlink()* 會移除 *name* 代表的號誌，並在全部號誌不再使用這個號誌時，將號誌標示為已銷毀（destroyed）（這可能會立刻發生，若全部開啟這個號誌的行程都已經關閉了這個號誌）。

```
#include <semaphore.h>

int sem_unlink(const char *name);
```

Returns 0 on success, or –1 on error

列表 53-2 示範如何使用 *sem_unlink()*。

列表 **53-2**：使用 *sem_unlink()* 來移除（unlink）一個 POSIX 命名號誌

――――――――――――――――――――――――――――――― **psem/psem_unlink.c**
```
#include <semaphore.h>
#include "tlpi_hdr.h"

int
main(int argc, char *argv[])
{
    if (argc != 2 || strcmp(argv[1], "--help") == 0)
        usageErr("%s sem-name\n", argv[0]);

    if (sem_unlink(argv[1]) == -1)
        errExit("sem_unlink");
    exit(EXIT_SUCCESS);
}
```
――――――――――――――――――――――――――――――― **psem/psem_unlink.c**

53.3 號誌操作

如同 System V 號誌，一個 POSIX 號誌也是一個整數，系統絕不會允許號誌值小於 0。然而，POSIX 號誌與 System V 號誌的操作有下列差異：

- 可修改號誌值的函式：*sem_post()* 與 *sem_wait()* 一次只會操作一個號誌，相較之下，System V *semop()* 系統呼叫可以向一個集合中的多個號誌進行操作。

- 函式 *sem_post()* 與 *sem_wait()* 只會對號誌值加一與減一，相對之下，*semop()* 可以對號誌增減任意值。

- System V 號誌並沒有提供一個 wait-for-zero 的操作（可以將 *sops.sem_op* 欄位指定為 0 的 *semop()* 呼叫）。

經由這個清單，似乎看起來 POSIX 號誌沒有 System V 號誌強大。然而事實並非如此，我們可以用 POSIX 號誌完成 System V 號誌可以完成的任何工作。有些情況使用 POSIX 號誌可能會需要多做一些程式設計的工作，不過在一般應用情境中，使用 POSIX 號誌實際所需的程式設計負擔會比較少（對於大多數的應用程式而言，System V 號誌 API 太過複雜）。

53.3.1 等待一個號誌

函式 *sem_wait()* 會將 *sem* 參考的號誌值遞減（減 1）。

```
#include <semaphore.h>

int sem_wait(sem_t *sem);
                                    Returns 0 on success, or −1 on error
```

若號誌目前的值大於 0，則 *sem_wait()* 會立即傳回。若號誌目前的值等於 0，則 *sem_wait()* 會發生阻塞，直到號誌的值大於 0 為止，當號誌值大於 0 時，就會將號誌值遞減，而且 *sem_wait()* 就會返回。

若一個阻塞中的 *sem_wait()* 呼叫受到一個訊號處理常式（signal handler）中斷，則這個呼叫會失敗並傳回 EINTR 錯誤，不管在使用 *sigaction()* 建立這個訊號處理常式時是否使用了 SA_RESTART 旗標（在一些其他的 UNIX 實作上，SA_RESTART 會導致 *sem_wait()* 自動重新啟動）。

列表 53-3 的程式為 *sem_wait()* 函式提供了一個命令列介面，我們稍後會示範如何使用這個程式。

列表 53-3：使用 *sem_wait()* 來遞減一個 POSIX 號誌

── **psem/psem_wait.c**

```
#include <semaphore.h>
#include "tlpi_hdr.h"

int
main(int argc, char *argv[])
{
    sem_t *sem;

    if (argc < 2 || strcmp(argv[1], "--help") == 0)
        usageErr("%s sem-name\n", argv[0]);

    sem = sem_open(argv[1], 0);
    if (sem == SEM_FAILED)
        errExit("sem_open");

    if (sem_wait(sem) == -1)
        errExit("sem_wait");

    printf("%ld sem_wait() succeeded\n", (long) getpid());
    exit(EXIT_SUCCESS);
}
```

── **psem/psem_wait.c**

函式 *sem_trywait()* 是 *sem_wait()* 的非阻塞版本。

```
#include <semaphore.h>

int sem_trywait(sem_t *sem);
```
Returns 0 on success, or −1 on error

若無法立即進行遞減操作，則 *sem_trywait()* 會失敗並傳回 EAGAIN 錯誤。

函式 *sem_timedwait()* 是 *sem_wait()* 的變異版本，允許呼叫者指定該呼叫受到阻塞的時間限制。

```
#include <semaphore.h>

int sem_timedwait(sem_t *sem, const struct timespec *abs_timeout);
```
Returns 0 on success, or −1 on error

若一個 *sem_timedwait()* 呼叫由於超時而無法遞減這個號誌，則這個呼叫就會失敗並傳回 ETIMEDOUT 錯誤。

參數 *abs_timeout* 是一個 timespec 結構（23.4.2 節），它將超時的時間格式以秒數與奈秒數的絕對值指定（從 Epoch 起算）。若我們想要指定一個相對的超時時間，則必須使用 *clock_gettime()* 取得 `CLOCK_REALTIME` 時鐘的現值，並將這個值加上所需的時間量，以產生一個適用於 *sem_timedwait()* 的 timespec 結構。

函式 *sem_timedwait()* 最初源自於 POSIX.1d (1999) 的規範，而且全部的 UNIX 實作都沒有提供這個函式。

53.3.2　發佈一個號誌

函式 *sem_post()* 會將 sem 參照到的號誌值遞增（加一）。

```
#include <semaphore.h>

int sem_post(sem_t *sem);
```
Returns 0 on success, or –1 on error

若在 *sem_post()* 呼叫之前的號誌值為 0，而且有某個其他的行程（或執行緒）處於阻塞狀態並等著要遞減這個號誌，則會喚醒這個行程，而且這個行程的 *sem_wait()* 呼叫會繼續執行，並遞減這個號誌。若有多個行程（或執行緒）在 *sem_wait()* 呼叫時阻塞，若這些行程的排班策略是使用是預設的 round-robin time sharing，則無法確定會先喚醒那一個行程來遞減這個號誌（如同 System V 號誌，POSIX 號誌只是一種同步機制，而不是一種排隊機制）。

> SUSv3 規定若行程或執行緒以即時的排班策略執行，則等待最久的行程或執行緒會有最高的優先權，而最高優先權可以先被喚醒。

如同 System V 號誌，將一個 POSIX 號誌加一表示釋出一些共用的資源可供其他行程或執行緒使用。

列表 53-4 的程式會提供 *sem_post()* 函式一個命令列介面，稍後會示範如何使用這個程式。

列表 53-4：使用 *sem_post()* 來遞增一個 POSIX 號誌

── psem/psem_post.c

```
#include <semaphore.h>
#include "tlpi_hdr.h"

int
main(int argc, char *argv[])
{
```

```
    sem_t *sem;

    if (argc != 2)
        usageErr("%s sem-name\n", argv[0]);

    sem = sem_open(argv[1], 0);
    if (sem == SEM_FAILED)
        errExit("sem_open");

    if (sem_post(sem) == -1)
        errExit("sem_post");
    exit(EXIT_SUCCESS);
}
```

—— **psem/psem_post.c**

53.3.3　取得號誌目前的值

函式 *sem_getvalue()* 會將 *sem* 代表的號誌現值傳回，儲存在 *sval* 指向的 *int* 變數中。

```
#include <semaphore.h>

int sem_getvalue(sem_t *sem, int *sval);
```
                                          Returns 0 on success, or −1 on error

若一個或多個行程（或執行緒）目前正處於阻塞狀態，並等待遞減號誌值，則在 *sval* 的回傳值會取決於實作而定。SUSv3 允許兩種做法：0 或是一個負數（其絕對值等於在 *sem_wait()* 中阻塞的等待者數目）。Linux 與一些其他的實作採用了第一種行為，而有些其他的實作則採用後者的行為。

> 雖然當有受到阻塞的等待者時傳回一個負的 savl 是很好用的（尤其用在除錯用途），不過 SUSv3 並沒有規範這項行為。因為有些系統用來有效率地實作 POSIX 號誌的技術並不會（實際上是無法）記錄阻塞中的等待者數量。

注意，在 *sem_getvalue()* 傳回時，*sval* 中的回傳值可能已經過時了。程式若是使用 *sem_getvalue()* 傳回的資訊，並要能在執行後續操作時保持這些資訊不變，則可能會遭遇檢查時、使用時（time-of-check、time-of-use）的競速條件（38.6 節）。

在列表 53-5 的程式使用 *sem_getvalue()* 取得命令列參數指名的號誌值，然後會在標準輸出顯示這個值。

列表 53-5：使用 *sem_getvalue()* 取得一個 POSIX 號誌值

———————————————————————————————— **psem/psem_getvalue.c**

```
#include <semaphore.h>
#include "tlpi_hdr.h"

int
main(int argc, char *argv[])
{
    int value;
    sem_t *sem;

    if (argc != 2)
        usageErr("%s sem-name\n", argv[0]);

    sem = sem_open(argv[1], 0);
    if (sem == SEM_FAILED)
        errExit("sem_open");

    if (sem_getvalue(sem, &value) == -1)
        errExit("sem_getvalue");

    printf("%d\n", value);
    exit(EXIT_SUCCESS);
}
```

———————————————————————————————— **psem/psem_getvalue.c**

範例

下列的 shell 作業階段日誌會示範如何使用本章到目前為止提供的程式用法，我們先建立一個初始值為零的號誌，然後在背景啟動一個程式來減少這個號誌值：

```
$ ./psem_create -c /demo 600 0
$ ./psem_wait /demo &
[1] 31208
```

背景的指令會發生阻塞，這是因為號誌目前的值是 0，因此無法減少這個號誌值。

我們接著取得這個號誌值：

```
$ ./psem_getvalue /demo
0
```

我們從上面可以看到值是 0，在一些其他的實作上可能會看到值是 -1，這表示有一個行程正在等待這個號誌。

我們接著執行一個指令來增加這個號誌值，這將使得處於阻塞中的 *sem_wait()* 背景程式會完成執行：

```
$ ./psem_post /demo
$ 31208 sem_wait() succeeded
```

（上列輸出的最後一行表示，shell 提示字元會與背景作業的輸出混合在一起）。

我們按下 Enter 之後，就可以看到下一個 shell 提示字元，這也會導致 shell 回報已經終止的背景作業資訊，並接著對號誌進行後續的操作：

```
Press Enter
[1]- Done              ./psem_wait /demo
$ ./psem_post /demo                      Increment semaphore
$ ./psem_getvalue /demo                  Retrieve semaphore value
1
$ ./psem_unlink /demo                    We're done with this semaphore
```

53.4　未命名號誌

未命名號誌（也稱為基於記憶體的號誌）是 *sem_t* 型別的變數，儲存於應用程式配置的記憶體中。可以將這個號誌放置於行程或執行緒的共享記憶體區間中，使得它們可以使用這個號誌。

用來操作未命名號誌的函式與操作命名號誌的函式相同（*sem_wait()*、*sem_post()* 以及 *sem_getvalue()* 等）。此外，還需要用到另外兩個函式：

* 函式 *sem_init()* 會初始化一個號誌，並通知系統這個號誌是在行程之間共用，還是在單個行程中的執行緒之間共用。

* 函式 *sem_destroy()* 會銷毀一個號誌。

這些函式不應該用在命名號誌上。

未命名號誌與命名號誌的比較

使用未命名號誌可以讓我們不用為一個號誌建立一個名稱，這在下列情況中是很好用的：

* 在執行緒之間共用的一個號誌不需要名稱，讓一個未命名的號誌是一個共用的（全域或堆積）變數，可以使這個號誌能提供給全部的執行緒存取。

* 提供給相關行程共用的號誌不需要一個名稱，若一個父行程在一個共享記憶體區間中（如一塊共享的匿名映射）配置了一個未命名號誌，則子行程會自動繼承映射（mapping），因而號誌變成 *fork()* 操作的一部分。

* 若我們正在構建一個動態的資料結構（如二元樹），結構中的每個項目（item）都需要一個與它關聯的號誌，而最簡單的方式是為每一個項目配置一個未命

名的號誌。要為每一個項目開啟一個命名號誌，則需要設計一個規則，用來
幫每一個項目產生一個（唯一的）號誌名稱，並管理那些名稱（在不需要號
誌時能將號誌移除）。

53.4.1 初始化一個未命名號誌

函式 *sem_init()* 會使用 *value* 的值來初始化 *sem* 指向的未命名號誌。

```
#include <semaphore.h>

int sem_init(sem_t *sem, int pshared, unsigned int value);
```
                                    Returns 0 on success, or –1 on error

參數 *pshared* 指出這個號誌是在執行緒之間共用還是在行程之間共用。

- 若 *pshared* 等於 0，則號誌會在執行呼叫的行程中的執行緒之間共用，在
  這種情況下，通常會將 sem 指定為一個全域變數位址，或是配置在堆積
  上的一個變數位址。一個執行緒共用的號誌會具有行程的持續性（process
  persistence），並在行程終止時才會銷毀。

- 若 *pshared* 不等於 0，則這個號誌將會在行程之間共用。在這種情況下，*sem*
  必須是一塊共享記憶體區間（一個 POSIX 共享記憶體物件、一個使用 *mmap()*
  建立的共用映射、或是一個 System V 共享記憶體區段）中的一個位置之位
  址。號誌的持續性會與其所在的共享記憶體相同（這些技術建立的大多數共
  享記憶體區間都具備了核心持續性。不過共享匿名映射例外，只要有一個行
  程會維護這個映射，則可以持續存在）。因為透過 *fork()* 建立的子行程會繼承
  父行程的記憶體映射，因此透過 *fork()* 建立的子行程可以繼承行程共用的號
  誌，而父行程與子行程可以使用這些號誌來同步它們的動作。

需要 *pshared* 參數是因為下列的理由：

- 有些實作不支援行程之間共用的號誌，在這些系統上，會將 *pshared* 指定為一
  個非零值，使得 *sem_init()* 會傳回一個錯誤。Linux 在核心 2.6 版本以及 NPTL
  執行緒技術之後才開始支援未命名的行程共用號誌（在舊款 LinuxThreads 實
  作中，若為 *pshared* 指定了一個非零值，則 *sem_init()* 就會失敗並傳回一個
  ENOSYS 錯誤）。

- 在同時支援行程共用號誌與執行緒共用號誌的實作上，會需要能夠指定採用
  何種共用方式，因為系統必須要執行特定的動作來支援所需的共用方式。提
  供這類資訊還使得系統能夠根據共用的類型來進行優化（最佳化）。

NPTL 的 *sem_init()* 實作會忽略 *pshared*，然而，從 *glibc* 2.7 版本起，必須適當地設定這個參數，使得實作可以提供正確的行為。

> SUSv3 規定 *sem_init()* 在失敗時要傳回 -1，但並未規範成功時的回傳值。然而在大多數的現代 UNIX 系統手冊上都說成功時會傳回 0（一個值得注意的例外情況是 Solaris，它對回傳值的說明與 SUSv3 規範中的說明類似，但透過檢查 OpenSolaris 的原始程式碼可以發現，在該實作上 *sem_init()* 成功時會傳回 0）。SUSv4 對這種情況進行了調整，規定 *sem_init()* 在成功時應該傳回 0。

一個未命名號誌沒有相關的權限設定（即 *sem_init()* 並沒有類似 *sem_open()* 的 *mode* 參數），存取一個未命名號誌的授權將由行程在底層共享記憶體區間權限來控制。

SUSv3 規定對一個已初始化過的未命名號誌進行初始化操作將會導致未定義的行為。換句話說，必須要將應用程式設計成只有一個行程或執行緒來呼叫 *sem_init()*，以初始化一個號誌。

如同命名號誌，SUSv3 提及，若我們對 *sem_t* 變數（其位址是以 *sem_init()* 的 *sem* 參數傳遞）的副本進行操作，其結果是未經定義的，應該只能對原本的號誌進行操作。

範例程式

我們在 30.1.2 節提供一個程式（列表 30-1），使用 mutex 來保護一段臨界區間（critical section），會有兩個執行緒存取臨界區間中的同一個全域變數。在列表 53-6 的程式可以使用一個未命名的執行緒共用號誌來解決同樣的問題。

列表 53-6：使用一個 POSIX 的未命名號誌來保護對全域變數的存取

―――――――――――――――――――――――――――――――――――――― **psem/thread_incr_psem.c**

```
#include <semaphore.h>
#include <pthread.h>
#include "tlpi_hdr.h"

static int glob = 0;
static sem_t sem;

static void *                      /* Loop 'arg' times incrementing 'glob' */
threadFunc(void *arg)
{
    int loops = *((int *) arg);
    int loc, j;

    for (j = 0; j < loops; j++) {
```

```
        if (sem_wait(&sem) == -1)
            errExit("sem_wait");

        loc = glob;
        loc++;
        glob = loc;

        if (sem_post(&sem) == -1)
            errExit("sem_post");
    }

    return NULL;
}

int
main(int argc, char *argv[])
{
    pthread_t t1, t2;
    int loops, s;

    loops = (argc > 1) ? getInt(argv[1], GN_GT_0, "num-loops") : 10000000;

    /* Initialize a semaphore with the value 1 */

    if (sem_init(&sem, 0, 1) == -1)
        errExit("sem_init");

    /* Create two threads that increment 'glob' */

    s = pthread_create(&t1, NULL, threadFunc, &loops);
    if (s != 0)
        errExitEN(s, "pthread_create");
    s = pthread_create(&t2, NULL, threadFunc, &loops);
    if (s != 0)
        errExitEN(s, "pthread_create");

    /* Wait for threads to terminate */

    s = pthread_join(t1, NULL);
    if (s != 0)
        errExitEN(s, "pthread_join");
    s = pthread_join(t2, NULL);
    if (s != 0)
        errExitEN(s, "pthread_join");

    printf("glob = %d\n", glob);
    exit(EXIT_SUCCESS);
}
```

————————————————————————————————— **psem/thread_incr_psem.c**

53.4.2 銷毀一個未命名號誌

函式 *sem_destroy()* 會銷毀 *sem* 號誌，其中 *sem* 必須是一個之前使用 *sem_init()* 初始化的未命名號誌，只有在沒有任何行程或執行緒在等待一個號誌時，才能夠安全地銷毀這個號誌。

```
#include <semaphore.h>

int sem_destroy(sem_t *sem);
                                        Returns 0 on success, or –1 on error
```

在使用 *sem_destroy()* 銷毀了一個未命名號誌之後，就能夠使用 *sem_init()* 來重新初始化這個號誌。

一個未命名號誌應該在其底層的記憶體被釋放之前被銷毀。例如，若號誌是一個自動配置的變數，則在其宿主函式返回之前，就應該銷毀這個號誌。若號誌位於一個 POSIX 共享記憶體區間中，則在全部行程都已經結束使用這個號誌，以及在上一個行程解除區間的映射之前，應該銷毀這個號誌。

有些實作會省略呼叫 *sem_destroy()*，這不會導致問題發生，但在其他實作上，不呼叫 *sem_destroy()* 會導致資源洩露（resource leak）。可攜式應用程式應該呼叫 *sem_destroy()* 以避免此類問題的發生。

53.5　與其他同步技術比較

本節會比較 POSIX 號誌和其他兩種同步技術：System V 號誌和 mutex。

POSIX 號誌與 System V 號誌的比較

POSIX 號誌和 System V 號誌都可以用來同步行程的動作，51.2 節列出了 POSIX IPC 較 System V IPC 更具優勢的地方：POSIX IPC 介面更加簡單，並且與傳統的 UNIX 檔案模型更加一致，同時 POSIX IPC 物件有使用參考計數（reference count），這樣可以簡化確定何時要刪除一個 IPC 物件的工作，這些通用的優勢同樣也是 POSIX（命名）號誌優於 System V 號誌的地方。

與 System V 號誌相比，POSIX 號誌還具備下列優勢：

- POSIX 號誌介面與 System V 號誌介面相比要簡單許多，而且不會犧牲功能。
- POSIX 命名號誌消除了 System V 號誌存在的初始化問題（47.5 節）。

- 將一個 POSIX 未命名號誌與動態配置的記憶體物件關聯起來更加簡單：只需要將號誌嵌入到物件中即可。

- 在高度頻繁競爭號誌的情況中（即由於其他行程已經對號誌設定一個號誌值，導致行程對號誌的操作經常陷入阻塞狀態，而無法繼續處理操作），則 POSIX 號誌的效能是與 System V 號誌差不多的。然而，在低競爭號誌的情境中（即號誌的值能夠讓操作正常繼續執行而不會阻塞操作），POSIX 號誌的效能會比 System V 號誌好很多（在筆者測試的系統上，兩者在性能上的差異會超過一個數量級，請見習題 53-4）。POSIX 在這種情境中之所以能夠做得更好是因為，POSIX 的實作方式只有在發生競爭時才需要執行系統呼叫，而 System V 號誌操作則不管是否發生競爭都會需要執行系統呼叫。

然而，POSIX 號誌與 System V 號誌相較之下，也有下列的缺點：

- POSIX 號誌的可攜性稍差（在 Linux 上，直到核心 2.6 才開始支援命名號誌）。

- POSIX 號誌不支援 System V 號誌中的還原功能（然而在 47.8 節中指出，這個特性在一些情境中可能沒有太大的用處）。

POSIX 號誌與 Pthreads mutex 比較

POSIX 號誌和 Pthreads mutex 都可以用來同步同一個行程中的執行緒動作，而且它們的效能也是相近的。然而，mutex 通常是比較推薦的方式，因為 mutex 的所有權屬性能夠確保程式碼具有良好的結構性（只有鎖住 mutex 的執行緒才能夠對其進行解鎖）。相對地，若一個執行緒能夠遞增另一個執行緒遞減的一個號誌，這種靈活性會導致產生結構不良的同步設計（正是因為這個原因，號誌有時候會被稱為並行程式設計的 "goto"）。

Mutex 在一種情況下是不能用在多執行緒應用程式中的，在這種情況下號誌可能就成了一種首選方法了。由於號誌是非同步訊號安全的（參考表 21-1），因此在一個訊號處理常式中可以使用 *sem_post()* 函式來與另一個執行緒進行同步。而號誌就無法完成這項工作，因為操作 mutex 的 Pthreads 函式不是非同步訊號安全的。然而通常處理非同步訊號的首選方法是使用 *sigwaitinfo()*（或類似的函式）來接收這些訊號，而不是使用訊號處理常式（33.2.4 節），因此號誌比 mutex 在這一點上的優勢很少有機會發揮出來。

53.6 號誌的限制

SUSv3 為號誌定義了兩個限制：

SEM_NSEMS_MAX

> 這是一個行程能夠擁有的 POSIX 號誌的最大數目，SUSv3 要求這個限制至少
> 為 256。在 Linux 上，POSIX 號誌數目實際上會受限於可用的記憶體。

SEM_VALUE_MAX

> 這是一個 POSIX 號誌值能夠取的最大值，號誌的取值可以是 0 到這個限制之
> 間的任意一個值。SUSv3 要求這個限制至少為 32,767，Linux 實作允許這個
> 值最大為 INT_MAX（2,147,483,647）。

53.7 小結

POSIX 號誌允許行程或執行緒同步它們的動作，POSIX 號誌有兩種：命名與未命
名。命名號誌是透過一個名稱識別的，它可以被所有擁有開啟這個號誌的權限的
行程共用。未命名號誌沒有名稱，但可以將它放在一塊由行程或執行緒共用的記
憶體區間中，使得這些行程或執行緒能夠共用同一個號誌（如放在一個 POSIX 共
享記憶體物件中以供行程共用，或放在一個全域變數中以供執行緒共用）。

　　POSIX 號誌介面比 System V 號誌介面更為簡單，號誌的配置和操作是一個一
個進行的，並且等待與發佈操作只會將號誌值調整 1。

　　與 System V 號誌相比，POSIX 號誌具備很多優勢，但它們的可攜性較差一
點，對於多執行緒應用程式中的同步而言，mutex 會比號誌適合。

進階資訊

（Stevens，1999）提供了 POSIX 號誌的另一種介紹並提供使用其他各種 IPC
機制（FIFO、記憶體映射檔案以及 System V 號誌）在使用者空間的實作。
（Butenhof，1996）介紹了 POSIX 號誌在多執行緒應用程式的用法。

53.8 習題

53-1. 重新設計列表 48-2 和列表 48-3 中的程式（48.4 節），設計成一個多執行緒應用程式，其中兩個執行緒之間透過一個全域緩衝區來向對方傳輸資料並使用 POSIX 號誌來同步操作。

53-2. 修改列表 53-3 中的程式（`psem_wait.c`），使用 *sem_timedwait()* 來替代 *sem_wait()*，這個程式應該接收一個額外的命令列參數來指定一個（相對）秒數，以做為 *sem_timedwait()* 呼叫中的超時時間。

53-3. 使用 System V 號誌來實作 POSIX 號誌。

53-4. 在 53.5 節中指出，POSIX 號誌在號誌競爭不頻繁的情況下，效能會比 System V 號誌好很多。設計兩個程式（分別使用這兩種號誌）來驗證這個結果。每個程式都應該依指定的次數將一個號誌遞增和遞減，比較執行兩個程式所需的時間。

54

POSIX 共享記憶體

我們在之前的章節探討了兩項技術，可以讓不相關的行程共享記憶體區段，以達成行程之間的通信（IPC）：即 System V 共享記憶體（System V shared memory，第 48 章）與共享檔案映射（shared file mapping，49.4.2 節），這兩項技術都有潛在缺點：

- System V 共享記憶體模型使用 key 與 ID，而標準的 UNIX I/O 模型是使用檔案名稱與描述符，這項差異代表我們需要可以在 System V 共享記憶體區段（segment）運作的全新系統呼叫與指令集。

- 即使我們對於可做為共享區間（shared region）的持續性虛擬裝置（persistent backing store）不感興趣，不過使用一個共享檔案映射做為 IPC 需要建立磁碟檔案。除了需要建立檔案這件麻煩事，這項技術還會產生一些檔案 I/O 的負擔。

由於這些缺點，POSIX.1b 定義了一個新的共享記憶體 API：POSIX 共享記憶體，即是本章主題。

> POSIX 說共享記憶體物件（*object*），而 System V 說共享記憶體區段（*segment*），這些術語的差異有其歷史典故，不過這兩個術語都是用來代表行程之間共用的記憶體區間（*region*）。

54.1　概觀

POSIX 共享記憶體可以讓我們在無關的行程之間共享一塊映射區間（mapped region），而不需要建立相對應的映射檔（mapped file），Linux 從核心 2.4 起開始支援 POSIX 共享記憶體。

SUSv3 沒有規定實作 POSIX 共享記憶體的任何細節，特別是，不需要使用（真實的或虛擬的）檔案系統來識別共享記憶體物件，雖然許多 UNIX 系統為此使用一個檔案系統。有些 UNIX 平台會在標準檔案系統中的特定位置建立檔案，使用檔名做為共享記憶體物件的名稱。Linux 會使用一個掛載在 /dev/shm 目錄底下（在某些系統上是 /run/shm）的 tmpfs 檔案系統（14.10 節）。這個檔案系統具有核心持續性（kernel persistence），這個檔案系統包含的共享記憶體物件將會持續存在，即使目前沒有行程開啟它們，不過若系統關機了，則它們就會消失。

> 系統上的全部 POSIX 共享記憶體區間的記憶體總量受限於底層的 tmpfs 檔案系統的大小，這個檔案系統通常會在開機時以某個預設值大小掛載（如：256MB）。若有需要，超級使用者（superuser）可以透過指令 mount -o remount,size=<num-bytes> 重新掛載檔案系統，來改變檔案系統的大小。

為了使用 POSIX 共享記憶體物件，我們會執行兩個步驟：

1. 使用 *shm_open()* 函式開啟指定名稱的物件（我們在 51.1 節介紹過 POSIX 共享記憶體物件的命名成長規則），*shm_open()* 函式與 *open()* 系統呼叫相似，它會建立一個新的記憶體物件或開啟現有的物件。執行成功之後，*shm_open()* 會傳回一個參考到物件的檔案描述符（file descriptor）。

2. 將上一個步驟取得的檔案描述符傳遞給 *mmap()* 呼叫，並將 *flags* 參數指定為 MAP_SHARED 旗標。這樣可以將共享記憶體物件映射到行程的虛擬位址空間（virtual address space）。如同 *mmap()* 的其他用途，只要我們已經完成物件的映射，我們就可以關閉檔案描述符而不會影響到映射。然而，為了提供給後續的 *fstat()* 與 *ftruncate()* 呼叫使用（參考 54.2 節），我們可能會需要將檔案描述符保持開啟。

> POSIX 共享記憶體的 *shm_open()* 與 *mmap()* 之間的關係，類似 System V 共享記憶體的 *shmget()* 與 *shmat()*。使用 POSIX 共享記憶體物件是兩步驟過程（*shm_open* 加上 *mmap()*），而不是使用一個單獨的函式來執行這兩個動作是有其歷史典故的。因為在 POSIX 委員會新增此功能之前就已經有 *mmap()* 呼叫了（Stevens，1999），所以我們實際上所做的只是將 *open()* 呼叫取代為 *shm_open()*，差異在於，使用 *shm_open()* 時，不需要在磁碟的檔案系統建立一個檔案。

因為我們需要使用檔案描述符來參考共享記憶體物件，所以我們可以採用已經定義於 UNIX 系統上的各種檔案描述符系統呼叫（如：*ftruncate()*），而不需要新的特殊用途系統呼叫（在 System V 共享記憶體則需要）。

54.2 建立共享記憶體物件

函式 *shm_open()* 會建立並開啟新的共享記憶體物件，或開啟既有的物件，*shm_open()* 的參數與 *open()* 類似。

```
#include <fcntl.h>              /* Defines O_* constants */
#include <sys/stat.h>           /* Defines mode constants */
#include <sys/mman.h>

int shm_open(const char *name, int oflag, mode_t mode);
                        Returns file descriptor on success, or −1 on error
```

參數 *name* 可以識別要建立或要開啟的共享記憶體物件，*oflag* 參數是一個可以修改呼叫行為的位元遮罩，遮罩可使用的值如表 54-1 所示。

表 54-1：shm_*open()* *oflag* 參數的位元值

旗標	說明
O_CREAT	若物件不存在時，則建立物件
O_EXCL	與 O_CREAT 一起使用，強制建立物件
O_RDONLY	以唯讀模式開啟
O_RDWR	以讀寫模式開啟
O_TRUNC	將物件的長度截斷成零

參數 *oflag* 的其中一個目的是決定我們要開啟現有的共享記憶體物件，或是建立與開啟一個新物件。若沒有在 *oflag* 使用 O_CREAT，則我們會開啟現有的物件；若指定了 O_CREAT，那麼會在物件不存在時建立物件。同時指定 O_EXCL 與 O_CREAT 可以確保呼叫者就是物件的建立者，若物件已經存在，則會發生錯誤（EEXIST）。

　　參數 *oflag* 也能表示呼叫的行程要進行共享記憶體物件存取的方式，可指定為 O_RDONLY 或 O_RDWR 決定。

　　最後的 O_TRUNC 旗標值可以將成功開啟的既有共享記憶體物件長度截斷為零。

> 在 Linux 系統上，即使唯讀開啟也可以發生截斷動作。然而，SUSv3 認為以唯讀模式及使用 O_TRUNC 旗標開啟檔案的結果是未定義的，所以考量可攜性，我們不能倚賴這個例子中的一個特定行為。

當建立了一個新的共享記憶體物件時，物件的擁有者關係（ownership）與群組關係（group ownership）是取自（呼叫 *shm_open()* 的）行程的有效使用者 ID（effective user ID）與群組 ID（group ID），而物件權限則依據 *mode* 位元遮罩參數提供的值來設定，*mode* 的位元值與檔案相同（表 15-4）。如同 *open()* 系統呼叫，*mode* 中的權限遮罩會受到行程的 umask 影響（15.4.6 節）。與 *open()* 不同的是，呼叫 *shm_open()* 時一定會需要 *mode* 參數，若我們不是要建立新物件，則應該將這個參數設定為 0。

在 *shm_open()* 傳回的檔案描述符會設定 close-on-exec 旗標（FD_CLOEXEC，27.4 節），以便行程在執行 *exec()* 時，會自動關閉檔案描述符（當執行一個 *exec()* 時，一樣會對映射檔解除映射）。

當建立一個新的共享記憶體物件時，會將它的長度初始化為零，這表示在建立一個新的共享記憶體物件之後，我們通常會在呼叫 *mmap()* 之前先呼叫 *ftruncate()*（5.8 節）來設定物件大小。我們在 *mmap()* 呼叫後面也可以使用 *ftruncate()* 來延展或縮小所需的共享記憶體物件，可將 49.4.3 節探討的觀點謹記於心。

當延展一個共享記憶體物件時，新增加的位元組空間會自動初始化為 0。

我們在任何時間點都可以對 *shm_open()* 傳回的檔案描述符使用 *fstat()*，以取得 stat 結構，結構內的欄位包含共享記憶體物件的相關資訊，有大小（*st_size*）、權限（*st_mode*）、擁有者（*st_uid*）及群組（*st_gid*），這些是 SUSv3 要求 *fstat()* 要對 stat 結構設定的欄位，雖然 Linux 對 time 欄位與其他較少使用的欄位也都會傳會有意義的資訊。我們也可以對 *shm_open()* 傳回的檔案描述符使用 *fstat()*（15.1 節）。

共享記憶體物件的權限與擁有者關係可以分別使用 *fchmod()* 與 *fchown()* 變更。

範例程式

列表 54-1 提供一個使用 *shm_open()*、*ftruncate()* 與 *mmap()* 的簡單範例，這個程式建立一個共享記憶體物件，透過命令列指定物件的大小，並將物件映射到行程的虛擬記憶體空間中（映射步驟是多餘的，因為我們實際上不會對共享記憶體做任何處理，不過只是做為 *mmap()* 的使用示範）。程式允許使用命令列參數選項選擇 *chm_open()* 呼叫的旗標（O_CREAT 與 O_EXCL）。

我們在下列例子中，使用這個程式建立一個 10,000-byte 的共享記憶體物件，並接著使用 *ls* 顯示 /dev/shm 目錄的這個物件：

```
$ ./pshm_create -c /demo_shm 10000
$ ls -l /dev/shm
total 0
-rw-------    1 mtk      users        10000 Jun 20 11:31 demo_shm
```

列表 54-1：建立一個 POSIX 共享記憶體物件

─── **pshm/pshm_create.c**

```c
#include <sys/stat.h>
#include <fcntl.h>
#include <sys/mman.h>
#include "tlpi_hdr.h"

static void
usageError(const char *progName)
{
    fprintf(stderr, "Usage: %s [-cx] shm-name size [octal-perms]\n", progName);
    fprintf(stderr, "    -c   Create shared memory (O_CREAT)\n");
    fprintf(stderr, "    -x   Create exclusively (O_EXCL)\n");
    exit(EXIT_FAILURE);
}

int
main(int argc, char *argv[])
{
    int flags, opt, fd;
    mode_t perms;
    size_t size;
    void *addr;

    flags = O_RDWR;
    while ((opt = getopt(argc, argv, "cx")) != -1) {
        switch (opt) {
        case 'c':   flags |= O_CREAT;           break;
        case 'x':   flags |= O_EXCL;            break;
        default:    usageError(argv[0]);
        }
    }

    if (optind + 1 >= argc)
        usageError(argv[0]);

    size = getLong(argv[optind + 1], GN_ANY_BASE, "size");
    perms = (argc <= optind + 2) ? (S_IRUSR | S_IWUSR) :
                getLong(argv[optind + 2], GN_BASE_8, "octal-perms");

    /* Create shared memory object and set its size */

    fd = shm_open(argv[optind], flags, perms);
```

```
        if (fd == -1)
            errExit("shm_open");

        if (ftruncate(fd, size) == -1)
            errExit("ftruncate");

        /* Map shared memory object */

        addr = mmap(NULL, size, PROT_READ | PROT_WRITE, MAP_SHARED, fd, 0);
        if (addr == MAP_FAILED)
            errExit("mmap");

        exit(EXIT_SUCCESS);
    }
```

――――――――――――――――――――――――――――――――――――――― **pshm/pshm_create.c**

54.3　使用共享記憶體物件

列表 54-2 與列表 54-3 示範如何使用共享記憶體將資料從一個行程傳輸到另一個行程。列表 54-2 的程式將它第二個命令列參數（字串）複製到它的第一個命令列參數指名的既有共享記憶體物件中。程式在映射物件與進行複製以前，會使用 *ftruncate()* 將共享記憶體物件的大小更改為要複製的字串長度。

列表 54-2：將資料複製到 POSIX 共享記憶體物件

――――――――――――――――――――――――――――――――――――――― **pshm/pshm_write.c**

```
#include <fcntl.h>
#include <sys/mman.h>
#include "tlpi_hdr.h"

int
main(int argc, char *argv[])
{
    int fd;
    size_t len;                 /* Size of shared memory object */
    char *addr;

    if (argc != 3 || strcmp(argv[1], "--help") == 0)
        usageErr("%s shm-name string\n", argv[0]);

    fd = shm_open(argv[1], O_RDWR, 0);      /* Open existing object */
    if (fd == -1)
        errExit("shm_open");

    len = strlen(argv[2]);
    if (ftruncate(fd, len) == -1)               /* Resize object to hold string */
        errExit("ftruncate");
```

```
        printf("Resized to %ld bytes\n", (long) len);

        addr = mmap(NULL, len, PROT_READ | PROT_WRITE, MAP_SHARED, fd, 0);
        if (addr == MAP_FAILED)
            errExit("mmap");

        if (close(fd) == -1)                        /* 'fd' is no longer needed */
            errExit("close");

        printf("copying %ld bytes\n", (long) len);
        memcpy(addr, argv[2], len);                 /* Copy string to shared memory */
        exit(EXIT_SUCCESS);
    }
```
── **pshm/pshm_write.c**

列表 54-3 的程式會將它命令列參數中指名的既有共享記憶體物件內容（字串）取出，並顯示在標準輸出。在呼叫 *shm_open()* 之後，程式會使用 *fstat()* 得知共享記憶體的大小，且依此大小呼叫 *mmap()* 來映射物件，並在 *write()* 呼叫中印出字串。

列表 54-3：複製 POSIX 共享記憶體物件的資料

── **pshm/pshm_read.c**
```
#include <fcntl.h>
#include <sys/mman.h>
#include <sys/stat.h>
#include "tlpi_hdr.h"

int
main(int argc, char *argv[])
{
    int fd;
    char *addr;
    struct stat sb;

    if (argc != 2 || strcmp(argv[1], "--help") == 0)
        usageErr("%s shm-name\n", argv[0]);

    fd = shm_open(argv[1], O_RDONLY, 0);     /* Open existing object */
    if (fd == -1)
        errExit("shm_open");

    /* Use shared memory object size as length argument for mmap()
       and as number of bytes to write() */

    if (fstat(fd, &sb) == -1)
        errExit("fstat");

    addr = mmap(NULL, sb.st_size, PROT_READ, MAP_SHARED, fd, 0);
```

```
        if (addr == MAP_FAILED)
            errExit("mmap");

        if (close(fd) == -1)                        /* 'fd' is no longer needed */
            errExit("close");

        write(STDOUT_FILENO, addr, sb.st_size);
        printf("\n");
        exit(EXIT_SUCCESS);
    }
```
── **pshm/pshm_read.c**

下列的 shell 作業階段（sessios）示範如何使用列表 54-2 與列表 54-3 的程式，我們先使用列表 54-1 的程式建立長度為零的共享記憶體物件。

```
$ ./pshm_create -c /demo_shm 0
$ ls -l /dev/shm                          Check the size of object
total 4
-rw-------      1 mtk     users    0 Jun 21 13:33 demo_shm
```

我們接著使用列表 54-2 的程式，將一個字串複製到共享記憶體物件：

```
$ ./pshm_write /demo_shm 'hello'
$ ls -l /dev/shm                          Check that object has changed in size
total 4
-rw-------      1 mtk     users    5 Jun 21 13:33 demo_shm
```

我們可以從輸出看到程式更改了共享記憶體物件的大小，讓共享記憶體物件的空間能夠容納指定的字串。

最後，我們使用列表 54-3 的程式顯示共享記憶體物件中的字串：

```
$ ./pshm_read /demo_shm
hello
```

應用程式通常必須使用一些同步技術，讓同步多個行程的共享記憶體存取。在這裡所示的 shell 作業階段範例中，由使用者執行的程式提供同步存取，應用程式通常會改用一些標準的同步技術（如：號誌，semaphore）來同步共享記憶體物件的存取。

54.4　移除共享記憶體物件

SUSv3 要求 POSIX 共享記憶體物件至少要具備核心的持續性（kernel persistence），亦即這些物件會持續存在，直到明確將它們移除或是系統重新開機為止，當不再需要共享記憶體物件時，應該要使用 *shm_unlink()* 移除物件。

```
#include <sys/mman.h>

int shm_unlink(const char *name);
```
                                                    Returns 0 on success, or −1 on error

函式 *shm_unlink()* 透過 name 指定要移除的共享記憶體物件,移除一塊共享記憶體
物件並不會影響到既有物件的映射(這個映射仍然會持續有效,直到相對應的行
程呼叫了 *munmap()* 或終止為止),但是要避免再使用 *shm_open()* 開啟物件。一旦
全部的行程都已經對物件解除映射,則會移除這個物件,而且它的內容也會隨之
消失。

列表 54-4 的程式使用 *shm_unlink()* 移除程式命令列參數指定的共享記憶體
物件。

列表 54-4:使用 *shm_unlink()* 移除(unlink)POSIX 共享記憶體物件

─── pshm/pshm_unlink.c
```c
#include <fcntl.h>
#include <sys/mman.h>
#include "tlpi_hdr.h"

int
main(int argc, char *argv[])
{
    if (argc != 2 || strcmp(argv[1], "--help") == 0)
        usageErr("%s shm-name\n", argv[0]);
    if (shm_unlink(argv[1]) == -1)
        errExit("shm_unlink");
    exit(EXIT_SUCCESS);
}
```
─── pshm/pshm_unlink.c

54.5 共享記憶體 API 之間的比較

我們到現在為止已經探討許多用於不相關行程之間的共享記憶體區間技術:

- System V 共享記憶體(第 48 章)。

- 共享檔案映射(49.4.2 節)。

- POSIX 共享記憶體物件(本章主題)。

我們在本節的許多觀點也適用共享匿名映射（shared anonymous mapping）（49.7 節），共享匿名映射可做為透過 *fork()* 產生的相關行程之間的共享記憶體。

許多觀點也適用於這些技術：

- 它們提供快速的 IPC，而且應用程式通常必須使用號誌（或其他同步標準），以同步存取共享區間。

- 一旦已經將共享記憶體區間映射到行程的虛擬位址空間，則這塊共享記憶體區間看起來就只像是行程記憶體空間的一部分。

- 系統會以類似方法將共享記憶體區間放置於行程的虛擬位址空間，我們會在 48.5 節說明 System V 共享記憶體時說明這個設置。Linux 特有的 /proc/*PID*/maps 檔案會列出共享記憶體區間全部類型的相關資訊。

- 假使我們不想要將一塊共享記憶體區間映射到固定的位址，我們應該要確保到該區間位置的全部參考是以偏移量計算（而非指標），因為區間可能會被放置於不同行程的不同虛擬位址上（48.6 節）。

- 在第 50 章所述的虛擬記憶體區間操作函式，可以用在這些技術建立的共享記憶體區間。

在共享記憶體的技術之間會有一些需要注意的差異：

- 一個共享檔案映射的內容實際上會與底層的映射檔案同步，這表示儲存在共享記憶體區間上的資料可以在系統重新啟動後繼續存在。

- System V 與 POSIX 共享記憶體使用不同的機制來識別與參照到共享記憶體物件。System V 使用自己的 key（金鑰）與 ID（識別碼）機制，這不符合任何標準的 UNIX I/O 模型，且需要分開的系統呼叫（如：*shmctl()*）及指令（ipcs 與 ipcrm）。相對地，POSIX 共享記憶體採用名稱（name）與檔案描述符，因此可以用各種現有的 UNIX 系統呼叫（如：*fstat()* 與 *fchmod()*）檢查與操作共享記憶體物件。

- System V 共享記憶體區段的大小在（透過 *shmget()*）建立時就固定了，相較之下，對於一個檔案或 POSIX 共享記憶體物件的映射，我們可以使用 *ftruncate()* 調整底層的物件大小，並接著使用 *munmap()* 與 *mmap()*（或 Linux 特有的 *mremap()*）重新建立映射。

- 在以前，System V 共享記憶體比 *mmap()* 及 POSIX 共享記憶體更廣為使用，雖然現在這些技術在多數的 UNIX 平台都已經有提供了。

除了最後一點的可攜性觀點例外，上面所列的差異是支持共享檔案映射與 POSIX 共享記憶體物件的優點。因此，在新的應用程式中，這些介面較常使用 System V 共享記憶體。我們的選擇取決於我們是否需要持續的虛擬裝置（persistent backing store）。共享檔案映射可提供這樣的一個功能，當我們不需要這項功能時，可以使用 POSIX 共享記憶體物件來免除磁碟檔案的負擔。

54.6　小結

一個 POSIX 共享記憶體物件可以讓不相關的行程分享一塊記憶體區間，而不用建立底層的磁碟檔案。為了達成這個目的，我們用 *shm_open()* 呼叫取代在 *mmap()* 之前的 *open()* 呼叫。*shm_open()* 呼叫會在一個基於記憶體的（memory-based）檔案系統上建立檔案，而且我們可以採用使用傳統的檔案描述符系統呼叫，來對這個虛擬檔案執行各種操作。實際上，*ftruncate()* 必須用來設定共享記憶體物件的大小，因為共享記憶體物件的初始長度是零。

我們現在已經介紹了用於不相關行程之間的三種共享記憶體區間技術：System V 共享記憶體、共享檔案映射、及 POSIX 共享記憶體物件。這三個技術間有幾個相似之處，也有一些重要的差異，且除了可攜性的議題，這些差異著重在共享檔案映射及 POSIX 共享記憶體物件。

54.7　習題

54-1. 重新設計列表 48-2（`svshm_xfr_writer.c`）及列表 48-3（`svshm_xfr-reader.c`）的程式，使用 POSIX 共享記憶體物件取代 System V 共享記憶體。

55

檔案鎖（File Locking）

前面的章節已經介紹過，行程為了同步而使用的各項技術，包括訊號（signal，第 20 章到第 22 章）與號誌（semaphore，第 47 章與第 53 章），本章將介紹專門為檔案而設計的同步技術。

55.1 概觀

應用程式常見的需求是讀取檔案、修改資料，並接著將這些資料寫回檔案。只要同時只有一個行程以此方式存取檔案就不會發生問題。然而，當多個行程同時更新一個檔案時就會產生問題。假設各行程依照下列步驟更新一個存有序號（sequence number）的檔案：

1. 從檔案讀取序號。

2. 使用此序號完成應用程式定義的任務。

3. 累加此序號，並將序號寫回檔案。

此處的問題是，在兩個行程沒有採用任何同步技術的情況時，可能會同時執行上述步驟，因而導致（舉例）出現圖 55-1 所示的結果（這裡假設序號的初值是 1,000）。

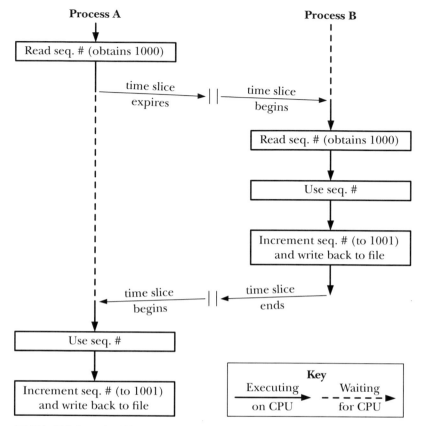

圖 55-1：兩個行程在無同步的情況同時更新一個檔案

問題很清楚：在執行完上述步驟之後，檔案的內容值是 1001，但其值原本應為 1002。（這是一種競速條件）。為避免這類情況發生，我們會需要一些行程同步的方法。

　　雖然我們可以使用號誌來進行所需的同步，不過使用檔案鎖（file lock）通常會比較好，因為核心可以自動將鎖與檔案關聯。

　　（Stevens & Rago，2005）認為第一個 UNIX 檔案鎖是在 1980 年實作的，並指出本章主要介紹的 *fcntl()* 上鎖函式最早出現於 1984 年的 System V Release 2。

我們在本章介紹兩組不同的檔案鎖 API：

- *flock()* 可將整個檔案上鎖。
- *fcntl()* 可對一個檔案區間上鎖。

flock() 系統呼叫源於 BSD，而 *fcntl()* 則源自 System V。

使用 *flock()* 與 *fcntl()* 的通用方式如下：

1. 將檔案上鎖。

2. 執行檔案 I/O。

3. 解鎖檔案，以便其他行程能夠給檔案上鎖。

雖然通常會將檔案上鎖與檔案 I/O 一起使用，但也可將上鎖做為更通用的同步技術。合作的行程可以遵循一個公約，由一個行程對整個檔案或部份的檔案上鎖，用以表示行程存取的一些共用資源，（如一個共享的記憶體區間），而非存取檔案本身。

混合使用上鎖與 *stdio* 函式

由於 *stdio* 函式庫會在使用者空間（user-space）提供緩衝，因此在混用 *stdio* 函式與本章介紹的上鎖技術時，需要特別注意。問題在於，輸入緩衝區可能在上鎖之前就已經填滿了，或者輸出緩衝區可能在解鎖之後就被刷新，為了避免這些問題，可以採用下面這些方法：

- 使用 *read()* 與 *write()*（以及相關的系統呼叫）取代 *stdio* 函式庫來執行檔案 I/O。

- 在對檔案上鎖之後立即刷新 stdio stream，並且在解鎖之前立即再次刷新這個 stream。

- 使用 *setbuf()*（或類似的函式）來關閉 *stdio* 緩衝，當然這可能會犧牲一些效能。

勸告式與強制式上鎖

在本章後續內容中，我們會將鎖分成勸告式（advisory）與強制式（mandatory）兩種。檔案鎖預設是勸告式的，這表示一個行程可以單純忽略另一個行程加在檔案的鎖，為了使勸告式上鎖機制能夠正常運作，每個存取檔案的行程都必須要合作，在執行檔案 I/O 之前要先對檔案上鎖。相對地，強制式上鎖系統會強制一個行程在執行 I/O 時，需要等候已經由其他行程持有的鎖，我們在 55.4 節將會詳細介紹這兩種鎖的差異。

55.2　使用 *flock()* 對檔案上鎖

雖然 *fcntl()* 的功能也包含了 *flock()* 的功能，不過我們仍會介紹 *flock()*，因為仍然有些應用程式還會使用 *flock()*，而且 *flock()* 在繼承與解鎖的一些語意還是與 *fcntl()* 不同。

```
#include <sys/file.h>

int flock(int fd, int operation);
```
Returns 0 on success, or –1 on error

系統呼叫 *flock()* 會對整個檔案進行上鎖，待上鎖的檔案可透過 *fd* 參照的開啟檔案描述符（open file descriptor）指定。參數 *operation* 則可指定為表 55-1 介紹的 LOCK_SH、LOCK_EX 以及 LOCK_UN 等旗標的其中一個。

　若另一個行程已持有一個檔案的一個不相容鎖，則 *flock()* 預設會發生阻塞，我們可以使用 OR（｜）位元邏輯運算將 LOCK_NB 加入 *operation* 參數以避免發生阻塞，使得 *flock()* 不會發生阻塞，反而會傳回 -1，並將 *errno* 設定為 EWOULDBLOCK。

表 55-1：可用於 *flock()* 的 *operation* 參數之值

值	說明
LOCK_SH	對 *fd* 參照的檔案設置一把共用（share）鎖
LOCK_EX	對 *fd* 參照的檔案設置一把互斥（exclusive）鎖
LOCK_UN	將 *fd* 參照的檔案解鎖
LOCK_NB	產生一個非阻塞式的上鎖請求

可同時持有一個檔案共用鎖（share lock）的行程數量並沒有限制，但同時只有一個行程能持有一個檔案的互斥鎖（exclusive lock）（換句話說，互斥鎖會拒絕其他行程的互斥鎖與共用鎖請求）。表 55-2 節錄了 *flock()* 鎖的相容規則，這邊假設行程 A 先上鎖，此表說明行程 B 是否能夠再上鎖。

表 55-2：*flock()* 上鎖類型的相容性

行程 A	行程 B	
	LOCK_SH	LOCK_EX
LOCK_SH	是	否
LOCK_EX	否	否

無論一個行程對檔案的存取模式為何（讀取、寫入、或讀寫），行程都可以對檔案加上一把共用鎖或互斥鎖。

透過再次呼叫 *flock()*，並在 *operation* 參數指定適當的值，則可以將一個現有的共用鎖轉換為一個互斥鎖（反之亦然）。若有另一個行程持有檔案的共用鎖，則將一個共用鎖轉換成一個互斥鎖時會發生阻塞，除非同時指定 LOCK_NB 旗標。

鎖的轉換過程不一定是原子式的（atomic），轉換期間會先移除既有的鎖，然後建立一個新鎖，在這兩個步驟之間，可能會有另一個尚未完成的上鎖請求接著完成上鎖。若發生了這種情況，則在轉換過程會發生阻塞，或如果有指定 LOCK_NB 旗標，則轉換過程會失敗，而且行程會失去原本的鎖。（在原本的 BSD *flock()* 實作以及許多其他 UNIX 系統都有此行為）。

> 雖然這並非 SUSv3 的規範，但多數的 UNIX 系統都有提供 *flock()*，有些實作要求需引用 <fcntl.h> 或 <sys/fcntl.h>，而不是 <sys/file.h>，這是因為 *flock()* 源自 BSD，所以此函式產生的鎖有時又稱為 BSD 檔案鎖。

列表 55-1 示範如何使用 *flock()*，此程式將一個檔案上鎖，睡眠指定的秒數，然後再將檔案解鎖。程式會接收三個命令列參數，第一個參數是待上鎖的檔案，第二個參數指定上鎖的類型（共用或互斥）以及是否包含 LOCK_NB（設定為非阻塞的）旗標，第三個參數指定上鎖與解鎖之間的睡眠秒數，此這個參數是選配的，其預設值是 10 秒。

列表 55-1：使用 *flock()*

─────────────────────────────────────── **filelock/t_flock.c**

```
#include <sys/file.h>
#include <fcntl.h>
#include "curr_time.h"                    /* Declaration of currTime() */
#include "tlpi_hdr.h"

int
main(int argc, char *argv[])
{
    int fd, lock;
    const char *lname;

    if (argc < 3 || strcmp(argv[1], "--help") == 0 ||
            strchr("sx", argv[2][0]) == NULL)
        usageErr("%s file lock [sleep-time]\n"
                "    'lock' is 's' (shared) or 'x' (exclusive)\n"
                "        optionally followed by 'n' (nonblocking)\n"
                "    'sleep-time' specifies time to hold lock\n", argv[0]);
```

```
    lock = (argv[2][0] == 's') ? LOCK_SH : LOCK_EX;
    if (argv[2][1] == 'n')
        lock |= LOCK_NB;

    fd = open(argv[1], O_RDONLY);                  /* Open file to be locked */
    if (fd == -1)
        errExit("open");

    lname = (lock & LOCK_SH) ? "LOCK_SH" : "LOCK_EX";

    printf("PID %ld: requesting %s at %s\n", (long) getpid(), lname,
            currTime("%T"));

    if (flock(fd, lock) == -1) {
        if (errno == EWOULDBLOCK)
            fatal("PID %ld: already locked - bye!", (long) getpid());
        else
            errExit("flock (PID=%ld)", (long) getpid());
    }

    printf("PID %ld: granted    %s at %s\n", (long) getpid(), lname,
            currTime("%T"));

    sleep((argc > 3) ? getInt(argv[3], GN_NONNEG, "sleep-time") : 10);

    printf("PID %ld: releasing  %s at %s\n", (long) getpid(), lname,
            currTime("%T"));
    if (flock(fd, LOCK_UN) == -1)
        errExit("flock");

    exit(EXIT_SUCCESS);
}
```
── **filelock/t_flock.c**

我們可以使用列表 55-1 的程式進行實驗並探討 *flock()* 的行為,下列的 shell 作業
階段有一些範例,我們先建立一個檔案,然後在背景啟動程式,並持有一個共用
鎖 60 秒:

```
$ touch tfile
$ ./t_flock tfile s 60 &
[1] 9777
PID 9777: requesting LOCK_SH at 21:19:37
PID 9777: granted    LOCK_SH at 21:19:37
```

接著,我們啟動另一個程式,可成功請求取得一個共用鎖,然後釋放共用鎖:

```
$ ./t_flock tfile s 2
PID 9778: requesting LOCK_SH at 21:19:49
PID 9778: granted   LOCK_SH at 21:19:49
PID 9778: releasing  LOCK_SH at 21:19:51
```

然而，當我們啟動另一個程式，並透過非阻塞式請求取得一個互斥鎖時，該請求會立即失敗：

```
$ ./t_flock tfile xn
PID 9779: requesting LOCK_EX at 21:20:03
PID 9779: already locked - bye!
```

當我們啟動另一個程式，以阻塞式請求取得一個互斥鎖時，程式會發生阻塞。原本持有共用鎖的背景行程在經過 60 秒後會釋放此鎖，此時阻塞中的請求就可以繼續完成。

```
$ ./t_flock tfile x
PID 9780: requesting LOCK_EX at 21:20:21
PID 9777: releasing  LOCK_SH at 21:20:37
PID 9780: granted   LOCK_EX at 21:20:37
PID 9780: releasing  LOCK_EX at 21:20:47
```

55.2.1　鎖的繼承與釋放語意

如表 55-1 所示，透過 *flock()* 呼叫並將 *operation* 參數指定為 LOCK_UN，則可以釋放一個檔案鎖。此外，在與鎖相對應的檔案描述符關閉之後，便會自動解鎖。然而，我們的情況會變得比較複雜，透過 *flock()* 取得的檔案鎖與開啟檔案描述符有關聯（5.4 節），而非與檔案描述符或檔案（i-node）本身有關聯。這表示在複製一個檔案描述符時（透過 *dup()*、*dup2()* 或一個 *fcntl()* 與 F_DUPFD 操作），新的檔案描述符會參照到相同的檔案鎖。例如，若取得了 *fd* 所參照的檔案之一個鎖，則下列的程式碼（忽略錯誤檢查）會釋放這個鎖：

```
flock(fd, LOCK_EX);         /* Gain lock via 'fd' */
newfd = dup(fd);            /* 'newfd' refers to same lock as 'fd' */
flock(newfd, LOCK_UN);      /* Frees lock acquired via 'fd' */
```

若已透過一個特定的檔案描述符取得了一個鎖，並建立該檔案描述符的一個或多個副本，則（若未執行一個解鎖操作時）只有當關閉了全部的描述符副本之後，鎖才會被釋放。

然而，若我們使用 *open()* 取得第二個參照相同檔案的檔案描述符（以及關聯的開啟檔案描述符），則 *flock()* 會將第二個描述符視為一個不同的描述符，例如執行下列這些程式碼的行程會在第二個 *flock()* 呼叫時發生阻塞：

```
fd1 = open("a.txt", O_RDWR);
fd2 = open("a.txt", O_RDWR);
flock(fd1, LOCK_EX);
flock(fd2, LOCK_EX);                  /* Locked out by lock on 'fd1' */
```

因而，行程就能使用 *flock()* 將自己鎖在一個檔案之外，我們稍後將會看到，使用 *fcntl()* 傳回的紀錄鎖（record lock）是無法取得這種效果的。

當使用 *fork()* 建立一個子行程時，這個子行程會複製其父行程的檔案描述符，並且與使用 *dup()* 呼叫之類的函式複製的描述符相同，這些描述符會參照相同的開啟檔案描述符，進而會參照到相同的鎖。如下列程式碼會導致子行程移除父行程的鎖：

```
flock(fd, LOCK_EX);                   /* Parent obtains lock */
if (fork() == 0)                      /* If child... */
    flock(fd, LOCK_UN);               /* Release lock shared with parent */
```

有時可利用這些語意將一個檔案鎖從父行程（原子式地）傳遞給子行程：在 *fork()* 之後，父行程關閉其檔案描述符，然後鎖就只在子行程的控制之下，我們稍後會看到使用 *fcntl()* 傳回的紀錄鎖是無法這麼做的。

透過 *flock()* 建立的鎖在經過 *exec()* 仍會保留（除非在檔案描述符設定 close-on-*exec* 旗標，並且該檔案描述符是最後一個參照到底層開啟檔案描述符的描述符）。

上述的 *flock()* 在 Linux 的語意與典型的 BSD 實作一致，有些 UNIX 系統使用 *fcntl()* 實作 *flock()*，我們稍後就會看到 *fcntl()* 鎖的繼承與釋放語意和 *flock()* 鎖的繼承與釋放語意不同。由於 *flock()* 建立的鎖與 *fcntl()* 建立的鎖之間的交互使用並未定義，因此應用程式應該只使用其中一種檔案上鎖方法。

55.2.2 *flock()* 的限制

以 *flock()* 上鎖有幾點限制：

- 只能上鎖整個檔案，這種粗糙的上鎖方式限制了行程間的並行（concurrency）效能，例如，假設有多個行程，其中每個行程都想要同時存取同一個檔案的不同部分，則透過 *flock()* 上鎖會造成沒必要的效果，而阻礙這些行程並行完成它們的操作。

- 透過 *flock()* 只能使用勸告式的鎖。

- 很多 NFS 實作無法核對使用 *flock()* 上的鎖。

我們在下一節介紹的 *fcntl()* 上鎖機制可以克服使用 *fcntl()* 實作的每個上鎖機制限制：

> 由於歷史源由，Linux NFS 伺服器無法支援 *flock()* 鎖，從核心 2.6.12 起，Linux NFS 伺服器利用對整個檔案上鎖的 *fcntl()* 鎖來實作 *flock()* 鎖。在將 BSD 鎖混用於伺服器以及將 BSD 鎖與混用於客戶端（client）時，會導致一些奇怪的影響：客戶端通常無法看到伺服器的鎖，反之亦然。

55.3 使用 *fcntl()* 鎖上紀錄鎖

我們可以使用 *fcntl()*（5.2 節）在檔案的任何部份進行上鎖，上鎖的範圍可從一個位元組到整個檔案。這種的檔案上鎖形式通常稱為紀錄鎖（record locking）。然而，此名詞是不合適的，因為 UNIX 系統上的檔案是屬於位元組序列（byte sequence），並沒有紀錄邊界的概念，檔案中的紀錄概念單純只定義在應用程式中。

　　一般而言，會將 *fcntl()* 用來鎖住檔案中與應用程式定義的紀錄邊界相對應的資料範圍，這也是術語紀錄上鎖（record locking）的由來。位元組範圍（byte range）、檔案區間（file region）以及檔案區段（file segment）較不常用，但是它們可以更精確的說明這個鎖的類型。（由於這是唯一在原始 POSIX.1 標準與 SUSv3 中規範的上鎖技術，因此有時候也會將此技術稱為 POSIX 檔案上鎖）。

> SUSv3 規定普通檔案要能支援紀錄上鎖，並允許其他檔案類型支援檔案上鎖。雖然紀錄鎖通常只有用於普通檔案才合理（因為對於多數其他檔案類型而言，討論檔案所包含的資料位元組範圍是沒有意義的），但是在 Linux 系統可以將一個紀錄鎖應用在任意類型的檔案描述符。

圖 55-2 顯示了如何使用紀錄鎖讓兩個行程對一個檔案的一個共同區間進行同步存取。（在此圖中，假設全部的上鎖請求都會阻塞，以便有其他行程持有一把鎖時，它們將會進行等待）。

　　用於建立或移除一個檔案鎖的 *fcntl()* 呼叫的通用形式如下：

```
struct flock flockstr;

/* Set fields of 'flockstr' to describe lock to be placed or removed */

fcntl(fd, cmd, &flockstr);          /* Place lock defined by 'flockstr' */
```

參數 *fd* 是一個開啟檔案描述符，它參照到我們想要上鎖的檔案。

　　在討論 *cmd* 參數之前，我們先介紹 *flock* 結構。

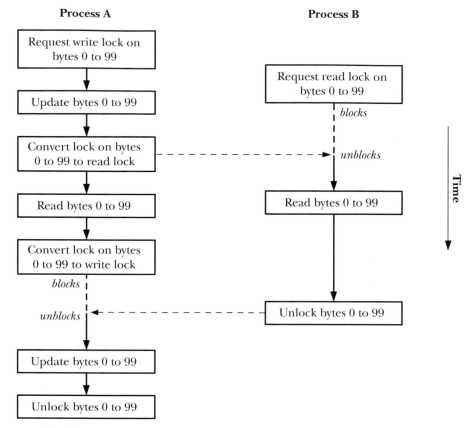

圖 55-2：使用紀錄鎖同步一個檔案的相同區間之存取

flock 結構

結構 *flock* 定義了我們想要取得或移除的鎖，其定義如下所示：

```
struct flock {
    short l_type;           /* Lock type: F_RDLCK, F_WRLCK, F_UNLCK */
    short l_whence;         /* How to interpret 'l_start': SEEK_SET,
                               SEEK_CUR, SEEK_END */
    off_t l_start;          /* Offset where the lock begins */
    off_t l_len;            /* Number of bytes to lock; 0 means "until EOF" */
    pid_t l_pid;            /* Process preventing our lock (F_GETLK only) */
};
```

欄位 *l_type* 表示我們想要使用的上鎖類型，其值如表 55-3 所示之一。

在語意上，讀取（F_RDLCK）與寫入（F_WRLCK）鎖與 *flock()* 施加的共用鎖與互斥鎖相對應，而且它們遵循同樣的相容性規則（表 55-2）：任何數量的行程都能持有一塊檔案區間的讀取鎖（read lock），但只有一個行程能夠持有一把寫入鎖（write lock），而且這把鎖會將其他行程的讀取鎖與寫入鎖排除在外。將 *l_type* 指定為 F_UNLCK 就類似 *flock()* 搭配 LOCK_UN 操作。

表 55-3：*fcntl()* 上鎖的鎖類型

鎖的類型	說明
F_RDLCK	放置一把讀取鎖
F_WRLCK	放置一把寫入鎖
F_UNLCK	移除一把現有的鎖

為了對一個檔案放置一把讀取鎖，檔案必須以允許讀取的方式開啟。同樣地，要放置一把寫入鎖就必須要開啟檔案以允許寫入。要放置兩種鎖就必須將檔案以允許讀寫（O_RDWR）的方式開啟。試圖在檔案上放置一把與檔案存取模式不相容的鎖將會導致 EBADF 錯誤。

欄位 *l_whence*、*l_start* 以及 *l_len* 同時指定待上鎖的資料範圍，前兩個欄位類似於傳入 *lseek()* 的 whence 與 *offset* 參數（4.7 節）。*l_start* 欄位指定檔案的偏移量（offset），其含義需依據下列規則解譯：

- 當 *l_whence* 為 SEEK_SET 時，為檔案的起始位置。
- 當 *l_whence* 為 SEEK_CUR 時，為目前的檔案偏移量。
- 當 *l_whence* 為 SEEK_END 時，為檔案的結尾位置。

在後兩種情況中，*l_start* 可以是負數，只要最後得到的檔案位置不會在檔案起始位置（byte 0）之前即可。

l_len 欄位內容是指定一個整數，表示待上鎖的位元組數，其起始位置由 *l_whence* 與 *l_start* 定義，可以對檔案結尾之後並不存在的位元組進行上鎖，但無法對在檔案起始位置之前的位元組進行上鎖。

從核心 2.4.21 開始，Linux 允許在 *l_len* 指定負值，這是請求對在 *l_whence* 與 *l_start* 指定位置之前 *l_len* 個位元組（即範圍在（*l_start – abs(l_len)*）到（*l_start - 1*）之間的位元組資料）進行上鎖。SUSv3 允許但並沒有要求此特性，幾個其他的 UNIX 系統也提供此特性。

一般而言，應用程式應該只對所需的最小位元組範圍進行上鎖，這樣其他行程就能夠同時對相同檔案的不同區域進行上鎖，使得達到較佳的並行效果（concurrency）。

有些情況需要對「最小範圍」術語進行限定，在如 NFS 與 CIFS 之類的網路檔案系統上混用紀錄鎖與 *mmap()* 呼叫會導致無法預期的結果。之所以會發生這種問題，是因為 *mmap()* 映射檔案的單位是系統分頁大小。若一個檔案鎖能與分頁對齊，則一切都會正常工作，因為鎖會覆蓋與一個髒分頁（dirty page）所對應的整個區域。但若鎖不是分頁對齊的，則會存在一種競速條件，若映射分頁的任何一部分有發生改變，則核心可能會寫入尚未被鎖覆蓋的區域。

將 *l_len* 指定為 0 具有特殊含義，即「將從 *l_start* 與 *l_whence* 指定的起始位置到檔案結尾位置之內的每個位元組上鎖，無論檔案增長到多大。」若我們無法事先得知檔案將新增多少位元組時，這樣做很方便。為了鎖定整個檔案，我們可以將 *l_whence* 指定為 SEEK_SET，並將 *l_start* 與 *l_len* 都指定為 0。

cmd 參數

在使用檔案鎖時，*fcntl()* 的 *cmd* 參數有三個值可以指定，前兩個值是用來取得與釋放鎖。

F_SETLK

對 flockstr 指定的位元組資料要求上鎖（*l_type* 是 F_RDLCK 或 F_WRLCK）或解鎖（*l_type* 是 F_UNLCK）。若有另一個行程對我們要上鎖的任何區間持有一把不相容的鎖時，*fcntl()* 就會失敗並傳回 EAGAIN 錯誤。在一些 UNIX 系統上，*fcntl()* 碰到這種情況時會失敗並傳回 EACCES 錯誤。SUSv3 允許實作採用任何一種處理方式，因此可攜的應用程式應該對這兩個錯誤代碼值都進行檢查。

F_SETLKW

此值與 F_SETLK 相同，除了若有另一個行程對待上鎖區間的任何一部份持有一個不相容的鎖時，則呼叫就會發生阻塞，直到可以完成上鎖的請求。若正在處理一個訊號，並且沒有指定 SA_RESTART（21.5 節），則 F_SETLKW 操作就可能會被中斷（即失敗並傳回 EINTR 錯誤）。開發人員可以利用此行為來使用 *alarm()* 或 *setitimer()*，為一個上鎖請求設定一個超時時間（timeout）。

注意，*fcntl()* 只會鎖住指定的整個區間或不鎖住任何位元組的資料，此處並不存在只將請求區間那些尚未鎖住的位元組進行上鎖的概念。

最後的 *fcntl()* 操作可用來確定我們是否能對指定的區間進行上鎖：

F_GETLK

檢查是否能夠取得 *flockstr* 指定的鎖，但並不會實際取得這把鎖。欄位 *l_type* 的值必須是 F_RDLCK 或 F_WRLCK，*flockstr* 結構是一個傳值與回傳結果（value-result）的參數，它在傳回時會帶回是否能夠放置指定鎖的資訊。若允許上鎖（即在指定的檔案區間上沒有不相容的鎖），則在 *l_type* 欄位中會傳回 F_UNLCK，而剩餘的欄位則保持不變。若在區間上有一個或多個不相容的鎖，則 *flockstr* 會傳回那些鎖的其中一把（無法確定是哪把鎖）之相關資訊，包括其類型（*l_type*）、位元組範圍（*l_start* 與 *l_len*，而 *l_whence* 只會傳回為 SEEK_SET），以及持有這把鎖的行程之行程 ID（*l_pid*）。

注意，當將 F_GETLK 後面接著 F_SETLK 或 F_SETLKW 合併使用時，可能會出現競速條件。因為在我們執行之後的一個操作時，F_GETLK 傳回的資訊可能已經過期了，因此 F_GETLK 的用途比起初看起來還少。即使 F_GETLK 表示可以放置一把鎖，我們仍然必須準備面對 F_SETLK 傳回的錯誤，或是 F_SETLKW 發生的阻塞。

> GNU C 函式庫也實作了 *lockf()* 函式，這只是一個使用 *fcntl()* 實作的簡化介面。（SUSv3 有規範 *lockf()*，但是沒有規範 *lockf()* 與 *fcntl()* 之間的關係。然而，多數的 UNIX 系統都是使用 *fcntl()* 來實作 *lockf()* 的）。進行 *lockf(fd, operation, size)* 這樣的呼叫等同在呼叫 *fcntl()* 時將 *l_whence* 設定為 SEEK_CUR、*l_start* 設定為 0，以及將 *l_len* 設定為 size；亦即 *lockf()* 會鎖住從目前檔案偏移量開始到檔案結束的這段資料。*lockf()* 的 *operation* 參數類似於 *fcntl()* 的 *cmd* 參數，但是其取得、釋放以及測試鎖的存在之常數值不同，*lockf()* 函式只會放置互斥鎖（即寫入），更多細節請參考 *lockf(3)* 使用手冊。

上鎖（取得）與解鎖（釋放）的細節

在關於取得與釋放由 *fcntl()* 建立的鎖方面，我們需要注意以下幾點：

* 對一個檔案區間解鎖一定會立即成功，即使目前我們並未持該區間的鎖，對此區間解鎖不會發生錯誤。

* 在任何時間，一個行程只能對一個檔案的一個特定區間持有一種鎖。對我們已經鎖住的區間新增一把鎖會導致沒有任何改變（新鎖的類型與現有鎖的類型相同），或原子式地將現有的鎖轉換為新的模式。在後者的情況中，當將一個讀取鎖轉換成寫入鎖時，需要準備好處理呼叫傳回的錯誤（F_SETLK）或發生阻塞（F_SETLKW）。（這與 *flock()* 不同的，它鎖的轉換不是原子式的）。

* 一個行程永遠無法將自己鎖在一個檔案區間之外，即使透過多個參照到相同檔案的檔案描述符上鎖也是如此。（這與 *flock()* 不同，在 55.3.5 節將會介紹更多有關這方面的資訊）。

* 在我們已經持有的鎖中間放置一把模式不同的鎖會產生三把鎖：在新鎖的兩端會建立兩個之前模式的較小鎖（參考圖 55-3），反之，於相同的模式中請求取得與現有鎖相近或重疊的第二把鎖，會導致單個聯合鎖（single coalesced

lock）涵蓋兩個鎖的合併區間。還可能存在其他情況的組合，例如，對一個大型現有鎖的中間之一個區間進行解鎖，會在已解鎖區間的兩端產生兩個更小一點的已鎖住區間。若一個新鎖與一個模式不同的既有鎖重疊，則既有鎖就會收縮，因為重疊的位元組會合併到新的鎖。

- 在檔案區間鎖方面，關閉一個檔案描述符會有一些不正常的語意，在 55.3.5 節將會對這些語意進行介紹。

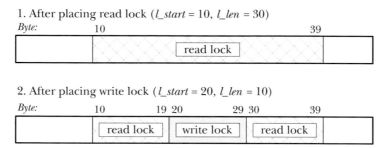

圖 55-3：在同一個行程中以一把寫入鎖分割一個現有的讀取鎖

55.3.1　死結（Deadlock）

我們在使用 F_SETLKW 時，需要釐清圖 55-4 所舉的情境類別，在此情境中，每個行程的第二個上鎖請求會因為另一個行程持有的鎖而導致阻塞，此情境稱為死結。若核心未檢查這種情況，則會導致兩個行程永遠阻塞。為避免這種情況，核心會檢查由 F_SETLKW 產生的每個新上鎖請求，以判斷是否會導致死結。若會導致死結，則核心就會選擇其中一個阻塞中的行程，使其 *fcntl()* 呼叫解除阻塞，並傳回 EDEADLK 錯誤。（在 Linux 系統上，行程會選擇最近的 *fcntl()* 呼叫，但這不在 SUSv3 的規範中，且在未來的 Linux 版本或其他 UNIX 系統可能不會提供這樣的行為。所以使用 F_SETLKW 的每個行程都必須能夠處理 EDEADLK 錯誤）。

即使在多個不同的檔案上放置鎖，也能檢測出死結情形，即涉及多個行程的環狀死結（circular deadlock）。（關於環狀死結的範例，如行程 A 等待行程 B 解鎖，行程 B 等待行程 C 解鎖，行程 C 等待行程 A 解鎖）。

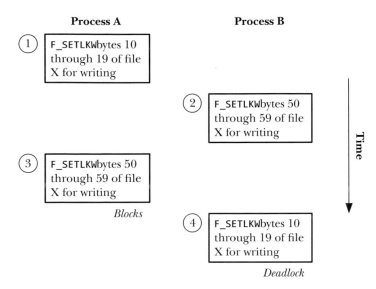

圖 55-4：當兩個行程拒絕彼此的上鎖請求時會發生死結

55.3.2　範例：一個互動式的上鎖程式

列表 55-2 的程式允許我們互動式地對紀錄上鎖進行實驗，此程式接收一個命令列參數（待上鎖的檔案名稱），使用此程式能夠驗證許多之前介紹的紀錄上鎖操作，此程式設計為一個互動式程式，並接收如下格式的指令：

cmd lock start length [*whence*]

我們在 *cmd* 參數可以指定 *g* 來執行一個 F_GETLK，指定 *s* 來執行一個 F_SETLK，或指定 *w* 來執行一個 F_SETLKW。其他參數用來初始化代入 *fcntl()* 的 *flock* 結構，*lock* 參數指定 *l_type* 欄位的值，其中 *r* 表示 F_RDLCK，*w* 表示 F_WRLCK，*u* 表示 F_UNLCK。參數 *start* 與 *length* 是整數，指定 *l_start* 與 *l_len* 欄位值。最後是一個選配的 *whence* 參數，指定 *l_whence* 欄位的值，其中 *s* 表示 SEEK_SET（預設值），*c* 表示 SEEK_CUR，*e* 表示 SEEK_END。（至於為何我們在列表 55-2 中將 *printf()* 呼叫中的 *l_start* 與 *l_len* 欄位轉型為 long long，請參考 5.10 節）。

列表 55-2：實驗紀錄上鎖

———————————————————————————— **filelock/i_fcntl_locking.c**

```
#include <sys/stat.h>
#include <fcntl.h>
#include "tlpi_hdr.h"
```

```c
#define MAX_LINE 100

static void
displayCmdFmt(void)
{
    printf("\n    Format: cmd lock start length [whence]\n\n");
    printf("    'cmd' is 'g' (GETLK), 's' (SETLK), or 'w' (SETLKW)\n");
    printf("    'lock' is 'r' (READ), 'w' (WRITE), or 'u' (UNLOCK)\n");
    printf("    'start' and 'length' specify byte range to lock\n");
    printf("    'whence' is 's' (SEEK_SET, default), 'c' (SEEK_CUR), "
            "or 'e' (SEEK_END)\n\n");
}

int
main(int argc, char *argv[])
{
    int fd, numRead, cmd, status;
    char lock, cmdCh, whence, line[MAX_LINE];
    struct flock fl;
    long long len, st;

    if (argc != 2 || strcmp(argv[1], "--help") == 0)
        usageErr("%s file\n", argv[0]);

    fd = open(argv[1], O_RDWR);
    if (fd == -1)
        errExit("open (%s)", argv[1]);

    printf("Enter ? for help\n");

    for (;;) {              /* Prompt for locking command and carry it out */
        printf("PID=%ld> ", (long) getpid());
        fflush(stdout);

        if (fgets(line, MAX_LINE, stdin) == NULL)        /* EOF */
            exit(EXIT_SUCCESS);
        line[strlen(line) - 1] = '\0';              /* Remove trailing '\n' */

        if (*line == '\0')
            continue;                               /* Skip blank lines */

        if (line[0] == '?') {
            displayCmdFmt();
            continue;
        }

        whence = 's';                       /* In case not otherwise filled in */

        numRead = sscanf(line, "%c %c %lld %lld %c", &cmdCh, &lock,
```

```
                          &st, &len, &whence);
        fl.l_start = st;
        fl.l_len = len;

        if (numRead < 4 || strchr("gsw", cmdCh) == NULL ||
                strchr("rwu", lock) == NULL || strchr("sce", whence) == NULL) {
            printf("Invalid command!\n");
            continue;
        }

        cmd = (cmdCh == 'g') ? F_GETLK : (cmdCh == 's') ? F_SETLK : F_SETLKW;
        fl.l_type = (lock == 'r') ? F_RDLCK : (lock == 'w') ? F_WRLCK : F_UNLCK;
        fl.l_whence = (whence == 'c') ? SEEK_CUR :
                      (whence == 'e') ? SEEK_END : SEEK_SET;

        status = fcntl(fd, cmd, &fl);              /* Perform request... */

        if (cmd == F_GETLK) {                      /* ... and see what happened */
            if (status == -1) {
                errMsg("fcntl - F_GETLK");
            } else {
                if (fl.l_type == F_UNLCK)
                    printf("[PID=%ld] Lock can be placed\n", (long) getpid());
                else                               /* Locked out by someone else */
                    printf("[PID=%ld] Denied by %s lock on %lld:%lld "
                            "(held by PID %ld)\n", (long) getpid(),
                            (fl.l_type == F_RDLCK) ? "READ" : "WRITE",
                            (long long) fl.l_start,
                            (long long) fl.l_len, (long) fl.l_pid);
            }
        } else {                  /* F_SETLK, F_SETLKW */
            if (status == 0)
                printf("[PID=%ld] %s\n", (long) getpid(),
                        (lock == 'u') ? "unlocked" : "got lock");
            else if (errno == EAGAIN || errno == EACCES)        /* F_SETLK */
                printf("[PID=%ld] failed (incompatible lock)\n",
                        (long) getpid());
            else if (errno == EDEADLK)                          /* F_SETLKW */
                printf("[PID=%ld] failed (deadlock)\n", (long) getpid());
            else
                errMsg("fcntl - F_SETLK(W)");
        }
    }
}
```

──────────────────────────────── **filelock/i_fcntl_locking.c**

我們在下列的 shell 作業階段日誌示範如何使用列表 55-2 的程式，其中執行兩個實例來對同一個 100 位元組大小的檔案（tfile）上鎖，圖 55-5 呈現在此 shell 作業階段日誌紀錄期間，每個時間點的已完成上鎖請求及排隊上鎖請求的狀態，並在下列註解說明。

我們先啟動列表 55-2 程式的第一個實例（行程 A），並在檔案的第 0 到 39 個位元組區域設置一把讀取鎖。

```
Terminal window 1
$ ls -l tfile
-rw-r--r--   1 mtk      users         100 Apr 18 12:19 tfile
$ ./i_fcntl_locking tfile
Enter ? for help
PID=790> s r 0 40
[PID=790] got lock
```

接著我們啟動程式的第二個實例（行程 B），並在檔案的第 70 個位元組到檔案結尾的區域上放置一把讀取鎖。

```
                     Terminal window 2
                     $ ./i_fcntl_locking tfile
                     Enter ? for help
                     PID=800> s r -30 0 e
                     [PID=800] got lock
```

此時出現了圖 55-5 的情況 a，其中行程 A（行程 ID 為 790）與行程 B（行程 ID 為 800）持有了檔案不同部分的鎖。

現在回到行程 A，我們試著對整個檔案放置一把寫入鎖，我們先透過 F_GETLK 檢測是否可以上鎖，並獲得通報有一把衝突的鎖，接著我們試著透過 F_SETLK 放置一把鎖，但此操作也會失敗。最後我們試著透過 F_SETLKW 放置一把鎖，這次會發生阻塞。

```
PID=790> g w 0 0
[PID=790] Denied by READ lock on 70:0 (held by PID 800)
PID=790> s w 0 0
[PID=790] failed (incompatible lock)
PID=790> w w 0 0
```

此時出現的是圖 55-5 的情況 b，其中行程 A 與行程 B 分別持有對檔案不同部分的鎖，而行程 A 還有一個排隊中的對整個檔案進行上鎖的請求。

我們繼續回到行程 B，試著對整個檔案放置一把寫入鎖。我們先使用 F_GETLK 檢測是否可以上鎖，並得到已經有一個衝突鎖的資訊，我們接著試著使用 F_SETLKW 上鎖。

```
                     PID=800> g w 0 0
                     [PID=800] Denied by READ lock on 0:40
                     (held by PID 790)
```

圖 55-5 的情況 c 呈現的是：在行程 B 發起一個阻塞式請求，以對整個檔案放置一把寫入鎖時會發生死結。此時核心會選擇讓其中一個上鎖請求失敗，在此例中，會選擇行程 B 的請求，接著行程 B 會收到來自 *fcntl()* 呼叫的 EDEADLK 錯誤。

我們繼續停留在行程 B，移除該檔案上的每一把鎖：

PID=800> **s u 0 0**
[PID=800] unlocked
[PID=790] got lock

如我們在最後一行的輸出所見，這樣會讓行程 A 阻塞中的上鎖請求繼續完成。

重要的是要意識到，即使行程 B 的死結請求已經取消了，不過行程 B 仍然持有其他的鎖，因此行程 A 的排隊中的上鎖請求仍然會發生阻塞。行程 A 的上鎖請求只有在行程 B 移除其持有的鎖之後才會授予使用，這出現圖 55-5 的 d 情況。

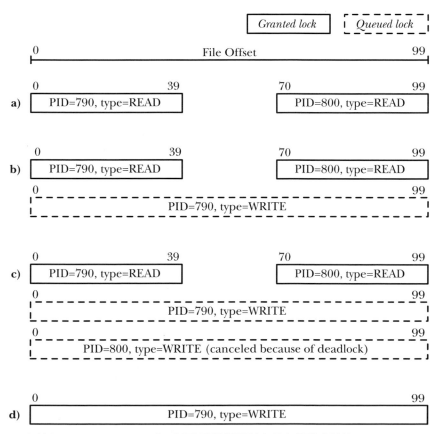

圖 55-5：在執行 i_fcntl_locking.c 時，授予通過與排隊中的上鎖請求狀態

55.3.3　範例：一個上鎖函式的函式庫

列表 55-3 提供一組可以在其他程式使用的上鎖函式，函式如下所示：

- *lockRegion()* 函式使用 F_SETLK 在檔案描述符 *fd* 所參照到的開啟檔案上放置一把鎖，*type* 參數指定鎖的類型（F_RDLCK 或 F_WRLCK），而 *whence*、*start* 以及 *len* 參數指定需上鎖的資料範圍，這些參數值提供上鎖的 *flock* 結構中，名稱類似的欄位使用。

- *lockRegionWait()* 函式與 *lockRegion()* 類似，但進行一個阻塞式上鎖請求，即使用 F_SETLKW 而非 F_SETLK。

- *regionIsLocked()* 函式測試是否可以對一個檔案放置一把鎖，此函式的參數與 *lockRegion()* 函式接收的參數相同。若沒有任何行程的持有鎖與呼叫中指定的鎖相衝突，則此函式傳回 0（false）。若有一個或多個行程持衝突的鎖，則此函式會傳回一個非零值（即 true），值為持有衝突鎖的其中一個行程（行程 ID）。

列表 55-3：檔案區間上鎖函式

―――――――――――――――――――――――――― **filelock/region_locking.c**

```c
#include <fcntl.h>
#include "region_locking.h"          /* Declares functions defined here */

/* Lock a file region (private; public interfaces below) */

static int
lockReg(int fd, int cmd, int type, int whence, int start, off_t len)
{
    struct flock fl;

    fl.l_type = type;
    fl.l_whence = whence;
    fl.l_start = start;
    fl.l_len = len;

    return fcntl(fd, cmd, &fl);
}

int                     /* Lock a file region using nonblocking F_SETLK */
lockRegion(int fd, int type, int whence, int start, int len)
{
    return lockReg(fd, F_SETLK, type, whence, start, len);
}

int                     /* Lock a file region using blocking F_SETLKW */
```

```
lockRegionWait(int fd, int type, int whence, int start, int len)
{
    return lockReg(fd, F_SETLKW, type, whence, start, len);
}

/* Test if a file region is lockable. Return 0 if lockable, or
   PID of process holding incompatible lock, or -1 on error. */

pid_t
regionIsLocked(int fd, int type, int whence, int start, int len)
{
    struct flock fl;

    fl.l_type = type;
    fl.l_whence = whence;
    fl.l_start = start;
    fl.l_len = len;

    if (fcntl(fd, F_GETLK, &fl) == -1)
        return -1;

    return (fl.l_type == F_UNLCK) ? 0 : fl.l_pid;
}
```
── **filelock/region_locking.c**

55.3.4　上鎖限制與效能

SUSv3 允許系統在實作時，能將請求取得的紀錄鎖數量設定一個固定的、全系統的上限值。當達到此限制時，*fcntl()* 就會失敗並傳回 ENOLCK 錯誤。Linux 並沒有對能取得的紀錄鎖數量設定固定上限，而具體數量則受限於可用的記憶體空間（許多其他的 UNIX 系統也採用了類似的做法）。

取得與釋放紀錄鎖的速度有多快呢？此問題並沒有標準答案，因為這些操作速度是由維護紀錄鎖的核心資料結構以及資料結構中一個特定鎖的位置決定。我們很快就會探討此資料結構，不過我們先探討一些影響設計的需求：

* 核心需要能夠合併一個新鎖與任何位於新鎖任意一端的同模式既有鎖（由同一個行程持有）合併。

* 新鎖可能會完全取代呼叫行程持有的一把或多把既有鎖。核心需要容易地定位出這每一把鎖。

* 當在一把既有鎖中間建立一個模式不同的新鎖時，隔開既有鎖的工作（圖 55-3）就會比較簡單。

用來維護與鎖相關資訊的核心資料結構需要設計為滿足這些需求，每個開啟的檔案都有一個關聯鏈結串列（linked list），此串列記錄著該檔案的鎖。串列中的鎖是有序的，先依照行程 ID 排序，再依照起始的偏移量排序。圖 55-6 有一個這類的串列範例。

核心也會在一個開啟的檔案關聯的鏈結串列中維護 *flock()* 鎖與檔案租約（file lease）。（我們在 55.5 節探討 /proc/locks 檔案時，將會對檔案租約進行簡要介紹）。然而，這類的鎖通常數量會非常少，因此幾乎不太可能會影響到效能，所以我們在討論時就會忽略它們。

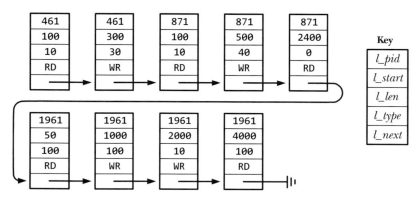

圖 55-6：單一檔案的紀錄鎖清單

在將一把新鎖加入此資料結構時，核心必須檢查檔案上的每把既有鎖是否會與新鎖衝突，此搜索過程是循序的，會從串列的頭端開始進行。

假設有大量的鎖隨機分佈於許多行程之中，我們可以說，新增或移除一個鎖所需的時間，與檔案上已有的鎖數量之間大約是一個線性關係。

55.3.5　鎖的繼承與釋放語意

fcntl() 紀錄鎖繼承與釋放的語意與使用 *flock()* 建立的鎖的繼承與釋放的語意不同，以下幾點需要注意：

- 由 *fork()* 建立的子行程不會繼承紀錄鎖，這與 *flock()* 不同，在使用 *flock()* 建立的鎖時，子行程會繼承一個相同一把鎖的參考，並釋放這把鎖，因而導致父行程也會失去這把鎖。
- 紀錄鎖在經過 *exec()* 之後會獲得保留。（然而，需注意下述的 close-on-exec 旗標效果）。
- 一個行程中的每個執行緒都會共用同一組紀錄鎖。

- 紀錄鎖同時與一個行程跟一個 i-node（參考 5.4 節）關聯。此關聯關係可得出一個預料中的結果，就是當一個行程終止之後，則其全部的紀錄鎖都會被釋放。而有點出乎意料的是，當一個行程關閉一個檔案描述符之後，該行程所持有的對應檔案之每把鎖都會被釋放，不管這些鎖是否透過該檔案描述符取得的。例如，在下列的程式碼中，行程呼叫 *close(fd2)*，則會將行程對 *testfile* 檔案持有的鎖釋放，即使這把鎖是透過 *fd1* 檔案描述符取得的。

```
struct flock fl;

fl.l_type = F_WRLCK;
fl.l_whence = SEEK_SET;
fl.l_start = 0;
fl.l_len = 0;

fd1 = open("testfile", O_RDWR);
fd2 = open("testfile", O_RDWR);

if (fcntl(fd1, cmd, &fl) == -1)
    errExit("fcntl");
close(fd2);
```

不管參照相同檔案的每個描述符是如何取得的，以及不管如何關閉描述符，上述最後一點的語意都能適用。例如，*dup()*、*dup2()* 以及 *fcntl()*，都能用於取得一個開啟檔案描述符的副本。除了使用 *close()* 呼叫來關閉檔案描述符，若有設定 close-on-exec 旗標，則可以藉由呼叫 *exec()* 關閉一個描述符，或是可透過一個 *dup2()* 呼叫以關閉其第二個參數的檔案描述符（若該檔案描述符已開啟）。

　　fcntl() 鎖的繼承與釋放語意是一個架構缺陷，例如它們在使用函式庫套件（library package）的紀錄鎖容易發生問題，因為函式庫函式無法避免其呼叫者將參考到一個已上鎖的檔案之檔案描述符關閉，因而導致移除函式庫程式碼取得的鎖。一個替代的實作機制是讓一把鎖與一個檔案描述符關聯，而不是與 i-node 關聯。然而，目前的機制有其歷史源由，因而是目前的紀錄鎖行為標準。無疑的是，這些語意大大地侷限了 *fcntl()* 上鎖工具的實用性。

　　在使用 *flock()* 時，一把鎖只會與一個開啟檔案描述符關聯，並且會持續發揮作用，直到有任何一個持有參照到這把鎖的行程明確釋放了這把鎖、或是參照到該開啟檔案描述符的每個檔案描述符都已經關閉為止。

55.3.6　鎖的飢餓與排隊中的上鎖請求優先權

當多個行程必須為了對一個目前上鎖的區間放置一把鎖而等待時，就會產生一堆問題。

一個行程想要放置一把寫入鎖在一塊區間上，然而，已經有許多行程對這相同的區間放置了讀取鎖，想要放置寫入鎖的行程是否因等待而陷入飢餓狀態？在 Linux 系統上（以及許多其他的 UNIX 系統），一系列的讀取鎖確實能夠導致一個阻塞中的寫入鎖飢餓，甚至會永無止盡地飢餓。

當兩個或多個行程正等著放置一把鎖時，是否有任何規則可以確定，在可以上鎖時，該由那一個行程取得鎖呢？例如，上鎖請求是否滿足 FIFO 的順序呢？而規則是否與每個行程請求的鎖之類型有關係（即一個請求讀取鎖的行程是否優先權高於請求一個寫入鎖的行程，或反之亦然，或兩者皆非）？在 Linux 系統的規則如下所述：

- 排隊中的上鎖請求，其獲得請求的順序是不確定的，若有多個行程正等著上鎖，決定取得鎖的順序則是由行程排班而定。
- 寫入者不會具有比讀取者更高的優先權，反之亦然。

這些語意在其他系統不一定會成立，在有些 UNIX 系統上，上鎖請求的服務是以 FIFO 排序，而且讀取者的優先權會高於寫入者。

55.4　強制上鎖

我們到目前為止介紹的鎖都是屬於勸告式，這表示行程可以自由忽略使用 *fcntl()*（或 *flock()*），並只單純進行檔案的 I/O。核心不會刻意避免這樣的行為，所以在使用勸告式上鎖時，應用程式的設計師應該要做下列處理：

- 對檔案設定適當的擁有者（或群組擁有者）以及權限，以避免非協同的行程（non-cooperating process）執行檔案 I/O。
- 在對檔案執行 I/O 之前，要讓行程取得適合的檔案鎖，以確保應用程式能夠合作。

Linux 與其他許多 UNIX 系統一樣，也允許強制式的 *fcntl()* 紀錄鎖，這表示行程需要對每次檔案 I/O 操作進行檢查，以得知其他行程在對執行 I/O 的檔案區域上，是否持有任何不相容的鎖。

> 勸告式模式的上鎖有時稱為自由上鎖（discretionary locking），而強制式上鎖有時則稱為強制模式上鎖（enforcement-mode locking）。SUSv3 並沒有對強制式上鎖提出規範，但多數的現代 UNIX 系統都有提供這種上鎖模式（有些細節可能會有些差異）。

為了在 Linux 系統使用強制式上鎖，對於我們要上鎖的檔案，我們要先對檔案所在的檔案系統啟用強制式上鎖功能，方法是在掛載檔案系統時使用（Linux 特有的）-o mand 選項：

```
# mount -o mand /dev/sda10 /testfs
```

若是在程式，我們也能在呼叫 *mount(2)*（14.8.1 節）時，指定 MS_MANDLOCK 旗標，以取得相同結果。

我們可以透過查看沒有使用任何選項的 *mount(8)* 指令輸出，以查看掛載的檔案系統是否有啟用強制式上鎖：

```
# mount | grep sda10
/dev/sda10 on /testfs type ext3 (rw,mand)
```

對檔案啟用強制式上鎖的方式是，透過開啟 set-group-ID 權限位元並關閉 group-*execute* 權限來達成。這類權限位元的組合在其他情況是沒有意義的，而且早期的 UNIX 系統並沒有使用這樣的權限位元組合。此方式可以讓之後的 UNIX 系統在新增強制式上鎖時，不須改變現有的程式或是新增新的系統呼叫。我們在 shell 中，可以使用如下的方式對檔案啟用強制式上鎖：

```
$ chmod g+s,g-x /testfs/file
```

我們在程式中，可以透過使用 *chmod()* 或 *fchmod()*（15.4.7 節），適當地對檔案設定權限，以啟用檔案的強制式上鎖。

在顯示已啟用強制式上鎖權限位元的檔案的權限時，*ls(1)* 會在 group-execute 權限行顯示一個 S：

```
$ ls -l /testfs/file
-rw-r-Sr--    1 mtk      users           0 Apr 22 14:11 /testfs/file
```

全部的原生 Linux 系統與 UNIX 檔案系統都有支援強制式上鎖，但有些網路檔案系統或是非 UNIX 的檔案系統可能沒有支援。例如，微軟的 VFAT 檔案系統沒有 set-group-ID 權限位元，因此在 VFAT 檔案系統無法啟用強制式上鎖。

強制式上鎖對檔案 I/O 操作的影響

若對一個檔案上啟用強制式上鎖時，則執行資料傳輸的系統呼叫（如 *read()* 或 *write()*）在遭遇上鎖衝突時（即企圖寫入目前正處於讀取鎖定或寫入鎖定的檔案區間，或讀取目前處於寫入鎖定的檔案區間），會發生什麼事情呢？答案取決於，檔案是以阻塞式模式或非阻塞式模式開啟。若以阻塞模式開啟檔案，則系統呼叫就會發生阻塞，而若在開啟檔案時使用了 O_NONBLOCK 旗標，則系統呼叫就會立即失敗並傳回 EAGAIN 錯誤。類似的規定也適用於 *truncate()* 與 *ftruncate()* 函式，前提是它們正試著對另一個行程（為了讀取或寫入）已上鎖的重疊區域進行新增或移除資料。

若我們以阻塞模式開啟了一個檔案（即在 *open()* 呼叫中沒有指定 O_NONBLOCK），則 I/O 系統呼叫可能會導致發生死結。我們探討圖 55-7 的範例，其中兩個行程開啟了同一個檔案並執行阻塞式 I/O，它們先取得檔案不同部分的寫入鎖，然後分別試著寫入對方鎖住的區間。核心解決此此情況的方式與解決兩個 *fcntl()* 呼叫引起的死結問題時相同（55.3.1 節）：核心會選擇造成死結的其中一個行程，並使行程的 *write()* 系統呼叫失敗，並傳回 EDEADLK 錯誤。

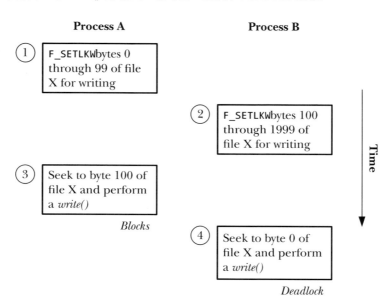

圖 55-7：啟用強制式上鎖時發生的死結

若有任何行程持有一個檔案任何部份的讀取鎖或寫入鎖，則使用 O_TRUNC 旗標呼叫 *open()* 開啟檔案一定會立即失敗（錯誤為 EAGAIN）。

若有任何行程持有一個檔案任何部分的強制式讀取鎖或寫入鎖，則無法在該檔案建立一個共享記憶體映射（即在呼叫 *mmap()* 時指定 MAP_SHARED 旗標）。反之，若一個檔案目前涉及共享記憶體映射的使用，則無法對該檔案的任何部分放置一把強制式鎖。在這兩種情況中，相關的系統呼叫會立即失敗並傳回 EAGAIN 錯誤。在我們探討記憶體映射的實作時，這些限制的原因就會變得比較清楚。我們在 49.4.2 節曾介紹過一個同時從檔案讀取且對寫入檔案的共用檔案映射（特別是後面的操作，這會與檔案上任何類型的鎖衝突）。此外，這種檔案 I/O 是透過記憶體管理子系統完成的，而這個子系統並不清楚系統中的任何檔案鎖位置。因此，為了避免映射更新了放置強制式鎖的檔案，核心需要執行一項簡單的檢查，在執行 *mmap()* 呼叫時測試待映射檔案中的每個位置是否有上鎖（對於 *fcntl()* 呼叫也是如此）。

強制式上鎖警告

強制式鎖對我們的影響並沒有起初預期的大，不過它的確存在一些潛在的缺點與問題：

- 對一個檔案持有一把強制式鎖無法避免其他行程移除這個檔案，因為只要在父目錄擁有適當的權限就能移除檔案。

- 對一個公開存取的檔案啟用強制式鎖之前需要經過深思熟慮，因為即使是特權行程也無法覆蓋一個強制式鎖。惡意使用者可能會持續地持有該檔案的鎖，以製造拒絕服務的攻擊。（在大多數情況下可以透過關閉 set-group-ID 位元，使得該檔案可再次存取，但當強制式檔案鎖造成系統掛點時，就無法這樣做了）。

- 使用強制式上鎖會有相關的效能成本，對於啟用強制式上鎖的檔案上執行的每個 I/O 系統呼叫，核心都必須要檢查檔案上是否存在衝突的鎖。若檔案有大量的鎖，則這種檢查工作會大幅降低 I/O 系統呼叫的效能。

- 強制式上鎖還會在應用程式設計階段造成額外的成本，因為我們需要處理每個 I/O 系統呼叫傳回的 `EAGAIN`（非阻塞 I/O）或 `EDEADLK`（阻塞 I/O）錯誤。

- 因為目前的 Linux 實作有一些核心競速條件存在，所以導致可以成功執行 I/O 操作的系統呼叫，而不管強制式鎖存在的情況發生。

總之，我們應該盡量避免使用強制式鎖。

55.5 /proc/locks 檔案

我們可透過檢測 Linux 特有的 /proc/locks 檔案內容，而能夠查看系統目前存在的鎖，下列範例是我們可以從檔案看到的資訊（此例有四個鎖）：

```
$ cat /proc/locks
1: POSIX  ADVISORY  WRITE 458 03:07:133880 0 EOF
2: FLOCK  ADVISORY  WRITE 404 03:07:133875 0 EOF
3: POSIX  ADVISORY  WRITE 312 03:07:133853 0 EOF
4: FLOCK  ADVISORY  WRITE 274 03:07:81908 0 EOF
```

/proc/locks 檔案顯示的資訊是使用 *flock()* 與 *fcntl()* 建立的鎖，每把鎖的 8 個欄位含義如下（從左至右）：

1. 在此檔案中，每一把鎖的序號（參考 55.3.4 節）。

2. 鎖的類型，其中 FLOCK 表示由 *flock()* 建立的鎖，POSIX 表示是 *fcntl()* 建立的鎖。

3. 鎖的模式，其值是 ADVISORY 或 MANDATORY。

4. 鎖的類型，其值是 READ 或 WRITE（對應於 *flock()* 的共用鎖與互斥鎖）。

5. 持有鎖的行程（行程 ID）。

6. 三個用冒號分隔的數字，可識別上鎖的檔案，這些數字是檔案所在檔案系統之主要與次要裝置編號，後面跟著檔案的 i-node 編號。

7. 鎖的起始位元組，對 *flock()* 鎖而言，其值永遠是 0。

8. 鎖的結束位元組，其中 EOF 表示鎖的範圍一直到檔案結尾（即對於 *fcntl()* 建立的鎖是將 *l_len* 指定為 0），對於 *flock()* 鎖而言，這一行的值永遠是 EOF。

> 在 Linux 2.4 與以前的版本，/proc/locks 檔案的每一行都有五個額外的十六進位值，這些是指標位址（pointer address），是核心用來記錄各清單的鎖，這些值對於應用程式而言沒有用處。

我們可以使用 /proc/locks 的資訊，以找出哪個行程持有哪個檔案的鎖，下列的 shell 作業階段示範如何找出上列的序號為 3 的鎖，此鎖由行程 ID 為 312 的行程持有，其所屬的檔案在主要 ID 為 3、次要 ID 為 7 的裝置的第 133,853 個 i-node。下列先使用 *ps(1)* 列出行程 ID 為 312 的行程的相關資訊：

```
$ ps -p 312
  PID TTY          TIME CMD
  312 ?        00:00:00 atd
```

上列的輸出顯示持有鎖的程式是 *atd*，即執行批次處理作業的 *daemon*。

為了找出上鎖的檔案，我們先在 /dev 目錄搜索檔案，因而確定 ID 為 3:7 的裝置是 /dev/sda7：

```
$ ls -li /dev | awk '$6 == "3," && $7 == 7'
1311 brw-rw----    1 root    disk    3, 7 May 12  2006 /dev/sda7
```

我們接著找出裝置 /dev/sda7 的掛載點，並在該處的檔案系統搜索 i-node 號為 133,853 的檔案：

```
$ mount | grep sda7
/dev/sda7 on / type reiserfs (rw)                Device is mounted on /
$ su                                             So we can search all directories
Password:
# find / -mount -inum 133853                     Search for i-node 133853
/var/run/atd.pid
```

find 的 *-mount* 選項可避免 *find* 進入根目錄「/」底下的子目錄（其他檔案系統的掛載點）進行搜索。

我們最後顯示已上鎖檔案的內容：

```
# cat /var/run/atd.pid
312
```

因此我們得知，*atd* daemon 持有 /var/run/atd.pid 檔案的一把鎖，而這個檔案的內容就是執行 *atd* 的行程之行程 ID。這個 daemon 採用一項技術來確保在一個時刻只有一個 daemon 實體在執行，我們在 55.6 節將會對這項技術進行說明。

我們也可以使用 /proc/locks 取得阻塞中的上鎖請求之相關資訊，如下列輸出所示：

```
$ cat /proc/locks
1: POSIX  ADVISORY  WRITE 11073 03:07:436283 100 109
1: -> POSIX  ADVISORY  WRITE 11152 03:07:436283 100 109
2: POSIX  MANDATORY WRITE 11014 03:07:436283 0 9
2: -> POSIX  MANDATORY WRITE 11024 03:07:436283 0 9
2: -> POSIX  MANDATORY READ  11122 03:07:436283 0 19
3: FLOCK  ADVISORY  WRITE 10802 03:07:134447 0 EOF
3: -> FLOCK  ADVISORY  WRITE 10840 03:07:134447 0 EOF
```

有出現 -> 字元的行後面緊跟著一個鎖的編號（lock number），表示與該鎖編號對應的上鎖請求處於阻塞。因此我們從得知，在 1 號鎖有一個請求阻塞（以 *fcntl()* 建立的勸告式鎖）、在（以 *fcntl()* 建立的強制式鎖）2 號鎖有兩個請求阻塞、而在（以 *flock()* 建立的）3 號鎖則有一個請求阻塞。

> 檔案 /proc/locks 也顯示系統上行程持有的檔案租約相關資訊，檔案租約是 Linux 特有的機制，從 Linux 2.4 起提供，若一個行程租用了一個檔案，則該行程在其他行程試著 *open()* 或 *truncate()* 該檔案時，會收到通知（透過訊號傳遞）。（使用 *truncate()* 是有必要的，因為它能夠不須開啟檔案便能改變檔案的內容，是唯一能達成此效果的系統呼叫）。之所以提供檔案租約功能，是為了使得 Samba 能夠支援 Microsoft SMB 的機會鎖（opportunistic locks，oplocks）功能，以及允許 NFS 第 4 版支援委託（delegations，類似 SMB oplocks），關於檔案租約的更多細節可參考 *fcntl(2)* 手冊的 F_SETLEASE 操作說明。

55.6　只執行一個實體（instance）的程式

有些程式，尤其有很多 daemon（守護程式）需要確保同時只有一個程式實體（instance）在系統中執行，常用的方式是讓 daemon 在一個標準目錄中建立一個檔案，並在該檔案放置一把寫入鎖。Daemon 在執行期間會一直持有這個檔案鎖，並在程式即將終止之前移除此檔。若啟動 daemon 的另一個實體，則實體在取得此檔案的寫入鎖時就會失敗，結果就是此實體會得知 daemon 已經有另一個實體正在執行，所以就會終止。

> 許多網路伺服器使用另一個慣例方法，即若伺服器要綁定（bind）的 socket port（通訊埠）已經處於使用中的狀態時，則認為已經有一個伺服器實體在執行中了。（61.10 節）。

目錄 /var/run 通常是用來存放這類檔案鎖（lock file）的位置，或是可以在 daemon 的設定檔增加可指定檔案位置的一行設定。傳統上，daemon 會將其行程 ID 寫入上鎖的檔案，因此這個檔案通常是以 .pid 做為副檔名（例如，*syslogd* 會建立 /var/run/syslogd.pid 檔案），如此對於需要找出 daemon 行程 ID 的應用程式而言比較實用，也可以進行額外的健全檢查，如同我們在 20.6 節所述，使用 *kill(pid, 0)* 來檢查行程 ID 是否存在。（舊版的 UNIX 系統不提供檔案上鎖，這是一種雖不完美但卻實際的方法，可用於檢查一個 daemon 實體是否仍然順利執行中，或是之前的實體是否在終止之前有刪除此檔案）。

　　用來建立與鎖住一個行程 ID 的檔案鎖之程式碼有許多小差異，列表 55-4 基於（Stevens，1999）提出的想法設計了一個 *createPidFile()* 函式，此函式封裝上述的步驟，我們通常會以下列這樣的程式碼呼叫此函式：

```
if (createPidFile("mydaemon", "/var/run/mydaemon.pid", 0) == -1)
    errExit("createPidFile");
```

函式 *createPidFile()* 的精妙之處是利用 *ftruncate()* 來抹除檔案鎖中之前存在的每個字串，之所以如此，是因為 daemon 的上一個實體在移除檔案時可能因系統崩潰而失敗。此時，若新 daemon 實體的行程 ID 較小，則可能就無法完全覆蓋之前檔案中的內容。例如，若行程 ID 是 789，則就只會向檔案寫入 789\n，但之前的 daemon 實體可能已經對檔案寫入 12345\n，這時若不截斷檔案，則得到的內容是 789\n5\n。雖然沒有嚴格規範一定要抹除全部的既有字串，不過這樣做顯得更加簡潔，並且能避免潛在的混淆可能。

在 *flags* 參數中可以指定常數 CPF_CLOEXEC，這樣會導致 *createPidFile()* 對檔案描述符設定 close-on-exec 旗標（27.4 節）。這對於透過呼叫 *exec()* 重啟自己的伺服器而言是有幫助的，若在呼叫 *exec()* 期間檔案描述符尚未關閉，則重新啟動的伺服器會認為伺服器的另一個實體正處於執行狀態。

列表 55-4：建立一個 PID 檔案鎖，以確保只有一個程式實例啟動

——————————————————————————— **filelock/create_pid_file.c**

```
/* create_pid_file.c

   Implement a function that can be used by a daemon (or indeed any program)
   to ensure that only one instance of the program is running.
*/
#include <sys/stat.h>
#include <fcntl.h>
#include "region_locking.h"              /* For lockRegion() */
#include "create_pid_file.h"             /* Declares createPidFile() and
                                            defines CPF_CLOEXEC */
#include "tlpi_hdr.h"

#define BUF_SIZE 100              /* Large enough to hold maximum PID as string */

/* Open/create the file named in 'pidFile', lock it, optionally set the
   close-on-exec flag for the file descriptor, write our PID into the file,
   and (in case the caller is interested) return the file descriptor
   referring to the locked file. The caller is responsible for deleting
   'pidFile' file (just) before process termination. 'progName' should be the
   name of the calling program (i.e., argv[0] or similar), and is used only for
   diagnostic messages. If we can't open 'pidFile', or we encounter some other
   error, then we print an appropriate diagnostic and terminate. */

int
createPidFile(const char *progName, const char *pidFile, int flags)
{
    int fd;
    char buf[BUF_SIZE];

    fd = open(pidFile, O_RDWR | O_CREAT, S_IRUSR | S_IWUSR);
    if (fd == -1)
        errExit("Could not open PID file %s", pidFile);

    if (flags & CPF_CLOEXEC) {

        /* Set the close-on-exec file descriptor flag */

        /* Instead of the following steps, we could (on Linux) have opened the
           file with O_CLOEXEC flag. However, not all systems support open()
           O_CLOEXEC (which was standardized only in SUSv4), so instead we use
```

```
       fcntl() to set the close-on-exec flag after opening the file */

        flags = fcntl(fd, F_GETFD);                     /* Fetch flags */
        if (flags == -1)
            errExit("Could not get flags for PID file %s", pidFile);

        flags |= FD_CLOEXEC;                            /* Turn on FD_CLOEXEC */

        if (fcntl(fd, F_SETFD, flags) == -1)           /* Update flags */
            errExit("Could not set flags for PID file %s", pidFile);
    }

    if (lockRegion(fd, F_WRLCK, SEEK_SET, 0, 0) == -1) {
        if (errno  == EAGAIN || errno == EACCES)
            fatal("PID file '%s' is locked; probably "
                    "'%s' is already running", pidFile, progName);
        else
            errExit("Unable to lock PID file '%s'", pidFile);
    }

    if (ftruncate(fd, 0) == -1)
        errExit("Could not truncate PID file '%s'", pidFile);

    snprintf(buf, BUF_SIZE, "%ld\n", (long) getpid());
    if (write(fd, buf, strlen(buf)) != strlen(buf))
        fatal("Writing to PID file '%s'", pidFile);

    return fd;
}
```
── filelock/create_pid_file.c

55.7 舊式的上鎖技術

在早期缺乏檔案上鎖的 UNIX 系統上，會使用各自的（ad hoc）上鎖技術，雖然這些技術都已經被 *fcntl()* 紀錄上鎖取代了，不過我們還是會在這裡介紹，因為還是可以在一些較早的應用程式遇到它們，這些上鎖技術在本質上全部都是屬於勸告式。

open(file, O_CREAT | O_EXCL,...) 加上 unlink(file)

在 SUSv3 規範中，使用 O_CREAT 與 O_EXCL 旗標的 *open()* 呼叫必須將檢查檔案存在以及建立檔案這兩個步驟以原子式執行（5.1 節）。意思是，若有兩個行程試圖使用這些旗標來建立一個檔案，則能保證只有其中一個行程能夠成功執行。（另一個行程會從 *open()* 中收到 EEXIST 錯誤）。將此呼叫與 *unlink()* 系統呼叫合併使用可提供一種上鎖機制的基礎。上鎖請求可透過成功地使用 O_CREAT 與 O_EXCL 旗標開啟檔案，並且立即跟著一個 *close()* 來完成。解鎖則可以透過使用 *unlink()* 完成，雖然這項技術能夠正常工作，但它存在一些限制：

- 若 *open()* 失敗，則表示其他行程已經持有該鎖，然後我們必須以某種迴圈重試 *open()* 操作，迴圈可以是不斷的輪詢（浪費 CPU 時間），或是在相鄰兩次的嘗試之間加上一些延遲（這表示在能取得鎖使用的時間點與實際取得鎖的時間點之間可能存在一些延遲時間）。有了 *fcntl()* 之後，我們就可以使用 F_SETLKW 來產生阻塞，一直到鎖可用為止。

- 使用 *open()* 與 *unlink()* 取得與釋放鎖涉及到檔案系統的操作，效能比紀錄鎖慢很多。（在筆者的一台執行 Linux 2.6.31 的 x86-32 系統上，使用這裡所述的技術取得與釋放一個 ext3 檔案的 1 百萬個鎖需要花費 44 秒，取得與釋放一百萬次同一個檔案的同一個位元組的紀錄鎖只需 2.5 秒）。

- 若有一個行程沒有移除檔案鎖就突然結束，則該鎖不會被釋放。處理此問題需要使用 ad hoc 技術，例如檢查檔案的上次修改時間，以及讓鎖的持有者將自己的行程 ID 寫入檔案，以便我們能夠檢查行程是否存在，但是這些技術中都不夠安全可靠。相較之下，在行程終止時就能以原子式釋放紀錄鎖。

- 若我們正要放置多把鎖（即使用多個檔案鎖），則無法檢測死結。若死結發生，則造成死結的那些行程就會永久受到阻塞。（每個行程都會卡在一直檢查是否能夠取得請求的鎖）。相對地，核心提供了 *fcntl()* 紀錄鎖的死結檢測。

- 第二版的 NFS 不支援 O_EXCL 語意，Linux 2.4 NFS 客戶端也沒有正確實作 O_EXCL，即使在第三版的 NFS 以及之後的版本也是如此。

link(file, lockfile) 加上 unlink(lockfile)

在新連結存在時，呼叫 *link()* 系統呼叫會失敗，上述這件性質可做為一種上鎖機制，而解鎖功能則還是使用 *unlink()* 完成。常規做法是讓需要取得鎖的行程建立一個唯一的暫存檔，通常要有行程 ID（若將檔案鎖建立於網路檔案系統，則可能要再加上主機名稱）。為了取得鎖，需要將這個暫存檔連結到某個約定的標準路徑名稱（硬式連結的語意會需要這兩個路徑名稱都位於相同的檔案系統）。

若 *link()* 呼叫成功，則我們就等同取得了鎖，若呼叫失敗（EEXIST），則就是由另一個行程持有鎖，因此我們必須要在稍後重試，此技術與上述的 *open(file, O_CREAT | O_EXCL,...)* 技術存在相同的限制。

open(file, O_CREAT | O_TRUNC | O_WRONLY, 0) plus unlink(file)

若在 *open()* 時指定了 O_TRUNC 旗標，而要開啟的既有檔案拒絕寫入權限，則呼叫 *open()* 會失敗。我們可以將此行為做為一種上鎖技術的基礎。若要取得一把鎖，我們可以使用下列程式碼（省略錯誤檢查）來建立一個新檔案：

```
fd = open(file, O_CREAT | O_TRUNC | O_WRONLY, (mode_t) 0);
close(fd);
```

> 對於為何我們在上列的 *open()* 呼叫使用 *(mode_t)* 型別轉換，可參考附錄 C。

若 *open()* 呼叫成功（即檔案之前不存在），則代表我們取得鎖，若因 EACCES 而失敗（即檔案存在但沒有人具備權限），則是其他行程持有鎖，而我們必須稍後重試。此技術與先前介紹的技術有相同限制，還需注意不得在具有超級使用者特權的程式使用此技術，因為無論檔案的權限設定為何，*open()* 必定會成功。

55.8　小結

檔案鎖（file lock）使得多個行程能夠同步存取一個檔案，Linux 提供兩種檔案上鎖的系統呼叫：從 BSD 衍生的 *flock()* 以及從 System V 衍生的 *fcntl()*。雖然這兩組系統呼叫在大多數的 UNIX 系統上都有提供，但 SUSv3 只有將 *fcntl()* 上鎖納入標準。

系統呼叫 *flock()* 可以將整個檔案上鎖，可放置的鎖有兩種：一種是共用鎖（share lock），這種鎖與其他行程持有的共用鎖相容；另一種是互斥鎖（exclusive lock），這種鎖能夠避免其他行程放置前述的兩種鎖。

系統呼叫 *fcntl()* 可在一個檔案的任何區間放置鎖（「紀錄鎖」，record lock），這個所述的區間可以是一個位元組，也可以是整個檔案。可放置的鎖有兩種：讀取鎖（read lock）與寫入鎖（write lock），它們之間的相容性語意與 *flock()* 放置的共用鎖與互斥鎖之間的相容性語意類似。若一個阻塞式（F_SETLKW）的上鎖請求將會導致死結，則核心會讓其中一個受影響的行程執行 *fcntl()* 失敗（傳回 EDEADLK 錯誤）。

使用 *flock()* 與 *fcntl()* 放置的鎖，彼此之間是互相看不見對方的鎖（除了在使用 *fcntl()* 實作 *flock()* 的系統上可以）。透過 *flock()* 與 *fcntl()* 放置的鎖在 *fork()* 的繼承語意與在檔案描述符被關閉時的釋放語意不同。

Linux 特有的 /proc/locks 檔案提供系統中每個行程正在持有的檔案鎖。

進階資訊

（Stevens & Rago，2005）與（Stevens，1999）對 *fcntl()* 的紀錄上鎖有額外的探討。（Bovet & Cesati，2005）則提供了 Linux 系統在實作 *flock()* 與 *fcntl()* 上鎖的一些細節。（Tanenbaum，2007）與（Deitel 等人，2004）從通用的概念來說明死結，包含死結偵測、死結避免以及預防死結。

55.9 習題

55-1. 透過執行列表 55-1 程式（`t_flock.c`）的多個實體（instance）實驗，以確認下列有關 *flock()* 操作的各項要點：

　　a）一些要取得一個檔案上的共用鎖之行程，是否會導致一個試著要在該檔案放置互斥鎖的行程飢餓？

　　b）假設已經使用互斥鎖對一個檔案上鎖，而其他行程正在等待對該檔案放置共用鎖與互斥鎖，則當第一把鎖被釋放之後，是否存在任何可決定哪個行程能夠取得這把鎖的規則呢？例如，共用鎖是否比互斥鎖具備更高的優先權，或是反之亦然？要求取得鎖的優先權是否會依照 FIFO 順序？

　　c）若讀者能夠存取其他有提供 *flock()* 函式的 UNIX 系統，則在該系統上驗證這些規則。

55-2. 寫一個程式，在兩個行程使用 *flock()* 來鎖住兩個不同的檔案時，進行死結偵測。

55-3. 寫一個程式，驗證 55.2.1 節中與 *flock()* 鎖的繼承與釋放語意的討論。

55-4. 透過執行列表 55-1 的程式（`t_flock.c`）與列表 55-2 的程式（`i_fcntl_locking.c`）實驗，觀察透過 *flock()* 與 *fcntl()* 取得的鎖是否會相互影響。若讀者能夠存取其他 UNIX 系統，則請在那些實作進行同樣的實驗。

55-5. 我們在 55.3.4 節提過，在 Linux 系統上新增或檢查一把鎖是否存在所需的時間取決於，這把鎖位在檔案鎖串列中的位子決定，此檔案鎖串列包含了用於該檔案的每一把鎖，請設計兩個程式驗證：

　　a）第一個程式應該在一個檔案上取得（比如說）40,001 個寫入鎖，輪流將這些鎖放置在檔案的各個位元組，即會將鎖放置於第 0、2、4、6 位元組，依此類推，直到（比如說）80,000 位元組，行程在取得這些鎖之後進入睡眠。

b）在第一個程式處於睡眠的時候，第二個程式執行（比如說）10,000 次迴圈，在每次的迴圈都使用 F_SETLK 來試著對上一個程式鎖住的其中一個位元組上鎖（這些上鎖請求一定會失敗）。程式在每次的執行中，總會試著對檔案的第 N * 2 個位元組上鎖。

使用 shell 內建的 time 指令，測量第二個程式在執行 N 等於 0、10,000、20,000、30,000 以及 40,000 時所需的時間，結果是否符合預期的線性行為？

55-6. 測試列表 55-2 的程式（i_fcntl_locking.c），以驗證 55.3.6 節與飢餓及 *fcntl()* 紀錄鎖優先權的討論。

55-7. 若讀者能夠存取其他 UNIX 系統，請使用列表 55-2 的程式（i_fcntl_locking.c），觀察是否能夠為 *fcntl()* 紀錄上鎖對寫入者飢餓，以及對多個排隊中的上鎖請求完成的順序，建立任何的處理規則。

55-8. 使用列表 55-2 的程式（i_fcntl_locking.c），示範核心能夠偵測環狀死結（circular deadlock），如有三個（或更多的）行程對相同的檔案上鎖。

55-9. 設計一對程式（或使用一個只有單一子行程的程式），使它們利用 55.4 節所述的強制式鎖來造成死結。

55-10. 閱讀 procmail 提供的 *lockfile(1)* 工具使用手冊，設計一個此程式的簡化版本。

56

Socket：導讀

Socket（通訊端）是一種 IPC 方法，可以讓同一部主機（電腦）或透過網路連線的不同主機上的應用程式彼此交換資料。剛開始廣為流傳的 socket API 實作始於 1983 年的 4.2 BSD，而此 API 已實際移植到每個 UNIX 平台，以及大部分的其他作業系統。

> Socket API 耗費約 10 年時間制定標準草案，於 2000 年的 POSIX.1g 標準正式通過。此標準已由 SUSv3 取代。

本章與後續章節介紹 socket 的用法，條列如下：

- 本章提供通用的 socket API 導讀，後續幾個章節會基於本章的觀念進行。我們在此不介紹任何的範例程式。而 UNIX 與 Internet domain 的程式範例則會在後續幾個章節介紹。

- 第 57 章敘述 UNIX domain socket，這讓同一台主機的應用程式能彼此通信。

- 第 58 章簡介各種電腦的網路概念，並說明 TCP/IP 網路通訊協定的核心功能，本章提供後續章節所需的基本背景。

- 第 59 章說明 Internet domain socket，可讓不同主機的應用程式透過 TCP/IP 網路進行通信。

- 第 60 章討論如何使用 socket 設計伺服器。

- 第 61 章包含一些進階主題，包含 socket I/O 的額外功能、深入探討 TCP 協定，以及使用 socket 選項取得與修改 socket 的各種屬性。

這些章節的目標僅是讓讀者具備使用 socket 的基礎，在網路通信更為需要，socket 程式設計是相當龐大的主題，足以用一本書的內容來介紹，在 59.15 節會列出更多參考資訊。

56.1　概觀

在典型的 client-server（客戶端 - 伺服器）情境，應用程式會這樣使用 socket 溝通：

- 每個應用程式建立一個 socket，一個 socket 就是可以通訊的「設備」，而兩個應用程式都要有個 socket。
- 伺服器將 socket 綁定（bind）到一個已知的（well-known）位址（即固定位址），供客戶端得知伺服器位置。

可使用 *socket()* 系統呼叫建立 socket，*socket()* 會傳回一個檔案描述符（file descriptor），提供後續的系統呼叫存取 socket：

```
fd = socket(domain, type, protocol);
```

我們在後續章節會介紹 socket domain 與 type，在本書的範例程式，*proto*col 都是設定為 0。

通信網域（communication domain）

Socket 存在於通信網域（*communication domain*）中，其意義如下：

- 用以識別 socket 的方法（即一個 socket「位址」格式）
- 通信範圍（即在同一台主機的應用程式之間，或以網路連結的各主機上的應用程式之間）。

現在的作業系統至少支援下列的 domain：

- *UNIX*（AF_UNIX）domain 可以讓同一台主機上的應用程式互相通信。（POSIX.1g 使用 AF_LOCAL 名稱做為 AF_UNIX 的別名，但 SUSv3 沒有使用此名稱）。
- *IPv4*（AF_INET）domain 讓不同主機上的應用程式透過 IPv4（Internet Protocol version 4）網路連線進行通信。

- *IPv6*（**AF_INET6**）domain 讓不同主機的應用程式透過 IPv6（Internet Protocol version 6）網路進行連線通信。雖然 IPv6 的目的是成為 IPv4 的繼承者，但 IPv4 仍是目前最廣為使用的通訊協定。

表 56-1 節錄這些 socket domain 的特徵。

> 我們在一些程式碼會看到 **PF_UNIX** 這類常數，而不是 **AF_UNIX**。意思是 AF 基於「address family」，而 PF 基於「protocol family」。起初的構想是要讓單個 protocol family 可支援多個 address family。不過實際並未曾制定可讓 protocol family 支援多個 address family 的規範，而現在全部的系統都將 **PF_** 常數定義為 **AF_** 常數的別名。（在 SUSv3 有規範 **AF_** 常數，但未規範 **PF_** 常數）。在本書只會用到 **AF_** 常數。對於這些常數的相關歷史可參考 4.2 節（Stevens 等人，2004）。

表 56-1：Socket domain

Domain	通信方式	應用程式間的通信	位址格式	位址結構
AF_UNIX	在核心內	在同一台主機	路徑名稱	*sockaddr_un*
AF_INET	透過 IPv4	透過 IPv4 網路相連的主機	32 位元 IPv4 位址與 16 位元的 port number	*sockaddr_in*
AF_INET6	透過 IPv6	透過 IPv6 網路相連的主機	128 位元 IPv6 位址與 16 位元 port number	*sockaddr_in6*

Socket type

每個 socket 實作至少提供兩種 socket：stream（串流）與 datagram（資料包）。UNIX 與 Internet domain 都有支援這些類型的 socket。在表 56-2 節錄這些 socket 類型的屬性。

表 56-2：Socket 類型與其屬性

屬性	Socket 類型	
	Stream	Datagram
可靠傳輸？	是	否
保留訊息邊界？	否	是
連線導向？	是	否

Stream socket（**SOCK_STREAM**）提供可靠、雙向、位元組串流（byte-stream）的通信頻道。下列是術語說明：

- 可靠的（*Reaiable*）表示傳輸的資料保證會抵達接收端應用程式，完全符合傳送端所傳輸的（假設網路連結與接收端都沒有問題），否則我們會收到偵測傳送失敗的通知。

- 雙向的（*Bidrectional*）表示資料可以在兩個 socket 之間雙向傳輸。

- 位元組串流（*Byte-stream*）表示，如同管線（pipe），沒有訊息邊界（message boundary）的概念（參考 44.1 節）。

Stream socket 類似使用一對管線讓兩個應用程式進行雙向通信，差別在於（Internet domain）socket 能透過網路傳輸。

Stream socket 以完成建立連線的一對 socket 運作，因此，stream socket 稱為連線導向（*connection-oriented*）。術語 peer socket 表示在連線彼端的 socket；peer address 表示彼端的 socket 位址；而 peer application 表示使用 peer socket 的應用程式。有時使用 *remote*（或 *foreign*）術語做為 *peer* 的同義詞。同理，有時使用 *local* 術語做為本地端的應用程式、socket 或位址。

Datagram socket（SOCK_DGRAM）讓資料以所謂的 datagram 訊息格式進行交換，datagram socket 會保留訊息邊界，但是無法進行可靠的資料傳輸，訊息也可能亂序抵達、可能重複、或全部遺失。

Datagram socket 是通用的免連線（*connectionless*）socket 範例，與 Stream socket 不同的是，使用 datagram socket 不需要與其他 socket 建立連線。（我們在 56.6.2 節會看到 datagram socket 能與其他 socket 建立連線，但是與 stream socket 的建立連線不太一樣）。

在 Internet domain，datagram socket 採用 UDP（User Datagram Protocol），而 stream socket（通常）使用 TCP（Transmission Control Protocol）。在用詞上，我們會比較常用 UDP socket 及 TCP socket，而較少使用 *Internet domain datagram socket* 與 *Internet domain stream socket*。

Socket 系統呼叫

關鍵的系統呼叫如下所示：

- *socket()* 系統呼叫建立一個新的 socket。

- *bind()* 系統呼叫將 socket 綁定到一個位址。通常，伺服器利用此呼叫將 socket 綁定到一個固定位址，讓客戶端可以知道 socket 的位址。

- *listen()* 系統呼叫讓 stream socket 可以接受來自其他 socket 的連線。

- *accept()* 系統呼叫從 listen 狀態的 stream socket 接受來自彼端應用程式的連線，並選擇性地傳回對方（peer socket）的位址。
- *connect()* 系統呼叫可與另一個 socket 建立連線。

> 在多數的 Linux 架構（不包含 Alpha 與 IA-64），每個 socket 系統呼叫實際上都是透過 *socketall()* 系統呼叫實作而成的函式庫函式。（這是神器，源自另一個 Linux socket 實作的開發專案）。此外，本書將這些函式視為系統呼叫，因為它們原本在 BSD 系統及許多其他 UNIX 系統上本來就是系統呼叫。

我們可以使用傳統的 *read()* 與 *write()* 系統呼叫進行 Socket I/O，或使用一些 socket 特有的系統呼叫（如：*send()*、*recv()*、*sendto()* 及 *recvfrom()*）。若 I/O 操作無法立即完成，則這些系統呼叫預設就會發生阻塞（block）。非阻塞式（Nonblocking）I/O 可以使用 *fcntl()* F_SETFL 操作（5.3 節）啟用 O_NONBLOCK 開啟檔案狀態旗標。

> 我們在 Linux 可以呼叫 *ioctl(fd, FIONREAD, &cnt)*，用以取得（*fd* 檔案描述符參照的）stream socket 裡未讀的資料數量。此操作在 datagram socket 會傳回下一個未讀的 datagram 位元組數（若下個 datagram 的長度是零時，則傳回零），或者，若沒有擱置的 datagram 則傳回零。在 SUSv3 沒有規範此功能。

56.2　建立一個 socket：*socket()*

socket() 系統呼叫可建立一個新的 socket。

```
#include <sys/socket.h>

int socket(int domain, int type, int protocol);
                            Returns file descriptor on success, or –1 on error
```

domain 參數指定 socket 的通信網域，*type* 參數設定 socket 類型。此參數通常設定為建立 stream socket 的 SOCK_STREAM，或設定為建立 datagram socket 的 SOCK_DGRAM。

本書所述的 socket 類型必定會將 *protocol* 參數設定為 0。值不為零的 *protocol* 會用在我們沒有介紹的某些 socket 類型，例如，raw socket（SOCK_RAW）會將 *protocol* 設定為 IPPROTO_RAW。

socket() 在成功時傳回檔案描述符，以供後續的系統呼叫存取新的 socket。

Linux 從 2.6.27 版的核心起開始提供 *type* 參數的第二種用法，可透過 OR 位元運算將兩個非標準的旗標套用在 socket 類型。SOCK_CLOEXEC 旗標讓核心對新的檔案描述符啟用 close-on-exec 旗標（FD_CLOEXEC）。此旗標好用的原因與 4.3.1 節所述的 *open()* O_CLOEXEC 旗標相同。SOCK_NONBLOCK 旗標可讓核心對底層的開啟檔案描述符（open file description）設定 O_NONBLOCK 旗標，以便後續對 socket 的 I/O 操作不會發生阻塞（nonblocking）。這樣能省去呼叫 *fcntl()*，並有同等效力。

56.3　將 Socket 綁定一個位址：*bind()*

bind() 系統呼叫將 socket 綁定一個位址。

```
#include <sys/socket.h>

int bind(int sockfd, const struct sockaddr *addr, socklen_t addrlen);
```
                                          Returns 0 on success, or –1 on error

sockfd 參數是之前呼叫 *socket()* 時取得的檔案描述符。參數 *addr* 是個指標，指向設定 socket 位址的資料結構，此參數傳遞的資料結構型別由 socket domain 決定。參數 *addrlen* 指定位址結構的大小，SUSv3 所規範的 *addrlen* 參數，其 *socklen_t* 資料型別是一個整數型別。

我們通常會將伺服器的 socket 綁定到固定位址，提供給要與伺服器連線的客戶端應用程式。

> 有其他理由不會將伺服器的 socket 綁定到一個固定位址，例如：在 Internet domain socket，伺服器會略過呼叫 *bind()*，並只是呼叫 *listen()*，這樣會讓核心幫此 socket 選擇一個臨時埠（我們在 58.6.1 節介紹的臨時埠），之後伺服器可使用 *getsockname()*（61.5 節）取得 socket 的位址。此例的伺服器必須公開位址，讓客戶端知道如何連線到伺服器的 socket。公開的方式是將伺服器的位址註冊到中央目錄服務的應用程式，讓客戶端可以聯絡並取得位址（例如，Sun RPC 以 portmapper 伺服器解決此問題）。當然，目錄服務應用程式的 socket 也必須是固定位址。

56.4 通用的 socket 位址資料結構：*struct sockaddr*

在 *bind()* 的 *addr* 與 *addrlen* 參數需要一些深入的探討，我們在表 56-1 可以看到每個 socket domain 都使用不同的位址格式。例如，UNIX domain socket 使用路徑名稱（pathname），Internet domain socket 混用 IP 位址與通訊埠。每個 socket domain 會各自定義儲存 socket 位址的結構型別。然而，由於 *bind()* 這類系統呼叫適用於全部的 socket domain，所以這些系統呼叫必須能夠接受任何型別的位址結構。Socket API 為此定義通用的 *struct sockaddr* 位址結構，使用此型別的唯一目的就是將各種 domain 特有的位址結構轉型為單一型別，以供 socket 系統呼叫做為參數使用。*sockaddr* 結構通常定義如下：

```
struct sockaddr {
    sa_family_t sa_family;          /* Address family (AF_* constant) */
    char        sa_data[14];        /* Socket address (size varies
                                       according to socket domain) */
};
```

此結構是全部的 domain 特有位址結構之樣板。這些位址結構都以 *family* 欄位開頭，此欄位對應到 *sockaddr* 結構中的 *sa_family* 欄位。（SUSv3 規範 *sa_family_t* 資料型別是整數型別）。在 family 欄位中的值足以表示儲存在結構後續欄位的位址大小與格式。

> 有些 UNIX 系統也在 *sockaddr* 結構定義一個額外的 *sa_len* 欄位，用以指定結構的總大小。SUSv3 並未規範此欄位，而 Linux 平台的 socket API 也沒有提供。

> 若我們有定義 _GNU_SOURCE 功能測試巨集（feature test macro），則 *glibc* 會使用一個可免去（*struct sockaddr ***）轉型的 gcc 擴充，在 <sys/socket.h> 建構各式 socket 系統呼叫原型。然而，此功能是不可攜的（它在其他系統編譯時會產生警告）。

56.5 Stream Socket（串流通信端）

Stream socket 的操作與電信系統類似：

1. *socket()* 系統呼叫會建立一個 socket，等同安裝電話。為了讓兩個應用程式通信，每個應用程式都要建立一個 socket。

2. 透過 stream socket 通信類似撥打一通電話。一端的應用程式必須在通信之前，先將自己的 socket 連線到另一個應用程式的 socket，兩個 socket 的連線方式如下所示：

a）一個應用程式呼叫 *bind()*，將 socket 綁定到一個固定位址，並呼叫 *listen()* 以告知核心可開始接受連線。此步驟類似有個電話號碼，並確定我們的電話已經準備好讓別人打電話過來。

b）另一個應用程式透過呼叫 *connect()* 建立連線，指定所要建立連線的 socket 位址，類似撥打某人的電話號碼。

c）呼叫 *listen()* 的應用程式接著使用 *accept()* 接受連線，這類似電話響起時接起電話。若在彼端應用程式呼叫 *connect()* 之前，我們就先執行 *accept()*，則 *accept()* 會進入阻塞狀態。

3. 一旦完成連線建立，就可以在應用程式之間進行雙向資料傳輸（類似電話的雙方通話），直到其中一方使用 *close()* 關閉連線。網路通信可透過傳統的 *read()* 與 *write()* 系統呼叫，或透過許多 socket 特有的系統呼叫（如提供額外功能的 *send()* 與 *recv()*）。

在圖 56-1 呈現 stream socket 的系統呼叫使用方式。

主動式（active）與被動式（passive）socket

Stream socket 通常能分為主動式或被動式：

- 使用 *socket()* 建立的 socket 預設是主動的（active），主動式 socket 會在 *connect()* 呼叫使用，可與被動式 socket 建立連線，這稱為主動開啟（active open）。

- 被動式（passive）socket（亦稱 listening socket）是由 *listen()* 呼叫標示為可接受連線，接受連線的動作稱為被動式開啟（passive open）。

多數採用 stream socket 的應用程式，伺服器會進行被動開啟，而客戶端進行主動開啟。我們在後續章節提到此狀況時，通常不會說「執行主動開啟的應用程式」，而只會說「客戶端」；同樣地，我們會用「伺服器」代表「執行被動開啟的應用程式」。

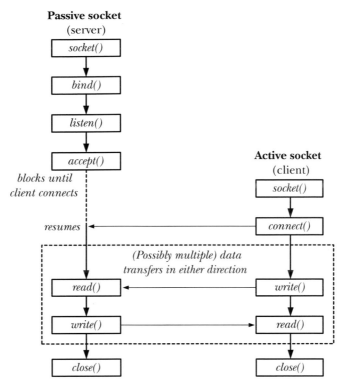

圖 56-1：在 stream socket 使用的系統呼叫總覽

56.5.1　監聽進入的連線：*listen()*

系統呼叫 *listen()* 透過 *sockfd* 檔案描述符將 stream socket 標示為被動式（passive），此 socket 後續可用來接受其他主動式（active）socket 的連線。

```
#include <sys/socket.h>

int listen(int sockfd, int backlog);
```
                                         Returns 0 on success, or −1 on error

我們不能將 *listen()* 套用在已建立連線的 socket，即已經完成 *connect()* 的 socket，或是由 *accept()* 傳回的 socket。

為了瞭解 *backlog* 參數的目的，我們先進行觀察，客戶端可能在伺服器呼叫 *accept()* 以前就呼叫了 *connect()*，這是有可能的（例如：因為伺服器忙著處理其他客戶端），因而產生擱置的連線（pending connection），如圖 56-2 所示。

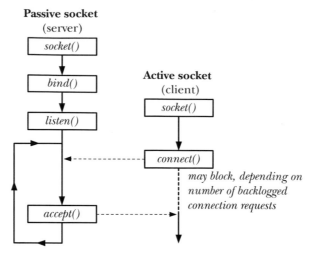

圖 56-2：擱置的連線 socket

核心必須記錄每個擱置的連線請求之相關資訊，以便之後的 *accept()* 能夠處理。參數 *backlog* 可以限制擱置連線的數量，在成功連線的請求達到此限制的瞬間（在 TCP socket 會有點複雜，我們留在 61.6.4 節探討），若有更多的連線請求則會發生阻塞，直到（透過 *accept()*）處理接受擱置的連線，並將擱置連線從佇列中移除。

　　SUSv3 允許系統在實作時可以限制 backlog 的上限，並允許系統私自將設定過高的的 backlog 往下降到上限值。SUSv3 規範實作時應該在 <sys/socket.h> 定義 SOMAXCONN 常數，用以宣告此上限。此常數在 Linux 系統定義為 128。然而，Linux 從核心 2.4.25 起，可以在執行期（run time）透過 Linux 特有的 /proc/sys/net/core/somaxconn 檔案調整限制。（早期核心版本的 SOMAXCONN 限制是固定的）。

> 原本在 BSD socket 實作的 backlog 上限是 5，我們可以在舊版程式碼看到此數值。現在全部的系統都允許對 backlog 設定較高的值，因為以 TCP socket 服務大量客戶端的網路伺服器會需要。

56.5.2　接受連線：*accept()*

accept() 系統呼叫會以 *sockfd* 檔案描述符參照的監聽式 stream socket 接受連線，若在呼叫 *accept()* 時沒有擱置的連線，則會進入阻塞，直到有連線請求抵達為止。

```
#include <sys/socket.h>

int accept(int sockfd, struct sockaddr *addr, socklen_t *addrlen);
```
Returns file descriptor on success, or −1 on error

了解 *accept()* 的關鍵點在於，它會建立一個新的 socket，讓執行 *connect()* 的彼端 socket 連線到此 socket，已連線 socket 的檔案描述符會由 *accept* 呼叫傳回。監聽式 socket（*sockfd*）會一直保持開啟，並用以接受之後的連線，典型的伺服器應用程式會建立一個監聽式 socket，並綁定一個固定位址，接著透過 socket 接受連線，並處理全部的客戶端請求。

其他的 *accept()* 參數會傳回彼端 socket 的位址，*addr* 參數指向傳回的 socket 位址結構，此參數的型別由 socket domain 決定（如同 *bind()*）。

addrlen 參數是個可傳值與回傳結果（value-result）的參數，它指向一個整數，必須在進行呼叫以前將它初始化為 *addr* 指向的緩衝區大小，讓核心知道有多少的可用空間可以傳回 socket 位址。在 *accept()* 傳回時，設定此整數的目的是表示實際複製到緩衝區的資料位元組數量。

若我們不需要知道彼端 socket 的位址，則 *addr* 與 *addrlen* 應該都要設定為 NULL。（若有需求，我們可在之後使用 *getpeername()* 系統呼叫取得彼端位址，如 61.5 節所述）。

> Linux 從核心 2.6.28 起開始支援新的非標準 *accept4()* 系統呼叫，此系統呼叫執行的工作與 *accept()* 相同，但是會額外提供 *flags* 參數，可用來修改系統呼叫的行為，支援兩個旗標：SOCK_CLOEXEC 與 SOCK_NONBLOCK。SOCK_CLOEXEC 旗標讓核心對呼叫傳回的檔案描述符啟用 close-on-exec 旗標（FD_CLOEXEC），此旗標實用的原因與 4.3.1 節敘述的 *open()* O_CLOEXEC 旗標相同。SOCK_NONBLOCK 旗標讓核心對底層的開啟檔案描述符啟用 O_NONBLOCK 旗標，讓此 socket 之後的 I/O 作業是非阻塞式。如此可免去呼叫 *fcntl()* 就能達到等效結果。

56.5.3　連接到彼端的 Socket：*connect()*

connect() 系統呼叫將 *sockfd* 檔案描述符參照的主動式 socket 連接到 *addr* 與 *addrlen* 指定的監聽式 socket（listening socket）。

```
#include <sys/socket.h>

int connect(int sockfd, const struct sockaddr *addr, socklen_t addrlen);
                                        Returns 0 on success, or −1 on error
```

addr 與 *addrlen* 參數的設定方式與 *bind()* 相對應的參數相同。

　　若 *connect()* 失敗,而我們又想要重新連線時,SUSv3 規定的可攜方式是:關閉 socket、建立新的 socket,再以新的 socket 建立連線。

56.5.4　Stream Socket 的 I/O

一對已連線的 stream sockets 會提供兩個端點間的雙向通信頻道,圖 56-3 所示的是在 UNIX domain 的例子。

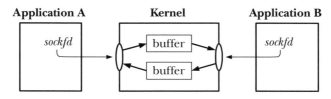

圖 56-3:UNIX domain stream sockets 提供雙向通信頻道

對已連線 stream socket 進行 I/O 的語意與下列這些管線的語意相似:

- 我們使用 *read()* 與 *write()* 系統呼叫(或我們在 61.3 節所述,socket 才有的 *send()* 與 *recv()*)進行 I/O。由於 socket 是雙向的,這兩個呼叫適用於連線兩端。

- 可使用 *close()* 系統呼叫,或在應用程式結束後關閉 socket。爾後當某一端的應用程式想要讀取連線的另一端時,則會收到檔案結尾(end-of-file)(若全部的緩衝區資料都已經被讀取)。若一端的應用程式想要寫入 socket 時,則會收到 SIGPIPE 訊號(signal),而系統呼叫會傳回發生 EPIPE 錯誤。如我們在 44.2 節所提,一般處理這類情況的方式是忽略 SIGPIPE 訊號,並藉由 EPIPE 錯誤發現連線關閉。

56.5.5　終止連線:*close()*

一般結束 stream socket 連線的方式是呼叫 *close()*,若多個檔案描述符參照到同一個 socket 時,則全部的描述符都關閉時,連線就會結束。

假設在我們關閉連線之後，彼端的應用程式當掉或是無法讀取、無法正確地處理我們先前傳送給它的資料，此時，我們無法得知錯誤發生。若我們要確保資料會被順利讀取與處理，則我們必須在應用程式使用一些回報通訊協定，通常會包含彼端傳回的回報訊息。

我們在 61.2 節介紹 *shutdown()* 系統呼叫，提供較佳的關閉 stream socket 控制方式。

56.6 Datagram Socket

Datagram socket 的運作可用郵政系統來比擬：

1. socket 系統呼叫等同於設立一個郵筒（我們在此假設系統是一些鄉鎮的鄉村郵務服務，可從郵筒取信，也能將信件投遞至郵筒），每個想要傳送或接收資料包（datagram）的應用程式使用 *socket()* 建立 datagram socket。

2. 為了接收另一個應用程式傳遞的資料包（信件），我們使用 *bind()* 將 socket 綁定至固定位址，通常，伺服器會將 socket 綁定到一個固定位址，而客戶端則傳送資料包至該位址，以開始通信（在部分 domain 中，尤其是 UNIX domain，若客戶端想要接收伺服器傳送的資料包，可能也會需要使用 *bind()* 將位址綁定到 socket）。

3. 應用程式會呼叫 *sendto()* 來傳送資料包，socket 位址是傳送資料包的其中一個參數，類似寄信到信封上的收件人地址。

4. 應用程式呼叫 *recvfrom()* 以接收資料包，若沒有任何資料包抵達，則會發生阻塞。由於我們可以用 *recvfrom()* 取得傳送端的位址，所以若有需求可送出回覆（尤其適用於傳送者或客戶端的 socket 不是綁定到固定位址時）。

5. 當應用程式不再需要 socket 時，會使用 *close()* 關閉。

正如郵政系統，當多個資料包（信件）從一個位址運送到另一個位址時，我們無法保障它們會依傳送的順序抵達，以及不一定全部都能送達。資料包比現有的郵政系統多了一個可能：因為底層的網路協定有時會重送資料封包，所以相同的資料包可能會重複送達。

Datagram socket 的系統呼叫用法如圖 56-4 所示。

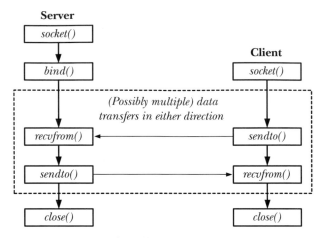

圖 56-4：用於 datagram socket 的系統呼叫概觀

56.6.1 交換資料包：*recvfrom()* 與 *sendto()*

recvfrom() 與 *sendto()* 系統呼叫在 datagram socket 上接收與傳送資料包。

```
#include <sys/socket.h>

ssize_t recvfrom(int sockfd, void *buffer, size_t length, int flags,
                 struct sockaddr *src_addr, socklen_t *addrlen);
                    Returns number of bytes received, 0 on EOF, or –1 on error

ssize_t sendto(int sockfd, const void *buffer, size_t length, int flags,
               const struct sockaddr *dest_addr, socklen_t addrlen);
                    Returns number of bytes sent, or –1 on error
```

這些系統呼叫的傳回值以及前三個參數與 *read()* 及 *write()* 相同。

第四個參數的 *flags* 是個位元遮罩，可控制 socket 才有的 I/O 功能。我們在 61.3 節介紹 *recv()* 與 *send()* 系統呼叫時，會介紹這些功能，若我們不需要使用這些功能時，可以將 *flags* 設定為 0。

剩餘的參數可取得或設定想要通信的端點 socket 位址。

在 *recvfrom()* 函式，剩下的參數傳回送來資料包的彼端 socket 位址。（這些參數類似 *accept()* 的 *addr* 與 *addrlen* 參數，傳回連線彼端的 socket 位址）。*src_addr* 參數是個指標，指向依據通信網域而定的位址結構。如 *accept()*，*addrlen* 是傳值與回傳結果的參數。在進行呼叫以前，應該先將 *addrlen* 初始化為 *src_addr* 指向的資料結構大小，包含實際寫入此資料結構的位元組數量。

若我們不需要傳送端的位址，則將 *src_addr* 與 *addrlen* 都設定為 NULL。以此例而言，*recvfrom()* 等同於使用 *recv()* 接收資料包，我們也使用 *read()* 讀取資料包，這等於進行 *flag* 參數設定為 0 的 *recv()* 呼叫。

若不管在 *length* 指定的值，*recvfrom()* 也能正確解析一筆 datagram socket 的訊息。若訊息的大小超過 *length* 個位元組，則會默默將訊息截成 *length* 個位元組。

> 若我們使用 *recvmsg()* 系統呼叫（61.13.2 節），則它可能會透過傳回的 msghdr 資料結構中的 *msg_flags* 欄位之 MSG_TRUNC 旗標，發現資料包被截斷，細節請參考 *recvmsg(2)* 使用手冊。

在 *sendto()*，*dest_addr* 與 *addrlen* 參數指定資料包要傳送的目的 socket，這些參數的用法如同對應的 *connect()* 參數。*dest_addr* 參數是適用於此通信網域的位址結構，初始化為目的 socket 位址，而 *addrlen* 參數則設定為 *dest_addr* 的大小。

> 在 Linux 上可使用 *sendto()* 送出長度為 0 的資料包。然而，不是每個 UNIX 系統都能如此。

56.6.2　在 Datagram Socket 使用 *connect()*

即使 datagram socket 是免連線的，將 *connect()* 系統呼叫套用在 datagram socket 時，會讓核心將指定位址記錄為彼端 socket 的位址，connected datagram socket 術語則是用來表示這類 socket，而 unconnected datagram socket 則是代表沒有呼叫 *connect()* 的 datagram socket（即新建 datagram socket 的預設值）。

在 datagram socket 已經完成連線之後：

- 可以使用 *write()*（或 *send()*）透過 socket 傳送資料包，並自動送到彼端的同類型 socket。如 *sendto()*，每次 *write()* 呼叫都會產生獨立的資料包。
- 從 socket 只能讀到彼端 socket 傳送的資料包。

要注意的是，*connect()* 的影響在 datagram socket 是非對稱的，這句話只適用於進行 *connect()* 呼叫的 socket，而不是遠端 socket。（除非彼端的應用程式也有對 socket 進行 *connect()* 呼叫）。

我們可以再一次呼叫 *connect()*，改變連線中的 datagram socket 之連線對象，也能透過設定 AF_UNSPEC address family 的位址結構，結束現有的連線關係。然而，要注意的是，許多其他的 UNIX 系統不會讓我們這樣使用 AF_UNSPEC。

SUSv3 對於結束兩端的連線關係有些模糊，只說可以透過指定「空位址」，並進行 connect() 呼叫以重置連線，而沒有定義術語。在 SUSv4 則明確規範 AF_UNSPEC 的用途。

在 datagram socket 指定端點的好處是，我們透過 socket 傳送資料時，可以使用簡易的 I/O 系統呼叫。我們不再需要在使用 *sendto()* 以及 *dest_addr* 與 *addrlen* 參數，而使用 *write()* 取代。設定端點在應用程式主要用途是需要傳送多個資料包到單個端點時。

在一些 TCP/IP 實作，將 datagram socket 連接到端點可以提昇效能（Stevens 等人，2004），不過在 Linux 系統，對 datagram socket 進行連線，在效能上只有些微差異。

56.7　小結

Socket 讓同一台主機、或是透過網路連線的不同主機之應用程式可以互相通信。

Socket 存在一個通信網域內，通信網域決定通信的範圍以及驗證 socket 的位址格式。SUSv3 規範了 UNIX（AF_UNIX）、IPv4（AF_INET）及 IPv4（AF_INET6）等通信網域。

多數的應用程式都是使用這兩類 socket 之一：stream 或 datagram。Stream socket（SOCK_STREAM）在兩個端點間提供可靠、雙向、位元組串流（byte-stream）的通信頻道。Datagram socket（SOCK_DGRAM）則提供不可靠、無連線、訊息導向的通信。

典型的 stream socket 伺服器使用 *socket()* 建立 socket，並使用 *bind()* 將 socket 綁定到固定位址。伺服器接著呼叫 *listen()*，讓 socket 開始接收連線。接著開始在監聽式 socket（listening socket）使用 *accept()* 開始接受每個客戶端的連線。典型的 stream socket 客戶端使用 *socket()* 建立 socket，接著指定伺服器的固定位址位址，並呼叫 *connect()* 以建立連線。在兩個 stream socket 連線之後，可以使用 *read()* 與 *write()* 在任一方向傳輸資料。當檔案描述符參照的 stream socket 端點之全部行程都已經執行 *close()* 時，連線就會結束。

典型的 datagram socket 伺服器使用 *socket()* 建立 socket，並接著使用 *bind()* 將 socket 綁定到固定位址，由於 datagram socket 是不用連線的，所以伺服器的 socket 可以用來接收來自任何客戶端的 datagram。可以使用 *read()* 或 socket 特有的 *recvfrom()* 系統呼叫接收資料包。Datagram socket 客戶端使用 *socket()* 建立 socket，並接著使用 *sendto()* 傳送資料包到特定（即伺服器的）位址。*connect()* 系統呼叫可以用在 datagram socket，用以設定 socket 的彼端位址，至此就不需指定輸出資料包的目的位址。可直接使用 *write()* 呼叫傳送資料包。

進階資訊

參考 59.15 節中所列的進階資料。

57

Socket：UNIX Domain

本章探討 UNIX domain socket（UNIX 網域通信端），可讓同一台主機上的行程互相通信。我們會探討 stream（串流）與 datagram（資料包）socket 在 UNIX domain 的用法。我們還介紹使用檔案權限控制 UNIX domain socket 的存取，使用 *socketpair()* 建立一對已連線的 UNIX domain socket，以及 Linux 的抽象 socket 命名空間（abstract socket namespace）。

57.1 UNIX Domain Socket Address：struct sockaddr_un

在 UNIX domain 裡，socket 位址的格式是一個路徑名稱（*pathname*），而 domain 特有的 socket 位址定義如下：

```
struct sockaddr_un {
    sa_family_t sun_family;        /* Always AF_UNIX */
    char sun_path[108];            /* Null-terminated socket pathname */
};
```

在 *sockaddr_un* 結構的 *sun_* 字首與 Sun Microsystems 無關，而是衍生自 socket unix。

SUSv3 並未規範 *sun_path* 欄位的大小，早期的 BSD 平台使用 108 與 104 個位元組（byte），而現代平台（HP-UX 11）使用 92 個位元組。可攜的應用程式應該使用較低的值，並使用 *snprintf()* 或 *strncpy()*，以避免在寫入此欄位時，發生緩衝區溢位（buffer overrun）。

為了將 UNIX domain socket 綁定位址，我們先初始化 *sockaddr_un* 結構，然後將指向此結構的（型別轉換）指標做為 *bind()* 的 *addr* 參數，並指定 *addrlen* 做為結構大小，如列表 57-1 所示。

列表 57-1：綁定一個 UNIX domain socket

```
const char *SOCKNAME = "/tmp/mysock";
int sfd;
struct sockaddr_un addr;

sfd = socket(AF_UNIX, SOCK_STREAM, 0);          /* Create socket */
if (sfd == -1)
    errExit("socket");

memset(&addr, 0, sizeof(struct sockaddr_un));   /* Clear structure */
addr.sun_family = AF_UNIX;                       /* UNIX domain address */
strncpy(addr.sun_path, SOCKNAME, sizeof(addr.sun_path) - 1);

if (bind(sfd, (struct sockaddr *) &addr, sizeof(struct sockaddr_un)) == -1)
    errExit("bind");
```

在列表 57-1 使用 *memset()* 呼叫，以確保整個結構的全部欄位都是 0。（後續的 *strncpy()* 呼叫利用這項優點，將最後一個參數值指定為小於 *sun_path* 欄位的大小，以確保此欄位永遠都是以 null 結尾）。使用 *memset()* 清空整個結構，而不是分別對個別欄位進行初始化，可確保能將某些平台的其他非標準欄位初始化為 0。

> 衍生自 BSD 的 *bzero()* 函式可替代 *memset()*，用於清空結構內容。SUSv3 規範 *bzero()* 及相關的 *bcopy()*（類似 *memmove()*），但將兩個函式都標示為 LEGACY，要注意，*memset()* 及 *memmove()* 都是比較推薦的選項，在 SUSv4 已經將 *bzero()* 與 *bcopy()* 移除規範。

將 *bind()* 用來綁定 UNIX domain socket 時，*bind()* 會在檔案系統中建立一筆紀錄。（因而，在 socket 路徑名稱中的資料夾需要能夠被存取與寫入）。依據建立檔案的通用規則決定檔案擁有者（ownership，參考 15.3.1 節）。會將此檔案標示為一個 socket，將此路徑名稱代入 *stat()* 時，在 stat 結構的 *st_mode* 欄位之檔案類型的傳回值是 S_IFSOCK（15.1 節）。當使用 *ls -l* 列出時，UNIX domain socket 在第一行顯示的檔案類型是 *s*，而 *ls -F* 會將等號（=）附加到 socket 的路徑名稱。

雖然 UNIX domain socket 是透過路徑名稱來識別的，但這些 socket 上的 I/O 並不涉及底層裝置的操作。

在綁定 UNIX domain socket 時，有下列幾點需要注意：

- 我們不能將 socket 綁定至既有的路徑名稱（*bind()* 會失敗，並發生 EADDRINUSE 錯誤）。

- 通常會將 socket 綁定到絕對路徑，讓 socket 位於檔案系統裡的一個固定位址。其實也能使用相對路徑，只是比較少見，因為要對此 socket 進行 *connect()* 的應用程式也需要知道執行 *bind()* 的應用程式之目前工作目錄（working directory）。

- 一個 socket 只能綁定一個路徑名稱，反之，一個路徑名稱也只能綁定到一個 socket。

- 我們不能使用 *open()* 開啟 socket。

- 當不再需要使用 socket 時，可以使用（一般也應該如此）*unlink()*（或 *remove()*）移除路徑名稱。

在我們多數的範例程式裡，會將 UNIX domain socket 綁定至 /tmp 資料夾中的路徑名稱，因為每個系統通常都會有這個可寫入的資料夾。如此一來，可便於讀者執行這些程式，而無須事先編輯 socket 的路徑名稱。然而，高手不會這樣設計，正如 38.7 節指出，將檔案建立在可寫入的 /tmp 開放目錄會導致各種安全漏洞。例如，我們可以在 /tmp 建立一個與應用程式 socket 使用的檔案相同的路徑名稱，就能產生一個簡易的拒絕服務（denial-of-service）攻擊。真實世界的應用程式應該將 UNIX domain socket *bind()* 到合適與安全的目錄，並使用絕對路徑。

57.2　UNIX Domain 中的 Stream Socket

我們現在要介紹一個使用 UNIX domain stream socket 的簡易版客戶端與伺服器（client-server）應用程式。客戶端程式（列表 57-4）連線到伺服器，並使用此連線將標準輸入（standard input）的資料傳輸至伺服器。而伺服器程式（列表 57-3）接受客戶端程式的連線，並將連線裡客戶端傳送的全部資料輸出到標準輸出（standard output）。伺服器是個簡單的迭代（iterative）伺服器（如以迴圈重複執行），此伺服器每次只會處理一個客戶端的工作。（我們在第 60 章會深入探討伺服器的設計）。

列表 57-2 是這兩個程式使用的標頭檔。

列表 57-2：us_xfr_sv.c 與 us_xfr_cl.c 的標頭檔

—— **sockets/us_xfr.h**

```
#include <sys/un.h>
#include <sys/socket.h>
#include "tlpi_hdr.h"

#define SV_SOCK_PATH "/tmp/us_xfr"

#define BUF_SIZE 100
```
—— **sockets/us_xfr.h**

我們在接下來的內容會先呈現伺服器與客戶端的程式碼，接著探討程式細節，並透過範例示範使用方式。

列表 57-3：UNIX domain stream socket 伺服器簡例

—— **sockets/us_xfr_sv.c**

```
#include "us_xfr.h"

#define BACKLOG 5

int
main(int argc, char *argv[])
{
    struct sockaddr_un addr;
    int sfd, cfd;
    ssize_t numRead;
    char buf[BUF_SIZE];

    sfd = socket(AF_UNIX, SOCK_STREAM, 0);
    if (sfd == -1)
        errExit("socket");

    /* Construct server socket address, bind socket to it,
       and make this a listening socket */

    if (remove(SV_SOCK_PATH) == -1 && errno != ENOENT)
        errExit("remove-%s", SV_SOCK_PATH);

    memset(&addr, 0, sizeof(struct sockaddr_un));
    addr.sun_family = AF_UNIX;
    strncpy(addr.sun_path, SV_SOCK_PATH, sizeof(addr.sun_path) - 1);

    if (bind(sfd, (struct sockaddr *) &addr, sizeof(struct sockaddr_un)) == -1)
        errExit("bind");

    if (listen(sfd, BACKLOG) == -1)
        errExit("listen");
```

```
    for (;;) {              /* Handle client connections iteratively */

        /* Accept a connection. The connection is returned on a new
           socket, 'cfd'; the listening socket ('sfd') remains open
           and can be used to accept further connections. */

        cfd = accept(sfd, NULL, NULL);
        if (cfd == -1)
            errExit("accept");

        /* Transfer data from connected socket to stdout until EOF */

        while ((numRead = read(cfd, buf, BUF_SIZE)) > 0)
            if (write(STDOUT_FILENO, buf, numRead) != numRead)
                fatal("partial/failed write");

        if (numRead == -1)
            errExit("read");

        if (close(cfd) == -1)
            errMsg("close");
    }
}
```

── sockets/us_xfr_sv.c

列表 57-4：UNIX domain stream socket 客戶端簡例

── sockets/us_xfr_cl.c

```
#include "us_xfr.h"

int
main(int argc, char *argv[])
{
    struct sockaddr_un addr;
    int sfd;
    ssize_t numRead;
    char buf[BUF_SIZE];

    sfd = socket(AF_UNIX, SOCK_STREAM, 0);      /* Create client socket */
    if (sfd == -1)
        errExit("socket");

    /* Construct server address, and make the connection */

    memset(&addr, 0, sizeof(struct sockaddr_un));
    addr.sun_family = AF_UNIX;
    strncpy(addr.sun_path, SV_SOCK_PATH, sizeof(addr.sun_path) - 1);
```

```
    if (connect(sfd, (struct sockaddr *) &addr,
            sizeof(struct sockaddr_un)) == -1)
        errExit("connect");

    /* Copy stdin to socket */

    while ((numRead = read(STDIN_FILENO, buf, BUF_SIZE)) > 0)
        if (write(sfd, buf, numRead) != numRead)
            fatal("partial/failed write");

    if (numRead == -1)
        errExit("read");

    exit(EXIT_SUCCESS);          /* Closes our socket; server sees EOF */
}
```
── **sockets/us_xfr_cl.c**

伺服器程式如列表 57-3 所示，伺服器會執行下列的步驟：

- 建立一個 socket。
- 將與路徑名稱同名的檔案刪除，此路徑名稱是我們要用來綁定 socket 的。
- 建構一個位址結構，提供伺服器 socket 使用，將 socket 綁定至該位址，並將 socket 標示為監聽式的 socket（listening socket）。
- 執行無窮迴圈，用以處理進入的客戶端請求，迴圈每次執行下列步驟：
  - 接受連接，取得新連線的 *cfd* socket。
  - 讀取連線 socket 的全部資料，並將資料寫入標準輸出。
  - 關閉已連線的 *cfd* socket。

伺服器必須手動終止（例如：送給它一個訊號）。

客戶端程式（列表 57-4）會執行下列步驟：

- 建立 socket。
- 建構伺服器 socket 的位址結構，並將 socket 連線到該位址。
- 執行迴圈，將標準輸入複製到 socket 連線，客戶端會在遇到標準輸入的檔案結尾（end-of-file）時結束，而位於連線另一端的伺服器則從 socket 讀到檔案結尾時會關閉連線。

下列的 shell 作業階段紀錄示範了這些程式的用法，我們先在背景啟動伺服器：

```
$ ./us_xfr_sv > b &
[1] 9866
$ ls -lF /tmp/us_xfr                               Examine socket file with ls
srwxr-xr-x    1 mtk        users        0 Jul 18 10:48 /tmp/us_xfr=
```

我們接著建立一個測試檔，做為客戶端輸入，並啟動客戶端：

```
$ cat *.c > a
$ ./us_xfr_cl < a                                  Client takes input from test file
```

此時，客戶端已經完成了，現在我們結束伺服器，並檢查符合客戶端輸入的伺服器輸出：

```
$ kill %1                                          Terminate server
 [1]+  Terminated  ./us_xfr_sv >b                  Shell sees server's termination
$ diff a b
$
```

指令 *diff* 不會產生輸出，表示輸入檔與輸出檔的內容相同。

　　請注意，在伺服器結束後，socket 的路徑名稱仍然存在著，這就是為何伺服器在呼叫 *bind()* 之前會使用 *remove()* 移除已存在的 socket 路徑名稱實體（instance）。（假設我們具備適當的權限，則 *remove()* 呼叫會移除相同路徑名稱的各類檔案，即使檔案類型不是 socket）。若我們不這麼做，且若伺服器之前已建立此 socket 路徑名稱，則 *bind()* 呼叫就會失敗。

57.3　UNIX Domain 的 Datagram Socket

我們在 56.6 節的通用 datagram（資料包）socket 介紹指出，使用 datagram socket 通信是不可靠的，這是透過網路傳輸 datagram 的情況。然而，UNIX domain socket 的 datagram 傳送是在核心內部進行，因此是可靠的，全部的訊息都會依序傳遞，而且不會重複。

UNIX domain datagram socket 的最大資料包長度

SUSv3 並未規範透過 UNIX domain socket 傳送的 datagram 最大長度，我們在 Linux 系統可以傳送相當大的 datagram，可透過 SO_SNDBUF socket 選項與許多 /proc 檔案進行設定（如 *socket(7)* 手冊所述）。然而，有些其他的 UNIX 平台提供較低的限制，比如 2,048 個位元組。採用 UNIX domain datagram socket 的可攜應用程式應該要考慮對 datagram 使用較低的長度上限。

範例程式

列表 57-6 及列表 57-7 所示的是，一個使用 UNIX domain datagram socket 的單純客戶端 / 伺服器應用程式，這些程式使用的標頭檔如列表 57-5 所示。

列表 57-5：ud_ucase_sv.c 與 ud_ucase_cl.c 使用的標頭檔

———————————————————————————————————— **sockets/ud_ucase.h**

```
#include <sys/un.h>
#include <sys/socket.h>
#include <ctype.h>
#include "tlpi_hdr.h"

#define BUF_SIZE 10              /* Maximum size of messages exchanged
                                    between client and server */

#define SV_SOCK_PATH "/tmp/ud_ucase"
```
———————————————————————————————————— **sockets/ud_ucase.h**

伺服器程式（列表 57-6）先建立一個 socket，並將 socket 與一個已知的位址綁定。（在此之前，若路徑名稱已經存在，則伺服器要先移除符合此位址的路徑名稱）。伺服器接著進入無窮迴圈，使用 *recvfrom()* 接收來自客戶端的 datagram，將接收到的文字轉換為大寫，並利用 *recvfrom()* 時取得的位址，將轉換後的文字回傳客戶端。

客戶端程式（列表 57-7）會建立一個 socket，並將 socket 綁定至一個位址，讓伺服器可以傳送回應，客戶端位址是唯一的，路徑名稱包含客戶端的行程 ID。客戶端接著進入迴圈，將每個命令列參數分別用不同的訊息傳送給伺服器，客戶端在送出每個訊息之後，會接著讀取伺服器的回應，並將訊息顯示在標準輸出。

列表 57-6：一個簡單的 UNIX domain datagram 伺服器

———————————————————————————————————— **sockets/ud_ucase_sv.c**

```
#include "ud_ucase.h"

int
main(int argc, char *argv[])
{
    struct sockaddr_un svaddr, claddr;
    int sfd, j;
    ssize_t numBytes;
    socklen_t len;
    char buf[BUF_SIZE];

    sfd = socket(AF_UNIX, SOCK_DGRAM, 0);       /* Create server socket */
    if (sfd == -1)
        errExit("socket");
```

```
    /* Construct well-known address and bind server socket to it */

    if (remove(SV_SOCK_PATH) == -1 && errno != ENOENT)
        errExit("remove-%s", SV_SOCK_PATH);

    memset(&svaddr, 0, sizeof(struct sockaddr_un));
    svaddr.sun_family = AF_UNIX;
    strncpy(svaddr.sun_path, SV_SOCK_PATH, sizeof(svaddr.sun_path) - 1);

    if (bind(sfd, (struct sockaddr *) &svaddr, sizeof(struct sockaddr_un)) == -1)
        errExit("bind");

    /* Receive messages, convert to uppercase, and return to client */

    for (;;) {
        len = sizeof(struct sockaddr_un);
        numBytes = recvfrom(sfd, buf, BUF_SIZE, 0,
                            (struct sockaddr *) &claddr, &len);
        if (numBytes == -1)
            errExit("recvfrom");

        printf("Server received %ld bytes from %s\n", (long) numBytes,
                claddr.sun_path);

        for (j = 0; j < numBytes; j++)
            buf[j] = toupper((unsigned char) buf[j]);

        if (sendto(sfd, buf, numBytes, 0, (struct sockaddr *) &claddr, len) !=
                numBytes)
            fatal("sendto");
    }
}
```
─── **sockets/ud_ucase_sv.c**

列表 57-7：一個簡單的 UNIX domain datagram 客戶端

─── **sockets/ud_ucase_cl.c**

```
#include "ud_ucase.h"

int
main(int argc, char *argv[])
{
    struct sockaddr_un svaddr, claddr;
    int sfd, j;
    size_t msgLen;
    ssize_t numBytes;
    char resp[BUF_SIZE];
```

```
    if (argc < 2 || strcmp(argv[1], "--help") == 0)
        usageErr("%s msg...\n", argv[0]);

    /* Create client socket; bind to unique pathname (based on PID) */

    sfd = socket(AF_UNIX, SOCK_DGRAM, 0);
    if (sfd == -1)
        errExit("socket");

    memset(&claddr, 0, sizeof(struct sockaddr_un));
    claddr.sun_family = AF_UNIX;
    snprintf(claddr.sun_path, sizeof(claddr.sun_path),
            "/tmp/ud_ucase_cl.%ld", (long) getpid());

    if (bind(sfd, (struct sockaddr *) &claddr, sizeof(struct sockaddr_un)) == -1)
        errExit("bind");

    /* Construct address of server */

    memset(&svaddr, 0, sizeof(struct sockaddr_un));
    svaddr.sun_family = AF_UNIX;
    strncpy(svaddr.sun_path, SV_SOCK_PATH, sizeof(svaddr.sun_path) - 1);

    /* Send messages to server; echo responses on stdout */

    for (j = 1; j < argc; j++) {
        msgLen = strlen(argv[j]);        /* May be longer than BUF_SIZE */
        if (sendto(sfd, argv[j], msgLen, 0, (struct sockaddr *) &svaddr,
                sizeof(struct sockaddr_un)) != msgLen)
            fatal("sendto");

        numBytes = recvfrom(sfd, resp, BUF_SIZE, 0, NULL, NULL);
        if (numBytes == -1)
            errExit("recvfrom");
        printf("Response %d: %.*s\n", j, (int) numBytes, resp);
    }

    remove(claddr.sun_path);                /* Remove client socket pathname */
    exit(EXIT_SUCCESS);
}
```

—— **sockets/ud_ucase_cl.c**

下列的 shell 作業階段紀錄示範伺服器與客戶端程式的使用方式：

```
$ ./ud_ucase_sv &
[1] 20113
$ ./ud_ucase_cl hello world                    Send 2 messages to server
Server received 5 bytes from /tmp/ud_ucase_cl.20150
Response 1: HELLO
```

```
Server received 5 bytes from /tmp/ud_ucase_cl.20150
Response 2: WORLD
$ ./ud_ucase_cl 'long message'              Send 1 longer message to server
Server received 10 bytes from /tmp/ud_ucase_cl.20151
Response 1: LONG MESSA
$ kill %1                                    Terminate server
```

設計第二次呼叫客戶端程式的用意是為了示範：在 *recvfrom()* 呼叫中的 *length*（定義於列表 57-5 的 BUF_SIZE 值為 10）指定為小於訊息長度時，會導致訊息無聲無息地被截斷，我們可以見到截斷發生，因為伺服器會輸出一個訊息，說它只收到 10 個位元組，而客戶端傳送的訊息有 12 個位元組。

57.4　UNIX Domain Socket 權限

在 socket 檔案的擁有者（ ownership）與權限可以決定哪些行程能用此 socket 進行通信：

- 若要連接到一個 UNIX domain stream socket，則需要具有 socket 檔案的寫入權限。
- 若要將 datagram 傳送到 UNIX domain datagram socket，則需要該 socket 檔案的寫入權限。

此外，我們會需要 socket 路徑名稱中的每個目錄之執行權限（搜尋）。

在建立 socket 時（透過 *bind()*），預設會將全部的權限授予擁有者（使用者）、群組，以及其他。我們若要改變，可以在呼叫 *bind()* 之前，先呼叫 *umask()* 來關閉不想授權的權限。

有些系統會忽略 socket 檔案的權限（SUSv3 允許如此），因此，使用 socket 檔案權限來控制 socket 的存取並非可攜的方式，雖然我們也能使用主機目錄的權限來達成目的（可攜式）。

57.5　建立一對連線 socket：*socketpair()*

有時讓一個行程建立一對 socket，並將它們連接起來是有用處的。建立方式是透過呼叫兩次 *socket()*、呼叫一次 *bind()*，並接著呼叫 *listen()*、*connect()*、及 *accept()*（stream socket）的其中一個、或是呼叫 *connect()*（datagram socket）。系統呼叫 *socketpair()* 可達成上述全部操作的目的。

```
#include <sys/socket.h>

int socketpair(int domain, int type, int protocol, int sockfd[2]);
                                        Returns 0 on success, or –1 on error
```

這個 *socketpair()* 系統呼叫只能用在 UNIX domain，即：必須將 domain 指定為 AF_UNIX（此限制適用於多數平台，而且只是邏輯的功能，因為一對 socket 只能在單一主機系統上建立）。Socket type 可以指定為 SOCK_DGRAM 或 SOCK_STREAM，而 *protocol* 參數必須設定為 0，*sockfd* 陣列會傳回參照兩個已連接 socket 的檔案描述符（file descriptor）。

將 type 設定為 SOCK_STREAM 可以建立與雙向管線（pipe）等效的功能（即所謂的 stream pipe），每個 socket 可以用為讀取與寫入，並將兩個 socket 之間的雙向資料頻道流量分開。（在 BSD 的衍生平台上，*pipe()* 就是以呼叫 *socketpair()* 實作的）。

通常，一對 socket 的用途與 pipe 類似，在 *socketpair()* 呼叫之後，行程接著透過 *fork()* 建立一個子行程。子行程會繼承父行程的檔案描述符副本，包含參照一對 socket 的描述符。因此，父行程和子行程可以使用一對 socket 進行 IPC（行程間的通信）。

使用 *socketpair()* 與手動建立一對 socket 連線的差異在於，前者的 socket 不會綁定任何位址，這有助於讓我們避免造成整個系統層級的安全漏洞，因為其他行程看不見這些 socket。

> 從核心 2.6.27 起，Linux 提供 *type* 參數的第二種用法，透過 OR 位元邏輯運算將兩個非標準旗標設定到 socket type。SOCK_CLOEXEC 旗標會讓核心對這兩個新建的檔案描述符啟用 close-on-exec 旗標（FD_CLOEXEC），此旗標實用的理由如同 4.3.1 節所述的 *open()* O_CLOEXEC 旗標。SOCK_NONBLOCK 旗標讓核心對底層的兩個開啟檔案描述符（open file descriptor）設定 O_NONBLOCK 旗標，因此後續對 socket 的操控將不會發生阻塞（nonblocking），如此可省略呼叫 *fcntl()*，就能達到相同目的。

57.6　Linux 抽象 socket 命名空間

所謂的抽象命名空間（abstract namespace）是 Linux 特有的功能，可讓我們將 UNIX domain socket 綁定到一個檔名，而不會實際在檔案系統建立此檔名的檔案，此方法有幾項優點：

- 我們不需擔心可能與檔案系統既有的檔案衝突。

- 我們用完 socket 時，不需要移除 socket 路徑名稱，在關閉 socket 時，抽象名稱就會自動移除。

- 我們不需為這個 socket 建立一個檔案系統的路徑名稱，這在 chroot 環境或是缺乏檔案系統寫入權限時很受用。

為了建立一個抽象綁定（abstract binding），我們將 *sun_path* 欄位的第一個位元組設定為空（null，\0），如此可辨別抽象 socket 名稱與傳統 UNIX domain socket 的路徑名稱（包含一個以上不為空的位元組資料，並以一個空字元結尾的字串）。抽象 socket 的名稱接著定義於 *sun_path* 剩餘的空間中（包含任何空的位元組），直到此位址結構的定義長度為止（如：*addrlen - sizeof(sa_family_t)*）。

列表 57-8 示範如何進行抽象 socket 綁定。

列表 57-8：建立抽象 socket 綁定

─────────────────────────────────────── *from* **sockets/us_abstract_bind.c**

```
struct sockaddr_un addr;

memset(&addr, 0, sizeof(struct sockaddr_un));  /* Clear address structure */
addr.sun_family = AF_UNIX;                      /* UNIX domain address */

/* addr.sun_path[0] has already been set to 0 by memset() */

str = "xyz";        /* Abstract name is "\0abc" */
strncpy(&addr.sun_path[1], str, strlen(str));

sockfd = socket(AF_UNIX, SOCK_STREAM, 0);
if (sockfd == -1)
    errExit("socket");

if (bind(sockfd, (struct sockaddr *) &addr,
        sizeof(sa_family_t) + strlen(str) + 1) == -1)
    errExit("bind");
```

─────────────────────────────────────── *from* **sockets/us_abstract_bind.c**

起初用來區分抽象 socket 名稱與傳統 socket 名稱的空位元組，實際上有特殊的結果，假設 name 變數剛好指向長度為零的字串，而我們試圖將 UNIX domain socket 綁定到以下列方式初始化的 *sun_path*：

```
strncpy(addr.sun_path, name, sizeof(addr.sun_path) - 1);
```

我們在 Linux 系統會不小心就建立一個抽象 socket 綁定。然而，這樣的程式碼順序可能是不小心的（即 bug），在其他 UNIX 平台上，後續的 *bind()* 將會失敗。

57.7　小結

UNIX domain socket 可以讓同一台電腦上的應用程式互相通信，UNIX domain 支援 stream socket 與 datagram socekt。

　　UNIX domain socket 可藉由檔案系統的路徑名稱識別，檔案權限可以用來控制 UNIX domain socket 的存取。

　　系統呼叫 *socketpair()* 會建立一對互連的 UNIX domain socket，可免去使用多個系統呼叫來建立、綁定及連接 socket，一對 socket 的用途與管線類似：一個行程建立一對 socket，接著透過 *fork* 建立子行程，子行程會繼承參照這些 socket 的描述符，然後這兩個行程便能夠過這對 socket 進行通信。

　　Linux 特有的抽象 socket 命名空間可以讓我們將 UNIX domain socket 綁定到一個檔名，此檔名不會出現在檔案系統。

進階資訊

參考 59.15 節列出的進階資訊來源。

57.8　習題

57.1. 我們在 57.3 節提過，UNIX domain datagram socket 是可靠的，請設計程式示範，若傳送端將 datagram 送給 UNIX domain datagram socket 的速度高於接收端讀取資料的速度，則傳送端最終會發生阻塞，持續到接收端讀回部分的 datagram 為止。

57.2. 將列表 57-3（us_xfr_sv.c）及列表 57-4（us_xfr_cl.c）的程式，使用 Linux 特有的抽象 socket 命名空間重新設計（57.6 節）。

57.3. 使用 UNIX domain stream socket 重新實作 44.8 節的序號伺服器與客戶端。

57.4. 假設我們建立兩個分別綁定到路徑 /somepath/a 及 /somepath/b 的 UNIX domain datagram socket，並將 socket/somepath/a 連線到 socket/somepath/b。若我們建立第三個 datagram socket，並試著透過該 socket 傳送（*sendto()*）一個 datagram 給 /somepath/a，則會發生什麼事情？請設計一個程式來驗證答案。若你已用過其他 UNIX 系統，則在這些系統上驗證答案是否相同。

58

Socket：TCP/IP 網路基礎

本章提供電腦網路觀念與 TCP/IP 網路協定導引，了解這些主題有助於使用下一章介紹的 Internet domain socket。我們從本章開始會提到各種 *Request for Comments*（RFC）文件，本書探討的每個網路通訊協定在 RFC 都有正式的介紹，我們在 58.7 節有提供 RFC 相關的資訊，以及與本書特別相關的 RFC 清單。

58.1　網際網路

一個 internetwork 或較常說的 *internet*（小寫字母的 *i*）會連接不同的電腦網路，讓網路上全部的主機可以互相溝通。換句話說，一個 internet 是電腦網路的一個網路，子網路（*subnetwork* 或 *subnet*）一詞是用來表示構成一個 internet 的其中一個個網路，一個 internet 旨在隱藏不同實體網路的細節，為了提供單一的網路架構，提供互連網路裡的全部主機使用。意謂著，例如在 internet 中可以使用一個位址格式來識別主機。

雖然已經制訂了各種網路互連協定，但是 TCP/IP 已經成為主流協定，甚至取代以前區域網路與廣域網路的常用專屬網路協定。

網際網路 / 互連網（*Internet*，大寫的 *I*）用於表示連接全球數百萬計電腦的 TCP/IP internet，第一個普及的 TCP/IP 實作於 1983 年出現在 4.2BSD 系統。有幾個 TCP/IP 實作是直接衍生自 BSD 的程式碼；而其他平台（包括 Linux）都是重寫的程式，使用 BSD 程式碼作為定義 TCP/IP 運作的參考標準。

> TCP/IP 源自美國國防部進階研究專案署補助的一個專案（ARPA，後來稱為 DARPA，D 代表防衛），用以制定用於 ARPANET 的電腦網路架構，這是早期的廣域網路。在 1970 年代，為 ARPANET 設計了新的協定家族。正確來說，這些協定是所謂的 DARPA 網際網路協定套件，但較為耳熟的名詞是 TCP/IP protocol suite 或簡稱 TCP/IP。

> 網頁：*http://www.isoc.org/internet/history/brief.shtml* 提供了網際網路與 TCP/IP 的簡史。

圖 58-1 呈現一個簡單的 internet，圖中的 tekapo 機器為路由器（*router*）範例，這台電腦的功能是將一個子網路與另一個子網路連接，傳輸彼此之間的資料。除了瞭解使用的網際網路協定，路由器還必須瞭解與其連接的每個子網路上的不同資料鏈結層協定（data-link-layer）的（可能）差異。

　　一部路由器會有多個網路介面，每個子網路連接到一個介面。較為通用的名詞是多宿主機（*multihomed host*），適用於各種有多個網路介面的主機（不必是路由器）。（路由器的另一種說法是：它是一台多宿主機，可以將一個子網路的封包轉送到另一個子網路）。一部多宿主機的每張網路卡都有不同的網路位址（如：每張網卡都有所連接的子網路位址）。

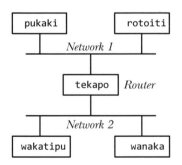

圖 58-1：internet 使用路由器連接兩個網路

58.2　網路協定與分層

網路協定（*networking protocol*）是一組定義資訊如何通過網路傳輸的規則，網路通訊協定通常由許多層（*layer*）組成，每一層建構於下層之上，並提供功能給上層使用。

　　TCP/IP 通訊協定是個分層的網路協定（圖 58-2），包含網際網路協定（Internet Protocol，IP）與其上層的各種協定。（各層的程式碼實作通常稱為協定

堆疊）。TCP/IP 一詞衍生自傳輸控制協定（Transmission Control Protocol），是最常使用的傳輸層協定。

圖 58-2 忽略了一些 TCP/IP 通訊協定，因為它們與本章沒有關聯。位址解析協定（ARP，*Address Resolution Protocol*）是處理網際網路位址與硬體位址（如：Ethernet）對應的協定。網際網路控制訊息協定（ICMP）透過網路夾帶錯誤與控制訊息。（*ping* 程式使用 ICMP 協定，經常用於檢測特定主機是否存活、是否出現於 TCP/IP 網路；另一個使用 ICMP 的 *traceroute* 程式追蹤 IP 封包的網路路徑）。網際網路群組管理協定（IGMP，*Internet Group Management Protocol*）適用於支援群播（multicast）IP datagram 的主機與路由器。

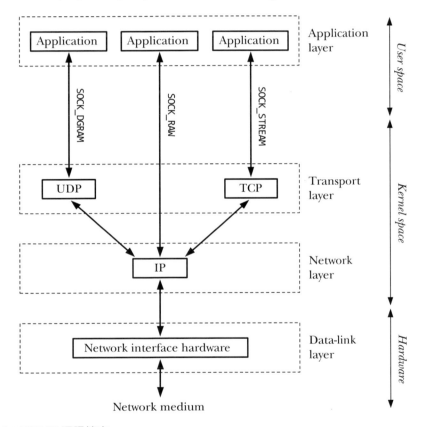

圖 58-2：TCP/IP 通訊協定

透明度（*transparency*）是其中一個協定分層的強大能力與彈性概念，每層協定讓上層不用處理底層的操作與複雜度。因此，若需要使用 TCP 的應用程式，只需使用標準的 socket API，並知道 TCP 提供可靠、位元組串流（byte-stream）的傳輸服務即可，並不需要瞭解 TCP 的操作細節。（當我們探討 61.9 節的 socket 選項時，我們會知道這件事並非恆為真；應用程式偶爾會需要知道底層傳輸協定的一些運作細節）。

應用程式不需要知道 IP 或資料鏈結層的操控細節。從應用程式的角度來看，就像是直接透過 socket API 與對方通信，如圖 58-3 所示，水平虛線代表兩台主機間相對應的應用程式、TCP 及 IP 的虛擬通信路徑。

封裝（Encapsulation）

封裝是階層式網路通訊協定的重要原則。圖 58-4 示範一個 TCP/IP 協定的封裝範例。封裝的核心想法是，從上層傳遞到下層的資訊（例如，應用程式資料、TCP 區段或 IP 封包）對底層而言是視為不透明的資料。換句話說，底層並不會試圖解譯來自上層的資訊，僅加封底層會用到的封包類型資訊，並在將封包傳遞給下一層以前，新增此層的表頭（header）。當資料從底層傳遞到上層時，過程是反過來解封裝（unpack）。

我們不會在圖 58-4 呈現，但是封裝的概念也延伸到資料鏈結層，會將 IP 封包封裝到網路訊框（network frame）。封裝也可能向上擴展到應用層，應用程式可能會進行自己的資料封裝。

58.3 資料鏈結層

圖 58-2 中最底層的是資料鏈結層（*data-link layer*），其中包括驅動程式和硬體介面（網路卡）到底層的實體介質（例如：一條電話線、同軸電纜或光纖電纜）。資料鏈結層與在網路中跨實體連結傳輸資料有關。

傳輸資料時，資料鏈結層將網路層封包封裝到訊框（*frame*）。除了要傳送的資料，每個訊框包含一個表頭，比如：目的位址與訊框大小。資料鏈結層透過實體連結傳輸訊框，並處理來自接收者的回報（ACK）。（並非全部的資料鏈結層都會使用回報）。此層可能會執行錯誤偵測、重送與流量控制。有些資料鏈結層會將大型的網路封包分割為多個訊框，並在接收端重組（reassemble）。

從應用程式設計的角度來看，我們通常可以忽略資料鏈結層，因為全部的通信細節都由驅動程式與硬體處理。

資料鏈結層在我們的 IP 討論中，重要的特徵是最大傳輸單位（MTU，*Maximum transmission unit*）。資料鏈結層的 MTU 是訊框的大小上限。不同的資料鏈結層有不同的 MTU。

netstat -i 指令顯示系統網路介面及其 MTU 清單。

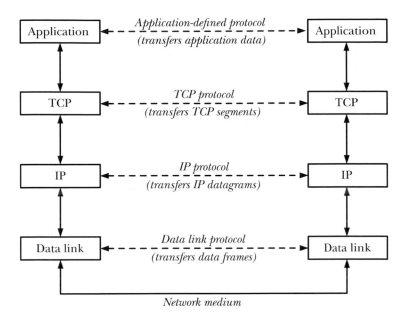

圖 58-3：透過 TCP/IP 協定的分層通信

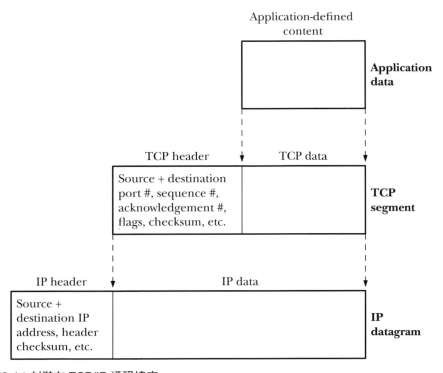

圖 58-4：封裝在 TCP/IP 通訊協定

58.4 網路層：IP

資料鏈結層的上層是網路層（*network layer*），它負責將封包（資料）從來源主機傳送到目的主機。此層進行各項任務，包括：

- 將資料分割成多個較小的片段（fragment），使資料得能透過資料鏈結層傳輸（若有必要）。

- 跨越網際網路繞送（route）資料。

- 提供服務給傳輸層。

在 TCP/IP 通訊協定中，主要的網路層協定是 IP，出現在 4.2BSD 平台的 IP 版本是第 4 版（IPv4）。在 1990 年代初期，提出了 IP 的修訂版：IP 第六版（IPv6）。兩個版本間最顯著的差異是 IPv4 使用 32 位元識別子網路與主機，而 IPv6 採用 128 位元的位址，因而提供極大的位址範圍可以分配給主機使用。雖然 IPv4 仍然是目前網際網路的 IP 主流，不過再過幾年應該就會由 IPv6 取代。IPv4 與 IPv6 都支援上層的 UDP 與 TCP 傳輸層協定（以及許多其他協定）。

> 雖然 32 位元的位址空間理論上有數十億個 IPv4 網路位址可以分配，然而位址的結構與分配方法導致位址不敷使用。IPv4 位址空間即將耗盡是提出 IPv6 主要動機之一。

> IPv6 的簡史可以在 *http://www.laynetworks.com/IPv6.htm* 取得。

> IPv4 與 IPv6 的存在引發了一個問題：「IPv5 怎麼了？」沒有這樣的 IPv5。每個 IP 封包的表頭都包含一個 4 位元的版本號欄位（因此，IPv4 封包的這個欄位永遠都是 4），而版本號 5 用在實驗協定上，網際網路串流協定（*Internet Stream Protocol*）。（此協定的第二版簡稱為 ST-II，於 RFC1819 提出）。最初的想法起源於 1970 年代，設計這個連線導向協定是為了支援語音視訊傳輸以及分散式模擬。由於 IP 封包的版本號 5 已經分配出去，所以 IPv4 的繼位者是第 6 版。

圖 58-2 呈現一個原始的（*raw*）socket type（SOCK_RAW），可供應用程式與 IP 層直接溝通。我們不會去介紹 raw socket 的使用，因為大部分應用程式使用的 socket 是屬於傳輸層協定之一（TCP 或 UDP）。Raw socket 在（Stevens 等人，2004 年）的第 28 章有介紹，*sendip* 程式（*http://www.earth.li/projectpurple/progs/sendip.html*）是一個很好的 raw socket 範例，這個命令列工具可以建構與傳輸任何內容的 IP 封包（包含建構 UDP datagram 與 TCP segment 的選項）。

IP 傳送的封包

IP 以封包的形式傳送資料,透過網路在兩個主機之間發送的每個封包可能會走不同的繞送路徑。IP 封包的表頭大小範圍在 20 到 60 個位元組之間,表頭內容包含目的主機位址,使得封包可以透過網路繞送至目的地,並且包含封包的來源位址,讓接收端的主機可以知道封包來源。

> 由於主機可以送出偽造來源位址的封包,此為 TCP 拒絕服務攻擊(Denial-of-Service)的根基,即所謂的 SYN flooding 攻擊。(Lemon,2002)說明此攻擊的細節,並使用現代 TCP 實作使用的量測方法來處理。

IP 在實作時可能會設定支援的封包大小上限,全部的 IP 實作必須能夠讓封包至少與 IP 的最小重組緩衝區大小(*minimum reassembly buffer size*)一樣大。IPv4 的限制是 576 個位元組,而 IPv6 的限制是 1,500 個位元組。

IP 是免連線(connectionless)及不可靠的

IP 之所以稱為免連線協定,是因為沒有提供連接兩台主機的虛擬電路概念。IP 也是個不可靠的協定:只會盡力(best effort)將封包從傳送端傳送到接收端,並不保證封包會依照發送順序送達、不保證不會重複、也不保證全部的封包都能送達。IP 也不提供錯誤還原(只會將表頭有錯的封包默默丟棄)。可靠度只能透過可靠的傳輸層協定(如:TCP)提供,或是由應用程式本身提供。

> IPv4 的 IP 表頭提供檢查碼,可以偵測表頭的錯誤,但是沒有提供對封包資料的錯誤偵測。IPv6 不提供 IP 表頭的檢測碼,僅倚賴上層協定提供錯誤檢查及所需的可靠度。(UDP 的檢測碼在 IPv4 雖然只是選配,但是通常都會啟用,UDP 檢查碼在 IPv6 則必須啟用,TCP 檢查碼在 IPv4 與 IPv6 都必須啟用)。

> 可能會重複收到 IP 封包,因為有些資料鏈結層使用的技術會保障可靠度,或是透過具重送機制的非 TCP/IP 網路通道傳遞 IP 封包。

IP 可能會分割封包

IPv4 的封包大小最多可以有 65,535 個位元組。IPv6 預設的封包最大為 65,575 個位元組(表頭 40 個位元組、資料 65,535 個位元組),並提供較大的封包選項(稱為 jumbograms「巨型封包」)。

我們之前提過,大多數的資料鏈結層會限制資料訊框尺寸的上限(MTU)。例如,常用的乙太網路(Ethernet)架構上限為 1,500 個位元組(即,遠小於 IP 封包的大小上限)。IP 還定義了 *path MTU* 的概念。從來源端到目的端的路徑上,全部資料鏈結層的 MTU 中，取最小的 MTU 為 path MTU（實際上乙太網路的 MTU 通常就是路徑裡的最小 MTU）。

當 IP 封包大於 MTU 時，IP 會將封包分割（分解）為適合跨網路傳輸的單位。目的端會重組這些 fragment（片段），以重建原始的封包。（每個 IP fragment 都是 IP 封包的其中一部分，有偏移量（offset）欄位用來表示 fragment 位在原本封包內的位置）。

上層協定並不知道發生 IP fragmentation，通常也認為沒有必要（Kent & Mogul，1987）。問題是 IP 不會處理重送，而目的端只有在收到全部的 fragments 時才能重組封包，所以如果有任何一個 fragment 遺失或有錯誤時，目的端便無法重組這個封包。某些情況下，這會增加資料遺失率（影響不會處理重送的上層協定，如 UDP）或降低傳輸率（影響會處理重送的上層協定，如 TCP）。現代的 TCP 實作採用路徑 MTU 探索（*path MTU discovery*）演算法決定主機間的路徑 MTU，並在 IP 層分割資料，使得 IP 不會傳送超出 path MTU 大小的封包。UDP 沒有提供這種機制，而我們在 58.6.2 節會探討基於 UDP 的應用程式如何處理 IP fragmentation 的發生。

58.5　IP 位址

IP 位址由兩部分組成：用於指定主機所在網路的 network ID，以及識別網路內主機的 host ID。

IPv4 位址

IPv4 位址由 32 個位元組（圖 58-5）組成，若以人類可讀的形式來表示，這些位址通常用點分十進位表示法（*dotted-decimal notation*），將 4 個位元組的位址寫成十進位的數字，並使用句點隔開，例如：204.152.189.116。

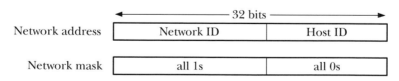

圖 58-5：IPv4 網路位址與相對應的網路遮罩（network mask）

當一個組織為其電腦設備申請一段 IPv4 位址時，會接收一個 32 位元的網路位址與相對應的 32 位元網路遮罩。在二進位的形式，此遮罩的左側位元是一連串的 1，並接著用一連串的 0 填滿遮罩剩餘的位元，1 的部分表示位址的哪個部分是

network ID，而 0 的部分表示組織可以將位址的哪個部分分配給其網路上電腦做為 host ID。設定位址時的遮罩決定了 network ID 的大小，因為 network ID 元件總是位於遮罩左側，所以下列符號就足以指定分配的位址範圍：

    204.152.189.0/24

/24 表示位址的 Network ID，包含左側的 24 個位元，而剩下的 8 個位元表示 host ID。此例的網路遮罩是以點分十進位表示法：255.255.255.0。

持有此位址的組織可以將 254 個唯一的網際網路位址分配給其他的電腦，從 204.152.189.1 到 204.152.189.254。但有兩個位址保留不予分配。其中一個位址的 host ID 都是 0，這個位址用來識別網路本身。另一個位址的 host ID 都是 1，在本例是 204.152.189.255，這是子網路的廣播位址（subnet broadcast address）。

某些 IPv4 位址具有特殊的意義。127.0.0.1 這個特殊位址通常定義為回送位址（loopback address），一般會將主機名稱設定為 localhost（本地主機）。（127.0.0.0/8 網路上的任何位址都可以做為 IPv4 的 loopback 位址，但 127.0.0.1 是最常用的）。送到此位址的封包不會真的送到網路，而是自動回送給傳送端主機。使用此位址可便於在同一台主機測試客戶端與伺服端程式。在 C 程式會將此位址定義為 INADDR_LOOPBACK 整數常數。

常數 INADDR_ANY 即所謂的 IPv4 萬用位址。萬用 IP 位址便於多宿主機的應用程式綁定（bind）Internet domain socket。若多宿主機上的應用程式只將 socket 綁定主機的一個 IP 位址，則 socket 就只能接收送給該 IP 位址的 UDP 資料包或 TCP 連線請求。然而，我們通常要多宿主機的應用程式可以接收送給主機任何 IP 位址的資料封包或連線請求，所以會將 socket 綁定到萬用 IP 位址。SUSv3 沒有規範 INADDR_ANY 的值，但多數的實作是定義為 0.0.0.0（全部為零）。

IPv4 位址通常都切割成子網路。子網路切割會將 IPv4 位址的 host ID 分成兩部分：subnet ID 與 host ID（圖 58-6）。（如何切割 host ID 位元是由區域網路管理者決定的）。子網路切割的理由是因為組織通常不會將全部的主機連接到單個網路。組織會操控一組子網路（內部的互連網路），每個子網路以 network ID 與 subnet ID 識別。這樣的組合通常稱為 *extended network ID*（延伸的網路識別碼）。在子網路裡，子網路遮罩的功能與稍早所提的網路遮罩相同，我們也能用類似的符號來表示子網路網段的範圍。

例如，假設我們分配到的 network ID 是 204.152.189.0/24，我們可以將此網段的 8 位元 host ID 分為 4 位元 subnet ID 與 4 位元 host ID。依此機制，子網路遮罩包含了 28 個前導 1，後面跟著 4 個 0，而 ID 為 1 的子網路為 204.152.189.16/28。

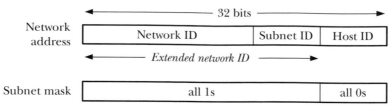

圖 58-6：IPv4 子網路切割

IPv6 位址

IPv6 位址與 IPv4 位址大致相似，關鍵的差異在於 IPv6 位址是 128 位元，而位址的前幾個位元是前置格式（*format prefix*），用以表示位址的類型。（我們不會深入探討這些位址類型，細節請參考附錄 A 的「Stevens 等人，2004」及 RFC3513）。

IPv6 位址的寫法通常是一連串十六進制及 16 位元的數字，以冒號隔開，格式如下：

    F000:0:0:0:0:0:A:1

IPv6 位址通常包含一連串的零與簡寫符號，兩個冒號「::」可以用來表示一連串的零。因此，上面的位址可以改寫為：

    F000::A:1

IPv6 位址裡只能有一組雙冒號符號，因為太多個會導致語意不清。IPv6 也提供等同 IPv4 的 loopback 位址（::1）以及萬用位址（全部都是零，可寫成 0::0 或 ::）。為了讓 IPv6 應用程式能與 IPv4 主機通信，IPv6 提供所謂映射 IPv4 的 IPv6 位址（*IPv4- mapped IPv6 address*）。這些位址的格式如圖 58-7 所示。

all zeros	FFFF	IPv4 address
80 bits	16 bits	32 bits

圖 58-7：映射 IPv4 的 IPv6 位址格式

在寫一個 IPv4 映射的 IPv6 位址時，位址的 IPv4 部分（即：最後 4 個位元組）是寫成點分十進位表示法。因此，與 204.152.189.116 相等的 IPv4 映射 IPv6 位址為 ::FFFF:204.152.189.116。

58.6 傳輸層

TCP/IP 通訊協定有兩個廣泛使用的傳輸層協定：

- 使用者資料包協定（*UDP*）是用在 datagram socket（資料包通信端）協定。
- 傳輸控制協定（*TCP*）是 stream socket（串流式通信端）協定。

我們在探討這些協定以前，會先介紹兩種協定都有用到的通訊埠號碼（port number）「簡稱埠號」的概念。

58.6.1 埠號

傳輸層協定的任務是，提供位於不同主機的應用程式間進行點對點的通信服務（有時是在同一台主機）。為了做到這點，傳輸層需要方法能區分一台主機上的應用程式。在 TCP 及 UDP，區分的方式是透過 16 位元的埠號。

Well-known（已知的）、已註冊及特權的通訊埠

有些已知的埠號會永久分配給特定的應用程式（亦稱為服務），例如，*ssh*（secure shell）伺服器程式使用 22 埠號，而 HTTP（用在網站伺服器和瀏覽器間的通訊協定）則使用 80 埠號。由 IANA（Internet Assigned Numbers Authority，*http://www.iana.org/*）指定的已知埠號範圍在 0 到 1023 之間。已知埠號的分配取決於一個受到認可的網路規範（通常是 RFC）。

IANA 也記錄了註冊的通訊埠，能以較不嚴格的方式配置給應用程式開發者（表示實作時不需保證這些通訊埠是可註冊的）。IANA 已註冊的通訊埠範圍是 1024 至 49151（此範圍內的埠號並非全部都有註冊）。

IANA 已知及註冊的通訊埠分配最新清單可以在線上取得 *http://www.iana.org/assignments/port-numbers*。

多數的 TCP/IP 實作（包含 Linux）使用範圍 0 到 1023 間的埠號需要特權（*privileged*），表示僅具有（`CAP_NET_BIND_SERVICE`）特權的行程可以綁定（bind）這些通訊埠。如此可避免一般使用者實作惡意應用程式，例如，為了取得密碼而偽裝為 ssh。（有時特權級通訊埠（privileged port）又稱為保留埠）。

雖然相同埠號的 TCP 與 UDP 通訊埠會有不同的實體，不過已知埠號通常只會分配給 TCP 與 UDP 底下的一個服務，即使服務只能用其中一個協定。此條款避免埠號同時跨足兩個協定而混淆。

臨時埠（Ephemeral port）

若應用程式沒有指定通訊埠（以 socket 的術語來說，應用程式沒有將 socket *bind()* 到特定的通訊埠），所以 TCP 與 UDP 會分配一個唯一的臨時埠號（短暫的）給 socket。在這個例子，應用程式（通常是客戶端）並不在乎使用的埠號，但有必要配置通訊埠，因為傳輸層協定需要以埠號來識別上層的應用。讓通信頻道另一端的應用程式知道如何與本端的應用程式通信。如果 socket 綁定的埠號為 0，則 TCP 與 UDP 也會分配一個臨時埠。

IANA 規定範圍 49152 到 65535 間的埠號用途是動態（dynamic）或私有的（private），預計讓這些通訊埠供本機應用程式臨時使用。然而，臨時埠的分配範圍依平台實作而異。在 Linux 上，範圍的定義依 /proc/sys/net/ipv4/ip_local_port_range 檔案裡的兩個數字而定（可修改檔案內容變更範圍）。

58.6.2　使用者資料包協定（UDP）

UDP 只對 IP 新增兩項功能：埠號及偵測傳輸資料錯誤的檢查碼，UDP 與 IP 一樣不需建立連線。因為 UDP 沒有可靠度功能，所以同樣是不可靠的協定。若使用 UDP 的應用程式需要可靠度，則必須在應用層實作。即使 UDP 是不可靠的，但有時要用 UDP 而非 TCP 的理由在 61.12 節有詳細說明。

> UDP 和 TCP 使用的檢查碼長度只有 16 位元，而且加上檢查碼只能簡單偵測某些錯誤。因此，他們無法提供高強度的錯誤偵測。忙碌的網際網路伺服器平均每幾天會遇到一個未偵測到的傳輸錯誤（Stone & Partridge，2000）。需要更強的保證資料完整性的應用程式可以使用 Secure Sockets Layer（SSL）協定，不僅提供安全通信，也具備較嚴格的錯誤檢測。此外，應用程式可以實作自己的錯誤控制機置。

選擇適當的 UDP 資料包大小以避免 IP fragementation

我們在 58.4 節介紹 IP fragmentation 機制，並指出通常這是避免 IP fragmentation 最好的方法。TCP 有提供避免 IP fragmentation 的機制，但 UDP 沒有。若用 UDP，我們可以傳送尺寸超過本地資料連結 MTU 的資料包，就能產生 IP fragmentation。

基於 UDP 的應用程式一般不知道來源主機與目的主機之間的 path MTU。基於 UDP 的應用程式若要避免 IP fragmentation，通常會採取保守的方法，以確保傳輸的 IP 封包會小於 IPv4 的最小可重組緩衝區大小（576 個位元組）。（此值可能會小 path MTU）。在這 576 個位元組，包含 UDP 表頭的 8 個位元組，以及 IP 表頭至少需要的 20 個位元組，剩下的 548 個位元組才是 UDP 資料包的內容長度。

在實務面，許多基於 UDP 的應用程式選擇以 512 位元組為其資料包長度的下限
（Stevens，1994）。

58.6.3　傳輸控制協定（TCP）

TCP 提供兩端點（如應用程式）之間可靠、連線導向、雙向、位元組串流通信的
頻道，如圖 58-8 所示。為了提供這些功能，TCP 必須進行本節所述的工作。全部
的功能說明都可以在（Stevens，1994）找到。

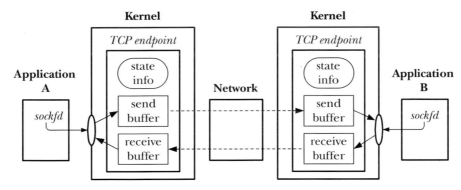

圖 58-8：已連接的 TCP socket

我們使用 TCP 端點一詞表示由核心維護的 TCP 一端的資訊。（我們通常會對名詞
使用簡稱，例如，只寫「TCP」表示「TCP 端點」，或用「客戶端 TCP」表示「由
客戶端應用程式維護的 TCP 端點」）。此資訊包含此連線端的發送和接收緩衝區，
以及狀態（state）資訊，維護狀態資訊是為了同步此連線兩端的運作（當我們在
61.6.3 節探討 TCP 狀態轉換流程時，會在深入介紹狀態資訊）。在這本書後續的部
分，我們使用 TCP 接收端（*receiving TCP*）和 TCP 發送端（*sending TCP*）表示：
維護接收端與傳送端應用層資料、在 stream socket 連線任一端以特定方向傳送資
料的 TCP 端點。

建立連線

在開始通信以前，TCP 建立兩端點間的通信頻道。在建立連線期間，傳送端與接
收端可以交換選項，以通知連線使用的參數。

以區段為單位來分裝資料

將資料切割並分裝到不同的區段中，每個區段包含一個檢查碼，可偵測點對點傳
輸錯誤。每個區段透過一個單獨的 IP 封包傳送。

回報（Acknowledgement）、重傳（retransmission）與超時（timeout）

當一個 TCP 區段抵達目的地且沒有發生錯誤時，TCP 接收端傳送正確回報，通知傳送者資料已成功傳遞。若區段抵達時發生錯誤，則丟棄該區段，並不發送回報。為了處理區段永遠不會抵達或已被丟棄的問題，傳送端會在傳送區段時啟動計時器。如果在計時器過期之前沒有收到任何回報，則重送該區段。

> 因為傳送區段與接收區段回報所費時間是隨著網路環境及目前的流量負載而異，所以 TCP 利用演算法動態調整重送超時（RTO，retransmission timeout）時間。

> TCP 接收端可能不會立即發送回報，而是等待第二次看看是否可以讓回報與任何其他的回應資訊共同搭載（piggyback）送回。（每個 TCP 區段都有一個回報欄位，可以接受這類的搭順風車）。這項技術的目的稱為延遲回報（delayed ACK），用以節省發送的 TCP 區段，因而減少網路中的封包數量，並降低傳送與接收主機的負載。

順序

將透過 TCP 連線傳送的每個位元組配置一個邏輯序號（logical sequence number）。此數代表此位元組在連線的資料串流位置（連線裡來回的兩向串流都有自己的序號）。當傳送了一個 TCP 區段時，區段裡會有一個欄位表示區段第一個位元組資料的序號。

> 將序號附加到每個區段有許多目的：

- 目的主機利用序號將多個 TCP 區段以正確的順序重組為資料，並以位元組串流的方式傳遞給應用層（在傳送端與接收端之間可能會同時傳送多個 TCP 區段，而這些區段不一定會依傳送順序抵達接收端）。

- 接收端回送給傳送端的回報訊息可以使用序號識別收到的 TCP 區段。

- 接收端可以用序號消弭重複的區段。產生重複區段的原因可能是：IP 封包重複或 TCP 本身的重送演算法，若區段的回報遺失了或沒有在傳送端的計時期限內送回，便會導致演算法重送已成功送達接收端的區段。

串流的初始序號（ISN，initial sequence number）不會從 0 開始。每個成功建立的 TCP 連線都會分配到一個初始序號，此值是透過演算法產生及增加（為了避免先前連線的舊區段與此連線的區段混淆了）。此演算法的設計使得初始序號不容易被猜中。序號值有 32 位元，當達到最大值時會歸 0。

流量控制

流量控制可以避免高速傳送端癱瘓了低速接收端。為了實作流量控制，TCP 接收端會維護接收緩衝區。（每個 TCP 會在連線建立期間告知接收緩衝區的大小）。當 TCP 接收端收到 TCP 傳送端的資料時，會將資料暫存在接收緩衝區，當應用程式讀取資料之後，就從接收緩衝區移除。接收端每次回報時，會告知傳送端接收緩衝區目前剩餘的空間（即傳送端可以傳送多少資料）。TCP 的流量控制演算法採用所謂的滑動視窗（sliding window）演算法，允許在傳送端與接收端間尚未回報的區段最多可以傳送 N 個位元組（提供的視窗大小）的資料。如果 TCP 接收端的接收緩衝區完全填滿了，則會關閉視窗，且 TCP 傳送端會停止傳送。

> 接收端能用 SO_RCVBUF socket 選項修改接收緩衝區的預設大小「請參考 *socket(7)* 使用手冊」。

壅塞控制（congestion control）：慢速啟動（slow-start）及壅塞避免（congestion avoidance）演算法

TCP 的壅塞控制演算法目的是要避免高速傳送端癱瘓網路。若 TCP 傳送端發送封包的速率超過中間路由器轉送的速率時，則路由器會開始丟棄封包。若 TCP 傳送端持續以同樣的速率重送這些丟棄的區段，則會導致封包大量遺失，因此，造成嚴重的效能損耗。TCP 的壅塞控制演算法在兩種情況下非常重要：

- **在連線建立之後**：此時（或當 idle 一段時間的連線傳送回復時），傳送端可以立刻盡可能的開始將區段傳送到網路，只要在接收端告知的可接受視窗大小以內（實際上，這是早期 TCP 的實作方式）。這樣會導致一個問題，若網路無法處理這些如洪流般大量的區段，則傳送端會立即癱瘓網路。
- **當偵測到壅塞時**：若 TCP 傳送端偵測到壅塞發生時，則必須降低傳送速率。因為 TCP 傳輸錯誤的發生比例很低，所以 TCP 假設發生壅塞時必會導致區段遺失，因此，若封包遺失時，引起的原因就是壅塞。

TCP 的壅塞控制策略混合了兩個演算法：慢速啟動與壅塞避免。

慢速啟動演算法會讓 TCP 傳送端在初始時以低速傳送區段，但依據 TCP 接收端回報的區段，以指數的速率提升。慢速啟動是要避免高速的 TCP 傳送端癱瘓網路。然而，若不受限制，慢速啟動的傳輸速率以指數增加，表示傳送端很快就會癱瘓網路。TCP 壅塞避免演算法是透過設置速率提升調節流閥。

利用**壅塞避免**，建立連線時，TCP 傳送端一開始使用小的壅塞視窗（congestion window），這會限制可傳送的未回報資料數量。當傳送端從另一端 TCP 端點接收到回報時，壅塞視窗開始以指數成長。然而，一旦壅塞視窗的大小達到某個接近網路傳輸能力的門檻值（threshold）時，成長就會改為線性而非指數。（網路的傳輸能力評估是基於壅塞發生時所計算的傳輸率，或是在初始建立連線之後，設定一個固定的值）。在任何時候，TCP 傳送端要發送的資料品質，仍額外受到 TCP 接收端宣告的視窗大小及本機 TCP 傳送緩衝區的限制。

慢速啟動與壅塞避免演算法可以讓傳送端迅速提升其傳送速率至網路可承受的最高性能，而不會癱瘓網路。這些演算法的作用是讓資料傳輸可以快速達到平衡狀態，即傳送端藉由接收端的回報，以相等的速率傳輸封包。

58.7　Requests for Comments（RFC）

我們在本書所討論的每個 Internet Protocol 都定義於 RFC 文件，即正式的協定規範。RFC 發表於 *RFC Editor*（*http://www.rfc-editor.org/*），由網際網路協會（Internet Society）贊助（*http://www.isoc.org/*）。RFC 是網際網路標準，由網際網路工程任務團隊 IETF（*Internet Engineering Task Force*）*http://www.ietf.org/* 提出，一個網路設計師、維運商、供應商及研究人員組成的社群，關注網際網路運作的演化和流暢運作。IETF 的會員資格開放給對任何感興趣的個人。

下列的 RFC 是與本書相關的部分：

- RFC 791，*Internet Protocol*，J. Postel (ed.)，1981。

- RFC 950，*Internet Standard Subnetting Procedure*，J. Mogul and J. Postel，1985。

- RFC 793，*Transmission Control Protocol*，J. Postel (ed.)，1981。

- RFC 768，*User Datagram Protocol*，J. Postel (ed.)，1980。

- RFC 1122，*Requirements for Internet Hosts—Communication Layers*，R. Braden (ed.)，1989。

    RFC 1122 擴充（及修正）各種 TCP/IP 協定早期的 RFC 文件。這是一對 RFC 的其中一個，往往只是簡稱為 *Host Requirements RFC*。另一個成員是 RFC1123，涵蓋如 *telnet*、FTP 及 SMTP 的應用層協定。

介紹 IPv6 的 RFC 如下：

- RFC 2460，*Internet Protocol, Version 6*，S. Deering、R. Hinden，1998。

- RFC 4291，*IP Version 6 Addressing Architecture*，R. Hinden、S. Deering，2006。

- RFC 3493，*Basic Socket Interface Extensions for IPv6*，R. Gilligan, S. Thomson、J. Bound、J. McCann、W. Stevens，2003。

- RFC 3542，*Advanced Sockets API for IPv6*，W. Stevens、M. Thomas、E.Nordmark、T. Jinmei，2003。

大量的 RFC 與論文對原本的 TCP 規範提出了改善與擴充，主要包括如下：

- *Congestion Avoidance and Control*，V. Jacobson，1988。這是最初提出敘述 TCP 壅塞控制與慢速啟動演算法的論文。最初發表於 SIGCOMM'88 研討會，稍微校訂過的版本可在 *ftp://ftp.ee.lbl.gov/papers/congavoid.ps.Z* 下載，此論文大部分已經由以下的 RFC 取代。

- RFC1323，*TCP Extensions for High Performance*，V. Jacobson、R. Braden、D. Borman，1992。

- RFC2018，*TCP Selective Acknowledgment Options*，M. Mathis、J. Mahdavi、S. Floyd、A. Romanow，1996。

- RFC2581，*TCP Congestion Control*，M. Allman、V. Paxson、W. Stevens，1999。

- RFC2861，*TCP Congestion Window Validation*，M. Handley、J. Padhye、S. Floyd，2000。

- RFC2883，*An Extension to the Selective Acknowledgement（SACK）Option for TCP*，S. Floyd、J. Mahdavi、M. Mathis、M. Podolsky，2000。

- RFC2988，*Computing TCP's Retransmission Timer*，V. Paxson、M. Allman，2000。

- RFC3168，*The Addition of Explicit Congestion Notification（ECN） to IP*，K. Ramakrishnan、S. Floyd、D. Black，2001。

- RFC 3390，*Increasing TCP's Initial Window*，M. Allman、S. Floyd、C. Partridge，2002。

58.8 小結

TCP/IP 通訊協定是個分層的網路協定，TCP/IP 協定堆疊的底層是 IP 網路層協定。IP 以封包的形式傳送資料。IP 是不需連線的，表示來源主機與目的主機間傳輸的封包可能在網路上遶送不同的路徑。IP 是不可靠的，無法保證封包會依序抵達、不重複或全部送達。可靠度若非以可靠的傳輸層協定（如：TCP）提供，則是由應用程式本身提供。

IP 一開始的版本是 IPv4。在 1990 年代初，提出了新版的 IP — IPv6。IPv4 與 IPv6 最顯著的差異是 IPv4 用 32 位元表示主機位址，而 IPv6 使用 128 位元，因此 IPv6 可提供極大量的位址給全世界的網際網路主機。儘管在不久的將來很有可能會由 IPv6 取代，目前 IPv4 仍是最廣泛使用的 IP 版本。

IP 之上有各式傳輸層協定，其中最廣為使用的是 UDP 和 TCP。UDP 是不可靠的資料包傳輸協定。TCP 是可靠的、連線導向的位元組串流協定。TCP 處理連線建立與結束的全部細節。TCP 將資料封裝到區段以 IP 傳輸，並提供序號給這些區段，以供接收端能以正確的順序回報與重組區段。此外，TCP 提供流量控制以防止高速的傳送端癱瘓慢速的接收端，提供壅塞控制以避免高速的傳送端癱瘓網路。

進階資訊

參考 59.15 節列出的進階資訊來源。

59

Socket：Internet Domain
（網際網路網域）

我們已經在前幾章探討過通用的 socket 及 TCP/IP 通訊協定概念，本章目前要探討的是 IPv4（`AF_INET`）及 IPv6（`AF_INET6`）domain 的 socket 網路程式設計。

如第 58 章所述，Internet domain socket 位址由一個 IP 位址（address）及一個埠號（port *num*ber）組成，雖然電腦使用的 IP 位址與埠號是二進位格式，但是人們比較擅於處理名稱而非數字。因此，我們會介紹用來識別主機主機與埠號名稱的技術，我們也研究如何使用函式庫的函式取得特定主機名稱的 IP 位址，以及對應特定服務名稱的埠號。我們在討論主機名稱時會介紹網域名稱系統（DNS，Domain Name System），此系統實作一個分散式資料庫，可將主機名稱映射到 IP 位址，反之亦然。

59.1　Internet Domain Socket

Internet domain stream socket（網際網路網域串流通訊端）實作於 TCP 層之上，提供可靠、雙向的 byte-stream（位元組串流）通信頻道。

Internet domain datagram sockcet（網際網路網域資料包通信端）則實作於 UDP 層之上，雖然 UDP socket 與 UNIX domain 有相似之處，但要注意以下幾項差異：

- UNIX domain datagram socket 的傳輸是可靠的，但 UDP socket 並不可靠，UDP datagram 可能會遺失、重複或未依照順序送達。

- 若接收端的資料佇列已滿，則 UNIX domain datagram socket 在傳送資料時會發生阻塞（block）。相較之下，若 UDP 進入的 datagram 數量超出接收端的佇列大小，則系統會直接丟棄多餘的 datagram。

59.2 網路位元組順序（Network Byte Order）

IP 位址與埠號都是整數值，我們透過網路傳遞這些值會遭遇到一個問題，不同的硬體架構會以不同的 byte order（位元組順序）來儲存多個位元組的整數（multibyte integer）。如圖 59-1 所示，先儲存整數最高有效位元組的架構（如在最低的記憶體位址），稱為 *big endian*；而先儲存最低有效位元組則稱為 *little endian*（此名詞源自 Jonathan Swift 於 1726 年所著的諷刺小說格列佛遊記，原本是指兩方對立的政治派系敲開水煮蛋的方式），最值得一提的 little endian 架構是 x86（Digital 的 VAX 架構是以前另一個重要的例子，因為 BSD 廣泛應用於此電腦）。其他架構則大多是 big endian，有些硬體架構可在兩種格式之間切換，在特定電腦使用的位元組順序稱為主機位元組順序（*host byte order*）。

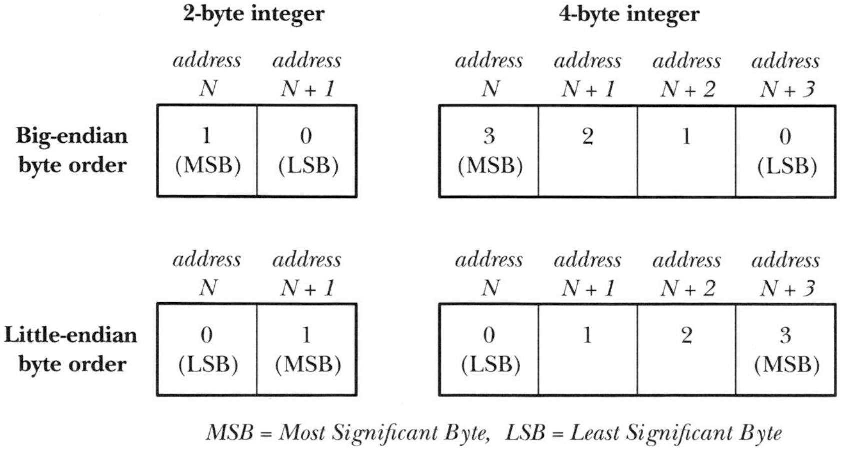

	2-byte integer		**4-byte integer**			
	address N	*address N + 1*	*address N*	*address N + 1*	*address N + 2*	*address N + 3*
Big-endian byte order	1 (MSB)	0 (LSB)	3 (MSB)	2	1	0 (LSB)

	2-byte integer		**4-byte integer**			
	address N	*address N + 1*	*address N*	*address N + 1*	*address N + 2*	*address N + 3*
Little-endian byte order	0 (LSB)	1 (MSB)	0 (LSB)	1	2	3 (MSB)

MSB = Most Significant Byte, LSB = Least Significant Byte

圖 59-1：2 個位元組整數與 4 個位元組整數在 Big-endian 與 little-endian 的位元組排序方式

因為在網路上每部主機之間傳輸的埠號與 IP 位址必須要能通用，所以我們必須對埠號與 IP 位址使用標準的順序，此順序稱為網路位元組順序（network byte order），這個順序剛好屬於 big endian。

我們在本章之後會探討一些函式，可以將主機名稱（如 www.kernel.org）與服務名稱（如 http）轉換為對應的數值格式，這些函式通常是以網路位元組的順序將整數傳回，而這些整數可以直接複製到 socket 位址結構的相關欄位使用。

然而，我們有時會直接將整數常數用在 IP 位址與埠號，例如，我們可能在程式中使用常數設定埠號、以命令列參數設定埠號、或使用如 INADDR_ANY 及 INADDR_LOOPBACK 等常數設定 IPv4 位址，在 C 語言中，這些數值依照所在的主機之使用慣例來表示，所以都是依照主機的位元組順序儲存。我們必須在將這些值寫入 socket 位址結構之前，先將它們轉換為網路位元組的順序。

定義的（通常是以巨集定義）htons()、htonl()、ntohs() 及 ntohl() 函式，可進行主機位元組順序及網路位元組順序之間的整數轉換。

```
#include <arpa/inet.h>

uint16_t htons(uint16_t host_uint16);
                        Returns host_uint16 converted to network byte order

uint32_t htonl(uint32_t host_uint32);
                        Returns host_uint32 converted to network byte order

uint16_t ntohs(uint16_t net_uint16);
                        Returns net_uint16 converted to host byte order

uint32_t ntohl(uint32_t net_uint32);
                        Returns net_uint32 converted to host byte order
```

在早期，這些函式的原型（prototype）如下所示：

```
unsigned long htonl(unsigned long hostlong);
```

這裡是函式名稱的命名由來，以上面的範例而言，是 host to network long（即是將長整數從主機順序轉換為網路順序）。早期多數的系統在實作 socket 時，短整數（short integer）長度是 16 個位元，而長整數（long integer）則是 32 個位元。現代的系統已非如此（至少長整數已不成立），所以上列的原型名稱雖然相同，但是上列的這些原型能提供較為精確的型別定義，表示函式能夠處理的型別，uint16_t 及 uint32_t 資料型別是 16 位元及 32 位元的無號整數（unsigned integer）。

嚴格說來，只有主機位元組順序與網路位元組順序不同的系統，才會需要使用這四個函式。然而，為了考量程式對不同硬體架構的可攜性，還是應該使用這些函式，在主機位元組順序與網路位元組順序相同的主機上，這些函式不會更動原本的參數內容。

59.3　資料表示

我們在設計網路程式時所需的認知是，不同的電腦架構對於資料型別的表示有各自的慣例。我們提過，整數型別能以 big-endian 或 little-endian 形式儲存，也可能有其他差異之處。如 C 的 long 資料型別的長度在某些系統上可能是 32 位元，而在其他系統則是 64 位元。當我們提到結構時，實際情況會更複雜，不同平台對主機系統上的位址邊界（address boundary）結構之欄位對齊採用不同的規則，所以欄位之間的填充位元組數量也會不同。

由於這些資料表示的差異，異質系統上的應用程式在透過網路交換資料時，必須採用一些共同的資料編碼公約。傳送端必須依據公約將資料編碼，而接收端則依據相同的公約對資料解碼。將資料放在可以透過網路傳輸的標準格式中，此過程稱為編組（*marshalling*）。目前有許多編組標準，如 XDR（External Data Representation，於 RFC1014 提出）、ASN.1-BER（Abstract Syntax Notation 1，*http://www.asn1.org/*）、CORBA 及 XML。這些標準為每個資料型別定義一個固定格式（如：定義位元組順序及使用的位元數），並依所需格式進行編碼，每個資料項目都會使用額外的欄位標籤來識別型別（可能還有長度）。

然而，通常會採用比編組更簡單的一個方式：使用純文字格式傳輸全部的資料，並將每個分項以特定字元隔開（通常是換行字元）。此方法的其中一項優點是，我們能使用 *telnet* 對應用程式進行除錯，如我們可用下列指令達成：

```
$ telnet host port
```

我們接著可以輸入幾行文字傳送給應用程式，並檢視應用程式回傳的資料，我們會在 59.11 節示範此技術。

> 異質系統表示法差異的相關問題，不僅存在於跨網路的資料傳輸，也存在於這類系統之間的任何資料交換機制中。例如，我們用磁碟或磁帶在異質系統之間傳輸資料時，也會面臨同樣的問題。網路程式設計是我們目前最常遇到的程式設計主題。

若我們在 stream socket 傳輸編碼資料（如以換行符號分隔的文字），則定義一個如列表 59-1 所示的 *readLine()* 函式會很方便使用。

```
        #include "read_line.h"

ssize_t readLine(int fd, void *buffer, size_t n);
                          Returns number of bytes copied into buffer (excluding
                          terminating null byte), or 0 on end-of-file, or −1 on error
```

函式 *readLine()* 會從 *fd* 檔案描述符參數所參考的檔案讀取資料，直到遇到換行字
元為止。輸入的位元組序列透過 *buffer* 所指向的位置傳回，此位置至少需有 *n* 個位
元組的記憶體，傳回的字串都是以 null 結尾，因此，實際上最多回傳（*n − 1*）個
位元組的資料。若執行成功，*readLine()* 會傳回 *buffer* 資料的位元組數量，此數量
不包含 null 結尾的那個位元組。

列表 59-1：一次讀取一行資料

─── sockets/read_line.c

```c
#include <unistd.h>
#include <errno.h>
#include "read_line.h"                   /* Declaration of readLine() */

ssize_t
readLine(int fd, void *buffer, size_t n)
{
    ssize_t numRead;                     /* # of bytes fetched by last read() */
    size_t totRead;                      /* Total bytes read so far */
    char *buf;
    char ch;

    if (n <= 0 || buffer == NULL) {
        errno = EINVAL;
        return -1;
    }

    buf = buffer;                        /* No pointer arithmetic on "void *" */

    totRead = 0;
    for (;;) {
        numRead = read(fd, &ch, 1);

        if (numRead == -1) {
            if (errno == EINTR)          /* Interrupted --> restart read() */
                continue;
            else
                return -1;               /* Some other error */

        } else if (numRead == 0) {       /* EOF */
```

```
            if (totRead == 0)            /* No bytes read; return 0 */
                return 0;
            else                          /* Some bytes read; add '\0' */
                break;

        } else {                          /* 'numRead' must be 1 if we get here */
            if (totRead < n - 1) {        /* Discard > (n - 1) bytes */
                totRead++;
                *buf++ = ch;
            }

            if (ch == '\n')
                break;
        }
    }

    *buf = '\0';
    return totRead;
}
```

── **sockets/read_line.c**

若在讀到換行符號之前，已讀取的位元組數量已經大於或等於（ *n – 1*），則
readLine() 函式會捨棄超出的位元組資料（包含換行符號）。若在前（ *n – 1*）個位
元組就讀到換行符號，則會將它包含在傳回的字串裡。（因此我們可以使用傳回的
buffer，查看在結束的 null 位元組之前是否有換行符號，用來判斷是否有資料被函
式捨棄）。我們採用這個方式，以便應用層協定的輸入是使用「一行」做為處理單
位時，則不會將多行串成一行來處理，導致可能會破壞協定，以及讓兩端的應用
程式變成不同步狀態。另一個替代方案是，讓 *readLine()* 最多只讀取足以填滿緩衝
區的位元組資料，其他在換行符號之前的剩餘資料則等下次呼叫 *readLine()* 時再讀
取，在這種情況，*readLine()* 的呼叫者需要處理可能只讀取一行的一部分資料這種
情況。

我們在 59.11 節的範例程式會使用 *readLine()* 函式示範。

59.4　Internet Socket 位址

有兩種 Internet domain socket（網際網路網域通訊端）位址：IPv4 及 IPv6。

IPv4 socket 位址：struct sockaddr_in

IPv4 socket 位址儲存在 *sockaddr_in* 結構，定義於 <netinet/in.h>，如下所示：

```
struct in_addr {                          /* IPv4 4-byte address */
    in_addr_t s_addr;                     /* Unsigned 32-bit integer */
```

```
};

struct sockaddr_in {                    /* IPv4 socket address */
    sa_family_t    sin_family;          /* Address family (AF_INET) */
    in_port_t      sin_port;            /* Port number */
    struct in_addr sin_addr;            /* IPv4 address */
    unsigned char  __pad[X];            /* Pad to size of 'sockaddr'
                                           structure (16 bytes) */
};
```

我們在 56.4 節看過通用的 sockaddr 結構有一個欄位可以識別 socket domain，這個欄位對應到 *sockaddr_in* 結構的 *sin_family* 欄位，其值只會指定為 **AF_INET**，而 *sin_port* 及 *sin_addr* 欄位分別是埠號與 IP 位址，兩者都是使用網路位元組順序，*in_port_t* 與 *in_addr_t* 資料型別都是無號的整數型別，長度分別是 16 位元與 32 位元。

IPv6 socket 位址：struct sockaddr_in6

如同 IPv4 位址，IPv6 socket 位址包括 IP 位址與埠號，差異在於，IPv6 位址有 128 個位元，而不是 32 個位元，IPv6 socket 位址儲存在 *sockaddr_in6* 結構，定義於 <netinet/in.h>，如下所示：

```
struct in6_addr {                       /* IPv6 address structure */
    uint8_t s6_addr[16];                /* 16 bytes == 128 bits */
};

struct sockaddr_in6 {                   /* IPv6 socket address */
    sa_family_t sin6_family;            /* Address family (AF_INET6) */
    in_port_t   sin6_port;              /* Port number */
    uint32_t    sin6_flowinfo;          /* IPv6 flow information */
    struct in6_addr sin6_addr;          /* IPv6 address */
    uint32_t    sin6_scope_id;          /* Scope ID (new in kernel 2.4) */
};
```

會將 *sin6_family* 欄位指定為 **AF_INET6**，*sin6_port* 與 *sin6_addr* 欄位分別是埠號與 IP 位址。（*uint8_t* 資料型別，用在 *in6_addr* 結構的型別是一個 8 位元的無號整數）。其他欄位：*sin6_flowinfo* 與 *sin6_scope_id* 則已經超過本書探討範疇，在我們的使用需求只會指定為 0。*sockaddr_in6* 結構的全部欄位都是使用網路位元組順序。

> 在 RFC 4291 會說明 IPv6 位址，關於 IPv6 的流量控制資訊（*sin6_flowinfo*）可以參考附錄 A 的（Stevens 等人，2004 年）、RFC2460 及 RFC3697 找到。在 RFC3493 及 RFC4007 有提供 *sin6_scope_id* 的相關資訊。

IPv6 也有同於等 IPv4 的萬用（wildcard）位址及回送（loopback）位址的位址。然而，使用上會比較複雜，因為 IPv6 位址實際上儲存在一個陣列（而不是使用純量的型別）。這裡我們使用 IPv6 萬用位址（0::0）來示範，IN6ADDR_ANY_INIT 常數所定義的位址如下：

```
#define IN6ADDR_ANY_INIT { { 0,0,0,0,0,0,0,0,0,0,0,0,0,0,0,0 } }
```

> 在 Linux 系統上，標頭檔裡的一些細節會與我們本節介紹的不同，尤其是 *in6_addr* 結構包含一個 union 定義，將 128 位元的 IPv6 位址分成 16 個 byte、八個 2-byte 的整數、或四個 4-byte 的整數。由於此定義，所以 *glibc* 的 IN6ADDR_ANY_INIT 常數在實際定義時，會比我們本文的定義多一組巢狀括弧。

我們可以在進行變數宣告的初始器（initializer）中使用 IN6ADDR_ANY_INIT 常數，但是不能將它放在賦值敘述句（assignment statement）的等號右邊，因為 C 語法無法進行結構常數的直接賦值。而是必須使用預先定義的 *in6addr_any* 變數，C 函式庫的初始化如下：

```
const struct in6_addr in6addr_any = IN6ADDR_ANY_INIT;
```

因此，我們可以使用如下的萬用位址將 IPv6 socket 位址初始化，如下所示：

```
struct sockaddr_in6 addr;
memset(&addr, 0, sizeof(struct sockaddr_in6));
addr.sin6_family = AF_INET6;
addr.sin6_addr = in6addr_any;
addr.sin6_port = htons(SOME_PORT_NUM);
```

IPv6 loopback 位址（::1）的相對應常數與變數分別是：IN6ADDR_LOOPBACK_INIT 與 *in6addr_loopback*。

與 IPv4 不同，IPv6 常數和變數的初值設定是使用網路位元組順序，但如前述程式碼所示，我們仍必須確保埠號是網路位元組順序。

若 IPv4 與 IPv6 共存於同一台主機，則它們會共用相同的埠號空間。這表示，以範例而言，應用程式將 IPv6 socket 綁定至 TCP 的 2000 通訊埠（使用 IPv6 萬用位址），而 IPv4 的 TCP socket 則無法綁定同一個通訊埠。（TCP/IP 實作會確保其他主機上的 socket 都能夠與此 socket 通信，而不用管這些主機是執行 IPv4 或 IPv6）。

sockaddr_storage 結構

在 IPv6 socket API 中，會介紹新的通用 *sockaddr_storage* 結構，此結構的大小會定義為足以承載各式 socket 型別位址（即可以將各式的 socket 位址結構轉型並儲存於此）。實際上，此結構讓我們能通透地（transparently）儲存 IPv4 或 IPv6 socket 位址，因而消除程式碼的 IP 版本相依性。在 Linux 系統的 *sockaddr_storage* 結構定義如下：

```
#define __ss_aligntype uint32_t          /* On 32-bit architectures */
struct sockaddr_storage {
    sa_family_t ss_family;
    __ss_aligntype __ss_align;           /* Force alignment */
    char __ss_padding[SS_PADSIZE];       /* Pad to 128 bytes */
};
```

59.5　主機與服務轉換函式概觀

電腦以二進位表示 IP 位址與埠號。然而，人們覺得名稱會比數字好記，而且使用符號名稱也能提供利用的間接分層，若底層數值改變了，使用者與程式仍可以繼續使用相同的名稱。

主機名稱（*hostname*）是系統與網路連接的（可能有多個 IP 位址）符式 ID，服務名稱（*service name*）是埠號的符式表示式。

下列方法可用於表示主機位址與連接埠：

- 主機位址能以二進位的數值、符式主機名稱、或表示格式（即 IPv4 的點分十進位或 IPv6 的十六進位字串）表示。
- 通訊埠能以二進位的數值或符式服務名稱表示。

有各種函式庫的函式能提供這些格式之間的轉換，本節會摘要介紹這些函式。後續章節會詳細介紹現代的 API（*inet_ntop()*、*inet_pton()*、*getaddrinfo()*、*getnameinfo()* 等）。我們在 59.13 節會簡單介紹已廢止的 API（*inet_aton()*、*inet_ntoa()*、*gethostbyname()*、*getservbyname()* 等）。

將 IPv4 位址在二進位與人們可讀格式之間轉換

函式 *inet_aton()* 與 *inet_ntoa()* 會將以點分十進位表示法的 IPv4 位址轉換為二進位，反之亦然。我們介紹這些函式主要是因為它們從以前就一直存在於程式碼。如今，雖然它們都已過時了，現在的程式若需要這類的轉換功能，應使用我們下列介紹的函式。

將 IPv4 位址與 IPv6 位址在二進位與人們可讀的格式間轉換

函式 *inet_pton()* 與 *inet_ntop()* 類似 *inet_aton()* 與 *inet_ntoa()*，但差異在於前者增加了處理 IPv6 位址的能力。可讓 IPv4 與 IPv6 位址在二進位與表示式（presentation）（點分十進位或十六進位字串符號）之間互相轉換。

由於名稱會比數字好記，所以我們通常只會偶爾在程式用到這些函式，*inet_ntop()* 的一項用途是產生紀錄用的可印 IP 位址。有時選用此函式卻而不將 IP 位址轉換（解析）為主機名稱的理由如下：

- 將 IP 位址解析為主機名稱需要耗時發送請求給 DNS 伺服器。
- 在有些情況，可能沒有 DNS（PTR）紀錄（對應到該 IP 位址的主機名稱紀錄）。

我們在 *getaddrinfo()* 與 *getnameinfo()* 之前（在 59.6 節）會介紹這些函式，它們會執行二進位表示法與相對應的符號名稱轉換，主要是因為它們提供很簡易的 API 介面，可以讓我們快速呈現一些 Internet domain socket 的使用範例。

在主機及服務名稱與二進位間轉換（廢止）

函式 *gethostbyname()* 會傳回主機名稱對應的二進位 IP 位址，而 *getservbyname()* 函式則傳回與服務名稱對應的通訊埠號碼，透過 *gethostbyaddr()* 與 *getservbyport()* 進行反向轉換。我們介紹這些函式是因為現有的程式碼仍然廣泛使用這些函式，只是它們現在已經過時。（SUSv3 標示這些函式已過時，SUSv4 則從規範中移除）。對於這類轉換，新設計的程式應使用 *getaddrinfo()* 與 *getnameinfo()* 函式（之後介紹）。

在主機及服務名稱與二進位格式之間轉換（現代）

函式 *getaddrinfo()* 是目前 *gethostbyname()* 與 *getservbyname()* 兩者的繼承者，給定一個主機名稱與一個服務名稱，*getaddrinfo()* 會傳回一組結構，包含對應的二進位 IP 位址與埠號，與 *gethostbyname()* 不同，*getaddrinfo()* 函式可處理 IPv4 與 IPv6 位址，因此，我們能在程式使用，而不必顧慮使用的 IP 版本。新開發的程式應使用 *getaddrinfo()* 將主機名稱與服務名稱轉換為二進位表示法。

函式 *getnameinfo()* 執行反向的轉換，將 IP 位址與埠號轉換為相對應的主機名稱與服務名稱。

我們可以使用 *getaddrinfo()* 與 *getnameinfo()* 將 IP 位址在二進制與表示式之間互轉，在 59.10 節討論的 *getaddrinfo()* 與 *getnameinfo()* 需要 DNS（59.8 節）與

/etc/services 檔案（59.9 節）。DNS 允許協作伺服器維護一個分散式資料庫，將二進位 IP 位址映射為主機名稱，反之亦然。DNS 這類系統是網際網路運作不可或缺的系統，因為面對如此龐大的網際網路主機名稱組合，根本無法使用集中式管理，/etc/services 檔案會將埠號映射到符式的服務名稱。

59.6　*inet_pton()* 與 *inet_ntop()* 函式

函式 *inet_pton()* 與 *inet_ntop()* 可以讓 IPv4 與 IPv6 位址在點分十進位及十六進位的字串間轉換。

```
#include <arpa/inet.h>

int inet_pton(int domain, const char *src_str, void *addrptr);
                        Returns 1 on successful conversion, 0 if src_str is not in
                                        presentation format, or −1 on error

const char *inet_ntop(int domain, const void *addrptr, char *dst_str, size_t len);
                        Returns pointer to dst_str on success, or NULL on error
```

這些函式名稱中的 *p*，代表「表示式（presentation）」，而 *n* 表示「網路（network）」，表示式是人們可讀的字串，如下：

- 204.152.189.116（IPv4 點分十進位格式位址）。
- ::1（IPv6 冒號分隔十六進位格式位址）。
- ::FFFF:204.152.189.116（IPv4 映射式 IPv6 位址）。

函式 *inet_pton()* 將 *src_str* 中的表示式字串轉換為網路位元組順序的二進位 IP 位址格式，*domain* 參數可指定為 AF_INET 或 AF_INET6，已轉換的位址會儲存於 *addrptr* 所指的結構，此結構依據 domain 決定是 *in_addr* 或 *in6_addr*。

　　函式 *inet_ntop()* 執行反向轉換，domain 一樣可以設定為 AF_INET 或 AF_INET6，而 *addrptr* 應指向想要轉換的 *in_addr* 或 *in6_addr* 結構。產生的 null 結尾字串儲存於 *dst_str* 所指的緩衝區，*len* 參數應指定為這個緩衝區的大小，執行成功時，*inet_ntop()* 傳回 *dst_str*。若 *len* 太小，則 *inet_ntop()* 會傳回 NULL，並將 *errno* 設定為 ENOSPC。

　　若要讓 *dst_str* 所指的緩衝區有正確大小，我們可以使用定義於 <netinet/in.h> 裡的常數，這些常數代表 IPv4 與 IPv6 位址的表示式字串之最大長度（包含結束的 null 位元組）：

```
#define INET_ADDRSTRLEN 16        /* Maximum IPv4 dotted-decimal string */
#define INET6_ADDRSTRLEN 46       /* Maximum IPv6 hexadecimal string */
```

我們在下一節提供 *inet_pton()* 與 *inet_ntop()* 的使用範例。

59.7 客戶端與伺服器範例（datagram socket）

我們在本節使用 57.3 節所示的大小寫轉換伺服器（server）與客戶端（client）程式，並修改為使用 AF_INET6 domain 的 datagram socket。我們用最少的篇幅來說明這些程式，因為這些結構與之前的程式類似。新程式的主要差異是，我們在 59.4 節介紹的 IPv6 socket 位址結構的宣告與初始化。

客戶端與伺服器都採用列表 59-2 所示的標頭檔，此標頭檔定義了伺服器的埠號，以及客戶端及伺服器能交換的最大資料長度。

列表 59-2：i6d_ucase_sv.c 與 i6d_ucase_cl.c 使用的標頭檔

── **sockets/i6d_ucase.h**

```
#include <netinet/in.h>
#include <arpa/inet.h>
#include <sys/socket.h>
#include <ctype.h>
#include "tlpi_hdr.h"

#define BUF_SIZE 10                    /* Maximum size of messages exchanged
                                          between client and server */

#define PORT_NUM 50002                 /* Server port number */
```
── **sockets/i6d_ucase.h**

列表 59-3 是伺服器程式，伺服器使用 *inet_ntop()* 函式將客戶端的主機位址（透過 *recvfrom()* 呼叫取得）轉換為可列印的格式。

列表 59-4 的客戶端程式有兩個源自早期 UNIX domain 版本的修改版本（列表 57-7），第一個不同之處在於，客戶端將它的初始命令列參數解譯為伺服器的 IPv6 位址（剩下的命令列參數以不同的 datagram 傳送給伺服器）。客戶端使用 *inet_pton()* 將伺服器位址轉換為二進位。另一個差異在於，客戶端不會將它的 socket 綁定位址，如 58.6.1 節所述，Internet domain socket 不會將 socket 綁定位址，而核心會將客戶端的 socket 綁定到主機系統上的一個臨時埠。我們可以在同一台主機執行伺服器與客戶端，並在下列的 shell 作業階段紀錄觀察：

```
$ ./i6d_ucase_sv &
[1] 31047
$ ./i6d_ucase_cl ::1 ciao          Send to server on local host
```

```
Server received 4 bytes from (::1, 32770)
Response 1: CIAO
```

我們從上列輸出可以觀察到，雖然實際上客戶端並沒有執行 *bind()*，不過伺服器在 *recvfrom()* 呼叫還是可以取得客戶端 socket 的位址（包含臨時埠）。

列表 59-3：使用 datagram socket 的大小寫轉換伺服器 IPv6 版本

―――――――――――――――――――――――――――――――――――――― **sockets/i6d_ucase_sv.c**

```c
#include "i6d_ucase.h"

int
main(int argc, char *argv[])
{
    struct sockaddr_in6 svaddr, claddr;
    int sfd, j;
    ssize_t numBytes;
    socklen_t len;
    char buf[BUF_SIZE];
    char claddrStr[INET6_ADDRSTRLEN];

    sfd = socket(AF_INET6, SOCK_DGRAM, 0);
    if (sfd == -1)
        errExit("socket");

    memset(&svaddr, 0, sizeof(struct sockaddr_in6));
    svaddr.sin6_family = AF_INET6;
    svaddr.sin6_addr = in6addr_any;                  /* Wildcard address */
    svaddr.sin6_port = htons(PORT_NUM);

    if (bind(sfd, (struct sockaddr *) &svaddr,
                sizeof(struct sockaddr_in6)) == -1)
        errExit("bind");

    /* Receive messages, convert to uppercase, and return to client */

    for (;;) {
        len = sizeof(struct sockaddr_in6);
        numBytes = recvfrom(sfd, buf, BUF_SIZE, 0,
                            (struct sockaddr *) &claddr, &len);
        if (numBytes == -1)
            errExit("recvfrom");

        if (inet_ntop(AF_INET6, &claddr.sin6_addr, claddrStr,
                    INET6_ADDRSTRLEN) == NULL)
            printf("Couldn't convert client address to string\n");
        else
```

```
        printf("Server received %ld bytes from (%s, %u)\n",
                (long) numBytes, claddrStr, ntohs(claddr.sin6_port));

        for (j = 0; j < numBytes; j++)
            buf[j] = toupper((unsigned char) buf[j]);

        if (sendto(sfd, buf, numBytes, 0, (struct sockaddr *) &claddr, len) !=
                numBytes)
            fatal("sendto");
    }
}
```

─────────────────────────────────────── **sockets/i6d_ucase_sv.c**

列表 59-4：使用 datagram socket 的大小寫轉換客戶端 IPv6 版本

─────────────────────────────────────── **sockets/i6d_ucase_cl.c**

```
#include "i6d_ucase.h"

int
main(int argc, char *argv[])
{
    struct sockaddr_in6 svaddr;
    int sfd, j;
    size_t msgLen;
    ssize_t numBytes;
    char resp[BUF_SIZE];

    if (argc < 3 || strcmp(argv[1], "--help") == 0)
        usageErr("%s host-address msg...\n", argv[0]);

    sfd = socket(AF_INET6, SOCK_DGRAM, 0);      /* Create client socket */
    if (sfd == -1)
        errExit("socket");

    memset(&svaddr, 0, sizeof(struct sockaddr_in6));
    svaddr.sin6_family = AF_INET6;
    svaddr.sin6_port = htons(PORT_NUM);
    if (inet_pton(AF_INET6, argv[1], &svaddr.sin6_addr) <= 0)
        fatal("inet_pton failed for address '%s'", argv[1]);

    /* Send messages to server; echo responses on stdout */

    for (j = 2; j < argc; j++) {
        msgLen = strlen(argv[j]);
        if (sendto(sfd, argv[j], msgLen, 0, (struct sockaddr *) &svaddr,
                    sizeof(struct sockaddr_in6)) != msgLen)
            fatal("sendto");

        numBytes = recvfrom(sfd, resp, BUF_SIZE, 0, NULL, NULL);
```

```
        if (numBytes == -1)
            errExit("recvfrom");

        printf("Response %d: %.*s\n", j - 1, (int) numBytes, resp);
    }

    exit(EXIT_SUCCESS);
}
```
── sockets/i6d_ucase_cl.c

59.8 網域名稱系統（DNS）

我 們 在 59.10 節 介 紹 *getaddrinfo()*，用 以 取 得 主 機 名 稱 相 對 應 的 IP 位 址，而 *getnameinfo()* 則執行相反的工作。然而，在探討這些函式之前，我們先說明如何使用 DNS 維護主機名稱與 IP 位址之間的映射。

在使用 DNS 之前，主機名稱與 IP 位址之間的映射是定義在手動維護的本地檔案（/etc/hosts），其紀錄的格式如下所示：

```
# IP-address    canonical hostname      [aliases]
127.0.0.1       localhost
```

函式 *gethostbyname()*（前身是 *getaddrinfo()*）透過搜尋這個檔案來取得 IP 位址，尋找匹配的傳統主機名稱（即主機的官方或主要名稱）或是其中一個別名（選配項目，使用空格分隔）。

然而，/etc/hosts 機制的效能很差，所以當網路有大量主機增加時並不合適（如：有幾百萬台主機的網際網路）。

所以設計 DNS 就是為了解決這個問題，DNS 的關鍵概念如下：

* 主機名稱以階層式命名空間組成（圖 59-2），DNS 階層裡的每個節點（*node*）都有一個標籤（名稱），此標籤可長達 63 個字元。階層的根節點（*root*）是一個未經命名的節點，即「匿名的根節點（anonymous *root*）」。

* 節點的網域名稱（*domain name*）包含節點至根節點之間全部相連的全部名稱，每個名稱都以句點（.）隔開。比如：google.com 是 google 節點的網域名稱。

* 完整網域名稱（*fully qualified domain name*，FQDN），例如：www.kernel.org，用來識別階層中的一部主機。雖然句點經常被省略，不過完整網域名稱是透過句點結束來判斷。

* 整個階層並非由單一的組織或系統管理，而是有一組階層式 DNS 伺服器，每部伺服器管理一個分支（樹的一個區域「zone」）。每區通常有一台主要的主

控名稱伺服器（*primary master name server*），以及一個或多個從屬名稱伺服器（*slave name servers*），有時也將從屬名稱伺服器稱為第二主控名稱伺服器（*secondary master servers*），做為主要名稱伺服器當機時的備援設備。區域（*zone*）可以自行分成獨立管理的小區域，將主機新增到區域時，或是主機名稱到 IP 位址的映射改變了，則負責相對應的本地名稱伺服器管理者會更新伺服器的名稱資料庫。（階層架構裡的其他名稱伺服器不需手動更新）。

> 在 Linux 系統採用的 DNS 伺服器實作 *named(8)* 是廣為使用的柏克萊網際網路名稱網域平台（Berkeley Internet Name Domain，BIND），由網際網路系統協會維護（*http://www.isc.org/*）。此伺服器程式的操作是透過 /etc/named.conf 檔案進行設定（請參考 *named.conf(5)* 技術手冊）。DNS 與 BIND 的關鍵文獻是（Albitz & Liu，2006），關於 DNS 的資料也可以參考（Stevens，1994）第 14 章、（Stevens 等人，2004）第 11 章，以及（Comer，2000）第 24 章。

- 當程式呼叫 *getaddrinfo()* 來解析網域名稱時（即取得網域名稱的 IP 位址），*getaddrinfo()* 會使用一套函式庫函式（*resolver* 函式庫），用於和本地端的 DNS 伺服器溝通。若此伺服器無法提供所需資訊，則會與階層架構裡的其他 DNS 伺服器溝通，以取得資訊。這樣的解析過程有時會耗費許多時間，因此 DNS 伺服器會利用快取（cache）技術，將頻繁查詢的網域儲存於本機，避免不需要的存取。

使用上述方法可以讓 DNS 應付大量的命名空間（namespace），而且不用集中管理名稱。

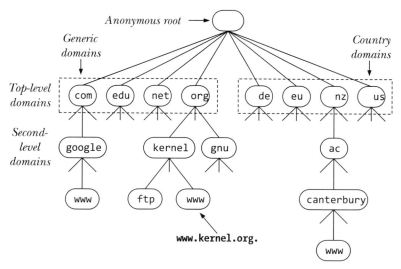

圖 59-2：DNS 階層架構的子集合

遞迴式與交談式（iterative）的解析請求

DNS 解析請求分為兩類：遞迴式（*recursive*）與交談式（*iterative*，或稱迭代式），在一個遞迴式請求中，詢問者要求伺服器處理全部的解析工作，包含與其他 DNS 伺服器的通信（若有需要）。當本機的應用程式呼叫 *getaddrinfo()* 時，函式會對本地的 DNS 伺服器進行遞迴式請求。若本地的 DNS 伺服器本身沒有解析所需的資訊，則會以交談方式解析網域名稱。

我們透過一個範例來說明交談式解析，假設本地端的 DNS 伺服器收到解析名稱請求：www.otago.ac.nz，因此需要先與一組 *root* 名稱伺服器的其中一台進行通信（每個 DNS 伺服器都必須知道這組 *root* 名稱伺服器，我們可使用 *dig . NS* 指令或 http://www.root-servers.org/ 網頁取得這些伺服器清單）。提供了 www.otago.ac.nz 名稱之後，*root* 名稱伺服器會要本地 DNS 伺服器參考到其中一台 nz DNS 伺服器。本地 DNS 伺服器接著向 nz 伺服器查詢 www.otago.ac.nz 名稱，並收到參考 ac.nz 伺服器的回應。本地 DNS 伺服器接著向 ac.nz 伺服器查詢 www.otago.ac.nz 名稱，並收到請參考 otago.ac.nz 伺服器的回應。最後，本地的伺服器向 otago.ac.nz 伺服器查詢 www.otago.ac.nz 名稱，並取得所需的 IP 位址。

若我們提供不完整的網域名稱給 *gethostbyname()*，則解析器（resolver）將在解析之前，先試圖讓網域名稱完備，而完整的網域名稱規則是定義在 /etc/resolv.conf（請見 *resolv.conf(5)* 技術手冊），解析器預設至少會試圖使用本機的網域名稱來完成這個工作，例如，若我們登入 oghma.otago.ac.nz 這部主機，而且我們輸入指令 *ssh octavo*，則 DNS 的查詢結果就會是 octavo.otago.ac.nz。

頂級網域（Top-level domain）

在匿名根節點（anonymous root）底下的節點會形成所謂的頂級網域（*top-level domain*，TLD）。（在它們底下是次級網域，依此類推）。頂級網域分為兩類：通用的（*generic*）與國家（*country*）。

由於歷史典故，有七個通用的頂級網域，多數可以視為國際型。我們已經在圖 59-2 展示了四個原本的通用頂級網域，其他三個通用頂級網域是：int、mil 及 gov，後兩者保留給美國。近期已增加一些新的通用頂級網域（如：info、name 及 museum）。

每個國家（或地理區域）都有對應的 2 個字元名稱（在 ISO3166-1 標準中規範），我們在圖 59-2 中展示了部分這類網域：de（德國）、eu（歐盟）、nz（紐西蘭）與 us（美國）。有些國家使用與通用網域類似的方式，將它們的頂級網域分成一組次級網域。例如，紐西蘭有 ac.nz（學術機構）、co.nz（商業）及 govt.nz（政府）。

59.9 /etc/services 檔案

如 58.6.1 節所述，已知的（well-known）埠號都由 IANA 集中註冊，每個通訊埠都有對應的服務名稱（*service name*）。因為將服務編號集中管理，而且相較之下會比 IP 位址更不易變動，所以通常不需要等量的 DNS 伺服器，而是將埠號與服務名稱記錄於 /etc/services 檔案，*getaddrinfo()* 與 *getnameinfo()* 函式會使用此檔案的資訊，將服務名稱轉換為埠號，反之亦然。

/etc/services 檔案的每一列都包含三個欄位，如下例所示：

```
# Service name   port/protocol   [aliases]
echo            7/tcp           Echo     # echo service
echo            7/udp           Echo
ssh             22/tcp                   # Secure Shell
ssh             22/udp
telnet          23/tcp                   # Telnet
telnet          23/udp
smtp            25/tcp                   # Simple Mail Transfer Protocol
smtp            25/udp
domain          53/tcp                   # Domain Name Server
domain          53/udp
http            80/tcp                   # Hypertext Transfer Protocol
http            80/udp
ntp             123/tcp                  # Network Time Protocol
ntp             123/udp
login           513/tcp                  # rlogin(1)
who             513/udp                  # rwho(1)
shell           514/tcp                  # rsh(1)
syslog          514/udp                  # syslog
```

欄位 *protocol* 通常是 tcp 或 udp，選配的（以空格分開）aliases 可指定服務的別名，除了上述的欄位，可能還有註解（以 # 字元開頭）。

如前所述，埠號能分別以 UDP 與 TCP 再做區隔，但 IANA 的策略是將兩個傳輸層協定的埠號都分配給同一個服務，所以即使該服務只使用一種傳輸層協定，比如 *telnet*、*ssh*、HTTP 與 SMTP 都使用 TCP，但相對應的 UDP 通訊埠也都分配給這些服務。反之，NTP 只使用 UDP，但 TCP 的 123 埠也是分配給此服務。

在某些情況中，有些服務會同時使用 UDP 與 TCP 協定，如：DNS 與 *echo* 就是這類服務。最後，在少數情況中，會將相同編號的 UDP 通訊埠與 TCP 通訊埠分配給不同的服務，例如：*rsh* 使用 TCP 的 514 埠，而 *syslog* 伺服器程式（37.5 節）則使用 UDP 的 514 埠。因為在 IANA 的政策通過之前，這些埠號就已經被使用了。

> /etc/services 檔案只是名稱與號碼對應的紀錄，這並不是預留機制：在 /etc/services 中的埠號並不保證特定的服務一定可以成功綁定通訊埠。

59.10　與協定無關的主機與服務轉換

函式 *getaddrinfo()* 會將主機與服務名稱轉換為 IP 位址與埠號，在 POSIX.1g 的規範中，它是（已經廢止的）*gethostbyname()* 與 *getservbyname()* 函式繼承者（也是可重入版本，使用 *getaddrinfo()* 取代 *gethostbyname()* 可以去除程式的 IPv4 與 IPv6 協定相依性）。

　　函式 *getnameinfo()* 的功能與 *getaddrinfo()* 相反，能將 socket 位址結構（IPv4 或 IPv6）轉換為包含相對應主機與服務名稱的字串。此（可重複進入的）函式功能等同於廢止的 *gethostbyaddr()* 與 *getservbyport()* 函式。

> （Stevens 等人，2004）第 11 章有詳細介紹 *getaddrinfo()* 與 *getnameinfo()*，並提供這些函式的實作，RFC3493 也有介紹這些函式。

59.10.1　*getaddrinfo()* 函式

若提供 *getaddrinfo()* 一個主機名稱及服務名稱，則會傳回一個 socket 位址結構串列，每個結構都有一組 IP 位址與埠號。

```
#include <sys/socket.h>
#include <netdb.h>

int getaddrinfo(const char *host, const char *service,
                const struct addrinfo *hints, struct addrinfo **result);
                                    Returns 0 on success, or nonzero on error
```

函式 *getaddrinfo()* 的輸入參數是 *host*、*service* 及 *hints* 參數，host 是主機名稱、IPv4 是以點分十進位表示的數字位址字串、或是 IPv6 十六進位字串格式。（精確來說，*getaddrinfo()* 可接受 59.13.1 節所述的通用數字與句點格式的 IPv4 數值字串）。而 *service* 參數是服務名稱或十進位的埠號。*hints* 參數指向 *addrinfo* 結構，進一步選取透過 *result* 傳回的 socket 位址結構。我們接著會詳細介紹 *hints* 參數。

在輸出的部份，*getaddrinfo()* 函式會動態配置一個 *addrinfo* 鏈結串列結構，並指定 result 指向此串列起點，這些 *addrinfo* 結構各自包含一個指標，指向對應到 *host* 與 *service* 的 socket 位址結構（圖 59-3），*addrinfo* 結構格式如下：

```
struct addrinfo {
    int    ai_flags;          /* Input flags (AI_* constants) */
    int    ai_family;         /* Address family */
    int    ai_socktype;       /* Type: SOCK_STREAM, SOCK_DGRAM */
    int    ai_protocol;       /* Socket protocol */
    socklen_t ai_addrlen;     /* Size of structure pointed to by ai_addr */
    char *ai_canonname;       /* Canonical name of host */
    struct sockaddr *ai_addr; /* Pointer to socket address structure */
    struct addrinfo *ai_next; /* Next structure in linked list */
};
```

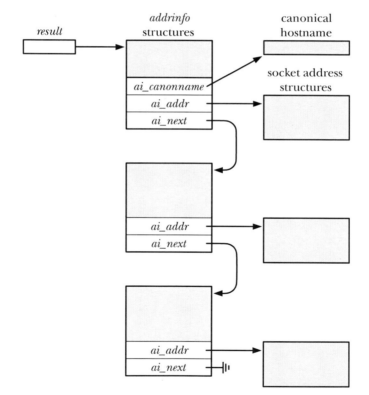

圖 59-3：*getaddrinfo()* 函式配置與傳回的結構

參數 *result* 傳回一個結構串列，而非單獨一個結構，因為可能會有對應到 host、service 與 hints 指定的多個主機與服務組合。例如，一台有多張網路卡的主機可能會傳回多個位址結構。此外，若將 *hints.ai_socktype* 指定為 0，且若指定的 service

同時能使用 TCP 與 UDP 協定時，則會傳回兩個結構，分別是 SOCK_DGRAM socket 與 SOCK_STREAM socket。

透過 result 傳回的每個 *addrinfo* 結構的欄位說明了相關的 socket 位址結構的屬性：*ai_family* 欄位會設定為 AF_INET 或 AF_INET6，讓我們知道 socket 位址結構的類型。欄位 *ai_socktype* 會設定為 SOCK_STREAM 或 SOCK_DGRAM，表示此位址結構可提供 TCP 或 UDP 服務。欄位 *ai_protocol* 傳回一個協定值（適合該位址家族與 socket 類型的值）。（在呼叫 *socket()* 幫此位址建立一個 socket 時，*ai_family*、*ai_socktype* 與 *ai_protocol* 等三個欄位要提供所需的參數值）。欄位 *ai_addrlen* 提供 *ai_addr* 指向的 socket 位址結構大小（單位是位元組），*ai_addr* 欄位指向 socket 位址結構（IPv4 是 *sockaddr_in* 結構，而 IPv6 是 *sockaddr_in6* 結構），*ai_flags* 欄位未使用（可用在 *hints* 參數），*ai_canonname* 欄位僅用在第一個 *addrinfo* 結構，且唯若在 hints. *ai_flags* 使用 AI_CANONNAME 旗標時使用，如下所述。

如同 *gethostbyname()* 函式，*getaddrinfo()* 需要送出請求給一台 DNS 伺服器，而完成此請求需要一些時間，同樣適用於 59.10.4 節所述的 *getnameinfo()* 函式。

我們在 59.11 節示範如何使用 *getaddrinfo()*。

hints 參數

hints 參數設定選擇 *getaddrinfo()* 傳回的 socket 位址結構，當使用 *hints* 參數時，只能設定 *addrinfo* 結構的 *ai_flags*、*ai_family*、*ai_socktype* 與 *ai_protocol* 欄位，其他欄位不會使用，而且應該視情況將其他欄位初始化為 0 或 NULL。

hints.ai_family 欄位選擇傳回的 socket 位址結構 domain，可設定為 AF_INET 或 AF_INET6（若實作有支援，亦可設定為一些其他的 *AF_** 常數）。若我們對取回的每個 socket 位址結構類型都感興趣，則可將此欄位值設定為 AF_UNSPEC。

hints.ai_socktype 欄位是指定傳回的位址結構使用的 socket 類型。若我們將此欄位設定為 SOCK_DGRAM，則會進行 UDP 服務查詢，而由 result 傳回相對應的 socket 位址結構。若我們設定為 SOCK_STREAM，則會執行 TCP 服務查詢。若將 *hints.ai_socktype* 設定為 0，則可接受任何類型的 socket。

hints.ai_protocol 欄位選擇傳回位址結構的 socket 協定，就我們的目的而言，此欄位總是指定為 0，意謂呼叫者可接受任何協定。

hints.ai_flags 欄位是一個位元遮罩（bit mask），可修改 *getaddrinfo()* 的行為，此欄位可用 OR 位元邏輯運算，指定下列的值（可指定零個以上）：

AI_ADDRCONFIG

只在本機系統至少有設定一個 IPv4 位址時，會傳回 IPv4 位址（並非 IPv4 loopback 位址），而只在本機系統至少有設定一個 IPv6 位址時，會傳回 IPv6 位址（並非 IPv6 loopback 位址）。

AI_ALL

請見下列的 AI_V4MAPPED 說明。

AI_CANONNAME

若 *host* 不為 NULL，則傳回指向 null 結尾的字串，該字串包含傳統的主機名稱。此指標透過 result 傳回的第一個 addrinfo 結構之 *ai_canonname* 欄位傳回。

AI_NUMERICHOST

強制將 host 解譯為數字位址字串，可避免不需要的名稱解析，因為名稱解析很耗時。

AI_NUMERICSERV

將 service 解譯為數字的埠號，若 service 是數字字串，則此旗標可避免任何不需要的名稱解析服務。

AI_PASSIVE

傳回適合被動開啟的 socket 位址結構（如：監聽式 socket）。在此例中，host 應為 NULL，而從 result 傳回的 socket 位址結構之 IP 位址元件會有一個萬用的 IP 位址（如：INADDR_ANY 或 IN6ADDR_ANY_INIT）。若沒有設定此旗標，則以 result 傳回的位址結構可用於 *connect()* 與 *sendto()*。若 host 為 NULL，則傳回的 socket 位址結構之 IP 位址可設定為 loopback IP 位址（依據 domain 決定是 INADDR_LOOPBACK 或 IN6ADDR_LOOPBACK_INIT）。

AI_V4MAPPED

若將 hints 的 *ai_family* 欄位設定 AF_INET6，且若找不到符合的 IPv6 位址時，則在 result 應該傳回 *IPv4-mapped* IPv6 位址結構。若同時指定 AI_ALL 與 AI_V4MAPPED，則 result 會傳回 IPv6 與 IPv4 位址結構，其中 IPv4 位址會以 IPv4-mapped IPv6 位址位址結構傳回。

如之前的 AI_PASSIVE 說明，*host* 可設定為 NULL，service 也能設定為 NULL，在此例子，回傳的位址結構之埠號會設定為 0（即我們只想要將主機名稱解析為位址）。然而，不允許將 *host* 與 *service* 同時設定為 NULL。

若我們不須在 hints 設定任何上述的選擇要素時，則 hints 可設定為 NULL，此 時 會 令 *ai_socktype* 與 *ai_protocol* 為 0、 而 *ai_flags* 為（AI_V4MAPPED|AI_ADDRCONFIG），以及 *ai_family* 為 AF_UNSPEC。（*glibc* 實作刻意背離 SUSv3 規範，在 SUSv3 中，若 hints 為 NULL，則令 *ai_flags* 為 0）

59.10.2　釋放 *addrinfo* 串列：*freeaddrinfo()*

函式 *getaddrinfo()* 會動態地為 result 參考的每個結構配置記憶體（圖 59-3），因此，呼叫者必須在不需要這些結構時釋放記憶體配置，而 *freeaddrinfo()* 函式可一個步驟就能釋放記憶體。

```
#include <sys/socket.h>
#include <netdb.h>

void freeaddrinfo(struct addrinfo *result);
```

若我們想要保留某個 *addrinfo* 結構的副本，或是它的相關 socket 位址結構，則我們必須在呼叫 *freeaddrinfo()* 之前複製（duplicate）此結構。

59.10.3　診斷錯誤：*gai_strerror()*

在出錯時，*getaddrinfo()* 會傳回表 59-1 的其中一個非零錯誤碼。

表 59-1：*getaddrinfo()* 與 *getnameinfo()* 的錯誤回傳

錯誤常數	說明
EAI_ADDRFAMILY	在 *hints.ai_family* 沒有 host 的位址（不在 SUSv3 規範中，但多數平台都有定義；僅供 *getaddrinfo()* 使用）
EAI_AGAIN	名稱解析時會暫時失敗（稍後再試）
EAI_BADFLAGS	在 *hints.ai_flags* 指定無效的旗標
EAI_FAIL	在存取名稱伺服器時無法恢復故障
EAI_FAMILY	不支援 *hints.ai_family* 指定的位址家族
EAI_MEMORY	記憶體配置失敗
EAI_NODATA	沒有與 host 關聯的位址（不在 SUSv3 規範中，但在多數平台都有定義；僅供 *getaddrinfo()* 使用）
EAI_NONAME	未知的 *host* 或 *service*，或是 *host* 與 *service* 同時為 NULL，或設定的 AI_NUMERICSERV 與 *service* 沒有指向數字字串
EAI_OVERFLOW	參數緩衝區溢位
EAI_SERVICE	*hints.ai_socktype* 不支援指定的 *service*（僅供 *getaddrinfo()*）
EAI_SOCKTYPE	不支援設定的 hints.ai_socktype（僅供 *getaddrinfo()*）
EAI_SYSTEM	在 *errno* 傳回的系統錯誤

給定表 59-1 中的某個錯誤，則 *gai_strerror()* 函式會傳回一個說明此錯誤的字串。
（此字串通常比表 59-1 所示的敘述簡短）。

```
#include <netdb.h>

const char *gai_strerror(int errcode);
                          Returns pointer to string containing error message
```

我們可用 *gai_strerror()* 傳回的字串，做為應用程式顯示的錯誤訊息。

59.10.4　*getnameinfo()* 函式

函式 *getnameinfo()* 的功能與 *getaddrinfo()* 功能相反，給它一個 socket 位址結構
（IPv4 或 IPv6），它會傳回一個字串，包含對應的主機與服務名稱，或若無法解
析名稱時，則傳回數值。

```
#include <sys/socket.h>
#include <netdb.h>

int getnameinfo(const struct sockaddr *addr, socklen_t addrlen, char *host,
                size_t hostlen, char *service, size_t servlen, int flags);
                                        Returns 0 on success, or nonzero on error
```

參數 *addr* 是一個指標，指向要轉換的 socket 位址結構，*addrlen* 提供此結構的
長度。通常 *addr* 與 *addrlen* 的值可呼叫 *accept()*、*recvfrom()*、*getsockname()*、或
getpeername() 取得。

　　主機與服務名稱的結果會以 null 結尾的字串傳回，字串儲存在 host 與 service
所指的緩衝區中。這些緩衝區必須由呼叫者配置，而它們的大小必須以 hostlen 與
servlen 傳遞。<netdb.h> 標頭檔定義兩個常數，可以調整這些緩衝區的大小，NI_
MAXHOST 表示回傳的主機名稱字串最大長度（單位是位元組），目前定義為 1025。
NI_MAXSERV 表示回傳的服務名稱字串最大長度（單位是位元組），目前定義為 32，
這兩個常數並不在 SUSv3 的規範中，但在全部提供 *getnameinfo()* 函式的 UNIX
平台上都會定義。（從 *glibc*2.8 起，我們必須定義其中一個功能測試巨集：_BSD_
SOURCE、_SVID_SOURCE 或 _GNU_SOURCE，以取得 NI_MAXHOST 與 NI_MAXSERV 的定義）。

　　若我們對取得的主機名稱沒興趣，可將 *host* 設定為 NULL，而將 hostlen 設定為
0。同理，若我們不需要服務名稱，我們可將 *service* 設定為 NULL，而 servlen 設定

為 0。然而，host 與 service 至少必須有一者不為 NULL（相對應的長度參數必須不為零）。

最後一個 *flags* 參數是一個位元遮罩，用以控制 *getnameinfo()* 的行為，下列的常數能以 OR 位元邏輯運算使用多個位元遮罩：

NI_DGRAM

函式 *getnameinfo()* 預設會傳回與 stream socket（即 TCP）服務相對應的名稱。通常這不會有問題，如 59.9 節所述，通常相對應的 TCP 與 UDP 通訊埠都是相同的服務名稱。然而，在少數名稱不同的實體中，NI_DGRAM 旗標會強制回傳 datagram socket（即 UDP）服務的名稱。

NI_NAMEREQD

若無法解析主機名稱，預設會透過 host 傳回數字位址字串，若有設定 NI_NAMEREQD 旗標，則改成傳回（EAI_NONAME）。

NI_NOFQDN

預設會傳回主機的完整網域名稱（FQDN），若此主機位在區域網路，則設定 NI_NOFQDN 旗標，就只會傳回名稱的第一個部份（即主機名稱）。

NI_NUMERICHOST

強制在 host 傳回數字位址字串，若我們想要避免呼叫 DNS 伺服器所造成的耗時，這就很有用。

NI_NUMERICSERV

強制在 service 傳回十進位的埠號字串，在我們確定埠號不會對應到服務名稱時會很有用，比如：若這是一個由核心分配給 socket 的臨時埠號，而我們想要避免沒必要且低效率的 /etc/services 查詢。

執行成功時，*getnameinfo()* 將傳回 0，發生錯誤時，則傳回表 59-1 所列的其中一個非零錯誤碼。

59.11　客戶端與伺服器範例（Stream Socket）

我們現在有足夠的資訊可以探討一個使用 TCP socket 的簡單 client-server 應用程式，此應用程式進行的工作與 44.8 節所示的 FIFO client-server 應用程式相同：幫客戶端配置一個唯一的序號（或是一段序號範圍）。

為了處理在伺服器與客戶端主機的整數可能會有不同的表示格式，我們將全部傳輸的整數編碼為字串，且以換行符號結尾，並使用我們的 *readLine()* 函式（列表 59-1）讀取這些字串。

常見的標頭檔

客戶端與伺服器都引用列表 59-5 的標頭檔，此檔案包含各種其他標頭檔，並定義應用程式使用的 TCP 埠號。

伺服器程式

列表 59-6 的伺服器程式執行下列步驟：

- 將伺服器的序號初始化為 0，或是設定為（選配的）命令列參數①提供的值。

- 忽略 SIGPIPE 訊號②，這可以避免伺服器在嘗試寫入對方已關閉的 socket 時，收到 SIGPIPE 訊號；而是在 *write()* 失敗時出現 EPIPE 錯誤。

- 呼叫 *getaddrinfo()* ④以取得一組使用埠號 PORT_NUM 的 TCP socket 位址結構。（不是使用寫死的埠號，通常會使用服務名稱）。我們設定 AI_PASSIVE 旗標③，使得 socket 可以綁定到萬用位址（58.5 節）。因此，若伺服器在多宿（multihomed）主機上執行，則能接受送到該主機任何一個位址的請求。

- 進入迴圈，以迭代方式處理上個步驟傳回的 socket 位址結構⑤，當程式找到一個能成功建立與綁定 socket 的位址結構時，結束迴圈⑦。

- 在上個步驟建立的 socket 設定 SO_REUSEADDR 選項⑥，我們將在 61.10 節討論這個選項，屆時將提到 TCP 伺服器應在其監聽式 socket 設定這個選項。

- 將此 socket 標示為監聽式 socket ⑧。

- 開始無窮的 for 迴圈⑨，輪流服務客戶端（第 60 章），在接受下個客戶端的請求之前，會先完成每個客戶端的請求。對於每個客戶端，伺服器執行下列的步驟：

  - 接受新的連線⑩，伺服器為了取得客戶端位址，傳遞不為 NULL 的指標做為 *accept()* 的第二個與第三個參數。伺服器在標準輸出顯示客戶端的位址（IP 位址加上埠號）⑪。

  - 讀取客戶端的訊息⑫，這包含一個換行符號結尾的字串，用以設定客戶端想要的序號為何。伺服器將此字串轉換為整數，並儲存於 reqLen 變數⑬。

  - 將目前的序號值（*seqNum*）送回客戶端，編碼為換行符號結尾的字串⑭。客戶端可假設已經配置全部的序號，範圍在 *seqNum* 至（*seqNum* + *reqLen* − 1）之間。

– 透過將 reqLen 新增到 seqNum 以更新伺服器的序號值⑮。

列表 59-5：is_seqnum_sv.c 與 is_seqnum_cl.c 使用的標頭檔

———————————————————————————————— sockets/is_seqnum.h

```
#include <netinet/in.h>
#include <sys/socket.h>
#include <signal.h>
#include "read_line.h"          /* Declaration of readLine() */
#include "tlpi_hdr.h"

#define PORT_NUM "50000"        /* Port number for server */

#define INT_LEN 30              /* Size of string able to hold largest
                                   integer (including terminating '\n') */
```
———————————————————————————————— sockets/is_seqnum.h

列表 59-6：使用 stream socket 與客戶端溝通的迭代式伺服器

———————————————————————————————— sockets/is_seqnum_sv.c

```
#define _BSD_SOURCE             /* To get definitions of NI_MAXHOST and
                                   NI_MAXSERV from <netdb.h> */
#include <netdb.h>
#include "is_seqnum.h"

#define BACKLOG 50

int
main(int argc, char *argv[])
{
    uint32_t seqNum;
    char reqLenStr[INT_LEN];            /* Length of requested sequence */
    char seqNumStr[INT_LEN];            /* Start of granted sequence */
    struct sockaddr_storage claddr;
    int lfd, cfd, optval, reqLen;
    socklen_t addrlen;
    struct addrinfo hints;
    struct addrinfo *result, *rp;
#define ADDRSTRLEN (NI_MAXHOST + NI_MAXSERV + 10)
    char addrStr[ADDRSTRLEN];
    char host[NI_MAXHOST];
    char service[NI_MAXSERV];

    if (argc > 1 && strcmp(argv[1], "--help") == 0)
        usageErr("%s [init-seq-num]\n", argv[0]);
```
①   `seqNum = (argc > 1) ? getInt(argv[1], 0, "init-seq-num") : 0;`

②   `if (signal(SIGPIPE, SIG_IGN) == SIG_ERR)`

```
                errExit("signal");

            /* Call getaddrinfo() to obtain a list of addresses that
               we can try binding to */

            memset(&hints, 0, sizeof(struct addrinfo));
            hints.ai_canonname = NULL;
            hints.ai_addr = NULL;
            hints.ai_next = NULL;
            hints.ai_socktype = SOCK_STREAM;
            hints.ai_family = AF_UNSPEC;          /* Allows IPv4 or IPv6 */
③          hints.ai_flags = AI_PASSIVE | AI_NUMERICSERV;
                                /* Wildcard IP address; service name is numeric */

④          if (getaddrinfo(NULL, PORT_NUM, &hints, &result) != 0)
                errExit("getaddrinfo");

            /* Walk through returned list until we find an address structure
               that can be used to successfully create and bind a socket */

            optval = 1;
⑤          for (rp = result; rp != NULL; rp = rp->ai_next) {
                lfd = socket(rp->ai_family, rp->ai_socktype, rp->ai_protocol);
                if (lfd == -1)
                    continue;                       /* On error, try next address */

⑥              if (setsockopt(lfd, SOL_SOCKET, SO_REUSEADDR, &optval, sizeof(optval))
                        == -1)
                    errExit("setsockopt");

⑦              if (bind(lfd, rp->ai_addr, rp->ai_addrlen) == 0)
                    break;                          /* Success */

                /* bind() failed: close this socket and try next address */

                close(lfd);
            }

            if (rp == NULL)
                fatal("Could not bind socket to any address");

⑧          if (listen(lfd, BACKLOG) == -1)
                errExit("listen");

            freeaddrinfo(result);

⑨          for (;;) {                  /* Handle clients iteratively */

                /* Accept a client connection, obtaining client's address */
```

```
              addrlen = sizeof(struct sockaddr_storage);
⑩            cfd = accept(lfd, (struct sockaddr *) &claddr, &addrlen);
              if (cfd == -1) {
                  errMsg("accept");
                  continue;
              }

⑪            if (getnameinfo((struct sockaddr *) &claddr, addrlen,
                          host, NI_MAXHOST, service, NI_MAXSERV, 0) == 0)
                  snprintf(addrStr, ADDRSTRLEN, "(%s, %s)", host, service);
              else
                  snprintf(addrStr, ADDRSTRLEN, "(?UNKNOWN?)");
              printf("Connection from %s\n", addrStr);

              /* Read client request, send sequence number back */

⑫            if (readLine(cfd, reqLenStr, INT_LEN) <= 0) {
                  close(cfd);
                  continue;                      /* Failed read; skip request */
              }

⑬            reqLen = atoi(reqLenStr);
              if (reqLen <= 0) {                 /* Watch for misbehaving clients */
                  close(cfd);
                  continue;                      /* Bad request; skip it */
              }

⑭            snprintf(seqNumStr, INT_LEN, "%d\n", seqNum);
              if (write(cfd, seqNumStr, strlen(seqNumStr)) != strlen(seqNumStr))
                  fprintf(stderr, "Error on write");

⑮            seqNum += reqLen;                    /* Update sequence number */

              if (close(cfd) == -1)              /* Close connection */
                  errMsg("close");
          }
      }
```

———————————————————————————————————— **sockets/is_seqnum_sv.c**

客戶端程式

列表 59-7 的客戶端程式接受兩個參數,第一個參數是執行伺服器的主機名稱,這是必要的參數。第二個參數是選配的,是客戶端需要的序號個數,預設數量是 1,客戶端會執行下列步驟:

- 呼叫 *getaddrinfo()* 以取得一組 socket 位址結構,適用於連線到綁定在該主機的 TCP 伺服器①。至於埠號,客戶端設定為 PORT_NUM。

- 進入迴圈②，依序處理上個步驟傳回的每個 socket 位址結構，直到客戶端找到能成功用來建立③與連線④到伺服器的 socket，因為客戶端沒有對本身的 socket 進行綁定，所以執行 *connect()* 呼叫時會讓核心配置臨時埠給 socket。

- 傳送整數，以設定客戶端所需的序號個數⑤，此整數以換行符號結尾的字串傳遞。

- 讀取伺服器送回的序號（同樣是個換行符號結尾的字串）⑥，並輸出到標準輸出⑦。

當我們在同一台主機執行伺服器與客戶端時，我們會看到如下內容：

```
$ ./is_seqnum_sv &
[1] 4075
$ ./is_seqnum_cl localhost          Client 1: requests 1 sequence number
Connection from (localhost, 33273)  Server displays client address + port
Sequence number: 0                  Client displays returned sequence number
$ ./is_seqnum_cl localhost 10       Client 2: requests 10 sequence numbers
Connection from (localhost, 33274)
Sequence number: 1
$ ./is_seqnum_cl localhost          Client 3: requests 1 sequence number
Connection from (localhost, 33275)
Sequence number: 11
```

接著，我們示範使用 telnet 對此應用程式除錯：

```
$ telnet localhost 50000            Our server uses this port number
                                    Empty line printed by telnet
Trying 127.0.0.1...
Connection from (localhost, 33276)
Connected to localhost.
Escape character is '^]'.
1                                   Enter length of requested sequence
12                                  telnet displays sequence number and
Connection closed by foreign host.  detects that server closed connection
```

我們在 shell 作業階段紀錄看到核心是依序地循環使用臨時埠號。（其他平台也有類似行為）。在 Linux 上，此行為是一個優化的結果，為了使核心的本地 socket 綁定表有最少的雜湊查詢。當到達這些數值上限時，核心會從範圍的底端重新開始配置可用的數字（定義於 Linux 特有的 /proc/sys/net/ipv4/ip_local_port_range 檔案）。

列表 59-7：使用 stream socket 的客戶端

———————————————————————————————— **sockets/is_seqnum_cl.c**

```c
#include <netdb.h>
#include "is_seqnum.h"
```

```
int
main(int argc, char *argv[])
{
    char *reqLenStr;                         /* Requested length of sequence */
    char seqNumStr[INT_LEN];                 /* Start of granted sequence */
    int cfd;
    ssize_t numRead;
    struct addrinfo hints;
    struct addrinfo *result, *rp;

    if (argc < 2 || strcmp(argv[1], "--help") == 0)
        usageErr("%s server-host [sequence-len]\n", argv[0]);

    /* Call getaddrinfo() to obtain a list of addresses that
       we can try connecting to */

    memset(&hints, 0, sizeof(struct addrinfo));
    hints.ai_canonname = NULL;
    hints.ai_addr = NULL;
    hints.ai_next = NULL;
    hints.ai_family = AF_UNSPEC;             /* Allows IPv4 or IPv6 */
    hints.ai_socktype = SOCK_STREAM;
    hints.ai_flags = AI_NUMERICSERV;

①  if (getaddrinfo(argv[1], PORT_NUM, &hints, &result) != 0)
        errExit("getaddrinfo");

    /* Walk through returned list until we find an address structure
       that can be used to successfully connect a socket */

②  for (rp = result; rp != NULL; rp = rp->ai_next) {
③      cfd = socket(rp->ai_family, rp->ai_socktype, rp->ai_protocol);
        if (cfd == -1)
            continue;                        /* On error, try next address */

④      if (connect(cfd, rp->ai_addr, rp->ai_addrlen) != -1)
            break;                           /* Success */

        /* Connect failed: close this socket and try next address */

        close(cfd);
    }

    if (rp == NULL)
        fatal("Could not connect socket to any address");

    freeaddrinfo(result);
```

```
                /* Send requested sequence length, with terminating newline */

⑤          reqLenStr = (argc > 2) ? argv[2] : "1";
            if (write(cfd, reqLenStr, strlen(reqLenStr)) !=  strlen(reqLenStr))
                fatal("Partial/failed write (reqLenStr)");
            if (write(cfd, "\n", 1) != 1)
                fatal("Partial/failed write (newline)");

                /* Read and display sequence number returned by server */

⑥          numRead = readLine(cfd, seqNumStr, INT_LEN);
            if (numRead == -1)
                errExit("readLine");
            if (numRead == 0)
                fatal("Unexpected EOF from server");

⑦          printf("Sequence number: %s", seqNumStr);    /* Includes '\n' */

            exit(EXIT_SUCCESS);                         /* Closes 'cfd' */
        }
```
—— **sockets/is_seqnum_cl.c**

59.12　Internet Domain Socket 函式庫

我們在本節使用 59.10 節所示的函式實作一個函式庫，以執行 Internet domain socket 所需的工作。（此函式庫簡化了 59.11 節範例程式的許多步驟）。因為這些函式使用與協定無關的 *getaddrinfo()* 與 *getnameinfo()* 函式，所以在 IPv4 與 IPv6 都能使用。列表 59-8 所示的標頭檔有宣告這些函式。

函式庫中的許多函式都有類似的參數：

- *host* 參數是個字串，代表主機名稱或數值位址（以 IPv4 點分十進位，或 IPv6 十六進位字串符號）。此外，host 可以設定為 NULL 指標，表示使用 loopback IP 位址。

- *service* 參數是個服務名稱或是十進位字串埠號。

- *type* 參數是個 socket 型別，可設定為 SOCK_STREAM 或 SOCK_DGRAM。

列表 59-8：inet_sockets.c 的標頭檔

—— **sockets/inet_sockets.h**
```
#ifndef INET_SOCKETS_H
#define INET_SOCKETS_H              /* Prevent accidental double inclusion */

#include <sys/socket.h>
#include <netdb.h>
```

```
int inetConnect(const char *host, const char *service, int type);

int inetListen(const char *service, int backlog, socklen_t *addrlen);

int inetBind(const char *service, int type, socklen_t *addrlen);

char *inetAddressStr(const struct sockaddr *addr, socklen_t addrlen,
                char *addrStr, int addrStrLen);

#define IS_ADDR_STR_LEN 4096
                        /* Suggested length for string buffer that caller
                           should pass to inetAddressStr(). Must be greater
                           than (NI_MAXHOST + NI_MAXSERV + 4) */
#endif
```

函式 *inetConnect()* 使用提供的 socket *type* 建立一個 socket，並將此 socket 連線到 *host* 與 *service* 設定的位址。此函式的設計是提供需要將 socket 連線到伺服器 socket 的 TCP 或 UDP 客戶端使用。

```
#include "inet_sockets.h"

int inetConnect(const char *host, const char *service, int type);
                                Returns a file descriptor on success, or −1 on error
```

函式會傳回新 socket 的檔案描述符。

　　函式 *inetListen()* 建立一個監聽式 stream socket（SOCK_STREAM），綁定到 *service* 設定的 TCP 通訊埠及萬用位址。此函式的設計提供 TCP 伺服器使用。

```
#include "inet_sockets.h"

int inetListen(const char *service, int backlog, socklen_t *addrlen);
                                Returns a file descriptor on success, or −1 on error
```

函式會傳回新 socket 的檔案描述符。

　　參數 *backlog* 設定 *listen()* 的等待連線數（the backlog of pending connections）。

若將 *addrlen* 設定為非 NULL 指標，則指標所指的位置是用來傳回相對應檔案描述符的 socket 位址結構大小。若我們要取得連線的客戶端位址，此值讓我們能配置適當大小的 socket 位址緩衝區，提供後續的 *accept()* 呼叫使用。

函式 *inetBind()* 依據設定的 *type* 建立 socket，並依 *service* 與 *type* 的設定，將 socket 綁定萬用位址及通訊埠。（Socket type 表示 TCP 或 UDP 服務）。此函式（主要）設計提供 UDP 伺服器與客戶端建立綁定至特定位址的 socket 使用。

```
#include "inet_sockets.h"

int inetBind(const char *service, int type, socklen_t *addrlen);
                           Returns a file descriptor on success, or −1 on error
```

函式會傳回新 socket 的檔案描述符。

如同 *inetListen()*，*inetBind()* 在 *addrlen* 所指的位置傳回相關的 socket 位址結構長度。若我們為了取得傳送 datagram 的 socket 位址，因而想要配置傳遞給 *recvfrom()* 的緩衝區時，這是很有幫助的。（*inetListen()* 與 *inetBind()* 所需的許多步驟都相同，而這些步驟是由函式庫裡的 *inetPassiveSocket()* 這個函式所實作）。

函式 *inetAddressStr()* 會將 Internet socket 位址轉換為可列印的格式。

```
#include "inet_sockets.h"

char *inetAddressStr(const struct sockaddr *addr, socklen_t addrlen,
                     char *addrStr, int addrStrLen);
         Returns pointer to addrStr, a string containing host and service name
```

在 *addr* 提供一個 socket 位址，長度在 *addrlen* 指定，而 *inetAddressStr()* 會傳回一個以 null 結尾的字串，包含相對應的主機名稱與埠號，格式如下：

```
(hostname, port-number)
```

由 *addrStr* 所指的緩衝區傳回字串，呼叫者必須在 *addrStrLen* 設定此緩衝區長度，若傳回的字串超出（addrStrLen − 1）個位元組，則會截斷字串。IS_ADDR_STR_LEN 常數定義了 addrStr 緩衝區的建議長度，此緩衝區應大到足以處理全部的傳回字串。*inetAddressStr()* 傳回 addrStr。

此函式的實作於本節的列表 59-9 介紹。

```
#define _BSD_SOURCE             /* To get NI_MAXHOST and NI_MAXSERV
                                   definitions from <netdb.h> */
#include <sys/socket.h>
#include <netinet/in.h>
#include <arpa/inet.h>
#include <netdb.h>
#include "inet_sockets.h"       /* Declares functions defined here */
#include "tlpi_hdr.h"

int
inetConnect(const char *host, const char *service, int type)
{
    struct addrinfo hints;
    struct addrinfo *result, *rp;
    int sfd, s;

    memset(&hints, 0, sizeof(struct addrinfo));
    hints.ai_canonname = NULL;
    hints.ai_addr = NULL;
    hints.ai_next = NULL;
    hints.ai_family = AF_UNSPEC;         /* Allows IPv4 or IPv6 */
    hints.ai_socktype = type;

    s = getaddrinfo(host, service, &hints, &result);
    if (s != 0) {
        errno = ENOSYS;
        return -1;
    }

    /* Walk through returned list until we find an address structure
       that can be used to successfully connect a socket */

    for (rp = result; rp != NULL; rp = rp->ai_next) {
        sfd = socket(rp->ai_family, rp->ai_socktype, rp->ai_protocol);
        if (sfd == -1)
            continue;                    /* On error, try next address */

        if (connect(sfd, rp->ai_addr, rp->ai_addrlen) != -1)
            break;                       /* Success */

        /* Connect failed: close this socket and try next address */

        close(sfd);
    }

    freeaddrinfo(result);
```

```
        return (rp == NULL) ? -1 : sfd;
}

static int                  /* Public interfaces: inetBind() and inetListen() */
inetPassiveSocket(const char *service, int type, socklen_t *addrlen,
                Boolean doListen, int backlog)
{
    struct addrinfo hints;
    struct addrinfo *result, *rp;
    int sfd, optval, s;

    memset(&hints, 0, sizeof(struct addrinfo));
    hints.ai_canonname = NULL;
    hints.ai_addr = NULL;
    hints.ai_next = NULL;
    hints.ai_socktype = type;
    hints.ai_family = AF_UNSPEC;        /* Allows IPv4 or IPv6 */
    hints.ai_flags = AI_PASSIVE;        /* Use wildcard IP address */

    s = getaddrinfo(NULL, service, &hints, &result);
    if (s != 0)
        return -1;

    /* Walk through returned list until we find an address structure
       that can be used to successfully create and bind a socket */

    optval = 1;
    for (rp = result; rp != NULL; rp = rp->ai_next) {
        sfd = socket(rp->ai_family, rp->ai_socktype, rp->ai_protocol);
        if (sfd == -1)
            continue;                   /* On error, try next address */

        if (doListen) {
            if (setsockopt(sfd, SOL_SOCKET, SO_REUSEADDR, &optval,
                    sizeof(optval)) == -1) {
                close(sfd);
                freeaddrinfo(result);
                return -1;
            }
        }

        if (bind(sfd, rp->ai_addr, rp->ai_addrlen) == 0)
            break;                      /* Success */

        /* bind() failed: close this socket and try next address */

        close(sfd);
    }
```

```
    if (rp != NULL && doListen) {
        if (listen(sfd, backlog) == -1) {
            freeaddrinfo(result);
            return -1;
        }
    }

    if (rp != NULL && addrlen != NULL)
        *addrlen = rp->ai_addrlen;          /* Return address structure size */

    freeaddrinfo(result);

    return (rp == NULL) ? -1 : sfd;
}

int
inetListen(const char *service, int backlog, socklen_t *addrlen)
{
    return inetPassiveSocket(service, SOCK_STREAM, addrlen, TRUE, backlog);
}

int
inetBind(const char *service, int type, socklen_t *addrlen)
{
    return inetPassiveSocket(service, type, addrlen, FALSE, 0);
}

char *
inetAddressStr(const struct sockaddr *addr, socklen_t addrlen,
               char *addrStr, int addrStrLen)
{
    char host[NI_MAXHOST], service[NI_MAXSERV];

    if (getnameinfo(addr, addrlen, host, NI_MAXHOST,
                    service, NI_MAXSERV, NI_NUMERICSERV) == 0)
        snprintf(addrStr, addrStrLen, "(%s, %s)", host, service);
    else
        snprintf(addrStr, addrStrLen, "(?UNKNOWN?)");

    return addrStr;
}
```
———————————————————————————————————— **sockets/inet_sockets.c**

59.13　已廢止的主機與服務轉換 API

在下列幾節，我們介紹已過時的舊有函式，用以轉換主機名稱、服務名稱與二進位表示格式。雖然新程式應使用本章之前介紹的新函式進行轉換，不過了解這些舊版函式還是有用的，因為在舊程式還是常常可以看到它們。

59.13.1　*inet_aton()* 與 *inet_ntoa()* 函式

函式 *inet_aton()* 與 *inet_ntoa()* 會將 IPv4 位址於點分十進位符號與二進位格式之間轉換（以網路位元組順序）。這些函式目前已由 *inet_pton()* 與 *inet_ntop()* 取代。

函式 *inet_aton()*（"ASCII 至 network"）將 *str* 所指的點分十進位字串轉換為網路位元組順序的 IPv4 位址，由 *addr* 所指向的 *in_addr* 結構傳回。

```
#include <arpa/inet.h>

int inet_aton(const char *str, struct in_addr *addr);
    Returns 1 (true) if str is a valid dotted-decimal address, or 0 (false) on error
```

若轉換成功，則 *inet_aton()* 函式傳回 1，或若 *str* 格式無效，則傳回 0。

提供給 *inet_aton()* 的字串數值元件必須是十進位，也可以是八進位（以 0 開頭指定）或十六進位（以 0x 或 0X 開頭）。此外，*inet_aton()* 支援簡寫格式，讓位址能以較短的數值元件設定。（細節請見 *inet(3)* 技術手冊）數字與點符號（*numbers-and-dots notation*）名詞是提供採用這些功能的較為通用的位址字串使用。

SUSv3 沒有規範 *inet_aton()*，不過在多數的平台都能使用此函式。在 Linux 系統上，為了從 <arpa/inet.h> 取得 *inet_aton()* 宣告，我們必須定義功能測試巨集 _BSD_SOURCE、_SVID_SOURCE 或 _GNU_SOURCE。

inet_ntoa()（"network to ASCII"）函式執行 *inet_aton()* 的相反功能。

```
#include <arpa/inet.h>

char *inet_ntoa(struct in_addr addr);
                            Returns pointer to (statically allocated)
                            dotted-decimal string version of addr
```

提供一個 *in_addr* 結構（一個 32 位元的 IPv4 位址，為網路位元組順序），*inet_ntoa()* 會傳回指標，指向（靜態配置的）字串（包含點、十進位格式位址）。

由於 *inet_ntoa()* 傳回的字串是靜態配置（static），所以此字串會被後續的呼叫給覆蓋。

59.13.2　*gethostbyname()* 與 *gethostbyaddr()* 函式

函式 *gethostbyname()* 與 *gethostbyaddr()* 可做主機名稱與 IP 位址之間的轉換，這些函式目前已由 *getaddrinfo()* 與 *getnameinfo()* 取代。

```
#include <netdb.h>

extern int h_errno;

struct hostent *gethostbyname(const char *name);
struct hostent *gethostbyaddr(const void *addr, socklen_t len, int type);
```
                    Both return pointer to (statically allocated) *hostent* structure
                                            on success, or NULL on error

函式 *gethostbyname()* 會解析 *name* 指定的主機名稱，並傳回指標，指向靜態配置的 *hostent* 結構，裡頭有主機名稱資訊，此結構格式如下：

```
struct hostent {
    char  *h_name;                /* Official (canonical) name of host */
    char **h_aliases;             /* NULL-terminated array of pointers
                                     to alias strings */
    int h_addrtype;               /* Address type (AF_INET or AF_INET6) */
    int h_length;                 /* Length (in bytes) of addresses pointed
                                     to by h_addr_list (4 bytes for AF_INET,
                                     16 bytes for AF_INET6) */
    char **h_addr_list;           /* NULL-terminated array of pointers to
                                     host IP addresses (in_addr or in6_addr
                                     structures) in network byte order */
};

#define h_addr  h_addr_list[0]
```

欄位 *h_name* 傳回主機的正式名稱，以 NULL 結尾的字串。*h_aliases* 欄位指向一個指標陣列（指向以 null 結尾的字串，字串內容是這個主機名稱的別名）。

h_addr_list 欄位是一個指標陣列，指向此主機的 IP 位址結構。（多宿主機有多個位址）。此串列包含的結構可以是 *in_addr* 或 *in6_addr*。我們能從 *h_addrtype* 欄位判斷這些結構的型別，可為 **AF_INET** 或 **AF_INET6**，並可從 *h_length* 欄位取得長度。*h_addr* 的定義可與早期平台相容，（如：4.2BSD），在 hostent 結構中只傳回一個位址。有些既有的程式碼需要此名稱（因而多宿主機不需要）。

　　在現代版的 *gethostbyname()* 中，*name* 也能指定為數字的 IP 位址字串，亦即，在 IPv4 是以數字與點組成的格式，而 IPv6 則為十六進位的字串符號。在此例，不須進行查詢的動作，而會將 *name* 複製到 *hostent* 結構的 *h_name* 欄位，並將 *h_addr_list* 設定為等同於 *name* 的二進位格式。

　　函式 *gethostbyaddr()* 的功能與 *gethostbyname()* 函式的功能相反。提供一個 IP 位址，它會傳回一個 *hostent* 結構，裡頭包含此位址的主機資訊。

　　在發生錯誤時（如：無法解析名稱），*gethostbyname()* 與 *gethostbyaddr()* 都會傳回 **NULL** 指標，並設定 **h_errno** 全域變數。顧名思義，此變數類似 *errno*（變數值在 *gethostbyname(3)* 技術手冊介紹），而 *herror()* 與 *hstrerror()* 函式則類似 *perror()* 與 *strerror()*。

　　函式 *herror()* 顯示（於 *stderr*）*str* 裡的字串，並跟著一個冒號（:），再接著 *h_errno* 的錯誤訊息。此外，我們能用 *hstrerror()* 取得一個指標，指向 *err* 所指錯誤值的對應字串。

```
#define _BSD_SOURCE              /* Or _SVID_SOURCE or _GNU_SOURCE */
#include <netdb.h>

void herror(const char *str);

const char *hstrerror(int err);
                    Returns pointer to h_errno error string corresponding to err
```

列表 59-10 示範 *gethostbyname()* 的使用方法，此程式將顯示命令列的每個主機名稱之 *hostent* 資訊。下列的 shell 作業階段紀錄示範此程式的用法：

```
$ ./t_gethostbyname www.jambit.com
Canonical name: jamjam1.jambit.com
        alias(es):      www.jambit.com
        address type:   AF_INET
        address(es):    62.245.207.90
```

列表 59-10：使用 *gethostbyname()* 取得主機資訊

```
#define _BSD_SOURCE      /* To get hstrerror() declaration from <netdb.h> */
#include <netdb.h>
#include <netinet/in.h>
#include <arpa/inet.h>
#include "tlpi_hdr.h"

int
main(int argc, char *argv[])
{
    struct hostent *h;
    char **pp;
    char str[INET6_ADDRSTRLEN];

    for (argv++; *argv != NULL; argv++) {
        h = gethostbyname(*argv);
        if (h == NULL) {
            fprintf(stderr, "gethostbyname() failed for '%s': %s\n",
                    *argv, hstrerror(h_errno));
            continue;
        }

        printf("Canonical name: %s\n", h->h_name);

        printf("        alias(es):    ");
        for (pp = h->h_aliases; *pp != NULL; pp++)
            printf(" %s", *pp);
        printf("\n");

        printf("        address type:   %s\n",
                (h->h_addrtype == AF_INET) ? "AF_INET" :
                (h->h_addrtype == AF_INET6) ? "AF_INET6" : "???");

        if (h->h_addrtype == AF_INET || h->h_addrtype == AF_INET6) {
            printf("        address(es):   ");
            for (pp = h->h_addr_list; *pp != NULL; pp++)
                printf(" %s", inet_ntop(h->h_addrtype, *pp,
                                        str, INET6_ADDRSTRLEN));
            printf("\n");
        }
    }

    exit(EXIT_SUCCESS);
}
```

59.13.3　*getservbyname()* 與 *getservbyport()* 函式

函式 *getservbyname()* 與 *getservbyport()* 從 /etc/services 檔案取得紀錄（59.9 節），這些函式目前已由 *getaddrinfo()* 與 *getnameinfo()* 取代。

```
#include <netdb.h>

struct servent *getservbyname(const char *name, const char *proto);
struct servent *getservbyport(int port, const char *proto);
```
                            Both return pointer to a (statically allocated) *servent* structure
                                            on success, or NULL on not found or error

函式 *getservbyname()* 查詢服務名稱符合 *name* 以及協定符合 proto 的紀錄，*proto* 參數是一個字串，如：*tcp* 或 *udp*，或可以是 NULL。若 *proto* 設定為 NULL，則會傳回服務名稱符合 *name* 的紀錄。（通常這樣就夠了，UDP 與 TCP 在 /etc/services 檔案紀錄的名稱相同，通常埠號是相同的）。若找到符合的紀錄，則 *getservbyname()* 傳回一個指標，指向下列型別的靜態配置結構：

```
struct servent {
    char  *s_name;            /* Official service name */
    char **s_aliases;         /* Pointers to aliases (NULL-terminated) */
    int    s_port;            /* Port number (in network byte order) */
    char  *s_proto;           /* Protocol */
};
```

通常我們只是為了取得埠號而呼叫 *getservbyname()*，會在 *s_port* 欄位傳回。

　　函式 *getservbyport()* 函式的功能與 *getservbyname()* 功能相反，它會傳回一筆取自 /etc/services 的 servent 紀錄，其埠號符合 *port* 且其協定符合 *proto*。接著，我們將 *proto* 設定為 NULL，在此例中，該呼叫可傳回符合埠號的紀錄。（在少數情況下，這不會傳回傳回所需的結果，當 TCP 與 UDP 是相同的埠號，但對應到不同的服務名稱時）。

　　使用 *getservbyname()* 函式的範例在本書程式碼的 sockets/t_getservbyname.c 檔案。

59.14　UNIX 與 Internet Domain Socket 的比較

我們在設計網路應用程式時必須使用 Internet domain socket。然而，在同一台系統上使用 socket 做為應用程式之間的通信時，我們可以選擇使用 Internet 或 UNIX domain socket。在此例中，我們該使用那一個 domain 呢，為什麼？

只使用 Internet domain socket 設計應用程式是最簡單的方式，因為適用於單機或跨越網路的主機。然而，有幾個我們可以選擇使用 UNIX domain socket 的理由：

- 有些平台的 UNIX domain socket 會比 Internet domain socket 還快。
- 我們可以使用資料夾（在 Linux 還可以使用檔案）的權限，來控制存取 UNIX domain socket，以便只有指定的使用者或群組 ID 應用程式可以連線到監聽式 stream socket、或傳送 datagram 到 datagram socket 的應用程式。這提供了一個簡易的客戶端認證方法，而在 Internet domain socket，若我們想要認證客戶端，則需要相當多的處理。
- 我們可以使用 UNIX domain socket 來傳遞開啟檔案描述符（open file descriptor）與傳送者憑證，如 61.13.3 節所述。

59.15　進階資訊

有一些值得閱讀的 TCP/IP 及 socket API 的書本與線上資源：

- Socket API 網路程式設計的經典是（Stevens 等人，2004），（Snader，2000）在 socket 程式設計方面新增了一些實用的導引。
- （Stevens，1994）與（Wright & Stevens，1995）詳細介紹了 TCP/IP。（Comer，2000）、（Comer & Stevens，1999）、（Comer & Stevens，2000）、（Kozierok，2005）及（Goralksi，2009）也提供許多好資料。
- （Tanenbaum，2002）提供電腦網路的基礎背景。
- （Herbert，2004）詳細介紹了 Linux 2.6 TCP/IP stack。
- GNU C 函式庫手冊（線上位於 *http://www.gnu.org/*）有深入介紹 socket API。
- IBM Redbook，*TCP/IP Tutorial and Technical Overview* 提供大量的網路概念、TCP/IP 內部、socket API 及主機相關主題，可從 *http://www.redbooks.ibm.com/* 免費下載。
- （Gont，2008）與（Gont，2009b）提供 IPv4 與 TCP 的安全評估。
- Usenet 新聞群組：*comp.protocols.tcp-ip* 致力於回答 TCP/IP 網路協定的相關問題。
- （Sarolahti & Kuznetsov，2002）說明壅塞控制（congestion control）與 Linux TCP 實作的其他細節。
- 可以在下列使用手冊找到 Linux 特有的資訊：*socket(7)*、*ip(7)*、*raw(7)*、*tcp(7)*、*udp(7)* 與 *packet(7)*。
- 也可以參見 58.7 節的 RFC 列表。

59.16 小結

Internet domain socket 可以讓不同主機上的應用程式透過 TCP/IP 網路進行通訊，Internet domain socket 位址有一個 IP 位址及一個埠號。在 IPv4 協定中，IP 位址是一個 32 位元的數字；而在 IPv6 協定中，位址是一個 128 位元的數字。Internet domain datagram socket 是透過 UDP 運作，提供無須連線、不可靠、訊息導向的通信。Internet domain stream socket 透過 TCP 運作，而且在已建立連線的應用程式之間提供可靠的、雙向的、位元組串流（byte-stream）的通信頻道。

不同的電腦架構會有不同的資料型別表示方式，例如：整數可以儲存為 little-endian 或 big-endian 格式儲存，而不同的電腦會使用不同的位元組數量來表示數值型別，如：*int* 或 *long*。這些差異意謂著，我們透過網路在異質電腦之間傳輸資料時，需要採用一些與架構無關的表示方式。我們提過各種現有處理此問題的編碼標準，並介紹許多應用程式使用的簡易解決方案：將全部要傳輸的資料以文字形式傳輸、以指定的字元將欄位隔開（通常是換行符號）。

我們探討了一些函式，可用於（數字）字串表示的 IP 位址（IPv4 是點分十進位的字串，而 IPv6 是十六進位的字串），以及轉換為二進位表示。然而，通常推薦使用主機與服務名稱，而不是使用數字。因為名稱好記，而且可以一直使用，即使相對應的數值改變了。我們探討許多函式，讓主機及服務名稱能與數字格式互相轉換，現在將主機與服務名稱轉換為 socket 位址的函式是 *getaddrinfo()*，但經常可以在既有的程式碼看到 *gethostbyname()* 與 *getservbyname()* 等舊版函式。

探討主機名稱的轉換讓我們進入 DNS 的討論，DNS 將階層式目錄服務實作為分散式資料庫。 DNS 的好處是資料庫的管理並不是集中式的，而是由區域（local zone）管理者更新職責所在的資料庫階層元件，而 DNS 伺服器為了解析主機名稱，也會與其他 DNS 伺服器溝通。

59.17 習題

59-1. 當讀取大量資料時，列表 59-1 中的 *readLine()* 函式會效率不佳，因為每讀取一個字元就要執行一次系統呼叫。一個較有效率的介面會將一個區塊的字元讀取到緩衝區，並一次從緩衝區解開一行的資料。這類介面有兩個函式，第一個函式稱為 *readLineBufInit(fd, &rlbuf)*，將 rlbuf 所指的資料結構初始化，此結構包含資料緩衝區的空間、緩衝區大小，以及一個指向緩衝區下一個「未讀」字元的指標，這個結構也有一個檔案描述符的副本，在 *fd* 參數提供。第二個函式，*readLineBuf(&rlbuf)*，會從與 *rlbuf* 關聯的緩衝區傳回下一行資料。若有需要，此函式會進一步從儲存於 *rlbuf* 的檔案描述符讀取一個區塊的資料。請實作這兩個函式，讓列表 59-6（`is_seqnum_sv.c`）與列表 59-7（`is_seqnum_cl.c`）的程式使用這些函式。

59-2. 使用列表 59-9（`inet_sockets.c`）提供的 *inetListen()* 與 *inetConnect()* 函式，修改列表 59-6（`is_seqnum_sv.c`）及列表 59-7（`is_seqnum_cl.c`）的程式。

59-3. 設計一個 UNIX domain socket 函式庫，提供類似 59.12 節所示的 Internet domain socket 函式庫 API，並修改列表 57-3（`us_xfr_sv.c`）與列表 57-4（`us_xfr_cl.c`）的程式，讓它們可以使用設計的函式庫。

59-4. 設計一個網路伺服器，可以儲存（名稱 - 值）的配對資料，伺服器應該要提供客戶端新增名稱、刪除名稱、修改名稱，以及解析名稱。請設計一個或多個客戶端程式來測試伺服器。另外可選擇是否要實作某種安全機制，只允許建立名稱的客戶端刪除名稱或修改與名稱的值。

59-5. 假設我們建立兩個 Internet domain datagram socket，將這些 socket 綁定到特定位址，並將第一個 socket 連線到第二個 socket。若我們建立第三個 datagram socket，並試著透過第三個 socket 傳送（*sendto()*）一個 datagram 給第一個 socket，會發生什麼事情呢？請設計一個程式來驗證答案。

60

SOCKET：伺服器的設計

我們在本章探討如何設計基本的迭代式（iterative）與並行式（concurrent）伺服器，並介紹 inetd，這是一個特殊的 daemon（守護程式），用來協助建立網際網路伺服器（Internet server）。

60.1　迭代與並行伺服器

下列是兩個使用 socket 的網路伺服器常見設計：

- **迭代式**：伺服器一次處理一個客戶端，會在處理下一個客戶端（client）之前，先完成目前的客戶端全部請求。
- **並行式**：將伺服器設計為可同時處理多個客戶端。

我們已在 44.8 節看過使用 FIFO（先進先出）的迭代伺服器範例，以及在 46.8 節使用 System V 訊息佇列（message queue）的並行伺服器範例。迭代伺服器通常僅適用於「客戶端的請求能夠快速處理完畢」，因為每個客戶端都必須等待前面的每個客戶端完成工作。採用迭代伺服器的典型情況是「客戶端與伺服器只會交換一個請求與回應」。

並行伺服器適用於「每個請求需要大量的處理時間」、或「客戶端與伺服器忙著持續交談，而且會一直交換訊息」。我們在本章主要著重於傳統的（而且是最簡單的）並行伺服器設計方法：為每個新的客戶端建立新的子行程（child process）。每個伺服器子行程會執行單一客戶端的任務，子行程在任務完成之後結束。因為這些行程各自都能獨立運作，所以可以同時處理多個客戶端。主伺服器行程（父行程）的主要任務是，為新進的客戶端建立新的子行程。（另一個方式是，為每個客戶端建立新的執行緒）。

我們在下列章節會探討使用 Internet domain socket 的迭代與並行伺服器，這兩款伺服器了實作 *echo* 服務（RFC862），一個基本的服務，只會將客戶端送來的資料回傳。

60.2　迭代式 UDP *echo* 伺服器

我們在本節與下一節介紹 *echo* 服務的伺服器，*echo* 服務運作於 UDP 與 TCP 的埠號 7。（因為這是保留的通訊埠，所以 *echo* 伺服器必須以管理員權限執行）。

UDP *echo* 伺服器持續讀取 datagram（資料包），並將每個 datagram 的副本回送給傳送端。因為伺服器一次只需要處理一筆訊息，所以迭代伺服器就足以擔當此任。伺服器（以及我們討論的客戶端）的標頭檔如列表 60-1 所示。

列表 60-1：`id_echo_sv.c` 及 `id_echo_cl.c` 的標頭檔

———————————————————————————— **sockets/id_echo.h**

```
#include "inet_sockets.h"      /* Declares our socket functions */
#include "tlpi_hdr.h"

#define SERVICE "echo"         /* Name of UDP service */

#define BUF_SIZE 500           /* Maximum size of datagrams that can
                                  be read by client and server */
```

———————————————————————————— **sockets/id_echo.h**

列表 60-2 所示的是伺服器實作，實作時要注意下列幾點：

- 我們使用 37.2 節的 *becomeDaemon()* 函式，將伺服器轉換為 daemon。
- 為了精簡程式，我們採用 59.12 節的 Internet domain socket 函式庫。
- 若伺服器不能將回應送給客戶端，則會使用 *syslog()* 記錄訊息。

> 我們在真實世界的應用程式中，可以限制 *syslog()* 寫入訊息的速率，不僅能避免攻擊者塞爆系統日誌檔，而且每次的 *syslog()* 呼叫（預設）都會呼叫 *fsync()*，所以限制 *syslog()* 寫入速率也能減少系統的負擔。

列表 60-2：以迭代伺服器實作 UDP *echo* 服務

```c
#include <syslog.h>
#include "id_echo.h"
#include "become_daemon.h"

int
main(int argc, char *argv[])
{
    int sfd;
    ssize_t numRead;
    socklen_t len;
    struct sockaddr_storage claddr;
    char buf[BUF_SIZE];
    char addrStr[IS_ADDR_STR_LEN];

    if (becomeDaemon(0) == -1)
        errExit("becomeDaemon");

    sfd = inetBind(SERVICE, SOCK_DGRAM, NULL);
    if (sfd == -1) {
        syslog(LOG_ERR, "Could not create server socket (%s)", strerror(errno));
        exit(EXIT_FAILURE);
    }

    /* Receive datagrams and return copies to senders */

    for (;;) {
        len = sizeof(struct sockaddr_storage);
        numRead = recvfrom(sfd, buf, BUF_SIZE, 0,
                           (struct sockaddr *) &claddr, &len);
        if (numRead == -1)
            errExit("recvfrom");

        if (sendto(sfd, buf, numRead, 0, (struct sockaddr *) &claddr, len)
                    != numRead)
            syslog(LOG_WARNING, "Error echoing response to %s (%s)",
                    inetAddressStr((struct sockaddr *) &claddr, len,
                                addrStr, IS_ADDR_STR_LEN),
                    strerror(errno));
    }
}
```

我們使用列表 60-3 的客戶端程式來測試伺服器，此程式亦採用在 59.12 節開發的 Internet domain socket 函式庫。如其第一個參數，客戶端程式需要伺服器所在的主機名稱，客戶端會執行一個迴圈，在迴圈內將它的命令列參數透過不同的 datagram 發送給伺服器，而伺服器則讀取送回的 datagram 並列印輸出。

列表 60-3：UDP *echo* 服務的客戶端

─────────────────────────────────── ***sockets/id_echo_cl.c***

```
#include "id_echo.h"

int
main(int argc, char *argv[])
{
    int sfd, j;
    size_t len;
    ssize_t numRead;
    char buf[BUF_SIZE];

    if (argc < 2 || strcmp(argv[1], "--help") == 0)
        usageErr("%s host msg...\n", argv[0]);

    /* Construct server address from first command-line argument */

    sfd = inetConnect(argv[1], SERVICE, SOCK_DGRAM);
    if (sfd == -1)
        fatal("Could not connect to server socket");

    /* Send remaining command-line arguments to server as separate datagrams */

    for (j = 2; j < argc; j++) {
        len = strlen(argv[j]);
        if (write(sfd, argv[j], len) != len)
            fatal("partial/failed write");

        numRead = read(sfd, buf, BUF_SIZE);
        if (numRead == -1)
            errExit("read");

        printf("[%ld bytes] %.*s\n", (long) numRead, (int) numRead, buf);
    }

    exit(EXIT_SUCCESS);
}
```

─────────────────────────────────── ***sockets/id_echo_cl.c***

此範例可以觀察執行伺服器與兩個客戶端實體（instance）時的情況：

```
$ su                          Need privilege to bind reserved port
Password:
# ./id_echo_sv                Server places itself in background
# exit                        Cease to be superuser
```

```
$ ./id_echo_cl localhost hello world        This client sends two datagrams
[5 bytes] hello                             Client prints responses from server
[5 bytes] world
$ ./id_echo_cl localhost goodbye            This client sends one datagram
[7 bytes] goodbye
```

60.3 並行式 TCP *echo* 伺服器

TCP *echo* 服務亦於通訊埠 7 運作，TCP *echo* 伺服器會接受連線，接著持續執行迴圈，讀取傳輸的全部資料，並以相同的 socket 將資料送回客戶端。伺服器會不斷地讀取，直到偵測到檔案結尾為止，此時將關閉本身的 socket（讓仍在從 socket 接收資料的客戶端可讀到檔案結尾）。

由於客戶端會不斷地送資料給伺服器（因此服務該客戶端會耗費無止盡的時間），所以並行伺服器的設計比較適合這種情況，以便同時服務多個客戶端。伺服器的實作如列表 60-4 所示。（我們會在 61.2 節示範此服務的客戶端實作方式）。實作時要注意下列幾點：

- 伺服器透過呼叫 37.2 節的 *becomeDaemon()* 函式成為 daemon。
- 為了精簡程式碼，我們採用列表 59.9 的 Internet domain socket 函式庫。
- 因為伺服器會替每個客戶端連線建立子行程，所以我們必須確保能清理殭屍行程。我們會使用 SIGCHLD 處理常式（handler）完成這件事。
- 伺服器的主程式有一個 for 迴圈，用來接受客戶端的連線，接著使用 *fork()* 建立子行程，子行程會呼叫 *handleRequest()* 函式來處理客戶端的工作。在此期間，父行程持續執行 for 迴圈，以接受下個客戶端連線。

  我們在真實環境使用的應用程式中，可能會幫伺服器增加一些程式碼，可設定伺服器建立的子行程數量上限，避免攻擊者藉此服務而在系統建立過多的行程，導致產生遠端 fork 炸彈，以致伺服器無法提供服務。我們可以在伺服器增加一些程式碼，計算目前執行中的子行程數量來限制（此計數器值在成功 *fork()* 之後遞增，並在每個子行程於 SIGCHLD 處理常式結束後遞減）。若子行程的數量到達限制數量時，我們就可以暫時拒絕接受連線（或在接受連線後立刻關閉連線）。

- 在每次 *fork()* 之後，監聽式（listening）與已連線的 socket 檔案描述符都會複製到子行程（24.2.1 節）。這表示父行程與子行程能用已連線 socket 進行通信。然而，只有子行程需要進行這樣的通信，所以父行程會在 *fork()* 之後就立刻關閉已連線 socket 的檔案描述符。（若父行程不這麼做，則已連線 socket 不會真正的關閉。此外，父行程最後會耗盡可用的檔案描述符額度）。因為

子行程無法接受新連線，所以子行程須關閉監聽式 socket 的檔案描述符副本
（duplicate of the file descriptor）。

- 每個子行程會在處理完一個客戶端之後終止。

列表 60-4：實作 TCP *echo* 服務的並行伺服器

———————————————————————————————————— **sockets/is_echo_sv.c**

```c
#include <signal.h>
#include <syslog.h>
#include <sys/wait.h>
#include "become_daemon.h"
#include "inet_sockets.h"        /* Declarations of inet*() socket functions */
#include "tlpi_hdr.h"

#define SERVICE "echo"           /* Name of TCP service */
#define BUF_SIZE 4096

static void              /* SIGCHLD handler to reap dead child processes */
grimReaper(int sig)
{
    int savedErrno;              /* Save 'errno' in case changed here */

    savedErrno = errno;
    while (waitpid(-1, NULL, WNOHANG) > 0)
        continue;
    errno = savedErrno;
}

/* Handle a client request: copy socket input back to socket */

static void
handleRequest(int cfd)
{
    char buf[BUF_SIZE];
    ssize_t numRead;

    while ((numRead = read(cfd, buf, BUF_SIZE)) > 0) {
        if (write(cfd, buf, numRead) != numRead) {
            syslog(LOG_ERR, "write() failed: %s", strerror(errno));
            exit(EXIT_FAILURE);
        }
    }

    if (numRead == -1) {
        syslog(LOG_ERR, "Error from read(): %s", strerror(errno));
        exit(EXIT_FAILURE);
    }
}
```

```c
int
main(int argc, char *argv[])
{
    int lfd, cfd;                   /* Listening and connected sockets */
    struct sigaction sa;

    if (becomeDaemon(0) == -1)
        errExit("becomeDaemon");

    sigemptyset(&sa.sa_mask);
    sa.sa_flags = SA_RESTART;
    sa.sa_handler = grimReaper;
    if (sigaction(SIGCHLD, &sa, NULL) == -1) {
        syslog(LOG_ERR, "Error from sigaction(): %s", strerror(errno));
        exit(EXIT_FAILURE);
    }

    lfd = inetListen(SERVICE, 10, NULL);
    if (lfd == -1) {
        syslog(LOG_ERR, "Could not create server socket (%s)", strerror(errno));
        exit(EXIT_FAILURE);
    }

    for (;;) {
        cfd = accept(lfd, NULL, NULL);  /* Wait for connection */
        if (cfd == -1) {
            syslog(LOG_ERR, "Failure in accept(): %s", strerror(errno));
            exit(EXIT_FAILURE);
        }

        /* Handle each client request in a new child process */

        switch (fork()) {
        case -1:
            syslog(LOG_ERR, "Can't create child (%s)", strerror(errno));
            close(cfd);                 /* Give up on this client */
            break;                      /* May be temporary; try next client */

        case 0:                         /* Child */
            close(lfd);                 /* Unneeded copy of listening socket */
            handleRequest(cfd);
            _exit(EXIT_SUCCESS);

        default:                        /* Parent */
            close(cfd);                 /* Unneeded copy of connected socket */
            break;                      /* Loop to accept next connection */
        }
    }
}
```

—— **sockets/is_echo_sv.c**

60.4 其他的並行式伺服器設計

上一節介紹的傳統並行伺服器模型足以符合許多應用程式的需求，能夠同時處理多個 TCP 連線客戶端。然而，對於高負載的伺服器而言（例如：每分鐘須處理數千個請求的網頁伺服器），在伺服器建立子行程（或執行緒）來處理客戶端請求的成本會有顯著的負擔（參考 28.3 節），所以必須採用其他設計，我們將簡短地探討這些方法。

Preforked（預先建立子行程）及 prethreaded（預先建立執行緒）的伺服器

預建行程與預建執行緒的伺服器在（Stevens 等人，2004）的第 30 章有詳細介紹，主要概念如下：

- 伺服器不是在每個客戶端連線時才建立新的子行程（或執行緒），而是啟動伺服器時就預先建立固定數量的子行程（即在收到任何客戶端的請求之前），這些子行程則構成一個所謂的伺服器池（*server pool*）。

- 伺服器池裡的每個子行程一次只會處理一個客戶端，但子行程在處理完客戶端之後不會終止，而是提取下個要服務的客戶端，並完成客戶端的工作。

若在伺服器應用程式採用上述技術，則會需要在伺服器應用程式中進行一些謹慎管理。伺服器池的行程數量應該要足以充分回應每個客戶端請求，這表示伺服器的父行程必須監控尚未受到佔用的子行程，以及在尖峰負載時段增加子行程的數量，以便有足夠的子行程能立即服務客戶端。若負載降低，則應該減少伺服器池的大小（減少子行程數量），因為若系統上有過多的行程，則會降低整體系統效能。

此外，伺服器池的子行程必須遵循一些協定，才能讓它們可以互斥地選擇個別的客戶端連線。在多數的 UNIX 平台上（包含 Linux），要能在對監聽式描述符進行 *accept()* 呼叫時，讓池中的每個子行程發生阻塞（block）。換句話說，伺服器的父行程要在建立任何子行程以前，先建立監聽式 socket，而每個子行程都會在 *fork()* 期間繼承此 socket 的檔案描述符。當新的客戶端連線抵達時，只有一個子行程可以完成 *accept()* 呼叫。然而，因為 *accept()* 在較舊的平台不是原子式的（atomic）系統呼叫，所以此呼叫需要一些互斥（*mutual-exclusion*）技術（例如，檔案鎖），以確保一次只有一個子行程會執行此呼叫（Stevens 等人，2004）。

有一些替代方案可以讓伺服器池的每個子行程都能執行 *accept()* 呼叫。若伺服器池由多個獨立的行程組成，則伺服器父行程就能執行 *accept()* 呼叫，接著將新連線的檔案描述符傳遞給池中其中一個閒置的行程（使用我們在 61.13.3 節簡介的技術）。若伺服器池由執行緒組成，則主執行緒可執行 *accept()* 呼叫，並接著通知其中一個閒置的執行緒，告知該連線的描述符有新的客戶端。

在一個行程中處理多個客戶端

我們有時會設計一個伺服器行程來處理多個客戶端，方法是，我們必須採用其中一種 I/O 模型（I/O 多工、訊號驅動、或是 *epoll*），這能讓單個行程同步監視多個檔案描述符的 I/O 事件，這些模型將第 63 章介紹。

在單行程伺服器（single-server）的設計上，伺服器行程必須採用一些由核心處理的排程任務。在以一個伺服器行程處理一個客戶端的解決方案中，我們可以倚賴核心去確認「每個伺服器行程（及客戶端）都能公平共享的存取伺服器主機資源」。不過當我們使用單個伺服器行程處理多個客戶端時，伺服器就必須進行一些工作，以確保一個或多個客戶端不會壟斷整個伺服器的存取，而造成其他客戶端飢餓（無法存取伺服器）。關於這點，我們在 63.4.6 節將會多做一些介紹。

使用伺服器農場（server farm）

另一個處理客戶端的高負載方式是，使用多個伺服器系統，即伺服器農場（*server farm*）。

最簡單的建立伺服器農場（有些網頁伺服器採用的）方式是，DNS 循環式負載平衡（*DNS round-robin load sharing* 或稱 *load distribution*）。一個區域的授權名稱伺服器（*authoritative name server*）會將相同的網域名稱映射到幾個不同的 IP 位址（即，幾個伺服器共用相同的網域名稱）。在成功取得 DNS 伺服器的網域解析回應時，會以 Round-robin（RR）方式傳回此網域的其中一個位址，關於 DNS round-robin 負載平衡的進階資訊可以參考（Albitz & Liu，2006）。

Round-robin DNS 的優點是成本不高及容易設定。然而，也有一些缺點，DNS 伺服器的迭代式（iterative）解析會將解析結果放到快取（參考 59.8 節），使得之後若再查詢此網域名稱，則會直接傳回此位址，而不是由授權 DNS 伺服器以 round-robin 方式選擇的位址。還有，round-robin DNS 並沒有內建能確保完善負載平衡（load balancing）的機制（因為不同的客戶端可能會對伺服器產生不同的負載），也無法保證高度可用度（若某台伺服器停止了、或伺服器應用程式故障了？）。我們必須探討的另一個議題：一則要面對採用多伺服器機器的許多設計，要能確保伺服器的親和性（*server affinity*），亦即要能保證來自同一個客戶端的請求都會直接導向到同一個伺服器，以便伺服器維護的客戶端資訊狀態能保持一致與準確。

另一個較為彈性、但比較複雜的解決方法是伺服器的負載平衡（*server load balancing*）。在此情境中，有一台負載平衡伺服器專門將進入的客戶端請求繞送給伺服器農場的某個伺服器。（為了確保高可用度，會有備援的負載平衡伺服器，可在主要的負載平衡伺服器故障時接管工作）。如此可消弭遠端 DNS 故障的相關問題，因為伺服器農場對外界只使用一個 IP 位址（負載平衡伺服器的位址）。負載平衡伺服器利用演算法來量測或估測伺服器負載（或許是基於伺服器農場成員提供的數據），以及智慧化的將負載分散到伺服器的成員（若有需要，會新增新的伺服器）。負載平衡伺服器也會自動偵測伺服器農場成員是否故障。最後，負載平衡伺服器亦提供 server affinity 功能，關於伺服器負載平衡的進階資訊可以參考（Kopparapu，2002）。

60.5　*inetd*（Internet Super server）Daemon

若我們研究 /etc/services 的內容，我們會看到有上百個不同的服務，這表示理論上系統能執行大量的伺服器行程。然而，多數的伺服器通常是閒置著，只是等待少見的連線或 datagram。全部的伺服器行程還是會佔據核心的行程表空間，並耗費一些記憶體與置換空間（swap space），因此造成系統的負擔。

設計 *inetd* daemon 是為了解決大量低使用率的伺服器，使用 *inetd* 有兩個好處：

* 不用替每個服務執行一個 daemon，而是只用一個行程（*inetd* daemon）監控一組指定的 socket 通訊埠，並在需要時啟動其他伺服器。因此，系統上執行中的行程數量就會降低。

* 由 *inetd* 啟動的伺服器設計會簡化許多，因為 *inetd* 會處理每個網路伺服器在啟動時所需的一些常見步驟。

因為 *inetd* 會監督許多服務，並依據要求來呼叫其他伺服器，有時 *inetd* 就是所謂的網際網路超級伺服器（*Internet superserver*）。

> *xinetd 是 inetd 的擴充版本，有些 Linux 平台會提供此程式，此外，xinetd 增加了許多安全性的擴充功能，關於 xinetd 的資訊可以參考 http://www.xinetd.org/。*

inetd daemon 的操作

inetd daemon 通常是在系統開機時啟動，在成為 daemon 行程之後（37.2 節），*inetd* 會執行下列步驟：

1. *inetd* 會幫 /etc/inetd.conf 組態檔中的每個服務建立適當類型的 socket（即 stream 或 datagram），並將 socket 綁定至指定的通訊埠，並另外標示每個 TCP socket，以允許透過 *listen()* 呼叫進入的連線。

2. *inetd* 會使用 *select()* 系統呼叫（63.2.1 節）監控全部的（在上個步驟，為了 datagram 或進入的連線請求建立的）sockets。

3. *select()* 呼叫會發生阻塞，直到某個 UDP socket 有 datagram 可以讀取，或是某個 TCP socket 收到了連線的請求為止。以 TCP 連線為例，*inetd* 在進行下個步驟以前，會先執行 *accept()* 接受連線。

4. 為了啟動為此 socket 指定的伺服器，*inetd()* 會呼叫 *fork()* 建立新行程，接著執行 *exec()* 啟動伺服器程式，在執行 *exec()* 之前，子行程會執行下列步驟：

   a）關閉從父行程繼承的每個檔案描述符，除了用來讀取 UDP datagram 的 socket 或已經接受的 TCP 連線 socket 例外。

   b）使用 5.5 節所述的技術複製（duplicate）socket 檔案描述符為檔案描述符 0、1 及 2，並關閉 socket 檔案描述符（因為不再需要），在此步驟之後，被執行的（execed）伺服器就能使用這三個標準檔案描述符對 socket 進行通信。

   c）將被執行的伺服器之使用者 ID 及群組 ID 設定為 /etc/inetd.conf 中指定的值（選配）。

5. 若在步驟 3 的 TCP socket 接受了一條連線，則 *inetd* 會關閉連線 socket（因為只有被執行的伺服器會需要用到這個 socket）。

6. *inetd* 伺服器回到步驟 2。

/etc/inetd.conf 檔案

Inetd daemon 通常是透過 /etc/inetd.conf 組態檔控制操作，此檔案的每一行說明 *inetd* 要處理的一個服務。列表 60-5 列出一些在 Linux 系統上的 /etc/inetd.conf 檔案內容範例。

列表 60-5：/etc/inetd.conf 的內容範例

```
# echo   stream  tcp  nowait  root   internal
# echo   dgram   udp  wait    root   internal
ftp      stream  tcp  nowait  root   /usr/sbin/tcpd  in.ftpd
telnet   stream  tcp  nowait  root   /usr/sbin/tcpd  in.telnetd
login    stream  tcp  nowait  root   /usr/sbin/tcpd  in.rlogind
```

列表 60-5 的前兩行是註解，以 # 字元開頭。我們現在將它們秀出來，因為馬上就接著 *echo* 服務。

/etc/inetd.conf 的每一行是由下列欄位組成，以空格分開：

- *Service name*（服務的名稱）：指定 /etc/services 檔案內的服務名稱，結合 *protocol* 欄位，可用於查詢 /etc/services，以決定 *inetd* 該監視的服務之通訊埠號碼。

- *Socket type*：設定此服務使用的 socket 類型，如：stream 或 dgram。

- *Protocol*（通訊協定）：指定此 socket 使用的通訊協定，此欄位可以是 /etc/protocols 檔案中的任一個網際網路協定（記錄於 *protocols(5)* 技術手冊），但每個服務幾乎不是設定成 tcp（TCP）就是設定成 udp（UDP）。

- *Flags*（旗標）：此欄位包含 wait 或 nowait，此欄位指定被執行的伺服器是否要由 inetd（暫時地）管理此服務的 socket，若被執行的伺服器要自行管理此 socket，則將此欄位指定為 wait。這會造成 *inetd* 會將此 socket 從 *select()* 監控的那組檔案描述符移除，直到被執行的伺服器終止（*inetd* 透過 SIGCHLD 的處理常式偵測）。我們之後會再多介紹此欄位。

- *Login name*（登入名稱）：此欄位是 /etc/passwd 裡的使用者名稱，可以接著一段（.）以及 /etc/group 裡的群組名稱。這些定義了被執行的伺服器執行時的使用者 ID 與群組 ID（因為 *inetd* 是使用 *root* 的有效使用者（effective user）ID 執行，所以它的子行程也會具特權，因而能夠使用 *setuid()* 及 *setgid()* 呼叫，以應需求改變行程身份）。

- **伺服器程式**：這會指定伺服器程式的路徑名稱。

- **伺服器程式參數**：此欄位指定一個或多個參數，以空格分開，做為程式執行時的參數。此欄位的第一個參數對應到被執行程式的 *argv[0]*，所以通常就是伺服器程式（*server program*）名稱的檔名（*basename*），而下一個參數則對應到 *argv[1]*，依此類推。

    在列表 60-5 所示的內容範例是 *ftp*、*telnet*、及 *login* 服務，如前述所示，伺服器程式及參數的設定都有所不同。這三個服務都讓 *inetd* 執行相同的程式：*tcpd(8)*（TCP daemon wrapper），此程式會在依序執行適當的程式以前，先基於第一個伺服器參數的指定值，執行一些記錄以及存取控制檢查（*tcpd* 可透過 *argv[0]* 取得）。關於 *tcpd* 的進階資訊可以參考 *tcpd(8)* 技術手冊及（Mann & Mitchell，2003）。

由 *inetd* 呼叫的 stream socket（TCP）伺服器通常設計來只處理單個客戶端連線，因而連線終止時，*inetd* 必須負責監聽後續的其他連線。對於這類伺服器，應該將

flags 指定為 nowait。（反之，若要由被執行的伺服器接受連線，則應該要指定為 wait，在此情況下，*inetd* 不會接受連線，而是將監聽式 socket 的檔案描述符以描述符 0 傳遞給被執行的伺服器）。

對於多數的 UDP 伺服器而言，*flags* 欄位應指定為 wait，由 *inetd* 呼叫的 UDP 伺服器，通常設計來讀取及處理 socket 中尚未處理的 datagram，並接著終止。（在讀取 socket 時，通常需要某種時間限制，以便伺服器在指定的時間內沒有讀到新的 datagram 時，就會終止）。我們藉由指定 wait 來避免 *inetd* daemon 同時對 socket 進行 *select()*（因為會導致 *inetd* 與 UDP 伺服器彼此爭著要檢查 datagram 情況，而若 *inetd* 贏得競速，則會啟動另一個 UDP 伺服器實體）。

> 由於 SUSv3 並未規範 *inetd* 的操作與組態檔格式，所以 /etc/inetd.conf 裡能設定的欄位值會有些（通常很少）差異。多數的 *inetd* 版本至少會提供我們文中所述的語法，詳細內容請見 *inetd.conf(8)* 技術手冊。

就效率量測而言，*inetd* 本身有實作一些簡單的服務，而不是執行不同的伺服器來完成任務。UDP 與 TCP 的 *echo* 服務就是 *inetd* 實作的服務範例，對於這類的服務，/etc/inetd.conf 所記錄的對應伺服器程式欄位可指定為 internal，並可忽略伺服器程式參數。（在列表 60-5 的範例內容中，我們看到 *echo* 服務的紀錄已經成了註解了。若要啟用 *echo* 服務，我們需要移除該行開頭的 # 字元）。

每當我們改變 /etc/inetd.conf 檔案時，我們須送出一個 SIGHUP 訊號給 *inetd*，以要求它重讀檔案：

```
# killall -HUP inetd
```

範例：透過 *inetd* 執行 TCP *echo* 服務

我們之前提過，*inetd* 簡化了伺服器的程式設計，尤其是並行式（通常是 TCP）伺服器，它透過下列步驟，以表示執行了伺服器：

1. 執行全部與 socket 相關的初始化，呼叫 *socket()*、*bind()* 及 *listen()*（TCP 伺服器）。

2. 若是 TCP 服務，則執行 *accept()* 供接受新連線。

3. 建立新行程以處理進入的 UDP datagram 或 TCP 連線，自動將行程設定為 daemon，*inetd* 程式透過 *fork()* 處理行程建立的全部細節，以及透過 SIGCHLD 處理常式來處理死掉的子行程。

4. 複製（duplicate）UDP socket 的檔案描述符，或連線式 TCP socket 的檔案描述符 0、1 及 2，並關閉其他全部的檔案描述符（因為被執行的伺服器不需要）。

5. 執行伺服器程式。

（在上述步驟的說明中，我們假設在一般情況下，TCP 服務在 /etc/inetd.conf 的 *flags* 欄位會指定為 nowait，而 UDP 服務則設定為 wait）。

如列表 60-6 示範 *inetd* 如何簡化 TCP 服務的程式設計，而列表 60-4 示範如何以 *inetd* 執行 *echo* 伺服器。因為 *inetd* 執行了上述每個步驟，所以伺服器剩下的工作是，由子行程透過讀取檔案描述符 0（STDIN_FILENO），來處理客戶端請求。

若伺服器位在 /bin 資料夾（舉例），則我們為了使 *inetd* 執行該伺服器，須在 /etc/inetd.conf 裡建立下列這筆紀錄：

```
echo stream tcp nowait root /bin/is_echo_inetd_sv is_echo_inetd_sv
```

列表 60-6：TCP *echo* 伺服器設計為透過 *inetd* 啟動

———————————————————————————————— sockets/is_echo_inetd_sv.c

```c
#include <syslog.h>
#include "tlpi_hdr.h"

#define BUF_SIZE 4096

int
main(int argc, char *argv[])
{
    char buf[BUF_SIZE];
    ssize_t numRead;

    while ((numRead = read(STDIN_FILENO, buf, BUF_SIZE)) > 0) {
        if (write(STDOUT_FILENO, buf, numRead) != numRead) {
            syslog(LOG_ERR, "write() failed: %s", strerror(errno));
            exit(EXIT_FAILURE);
        }
    }

    if (numRead == -1) {
        syslog(LOG_ERR, "Error from read(): %s", strerror(errno));
        exit(EXIT_FAILURE);
    }

    exit(EXIT_SUCCESS);
}
```

———————————————————————————————— sockets/is_echo_inetd_sv.c

60.6　小結

迭代式（iterative）伺服器一次只處理一個客戶端，在處理下個客戶端之前，會完成現有的客戶端請求。而並行（concurrent）伺服器能同時處理多個客戶端，在高負載情境中，傳統的並行伺服器透過建立新的子行程（或執行緒）來服務每個客戶端，這樣的設計無法運作的很好，於是我們列舉幾個其他的方法，以並行方式處理大量的客戶端。

　　網際網路超級伺服器 daemon（inetd）可監控多個 socket，並啟動適當的伺服器，以回應進入的 UDP datagram（資料包）或 TCP 連線。透過使用 *inetd*，我們可以減少系統的網路伺服器數量，以降低系統負載與簡化伺服器的程式設計，由 *inetd* 執行多數的伺服器初始化步驟。

進階資訊

參考 59.15 節列出的進階資訊來源。

60.7　習題

60-1. 新增程式碼到列表 60-4 的程式（`is_echo_sv.c`），限制可同時執行的子行程數量。

60-2. 有時會需要設計一個 socket 伺服器，以便能夠直接從命令列執行程式，或間接地透過 *inetd* 執行。在此情況，命令列選項可用於分辨這兩個情況。修改列表 60-4 的程式，以便若提供 *-i* 的命令列選項時，可令程式是由 *inetd* 執行，並處理連線的 socket（*inetd* 透過 `STDIN_FILENO` 提供）的一個客戶端。若不提供 *-i* 選項，則會令程式由命令列執行，並以一般方式運作（這個改變只需要增加幾行程式碼）。修改 **/etc/inetd.conf**，讓此程式執行 *echo* 服務。

61

Socket：進階主題

本章探討一些 socket 程式設計的進階主題，內容如下：

- 在 stream socket（串流式通訊端，即 TCP）會有部份（partial）讀取及部份寫入的情況。
- 使用 *shutdown()* 關閉兩個已連線 socket 之間雙向頻道的一端。
- *recv()* 與 *send()* I/O 系統呼叫，可提供 *read()* 與 *write()* 所沒有的 socket 特有功能。
- *sendfile()* 系統呼叫在特定情況能高效率的輸出 socket 資料。
- TCP 協定的運作細節，目的是釐清一些設計 TCP socket 程式時，因為常見誤解而導致程式錯誤。
- 使用 *netstat* 與 *tcpdump* 指令來監控應用程式與除錯。
- 使用 *getsockopt()* 與 *setsockopt()* 系統呼叫，以取得並修改會影響 socket 運作的選項。

我們還會探討許多其他較小的主題，並透過一些進階 socket 功能做為總結。

61.1 Stream Socket 的部份讀取及部份寫入

當我們起初在第四章介紹 *read()* 及 *write()* 系統呼叫時，我們提過在某些情況下，這些系統呼叫可能只會傳送部份的位元組資料（少於所要求的資料量）。這樣的不完整傳輸會發生在 stream socket I/O（串流式通訊端，即 TCP 協定），我們現在正要探討為何會發生這種情形，並示範一對函式，可代為處理不完整的傳輸問題。

若 socket 中的資料量少於 *read()* 呼叫請求的資料量，則可能發生部份讀取（partial read）的情況，在此情況，*read()* 只能傳回讀取到的位元組數量。（此行為與我們在 44.10 節所介紹的 PIPE 與 FIFO 相同）。

若沒有足夠的緩衝區空間可以儲存要傳遞的資料量，而且下列任一情況成立時，則可能發生部份寫入問題：

* 在 *write()* 呼叫（21.5 節）傳輸了一部分要傳送的資料之後，受到一個訊號處理常式（signal handler）中斷。
* socket 以非阻塞模式（O_NONBLOCK）運作，而且可能只傳輸部份的資料。
* 在只傳送指定資料量的一部分之後，發生了一個非同步的錯誤（asynchronous error），我們的意思是，在應用程式使用 socket API 的呼叫時有發生非同步錯誤（起因可能是因為一條 TCP 連線中的問題、或許由於彼端應用程式崩潰所導致的）。

在上述每個情況中，假設有空間能傳送至少 1 個位元組的資料，則 *write()* 會執行成功並傳回已傳送至輸出緩衝區的資料數量。

若發生不完整的 I/O，例如：若 *read()* 傳回的位元組數量比原先傳送的資料量少，或一個阻塞式 *write()* 在只將要傳輸的資料寫入一部分之後，就受到訊號處理常式中斷，則有時重新啟動系統呼叫能有助於完成傳輸。我們在列表 61-1 提供兩個函式來處理這件事情：*readn()* 與 *writen()*。（這些函式的想法來自「Stevens 等人，2004」的同名函式）。

```
#include "rdwrn.h"
ssize_t readn(int fd, void *buffer, size_t count);
                        Returns number of bytes read, 0 on EOF, or –1 on error

ssize_t writen(int fd, void *buffer, size_t count);
                        Returns number of bytes written, or –1 on error
```

函式 *readn()* 與 *writen()* 的參數與 *read()* 及 *write()* 函式的參數相同,然而,它們只是使用一個迴圈來重新啟動系統呼叫,因而確保一定能將指定的資料量送出(除非發生錯誤,或者在 *read()* 時偵測到檔案結尾)。

列表 61-1:*readn()* 及 *writen()* 的實作

─── **sockets/rdwrn.c**

```c
#include <unistd.h>
#include <errno.h>
#include "rdwrn.h"                      /* Declares readn() and writen() */

ssize_t
readn(int fd, void *buffer, size_t n)
{
    ssize_t numRead;                    /* # of bytes fetched by last read() */
    size_t totRead;                     /* Total # of bytes read so far */
    char *buf;

    buf = buffer;                       /* No pointer arithmetic on "void *" */
    for (totRead = 0; totRead < n; ) {
        numRead = read(fd, buf, n - totRead);

        if (numRead == 0)               /* EOF */
            return totRead;             /* May be 0 if this is first read() */
        if (numRead == -1) {
            if (errno == EINTR)
                continue;               /* Interrupted --> restart read() */
            else
                return -1;              /* Some other error */
        }
        totRead += numRead;
        buf += numRead;
    }
    return totRead;                     /* Must be 'n' bytes if we get here */
}

ssize_t
writen(int fd, const void *buffer, size_t n)
{
    ssize_t numWritten;                 /* # of bytes written by last write() */
    size_t totWritten;                  /* Total # of bytes written so far */
    const char *buf;

    buf = buffer;                       /* No pointer arithmetic on "void *" */
    for (totWritten = 0; totWritten < n; ) {
        numWritten = write(fd, buf, n - totWritten);

        if (numWritten <= 0) {
```

```
                if (numWritten == -1 && errno == EINTR)
                    continue;                   /* Interrupted --> restart write() */
                else
                    return -1;                  /* Some other error */
            }
            totWritten += numWritten;
            buf += numWritten;
        }
        return totWritten;                      /* Must be 'n' bytes if we get here */
    }
```
── sockets/rdwrn.c

61.2 *shutdown()* 系統呼叫

使用 *close()* 呼叫關閉 socket 會關閉雙向通信頻道的兩端，而有時會需要只關閉連
線的一端，因為可以在 socket 進行單向資料傳輸，而 *shutdown()* 系統呼叫可提供
此功能。

```
    #include <sys/socket.h>

    int shutdown(int sockfd, int how);
```
                                              Returns 0 on success, or −1 on error

系統呼叫 *shutdown()* 可依據 *how* 參數值來關閉 *sockfd* socket 的一端或兩端頻道，
可用的參數值如下：

SHUT_RD

> 關閉連線的讀取端，繼續讀取會傳回檔案結尾（end-of-file，0），仍然可將
> 資料寫入 socket。在對 UNIX domain stream socket 設定 SHUT_RD 之後，若彼
> 端的應用程式再對 socket 寫入時，則會收到 SIGPIPE 訊號及 EPIPE 錯誤。如
> 61.6.6 節的討論，將 SHUT_RD 用在 TCP socket 是沒有意義的。

SHUT_WR

> 關閉連線的寫入端，一旦彼端的應用程式已讀取了全部的未處理資料時，則
> 會讀到檔案結尾，之後對本地端 socket 寫入會產生 SIGPIPE 訊號與 EPIPE 錯
> 誤。而本地端仍然可透過 socket 讀取彼端寫入的資料，換句話說，此項操作
> 讓我們還能讀取彼端送回的資料，以及產生檔案結尾訊號給彼端。如 ssh 與
> rsh 這類程式會使用 SHUT_WR 操作（參考「Stevens，1994」的 18.5 節）。SHUT_
> WR 操作是 *shutdown()* 最常用的用途，有時可稱為半關閉的 socket（*socket half-
> close*）。

SHUT_RDWR

關閉連線的讀取端與寫入端，效果等同執行一個 SHUT_RD，並接著一個 SHUT_WR。

除了 *how* 參數的語意，*shutdown()* 與 *close()* 的另一個重要的差異是：*shutdown()* 關閉的是 socket 頻道，而不用管是否有其他檔案描述符參考到這個 socket。（換句話說，*shutdown()* 是操控開啟檔案描述符「open file description」，而不是檔案描述符，請參照圖 5-2）。例如：假設 *sockfd* 是參考到一個已連線的 stream socket，若我們執行下列呼叫，則連線仍是保持開啟，而我們仍然可透過 *fd2* 檔案描述符對連線進行 I/O：

```
fd2 = dup(sockfd);
close(sockfd);
```

然而，若我們執行下列呼叫，則會關閉連線的雙向頻道，而且無法透過 *fd2* 進行 I/O：

```
fd2 = dup(sockfd);
shutdown(sockfd, SHUT_RDWR);
```

有一個類似的情況也是會成立，若是在 *fork()* 期間複製（duplicate）socket 的檔案描述符。若在 *fork()* 之後，有一個行程對描述符的副本執行 SHUT_RDWR 操作，則其他行程也不再能對其描述符進行 I/O。

要注意的是，即使將 how 指定為 SHUT_RDWR，*shutdown()* 也不會關閉檔案描述符，若我們要關閉檔案描述符，則必須另外呼叫 *close()*。

範例程式

我們在列表 61-2 示範 *shutdown()* SHUT_WR 操作的使用方式，此程式是一個 *echo* 服務的 TCP 客戶端。（我們在 60.3 節介紹過一個 *echo* 服務的 TCP 伺服器）。為了簡化實作，我們使用 59.12 節所示的 Internet domain *socket* 函式庫。

> 在一些 Linux 平台上，預設不會啟用 *echo* 服務，因此我們必須在執行列表 61-2 的程式以前，先啟用 *echo* 服務。此服務通常實作在 *inetd(8)* daemon 裡面（60.5 節），為了啟用 *echo* 服務，我們必須編輯 /etc/inetd.conf 檔案，移除 UDP 及 TCP 的 *echo* 服務註解（參考列表 60-5），並接著送出 SIGHUP 訊號給 *inetd* daemon。
>
> 許多平台提供新一代的 *xinetd(8)*，而不是 *inetd(8)*，對於如何對 *xinetd* 進行同等的設定，請參考 *xinetd* 文件。

如它的單一命令列參數，這個程式採用 echo 伺服器的主機名稱，客戶端執行 *fork()*，以具有父行程與子行程。

客戶端的父行程將標準輸入內容寫入 socket，提供 echo 伺服器讀取。當客戶端父行程在標準輸入偵測到檔案結尾（end-of-file）時，會使用 *shutdown()* 關閉它的 socket 寫入端。使得 echo 伺服器讀到檔案結尾並會關閉它的 socket（使得換客戶端子行程讀到檔案結尾）。接著父行程就會終止。

客戶端子行程從 socket 讀取 echo 伺服器的回應，並於標準輸出顯示收到的回應，當子行程在 socket 讀到檔案結尾時結束。

下列提供一個範例，示範此程式的執行：

```
$ cat > tell-tale-heart.txt                    Create a file for testing
It is impossible to say how the idea entered my brain;
but once conceived, it haunted me day and night.
Type Control-D
$ ./is_echo_cl tekapo < tell-tale-heart.txt
It is impossible to say how the idea entered my brain;
but once conceived, it haunted me day and night.
```

列表 61-2：一個 *echo* 服務的客戶端

———————————————————————————————— sockets/is_echo_cl.c

```c
#include "inet_sockets.h"
#include "tlpi_hdr.h"

#define BUF_SIZE 100

int
main(int argc, char *argv[])
{
    int sfd;
    ssize_t numRead;
    char buf[BUF_SIZE];

    if (argc != 2 || strcmp(argv[1], "--help") == 0)
        usageErr("%s host\n", argv[0]);

    sfd = inetConnect(argv[1], "echo", SOCK_STREAM);
    if (sfd == -1)
        errExit("inetConnect");

    switch (fork()) {
    case -1:
        errExit("fork");
```

```
        case 0:                 /* Child: read server's response, echo on stdout */
            for (;;) {
                numRead = read(sfd, buf, BUF_SIZE);
                if (numRead <= 0)                       /* Exit on EOF or error */
                    break;
                printf("%.*s", (int) numRead, buf);
            }
            exit(EXIT_SUCCESS);

        default:                 /* Parent: write contents of stdin to socket */
            for (;;) {
                numRead = read(STDIN_FILENO, buf, BUF_SIZE);
                if (numRead <= 0)                       /* Exit loop on EOF or error */
                    break;
                if (write(sfd, buf, numRead) != numRead)
                    fatal("write() failed");
            }

            /* Close writing channel, so server sees EOF */

            if (shutdown(sfd, SHUT_WR) == -1)
                errExit("shutdown");
            exit(EXIT_SUCCESS);
        }
    }
```

── sockets/is_echo_cl.c

61.3 Socket 特有的 I/O 系統呼叫：*recv()* 與 *send()*

系統呼叫 *recv()* 與 *send()* 會對連線式 socket 執行 I/O，它們提供 socket 特有的功能
（傳統 *read()* 與 *write()* 系統呼叫沒有提供的功能）。

```
#include <sys/socket.h>

ssize_t recv(int sockfd, void *buffer, size_t length, int flags);
                    Returns number of bytes received, 0 on EOF, or −1 on error

ssize_t send(int sockfd, const void *buffer, size_t length, int flags);
                    Returns number of bytes sent, or −1 on error
```

recv() 與 *send()* 的傳回值和前三個參數與 *read()* 及 *write()* 相同，而最後一個參數，
flags 是一個位元遮罩（bit mask），可以修改 I/O 操作的行為，至於 *recv()*，能透過
OR 位元邏輯運算設定 *flags* 的旗標參數如下：

MSG_DONTWAIT

執行一個非阻塞式（nonblocking）*recv()*，若沒有資料可供接收，則不會發生阻塞，而是立即傳回 EAGAIN 錯誤。我們可以使用 *fcntl()* 將 socket 設定為非阻塞模式（O_NONBLOCK），差異在於，MSG_DONTWAIT 能讓我們基於個別的呼叫來控制非阻塞行為。

MSG_OOB

接收 socket 的頻外（out-of-band）資料，我們會在 61.13.1 節簡介此功能。

MSG_PEEK

取得要從 socket 緩衝區讀取的資料副本，實際上不會將資料從緩衝區移除，緩衝區中的資料可以提供之後的其他 *recv()* 或 *read()* 呼叫讀取。

MSG_WAITALL

一個 *recv()* 呼叫通常傳回的資料量是：指定的位元組數量（length）或是 socket 中可讀取的資料量。指定 MSG_WAITALL 旗標會讓系統呼叫在收到 length 個位元組以前產生阻塞。然而，即使指定了此旗標，呼叫仍然可能傳回少於指定的資料量，若：（a）有訊號觸發（b）stream socket 的彼端終止了連線（c）讀到頻外資料（61.13.1 節）（d）從 datagram socket 收到的訊息少於 length 個位元組，或（e）socket 發生錯誤。（MSG_WAITALL 旗標可以取代列表 61-1 所示的 *readn()* 函式，差異在於，若我們的 *readn()* 函式受到訊號處理常式中斷時，無法自行重新啟動）。

上述的每個旗標（除了 MSG_DONTWAIT 之外）都納入了 SUSv3 規範，有些其他 UNIX 平台也有提供。MSG_WAITALL 旗標是後來才加入 socket API，所以有些較早的系統沒有提供。

至於 *send()*，可使用 OR 位元邏輯運算指定的 *flags* 位元值如下：

MSG_DONTWAIT

執行非阻塞式（nonblocking）*send()*，若無法立即傳輸資料（由於 socket 的傳送緩衝區滿了），則不會發生阻塞，而是回報 EAGAIN 錯誤。如同 *recv()*，*send()* 可對 socket 設定 O_NONBLOCK 旗標以達到同樣的效果。

MSG_MORE（從 *Linux2.4.4* 起）

在 TCP socket 使用此旗標可具備 TCP_CORK socket 選項的相同效果（61.4 節），差異在於，此旗標可基於呼叫個別提供資料的延遲傳送（corking）。從 Linux2.6 起，此旗標能用在 datagram socket，但意義不同，連續執行設

定 `MSG_MORE` 旗標的 *send()* 或 *sendto()* 呼叫來傳輸的資料，會一起被封裝成一個 datagram，而且只在下個呼叫沒有設定此旗標時傳送。（Linux 也提供類似的 `UDP_CORK` socket 選項，會讓連續的 *send()* 或 *sendto()* 呼叫所傳送的資料累積為單個 datagram，在 `UDP_CORK` 關閉時傳送）。`MSG_MORE` 旗標不會對 UNIX domain socket 造成影響。

`MSG_NOSIGNAL`

當對已連線的 stream socket 傳送資料時，若連線的另一端已關閉時，則不會產生 `SIGPIPE` 訊號。而是在 *send()* 呼叫失敗時產生 `EPIPE` 錯誤。與忽略 `SIGPIPE` 訊號的行為相同，差異在於，`MSG_NOSIGNAL` 旗標能基於每個呼叫個別控制行為。

`MSG_OOB`

對一個 stream socket 傳送頻外（out-of-band）資料，參考 61.13.1 節。

上述旗標只有 `MSG_OO` 納入 SUSv3 規範，SUSv4 規範增加 `MSG_NOSIGNAL`。`MSG_DONTWAIT` 並未納入標準，但有少數的 UNIX 系統支援。`MSG_MORE` 是 Linux 特有的旗標。在 *send(2)* 與 *recv(2)* 技術手冊會深入介紹此處沒有涵蓋的旗標。

61.4 *sendfile()* 系統呼叫

如同網頁伺服器與檔案伺服器的應用程式，會經常需要透過一個（連線的）socket 來傳輸不變的磁碟檔案內容，一種方式是使用下列形式的迴圈：

```
while ((n = read(diskfilefd, buf, BUZ_SIZE)) > 0)
    write(sockfd, buf, n);
```

對於多數的應用程式而言，這樣的一個迴圈是完全可接受的。然而，若我們需要經常透過 socket 傳送大量檔案，則此技術並沒有效率。我們為了傳輸檔案，必須使用兩個系統呼叫（可能在一個迴圈內執行多次）：一個呼叫將檔案內容從核心緩衝區快取（kernel buffer cache）複製到使用者空間（user space），而另一個將資料從使用者空間緩衝區複製回去核心空間，以便能透過 socket 傳輸。

此情境如圖 61-1 左半部所示，若應用程式在傳送檔案內容以前不需要處理檔案內容，則執行這兩個步驟的過程就很可惜。所以設計了 *sendfile()* 系統呼叫來改善這個效率不佳的情況。當應用程式呼叫 *sendfile()* 時，傳輸的檔案內容會直接送給 socket，而不用經過使用者空間，如圖 61-1 右方所示，這項技術稱為 zero-copy transfer（零複製傳輸）。

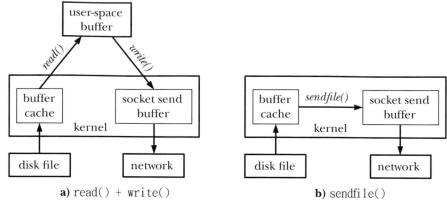

a) read() + write()　　　　　　　　　　**b)** sendfile()

圖 61-1：將檔案的內容傳輸至 socket

```
#include <sys/sendfile.h>

ssize_t sendfile(int out_fd, int in_fd, off_t *offset, size_t count);
                        Returns number of bytes transferred, or –1 on error
```

sendfile() 系統呼叫將 *in_fd* 描述符參考的檔案資料傳輸到 *out_fd* 描述符參考的檔案，*out_fd* 描述符必須參考一個 socket，*in_fd* 參數必須參考一個要使用 *mmap()* 的檔案（在實務時通常是一個普通檔案）。這樣有點限制 *sendfile()* 的用途，我們可以用它將資料從檔案傳給 socket，但無法反向傳遞，所以我們無法使用 *sendfile()* 直接將資料從某個 socket 傳給其他的 socket。

> 若將 *sendfile()* 用在兩個普通檔案之間的資料傳輸，則能提昇效能。在 Linux 2.4（及）以前的版本，*out_fd* 可以參考到一個普通檔案。不過由於重新設計了底層的實作，所以在 2.6 版核心已經沒有這個功能。在 Linux 2.6.33 中有些之後的改變已經恢復了此功能。

若 offset 不為 NULL，則應指向一個 *off_t* 值，指定要傳輸資料在 *in_fd* 的檔案偏移（file offset）起點。這是一個傳值與回傳結果（value-result）的參數，在傳回時，此變數會有 *in_fd* 的下筆資料偏移值，下筆資料緊跟在已傳送的資料之後。以此例而言，*sendfile()* 不會改變 *in_fd* 的檔案偏移值。

若 offset 為 NULL，則會從 *in_fd* 目前偏移值的資料開始傳輸，而且會更新檔案偏移值，以反映傳輸的位元組數量。

參數 *count* 指定要傳輸的最大位元組數目，若在傳輸完 count 個位元組之前就遇到檔案結尾，則只會傳輸目前可用的資料量。執行成功時，*sendfile()* 傳回實際傳輸的位元組數量，SUSv3 已將 *sendfile()* 納入規範，一些其他的 UNIX 平台有提供幾個 *sendfile()* 版本，但參數清單通常與 Linux 版本不同。

從核心 2.6.17 起，Linux 提供三個（非標準的）新系統呼叫（*splice()*、*vmsplice()* 及 *tee()*），做為 *sendfile()* 的超級組合，（細節請見技術手冊）。

TCP_CORK socket 選項

若要使用 *sendfile()* 深入改善 TCP 應用程式的效能，有時用 Linux 特有的 TCP_CORK socket 選項會很有幫助。舉例來說，一個網頁伺服器傳遞網頁是為了回應網頁瀏覽器的請求，網頁伺服器的回應包含兩個部份：HTTP 表頭（header，可能用 *write()* 輸出），並接著網頁資料（可能用 *sendfile()* 輸出）。在此情境中，通常會用兩個 TCP 區段（segment）傳輸：表頭在第一個（相當小的）區段，而網頁資料則是在第二個區段，這對於網路頻寬的使用很沒有效率，或許也會造成 TCP 傳送端及接收端執行沒必要的工作，因為在多數情況中，單個 TCP 區段就足以容納 HTTP 表頭與網頁資料，於是設計 TCP_CORK 選項來提昇這方面的效能。

當啟用 TCP socket 的 TCP_CORK 選項時，全部後續的輸出都會合併到一個 TCP 區段，直到下列其中一個條件成立為止：達到區段大小上限、停用 TCP_CORK 選項、關閉 socket、或從寫入第一個延遲的（corked）位元組時起算，時間已經過了 200 毫秒。（若是應用程式忘記停用 TCP_CORK 選項，超時機制可確保將延遲的資料送出）。

我們可以使用 *setsockopt()* 系統呼叫（61.9 節）啟動或停用 TCP_CORK 選項，下列程式碼（忽略錯誤檢查）示範如何在我們假想的 HTTP 伺服器範例使用 TCP_CORK：

```
int optval;

/* Enable TCP_CORK option on 'sockfd' - subsequent TCP output is corked
   until this option is disabled. */

optval = 1;
setsockopt(sockfd, IPPROTO_TCP, TCP_CORK, &optval, sizeof(optval));

write(sockfd, ...);                    /* Write HTTP headers */
sendfile(sockfd, ...);                 /* Send page data */

/* Disable TCP_CORK option on 'sockfd' - corked output is now transmitted
   in a single TCP segment. */

optval = 0
setsockopt(sockfd, IPPROTO_TCP, TCP_CORK, &optval, sizeof(optval));
```

我們可以透過在應用程式中建立一個單獨的資料緩衝區（single data buffer），以避免傳送兩個區段的可能性。並接著呼叫一次 *write()* 來傳送這個緩衝區。（此外，我們可以使用 *writev()* 將兩個不同的緩衝區合併為一個輸出操作）。然而，若我們想要同時使用：*sendfile()* 的 zero-copy 效率以及讓表頭併入要傳送的檔案資料之第一個區段，則我們需要使用 TCP_CORK。

> 我們在 61.3 節提過，MSG_MORE 旗標提供與 TCP_CORK 類似的功能，但是能夠基於個別的系統呼叫實行。這項優點並非必要，我們可以對 socket 設定 TCP_CORK 選項，並接著執行程式（輸出到繼承的檔案描述符，而不用理會 TCP_CORK 選項）。相對之下，使用 MSG_MORE 需要直接修改程式的程式碼。

> FreeBSD 以 TCP_NOPUSH 形式提供類似 TCP_CORK 的選項。

61.5　取得 Socket 位址

系統呼叫 *getsockname()* 與 *getpeername()* 分別傳回 socket 綁定的本地端位址，以及連線彼端的 socket 位址。

```
#include <sys/socket.h>

int getsockname(int sockfd, struct sockaddr *addr, socklen_t *addrlen);
int getpeername(int sockfd, struct sockaddr *addr, socklen_t *addrlen);
                                    Both return 0 on success, or −1 on error
```

對這兩個呼叫而言，*sockfd* 是一個參考 socket 的檔案描述符，而 *addr* 是個指標，指向一個適當大小的緩衝區，做為傳回包含 socket 位址的結構，此結構的大小與型別由 socket domain 決定。*addrlen* 參數是一個傳值及回傳結果（value-result）的參數，在執行呼叫之前，應該要將 *addrlen* 初始化為所指的緩衝區長度；在回傳值時，*addrlen* 儲存了實際寫入緩衝區的資料位元組數量。

函式 *getsockname()* 傳回一個 socket 的位址家族（address family）及綁定的位址。若 socket 被別的程式綁定時（如：*inetd(8)*），而且 socket 檔案描述符接著在跨越 *exec()* 獲得保留時很有用。

若我們想要在進行 Internet domain socket 的隱式綁定時，決定核心指派給 socket 的臨時通訊埠號，則可以呼叫 *getsockname()*，核心在下列情況會執行隱式的綁定：

- 在對沒有事先使用 *bind()* 綁定的 TCP socket 執行 *connect()* 或 *listen()* 呼叫之後。

- 在對沒有事先綁定至一個位址的 UDP socket 執行第一次 *sendto()* 時。

- 在 *bind()* 呼叫之後，將埠號（*sin_port*）指定為 0，在此例中，*bind()* 指定 socket 的 IP 位址，但是由核心選擇一個臨時埠號。

系統呼叫 *getpeername()* 傳回 stream socket 連線彼端的位址，主要有助於想找出建立 TCP 連線的客戶端之位址。此資訊也能在執行 *accept()* 呼叫時取得，然而，若伺服器是透過其他程式執行 *accept()*（如：inetd），則伺服器會繼承 socket 檔案描述符，但伺服器無法取得 *accept()* 傳回的位址資訊。

列表 61-3 示範 *getsockname()* 及 *getpeername()* 的使用方式，此程式採用我們於列表 59-9 定義的函式，並進行下列步驟：

1. 使用我們的 *inetListen()* 函式，建立一個監聽式 socket（listenFd），將 socket 綁定到萬用的 IP 位址與程式的命令列參數指定的通訊埠（通訊埠可設定為數值或服務名稱）。參數 *len* 傳回 socket domain 的位址結構長度，此值可提供 *malloc()* 呼叫配置緩衝區大小，用於儲存 *getsockname()* 及 *getpeername()* 傳回的 socket 位址。

2. 使用我們的 *inetConnect()* 函式建立第二個 socket（connFd），用來傳送一個連線請求給步驟 1 建立的 socket。

3. 對監聽式 socket 呼叫 *accept()*，以建立第三個 socket（acceptFd），用來連線到上個步驟建立的 socket。

4. 使用 *getsockname()* 及 *getpeername()* 呼叫取得這兩個 socket（connFd 及 acceptFd）的本地端與彼端位址，在這些呼叫之後，程式會使用我們的 *inetAddressStr()* 函式，將 socket 位址轉換為可列印格式。

5. 休眠幾秒鐘，以便我們能執行 *netstat* 來確認 socket 位址資訊（在 61.7 節介紹的 *netstat*）。

下列的 shell 作業階段記錄示範執行這個程式：

```
$ ./socknames 55555 &
getsockname(connFd):    (localhost, 32835)
getsockname(acceptFd):  (localhost, 55555)
getpeername(connFd):    (localhost, 55555)
getpeername(acceptFd):  (localhost, 32835)
[1] 8171
$ netstat -a | egrep '(Address|55555)'
Proto Recv-Q Send-Q Local Address     Foreign Address    State
tcp        0      0 *:55555           *:*                LISTEN
tcp        0      0 localhost:32835   localhost:55555    ESTABLISHED
tcp        0      0 localhost:55555   localhost:32835    ESTABLISHED
```

我們從上列輸出可以看到，連線式 socket（connFd）綁定到臨時的通訊埠（32835），*netstat* 指令呈現與程式建立的這三個 socket 相關資訊，並允許我們確認這兩個連線式 socket 的通訊埠資訊（於 61.6.3 節介紹）。

列表 61-3：使用 *getsockname()* 及 *getpeername()*

―――――――――――――――――――――――――― **sockets/socknames.c**

```
#include "inet_sockets.h"              /* Declares our socket functions */
#include "tlpi_hdr.h"

int
main(int argc, char *argv[])
{
    int listenFd, acceptFd, connFd;
    socklen_t len;                      /* Size of socket address buffer */
    void *addr;                         /* Buffer for socket address */
    char addrStr[IS_ADDR_STR_LEN];

    if (argc != 2 || strcmp(argv[1], "--help") == 0)
        usageErr("%s service\n", argv[0]);

    listenFd = inetListen(argv[1], 5, &len);
    if (listenFd == -1)
        errExit("inetListen");

    connFd = inetConnect(NULL, argv[1], SOCK_STREAM);
    if (connFd == -1)
        errExit("inetConnect");

    acceptFd = accept(listenFd, NULL, NULL);
    if (acceptFd == -1)
        errExit("accept");

    addr = malloc(len);
    if (addr == NULL)
        errExit("malloc");

    if (getsockname(connFd, addr, &len) == -1)
        errExit("getsockname");
    printf("getsockname(connFd):   %s\n",
            inetAddressStr(addr, len, addrStr, IS_ADDR_STR_LEN));
    if (getsockname(acceptFd, addr, &len) == -1)
        errExit("getsockname");
    printf("getsockname(acceptFd): %s\n",
            inetAddressStr(addr, len, addrStr, IS_ADDR_STR_LEN));

    if (getpeername(connFd, addr, &len) == -1)
        errExit("getpeername");
```

```
    printf("getpeername(connFd):   %s\n",
            inetAddressStr(addr, len, addrStr, IS_ADDR_STR_LEN));
    if (getpeername(acceptFd, addr, &len) == -1)
        errExit("getpeername");
    printf("getpeername(acceptFd): %s\n",
            inetAddressStr(addr, len, addrStr, IS_ADDR_STR_LEN));

    sleep(30);                              /* Give us time to run netstat(8) */
    exit(EXIT_SUCCESS);
}
```

——————————————————————————————————— **sockets/socknames.c**

61.6　深入 TCP 協定

了解一些 TCP 的操作細節有助於我們 debug TCP socket 應用程式，而且有時還能讓這樣的應用程式變得更有效率，我們在下列的章節將會探討：

- TCP 的區段格式（the format of TCP segment）。
- TCP 回報機制（TCP acknowledgement scheme）。
- TCP 狀態機（TCP state machine）、
- 建立與結束 TCP 連線。
- TCP TIME_WAIT 狀態。

61.6.1　TCP 的區段格式

圖 61-2 所示的是在一個 TCP 連線中交換的 TCP 區段格式，這些欄位的意義如下：

- 來源埠號（*source port number*）：這是 TCP 傳送端的埠號。
- 目的埠號（*destination port number*）：這是 TCP 目的端的埠號。
- 序號（*sequence number*）：這是此區段的序號，如 58.6.3 節所述，序號是此區段的第一個位元組資料在這條 TCP 連線中，此傳遞方向的資料偏移量（*offset*）。

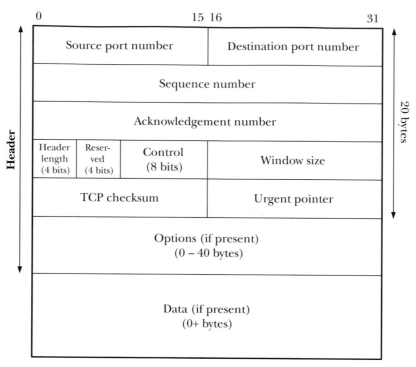

圖 61-2：TCP 的區段格式

- 回報編號（*acknowledgement number*）：若有設定 ACK 位元（如下），則此欄位會有接收端期望接收的下筆傳送端資料序號。

- 表頭長度（*header length*）：這是表頭長度，單位是 32 個位元（一個 word），因為這是一個 4-bit 欄位，所以標頭的總長度可以多達 60 個位元組（15 個 word）。此欄位讓 TCP 接收端能判斷 options 欄位的變動長度，以及 data 的起點。

- 保留（*reserved*）：此欄位有 4 個未使用的位元（必須設定為 0）。

- 控制位元（*control bit*）：此欄位包含 8 個位元，能深入設定區段的意義：

  - *CWR*（*congestion window reduced*）旗標。

  - *ECE*（*explicit congestion notification echo*）旗標，CWR 及 ECE 旗標是 TCP/IP ECN（Explicit Congestion Notification）演算法的一部分，ECN 是近期才新增到 TCP/IP 的，由 RFC 3168 與（Floyd，1994）提出。Linux 從核心 2.4 起開始提供 ECN 演算法的實作，啟動方式是將 Linux 特有的 /proc/sys/net/ipv4/tcp_ecn 檔案內容設定為非零。

  - *URG*：若設定此旗標，則表示 *urgent pointer* 欄位內含有效資訊。

- *ACK*：若有設定此旗標，則 ACK *number* 欄位包含有效資訊（如：此區段有彼端先前傳送的資料回報資訊）。

- *PSH*：將全部收到的資料推送給接收端行程，此旗標在 RFC 793 與（Stevens，1994）有詳細介紹。

- *RST*：重置連線，用來處理各種錯誤情況。

- *SYN*：同步序號（*synchronize sequence number*），在建立連線期間交換設定此位元的區段，可讓一個 TCP 連線的兩個端點指定彼此（每個方向）的傳送資料序號初值。

- *FIN*：傳送端用來指出資料已經傳送完成。

一個區段能同時設定多個控制位元（或完全沒有使用），這樣可以讓一個區段具有多重用途。例如：我們之後會看到，在一個 TCP 連線建立期間，會交換一個同時設定 SYN 與 ACK 位元的區段。

- 視窗大小（ *window size* ）：當接收端傳送一個 ACK 時，會指出接收端可以接收資料的空間（位元組），滑動視窗（sliding window）的相關機制在會 58.6.3 節介紹。

- 檢查碼（*checksum*）：這是一個 16 位元的檢查碼，檢查的內容包含 TCP 表頭與 TCP 資料。

    TCP 檢查碼不僅涵蓋 TCP 表頭及資料，還有 12 個位元組的資料，通常稱為 TCP 虛擬表頭（pseudo header）。虛擬表頭包含下列內容：來源及目地 IP 位址（各有 4 個位元組）、兩個位元組的 TCP 區段長度（此值會經過計算，但不是 IP 或 TCP 表頭的一部分）、1 個位元組內容為 6 的值，這是 TCP/IP 協定中專屬 TCP 協定的號碼，以及 1 個內容為 0 的填充位元組（使得虛擬表頭的長度可以是 16 位元的倍數），使用虛擬表頭計算檢查碼的目的是：

    要讓 TCP 接收端對已經正確抵達目的之區段進行雙重檢查（即 IP 層沒有誤收其他主機的 datagram、或將其他的上層協定封包傳遞給 TCP 層協定）。UDP 基於類似的方法與理由計算封包表頭檢查碼，請參考（Stevens，1994）以取得虛擬表頭的進階細節。

- 緊急指標（*urgent pointer*）：若設定 URG 控制位元，則此欄位指出所謂緊急資料的位置（位在從傳送端要傳送給接收端的資料串流位置），我們在 61.13.1 節會簡單探討緊急資料。

- 選項（*options*）：這是一個可變動長度的欄位，包含控制一個 TCP 連線操作的選項。

- 資料：此欄位包含此區段傳送的使用者資料，若此區段沒有任何資料，則此欄位長度可以是 0（即，若只是一個 ACK 區段）。

61.6.2　TCP 的序號及回報

TCP 會將一個 TCP 連線傳送的每個位元組資料配置一個邏輯序號（logical *sequence number*，一個連線中的來回雙向串流各有自己的序號）。當送出區段時，區段上的序號欄位代表一個邏輯的偏移量（offset），即一個連線同方向傳送的資料區段之第一個位元組資料偏移量，這可以讓 TCP 接收端將收到的區段以正確順序重組還原，並可以在回報傳送端時指出收到了哪些資料。

為了實作可靠的傳輸，TCP 使用正值回報，也就是在成功收到區段時，TCP 接收端會回報訊息（即有設定 ACK 位元的區段）給 TCP 傳送端，如圖 61-3 所示。此訊息的回報編號欄位可設定為，指出接收者想要接收的下個位元組之邏輯序號資料（換句話說，回報編號欄位的值是，所收到的區段之最後一個位元組的序號加 1）。

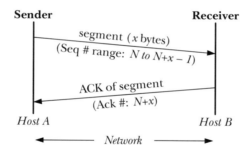

圖 61-3：TCP 的回報

TCP 傳送端在送出一個區段時會設定一個計時器，如果在計時器到期之前沒有收到來自 TCP 接收端的任何回報，則重送此區段。

圖 61-3 與稍後兩個 TCP 端點之間的區段交換範例流程圖類似，在閱讀這些流程圖時，其時間軸關係是由上而下。

61.6.3　TCP 狀態機與狀態轉換圖

維護一個 TCP 連線需要連線兩端的 TCP 堆疊協同運作，為了降低任務複雜度，TCP 端點可以使用狀態機（state machine）模型，這表示 TCP 可以處於其中一種狀態（屬於一組固定狀態），從一個狀態移動到另一個狀態來回應事件（*events*），例如 TCP 上層的應用程式執行了系統呼叫、或是彼端的 TCP 區段抵達時會改變 TCP 的狀態，TCP 有下列狀態：

- LISTEN：TCP 正在等待彼端 TCP 的連線請求。

- SYN_SENT：TCP 已經送出 SYN，表示一個應用程式執行了一個主動開啟 （active open），並等待彼端回應，以完成連線。

- SYN_RECV：TCP 之前是處於 LISTEN 狀態，在收到一個 SYN 且回應了 SYN/ACK（即一個設定 SYN 與 ACK 位元的 TCP 區段）時，則為了完成連 線而正在等待彼端 TCP 的 ACK。

- ESTABLISHED：與彼端的 TCP 連線已經建立完成，現在兩端的 TCP 節點可 以開始雙向傳輸資料區段。

- FIN_WAIT1：應用程式已經關閉連線，為了終止連線，TCP 已經送出一個 FIN 給彼端的 TCP，並等待彼端的 ACK。現在與接下來的三個狀態都與一個 執行主動關閉（ active close）的應用程式有關聯（即第一個關閉連線的應用 程式）。

- FIN_WAIT2：TCP 之前處於 FIN_WAIT1 狀態，現在已經收到來自彼端 TCP 的 ACK。

- CLOSING：TCP 之前是等待 FIN_WAIT1 狀態的 ACK，現在已經從連線彼端 收到一個 FIN，表示彼端同步試著進行主動關閉（換句話說，兩個 TCP 端點 幾乎同時送出 FIN 區段，這是少見的情況）。

- TIME_WAIT：已經完成主動關閉，TCP 已經收到一個 FIN，表示彼端的 TCP 已經執行了被動式關閉（passive close）。此 TCP 目前在 TIME_WAIT 狀態花 費一段固定週期的時間，為了確保 TCP 連線的終止，並確保網路中的舊有區 段副本能在相同的新連線建立之前到期（我們在 61.6.7 節有詳細介紹 TIME_ WAIT）。當此固定週期時間到期時，連線就會關閉，並釋放相關資源。

- CLOSE_WAIT：TCP 已經從 TCP 彼端收到一個 FIN，現在與接下來的狀態都 與執行被動關閉的應用程式有關（即第二個關閉連線的應用程式）。

- LAST_ACK：應用程式執行了一個被動式關閉，而 TCP 之前處於 CLOSE_ WAIT 狀態，送出了一個 FIN 給 TCP 彼端，並等待 ACK 回應。當收到 ACK 時，連線就會關閉並釋放相關的資源。

對於上述狀態，RFC 793 再新增一個虛構的 CLOSED 狀態，表示沒有連線時是處 於此狀態（即核心並未配置一個 TCP 連線的相關資源）。

> 我們在上列清單使用 Linux 原始程式碼定義的拼字做為 TCP 狀態，會與 RFC 793 定義的拼字略有差異。

圖 61-4 展示的是 TCP 狀態轉移圖（state transition diagram）（此圖的內容基於 RFC 793 的流程圖與「Stevens 等人，2004」製作），此流程圖說明一個 TCP 端點如何從一個狀態轉移到另一個狀態，以回應各種事件。每個箭頭表示一個可行的轉換，並標示觸發轉換的事件。此標示是應用程式的一個動作（粗體字）或 recv 字串表示收到來自 TCP 彼端的區段。當一個 TCP 從一個狀態轉移到另一個狀態時，會傳送一個區段給彼端，而這個轉換標示為 send。例如：從 ESTABLISHED 轉移到 FIN_WAIT1 狀態的箭頭表示，觸發的事件是由應用程式執行的 *close()*，而在狀態轉移期間，TCP 會送出一個 FIN 區段給彼端的 TCP。

在圖 61-4 中，一個 TCP 客戶端常見的轉移路徑是以粗的實心箭頭表示，而一個 TCP 伺服器的常見轉移路徑是以粗的虛線箭頭表示（其他箭頭表示較少經過的路徑）。研究這些路徑箭頭上的括號編號，我們可以看到，兩個 TCP 傳送與接收的區段是彼此的鏡射影像（mirror image）。（在 ESTABLISHED 狀態之後，若伺服器進行主動關閉，則 TCP 伺服器行經的路徑可能與 TCP 客戶端是相反的）。

> 圖 61-4 沒有列出全部的 TCP 狀態機轉移，只列出常用的部份，比較詳細的 TCP 狀態轉移圖可以參考 *http://www.cl.cam.ac.uk/~pes20/Netsem/poster.pdf*。

61.6.4　建立 TCP 連線

在 socket API 層，兩個 stream socket 會透過下列步驟進行連線（參考圖 56-1）：

1. 伺服器呼叫 *listen()* 以執行一個 socket 的被動開啟，並接著呼叫 *accept()*，這裡會發生阻塞，直到完成建立連線為止。

2. 客戶端呼叫 *connect()* 進行主動式 socket 開啟，與伺服器的被動式 socket 建立連線。

建立 TCP 連線的步驟如圖 61-5 所示，這些步驟通稱為三向交握（three-way handshake），因為在建立一個初始 TCP 連線時，兩個 TCP 端點之會間傳送三個區段，步驟如下：

1. TCP 客戶端執行 *connect()* 時會送出一個 SYN 區段給 TCP 伺服器，此區段通知 TCP 伺服器關於 TCP 客戶端的初始序號（在流程圖標示為 M）。此資訊是必要的，因為如 58.6.3 節所述，序號並非從 0 開始。

2. TCP 伺服器必須回應 TCP 客戶端的 SYN 區段，並告知 TCP 客戶端自身的序號（在流程圖標示為 N）（因為 stream socket 是雙向的，所以需要兩個序號）。TCP 伺服器可以透過回傳一個設定 SYN 及 ACK 控制位元的區段進行這兩項操作（我們稱 ACK 搭載「piggybacked」在 SYN 之上）。

3. TCP 客戶端送出一個 ACK 區段，以回報 TCP 伺服器的 SYN 區段。

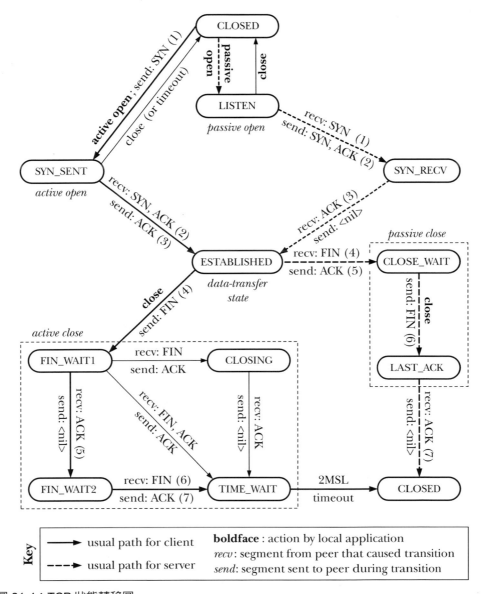

圖 61-4：TCP 狀態轉移圖

在三向交握的前兩個步驟所交換的 SYN 區段，可以將資訊放在 TCP 表頭的 options 選項，用來決定連線的各種參數，細節請參考（Stevens 等人，2004）、（Stevens，1994）以及（Wright & Stevens，1995）。

圖 61-5 中的小括號標籤（如 <LISTEN>）可指出 TCP 連線端的狀態。

　　連線的 SYN 旗標會需要一個位元組的序號空間，這是有必要的，因為設定此旗標的區段也可以夾帶資料，這麼做才能清楚地（不會模擬兩可）回報此旗標。這就是為何我們在圖 61-5 會將 SYN M 區段的回報顯示為 ACK M + 1。

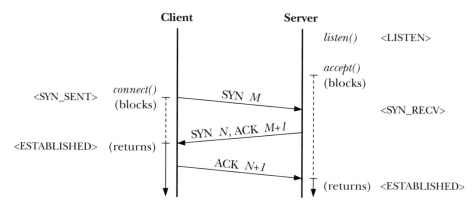

圖 61-5：建立 TCP 連線的三向交握

61.6.5　終止 TCP 連線

通常會使用下列方式關閉 TCP 連線：

1. 在連線一端的應用程式會執行一個 *close()*（這在客戶端很常見但非必要)，我們通常說這個應用程式正在進行主動式關閉（active close）。

2. 連線另一端的應用程式（伺服器）之後也會執行 *close()*，這稱為被動式關閉（passive close）。

圖 61-6 呈現 TCP 底層進行的相對應步驟（我們在這裡假設是由客戶端執行主動式關閉），這些步驟如下：

1. 客戶端進行一個主動式關閉，這會讓 TCP 客戶端送出一個 FIN 給 TCP 伺服器。

2. TCP 伺服器在收到 FIN 之後，會回應一個 ACK，伺服器若繼續使用 *read()* 讀取 socket，則會讀到檔案結尾（即 *read()* 會傳回 0）。

3. 當伺服器之後關閉這個連線時，TCP 伺服器會送出一個 FIN 給 TCP 客戶端。

4. TCP 客戶端回應一個 ACK 以回報伺服器的 FIN。

FIN 旗標也如同 SYN 旗標，需要一個位元組空間的序號。這就是為何我們在圖 61-6 看到 FIN M 區段是 ACK M+1。

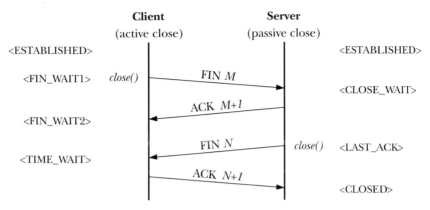

圖 61-6：終止 TCP 連線

61.6.6　對一個 TCP socket 呼叫 *shutdown()*

先前章節討論的是全雙工關閉，即應用程式使用 *close()* 關閉 TCP socket 的傳送與接收頻道。而如 61.2 節所述，我們也能用 *shutdown()* 只關閉連線的單個頻道（半雙工關閉）。本節會介紹對 TCP socket 的使用 *shutdown()* 的一些細節。

在 61.6.5 節提過，可以將 *how* 指定為 SHUT_WR 或 SHUT_RDWR 來初始 TCP 連線的結束順序（如主動式關閉），而不用管是否有其他檔案描述符參考到這個 socket。一旦已完成此順序的初始化，當彼端的 TCP 轉移到 CLOSE_WAIT 狀態時（圖 61-6），本地端的 TCP 會移動到 FIN_WAIT1 狀態，並接著進入 FIN_WAIT2 狀態。若將 how 欄位指定為 SHUT_WR，則因為 socket 檔案描述符仍然是有效的，所以連線的讀取端仍然是開啟的，所以彼端就能繼續送資料回來給我們。

SHUT_RD 操作對 TCP socket 沒有意義，因為多數的 TCP 實作沒有提供 SHUT_RD 的行為，而 SHUT_RD 的效果則隨著實作而異。在 Linux 及一些其他系統上，如我們在 61.2 節的 SHUT_RD 介紹所述，在 SHUT_RD 之後（而且在已經讀取任何未處理的資料之後）進行 *read()* 會傳回檔案結尾。然而，若彼端的應用程式之後寫入資料到 socket，則它仍然可以在本地端 socket 讀取資料。

在一些其他的平台上（如：BSD 系列），SHUT_RD 的確會讓之後的 *read()* 呼叫只會傳回 0。然而，在這些平台上，若彼端持續對 *socket* 呼叫 *write()*，則終將填滿資料頻道，此時若彼端仍持續對 socket 進行 *write()*，則會發生阻塞。

（在 UNIX domain stream socket，若彼端在對本地端 socket 設定 SHUT_RD 之後繼續寫入 socket，則會收到一個 SIGPIPE 訊號及 EPIPE 錯誤）。

總之，可攜的 TCP 應用程式應避免使用 SHUT_RD。

61.6.7 TIME_WAIT 狀態

TCP 的 TIME_WAIT 狀態經常成為網路程式設計困擾的來源，我們在圖 61-4 看到，TCP 在執行主動關閉時會經過這個狀態，TIME_WAIT 狀態的存在有兩個目的：

- 實作可靠的連線結束。
- 讓網路中的舊區段副本過期，使得新連線不會收到它們。

TIME_WAIT 狀態與其他狀態的差異在於，引起轉出此狀態（轉移到 CLOSED）的事件是超時（*timeout*）。這裡的超時週期是最大區段生命期（MSL，maximum segment lifetime）的兩倍（即 2MSL），MSL 是網路裡假設的 TCP 區段最大生命期。

> 在 IP 表頭裡的 8-bit TTL（time-to-live）欄位，能確保將最後無法以固定跳躍數（hop）抵達目的地的 IP 封包捨棄。MSL 是依 IP 封包 TTL 上限所估測得到的最大時間，因為只使用 8 個位元表示，所以 TTL 的上限是 255 次跳躍，IP 封包通常完成旅行所需的跳躍數都會遠少於 TTL 的上限，封包之所以達到此上限，通常是因為某些類型的路由器異常（如路由器的組態設定問題）而導致封包在網路裡不斷迴繞，直到超過 TTL 限制。

BSD socket 平台假設的 MSL 是 30 秒，而 Linux 則遵循 BSD 規範，因此，TIME_WAIT 狀態在 Linux 的生命週期是 60 秒。然而，RFC 1122 建議 MSL 的值是 2 分鐘，而遵循此建議的平台，其 TIME_WAIT 狀態就是 4 分鐘。

我們參考圖 61-6，就能了解 TIME_WAIT 狀態的第一個目的是確保可靠的連線結束。我們在此流程圖看到，在一個 TCP 連線終止期間有交換四個區段，最後一個是 ACK，由執行主動關閉的 TCP 端送出給被動式關閉的 TCP 端。假設此 ACK 在網路中遺失了，若發生這種情況，則進行被動式關閉的 TCP 端會重新傳送 FIN。在此例中，執行主動關閉的 TCP 端在固定的時間內仍然處於 TIME_WAIT 狀態，以確保能重送最後的 ACK。若執行主動關閉的 TCP 端不存在，則因為沒有連線的任何狀態資訊，所以 TCP 協定會傳送 RST（reset）區段給進行被動式關閉的 TCP端，以回應重新傳送的 FIN，而且這個 RST 會被解譯為一個錯誤（這說明了為何 TIME_WAIT 狀態的週期是 MSL 的兩倍：一個 MSL 是讓最後的 ACK 抵達彼端的 TCP，一個 MSL 是有時必須要再送一個 FIN）。

執行被動關閉的 TCP 端不需要相同的 TIME_WAIT 狀態，因為它是終止連線過程中最後交換的初始者。在一個 TCP 端送出 FIN 之後，它會等待彼端的 ACK，且若計時器在收到 ACK 以前到期了，則會重新傳送 FIN。

為了明白 TIME_WAIT 狀態的第二個目的：「確保網路裡的舊有區段副本過期」，我們必須記住一點，TCP 使用的重送演算法代表會產生區段副本，因而取決路由繞送（routing）的決策，這些副本區段可能在連線關閉之後才抵達。假設我們在兩個 socket 位址之間有一條 TCP 連線，比如：204.152.189.116 通訊埠 21（FTP 通訊埠）及 200.0.0.1 通訊埠 50,000，再假設這個連線已經關閉，而之後有一條剛好使用完全一樣的 IP 位址與通訊埠建立新連線，這稱為新的連線化身（incarnation）。此時，TCP 必須確保不會讓新連線收到舊連線的區段副本，方法是：當現有 TCP 連線的一端是 TIME_WAIT 狀態時，要避免建立新的連線化身。

　　網路論壇經常出現的問題是，如何關閉 TIME_WAIT 狀態，因為要重新啟動伺服器，而在將 socket 綁定到有 TCP 處於 TIME_WAIT 狀態的位址時，會發生 EADDRINUSE 錯誤（Address already in use），雖然有很多方法可以處理（參考 Stevens 等人，2004），也有很多方法可以消除這個狀態的 TCP 連線（例如：讓 TIME_WAIT 狀態提早結束，參考 Snader，2000），不過應該避免如此，因為這會破壞 TIME_WAIT 狀態提供的可靠度保障。我們在 61.10 節有探討 SO_REUSEADDR socket 選項的用法，可在使用 TIME_WAIT 的可靠保障同時，亦可避免常見的 EADDRINUSE 錯誤。

61.7　監視 Socket：*netstat*

程式 *netstat* 會顯示系統上的 Internet 與 UNIX domain socket 狀態，可做為開發 socket 應用程式時的 debug 工具，多數的 UNIX 平台都有一個 *netstat* 版本，雖然它的命令列參數會隨著平台而異。

在預設時，若未使用命令列參數執行 *netstat* 程式，則會顯示已連線的 UNIX 及 Internet domain socket，我們可以使用各種命令列參數來改變顯示的資訊，部份選項列在表 61-1 中。

表 61-1：netstat 指令的選項

選項	說明
-a	顯示全部 socket 的資訊，包含監聽式 socket
-e	顯示擴充資訊（包含 socket 擁有者的使用者 ID）
-c	持續重新顯示 socket 資訊（每秒）
-l	只顯示監聽式 socket 的資訊
-n	以數值格式顯示 IP 位址、埠號及使用者名稱
-p	顯示 socket 所屬的程式之行程 ID 與名稱
--inet	顯示 Internet domain socket 的資訊
--tcp	顯示 Internet domain TCP（stream）socket 的資訊
--udp	顯示 Internet domain UDP（datagram）socket 的資訊
--unix	顯示 UNIX domain socket 的資訊

這裡我們使用一個簡例來示範，使用 *netstat* 列出系統上全部的 Internet domain socket：

```
$ netstat -a --inet
Active Internet connections (servers and established)
Proto Recv-Q Send-Q Local Address      Foreign Address    State
tcp        0      0 *:50000            *:*                LISTEN
tcp        0      0 *:55000            *:*                LISTEN
tcp        0      0 localhost:smtp     *:*                LISTEN
tcp        0      0 localhost:32776    localhost:58000    TIME_WAIT
tcp    34767      0 localhost:55000    localhost:32773    ESTABLISHED
tcp        0 115680 localhost:32773    localhost:55000    ESTABLISHED
udp        0      0 localhost:61000    localhost:60000    ESTABLISHED
udp      684      0 *:60000            *:*
```

對於每個 Internet domain socket，我們能看到下列的資訊：

- Proto：這是 socket 的協定，例如：tcp 或 udp。

- Recv-Q：這是 socket 接收緩衝區中，本地端應用程式尚未讀取的資料量（位元組數目）。對 UDP socket 而言，此欄位計算的不僅是資料，還包含 UDP 表頭的長度與其他中繼資料（metadata）。

- Send-Q：這是 socket 傳送緩衝區裡等待傳送的資料量（位元組數量），如同 Recv-Q 欄位，對於 UDP socket 而言，此欄位還會包含 UDP 表頭的資料及其他中繼資料（metadata）的數量。

- Local Address：這是要與 socket 綁定的位址，會以 host-IP-address:port 格式表示，除非數值無法反解為相對應的主機名稱及服務名稱，不然預設會將位址的兩個元件以名稱顯示。在位址的主機那部份的星號（*）代表萬用 IP 位址。

- **Foreign Address**：這是連線到這個 socket 的彼端 socket 位址，*:* 字串表示沒有彼端位址。
- **State**：這是 socket 目前的狀態，對於一個 TCP socket 而言，這個狀態是 61.6.3 節所介紹的其中一個狀態。

詳細內容請見 *netstat(8)* 技術手冊。

在 /proc/net 目錄中的各種 Linux 特有檔案可以讓程式讀取與 *netstat* 所顯示的相同資訊。這些檔案的名稱分別是：tcp、udp、tcp6、udp6 與 unix，各有其用途。詳細內容請見 *proc(5)* 技術手冊。

61.8　使用 *tcpdump* 監視 TCP 流量

程式 *tcpdump* 是有用的除錯工具，可以讓超級使用者監視即時的 Internet 網路流量，產生即時的文字，如圖 61-3 流程所示。如其名稱所示，*tcpdump* 可以用來顯示各類網路封包（例如：TCP 區段、UDP datagram，以及 ICMP 封包）。Tcpdump 可以顯示每個封包的資訊，如：時戳（timestamp）、來源與目地 IP 位址、及深入的協定特有細節。可以依據協定類型、來源與目地位址、埠號，以及一系列其他的標準，選擇所要監視的封包。完整細節請參考 *tcpdump* 使用手冊。

> 應用程式 *wireshark*（前身是 *ethereal*：*http://www.wireshark.org/*）的執行任務與 *tcpdump* 類似，不過可以透過圖形使用者介面顯示流量資訊。

對於每個 TCP 區段而言，*tcpdump* 會顯示一行下列格式的資訊：

---

src > *dst*: *flags data-seqno ack window urg* <*options*>

這些欄位的意義如下：

- *src*：這是來源 IP 位址與通訊埠。
- *dst*：這是目地 IP 位址與通訊埠。
- *flags*：此欄位包含零個或多個下列字母，每個對應到 61.6.1 節所述的一個 TCP 控制位元：S（SYN）、F（FIN）、P（PSH）、R（RST）、E（ECE），以及 C（CWR）。
- *data-seqno*：這是這個封包資料的序號空間範圍（以位元組為單位）。

> 預設顯示的序號範圍代表距離此資料串流方向的第一個位元組的相對位置，*tcpdump -S* 選項會讓序號以絕對格式（absolute format）呈現。

- *ack*：這是一個字串，內容為 "ack *num*"，表示此連線中對方需要的下筆資料序號。

- *window*：這是一個字串，內容為 "win *num*"，表示此連線中，對方提供的接收緩衝區位元組數量。

- *urg*：這是一個字串，內容為 "urg *num*"，表示這個區段在指定的偏移位置有緊急資料（urgent data）。

- *options*：此字串說明這個區段的每個 TCP 選項。

欄位 *src*、*dst* 及 *flags* 一定會出現，其他欄位則只會出現在適當時機顯示。

下列的 shell 作業階段（session）示範如何使用 *tcpdump* 監視客戶端（在 pukaki 主機）及伺服器（在 tekapo 主機）之間的流量。我們在此 shell 作業階段中使用兩個 *tcpdump* 選項，讓輸出較為簡潔：*-t* 選項取消顯示的時戳資訊、*-N* 選項會顯示主機名稱，不會顯示網域名稱。此外，為了簡潔而且因為我們不需要關於 TCP 選項的細節，所以我們將 *options* 欄位從 *tcpdump* 輸出中移除。

伺服器在通訊埠 55555 運作，所以我們的 *tcpdump* 指令會選擇這個通訊埠的流量，這個輸出會顯示建立連線期間交換的三個區段：

```
$ sudo tcpdump -t -N 'port 55555'
IP pukaki.60391 > tekapo.55555: S 3412991013:3412991013(0) win 5840
IP tekapo.55555 > pukaki.60391: S 1149562427:1149562427(0) ack 3412991014 win 5792
IP pukaki.60391 > tekapo.55555: . ack 1 win 5840
```

這三個區段分別是在三向交握期間交換的 SYN、SYN/ACK 及 ACK 區段（請見圖 61-5）。

在下列的輸出中，客戶端會送給伺服器兩個訊息，分別包含 16 個以及 32 個位元組，而伺服器分別回應 4-byte 的訊息：

```
IP pukaki.60391 > tekapo.55555: P 1:17(16) ack 1 win 5840
IP tekapo.55555 > pukaki.60391: . ack 17 win 1448
IP tekapo.55555 > pukaki.60391: P 1:5(4) ack 17 win 1448
IP pukaki.60391 > tekapo.55555: . ack 5 win 5840
IP pukaki.60391 > tekapo.55555: P 17:49(32) ack 5 win 5840
IP tekapo.55555 > pukaki.60391: . ack 49 win 1448
IP tekapo.55555 > pukaki.60391: P 5:9(4) ack 49 win 1448
IP pukaki.60391 > tekapo.55555: . ack 9 win 5840
```

我們可以看到，對方對於每個收到的資料區段都會回傳 ACK。

最後，我們展示連線結束期間交換的區段（首先，客戶端關閉它的連線，接著伺服器關閉連線）：

```
IP pukaki.60391 > tekapo.55555: F 49:49(0) ack 9 win 5840
IP tekapo.55555 > pukaki.60391: . ack 50 win 1448
IP tekapo.55555 > pukaki.60391: F 9:9(0) ack 50 win 1448
IP pukaki.60391 > tekapo.55555: . ack 10 win 5840
```

上面的輸出展示了終止連線期間（請見圖 61-6）交換的四個區段。

61.9　Socket 選項

Socket 選項會影響一個 socket 操作的各項功能，我們在本書只討論其中幾個 socket 選項。在（Stevens 等人，2004）有更多 socket 選項討論，其他細節請參考 *tcp(7)*、*udp(7)*、*ip(7)*、*socket(7)*，及 *unix(7)* 使用手冊。

系統呼叫 *setsockopt()* 及 *getsockopt()* 可設定與取得 socket 選項。

```
#include <sys/socket.h>

int getsockopt(int sockfd, int level, int optname, void *optval,
               socklen_t *optlen);
int setsockopt(int sockfd, int level, int optname, const void *optval,
               socklen_t optlen);
                              Both return 0 on success, or −1 on error
```

對於 *setsockopt()* 與 *getsockopt()*，*sockfd* 是一個用來參考 socket 的檔案描述符。

參數 *level* 可指定 socket 套用的協定層選項，例如：IP 或 TCP，我們在本書介紹最多的 socket 選項是將 *level* 指定為 SOL_SOCKET，這是表示套用 socket API 層的選項。

參數 *optname* 代表我們想要設定或解析的選項值。*optval* 參數是一個指標，指向設定或傳回選項值的緩衝區；這個參數指向一個整數或一個結構，由選項決定。

參數 *optlen* 指定 optval 指向的緩衝區大小（單位是位元組）。在 *setsockopt()*，此參數的傳遞方式是傳值（pass by value），而在 *getsockopt()*，optlen 是個傳值與回傳結果（value-result）的參數，在執行呼叫之前，我們應該要將它初始化為 optval 指向的緩衝區大小；在回傳時，將它設定為實際寫入緩衝區的資料量（位元組數量）。

如我們在 61.11 節的詳細介紹，呼叫 *accept()* 所傳回的 socket 檔案描述符會繼承監聽式 socket 的可設定 socket 選項值。

Socket 選項會與開啟檔案描述符（open file description）關聯（請參考圖 5-2），意思是使用 *dup()* 或類似 *fork()* 複製的檔案描述符會共用同一組 socket 選項。

一個簡單的 socket 選項範例是 SO_TYPE，可以用來找出 socket 型別，如下：

```
int optval;
socklen_t optlen;

optlen = sizeof(optval);
if (getsockopt(sfd, SOL_SOCKET, SO_TYPE, &optval, &optlen) == -1)
    errExit("getsockopt");
```

在此呼叫之後，optval 會有 socket 的型別，例如：SOCK_STREAM 或 SOCK_DGRAM。這個呼叫適合用在跨越 *exec()* 繼承 socket 檔案描述符的程式，例如：由 *inetd* 執行的程式，因為程式可能無法得知繼承的 socket 型別。

SO_TYPE 是一個唯讀的 socket 選項範例，不可能使用 *setsockopt()* 改變 socket 的型別。

61.10　SO_REUSEADDR Socket 選項

SO_REUSEADDR socket 選項提供許多目的（細節請見 Stevens 等人，2004 的第七章）。我們自己只在乎一個常見的情況：就是在重新啟動 TCP 伺服器的過程中，並且試著將 socket 綁定到已經與 TCP 關聯的通訊埠時，避免發生 EADDRINUSE（"位址已經在使用中"）的錯誤。通常會在兩種情況發生：

- 之前與客戶端連線的伺服器透過呼叫 *close()* 或是透過當機（如經由訊號殺掉）進行主動關閉（active close），這會讓一個 TCP 端點保持在 TIME_WAIT 狀態，直到 2 MSL 的時間到期為止。

- 之前的伺服器建立一個子行程處理一個客戶端連線，之後在子行程繼續服務客戶端時，伺服器終止了，因而子行程使用伺服器的已知（well-known）通訊埠來維護一個 TCP 端點。

在這兩個情境中，尚未處理的 TCP 端點無法接受新的連線，雖然在這兩種情況中，多數的 TCP 實作會避免將新的監聽式 socket 綁定到伺服器的 well-known 通訊埠。

> EADDRINUSE 錯誤通常不會在客戶端發生，因為它們通常是使用臨時通訊埠，而不是目前處於 TIME_WAIT 狀態的通訊埠。然而，若將客戶端綁定至特定的通訊埠號，則也會引發這個錯誤。

要了解 SO_REUSEADDR socket 選項的操作，我們可以回到之前用電話舉例的 stream socket（56.5 節）。如同撥打一通電話（我們忽略會議電話），一個 TCP socket 連線是透過一對連線的端點進行識別，*accept()* 類似公司內部的總機（一台伺服器），當外部電話進來時，總機將電話轉接給組織內部的分機（新的 socket），以外面的觀點來看，無法識別內部電話，當總機處理多個外部通話時，唯一的識別方法是透過外部來電者名稱與總機號碼的組合（當我們探討的整個電話網路有多個總機時，總機號碼是必須的）。同樣地，我們每次在監聽式 socket 接受 socket 連線時，就會建立一個新的 socket，全部的 socket 都與監聽式 socket 的同一個本地位址有關。唯一的識別方法是透過它們與不同彼端 socket 的連線，換句話說，一條已經建立連線的 TCP socket 會經由下列格式的四個項目識別（如：四個值的組合）：

```
{ local-IP-address, local-port, foreign-IP-address, foreign-port }
```

TCP 規格要求每個項目必須是唯一的，也就是只能有一個相對應的連線實體（電話）。問題在於，多數的平台（包含 Linux）使用更嚴謹的限制：若在主機上，任何符合本地端通訊埠的 TCP 連線化身存在，則不能重複使用本地通訊埠（如：呼叫 *bind()*）。如本節開頭的介紹，此規則甚至限制 TCP 何時不能接受新的連線。

啟用 SO_REUSEADDR socket 選項可以解除這項限制，使得更接近 TCP 的需求。此選項的預設值是 0，表示預設是關閉的。如列表 61-4 所示，我們在綁定 socket 之前，先透過將這個選項設定為非零值來啟動。

設定 SO_REUSEADDR 選項表示我們可以將一個 socket 綁定到一個本地通訊埠，即使如本節開頭所述的情境，有其他 TCP 已經綁定到相同的通訊埠。大多數的 TCP 伺服器都應該啟用這個選項。我們已經在列表 59-6 及列表 59-9 看過這個選項的一些使用範例。

列表 61-4：設定 SO_REUSEADDR socket 選項

```
int sockfd, optval;

sockfd = socket(AF_INET, SOCK_STREAM, 0);
if (sockfd == -1)
    errExit("socket");

optval = 1;
if (setsockopt(sockfd, SOL_SOCKET, SO_REUSEADDR, &optval,
        sizeof(optval)) == -1)
    errExit("socket");

if (bind(sockfd, &addr, addrlen) == -1)
```

```
        errExit("bind");
    if (listen(sockfd, backlog) == -1)
        errExit("listen");
```

61.11 繼承經過 *accept()* 的旗標及選項

各種旗標與設定都能與開啟檔案描述符（open file description）與檔案描述符（file description）有關聯（5.4 節）。此外，如 61.9 節所述，socket 可以設定各種選項，若將這些旗標與選項設定在監聽式 socket 上，它們可以讓 *accept()* 傳回的新 socket 繼承嗎？我們在這裡詳細說明。

在 Linux 系統上，下列屬性不會透過 *accept()* 傳回的新檔案描述符繼承：

- 與開啟檔案描述符關聯的狀態旗標：這些旗標可以使用 *fcntl()* F_SETFL 操作取代（5.3 節），這些旗標有 O_NONBLOCK 及 O_ASYNC。
- 檔案描述符旗標：這些旗標可以使用 *fcntl()* F_SETFD 操作取代，這類旗標只有 close-on-exec 旗標（在 27.4 節介紹的 FD_CLOEXEC）。
- *fcntl()* F_SETOWN（擁有者的行程 ID）、F_SETSIG（通用的訊號），以及訊號驅動 I/O（signal-driven I/O）的檔案描述符屬性（63.3 節）。

另一方面，由 *accept()* 傳回的新描述符會繼承可使用 *setsockopt()* 設定的 socket 選項副本（61.9 節）。

SUSv3 對這裡介紹的細節並沒有說明，而對於 *accept()* 傳回的新連線 socket 之繼承規則會隨著 UNIX 平台而異。最需要注意的是，在一些 UNIX 平台上，若將 O_NONBLOCK 及 O_ASYNC 這類開啟檔案狀態旗標（open file status flag）設定在監聽式 socket，則由 *accept()* 回傳的新 socket 會繼承這些旗標。為了可攜性，必須重新設定 *accept()* 傳回的 socket 屬性。

61.12 TCP 與 UDP 之比較

既然 TCP 能提供可靠的資料傳輸，而 UDP 沒有，則明顯的問題是：「為什麼要用 UDP 呢？」答案在（Stevens 等人，2004）的第 22 章，這裡我們節錄一些該使用 UDP 或 TCP 的要點：

- UDP 伺服器可從多個客戶端接收（與回應）datagram，而不需要建立與結束連線（即使用 UDP 傳輸一個訊息的額外負擔會比 TCP 少）。

- 對於簡單的請求、回應通信，UDP 會比 TCP 還快，因為不需要建立與結束連線。（Stevens，1996）的附錄 A 提到使用 TCP 的最佳時間是：

  ```
  2 * RTT + SPT
  ```

  在這個公式中，RTT 是往返時間（round-trip time，傳送需求與接收回應所需的時間），而 SPT 是伺服器處理請求所耗的時間（在廣域網路上，SPT 的值可以小於或等於 RTT）。在 UDP 協定中，單個請求 / 回應通信的最佳時間是：

  ```
  RTT + SPT
  ```

  這是一個 RTT，少於 TCP 所需的時間，因為主機彼此的距離很遠（如洲際）或有許多路由器介入的 RTT，通常是幾十分之一秒，這些差異使得對於一些請求 / 回應式通信而言，UDP 會比較具有吸引力。DNS 則是基於這個理由而使用 UDP 的一個典型範例，使用 UDP 能在伺服器之間的每個方向，透過傳送一個封包進行網域名稱查詢。

- UDP socket 允許廣播（broadcast）與群播（multicast），廣播能讓傳送端只送一個 datagram，就能散播到這個網路上的每一台有開啟與 UDP 目的埠相同的主機。而群播也是類似，只是將 datagram 送到特定群組的主機。深入的細節請見（Stevens 等人，2004）的第 21 章及第 22 章。

- 某些類型的應用程式（如：影片串流及語音傳輸）可以不需要 TCP 提供的可靠度。另一方面，在 TCP 因為區段遺失而試著重送遺失的區段之後，可能會產生無法接受的長時間延遲（在多媒體串流傳輸中，發生延遲會比單純遺失資料更為嚴重）。因此，這類應用程式會傾向使用 UDP，並採用應用程式特有的還原方式，以處理偶發的封包遺失。

若使用 UDP 的應用程式需要可靠度，則必須自行實作可靠度管理的功能。通常至少會需要序號、回報機制、重送遺失的封包，以及重複傳送偵測。在（Stevens，2004）有示範如何達成。然而，若需要更多的進階功能，如流量控制（flow control）及壅塞控制（congestion control），則最好採用 TCP，要在 UDP 協定上實作全部的這些功能會很複雜，而且即使我們都已經實作出來，結果運作的效能不見得會比 TCP 要好。

61.13 進階功能

UNIX 與 Internet domain socket 有許多功能在本書沒有探討，我們會在這節節錄一些功能，完整的細節請參考（Stevens 等人，2004）。

61.13.1　頻外資料（Out-of-Band Data）

頻外資料是 stream socket 的一項特性，可以讓傳送端將傳送的資料標示為高優先權，亦即接收端能取得頻外資料的通知，而不須要事先讀取 stream 中的全部資料。此功能會用在 *telnet*、*rlogin*，及 *ftp* 這類程式，使得程式可以跳過之前傳送的資料。傳送與接收頻外資料（out-of-band data）可以透過在呼叫 *send()* 及 *recv()* 時搭配使用 MSG_OOB 旗標。當一個 socket 被通知目前有頻外資料時，核心會產生 SIGURG 訊號給 socket 的擁有者（通常是使用 socket 的行程），如同使用 *fcntl()* 設定 F_SETOWN 操作那樣。

　　當在 TCP socket 使用頻外資料時，每次最多只能將一個位元組的資料標示為頻外，若傳送端在接收端完成處理上一個頻外資料之前就送出一個額外的頻外資料，則表示之前的頻外資料已經遺失。

> 　　將 TCP 的頻外資料限制為一個位元組，是因為通用的 socket API 頻外模型與使用 TCP 緊急模式（urgent mode）特定實作的錯誤結合。我們在 61.6.1 節探討 TCP 區段格式時，談過 TCP 的緊急模式，TCP 會設定 TCP 表頭的 URG 位元，以表示緊急（頻外）資料的存在，並將緊急指標欄位設定為指向緊急資料。然而，TCP 無法表示緊急資料序列的長度，因此，緊急資料只能是一個位元組。
>
> 　　關於 TCP 緊急資料的深入細節可參考 RFC 793。

在一些 UNIX 平台裡，UNIX domain socket 會支援頻外資料，但是 Linux 不支援這項功能。

　　目前不建議使用頻外資料，而且在有些情況是不可靠的（請見 Gont & Yourtchenko，2009）。替代方案是要維護一對通信用的 stream socket，其中一個 socket 用於一般的通信，而另一個用於高優先權的通信。應用程式可以使用第 63 章介紹的技術監視這兩個頻道，這個方法可以傳輸多個位元組的優先權資料。此外，可用在任何通信的 domain 使用 stream socket（如：UNIX domain socket）。

61.13.2　*sendmsg()* 及 *recvmsg()* 系統呼叫

系統呼叫 *sendmsg()* 及 *recvmsg()* 是最通用的 socket I/O 系統呼叫，*sendmsg()* 系統呼叫能做到 *write()*、*send()* 及 *sendto()* 能做的每件事情；而 *recvmsg()* 系統呼叫可以做到 *read()*、*recv()*，及 *recvfrom()* 能做到的每件事。此外，這些呼叫還能做到下列工作：

- 我們能進行 scatter-gather I/O，如同 *readv()* 與 *writev()*（5.7 節），當我們使用 *sendmsg()* 對 datagram socket 收集輸出（gather output），（或是對已連接的 datagram socket 進行 *writev()*），則會產生一個 datagram。反之，*recvmsg()*（及 *readv()*）可以用來對 datagram socket 進行 scatter input，將一個 datagram 的資料分散到多個使用者空間的緩衝區。

- 我們可以傳送包含網域特定的輔助資料（ancillary data）訊息（亦稱為控制資訊），輔助資料可透過 stream socket 及 datagram socket 傳遞，我們之後會介紹一些輔助資料的範例。

  > Linux 2.6.33 新增一個新的系統呼叫：*recvmmsg()*，此系統呼叫與 *recvmsg()* 類似，但能在一個系統呼叫中接收多個 datagram，如此可減少應用程式在處理高負載網路流量時的系統呼叫負擔，與 *sendmmsg()* 類似的系統呼叫可能會在之後的核心版本新增。

61.13.3 傳遞檔案描述符

我們可以透過一個 UNIX domain socket，使用 *sendmsg()* 及 *recvmsg()* 在同一台主機的行程之間傳遞輔助資料（包含一個檔案描述符）。各種檔案描述符都能以此方法傳遞，例如：經由呼叫 *open()* 或 *pipe()* 取得的檔案描述符。一個與 socket 比較有關的例子是：一台 master 伺服器可以在一個 TCP 監聽式 socket 接受一個客戶端連線，並傳遞該描述符給伺服器子行程池的成員之一（60.4 節），接著子行程會回應客戶端的請求。

雖然此技術通常可視為傳遞一個檔案描述符，不過實際在兩個行程之間傳遞的是參照到同一個開啟檔案描述符的描述符（圖 5-2）。接收行程所採用的檔案描述符編號通常會與傳送端採用的編號不同。

> 在本書程式碼的 sockets 子目錄，其中的 scm_rights_send.c 及 scm_rights_recv.c 程式有提供一個傳遞檔案描述符的範例

61.13.4 接收傳送端的憑證

另一個使用輔助資料的範例是透過 UNIX domain socket 接收傳送者憑證，這些憑證包含使用者 ID、群組 ID，以及傳送端行程的行程 ID。傳送端可指定其使用者 ID 及群組 ID，做為相應的真實（real）ID、有效（effective）ID 或儲存集（saved set）ID，這可以讓同主機的接收端行程驗證傳送端。深入的細節請見 *socket(7)* 及 *unix(7)* 使用手冊。

不像傳遞的檔案描述符，傳遞傳送者憑證並不在 SUSv3 的規範中，除了 Linux，此功能在一些現代化的 BSD 平台也有實作。

（其憑證結構包含的資訊比 Linux 還多），但只有少數 UNIX 平台提供。在 FreeBSD 上的憑證傳遞細節如（Stevens 等人，2004）所述。

在 Linux 系統上，特權行程可以復刻（fake）使用者 ID、群組 ID，以及傳遞憑證的行程 ID（若有），分別是 CAP_SETUID、CAP_SETGID、及 CAP_SYS_ADMIN 功能。

> 在本書原始碼的 socket 子目錄中，有一個傳遞憑證的範例，如檔案 scm_cred_send.c 及 scm_cred_recv.c 所示。

61.13.5　循序封包通訊端（Sequenced-Packet Socket）

循序封包 socket 兼具 stream socket 與 datagram socket 的功能：

- 如同 stream socket，循序封包 socket 是連線導向的。建立連線的方式與 stream socket 相同，使用 *bind()*、*listen()*、*accept()* 及 *connect()*。
- 如同 datagram socket，會保留訊息邊界，從循序封包 socket 進行 *read()* 只會傳回一個訊息（如對方所送的）。若訊息的長度超過呼叫者提供的緩衝區，則會捨棄超出的位元組資料。
- 如同 stream socket，而不像 datagram socket，透過循序封包 socket 通信是可靠的。傳送給對方應用程式的訊息是不會出錯的（error-free）、依序的（in order），以及不會重複的（unduplicated），而且保證送達（假設系統或應用程式沒有崩潰、網路沒有中斷）。

建立循序封包 socket 的方式是透過呼叫 *socket()*，並將 *type* 參數設定為 SOCK_SEQPACKET。

在以前，Linux 與多數 UNIX 平台一樣，無論是 UNIX domain 或 Internet domain 都沒有支援循序封包 socket。然而，從 kernel 2.6.4 起，Linux 開始提供 UNIX domain socket 的 SOCK_SEQPACKET。

在 Internet domain，UDP 與 TCP 協定不提供 SOCK_SEQPACKET，但 SCTP 協定有提供（在下一節說明）。本書除了預留訊息邊界之外，沒有示範循序封包 socket 的用法，它們的用法與 stream socket 非常類似。

61.13.6 SCTP 及 DCCP 傳輸層協定

SCTP 與 DCCP 是兩個新的傳輸層協定，有望在未來變得更為普及。

串流控制傳輸協定（Stream Control Transmission Protocol，http://www.sctp.org/）的設計是為了提供電話訊號的應用，不過也適用於通用目的。SCTP 與 TCP 的共同之處是：提供可靠的、雙向的、連線導向的傳輸。與 TCP 不同之處在於，SCTP 保留了訊息邊界，SCTP 其中一個特別的功能是有支援多重串流（multistream），可在單個連線中使用多個邏輯的資料串流。

SCTP 在（Stewart & Xie，2001）、（Stevens 等人，2004），以及 RFC 4960、RFC 3257、RFC 3286 都有介紹。

Linux 核心從 2.6 版開始支援 SCTP，關於實作的進階資訊可以參考 http://lksctp.sourceforge.net/。

我們在先前介紹 socket API 的章節將 Internet domain stream socket 視為 TCP，然而，SCTP 也提供實作 stream socket 的替代方案，可使用下列呼叫建立：

```
socket(AF_INET, SOCK_STREAM, IPPROTO_SCTP);
```

從核心 2.6.14 起，Linux 開始支援新的 datagram 協定，資料包壅塞控制協定（Datagram Congestion Control Protocol）。如同 TCP，DCCP 有提供壅塞控制（使應用層不必實作壅塞控制），以避免快速的傳送導致網路癱瘓（我們在 58.6.3 節介紹 TCP 時有介紹過壅塞控制）。然而，不像 TCP（不過類似 UDP），DCCP 不保障可靠的或依序的傳輸，而且讓不需要使用這些功能的應用程式可以避免可能發生的延遲。關於 DCCP 的資訊參考 *http:// www.read.cs.ucla.edu/dccp/* 及 RFC 4336 與 RFC 4340。

61.14 小結

在多數情況下，對 stream socket 進行 I/O 時會發生部份讀取及部份寫入，我們展示兩個函式的實作：*readn()* 與 *writen()*，可用於確保完整的讀取或寫入資料緩衝區。

系統呼叫 *shutdown()* 提供較精密的連線結束控制，無論是否有其他的開啟檔案描述符在參照這個 socket，我們都可以使用 *shutdown()* 強行關閉單方或雙方的通信串流。如同 *read()* 與 *write()*、*recv()* 與 *send()* 能用在對 socket 執行 I/O，不過這些呼叫會提供額外的 *flags* 參數，可控制 socket 特有的 I/O 功能。

系統呼叫 *sendfile()* 可以讓我們有效率地將檔案內容複製到 socket，可以增加效率是因為我們不用將檔案資料複製到使用者空間的記憶體（或反向），而只需要呼叫 *read()* 及 *write()*。

系統呼叫 *getsockname()* 及 *getpeername()* 分別解析 socket 綁定的本地端位址，以及與彼端 socket 位址連線的本地端位址。

我們探討了一些 TCP 操作的細節，包含 TCP 狀態、TCP 狀態轉移流程，以及 TCP 連線的建立與結束。如同此部份的討論，我們了解到為什麼 TIME_WAIT 狀態在 TCP 可靠度保證上扮演了重要的角色。雖然這個狀態會導致重新啟動伺服器時，發生 "Address already in use" 的錯誤訊息，我們在之後也知道 SO_REUSEADDR socket 選項能用來避免此錯誤，同時使用 TIME_WAIT 狀態，以提供其存在的目的。

指令 netstat 與 *tcpdump* 是很有用的工具，可用來監視及除錯使用 socket 的應用程式。

系統呼叫 *getsockopt()* 與 *setsockopt()* 能取得並修改影響 socket 操作的選項。

在 Linux 系統上，當使用 *accept()* 建立新 socket 時，新 socket 不會繼承監聽式 socket 的開啟檔案狀態旗標、或與訊號驅動 I/O 的檔案描述符屬性。然而，新 socket 會繼承 socket 選項的設定。我們提過，SUSv3 對於這些細節沒有說明，因此這些功能會隨著平台而異。雖然 UDP 不像 TCP 有提供可靠度保障，不過我們還是看到還是有些理由讓應用程式偏好使用 UDP。最後，我們概述本書沒詳細提到的一些 socket 程式設計進階功能。

進階資訊

參考 59.15 節列出的進階資訊來源。

61.15　習題

61-1. 假設修改了列表 61-2 的程式（is_echo_cl.c），不使用 *fork()* 建立兩個同時運作的行程，而是只用一個行程，先將其標準輸入複製到 socket，並接著讀取伺服器的回應。當執行此客戶端時，會有什麼問題發生呢？（請見圖 58-8）

61-2. 以 *socketpair()* 實作 *pipe()*。使用 *shutdown()* 確保最後的 pipe 是單向的。

61-3. 使用 *read()*、*write()* 及 *lseek()* 實作 *sendfile()* 的替代品。

61-4. 使用 *getsockname()* 設計一個程式，若我們對 TCP socket 呼叫 *listen()*，而不先呼叫 *bind()*，則該 socket 會被指定一個臨時通訊埠。

61-5. 設計一個客戶端及伺服器程式，伺服器程式允許客戶端在伺服器主機上執行任意的 shell 指令。（若你沒有在此應用程式實作任何安全機制，你須確保伺服器只能由一個使用者帳號操控，以便在惡意使用者執行伺服器時無法造成傷害）。客戶端須以兩個命令列參數執行：

```
$ ./is_shell_cl server-host 'some-shell-command'
```

在連線到伺服器之後，客戶端將指令送給伺服器，並接著使用 *shutdown()* 關閉 socket 的寫入端，讓伺服器收到檔案結尾（end-of-file）。伺服器應以不同的子行程處理每個進入的連線（如：並行式設計）。對於每個進入的連線，伺服器應從 socket 讀取指令（直到檔案結尾），並接著進入 shell 以執行指令。這裡有兩個提示：

- 請見 27.7 節中的 *system()* 實作，示範如何執行 shell 指令。

- 藉由 *dup2()* 複製標準輸出與標準錯誤給 socket，執行的指令結果將自動寫入 socket。

61-6. 在 61.13.1 節提過，頻外資料的替代方案是在客戶端與伺服器之間建立兩個 socket 連線，一個傳輸一般資料，另一個傳輸高優先權資料。基於此框架（framework）設計客戶端與伺服器程式。這裡有些提示：

- 伺服器需要一些能夠得知這兩個 sockets 都屬於同一個客戶端的方法。一種方法是讓客戶端先使用臨時通訊埠建立一個監聽式 socket（如：綁定至 port 0）。在取得其監聽式 socket 的臨時通訊埠號之後（使用 *getsockname()*），客戶端將其 "一般用途" 的 socket 連線到伺服器的監聽式 socket，並送出一個訊息，內容包含客戶端的監聽式 socket 之埠號。客戶端接著等待伺服器以反方向與客戶端的監聽式 socket 建立連線，做為 "高優先權" socket。（伺服器能在一般連線的 *accept()* 期間取得客戶端的 IP 位址）。

- 實作幾種類型的安全機制，以避免惡意的行程嘗試連線到客戶端的監聽式 socket。為了達到這個目標，客戶端可使用一般的 socket 送出一個 cookie（如：某種唯一的訊息）給伺服器。伺服器接著透過高優先權 socket 傳回此 cookie，讓客戶端進行驗證。

- 為了實驗從客戶端傳送一般及高優先權資料給伺服器，你需要使用 *select()* 或 *poll()* 將伺服器設計為可多工處理這兩個 socket 的輸入資料（如 63.2 節所述）。

62

終端機（Terminal）

使用者以前是透過一個序列線（RS232 連線）存取 UNIX 系統，終端機由陰極射線管（CRT）組成，可顯示字元，而且在某些情況下可以顯示基本圖形。一般而言，CRT 能提供單色 24 行與 80 列的顯示效果，依照目前的標準，這些 CRT 體積很小且昂貴，甚至更早期的終端機有時是用電報裝置。序列線也可以用來連接其他的裝置，例如印表機與讓電腦互連的數據機。

> 在早期的 UNIX 系統上，連接到系統上的終端機是以字元型裝置表示，名稱格式為 /dev/ttyn。（在 Linux 上，/dev/ttyn 裝置是系統上的虛擬控制台）。我們常會看到以 tty（源自 teletype）做為終端機的縮寫格式。

尤其在 UNIX 早期，終端設備尚未制定標準。這表示不同的字元序列需要執行一些操作，如移動游標到一行的開頭、移動游標到螢幕中央之類。（後來終於有裝置廠商實作了這樣的跳脫序列（escape sequence），例如 Digitals 的 VT-100 就成為標準，最終成為 ANSI 標準。但是，依然有許多終端機類型）。由於缺乏統一的標準，這表示難以設計可攜的終端機程式，*vi* 編輯器是早期就有這類需求的範例。在 termcap 與 terminfo 資料庫（如「Strang 等人，1988」所述）製作了一覽表，說明如何對廣泛的終端機類型進行不同的螢幕控制操作，而 *curses* 函式庫（Strang，1986）則是為了填補標準的不足所開發的。

　　傳統的終端機已不再常見，現代 UNIX 系統的常用介面是高效能位元映射圖形顯示器的 X Window 系統視窗管理員。（老式終端機所提供的功能與一個終端機視窗差不多，如 X window 系統的 xterm 終端機或其他類似程式。這款終端機的使用者只能使用單個「視窗」操控系統，由 34.7 節介紹的工作控制設施驅動）。同樣地，現在許多與電腦直接連線的裝置（如印表機）通常都是能透過網路連線的智慧型裝置。

以上只是想說，終端機裝置程式設計已經不如以往那樣頻繁使用了。因此，本章著重於終端機程式設計的觀點，尤其是與軟體終端機模擬器相關的部份（例如：xterm 與類似的模擬器）。本章僅簡介序列線，關於序列程式設計的深入資訊，請參考本章結尾的進階資訊。

62.1　概觀

傳統的終端機與終端機模擬器都與終端機驅動程式有著關聯性，由驅動程式處理對裝置的輸入與輸出。（若是終端機模擬器，則此裝置是個虛擬終端機，我們會在第 64 章介紹虛擬終端機）。可以使用本章介紹的函式對終端機驅動程式進行各方面的操作控制。

當處理輸入時，驅動程式能以下列兩種模式之一運作：

- 規範模式（*canonical mode*）：終端機輸入在此模式是一行一行處理的，而且啟用行的編輯。每一行都以換行符號結束，當使用者按下 Enter 時可產生換行符號。在終端機上執行的 *read()* 呼叫只會在一行輸入完成之後才會傳回，且最多只會傳回一行。（若 *read()* 請求的位元組數少於目前這行的資料量，則剩下的位元組會在下次 *read()* 呼叫時讀取）。這是預設的輸入模式。

- 非規範模式（*noncanonical mode*）：不會將終端機的輸入匯集成為一行，如 *vi*、*more* 與 *less* 這類程式會將終端機設定為非規範模式，如此不需使用者按下 Enter，程式就能讀取單個字元。

終端機驅動程式也能解譯一段特殊字元，例如中斷字元（通常是 *Control-C*）以及檔案結尾符號（通常是 Control-D）。當有訊號為前景行程群組產生時，或是程式在讀取終端機時出現某類輸入條件，此時可能會出現這樣的解譯操作。將終端機設定為非規範模式的程式，通常也會禁止處理這些特殊字元的部份或是全部字元。

終端機驅動程式有兩個佇列（參考圖 62-1）：一個佇列可將終端機設備的輸入字元傳送到讀取的行程，而另一個佇列用於將輸出字元從行程傳送到終端機。若開啟終端機的 *echo* 功能，則終端機驅動程式會自動將任意的輸入字元複製到輸出佇列的尾端，以便輸入字元也能成為終端機的輸出。

SUSv3 規定了 MAX_INPUT 上限，在實作中可用來表示終端機輸入佇列的最大長度。還有一個相關的上限 MAX_CANON，定義了終端機處於規範模式時，每一行可輸入的最大位元組數。在 Linux 系統上，*sysconf(_SC_MAX_INPUT)* 與 *sysconf(_SC_MAX_CANON)* 都會傳回 255。但是，核心實際上並不會採用這些限制，而只是簡單地對輸入佇列設定 4,096 個位元組的限制，在輸出佇列也有這樣的限制。然而應用程式不需要在意這些限制，因為若一個行程產生輸出的速度比終端機驅動程式處理的速度還要快時，核心會將寫入的行程暫停執行，直到輸出佇列有可用空間為止。

在 Linux 系統上，我們透過呼叫 *ioctl(fd, FIONREAD, &cnt)* 來取得終端機輸入佇列中尚未讀取的資料數目，檔案描述符 fd 指向的就是終端機，此特性在 SUSv3 並沒有規範。

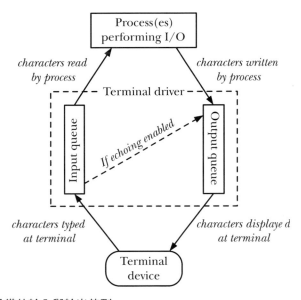

圖 62-1：終端機設備的輸入與輸出佇列

62.2　取得與修改終端機屬性

函式 *tcgetattr()* 與 *tcsetattr()* 可以用來取得與修改終端機的屬性。

```
#include <termios.h>

int tcgetattr(int fd, struct termios *termios_p);
int tcsetattr(int fd, int optional_actions, const struct termios *termios_p);
                              Both return 0 on success, or −1 on error
```

參數 *fd* 是指向終端機的檔案描述符（若 *fd* 不指向終端機，則呼叫這些函式就會失敗，伴隨的錯誤碼為 ENOTTY）。

參數 *termios_p* 是一個指向結構 *termios* 的指標，用來記錄終端機的各項屬性。

```
struct termios {
    tcflag_t c_iflag;            /* Input flags */
    tcflag_t c_oflag;            /* Output flags */
    tcflag_t c_cflag;            /* Control flags */
    tcflag_t c_lflag;            /* Local modes */
    cc_t     c_line;             /* Line discipline (nonstandard)*/
    cc_t     c_cc[NCCS];         /* Terminal special characters */
    speed_t  c_ispeed;           /* Input speed (nonstandard; unused) */
    speed_t  c_ospeed;           /* Output speed (nonstandard; unused) */
};
```

結構 *termios* 中的前四個欄位都是位元遮罩（資料型別 *tcflag_t* 是合適大小的整數型別），包含有可控制終端機驅動程式各方面操作的旗標：

- *c_iflag* 包含控制終端機輸入的旗標。
- *c_oflag* 包含控制終端機輸出的旗標。
- *c_cflag* 包含與終端機線速的硬體控制相關的旗標。
- *c_lflag* 包含控制終端機輸入的使用者介面的旗標。

每個上述欄位使用的旗標都會列在表 62-2 中。

c_line 欄位指定了終端機的行規程（line discipline），為了達到對終端機模擬器程式設計的目的，行規程會一直設為 N_TTY，也就是所謂的新規程。這是核心處理終端機程式碼的一個元件，實作了規範模式的 I/O 處理。行規程的設定與序列線程式設計相關。

陣列 *c_cc* 包含終端機的特殊字元（中斷、暫停等），以及用來控制非規範模式輸入操作的相關欄位。資料型別 *cc_t* 是無號整數型別，適合承載這些數值，常數 NCCS 指出陣列的元素個數。我們在 62.4 節會對終端機特殊字元進行介紹。

Linux 沒有使用 *c_ispeed* 與 *c_ospeed* 欄位（並且不在 SUSv3 的規範中），我們將在 62.7 節說明 Linux 如何儲存終端機線速。

> 第七版及早期的 BSD 終端機驅動程式（也稱作 tty 驅動程式）已經隨著時間發展，所以它只用不到四個不同的資料結構來表示與 *termios* 結構相同的資訊。System V 用單個結構 termio 取代此巴羅克式的組織方式。最初的 POSIX 委員會選定 System V 的 API 做為標準，在過程中將其改名為 *termios*。

當透過 *tcsetattr()* 來修改終端機屬性時，參數 *optional_actions* 可用來決定這些修改生效的時間，此參數可指定為下列其中一個數值：

TCSANOW

修改立刻生效。

TCSADRAIN

當每個目前處於排隊中的輸出已經傳送到終端機之後，修改就會生效。通常，此旗標應該在修改影響終端機的輸出時才會指定，這樣我們就不會影響到已經處於排隊中、但還沒有顯示出來的輸出資料。

TCSAFLUSH

此旗標的效果與 TCSADRAIN 相同，但是除此之外，當旗標生效時，那些仍然等待處理的輸入資料都會被捨棄。此特性很有用，例如，當讀取一個密碼時，此時我們希望關閉終端機的 *echo* 功能，並防止使用者提前輸入。

通常（也是推薦做法）修改終端機屬性的方法是呼叫 *tcgetattr()* 來取得一個包含有目前設定的 *termios* 結構，然後呼叫 *tcsetattr()* 將更新後的結構傳回給驅動程式。（這種方法可確保我們傳輸給 *tcsetattr()* 的是一個完全初始化過的結構）。例如，我們可以採用下列程式碼將終端機的 *echo* 功能關閉。

```
struct termios tp;

if (tcgetattr(STDIN_FILENO, &tp) == -1)
    errExit("tcgetattr");
tp.c_lflag &= ~ECHO;
if (tcsetattr(STDIN_FILENO, TCSAFLUSH, &tp) == -1)
    errExit("tcsetattr");
```

若可以執行任何一個對終端機屬性的修改請求，則函式 *tcsetattr()* 將傳回成功；它只會在無法執行任何修改請求時，才會傳回失敗。這表示當我們修改多個屬性時，有時可能要再呼叫一次 *tcgetattr()* 以取得新的終端機屬性，並與之前的修改請求比較。

> 我們在 34.7.2 節提過，若 *tcsetattr()* 由背景行程群組的一個行程呼叫，則終端機驅動程式會透過發送 SIGTTOU 訊號來暫停這個行程群組。因此，若從孤兒行程群組中呼叫，則 *tcsetattr()* 會失敗，伴隨的錯誤碼為 EIO。同理，這也適用於本章介紹的多個其他函式，包括 *tcflush()*、*tcflow()*、*tcsendbreak()* 以及 *tcdrain()*。

在早期的 UNIX 系統中，終端機屬性是透過 *ioctl()* 來存取的。和本章描述的其他幾個函式一樣，函式 *tcgetattr()* 和 *tcsetattr()* 都是在 POSIX 中建立的，被設計用來解決由於在 *ioctl()* 中第三個參數沒法做型別檢查的問題。在 Linux 上，和其他許多 UNIX 系統一樣，這些函式庫函式是在 *ioctl()* 層之上的。

62.3 *stty* 指令

指令 *stty* 是以命令列的形式來模擬函式 *tcgetattr()* 和 *tcsetattr()* 的功能，允許我們在 shell 上檢視和修改終端機屬性。當我們監視、除錯或還原程式修改的終端機屬性時，此工具非常有用。

我們可以採用如下的指令檢視全部的終端機當前屬性（這裡是在一個虛擬控制台上執行的）。

```
$ stty -a
speed 38400 baud; rows 25; columns 80; line = 0;
intr = ^C; quit = ^\; erase = ^?; kill = ^U; eof = ^D; eol = <undef>;
eol2 = <undef>; start = ^Q; stop = ^S; susp = ^Z; rprnt = ^R;
werase = ^W; lnext = ^V; flush = ^O; min = 1; time = 0;
-parenb -parodd cs8 hupcl -cstopb cread -clocal -crtscts
-ignbrk brkint -ignpar -parmrk -inpck -istrip -inlcr -igncr icrnl ixon -ixoff
-iuclc -ixany imaxbel -iutf8
opost -olcuc -ocrnl onlcr -onocr -onlret -ofill -ofdel nl0 cr0 tab0 bs0 vt0 ff0
isig icanon iexten echo echoe echok -echonl -noflsh -xcase -tostop -echoprt
echoctl echoke
```

在上列輸出中，第一行顯示終端機的線速（位元 / 秒）、終端機的視窗大小，以及以數值形式呈現的行規程（0 代表 N_TTY，即新行規程）。

接下來的三行顯示與各種終端機特殊字元有關的設定，符號 ^C 表示 *Ctrl-C*，以此類推。字串 <undef> 表示相對應的終端機特殊字元目前沒有定義。*min* 和 *time* 的值與非規範模式的輸入相關，我們將在 62.6.2 節介紹。

剩餘幾行顯示 *termios* 結構的 *c_cflag*、*c_iflag*、*c_oflag* 以及 *c_lflag* 欄位等各旗標的設定（依序顯示），這裡旗標名稱前帶有一個連字號（-）的旗標表示目前未設定，否則表示目前已設定。

若輸入指令時不加任何命令列參數，則 *stty* 只會顯示出線速、行規程，以及任何其他偏離正常值的設定。

我們可以採用如下指令修改關於終端機特殊字元的設定：

`$ stty intr ^L`   *Make the interrupt character Control-L*

當指定一個控制字元做為最後的命令列參數時，我們能夠以多種方式來完成：

- 以 2 個字元為序列，^ 後面跟著一個相關的字元（如上所示）。
- 以 8 進位或 16 進位的數字表示（即 014 或 0xC）。
- 直接將實際的字元本身輸入。

若我們採用最後的選項，而且待處理的字元在 shell 或終端機驅動程式有特殊含義，則我們必須在字元之前加上 *literal next* 字元（通常是 *Control-V*）。

```
$ stty intr Control-V Control-L
```

（雖然考量了可讀性，所以上述例子在 *Control-V* 和 *Control-L* 之間保留了一個空格，但是實際上在 *Control-V* 與所需字元之間是不需鍵入空白字元的）。

即使不常見，但還是可能將終端機特殊字元定義為非控制字元：

```
$ stty intr q                    Make the interrupt character q
```

當然，當我們這麼做了，就無法以正常的方式使用 *q* 了（即，產生字元 q）。

要修改終端機旗標，例如 TOSTOP 旗標，我們可以使用下列指令：

```
$ stty tostop                    Enable the TOSTOP flag
$ stty -tostop                   Disable the TOSTOP flag
```

有時在開發修改終端機屬性的程式時，可能會出現程式崩潰，使得終端機處於可以顯示但不可用的狀態。在終端機模擬器中，我們可以浪費地關閉終端機視窗，然後重新開啟另一個。另一種方法是，我們可以輸入下列字元序列，將終端機旗標和特殊字元還原為合理的狀態。

Control-J **stty sane** *Control-J*

Control-J 字元才是真正的換行符號（十進位 ASCII 碼為 10），我們使用這個字元是因為在某些模式下，終端機驅動程式可能不再將 Enter 鍵（十進位 ASCII 碼為 13）映射為換行符號。我們以 *Control-J* 做為開頭是為了確保得到新的一行且此行前頭沒有任何字元，假如已經關閉終端機的 *echo* 功能，則不易判斷是否為新的一行了。

指令 *stty* 於標準輸入所參照的終端機上運作，透過 *-F*（關於權限檢查）選項，我們可以監視並設定執行 stty 指令的終端機屬性。

```
$ su                             Need privilege to access another user's terminal
Password:
# stty -a -F /dev/tty3           Fetch attributes for terminal /dev/tty3
Output omitted for brevity
```

選項 -F 是 stty 指令在 Linux 上才有的擴充，在許多其他的 UNIX 系統上，stty 必定於終端機的標準輸入上運作，而且我們必須使用如下的替代格式（在 Linux 也能適用）。

```
# stty -a < /dev/tty3
```

62.4　終端機特殊字元

表 62-1 列出 Linux 終端機驅動程式能識別的特殊字元，前兩行顯示字元的名稱以及可用在 c_cc 陣列的 subscript 之相對常數。（可以看到，這些常數只是單純在字元名稱前加上 V 做為前綴碼）。CR 和 NL 字元沒有對應的 c_cc subscript，因為這些字元的值不能改變。

表格在「預設設定」這行顯示特殊字元通常的預設值，除了能將終端機特殊字元設定為指定值之外，還可以透過將該值設定為 fpathconf(fd, _PC_VDISABLE) 的回傳值來關閉該字元，這裡的 fd 表示指向終端機的檔案描述符。（在大多數 UNIX 系統中，該呼叫傳回 0）。

每個特殊字元的操作受 termios 結構位元遮罩欄位中的各種旗標設定的影響（參考 62.5 節），請參考表格中倒數第 2 行。

表格的最後一行表示這些特殊字元中有哪些是在 SUSv3 規定的，無論 SUSv3 如何規範，這些字元多數在所有的 UNIX 系統都有支援。

表 62-1：終端機特殊字元

字元	c_cc subscript	說明	預設設定	相關的位元遮罩旗標	SUSv3
CR	（無）	Carriage return	^M	ICANON、IGNCR、ICRNL、OPOST、OCRNL、ONOCR	●
DISCARD	VDISCARD	丟棄輸出	^O	（未實作）	
EOF	VEOF	檔案結尾	^D	ICANON	●
EOL	VEOL	行尾		ICANON	●
EOL2	VEOL2	替代的行尾		ICANON、IEXTEN	
ERASE	VERASE	抹除字元	^?	ICANON	●
INTR	VINTR	中斷（SIGINT）	^C	ISIG	●
KILL	VKILL	抹除一行	^U	ICANON	●
LNEXT	VLNEXT	Literal next	^V	ICANON、IEXTEN	
NL	（無）	換行	^J	ICANON、INLCR、ECHONL、OPOST、ONLCR、ONLRET	●
QUIT	VQUIT	退出（SIGQUIT）	^\	ISIG	●
REPRINT	VREPRINT	重新列印輸入行	^R	ICANON、IEXTEN、ECHO	

字元	c_cc subscript	說明	預設設定	相關的位元遮罩旗標	SUSv3
START	VSTART	Start output	^Q	IXON、IXOFF	●
STOP	VSTOP	Stop output	^S	IXON、IXOFF	●
SUSP	VSUSP	Suspend (SIGTSTP)	^Z	ISIG	●
WERASE	VWERASE	Erase word	^W	ICANON、IEXTEN	

接下來的段落內容為這些終端機特殊字元提供了更加詳細的解釋和說明。注意，若終端機驅動程式對這些輸入字元執行了特殊的解釋，則除了 CR、EOL、EOL2 以及 NL 之外，其他字元都會被丟棄（即，不會將字元傳給任何正在讀取輸入的行程）。

CR

CR 是 *carriage return*（回車字元），這個字元會傳輸給正在讀取輸入的行程，在預設設定了 ICRNL 旗標（在輸入中將 *CR* 映射為 *NL*）的規範模式下（設定 ICANON 旗標），這個字元首先被轉換為一個換行符號（ASCII 碼十進位為 10，^J），然後再傳輸給讀取輸入的行程。若設定了 *IGNCR*（忽略 *CR*）旗標，則就在輸入上忽略這個字元（此時必須用真正的換行符號來做為一行的結束）。輸出一個 CR 字元將導致終端機將游標移動到一行的開始處。

DISCARD

DISCARD 是丟棄輸出字元，儘管這個字元定義在陣列 *c_cc* 中，但實際上在 Linux 沒有任何效果。在一些其他的 UNIX 實作中，一旦輸入這個字元將導致程式輸出被丟棄。這個字元就像一個開關，再輸入一次將重新開啟輸出顯示。當程式產生大量輸出而我們想要略過其中一些輸出時，這個功能就非常有用。（在傳統的終端機上這個功能更加有用，因為此時線速會更加緩慢，而且也不存在其他「終端機視窗」）。這個字元不會發送給讀取的行程。

EOF

EOF 是傳統模式下的檔案結尾字元（通常是 Ctrl-D），在一行的開始處輸入這個字元，會導致在終端機上讀取輸入的行程檢測到檔案結尾的情況（即，*read()* 傳回 0）。若不在一行的開始處，而在一行的其他地方輸入這個字元，則該字元會立刻導致 *read()* 完成呼叫，傳回這一行中目前為止讀取到的字元數。在這兩種情況下，EOF 字元本身都不會傳輸給讀取的行程。

EOL 以及 EOL2

EOL 和 EOL2 是附加的行分隔字元，對於規範模式下的輸入，其效果如同換行（NL）符號一樣，做為一行輸入的結尾，並讓讀取的行程可以讀取。預設情況下，這些字元是未定義的。若定義了它們，它們會被傳遞給讀取的行程。EOL2 字元只有在設定了 IEXTEN（擴充輸入處理）旗標時（預設會設定）才能工作。

用到這些字元的機會很少，一種應用是 *telnet*，透過將 EOL 或 EOL2 設定為 *telnet* 的跳脫字元（通常是 *Ctrl-]*，或若於 rlogin 模式運作時為 ~），*telnet* 能立刻捕獲到該字元，即使以規範模式正讀取輸入，也是能夠立刻捕獲。

ERASE

在規範模式下，輸入 ERASE 字元會抹除目前行中前一個輸入的字元，被抹除的字元以及 ERASE 字元本身都不會傳輸給讀取輸入的行程。

INTR

INTR 是中斷字元，若設定了 ISIG（開啟訊號）旗標（預設會設定），輸入這個字元會產生一個中斷訊號（SIGINT），並送給終端機的前景行程群組（見 34.2 節），INTR 字元本身是不會發送給讀取輸入的行程。

KILL

KILL 是抹除行（*erase line*，也稱為 *kill line*）字元，在規範模式下，輸入這個字元會捨棄此行（即，到目前為止輸入的字元連同 KILL 字元本身，都不會傳輸給讀取輸入的行程了）。

LNEXT

LNEXT（*literal next*）是將下一個字元以一般字元表示，在某些情況下，我們可能想要將終端機特殊字元的其中一個看作是一個普通字元，將其做為輸入傳輸給讀取的行程。在輸入 LNEXT 字元後（通常是 *Ctrl-V*）使得下一個字元將以一般字元來處理，避免終端機驅動程式執行任何針對特殊字元的解譯處理。因而，我們可以輸入 *Ctrl-V Ctrl-C* 這樣的 2 字元序列，提供一個真正的 *Ctrl-C* 字元（ASCII 碼為 3）做為輸入資料傳輸給讀取的行程。LNEXT 字元本身並不會傳輸給讀取的行程。這個字元只有在設定了 IEXTEN 旗標（預設會設定）的規範模式下才會被解譯。

NL

NL 是換行符號,在規範模式下,該字元做為一行輸入的結尾。NL 字元本身是會包含在行內傳回給讀取的行程。(規範模式下,CR 字元通常會轉換為 NL)。輸出一個 NL 字元導致終端機將游標移動到下一行。若設定了 OPOST 和 ONLCR(將 NL 映射為 CR-NL)旗標(預設會設定),則在輸出中,一個換行符號就會映射為一個 2 字元序列(CR 加上 NL)。(同時設定 ICRNL 和 ONLCR 旗標,表示輸入的 CR 字元會轉換為 NL,然後 *echo* 為 CR 加上 NL)。

QUIT

若設定 ISIG 旗標(預設會設定),則輸入 QUIT 字元會產生一個結束訊號(SIGQUIT),並發送到終端機的前景行程群組中(見 34.2 節)。QUIT 字元本身並不會傳輸給讀取的行程。

REPRINT

REPRINT 字元代表重新列印輸入,在規範模式下,若設定了 IEXTEN 旗標(預設會設定),輸入該字元會使得目前的輸入行(還沒有輸入完全)重新顯示在終端機上。若某個其他的程式(例如 *wall(1)* 或者 *write(1)*)輸出已經使終端機的顯示變的混亂,則此時這個功能就特別有用了,REPRINT 字元本身不會被傳輸給讀取的行程。

START 和 STOP

START 和 STOP 分別代表開始輸出和停止輸出字元。當設定了 IXON(啟動開始 / 停止輸出控制)旗標時(預設會設定),這兩個字元才能工作。(START 和 STOP 字元在一些終端機模擬器中不會生效)。

輸入 STOP 字元會暫停終端機輸出。STOP 字元本身不會傳輸給讀取的行程。若設定了 IXOFF 旗標,且終端機的輸入佇列已滿,則終端機驅動程式會自動發送一個 STOP 字元來對輸入進行節流量控制。

輸入 START 字元會恢復之前由 STOP 暫停的終端機輸出。START 字元本身不會傳輸給讀取的行程。若設定了 IXOFF(啟動開始 / 停止輸入控制)旗標(預設是不會設定的),且終端機驅動程式之前由於輸入佇列已滿,已經發送過了一個 STOP 字元,則一旦當輸入佇列中又有了空間,此時終端機驅動程式會自動發送一個 START 字元以恢復輸出。

若設定了 IXANY 旗標，則任何字元，不只 START，都可以按順序輸入以重新啟動輸出（同樣地，這個字元也不會傳輸給讀取的行程）。

START 和 STOP 字元可用於在電腦和終端設備間實作雙向的軟體流量控制。這些字元的一種功能是允許使用者停止和啟動終端機的輸出。可以透過設定 IXON 旗標來達成輸出流量控制。但是，另一個方向上的流量控制（即，從裝置到電腦的輸入流量控制，透過設定 IXOFF 旗標開啟）也同樣重要，例如當終端設備是一台數據機或另一台電腦時。若應用程式處理輸入的速度較慢，而核心的緩衝區很快就被填滿時，輸入流量控制可確保不會遺失資料。

隨著目前越來越普遍的高線速，軟體流量控制已經由硬體流量控制（RTS/CTS）所取代了。在硬體流量控制中，透過序列埠上兩條不同纜線上發送的訊號來開啟或關閉資料流程。（RTS 代表請求發送，CTS 代表清除發送）。

SUSP

SUSP 代表暫停字元。若設定了 ISIG 旗標（預設會設定），輸入這個字元會產生終端機暫停訊號（SIGTSTP），將此訊號送給終端機的前景行程群組（見 34.2 節）。SUSP 字元本身不會發送給讀取的行程。

WERASE

WERASE 字元代表「抹除單字」，在規範模式下，設定了 IEXTEN 旗標（預設會設定）後輸入這個字元會抹除前一個單字的每個字元。一個單字可視為一連串的字母、數字以及底線符號（在某些 UNIX 系統中，單字視為由空格分隔的字元序列）。

其他的終端機特殊字元

其他的 UNIX 系統還提供表 62-1 以外的特殊終端機字元。

BSD 還提供 DSUSP 和 STATUS 字元。DSUSP 字元（通常為 Ctrl-Y）工作的方式類似於 SUSP 字元，但只有在嘗試讀取該字元時才會暫停前景行程群組（即，在之前所有的輸入都被讀取之後）。在幾個非源自 BSD 的 UNIX 實作同樣也提供 DSUSP 字元。

STATUS 字元（通常為 *Ctrl-T*）使核心將狀態資訊顯示在終端機上（包括前景行程的狀態以及它所消耗的 CPU 時間），並發送一個 SIGINFO 訊號到前景行程群組。若需要的話，行程可以捕獲這個訊號並顯示進一步的狀態資訊。（Linux 透過神奇的 SysRq 鍵提供類似功能。細節請參考核心原始檔案中的 Documentation/sysrq.txt）。

System V 的衍生系統提供 SWITCH 字元，這個字元用來在 shell 層下切換不同的 shell，shell 層是 System V 工作控制的前身。

範例程式

列表 62-1 示範使用 *tcgetattr()* 和 *tcsetattr()* 來修改終端機的中斷字元，該程式將中斷字元設定為程式命令列參數中指定字元的數值形式，若沒有提供命令列參數就關閉中斷字元。

下列的 shell 作業階段說明該程式的使用方法，我們將中斷字元設為 *Ctrl-L*（ASCII 碼為 12），然後透過 *stty* 指令對修改做驗證：

```
$ ./new_intr 12
$ stty
speed 38400 baud; line = 0;
intr = ^L;
```

之後我們啟動一個行程，執行 *sleep(1)*，我們發現輸入 *Ctrl-C* 已經不會產生終止行程的效果了，而輸入 *Ctrl-L* 才會終止行程。

```
$ sleep 10
^C                              Control-C has no effect; it is just echoed
Type Control-L to terminate sleep
```

現在我們顯示 shell 變數 $? 的值，該值會提供上個指令的結束狀態。

```
$ echo $?
130
```

我們看到行程的終止狀態為 130，這表示該行程由訊號 2（130 − 128 = 2）殺死，而訊號 2 正是 SIGINT。

接下來我們透過該程式來關閉中斷字元。

```
$ ./new_intr
$ stty                          Verify the change
speed 38400 baud; line = 0;
intr = <undef>;
```

現在我們發現無論是 *Ctrl-C* 還是 *Ctrl-L* 都不會產生 SIGINT 訊號了，我們必須使用 *Ctrl-* 來終止這個行程。

```
$ sleep 10
^C^L                            Control-C and Control-L are simply echoed
Type Control-\ to generate SIGQUIT
Quit
$ stty sane                     Return terminal to a sane state
```

列表 62-1：修改終端機的中斷字元

———————————————————————————————————— tty/new_intr.c

```
#include <termios.h>
#include <ctype.h>
#include "tlpi_hdr.h"

int
main(int argc, char *argv[])
{
    struct termios tp;
    int intrChar;

    if (argc > 1 && strcmp(argv[1], "--help") == 0)
        usageErr("%s [intr-char]\n", argv[0]);

    /* Determine new INTR setting from command line */

    if (argc == 1) {                                    /* Disable */
        intrChar = fpathconf(STDIN_FILENO, _PC_VDISABLE);
        if (intrChar == -1)
            errExit("Couldn't determine VDISABLE");
    } else if (isdigit((unsigned char) argv[1][0])) {
        intrChar = strtoul(argv[1], NULL, 0);           /* Allows hex, octal */
    } else {                                            /* Literal character */
        intrChar = argv[1][0];
    }

    /* Fetch current terminal settings, modify INTR character, and
       push changes back to the terminal driver */

    if (tcgetattr(STDIN_FILENO, &tp) == -1)
        errExit("tcgetattr");
    tp.c_cc[VINTR] = intrChar;
    if (tcsetattr(STDIN_FILENO, TCSAFLUSH, &tp) == -1)
        errExit("tcsetattr");

    exit(EXIT_SUCCESS);
}
```

———————————————————————————————————— tty/new_intr.c

62.5　終端機旗標

表 62-2 列出 *termios* 結構四個旗標欄位所控制的設定，表格中列舉出的常數都對應於單個位元，除了那些可指定遮罩（mask）的項目，遮罩的值可包含多個位元，可能包含一段值，如括號所示。表格中標示為 SUSv3 的那行表示此旗標是否在 SUSv3 規範中，而預設（Default）該行提供登入虛擬控制台時的預設設定。

許多 shell 都提供了命令列編輯的功能，shell 本身可以控制表 62-2 列出的旗標。這表示若我們試著用 *stty(1)* 實測這些設定，則當輸入 shell 指令時，這些修改可能不會生效。若要繞過這種行為，我們必須在 shell 中關閉命令列編輯。例如：在啟動 *bash* 時可以透過指定命令列選項 --noediting 來關閉命令列編輯功能。

表 62-2：終端機旗標

欄位 / 旗標	說明	預設	SUSv3
c_iflag			
BRKINT	在 BREAK 狀態時發出訊號中斷（SIGINT）	開啟	●
ICRNL	將輸入的 CR 映射為 NL	開啟	●
IGNBRK	忽略 BREAK 狀態	關閉	●
IGNCR	忽略輸入的 CR	關閉	●
IGNPAR	忽略發生同位元錯誤的字元	關閉	●
IMAXBEL	在終端機輸入佇列滿時響鈴（尚未使用）	（開啟）	
INLCR	將輸入的 NL 映射為 CR	關閉	●
INPCK	開啟輸入的同位元檢查	關閉	●
ISTRIP	將輸入字元移除最高位元（bit 8）	關閉	●
IUTF8	輸入是以 UTF-8 編碼（從 Linux 2.6.4 開始）	關閉	
IUCLC	將輸入的大寫字元映射為小寫字元（若也有設定 IEXTEN）	關閉	
IXANY	允許使用任意字元重新啟動已停止的輸出	關閉	●
IXOFF	啟動開始 / 停止輸入流量控制	關閉	●
IXON	啟動開始 / 停止輸出流量控制	開啟	●
PARMRK	同位元錯誤遮罩（以兩個前綴的位元組：0377 + 0）	關閉	
BSDLY	退後鍵（Backspace）延遲遮罩（BS0、BS1）	BS0	●
CRDLY	CR 延遲遮罩（CR0、CR1、CR2、CR3）	CR0	●
FFDLY	換頁符號延遲遮罩（FF0、FF1）	FF0	●
NLDLY	換行延遲遮罩（NL0、NL1）	NL0	●
OCRNL	將輸出的 CR 映射為 NL（參考 ONOCR）	關閉	●
OFDEL	以 DEL（0177）做為填充符（fill character）；否則填充 NUL（0）	關閉	●
OFILL	採用填充符做為延遲（而非計時延遲）	關閉	●
OLCUC	將輸出的小寫字元映射為大寫字元	關閉	
ONLCR	將輸出的 NL 映射為 CR-NL	開啟	●
ONLRET	令 NL 執行 CR 的功能（移動一行的開頭）	關閉	●
ONOCR	若已經在一行的開頭則不輸出 CR	關閉	●
OPOST	執行輸出的後續處理	開啟	●
TABDLY	水平 tab 延遲遮罩（TAB0、TAB1、TAB2、TAB3）	TAB0	●
VTDLY	垂直 tab 延遲遮罩（VT0、VT1）	VT0	●

欄位 / 旗標	說明	預設	SUSv3
CBAUD	鮑率（baud，位元速率）遮罩（B0、B2400、B9600 等）	B38400	
CBAUDEX	擴充鮑率（位元速率）遮罩（針對速率大於 38,400）	關閉	
CIBAUD	輸入鮑率（位元速率），若與輸出速率不同（未使用）	（關閉）	
CLOCAL	忽略數據機的狀態行（不檢查載波訊號）	關閉	●
CMSPAR	使用「stick」同位元（遮罩 / 空格）	關閉	
CREAD	允許輸入被接收	開啟	●
CRTSCTS	啟動 RTS/CTS（硬體）流量控制	關閉	
CSIZE	字元大小遮罩（第 5 到第 8 位元：CS5、CS6、CS7、CS8）	CS8	●
CSTOPB	每個字元使用 2 個停止位元；否則只使用 1 個	關閉	●
HUPCL	在上次關閉時暫停（捨棄數據機連接）	開啟	●
PARENB	啟動同位元	關閉	●
PARODD	使用奇數同位元；否則使用偶數同位元	關閉	●
ECHO	echo 輸入的字元	開啟	●
ECHOCTL	以可視方式 echo 控制字元（例如，^L）	開啟	
ECHOE	以可視方式 echo ERASE 字元	開啟	●
ECHOK	以可視方式 echo KILL 字元	開啟	●
ECHOKE	不要在 echo 的 KILL 字元後輸出新行	開啟	
ECHONL	Echo NL（在規範模式），即使禁止 echo 功能	關閉	●
ECHOPRT	向後刪除 echo 的字元（在 \ 和 / 之間）	關閉	
FLUSHO	刷新輸出（未使用）	—	
ICANON	規範模式（一行接一行）輸入	開啟	●
IEXTEN	啟動對輸入字元的擴充處理	開啟	●
ISIG	啟動訊號產生字元（INTR、QUIT、SUSP）	開啟	●
NOFLSH	禁止對 INTR、QUIT 和 SUSP 進行刷新	關閉	●
PENDIN	在下一次讀取操作時重新顯示等待的輸入（未實作）	（關閉）	
TOSTOP	為背景輸出產生 SIGTTOU 訊號（見 34.7.1 節）	關閉	●
XCASE	規範大 / 小寫表示（未實作）	（關閉）	

表 62-2 列出的一些旗標在舊式終端機只提供有限的能力，且這些旗標很少在現代系統使用。例如，IUCLC、OLCUC 和 XCASE 旗標只限用於只能顯示大寫字元的終端機。在許多老式的 UNIX 系統，若使用者嘗試以大寫的使用者名稱登入，則 *login* 程式會假設使用者使用的是這類終端機，並會設定這些旗標，而之後提供的輸入密碼提示將變成：

    \PASSWORD:

從此時起，全部的小寫字元都會以大寫形式輸出，而真正的大寫字元則會在前面加上反斜線 \。同樣地，對於輸入，真正的大寫字元可以透過加上一個反斜線前綴字指定，ECHOPRT 旗標同樣也是設計給功能有限的終端機使用。

許多延遲遮罩也同樣有其歷史淵源，能夠允許終端機和印表機用更長的時間來 *echo* 字元，例如 carriage return（Enter）與換頁符號。相關的旗標 OFILL 和 OFDEL 指定如何執行這樣的延遲，這些旗標大多數在 Linux 都未使用，其中一個例外是設定 TABDLY 旗標的 TAB3 遮罩，使得 tab 能夠以空格輸出（最多八個空格）。

下列段落將對 *termios* 的一些旗標進行詳細說明。

BRKINT

若設定 BRKINT，且沒有設定 IGNBRK 旗標，則在出現 BREAK 狀態時，會發送 SIGINT 訊號到前景行程群組。

> 大多數傳統的啞終端（dumb terminal）都有提供一個 *BREAK* 鍵，按下此鍵並不會產生字元，而是產生一個 BREAK 狀態，此時在指定的時間內會將一串 0 的資料傳送給終端機驅動程式，通常會持續 0.25 或 0.5 秒（即，比傳送一個位元組還要長的時間）。（除非已經設定 IGNBRK 旗標，不然終端機驅動程式會發送內容為 0 的一個位元組給讀取的行程）。在許多 UNIX 系統中，BREAK 狀態如同是一個發送給遠端主機的訊號，用來將線速（鮑率）調整為適合終端機的數值。因此，使用者會按住 *BREAK* 鍵，直到螢幕出現有效的登入提示資訊，表示此時的線速已經適合終端機。
>
> 我們在虛擬控制台可以透過按下 *Ctrl-Break* 來產生一個 BREAK 狀態。

ECHO

設定 ECHO 旗標將開啟 *echo* 輸入字元的功能，在讀取密碼時，關閉 *echo* 是很有用的，*vi* 的指令模式也是將 *echo* 關閉，此時由鍵盤產生的字元會被解譯為編輯命令，而不是文字輸入，ECHO 旗標在規範和非規範模式都有效用。

ECHOCTL

若設定 ECHO 旗標，則設定 ECHOCTL 旗標會將 tab、換行符號、START 和 STOP 之外的控制字元以類似 ^A（*Ctrl-A*）的格式 *echo* 顯示，若關閉 ECHOCTL 旗標，則不會 *echo* 控制字元。

> 控制字元是指 ASCII 碼值小於 32 的字元以及 DEL 字元（ASCII 碼十進位為 127）。一個控制字元 x，在 *echo* 時會使用 ^ 接著運算式（$x \wedge 64$）表示。除了

DEL 以外的每個字元，XOR（^）操作符對運算式的影響就是會將該字元的值再加 64。因此，*Ctrl-A*（ASCII 1）將 *echo* 為 ^A（A 的 ASCII 碼為 65）。對於 DEL 字元，該運算式的結果為從 127 減去 64，得到的值為 63，也就是? 的 ASCII 碼，因此會將 DEL *echo* 為 ^?。

ECHOE

在規範模式下，設定 ECHOE 旗標使得 ERASE 能以視覺化的方式執行，會以退位鍵（backspace）- 空格 - 退位鍵這樣的順序輸出到終端機。若關閉了 ECHOE 旗標，則會 *echo* ERASE 字元（例如以 ^? 的格式），但仍然會完成刪除一個字元的功能。

ECHOK 和 ECHOKE

ECHOK 和 ECHOKE 旗標控制於規範模式使用 KILL（抹除一行）字元時的視覺化顯示，在預設情況下（同時設定兩個旗標），會以視覺化的方式抹除一行（參考 ECHOE）。若關閉這些旗標的其中一個，則不會執行視覺化的抹除（但輸入行仍然會被捨棄），而會 *echo* KILL 字元（例如以 ^U 的形式）。若設定了 ECHOK 而關閉 ECHOKE 旗標，則也會輸出一個換行符號。

ICANON

設定了 ICANON 旗標將啟動規範模式輸入。輸入會集中成行，並且會開啟對特殊字元 EOF、EOL、EOL2、ERASE、LNEXT、KILL、REPRINT 以及 WERASE 的解釋處理（但需要注意下面描述到的 IEXTEN 旗標所產生的效果）。

IEXTEN

設定 IEXTEN 旗標會開啟擴充的輸入字元處理功能，必須設定此旗標（如同 ICANON），才能正確解譯 EOL2、LNEXT、REPRINT 以及 WERASE 等特殊字元。要使 IUCLC 旗標生效，也必須要設定 IEXTEN 旗標。SUSv3 僅提到，IEXTEN 旗標可以開啟（由實作定義的）擴充功能，具體細節隨著其他的 UNIX 實作可能不同。

IMAXBEL

Linux 系統會忽略 IMAXBEL 旗標的設定，在登入的控制台（console）上，當輸入佇列已滿時一定會響起鈴聲（bell）。

IUTF8

設定 IUTF8 旗標會啟用加工模式（cooked *mode*）（62.6.3 節），在進行行編輯（line editing）時，可正確處理 UTF-8 的輸入。

NOFLSH

在預設情況，在輸入 INTR、QUIT 或 SUSP 字元而產生訊號時，任何在終端機的輸入與輸出佇列尚未處理完的資料都會被刷新（捨棄），設定 NOFLSH 旗標可關閉此刷新行為。

OPOST

設定 OPOST 旗標後將啟用輸出的後續處理功能，為了使 *termios* 結構的 *c_oflag* 欄位旗標生效，必須設定此旗標。（反之，關閉 OPOST 旗標將避免對全部的輸出進行後續處理）。

PARENB、IGNPAR、INPCK、PARMRK 以及 PARODD

PARENB、IGNPAR、INPCK、PARMRK 以及 PARODD 旗標與產生同位元及檢查相關。

PARENB 旗標可為輸出字元開啟同位元的檢查位元，並為輸入字元做同位元檢查。若我們只想要產生輸出的同位元，則我們可以透過關閉 INPCK 旗標，以取消輸入的同位元檢查。若已設定 PARODD 旗標，則會對輸入與輸出採用奇同位元（odd parity），否則就會採用偶同位元（even parity）。

剩餘的其他旗標指定如何處理輸入字元的同位元錯誤。若設定了 IGNPAR 旗標，則將會捨棄字元（不會傳輸給讀取的行程）。否則，若設定了 PARMRK 旗標，則該字元會傳輸給讀取的行程，但會在前面加上 2 個位元組的序列（0377+0）。（若設定了 PARMRK 旗標，但關閉了 ISTRIP 旗標，則會將字元 0377 加倍為「0377 + 0377」）。若關閉 PARMRK 旗標，但設定了 INPCK 旗標，則會捨棄字元，且不會傳輸任何資料給讀取的行程。若 IGNPAR、PARMRK 或 INPCK 都沒有設定，則該字元會傳輸給讀取的行程。

範例程式

列表 62-2 示範如何使用 *tcgetattr()* 和 *tcsetattr()* 來關閉 ECHO 旗標，因而使得不會 *echo*（回顯）輸入字元，下列是我們執行該程式時會看到的結果範例：

```
$ ./no_echo
Enter text:                          We type some text, which is not echoed,
Read: Knock, knock, Neo.             but was nevertheless read
```

列表 62-2：關閉終端機的 *echo* 功能

—— **tty/no_echo.c**

```c
#include <termios.h>
#include "tlpi_hdr.h"

#define BUF_SIZE 100

int
main(int argc, char *argv[])
{
    struct termios tp, save;
    char buf[BUF_SIZE];

    /* Retrieve current terminal settings, turn echoing off */

    if (tcgetattr(STDIN_FILENO, &tp) == -1)
        errExit("tcgetattr");
    save = tp;                      /* So we can restore settings later */
    tp.c_lflag &= ~ECHO;            /* ECHO off, other bits unchanged */
    if (tcsetattr(STDIN_FILENO, TCSAFLUSH, &tp) == -1)
        errExit("tcsetattr");

    /* Read some input and then display it back to the user */

    printf("Enter text: ");
    fflush(stdout);
    if (fgets(buf, BUF_SIZE, stdin) == NULL)
        printf("Got end-of-file/error on fgets()\n");
    else
        printf("\nRead: %s", buf);

    /* Restore original terminal settings */

    if (tcsetattr(STDIN_FILENO, TCSANOW, &save) == -1)
        errExit("tcsetattr");

    exit(EXIT_SUCCESS);
}
```

—— **tty/no_echo.c**

62.6 終端機的 I/O 模式

我們提過,終端機驅動程式能依據 ICANON 旗標的設定,以規範模式(canonical mode)或非規範模式(noncanonical mode)來處理輸入。現在我們要深入介紹這兩種模式,我們之後會介紹三個有用的終端機模式:加工模式(cooked mode)、cbreak 模式,以及原始模式(raw mode),這些模式在第七版 UNIX 系統都有提供,最後我們將展示如何對 termios 結構設定適當的參數值,以讓現代的 UNIX 系統模擬這些模式。

62.6.1 規範模式

藉由啟用 ICANON 旗標可開啟規範模式的輸入,下列功能可用來判斷終端機是否處於規範模式:

- 會將輸入收集成行,透過下列的行區隔符號(line-delimiter)結束:NL、EOL、EOL2(若有設定 IEXTEN 旗標)、EOF(可在一行的任何位置,除了開頭不可以)或者 CR(若開啟 ICRNL 旗標)。除了 EOF 的例子,其他的行區隔符號都會傳輸給讀取的行程(做為一行的最後一個字元)。

- 開啟行編輯(line editing)功能,以便修改目前這行的輸入。因此,下列的字元可以使用:ERASE、KILL。若設定了 IEXTEN 旗標,則也可以使用 WERASE 字元。

- 若設定了 IEXTEN 旗標,則 REPRINT 和 LNEXT 字元也都是可用的。

在規範模式下,當有一行完整的輸入時,終端機的 read() 呼叫才會返回。(若請求的位元組數比一行中所包含的位元組數還少,則 read() 只會取得到該行的一部分內容。剩餘的位元組只能在後續的 read() 呼叫取得)。若 read() 呼叫受到訊號處理常式中斷,而且此訊號沒有重新執行系統呼叫,則 read() 可能也會終止執行(見 21.5 節)。

> 我們在 62.5 節介紹 NOFLSH 旗標時提過,產生訊號的字元同樣會導致終端機驅動程式刷新終端機的輸入佇列。無論應用程式是捕獲訊號或忽略訊號,都會發生刷新的動作。我們可以藉由啟用 NOFLSH 旗標以避免這類刷新行為。

62.6.2 非規範模式

對有些應用程式而言(例如 vi 和 less),即使使用者沒有提供行結束字元,也需要從終端機讀取字元,而非規範模式正是用於此目的。非規範模式(關閉 ICANON 旗標)不會對特殊的輸入字元進行處理,尤其不再對輸入收集成行,而是立刻呈現收到的字元。

一個非規範模式的 *read()* 呼叫在什麼情況會完成？我們可以指定非規範模式的 *read()* 呼叫在經歷了一段特定的時間之後、或者在讀取特定數量的位元組後、又或者是這兩種情況的條件下終止執行。在 *termios* 結構的 c_cc 陣列有兩個元素可用來決定這種行為：TIME 和 MIN。元素 TIME（使用常數 VTIME 做為索引）以十分之一秒為單位來指定超時時間（*timeout*）。元素 MIN（使用 VMIN 做為索引）指定要讀取的最小位元組數（MIN 和 TIME 設定不會影響規範模式的終端機 I/O）。

參數 MIN 和 TIME 的精準操作與互動依賴於它們的值是否各自不為零。下列有四種可能的情況，注意，在這四種情況中，若在 *read()* 呼叫時已經讀取滿足 MIN 的要求的位元組數，則 *read()* 會依據可讀的位元組數與請求要讀取的位元組數中較小的那個值來進行返回。

MIN == 0，TIME == 0（輪詢讀取）

若在呼叫時有資料可以讀取，則 *read()* 將立刻傳回的值是：可用的位元組數與所請求的位元組數，這兩者較小的值，若沒有任何資料可讀，則 *read()* 將立刻傳回 0。

此情況用於一般的輪詢請求，允許應用程式以非阻塞的方式檢查是否有資料輸入，這種模式有點類似在規範模式的終端機設定 O_NONBLOCK 旗標（見 5.9 節）。但是，在設定 O_NONBLOCK 旗標之後，若沒有資料可讀，則 *read()* 會傳回 -1，錯誤碼為 EAGAIN。

MIN > 0，TIME == 0（阻塞式讀取）

這種情況的 *read()* 會發生阻塞（有可能永遠阻塞下去），直到有 MIN 個位元組的資料可讀，此時會傳回請求的位元組數量。

像 *less* 這樣的程式通常會將 MIN 設為 1，而把 TIME 設為 0，使得程式不用在輪詢迴圈忙碌等待，因而浪費 CPU 時間，只要使用者按下單個按鍵，*read()* 就能返回了。

若將一個終端機設定為非規範模式，且將 MIN 設為 1，TIME 設為 0，則可以採用第 63 章所述的技術來檢查使用者是否已經在終端機輸入一個字元（而不是一整行）。

MIN == 0，TIME > 0（具備超時機制的讀取操作）

這種情況下當呼叫 *read()* 時會啟動一個計時器，當至少有 1 位元組可用，或者當經歷了 TIME 個十分之一秒後，*read()* 會立刻傳回。在後一種情況下 *read()* 將傳回 0。

　　這種情況對與序列裝置（*serial device*，例如數據機）溝通的程式很有用，程式可以發送資料給裝置，然後等待回應。假如裝置沒有回應，採用超時機制就能避免程式永遠停住。

MIN > 0，TIME > 0（既具備超時機制，又有最小讀取位元組數的要求）

在可以讀取輸入的第一個位元組之後，之後每接收到一個位元組就會重新啟動計時器。若滿足讀取到了 MIN 個位元組，而且已經將請求的位元組數讀取完畢，此時 *read()* 會依據兩者間較小的那個值執行返回，或者當接收連續位元組之間的時間超過了 TIME 個十分之一秒，此時 *read()* 會傳回 0。由於計時器只會在可讀取第一個位元組之後才啟動，因此至少可以傳回 1 個位元組。（這種情況 *read()* 可能會一直阻塞下去）。

　　這種情況對於處理產生跳脫序列（escape sequence）的終端機按鍵很有幫助，例如，許多終端機的左方向鍵會產生一個 3 字元序列，由（escape 與 OD 組成），這些字元連續快速地傳輸。應用程式在處理這樣的字元序列時，需要區分是使用者按下了一個這樣的按鍵，還是使用者只是慢慢地個別輸入了這三個字元呢？這可以透過執行一個短超時的 *read()* 呼叫來處理，例如將超時時間設定為 0.2 秒。有一些版本的 *vi* 將此技術用在它的命令模式。（依據超時時間的長度，在這類應用程式中，我們可能可以透過快速輸入前述的那個 3 字元序列，就能模擬出按下左箭頭的效果）。

以可攜的方式修改，並回存 MIN 和 TIME

為了讓一些 UNIX 系統與過去的系統相容，SUSv3 允許 VMIN 和 VTIME 的常數值可以分別等同於 VEOF 和 VEOL，這表示 *termios* 結構 c_cc 陣列裡的這些元素可能會產生衝突。（Linux 系統上的這些常數值是不同的）。有可能發生問題是因為非規範模式並不使用 VEOF 和 VEOL。而 VMIN 和 VEOF 的值可能相同則表示，在程式進入非規範模式後需要特別謹慎，要設定 MIN 值（通常是 1），然後之後再回到規範模式。在回到規範模式時，EOF 就不再是其之前的 ASCII 值 4 了（*Ctrl-D*）。處理此問題的可攜式解法是，可以在切換到非規範模式之前先儲存一份 *termios* 設定的副本，然後使用此副本切換回規範模式。

62.6.3 加工模式、cbreak 模式以及原始模式

第七版 UNIX 作業系統（以及早期的 BSD 系統）的終端機驅動程式能夠以三種模式處理輸入，分別是：加工模式（*cooked mode*），cbreak 模式和原始模式（*raw mode*），這三種模式的區別如表 62-3 所示。

表 62-3：加工模式、cbreak 模式和原始模式之間的區別

功能特性	模式		
	加工模式	Cbreak 模式	原始模式
輸入處理	依照行	依照字元	依照字元
是否能行編輯？	是	否	否
解譯產生訊號的字元？	是	是	否
是否解譯 START/STOP 字元？	是	是	否
是否解譯其他的特殊字元？	是	否	否
是否執行其他的輸入處理？	是	是	否
是否執行其他的輸出處理？	是	是	否
是否 *echo* 輸入？	是	可能會	否

加工模式本質上是帶有處理預設特殊字元功能的規範模式（可以對 CR、NL 和 EOF 進行解譯、開啟行編輯功能、處理可產生訊號的字元、設定 `ICRNL`、`OCRNL` 旗標等）。

原始模式則恰好相反，屬於非規範模式，所有的輸入和輸出都不能做任何處理，而且不能 *echo*。（若應用程式需要確保終端機驅動程式絕對不會對傳輸的資料做任何修改，則應該使用這種模式）。

模式 cbreak 處於加工模式和原始模式之間，輸入是依照非規範的方式來處理的，但會對產生訊號的字元解譯，且仍然會出現各種輸入和輸出的轉換（取決於個別旗標的設定）。在 cbreak 模式並不會禁止 *echo*，但採用此模式的應用程式通常都會禁止 *echo* 功能，cbreak 模式在與螢幕處理相關的應用程式很有幫助（例如 *less*），這類程式能以字元為單位輸入，但仍然需要解譯 INTR、QUIT 以及 SUSP 這樣的字元。

範例程式

在第七版 UNIX 以及原始 BSD 系統的終端機驅動程式中，可以透過調整終端機驅動程式資料結構的單個位元（稱作 RAW 和 CBREAK），以進行原始模式與 cbreak 模式之間的切換。由於過渡到了 POSIX *termios* 介面上（現在已經在所有的 UNIX 系統上得以支援），現在已經無法再透過單個位元在原始模式與 cbreak 模式之間進

行選擇了。因此若應用程式要模擬這些模式，則必須直接修改 *termios* 結構的相關欄位。列表 62-3 提供兩個函式：*ttySetCbreak()* 以及 *ttySetRaw()*，它們實作了等同這些終端機模式的功能。

使用 ncurses 函式庫的應用程式可以呼叫 *cbreak()* 以及 *raw()* 函式，它們執行的工作任務與列表 62-3 的函式相近。

列表 62-3：將終端機切換到 cbreak 模式與原始模式

tty/tty_functions.c

```c
#include <termios.h>
#include <unistd.h>
#include "tty_functions.h"              /* Declares functions defined here */

/* Place terminal referred to by 'fd' in cbreak mode (noncanonical mode
   with echoing turned off). This function assumes that the terminal is
   currently in cooked mode (i.e., we shouldn't call it if the terminal
   is currently in raw mode, since it does not undo all of the changes
   made by the ttySetRaw() function below). Return 0 on success, or -1
   on error. If 'prevTermios' is non-NULL, then use the buffer to which
   it points to return the previous terminal settings. */

int
ttySetCbreak(int fd, struct termios *prevTermios)
{
    struct termios t;

    if (tcgetattr(fd, &t) == -1)
        return -1;

    if (prevTermios != NULL)
        *prevTermios = t;

    t.c_lflag &= ~(ICANON | ECHO);
    t.c_lflag |= ISIG;

    t.c_iflag &= ~ICRNL;

    t.c_cc[VMIN] = 1;                   /* Character-at-a-time input */
    t.c_cc[VTIME] = 0;                  /* with blocking */

    if (tcsetattr(fd, TCSAFLUSH, &t) == -1)
        return -1;

    return 0;
}

/* Place terminal referred to by 'fd' in raw mode (noncanonical mode
```

```
                with all input and output processing disabled). Return 0 on success,
                or -1 on error. If 'prevTermios' is non-NULL, then use the buffer to
                which it points to return the previous terminal settings. */

        int
        ttySetRaw(int fd, struct termios *prevTermios)
        {
            struct termios t;

            if (tcgetattr(fd, &t) == -1)
                return -1;

            if (prevTermios != NULL)
                *prevTermios = t;

            t.c_lflag &= ~(ICANON | ISIG | IEXTEN | ECHO);
                            /* Noncanonical mode, disable signals, extended
                               input processing, and echoing */

            t.c_iflag &= ~(BRKINT | ICRNL | IGNBRK | IGNCR | INLCR |
                           INPCK | ISTRIP | IXON | PARMRK);
                            /* Disable special handling of CR, NL, and BREAK.
                               No 8th-bit stripping or parity error handling.
                               Disable START/STOP output flow control. */

            t.c_oflag &= ~OPOST;                /* Disable all output processing */

            t.c_cc[VMIN] = 1;                   /* Character-at-a-time input */
            t.c_cc[VTIME] = 0;                  /* with blocking */

            if (tcsetattr(fd, TCSAFLUSH, &t) == -1)
                return -1;

            return 0;
        }
```

—— **tty/tty_functions.c**

將終端機置於原始模式或 cbreak 模式的程式終止時，必須小心地將終端機切換到一個可用的模式，除了其他任務之外，需要處理每個程式可能會收到的訊號，以便程式不會過早終止執行。（在 cbreak 模式下，作業控制訊號仍然可以從鍵盤產生）。

列表 62-4 示範如何達成，此程式執行下列步驟：

- 依據是否提供命令列參數（任意字串），決定將終端機設為 cbreak 模式或原始模式，將之前的終端機設定儲存全域變數 *userTermios*。

- 若終端機處於 cbreak 模式，則訊號會從終端機產生，需要對這些訊號進行處理，以便程式終止或暫停時會將終端機設定為使用者期望的狀態。程式為 SIGQUIT 和 SIGINT 訊號安裝同樣的處理常式（handler），而訊號 SIGTSTP 需要一些特別的處置，因此這個訊號需要安裝一個不同的處理常式。

- 為訊號 SIGTERM 安裝處理常式，這是為了捕獲 kill 指令發送的預設訊號。

- 執行一個迴圈，從標準輸入（stdin）一次讀取一個字元，並 echo 到標準輸出，程式在將字元輸出之前會對各種各樣的輸入字元做特殊處理。

  - 在輸出之前，將所有的字元轉換為小寫格式。

  - 直接 echo 換行符號（\n）和 carriage return（\r），不做任何修改。

  - 除了換行符號和 carriage return 之外的控制字元都以 2 個字元的序列格式進行 echo：^ 加上對應的大寫字元（例如，將 Ctrl-A echo 為 ^A）。

  - 將其他字元 echo 為星號（*）。

  - 字母 q 會停止迴圈。

- 退出迴圈後，將終端機還原為上次使用者設定的狀態，然後終止程式。

程式為訊號 SIGQUIT、SIGINT 以及 SIGTERM 安裝同一個處理常式，該處理常式會將終端機狀態還原到上一次使用者的設定，然後終止程式。

訊號 SIGTSTP 的處理常式以 34.7.3 節中所述的方式來處理該訊號，這個訊號處理常式需要注意如下幾點細節：

- 於再次產生 SIGTSTP 訊號而實際停止行程以前，處理常式先儲存目前的終端機設定（儲存在 *ourTermios*），並將終端機重置為程式啟動時指定要生效的設定（儲存在 *userTermios*）。

- 在接收到 SIGCONT 訊號之後恢復執行程式，處理常式再次將目前的終端機設定儲存在 *userTermios*，因為當程式停止執行時，使用者可能已經更改了設定（例如透過 stty 指令）。處理常式接著將終端機切回程式要求的狀態（*ourTermios*）。

列表 62-4：示範 cbreak 模式以及原始模式

─────────────────────────────────── **tty/test_tty_functions.c**

```
#include <termios.h>
#include <signal.h>
#include <ctype.h>
#include "tty_functions.h"              /* Declarations of ttySetCbreak()
                                           and ttySetRaw() */
#include "tlpi_hdr.h"
```

```
①   static struct termios userTermios;
                            /* Terminal settings as defined by user */

    static void             /* General handler: restore tty settings and exit */
    handler(int sig)
    {
②       if (tcsetattr(STDIN_FILENO, TCSAFLUSH, &userTermios) == -1)
            errExit("tcsetattr");
        _exit(EXIT_SUCCESS);
    }

    static void             /* Handler for SIGTSTP */
③   tstpHandler(int sig)
    {
        struct termios ourTermios;          /* To save our tty settings */
        sigset_t tstpMask, prevMask;
        struct sigaction sa;
        int savedErrno;

        savedErrno = errno;                 /* We might change 'errno' here */

        /* Save current terminal settings, restore terminal to
           state at time of program startup */

④       if (tcgetattr(STDIN_FILENO, &ourTermios) == -1)
            errExit("tcgetattr");
⑤       if (tcsetattr(STDIN_FILENO, TCSAFLUSH, &userTermios) == -1)
            errExit("tcsetattr");

        /* Set the disposition of SIGTSTP to the default, raise the signal
           once more, and then unblock it so that we actually stop */

        if (signal(SIGTSTP, SIG_DFL) == SIG_ERR)
            errExit("signal");
        raise(SIGTSTP);

        sigemptyset(&tstpMask);
        sigaddset(&tstpMask, SIGTSTP);
        if (sigprocmask(SIG_UNBLOCK, &tstpMask, &prevMask) == -1)
            errExit("sigprocmask");

        /* Execution resumes here after SIGCONT */

        if (sigprocmask(SIG_SETMASK, &prevMask, NULL) == -1)
            errExit("sigprocmask");         /* Reblock SIGTSTP */

        sigemptyset(&sa.sa_mask);           /* Reestablish handler */
        sa.sa_flags = SA_RESTART;
        sa.sa_handler = tstpHandler;
```

```
            if (sigaction(SIGTSTP, &sa, NULL) == -1)
                errExit("sigaction");

            /* The user may have changed the terminal settings while we were
               stopped; save the settings so we can restore them later */

⑥          if (tcgetattr(STDIN_FILENO, &userTermios) == -1)
                errExit("tcgetattr");

            /* Restore our terminal settings */

⑦          if (tcsetattr(STDIN_FILENO, TCSAFLUSH, &ourTermios) == -1)
                errExit("tcsetattr");

            errno = savedErrno;
        }

        int
        main(int argc, char *argv[])
        {
            char ch;
            struct sigaction sa, prev;
            ssize_t n;

            sigemptyset(&sa.sa_mask);
            sa.sa_flags = SA_RESTART;

⑧          if (argc > 1) {                          /* Use cbreak mode */
⑨              if (ttySetCbreak(STDIN_FILENO, &userTermios) == -1)
                    errExit("ttySetCbreak");

                /* Terminal special characters can generate signals in cbreak
                   mode. Catch them so that we can adjust the terminal mode.
                   We establish handlers only if the signals are not being ignored. */

⑩              sa.sa_handler = handler;

                if (sigaction(SIGQUIT, NULL, &prev) == -1)
                    errExit("sigaction");
                if (prev.sa_handler != SIG_IGN)
                    if (sigaction(SIGQUIT, &sa, NULL) == -1)
                        errExit("sigaction");

                if (sigaction(SIGINT, NULL, &prev) == -1)
                    errExit("sigaction");
                if (prev.sa_handler != SIG_IGN)
                    if (sigaction(SIGINT, &sa, NULL) == -1)
                        errExit("sigaction");
```

```
⑪          sa.sa_handler = tstpHandler;

            if (sigaction(SIGTSTP, NULL, &prev) == -1)
                errExit("sigaction");
            if (prev.sa_handler != SIG_IGN)
                if (sigaction(SIGTSTP, &sa, NULL) == -1)
                    errExit("sigaction");
        } else {                               /* Use raw mode */
⑫          if (ttySetRaw(STDIN_FILENO, &userTermios) == -1)
                errExit("ttySetRaw");
        }

⑬      sa.sa_handler = handler;
        if (sigaction(SIGTERM, &sa, NULL) == -1)
            errExit("sigaction");

        setbuf(stdout, NULL);                  /* Disable stdout buffering */

⑭      for (;;) {                             /* Read and echo stdin */
            n = read(STDIN_FILENO, &ch, 1);
            if (n == -1) {
                errMsg("read");
                break;
            }

            if (n == 0)                        /* Can occur after terminal disconnect */
                break;

⑮          if (isalpha((unsigned char) ch))       /* Letters --> lowercase */
                putchar(tolower((unsigned char) ch));
            else if (ch == '\n' || ch == '\r')
                putchar(ch);
            else if (iscntrl((unsigned char) ch))
                printf("^%c", ch ^ 64);        /* Echo Control-A as ^A, etc. */
            else
                putchar('*');                  /* All other chars as '*' */

⑯          if (ch == 'q')                     /* Quit loop */
                break;
        }

⑰      if (tcsetattr(STDIN_FILENO, TCSAFLUSH, &userTermios) == -1)
            errExit("tcsetattr");
        exit(EXIT_SUCCESS);
    }
```

—— tty/test_tty_functions.c

當我們要求列表 62-4 的程式使用原始模式時，下列是我們會看到的輸出：

```
$ stty                              Initial terminal mode is sane (cooked)
speed 38400 baud; line = 0;
$ ./test_tty_functions
abc                                 Type abc, and Control-J
   def                              Type DEF, Control-J, and Enter
^C^Z                                Type Control-C, Control-Z, and Control-J
q$                                  Type q to exit
```

在前面的 shell 作業階段之最後一行，我們看到 shell 將自己的提示符號與讓程式終止的字元 *q* 輸出在同一行。

下列是採用 cbreak 模式的輸出範例：

```
$ ./test_tty_functions x
XYZ                                 Type XYZ and Control-Z
[1]+  Stopped          ./test_tty_functions x
$ stty                              Verify that terminal mode was restored
speed 38400 baud; line = 0;
$ fg                                Resume in foreground
./test_tty_functions x
***                                 Type 123 and Control-J
   $                                Type Control-C to terminate program
Press Enter to get next shell prompt
$ stty                              Verify that terminal mode was restored
speed 38400 baud; line = 0;
```

62.7 終端機線速（位元速率）

不同的終端機之間（以及序列線）有不同的傳輸和接收速率（bit/sec），函式 *cfgetispeed()* 和 *cfsetispeed()* 用來取得和修改輸入的線速，函式 *cfgetospeed()* 和 *cfsetospeed()* 則用來取得和修改輸出的線速。

> 術語 *baud* 通常視為終端機線速（bit/sec）的同義詞，即使這種用法在技術上並不正確。準確地說，*baud* 是線路中訊號每秒可以變化的頻率，而每秒可傳送的位元數不一定相同，因為後者取決於要如何將位元編碼為訊號。不過，baud 一詞依然繼續做為 bit rate（bit/sec）的同義詞。（術語「鮑率（*baud rate*）」常常做為 *baud* 的同義詞，但這麼說是多餘的，因為 *baud* 的定義就是速率）。為了避免這些混淆，我們通常就用線速（*line speed*）或位元速率（bit rate）這樣的術語。

```
#include <termios.h>

speed_t cfgetispeed(const struct termios *termios_p);
speed_t cfgetospeed(const struct termios *termios_p);
                              Both return a line speed from given termios structure

int cfsetospeed(struct termios *termios_p, speed_t speed);
int cfsetispeed(struct termios *termios_p, speed_t speed);
                              Both return 0 on success, or −1 on error
```

這裡每個函式用到的 *termios* 結構都必須先透過 *tcgetattr()* 來初始化。

　　例如，要找出目前終端機的輸出線速，我們可以這樣做：

```
struct termios tp;
speed_t rate;

if (tcgetattr(fd, &tp) == -1)
    errExit("tcgetattr");
rate = cfgetospeed(&tp);
if (rate == -1)
    errExit("cfgetospeed");
```

若我們想要改變此線速，則可以繼續如下處理：

```
if (cfsetospeed(&tp, B38400) == -1)
    errExit("cfsetospeed");
if (tcsetattr(fd, TCSAFLUSH, &tp) == -1)
    errExit("tcsetattr");
```

資料型別 *speed_t* 用來儲存線速，這裡沒有直接使用數值形式來設定線速，而是採用了一組符號常數（定義在 <termios.h>），這些常數定義了一系列的離散值，這類常數值的範本如：B300、B2400、B9600 以及 B38400，分別各自對應於線速 300、2400、9600 以及 38,400（bit/sec）。使用一組離散值也反應出一個事實，那就是終端機通常設計為在一組固定的不同線速上（已標準化的）工作，這些線速是衍生自某個基準線速（例如：115,200 通常用於個人電腦）除以整數值得來（例如，115,200 / 12 = 9600）。

　　SUSv3 規定應該將終端機線速儲存在 *termios* 結構，但（刻意）未規定儲存在哪個欄位，包括 Linux 在內的許多系統，都是使用 CBAUD 遮罩與 CBAUDEX 旗標來維護 *c_cflag* 欄位的這些值。（我們在 62.2 節提過，在 Linux 系統在 *termios* 結構的 *c_ispeed* 和 *c_ospeed* 非標準欄位是沒有使用的）。

雖然 *cfsetispeed()* 和 *cfsetospeed()* 函式可以分開指定輸入與輸出的線速，但是許多終端機的這兩個速率必須相同。此外，Linux 只用單一欄位來儲存線速（即，認定這兩個速率值一定相同），這表示全部的輸入和輸出線速函式都是存取相同的 *termios* 欄位。

在呼叫 *cfsetispeed()* 時將 speed 設定為 0，表示將輸入線速設定為稍後呼叫 *tcsetattr()* 時得到的輸出線速，這個方法在將這兩個線速值分開維護的系統中很有用。

62.8 終端機的行控制（Terminal Line Conotrol）

函式 *tcsendbreak()*、*tcdrain()*、*tcflush()* 以及 *tcflow()* 所執行的任務通常都歸類在行控制（*line control*）底下。（這些函式都是 POSIX 建立的，設計用來取代各種 *ioctl()* 操作）。

```
#include <termios.h>

int tcsendbreak(int fd, int duration);
int tcdrain(int fd);
int tcflush(int fd, int queue_selector);
int tcflow(int fd, int action);
                            All return 0 on success, or −1 on error
```

在每個函式中，參數 *fd* 表示檔案描述符，它參考終端機或序列線上的其他遠端裝置。

函式 *tcsendbreak()* 透過傳輸連續個內容為 0 位元的串流（stream），以產生一個 BREAK 狀態。參數 *duration* 指定傳輸持續的時間，若 *duration* 為 0，則傳輸 0 位元序列的時間將持續 0.25 秒。（SUSv3 規定這個時間至少要有 0.25 秒，但不超過 0.5 秒）。若 *duration* 的值大於 0，則傳輸 0 位元序列的時間會持續 *duration* 個毫秒，SUSv3 對於這種情況沒有做任何規定，對於非零值的 *duration* 應該如何處理，在不同的 UNIX 系統中區別很大（這裡討論的細節只針對於 *glibc*）。

函式 *tcdrain()* 會發生阻塞，直到全部的輸出已經傳輸完畢（即直到終端機的輸出佇列為空）。

函式 *tcflush()* 會刷新（捨棄）終端機的輸入佇列、終端機輸出佇列、或兩者的資料（見圖 62-1）。刷新輸入佇列將捨棄已由終端機驅動程式接收但尚未被任何行程讀取的資料。例如，一個應用程式可以使用 *tcflush()* 來捨棄在提示符號之前輸入的密碼。刷新輸出佇列會捨棄已經寫入（已傳輸到終端機驅動程式）但還沒有傳輸給裝置的資料。參數 *queue-selector* 可設定為表 62-4 所示的其中一個值。

> 注意，刷新（*flush*）一詞在 *tcflush()* 的含義與我們討論檔案 I/O 時不同。在檔案 I/O，刷新意謂透過標準輸入的 *fflush()* 函式將輸出從使用者空間記憶體上強制傳輸到緩衝區快取（*buffer cache*），或是透過 *fsync()*、*fdatasync()* 以及 *sync()* 強制將資料從緩衝區快取傳輸到磁碟。

表 62-4：*tcflush()* 的 queue_selector 參數值

值	說明
TCIFLUSH	刷新輸入佇列
TCOFLUSH	刷新輸出佇列
TCIOFLUSH	刷新輸入佇列與輸出佇列

函式 *tcflow()* 控制資料在電腦與終端機（或者其他的遠端裝置）之間的資料流向。參數 *action* 為表 62-5 所示的其中一個值。TCIOFF 和 TCION 只有在終端機能夠解譯 STOP 和 START 字元時才有效，在這種情況下這些操作將分別導致終端機暫停和恢復發送資料到電腦。

表 62-5：*tcflow()* 參數 *action* 的值

值	說明
TCOOFF	暫停終端機的輸出
TCOON	恢復終端機的輸出
TCIOFF	傳送一個 STOP 字元給終端機
TCION	傳送一個 START 字元給終端機

62.9 終端機視窗大小

在一個視窗環境中，一個處理螢幕的應用程式需要能夠監視終端機視窗的大小，這樣當使用者修改了視窗大小時，就能夠適當地重新繪製螢幕。核心對此提供了兩種方式：

- 在終端機視窗大小改變之後，發送一個 SIGWINCH 訊號給前景行程群組，預設會忽略此訊號。

- 在任意時間點（通常是在收到 SIGWINCH 訊號之後），行程可以使用 *ioctl()* 的 TIOCGWINSZ 操作來取得終端機視窗的目前大小。

系統呼叫 *ioctl()* 的 TIOCGWINSZ 操作用法如下：

```
if (ioctl(fd, TIOCGWINSZ, &ws) == -1)
    errExit("ioctl");
```

參數 *fd* 表示參考終端機視窗的檔案描述符，*ioctl()* 的最後一個參數指向 *winsize* 結構（定義在 <sys/ioctl.h>）的指標，用來傳回終端機視窗的大小：

```
struct winsize {
    unsigned short ws_row;          /* Number of rows (characters) */
    unsigned short ws_col;          /* Number of columns (characters) */
    unsigned short ws_xpixel;       /* Horizontal size (pixels) */
    unsigned short ws_ypixel;       /* Vertical size (pixels) */
};
```

如同許多其他的系統般，Linux 沒有使用 *winsize* 結構中與像素大小（pixel-size）相關的欄位。

列表 62-5 示範訊號 SIGWINCH 以及 *ioctl()* 的 TIOCGWINSZ 操作的用法，下列是執行該程式時的輸出範例，該程式執行在一個視窗管理員之下，而且終端機視窗大小改變了三次：

```
$ ./demo_SIGWINCH
Caught SIGWINCH, new window size: 35 rows * 80 columns
Caught SIGWINCH, new window size: 35 rows * 73 columns
Caught SIGWINCH, new window size: 22 rows * 73 columns
Type Control-C to terminate program
```

列表 62-5：監視終端機視窗大小的改變

── **tty/demo_SIGWINCH.c**

```
#include <signal.h>
#include <termios.h>
#include <sys/ioctl.h>
#include "tlpi_hdr.h"

static void
sigwinchHandler(int sig)
{
}

int
main(int argc, char *argv[])
{
    struct winsize ws;
    struct sigaction sa;

    sigemptyset(&sa.sa_mask);
```

```
        sa.sa_flags = 0;
        sa.sa_handler = sigwinchHandler;
        if (sigaction(SIGWINCH, &sa, NULL) == -1)
            errExit("sigaction");

        for (;;) {
            pause();                            /* Wait for SIGWINCH signal */

            if (ioctl(STDIN_FILENO, TIOCGWINSZ, &ws) == -1)
                errExit("ioctl");
            printf("Caught SIGWINCH, new window size: "
                    "%d rows * %d columns\n", ws.ws_row, ws.ws_col);
        }
    }
```
── **tty/demo_SIGWINCH.c**

也可以在 *ioctl()* 的 TIOCSWINSZ 操作中傳入一個經過初始化的 winsize 結構，以修改
終端機驅動程式對於視窗大小的設定：

```
    ws.ws_row = 40;
    ws.ws_col = 100;
    if (ioctl(fd, TIOCSWINSZ, &ws) == -1)
        errExit("ioctl");
```

若在 *winsize* 結構的值與終端機驅動程式目前終端機視窗大小的設定不同，則會發
生兩件事情：

• 使用 *ws* 參數提供的值更新終端機驅動程式的資料結構。

• 發送一個 SIGWINCH 訊號到終端機的前景行程群組。

然而需要注意的是，這些事件本身並不足以改變實際的視窗顯示尺寸，這是由核
心之外的軟體所控制的（例如視窗管理員或終端機模擬器程式）。

　　雖然 SUSv3 並未規範，不過多數的 UNIX 系統都有提供可用於存取終端機的
視窗大小 *ioctl()* 操作。

62.10　終端機身份

我們在 34.4 節介紹了 *ctermid()* 函式，該函式傳回行程的控制終端機名稱（在
UNIX 系統通常是 /dev/tty），本節所述的函式對於識別終端機也同樣適用。

　　函式 *isatty()* 使我們能夠判斷檔案描述符 *fd* 是否與一個終端機有關聯（相較於
其他的檔案類型）。

```
#include <unistd.h>

int isatty(int fd);
                Returns true (1) if fd is associated with a terminal, otherwise false (0)
```

函式 *isatty()* 對於編輯器和其他需要判斷標準輸入與輸出是否要導向到終端機的螢幕處理常式十分有幫助。

我們提供一個檔案描述符，函式 *ttyname()* 會傳回相關的終端設備名稱。

```
#include <unistd.h>

char *ttyname(int fd);
                    Returns pointer to (statically allocated) string containing
                                    terminal name, or NULL on error
```

為了找出終端機的名稱，*ttyname()* 使用 18.8 節介紹的 *opendir()* 和 *readdir()* 函式，以遍尋有終端機裝置名稱的目錄，查找每個目錄的內容，直到找到裝置 ID 編號（stat 結構的 *st_rdev* 欄位）與檔案描述符 *fd* 關聯的裝置匹配為止。終端機設備通常都儲存在兩個目錄下：/dev 和 /dev/pts。/dev 目錄包含了有關虛擬控制台的條目（例如，/dev/tty1）和 BSD 虛擬終端機。/dev/pts 目錄則包含了（System V 風格）虛擬終端機的 slave 裝置。（我們會在第 64 章討論虛擬終端機）。

可重入的（reentrant）*ttyname()* 版本為 *ttyname_r()*。

tty(1) 指令可以顯示與其標準輸入關聯的終端機名稱，它是 *ttyname()* 函式的指令版本。

62.11　小結

在早期的 UNIX 系統上，終端機是透過序列線連接到電腦的真正的硬體裝置。早期的終端機並沒有經過標準化，這意謂著，不同的硬體廠商在對終端機進行程式設計時的跳脫序列（escape sequence）是不同的。在現代工作站上，這樣的終端機已經由執行著 X Window 系統的點陣圖監視器取代了。但是，當處理如虛擬控制台和終端機模擬器（使用了虛擬終端機）這類虛擬裝置，以及透過序列線連接的真實裝置時，仍然需要能夠設計終端機程式。

終端機的設定（除了終端機視窗大小例外）都以 *termios* 結構維護，包含用來控制終端機各種設定的四個位元遮罩（bit-mask）欄位，以及一個定義各種特殊字元的陣列，這些特殊字元由終端機驅動程式負責解譯。函式 *tcgetattr()* 和 *tcsetattr()* 允許程式取得並修改終端機的設定。

終端機驅動程式在執行輸入時，可以在兩種不同的模式底下運作，在規範模式，會將輸入封裝成一行（由其中一種換行字元結束），並開啟行編輯（line editing）的功能。反之，在非規範模式下可讓應用程式一次只讀取一個輸入字元，而不須等使用者輸入一個換行字元。非規範模式關閉行編輯的功能。由 *termios* 結構的 MIN 和 TIME 欄位來控制非規範模式的讀取操作何時完成，它們決定至少要讀取的字元數以及施加於讀取操作上的超時時間（*timeout*），我們也介紹了非規範模式讀取操作的四種情況。

過去的第七版 UNIX 以及 BSD 終端機驅動程式提供了三種輸入模式：加工模式（*cooked mode*）、cbreak 模式和原始模式（*raw mode*），它們對終端機的輸入和輸出處理提供了不同程度的支援，cbreak 和原始模式可以透過修改 *termios* 結構中的各個欄位來模擬。

有許多函式可以執行各種其他的終端機操作，這些函式包括修改終端機線速（line speed）以及行控制（line-control）操作（產生一個 BREAK 狀態、暫停行程直到輸出已經完成傳輸、刷新終端機的輸入和輸出佇列、暫停或恢復終端機和電腦之間的雙向資料傳輸）。其他函式允許我們檢查檔案描述符是否指向一個終端機，並取得該終端機名稱。系統呼叫 *ioctl()* 可用來取得並修改由核心記錄的終端機視窗大小，並執行一連串其他的與終端機相關的操作。

進階資訊

（Stevens，1992）也有介紹終端機程式設計，以及序列埠（serial port）程式設計的許多細節。有幾個很好的線上資源討論終端機程式設計，例如在 LDP 網站（*http://www.tldp.org*）的 Serial HOWTO 與 Text-terminal HOWTO，作者都是 David S. Lawyer。另一個實用的資源是 Michael R. Sweet 所著的「*Serial Programming Guide for POSIX Operation Systems*」，可以在 *http://www.easysw.com/~mike/serial/* 找到線上資源。

62.12 習題

62-1. 實作 *isatty()* 函式（你會發現閱讀 62.2 節的 *tcgetattr()* 說明會有所幫助）。

62-2. 實作 *ttyname()* 函式。

62-3. 實作 8.5 節介紹的 *getpass()* 函式（*getpass()* 函式可以透過開啟 /dev/tty 取得控制終端機的檔案描述符）。

62-4. 設計一個程式，顯示下列資訊：指出標準輸入參考到的終端機是處於規範模式還是非規範模式，若處於非規範模式，則顯示出 TIME 和 MIN 的值。

63

替代的 I/O 模型
（Alternative I/O model）

本章討論了三種替代方法，可用以取代本書先前大幅使用的傳統檔案 I/O 模型：

- I/O multiplexing（I/O 多工）：*select()* 與 *poll()* 系統呼叫。
- Signal-driven I/O（訊號驅動 I/O）。
- Linux 特有的 *epoll* API。

63.1　概觀

本書之前的範例程式採用的 I/O 模型，行程一次只能在一個檔案描述符（file descriptor）進行 I/O，因為在資料傳輸完畢以前，每個 I/O 系統呼叫都會發生阻塞（block）。例如：當從 pipe（管線）讀取時，若此時 pipe 裡沒有資料，則 *read()* 呼叫會阻塞；而如果 pipe 沒有足夠的空間可儲存寫入的資料時，則 *write()* 呼叫也會發生阻塞。在其他各種類型的檔案進行 I/O 處理時，也會發生一樣的情況，包含 FIFO（命名管線）與 socket。

> 磁碟檔案（disk files）是個特殊例子，正如第 13 章所述，核心利用緩衝區快取（buffer cache）來加速磁碟的 I/O 請求。因此，以 *write()* 寫入磁碟時，只要將資料傳輸到核心緩衝區快取（kernel buffer cache）就可以完成工作，而不需等待資料寫入磁碟（除非在開啟檔案時就已經指定 O_SYNC 旗標）。相對地，當

read() 要從核心緩衝區快取讀取資料至使用者緩衝區（user buffer）時，若所需的資料不在緩衝區快取中，則在核心讀取磁碟的期間內，會將行程置於睡眠狀態。

傳統的阻塞式（blocking）I/O 模型對許多應用程式而言已經夠用了，不過有些應用程式還會需要下列的任一需求（或兩者都要）：

- 能檢查一個檔案描述符是否可以進行 I/O 處理，即使沒有資料也不會發生阻塞。
- 監控多個檔案描述符，以判斷哪些檔案可以進行 I/O。

我們已經提過兩項技術可以解決部分的需求：非阻塞式 I/O（nonblocking I/O）與使用多行程或多執行緒。

之前在 5.9 節與 44.9 節已經詳細介紹過非阻塞式 I/O。如果啟用 O_NONBLOCK 開啟檔案狀態旗標（open file status flag），將一個檔案描述符設置為非阻塞模式，那麼 I/O 系統呼叫在無法立即完成工作時會傳回錯誤，而不是發生阻塞。其他如：pipe、FIFO、socket、終端機（Terminal）、虛擬終端機（pseudo terminal）及其他類型的裝置都可以使用非阻塞式 I/O。

無論檔案描述符裡面是否有資料可以進行 I/O，非阻塞式 I/O 都允許我們週期地檢查（poll）。例如，我們可以將一個輸入檔案描述符設定為非阻塞式，然後週期地執行非阻塞式讀取。若我們需要監控多個檔案描述符，那麼必須將它們都設定為非阻塞式，然後輪流詢問它們。但是，輪詢（polling）其實不是個好方法，如果輪的頻率太低，那麼應用程式回覆給 I/O 事件的延遲時間（latency）可能會太久而難以接受，另一方面，若以過於頻繁的迴圈輪詢則會浪費 CPU 時間。

> 在本章中，我們使用 poll 這個術語代表兩種不同的意思，一個是 I/O 多工系統呼叫的名稱－ *poll()*，另一個意思是代表「以非阻塞方式檢查一個檔案描述符的狀態」。

如果我們不想要行程在對檔案描述符進行 I/O 時阻塞，可以透過建立一個新的行程來進行 I/O 處理，在子行程發生阻塞並等待 I/O 的工作完成以前，父行程可以繼續執行其他的工作。若是需要處理多個檔案描述符的 I/O 時，則可以分別為每一個檔案描述符建立一個子行程。這個方法的問題在於成本與複雜度，因為建立與維護行程會對系統產生負擔，而且通常子行程需要用 IPC 通知父行程關於 I/O 操作的狀態。

以多執行緒取代行程可以節省一點資源，然而，執行緒依然可能要與其他的執行緒交換關於 I/O 操作的狀態，而且在程式開發上也是蠻複雜的，尤其是如果我們想要使用執行緒池來最小化同時處理大量客戶端（client）的執行緒數目時。（只有應用程式想要呼叫第三方的函式庫或進行阻塞式 I/O 時，使用執行緒才會特別有用，因為應用程式能以不同的執行緒呼叫函式庫，以避免阻塞）。

由於非阻塞式 I/O 及多執行緒或多行程的使用都有所限制，所以通常會用下列任一方式來取代：

- I/O 多工可以讓一個行程同時監控多個檔案描述符，以得知哪些已經可以進行 I/O，*select()* 與 *poll()* 系統呼叫可以用來進行 I/O 多工。

- 當可讀取輸入時或資料可寫入指定的檔案描述符時，訊號驅動 I/O 的技術使行程能要求核心送出訊號。如此一來，行程可以先專注地投入其他工作，當有需要處理 I/O 工作時就會收到訊號。在有監控大量檔案描述符需求時，訊號驅動 I/O 的效能會比 *select()* 與 *poll()* 還要好。

- *epoll* API 是 Linux 特有的功能，最早出現在 Linux 2.6 版本，類似 I/O 多工的 API，*epoll* API 可以讓行程監控多個檔案描述符，以判斷它們是否可以執行 I/O；也如同訊號驅動 I/O 般，*epoll* API 在監控大量的檔案描述符時會有更好的效能。

> 在本章後續的內容，我們將以行程的觀點來討論上述的技術，不過，多執行緒的應用程式也需要這些技術。

基本上，I/O 多工、訊號驅動 I/O 與 *epoll* 目的都是監控一個檔案描述符或常用在同時監控多個檔案描述符，以得知它們是否為就緒（*ready*）可進行 I/O（或更精確的說，可以知道執行 I/O 系統呼叫不會發生阻塞）。一個檔案描述符經由幾種 I/O 事件轉換為就緒狀態，如已有可讀的輸入資料、socket 完成連線過程、或之前本來滿載的 socket 傳送緩衝區，在經過 TCP 將佇列資料送給 socket 彼端之後，已有可用的空間等。監控多個檔案描述符對於應用程式而言是有用的，如：網路伺服器需要同時監控多個客戶端的 socket；應用程式必須同時監控來自一個終端機、pipe 或 socket 的輸入。

注意上述的這些技術沒有執行 I/O，它們只告訴我們檔案描述符是否就緒，實際執行 I/O 則必須用一些其他的系統呼叫。

> POSIX 非同步 I/O（Asynchronous I/O）模型在本章沒有談到，POSIX AIO 允許一個行程將檔案的 I/O 操作置於佇列中，直到操作完成再通知行程。POSIX AIO 的優點是對於 I/O 呼叫的初始化可以立即返回（return），而行程不需要等待資料傳輸給核心或完成操作。這樣的方式讓行程能平行處理其他的 I/O 任務（可能包含將更進一步的 I/O 請求放到佇列中）。對於某幾種應用程式而言，POSIX AIO 具有效能的優勢。目前 Linux 在 *glibc* 中以基於執行緒的方式實作

POSIX AIO。在本書撰寫時，POSIX AIO 正在實作於核心中，這樣應該可以提供更好的評量效能（scaling performance）。於（Gallmeister，1995）、（Robbins & Robbins，2003）與 *aio(7)* 使用手冊都有對 POSIX AIO 的說明。

哪個技術好？

在本章的課程中，我們將說明考慮選擇這些技術的理由，同時，我們節錄了一些要點：

- *select()* 與 *poll()* 系統呼叫是於 UNIX 系統行之有年的 API，與其他技術相較之下，它們主要的優點是可攜性（portability）；而主要缺點是對大量（幾百個或幾千個）檔案描述符的監控效能略為遜色。

- *epoll* API 的關鍵優勢是，可以讓應用程式有效率的監控大量檔案描述符，而主要的缺點是它是 Linux 特有的 API。

  一些其他的 UNIX 平台提供與 epoll 相似的非標準機制。例如，Solaris 提供特別的 /dev/poll 檔案（在 *Solaris poll(7d)* 的使用手冊）；而有些 BSD 提供 kqueue API（提供比 epoll 更廣泛用途的監控設施）。（Stevens 等人，2004）簡要地說明這兩種機制，詳細的討論可以參考（Lemon，2001）。

- 訊號驅動 I/O 類似 *epoll*，允許應用程式有效率的監控大量檔案描述符，不過，*epoll* 比訊號驅動 I/O 具備更多優點：

  - 我們可避免處理訊號的複雜度。

  - 我們能指定監控種類，如：就緒可讀（ready for reading）或就緒可寫（ready for writing）。

  - 可以選擇準位觸發（level-triggered）或邊緣觸發（edge-triggered）（於 63.1.1 節說明）。

  此外，要完全發揮訊號驅動 I/O 的優勢則會需要用到 Linux 特有的功能，此功能是不可攜的，若我們採取這樣的方式，則訊號驅動 I/O 並不會比 *epoll* 更具可攜性。

由於 *select()* 與 *poll()* 具有較好的可移植性，而訊號驅動 I/O 與 epoll 則有更好的效能，所以對應用程式而言，即使為檔案描述符事件的監控，而設計抽象的軟體層也是很值得的。因此，基於抽象分層，可移植的程式可以依據系統支援的功能而決定選用 *epoll*（或相似的 API）、*select()* 或 *poll()*。

  libevent 函式庫是提供抽象化監控檔案描述符事件的軟體層，已經被移植到許多 UNIX 系統上。如同 *libevent* 底層的機制，它可以（透明地）採用任何本章說明的技術：*select()*、*poll()*、訊號驅動 I/O 或 *epoll*，與 Solaris 專有的 /dev/

poll 介面或 BSD kqueue 介面一樣優異。（因此，libevent 也能當作如何使用這些技術的例子）libevent 是由 Niels Provos 所寫，並可以於此下載 *http://monkey.org/~provos/libevent/*。

63.1.1 準位觸發（Level-Triggered）與邊緣觸發（Edge-Triggered）通知

在開始討論各種可替代的 I/O 機制細節之前，我們需要分辨檔案描述符提供的兩種就緒通知模型：

- **準位觸發通知**：若只要可執行 I/O 系統呼叫而不會發生阻塞，一個檔案描述符就會被視為就緒（ready）。
- **邊緣觸發通知**：若檔案描述符有 I/O 活動時會提供通知（如：有新的輸入）。

表 63-1 節錄 I/O 多工、訊號驅動 I/O 與 *epoll* 採用的通知模型，*epoll* API 與其他的 I/O 模型不同之處在於，*epoll* 兼具準位觸發通知（預設值）與邊緣觸發通知。

表 63-1：使用準位觸發與邊緣觸發通知模型

I/O 模型	準位觸發？	邊緣觸發？
select()、*poll()*	●	
Signal-driven I/O		●
epoll()	●	●

這兩種通知模型的微小差異在經過本章課程後將會更清楚，從此刻起，我們開始說明選用的通知模型會如何影響我們開發的程式。

當我們採用準位觸發通知時，我們可以隨時檢查檔案描述符的就緒狀態，這表示當我們認定檔案描述符為就緒時（如：它有可讀的輸入資料），我們就可以對檔案描述符做一些 I/O，然後重複監控動作，以檢查檔案描述符是否仍然就緒（如：它還有可讀的輸入資料），在這個例子我們能執行更多的 I/O 等動作。換句話說，由於準位觸發模型讓我們隨時可以重複 I/O 的監控操作，所以我們每次收到檔案描述符為就緒的通知時，不需要盡可能的對檔案描述符（或是執行所有任何的 I/O）進行 I/O「如：盡量地讀取許多位元組（bytes）的資料」。

相對地，當我們採用邊緣觸發通知時，只有在 I/O 事件發生時才會收到通知，所以我們將不會收到任何通知，直到另一個 I/O 事件發生時。此外，當收到檔案描述符的 I/O 事件通知時，我們通常不知道有多少 I/O 需要處理（如：有多少位元組可以讀取）。因此，採用邊緣觸發通知的程式通常要遵循下列的規則設計：

- 在 I/O 事件通知之後，程式應該要「在某些地方」對相對應的檔案描述符盡量地執行 I/O（如：盡量讀取很多位元組）。如果程式在這個部分沒有處理好，那麼可能就錯過這次執行一些 I/O 的機會，因為在另一個 I/O 事件發生以前，它無法知道需要對檔案描述符操作。如此會導致程式發生假性（spurious）資料遺失或阻塞（blockages）。我們說「在某些地方」是因為有時在我們認定檔案描述符為就緒之後，可能並不會如願的立即執行所有的 I/O。如果我們針對一個檔案描述符進行大量的 I/O，那麼問題在於可能會引發其他注意的檔案描述符發生飢餓（starve）。當我們於 63.4.6 節談到 *epoll* 邊緣觸發通知模型時，會詳細的解釋這點。

- 若程式以迴圈盡量地對檔案描述符進行大量 I/O，且描述符被標示為阻塞，那麼 I/O 系統呼叫最後會因為沒有更多的 I/O 資料而產生阻塞。有鑒於此，每個受監控的檔案描述符通常會設置為非阻塞模式，而在收到一個 I/O 事件的通知後，I/O 操作會不斷地執行，直到對應的系統呼叫（如：*read()* 或 *write()*）失敗傳回 EAGAIN 或 EWOULDBLOCK 錯誤代碼。

63.1.2　於替代 I/O 模型採用非阻塞式 I/O

非阻塞式 I/O（O_NONBLOCK 旗標）經常與本章敘述的 I/O 模型共同使用，下列是一些用來說明這為什麼很有用的例子：

- 正如前幾節所述，非阻塞式 I/O 通常會與提供 I/O 事件的邊緣觸發通知之 I/O 模型一起使用。

- 若多行程（或多執行緒）對相同的開啟檔案描述符（open file description）進行 I/O，那麼，從一個特定行程的觀點，在描述符從收到通知為就緒及隨後的 I/O 呼叫（call）這段期間，描述符的就緒狀態可能會改變。所以一個阻塞式 I/O 呼叫會導致阻塞，因此會導致行程無法監控其他檔案描述符。（這可能會發生在本章所描述的所有 I/O 模型，無論採用準位觸發或邊緣觸發通知）

- 即使準位觸發的 API（如 *select()* 或 *poll()*）已經通報我們 stream socket（串流通訊端）的檔案描述符為就緒可寫，若我們在一次的 *write()* 或 *send()* 寫了過大的資料區塊，那麼這個呼叫還是會發生阻塞。

- 在少數的例子中，如 *select()* 與 *poll()* 的準位觸發 API 可以傳回假性就緒狀態通知－它們會錯誤地通知我們檔案描述符為就緒。這個會由 kernel bug（臭蟲）或不尋常情境之可預期行為所引起。

（Stevens 等人，2004）的 16.6 節說明監聽式 socket（listening socket）在 BSD 系統的一個假性就緒通知範例。如果一個客戶端連線到伺服器的監聽式 socket，然後重設連線，由伺服器執行的 *select()* 會認定監聽式 socket 在這兩個事件為可讀，可是在客戶端重設之後，執行的 *accept()* 將會發生阻塞。

63.2 I/O 多工（I/O Multiplexing）

I/O 多工允許我們同時監控多個檔案描述符，以得知它們有誰可以進行 I/O。我們可以用兩個本質功能相同的系統呼叫之一來執行 I/O 多工。第一個是 *select()*，伴隨著 BSD 的 socket API 一起出現，這是在過去兩個系統呼叫中比較廣泛使用的。另一個 *poll()* 系統呼叫，出現在 System V 系統。*select()* 與 *poll()* 如今都已在 SUSv3 的規範中。

我們可以使用 *select()* 與 *poll()* 監控普通檔案（regular file）、終端機、虛擬終端機、pipe、FIFO、socket 與一些字元類型裝置的檔案描述符。這兩個系統呼叫可讓一個行程無限期地阻塞，然後等待檔案描述符成為就緒，或是等待呼叫設定的超時（timeout）發生。

63.2.1 *select()* 系統呼叫

select() 系統呼叫會持續阻塞，直到一組檔案描述符集（file descriptor set）裡一個以上的檔案描述符已經就緒為止。

```
#include <sys/time.h>          /* For portability */
#include <sys/select.h>

int select(int nfds, fd_set *readfds, fd_set *writefds, fd_set *exceptfds,
           struct timeval *timeout);
        Returns number of ready file descriptors, 0 on timeout, or –1 on error
```

nfds、*readfds*、*writefds* 與 *exceptfds* 參數指定 *select()* 所要監控的檔案描述符。*timeout* 參數可用於設定 *select()* 的阻塞時間上限，我們在下面詳述每個參數。

在上面的 *select()* 原型（prototype），我們引入（include）<sys/time.h>，因為這個標頭檔在 SUSv2 有規範，而且有些 UNIX 平台會需要這個標頭檔。（目前 Linux 已經有 <sys/time.h> 標頭檔，引用它不會造成傷害）

檔案描述符集

readfds、*writefds* 與 *exceptfds* 參數是指向檔案描述符集的指標，以 *fd_set* 資料型別表示。這些參數的用途如下所示：

- *readfds* 是檔案描述符集，用以檢測得知是否可輸入；
- *writefds* 是檔案描述符集，用以檢測得知輸出是否可寫入；且
- *exceptfds* 是檔案描述符集，用以檢測得知例外條件（exceptional condition）是否發生。

術語「例外條件」的意思經常被誤解為發生在檔案描述符的錯誤條件種類，但其實並非如此，在 Linux 系統，例外條件只會在兩種情況下發生（其他的 UNIX 平台也差不多）：

- 當虛擬終端機 slave 裝置連線到封包模式（packet mode）的 master 裝置時，狀態發生改變（參考 64.5 節）。
- Stream socket 收到頻外（Out-of-band）資料（參考 61.13.1 節）。

通常，*fd_set* 資料型別以位元遮罩（bit mask）的方式實作，然而，我們不需要知道細節，因為所有的檔案描述符集機制都是透過四個巨集（macros）達成：FD_ZERO()、FD_SET()、FD_CLR() 及 FD_ISSET()。

```
#include <sys/select.h>

void FD_ZERO(fd_set *fdset);
void FD_SET(int fd, fd_set *fdset);
void FD_CLR(int fd, fd_set *fdset);

int FD_ISSET(int fd, fd_set *fdset);
                         Returns true (1) if fd is in fdset, or false (0) otherwise
```

這些巨集運作方式如下所述：

- FD_ZERO() 初始化清空 *fdset* 所指的集合內容。
- FD_SET() 將 fd 檔案描述符新增至 *fdset* 所指的集合。
- FD_CLR() 將 fd 檔案描述符從 *fdset* 所指的集合移除。
- FD_ISSET 傳回 true，若 fdset 所指的集合包含 fd 檔案描述符。

一個檔案描述符集的最大 size（尺寸）定義於 FD_SETSIZE 常數，在 Linux 系統中，這個常數值是 1024。（其他 UNIX 平台對於這個限制值也是相似的）

即使 FD_* 系列的巨集是運作於使用者空間的資料結構，而 *select()* 在核心實作能夠處理更大的描述符集，*glibc* 並沒有提供簡單的方法修改 FD_SETSIZE 的定義。若我們想要調整這個限制，需要修改 *glibc* 標頭檔的定義。然而，基於我們在本章後面所談的理由，若我們需要監控大量的描述符時，使用 *epoll* 可能會比使用 *select()* 更佳。

readfds、*writefds* 與 *exceptfds* 參數都是屬於 value-result 類型（會於系統呼叫傳回之前修改其內容的值），在呼叫 *select()* 以前，這些參數所指的 fd_set 結構必須先初始化（使用 FD_ZERO() 與 FD_SET()），以將有興趣的檔案描述符集涵蓋於其中，*select()* 呼叫會修改所有的結構，因而，在返回時，它們會包含就緒的檔案描述符集。（因為若我們在迴圈中重複呼叫 *select()*，*select()* 會修改這些結構，我們必須確保對它們重新初始化）這些結構接著可以使用 *FD_ISSET()* 進行檢查。

如果我們沒有興趣知道特定的事件類型時，可以將對應的 *fd_set* 參數指定為 NULL，我們會在 63.2.3 節詳述關於三種事件的明確意義。

對於 *nfds* 參數的設定，要找出三個檔案描述符集內最大的檔案描述符數值，而 *nfds* 的值須大於上述的最大值。這個參數可以增加 *select()* 的效率，因為核心可以知道不用檢查檔案描述符集中大於 *nfds* 的值。

timeout 參數

timeout 參數可以控制 *select()* 的阻塞行為，可以將 *timeout* 參數設定為 NULL（若要讓 select 無限地阻塞），或提供一個指向 *timeval* 結構的指標：

```
struct timeval {
    time_t      tv_sec;       /* Seconds */
    suseconds_t tv_usec;      /* Microseconds (long int) */
};
```

若 *timeout* 的兩個欄位都設定為 0，那麼 *select()* 不會阻塞，而只是單純地輪詢指定的檔案描述符，以得知哪些已經就緒，並立即傳回。或者，在 *timeout* 指定一個讓 *select()* 等待的時間上限。

雖然 *timeval* 結構提供微秒的精度，而這個呼叫的精度受限於軟體時脈的粒度（granularity）（10.6 節）。SUSv3 對 *timeout* 的規範為無條件進位，若它沒有剛好為粒度的倍數時。

SUSv3 要求 timeout 間隔的最大值至少為 31 天，多數 UNIX 平台允許更高的限制，由於 Linux/x86-32 對 *time_t* 型別使用 32 位元的整數，所以上限值是許多年。

當 *timeout* 為 NULL 或所指的結構包含不為零的欄位時，*select()* 會一直阻塞直到下列的條件發生為止：

- 至少在 *readfds*、*writefds* 或 *exceptfds* 中指定的任何一個檔案描述符已經就緒。
- 呼叫被訊號處理常式（signal handler）中斷。
- *timeout* 指定的等待時間已經到期。

> 較早的 UNIX 平台沒有小於一秒的睡眠呼叫（如：*nanosleep()*），所以會用 *select()* 來模擬睡眠的功能，透過將 nfds 設定為 0，將 readfds、writefds 與 exceptfds 設定為 NULL，並在 timeout 設定所需的睡眠時間。

在 Linux，若 *select()* 因一個或多個檔案描述符為就緒而返回，且若 *timeout* 不為 NULL 時，那麼 *select()* 會更新 *timeout* 所指的資料結構內容，以表示目前離系統呼叫設定的 *timeout* 還剩多少時間。然而，這樣的行為取決於實作細節，SUSv3 允許實作可以不用更新 *timeout* 所指的資料結構內容，且大多數其他的 UNIX 平台不會修改這個資料結構的內容。一個可攜式應用程式應該要在採用 *select()* 的迴圈內，確定每次呼叫 *select()* 以前都要先初始化 *timeout* 所指的資料結構，並忽略呼叫結束後所傳回的結構內容資訊。

SUSv3 規定只能在 *select()* 傳回成功時，才可以修改 *timeout* 所指的資料結構內容。然而在 Linux，若 *select()* 被訊號處理常式中斷時（導致會失敗並傳回 EINTR 錯誤），那麼結構內容會被修改為表示目前離系統呼叫 *timeout* 還剩下多少時間（如：類似成功所傳回的）。

> 若我們使用 Linux 特有的 *personality()* 系統呼叫，透過一個 STICKY_TIMEOUTS 個人化位元（personality bit）設定 personality，那麼，*select()* 就不會修改 *timeout* 所指的資料結構內容。

select() 的傳回值

正如其函式結果，*select()* 傳回下列的其中一個結果：

- 傳回值 -1 表示發生錯誤，可能的錯誤是 EBADF 與 EINTR。EBADF 代表在 *readfds*、*writefds* 或 *exceptfds* 中的檔案描述符之一是無效的（如：現在還沒開啟）。EINTR 表示呼叫被一個訊號處理常式中斷。（正如 21.5 節所註明，如果是由訊號處理常式中斷，則 *select()* 絕不會自動重新啟動）。
- 傳回值 0 代表該呼叫於任何檔案描述符成為就緒之前發生超時，在這個例子，每個傳回的檔案描述符集將會是空的。

- 一個大於零的傳回值表示至少有一個（或以上）的檔案描述符已經就緒，傳回的值代表已經就緒的描述符數量，在這個例子，為了找出發生了哪一個 I/O 事件，每個傳回的檔案描述符集必須要檢查（使用 FD_ISSET()）。若相同的檔案描述符被指定於下列至少兩個以上之處：*readfds*、*writefds* 與 *exceptfds*，那麼當該檔案描述符有一個以上的就緒事件時，它會被計數多次。換句話說，*select()* 所傳回的值是這三個傳回的集合所標示的檔案描述符總合。

範例程式

於列表 63-1 展示 *select()* 的使用，我們可以透過命令列參數指定 *timeout* 與想要監控的檔案描述符。第一個命令列參數指定 *select()* 的 *timeout*，單位為秒。若這邊指定連字符號（-），那麼會將 *timeout* 設定為 NULL 帶入 *select()* 呼叫，代表無限地阻塞。每個剩下的命令列參數指定一個被監控的檔案描述符的編號，並伴隨著字母表示所要對檔案描述符檢查的動作。這邊我們可以指定的字母是 *r*（ready for read）與 *w*（ready for write）。

列表 63-1：使用 *select()* 監控多個檔案描述符

————————————————————————————————————— **altio/t_select.c**

```
#include <sys/time.h>
#include <sys/select.h>
#include "tlpi_hdr.h"

static void
usageError(const char *progName)
{
    fprintf(stderr, "Usage: %s {timeout|-} fd-num[rw]...\n", progName);
    fprintf(stderr, "    - means infinite timeout; \n");
    fprintf(stderr, "    r = monitor for read\n");
    fprintf(stderr, "    w = monitor for write\n\n");
    fprintf(stderr, "    e.g.: %s - 0rw 1w\n", progName);
    exit(EXIT_FAILURE);
}

int
main(int argc, char *argv[])
{
    fd_set readfds, writefds;
    int ready, nfds, fd, numRead, j;
    struct timeval timeout;
    struct timeval *pto;
    char buf[10];                    /* Large enough to hold "rw\0" */

    if (argc < 2 || strcmp(argv[1], "--help") == 0)
        usageError(argv[0]);
```

```
/* Timeout for select() is specified in argv[1] */

if (strcmp(argv[1], "-") == 0) {
    pto = NULL;                         /* Infinite timeout */
} else {
    pto = &timeout;
    timeout.tv_sec = getLong(argv[1], 0, "timeout");
    timeout.tv_usec = 0;                /* No microseconds */
}

/* Process remaining arguments to build file descriptor sets */

nfds = 0;
FD_ZERO(&readfds);
FD_ZERO(&writefds);

for (j = 2; j < argc; j++) {
    numRead = sscanf(argv[j], "%d%2[rw]", &fd, buf);
    if (numRead != 2)
        usageError(argv[0]);
    if (fd >= FD_SETSIZE)
        cmdLineErr("file descriptor exceeds limit (%d)\n", FD_SETSIZE);

    if (fd >= nfds)
        nfds = fd + 1;                  /* Record maximum fd + 1 */
    if (strchr(buf, 'r') != NULL)
        FD_SET(fd, &readfds);
    if (strchr(buf, 'w') != NULL)
        FD_SET(fd, &writefds);
}

/* We've built all of the arguments; now call select() */

ready = select(nfds, &readfds, &writefds, NULL, pto);
                                        /* Ignore exceptional events */
if (ready == -1)
    errExit("select");

/* Display results of select() */

printf("ready = %d\n", ready);
for (fd = 0; fd < nfds; fd++)
    printf("%d: %s%s\n", fd, FD_ISSET(fd, &readfds) ? "r" : "",
            FD_ISSET(fd, &writefds) ? "w" : "");

if (pto != NULL)
    printf("timeout after select(): %ld.%03ld\n",
            (long) timeout.tv_sec, (long) timeout.tv_usec / 1000);
```

```
        exit(EXIT_SUCCESS);
    }
```
── **altio/t_select.c**

在下面的 shell 作業階段紀錄，我們展示列表 63-1 程式的使用方式。於第一個例子，我們要求對於檔案描述符為 0 的輸入進行監控，並有 10 秒鐘的超時（*timeout*）設定：

```
$ ./t_select 10 0r
Press Enter, so that a line of input is available on file descriptor 0
ready = 1
0: r
timeout after select(): 8.003
$                                    Next shell prompt is displayed
```

上面輸出所示的是，*select()* 找到了一個就緒的檔案描述符，就是檔案描述符 0 已經就緒可讀。我們也可以看到 *timeout* 已經修改過了。最後一行的輸出，只有包含 shell 提示字元 $。因為 *t_select* 程式並沒有讀取讓檔案描述符 0 為就緒的換行字元，所以字元是由 shell 所讀取，並透過印出另一個提示字元回應。

在下一個例子，我們再次監控輸入的檔案描述符 0，可是這次將 *timeout* 設定為 0 秒：

```
$ ./t_select 0 0r
ready = 0
timeout after select(): 0.000
```

select() 呼叫立即傳回，並沒有找到任何就緒的檔案描述符。

在下一個例子，我們監控兩個檔案描述符：描述符 0（用以查看是否有輸入資料）與描述符 1（用以查看是否可輸出）。在這個例子中，我們指定 *timeout* 為 NULL（將第一個命令列參數設定為連字符號）代表無限等待：

```
$ ./t_select - 0r 1w
ready = 1
0:
1: w
```

select() 呼叫立即傳回，並通知我們檔案描述符 1 已經有輸出的資料。

63.2.2 *poll()* 系統呼叫

poll() 系統呼叫執行與 *select()* 相似的任務，這兩個系統呼叫主要的差異在於我們如何指定監控的檔案描述符。於 *select()*，我們提供三個集合，並分別於集合裡標示（mark）每個感興趣的檔案描述符；而對於 *poll()*，我們提供一個檔案描述符清單，每一個都會被標示於感興趣的事件集合中。

```
#include <poll.h>

int poll(struct pollfd fds[], nfds_t nfds, int timeout);
```
             Returns number of ready file descriptors, 0 on timeout, or −1 on error

pollfd 陣列（*fds*）與 *nfds* 參數指定 *poll()* 所監控的檔案描述符，*timeout* 參數可以用來設定 *poll()* 阻塞的時間上限，我們接著將詳細說明這些參數。

pollfd 陣列

fds 參數列出 *poll()* 所要監控的檔案描述符，此參數是一個 *pollfd* 結構的陣列，定義如下：

```
struct pollfd {
    int   fd;              /* File descriptor */
    short events;          /* Requested events bit mask */
    short revents;         /* Returned events bit mask */
};
```

nfds 參數用以指出 *fds* 陣列中的項目數量，而 *nfds* 參數所使用的 *nfds_t* 資料型別是無號整數型別（unsigned integer type）。

　　pollfd 結構中的 *events* 與 *revents* 欄位是位元遮罩，呼叫者初始化 *events*，以指定所要監控的 *fd* 檔案描述符事件；而 *poll()* 傳回時，會將所監控的檔案描述符實際上發生的事件記錄於 *revents*。

　　表 63-2 列出 *events* 與 *revents* 欄位中的每個位元意義，表中的第一個位元群組（POLLIN、POLLRDNORM、POLLRDBAND、POLLPRI 與 POLLRDHUP）所關注的是輸入事件。下一個位元群組（POLLOUT、POLLWRNORM 與 POLLWRBAND）與輸出事件有關。而第三個位元群組（POLLERR、POLLHUP 與 POLLNVAL）是 *revents* 欄位用於傳回關於檔案描述符的額外資訊；但若將這三個位元指定於 *events* 欄位，這三個位元則會被忽略。最後一個位元（POLLMSG）在 Linux 系統的 *poll()* 並沒有用到。

> UNIX 平台提供 STREAMS（串流）裝置，POLLMSG 代表一個包含 SIGPOLL 訊號的訊息已經到達串流的前端。POLLMSG 在 Linux 系統並未使用，因為 Linux 沒有實作 STREAMS。

表 63-2：在 pollfd 結構的 events 與 revents 欄位之位元遮罩值

位元	Input in *events*?	Returned in *revents*?	說明
POLLIN	●	●	只能讀取高優先權以外的資料
POLLRDNORM	●	●	等同於 POLLIN
POLLRDBAND	●	●	可以讀取優先的資料（Linux 中未使用）
POLLPRI	●	●	可以讀取高優先權的資料
POLLRDHUP	●	●	彼端 socket 執行 shutdown
POLLOUT	●	●	可以寫入一般資料
POLLWRNORM	●	●	等同於 POLLOUT
POLLWRBAND	●	●	可以寫入優先的資料
POLLERR		●	發生錯誤
POLLHUP		●	發生掛斷（hangup）
POLLNVAL		●	檔案描述符尚未開啟
POLLMSG			於 Linux 沒有使用（於 SUSv3 亦無規範）

若 *events* 設定為 0，則在 *revents* 只能傳回的位元是 POLLERR、POLLHUP 與 POLLNVAL。指定 *fd* 欄位為負值（如：不為零的負值），也會使得相對應的 *events* 欄位被忽略，而在 *revents* 的對應欄位永遠都只會傳回 0。此技術可以用來（也許暫時地）取消對某個檔案描述符的監控，而不需要重新建立整個 *fds* 清單。

注意，關於 Linux 的 *poll()* 實作，下列有深入的觀點：

- 雖然定義為不同的位元，但 POLLIN 與 POLLRDNORM 是同義的。

- 雖然定義為不同的位元，但 POLLOUT 與 POLLWRNORM 是同義的。

- POLLRDBAND 通常未使用，意謂於 *events* 欄位中被忽略，並且不會在 revents 設定。

  POLLRDBAND 在程式碼唯一設定的地方是實作在（已經過期的）DECnet 網路通訊協定。

- 雖然在某些條件下設定 socket，POLLWRBAND 不會傳達有用的資訊。（當 POLLOUT 與 POLLWRNORM 也沒有設定時，不會有任何情況會設定 POLLWRBAND）。

  POLLRDBAND 與 POLLWRBAND 於實作面是有意義的，用以提供 System V STREAMS（Linux 沒有）。於 STREAMS 之下，訊息可以指定為非零的優先權，並將這樣的訊息依優先權（以降冪的方式）放置於佇列以提供給接收者（位於 band 中，優先權為 0 的一般訊息之前）。

- 為了取得 <poll.h> 裡的常數定義，需要定義 _XOPEN_SOURCE 功能測試巨集，以取得 POLLRDNORM、POLLRDBAND、POLLWRNORM 與 POLLWRBAND 常數的定義。

- POLLRDHUP 是 Linux 於核心版本 2.6.17 起特有的旗標，為了取得 <poll.h> 中的定義，需要定義 _GNU_SOURCE 功能測試巨集。
- 當指定的檔案描述符於 *poll()* 呼叫期間關閉時，會傳回 POLLNVAL。

綜合上述幾點，真正有趣的 *poll()* 旗標是 POLLIN、POLLOUT、POLLPRI、POLLRDHUP、POLLHUP 與 POLLERR。我們將於 63.2.3 節更詳細的探討這些旗標的意義。

timeout 參數

timeout 參數將 *poll()* 的阻塞行為定義如下：

- 若 *timeout* 等於 -1，阻塞會持續到 fds 陣列中所列的任一個檔案描述符為就緒（如同對應的 *events* 欄位所定義的）或收到訊號時為止。
- 若 *timeout* 等於 0，則只會執行檢查檔案描述符是否就緒，不會發生阻塞。
- 若 *timeout* 大於 0，阻塞最多會持續 *timeout* 毫秒，且持續到 *fds* 中的任一個檔案描述符為就緒或收到訊號時。

當使用 *select()* 時，*timeout* 的精準度受限於軟體時脈的區間（10.6 節），而 SUSv3 規範 *timeout* 總是無條件進位，若它不是剛好為時脈區間的倍數時。

poll() 的傳回值

正如函式的傳回結果，*poll()* 會傳回下列的一個結果：

- 傳回值 -1 代表發生錯誤，一個可能的錯誤是 EINTR，表示呼叫被訊號處理常式中斷。（正如 21.5 節所提到，若是由訊號處理常式所中斷，那麼 *poll()* 絕不會自動重新啟動）。
- 傳回值 0 代表呼叫在任何檔案描述符在變成就緒之前就已經超時。
- 傳回值為正數表示有一個（或更多）的檔案描述符已經就緒，傳回值代表 *revents* 欄位不為零的個數（位於 *fds* 陣列中的 *pollfd* 結構中）。

  注意 *select()* 與 *poll()* 所傳回的正數值在意義上有少許的不同。如果同一個檔案描述符同時發生一個以上的事件時，*select()* 系統呼叫會重複計算檔案描述符的次數；而若 *poll()* 系統呼叫傳回就緒的檔案描述符數量時，每個檔案描述符只會被計算一次，即使在相對應的 *revents* 欄位中設定了多個事件的位元。

範例程式

列表 63-2 簡單的示範如何使用 *poll()*。這個程式建立數個管線（每個管線使用一對連續的檔案描述符），將一些位元組資料寫入隨機選擇的管線寫入端（pipe write end），然後利用 *poll()* 檢查哪一些管線已經有資料可以讀取。

下列的 shell 作業階段呈現一個範例，讓我們可以到看執行這個程式的情況。這個程式的命令列參數指定要建立 10 個管線，並且將資料寫入隨機選擇的三個管線。

```
$ ./poll_pipes 10 3
Writing to fd:    4 (read fd:    3)
Writing to fd:   14 (read fd:   13)
Writing to fd:   14 (read fd:   13)
poll() returned: 2
Readable:    3
Readable:   13
```

從上面的輸出結果，我們可以看到 *poll()* 已經找到兩個管線有資料可以讀取。

列表 63-2：使用 *poll()* 監控多個檔案描述符

———————————————————————————————————— **altio/poll_pipes.c**

```c
#include <time.h>
#include <poll.h>
#include "tlpi_hdr.h"

int
main(int argc, char *argv[])
{
    int numPipes, j, ready, randPipe, numWrites;
    int (*pfds)[2];                     /* File descriptors for all pipes */
    struct pollfd *pollFd;

    if (argc < 2 || strcmp(argv[1], "--help") == 0)
        usageErr("%s num-pipes [num-writes]\n", argv[0]);

    /* Allocate the arrays that we use. The arrays are sized according
       to the number of pipes specified on command line */

    numPipes = getInt(argv[1], GN_GT_0, "num-pipes");

    pfds = calloc(numPipes, sizeof(int [2]));
    if (pfds == NULL)
        errExit("calloc");
    pollFd = calloc(numPipes, sizeof(struct pollfd));
    if (pollFd == NULL)
        errExit("calloc");

    /* Create the number of pipes specified on command line */

    for (j = 0; j < numPipes; j++)
        if (pipe(pfds[j]) == -1)
            errExit("pipe %d", j);

    /* Perform specified number of writes to random pipes */
```

```
numWrites = (argc > 2) ? getInt(argv[2], GN_GT_0, "num-writes") : 1;

srandom((int) time(NULL));
for (j = 0; j < numWrites; j++) {
    randPipe = random() % numPipes;
    printf("Writing to fd: %3d (read fd: %3d)\n",
            pfds[randPipe][1], pfds[randPipe][0]);
    if (write(pfds[randPipe][1], "a", 1) == -1)
        errExit("write %d", pfds[randPipe][1]);
}

/* Build the file descriptor list to be supplied to poll(). This list
   is set to contain the file descriptors for the read ends of all of
   the pipes. */

for (j = 0; j < numPipes; j++) {
    pollFd[j].fd = pfds[j][0];
    pollFd[j].events = POLLIN;
}

ready = poll(pollFd, numPipes, 0);
if (ready == -1)
    errExit("poll");

printf("poll() returned: %d\n", ready);

/* Check which pipes have data available for reading */

for (j = 0; j < numPipes; j++)
    if (pollFd[j].revents & POLLIN)
        printf("Readable: %3d\n", pollFd[j].fd);

exit(EXIT_SUCCESS);
}
```

── **altio/poll_pipes.c**

63.2.3　檔案描述符何時就緒？

要正確地使用 *select()* 與 *poll()*，需要了解在何種條件時，一個檔案描述符會被指定
為就緒。SUSv3 談到，若是一個 I/O 函式呼叫不會發生阻塞，**不管函式是否真的
傳送資料**，就會將一個檔案描述符（明確指定 **O_NONBLOCK**）認定為就緒。斜體字
是關鍵處：*select()* 與 *poll()* 告訴我們一個 I/O 操作是否不會阻塞，而非是否可以成
功地傳輸資料。就此而論，讓我們看看這些系統呼叫在不同類型的檔案描述符是
如何運作的，我們以兩欄的表呈現這個資訊：

- *select()* 欄指定檔案描述符是否標示為可讀（r）、可寫（w）或有例外條件（x）。

- *poll()* 欄指定 *revents* 欄位回傳的位元，於這些表中，我們省略提及 POLLRDNORM、POLLWRNORM、POLLRDBAND 與 POLLWRBAND。雖然部分的這些旗標可能在各種的形況下於 *revents* 中傳回（若有於 *events* 中指定），不過它們所帶回的資訊不會比 POLLIN、POLLOUT、POLLHUP 與 POLLERR 更有用。

普通檔案

檔案描述符所參考的普通檔案總是讓 *select()* 將它標示為可讀與可寫，而 *poll()* 總是將傳回的 *revents* 設定為 POLLIN 與 POLLOUT，主要是因為下列的理由：

- *read()* 總是立即傳回資料、檔案結尾（end-of-file）或錯誤（如：檔案尚未開啟以供讀取）。

- *write()* 總是立即傳輸資料，或因為某些錯誤而傳回失敗。

> SUSv3 談到 *select()* 於發生例外條件時應該標示普通檔案的描述符（雖然這對於普通檔案沒有實質的意義）。只有一些系統有做這件事情，而 Linux 沒有做。

終端機（Terminal）與虛擬終端機（Pseudo Terminal）

表 63-3 節錄 *select()* 與 *poll()* 對於終端機與虛擬終端機的行為（第 64 章）。

當一對虛擬終端機（pseudo terminal pair）的其中一個關閉時，由 *poll()* 傳回給這組虛擬終端機另一半之 revents 設定由實作決定。在 Linux 上，至少需要設定 POLLHUP 旗標。然而，其他系統會傳回不同的旗標來表示這個事件，例如：POLLHUP、POLLERR 或 POLLIN。此外，在一些系統上，設定的旗標是取決於監控的裝置是屬於 master 或 slave 裝置。

表 63-3：*select()* 與 *poll()* 對於終端機與虛擬終端機的表示

條件或事件	select()	poll()
可輸入	r	POLLIN
可輸出	w	POLLOUT
於 *close()* 虛擬終端機端點之後	rw	請見內文
於封包模式的虛擬終端機 master 裝置偵測到 slave 狀態改變	x	POLLPRI

Pipe 與 FIFO

表 63-4 節錄管線（pipe）或 FIFO 讀取端（read end）的細節。於 *Data in pipe?* 一欄表示管線至少有一個位元組的資料可供讀取。於此表中，我們將 POLLIN 設定在 *poll()* 的 *events* 欄位。

在一些其他的 UNIX 平台，若管線的寫入端關閉了，那麼，*poll()* 傳回 POLLIN 位元設定，而不是傳回 POLLHUP 設定（因為 *read()* 會馬上傳回檔案結尾）。可移植的應用程式為了知道 *read()* 是否會發生阻塞，這兩個位元應該都要檢查看看是否有被設定。

表 63-5 節錄 pipe 或 FIFO 寫入端的細節，於此表中，我們讓 POLLOUT 設定於 *poll()* 的 *events* 欄位。於 *Space for PIPE_BUF bytes?* 一欄，表示管線是否有空間能以原子式（atomically）寫入 PIPE_BUF 位元組而不會發生阻塞，這是 Linux 認為管線為就緒可寫的依據，一些其他的 UNIX 平台也使用這樣的依據。而其他的系統是如果可以將一個位元組寫入，就將管線視為可寫的。（於 Linux2.6.10 與更早的版本，管線的容量與 PIPE_BUF 相同，這表示若管線只有包含一個單獨的位元組資料時會被視為不可寫的）。

在一些其他的 UNIX 平台中，若管線的寫入端關閉了，那麼 *poll()* 會傳回 POLLOUT 位元或 POLLHUP 位元集合。可移植的應用程式需要檢查這些位元是否有設定，用以判斷一個 *write()* 是否會發生阻塞。

表 63-4：*select()* 與 *poll()* 對於一個 pipe 或 FIFO 讀取端的表示

條件或事件		select()	poll()
Data in pipe?	**Write end open?**		
no	no	r	POLLHUP
yes	yes	r	POLLIN
yes	no	r	POLLIN | POLLHUP

表 63-5：*select()* 與 *poll()* 對於一個 pipe 或 FIFO 寫入端的表示

條件或事件		select()	poll()
Space for PIPE_BUF bytes?	**Read end open?**		
no	no	w	POLLERR
yes	yes	w	POLLOUT
yes	no	w	POLLOUT | POLLERR

Sockets

表 63-6 節錄 *select()* 與 *poll()* 對於 socket 的行為，於 *poll()* 一欄中，我們讓 *events* 設定為（POLLIN | POLLOUT | POLLPRI）。於 *select()* 一欄中，我們測試檔案描述符是否可輸入、可輸出或發生例外條件。（如：檔案描述符都被指定於傳給 *select()* 的三個集合中）。此表只涵蓋常見的案例，而不是所有的情境。

> Linux 其中一個端點執行 *close()* 後，*poll()* 對於 UNIX domain sockets 的行為與表 63-6 所示不同。如同其他旗標，*poll()* 會於 *revents* 額外傳回 POLLHUP。

表 63-6：*select()* 與 *poll()* 對於 sockets 的表示

條件或事件	*select()*	*poll()*
可輸入	r	POLLIN
可輸出	w	POLLOUT
進來的連線已於 listening socket 建立	r	POLLIN
收到頻外（Out-of-band）資料（僅限 TCP）	x	POLLPRI
Stream socket 端點關閉連線	rw	POLLIN | POLLOUT | POLLRDHUP

Linux 特有的 POLLRDHUP 旗標（從 Linux2.6.17 起開始支援）需要深入一點的解釋。這個旗標－實際上是以 EPOLLRDHUP 的形式－主要設計用於 *epoll* API 的邊緣觸發模式（63.4 節），傳回的時機是當 stream socket 連線的遠端已經關閉（shut down）連線的寫入部分。

此旗標讓使用 *epoll* 邊緣觸發介面的應用程式可以用更簡短的程式碼來得知遠端的關閉（shutdown）。（替代方案是讓應用程式設定 POLLIN 旗標，然後執行 *read()* 呼叫，若傳回 0 則代表遠端結束）。

63.2.4　*select()* 與 *poll()* 的比較

於本節中，我們探討一些 *select()* 與 *poll()* 間的相似性與差異性。

實作細節

於 Linux 核心中，*select()* 與 *poll()* 都用相同的核心內部的 poll 常式集（routines set），這些 poll 常式與 *poll()* 系統呼叫本身不同，每一個常式傳回關於單一檔案描述符的就緒狀態，而這個就緒狀態資訊的形式是一個位元遮罩，其值對應於 *poll()* 系統呼叫中傳回的 *revents* 欄位之內含位元（表 63-2）。*poll()* 系統呼叫的實作替每一個檔案描述符呼叫核心 poll 常式，並將結果資訊置於對應的 *revents* 欄位中。

為了實作 *select()*，有一組巨集可用於將核心 poll 常式傳回的資訊轉換為對應 *select()* 傳回的事件類型：

```
#define POLLIN_SET  (POLLRDNORM | POLLRDBAND | POLLIN | POLLHUP | POLLERR)
                                 /* Ready for reading */
#define POLLOUT_SET (POLLWRBAND | POLLWRNORM | POLLOUT | POLLERR)
                                 /* Ready for writing */
#define POLLEX_SET  (POLLPRI)    /* Exceptional condition */
```

這些巨集定義揭露了 *select()* 與 *poll()* 傳回資訊的語意對應。（若我們查看於 63.2.3 節的表之 *select()* 與 *poll()* 兩欄，我們可以看到每個系統呼叫提供的意思與上述的巨集相符）於該圖表我們需要完成的唯一額外資訊是：若任一個監控的檔案描述符於該呼叫的時間關閉時，*poll()* 會於 revents 欄位傳回 POLLNVAL；而 *select()* 會傳回 -1，並將 *errno* 設定為 EBADF。

API 差異性

下列為 *select()* 與 *poll()* API 的一些差異：

- *fd_set* 將 *select()* 監控的檔案描述符範圍設置一個上限值（FD_SETSIZE），Linux 的預設上限是 1024，而更動這個值則需要重新編譯應用程式。相對地，*poll()* 沒有在監控的檔案描述符範圍上設置固定的限制。

- 由於 *select()* 的 *fd_set* 參數是屬於 value-result，若將 *select()* 呼叫置於迴圈中重複呼叫，我們必須每次對 *fd_set* 重新初始化。*poll()* 由於使用分開的 events（輸入）與 revents（輸出）欄位，所以不需要這個動作。

- *select()* 提供的 timeout 精度（微秒）比 *poll()* 提供的精度（毫秒）要高。（這兩個系統呼叫的超時精度雖受限於軟體時脈的粒度）。

- 若所監控的其中一個檔案描述符關閉了，那麼 *poll()* 會透過 revents 欄位中對應的 POLLNVAL 位元準確地通知我們是哪一個；相對地，*select()* 僅會傳回 -1 並將錯誤代碼 *errno* 設定為 EBADF，當進行描述符的 I/O 系統呼叫時，讓我們自行檢查錯誤以定義哪一個檔案描述符已經關閉。然而，這個地方通常不是重要的差異點，因為應用程式一般都能夠持續追蹤哪一個檔案描述符已經關閉。

可攜性

從過去來看，*select()* 比 *poll()* 更為普及，至於現在，兩種 API 都已經是規範於 SUSv3，而且都普遍實作於現代的系統中。然而，*poll()* 於各系統實作上的行為還是有些差異之處，如同 63.2.3 節特別提到的。

效能

若下列任一敘述成立時，*poll()* 與 *select()* 的效能是相近的：

- 所監控的檔案描述符範圍是小的（如：最大的檔案描述符數字是小的）。

- 雖然監控大量的檔案描述符，但是它們是緊密相連的（如：大多數或全部監控的檔案描述符是由 0 到某個上限）。

然而，若監控的檔案描述符集是零散的，那麼 *select()* 與 *poll()* 的效能就會有顯著的不同；因為如果檔案描述符編號的最大數值，*N* 很大，可是範圍 0 到 N 卻只監控一個或少數的檔案描述符，在這樣的條件下，*poll()* 的表現會比 *select()* 優秀。透過理解傳遞到這兩個系統呼叫的參數，我們就能了解這個原因。於 *select()*，我們傳遞一到多個檔案描述符集與一個 *nfds* 整數（需大於每個集合中需檢查的最大檔案描述符）。無論我們正監控的所有檔案描述符範圍是 0 至（*nfds-1*）或只有（*nfds-1*）這個描述符，*nfds* 參數的值都相同。在這兩種條件中，核心在每個集合都必須檢查 *nfds* 個元素，用以準確地確認所要監控的是哪些檔案描述符。相對之下，當使用 *poll()* 時，我們只會指定有興趣的檔案描述符，而核心也只會檢查這些描述符。

> 於 Linux 2.4 中，當檔案描述符很鬆散、不緊密時，*poll()* 與 *select()* 在效能上的差異會相當的顯著。而 Linux 2.6 中的某些最佳化已縮減相當多的效能差距。

我們於 63.4.5 節深入探討 *select()* 與 *poll()* 的效能，我們於該節也針對 *epoll* 及這些系統呼叫進行效能比較。

63.2.5　*select()* 與 *poll()* 的問題

select() 與 *poll()* 系統呼叫是可移植的、存在已久的與廣為使用的方法，用以監控多個檔案描述符是否就緒。然而，這些 API 在監控大量的檔案描述符時會面臨一些問題：

- 在每次呼叫 *select()* 或 *poll()* 時，核心必須檢查所有指定的檔案描述符，以得知它們是否就緒。當所監控的大量檔案描述符是於密集裝載時，監控所需的時間會比下兩次操作所需時間要多上許多。

- 於每次呼叫 *select()* 或 *poll()* 時，程式必須傳遞一個資料結構到核心，用以表示所有要監控的檔案描述符，而且，於檢查過描述符之後，核心要將一個修改過的資料結構版本傳回給程式（此外，對於 *select()*，我們必須於每次呼叫以前初始化資料結構）。對於 *poll()*，資料結構的尺寸隨著所監控的檔案描述符數量而增加，當監控許多檔案描述符時，將資料結構從使用者空間複製到核心空間，及複製回來的工作會耗去可觀的 CPU 時間量。於 *select()*，資料結構的尺寸是固定為 FD_SETSIZE，而不用管所監控的檔案描述符數量。

- 在呼叫 *select()* 或 *poll()* 之後，程式必須檢測每個傳回的資料結構元素，以得知那些檔案描述符為就緒。

上述幾點的後果是，*select()* 與 *poll()* 所需的 CPU 時間將隨著需監控的檔案描述符數量而增加（詳細內容請參考 63.4.5 節）。這樣對於監控大量檔案描述符的應用程式會產生問題。

select() 與 *poll()* 低落的效能評量（scaling）是源於 API 本身的限制，通常一個程式會重複地呼叫它們來以監控相同的檔案描述符集。然而，核心不會記住上次成功取得狀態的檔案描述符監控清單。

我們於下一節談到的訊號驅動 I/O 與 epoll，是可以讓核心記錄行程有興趣的檔案描述符清單之機制。以此解決 *select()* 跟 *poll()* 的效能評量問題，依據 I/O 事件所發生的數目評估求解，而不是依照監控的檔案描述符數量。因此，當監控大量的檔案描述符時，訊號驅動 I/O 與 epoll 具有優越的效能。

63.3 訊號驅動 I/O（Signal-driven I/O）

在 I/O 多工，行程透過系統呼叫（*select()* 或 *poll()*）檢查一個檔案描述符是否可 I/O。在訊號驅動 I/O，行程會要求核心於檔案描述符可 I/O 時送訊號給它，行程在收到可 I/O 的通知訊號以前可以先處理其他的工作。

要使用訊號驅動 I/O，程式需要執行下列的步驟：

1. 透過訊號驅動 I/O 機制建立一個訊號處理常式，預設的通知訊號是 SIGIO。

2. 設定檔案描述符的擁有者（owner），即為，當檔案描述符可 I/O 時，用來接收訊號的行程或行程群組（process group），通常我們會以呼叫的行程為擁有者，擁有者可以透過下列形式的 *fcntl()* F_SETOWN 操作進行：

   ```
   fcntl(fd, F_SETOWN, pid);
   ```

3. 透過設定 O_NONBLOCK 開啟檔案狀態旗標啟用非阻塞式 I/O。

4. 透過開啟 O_ASYNC 開啟檔案狀態旗標啟用訊號驅動 I/O，這個步驟可以與之前的步驟結合，因為都會需要使用 *fcntl()* F_SETFL 操作（5.3 節），如同下列的範例：

```
flags = fcntl(fd, F_GETFL); /* Get current flags */
fcntl(fd, F_SETFL, flags | O_ASYNC | O_NONBLOCK);
```

5. 呼叫的行程現在可以執行其他的工作，當可 I/O 時，核心會產生訊號通知行程，並呼叫步驟 1 建立的訊號處理常式。

6. 訊號驅動 I/O 提供邊緣觸發通知（63.1.1 節），這表示一旦行程已經收到通知可 I/O 時，它應該要盡可能地執行大量 I/O（如：讀取很多位元組）。如果是一個非阻塞式檔案描述符，表示要不斷執行迴圈以執行 I/O 系統呼叫，直到呼叫失敗並傳回錯誤碼 EAGAIN 或 EWOULDBLOCK。

在 Linux 2.4 及更早的版本，訊號驅動 I/O 可以用於 socket、終端機、虛擬終端機與一些其他類型裝置的檔案描述符，Linux 2.6 將訊號驅動 I/O 額外支援 pipe 與 FIFO。自從 Linux 2.6.25 起，訊號驅動 I/O 也可以用於 *inotify* 檔案描述符。

在接下來的幾頁，我們先介紹一個訊號驅動 I/O 的範例，接著更詳細的說明上述步驟細節。

> 在過去，訊號驅動 I/O 有時候被視為非同步 I/O（*asynchronous I/O*），而這對應到相關的開啟檔案狀態旗標的名稱（O_ASYNC）。然而，現在非同步 I/O 一詞用於參考 POSIX AIO 規範提供的功能類型。利用 POSIX AIO，行程要求核心進行 I/O 操作，而核心初始化這個操作，但會立即將控制權傳回給呼叫的行程；行程在 I/O 操作結束之後或是發生錯誤時會收到通知。

> O_ASYNC 規範於 POSIX.1g，但不在 SUSv3 的規範中，因為這個旗標所需行為的規範已經被認為不敷需求。

> 在幾個 UNIX 平台裡（尤其是比較舊的）並沒有定義 O_ASYNC 常數供 *fcntl()* 使用。反而是名為 FASYNC 的常數，讓 *glibc* 將這個比較晚出現的名詞定義為 O_ASYNC 的代名詞。

範例程式

列表 63-3 提供一個簡單的範例，教導如何使用訊號驅動 I/O。這個程式於標準輸入進行上述用於啟用訊號驅動 I/O 的步驟，並接著將終端機設置為 cbreak 模式（參考 62.6.3 節），讓輸入可以一次提供可讀一個字元。無論輸入何時變成可讀，SIGIO 處理常式設定一個主程式監控的旗標「*gotSigio*」。當主程式得知這個旗標已經設定時，它會讀取所有可獲得的輸入字元，並將它們伴隨著目前的 *cnt* 值印出來。若由輸入中讀取一個雜湊字元（#），程式則會結束。

我們可以在這裡看到程式執行時的樣子，並於雜湊字元（#）後面接著輸入幾次 *x* 字元：

```
$ ./demo_sigio
cnt=37; read x
cnt=100; read x
cnt=159; read x
cnt=223; read x
cnt=288; read x
cnt=333; read #
```

列表 63-3：於一個終端機使用訊號驅動 I/O

―――――――――――――――――――――――――――――――――――― **altio/demo_sigio.c**

```c
#include <signal.h>
#include <ctype.h>
#include <fcntl.h>
#include <termios.h>
#include "tty_functions.h"        /* Declaration of ttySetCbreak() */
#include "tlpi_hdr.h"

static volatile sig_atomic_t gotSigio = 0;
                                /* Set nonzero on receipt of SIGIO */

static void
sigioHandler(int sig)
{
    gotSigio = 1;
}

int
main(int argc, char *argv[])
{
    int flags, j, cnt;
    struct termios origTermios;
    char ch;
    struct sigaction sa;
    Boolean done;

    /* Establish handler for "I/O possible" signal */

    sigemptyset(&sa.sa_mask);
    sa.sa_flags = SA_RESTART;
    sa.sa_handler = sigioHandler;
    if (sigaction(SIGIO, &sa, NULL) == -1)
        errExit("sigaction");

    /* Set owner process that is to receive "I/O possible" signal */

    if (fcntl(STDIN_FILENO, F_SETOWN, getpid()) == -1)
        errExit("fcntl(F_SETOWN)");
```

```
    /* Enable "I/O possible" signaling and make I/O nonblocking
       for file descriptor */

    flags = fcntl(STDIN_FILENO, F_GETFL);
    if (fcntl(STDIN_FILENO, F_SETFL, flags | O_ASYNC | O_NONBLOCK) == -1)
        errExit("fcntl(F_SETFL)");

    /* Place terminal in cbreak mode */

    if (ttySetCbreak(STDIN_FILENO, &origTermios) == -1)
        errExit("ttySetCbreak");

    for (done = FALSE, cnt = 0; !done ; cnt++) {
        for (j = 0; j < 100000000; j++)
            continue;                       /* Slow main loop down a little */

        if (gotSigio) {                     /* Is input available? */
            gotSigio = 0;

            /* Read all available input until error (probably EAGAIN)
               or EOF (not actually possible in cbreak mode) or a
               hash (#) character is read */

            while (read(STDIN_FILENO, &ch, 1) > 0 && !done) {
                printf("cnt=%d; read %c\n", cnt, ch);
                done = ch == '#';
            }
        }
    }

    /* Restore original terminal settings */

    if (tcsetattr(STDIN_FILENO, TCSAFLUSH, &origTermios) == -1)
        errExit("tcsetattr");
    exit(EXIT_SUCCESS);
}
```
——————————————————————————————————— **altio/demo_sigio.c**

啟用訊號驅動 I/O 前建立訊號處理常式

由於 SIGIO 的預設動作是結束行程，我們應於啟用一個檔案描述符之訊號驅動 I/O
前，啟用 SIGIO 的訊號處理常式。若我們於建立 SIGIO 訊號處理常式以前，就啟用
訊號驅動 I/O，那麼這期間會有一個時間視窗（time window），若已經可 I/O 時，
傳遞 SIGIO 訊號將終止行程。

　　一些 UNIX 平台預設會忽略 SIGIO。

設定檔案描述符的擁有者

我們使用下列格式的 *fcntl()* 操作設定檔案描述符的擁有者：

```
fcntl(fd, F_SETOWN, pid);
```

當檔案描述符可進行 I/O 時，我們能指定將訊號送給單一行程或一個行程群組中的每個行程。若 *pid* 為正值時，代表行程 ID；若 *pid* 為負值時，則取絕對值作為行程群組 ID。

> 在比較早期的 UNIX 系統，*ioctl()* 操作（若非 FIOSETOWN 則為 SIOCSPGRP）的功能與 F_SETOWN 相同，為了相容性，Linux 都有提供這些 *ioctl()* 操作。

通常 *pid* 是指呼叫的行程的行程 ID（*pid* 讓訊號可以送到開啟檔案描述符的行程），然而，也可能會指定其他行程或行程群組（如：呼叫者的行程群組），所以訊號就會被送到所指定的行程或行程群組。20.5 節介紹了權限檢查的主題，在那節中，sending（傳送的）行程會被認為是設定 F_SETOWN 的行程。

> 當指定的檔案描述符可 I/O 時，*fcntl()* F_GETOWN 操作會傳回接收訊號的行程 ID 或行程群組：

```
id = fcntl(fd, F_GETOWN);
if (id == -1)
    errExit("fcntl");
```

於這個呼叫中，行程群組 ID 會以負數傳回。

> *ioctl()* FIOGETOWN 與 SIOCGPGRP 操作對應到早期 UNIX 平台的 F_GETOWN，Linux 都支援這兩個 *ioctl()* 操作。

在一些 Linux 架構（尤其是 x86）所習慣採用的系統呼叫有一個限制，意思是若一個檔案描述符是一個小於 4096 的行程群組 ID 所擁有時，那麼，取代 *fcntl()* F_GETOWN 操作傳回的 ID 當作負的函式結果，*glibc* 誤解這是一個系統呼叫錯誤。所以，*fcntl()* 封裝函式傳回 -1，而 *errno* 為（正的）行程群組 ID。這是實際上的前因後果，核心系統呼叫介面以傳回負的函式傳回結果 *errno* 來指出錯誤，而在有些例子需要從成功呼叫傳回的有效負值來辨別這樣的結果。

> 為了區別，*glibc* 將範圍是 -1 與 -4095 間系統呼叫傳回值視為錯誤，並將這個值（取絕對值）複製到 *errno*，同時將 -1 當作函式結果傳回給應用程式。這項技術通常足以處理一些會傳回有效負值結果的系統呼叫服務常式；*fcntl()* F_GETOWN 操作是唯一會失敗的實例。這個限制代表以行程群組接收（不尋常的）可 I/O 訊號的應用程式，無法可靠地用 F_GETOWN 找到哪個行程群組擁有一個檔案描述符。

自從 *glibc* 2.11 版本起，*fcntl()* wrapper 函式修正了 F_GETOWN 行程群組 ID 少於 4096 的問題，修正的方式是透過在使用者空間以 F_GETOWN_EX 操作（63.3.2 節）實作 F_GETOWN，並在 Linux 2.6.32 版本開始支援。

Linux 3.6 新增了 *fcntl()* 旗標（F_GETOWNER_UIDS），可用來解析之前 F_SETOWNER 呼叫的相關真實的（real）與有效的（effective）user ID（這些 UID 定義於訊號驅動 I/O 傳送訊號給其他行程的規則）。這個呼叫的第三個參數型別是 *uid_t* *，而且應指向一個有兩個元素的陣列，這個陣列儲存了真實使用者 ID 與有效使用者 ID。這個功能可以用來檢查／回存設施（facility），而且只有在核心有設定 CONFIG_CHECKPOINT_RESTORE 選項時才會提供。

63.3.1 何時發出「可 I/O」的訊號？

我們現在對各類型的檔案探討何時發出「可 I/O」訊號的細節。

終端機與虛擬終端機

對於終端機與虛擬終端機，即使之前的資料尚未讀取，當有新的資料輸入時依然會產生訊號。若終端機發生檔案結尾（end-of-file）的情況時，「可輸入」也會有訊號通知（但虛擬終端機不會）。

終端機沒有「可輸出」訊號，一個終端機斷線也不會有訊號通知。

從核心 2.4.19 起，Linux 就開始支援虛擬終端機 slave「可輸出」的訊號，無論輸入是否已被虛擬終端機 master 消耗，都會產生這個訊號。

Pipe 與 FIFO

對於管線或 FIFO 的讀取端，在這些情況會產生訊號：

- 資料已經寫入管線（即使還有未讀的輸入資料）。
- 管線的寫入端已關閉。

對於管線或 FIFO 的寫入端，在這些情況會產生訊號：

- 管線在經過讀取之後，增加了管線中可用空間的數量，讓管線目前可寫入 PIPE_BUF 個位元組而不會發生阻塞。
- 管線的讀取端已關閉。

Sockets

訊號驅動 I/O 可運作於 UNIX 與 Internet domains 的 datagram socket，在這些情況會產生訊號：

- Socket 的輸入 datagram 抵達時（即使已經有未讀的 datagrams 需要讀取）。
- Socket 發生非同步的錯誤。

訊號驅動 I/O 可運作於 UNIX 與 Internet domains 的 stream socket，在這些情況會產生訊號：

- 於 listening socket 收到新建立的連線。
- 完成 TCP *connect()* 請求；即當 TCP 連線動作完成，進入了 ESTABLISHED 狀態，如圖 61-5 所示，而類似的情況在 UNIX domain sockets 並不會有訊號通知。
- Socket 已經收到新的輸入資料（即使本來就還有未讀取的輸入資料）。
- 其中一個端點以 *shutdown()* 半關閉連線，或者一起用 *close()* 關閉了 socket。
- Socket 為可輸出（如：於 socket 的傳送緩衝區已經有可寫入空間）。
- 於 socket 發生非同步的錯誤。

inotify 檔案描述符

當 *inotify* 檔案描述符變為可讀時，會產生訊號，也就是當 *inotify* 檔案描述符所監控的一個檔案發生事件時。

63.3.2　修訂訊號驅動 I/O 的使用

在需要同時監控極大量（如：上千個）檔案描述符的應用程式中，例如，某些類型的網路伺服器。與 *select()* 及 *poll()* 相較之下，訊號驅動 I/O 可以提供顯著的效能優勢。訊號驅動 I/O 可以提供頂級的效能是因為，核心「記得」所監控的檔案描述符清單，並只有在 I/O 事件實際在那些檔案描述符發生時，以訊號通知程式。所以結論是，採用訊號驅動 I/O 的程式之效能評量，是取決於發生的 I/O 事件數量，而非監控的檔案描述符數量。

為了發揮訊號驅動 I/O 全部的優點，我們必須進行下列兩個步驟：

- 採用 Linux 特有的 *fcntl()* F_SETSIG 操作，取代 SIGIO，以設定一個檔案描述符可 I/O 時需傳送即時訊號。

- 當使用 *sigaction()* 為上個步驟的即時訊號建立訊號處理常式時，設定 SA_SIGINFO 旗標。（參考 21.4 節）

當一個檔案描述符可 I/O 時，*fcntl()* F_SETSIG 操作指定一個取代 SIGIO 的傳送訊號：

```
if (fcntl(fd, F_SETSIG, sig) == -1)
    errExit("fcntl");
```

F_GETSIG 操作與 F_SETSIG 剛好相反，用以解析一個檔案描述符現在的訊號：

```
sig = fcntl(fd, F_GETSIG);
if (sig == -1)
    errExit("fcntl");
```

（為了從 <fcntl.h> 使用 F_SETSIG 與 F_GETSIG 常數的定義，我們必須定義 _GNU_SOURCE 功能測試巨集）。

使用 F_SETSIG 改變「可 I/O」signal 通知有兩個目的，若我們正在監控多個檔案描述符的大量 I/O 事件時會需要的：

- SIGIO 是預設的「可 I/O」訊號，也是標準其中的非佇列式訊號（nonqueuing signal）。若於 SIGIO 阻塞時觸發多個 I/O 事件訊號（或許因為 SIGIO 訊號處理常式已經啟用），除了第一個訊號以外，其他訊號都會遺失。若我們使用 F_SETSIG 指定做為「可 I/O」的即時訊號，則多個訊號通知會被放在佇列中。

- 若以 *sigaction()* 呼叫建立了訊號處理常式時，有設定 SA_SIGINFO 旗標於 *sa.sa_flags* 欄位，那麼 *siginfo_t* 結構會在訊號處理常式的第二個參數中傳遞（參考 21.4 節）。這個結構包括用以識別發生事件的檔案描述符之欄位，與事件的類型一樣。

要特別注意的，為了讓有效的 *siginfo_t* 結構可以傳遞給訊號處理常式，F_SETSIG 與 SA_SIGINFO 都需要使用。

若我們執行一個 F_SETSIG 操作以設置 *sig* 為 0，那麼我們會回到預設的行為：傳遞 SIGIO，以及處理常式不會支援 *siginfo_t* 參數。

對於一個「可 I/O」的事件，對傳遞給訊號處理常式的 *siginfo_t* 結構中感興趣的欄位如下所列：

- *si_signo*：產生呼叫處理常式的訊號數量，這個值與訊號處理常式的第一個參數相同。

- *si_fd*：發生 I/O 事件的檔案描述符。

- *si_code*：代表發生事件類型的代碼（code），這個值可以出現在表 63-7 所示的欄位，伴隨著它們的一些說明。

- *si_band*：一個位元遮罩，與 *poll()* 系統呼叫傳回的 revents 欄位有相同位元。在 *si_code* 的值與 *si_band* 位元遮罩的設定是一對一對應，如表 63-7 所示。

表 63-7：於「可 I/O」事件，si_code 與 si_band 在 siginfo_t 結構裡的值

si_code	*si_band* 遮罩值	說明
POLL_IN	POLLIN | POLLRDNORM	輸入可讀：檔案結尾的情況
POLL_OUT	POLLOUT | POLLWRNORM | POLLWRBAND	輸出可寫
POLL_MSG	POLLIN | POLLRDNORM | POLLMSG	輸入訊息可讀（未用）
POLL_ERR	POLLERR	I/O 錯誤
POLL_PRI	POLLPRI | POLLRDNORM	高優先權的輸入可讀
POLL_HUP	POLLHUP | POLLERR	發生掛斷（Hangup）

在一個單純以輸入驅動的應用程式中，我們能更進一步地改善 F_SETSIG 的使用。我們可以鎖住被點名的「可 I/O」訊號，然後再透過呼叫 *sigwaitinfo()* 或 *sigtimedwait()*（22.10 節）接受排隊中的訊號，

而非以訊號處理常式監控 I/O 事件。這些系統呼叫傳回的 *siginfo_t* 結構內容與傳遞給以 SA_SIGINFO 建立的訊號處理常式有相同的資料。以這個方法接受的訊號傳給我們一個事件處理同步模型，好處是我們可以比 *select()* 或 *poll()* 更有效率地注意檔案描述符的發生事件。

處理訊號佇列溢位（signal-queue overflow）

我們於 22.8 節看到可能會被置於佇列的即時訊號在數量上有所限制，若達到限制條件，核心會還原為傳遞預設的 SIGIO「可 I/O」訊號。這樣可以通知行程，訊號佇列已經發生溢位。當溢位發生時，我們會失去哪些檔案描述符有 I/O 事件的相關資訊，因為 SIGIO 並沒有被置於佇列中。（進一步地說，若 SIGIO 訊號處理常式沒有收到 *siginfo_t* 參數，這代表訊號處理常式無法定義產生訊號的檔案描述符）。

如 22.8 節所述，我們可以藉由增加可置於佇列中的即時訊號數量上限，以降低訊號佇列溢位的可能性，然而，依然需要處理可能發生的溢位。設計良好的應用程式用 F_SETSIG 建立「可 I/O」的即時訊號通知機制，也需為 SIGIO 建立一個訊號處理常式。若 SIGIO 被送出，那麼應用程式可以用 *sigwaitinfo()* 將即時訊號從佇列中移出，並暫時地回復使用 *select()* 或 *poll()*，以取得一份有過多 I/O 事件的完整檔案描述符清單。

於多執行緒應用程式使用訊號驅動 I/O

自核心 2.6.32 起，Linux 支援兩項新的、非標準的 *fcntl()* 操作，可以用於設定「可 I/O」訊號的對象：F_SETOWN 與 F_GETOWN_EX。

F_SETOWN_EX 操作類似於 F_SETOWN，可是也一樣允許將對象指定為行程或行程群組，也允許指定一個執行緒做為「可 I/O」訊號的對象。對於此操作，*fcntl()* 的第三個參數是一個指向下列形式結構的指標：

```
struct f_owner_ex {
    int    type;
    pid_t pid;
};
```

type 欄位定義 *pid* 欄位的意義，而且有下列其中一個值：

F_OWNER_PGRP

pid 欄位指定行程群組 ID，用來做為「可 I/O」訊號的對象，不像 F_SETOWN，行程群組 ID 被指定為正值。

F_OWNER_PID

pid 欄位指定行程 ID，做為「可 I/O」訊號的對象。

F_OWNER_TID

pid 欄位指定一個執行緒的 ID，可以做為「可 I/O」訊號的對象，*pid* 所指定的 ID 是由 *clone()* 或 *gettid()* 所傳回的值。

F_GETOWN_EX 操作是 F_SETOWN_EX 的逆向操作，它使用 *fcntl()* 第三個參數所指的 *f_owner_ex* 結構，以傳回之前 F_SETOWN_EX 操作設定的定義。

> 由於 F_SETOWN_EX 與 F_GETOWN_EX 操作將行程群組 ID 表示為正數，當使用小於 4096 的行程群組 ID 時，F_GETOWN_EX 不用面臨之前所描述的問題，

63.4　*epoll* API

如同 I/O 多工系統呼叫與訊號驅動 I/O，Linux epoll（事件輪詢）API 用來監控多個檔案描述符，以查看它們的 I/O 是否已經就緒。*epoll* API 的主要優點如下：

- 當監控大量檔案描述符時，*epoll* 的效能評量遠比 *select()* 與 *poll()* 較佳。
- *epoll* API 允許準位觸發或邊緣觸發通知。相對地，*select()* 與 *poll()* 僅提供準位觸發通知，而訊號驅動 I/O 只提供邊緣觸發通知。

epoll 與訊號驅動 I/O 雖然是相似的，然而，*epoll* 有幾點比訊號驅動 I/O 來的好：

- 我們避免訊號處理的複雜度（如：訊號佇列溢位）。
- 我們有較大的彈性可以指定想要監控的種類（如：檢查 socket 檔案描述符是否就緒可讀、可寫、或可讀寫）。

epoll 在 Linux 2.6 是 Linux 特有的、新的 API。

epoll API 的中心資料結構是一個 epoll 實體（instance），讓開啟檔案描述符所參考的。這個檔案描述符並不用於 I/O，而是處理兩個目的的核心資料結構：

- 記錄一個行程有興趣監控的檔案描述符清單－興趣清單（*interest list*）。
- 維護一個就緒可供 I/O 的檔案描述符清單－就緒清單（*ready list*）。

就緒清單的成員是興趣清單的子集合。

對於 *epoll* 監控的每個檔案描述符，我們可以對有興趣知道的事件指定位元遮罩。這些位元遮罩緊密地對應到 *poll()* 所使用的位元遮罩。

epoll API 包含三個系統呼叫：

- *epoll_create()* 系統呼叫建立一個 *epoll* 實體，並傳回一個指向該實體的檔案描述符。
- *epoll_ctl()* 系統呼叫操控與 *epoll* 實體有關的興趣清單。使用 *epoll_ctl()*，我們能夠增加新的檔案描述符到清單中、從清單移除一個已存在的描述符、及修改定義所監控的描述符之事件的遮罩。
- *epoll_wait* 系統呼叫從與 *epoll* 實體有關的就緒清單傳回項目。

63.4.1　建立 *epoll* 實體：*epoll_create()*

epoll_create() 系統呼叫建立新的 *epoll* 實體（其興趣清單初始化為空）。

```
#include <sys/epoll.h>

int epoll_create(int size);
                            Returns file descriptor on success, or −1 on error
```

參數 *size* 指定我們想要透過 *epoll* 實體監控的檔案描述符數量，這個參數不是上限，而是提示核心剛開始時該如何量度內部的資料結構。（從 Linux 2.6.8 開始，*size* 參數必須大於零，否則會被忽略，因為實作上的改變代表不再需要它提供的資訊）。

如同它的函式結果，*epoll_create()* 傳回一個新的 *epoll* 實體之檔案描述符參考。在其他的 *epoll* 系統呼叫中，檔案描述符用來參照到 *epoll* 實體。當檔案描述符不再需要時，應該要以一般的方式（*close()*）關閉它。當所有參照到 *epoll* 實體的檔案描述符都關閉時，這個實體也會被摧毀，同時與它相關的資源都會被釋回系統（多個檔案描述符可能參照到相同的 *epoll* 實體，呼叫 *fork()*、或以 *dup()* 複製描述符、或類似的結果）。

從核心 2.6.27 開始，Linux 支援新的 *epoll_create*1() 系統呼叫。這個系統呼叫執行與 *epoll_create* 相同的任務，但是捨棄過期的 *size* 參數，並增加可以用於監控系統呼叫行為的 *flags* 參數。目前有一個已支援的旗標：EPOLL_CLOEXEC，使核心啟用 close-on-exe 旗標（FD_CLOEXEC）做為新的檔案描述符。這個旗標很有用，理由與 4.3.1 節描述的 *open()* O_CLOEXEC 旗標一樣。

63.4.2　修改 *epoll* 興趣清單：*epoll_ctl()*

epoll_ctl() 系統呼叫修改 *epfd* 檔案描述符所參考之 *epoll* 實體的興趣清單。

```
#include <sys/epoll.h>

int epoll_ctl(int epfd, int op, int fd, struct epoll_event *ev);
```
                                     Returns 0 on success, or −1 on error

fd 參數用以識別興趣清單中的哪個檔案描述符已經修改設定，這個參數可以是這些類型的檔案描述符：pipe、FIFO、socket、POSIX message queue（訊息佇列）、inotify 實體、終端機、裝置、或甚至是其他的 *epoll* 描述符（如：我們可以建立一種階層式的監控描述符）。然而，*fd* 不能為普通檔案或目錄的檔案描述符（錯誤結果 EPERM）。

op 參數指定執行的操作，並有下列其中一個值：

EPOLL_CTL_ADD

新增檔案描述符 *fd* 至 *epfd* 的興趣清單，我們將有興趣監控的 *fd* 之事件集指定於 *ev* 所指的緩衝區。正如下列敘述的，若我們企圖增加一個已經存在於興趣清單的檔案描述符，*epoll_ctl* 會失敗並傳回 EEXIST 錯誤。

EPOLL_CTL_MOD

修改 *fd* 檔案描述符的事件設定，使用於 *ev* 所指的緩衝區資訊。若我們打算要為 *epfd* 修改不在興趣清單中的檔案描述符設定，*epoll_ctl()* 會失敗並傳回 ENOENT 錯誤。

EPOLL_CTL_DEL

從提供給 *epfd* 的興趣清單中移除檔案描述符 *fd*，在這個動作中會忽略 *ev* 參數。若我們打算移除不在 *epfd* 興趣清單的檔案描述符，*epoll_ctl()* 會失敗並傳回 ENOENT 錯誤。關閉檔案描述符時會自動地將它自己從 *epoll* 興趣清單成員中移除。

ev 參數是指向 *epoll_event* 資料結構的指標，定義如下：

```
struct epoll_event {
    uint32_t      events;         /* epoll events (bit mask) */
    epoll_data_t data;           /* User data */
};
```

epoll_event 結構的 *data* 欄位如下：

```
typedef union epoll_data {
    void        *ptr;          /* Pointer to user-defined data */
    int         fd;            /* File descriptor */
    uint32_t    u32;           /* 32-bit integer */
    uint64_t    u64;           /* 64-bit integer */
} epoll_data_t;
```

ev 參數指定檔案描述符（*fd*）的設定，如下所述：

* *events* 子欄位是一個位元遮罩，用以設定我們有興趣監控的 *fd* 之事件。我們將於下一節談到更多可以用在這個欄位的位元值（bit values）。

* *data* 子欄位是一個 *union*，它的成員（*members*）可以用在 *fd* 之後就緒時，指定要傳回給呼叫的行程的資訊（透過 *epoll_wait()*）。

    在 Linux 3.7，*epoll_ctl()* 新增一個新的旗標「EPOLL_CTL_DISABLE」，允許多執行緒應用程式安全地取消檔案描述符的監控。

列表 63-4 呈現一個使用 *epoll_create()* 與 *epoll_ctl()* 的範例。

列表 63-4：使用 *epoll_create()* 與 *epoll_ctl()*

```
int epfd;
struct epoll_event ev;

epfd = epoll_create(5);
if (epfd == -1)
    errExit("epoll_create");

ev.data.fd = fd;
ev.events = EPOLLIN;
```

```
if (epoll_ctl(epfd, EPOLL_CTL_ADD, fd, &ev) == -1)
    errExit("epoll_ctl");
```

max_user_watches 限制

由於在 *epoll* 興趣清單中已註冊（registered）的每個檔案描述符都需要少量的不可置換核心記憶體，所以核心提供一個介面，以定義每個使用者可以註冊在 *epoll* 興趣清單中的檔案描述符之總量管制。這個限制的值可以透過 Linux 於 /proc/sys/fs/epoll 目錄中特有的 *max_user_watches* 檔案進行檢視與修改。這個限制的預設值可以透過系統的可用記憶體計算得到（參考 *epoll(7)* 使用手冊）。

63.4.3　等待事件：*epoll_wait()*

epoll_wait() 系統呼叫從 *epfd* 描述符參考的 *epoll* 實體，傳回關於就緒檔案描述符的事件。一個單獨的 *epoll_wait()* 呼叫可以傳回關於多個就緒檔案描述符的資訊。

```
#include <sys/epoll.h>

int epoll_wait(int epfd, struct epoll_event *evlist, int maxevents, int timeout);
        Returns number of ready file descriptors, 0 on timeout, or −1 on error
```

關於就緒檔案描述符資訊由 *evlist* 所指的 *epoll_event* 結構中傳回（*epoll_event* 結構已於之前的章節敘述）。*evlist* 陣列由呼叫者配置，而陣列所包含的元素數量由 *maxevents* 所指定。

於 *evlist* 陣列中的每個項目傳回關於單一個就緒檔案描述符資訊，*events* 子欄位傳回發生於該檔案描述符的事件遮罩；當我們使用 *epoll_ctl()* 註冊了感興趣的檔案描述符，*data* 子欄位則會傳回任何在 ev.data 所設定的值。要注意到 data 欄位是找出與這個事件相關的檔案描述符的唯一機制。

因此，當我們用 *epoll_ctl()* 呼叫將一個檔案描述符放置於興趣清單中時，我們應該要設定 *ev.data.fd* 為檔案描述符編號（如同列表 63-4 所示），或設定 *ev.data.ptr* 指向一個包含檔案描述符編號的資料結構。

timeout 參數定義 *epoll_wait()* 的阻塞行為，如下所述：

- 若 *timeout* 等於 -1，阻塞會持續到 *epfd* 興趣清單中的任一檔案描述符之事件發生，或持續到收到訊號時。
- 若 *timeout* 等於 0，進行非阻塞式檢查，以查看 *epfd* 興趣清單中的哪些檔案描述符目前已有哪些事件發生。

- 若 *timeout* 大於 0，則阻塞會持續到 *epfd* 興趣清單中的任一檔案描述符之事件發生，或持續到收到訊號時（但最多不超過 timeout 毫秒）。

成功時，*epoll_wait()* 傳回已經置於 evlist 陣列的項目數量；若無檔案描述符於指定的 *timeout* 間格內就緒，則傳回 0；或傳回 - 1，並將錯誤代碼設定於 *errno*。

在多執行緒程式中，一個執行緒有可能用 *epoll_ctl()* 新增檔案描述符到一個 epoll 實體的興趣清單（已經由 *epoll_wait()* 於其他的執行緒中監控）。這些興趣清單的改變將立即被考慮，而 *epoll_wait()* 呼叫將傳回新增加的檔案描述符之就緒狀態資訊。

epoll 事件

當我們呼叫 *epoll_ctl()* 時，能設定於 *ev.events* 的位元值（bit value）；以及由 *epoll_wait()* 於 *evlist[].events* 欄位傳回的位元值都於表 63-8 中呈現。大部分這些位元的名字與 *poll()* 相對應的事件位元相同，並額外的以 E 開頭。（除了 `EPOLLET` 與 `EPOLLONESHOT` 例外，後面將有更多的說明）。這樣對應的原因是因為，當指定做為 *epoll_ctl()* 輸入或做為 *epoll_wait()* 的傳回輸出時，這些位元可以精確地傳達並與 *epoll()* 相對應的事件位元具有相同的意義。

表 63-8：epoll events 欄位的位元遮罩值

位元	輸入至 *epoll_ctl()*?	由 *epoll_wait()*? 所傳回	說明
`EPOLLIN`	●	●	可以讀取高優先權以外的資料
`EPOLLPRI`	●	●	可以讀取高優先權的資料
`EPOLLRDHUP`	●	●	彼端的 socket shutdown（從 Linux2.6.17 起）
`EPOLLOUT`	●	●	可以讀取一般的資料
`EPOLLET`	●		採用邊緣觸發事件通知
`EPOLLONESHOT`	●		在事件通知之後取消監控
`EPOLLERR`		●	發生錯誤
`EPOLLHUP`		●	掛斷（hangup）發生

Linux 3.5 新增新的 *epoll* 旗標－「`EPOLLWAKEUP`」，這個新旗標可以讓呼叫 *epoll_ctl()* 時避免系統暫停（suspend），即使指定的檔案描述符已經有 epoll 事件發生。這個旗標的使用需要呼叫者具備 `EPOLLWAKEUP` 能力（已於 Linux 3.5 新增的功能）。

EPOLLONESHOT 旗標

在預設的情況時,一旦將一個檔案描述符使用「epoll_ctl() EPOLL_CTL_ADD 操作」新增至 epoll 興趣清單,它會一直有效(如:連續呼叫 epoll_wait() 時,會一直通知我們檔案描述符何時就緒),直到我們使用「epoll_ctl() EPOLL_CTL_DEL 操作」將這個檔案描述符從清單中移除為止。若我們對一個檔案描述符只想接到一次通知,那麼我們可以於 epoll_ctl() 中傳遞的 ev.events 值指定 EPOLLONESHOT 旗標(從 Linux 2.6.2 開始支援)。若指定了這個旗標,那麼,在下次 epoll_wait() 呼叫通知我們相對應的檔案描述符為就緒之後,於興趣清單中的檔案描述符會被標示為失效,而且在之後的 epoll_wait() 呼叫,我們都不會再收到這個檔案描述符的狀態通知了。如果想要,我們可以不斷地使用 epoll_ctl() 重啟這個檔案描述符的監控。(對於這個目的,我們不能使用 EPOLL_CTL_ADD 操作,因為失效的檔案描述符仍然是 epoll 興趣清單的一份子)。

範例程式

列表 63-5 展示 epoll API 的使用,這個程式預期的命令列參數是一到多個的終端機或 FIFO 之路徑名稱。這個程式進行下列的步驟:

- 建立一個 epoll 實體①。
- 開啟每個命令列輸入的檔案名稱②,並將產生的檔案描述符新增至 epoll 實體的興趣清單③,將所要監控的事件集合設定為 EPOLLIN。
- 執行一個迴圈④呼叫 epoll_wait() ⑤以監控 epoll 實體的興趣清單,並處理每次呼叫所傳回的事件。注意下列與迴圈相關的觀點:
  - 在 epoll_wait() 呼叫之後,程式檢查一個 EINTR 傳回值⑥,這可能發生於程式在 epoll_wait() 呼叫過程中被訊號停止,並由 SIGCONT 復原。(參考 21.5 節)若這種情況發生,程式會重新啟動 epoll_wait() 呼叫。
  - 若 epoll_wait() 呼叫成功了,程式會再用一個迴圈檢查 evlist ⑦中的每個就緒的項目。對於 evlist 中的每個項目,程式檢查 events 欄位,不只 EPOLLIN 的部分⑧,還包括 EPOLLHUP 與 EPOLLERR ⑨。若另一端的 FIFO 關閉時,或者終端機 hangup(掛斷)發生時,後面這些事件可能會發生。若 EPOLLIN 傳回時,那麼程式從對應的檔案描述符讀取一些輸入,並顯示於標準輸出。否則,若 EPOLLHUP 或 EPOLLERR 兩者之一發生時,程式關閉對應的檔案描述符⑩,並減少已開檔案的計數器(numOpenFds)。
  - 當所有開啟的檔案描述符已經關閉時,迴圈就會結束(如:當 numOpenFds 等於 0 時)。

下列的 shell 作業階段紀錄展示了列表 63-5 程式之使用。我們使用兩個終端機視窗，在其中一個視窗，我們使用列表 63-5 中的程式監控兩個 FIFO 的輸入（這個程式開啟用於讀取的每個 FIFO，只有在另一個行程開啟 FIFO 用於寫入時完成，如同 44.7 節所述）。

在另一個視窗，我們執行 *cat(1)* 實體以將資料寫入這些 FIFO。

```
Terminal window 1                       Terminal window 2
$ mkfifo p q
$ ./epoll_input p q
                                        $ cat > p

Opened "p" on fd 4
                                        Type Control-Z to suspend cat
                                        [1]+ Stopped cat >p
                                        $ cat > q
Opened "q" on fd 5
About to epoll_wait()
Type Control-Z to suspend the epoll_input program
[1]+  Stopped       ./epoll_input p q
```

在上面，我們暫停我們的監控程式，讓我們現在可以在這兩個 FIFO 產生一些輸入，並關閉它們其中一個的寫入端：

```
                                        qqq
                                        Type Control-D to terminate "cat > q"
                                        $ fg %1
                                        cat >p
                                        ppp
```

現在我們透過將監控程式帶到前景（foreground）以回復執行，在 *epoll_wait()* 傳回兩個事件點的時候：

```
$ fg
./epoll_input p q
About to epoll_wait()
Ready: 2
  fd=4; events: EPOLLIN
    read 4 bytes: ppp

  fd=5; events: EPOLLIN EPOLLHUP
    read 4 bytes: qqq

About to epoll_wait()
Ready: 1
  fd=5; events: EPOLLHUP
    closing fd 5
About to epoll_wait()
```

上列輸出的兩個空行是換行，由 cat 實體所讀取，並寫入 FIFO，然後由我們的程式讀取與回應（echo）。

為了終止剩下的 cat 實體，現在我們於第二個終端機視窗鍵入 *Control-D*，這會導致 *epoll_wait()* 有更多的傳回值，這次是一個單獨的事件：

```
                    Type Control-D to terminate "cat >p"
Ready: 1
  fd=4; events: EPOLLHUP
    closing fd 4
All file descriptors closed; bye
```

列表 63-5：使用 *epoll* API

── **altio/epoll_input.c**

```
#include <sys/epoll.h>
#include <fcntl.h>
#include "tlpi_hdr.h"

#define MAX_BUF     1000        /* Maximum bytes fetched by a single read() */
#define MAX_EVENTS     5        /* Maximum number of events to be returned from
                                   a single epoll_wait() call */

int
main(int argc, char *argv[])
{
    int epfd, ready, fd, s, j, numOpenFds;
    struct epoll_event ev;
    struct epoll_event evlist[MAX_EVENTS];
    char buf[MAX_BUF];

    if (argc < 2 || strcmp(argv[1], "--help") == 0)
        usageErr("%s file...\n", argv[0]);

①  epfd = epoll_create(argc - 1);
    if (epfd == -1)
        errExit("epoll_create");

    /* Open each file on command line, and add it to the "interest
       list" for the epoll instance */

②  for (j = 1; j < argc; j++) {
        fd = open(argv[j], O_RDONLY);
        if (fd == -1)
            errExit("open");
        printf("Opened \"%s\" on fd %d\n", argv[j], fd);

        ev.events = EPOLLIN;            /* Only interested in input events */
```

```
          ev.data.fd = fd;
③        if (epoll_ctl(epfd, EPOLL_CTL_ADD, fd, &ev) == -1)
              errExit("epoll_ctl");
      }

      numOpenFds = argc - 1;

④    while (numOpenFds > 0) {

          /* Fetch up to MAX_EVENTS items from the ready list of the
             epoll instance */

          printf("About to epoll_wait()\n");
⑤        ready = epoll_wait(epfd, evlist, MAX_EVENTS, -1);
          if (ready == -1) {
⑥            if (errno == EINTR)
                  continue;                 /* Restart if interrupted by signal */
              else
                  errExit("epoll_wait");
          }

          printf("Ready: %d\n", ready);

          /* Deal with returned list of events */

⑦        for (j = 0; j < ready; j++) {
              printf("  fd=%d; events: %s%s%s\n", evlist[j].data.fd,
                      (evlist[j].events & EPOLLIN)  ? "EPOLLIN "  : "",
                      (evlist[j].events & EPOLLHUP) ? "EPOLLHUP " : "",
                      (evlist[j].events & EPOLLERR) ? "EPOLLERR " : "");

⑧            if (evlist[j].events & EPOLLIN) {
                  s = read(evlist[j].data.fd, buf, MAX_BUF);
                  if (s == -1)
                      errExit("read");
                  printf("    read %d bytes: %.*s\n", s, s, buf);

⑨            } else if (evlist[j].events & (EPOLLHUP | EPOLLERR)) {

                  /* After the epoll_wait(), EPOLLIN and EPOLLHUP may both have
                     been set. But we'll only get here, and thus close the file
                     descriptor, if EPOLLIN was not set. This ensures that all
                     outstanding input (possibly more than MAX_BUF bytes) is
                     consumed (by further loop iterations) before the file
                     descriptor is closed. */

                  printf("    closing fd %d\n", evlist[j].data.fd);
⑩                if (close(evlist[j].data.fd) == -1)
                      errExit("close");
```

```
                numOpenFds--;
            }
        }
    }

    printf("All file descriptors closed; bye\n");
    exit(EXIT_SUCCESS);
}
```
─── *altio/epoll_input.c*

63.4.4　你可以靠近一點看 *epoll* 的語意

我們現在看開啟檔案、檔案描述符與 *epoll* 之間相互作用的一些微妙之處。對於討論的目的，從圖 5-2 所示的檔案描述符、開啟檔案描述符、及全系統的檔案 i-node 表間的關係表示這是值得探討的。

當我們使用 *epoll_create()* 創造一個 *epoll* 實體時，核心新創造一個存放於記憶體中的 *i-node* 與開啟檔案描述符，並於呼叫的行程配置一個新的檔案描述符，用以參照到開啟檔案描述符，*epoll* 實體的興趣清單與開啟檔案描述符有關聯，而與 epoll 的檔案描述符無關，這樣會有下列的結果：

- 若我們用 *dup()*（或類似的方式）複製一個 *epoll* 檔案描述符，那麼描述符副本會跟原本的描述符一樣，都是參照到相同的 *epoll* 的興趣清單與就緒清單。我們能透過 *epoll_ctl()* 呼叫的 *epfd* 參數指定檔案描述符或修改興趣清單。同樣地，我們能以指定檔案描述符做為 *epoll_wait()* 呼叫的 *epfd* 參數，並從就緒清單解析項目。

- 上一點對於 *fork()* 呼叫後也有效果，子行程繼承父行程的 *epoll* 檔案描述符副本，而這個複製的描述符參照到同樣的 *epoll* 資料結構。

當我們進行一個 *epoll_ctl()* `EPOLL_CTL_ADD` 操作時，核心新增一個項目到 epoll 興趣清單，用以記錄監控的檔案描述符數量及對應的開啟檔案描述符參照。*epoll_wait()* 呼叫的目的是由核心監控開啟檔案描述符，這表示我們必須修正我們稍早的句子：當一個檔案描述符關閉時，它會自動從它有加入的每個 epoll 興趣清單中移除。修訂完如下：一旦所有參照到開啟檔案描述符的檔案描述符都已經關閉時，這個開啟檔案描述符就會從 *epoll* 興趣清單中移除。這表示若我們使用 *dup()*（或類似的）或 *fork()* 創造參照到同一個所開啟檔案的檔案描述符副本時，那麼，只有在原始的描述符與所有的副本都已經關閉時，所開啟的檔案才會被移除。

這些語意可以導致第一次見到時會令人驚訝的一些行為。假設我們執行如列表 63-6 所示的程式碼，在這個程式碼中的 *epoll_wait()* 呼叫會告訴我們 *fd1* 檔案描述符已經是就緒（換句話說，*evlist[0].data.fd* 會等於 *fd1*），即使 *fd1* 已經關閉了。這是因為仍然有一個開啟著的檔案描述符（*fd2*），參照到的開啟檔案描述符在 *epoll* 興趣清單內。類似的情境發生於兩個行程都持有同一個開啟檔案描述符的副本（通常是 *fork()* 造成的結果），而執行 *epoll_wait()* 的行程已經關閉了它的檔案描述符，可是另一個行程仍然將描述符副本保持在開啟狀態。

列表 63-6：有檔案描述符副本的 *epoll* 語意

```
int epfd, fd1, fd2;
struct epoll_event ev;
struct epoll_event evlist[MAX_EVENTS];

/* Omitted: code to open 'fd1' and create epoll file descriptor 'epfd' ... */

ev.data.fd = fd1
ev.events = EPOLLIN;
if (epoll_ctl(epfd, EPOLL_CTL_ADD, fd1, ev) == -1)
    errExit("epoll_ctl");

/* Suppose that 'fd1' now happens to become ready for input */

fd2 = dup(fd1);
close(fd1);
ready = epoll_wait(epfd, evlist, MAX_EVENTS, -1);
if (ready == -1)
    errExit("epoll_wait");
```

63.4.5　*epoll* 與 I/O 多工的效能比較

表 63-9 呈現我們使用 *poll()*、*select()* 與 *epoll()* 監控 0 到 *N-1* 範圍的 *N* 個相近的檔案描述符結果（於 Linux 2.6.25）。（安排這個測試在每個監控操作期間，剛好一個隨機選擇的檔案描述符為就緒）由此表，我們可以看到所監控的檔案描述符數量越多時，*poll()* 與 *select()* 的表現會越差。相對地，當 *N* 不斷增加時，*epoll* 的效能幾乎不會下降。（當 *N* 增加時，效能的微幅下降有可能是因為達到了測試系統的 CPU 快取限制）。

> 為了這個測試目的，將 *glibc* 標頭檔檔中的 FD_SETSIZE 更改為 16,384，以允許測試程式可以用 *select()* 監控大量的檔案描述符。

表 63-9：*poll()*、*select()* 與 *epoll* 在 100,000 次監控操作所用的時間

監控的檔案描述符數量 （N）	*poll()* 的 CPU 時間 （秒）	*select()* 的 CPU 時間 （秒）	*epoll()* 的 CPU 時間 （秒）
10	0.61	0.73	0.41
100	2.9	3.0	0.42
1000	35	35	0.53
10000	990	930	0.66

在 63.2.5 節，我們探討了為什麼 *select()* 與 *poll()* 在監控大量檔案描述符時的效能低落，我們現在要看為什麼 *epoll* 效能比較好的原因：

* 在每次呼叫 *select()* 或 *poll()* 時，核心必須檢查呼叫中所指定的每個檔案描述符。相對的，當我們以 *epoll_ctl()* 標示要監控的描述符時，核心會將這個事實記錄在與底層的開啟檔案描述符相關的清單中，每當執行一個讓檔案描述符成為就緒的 I/O 操作時，核心為 *epoll* 描述符新增一個項目到就緒清單（在單獨的開啟檔案描述符可能引起多個與該描述符相關的檔案描述符變成就緒的 I/O 事件中），之後的 *epoll_wait()* 呼叫則單純地從就緒清單取得項目。

* 每次我們呼叫 *select()* 或 *poll()* 時，我們傳遞一個代表所有監控的檔案描述符之資料結構給核心，而傳回時，核心傳回一個敘述這些檔案描述符中已經就緒的資料結構。相對的，在 *epoll*，我們使用 *epoll_ctl()* 在核心空間建立一個資料結構，列出所監控的檔案描述符集。一旦這個資料結構已經建立，之後每次呼叫 *epoll_wait()* 時就不需要傳遞任何與檔案描述符有關的資訊給核心，而該呼叫會傳回這些描述符中已經就緒的資訊。

> 除了上述幾點，對於 *select()*，我們必須在每個呼叫之前先初始化輸入的資料結構；而至於 *select()* 與 *poll()*，我們必須檢測傳回的資料結構，以找出 N 個檔案描述符中哪幾個已經就緒。然而，一些測試顯示這些檢測步驟所需的時間，與系統呼叫監控 N 個描述符的時間相較之下是不明顯的，表 63-9 沒有包含檢測步驟的時間。

大致上，我們可以說對於很大的 N 值（監控的檔案描述符數量），*select()* 與 *poll()* 對 N 的評量效能是呈現線性的。我們從表 63-9 的 *N=100* 與 *N=1000* 案例行為開始看，在我們達到 *N=10000* 時，評量實際上已經變得比線性還要糟。

相對的，*epoll* 依據發生的 I/O 事件數目評量（線性地）。在伺服器同時處理許多客戶端，要監控很多檔案描述符，但多數的檔案描述符都在發呆（idle），只有少數的描述符已經就緒的情境時，*epoll* API 反而會特別有效率。

63.4.6　邊緣觸發通知

epoll 機制預設是提供準位觸發通知，此時我們認為 *epoll* 會告訴我們是否可以對一個檔案描述符進行 I/O 操作而不會阻塞。這與 *poll()* 與 *select()* 所提供的通知類型相同。

　　epoll API 也允許邊緣觸發通知，那就是呼叫 *epoll_wait()* 會告訴我們，檔案描述符在上次呼叫 *epoll_wait()* 之後，是否還有 I/O 活動。（若是第一次呼叫，則是從描述符開啟之後）。使用邊緣觸發通知的 *epoll* 在語意上與訊號驅動 I/O 相似，除了發生多個 I/O 事件，*epoll* 將它們合併到一個透過 *epoll_wait()* 傳回的單筆通知；若使用訊號驅動 I/O，則會產生多個訊號。

　　若要採用邊緣觸發通知，我們於 *ev.events* 指定 EPOLLET 旗標，當呼叫 *epoll_ctl()* 時：

```
struct epoll_event ev;

ev.data.fd = fd
ev.events = EPOLLIN | EPOLLET;
if (epoll_ctl(epfd, EPOLL_CTL_ADD, fd, &ev) == -1)
    errExit("epoll_ctl");
```

我們用一個例子示範準位觸發與邊緣觸發 *epoll* 通知的差異，假設我們用 epoll 監控一個 socket 的輸入（EPOLLIN），並執行下列的步驟：

1. Socket 的輸入抵達。

2. 我們執行一個 *epoll_wait()*，不管我們採用準位觸發或邊緣觸發通知，這個呼叫都會告訴我們 socket 已經就緒。

3. 我們執行第二次呼叫 *epoll_wait()*。

若我們採用準位觸發通知，那麼第二次 *epoll_wait()* 呼叫將通知我們 socket 為就緒。若我們採用邊緣觸發通知，那麼第二次呼叫 *epoll_wait()* 將會發生阻塞，因為從上次呼叫 *epoll_wait()* 之後，沒有新的輸入進來。

　　正如 63.1.1 節所述，邊緣觸發通知通常與非阻塞式檔案描述符一起使用，於是，提供給使用邊緣觸發的 *epoll* 通知之通用架構如下所述：

1. 將所有要監控的檔案描述符設定為非阻塞式。

2. 使用 *epoll* 建立 *epoll_ctl()* 興趣清單。

3. 使用下列的迴圈處理 I/O 事件：

a）用 *epoll_wait()* 解析一個就緒的描述符清單。

b）對就緒的檔案描述符進行 I/O，持續到對應的系統呼叫回傳 EAGAIN 或 EWOULDBLOCK 錯誤。

在使用邊緣觸發通知時避免檔案描述符飢餓（starvation）

假設我們正以邊緣觸發通知監控多個檔案描述符，而一個就緒的檔案描述符有大量的（或許是一個不會停的串流）輸入資料。若是在偵測到這個檔案描述符已經就緒後，我們打算要以非阻塞式讀取來消化所有的輸入，那麼我們會讓關注的其他檔案描述符面臨飢餓的風險（如：在我們再次檢查它們的就緒狀態與進行 I/O 前，可能會等待一段長時間）。這個問題的一個解法是讓應用程式維護一個已經通知為就緒的檔案描述符清單，並執行迴圈不斷地進行下列的動作：

1. 使用 *epoll_wait()* 監控檔案描述符，並將就緒的描述符新增到應用程式清單（application list）。若有任何的檔案描述符已經在應用程式清單中註冊為就緒時，那麼這個監控步驟的超時應該是很小或為 0，以至於若沒有新的檔案描述符為就緒時，應用程式可以很快的處理下一個步驟，並服務任何已知為就緒的檔案描述符。

2. 在那些於應用程式清單註冊為就緒的檔案描述符執行一個限量的 I/O（在每次呼叫 *epoll_wait()* 之後，或許以依序輪流（round-robin）的方式循環，而不是一直從清單中的起始點開始）。當相關的非阻塞式 I/O 系統呼叫失敗的錯誤代碼為 EAGAIN 或 EWOULDBLOCK 時，一個檔案描述符可以從應用程式清單中移除。

雖然這樣需要額外的程式設計工作量，但這個方法提供了其他的好處，可以避免檔案描述符飢餓。例如：我們可以在上述的迴圈中加入其他的步驟，如處理計時器與以 *sigwaitinfo()* 接受訊號（諸如此類）。

當使用訊號驅動 I/O 時也要考慮到飢餓問題，因為它也有一個邊緣觸發的通知機制。相對的，在使用準位觸發通知機制的應用程式上，可以不需要考慮飢餓。這是因為我們可以在準位觸發機制時採用阻塞式檔案描述符，並用一個迴圈不斷地檢查描述符的就緒狀態，接著於再次檢查就緒的檔案描述符之前，對就緒的描述符執行一些 I/O。

63.5 等待訊號與檔案描述符

有時候，一個行程需要同時等待檔案描述符集的其中之一檔案描述符變成可 I/O 或等待訊號傳遞。我們可能會想要用 *select()* 進行一個操作，如同列表 63-7 所示。

列表 63-7：誤用非阻塞訊號與呼叫 *select()*

```
sig_atomic_t gotSig = 0;

void
handler(int sig)
{
    gotSig = 1;
}

int
main(int argc, char *argv[])
{
    struct sigaction sa;
    ...

    sa.sa_handler = handler;
    sigemptyset(&sa.sa_mask);
    sa.sa_flags = 0;
    if (sigaction(SIGUSR1, &sa, NULL) == -1)
        errExit("sigaction");

    /* What if the signal is delivered now? */

    ready = select(nfds, &readfds, NULL, NULL, NULL);
    if (ready > 0) {
        printf("%d file descriptors ready\n", ready);
    } else if (ready == -1 && errno == EINTR) {
        if (gotSig)
            printf("Got signal\n");
    } else {
        /* Some other error */
    }

    ...
}
```

這段程式碼的問題在於：若訊號（這個例子是 SIGUSR1）在建立處理常式後與呼叫 *select()* 前之間抵達時，那麼 *select()* 呼叫還是會發生阻塞（這是一種形式的競速條件）。我們現在看一些這個問題的解法。

> 從 2.6.27 版起，Linux 提供一個先進的技術（於 22.11 節敘述的 *signalfd* 機制），可以用來同時等待訊號與檔案描述符。利用這個機制，我們可以藉由使用 *select()*、*poll()* 或 *epoll_wait()* 所監控的檔案描述符（伴隨著其他的檔案描述符）接收訊號。

63.5.1 *pselect()* 系統呼叫

pselect() 系統呼叫執行與 *select()* 類似的任務,主要的語意差異是多了一個 *sigmask* 參數,指定呼叫受到阻塞時,要解除遮罩(unmasked)的一個訊號集(signals set)。

```
#include <sys/select.h>

int pselect(int nfds, fd_set *readfds, fd_set *writefds, fd_set *exceptfds,
            struct timespec *timeout, const sigset_t *sigmask);
                Returns number of ready file descriptors, 0 on timeout, or –1 on error
```

更精確地說,假設我們有下列的 *pselect()* 呼叫:

```
ready = pselect(nfds, &readfds, &writefds, &exceptfds, timeout, &sigmask);
```

這個呼叫等同於原子式地執行下列動作:

```
sigset_t origmask;

pthread_sigmask(SIG_SETMASK, &sigmask, &origmask);
ready = select(nfds, &readfds, &writefds, &exceptfds, timeout);
pthread_sigmask(SIG_SETMASK, &origmask, NULL);    /* Restore signal mask */
```

我們可以將列表 63-7 的程式主體之第一個部分重新使用 *pselect()* 設計,如列表 63-8 所示。

除了 *sigmask* 參數,*select()* 與 *pselect()* 有下列差異:

- *pselect()* 的 *timeout* 參數是一個 *timespec* 結構(23.4.2 節),這個結構可以指定奈秒級(nanosecond)的 *timeout*(取代微秒)精度。
- SUSv3 明確地規定 *pselect()* 在傳回時不能修改 *timeout* 參數。

若我們將 *pselect()* 的 *sigmask* 參數指定為 NULL,那麼 *pselect()* 等於 *select()*(如:不執行訊號遮罩的處理),除了前述的差異之處。

pselect() 介面是 POSIX.1g 創造的,而現在合併到 SUSv3。它目前並未在全部的 UNIX 平台提供,而 Linux 只有在核心 2.6.16 新增此介面。

> 在以前,*pselect()* 函式庫函式由 *glibc* 提供,可是這個實作並沒有保證可以基於原子式(atomicity)正確運行此呼叫。這樣的保證只能透過核心的 *pselect()* 實作提供。

列表 63-8：使用 *pselect()*

```
sigset_t emptyset, blockset;
struct sigaction sa;

sigemptyset(&blockset);
sigaddset(&blockset, SIGUSR1);

if (sigprocmask(SIG_BLOCK, &blockset, NULL) == -1)
    errExit("sigprocmask");

sa.sa_handler = handler;
sigemptyset(&sa.sa_mask);
sa.sa_flags = SA_RESTART;
if (sigaction(SIGUSR1, &sa, NULL) == -1)
    errExit("sigaction");

sigemptyset(&emptyset);
ready = pselect(nfds, &readfds, NULL, NULL, NULL, &emptyset);
if (ready == -1)
    errExit("pselect");
```

ppoll() 與 *epoll_pwait()* 系統呼叫

Linux 2.6.16 也新增了一個新的、非標準的 *ppoll()* 系統呼叫，它與 *poll()* 的關係類似於 *pselect()* 與 *select()* 的關係。同樣地，從核心 2.6.19 開始，Linux 也引進了 *epoll_pwait()*，提供一個類似 *epoll_wait()* 的擴充版本。細節請參考 *ppoll(2)* 與 *epoll_pwait(2)* 使用手冊。

63.5.2　Self-Pipe 技巧

因為 *pselect()* 沒有被廣泛的實作，所以當同時等待訊號及在一個檔案描述符集呼叫 *select()* 時，可攜式應用程式必須採用其他策略來避免競速條件。一個常見的解法如下所述：

1. 建立一個管線，並將它的讀取端與寫入端設定為非阻塞式。

2. 與監控所有其他有興趣的檔案描述符一樣，將管線的讀取端放置於 *readfds* 集合，並提供給 *select()*。

3. 替有興趣的訊號建立一個處理常式，當呼叫這個訊號處理常式時，它會寫入一個位元組的資料到管線中，注意下列與訊號處理常式相關的幾點：

- 在第一步驟中,將管線的寫入端設定為非阻塞式,以避免訊號可能因為快速的到達,而導致不斷呼叫訊號處理常式,而填滿了管線,以至於導致訊號處理常式的 *write()*(以及行程本身)發生阻塞(若寫入滿的管線失敗時不會有影響,因為之前的寫入將已經指出訊號的傳遞)。

- 在建立管線之後才安裝訊號處理常式,以避免發生競速條件(若在建立管線之前就收到一個訊號)。

- 在訊號處理常式裡使用 *write()* 是安全的,因為它是表 21-1 中列出的其中一個非同步訊號安全(async-signal-safe)函式。

4. 將 *select()* 呼叫置於一個迴圈中,讓它在受到一個訊號處理常式中斷之後可以重新啟動(重新啟動在這個方法中不是絕對地必要;它僅是代表我們可以透過檢測 *readfds* 來檢查一個訊號是否抵達,而非檢查一個 EINTR 錯誤傳回值)。

5. 在成功完成 *select()* 呼叫時,我們可以透過檢查在 *readfds* 設定的管線寫入端之檔案描述符,來判斷是否有訊號抵達。

6. 每當一個訊號抵達時,讀取管線中的所有資料。因為可能有多個訊號抵達,採用一個迴圈讀取資料直到(非阻塞式)*read()* 發生 EAGAIN 錯誤。在清空管線之後,對於任何抵達的訊號都必須要執行回應動作。

這個技術是一般所知道的 *self-pipe* 技巧,而這個技術的範例程式如列表 63-9 所示。

這個技術的改變也同樣適用於 *poll()* 與 *epoll_wait()*。

列表 63-9:使用 self-pipe 技巧

———————————————————————————— *from* **altio/self_pipe.c**

```
static int pfd[2];                      /* File descriptors for pipe */

static void
handler(int sig)
{
    int savedErrno;                     /* In case we change 'errno' */

    savedErrno = errno;
    if (write(pfd[1], "x", 1) == -1 && errno != EAGAIN)
        errExit("write");
    errno = savedErrno;
}

int
main(int argc, char *argv[])
{
```

```
fd_set readfds;
int ready, nfds, flags;
struct timeval timeout;
struct timeval *pto;
struct sigaction sa;
char ch;

/* ... Initialize 'timeout', 'readfds', and 'nfds' for select() */

if (pipe(pfd) == -1)
    errExit("pipe");

FD_SET(pfd[0], &readfds);           /* Add read end of pipe to 'readfds' */
nfds = max(nfds, pfd[0] + 1);       /* And adjust 'nfds' if required */

flags = fcntl(pfd[0], F_GETFL);
if (flags == -1)
    errExit("fcntl-F_GETFL");
flags |= O_NONBLOCK;                /* Make read end nonblocking */
if (fcntl(pfd[0], F_SETFL, flags) == -1)
    errExit("fcntl-F_SETFL");

flags = fcntl(pfd[1], F_GETFL);
if (flags == -1)
    errExit("fcntl-F_GETFL");
flags |= O_NONBLOCK;                /* Make write end nonblocking */
if (fcntl(pfd[1], F_SETFL, flags) == -1)
    errExit("fcntl-F_SETFL");

sigemptyset(&sa.sa_mask);
sa.sa_flags = SA_RESTART;           /* Restart interrupted reads()s */
sa.sa_handler = handler;
if (sigaction(SIGINT, &sa, NULL) == -1)
    errExit("sigaction");

while ((ready = select(nfds, &readfds, NULL, NULL, pto)) == -1 &&
        errno == EINTR)
    continue;                       /* Restart if interrupted by signal */
if (ready == -1)                    /* Unexpected error */
    errExit("select");

if (FD_ISSET(pfd[0], &readfds)) {   /* Handler was called */
    printf("A signal was caught\n");

    for (;;) {                      /* Consume bytes from pipe */
        if (read(pfd[0], &ch, 1) == -1) {
            if (errno == EAGAIN)
                break;              /* No more bytes */
            else
```

```
                  errExit("read");      /* Some other error */
            }

            /* Perform any actions that should be taken in response to signal */
          }
      }

      /* Examine file descriptor sets returned by select() to see
         which other file descriptors are ready */

    }
```
―――――――――――――――――――――――――――― *from* **altio/self_pipe.c**

63.6　小結

在本章中，我們探討各種替代標準模型的執行 I/O 方式：I/O 多工（*select()* 與
poll()）、訊號驅動 I/O 與 Linux 特有的 *epoll* API。這些所有的機制允許我們監控多
個檔案描述符以查看它們之中是否可進行 I/O，這些機制並沒有實際的 I/O 執行行
為，而是用來判斷一個檔案描述符是否就緒，並在就緒時使用傳統的 I/O 系統呼叫
進行 I/O。

　　select() 與 *poll()* I/O 多工呼叫可同時監控多個檔案描述符，以查看是否有任何
的描述符是可 I/O 的。對於這兩種系統呼叫，在每次系統呼叫時，我們傳遞一個
需檢查的完整檔案描述符清單給核心，然後核心傳回一個修改過的清單，用以指
出哪些描述符為就緒。實際上，每次的呼叫都會傳遞與檢查完整的檔案描述符清
單，這表示要監控大量的檔案描述符時，*select()* 與 *poll()* 的執行效率差。

　　訊號驅動 I/O 允許行程在檔案描述符可 I/O 時收到訊號。為了啟用訊號驅動
I/O，我們必須為 *SIGIO* 訊號建立一個處理常式，設定接收這個訊號的擁有者行程
（owner process），並透過啟用 **O_ASYNC** 開檔狀態旗標產生訊號。當監控大量的檔
案描述符，這個機制明顯提供比 I/O 多工更優異的性能。Linux 讓我們可以改變用
來通知的訊號，而若我們想要取代使用的即時訊號，那麼會將多個通知會置於佇
列中，這樣訊號處理常式就可以使用 *siginfo_t* 參數來判斷檔案描述符以及產生訊
號的事件類型。

　　就像訊號驅動 I/O，當監控大量的檔案描述符時，epoll 可提供優異的效能，
epoll（及訊號驅動 I/O）的效能優勢實際上是因為核心「記得」行程所要監控的檔
案描述符清單（相對於 *select()* 與 *poll()*，在每次系統呼叫時都需要再次告訴核心要
檢查哪些檔案描述符）。*epoll* API 比起使用訊號驅動 I/O 會有些顯著的優點：我們
避免了處理訊號的複雜度，以及可以指定要監控哪些類型的 I/O 事件（如：輸入或
輸出）。

在本章的課程中，我們摘要說明準位觸發與邊緣觸發在就緒狀態通知的差異。在一個準位觸發通知模型中，不管檔案描述符在上次監控之後，是否有新的 I/O 動作，只要檔案描述符目前是可 I/O 時，我們就會收到通知。I/O 多工系統呼叫提供一個準位觸發通知模型；訊號驅動 I/O 近似於邊緣觸發模型；而 epoll 可以任何一個模型下運作（預設為準位觸發）。邊緣觸發通知通常會與非阻塞式 I/O 一起使用。

我們透過檢視一個問題來對本章做個結論，有時候面對監控大量檔案描述符的程式，要如何也同時等待訊號的傳遞。通常對這個問題的解法是稱為 self-pipe 的技巧，以該訊號的處理常式將一個位元組寫入一個管線（它的讀取端也包含在所監控的檔案描述符集）。SUSv3 規範一個 select() 的變種「pselect()」，用以提供這個問題一個其他的解法。然而，pselect() 並不是所有的 UNIX 平台都有支援，Linux 也提供了類似的 ppoll() 與 epoll_pwait()（不過不合乎標準）。

進階資訊

（Stevens 等人，2004）介紹 I/O 多工與訊號驅動 I/O，特別強調這些機制在 socket 上的使用。（Gammo 等人，2004）是一篇論文，比較了 select()、poll() 與 epoll 的效能。

在 *http://www.kegel.com/c10k.html* 有一個令人特別有興趣的線上資源，由 Dan Kegel 所寫，標題為「The C10K problem」，這個網頁探索的議題是對網頁伺服器開發者所設計用來同時服務幾萬個客戶端的網頁伺服器，這個網頁包含一個連結到相關資訊的主機。

63.7　習題

63-1. 修改列表 63-2 的程式（poll_pipes.c），以 select() 取代 poll()。

63-2. 設計一個 *echo* 伺服器（參考 60.2 與 60.3 節）來處理 TCP 與 UDP 客戶端。為了達成這件事，伺服器必須建立一個監聽式 TCP socket 與一個 UDP socket，然後使用任何在本章介紹的技術來監控這兩個 socket。

63-3. 在 63.5 節特別提到：*select()* 不能用於同時等待訊號與檔案描述符，於是介紹了使用一個訊號處理常式與一個管線的一個方法。當一個程式需要同時等待一個檔案描述符與一個 System V 訊息佇列的輸入時，存在著一個相關的問題（因為 System V 訊息佇列沒有使用檔案描述符）。一個解決方案是 fork 一個分隔的子行程，將每個訊息從佇列複製到一個管線（儲存父行程監控的檔案描述符）。寫一個程式，用 *select()* 搭配這個機制以同時監控來自終端機與訊息佇列的輸入。

63-4. 於 63.5.2 節對 self-pipe 技術說明的最後一個步驟談到：程式應該先清空管線，然後進行回應訊號的動作。若反轉這些步驟分項會發生什麼事情呢？

63-5. 修改列表 63-9 的程式（`self_pipe.c`），使用 *poll()* 取代 *select()*。

63-6. 寫一個程式，用 *epoll_create()* 建立一個 *epoll* 實體，然後立即使用 *epoll_wait()* 等待傳回的檔案描述符。如這個例子，當給 *epoll_wait()* 一個 *epoll* 檔案描述符以及一個空的興趣清單，那會發生什麼事情呢？為什麼這樣子可能會有用處？

63-7. 假設我們用一個 *epoll* 檔案描述符監控多個就緒的檔案描述符。若我們進行連續的 *epoll_wait()* 呼叫，但是 *maxevents* 遠小於就緒的檔案描述符數量（如：*maxevents* 為 1），而且在每個呼叫之間不會對就緒的描述符進行任何的 I/O，那麼每次的 *epoll_wait()* 呼叫會傳回什麼樣的描述符呢？寫一個程式來確定這個答案。（為了這個實驗目的，可以在 *epoll_wait()* 系統呼叫之間不用執行 I/O）。為什麼這個行為可能是有用的？

63-8. 修改列表 63-3 的程式（`demo_sigio.c`），以一個即時的訊號取代 SIGIO。修改訊號處理常式去接受一個 *siginfo_t* 參數，且顯示 *si_fd* 與這個結構的 *si_code* 欄位值。

64

虛擬終端機（pseudo terminal）

虛擬終端機（pseudo terminal）是個虛擬裝置，提供了一個 IPC 通道。通道的一端預期是個與終端裝置連接的程式。而通道的另一端也是與程式連接，此程式透過 IPC 通道來傳送其輸入，以及讀取其輸出，以此驅動終端機導向（terminal-oriented）程式。

本章介紹虛擬終端機的使用方法，示範如何將它們應用在應用程式，例如終端機模擬器（terminal emulator）、*script(1)* 程式，以及如 ssh 這類提供網路登入服務的程式。

64.1　概觀

圖 64-1 示範可用虛擬終端機解決的其中一個問題：如何使某台主機的使用者可透過網路連線，對另一台主機的終端機導向程式（如 *vi*）進行操控呢？

如圖所示，藉由網路進行通信，socket（通訊端）可解決部份的問題。然而，我們無法直接將終端機導向程式的標準輸入、輸出以及錯誤資訊直接連結到 socket。這是因為終端機導向程式預期連接的對象是終端機，以能執行第 34 章與第 62 章所述的操作。這類操作包括將終端機設定為非規範模式（noncanonical mode）、將 *echo* 設定為開啟或關閉，以及設定終端機前景行程群組（foreground process group）。若有程式試著對 socket 執行這些操作，則相關的系統呼叫就會執行失敗。

此外，終端機導向的程式會需要一個終端機驅動程式（*terminal driver*），此驅動程式需要幫忙將終端機導向程式的輸入與輸出進行特定類型的處理。例如，在規範模式（*canonical mode*），當終端機驅動程式在一行的開頭讀到一個檔案結尾符號（通常是 *Ctrl-D*）時，會使得下次呼叫 *read()* 時不會傳回任何資料。

最後，終端機導向的程式必須有一個控制終端機（controlling terminal），程式可透過開啟 /dev/tty 取得一個控制終端機的檔案描述符（file descriptor），使得控制終端機可以對程式產生工作控制（job-control）與終端機相關的訊號（如 SIGTSTP、SIGTTIN 以及 SIGINT）。

經過這些說明，現在讀者應該明白終端機導向程式的定義是很廣泛的，包含我們通常在互動終端作業階段（interactive terminal session）會執行的許多程式。

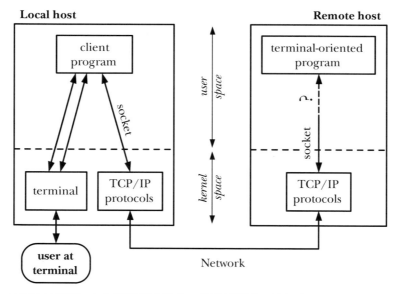

圖 64-1：待解決的問題：如何透過網路操作一個終端機導向的程式？

虛擬終端機的主從裝置

虛擬終端機提供終端機導向程式建立網路連線的功能，虛擬終端機是一對連結在一起的虛擬裝置，包含：**主虛擬終端機**（*pseudo terminal master*）與**從虛擬終端機**（*pseudo terminal slave*），有時統稱**雙虛擬終端機**（*pseudo terminal pair*），雙虛擬終端機提供一個 IPC 通道，類似一個雙向管線（bidirectional pipe），兩個行程可以分別開啟主端（master）與從端（slave），並透過虛擬終端機進行雙向資料傳輸。

虛擬終端機的關鍵在於，slave 裝置如同一個標準的終端機，全部的終端機裝置操控都適用於虛擬終端機的 slave 裝置。不過並非每個操控在虛擬終端機都會用到（例如，設定終端機的線速或是同位元），但無妨，因為虛擬終端機的 slave 裝置會自動忽略它們。

如何使用虛擬終端機？

圖 64-2 示範在一般情況下，兩個程式如何利用虛擬終端機進行通訊。（圖中的 pty 是虛擬終端機的通用縮寫，本章的許多圖表與函式名稱都會大量使用此縮寫）。終端機導向程式的標準輸入、輸出以及錯誤輸出都與虛擬終端機的 slave 裝置連接（slave 裝置也是程式的控制終端機）。在虛擬終端機的另一邊，有個做為使用者代理（proxy）的驅動程式，提供使用者對終端機導向程式輸入資訊，以及讀取終端機導向程式的輸出。

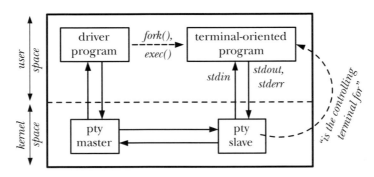

圖 64-2：兩個程式透過虛擬終端機進行通信

驅動程式通常會同步讀取輸入，並將輸出寫入另一個 I/O 通道，其行為如同一個轉送點（relay），位在虛擬終端機與另一個程式之間進行雙向的資料傳遞。為此目的，驅動程式必須同步監控雙向的輸入，一般是透過 I/O 多工技術（select() 或 poll()）達成，也可以採用兩個行程或兩個執行緒，執行雙向資料傳輸。

使用虛擬終端機的應用程式通常會依下列步驟進行：

1. 驅動程式開啟虛擬終端機的 master 裝置。

2. 驅動程式呼叫 fork() 以建立一個子行程，其子行程執行下列步驟：

a）呼叫 *setsid()* 啟動一個新的作業階段，使該子行程成為作業階段組長（session leader）（參考 34.3 節），此步驟會讓子行程失去自己的控制終端機。

b）開啟虛擬終端機 master 裝置對應的 slave 裝置，因為子行程是作業階段組長，且沒有控制終端機，所以虛擬終端機 slave 裝置就成為子行程的控制終端機。

c）使用 *dup()*（或類似函式）複製 slave 裝置的標準輸入、輸出以及錯誤輸出的檔案描述符。

d）呼叫 *exec()* 啟動要與虛擬終端機 slave 裝置連接的終端機導向程式。

此時，這兩個程式可以透過虛擬終端機進行通信。從驅動程式寫到 master 裝置的任何訊息，都會經由 slave 裝置傳遞給終端機導向程式做為輸入，任何由終端機導向程式寫入 slave 裝置的訊息，都可以在 master 裝置經由驅動程式讀取。我們將在第 64.5 節進一步探討虛擬終端機 I/O 的細節。

> 虛擬終端機也能夠用來連接任意兩個行程（即行程關係不須是父子），唯一的要求是：開啟虛擬終端機 master 裝置的行程需要讓另一個行程得知相關的 slave 裝置名稱，方法可能是透過檔案存放與分享裝置名稱、或是透過其他 IPC 機制傳輸告知（當我們在前面的範例中呼叫 *fork()* 時，子行程會自動從父行程繼承足夠的資訊來取得 slave 裝置名稱）。

至目前為止，我們對使用虛擬終端機的討論都比較抽象，圖 64-3 以 ssh 如何使用虛擬終端機示範一個比較具體的範例。此程式允許使用者安全地透過網路從遠端系統執行登入作業階段（實際上該圖結合了圖 64-1 和圖 64-2 中的資訊）。在遠端主機上，虛擬終端機 master 裝置的驅動程式是 ssh 伺服器（sshd），連接到虛擬終端機 slave 裝置的終端機導向程式是使用者登入的 shell。SSH 伺服器就像是膠水，透過 ssh client（客戶端）的 socket 連接兩個虛擬終端機。一旦完成每個登入所需的細節，ssh 伺服器與用戶端的目的是，在本機使用者的終端機與遠端主機 shell 之間進行雙向資料傳輸。

> 我們省略了許多 ssh 用戶端與伺服器的細節，例如，這些程式會將透過網路雙向傳輸的資料加密。我們在遠端主機只呈現一個 ssh 伺服器行程，但實際上 ssh 伺服器是一個並行的（concurrent）網路服務，它是一個守護行程（daemon），會建立一個被動的 TCP socket，用以監聽來自 ssh 客戶端的連線。SSH 伺服器會分別 fork 一個子行程來處理每個客戶端連線登入所需的工作（在圖 64-3，我們將 ssh 伺服器視為這個子行程）。除了前述的虛擬終端機建立細節，ssh 伺服器的子行程認證使用者身份，更新遠端主機的登入帳號檔（如第 40 章所述），接著執行登入的 shell。

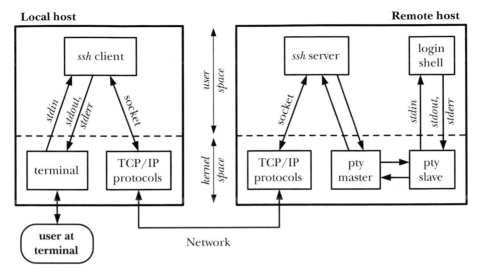

圖 64-3：ssh 如何使用虛擬終端機

有時可能會有多個行程與虛擬終端機的 slave 裝置端連線，我們在 ssh 的例子曾舉例說明，slave 裝置的作業階段組長行程是 shell，此 shell 會建立行程群組，用於執行遠端使用者輸入的指令。這些行程都會將虛擬終端機 slave 裝置做為它們的控制終端機。如同一般的終端機，這些行程群組都可以做為虛擬終端機 slave 裝置的前景行程群組，而且只有這個行程群組可以讀取與寫入 slave（若已設定 TOSTOP 位元）。

虛擬終端機的應用

不只網路服務，虛擬終端機也能運用在許多其他應用，如下列的例子所示：

- *expect*（1）程式利用虛擬終端機來達成從腳本檔（script）驅動終端機導向的程式。

- 終端機模擬器（如 xterm）利用虛擬終端機提供終端機視窗樣式的相關終端機功能。

- *screen*（1）程式使用虛擬終端機使得可以在一個實體的終端機（或終端機視窗）達成多行程之間的多工（例如多個 shell 作業階段）。

- *script*（1）程式會使用虛擬終端機，用來記錄 shell 作業階段期間的全部輸入與輸出。

- 有時將輸出寫入檔案或管線時，會用虛擬終端機繞過 stdio 函式使用的預設區塊緩衝機制，因為終端機的輸出是使用行緩衝（line buffering）（我們將在習題 64-7 深入探討）。

System V（UNIX 98）與 BSD 虛擬終端機

BSD 與 System V 提供不同的介面，以找出與開啟雙虛擬終端機的兩端。BSD 的虛擬終端機實作一直以來都比較有名氣，因為運用在許多基於 socket 的網路應用程式。基於相容性，許多 UNIX 實作最後都會提供這兩種虛擬終端機功能。

System V 的介面在某些程度上比 BSD 介面更易於使用，而 SUSv3 的虛擬終端機規範就是基於 System V 介面制定的（虛擬終端機的規範最早制定於 SUSv1）。基於歷史緣由，在 Linux 系統這類虛擬終端機通常是指 UNIX 98 虛擬終端機，即使 UNIX 98 標準（即 SUSv2）規定虛擬終端機必須是 STREAMS-based（基於串流的），但 Linux 的虛擬終端機實作並沒有遵守（SUSv3 未要求虛擬終端機是 STREAMS-based）。

早期的 Linux 版本只提供 BSD 風格的虛擬終端機，但從 2.2 版核心之後，Linux 已經同時支援兩種虛擬終端機了。我們在本章著重於介紹 UNIX 98 虛擬終端機，在 64.8 節會介紹與 BSD 虛擬終端機的差異。

64.2　UNIX 98 虛擬終端機

我們將逐步開發一個 *ptyFork()* 函式，此函式能做到圖 64-2 中建立虛擬終端機連接的大部分工作，之後我們將利用這個函式實作 *script(1)* 程式。在此之前，我們先探討 UNIX 98 虛擬終端機使用的許多函式庫函式。

- posix_*openpt()* 函式開啟一個尚未使用的虛擬終端機 master 裝置，傳回後續呼叫要用來參照此裝置的檔案描述符。
- *grantpt()* 函式會修改與虛擬終端機 master 裝置對應的 slave 裝置的擁有者（ownership）與權限。
- *unlockpt()* 函式會將與虛擬終端機 master 裝置對應的 slave 裝置進行解鎖，因此就能開啟 slave 裝置。
- *ptsname()* 函式傳回與虛擬終端機 master 裝置對應的 slave 裝置之名稱，接著就能使用 *open()* 開啟 slave 裝置。

64.2.1　開啟尚未使用的 master 裝置：*posix_openpt()*

posix_*openpt()* 函式會找到並開啟一個未用的虛擬終端機 master 裝置，再傳回後續需要用來代表此裝置的檔案描述符。

```
#define _XOPEN_SOURCE 600
#include <stdlib.h>
#include <fcntl.h>

int posix_openpt(int flags);
```
                              Returns file descriptor on success, or −1 on error

參數 *flags* 可為零，或是使用 OR 位元邏輯運算符將下列常數組合使用：

O_RDWR

以可讀寫的方式開啟裝置，我們通常都會在 *flags* 使用此常數。

O_NOCTTY

勿讓此終端機成為行程的控制終端機。在 Linux 上，無論在呼叫 *posix_openpt()* 時是否使用 O_NOCTTY，虛擬終端機 master 裝置都不會成為行程的控制終端機（這樣是合理的，因為虛擬終端機 master 裝置並非真實的終端機，只是終端機另一邊是 slave 裝置的連接端）。然而，在有些虛擬終端機實作上，若我們想要在開啟虛擬終端機 master 裝置時避免行程取得控制終端機，則需要使用 O_NOCTTY 常數。

如同 *open()* 呼叫，*posix_openpt()* 會使用最小的可用檔案描述符來開啟虛擬終端機 master 裝置。

呼叫 *posix_openpt()* 也會在 /dev/pts 資料夾中建立對應的虛擬終端機 slave 裝置檔案，我們稍後在介紹 *ptsname()* 函式時會詳細介紹這個檔案。

posix_openpt() 是在 SUSv3 新增的函式，由 POSIX 委員會導入。在原始的 System V 虛擬終端機實作中，是透過開啟虛擬終端機 master clone 裝置（/dev/ptmx）的方式取得可用的虛擬終端機 master 裝置。開啟此虛擬裝置將自動搜尋並開啟下個未用的虛擬終端機 master 裝置，將傳回此裝置所對應的檔案描述符，Linux 也有提供此裝置，*posix_openpt()* 的實作如下所示：

```
int
posix_openpt(int flags)
{
    return open("/dev/ptmx", flags);
}
```

限制 UNIX 98 虛擬終端機的數量

由於每對使用中的虛擬終端機都會佔用小量不可置換（nonswappable）的核心記憶體，因此核心會限制系統上的 UNIX 98 虛擬終端機數量。在 2.6.3 版以前的核心，此限制是由核心配置選項（`CONFIG_UNIX98_PTYS`）控制，預設值為 256，不過我們可以將此限制修改為 0 到 2,048 之間的任意值。

從 Linux 2.6.4 之後，為了有利於提供較有彈性的方法，捨棄了 `CONFIG_UNIX98_PTYS` 核心選項。將虛擬終端機數量的限制改為定義於 Linux 特有的 /proc/sys/kernel/pty/max 檔案，此檔案的預設值為 4,096，而且可以更改為任意值，最多可設定為 1,048,576。而另一個相關的唯讀檔案（/proc/sys/kernel/ pty/nr）記錄目前系統使用中的 UNIX 98 虛擬終端機數量。

64.2.2　修改 slave 裝置的擁有者與權限：*grantpt()*

在 SUSv3 規定可以使用 *grantpt()* 修改虛擬終端機 master 裝置（*mfd* 檔案描述符）對應的 slave 裝置之擁有者與權限。在 Linux 系統不一定需要呼叫 *grantpt()*，不過有些系統會用到 *grantpt()*，所以可攜的程式都應該在 *posix_openpt()* 之後呼叫 *grantpt()*。

```
#define _XOPEN_SOURCE
#include <stdlib.h>

int grantpt(int mfd);
```
Returns 0 on success, or –1 on error

在需要呼叫 *grantpt()* 的系統上，此函式會建立一個子行程，用來執行 set-user-ID-*root* 程式，此程式通常稱為 *pt_chown*，在虛擬終端機 slave 裝置上執行下列的操作：

- 將 slave 裝置的擁有者更改為呼叫行程的真實使用者 ID（real user ID）。
- 將 slave 裝置的群組更改為 tty。
- 更改 slave 裝置的權限，以便擁有者可以讀寫，而群組可以寫入。

將終端機的群組設定為 tty 以及啟用群組的寫入權限的原因是，因為 *wall(1)* 與 *write(1)* 是 set-group-ID 程式，由 tty 群組所有。

在 Linux 系統上，虛擬終端機 slave 裝置會自動以上述的方式配置，所以這就是不需呼叫 *grantpt()* 的原因（不過考量可攜性，仍應呼叫）。

因為可能會建立子行程，所以 SUSv3 提到，若呼叫的程式已經安裝了 SIGCHLD 訊號的處理常式（handler），則 *grantpt()* 的行為是未定義的。

64.2.3　解鎖 slave 裝置：*unlockpt()*

函式 *unlockpt()* 會移除 slave 裝置的內鎖，此 slave 裝置對應於 m*fd* 檔案描述符參照到的虛擬終端機 master 裝置。此鎖定機制旨在，允許呼叫的行程能在其他行程開啟此虛擬終端機 slave 裝置之前，先執行必要的初始化工作（例如呼叫 *grantpt()*）。

```
#define _XOPEN_SOURCE
#include <stdlib.h>

int unlockpt(int mfd);
                                    Returns 0 on success, or −1 on error
```

在尚未呼叫 *unlockpt()* 解除虛擬終端機 slave 裝置的鎖定之前，開啟虛擬終端機 slave 裝置將導致失敗，錯誤代碼為 EIO。

64.2.4　取得 slave 裝置的名稱：*ptsname()*

函式 *ptsname()* 會傳回虛擬終端機 slave 裝置的名稱，此虛擬終端機 slave 裝置對應於 *mfd* 檔案描述符參照到的虛擬終端機 master 裝置。

```
#define _XOPEN_SOURCE
#include <stdlib.h>

char *ptsname(int mfd);
            Returns pointer to (possibly statically allocated) string on success,
                                                      or NULL on error
```

在 Linux 系統上（以及多數的系統上），*ptsname()* 傳回 /dev/pts/nn 形式的字串名稱，此處的 *nn* 會由虛擬終端機 slave 裝置專屬的唯一 ID 取代。

　　傳回 slave 裝置名稱的緩衝區通常是靜態配置的（static），因此後續的 *ptsname()* 呼叫會覆蓋之前的結果。

> GNU C 函式庫提供一個可重入的（reentrant）*ptsname()* 版本，即 *ptsname_r(mfd, strbuf, buflen)*。然而，此函式並非標準的函式，只有少數其他的 UNIX 系統有提供，若要取得 <stdlib.h> 的 *ptsname_r()* 宣告，必須定義 _GNU_SOURCE 功能測試巨集（feature test macro）。

一旦我們透過 *unlockpt()* 將 slave 裝置解除鎖定，我們就可以用傳統的 *open()* 系統呼叫來開啟此裝置。

> 在採用 STREAMS 機制的 System V 衍生系統上，可能會需要執行一些額外的步驟（在開啟 slave 裝置之後，將 STREAMS 模組載入 slave 裝置）。可以參考（Stevens & Rago，2005）的範例參考如何執行這些步驟。

64.3　開啟 master 裝置：*ptyMasterOpen()*

我們現在要介紹 *ptyMasterOpen()* 函式，此函式使用前幾節介紹的函式來開啟虛擬終端機 master 裝置，以及取得對應的虛擬終端機 slave 裝置名稱，提供這類函式的理由有二：

- 大多數的程式幾乎都以相同的方式執行這些步驟，因此將它們封裝為一個函式比較方便。

- 我們實作的 *ptyMasterOpen()* 函式隱藏了全部的 UNIX 98 規範特有的細節。我們在 64.8 節會介紹使用 BSD 風格的虛擬終端機重新實作此函式。本章後續所提供的全部程式碼在這兩種實作都能正常運作。

```
#include "pty_master_open.h"

int ptyMasterOpen(char *slaveName, size_t snLen);
```
                              Returns file descriptor on success, or −1 on error

---

函式 *ptyMasterOpen()* 開啟一個未使用的虛擬終端機 master 裝置，呼叫 *grantpt()* 並透過 *unlockpt()* 解鎖，然後將對應的虛擬終端機 slave 裝置名稱複製到 slaveName 所指向的緩衝區，呼叫者必須在 *snLen* 參數指定緩衝區的空間大小。我們在列表 64-1 示範此函式的實作。

> 也可以省略 *slaveName* 與 *snLen* 參數，且讓 *ptyMasterOpen()* 的呼叫者直接呼叫 *ptsname()*，以取得虛擬終端機 slave 裝置名稱。然而，我們會使用 *slaveName* 與 *snLen* 參數，原因是 BSD 風格的虛擬終端機實作並沒有提供與 *ptsname()* 功能相同的函式，而我們所實作的函式，其功能與 BSD 風格的虛擬終端機相同（列表 64-4），並也封裝了 BSD 的取得 slave 裝置名稱技術。

列表 64-1：*ptyMasterOpen()* 的實作

――――――――――――――――――――――――――――――――― ─ pty/pty_master_open.c

```
#define _XOPEN_SOURCE 600
#include <stdlib.h>
```

```c
#include <fcntl.h>
#include "pty_master_open.h"            /* Declares ptyMasterOpen() */
#include "tlpi_hdr.h"

int
ptyMasterOpen(char *slaveName, size_t snLen)
{
    int masterFd, savedErrno;
    char *p;

    masterFd = posix_openpt(O_RDWR | O_NOCTTY);        /* Open pty master */
    if (masterFd == -1)
        return -1;

    if (grantpt(masterFd) == -1) {          /* Grant access to slave pty */
        savedErrno = errno;
        close(masterFd);                     /* Might change 'errno' */
        errno = savedErrno;
        return -1;
    }

    if (unlockpt(masterFd) == -1) {         /* Unlock slave pty */
        savedErrno = errno;
        close(masterFd);                     /* Might change 'errno' */
        errno = savedErrno;
        return -1;
    }

    p = ptsname(masterFd);                  /* Get slave pty name */
    if (p == NULL) {
        savedErrno = errno;
        close(masterFd);                     /* Might change 'errno' */
        errno = savedErrno;
        return -1;
    }

    if (strlen(p) < snLen) {
        strncpy(slaveName, p, snLen);
    } else {                    /* Return an error if buffer too small */
        close(masterFd);
        errno = EOVERFLOW;
        return -1;
    }

    return masterFd;
}
```
                                                   ──── pty/pty_master_open.c

64.4　將行程連接到虛擬終端機：*ptyFork()*

我們現在要準備實作一個函式，可使用一對虛擬終端機完成兩個行程之間的連線設定工作（如圖 64-2 所示）。函式 *ptyFork()* 建立一個子行程，可透過一對虛擬終端機與父行程連接。

```
#include "pty_fork.h"

pid_t ptyFork(int *masterFd, char *slaveName, size_t snLen,
        const struct termios *slaveTermios, const struct winsize *slaveWS);
            In parent: returns process ID of child on success, or −1 on error;
                            in successfully created child: always returns 0
```

ptyFork() 的實作如列表 64-2 所示，此函式執行下列步驟：

* 使用 *ptyMasterOpen()*（列表 64-1）①開啟一個虛擬終端機 master 裝置。

* 若 *slaveName* 參數不為 NULL，則將虛擬終端機 slave 裝置名稱複製到此緩衝區②。（若 slaveName 不為 NULL，則它必須指向長度至少為 snLen 個位元組的緩衝區）。若合適，呼叫者也能用此名稱更新登入帳戶檔（第 40 章）。更新登入帳戶檔案適用於提供登入服務的應用，例如 *ssh*、*rlogin* 以及 *telnet*。另一方面，如 *script(1)* 這類程式（64.6 節）並不會更新登入帳戶檔案，因為它們並不提供登入服務。

* 呼叫 *fork()* 以建立一個子行程③。

* 父行程在完成 *fork()* 呼叫之後，所要做的就是確保將虛擬終端機 master 裝置的檔案描述符傳回給呼叫者（存在 *masterFd* ④指標所指向的整數變數）。

* 在呼叫 *fork()* 之後，子行程會執行下列步驟：

  - 呼叫 *setsid()*，以建立一個新的作業階段（34.3 節）⑤，子行程是該新的作業階段之組長（leader），並失去其控制終端機（若有的話）。

  - 關閉虛擬終端機 master 裝置的檔案描述符，因為子行程已經不再需要⑥。

  - 開啟虛擬終端機 slave 裝置⑦，由於子行程在上個步驟失去它的控制終端機，此步驟將導致虛擬終端機 slave 裝置成為子行程的控制終端機。

  - 若定義了 TIOCSCTTY 巨集，則對虛擬終端機 slave 裝置的檔案描述符執行一次 TIOCSCTTY *ioctl()* 操作⑧。這段程式碼讓我們的 *ptyFrok()* 函式能在 BSD 平台運作，這裡只能直接執行 TIOCSCTTY 操作，才能取得控制終端機（參考 34.4 節）。

- 若 *slaveTermios* 參數不為 `NULL`，則呼叫 *tcsetattr()* 將 slave 裝置的終端機屬性（attribute）設定為參數所指向的 *termios* 結構取得的值⑨。使用此參數能帶給某些互動式程式便利（例如 *script(1)*），這些程式會使用虛擬終端機，而且需要將 slave 裝置的屬性值設定為與此程式執行的終端機相同。

- 若參數 *slaveWS* 不為空，則執行一次 *ioctl()* `TIOCSWINSZ` 操作，以設定虛擬終端機 slave 裝置的視窗大小，設定值存在此參數指向的 *winsize* 結構⑩，執行此步驟的理由與上個步驟相同。

- 使用 *dup2()* 複製（duplicate）slave 裝置的檔案描述符，使檔案描述符成為子行程的標準輸入、輸出以及標準錯誤輸出。此時，子行程現在就可以執行任意的程式，而被執行的程式可以使用標準的檔案描述符與虛擬終端機進行通信，被執行的程式可以執行每個終端機導向的通用操作，這些操作都可以讓程式在傳統終端機上運作時使用。

如同 *fork()*，*ptyFork()* 會在父行程傳回子行程的 ID，在子行程傳回 0，若執行失敗則傳回 -1。

以 *ptyFork()* 建立的子行程最後都會結束，若父行程沒有同時一起結束，則必須等待子行程結束，以避免產生殭屍行程。然而，通常會忽略此步驟，因為採用虛擬終端機的應用程式設計通常都是父子行程同時終止。

> 由 BSD 衍生的分支提供兩個相關的非標準函式，能以虛擬終端機運作。第一個是 *openpty()*，此函式開啟一個雙虛擬終端機，傳回 master 裝置與 slave 裝置的檔案描述符，並以選配（optional）的方式傳回 slave 裝置名稱；也能夠以選配的方式透過類似 *slaveTermios* 與 *slaveWS* 參數，來設定終端機的屬性與視窗大小。另一個函式是 *forkpty()*，除了沒有提供與 snLen 類似的參數，其他功能與我們實作的 *ptyFork()* 相同。在 Linux 上，這兩個函式都由 *glibc* 提供，並記載在 *openpty(3)* 使用手冊。

列表 64-2：實作 *ptyFork()*

—————————————————————————————— **pty/pty_fork.c**

```
#include <fcntl.h>
#include <termios.h>
#include <sys/ioctl.h>
#include "pty_master_open.h"
#include "pty_fork.h"                    /* Declares ptyFork() */
#include "tlpi_hdr.h"

#define MAX_SNAME 1000

pid_t
```

```
       ptyFork(int *masterFd, char *slaveName, size_t snLen,
               const struct termios *slaveTermios, const struct winsize *slaveWS)
       {
           int mfd, slaveFd, savedErrno;
           pid_t childPid;
           char slname[MAX_SNAME];

①         mfd = ptyMasterOpen(slname, MAX_SNAME);
           if (mfd == -1)
               return -1;

②         if (slaveName != NULL) {             /* Return slave name to caller */
               if (strlen(slname) < snLen) {
                   strncpy(slaveName, slname, snLen);

               } else {                         /* 'slaveName' was too small */
                   close(mfd);
                   errno = EOVERFLOW;
                   return -1;
               }
           }

③         childPid = fork();

           if (childPid == -1) {               /* fork() failed */
               savedErrno = errno;             /* close() might change 'errno' */
               close(mfd);                      /* Don't leak file descriptors */
               errno = savedErrno;
               return -1;
           }

④         if (childPid != 0) {                 /* Parent */
               *masterFd = mfd;                 /* Only parent gets master fd */
               return childPid;                 /* Like parent of fork() */
           }

           /* Child falls through to here */

⑤         if (setsid() == -1)                  /* Start a new session */
               err_exit("ptyFork:setsid");

⑥         close(mfd);                          /* Not needed in child */

⑦         slaveFd = open(slname, O_RDWR);      /* Becomes controlling tty */
           if (slaveFd == -1)
               err_exit("ptyFork:open-slave");

⑧  #ifdef TIOCSCTTY                            /* Acquire controlling tty on BSD */
           if (ioctl(slaveFd, TIOCSCTTY, 0) == -1)
```

```
                err_exit("ptyFork:ioctl-TIOCSCTTY");
    #endif

⑨      if (slaveTermios != NULL)            /* Set slave tty attributes */
            if (tcsetattr(slaveFd, TCSANOW, slaveTermios) == -1)
                err_exit("ptyFork:tcsetattr");

⑩      if (slaveWS != NULL)                 /* Set slave tty window size */
            if (ioctl(slaveFd, TIOCSWINSZ, slaveWS) == -1)
                err_exit("ptyFork:ioctl-TIOCSWINSZ");

        /* Duplicate pty slave to be child's stdin, stdout, and stderr */

⑪      if (dup2(slaveFd, STDIN_FILENO) != STDIN_FILENO)
            err_exit("ptyFork:dup2-STDIN_FILENO");
        if (dup2(slaveFd, STDOUT_FILENO) != STDOUT_FILENO)
            err_exit("ptyFork:dup2-STDOUT_FILENO");
        if (dup2(slaveFd, STDERR_FILENO) != STDERR_FILENO)
            err_exit("ptyFork:dup2-STDERR_FILENO");

        if (slaveFd > STDERR_FILENO)         /* Safety check */
            close(slaveFd);                  /* No longer need this fd */

        return 0;                            /* Like child of fork() */
    }
```

─── pty/pty_fork.c

64.5　虛擬終端機 I/O

雙虛擬終端機類似一個雙向管線,寫入虛擬終端機 master 裝置的資料都會成為 slave 裝置的輸入,而任何寫入到 slave 裝置端的資料也會變成 master 裝置的輸入。

　　辨別雙虛擬終端機與雙向管線的重點在於:虛擬終端機 slave 端的運作就像是個終端機裝置,slave 裝置端解譯輸入的方式與一般的控制終端機解譯鍵盤輸入的方式相同。例如,若我們寫入一個 *Ctrl-C* 字元(在一般的終端機代表中斷字元)到虛擬終端機 master 裝置,則 slave 裝置端將為其前景行程群組產生一個 SIGINT 訊號。正如傳統的終端機,當虛擬終端機 slave 裝置在規範模式運作時(預設值),對輸入所做的緩衝是以單行為單位。換句話說,當我們向虛擬終端機 master 裝置寫入一個換行符號時,在 slave 裝置讀取輸入的程式才會讀到一行輸入。

　　虛擬終端機如管線般,其緩衝空間是有限的,若我們耗盡空間,則之後的寫入操作都會受到阻塞,直到虛擬終端機彼端的行程讀取一些資料之後,此端的行程才能繼續寫入資料。

在 Linux 上，虛擬終端機在每一個方向的緩衝空間大約為 4kB。

若我們關閉每個參照到虛擬終端機 master 裝置的檔案描述符，則：

- 若 slave 裝置有一個控制行程，則會發送一個 SIGHUP 訊號給該行程（請見 34.6 節）。
- 對 slave 裝置執行 *read()* 將傳回 *end-of-file (0)*。
- 對 slave 裝置執行 *write()* 操作會失敗，錯誤碼為 EIO。（在有些其他的 UNIX 系統上，此時 *write()* 會發生 ENXIO 錯誤）。

若我們關閉所有參照虛擬終端機 slave 裝置的檔案描述符，則：

- 對 master 裝置端進行 *read()* 讀取會失敗，錯誤碼為 EIO（在有些其他的 UNIX 系統中，此時 *read()* 會傳回檔案結尾 EOF）。
- 對 master 裝置執行 *write()* 操作會成功，除非 slave 裝置的輸入佇列（input queue）已滿，此時執行 *write()* 會發生阻塞。若隨後重新開啟 slave 裝置，則這些寫入的位元組資料就都可以被讀取。

最後一種情況在不同的 UNIX 系統之間差異頗大，在有些 UNIX 系統上，*write()* 會失敗並發生 EIO 錯誤。在其他的系統上，則可以順利執行 *write()* 成功，但是輸出的位元組資料會被捨棄（即，若重新開啟 slave 裝置，則這些位元組資料就無法被讀取）。一般而言，這些差異不會產生問題，通常，位於 master 裝置的行程能偵測 slave 裝置是否關閉，可透過對 master 執行 *read()*，判斷其傳回值是檔案結尾或是執行失敗來檢測。此時，行程將不再對 master 裝置做進一步的寫入操作。

封包模式（Packet mode）

封包模式這項機制可以讓在虛擬終端機 master 裝置上執行的行程收到事件通知，在虛擬終端機 slave 端發生與軟體流量控制（software flow control）相關的事件時獲得通報，事件如下所示：

- 刷新（flush）輸入或輸出佇列。
- 停止或開啟終端機的輸出（*Control-S/Ccontrol-Q*）。
- 開啟或關閉流量控制。

封包模式可以協助某些提供網路登入服務的虛擬終端機應用程式（如 *telnet* 與 *rlogin*）處理軟體流量控制。

封包模式可對虛擬終端機 master 裝置的檔案描述符執行 *ioctl()* 搭配 TIOCPKT 選項開啟。

```
int arg;

arg = 1;                    /* 1 == enable; 0 == disable */
if (ioctl(mfd, TIOCPKT, &arg) == -1)
    errExit("ioctl");
```

當啟動了封包模式，對虛擬終端機 master 裝置執行讀取會傳回：單個不為零的控制位元組（這是一個位元遮罩，用以指出 slave 裝置上發生的狀態改變）、或是零位元組的資料（後面緊跟著一個或多個被寫入 slave 裝置的位元組資料）。

當以封包模式運作的虛擬終端機狀態改變時，*select()* 會指出 master 裝置所發生的異常（透過 *exceptfds* 參數），而 *poll()* 則會在 *revents* 欄位傳回 POLLPRI。（*select()* 與 *poll()* 的說明請參考第 63 章）。

封包模式在 SUSv3 並未標準化，而有些細節也會隨著其他 UNIX 平台而異。對於 Linux 系統的封包模式，包含用以表示狀態改變的位元遮罩值，都能參考 *tty_ioctl(4)* 的使用手冊。

64.6　實作 *script(1)*

我們現在要開始實作一個簡化版的標準 *script(1)* 程式，此程式起始一個新的 shell 作業階段，並將此作業階段的全部輸入與輸出都記載於檔案。本書所示範的大部分 shell 作業階段都是使用 script 程式記錄的。

在一般的登入作業階段中，shell 與使用者的終端機直接連接。當我們執行 script 程式時，它會將自己置於使用者的終端機與 shell 之間，並使用一對虛擬終端機在自己與 shell 之間建立通信通道（請見圖 64-4）。Shell 會連接到虛擬終端機 slave 裝置上，而 script 行程則連接到虛擬終端機 master 裝置端。對使用者而言，script 行程是個代理程式（proxy），接收對終端機的輸入，然後寫到虛擬終端機 master 裝置，並讀取虛擬終端機 master 裝置的輸出，再寫入使用者的終端機。

此外，script 程式會產生一個輸出檔（預設檔名為 typescript），該檔案包含全部的虛擬終端機 master 裝置輸出資料。如此不僅能夠記錄 shell 作業階段產生的輸出，而且也包含輸入的資料。之所以能夠記錄輸入的資料是因為，如同傳統的終端機般，核心藉由將輸入的字元複製到終端機的輸出佇列，以 *echo*（回顯）輸入的字元（請見圖 62-1）。然而，在關閉終端機的 *echo* 功能之後，讀取密碼的程式以及虛擬終端機 slave 裝置的輸入就不會複製到 slave 裝置的輸出佇列，因而不會複製到 script 程式的輸出檔。

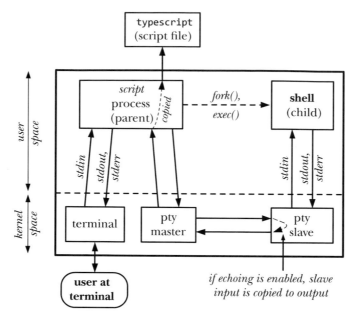

圖 64-4：script 程式

我們的 script 實作如列表 64-3 所示，此程式進行下列的步驟：

- 取得程式執行所在的終端機屬性（attribute）與視窗大小①，這些資料會在後續呼叫 *ptyFrok()* 函式時使用，此函式利用這些資料將虛擬終端機 slave 裝置設定為相對應的屬性。

- 呼叫我們的 *ptyFork()* 函式（列表 64-2）以建立一個子行程，可透過雙虛擬終端機連接到父行程②。

- 在 *ptyFork()* 呼叫之後，子行程會執行一個 shell ④，並由 SHELL 環境變數來設定使用的 shell ③，若 SHELL 環境變數未經設定或是設定為空字串，則子行程將執行 /bin/sh。

- 在 *ptyFork()* 呼叫之後，父行程會執行如下步驟：

  - 開啟 script 輸出檔⑤，若有提供命令列參數，則會使用命令列參數做為 script 輸出檔案的檔名，否則就使用預設的 typescript 做為檔名。

  - 將終端機設置為原始模式（raw mode）（使用列表 62-3 的 *ttySetRaw()* 函式進行設定），以便全部的輸入字元都能直接傳遞給 script 程式，而不會被終端機驅動程式修改⑥。同理，script 程式的輸出字元也不會受到終端機驅動程式修改。

實際上位於原始模式的終端機並不代表能將原始的、未經解譯的控制字元傳送給 shell、或是虛擬終端機 slave 裝置的前景行程群組;也不代表能將行程群組的原始輸出傳遞到使用者的終端機。而是要在虛擬終端機 slave 裝置中進行終端機特殊字元的解譯(除非 slave 裝置已由應用程式明確地指定以原始模式運作)。透過使用者的終端機設定為原始模式,我們就能避免對輸入與輸出的字元資料進行第二輪的解譯。

- 呼叫 *atexit()* 可安裝一個結束處理常式(exit handler),在程式終止時將終端機重置為原本的模式⑦。

- 透過一個迴圈在終端機與虛擬終端機 master 裝置之間以雙向傳送資料⑧,在每次的迴圈中,程式先使用 *select()*(63.2.1 節)監視終端機與虛擬終端機 master 裝置的輸入⑨。若有資料輸入終端機,則程式讀取部分的輸入資料,並寫入虛擬終端機 master 裝置⑩。同樣地,若虛擬終端機 master 裝置端有資料輸入,則程式讀取部分輸入資料,並寫入終端機以及輸出檔⑪。迴圈會持續執行,直到讀取到檔案結尾或是偵測到任何監視中的檔案描述符有錯誤發生時停止。

列表 64-3:script(1) 的簡單實作

———————————————————————————————————— **pty/script.c**

```c
#include <sys/stat.h>
#include <fcntl.h>
#include <libgen.h>
#include <termios.h>
#include <sys/select.h>
#include "pty_fork.h"           /* Declaration of ptyFork() */
#include "tty_functions.h"      /* Declaration of ttySetRaw() */
#include "tlpi_hdr.h"

#define BUF_SIZE 256
#define MAX_SNAME 1000

struct termios ttyOrig;

static void             /* Reset terminal mode on program exit */
ttyReset(void)
{
    if (tcsetattr(STDIN_FILENO, TCSANOW, &ttyOrig) == -1)
        errExit("tcsetattr");
}
```

```
        int
        main(int argc, char *argv[])
        {
            char slaveName[MAX_SNAME];
            char *shell;
            int masterFd, scriptFd;
            struct winsize ws;
            fd_set inFds;
            char buf[BUF_SIZE];
            ssize_t numRead;
            pid_t childPid;

①          if (tcgetattr(STDIN_FILENO, &ttyOrig) == -1)
                errExit("tcgetattr");
            if (ioctl(STDIN_FILENO, TIOCGWINSZ, &ws) < 0)
                errExit("ioctl-TIOCGWINSZ");

②          childPid = ptyFork(&masterFd, slaveName, MAX_SNAME, &ttyOrig, &ws);
            if (childPid == -1)
                errExit("ptyFork");

            if (childPid == 0) {        /* Child: execute a shell on pty slave */
③              shell = getenv("SHELL");
                if (shell == NULL || *shell == '\0')
                    shell = "/bin/sh";

④              execlp(shell, shell, (char *) NULL);
                errExit("execlp");      /* If we get here, something went wrong */
            }

            /* Parent: relay data between terminal and pty master */

⑤          scriptFd = open((argc > 1) ? argv[1] : "typescript",
                            O_WRONLY | O_CREAT | O_TRUNC,
                            S_IRUSR | S_IWUSR | S_IRGRP | S_IWGRP |
                                S_IROTH | S_IWOTH);
            if (scriptFd == -1)
                errExit("open typescript");

⑥          ttySetRaw(STDIN_FILENO, &ttyOrig);

⑦          if (atexit(ttyReset) != 0)
                errExit("atexit");

⑧          for (;;) {
                FD_ZERO(&inFds);
                FD_SET(STDIN_FILENO, &inFds);
                FD_SET(masterFd, &inFds);
```

```
⑨          if (select(masterFd + 1, &inFds, NULL, NULL, NULL) == -1)
                errExit("select");

⑩          if (FD_ISSET(STDIN_FILENO, &inFds)) {    /* stdin --> pty */
                numRead = read(STDIN_FILENO, buf, BUF_SIZE);
                if (numRead <= 0)
                    exit(EXIT_SUCCESS);

                if (write(masterFd, buf, numRead) != numRead)
                    fatal("partial/failed write (masterFd)");
            }

⑪          if (FD_ISSET(masterFd, &inFds)) {       /* pty --> stdout+file */
                numRead = read(masterFd, buf, BUF_SIZE);
                if (numRead <= 0)
                    exit(EXIT_SUCCESS);

                if (write(STDOUT_FILENO, buf, numRead) != numRead)
                    fatal("partial/failed write (STDOUT_FILENO)");
                if (write(scriptFd, buf, numRead) != numRead)
                    fatal("partial/failed write (scriptFd)");
            }
        }
    }
```
—— **pty/script.c**

我們在下列的 shell 作業階段示範如何使用列表 64-3 的程式。我們先顯示 xterm 使用的虛擬終端機名稱（登入的 shell 在此執行）以及登入 shell 的行程 ID，這些資訊之後在作業階段會很有用處。

```
$ tty
/dev/pts/1
$ echo $$
7979
```

我們接著執行 *script* 程式，此程式會觸發一個 subshell，我們再次顯示 shell 行程所在的終端機名稱以及 shell 的行程 ID：

```
$ ./script
$ tty
/dev/pts/24                    Pseudoterminal slave opened by script
$ echo $$
29825                          PID of subshell process started by script
```

現在我們使用 *ps(1)* 指令來顯示一些資訊（包含這兩個 shell 以及執行 *script* 的行程），並接著終止由 *script* 啟動的 shell：

```
$ ps -p 7979 -p 29825 -C script -o "pid ppid sid tty cmd"
  PID  PPID   SID TT      CMD
```

```
7979   7972   7979 pts/1    /bin/bash
29824   7979   7979 pts/1    ./script
29825 29824 29825 pts/24    /bin/bash
$ exit
```

指令 *ps(1)* 的輸出將呈現登入的 shell、執行 *script* 的行程，以及 *script* 啟動的 subshell 之間的父子關係。

此時我們已經回到登入 shell 中，顯示 *typescript* 檔案的內容，其中記載了 *script* 程式執行期間產生的全部輸入與輸出紀錄。

```
$ cat typescript
$ tty
/dev/pts/24
$ echo $$
29825
$ ps -p 7979 -p 29825 -C script -o "pid ppid sid tty cmd"
  PID  PPID   SID TT       CMD
 7979  7972  7979 pts/1    /bin/bash
29824  7979  7979 pts/1    ./script
29825 29824 29825 pts/24   /bin/bash
$ exit
```

64.7　終端機屬性與視窗大小

虛擬終端機的 master/slave 裝置會共用終端機屬性（*termios*）與視窗大小（winsize）結構。（這兩個結構已在第 62 章介紹過）。這表示，在虛擬終端機 master 裝置上執行的程式可以藉由 master 裝置的檔案描述符以及 *tcsetattr()* 與 *ioctl()* 函式，來修改 slave 裝置的屬性與視窗大小。

其中一個能說明改變終端機屬性是有好處的例子是 *script* 程式，假設我們在一個終端機模擬器視窗中執行 *script* 程式，然後修改視窗的大小。此時，終端機模擬器程式將會通知核心相對應的終端裝置視窗大小發生了改變，但這樣的改變不會影響另一個核心對虛擬終端機 slave 裝置的記錄（請見圖 64-4）。結果就是，在虛擬終端機 slave 裝置上執行的螢幕導向（screen-oriented）程式（如 *vi*）會產生雜亂的輸出，因為它們所知的視窗大小與終端機視窗實際上的大小不同，所以我們能以下列步驟解決此問題：

1. 在 *script* 父行程中安裝一個 SIGWINCH 訊號處理常式，以便在終端機視窗發生變化時可以由此訊號收到通知。

2. 當 *script* 父行程收到 SIGWINCH 訊號時，會使用 *ioctl()* 與 TIOCGWINSZ 操作取得一個 *winsize* 結構（與終端機視窗的標準輸入相關）。接著將此結構使用於 *ioctl()* 與 TIOCSWINSZ 操作中，用以設定虛擬終端機 master 裝置的視窗大小。

3. 若新的虛擬終端機視窗大小與之前不同，則核心會產生一個 SIGWINCH 訊號給虛擬終端機 slave 裝置的前景行程群組。如 vi 這類螢幕處理程式（screen-handling program）可設計為：捕捉此訊號並執行一個 *ioctl()* 與 TIOCGWINSZ 的操作，以更新它們所知的終端機視窗大小。

我們已在 62.9 節詳細介紹關於終端機視窗大小以及 *ioctl()* 與 TIOCGWSINZE 及 TIOCSWINSZ 操作的細節。

64.8　BSD 風格的虛擬終端機

本章大部分的內容都著重於探討 UNIX 98 虛擬終端機，因為是已經列入 SUSv3 規範的標準化虛擬終端機風格，因而在全部的新程式都應該遵守使用。然而，我們有時會在舊版的應用程式或是將程式從其他 UNIX 系統移植到 Linux 系統時遇到 BSD 風格的虛擬終端機。因此，我們現在要開始詳加探討 BSD 風格的部分。

> Linux 已經不再使用 BSD 風格的虛擬終端機了，從 Linux2.6.4 版之後，BSD 風格的虛擬終端機是核心的選配元件，可透過核心的 CONFIG_LEGACY_PTYS 選項設定。

BSD 虛擬終端機與 UNIX98 虛擬終端機的差異只在於，如何找到與開啟虛擬終端機的 master 與 slave 裝置的細節。一旦已經開啟了 master 與 slave 裝置，BSD 虛擬終端機的操作方式是與 UNIX98 虛擬終端機相同的。

在 UNIX98 虛擬終端機中，我們透過呼叫 *posix_openpt()* 取得尚未使用的虛擬終端機 master 裝置，此函式會開啟 /dev/ptmx，虛擬終端機 master 裝置的分身（clone）裝置。我們接著使用 *ptsname()* 取得相對應的虛擬終端機 slave 裝置名稱。相對地，BSD 虛擬終端機的 master 與 slave 裝置都已經預先在 /dev 目錄中建立項目。每個 master 裝置的名稱格式是 /dev/ptyxy 的形式，這裡的 *x* 會由 [p-za-e] 範圍內的 16 個字元替代，而 *y* 則由 [0-9a-f] 範圍內的 16 個字元替代。與特定虛擬終端機 master 裝置相對應的 slave 裝置名稱格式是 /dev/ttyxt。因此，例如：/dev/ptyp0 與 /dev/ttyp0 就能構成一對 BSD 風格的虛擬終端機。

> BSD 風格的虛擬終端機數量與名稱會隨著 UNIX 系統實作而異，有些系統預設提供如 32 對這麼少的數量，而大多數的系統至少會提供 32 對名稱格式為 /dev/pty[pq][0-9a-f] 範圍的虛擬終端機 master 裝置，而相對應的虛擬終端機 slave 裝置也是依此類推。

若要找出一對尚未使用的虛擬終端機，我們會執行一個迴圈，試著輪流開啟每個 master 裝置，直到能夠成功開啟其中一個為止。當執行此迴圈時，在呼叫 *open()* 時可能會遇到兩個錯誤：

- 若給定的 master 裝置名稱不存在，則 *open()* 呼叫將會失敗，並發生 ENOENT 錯誤。通常這表示我們已經完整找過系統上整個虛擬終端機 master 裝置名稱，不過還是無法找到可用的裝置（即，在上述所列的整個裝置範圍內都找不到）。

- 若 master 裝置正在使用中，則 *open()* 呼叫也會失敗，其錯誤碼為 EIO。我們可以直接忽略此錯誤，並試著開啟開啟下個裝置。

> 在 HP-UX 11 系統中，當試著開啟一個使用中的 BSD 虛擬終端機 master 裝置時，*open()* 失敗的錯誤碼為 EBUSY。

一旦我們已經找到了可用的 master 裝置，我們就可以取得相對應的 slave 裝置名稱，只要以 tty 取代 master 裝置名稱的 pty 即可。再來我們就能使用 *open()* 開啟 slave 裝置。

> 在 BSD 虛擬終端機並沒有等價於 *grantpt()* 的函式可修改 slave 裝置的擁有者（ownership）與權限。若有需求，則必須直接呼叫 *chown()*（只有特權程式才可以）與 *chmod()*，或是設計一個 set-user-ID 程式（如 *pt_chown*）來幫非特權程式執行此任務。

列表 64-4 示範將 64.3 節的 *ptyMasterOpen()* 函式以 BSD 風格虛擬終端機實作，若要讓我們的 script 程式 64.6 節）能在 BSD 虛擬終端機運作，只需以此實作取代之前的 *ptyMasterOpen()*。

列表 64-4：使用 BSD 虛擬終端機的 *ptyMasterOpen()* 實作

──────────────────────────── **pty/pty_master_open_bsd.c**

```
#include <fcntl.h>
#include "pty_master_open.h"            /* Declares ptyMasterOpen() */
#include "tlpi_hdr.h"

#define PTYM_PREFIX      "/dev/pty"
#define PTYS_PREFIX      "/dev/tty"
#define PTY_PREFIX_LEN   (sizeof(PTYM_PREFIX) - 1)
#define PTY_NAME_LEN     (PTY_PREFIX_LEN + sizeof("XY"))
#define X_RANGE          "pqrstuvwxyzabcde"
#define Y_RANGE          "0123456789abcdef"

int
ptyMasterOpen(char *slaveName, size_t snLen)
```

```c
{
    int masterFd, n;
    char *x, *y;
    char masterName[PTY_NAME_LEN];

    if (PTY_NAME_LEN > snLen) {
        errno = EOVERFLOW;
        return -1;
    }

    memset(masterName, 0, PTY_NAME_LEN);
    strncpy(masterName, PTYM_PREFIX, PTY_PREFIX_LEN);

    for (x = X_RANGE; *x != '\0'; x++) {
        masterName[PTY_PREFIX_LEN] = *x;

        for (y = Y_RANGE; *y != '\0'; y++) {
            masterName[PTY_PREFIX_LEN + 1] = *y;

            masterFd = open(masterName, O_RDWR);

            if (masterFd == -1) {
                if (errno == ENOENT)    /* No such file */
                    return -1;          /* Probably no more pty devices */
                else                    /* Other error (e.g., pty busy) */
                    continue;

            } else {                /* Return slave name corresponding to master */
                n = snprintf(slaveName, snLen, "%s%c%c", PTYS_PREFIX, *x, *y);
                if (n >= snLen) {
                    errno = EOVERFLOW;
                    return -1;
                } else if (n == -1) {
                    return -1;
                }

                return masterFd;
            }
        }
    }

    return -1;                      /* Tried all ptys without success */
}
```

pty/pty_master_open_bsd.c

64.9　小結

雙虛擬終端機是由一對互聯的虛擬終端機 master 裝置與 slave 裝置組成，連接在一起後，這兩個裝置提供一個雙向的 IPC 通道。使用虛擬終端機的好處在於，我們可以將一個終端機導向的程式連接到 slave 裝置端，它可以透過開啟了 master 裝置的程式來驅動。虛擬終端機 slave 裝置的行為就像傳統的終端機，全部可以施加於傳統終端機上的操作都可以施加於 slave 裝置，而且從 master 裝置到 slave 裝置傳輸的輸入，其解譯方式與鍵盤輸入到傳統終端機的方式一樣。

虛擬終端機的一種常見用途是提供網路登入服務的應用，但是，虛擬終端機也可以用在許多其他的程式中，例如終端機模擬器以及 *script(1)* 程式。

System V 與 BSD 系統提供了不同的虛擬終端機 API，Linux 兩種 API 都有提供支援，但是只有 System V 的虛擬終端機 API 成為 SUSv3 規範的標準。

64.10　習題

64-1. 執行列表 64-3 中的程式，當使用者鍵入檔案結尾符號（通常是 *Ctrl-D*）時，script 程式的父子行程依照何種順序結束呢？原因為何？

64-2. 依照下列說明修改列表 64-3（`script.c`）的程式：

　　a）讓標準的 *script(1)* 程式能在輸出檔案的開頭與結尾加上幾行文字，分別顯示程式啟動與結束的時間，請加上此功能。

　　b）如 64.7 節所述，新增能處理終端機視窗大小改變的程式碼，你可能會覺得列表 62-5（`demo_SIGWINCH.c`）的程式有助於測試此功能。

64-3. 修改列表 64-3（`script.c`）的程式，將 *select()* 改成一對行程，其中一個行程處理由終端機至虛擬終端機 master 裝置的資料傳輸，另一個行程處理反向的資料傳輸。

64-4. 修改列表 64-3（`script.c`）的程式，為其增加一個記錄時間戳記的功能，每當該程式對 typescript 檔案寫入字串時，還應該要寫一個時間戳記的字串到第二個檔案（例如 typescript.timed）。寫入第二個檔案的字串應滿足如下格式：

```
<timestamp> <space> <string> <newline>
```

timestamp 應該以文字格式記錄從 script 程式啟動期間經過的毫秒數量，將時間戳記以文字格式記錄的好處是易於閱讀其結果。在 *string* 中，真正的換行符號需要被跳脫（escape）。一種可行的方式是將一個換行符號記錄為 2 個字元的序列（\n），而反斜線記為（\\）。

再設計一個程式（`script_replay.c`），此程式讀取時間戳記檔並將內容傳遞到標準輸出，要求顯示的速率要與當初寫入時的速率相同，將這兩個程式結合起來可提供一個簡單的記錄並重播 shell 作業階段的日誌功能。

64-5. 實作客戶端與伺服器程式，提供類似 *telnet* 風格的簡單遠端登入功能。伺服器端要設計成能並行（concurrent）處理客戶端的連線（見 60.1 節）。圖 64-3 示範為每個客戶端建立登入服務的步驟。圖中沒有顯示的是伺服器端父行程，該行程處理從客戶端發送來的 socket 連線，並建立伺服器端子行程來處理每個連線。注意，每個用來認證使用者以及啟動登入 shell 的工作，都可以在每個伺服器端子行程中透過呼叫 *ptyFork()* 進而在孫子行程中執行 *login(1)* 程式來完成。

64-6. 將上面的練習程式增加程式碼，使其能夠在登入作業階段開始與結束時更新登入帳戶檔案（請見第 40 章）。

64-7. 假設我們執行了一個長時間執行的程式，該程式緩慢地產生輸出，並將輸出重導到一個檔案或管線上，例如：

```
$ longrunner | grep str
```

上面的例子有個問題就是，預設情況下 *stdio* 只會在標準輸入緩衝區填滿之後才會刷新到標準輸出。這就意謂著，上面的 *longrunner* 程式輸出將以突發方式顯示，且輸出之間有較長的時間間隔。避開此問題的一種方法是設計一個依照如下步驟處理的程式：

a）建立一個虛擬終端機。

b）將標準檔案描述符連接到虛擬終端機 slave 裝置，執行命令列參數中指定的程式。

c）由虛擬終端機 master 裝置端讀取輸出，並立刻寫入標準輸出（`STDOUT_FILENO`，檔案描述符為 1）。同時，從終端機讀取輸入並寫入虛擬終端機 master 裝置，這樣被執行的程式就能讀取輸入了。

這樣的程式我們可以稱之為 *unbuffer*，可以如下使用：

```
$ ./unbuffer longrunner | grep str
```

實作 *unbuffer* 程式。（此程式的程式碼大部分都與列表 64-3 的程式類似）。

64-8. 設計一個程式，實作一種 script 語言，它可以用來在非互動模式驅動 *vi*，由於 *vi* 需要在終端機上執行，因此該程式需要使用虛擬終端機。

追蹤系統呼叫（Tracing System Call）

指令 strace 允許我們追蹤程式執行的系統呼叫，在除錯（debug）或者只是想知道
程式做了哪些事時很好用。我們下列以最簡單的方式來使用 strace：

> $ **strace** command arg...

這樣會依照提供的命令列參數來執行 *command*，追蹤行程所執行的系統呼叫。
預設時，strace 會將輸出（output）寫到標準錯誤（stderr），不過我們可以使用
-o filename 選項來改變。

> 執行 strace 的輸出範例如下所示（使用 strace date 的輸出做為範例）：
>
> ```
> execve("/bin/date", ["date"], [/* 114 vars */]) = 0
> access("/etc/ld.so.preload", R_OK)       = -1 ENOENT (No such file or directory)
> open("/etc/ld.so.cache", O_RDONLY)       = 3
> fstat64(3, {st_mode=S_IFREG|0644, st_size=111059, ...}) = 0
> mmap2(NULL, 111059, PROT_READ, MAP_PRIVATE, 3, 0) = 0xb7f38000
> close(3)                                 = 0
> open("/lib/libc.so.6", O_RDONLY)         = 3
> fstat64(3, {st_mode=S_IFREG|0755, st_size=1491141, ...}) = 0
> close(3)                                 = 0
> write(1, "Mon Jan 17 12:14:24 CET 2011\n", 29) = 29
> exit_group(0)                            = ?
> ```

每一個系統呼叫都以一個函式呼叫的樣貌呈現，輸入與輸出參數在括號裡面顯
示，如上面範例所見，參數會以符號的形式輸出：

- 使用相對應的符號常數表示位元遮罩（bit mask）。

- 字串以文字的形式輸出（上限是 32 個字元，可是 *-s strsize* 選項可以改變這個限制）。

- 會個別顯示結構的欄位（預設只會顯示大型結構的一部分，不過可以使用 -v 選項來顯示整個結構的欄位）。

在追蹤呼叫的右括弧之後，strace 會輸出一個等號（=），並接著系統呼叫的傳回值。若是系統呼叫執行失敗，則會以文字的方式顯示 *errno* 值。因而，我們可以看到上面的 *access()* 呼叫在執行失敗時會顯示 ENOENT。

　　即使是一個簡單的程式，在 C 執行期的啟動碼（startup code）與載入共享函式庫（shared library）所執行的系統呼叫，都會讓 *strace* 產生許多輸出。對於一個複雜的程式而言，*strace* 的輸出會很多。基於這些理由，有時需要選擇性過濾 *strace* 的輸出，其中一種方式是使用 *grep*，類似這樣：

```
$ strace date 2>&1 | grep open
```

另一個方式是使用 *-e* 選項來選擇要追蹤的事件，例如：我們可以使用下列指令來追蹤 *open()* 與 *close()* 系統呼叫：

```
$ strace -e trace=open,close date
```

當使用上述的任何一個技術時，我們需要知道，在有些例子中，一個系統呼叫的真正名稱會與 *glibc* 的 wrapper（封裝函式）名稱不同。例如，雖然我們在第 26 章將全部的 *wait()* 類型函式稱為系統呼叫，但是它們（*wait()*、*waitpid()* 與 *wait3()*）大部分都是屬於 wrapper，實際上是呼叫核心的 *wait4()* 系統呼叫服務常式（system call service routine）。這個後面的名稱是由 strace 顯示的，而我們必須在（*-e trace=*）選項指定名稱。同樣地，全部的 *exec* 函式庫函式（27.2 節）都會呼叫 *execve()* 系統呼叫。通常，我們可以透過觀察 strace 的輸出就很容易猜到這類變種（或如下列所述，觀察 *strace -c* 產生的輸出）。可是，如果 strace 執行失敗，我們可能就需要檢視 *glibc* 的原始碼，以得知在 wrapper 函式裡面可能是什麼樣子的變形。

　　strace(1) 的使用手冊會說明 strace 在一個 host（主機）上的更多選項，包含下列選項：

- 選項（*-p pid*）可以透過指定一個行程 ID 來追蹤一個既有的行程。非特權的（unprivileged）使用者受限只能追蹤自己的行程，而且不能執行 set-user-ID 或 set-group-ID 的程式（9.3 節）。

- 選項 *-c* 可以讓 strace 節錄輸出程式呼叫的系統呼叫。在每個系統呼叫中,節錄的資訊包含全部的呼叫數量、呼叫失敗的數量,以及執行這些呼叫的總時間。
- 選項 *-f* 可以追蹤這個行程的子行程,若我們正將追蹤的輸出送到一個檔案中(*-o filename*),然後另一個 *-ff* 選項可以讓每一個行程將它的追蹤輸出寫入一個檔名為 filename.PID 的檔案。

strace 是 Linux 特有的指令,可是大多數的 UNIX 平台也有提供它們自己的指令(如:Solaris 的 truss 與 BSD 的 ktrace)。

指令 *ltrace* 的執行任務與 *strace* 類似,不過是屬於函式庫的函式,細節請參考 *ltrace(1)* 使用手冊。

B

解析命令列選項
（Parsing Command-Line Option）

通常一個 UNIX 命令列的形式會如下所示：

command [*options*] *arguments*

一個選項（option）會以一個連接號（-）接著一個唯一字元以識別選項，這個選項也可能會搭配一個參數。通常一個選項與一個參數之間可以（選擇性的）使用空格（white space）隔開。多個選項也可以整群一起擺在一個連接號之後，而在這些選項的最後面接一個參數。依據這些規則，下列的指令都是相等的：

```
$ grep -l -i -f patterns *.c
$ grep -lif patterns *.c
$ grep -lifpatterns *.c
```

在上述的指令中，*-l* 與 *-i* 選項沒有參數，而 *-f* 選項的參數是 patterns 字串。

因為許多程式（包含本書的一些範例程式）會需要解析上述格式的選項，所以完成這項工作的設施（*facility*）是被封裝（encapsulated）在標準函式庫的 *getopt()* 函式（standard library function）。

```
#include <unistd.h>

extern int optind, opterr, optopt;
extern char *optarg;

int getopt(int argc, char *const argv[], const char *optstring);
                        See main text for description of return value
```

函式 *getopt()* 會解析 *argc* 與 *argv* 的命令列參數，通常這些參數可以從 *main()* 的同名參數取得。參數 *optstring* 指定 *getopt()* 要在 argv 中尋找的選項集，這個參數會包含了一連串的字元，每一個字元可以用來識別一個選項。SUSv3 規定 *getopt()* 應該至少要允許 62 個字元集 [a-zA-Z0-9] 做為選項，多數的實作也會接受其他的字元（除了「:」、「?」與「-」這些對 *getopt()* 有特殊意義的符號例外）。每一個選項字元可能會接著一個冒號（:），表示這個選項需要有一個參數。

我們透過重複地呼叫 *getopt()* 來解析一個命令列，每次呼叫會傳回尚未處理的選項資訊。若找到了一個選項，則函式會傳回選項的字元。若已經到了選項串列的結尾，則 *getopt()* 會傳回 -1；若是這個選項需要參數，則 *getopt()* 將 optarg 全域變數（global variable）設定為指向這個參數。

注意，*getopt()* 函式的傳回值型別是 *int*，我們千萬不可以將 *getopt()* 的結果指定給 *char* 型別的變數，因為若這個系統上的 *char* 型別是無號（unsigned）時，則無法將 *char* 變數與 -1 比較。

> 若選項不需要有參數，則 *glibc* 的 *getopt()* 實作（如同多數其他的實作）會將 *optarg* 設定為 NULL。然而，SUSv3 並沒有規範這個行為，所以應用程式為了可攜性則不能倚賴這點（通常也不需要）。

> 在 SUSv3 的規範（以及在 *glibc* 的實作）有一個相關的 *getsubopt()* 函式，可以解析選項參數，包含一個到多個逗號分隔的字串，格式如同 *name[=value]*，細節請參考 *getsubopt(3)* 使用手冊。

每次呼叫 *getopt()* 時，會更新 *optind* 全域變數（內含一個索引值，指出下一個尚未處理的 *argv* 元素）。（當多個選項放在一起變成一個單字時，*getopt()* 會在內部記錄，以持續追蹤下一步要處理這個單字的哪一個字元）。*optind* 變數會自動在第一次呼叫 *getopt()* 之前設定為 1，我們在下列兩種情況可能會使用到這個變數：

- 若 *getopt()* 傳回 -1（表示目前已經沒有更多選項，而且 *optind* 小於 *argc*），則 *argv[optind]* 的位置就是命令列參數中的下一個非選項（nonoption）單字。

- 若我們正在處理多個命令列向量或是重新掃描相同的命令列，則我們必須明確地將 *optind* 重新設定為 1。

函式 *getopt()* 會傳回 -1，表示到了選項串列的結尾，如下列情況：

- 到了 *argc* 及 *argv* 所描述的串列結尾（即 *argv[optind]* 的內容為 NULL）。
- 在 *argv* 中，下一個尚未處理的單字不是以選項分隔符號做為開頭（即 *argv[optind][0]* 不是連接符號）。
- 在 argv 中，下一個尚未處理的單字有單一個連接符號（即 *argv[optind]* 是「 - 」），有些指令可以理解這個單字是一個具有特殊意義的參數，如同 5.11 節所述。
- 在 argv 中，下一個尚未處理的單字有兩個連接符號（ -- ）。在這個例子中，*getopt()* 會默默地消耗掉這兩個連接符號，並將 *optind* 調整為指向這兩個連接符號之後的單字。即使讓命令列中的下一個單字（在兩個連接符號之後）看起來像是一個選項（即：以一個連接符號開始），不過這個語法讓使用者可以指定一個指令選項的結尾，例如：若我們想要使用 *grep* 在一個檔案中搜尋 *-k* 字串時，我們可以寫 *grep -- -k myfile*。

當 *getopt()* 處理選項串列時，可能會發生兩種錯誤：一個錯誤是選項不在 optstring 裡；另一個錯誤是沒有提供選項所需的參數（如：出現在命令列結尾的選項）。關於 *getopt()* 如何處理與報告這些錯誤的規則如下：

- 預設時，*getopt()* 於標準錯誤（standard error）印出適當的錯誤訊息，並傳回字元「?」。在這個例子中，optopt 全域變數會傳回出錯的選項字元（如：無法辨識或缺少參數）。
- 全域變數 opterr 可以用來讓 *getopt()* 不會輸出錯誤訊息，這個變數預設是 1，若我們將這個變數設定為 0，則 *getopt()* 就不會印出錯誤訊息，而是表現如前述的行為。程式可以透過傳回的函式結果「?」來偵測錯誤，並顯示自訂的錯誤訊息。
- 此外，我們可在 *optstring* 的第一個字元指定一個冒號「:」，來關閉輸出錯誤訊息（這麼做會覆蓋 *opterr* 設定為 0 的效果）。在這個例子中，將 *opterr* 設定為 0 也會回報錯誤訊息，只有在選項缺少參數時函式會傳回「:」。若我們有需要，可以使用這個傳回值的差異來分辨這兩種錯誤（無法辨識的選項以及缺少參數的選項）。

表 B-1 節錄了上述的錯誤回報取代方案。

表 B-1　*getopt()* 的錯誤回報行為

錯誤回報的方式	*getopt()* 是否顯示錯誤訊息？	無法辨識選項的回報	缺少參數的回報
default (*opterr == 1*)	Y	?	?
opterr == 0	N	?	?
: at start of *optstring*	N	?	:

範例程式

列表 B-1 示範使用 *getopt()* 來解析命令列的兩個選項：*-x* 選項（不帶參數）以及 *-p* 選項（帶有參數）。這個程式會在 *optstring* 的第一個字元指定分隔符號（:），以關閉輸出 *getopt()* 的錯誤訊息。

為了讓我們可以觀察 *getopt()* 的運作，我們用一些 *printf()* 呼叫來顯示每個 *getopt()* 呼叫的回傳資訊。在完成時，程式會印出一些與指定選項相關的節錄資訊，而且也會顯示命令列的下個非選項單字（若有）。下列的 shell 作業階段紀錄（session log）會顯示我們使用不同的命令列參數來執行程式的結果：

```
$ ./t_getopt -x -p hello world
opt =120 (x); optind = 2
opt =112 (p); optind = 4
-x was specified (count=1)
-p was specified with the value "hello"
First nonoption argument is "world" at argv[4]
$ ./t_getopt -p
opt = 58 (:); optind = 2; optopt =112 (p)
Missing argument (-p)
Usage: ./t_getopt [-p arg] [-x]
$ ./t_getopt -a
opt = 63 (?); optind = 2; optopt = 97 (a)
Unrecognized option (-a)
Usage: ./t_getopt [-p arg] [-x]
$ ./t_getopt -p str -- -x
opt =112 (p); optind = 3
-p was specified with the value "str"
First nonoption argument is "-x" at argv[4]
$ ./t_getopt -p -x
opt =112 (p); optind = 3
-p was specified with the value "-x"
```

注意，在上面的最後一個範例中，字串 *-x* 會解譯為 *-p* 選項的參數，而不是一個選項。

```c
#include <ctype.h>
#include "tlpi_hdr.h"

#define printable(ch) (isprint((unsigned char) ch) ? ch : '#')

static void                 /* Print "usage" message and exit */
usageError(char *progName, char *msg, int opt)
{
    if (msg != NULL && opt != 0)
        fprintf(stderr, "%s (-%c)\n", msg, printable(opt));
    fprintf(stderr, "Usage: %s [-p arg] [-x]\n", progName);
    exit(EXIT_FAILURE);
}

int
main(int argc, char *argv[])
{
    int opt, xfnd;
    char *pstr;

    xfnd = 0;
    pstr = NULL;

    while ((opt = getopt(argc, argv, ":p:x")) != -1) {
        printf("opt =%3d (%c); optind = %d", opt, printable(opt), optind);
        if (opt == '?' || opt == ':')
            printf("; optopt =%3d (%c)", optopt, printable(optopt));
        printf("\n");

        switch (opt) {
        case 'p': pstr = optarg;        break;
        case 'x': xfnd++;               break;
        case ':': usageError(argv[0], "Missing argument", optopt);
        case '?': usageError(argv[0], "Unrecognized option", optopt);
        default:  fatal("Unexpected case in switch()");
        }
    }

    if (xfnd != 0)
        printf("-x was specified (count=%d)\n", xfnd);
    if (pstr != NULL)
        printf("-p was specified with the value \"%s\"\n", pstr);
    if (optind < argc)
        printf("First nonoption argument is \"%s\" at argv[%d]\n",
```

```
                    argv[optind], optind);
        exit(EXIT_SUCCESS);
    }
```
── getopt/t_getopt.c

GNU 特有的行為

預設時，glibc 的 getopt() 實作有一個非標準的功能：可允許交錯使用選項與非選
項，所以下列的例子是相等的：

```
$ ls -l file
$ ls file -l
```

在處理第二種形式的命令列時，getopt() 會重整原本的 argv 內容，讓全部的選項都
移到陣列的起始位置，並且將全部的非選項移到陣列的結尾（若 argv 包含一個指
向「--」這個單字的元素，則只有該元素之前的元素才需要排列，並將它解譯為選
項）。換句話說，在先前所示的 getopt() 原型中，argv 的 const 宣告對 glibc 而言其
實並非事實。

　　在 SUSv3（或 SUSv4）並不允許排列 argv 的內容，我們可以將 POSIXLY_
CORRECT 環境變數設定為任何值，以強迫 getopt() 提供符合標準的行為（如：遵循
之前所列的規則，可以判斷選項清單的結尾）。這可以用兩種方式達成：

- 我們可以在程式裡面呼叫 putenv() 或 setenv()，優點是使用者不需要做任何事
  情，缺點是它需要修改程式原始碼，而且只能更改這個程式的行為。
- 我們可以在執行程式之前，在 shell 裡定義變數：
  ```
  $ export POSIXLY_CORRECT=y
  ```

這個方法的優點是它可以影響全部使用 getopt() 的程式，然而，它也有一些缺點。
POSIXLY_CORRECT 會讓各種 Linux 工具的行為產生其他改變。此外，設定這個變數
明顯需要使用者介入（大多數會需要將變數設定在 shell 的起始檔案）。

　　另一個避免 getopt() 排列命令列參數的一個方法是：讓 optstring 的第一個
字元是一個加號（+）（若我們也想要如前述那樣關閉輸出 getopt() 錯誤訊息，則
optstring 的前兩個字元就應該依序是「+:」）。如同使用 putenv() 或 setenv()，這個
方法的缺點是需要改變程式碼，細節請參考 getopt(3) 使用手冊。

> SUSv4 有一個即將修正的技術似乎是：新增一個在 optstring 中使用加號的規
> 範，以避免對命令列參數進行排列。

注意，*glibc getopt()* 的排列行為會影響我們如何設計 shell script（這會影響開發者將其他系統的 shell script 移植到 Linux）。假設我們有一個 shell script，可以對目錄中的全部檔案執行下列指令：

```
chmod 644 *
```

若這些檔案的其中一個檔名是以連接符號開始，那麼 *glibc getopt()* 的排列行為會導致將那些檔名解譯為 chmod 的選項。這在其他的 UNIX 平台將不會發生，第一個非選項（644）的發生會確保 *getopt()* 在剩下的命令列中尋找選項。對於大多數的指令而言（若我們沒有設定 `POSIXLY_CORRECT`，則），對於這類必須在 Linux 系統執行的 shell script 之處理方式是，將字串「--」放在第一個非選項參數之前，因此我們可以將上面的那一行指令改成如下：

```
chmod -- 644 *
```

在這個採用 filename generation 的特殊例子中，我們可以將指令改成這樣：

```
chmod 644 ./*
```

雖然我們在上面用的是 filename pattern matching（檔名模式比對）（globbing）的範例，不過相似的情境也會發生在其他的 shell 處理結果（如：指令取代與參數擴充），而且也可以用類似的方式來處理它們，使用一個「--」字串將選項與參數隔開。

GNU 擴充

GNU C library 提供許多 *getopt()* 擴充，我們簡單提出幾點如下：

- SUSv3 規範只允許選項一定要有參數，在 GNU 版本的 *getopt()*，我們可以在 *optstring* 的選項字元之後放兩個冒號，用以表示它的參數是可以選配的，這種選項的參數必須與選項同時出現在同一個單字裡（如：在選項與參數之間沒有空格）。若參數不存在，則當 *getopt()* 傳回時，會將 *optarg* 指定為 NULL。
- 許多 GNU 指令允許一種長選項語法的形式，一個長選項會以兩個連接符號開頭，選項本身是以一個單字表示而不是一個字元，如同下列範例所示：
  ```
  $ gcc --version
  ```

在 *glibc* 的 *getopt_long()* 函式可以用來解析這類選項。

- GNU C 函式庫有一個更為複雜的 API（但不可攜），可以用來解析命令列，稱為 *argp*，在 *glibc* 使用手冊會介紹這個 API。

對空（NULL）指標轉型

我們探討下列的 *execl()* variadic 函式呼叫：

```
execl("ls", "ls", "-l", (char *) NULL);
```

> 一個變動參數（variadic）函式是指函式可接收參數的數量是可變的，或者函式的參數型別可以改變。

像是否要對上面的 NULL 進行轉型這種情況通常就是混亂的來源，我們通常可以不進行轉型，但是 C 語言的標準規定需要轉型，若不轉型則會導致應用程式在某些系統上損毀。

通常會將 NULL 定義為 0 或者 *(void *) 0*（C 標準允許其他定義方式，不過需要與這兩種情況其中一個有相等效果才行）。需要轉型的主要理由是：NULL 可以定義為 0，所以這是我們首要解釋的情況。

在將原始碼傳遞給編譯器之前，C 的前置處理器（preprocessor）會先將 NULL 用 0 取代。C 語言標準規定：可以將常數 0 用在任何可能會用到指標的上下文（context）之中，而編譯器就能確保將這個值視為一個空（NULL）指標。在大多數情況都不會有問題，所以我們不需要擔心轉型問題。例如，我們可以如下方式撰寫程式碼：

```
int *p;

p = 0;                                       /* Assign null pointer to 'p' */
p = NULL;                                     /* Same as 'p = 0' */
```

上面的程式碼可以正常運作，因為編譯器可以判斷等號的右邊是否需要一個指標值，而且會將 0 轉換為一個 null 指標。

同樣地，對於指定固定參數清單的函式原型，我們可以將指標參數指定為 0 或是 NULL，用來表示可以傳遞一個 null 指標給這個函式：

```
sigaction(SIGINT, &sa, 0);
sigaction(SIGINT, &sa, NULL);                /* Equivalent to the preceding */
```

> 若我們要將 null 指標傳輸給一個舊式的、沒有函式原型的 C 函式，則這裡提供的每個需要適當轉型為 0 或 NULL 的參數也能適用，而不用理會參數是否為可變動參數清單中的一部分。

因為上述的任何一個例子都不需要使用轉型，所以可能會認為結論就是永遠不會用到轉型，但並非如此。當在類似 *execl()* 這樣的變動參數函式，將 null 指標指定為其中一個參數時，就會需要進行轉型操作。若要理解為何需要這樣做，會需要知道以下幾點：

- 編譯器無法判斷變動參數函式所期望得到的參數型別為何。
- C 標準不會要求實際上要使用整數常數 0 來代表 null 指標（理論上，null 指標可以用任何與合法指標不同的整數值來表示）。標準也沒有要求一個 null 指標的大小需要與整數常數 0 一樣，標準規定的是：當在需要一個指標的上下文中發現了常數 0，則應該將 0 解譯為一個 null 指標。

因此，下列寫法是錯誤的：

```
execl(prog, arg, 0);
execl(prog, arg, NULL);
```

這個寫法是錯誤的，因為編譯器會將整數常數 0 傳遞給 *execl()*，而這裡無法保證 0 會與 null 指標相等。

我們在實務上通常不會進行轉型，因為在許多 C 實作中（例如 Linux/x86-32），整數常數（int）0 和 null 指標是相同的。但是，有一些實作並非如此，例如，null 指標所占的空間大小比整數常數 0 要大，因而在上面的例子中，*execl()* 很可能會在整數 0 的附近接收到一些隨機位元，從導致將結果值解釋為一個隨機指標（不為 null）。當把程式移植到這種實作環境時，忽略轉型就會導致程式崩潰。（在一些上述提到的實作中，會將 NULL 定義為長整數常數 0L，而且 *long* 和 *void* *

的大小相同，有些採用上述第二種呼叫方式的程式就不會出錯了）。因此，我們應該將上述的 *execl()* 呼叫重寫為下列形式：

```
execl(prog, arg, (char *) 0);
execl(prog, arg, (char *) NULL);
```

一般來說，我們需要將上面最後一個呼叫中的 NULL 進行轉型，就算是在 NULL 定義為 *(void *) 0* 的實作環境中也是如此。這是因為，即使 C 語言標準要求不同型別的 null 指標在比較等同性時結果應該為真，但並不要求不同型別的指標有同樣的內部表示（即使大部分的實作都是如此）。而如前所述，在一個變動參數函式中，編譯器無法將 *(void *)0* 轉型為適當型別的 null 指標。

> C 標準對於不同型別的指標不需要有相同的內部表示，這一個規則有一個例外：char * 型別指標和 void * 型別指標要求要有相同的內部表示。這表示在 *execl()* 的例子中，將 *(char *) 0* 替換為 *(void *) 0* 是不會有問題的，但是一般情況下還是需要做轉型處理的。

核心組態（Kernel Configuration）

Linux 核心（kernel）的許多功能都是可彈性選擇設定的元件。在編譯核心之前，可以取消或啟用這些元件。或是在許多案例中，可以啟用為可載入的核心模組（kernel module）。取消不需要元件的原因是：可以減少核心的執行檔大小，因此可以節省記憶體。若將元件設定為可載入的模組，則表示只有在執行期（run time）需要用到這個元件時，才會將元件載入記憶體執行，這樣也可以節省記憶體。

設定核心的方式是在核心原始碼目錄中執行 make 指令，例如，執行 make menuconfig 會提供一個文字風格的設定選單，或是執行 *make xconfig* 可以提供一個比較優雅的圖形設定選單。這些指令都會在核心原始碼的根目錄產生一個 .config 檔案，然後在核心編譯過程時使用，這個檔案包含了全部的組態選項設定。

在 .config 檔案中，每個啟用的選項值會如下的一行格式：

CONFIG_*NAME*=*value*

若沒有設定選項，則會在檔案中以如下的一行表示：

CONFIG_*NAME* is not set

在 .config 檔案中，以 # 字元開頭的那一行是註解。

我們在這本書談到核心選項時，不會精確說明在 *menuconfig* 或 *xconfig* 選單的哪個地方可以找到這個選項，原因如下：

- 選項的位置可以很直觀的從階層式選單來判斷。
- 因為更改核心版本而重建選單階層時，選項的組態位置會隨著時間改變。
- 若我們無法找到特定選項所在的選單階層位置時，則 *make menuconfig* 與 *make xconfig* 都有提供方法可以搜尋。例如：我們可以搜尋字串 CONFIG_INOTIFY，以找出設定支援 *inotify* API 的選項。

可以在 /proc/config.gz 這個虛擬檔案檢視目前執行中的核心組態選項，這是建立核心的 .config 之壓縮檔，這個檔案可以使用 *zcat(1)* 檢視，也可以用 *zgrep(1)* 搜尋。只有在核心設定啟用 CONFIG_IKCONFIG 與 CONFIG_IKCONFIG_PROC 選項時，才會有 /proc/config.z 檔案可以使用。

更多的資訊來源

除了本書提供的資料，還有許多與 Linux 系統程式設計相關的資訊來源，我們在這個附錄提供一部分的簡介。

使用手冊（manual page）

可以透過 man 指令存取使用手冊（執行 man man 指令會說明如何使用 man 來讀取使用手冊），使用手冊會依據類型區分為許多小節，如下所示：

1. 程式與 shell 指令（program and shell command）：使用者在 shell 提示符號中執行的指令。

2. 系統呼叫（system call）：Linux 系統呼叫。

3. 函式庫函式（library function）：標準 C 函式庫函式（以及很多其他函式庫的函式）。

4. 特殊檔案（special file）：如裝置檔（device file）。

5. 檔案格式（file format）：比如系統密碼（/etc/passwd）與群組檔案（/etc/group）的格式。

6. 遊戲（game）：遊戲。

7. 概觀、慣例、協定，以及其他主題：綜覽各種主題，以及有關網路通訊協定和 socket 程式設計的各種頁面。

8. 系統管理指令：主要由超級使用者（superuser）使用的指令。

有些情況下，不同小節（section）中的使用手冊會有相同的名稱，例如 chmod 指令在使用手冊的第一小節，而 *chmod()* 系統呼叫則在使用手冊的第二小節。為了區分名稱相同的使用手冊，我們需要在名稱後面的括弧加上小節編號，比如 *chmod(1)* 與 *chmod(2)*。為了顯示特定小節的使用手冊，我們可以在 *man* 指令中指定小節的編號：

```
$ man 2 chmod
```

系統呼叫與函式庫函式的使用手冊會分成幾個部分，通常包括下列幾項：

- **名稱**（*name*）：函式名稱，伴隨著一行說明。下列指令可以用來將全部使用手冊中，有包含指定字串的那一行：
  ```
  $ man -k string
  ```

若我們記不得我們要查詢的使用手冊，這個方法是很好用的。

- **大綱**（*synopsis*）：函式的 C 原型，代表函式參數的型別、順序，以及函式的傳回值型別。在大多數情況下，在函式原型的前面會有一個標頭檔（header）清單，這些標頭檔定義了函式使用的巨集（macro）、C 型別，以及函式原型本身，使用這個函式的程式都應該引用（include）這些標頭檔。

- **說明**（*description*）：敘述函式的功能。

- **回傳值**（*return value*）：說明函式的回傳值，包括函式如何通知呼叫者發生了錯誤。

- **錯誤**（*error*）：發生錯誤時可能傳回的 *errno* 值清單。

- **相容於**（*confirming to*）：說明這個函式與哪些 UNIX 標準相容，這樣就能夠瞭解這個函式在其他 UNIX 平台的可攜性（portable）為何，而且也能標示出 Linux 特有的函式部份。

- *Bug*：說明函式會無法正常工作或無法依照預期方式運作之處。

  雖然後來的商用 UNIX 平台傾向使用符合大眾的說法，不過 UNIX 使用手冊在早期是直接將一個 bug 稱為 bug。Linux 延續了這個傳統。有時這些「bug」是哲學上的意義，只是單純說明有哪些方式可以改善哪些地方、或是對特殊的、無法預期（但在某些情況可能是可預期的）的行為提出警告。

- **注意事項**（*note*）：關於這個函式的額外提醒。

- **參考**（*see also*）：一個相關函式與指令的使用手冊清單。

介紹核心與 *glibc* API 的線上使用手冊可以參考：*http://www.kernel.org/doc/man-pages/*。

GNU info 文件

GNU 專案（project）並非使用傳統的使用手冊（manual）格式，而是使用 info 文件來記載大多數的軟體使用方法，info 文件是可以使用 info 指令瀏覽的一種超連結文件，透過 info info 指令可以取得如何使用 info 的入門指南。

　　雖然在大多數情況中，使用手冊中的資訊會與相對應的 info 文件相同，但是有時 C 函式庫的 info 文件會提供使用手冊所沒有的資訊，反之亦然。

> 即使使用手冊與 info 文件的資訊可能會是相同的，不過它們同時存在的理由與其習慣有一點關係。GNU 專案傾向於使用 info 的使用者介面，因此會透過 info 提供全部的文件。然而，UNIX 系統的使用者與程式設計人員則因為長久以來都透過使用手冊查詢資料（並且大多數情況都傾向查詢使用手冊），所以使用手冊因而會比 info 文件包含更多的歷史資訊（如版本之間的行為差異資訊）。

GNU C 函式庫（glibc）使用手冊

GNU C 函式庫包含一個說明如何使用函式庫中大多數函式的使用手冊，這個手冊位於 *http:// www.gnu.org/*。同時，在大多數的發行版本中也會提供了 HTML 格式與 info 格式（透過執行 info libc 指令）的手冊。

書籍

本書最後列出大量的參考書籍，其中有些值得特別介紹。

　　參考書籍清單中的前面幾本是由 W. Richard Stevens 撰寫的。Advanced Programming in the UNIX Environment（Stevens，1992）詳細介紹 UNIX 系統程式設計，並著重於 POSIX、System V 以及 BSD。最近的修訂版本是由 Stephen Rago（Stevens & Rago，2005）進行的更新，包含現在的標準與實作說明，並增加了執行緒的說明以及一章網路程式設計的章節。這本書從另一個觀點來介紹本書探討的許多主題。這兩本 UNIX Network Programming（Stevens 等人，2004）、（Stevens，1999）詳盡地說明網路程式設計與 UNIX 系統的行程間通信主題。

（Stevens 等人，2004）是由 Bill Fenner 與 Andrew Rudoff 修訂的，基於前一版的 UNIX Network Programming 第 1 冊（Stevens，1998）完成修訂。儘管這個修訂版涵蓋了幾個新的領域，不過多數需要參考（Stevens 等人，2004）的情況，一樣都可以在（Stevens，1998）找到相同的資訊，唯一的差異只是章節編號不同。

Advanced UNIX Programming（Rochkind，1985）是一本優質、簡潔、有時伴隨著幽默的好書，簡介 UNIX（System V）的程式設計。這本書目前已經進行更新，並擴充為第二版了（Rochkind，2004）。

Programming with POSIX Threads（Butenhof，1996）詳盡地介紹 POSIX 執行緒 API。

Linux and the Unix Philosophy（Gancarz，2003）簡介了 Linux 與 UNIX 系統上的應用程式設計哲學。

有許多書本提供了閱讀與修改 Linux 核心原始碼的導引，包括 *Linux Kernel Development*（Love，2010） 與 *Understanding the Linux Kernel*（Bovet & Cesati，2005）。

在 UNIX 核心中更為通用的背景方面，*The Design of the UNIX Operating System*（Bach，1986）仍然是一本非常值得閱讀的書，其中也包含了與 Linux 有關的資訊。*UNIX Internals: The New Frontiers*（Vahalia，1996）則介紹更為現代的 UNIX 實作核心內部。

在設計 Linux 驅動程式方面，最根本的參考書籍是 *Linux Device Drivers*（Corbet 等人，2005）。

Operating Systems: Design and Implementation（Tanenbaum & Woodhull，2006）使用 Minix 來介紹作業系統的實作（參考 *http://www.minix3.org/*）。

既有的應用程式原始碼

閱讀既有應用程式的原始碼通常有助於理解如何使用特定的系統呼叫（system call）與函式庫函式（library function）。在使用 RPM 套件管理程式（package manager）的 Linux 發行版本中，可以如下列方式找出包含某個特定程式（如 ls）的套件。

```
$ which ls                Find pathname of ls program
/bin/ls
$ rpm -qf /bin/ls         Find out which package created the pathname /bin/ls
coreutils-5.0.75
```

相對應的原始程式碼套件名稱與上面相似，只是字尾是 .src.rpm，這個套件可以在發行版本的安裝光碟找到，或是可以從發行者的官方網站下載。只要我們取得了套件，就可以使用 rpm 指令安裝，然後就可以研究原始程式碼了，通常會放在 /usr/src 的某個目錄。

在使用 Debian 套件管理程式的系統上，也是類似的查詢過程，我們可以使用下列指令來取得套件所建立的檔案路徑（這邊是以 ls 程式為例）：

```
$ dpkg -S /bin/ls
coreutils: /bin/ls
```

Linux 文件專案

Linux 文件專案（*http://www.tldp.org/*）會產出免費的（自由的）Linux 文件，包括各種系統管理與程式設計主題的 HOWTO 指南與 FAQ（常見問答集），這個網站也提供大量的各方面主題電子書。

GNU 專案

GNU 專案（*http://www.gnu.org/*）提供海量的軟體程式碼與相關文件。

新聞群組（news group）

Usenet 新聞群組通常是查詢特定程式設計問題解答的一個好地方，下列的新聞群組都特別有趣：

- *comp.unix.programmer* 解決通用的 UNIX 程式設計問題。
- *comp.os.linux.development.apps* 解決與 Linux 應用程式開發的相關問題。
- *comp.os.linux.development.system* 是 Linux 系統開發的新聞群組，著重於修改核心、開發驅動程式，以及可載入模組方面的問題。
- *comp.programming.threads* 討論與執行緒相關的問題、尤其是 POSIX 執行緒的程式設計。
- *comp.protocols.tcp-ip* 討論 TCP/IP 網路協定。

許多 Usenet 新聞群組的 FAQ 可以參考 *http://www.faqs.org/*。

> 在新聞群組發表文章提問之前，可以先查詢群組上的 FAQ（通常是群組中經常出現的問題），並試著利用搜尋引擎找出問題的解決方案，*http://groups.google.com/* 網站有提供一個瀏覽器介面，可以搜尋之前的 Usenet 文章。

Linux 核心郵寄清單（mailing list）

Linux 核心郵寄清單（LKML）是 Linux 核心開發人員主要的廣播通信媒介，提供核心開發的現狀，也是提交核心 bug 回報與補丁（patch）的論壇（LKML 不是提出系統程式設計問題的論壇），若要訂閱 LKML，需要發送一封信件內容如下的電子郵件給這個收件人（*majordomo@vger.kernel.org*）。

```
subscribe linux-kernel
```

關於清單伺服器的運作資訊可以發送一則內容只有「help」單字的信件給相同的收件人。

若要發送訊息到 LKML 論壇，則需要使用這個收件人（*linux-kernel@vger.kernel.org*），FAQ 與指向這個郵寄清單的一些歸檔（archive）連結可以參考 *http://www.kernel.org/*。

網站

下列網站值得研究：

- *http://www.kernel.org/*，The Linux Kernel Archives，包含以前與現在的全部 Linux 核心版本的原始程式碼。

- *http://www.lwn.net/*，Linux Weekly News，提供各種 Linux 相關主題的每日與每週專欄。每週的核心開發專欄會節錄 LKML 中的事情。

- *http://www.kernelnewbies.org/*，Linux Kernel Newbies，想要學習與修改 Linux 核心的程式人員可以從這邊開始。

- *http://lxr.linux.no/linux/*，Linux Cross-reference，提供使用瀏覽器存取各個版本 Linux 核心原始碼的方式，原始檔案中的每個代號（identifier）都會加上超連結，以便找出它的定義與使用的地方。

核心原始程式碼

若上述的的資訊來源都無法回答我們的問題，或是若我們想要確認文件的紀錄資訊是否正確，則可以閱讀核心原始程式碼。雖然部分的原始碼可能難以理解，不過閱讀 Linux 核心原始碼的一個特定系統呼叫（或 GNU C 函式庫原始碼中的一個特定函式庫函式）的程式碼，通常是找到一個問題的答案的最快方式。

若已經將 Linux 核心原始程式碼安裝在系統上，則通常可以在 /usr/src/linux 目錄找到。表 E-1 節錄了這個目錄的一些子目錄進行介紹。

表 E-1：Linux 原始程式碼樹的子目錄

目錄	內容
Documentation	核心的各個方面文件
arch	特定架構的程式碼，以一些子目錄組成，例如 alpha、arm、ia64、sparc 以及 x86
drivers	驅動程式的程式碼
fs	特定檔案系統的程式碼，由一些子目錄組成，例如 btrfs、ext4、proc（/proc 檔案系統），以及 vfat
include	核心程式碼所需的標頭檔
init	核心的初始化程式碼
ipc	System V IPC 和 POSIX 訊息佇列的程式碼
kernel	與行程、程式執行、核心模組、訊號、時間以及計時器相關的程式碼
lib	核心各個部分用到的通用函式
mm	記憶體管理的程式碼
net	網路程式碼（TCP/IP、UNIX 和 Internet domain socket）
scripts	設定與編譯核心的腳本（script）

部分習題解答

第 5 章

5-3. 本書程式碼的 `fileio/atomic_append.c` 檔案提供一個解法，這裡是依照建立方式執行程式的一個執行結果：

```
$ ls -l f1 f2
-rw-------    1 mtk        users        2000000 Jan  9 11:14 f1
-rw-------    1 mtk        users        1999962 Jan  9 11:14 f2
```

因為合併執行 *lseek()* 與 *write()* 並非原子式的（atomic），所以程式的其中一個實體（instance）有時會覆蓋另一個實體寫入的資料位元組，因而導致 f2 檔案的資料內容會少於 2MB。

5-4. 可以將 *dup()* 呼叫重新設計如下：

```
fd = fcntl(oldfd, F_DUPFD, 0);
```

可將 *dup2()* 呼叫重新設計如下：

```
if (oldfd == newfd) {                    /* oldfd == newfd is a special case */
    if (fcntl(oldfd, F_GETFL) == -1) {              /* Is oldfd valid? */
        errno = EBADF;
        fd = -1;
    } else {
        fd = oldfd;
```

```
        }
    } else {
        close(newfd);
        fd = fcntl(oldfd, F_DUPFD, newfd);
    }
```

5-6. 第一點要理解的是：因為 *fd2* 是一個 *fd1* 的複製（duplicate），所以它們都會共用一個單獨的開啟檔案描述符（open file description），因此也共用相同的檔案偏移量（offset）。然而，因為 *fd3* 是透過一個單獨的 *open()* 呼叫而建立的，所以它會有一個單獨的檔案偏移量。

- 在第一次 *write()* 之後，檔案內容是 Hello,。
- 由於 *fd2* 與 *fd1* 會共用一個檔案偏移量，所以第二次的 *write()* 呼叫會將資料附加（append）在既有的文件內容後面，產生 Hello, world。
- *lseek()* 呼叫會將 *fd1* 與 *fd2* 共用的檔案偏移量調整到檔案起點，因此第三次的 *write()* 呼叫會覆蓋部分的文件內容，產生了 HELLO, world。
- *fd3* 的檔案偏移量到目前為止尚未改變，所以依然指向檔案起點。因此，最後一次的 *write()* 呼叫會將檔案內容更改為 Gidday world。

執行本書程式碼的 fileio/multi_descriptors.c 程式，並觀察輸出結果。

第 6 章

6-1. 因為並未初始化 *mbuf* 陣列，所以這是未經初始化的部份資料區段。因此，不需要磁碟空間來儲存這個變數，而是在載入程式時才配置變數的儲存空間（並初始化為 0）。

6-2. 本書的程式碼檔案 proc/bad_longjmp.c 提供了不當使用 *longjmp()* 的一個範例。

6-3. 本書的程式碼檔案 proc/setenv.c 提供了 *setenv()* 和 *unsetenv()* 的實作範例。

第 8 章

8-1. 在建構 *printf()* 函式的輸出字串以前，會先執行兩次 *getpwuid()* 呼叫，因為 *getpwuid()* 呼叫會將以靜態配置的緩衝區回傳它的 *pw_name* 結果，所以第二次呼叫會覆蓋第一次呼叫的回傳結果。

第 9 章

9-1. 在探討下列情況時，請記得更改有效使用者 ID（effective user ID）也會改變系統檔案的使用者 ID。

9-2. 嚴格說來，一個行程的有效使用者 ID 不為 0 時，行程就不具有特權。然而，無特權行程可以使用 *setuid()*、*setreuid()*、 *seteuid()* 或者 *setresuid()* 呼叫，將它的有效使用者 ID 設定為它的真實使用者 ID 或 saved set-user-ID。使得這個行程可以使用這些呼叫的其中一個來重新取得特權。

9-4. 下列的程式碼會顯示每個系統呼叫的步驟。

```
e = geteuid();     /* Save initial value of effective user ID */

setuid(getuid());                     /* Suspend privileges */
setuid(e);                            /* Resume privileges */
/* Can't permanently drop the set-user-ID identity with setuid() */

seteuid(getuid());                    /* Suspend privileges */
seteuid(e);                           /* Resume privileges */
/* Can't permanently drop the set-user-ID identity with seteuid() */

setreuid(-1, getuid());               /* Temporarily drop privileges */
setreuid(-1, e);                      /* Resume privileges */
setreuid(getuid(), getuid());         /* Permanently drop privileges */

setresuid(-1, getuid(), -1);          /* Temporarily drop privileges */
setresuid(-1, e, -1);                 /* Resume privileges */
setresuid(getuid(), getuid(), getuid());  /* Permanently drop privileges */
```

9-5. 除了 *setuid()* 之外，答案與之前的習題相同，只是我們會將變數 e 的值改成 0。對於 *setuid()* 而言，下列操作是成立的：

```
/* (a) Can't suspend and resume privileges with setuid() */

setuid(getuid());            /* (b) Permanently drop privileges */
```

第 10 章

10-1. 最大的 32 位元有號整數值是 2,147,483,647，將這個數以每秒 100 個 clock tick，則相當於 248 天多一點。將這個數除以 100 萬個（CLOCKS_PER_SEC），則相當於 36 分 47 秒。

第 12 章

12-1. 本書的程式碼檔案（sysinfo/procfs_user_exe.c）提供了一種解決方案。

第 13 章

13-3. 程式碼的順序可以確保將寫入 stdio 緩衝區的資料刷新（flush）到磁碟上。*fflush()* 呼叫會將 fp 指向的 stdio 緩衝區內容刷新到核心緩衝區快取（kernel buffer cache）。之後提供給 *fsync()* 呼叫的參數是 fp 底層的檔案描述符。因此，呼叫會將這個檔案描述符指向的（剛填入的）核心緩衝區刷新到磁碟。

13-4. 將標準輸出送到一個終端機時，這是屬於行緩衝（line-buffered），以便 *printf()* 呼叫的輸出會立刻顯示，並接著是 *write()* 的輸出。當將標準輸出送到一個磁碟檔案時，則屬於區塊緩衝（block-buffered）。因此，*printf()* 的輸出會存放在 stdio 緩衝區中，並只在程式結束時才會進行刷新（即在 *write()* 呼叫之後）（一個包含這個習題程式碼的完整程式可參考本書程式碼的 filebuff/mix23_linebuff.c 檔案）。

第 15 章

15-2. *stat()* 系統呼叫不會改變任何的檔案時間戳記，因為它只是取得檔案 i-node 的資訊（且不存在 last i-node access 時戳）。

15-4. GNU C 函式庫提供一個名為 *euidaccess()* 的函式，請參考函式庫程式碼 sysdeps/ posix/euidaccess.c。

15-5. 為了達成這點，我們必須使用兩次 *umask()* 呼叫，如下所示：

```
mode_t currUmask;

currUmask = umask(0);          /* Retrieve current umask, set umask to 0 */
umask(currUmask);              /* Restore umask to previous value */
```

然而請注意，這個解法並非執行緒安全的（thread-saft），因為執行緒會共用行程的 umask 設定。

15-7. 本書的程式碼檔案（files/chiflag.c）提供了一種解決方案。

第 18 章

18-1. 使用 *ls -li* 指令可以看到：可執行檔在每次編譯之後都有不同的 i-node 編號。這是因為編譯器移除了（unlink）任何與目標可執行檔的同名檔案，然後再建立一個同名的新檔案。可以將運作中的可執行檔移除。雖然立刻移除了名稱，不過檔案本身仍然會保持存在，直到執行檔案的行程終止為止。

18-2. myfile 檔案會建立在子目錄 test 中，*symlink()* 呼叫會在父目錄建立一個相對連結。儘管有連結檔案，不過因為會解譯為與連結檔的相對位置，所以這是一個懸空連結（dangling link）。因此，連結會參考到父目錄中一個不存在的檔案。結果 *chmod()* 呼叫會失敗，錯誤編號為 ENOENT（沒有這樣的檔案或目錄）（完整的程式碼可以參考本書的原始檔檔案 dirs_links/bad_symlink.c）。

18-4. 本書的程式碼檔案 dirs_links/list_files_readdir_r.c 提供了一種解決方案。

18-7. 本書的程式碼檔案 dirs_links/file_type_stats.c 提供了一種解決方案

18-9. 使用 *fchdir()* 會比較有效率。若我們在迴圈中重複執行操作，則當呼叫 *fchdir()* 時，可以在執行迴圈之前呼叫一次 *open()*；而在呼叫 *chdir()* 時，可以將 *getcwd()* 呼叫放在迴圈之外。隨後可以量測重複呼叫 *fchdir(fd)* 與 *chdir(buf)* 之間的差異。呼叫 *chdir()* 成本會比較高的理由有二：將 *buf* 參數傳遞給核心需要在使用者空間與核心空間之間進行大量的資料傳輸，每次呼叫時必須將 buf 中的路徑名稱解析為相對應目錄的 i-node（在核心中的目錄條目資訊快取可以降低第二點的負擔，不過仍然要處理一些工作）。

第 20 章

20-2. 本書的程式碼檔案 signals/ignore_pending_sig.c 提供了一種解決方案。

20-4. 本書的程式碼檔案 signals/siginterrupt.c 提供了一種解決方案。

第 22 章

22-2. 如同大多數的 UNIX 實作，Linux 在即時訊號（realtime signal）之前會傳輸標準訊號（SUSv3 並未要求）。這是合理的，因為有些標準訊號會指出需要程式盡快處理的臨界狀態（例如，硬體異常）。

22-3. 在這個程式中使用 *sigwaitinfo()* 取代 *sigsuspend()* 與訊號處理常式，可以提昇 25% 到 40% 的速度（精確的比例隨著核心版本而異）。

第 23 章

23-2. 本書的程式碼檔案 `timers/t_clock_nanosleep.c` 提供了一種使用了 *clock_nanosleep()* 的改進程式。

23-3. 本書的程式碼檔案 `timers/ptmr_null_evp.c` 提供了一種解決方案。

第 24 章

24-1. 第一次的 *fork()* 呼叫會建立一個新的子行程。然後父行程與子行程會繼續執行第二個 *fork()* 呼叫，這樣每個行程各自又建立了一個子行程，總共有四個行程。這四個行程全部都繼續執行下一個 *fork()* 呼叫，每個行程又分別建立了一個子行程，最終，一共建立了七個新的行程。

24-2. 本書的程式碼檔案 `procexec/vfork_fd_test.c` 提供了一種解決方案。

24-3. 若呼叫 *fork()*，並接著讓子行程呼叫 *raise()*，發送如 SIGABRT 之類的訊號給它自己，則會產生一個核心傾印檔案，這個檔案會密切反映父行程在呼叫 *fork()* 時的狀態，gdb gcore 指令可以讓我們對程式執行類似的工作，而且不需要修改程式碼。

24-5. 在父行程中新增一個反向的 *kill()* 呼叫：

```
if (kill(childPid, SIGUSR1) == -1)
    errExit("kill")
```

並在子行程中新增一個反向的 *sigsuspend()* 呼叫：

```
sigsuspend(&origMask);              /* Unblock SIGUSR1, wait for signal */
```

第 25 章

25-1. 假設採用了二補數（two's complement）架構，會將 -1 用全部位元為 1 來表示，則父行程將會看到一個 255 的結束狀態（最低的 8 個有效位元都是 1，這就是父行程在呼叫 *wait()* 時傳回的結果）。（在程式中呼叫 *exit(-1)* 是程式設計人員常犯的錯誤，與程式用來表示系統呼叫失敗而傳回的 -1 搞混了）。

第 26 章

26-1. 本書的程式碼檔案（`procexec/orphan.c`）提供了一種解決方案。

第 27 章

27-1. *execvp()* 函式一開始會無法執行 dir1 目錄的檔案 xyz，因為沒有目錄的執行權限。因此會繼續搜尋目錄 dir2，並成功執行檔案 xyz。

27-2. 本書的程式碼檔案 procexec/execlp.c 提供了一種解決方案。

27-3. 執行腳本會將 cat 程式指定為它的直譯器（interpreter），cat 程式解譯檔案的方式就是將檔案內容輸出，在啟用 *-n*（行號）選項時（如同輸入 *cat -n ourscript* 指令），因此將看到如下輸出：

```
1 #!/bin/cat -n
2 Hello world
```

27-4. 兩個連續的 *fork()* 之後，總共會有三個行程，包含父行程、子行程與孫行程等關係。在建立孫行程之後，子行程就會立刻結束，並由父行程的 *waitpid()* 呼叫取得。所以孫行程會變成孤兒行程，並受到 *init* 行程（行程 ID 為 1）領養。程式不需要執行第二次 *wait()* 呼叫，因為當孫行程終止時，init 行程會自動完成殭屍行程的收集工作。使用這一程式碼的順序可能會用在這種用途：若需要建立子行程，而我們之後又無法等待它完成，則可以使用這個程式碼順序來確保不會產生殭屍行程。此類需求的一個範例是：父行程執行了一些程式，又無法保證對這些程式進行 wait（而且我們不想依賴將 SIGCHLD 的處置（disposition）設定為 SIG_IGN，因為在 *exec()* 之後，受到忽略的 SIGCHLD 訊號處置行為並未在 SUSv3 的規範中）。

27-5. 提供給 *printf()* 的字串沒有包括一個換行符號，因此，在呼叫 *execlp()* 之前不會刷新輸出，*execlp()* 呼叫會覆蓋程式既有的資料區段（還有堆積與堆疊），其中還包括 stdio 緩衝區，因此未刷新的輸出就會遺失。

27-6. 傳輸 SIGCHLD 訊號給父行程。若 SIGCHLD 處理常式試圖呼叫 *wait()*，則呼叫將傳回錯誤（錯誤號為 ECHILD），表示沒有可傳回狀態的子行程。（這裡假設父行程沒有其他遭到終止的子行程。若有，則 *wait()* 呼叫將阻塞，或者若使用了 WNOHANG 旗標來呼叫 *waitpid()*，則 *waitpid()* 將傳回 0）若程式在呼叫 *system()* 之前為 SIGCHLD 訊號建立了一個處理常式，則這種情況就完全有可能出現。

第 29 章

29-1. 可能會有兩種結果（都獲得了 SUSv3 的支援）：執行緒鎖死，當試圖加入自己時遭到阻塞，或者呼叫 *pthread_join()* 失敗，傳回錯誤為 EDEADLK。在 Linux 中，會發生後者的行為。在 tid 中指定一個執行緒 ID，可使用如下程式碼來阻止這樣的情況：

```
if (!pthread_equal(tid, pthread_self()))
    pthread_join(tid, NULL);
```

29-2. 在主執行緒終止後，*threadFunc()* 函式繼續對主執行緒堆疊中的資料進行操作，結果會無法預測。

第 31 章

31-1. 本書的程式碼檔案 threads/one_time_init.c 提供了一種解決方案。

第 33 章

33-2. 在子行程終止時產生的 SIGCHLD 訊號是 process-directed，可以將這個訊號傳遞給未阻塞這個訊號的任何執行緒（不必是呼叫 *fork()* 的那個執行緒）。

第 34 章

34-1. 假設程式是執行一個 shell 管線的一部分：

```
$ ./ourprog | grep 'some string'
```

這裡的問題是：*grep* 與 *ourprog* 屬於同一個行程群組，因此 *killpg()* 呼叫也會終止 *grep* 行程。這可能不需要的，並且可能會誤導使用者。解決方案是使用 *setpgid()* 來確保會將子行程放置在它們自己的新群組（第一個子行程的行程 ID 可以做為群組的行程群組 ID），然後將訊號發送給這個行程群組，這樣就能消除要父行程自己不用回應這個訊號的需求。

34-5. 若再次產生 SIGTSTP 訊號之前，這個訊號被解除了阻塞，則會有一小段的時間窗口（在 *sigprocmask()* 呼叫和 *raise()* 之間），在這段期間內若使用者輸入了第二次暫停字元（*Control-Z*），則仍在處理常式中的行程將會被停止，其結果會變成，需要兩個 SIGCONT 訊號才能恢復行程。

第 35 章

35-3. 在本書的原始程式碼 procpri/demo_sched_fifo.c 檔案中提供了一個解決方案。

第 36 章

36-1. 在本書的原始程式碼 procres/rusage_wait.c 檔案中提供了一個解決方案。

36-2. 在本書的原始程式碼 procres 子目錄下的 rusage.c 和 print_rusage.c 檔案中提供了一個解決方案。

第 37 章

37-1. 在本書的原始程式碼 daemons/t_syslog.c 檔案中提供了一個解決方案。

第 38 章

38-1. 當一個檔案由一個非特權使用者修改之後,核心會清除檔案上的 set-user-ID 權限位元。同樣地,若啟用了群組執行權限位元,則也會清除 set-group-ID 權限位元(如同 55.4 節所述,在啟用 set-group-ID 位元時,關閉群組執行位元不會影響 set-group-ID 程式;反而可以用來啟用強制式上鎖,由於這個理由,修改這類檔案不會關閉 set-group-ID 位元)。清除這些位元可以確保,若程式檔案可以由任意使用者寫入時,而這個檔案也不會被修改,並且仍然可以提供特權供使用者執行這個檔案。一個特權(CAP_FSETID)行程能夠修改一個檔案,而不用核心來清除這些權限位元。

第 44 章

44-1. 在本書的原始程式碼 pipes/change_case.c 檔案中提供了一個解決方案。

44-5. 它會產生一個競速條件(race conditon)。假設在伺服器看到檔案結束到伺服器關閉檔案的讀取描述符之間,有一個客戶端開啟了這個 FIFO 做為寫入(這將會立即成功而不會發生阻塞),然後在伺服器關閉了讀取描述符之後,向該 FIFO 寫入資料。此刻,客戶端會收到一個 SIGPIPE 訊號,因為沒有行程開啟該 FIFO 來讀取資料。或者客戶端可能在伺服器關閉讀取描述符之前開啟這個 FIFO 並向其寫入資料。在這種情況下,客戶端的資料可能會遺失,而且不會收到來自伺服器的回應。做為一個進階的練習,讀者可以嘗試模擬這種行為,即依照建議來修改伺服器,並建立一個特殊的客戶端,該客戶端會重複不斷地開啟伺服器的 FIFO,向伺服器發送一筆訊息,關閉伺服器的 FIFO,以及讀取伺服器的回應(若存在)。

44-6. 一個可能的解法會如 23.3 節所述,使用 *alarm()* 為客戶端 FIFO 的 *open()* 呼叫設定一個計時器。這個解決方案的缺點是伺服器仍然會延遲逾時週期。另一個可能的解決方案是使用 O_NONBLOCK 旗標開啟客戶端 FIFO。若這個操作失敗了，則伺服器可以認為客戶端的行為異常。後一種解決方案還需要修改客戶端，使其確保在向伺服器發送請求之前開啟自己的 FIFO（也使用 O_NONBLOCK 旗標）。為方便起見，客戶端接著應該關閉 FIFO 檔案描述符的 O_NONBLOCK 旗標，這樣後續的 *read()* 呼叫就會阻塞。最後，也可以為這個應用程式採用並行（concurrent）伺服器解決方案，其中主要伺服器行程建立子行程來向各個客戶端發送回應訊息（對於這個簡單的應用程式而言，這種解決方案所消耗的資源是比較大的）。

伺服器沒有處理的情況仍然存在。如它並沒有處理序號溢位或行為不軌的客戶端請求大量序號以產生溢位情況。這個伺服器也沒有處理客戶端請求負的序號長度的情況。此外，惡意的客戶端可以建立自己的回應 FIFO，然後開啟這個 FIFO 來讀取和寫入，並在向伺服器發送請求之前填入資料，但當其嘗試寫入回應時就會發生阻塞。做為一個進階練習，讀者可以嘗試設計一些策略來處理這些情況。

在 44.8 節中還指出了列表 44-7 伺服器存在的另一個限制：若一個客戶端發送了一條包含錯誤的位元組數的訊息，則伺服器在讀取所有後續的客戶端訊息時就會發生錯亂。解決這個問題的一個簡單方法是不使用固定長度的訊息，轉而使用分隔字元。

第 45 章

45-2. 在本書的原始程式碼 svipc/t_ftok.c 檔案中提供了一個解決方案。

第 46 章

46-3. 值為 0 是一個有效的訊息佇列 ID，但 0 不能用在訊息的類型。

第 47 章

47-5. 在本書的原始程式碼 svsem/event_flags.c 檔案中提供了一個解決方案。

47-6. 可以透過從 FIFO 中讀取一個位元組來實作一個保留操作，反之，可以對這個 FIFO 寫入一個位元組實作一個釋出操作。而可以透過從 FIFO 中非阻塞地讀取一個位元組來實作一個條件預留操作。

第 48 章

48-2. 因為對 for 迴圈遞增步驟的 shmp->cnt 存取不受號誌保護，因此在寫入者下次更新這個值時，會與讀者取得這個值之間存在一個競速條件。

48-4. 在本書的原始程式碼 svshm/svshm_mon.c 檔案中提供了一個解決方案。

第 49 章

49-1. 在本書的原始程式碼 mmap/mmcopy.c 檔案中提供了一個解決方案。

第 50 章

50-2. 在本書的原始程式碼 vmem/madvise_dontneed.c 檔案中提供了一個解決方案。

第 52 章

52-6. 在本書的原始程式碼 pmsg/mq_notify_sigwaitinfo.c 檔案中提供了一個解決方案。

52-7. 將 buffer 變成全域是不安全的。一旦在 *threadFunc()* 中重新啟用了訊息通知，則就可能出現在 *threadFunc()* 執行期間產生第二個通知的情況。這第二個通知會啟動第二個執行緒來執行 *threadFunc()*，與此同時第一個執行緒也在執行 thread *Func()*。這兩個執行緒會使用同一個全域的 buffer，因而導致不可預知的結果。注意這種行為是取決於實作的。SUSv3 允許一個實作依序地向同一個行程發送通知，但它也允許向並行執行的不同執行緒分發通知，Linux 就是這樣做的。

第 53 章

53-2. 在本書隨帶的原始程式碼的 psem/psem_timedwait.c 檔案中提供了一個解決方案。

第 55 章

55-1. Linux 上的 *flock()* 具有下列特點。

　a）一連串的共用鎖可以使等待放置一把互斥鎖的行程陷入飢餓狀態。

　b）沒有規則確定哪個行程會得到鎖。本質上來講，鎖會被配置給下一個被排班的行程。若該行程恰好取得了一把共用鎖，則所有其他請求共用鎖的行程的請求也將同時得到滿足。

55-2. *flock()* 系統呼叫不會偵測死結（deadlock），這點在大多數的 *flock()* 實作都會成立，但使用 *fcntl()* 實作 *flock()* 的除外。

55-4. 除了早期（1.2 以及以前）之外的 Linux 核心，在核心中會有兩種獨立執行的上鎖機制，並且兩個互不影響。

第 57 章

57-4. 在 Linux 上，*sendto()* 呼叫會失敗並傳回 EPERM 錯誤。在其他一些 UNIX 系統上會產生一個不同的錯誤。一些 UNIX 實作並不要求此限制，而是會讓一個已連接的 UNIX domain 資料包（datagram）socket 從其發送者處接收一個資料包，而不是從其對等處接收一個資料包。

第 59 章

59-1. 在本書的原始程式碼 sockets 子目錄的 read_line_buf.h 和 read_line_buf.c 檔案中提供了一個解決方案。

59-2. 在本書的原始程式碼 sockets 子目錄的 is_seqnum_v2_sv.c、is_seqnum_v2_cl.c 以及 is_seqnum_v2.h 檔案中提供了一個解決方案。

59-3. 在本書的原始程式碼 sockets 子目錄的 unix_sockets.h、unix_sockets.cus_xfr_v2.h、us_xfr_v2_sv.c 以及 us_xfr_v2_cl.c 檔案中提供了一個解決方案。

59-5. 在 Internet domain 中，來自非對等 socket 的資料包會被默默地丟棄。

第 60 章

60-2. 在本書的原始程式碼 sockets/is_echo_v2_sv.c 檔案中提供了一個解決方案。

第 61 章

61-1. 由於一個 TCP socket 的發送和接收緩衝區的大小都是有限的，因此若客戶端發送了大量的資料，則它可能會填滿這些緩衝區，此時後續的 *write()* 就會（永久地）阻塞客戶端，直到它讀取了伺服器的回應為止。

61-3. 在本書的原始程式碼 sockets/sendfile.c 檔案中提供了一個解決方案。

第 62 章

62-1. 若將 *tcgetattr()* 函式應用在一個並非參考到一個終端機的檔案描述符時，則會失敗。

62-2. 在本書的原始程式碼 tty/ttyname.c 檔案中提供了一個解決方案。

第 63 章

63-3. 在本書的原始程式碼 altio/select_mq.c 檔案中提供了一個解決方案。

63-4. 會產生一個競速條件。假設依序發生了下列事件：

a）在 *select()* 通知程式自己的管線中有資料之後，它執行了合適的動作來回應這個訊號。

b）另一個訊號到達了，並且該訊號處理常式向自己的管線中寫入了一個位元組並傳回。

c）主程式讀取了管線中的全部資料。其結果是程式會錯過在步驟（b）中發出的訊號。

63-6. *epoll_wait()* 呼叫會阻塞，即使當它感興趣的清單為空時。這在多執行緒程式中是比較有用的，其中一個執行緒可能會向 *epoll* 感興趣的清單新增一個描述符，而另一個執行緒則阻塞在一個 *epoll_wait()* 呼叫中。

63-7. 後續的 *epoll_wait()* 呼叫會遍尋清單中已經就緒（ready）的檔案描述符。這種做法是有好處的，它避免出現檔案描述符的飢餓，因為當 *epoll_wait()* 總是（假設）傳回數值最小的就緒檔案描述符，並且該檔案描述符總是有一些可用的輸入時，就可能會發生這種情況。

第 64 章

64-1. 首先，子 shell 行程終止，然後是 script 父行程終止。由於終端機是以 raw 模式運作的，因此終端機驅動程式（terminal driver）不會解譯 Control-D 字元，而是直接將它以一般字元傳輸給 script 父行程，而該行程會將這個字元寫入到虛擬終端機的 master 裝置。虛擬終端機 slave 裝置以規範（canonical）模式執行，因此這個 *Control-D* 字元會被視為檔案結尾來處理，這將會導致子 shell 行程的下一個 *read()* 呼叫會傳回 0，從而導致 shell 終止，shell 的終止會關閉唯一的一個參考到虛擬終端機 slave 裝置的檔案描述符，其結果是父 script 行程的下一個 *read()* 呼叫會傳回 EIO 錯誤（在其他一些 UNIX 實作上可能是檔案結尾），然後這個行程會終止。

64-7. 在本書的原始程式碼 pty/unbuffer.c 檔案中提供了一個解決方案。

參考書目

Aho, A.V., Kernighan, B.W., and Weinberger, P. J. 1988. *The AWK Programming Language*. Addison-Wesley, Reading, Massachusetts.

Albitz, P., and Liu, C. 2006. *DNS and BIND (5th edition)*. O'Reilly, Sebastopol, California.

Anley, C., Heasman, J., Lindner, F., and Richarte, G. 2007. *The Shellcoder's Handbook: Discovering and Exploiting Security Holes.* Wiley, Indianapolis, Indiana.

Bach, M. 1986. *The Design of the UNIX Operating System.* Prentice Hall, Englewood Cliffs, New Jersey.

Bhattiprolu, S., Biederman, E.W., Hallyn, S., and Lezcano, D. 2008. "Virtual Servers and Checkpoint/Restart in Mainstream Linux," ACM SIGOPS *Operating Systems Review*, Vol. 42, Issue 5, July 2008, pages 104–113.

> *http://www.mnis.fr/fr/services/virtualisation/pdf/cr.pdf*

Bishop, M. 2003. *Computer Security: Art and Science*. Addison-Wesley, Reading, Massachusetts.

Bishop, M. 2005. *Introduction to Computer Security.* Addison-Wesley, Reading, Massachusetts.

Borisov, N., Johnson, R., Sastry, N., and Wagner, D. 2005. "Fixing Races for Fun and Profit: How to abuse atime," *Proceedings of the 14th USENIX Security Symposium.*

> *http://www.cs.berkeley.edu/~nks/papers/races-usenix05.pdf*

Bovet, D.P., and Cesati, M. 2005. *Understanding the Linux Kernel (3rd edition).* O'Reilly, Sebastopol, California.

Butenhof, D.R. 1996. *Programming with POSIX Threads.* Addison-Wesley, Reading, Massachusetts.

> 進階資訊以及書中的程式碼可以參考：
> *http://homepage.mac.com/dbutenhof/Threads/Threads.html.*

Chen, H., Wagner, D., and Dean, D. 2002. "Setuid Demystified," *Proceedings of the 11th USENIX Security Symposium.*

> *http://www.cs.berkeley.edu/~daw/papers/setuid-usenix02.pdf*

Comer, D.E. 2000. *Internetworking with TCP/IP Vol. I: Principles, Protocols, and Architecture (4th edition).* Prentice Hall, Upper Saddle River, New Jersey.

> Internetworking with TCP/IP 的書本相關資訊（以及程式碼）可以參考：
> *http://www.cs.purdue.edu/homes/dec/netbooks.html.*

Comer, D.E., and Stevens, D.L. 1999. *Internetworking with TCP/IP Vol. II: Design, Implementation, and Internals (3rd edition).* Prentice Hall, Upper Saddle River, New Jersey.

Comer, D.E., and Stevens, D.L. 2000. *Internetworking with TCP/IP, Vol. III: Client-Server Programming and Applications, Linux/Posix Sockets Version.* Prentice Hall, Englewood Cliffs, New Jersey.

Corbet, J. 2002. "The Orlov block allocator." *Linux Weekly News*, 5 November 2002.

> *http://lwn.net/Articles/14633/*

Corbet, J., Rubini, A., and Kroah-Hartman, G. 2005. *Linux Device Drivers (3rd edition).* O'Reilly, Sebastopol, California.

> *http://lwn.net/Kernel/LDD3/*

Crosby, S.A., and Wallach, D. S. 2003. "Denial of Service via Algorithmic Complexity Attacks," *Proceedings of the 12th USENIX Security Symposium.*

> *http://www.cs.rice.edu/~scrosby/hash/CrosbyWallach_UsenixSec2003.pdf*

Deitel, H.M., Deitel, P. J., and Choffnes, D. R. 2004. *Operating Systems (3rd edition).* Prentice Hall, Upper Saddle River, New Jersey.

Dijkstra, E.W. 1968. "Cooperating Sequential Processes," *Programming Languages*, ed. F. Genuys, Academic Press, New York.

Drepper, U. 2004 (a). "Futexes Are Tricky."

> *http://people.redhat.com/drepper/futex.pdf*

Drepper, U. 2004 (b). "How to Write Shared Libraries."

> *http://people.redhat.com/drepper/dsohowto.pdf*

Drepper, U. 2007. "What Every Programmer Should Know About Memory."
http://people.redhat.com/drepper/cpumemory.pdf

Drepper, U. 2009. "Defensive Programming for Red Hat Enterprise Linux."
http://people.redhat.com/drepper/defprogramming.pdf

Erickson, J.M. 2008. *Hacking: The Art of Exploitation (2nd edition).* No Starch Press, San Francisco, California.

Floyd, S. 1994. "TCP and Explicit Congestion Notification," *ACM Computer Communication Review*, Vol. 24, No. 5, October 1994, pages 10–23.
http://www.icir.org/floyd/papers/tcp_ecn.4.pdf

Franke, H., Russell, R., and Kirkwood, M. 2002. "Fuss, Futexes and Furwocks: Fast Userlevel Locking in Linux," *Proceedings of the Ottawa Linux Symposium 2002.*
http://www.kernel.org/doc/ols/2002/ols2002-pages-479-495.pdf

Frisch, A. 2002. *Essential System Administration (3rd edition).* O'Reilly, Sebastopol, California.

Gallmeister, B.O. 1995. *POSIX.4: Programming for the Real World.* O'Reilly, Sebastopol, California.

Gammo, L., Brecht, T., Shukla, A., and Pariag, D. 2004. "Comparing and Evaluating epoll, select, and poll Event Mechanisms," *Proceedings of the Ottawa Linux Symposium 2002.*
http://www.kernel.org/doc/ols/2004/ols2004v1-pages-215-226.pdf

Gancarz, M. 2003. *Linux and the Unix Philosophy.* Digital Press.

Garfinkel, S., Spafford, G., and Schwartz, A. 2003. *Practical Unix and Internet Security (3rd edition).* O'Reilly, Sebastopol, California.

Gont, F. 2008. *Security Assessment of the Internet Protocol.* UK Centre for the Protection of the National Infrastructure.
http://www.gont.com.ar/papers/InternetProtocol.pdf

Gont, F. 2009 (a). *Security Assessment of the Transmission Control Protocol (TCP).* CPNI Technical Note 3/2009. UK Centrefor the Protectionof the National Infrastructure.
http://www.gont.com.ar/papers/tn-03-09-security-assessment-TCP.pdf

Gont, F., and Yourtchenko, A. 2009 (b). "On the implementation of TCP urgent data."
Internet draft, 20 May 2009.

> *http://www.gont.com.ar/drafts/urgent-data/*

Goodheart, B., and Cox, J. 1994. *The Magic Garden Explained: The Internals of UNIX SVR4.*
Prentice Hall, Englewood Cliffs, New Jersey.

Goralski, W. 2009. *The Illustrated Network: How TCP/IP Works in a Modern Network.* Morgan
Kaufmann, Burlington, Massachusetts.

Gorman, M. 2004. *Understanding the Linux Virtual Memory Manager.* Prentice Hall, Upper
Saddle River, New Jersey.

Available online at http://www.phptr.com/perens.

Grünbacher, A. 2003. "POSIX Access Control Lists on Linux," *Proceedings of USENIX
2003/Freenix Track*, pages 259–272.

> *http://www.suse.de/~agruen/acl/linux-acls/online/*

Gutmann, P. 1996. "Secure Deletion of Data from Magnetic and Solid-State Memory,"
Proceedings of the 6th USENIX Security Symposium.

> *http://www.cs.auckland.ac.nz/~pgut001/pubs/secure_del.html*

Hallyn, S. 2007. "POSIX file capabilities: Parceling the power of root."

> *http://www.ibm.com/developerworks/library/l-posixcap/index.html*

Harbison, S., and Steele, G. 2002. *C: A Reference Manual (5th edition).* Prentice Hall,
Englewood Cliffs, New Jersey.

Herbert, T.F. 2004. *The Linux TCP/IP Stack: Networking for Embedded Systems.* Charles River
Media, Hingham, Massachusetts.

Hubicka, J. 2003. "Porting GCC to the AMD64 Architecture," *Proceedings of the First
Annual GCC Developers' Summit.*

> *http://www.ucw.cz/~hubicka/papers/amd64/index.html*

Johnson, M.K., and Troan, E.W. 2005. *Linux Application Development (2nd edition).*
Addison-Wesley, Reading, Massachusetts.

Josey, A.(ed.). 2004. *The Single UNIX Specification, Authorized Guide to Version 3.* The Open Group.

關於訂購此指南的細節請參考：*http://www.unix-systems.org/version3/theguide.html*。規格第四版的新版指南（2010 年發行）可參考：*http://www.unix.org/version4/theguide.html.*

Kent, A., and Mogul, J.C. 1987. "Fragmentation Considered Harmful," *ACM Computer Communication Review*, Vol. 17, No. 5, August 1987.

http://ccr.sigcomm.org/archive/1995/jan95/ccr-9501-mogulf1.html

Kernighan, B.W., and Ritchie, D.M. 1988. *The C Programming Language (2nd edition).* Prentice Hall, Englewood Cliffs, New Jersey.

Kopparapu, C. 2002. *Load Balancing Servers, Firewalls, and Caches.* John Wiley and Sons.

Kozierok, C.M. 2005. *The TCP/IP Guide.* No Starch Press, San Francisco, California.

http://www.tcpipguide.com/

Kroah-Hartman, G. 2003. "udev—A Userspace Implementation of devfs," *Proceedings of the 2003 Linux Symposium.*

http://www.kroah.com/linux/talks/ols_2003_udev_paper/Reprint-Kroah-Hartman- OLS2003.pdf

Kumar, A., Cao, M., Santos, J., and Dilger, A. 2008. "Ext4 block and inode allocator improvements," *Proceedings of the 2008 Linux Symposium*, Ottawa, Canada.

http://ols.fedoraproject.org/OLS/Reprints-2008/kumar-reprint.pdf

Lemon, J. 2001. "Kqueue: A generic and scalable event notification facility," *Proceedings of USENIX 2001/Freenix Track.*

http://people.freebsd.org/~jlemon/papers/kqueue_freenix.pdf

Lemon, J. 2002. "Resisting SYN flood DoS attacks with a SYN cache," *Proceedings of USENIX BSDCon 2002.*

http://people.freebsd.org/~jlemon/papers/syncache.pdf

Levine, J. 2000. *Linkers and Loaders.* Morgan Kaufmann, San Francisco, California.

http://www.iecc.com/linker/

Lewine, D. 1991. *POSIX Programmer's Guide.* O'Reilly, Sebastopol, California.

Liang, S. 1999. *The Java Native Interface: Programmer's Guide and Specification.* Addison-Wesley, Reading, Massachusetts.

> *http://java.sun.com/docs/books/jni/*

Libes, D., and Ressler, S. 1989. *Life with UNIX: A Guide for Everyone.* Prentice Hall, Englewood Cliffs, New Jersey.

Lions, J. 1996. *Lions' Commentary on UNIX 6th Edition with Source Code.* Peer-to-Peer Communications, San Jose, California.

> （Lions，1996）原本是發表在 Australian academic，之後 John Lions 他在 1977 年的作業系統課程使用。由於授權的限制，所以這份資料不能正式地發表。雖然盜版的副本廣泛的都在 UNIX 社群中流傳，而且 Dennis Ritchie 說過：「"educated a generation" of UNIX programmers」。

Love, R. 2010. *Linux Kernel Development (3rd edition).* Addison-Wesley, Reading, Massachusetts.

Lu, H.J. 1995. "ELF: From the Programmer's Perspective."

> 此論文可以在網路找到。

Mann, S., and Mitchell, E.L. 2003. *Linux System Security (2nd edition).* Prentice Hall, Englewood Cliffs, New Jersey.

Matloff, N. and Salzman, P.J. 2008. *The Art of Debugging with GDB, DDD, and Eclipse.* No Starch Press, San Francisco, California.

Maxwell, S. 1999. *Linux Core Kernel Commentary.* Coriolis, Scottsdale, Arizona.

> 此書為 Linux 2.2.5 核心提供部份的註解說明。

McKusick, M.K., Joy, W.N., Leffler, S.J., and Fabry, R.S. 1984. "A fast file system for UNIX," *ACM Transactions on Computer Systems*, Vol. 2, Issue 3 (August).

> 此論文可在網路上的許多地方找到。

McKusick, M.K. 1999. "Twenty years of Berkeley Unix," *Open Sources: Voices from the Open Source Revolution,* C. DiBona, S. Ockman, and M. Stone (eds.). O'Reilly, Sebastopol, California.

McKusick, M.K., Bostic, K., and Karels, M.J. 1996. *The Design and Implementation of the 4.4BSD Operating System.* Addison-Wesley, Reading, Massachusetts.

McKusick, M.K., and Neville-Neil, G.V. 2005. *The Design and Implementation of the FreeBSD Operating System.* Addison-Wesley, Reading, Massachusetts.

Mecklenburg, R. 2005. *Managing Projects with GNU Make (3rd edition).* O'Reilly, Sebastopol, California.

Mills, D.L. 1992. "Network Time Protocol (Version 3) Specification, Implementation and Analysis," RFC 1305, March 1992.

> *http://www.rfc-editor.org/rfc/rfc1305.txt*

Mochel, P. 2005. "The sysfs Filesystem," *Proceedings of the Linux Symposium 2005.*

Mosberger, D., and Eranian, S. 2002. *IA-64 Linux Kernel: Design and Implementation.* Prentice Hall, Upper Saddle River, New Jersey.

Peek, J., Todino-Gonguet, G., and Strang, J. 2001. *Learning the UNIX Operating System (5th edition).* O'Reilly, Sebastopol, California.

Peikari, C., and Chuvakin, A. 2004. *Security Warrior.* O'Reilly, Sebastopol, California.

Plauger, P.J. 1992. *The Standard C Library.* Prentice Hall, Englewood Cliffs, New Jersey.

Quarterman, J.S., and Wilhelm, S. 1993. *UNIX, Posix, and Open Systems: The Open Standards Puzzle.* Addison-Wesley, Reading, Massachusetts.

Ritchie, D.M. 1984. "The Evolution of the UNIX Time-sharing System," *AT&T Bell Laboratories Technical Journal*, 63, No. 6 Part 2 (October 1984), pages 1577–93.

> 在 Dennis Ritchie 的個人網頁（*http://www.cs.bell-labs.com/who/dmr/index.html*）有提供線上版的論文，而在（Ritchie & Thompson，1974）則講了許多的 UNIX 故事。

Ritchie, D.M., and Thompson, K.L. 1974. "The Unix Time-Sharing System," *Communications of the ACM*, 17 (July 1974), pages 365–375.

Robbins, K.A., and Robbins, S. 2003. *UNIX Systems Programming: Communication, Concurrency, and Threads (2nd edition).* Prentice Hall, Upper Saddle River, New Jersey.

Rochkind, M.J. 1985. *Advanced UNIX Programming.* Prentice Hall, Englewood Cliffs, New Jersey.

Rochkind, M.J. 2004. *Advanced UNIX Programming (2nd edition).* Addison-Wesley, Reading, Massachusetts.

Rosen, L. 2005. *Open Source Licensing: Software Freedom and Intellectual Property Law.* Prentice Hall, Upper Saddle River, New Jersey.

St. Laurent, A.M. 2004. *Understanding Open Source and Free Software Licensing.* O'Reilly, Sebastopol, California.

Salus, P.H. 1994. *A Quarter Century of UNIX.* Addison-Wesley, Reading, Massachusetts.

Salus, P.H. 2008. *The Daemon, the Gnu, and the Penguin.* Addison-Wesley, Reading, Massachusetts.

> *http://www.groklaw.net/staticpages/index.php?page=20051013231901859*
> Linux、BSD、HURD 以及一些自由軟體專案的簡史。

Sarolahti, P., and Kuznetsov, A. 2002. "Congestion Control in Linux TCP," *Proceedings of USENIX 2002/Freenix Track.*

> *http://www.cs.helsinki.fi/research/iwtcp/papers/linuxtcp.pdf*

Schimmel, C. 1994. *UNIX Systems for Modern Architectures.* Addison-Wesley, Reading, Massachusetts.

Snader, J.C. 2000. *Effective TCP/IP Programming: 44 tips to improve your network programming.* Addison-Wesley, Reading, Massachusetts.

Stevens, W.R. 1992. *Advanced Programming in the UNIX Environment.* Addison-Wesley, Reading, Massachusetts.

> 關於 W. Richard Stevens 全部著作的深入資訊（包含程式碼，以及部份讀者提供的一些修改過的 Linux 程式碼版本）可參考：*http://www.kohala.com/start/.*

Stevens, W.R. 1998. *UNIX Network Programming, Volume 1 (2nd edition): Networking APIs: Sockets and XTI.* Prentice Hall, Upper Saddle River, New Jersey.

Stevens, W.R. 1999. *UNIX Network Programming, Volume 2 (2nd edition): Interprocess Communications.* Prentice Hall, Upper Saddle River, New Jersey.

Stevens, W.R. 1994. *TCP/IP Illustrated, Volume 1: The Protocols.* Addison-Wesley, Reading, Massachusetts.

Stevens, W.R. 1996. *TCP/IP Illustrated, Volume 3: TCP for Transactions, HTTP, NNTP, and the UNIX Domain Protocols.* Addison-Wesley, Reading, Massachusetts.

Stevens, W.R., Fenner, B., and Rudoff, A.M. 2004. *UNIX Network Programming, Volume 1 (3rd edition): The Sockets Networking API.* Addison-Wesley, Boston, Massachusetts.

此版的程式碼可參考 *http://www.unpbook.com/.*

我們大多是參考這本書（Stevens 等人，2004），同樣的內容也可以參考（Stevens，1998），這是前一版的 *UNIX Network Programming, Volume 1*。

Stevens, W.R., and Rago, S.A. 2005. *Advanced Programming in the UNIX Environment (2nd edition).* Addison-Wesley, Boston, Massachusetts.

Stewart, R.R., and Xie, Q. *2001. Stream Control Transmission Protocol (SCTP).* Addison-Wesley, Reading, Massachusetts.

Stone, J., and Partridge, C. 2000. "When the CRC and the TCP Checksum Disagree," *Proceedings of SIGCOMM 2000.*

http://dl.acm.org/citation.cfm?doid=347059.347561

Strang, J. 1986. *Programming with Curses.* O'Reilly, Sebastopol, California.

Strang, J., Mui, L., and O'Reilly, T. 1988. *Termcap & Terminfo (3rd edition).* O'Reilly, Sebastopol, California.

Tanenbaum, A.S. 2007. *Modern Operating Systems (3rd edition).* Prentice Hall, Upper Saddle River, New Jersey.

Tanenbaum, A.S. 2002. *Computer Networks(4th edition).* Prentice Hall, Upper Saddle River, New Jersey.

Tanenbaum, A.S., and Woodhull, A.S. 2006. *Operating Systems: Design and Implementation (3rd edition).* Prentice Hall, Upper Saddle River, New Jersey.

Torvalds, L.B., and Diamond, D. 2001. *Just for Fun: The Story of an Accidental Revolutionary.* HarperCollins, New York, New York.

Tsafrir, D., da Silva, D., and Wagner, D. "The Murky Issue of Changing Process Identity: Revising 'Setuid Demystified'," *;login: The USENIX Magazine,* June 2008.

http://www.usenix.org/publications/login/2008-06/pdfs/tsafrir.pdf

Vahalia, U. 1996. *UNIX Internals: The New Frontiers.* Prentice Hall, Upper Saddle River, New Jersey.

van der Linden, P. 1994. *Expert C Programming—Deep C Secrets.* Prentice Hall, Englewood Cliffs, New Jersey.

Vaughan, G.V., Elliston, B., Tromey, T., and Taylor, I.L. 2000. *GNU Autoconf, Automake, and Libtool.* New Riders, Indianapolis, Indiana.

> *http://sources.redhat.com/autobook/*

Viega, J., and McGraw, G. 2002. *Building Secure Software.* Addison-Wesley, Reading, Massachusetts.

Viro, A. and Pai, R. 2006. "Shared-Subtree Concept, Implementation, and Applications in Linux," *Proceedings of the Ottawa Linux Symposium 2006.*

> *http://www.kernel.org/doc/ols/2006/ols2006v2-pages-209-222.pdf*

Watson, R.N.M. 2000. "Introducing Supporting Infrastructure for Trusted Operating System Support in FreeBSD," *Proceedings of BSDCon 2000.*

> *http://www.trustedbsd.org/trustedbsd-bsdcon-2000.pdf*

Williams, S. 2002. *Free as in Freedom: Richard Stallman's Crusade for Free Software.* O'Reilly, Sebastopol, California.

Wright, G.R., and Stevens, W.R. 1995. *TCP/IP Illustrated, Volume 2: The Implementation.* Addison-Wesley, Reading, Massachusetts.

索引

※ 提醒您：由於翻譯書排版的關係，部份索引名詞的對應頁碼會和實際頁碼有一頁之差。

本索引使用下列的慣例：

- 函式庫的函式（Library function）與系統呼叫原型（system call prototype）的索引標示為 *prototype* 子項目。通常你可以在 prototype 那邊找到主要討論的函式或系統呼叫。

- C 語言的結構（structure）定義索引標記在 *definition* 子項目，通常你可以在討論結構的地方找到。

- 文中的函式開發實作索引標示為 *code of implementation* 子項目。

- 教學或範例程式中有趣的函式使用範例、變數、訊號、結構、巨集、常數與檔案，索引於標記為 *example of use*。但不是所有用到的每個 API 物件都有索引，只會索引有提供實用介紹的一些例子。

- 流程圖的索引標示為 *diagram*。

- 索引範例程式的名字，可以容易的找本書所發佈的原始碼程式說明。

- 引用參考書目所列出的著作，以第一作者的名字與發表年分進行索引，項目的格式為 *Name（Year）*－例如：Rochkind（1985）。

- 非字母開頭的項目（如：/dev/stdin、_BSD_SOURCE）則會依照字母排序。

Numbers（數值）

A

S

The Linux Programming Interface
國際中文版(下冊)

作　　者：Michael Kerrisk
譯　　者：廖明沂 / 楊竹星
企劃編輯：蔡彤孟
文字編輯：江雅鈴
設計裝幀：張寶莉
發 行 人：廖文良

發 行 所：碁峰資訊股份有限公司
地　　址：台北市南港區三重路 66 號 7 樓之 6
電　　話：(02)2788-2408
傳　　真：(02)8192-4433
網　　站：www.gotop.com.tw
書　　號：AXP015900
版　　次：2016 年 10 月初版
　　　　　2024 年 06 月初版十刷
建議售價：NT$800

國家圖書館出版品預行編目資料

The Linux Programming Interface 國際中文版 / Michael Kerrisk
　原著;廖明沂, 楊竹星譯. -- 初版. -- 臺北市:碁峰資訊, 2016.10
　　面；　公分
　譯自：The Linux Programming Interface: A Linux and UNIX
System Programming Handbook
　　ISBN 978-986-476-167-8(上冊：平裝). --
ISBN 978-986-476-168-5(下冊：平裝).
　　1.作業系統
312.54　　　　　　　　　　　　　　　105016641